Vahlens Handbücher
der Wirtschafts- und Sozialwissenschaften

Unternehmensführung

von

Prof. Dr. Wolfgang Burr

Universität Stuttgart

Prof. Dr. Michael Stephan

Philipps-Universität Marburg

und

Prof. Dr. Clemens Werkmeister

Karlshochschule International University, Karlsruhe

2., vollständig überarbeitete und erweiterte Auflage

Verlag Franz Vahlen München

ISBN 978-3-8006-3829-1

Vorwort zur zweiten Auflage

Die erste Auflage des Buches erfreute sich einer positiven Aufnahme und starken Nachfrage bei den Lesern. Daher ist es nunmehr an der Zeit, das gemeinsame Werk zu aktualisieren und zu überarbeiten. Diese substanzielle Überarbeitung im Rahmen der Neuauflage war geboten aufgrund zahlreicher Themen, die in den letzten Jahren in der Wissenschaft und der unternehmerischen Praxis entweder neu aufkamen oder wesentlich weiterentwickelt wurden. Unternehmensführung als Forschungs- und Lehrgebiet entwickelt sich mit großer Dynamik. Wissenschaft und unternehmerische Praxis erschließen beständig neue Problemfelder und finden neue Antworten auf alte Fragen. Diesen Entwicklungen trägt die Neuauflage in mehrfacher Hinsicht Rechnung:

Inhaltlich wurden Themen wie Markt und Staat als Einflussgrößen des Unternehmensverhaltens, Aufbauorganisation und Anreizsysteme als ganze Kapitel oder wesentliche Teile davon hinzugefügt. Andere Kapitel (z. B. zur Prozessorganisation, Internationalisierung oder zur Innovationsorientierung) wurden substanziell erweitert, alle Kapitel aktualisiert.

Erweitert wurde zudem das in diesem Buch vorgestellte Methodenspektrum: Neben den systematisierenden und theorieorientierten Methoden wurden die formalen, entscheidungsunterstützenden Modelle ausgebaut. So enthält die zweite Auflage ausführliche Darstellungen des Realoptionsansatzes oder formaler Anreizmodelle.

Als didaktische Neuerung wurden neben weiteren Exkursen und zahlreichen Beispielen nunmehr Verständnisfragen für jedes Kapitel eingefügt. Sie bieten dem Leser einerseits die Möglichkeit zur eigenständigen Wiederholung wesentlicher Inhalte und dienen andererseits als Ausgangspunkte für ein weiterführendes Selbststudium.

Auch die zweite Auflage ist entstanden durch die enge, seit Jahren bewährte Kooperation zwischen den Autoren. Doch haben sich nicht nur im Buch, sondern auch bei ihnen Veränderungen ergeben:

Prof. Dr. Wolfgang Burr hat den Lehrstuhl für ABWL, Forschungs-, Entwicklungs- und Innovationsmanagement an der Universität Stuttgart inne.

Prof. Dr. Michael Stephan ist Inhaber des Lehrstuhls für Allgemeine Betriebswirtschaftslehre, insbesondere für Technologie- und Innovationsmanagement an der Philipps Universität Marburg.

Prof. Dr. Clemens Werkmeister vertritt den Bereich General Management an der Karlshochschule International University.

Dr. Antje Koch (in der Erstauflage: Dr. Antje Musil) ist aus dem Kreis der Hauptautoren infolge beruflicher Veränderungen ausgeschieden. Sie arbeitet im Controlling der Stadt Kamenz. Trotz ihrer neuen beruflichen Verpflichtungen hat sie an der Neuauflage des Buches, insbesondere am Kapitel zum Dienstleistungsmanagement mitgewirkt.

Zum Gelingen der Neuauflage haben neben den Autoren wiederum mehrere hilfreiche Hände und helle Köpfe beigetragen. Besonderen Dank schulden die Autoren Frau Christel Dehlinger (Philipps-Universität Marburg) für das finale Korrekturlesen und die souveräne Endformatierung des Manuskriptes sowie Frau Brigitte Jeberien (Philipps-Universität Marburg) für die Bearbeitung der Abbildungen. Dank gebührt ferner Frau Claudia Schneider und Frau MA Elena Stefanova (beide Universität Stuttgart) für die Unterstützung der Recherchearbeiten sowie die Formatierung von Buchteilen. Im Rahmen der Neuauflage wurden Fehler der Erstauflage korrigiert; für hilfreiche Hinweise hierzu sind wir unseren Studierenden und Lesern sehr dankbar.

Herrn Dennis Brunotte vom Vahlen Verlag danken wir für die konstruktive Zusammenarbeit, insbesondere für die Ratschläge bei der Neugestaltung der zweiten Auflage des Buches. Die Verantwortung für alle verbliebenen Fehler bleibt bei den Autoren.

Karlsruhe, Marburg und Stuttgart   *Prof. Dr. Wolfgang Burr, Prof. Dr. Michael Stephan,*
im Juli 2011   *Prof. Dr. Clemens Werkmeister und Dr. Antje Koch*

Inhaltsübersicht

Inhaltsverzeichnis

Abkürzungsverzeichnis

AG	Aktiengesellschaft
AktG	Deutsches Aktiengesetz
ASEAN	Association of South East Asian Nations
ATTAC	Association pour une Taxation des Transactions financières pour l'Aide aux Citoyens et Citoyennes
BCG	Boston Consulting Group
BDI	Bundesverband der Deutschen Industrie
BetrVG	Betriebsverfassungsgesetz
BilMoG	Bilanzrechtsmodernisierungsgesetz
BMBF	Bundesministerium für Bildung und Forschung
BMWi	Bundesministerium für Wirtschaft
CAPM	Capital Asset Pricing-Modell
CEO	Chief Executive Officer
CFO	Chief Financial Officer
CGO	Chief Governance Officer
CIM	Computer Integrated Manufacturing
CRO	Contract Research Organizations
DAX	Deutscher Aktien Index
DCGK	Deutscher Corporate Governance Kodex
DIN	Deutsches Institut für Normung
DPMA	Deutsches Patent- und Markenamt
EADS	European Aeronautic Defence and Space Agency
EFI	Expertenkommission Forschung und Innovation
EFQM	European Foundation for Quality Management
EPA	Europäisches Patentamt
ETUI	European Trade Union Institute
EU	Europäische Union
F&E	Forschung und Entwicklung
FDI	Grenzüberschreitende/ausländische Direktinvestitionen
FTO	Foreign to Total Operations (Auslandsquote)
FwDV	Feuerwehr-Dienstvorschrift
GATT	General Agreement on Tariffs and Trade
IMF	Internationalen Währungsfond
ISIC	International Standard Industry Classification
IT	Informationstechnologie

ITB   Internationale Tourismusbörse in Berlin
KfW   Kreditanstalt für Wiederaufbau
KonTraG   Gesetz zur Kontrolle und Transparenz im Unternehmensbereich
KWG   Kreditwesengesetz
LAUBAG   Lausitzer Braunkohle Aktiengesellschaft
MarkenG   Deutsches Markengesetz
MbE   Management by Exception (Führung im Ausnahmefall)
MbO   Management by Objectives (Führung nach Zielvereinbarung)
MERCOSUR   Mercado Común del Sur
MitbestG   Mitbestimmungsgesetz von 1976
MNU   Multinational tätiges Unternehmen, Multinationales Unternehmen
MOEL   Mittel- und Osteuropäische Länder
MontanMitbestErgG   Montanmitbestimmungsergänzungsgesetz von 1956
MontanMitbestG   Montanmitbestimmungsgesetz von 1951
NAFTA   North American Free Trade Agreement
OECD   Organisation for Economic Co-operation and Development
PIMS   Profit Impact of Market Strategies (Einflussgrößen des Unternehmenserfolgs)
REFA   ursprünglich: Reichsausschuss für Arbeitszeitermittlung, heute: Verband für Arbeitsgestaltung, Betriebsorganisation und Unternehmensentwicklung
ROI   Return on Investment
SE   Societas Europaea
SEC   Security and Exchange Commission (U. S.-amerikanische Börsenaufsicht)
SERVQUAL   Service Quality
SIC   Standard Industry Classification
SprAuG   Sprecherausschussgesetz
SWOT   Strengths-Weaknesses-Opportunities-Threats (Stärken-Schwächen-Gelegenheiten-Bedrohungen)
TQM   Total Quality Management
TransPuG   Transparenz- und Publizitätsgesetz
TRIPS   Trade-Related Aspects of Intellectual Property Rights
UNCTAD   United Nations Conference on Trade and Development
USP   Unique Selling Position
VO SE   Verordnung über das Statut der Europäischen Gesellschaft
VorstAG   Angemessenheit der Vorstandsvergütung
VorstOG   Gesetz über die Offenlegung von Vorstandsvergütungen
WIPO   World Intellectual Property Organization
WpHG   Wertpapierhandelsgesetz
WTO   World Trade Organization
ZEW   Zentrum für Europäische Wirtschaftsforschung

A. Grundbegriffe der Unternehmensführung

Unternehmen sind facettenreiche soziale Gebilde, die aus verschiedenen wissenschaftlichen Blickrichtungen betrachtet werden. Dies sind vornehmlich unterschiedliche betriebswirtschaftliche Blickrichtungen, jedoch gibt es auch volkswirtschaftliche, rechtliche, psychologische und soziologische Ansätze, die einen jeweils spezifischen Zugang zum Phänomen Unternehmen eröffnen. Die unterschiedlichen Ansätze beschäftigen sich mit unterschiedlichen inhaltlichen Schwerpunkten, verwenden unterschiedliche Terminologien, gehen von unterschiedlichen Prämissen aus und ziehen daraus unterschiedliche Schlussfolgerungen, die sich teils ergänzen, teils aber auch widersprechen.

Umgangssprachlich werden die Begriffe Betrieb und Unternehmen oft als Synonyme verwendet. In der Wissenschaft hat sich jedoch ein Begriffsverständnis durchgesetzt, das den **Betrieb** als Ort der physischen und sozialen Leistungserstellung und das **Unternehmen** als rechtliche Einheit begreift. Dementsprechend kann ein Unternehmen wie DaimlerChrysler viele Betriebe, d. h. Werke in Bremen, Sindelfingen, Rastatt, Auburn Hills etc., besitzen.

Unternehmensführung im Sinne dieses Lehrbuches bezeichnet alle Entscheidungen und Maßnahmen der zur Unternehmensführung autorisierten Akteure, die

- die Entwicklung und den Einsatz von Ressourcenpotenzialen (Ressourcenperspektive),
- die effizienzorientierte Gestaltung unternehmensinterner und unternehmensübergreifender institutioneller Strukturen (Institutionenperspektive) und
- die Beeinflussung der Wettbewerbsverhältnisse in einem Markt durch Auswahl geeigneter Produkt-Markt-Kombinationen und Wettbewerbsstrategien sowie die Anpassung des Unternehmens an die Gegebenheiten seiner Branche (Markt- bzw. Branchenperspektive) sowie
- die Abstimmung dieser drei Perspektiven zur Verbesserung der Zielerreichung des Unternehmens

bezwecken.

Unternehmensführung, im Verständnis dieses Buches, ist vor allem die Gestaltung organisatorischer Rahmenbedingungen (institutionelle Rahmenbedingungen wie Regeln, Organisationsformen, Anreiz- und Kontrollsysteme im Unternehmen) sowie das Management der im Unternehmen eingesetzten Ressourcen i. e. S. und aufgebauten (Kern-)Kompetenzen. Unternehmensführung ist aber nicht nur auf das interne Geschehen im Unternehmen hin orientiert, sondern muss das marktliche Umfeld, d. h. vor allem die Branche, in der das Unternehmen operiert, in ihren Entscheidungen berücksichtigen.

Diese Sichtweise spiegelt sich in den drei theoretischen Richtungen wider, die die **theoretische Grundlage** des vorliegenden Lehrbuchs bilden: Die Neue Institutionenökonomik, der Ansatz der ressourcenorientierten Unternehmensführung (Resource-based View of the Firm) und der Strategieansatz der Industrial Organization-Forschung in seiner Basisvariante und seinen Weiterentwicklungen. Unternehmensführung wird in diesem Lehrbuch aus diesen drei Perspektiven analysiert.

„Ein Wettbewerbsvorteil ist eine Funktion von Branchenanalyse, organisatorischen Einbindungs- und Kontrollformen und Unternehmensfaktoren (in der Form von Ressourcenvorteilen und Ressourcenstrategien) … die gleichzeitige Beachtung dieser Forschungsströmungen ist ein zukünftig erfolgversprechender Forschungsansatz." (Mahoney/Pandian 1992, S. 375, Übers. d. Verf.).

Der Begriff der Unternehmensführung kann in institutioneller oder funktioneller Sicht verstanden werden. **Unternehmensführung als Institution** bezeichnet die mit Aufgaben der Unternehmensführung betrauten Personen im Unternehmen. Üblicherweise ist dies der Vorstand (bei Aktiengesellschaften) oder die Geschäftsführung (bei Gesellschaften mit beschränkter Haftung GmbH) oder der Inhaber (bei eigentümergeführten Unternehmen) inklusive der Führungsebene, die direkt unterhalb der Unternehmensspitze (Vorstand, Geschäftsführung, Eigentümerunternehmer) arbeitet.

Unternehmensführung als Funktion bezeichnet demgegenüber die typischerweise von den mit Unternehmensführungsaufgaben betrauten Personen zu erfüllenden Aufgaben bzw. Funktionen. Diese Sichtweise dominiert in diesem Lehrbuch.

Es gibt verschiedene Einteilungen und Klassifikationen von Funktionen der Unternehmensführung (für einen Überblick vgl. Macharzina/Wolf 2010). Dem vorliegenden Lehrbuch liegt die Klassifizierung von Funktionen der Unternehmensführung (entsprechend der Gliederung des Lehrbuches) von Abb. 1 zugrunde.

Abb. 1: Funktionen und Instrumente der Unternehmensführung

Das vorliegende Lehrbuch betont neben der Funktionssicht bzw. Instrumentensicht der Unternehmensführung insbesondere auch ihre **Zukunftsorientierung** (z. B. Innovationsorientierung des Unternehmens). Demgemäß ist es eine wichtige Aufgabe der Unternehmensführung, ein Unternehmen weiter zu entwickeln und an eingetretenen Wandel der Umwelt anzupassen (organisatorischer Wandel) sowie in neue Aktivitäten und Märkte (Dienstleistungs- und Innovationsorientierung, Internationalisierung, Diversifikation) zu führen. Die dazu gehörenden, in diesem Buch behandelten Themenfelder zeigt die nachfolgende Abb. 2. Diesem Lehrbuch liegt somit sowohl eine statische als auch eine dynamische, entwicklungsorientierte Sicht des Unternehmens zugrunde.

Abb. 2: Zukunftsorientierung als Aufgabe der Unternehmensführung

Im Mittelpunkt des vorliegenden Lehrbuches stehen somit die Instrumente und Funktionen sowie die Zukunftsorientierung der Unternehmensführung, weniger die Unternehmensführung als Institution (vgl. zu Letzterem das Kapitel C I zu Corporate Governance). Ebenfalls ausgeklammert wird der Aspekt der Menschenführung (soziale Interaktion zwischen einem Führenden und einem Geführten), stattdessen wird Unternehmensführung als Planung, Gestaltung, Lenkung und Weiterentwicklung der sozialen Institution Unternehmen, in der Menschen arbeitsteilig an der Erfüllung von Aufgaben arbeiten, verstanden. Hierbei kommen Instrumente (z. B. Planung, Organisation), Konzepte und Methoden (z. B. Branchenstrukturanalyse, Balanced Scorecard) sowie Systeme (z. B. Anreizsysteme, Kontrollsysteme, Berichtssysteme, Informationssysteme) zum Einsatz, um die Effektivität und Effizienz des Unternehmenshandelns sicherzustellen und das Unternehmen in seinem marktlichen Umfeld zu positionieren und an den Wandel dieses Umfeldes anzupassen.

Das folgende Grundlagenkapitel dient primär dazu, einen Überblick über die wichtigsten in dem vorliegenden Buch verwendeten theoretischen Ansätze der Neuen Institutionenökonomik, der ressourcenorientierten Unternehmensführung und der Industrial Organization-Forschung zu geben.

B. Theoretische Grundlagen der Unternehmensführung

I. Neue Institutionenökonomik

Institutionenökonomische Ansätze (vgl. hierzu Picot/Reichwald/Wigand 1996, S. 39-50; Burr 2002a, S. 18 ff. sowie Picot/Dietl/Franck 2002, S. 54 ff.) stellen Fragen der Institutionengestaltung (insbesondere der Vertrags- und Organisationsgestaltung) in den Mittelpunkt der Betrachtung. Ausgangspunkt dieser Ansätze ist die Annahme, dass menschliches Verhalten durch Institutionen koordiniert und gelenkt wird. Eine Institution ist charakterisiert als „[...] ein auf ein bestimmtes Zielbündel abgestelltes System von Normen einschließlich deren Garantieinstrumente, mit dem Zweck, das individuelle Verhalten in eine bestimmte Richtung zu steuern. Institutionen strukturieren unser tägliches Leben und verringern auf diese Weise dessen Unsicherheiten" (Richter 1994, S. 4).

Beispiele für Institutionen sind Verträge (z. B. Kauf-, Miet- und Arbeitsverträge), Geld und Markennamen, aber auch Regeln, Organisationsformen, die Sprache sowie kulturell geprägte Normen und Traditionen. Allein an dieser nicht abschließenden Aufzählung wird deutlich, dass die Neue Institutionenökonomik von einem sehr weit definierten Institutionenbegriff ausgeht.

Alle institutionenökonomischen Ansätze teilen die gleichen Verhaltensannahmen und Anwendungsvoraussetzungen: Die Analyse ist geprägt vom **methodologischen Individualismus**, d. h. dem Grundsatz, dass Entscheidungen auf der Ebene des Entscheidungsträgers analysiert werden. Dementsprechend werden Ziele nur dem handelnden Entscheidungsträger und nicht einem Kollektiv von Individuen, wie es beispielsweise ein Unternehmen darstellt, zugeschrieben (vgl. Knudsen 1995, S. 189). Gemeinsam ist allen institutionenökonomischen Ansätzen ferner die Annahme, dass Individuen nicht nach vollkommener Informationsversorgung, vollständiger Bewertung aller Handlungsalternativen und Erreichung maximaler Zielbeiträge streben (vollkommene Rationalität der Akteure), sondern sich aufgrund ihrer begrenzten Informationsaufnahme- und Informationsverarbeitungskapazität mit der Erreichung eines zufriedenstellenden Informationsstandes begnügen und möglicherweise nur satisfizierende Handlungsergebnisse anstreben (dies wird vielfach auch als **begrenzte Rationalität** bezeichnet; vgl. Williamson 1975). Auch die **Verhaltensannahme der individuellen Nutzenmaximierung**, d. h. dass die Individuen entsprechend ihren jeweiligen Präferenzen ihre eigenen Ziele verfolgen, worin immer sie im Einzelfall auch konkret bestehen mögen, und dadurch ihren individuellen Nutzen maximieren, wird von allen institutionenökonomischen Ansätzen geteilt. Die Annahme der individuellen Nutzenmaximierung ist als offene Nutzenfunktion zu interpretieren. Der einzelne Akteur kann seinen individuellen Nutzen sowohl durch Selbstverwirklichung in exzessiver Arbeit als auch durch Arbeitsverweigerung und Faulheit maximieren. Per se ist individuelle Nutzenmaximierung aus moralischer Sicht daher nicht negativ belegt, kann sich aber im Extremfall auch in Formen opportunistischen Verhaltens, d. h. in Verfolgung eigener Interessen durch List und Tücke, ausdrücken. Opportunistisches Verhalten liegt vor, wenn „... ökonomische Akteure (nicht immer, aber manchmal) ihre eigenen Interessen auch zum Nachteil anderer und unter Missachtung sozialer Normen verwirklichen." (Picot/Dietl/Franck 2002, S. 70). *Williamson* definiert Opportunismus kurz und prägnant als „[...] self-interest seeking with guile" (Williamson 1991, S. 79). Insgesamt betrachtet modelliert die Neue Institutionenökonomik menschliches Verhalten relativ realitätsnah (vgl. Williamson 1991, S. 79).

1. Property Rights-Theorie

a. Das Grundmodell der Property Rights-Theorie

Der Property Rights-Ansatz (vgl. zum Folgenden Picot/Dietl/Franck 1999, S. 55 ff.; Dietl 1993; Alchian/Demsetz 1973 sowie Furubotn/Pejovich 1972 und 1974) ist primär ein Ansatz der Organisationstheorie und Organisationsgestaltung. Erklärungs- und Gestaltungsziel der Property Rights-Theorie ist die Auswahl effektiver und effizienter Verfügungsrechte-Strukturen für die Abwicklung von Austauschbeziehungen innerhalb (Hierarchie) und zwischen Unternehmen (Kooperation und andere hybride Koordinationsformen) sowie auf Märkten. Gegenstand des Austausches können dabei sowohl Sachgüter als auch Dienstleistungen, Ideen (technische Erfindungen, Innovationen), Informationen und Rechte sein.

Die Property Rights-Theorie setzt sich neben der Verhaltensannahme der individuellen Nutzenmaximierung aus den Komponenten

– Property Rights,
– externe Effekte und
– Transaktionskosten
zusammen.

Ausgangspunkt und elementare Untersuchungseinheit in dieser Theorie sind die **Property Rights**. Property Rights lassen sich begrifflich abgrenzen als „[...] die mit einem Gut verbundenen und Wirtschaftssubjekten aufgrund von Rechtsordnungen und Verträgen zustehenden Handlungs- und Verfügungsrechte" (Picot/Reichwald/Wigand 1996, S. 39). Jedes Gut (Sachgut, Dienstleistung, Ideen, Rechte) ist durch das mit ihm verbundene Verfügungsrechtebündel charakterisiert. Property Rights an einem Gut lassen sich detaillierter analysieren, indem sie in weitere Teilrechte untergliedert werden. Es lassen sich als Teilrechte unterscheiden (vgl. Dietl 1993, S. 57 f. und Burr 2002a, S. 20):

– Recht, ein Gut zu gebrauchen und gemäß den Zielsetzungen des Verwenders einzusetzen (usus);
– Recht, an einem Gut wesentliche Veränderungen, z. B in stofflicher oder qualitativer Hinsicht vorzunehmen (abusus);
– Recht, sich die Erträge aus der Nutzung des Gutes anzueignen bzw. die Verpflichtung, Verluste aus dem Einsatz des Gutes zu tragen (usus fructus);
– Recht, das Gut als Ganzes oder einzelne Teilrechte auf Dritte zu übertragen, gemäß frei ausgehandelten Konditionen bezüglich der Preise und Mengen (Veräußerungsrecht).

Diese Teilrechte können entweder einem einzigen Wirtschaftssubjekt zugeordnet oder auf mehrere Wirtschaftssubjekte verteilt sein (vgl. hierzu und zum Folgenden Burr 2002a, S. 21). Sind alle vier Teilrechte bei einem einzelnen Individuum gebündelt (**konzentrierte Verfügungsrechte**), so hat dieses Individuum starke Anreize zu einem sparsamen Ressourceneinsatz, weil es die Folgen seiner Ressourcennutzung unmittelbar selbst trägt. Verfügungsrechte können aber auch auf mehrere Individuen verteilt sein (**kollektive Verfügungsrechte**). Denkbar ist zudem, dass einzelne Teilrechte aus ökonomischen, politischen oder gesellschaftlichen Gründen in ihrer Ausübung beschränkt werden (**eingeschränkte Verfügungsrechte**), wie

z. B. bei der Sozialbindung privaten Eigentums oder der staatlichen Regulierung privater und öffentlicher Unternehmenstätigkeit zur Verhinderung des Missbrauchs von Marktmacht (vgl. für Regulierungseingriffe in der Telekommunikationsbranche Burr 1995). Sowohl kollektive als auch eingeschränkte Verfügungsrechte stellen eine **Verdünnung von Verfügungsrechten** dar. Die Folge ist, dass der einzelne Akteur nur noch verminderte oder verzerrte Anreize hat, das entsprechende Gut sparsam einzusetzen, schonend zu behandeln und in seine Erhaltung zu investieren (Beispiel: Verschmutzung öffentlicher Parks im Vergleich zu sorgfältiger Pflege privater Vorgärten durch die Bürger einer Stadt).

Verdünnte Verfügungsrechte führen neben verzerrten Anreizen außerdem zum Entstehen positiver oder negativer **externer Effekte.** Positive externe Effekte treten auf, wenn einzelne Individuen nicht alle Erträge ihrer Ressourcennutzung über Marktpreise entgolten werden. Positive externe Effekte liegen z. B. vor beim nicht in Marktpreisen entgoltenen Übersprung von Ideen, sog. Spillover-Effekte, wenn Mitarbeiter bei ihrem Ausscheiden aus einem Unternehmen Ideen und Wissen mitnehmen und bei ihrem neuen Arbeitgeber einsetzen, ohne dass dieser dafür den ersten Arbeitgeber entschädigt. Negative externe Effekte treten auf, wenn Individuen nicht alle von ihnen im Rahmen des Gebrauchs und der Veränderung des Gutes verursachten Güterabnutzungen, Folgeschäden und Nebenwirkungen in den Marktpreisen tragen müssen. Ein Beispiel für negative externe Effekte ist die Umweltverschmutzung durch ein Unternehmen, wenn dieses Unternehmen keine Marktpreise für die Umweltnutzung entrichten muss. Externe Effekte führen dazu, dass marktlich gebildete Preise nicht alle Kosten und Erträge der Ressourcennutzung widerspiegeln bzw. den Verursachern zuordnen. Konsequenz ist, dass der Marktmechanismus versagt und der einzelne Akteur verzerrte Preissignale und falsche Handlungsanreize (z. B. zur Übernutzung von Umweltgütern) erhält. Dies kann zu einer aus gesamtwirtschaftlicher Sicht unerwünschten Übernutzung von knappen Ressourcen führen, weil negative externe Effekte nicht in die einzelwirtschaftliche Kalkulation einfließen (Beispiel: Übernutzung von Wasser und Luft in der Produktion, wenn das Unternehmen die Kosten der Wasser- und Luftverschmutzung und die Umweltschäden nicht vollständig trägt). Denkbar ist auch eine aus gesamtwirtschaftlicher Sicht ebenfalls unerwünschte zu geringe Nutzung von knappen Ressourcen, wenn der Ressourcenbesitzer sich aufgrund positiver externer Effekte nicht alle Erträge seiner Ressourcennutzung aneignen kann (Beispiel: Verzicht auf die Hervorbringung neuer Ideen bzw. den Einsatz von Zeit und Arbeitskraft hierfür, weil das Unternehmen seine Ideen nicht wirksam schützen kann und daher Spillover-Effekte befürchtet). Dementsprechend ist die Gestaltungsempfehlung der Property Rights-Theorie, möglichst alle Verfügungsrechte an Ressourcen bei dem handelnden Akteur zu bündeln, damit er Anreize zu effektivem und effizientem Ressourcenumgang erhält und auf diese Weise das Auftreten externer Effekte vermieden wird.

Transaktionskosten als weiterer Baustein der Property Rights-Theorie entstehen bei der Herausbildung, Zuordnung, Übertragung und Durchsetzung einzelner Teilrechte oder aller Teilrechte an einem Gut (vgl. hierzu Tietzel 1981, S. 211). So kann der Inhaber eines Patentes mit erheblichem Zeitaufwand und Mühe seine Rechte bei Patentverletzungen durch eine Klage vor Gericht wahren (Kosten der Durchsetzung), Patente können mit aufwändig zu verhandelnden Kauf- oder Lizenzverträgen auf andere Nutzer übertragen werden (Kosten der Zuordnung auf Akteure, Kosten der Übertragung zwischen Akteuren). Das in einem kostenintensiven parlamentarischen Gesetzgebungsverfahren geschaffene und in den letzten 100 Jahren beständig weiterentwickelte Patentrecht definiert und kreiert Patente als eine Form von intellektuellen Eigentumsrechten (vgl. zu intellektuellen Eigentumsrechten Kapitel D IV) und regelt die Bedingungen, unter denen Unternehmen diese Rechte beantragen und einsetzen können (Kosten der Herausbildung).

Die Effizienz von Property Rights-Strukturen wird danach beurteilt, inwieweit die vorgefundene Zuordnung von Verfügungsrechten auf die Handlungsträger die Summe aus (positiven oder negativen) externen Effekten und Transaktionskosten minimiert. Effizientere Property Rights-Strukturen zeichnen sich demnach dadurch aus, dass sie geringere (positive oder negative) externe Effekte und/oder geringere Transaktionskosten als weniger effiziente Property Rights-Strukturen aufweisen. Umgekehrt betrachtet ist das Auftreten hoher Transaktionskosten oder von externen Effekten größeren Ausmaßes ein Indikator dafür, dass eine Neudefinition oder Umverteilung von Handlungs- und Verfügungsrechten zwischen Akteuren Effizienzgewinne ermöglichen könnte. Insofern erscheint das Patentsystem als eine effizienzsteigernde Institution, die Transaktionskosten und positive externe Effekte für den Erfinder reduziert.

Anwendungsfelder der Property Rights-Theorie liegen bei Fragen der Privatisierung öffentlichen Eigentums, aber auch bei der Effizienzbeurteilung verschiedener Formen der Unternehmensorganisation (vgl. hierzu z. B. Picot/Michaelis 1984), bei der Effizienzbeurteilung staatlicher Regulierungseingriffe (vgl. Burr 1995) und bei der Gestaltung von Anreizsystemen in Unternehmen (vgl. Picot/Dietl/Franck 2002, S. 63 ff.).

b.   Dynamische Elemente in der Property Rights-Theorie

Die Property Rights-Theorie ist als drittes Teilgebiet der Neuen Institutionenökonomik ebenfalls überwiegend komparativ-statisch geprägt. Sie zeigt aber auch Ansatzpunkte zu dynamischen Elementen, die Ähnlichkeit mit dem Konzept der fundamentalen Transformation aus der Transaktionskostentheorie aufweisen. In der Property Rights-Theorie wird die Herausbildung neuer Property Rights-Strukturen mit der von den Akteuren erstrebten Internalisierung von negativen oder positiven Externalitäten sowie einer erstrebten Reduktion von Transaktionskosten erklärt. In einer Situation nicht oder unzureichend spezifizierter Property Rights entstehen für die Akteure Externalitäten und Transaktionskosten (z. B. für die Durchsetzung behaupteter Rechtsansprüche oder die Abwehrung ungerechtfertigter Übergriffe von Dritten) in signifikantem Umfang. Durch Definition und Zuordnung von Property Rights können Externalitäten und Transaktionskosten reduziert werden. Eine solche Veränderung von Property Rights-Strukturen wird sich jedoch nur durchsetzen, wenn alle oder zumindest eine Mehrheit der Akteure dadurch Effizienzgewinne (z. B. durch gesteigerte Anreize zum sparsamen Umgang mit knappen Ressourcen oder reduzierte Aufwendungen für die Klärung von Rechtsstreitigkeiten und für die Abwehr von Übergriffen Dritter) erzielen können. Der institutionelle Wandel wird im Falle sich selbst erhaltender Institutionen, die durch übereinstimmende Interessen aller Beteiligten gekennzeichnet sind, eintreten, sofern es gelingt, das öffentliche Gut-Problem (wer trägt die individuellen Aufwendungen für die Initiierung institutionellen Wandels, von dem alle Akteure profitieren?) zu überwinden. Die Überwindung der öffentlichen Gut-Problematik wird z. B. gelingen, wenn ein einzelner Akteur so große Vorteile von der institutionellen Reform für sich erwartet, dass er bereit ist, die Kosten für die Initiierung des institutionellen Wandels zu tragen. Institutioneller Wandel wird hingegen schwieriger im Falle überwachungsbedürftiger Institutionen, die durch gegensätzliche Interessen der Individuen gekennzeichnet sind und bei denen ein einzelnes Individuum durch Abweichungen von den vereinbarten institutionellen Regelungen für sich Effizienzgewinne erzielen kann, so dass kein kollektives Optimum erreicht werden kann (vgl. Picot/Fiedler 2001). Zusätzlich zur öffentlichen Gut-Problematik für die Initiierung des institutionellen Wandels kommt in diesem Fall das Problem der fortgesetzten Durchsetzung einmal vereinbarter institutionalisierter Regelungen. Im Regelfall wird die Initiierung und fortgesetzte Durchsetzung von Regeländerungen bei überwachungsbedürftigen Institutionen einer mit Sanktionsgewalt ausgestatteten Instanz (staatliche Instanz oder eine privatwirtschaftliche Organisation) übertragen, da die Selbstkoordination der Akteure aus den oben genannten Gründen im Regelfall versagen wird.

2. Transaktionskostenansatz

Nachfolgend wird zunächst das Grundmodell der Transaktionskostentheorie dargestellt, das vor allem durch die Arbeiten von Oliver E. Williamson geprägt worden ist. Abschnitt b stellt dann dynamische Erweiterungen des Grundmodells vor.

a. Das Grundmodell der Transaktionskostentheorie

Der Transaktionskostenansatz ist – genauso wie die Property Rights-Theorie – der Organisationstheorie und Organisationsgestaltung zuzurechnen. Das originäre Anwendungsfeld des Transaktionskostenansatzes liegt bei der Auswahl effektiver und effizienter Koordinationsmechanismen für die Strukturierung von Transaktionen. Die Transaktionskostentheorie geht zurück auf die grundlegende Arbeit von *Ronald Coase* (vgl. Coase 1937) und die Fortentwicklung der Grundgedanken von *Coase* insbesondere durch *Oliver E. Williamson* (vgl. insbesondere Williamson 1975 und 1990). Erst durch die Arbeiten von *Williamson* wurde der Transaktionskostenansatz als Theoriegebäude mit Annahmen zum menschlichen Verhalten und festgelegten, entscheidungsrelevanten Transaktions- bzw. Umweltmerkmalen herausgearbeitet. Die nachfolgende Abb. 3 zeigt das grundlegende Transaktionskostenmodell nach *Williamson*, von dem ausgewählte einzelne Elemente nachfolgend erläutert werden (für weitergehende Ausführungen vgl. Williamson 1975).

Ausgangspunkt transaktionskostentheoretischer Überlegungen und elementare Untersuchungseinheit ist die einzelne Transaktion, die definiert wird als Übertragung von Verfügungsrechten an Ressourcen (Produktionsfaktoren, Informationen, Ideen, Rechte), Sachgütern und Dienstleistungen zwischen Akteuren. Die Transaktion ist also nicht der eigentliche Leistungsaustausch (physische Übergabe von Gütern zwischen Austauschpartnern), sondern die diesem zeitlich und logisch vorgelagerte Aushandlung und Organisation dieses Leistungsaustausches.

Bei einer Transaktion fallen Transaktionskosten an, die sich begrifflich abgrenzen lassen als „Informations- und Kommunikationskosten, die bei der Anbahnung, Vereinbarung, Abwicklung, Kontrolle und Anpassung wechselseitiger Leistungsbeziehungen auftreten" (Picot/Dietl 1990, S. 178). Diese Transaktionskosten sind somit bei der organisatorischen Strukturierung eines Leistungsaustausches zu beachten und können als Koordinationskosten interpretiert werden. Sie sind abzugrenzen von den Produktionskosten, die dem bewerteten Verzehr von Produktionsfaktoren zur Erstellung betrieblicher Leistungen entsprechen (vgl. Heinen 1988, S. 59 f.). Zu den Produktionskosten zählen typischerweise Personalkosten, Materialkosten, Abschreibungen auf Gebäude und Maschinen etc. Produktionskosten werden in der Kostenrechnung des Unternehmens erfasst und ermittelt. Die Transaktionskostentheorie geht mit einer vereinfachten Modellierung des Produktionsbereichs einher. Dies zeigt sich etwa darin, dass im Rahmen einer transaktionskostentheoretischen Analyse oftmals die Produktionskosten unterschiedlicher institutioneller Arrangements entweder identisch unterstellt werden oder

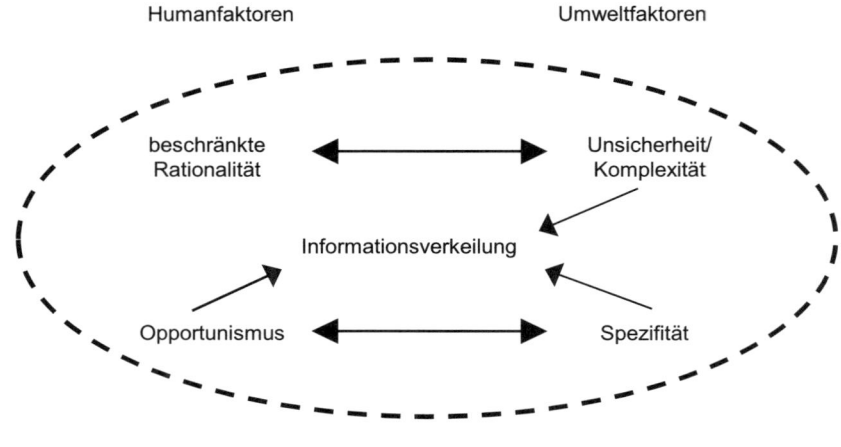

Humanfaktoren   Umweltfaktoren

beschränkte
Rationalität   Unsicherheit/
Komplexität

Informationsverkeilung

Opportunismus   Spezifität

Transaktionsatmosphäre

Abb. 3: Das Transaktionskostenmodell nach Williamson (1975), S. 40

dass von der Annahme ausgegangen wird, dass die transaktionskostenminimale Lösung zur Strukturierung eines Leistungsaustausches gleichzeitig auch die produktionskostenminimale Lösung bedeutet. Die Entscheidung zwischen unterschiedlichen institutionellen Einbindungsformen für die Abwicklung einer Transaktion wird daher ausschließlich anhand eines relativen Transaktionskostenvergleichs getroffen. Produktionskostenüberlegungen werden explizit aus der Betrachtung der Transaktionskostentheorie ausgeklammert. Es bleibt dennoch das Ziel, mit Hilfe des transaktionskostentheoretischen Instrumentariums solche institutionellen Arrangements auszuwählen, die für den konkreten Einzelfall die Summe aus Transaktionskosten und Produktionskosten minimieren.

Wesentliche Einflussgrößen, die die Höhe der Transaktionskosten bei einem abzuwickelnden Leistungsaustausch bestimmen, sind (vgl. zum Folgenden Picot 1991; Picot/Reichwald/ Wigand 1998, S. 43 ff. sowie Picot/Dietl/Franck 1999, S. 68 ff.):

– Die **Spezifität** der für die Transaktion benötigten Produktionsfaktoren, der Kombinationsprozesse (die Produktionsfaktoren in Output transformieren) und der für die Erfüllung der Transaktion erstellten Sach- oder Dienstleistungen;
– die **Unsicherheit** der Transaktion und
– die Transaktionsatmosphäre.

Spezifität der für die Transaktion benötigten Produktionsfaktoren, Kombinationsprozesse und Leistungen bezeichnet dabei das Ausmaß der Bindung von Ressourcen an eine bestimmte Verwendungsart. In der Transaktionskostentheorie werden verschiedene Arten von Spezifität unterschieden, z. B. spezifisches Anlagevermögen, spezifisches Humankapital, beziehungsspezifische Investitionen und ortspezifische Investitionen. Spezifisches Anlagevermögen bezeichnet Maschinen und Geräte, die auf eine einzige Verwendung hin ausgelegt sind und in anderen Verwendungen geringen oder überhaupt keinen Wert besitzen (Beispiel: Maschinen, mit denen nur ein ganz bestimmtes Vorprodukt in einer bestimmten, festgelegten Weise bearbeitet werden kann, und die für andere Einsatzzwecke daher nicht geeignet sind). Spezifisches Humankapital liegt vor, wenn Menschen einzigartige Kenntnisse und Fähigkeiten im Laufe der Jahre aufbauen, die sie für eine ganz bestimmte Aufgabe prädestinieren (z. B. Erfahrung in der Konstruktion von aerodynamischen Automobilkarosserien, besonderes Wissen über die Haltbarkeit und die Sicherheitsaspekte von Holzarmaturen in Automobilcockpits etc.). Beziehungsspezifische Investitionen sind dadurch gekennzeichnet, dass ein Transaktionspartner in eine ganz bestimmte Austauschbeziehung mit einem anderen Austauschpartner investiert (z. B. Erweiterung der Produktionskapazitäten, um einen bestimmten Auftrag eines bestimmten Kunden zu erhalten), was bei der vorzeitigen Beendigung dieser Austauschbeziehung zu Überkapazitäten beim Investor führen würde. Ein Beispiel hierfür wäre die Investition eines Stahlherstellers in die Verdopplung seiner Produktionskapazitäten für besonders leichte Spezialbleche, um den Großauftrag eines Automobilherstellers akquirieren zu können. Ortspezifische Investitionen liegen vor, wenn sich Unternehmen in besonderem Maße an einen einzelnen Standort binden und diese Bindung über das mit jeder Standortentscheidung einhergehende Bindungspotenzial hinausgeht. Ein Beispiel wäre die Entscheidung eines Zulieferers, einem Kunden ins Ausland zu folgen und auf dessen Werksgelände einen Betrieb aufzubauen, um ihn besonders rasch und zu geringen Transportkosten beliefern zu können. Das Kernproblem bei jeder Art von spezifischen Investitionen ist darin zu sehen, dass einer der Austauschpartner die dadurch entstehenden Abhängigkeiten opportunistisch dazu nutzen könnte, um nachträglich den anderen Vertragspartner zu erpressen und zur Gewährung besserer Vertragskonditionen zu zwingen. Zu Problemen in Austauschbeziehungen führen spezifische Investitionen dann und nur dann, wenn man auf Austauschpartner mit (gemäß Annahme der Transaktionskostentheorie sehr wahrscheinlicher) opportunistischer Verhaltensdisposition trifft. Als Maß für Spezifität wird in der Transaktionskostentheorie das Konzept der Quasirente (vgl. hierzu Klein/Crawford/Alchian 1978), definiert als Differenz zwischen dem Wert der Ressource in ihrer erstbesten und ihrer zweitbesten Verwendung, herangezogen. Je spezifischer eine Ressource ist, umso höher ist die mit ihrer Hilfe erwirtschaftete Quasirente.

Die **Unsicherheit** der Transaktion wird ausgedrückt in der Anzahl, dem Ausmaß und der Unvorhersehbarkeit signifikanter Aufgabenänderungen, denen sich die Akteure bei Anbahnung, Vereinbarung, Abwicklung, Kontrolle und nachträglicher Anpassung der jeweiligen Transaktion gegenübersehen. Hohe Unsicherheit ist gerade bei der erstmaligen Beschäftigung eines Unternehmens mit einem neuen Tätigkeitsfeld (einer neuen Technologie, einem erstmalig produzierten und angebotenen Sachgut) oder bei der erstmaligen Erschließung eines bisher unbekannten Auslandsmarktes zu erwarten. Sie äußert sich in nicht vorhersehbaren Änderungen entscheidender Parameter (Marktpreis, nachgefragte Menge) der Transaktion, weitgehender Unkenntnis anzuwendender Problemlösungsmethoden und voraussichtlicher Ergebnisse der Problemlösungsversuche. Zu Problemen führt hohe Unsicherheit dann, wenn sie von Individuen bewältigt werden muss, die annahmegemäß nur mit begrenzter Rationalität ausgestattet sind.

Die Rahmenbedingungen der Transaktion bilden die sog. **Transaktionsatmosphäre**. Zu nennen sind hier insbesondere soziale Faktoren (Unternehmenskultur, Vertrauen und gemeinsame Werthaltungen von Transaktionspartnern als Transaktionskosten senkende Rahmenbedingungen oder Misstrauen und Wertdifferenzen als Transaktionskosten erhöhende Rahmenbedingungen), rechtliche Rahmenbedingungen (z. B. Vertragsrecht, Haftungsrecht, Gewährleistungsrecht) und technologische Infrastrukturen (Informations- und Kommunikationstechnologien, wie z. B. E-Mail oder Videokonferenzen, die die Abwicklung von Transaktionen beschleunigen und den Informationsstand der Austauschpartner verbessern). Diese Faktoren können die Aufgabenerfüllung erleichtern bzw. erschweren und dadurch die Höhe der Transaktionskosten beeinflussen. Ein besonders wichtiges Element der Transaktionsatmosphäre ist die Häufigkeit, mit der eine bestimmte Transaktion (Produktionsfaktoren, Kombinationsprozess, Output) ausgeführt wird. Zu unterscheiden ist hier die wiederholte Ausführung von Transaktionen von der einmaligen Ausführung von Transaktionen. Wiederholte Transaktionen sind z. B. typisch für die industrielle Massenproduktion, einmalige Transaktionen hingegen bei der kundenindividuellen Auftragsfertigung, z. B. zur Erfüllung eines einmaligen Kundenauftrages gegeben. Die Häufigkeit der Transaktion bestimmt, ob es sich für ein Unternehmen lohnt, spezialisierte Unternehmensbereiche mit eigenen Organisationsstrukturen innerhalb des Unternehmens zu schaffen und vorzuhalten.

Zur Organisation der einzelnen Transaktion stehen mehrere grundlegende **Einbindungs- und Beherrschungsformen** (synonym: institutionelle Arrangements, Koordinationsformen) zur Verfügung. Die wesentlichen Beherrschungsformen sind der Markt, die Hierarchie und verschiedene Hybridformen (vgl. Picot 1991). Wird die Transaktion marktlich koordiniert, so wird zwischen den Transaktionspartnern ein Kaufvertrag geschlossen, welcher die Leistung und Gegenleistung sowie Rechte und Pflichten der Transaktionspartner exakt spezifiziert. Bei marktlicher Koordination ist der zwischen den Transaktionspartnern ausgehandelte Preis der zentrale Koordinationsmechanismus, der die Pläne der Transaktionspartner zur Übereinstimmung bringt.

Bei hierarchischer Koordination ist die vertragliche Grundlage der Transaktion ein Arbeitsvertrag. Zentrale Merkmale des Arbeitsvertrages sind, dass Leistung und Gegenleistung für die Zukunft nicht eindeutig spezifiziert werden und dass Rechte und Pflichten der Vertragsparteien in den Grundzügen, aber nicht im Detail für alle zukünftigen Umweltzustände und Transaktionen normiert werden. Bei hierarchischer Koordination ist das Weisungsrecht des Arbeitgebers der zentrale Koordinationsmechanismus, der eine koordinierte Erfüllung der Transaktion ermöglicht.

Hybridformen kombinieren marktliche und hierarchische Elemente. Vertragliche Grundlage einer Hybridform kann beispielsweise ein langfristiger Liefervertrag, ein exklusiver Kooperationsvertrag zwischen zwei Unternehmen, ein langfristiger Lizenzvertrag etc. sein. Dementsprechend ist in der Realität eine Vielzahl hybrider Koordinationsformen, wie z. B. Joint Ventures, Lizenzkooperationen, Franchiseverträge zu beobachten. Bei Hybridformen wird die Koordination der Partner über Preise für gelieferte Leistungen im Rahmen der Kooperation oder des Franchisingabkommens erreicht. Gleichzeitig wird die abgestimmte Zusammenarbeit aber auch über Weisungen eines Partners gegenüber einem anderen Partner erreicht. Denkbar ist hier z. B., dass ein Partner in der Entwicklung des Produktes die Führungsrolle übernimmt und dem Juniorpartner bindende Vorgaben für seine F&E-Organisation macht oder dass der Franchisegeber dem Franchisenehmer Vorschriften bezüglich der Preispolitik und der Produktpolitik macht. Neben Weisungen erfolgt die Abstimmung der Partner oftmals über die gemeinsame Planung der Transaktionspartner und gemeinsame Steuerungsgremien (z. B. paritätisch besetzte Beiräte zur Überwachung der Kooperation).

In der Transaktionskostentheorie finden mehrere Eigenschaften unterschiedlicher institutioneller Arrangements explizit Berücksichtigung, z. B. die Flexibilitätseigenschaften der verschiedenen institutionellen Arrangements: Märkte haben Vorteile bei der autonomen Anpassung einzelner Akteure an Änderungen von Faktorpreisrelationen, angebotenen und nachgefragten Mengen. Märkte haben aber Probleme bei der bilateralen Anpassung mehrerer Akteure auf ein bestimmtes Ziel hin. Der große Vorteil der Hierarchie ist gerade diese bilaterale, abgestimmte und gerichtete Anpassung mehrerer Akteure an Änderungen der Umwelt und der Organisationsaufgabe. Dafür haben Hierarchien Schwächen bei der raschen autonomen Anpassung einzelner Akteure an Umweltveränderungen. Hybride Koordinationsmechanismen (z. B. Unternehmensnetzwerke) verfügen über durchschnittliche Fähigkeiten sowohl bei der bilateralen als auch bei der autonomen Anpassung (vgl. Ebers/Gotsch 1999, S. 233 f.). Die wesentlichen Eigenschaftsmerkmale der verschiedenen institutionellen Arrangements verdeutlicht die nachfolgende Abb. 4.

	Markt	Kooperation	Hierarchie
Anreizintensität	+	0	-
Ausmaß bürokratischer Steuerung und Kontrolle	-	0	+
Anpassungsfähigkeit - autonome - bilaterale	+ -	0 0	- +
Kosten der Etablierung und Nutzung des institutionellen Arrangements	- gering	0 mittel	+ hoch

Abb. 4: Charakteristika institutioneller Arrangements
(in Anlehnung an Ebers/Gotsch 1999, S. 234)

Aus dem Zusammenwirken der Aufgabenmerkmale (maßgeblich Spezifität und Unsicherheit, nachrangig Häufigkeit und Transaktionsatmosphäre) mit den innerhalb des Modells als gegeben und unveränderlich angenommenen Verhaltensmerkmalen der Aufgabenträger (begrenzte Rationalität, opportunistisches Verhalten) kann eine Empfehlung zur transaktionskostenminimalen Organisations- und Einbindungsform abgeleitet werden (Markt, Hierarchie, hybride Organisationsform). Organisations- und Einbindungsformen werden dabei insbesondere ausgewählt hinsichtlich ihres Potenzials, opportunistisches Verhalten der Akteure zu begrenzen und hinsichtlich der durch die jeweilige Organisationsstruktur vorgegebenen Anreizstrukturen, so dass eine effiziente, reibungslose (d. h. transaktionskostenminimale) Aufgabenerfüllung erreicht wird.

Das **Hauptanwendungsfeld** der Transaktionskostentheorie sind Fragen der Eigenfertigung bzw. des Fremdbezuges (synonyme Begriffe: Make or Buy-Entscheidung, Leistungstiefengestaltung). Aus der Transaktionskostentheorie lassen sich folgende Organisationsempfehlungen ableiten: Je höher die Spezifität, die Unsicherheit und die Häufigkeit einer Transaktion sind, umso eher wird die Transaktion unter Einsatz von hierarchischen Koordinationsmechanismen innerhalb eines Unternehmen abgewickelt. Sind die genannten Einflussgrößen schwach ausgeprägt, dann wird die Transaktion unter Einsatz marktlicher Koordinationsmechanismen, d. h. außerhalb hierarchiegeprägter Unternehmensstrukturen abgewickelt. Bei mittleren Ausprägungen der Einflussgrößen erfolgt eine Abwicklung in hybriden Koordinationsformen (z. B. Unternehmenskooperationen, Unternehmensnetzwerke). Das Aufgabenmerkmal Häufigkeit und die Transaktionsatmosphäre wirken dabei entweder als verstärkende oder als abschwächende Faktoren auf die primär durch die Aufgabenmerkmale der Spezifität und der Unsicherheit bestimmte grundlegende Richtung der Organisationsentscheidung.

An der Transaktionskostentheorie wurde in den letzten Jahren vielfältige Kritik geübt (vgl. Dahlmann 1979, Ghoshal/Moran 1996 sowie Langlois/Foss 1997 und Ebers/Gotsch 1999). Dennoch konnte sich der Transaktionskostenansatz als Ansatz zur Erklärung der Unternehmensentstehung und in seinem Hauptanwendungsgebiet zur Bestimmung von Unternehmensgrenzen durch Make or Buy-Entscheidungen etablieren.

b.   Dynamische Aspekte in der Transaktionskostentheorie

Der Transaktionskostenansatz ist komparativ-statisch konzipiert, es werden verschiedene alternative institutionelle Arrangements (z. B. Markt versus Hierarchie) in einem paarweisen Institutionenvergleich unter Effizienzgesichtspunkten analysiert. Prozesse der Implementierung einer institutionellen Lösung, des Übergangs von einer institutionellen Form zu einer anderen, der Reformierung bzw. Abschaffung einer bereits implementierten institutionellen Lösung bleiben außerhalb der Betrachtungsweise der Transaktionskostentheorie. Damit ist die Transaktionskostentheorie in der klassischen Version von *Coase* und *Williamson* für die Untersuchung dynamischer Entwicklungs- bzw. Degenerationsprozesse von Institutionen und insbesondere organisatorischer Wandlungs- und Anpassungsprozesse grundsätzlich wenig geeignet. Diese Kritik wird aber teilweise entkräftet durch das von *Williamson* in die Diskussion eingeführte Prinzip der fundamentalen Transformation einer im Vorhinein (ex ante) wettbewerblichen Austauschbeziehung zu einer im Nachhinein (ex post) spezifischen, durch eine bilaterale Monopolsituation gekennzeichneten Transaktionsbeziehung. Diese **fundamentale Transformation** tritt dann ein, wenn der ausgewählte Vertragspartner spezifische Investitionen tätigt, die ihm gegenüber Konkurrenten einen Wettbewerbsvorteil bei der Neuvergabe des Auftrags und der Verlängerung der Vertragsbeziehung verschaffen (vgl. zur fundamentalen Transformation Williamson 1986, S. 179-181). Das Konzept der fundamentalen Transformation und damit der Transaktionskostenansatz besitzen somit sehr wohl einen dynamischen Aspekt.

Innerhalb der Transaktionskostentheorie können zwar Veränderungsprozesse nur sehr eingeschränkt analysiert werden, wohl aber auslösende Faktoren und Ergebnisse von institutionellen Veränderungen identifiziert werden. Änderungen der relevanten Transaktionskosteneinflussgrößen (Spezifität, Unsicherheit, Häufigkeit der Transaktion) führen zu Änderungen der Einbindungs- und Beherrschungsformen. So ist z. B. denkbar, dass eine vormals sehr spezifische Transaktion im Laufe der Zeit zu einer wenig spezifischen, d. h. standardisierten Transaktion wird und somit der Übergang von hierarchischer Koordination zu marktlicher Koordination Effizienzgewinne ermöglicht. Ebenfalls ist denkbar, dass Änderungen der Transaktionsatmosphäre (z. B. im Zeitablauf bei wiederholten Transaktionen Entstehung von Vertrauen und Routineverhalten zwischen Austauschpartnern, was Transaktionskosten senkt, Einsatz von Informations- und Kommunikationstechnologien, z. B. Videokonferenzen oder elektronische Marktplätze, zur effizienteren Abwicklung von Transaktionen) zu Änderungen der implementierten institutionellen Lösungen führen. Damit stellt sich die Frage, welche Faktoren und Einflussgrößen ihrerseits die genannten Änderungen der relevanten Transaktionskosteneinflussgrößen und der Transaktionsatmosphäre im Zeitablauf beeinflussen? Zu nennen sind hier folgende wesentliche Faktoren (keine abschließende Aufzählung):

– Veränderungen von Knappheit und daraus resultierende Restriktionen (Budgetrestriktionen, Zeitrestriktionen, Knappheit sonstiger Ressourcen) der Handlungsspielräume setzen für Akteure Anreize, nach neuen institutionellen Lösungen zu suchen, um Effizienzgewinne zu erzielen. Insbesondere Verschärfungen tatsächlicher oder subjektiv empfundener Knappheiten (z. B. infolge Preissteigerungen) setzen für die Akteure Anreize, nach effizienteren institutionellen Lösungen zu suchen, während tatsächliche oder empfundene Lockerungen von Knappheiten diese Anreize eher reduzieren.

– Technischer Fortschritt (z. B. Ergebnisse der universitären Grundlagenforschung), der neue technische Unterstützungsformen für die Abwicklung von Transaktionen zu geringeren Kosten und in kürzerer Zeit ermöglicht oder die Auswahlmöglichkeiten zwischen mehreren Transaktionspartnern vergrößert (und damit Small Numbers-Probleme reduziert, Beispiel: Finden von Lieferanten weltweit über das Internet).

– Veränderungen der Konsumentenpräferenzen (z. B. größere Bedeutung von Preis, Design und Markennamen bei reduzierter Bedeutung von physischer Produkthaltbarkeit im Schuh-, Textil- und Automobilhandel) spiegeln den Wandel ökonomischer Strukturen (Kaufkraftverteilung, Reallohnentwicklung, zunehmende Arbeitsplatzunsicherheit bei gesteigerten Flexibilitäts- und Mobilitätsanforderungen an Arbeitnehmer) wider und resultieren in neuen institutionellen Lösungen (z. B. Car Sharing-Konzepte anstelle des Erwerbs von Automobilen, Miete anstelle Wohnungskauf).

– Veränderungen des Wettbewerbsumfelds (z. B. führt gesteigerte Wettbewerbsintensität in globalisierten Märkten zur wettbewerblichen Selektion ineffizienter Institutionen und begünstigt die Übernahme effizienter Institutionen).

Institutionelle Innovatoren/Unternehmer suchen nach neuen institutionellen Lösungen, die bestehende institutionelle Strukturen zerstören und dem Innovator temporäre Effizienzvorteile evtl. sogar Monopolgewinne sichern (Beispiele: Jeff Bezos gründet Amazon als das erste Internet-Vollsortiment-Kaufhaus, Alfred P. Sloan implementiert bei General Motors die divisionale Organisationsstruktur erstmalig in der amerikanischen Automobilindustrie, Michael Dell verwirklicht als erster das Direktvertriebskonzept in der Computerbranche mit daran angepasster Just in Time-Produktion von Computer-Hardware).

Institutioneller Wandel wird daneben wesentlich bestimmt von der vorhandenen Wissensverteilung zwischen den Akteuren. Nur wenn Information und Wissen zwischen den Akteuren ungleich verteilt sind (asymmetrische Information), können einzelne Akteure durch institutionelle Innovationen Vorteile und Vorsprungsgewinne im Wettbewerb erzielen. Neben der Wissensverteilung ist auch die Verteilung der Property Rights in der Ausgangslage entscheidend für Ausmaß und Richtung institutioneller Innovationen. Akteure, die bei der herrschenden Property Rights-Verteilung zu den Verlierern institutioneller Reformen gehören würden, haben keine Anreize zum Anstoß und zur Unterstützung von Reformen. Umgekehrt haben Akteure, die von institutionellen Innovationen profitieren können, maximale Anreize, die entsprechenden Reformen anzustoßen und zu unterstützen.

Neben der Verteilung von Wissen und Property Rights zwischen den Akteuren ist auch die Machtverteilung zwischen den Akteuren eine wichtige Determinante institutioneller Reformen. Macht ist dabei nach *Max Weber* (1990, S. 28) „… jede Chance, innerhalb einer sozialen Beziehung den eigenen Willen auch gegen Widerstreben durchzusetzen, gleichviel worauf diese Chance beruht". Akteure, die mit einer entsprechenden Machtposition (z. B. Macht durch Umfeldkontrolle, charismatische Macht, Sanktionsmacht) ausgestattet sind, können institutionelle Reformen anstoßen, sofern sie das entsprechende Wissen und die Anreize zu den Reformen (angesichts der herrschenden Property Rights-Verteilung) besitzen.

Die nachfolgende Abb. 5 fasst die bisherigen Überlegungen im Überblick zusammen.

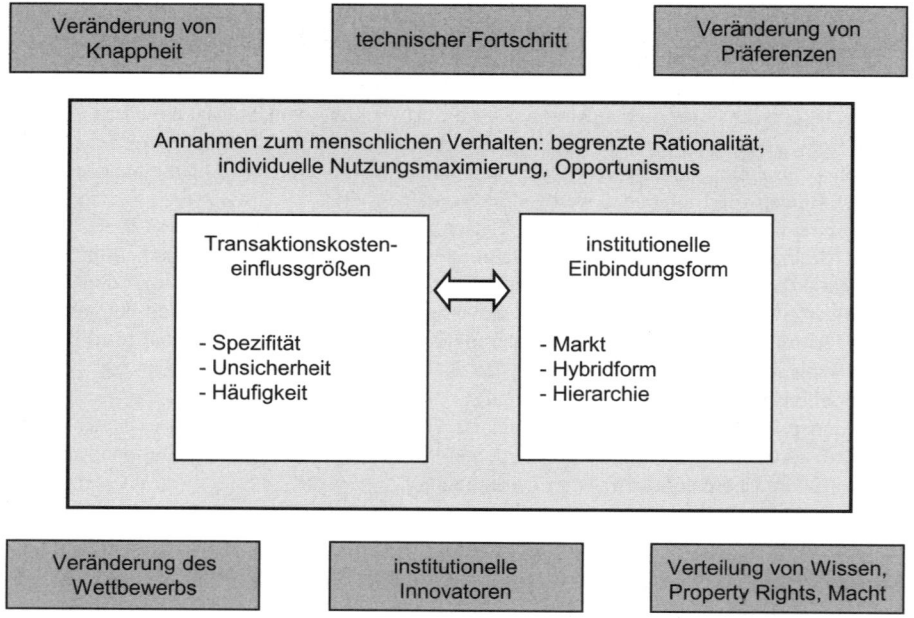

Abb. 5: Wesentliche Determinanten des institutionellen Wandels

Die systematischen Zusammenhänge zwischen den einzelnen Determinanten des institutionellen Wandels und ihre kombinierten Wirkungen auf die Veränderung von Transaktionskosteneinflussgrößen sind derzeit noch weitgehend unerforscht.

Die bisherigen Ausführungen haben institutionellen Wandel vor allem aus einzelwirtschaftlicher Sicht beschrieben. Aus gesamtwirtschaftlicher Sicht hat *Douglas North* eine **Theorie institutionellen Wandels** aufgestellt, die sich in starkem Maße auf Transaktionskostenüberlegungen stützt (vgl. zum Folgenden North 1992, S. 9 ff., 102 ff.). *North* erklärt institutionellen Wandel aus dem komplexen, wechselseitigen Zusammenspiel von Institutionen (z. B. Verfassungsnormen, geschriebene Regeln, ungeschriebene Verhaltenscodices und Gepflogenheiten) und Organisationen (zu diesen zählt *North* öffentliche Körperschaften, Rechtspersonen des Wirtschaftslebens und Anstalten des Bildungswesens). Den Ausgangspunkt für institutionellen Wandel bilden nach *North* Veränderungen der Faktorpreisverhältnisse, der Informationskosten und der Technologie. Diese Änderungen halten die Organisationen dazu an, nach neuen institutionellen Regeln zu suchen. Änderungen der Informationskosten sind aber im Kern ein Transaktionskostenargument. *North* (1992, S. 112) führt hierzu prägnant aus: „Zwei Faktoren sind es, die den Verlauf des institutionellen Wandels bestimmen: zunehmende Erträge und unvollkommene Märkte, die an ihren signifikanten Transaktionskosten erkennbar sind." Die dadurch ausgelösten Änderungen der institutionellen Beschränkungen verändern ihrerseits die Transaktionskosten des täglichen Leistungsaustausches. Dies macht deutlich, dass es sehr wohl Möglichkeiten gibt, dynamische Elemente in die Transaktionskostentheorie einzufügen, und dass in diesem Punkt die Kritik an der Transaktionskostentheorie nicht ganz berechtigt ist.

3. Agency-Theorie

a. Das Grundmodell der Agency-Theorie

Die Agency-Theorie ist der dritte theoretische Ansatz der Neuen Institutionenökonomik (zur Agency-Theorie vgl. Ross 1973; Jensen/Meckling 1976; Eisenhardt 1989; Dietl 1993, S. 131-153; Picot/Reichwald/Wigand 1996, S. 47-50 sowie Picot/Dietl/Franck 1999, S. 85 ff.), dessen primärer Anwendungsbereich die Analyse der Effizienz- und Anreizwirkungen unterschiedlicher Vertragsdesigns ist.

Zusätzlich zu den Annahmen der begrenzten Rationalität und der individuellen Nutzenmaximierung (bzw. des Opportunismus), die allen drei institutionenökonomischen Ansätzen gemeinsam sind, wird im Rahmen des Agency-theoretischen Modells explizit die Risikoneigung von Principal (Auftraggeber) und Agent (Auftragnehmer) bei der Auswahl geeigneter Beherrschungsformen und Vertragsdesigns, insbesondere bei der Gestaltung von Anreizsystemen, berücksichtigt. Der Principal wird als risikoneutral, der Agent als risikoavers modelliert.

Wesentliche Grundelemente der Agency-Theorie sind

– das Konzept der Agency-Beziehung,
– eine Kategorisierung von drei Situationen asymmetrischer Information und
– die Agency-Kosten als Effizienzkriterium.

Ausgangspunkt und elementare Untersuchungseinheit der Agency-Theorie ist die **Agency-Beziehung** als Leistungsbeziehung zwischen einem Auftraggeber (Principal) und einem Auftragnehmer (Agent). Im Mittelpunkt Agency-theoretischer Betrachtungen stehen asymmetrisch verteilte Informationen zwischen Principal und Agent, wobei im Regelfall ein Informationsvorsprung des Agenten angenommen wird. Die Auswirkungen dieser asymmetrischen Informationen auf die organisatorische Strukturierung der jeweiligen Austauschbeziehung und das erwirtschaftete Leistungsergebnis sind der Fokus der Agency-Theorie. Typische Agency-Beziehungen sind beispielsweise die Beziehung zwischen Arzt und Patient, Eigentümer und Manager eines Unternehmens oder Verkäufer und Käufer eines Gebrauchtwagens. In der Agency-Theorie werden drei Kategorien von Informationsasymmetrien unterschieden:

– ,**Hidden Characteristics**' liegen vor, wenn der Principal wesentliche Eigenschaften des Agenten oder der von ihm angebotenen Leistung **vor** Vertragsschluss nicht in Erfahrung bringen kann. Daraus resultiert die Gefahr, einen falschen Vertragspartner auszuwählen (,**Adverse Selection**').
– ,**Hidden Action**' bezeichnet demgegenüber den Fall, dass **nach** Abschluss des Vertrages der Principal die Leistungen des Agenten entweder nicht direkt beobachten kann (z. B. aufgrund geografischer Distanzen) oder ihm die Sachkenntnis fehlt, die beobachteten Leistungen des Agenten zu beurteilen. Dies birgt die Gefahr, dass der Agent seine Leistungsanstrengungen vermindert (,Shirking') und seinen Vorteil auf Kosten des Principals sucht (,**Moral Hazard**' des Agenten).
– ,**Hidden Intention**' bezeichnet den Fall, dass der Principal **nach** Vertragsabschluss die Leistungen des Agenten sehr wohl beobachten und beurteilen, aber die wahren Absichten des Agenten nicht erkennen kann. Hier besteht die Gefahr, dass der Principal aufgrund einseitig erbrachter spezifischer Vorleistungen vom Agenten abhängig wird, was dieser dazu

nutzen kann, eine Nachverhandlung des Vertrages zu seinen Gunsten zu erzwingen („**Hold Up'-Gefahr**).

Für alle drei Kategorien von Informationsasymmetrien gibt die Agency-Theorie konkrete Gestaltungsempfehlungen: Hidden Characteristics kann begegnet werden durch ‚Screening'-Aktivitäten des Principals. Hierbei geht die Initiative vom Principal aus, der über den Agenten Informationen einholt (z. B. Veranstaltung von Auswahlverfahren, Einholung von Referenzen). Ein weiteres Mittel gegen Hidden Characteristics sind ‚Signalling'-Aktivitäten des Agenten. Hierbei geht die Initiative zur Reduktion der asymmetrischen Information vom Agenten aus, der von sich aus Informationen offen legt und damit zu einem Vertragsabschluss mit dem Principal kommen will (z. B. Vorlage von Arbeits- und Ausbildungszeugnissen durch potenzielle Mitarbeiter oder Nachweis von Qualitätszertifikaten wie DIN ISO 9001 durch Zulieferer, die eine Zusammenarbeit mit einem Auftraggeber anstreben). Der dritte Ansatzpunkt zur Reduktion asymmetrischer Information ist die Herbeiführung einer ‚Self Selection' des Agenten. Der Principal gestaltet eine spezifische Entscheidungssituation, mit der er den Agenten konfrontiert, derart, dass er aus der Entscheidung des Agenten Rückschlüsse auf dessen wesentliche Eigenschaften ziehen kann. Ein Beispiel hierfür wäre, wenn der Auftraggeber vom potenziellen Auftragnehmer bei den Vertragsverhandlungen die Einräumung sehr anspruchsvoller Garantien und hoher Vertragsstrafen bei Schlechtleistung fordert. Zögert der Agent an dieser Stelle, so kann der Principal auf das Fehlen entsprechender Eigenschaften wie z. B. Zuverlässigkeit und Leistungsfähigkeit des Agenten schließen.

Demgegenüber wird für den Fall der Hidden Action das Design von adäquaten **Anreiz- und Kontrollsystemen** (z. B. ergebnisabhängige Entlohnungsformen, die zu einer Interessenangleichung zwischen Principal und Agent führen, oder unternehmensinterne Budgetierungs- und andere Controllingsysteme als Steuerungsinstrumente) durch den Principal als korrigierende Maßnahme empfohlen.

Bei Hidden Intention bieten sich die **Begründung gegenseitiger Abhängigkeiten** zwischen Principal und Agent an (sog. Geiseltausch, beispielsweise wird der gute Ruf des Agenten zur Geisel in der Hand des Principals, die letzterer bei Schlechtleistung des Agenten durch Nachrede zerstören kann). Weitere Gegenmaßnahmen sind die vertikale Integration von Agent und Principal oder der Abschluss langfristiger Liefer- und Abnahmeverträge als Lösungsoptionen für Hold Up-Probleme. **Langfristige Verträge und vertikale Integration** führen zu einer Interessenangleichung zwischen Principal und Agent, denn der Agent wird sich überlegen, ob er durch kurzfristiges opportunistisches Verhalten eine langfristige Geschäftsbeziehung (langfristige Lieferverträge) oder ein langfristiges Angestelltenverhältnis (vertikale Integration) opfern möchte.

In der Realität treten die genannten Situationen asymmetrischer Informationsverteilung selten isoliert, sondern oftmals in Kombination auf. Daher müssen eine Kombination verschiedener Gegenmaßnahmen und damit differenzierte institutionelle Arrangements implementiert werden, um die aus asymmetrischer Information resultierenden Probleme beherrschen zu können.

Die eingangs erwähnte zusätzliche Verhaltensannahme der unterschiedlichen Risikoneigung von Principal (Risikoneutralität) und Agent (Risikoaversion) hat Implikationen für die Ausgestaltung betrieblicher Anreizsysteme: Schließen Agent und Principal einen Vertrag, der eine ausschließlich leistungsabhängige variable Entlohnung des Agenten vorsieht, so wird der Agent aufgrund der dadurch auf ihn überwälzten Risiken (z. B. Risiken der Minder- oder Schlechtleistung aufgrund externer, vom Agenten nicht kontrollierbarer Einflussfaktoren) eine höhere Gesamtvergütung fordern. Schließen umgekehrt Principal und Agent einen Vertrag, der dem Agenten eine fixe, leistungsunabhängige Entlohnung zugesteht, so liegen alle Risiken beim Principal und der Agent wird von Risiken entlastet, was den Principal veranlassen wird, dem Agenten eine niedrigere Entlohnung anzubieten.

Entscheidungs- und Effizienzkriterium der Agency-Theorie sind die sog. **Agency-Kosten**, die sich zusammensetzen aus den Kontrollkosten des Principals, den Garantiekosten des Agenten und dem verbleibenden Wohlfahrtsverlust, der trotz aller Bemühungen um effizientes und effektives Vertragsdesign hingenommen werden muss (vgl. Jensen/Meckling 1976, S. 308). Die effektive und effiziente organisatorische Gestaltung von Agency-Beziehungen zielt darauf ab, die Agency-Kosten zu minimieren.

Die Agency-Theorie bietet sich für die Lösung vielfältiger Organisationsfragen, wie z. B. die organisatorische Strukturierung des Verhältnisses zwischen Lizenzgeber und Lizenznehmer oder von Kooperationen (vgl. Burr 2004) oder des Verhältnisses zwischen Arzt und Patient oder Krankenkasse und Arzt (vgl. Musil 2003) an.

b. Dynamische Aspekte in der Agency-Theorie

Auch die Agency-Theorie ist komparativ-statisch konzipiert. Prozesse institutionellen Wandels können in der Agency-Theorie nur sehr begrenzt modelliert und analysiert werden. Möglich ist aber wie im Falle der Transaktionskostentheorie eine Identifikation von Ursachen und Ergebnissen institutionellen Wandels. Im Rahmen der Agency-Theorie sind es vor allem drei Faktoren, die institutionellen Wandel ermöglichen und bewirken:

– Die Möglichkeit von **Lernen des Principals** über die wesentlichen Eigenschaften des Agenten (Hidden Characteristics), über das Verhalten des Agenten in nicht beobachtbaren oder schwer beurteilbaren Situationen (Hidden Action) und über die verborgenen Absichten des Agenten (Hidden Intention) ergibt sich für den Principal vor allem bei wiederholten Agency-Beziehungen mit demselben Agenten. Durch wiederholte Agency-Beziehungen kommt es zudem zu einer **tendenziellen Interessenangleichung** zwischen Principal und Agent. Lernen des Principals reduziert asymmetrische Informationsverteilung zwischen Principal und Agent. Dies kann den Einsatz anderer Signalling-, Screening- und Self Selection-Mechanismen (als Abhilfe gegen Hidden Characteristics-Probleme) sowie eine veränderte Gestaltung von Anreiz- und Kontrollsystemen (als Abhilfe gegen das Moral Hazard-Problem) sowie eine Reduktion des Grades der vertikalen Integration und der Anstrengungen des Principals zum Aufbau gegenseitiger Abhängigkeiten (Abhilfe gegen das Hold Up-Problem) möglich und effizient machen. In dieselbe Richtung der Reduktion von institutionellen Absicherungsmechanismen wirkt auch eine durch wiederholte Agency-Beziehungen begünstigte zunehmende Interessenangleichung zwischen Principal und Agent.

– Informationsasymmetrien können unter speziellen Bedingungen auch durch die Einschaltung eines neutralen oder im Interesse des Principals handelnden Dritten reduziert werden (vgl. auch das Konzept der **ergänzenden Sachwalter** bei Musil 2003, S. 160 f.). Diese dritte Partei kann beispielsweise ein Informationsbroker bzw. ein Intermediär sein, der für den Principal vor Vertragsabschluss die Leistungsangebote verschiedener Agenten vergleicht (z. B. Stiftung Warentest, Unternehmensberatungen, die für den Kunden die Lieferantenauswahl vornehmen) oder nach Vertragsabschluss ihr Verhalten beurteilt (z. B. Ratingagenturen, die bestimmte Unternehmen fortlaufend beobachten und damit deren Verhalten disziplinieren und die Informations- und Entscheidungsgrundlage des Principal bezüglich der Fortsetzung der Zusammenarbeit mit diesen Unternehmen verbessern). Neben einem Informationsbroker bzw. Intermediär kann der Dritte auch ein Schlichter bzw. Mediator sein, der zwischen Principal und Agent evtl. bestehende Konflikte schlichtet und damit zu einer Interessenangleichung zwischen den beiden Parteien der Agency-Beziehung führt. Auch in diesem Fall können Anreiz- und Kontrollsysteme zwischen Principal und Agent nach erfolgreicher Streitschlichtung verändert werden. Die Einschaltung eines Intermediärs/Informationsbrokers, der Informationsasymmetrien reduziert, oder eines Mediators/Schlichters, der Interessen zwischen Principal und Agent angleicht, führt jedoch aus Sicht des Principals bei einer Gesamtbetrachtung nur dann zu einer Reduktion von Informationsasymmetrien, wenn die Beziehung zwischen dem Principal und seinem neuen Agenten (Intermediär bzw. Schlichter) nicht mehr Agency-Probleme generiert als sie in der Beziehung zwischen Principal und dem zuerst bestellten Agent reduziert. Durch Einschaltung eines Dritten wird auf jeden Fall die Komplexität der ursprünglichen Agency-Beziehung gesteigert, weil der Principal nunmehr mit zwei Agenten zusammenarbeitet anstatt wie vorher mit einem einzigen Agenten.

– Technischer Fortschritt, der neue Kontrollsysteme und eine bessere Informationsversorgung des Principals ermöglicht, kann ebenfalls zu einem Wandel einer bestehenden Agency-Beziehung beitragen. Zu denken ist in diesem Zusammenhang beispielsweise an Möglichkeiten einer elektronischen Überwachung der Bildschirmarbeit von Mitarbeitern oder die Reduktion asymmetrischer Information zwischen Principal und Agent, wenn der Principal vor Abschluss eines Kaufvertrages im Internet von Dritten ausgesprochene Beurteilungen über den Agenten (Beispiel: Bewertung von Verkäufern im Rahmen von ebay-Transaktionen durch frühere Käufer) einsehen kann.

4. Gesamtbeurteilung der Neuen Institutionenökonomik

Als Fazit lässt sich festhalten, dass die drei institutionenökonomischen Theorieansätze aufgrund ihrer gemeinsamen Annahmen ein in sich geschlossenes Theoriegebäude bilden. Das Erklärungsziel dieses Theoriegebäudes sind die Wirkungen von Institutionen auf menschliches Verhalten. Sein Gestaltungsziel ist das effektive und effiziente Design von Institutionen, um ein bestimmtes Verhalten der Akteure zu erreichen. Die Neue Institutionenökonomik ist damit zur Grundlage einer ökonomisch orientierten Unternehmenstheorie geworden, die sich von soziologisch, systemtheoretisch oder psychologisch fundierten Unternehmenstheorien differenziert.

Als Stärken der Neuen Institutionenökonomik sind ihre analytisch-logische Präzision für typische Anwendungsfälle, ihre Reife (dokumentiert durch eine Vielzahl von Veröffentlichungen mit Transaktionskosten-, Agency- und Property Rights-Bezug in anerkannten Fachzeitschriften) und die Akzeptanz dieses Theoriegebäudes in der Volks- und Betriebswirtschaftslehre, insbesondere in der betriebswirtschaftlichen Organisationslehre, zu nennen. Dem stehen als Schwächen der Neuen Institutionenökonomik z. T. erhebliche Probleme bei der empirischen Anwendung der drei institutionenökonomischen Ansätze gegenüber. Dies ist primär in der schwierigen Operationalisierung zentraler Theoriebegriffe, z. B. des Begriffs der Spezifität, und der fehlenden absoluten Messbarkeit der Effizienzkriterien aller drei institutionenökonomischen Ansätze (Agency-Kosten, Transaktionskosten, Summe aus Transaktionskosten und externen Effekten) begründet. *Dietl* bringt diese Problematik bezüglich der Agency-Theorie auf den Punkt, indem er ausführt: „Da es bislang nicht gelungen ist, diese Kostenkategorie einwandfrei zu quantifizieren, fällt den Agency-Kosten in diesem Zusammenhang hauptsächlich die Funktion eines heuristischen Beurteilungskriteriums zu" (Dietl

1993, S. 145). Diese Aussage gilt analog für die Operationalisierung und Messung von Transaktionskosten und von externen Effekten.

II. Ressourcenorientierte Unternehmensführung (Resource-based View of the Firm)

Im Gegensatz zur Neuen Institutionenökonomik und dem Strategieansatz nach Porter ist der Resource-based View of the Firm in der evolutorischen Ökonomik verwurzelt. Damit kann der Resource-based View of the Firm dynamische Phänomene (z. B. Prozesse des Aufbaus von Kompetenzen und ihrer Weiterentwicklung im Zeitablauf) erfassen und analysieren. Zentral für das Verständnis der Entwicklungsprozesse in Unternehmen ist neben dem Konzept der Kompetenz hierbei insbesondere auch das Konzept der Dynamic Capabilities, das nachfolgend aufgegriffen wird. Eine Unterscheidung zwischen einem statisch konzipierten Grundmodell und dynamischen Erweiterungen der Theorie ist also beim Resource-based View of the Firm im Gegensatz zur Darstellung der Neuen Institutionenökonomik und des Porter-Ansatzes nicht erforderlich.

Der Resource-based View of the Firm ist entstanden aus einer Auseinandersetzung mit der neoklassischen Modellanalyse und insbesondere auch aus einer Auseinandersetzung mit der traditionellen industrieökonomischen Strategielehre, die mit den Arbeiten von *Bain* und *Porter* (vgl. Bain 1956 und 1968 sowie Porter 1986 und 1988; Scherer/Ross 1990; Shepherd 1990) verbunden ist (zu diesen Theorien vgl. Macharzina/Wolf 2008). Die traditionelle Strategieforschung (vgl. hierzu Kapitel C II dieses Buches) richtet das Augenmerk auf das Produktportfolio und die Positionierung des Unternehmens in seiner Branche. Ein Unternehmen ist nach Porter dann erfolgreich im Wettbewerb, wenn es sich gegen die fünf Wettbewerbskräfte seiner Branche (vgl. Kapitel B III dieses Buches) erfolgreich abschotten und dadurch Marktmacht aufbauen kann. Die marktlichen Umfeldbedingungen, mit denen sich Unternehmen konfrontiert sehen, haben sich jedoch in den letzten Jahren deutlich gewandelt. In einem dynamischen, durch Diskontinuitäten und Strukturbrüche gekennzeichneten marktlichen Umfeld stellt sich die Frage nach der Eignung und Berechtigung von Strategiekonzepten, die ein Unternehmen gerade in einem solchen marktlichen Umfeld positionieren wollen. Deshalb plädieren Vertreter der ressourcenorientierten Unternehmensführung dafür, nicht das marktliche Umfeld des Unternehmens, sondern die einem Unternehmen zur Verfügung stehenden internen Ressourcen und Kompetenzen inklusive der über Kooperationen eingebundenen externen Ressourcen und Kompetenzen zum Ausgangspunkt der Strategieformulierung zu machen (so die Ansicht von Prahalad/Hamel 1990; Grant 1991, S. 116). Für dieses Vorgehen spricht, dass die internen Ressourcen im Vergleich zur marktlichen Umwelt stabiler und durch das Unternehmen besser kontrollierbar sind und damit eine dauerhaftere Grundlage für die Strategieformulierung und die Rentabilität von Unternehmen darstellen (vgl. Grant 1991, S. 116).

Die Kernaussage des ressourcenorientierten Ansatzes kann wie folgt umschrieben werden: Die verfügbaren Ressourcen und (Kern-)Kompetenzen des Unternehmens bestimmen die Märkte, in denen das Unternehmen tätig sein kann und seinen Markterfolg. Ein Unternehmen ist dann im Wettbewerb erfolgreich, wenn es überlegene Ressourcen besitzt und/oder seine Ressourcen besser nutzt als seine Wettbewerber und dadurch eine überlegene Effektivität und Effizienz erzielt (vgl. Winter 1995, S. 173; Cool/Dierickx 1994, S. 35 f. sowie Foss/Knudsen/

Montgomery 1995, S. 8). Es folgt ein Überblick zu den wesentlichen Inhalten, Hauptvertretern sowie Stärken und Schwächen des ressourcenorientierten Ansatzes.

1. Grundannahmen und Elemente ressourcenorientierter Ansätze der Unternehmensführung

Bis heute haben sich noch kein einheitliches Verständnis und keine kohärente Theorie der ressourcenorientierten Unternehmensführung herausgebildet (so auch Collis 1991, S. 50). Die meisten Vertreter des ressourcenorientierten Ansatzes beziehen sich auf folgende gemeinsame Grundannahmen und Ausgangspunkte der Theoriebildung (vgl. zum Folgenden auch Foss/ Knudsen/Montgomery 1995, S. 10):

– Betrachtungsebene: Das Unternehmen;
– Elementare Untersuchungseinheit: Ressourcen im engeren Sinn;
– Ziel des unternehmerischen Handelns: Erzielung von Renten;
– Mittel zur Erzielung unternehmerischer Renten: Aufbau verteidigungsfähiger Wettbewerbsvorteile;
– Betrachteter Zeithorizont: mittel- bis langfristig.

2. Betrachtungsebene: Das Unternehmen

Die Betrachtung konzentriert sich auf die Ebene des Unternehmens mit der Zielsetzung, die dem Unternehmen verfügbaren internen und über Kooperationen eingebundenen externen Ressourcen hinsichtlich ihrer wettbewerbsstrategischen Potenziale zu untersuchen. Untersuchungsobjekt sind damit gerade nicht die Branche, in der das Unternehmen operiert (Makrofokus im Ansatz von Porter) oder die einzelne Transaktion bzw. die einzelne Agency-Beziehung innerhalb des Unternehmens (Mikrofokus in der Neuen Institutionenökonomik).

3. Elementare Untersuchungseinheit: Die Ressourcen

Die elementare Untersuchungseinheit in den Ansätzen zur ressourcenorientierten Unternehmensführung sind die dem einzelnen Unternehmen zur Verfügung stehenden Ressourcen (vgl. Foss/Knudsen/Montgomery 1995, S. 10 sowie Grant 1991, S. 118). In den ressourcenorientierten Ansätzen werden entweder einzelne Ressourcen (z. B. Finanzmittel oder Sachanlagen) als isolierte Analyseeinheiten oder komplexe Ressourcenbündel (wie z. B. (Kern-)Kompetenzen), die aus dem Zusammenspiel mehrerer Ressourcen resultieren, als aggregierte Analyseeinheiten betrachtet. Essenziell ist in allen ressourcenorientierten Ansätzen der Unternehmensführung das Axiom, dass jedes Unternehmen einen spezifischen Ressourcenpool aufweist und sich dadurch von den anderen Unternehmen seiner Branche unterscheidet. Mit diesem **Axiom der heterogenen Ressourcenausstattung** werden Effizienzunterschiede zwischen Firmen und das unterschiedliche Potenzial von Unternehmen zur Erzielung von Renten und Wettbewerbsvorteilen erklärt (vgl. Foss 1997a, S. 10).

a. Die Problematik des Ressourcenbegriffs

Problematisch ist im ressourcenorientierten Ansatz die Definition des Ressourcenbegriffes. **Ressourcen** werden von verschiedenen Autoren unterschiedlich definiert: *Wernerfelt* versteht unter einer Ressource „[...] anything which could be thought of as a strength or weakness of a given firm [...] (tangible or intangible) assets which are tied semi-permanently to the firm" (Wernerfelt 1984, S. 172 sowie Winter 1995, S. 149).

In anderen Veröffentlichungen zur ressourcenorientierten Unternehmensführung werden dagegen Ressourcen, die für den Unternehmenserfolg abträglich und damit Schwächen des Unternehmens sind, stark vernachlässigt und nur noch Ressourcen mit positiv besetzten Eigenschaften, die unternehmerische Stärken begründen, betrachtet. So definiert *Barney* Ressourcen als „all assets, capabilities, organizational processes, firm attributes, information, knowledge, etc. controlled by a firm that enable the firm to conceive of and implement strategies that improve its efficiency and effectiveness" (Barney 1991, S. 101). Dieser weiten Fassung des Ressourcenbegriffs und der Beschränkung auf positiv zum Unternehmenserfolg beitragende Ressourcen wird auch in dem vorliegenden Buch gefolgt, um die Analyse zu fokussieren.

Wichtige ergänzende Hinweise zur Abgrenzung des Ressourcenbegriffs gibt *De Gregory* (1987), der ausführt, dass neue technologische Möglichkeiten (z. B. zum Abbau von bisher nicht zugänglichen Rohstoffvorkommen oder zur gewinnbringenden Verarbeitung von bisher nicht im Produktionsprozess sinnvoll einsetzbaren Rohstoffen) bestimmen, ob eine Ressource ökonomisch wertvoll wird oder nicht. Das beste Beispiel hierfür sind Produktionsrückstände, die durch neue Recyclingverfahren zu ökonomisch wertvollen Ressourcen geworden sind. Daneben bestimmen institutionelle Arrangements, wie z. B. die Verteilung von Verfügungsrechten, darüber, welche Güter ökonomisch wertvolle Ressourcen und welche Güter freie Güter sind. Ein Beispiel hierfür sind die beabsichtigte Definition von Emissionsrechten und ihre Zuteilung an Unternehmen durch die Umweltpolitik in Deutschland. Diese Maßnahme wird in Verbindung mit der nachfolgenden Etablierung eines Emissionsrechthandels zwischen Unternehmen saubere Luft zu einer knappen und wertvollen Ressource für Unternehmen machen. Zusammenfassend lässt sich somit konstatieren, dass das Zusammenspiel von technologischen und institutionellen Faktoren mit Konsumentenpräferenzen darüber bestimmt, ob ein bisher freies Gut zu einer ökonomisch wertvollen Ressource wird.

In der Literatur werden verschiedene Ressourcentypologien vorgeschlagen. Unter den Vertretern des ressourcenorientierten Ansatzes besteht keine Einigkeit darüber, wie die einem Unternehmen zur Verfügung stehenden Ressourcen kategorisiert werden können. Abb. 6 zeigt die wesentlichen, anschließend vertieft erörterten **Ressourcenkategorien** auf.

b. Ressourcen im engeren Sinn

Barney unterscheidet drei Kategorien von Ressourcen (vgl. zu diesen drei Kategorien Barney 1991, S. 101):

– **Physisches Kapital** (Fabrikgebäude, Maschinen, Grundstücke, geografische Lage, Zugang zu Rohstoffen);
– **Humankapital** (Ausbildung, Erfahrung, Beziehungen einzelner Manager, Facharbeiter bzw. Spezialisten und sonstiger Mitarbeiter);
– **Organisationales Kapital** (formale Berichtsysteme, formale und informale Planungs-, Kontroll- und Koordinationssysteme, informelle Beziehungen innerhalb des Unternehmens und zu anderen Unternehmen).

Grant ergänzt diese drei um weitere Ressourcenkategorien (vgl. Grant 1991, S. 119):

– **Technologie** (Produkt- und Prozesstechnologie);
– **Reputation** (guter Ruf des Unternehmens; zur Definition vgl. Burr/Richter 2005) und Markennamen;
– Finanzielle Ressourcen.

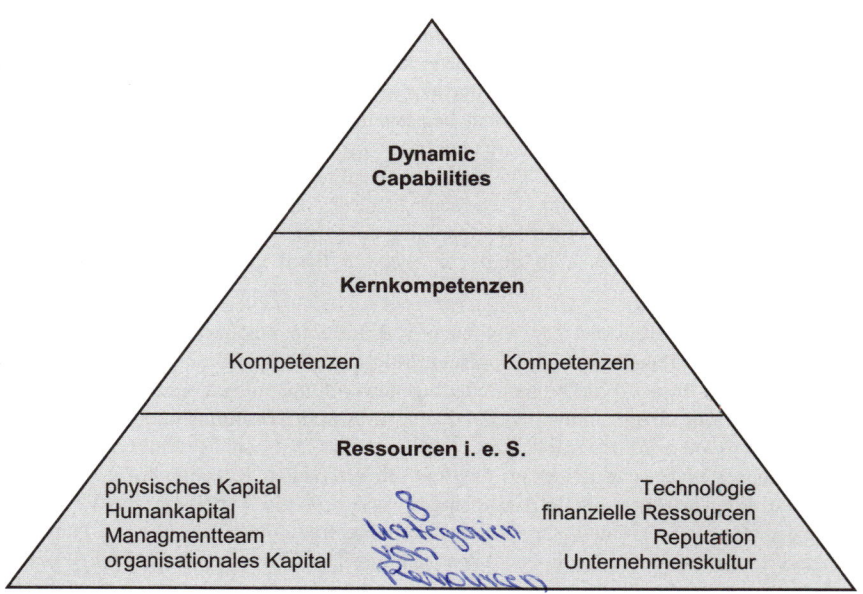

Abb. 6: Ressourcenkategorien im ressourcenorientierten Ansatz
(in Anlehnung an Burr 2004, S. 132)

Itami und *Roehl* nennen als weitere Ressourcenkategorien das Vertrauen, das die Konsumenten dem Unternehmen entgegenbringen und die **Unternehmenskultur** (vgl. Itami/Roehl 1987, S. 12 ff.). Nachfolgend wird der Aspekt des Vertrauens aus der Betrachtung ausgeklammert, weil er zumindest teilweise bereits bei der Reputation des Unternehmens berücksichtigt wird. Es fällt auf, dass viele der in der Literatur vorgeschlagenen Kategorisierungen von Ressourcen i. e. S. die für den Unternehmenserfolg sehr bedeutende Ressource ‚**Managementteam** und Managementfähigkeiten‘ nicht als gesonderte Ressourcenkategorie ausweisen, sondern allgemein unter Humankapital subsumieren. Ein gesonderter Ausweis der Ressource ‚Managementteam und Managementfähigkeiten‘ erscheint jedoch angebracht, weil das Management (als dispositiver Faktor nach Gutenberg) über den Einsatz und die Kombination der anderen Ressourcen des Unternehmens entscheidet und deshalb eine herausgehobene Bedeutung besitzt (vgl. Gutenberg 1983, S. 6 ff.). Es verbleiben somit insgesamt acht Kategorien von Ressourcen, die den weiteren Ausführungen zu Grunde gelegt werden und den Ausgangspunkt der Analyse darstellen. Es wird anhand dieser Kategorien deutlich, dass der Ressourcenbegriff sehr weit gefasst wird.

c. Kompetenzen und Kernkompetenzen

An der bisher entwickelten Kategorisierung unternehmerischer Ressourcen lässt sich vielfältige Kritik üben. So kann die logische Verortung aller erfolgsgenerierenden Ressourcen auf einer einzigen Ressourcenebene und die isolierte Einzelbetrachtung von Ressourcen (bei weitestgehender Vernachlässigung der Kombination und des Zusammenwirkens von Ressourcen zur Generierung komplexer Erfolgspotenziale) kritisiert werden. Dies führt einerseits zu inhaltlichen Unschärfen und begrifflichen Überschneidungen (z. B. zwischen Humankapital, Technologie und organisationalem Kapital) und blendet andererseits wesentliche Erfolgsfaktoren aus (z. B. die Fähigkeit eines Unternehmens, Ressourcen effektiv und effizient einzusetzen). Nötig ist daher eine differenziertere Systematisierung der oben genannten Ressourcenkategorien, die die Ressourcen eines Unternehmens explizit auf verschiedenen Ebenen verortet (vgl. hierzu Spieß 2005, S. 7).

Die bisher beschriebenen Kategorien von Ressourcen i. e. S. (physisches Kapital, Humankapital, Managementteam, organisationales Kapital, Technologie, Reputation, Unternehmenskultur und finanzielle Ressourcen) sind für sich alleine von geringem strategischem Wert. Sie gewinnen strategischen Wert dadurch, dass sie effektiv und effizient koordiniert und eingesetzt werden (vgl. Sanchez/Heene/Thomas 1996, S. 27). Dies belegen auch häufige Beispiele von Unternehmen, die zwar über hervorragend qualifizierte Mitarbeiter oder Technologien mit großem Potenzial verfügen, aber es dennoch nicht schaffen, daraus erfolgreiche Produkte zu generieren. Das führt zu den beiden nachfolgend betrachteten Ressourcenkategorien, nämlich **Kompetenzen** und **Kernkompetenzen.** Diese beiden Ressourcenkategorien sind nicht auf der Ebene des einzelnen Akteurs angesiedelt, sondern auf der Ebene einzelner Unternehmensbereiche (Kompetenzen) bzw. des Gesamtunternehmens (Kernkompetenzen). Sie stellen nicht eine einzelne, isolierte Ressource i. e. S. dar, sondern sind vielmehr als komplexe Ressourcenbündel, d. h. Ressourcen i. w. S. zu klassifizieren. (Kern-)Kompetenzen stellen den koordinierten, zielorientierten Einsatz der Ressourcen i. e. S. auf der ersten Ebene der Ressourcenhierarchie sicher. Es handelt sich um kollektive Eigenschaften, die dem Unternehmen als Ganzes oder zumindest wesentlichen Teilbereichen (z. B. Divisionen, strategische Geschäftseinheiten) des Unternehmens zugeschrieben werden und gerade nicht einzelnen Mitarbeitern. Sie sind aus Sicht des Resource-based View der Grund dafür, dass Unternehmen bestimmte Dinge (z. B. die Entwicklung laufruhiger und sparsamer Reihensechszylindermotoren bei einem Automobilhersteller, Entwicklung nutzerfreundlicher grafischer Bedienungsoberflächen bei einem Softwarehersteller, besonderes Design und Marketing bei einem Konsumgüterhersteller) besser können als andere Unternehmen. Sie begründen wesentliche verteidigungsfähige Wettbewerbsvorteile von Unternehmen (vgl. hierzu die Ausführungen in Kapitel C II).

Dass solche kollektiven Unternehmenseigenschaften in der Praxis existent und von Bedeutung sind, zeigt sich daran, dass in Unternehmen eine jährliche Fluktuation von Mitarbeitern (i. d. R. zwischen vier bis zwanzig Prozent je nach wirtschaftlicher Lage und Arbeitsklima im Unternehmen) stattfindet, aber dennoch Unternehmen ihre besonderen Kompetenzen über Jahre und Jahrzehnte hinweg bewahren können. Dass das Denken in (Kern-)Kompetenzen praktische Relevanz hat, zeigt sich auch an folgenden empirischen Tatbeständen: Viele Unternehmen besitzen einen großen Bestand wertvoller Ressourcen (hochqualifizierte Mitarbeiter, ausgereifte und patentierte Technologien) und erstellen dennoch keine im Markt erfolgreichen Produkte, weil ihnen die erforderlichen Kompetenzen fehlen, die Ressourcen effektiv einzusetzen und dadurch Wettbewerbsvorteile zu erzielen (vgl. Teece/Pisano/Shuen 1997, S. 515 sowie Sanchez/Heene/Thomas 1996, S. 27 f.). Selbst wenn ein Unternehmen weitgehend identische Ressourcenbestände (z. B. Maschinen, die beim selben Zulieferer gekauft wurden) wie seine Konkurrenten besitzt, kann es dennoch ganz unterschiedliche Kompetenzen und Kernkompetenzen entwickeln, wenn es seine Ressourcen anders einsetzt, kombiniert und koordiniert als seine Wettbewerber (vgl. Sanchez/Heene/Thomas 1996, S. 27 sowie Foss 1997a, S. 13). Zudem gilt gerade nicht, dass ein Mehreinsatz an Ressourcen im engeren Sinn zwingend zu einem Mehr an Kompetenz des Unternehmens führt.

Mahoney und *Pandian* verstehen unter der **Kompetenz eines Unternehmens** seine Fähigkeit, besseren Gebrauch von seinen Ressourcen als die Wettbewerber zu machen und führen unter Anlehnung an *Penrose* aus: „A firm may achieve rents not because it has better resources, but rather the firm′s distinctive competence involves making better use of its resources (Penrose 1959: 54)" (Mahoney/Pendian 1992, S. 365). Sehr ähnlich ist auch der Kompetenzbegriff, den *Sanchez*, *Heene* und *Thomas* zu Grunde legen: „Competence is an ability to sustain the coordinated deployment of assets in a way that helps a firm achieve its goals. Here we use the word ability in the ordinary language meaning of a power to do something." (Sanchez/Heene/ Thomas 1996, S. 8). Auch *Conner* versteht unter der Kompetenz eines Unternehmens seine Fähigkeit, Humankapital, physisches Kapital und Reputationskapital einzusetzen und zu kombinieren (vgl. Conner 1991, S. 122).

Kompetenzen und Kernkompetenzen ist gemeinsam, dass sie auf repetitiv ausgeführten und dadurch im Unternehmen implementierten Aktivitätsmustern und auf organisationalem Lernen (vgl. Macharzina/Oesterle/Brodel 2001) des Unternehmens beruhen, die das Zusammenspiel der unternehmerischen Ressourcen im Zeitablauf verbessern sollen. Sie resultieren in gleichsam automatisch ablaufendem, eingespieltem Zusammenwirken unternehmerischer Ressourcen (vor allem in koordiniertem Handeln von Unternehmensangehörigen) bei der Lösung bestimmter technologischer oder organisatorischer Probleme. Charakteristisch für Unternehmenskompetenzen ist, dass sie nicht von einem einzelnen Unternehmensangehörigen abhängig, aber auf einzelne Funktionalbereiche oder abgegrenzte Bereiche des Unternehmens (z. B. F&E-Kompetenz, Marketingkompetenz des Unternehmens) begrenzt sind. Die Prozesse des Aufbaus von Kompetenz sind im Regelfall sehr zeitaufwändig, Unternehmen benötigen bisweilen Jahre, bis sie bestimmte Aktivitäten und den dazu gehörenden Ressourceneinsatz besser beherrschen als ihre Wettbewerber. Ist eine Kompetenz hingegen erst einmal aufgebaut, wird sie in Unternehmen meistens auch sehr lange genutzt (Beispiel: Kompetenz in der Motorenentwicklung oder in der Entwicklung von Sicherheitskonzepten bei einem Automobilhersteller). Typisch ist dabei, dass die Kompetenz gerade durch ihren Einsatz nicht entwertet, sondern verfeinert und weiter entwickelt wird (während Maschinen durch ihren Einsatz entwertet werden). Umgekehrt betrachtet muss das Unternehmen die entsprechenden Aktivitäten auch fortlaufend wahrnehmen (also kein Outsourcing und keine vorübergehende Einstellung der Aktivitäten mit der Absicht, sie in einigen Jahren wieder aufzunehmen), da ansonsten die Kompetenz verlernt wird (vgl. Gerybadze 1997 sowie Teece/Pisano/Shuen 1997).

Kernkompetenzen besitzen eine herausgehobene wettbewerbsstrategische Bedeutung gegenüber den sonstigen Kompetenzen des Unternehmens. Weite Verbreitung hat auch die Definition von *Prahalad* und *Hamel* gefunden, die Kernkompetenzen definieren als „the collective learning in the organization, especially how to coordinate diverse production skills and integrate multiple streams of technology" (Prahalad/Hamel 1990, S. 82; vgl. hierzu auch Eriksen/Mikkelsen 1996, S. 58). *Prahalad* und *Hamel* betonen damit den Koordinationsaspekt und den Technologieaspekt von Kernkompetenzen sehr stark und weisen explizit darauf hin, dass Kernkompetenzen ein Kollektivphänomen sind.

Das Vorliegen von Kernkompetenzen kann unter Zuhilfenahme bestimmter Kriterien ermittelt werden (vgl. hierzu auch Marino 1996 unter Berufung auf Prahalad/Hamel 1990). Eine Kernkompetenz liegt vor, wenn:

– eine Kompetenz zu außerordentlichen Nutzeffekten bei potenziellen Kunden führt
– das Unternehmen bei dieser Kompetenz eine außerordentliche Leistungsfähigkeit im Vergleich zu allen Wettbewerbern aufweist

- diese Kompetenz in nachhaltiger Weise (erschwerte Imitier- und Substituierbarkeit durch Wettbewerber) auf die Erfüllung strategischer Ziele einwirkt und
- diese Kompetenz für eine große Zahl an Produkten und Geschäftsbereichen im Unternehmen genutzt werden kann (d. h. Zugang zu einer Vielzahl von Märkten ermöglicht; vgl. auch Gerybadze 1997 sowie Prahalad/Hamel 1990, S. 83-84).

Kernkompetenzen lassen sich zusammenfassend abgrenzen als unternehmerische Querschnittsfähigkeiten von hoher strategischer Relevanz. Die Abb. 7 und Abb. 8 fassen ein klassisches Beispiel zu ihrer Bedeutung zusammen.

Nach *Strautmann* sind Kernkompetenzen die wesentlichen technologischen, vertrieblichen und organisatorischen Fähigkeiten eines Unternehmens (vgl. Strautmann 1993, S. 31 ff. sowie Walch 1997, S. 29). Ein wesentlicher Unterschied zwischen Kernkompetenzen und Kompetenzen ist darin zu sehen, dass Kernkompetenzen Querschnittsfähigkeiten auf der Ebene des Gesamtunternehmens sind, Kompetenzen hingegen auf der Ebene eines einzelnen Unternehmensbereichs (Division, Hauptabteilung, Abteilung, Funktionalbereich, einzelnes Team) angesiedelt sind.

Kernkompetenzen als Fundament der Unternehmensentwicklung

Im klassischen Beitrag von *Prahalad* und *Hamel* finden sich historische Beispiele von Unternehmen, die in fokussierten Technologie- und Aktivitätsfeldern Kernkompetenzen aufgebaut haben (vgl. Prahalad/Hamel 1990). So hat das Unternehmen Honda in den 1980er Jahren eine Kernkompetenz in der Konstruktion und dem Bau leistungsfähiger und dennoch sparsamer Vierzylindervierventilmotoren in großen Stückzahlen aufgebaut. Honda war eines der ersten Unternehmen im Markt, das Vierventilmotoren anbot und konnte hierbei von seiner Erfahrung im Motorsport (Formel 1-Engagement) und im Motorradbau profitieren. Anhand der oben genannten vier Kriterien kann geprüft werden, ob es sich bei dieser Kompetenz Anfang der 1980er Jahre um eine Kernkompetenz von Honda handelte:

Diese Kompetenz von Honda führte damals zu außerordentlichen Nutzeffekten bei aktuellen und potenziellen Kunden, die sehr leistungsfähige und dennoch sparsame Motoren erwerben konnten. Mehrere Jahre lang hatte Honda bei dieser Kompetenz eine außerordentliche Leistungsfähigkeit im Vergleich zu allen Wettbewerbern in Form eines technologischen Vorsprungs. Diese Kompetenz hat in nachhaltiger Weise (erschwerte Imitier- und Substituierbarkeit durch Wettbewerber) die Erreichung strategischer Ziele bei Honda ermöglicht. Denn es dauerte mehrere Jahre bis die ersten Konkurrenten ebenfalls leistungsfähige Vierventilmotoren in Großserienfahrzeugen einsetzten. Mögliche Substitute zu Vierventilmotoren (wie z. B. Fünfventilmotoren, leistungsfähige Dieselmotoren mit Direkteinspritzung, Benzinmotoren mit Direkteinspritzung) kamen erst 15 Jahre später auf den Markt. Diese Kompetenz konnte Honda für eine große Zahl an Produkten und Geschäftsbereichen nutzen, d. h. sie eröffnete Zugang zu einer Vielzahl von Märkten (Automobilbau, Motorradbau, Bau von Rennbooten und Rasenmähern).

Kernkompetenzen schlagen sich nieder in Kernprodukten, d. h. in wesentlichen Baugruppen bzw. Komponenten von Endprodukten. Im Falle von Honda waren die Kernprodukte (zum Zeitpunkt Mitte bis Ende der 1980er Jahre) leistungsfähige und sparsame

Motoren, wie z. B. der 1,4 Liter Vierventiler mit 90 PS oder der 1,6 Liter Vierventiler mit 106 PS bzw. 124 PS.

Kernprodukte sind in mehreren Geschäftsfeldern eines Unternehmens einsetzbar. Im Falle von Honda fanden die auf der Grundlage der Kernkompetenz in Motorenentwicklung und Motorenbau hergestellten Motoren Einsatz in den Geschäftsfeldern Automobilbau, Motorradbau, Bau von Rennbooten und Rasenmähern. Und in den einzelnen Geschäftsfeldern fanden die Motoren Einsatz in den verschiedensten Endprodukten (z. B. im Geschäftsfeld Automobilbau in den PKW-Modellen Civic, CRX, Accord, Prelude, Legend). Auf diese Weise entwickeln sich aus den Kernkompetenzen letztendlich die Endprodukte des Unternehmens. *Prahalad* und *Hamel* wählen hier das Analogiebild eines Baumes: Die Kernkompetenzen sind die Wurzeln, die Kernprodukte der Stamm, die Geschäftsfelder die Äste und die Endprodukte die Blätter des Unternehmens (vgl. Abb. 8).

Abb. 7: Kernkompetenzen als Fundament der Unternehmensentwicklung von Honda
(vgl. Prahalad/Hamel 1990, S. 81 und Burr 2004, S. 128)

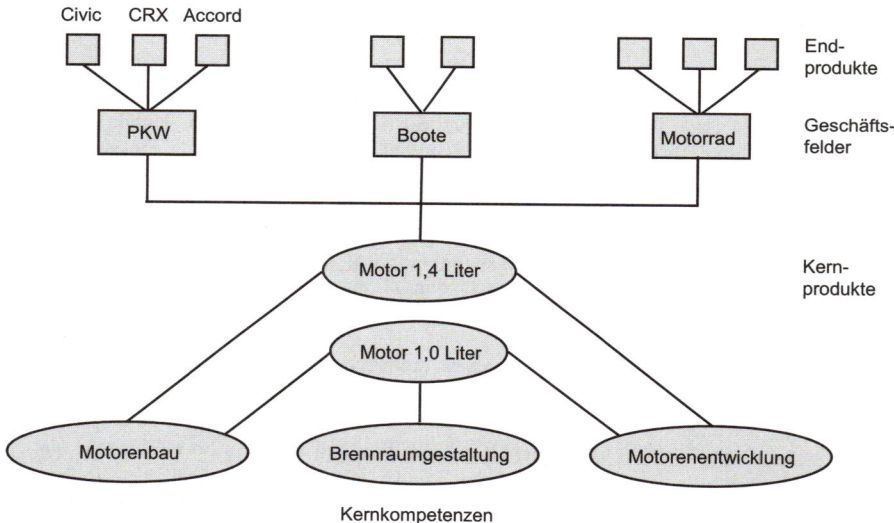

Abb. 8: Kernkompetenzen als Fundament der Produktentwicklung von Honda
(vgl. Prahalad/Hamel 1990, S. 81 und Burr 2004, S. 128)

Daraus lassen sich weiterführende Schlussfolgerungen ziehen: Unternehmen stehen nicht nur auf den Absatzmärkten für Endprodukte (die herrschende Sicht der Industrial Organisation Forschung, z. B. von *Michael Porter*) im Wettbewerb, sondern sie konkurrieren zusätzlich im Markt für Kernprodukte und im Markt für Ressourcen, mit denen sie Kernkompetenzen aufbauen können. Es gibt Anbieter, die zwar im Endproduktmarkt einen geringen Marktanteil, aber als Komponentenfertiger bei den Kernprodukten einen hohen Marktanteil haben. Als

Beispiel hierfür nennen *Prahalad* und *Hamel* die japanische Firma Canon, die im Markt für Laserdrucker als Endprodukte einen geringen, im Markt für Belichtungstrommeln (als Kernprodukt für den Laserdrucker) aber einen sehr hohen Weltmarktanteil hat. Eine Strategie als Komponentenfertiger, der anderen Unternehmen wesentliche Kernprodukte zuliefert, ist aus zwei Gründen sinnvoll. Zum einen kann der Hersteller des Kernprodukts dadurch höhere Stückzahlen und Economies of Scale (vgl. hierzu Kapitel D II 4 b) realisieren, zum anderen kann er andere Unternehmen, die das Kernprodukt von ihm zukaufen, am Aufbau eigener Kernkompetenzen hindern. Die Implikation ist, dass das Outsourcing der Kernprodukte generell nicht ratsam ist, weil dann die zur Herstellung der Kernprodukte erforderlichen Kernkompetenzen mittelfristig verlernt werden.

Unternehmen stehen nicht nur im Wettbewerb auf Märkten für Kernprodukte, sondern auch im Wettbewerb um knappe Ressourcen (qualifizierte Mitarbeiter, Informationen über sich abzeichnende Markttrends, Leistungen von spezialisierten Zulieferern und Subdienstleistern), mit denen sie Kernkompetenzen aufbauen können. Diese extern erworbenen Ressourcen werden von den Unternehmen im Rahmen ihrer Transformations- und Veredelungsprozesse sowie durch spezifische Einbindung in ihre Unternehmensprozesse zu Kernkompetenzen weiter entwickelt, sofern es den Unternehmen gelingt, Schwierigkeiten und Anforderungen des Aufbaus von Kernkompetenzen zu meistern.

Man kann das abstrakte Konzept der Kompetenzen bzw. Kernkompetenzen besser verstehen, wenn man sich ihm über ein Analogiebild nähert: Menschen haben bestimmte Talente (z. B. Fingerfertigkeit, musische Begabung etc.), die sie von anderen Menschen unterscheiden. Am Beispiel eines Klavier spielenden Kindes wird dies deutlich: Benötigt werden neben einem talentierten Kind (Humankapital) im Wesentlichen die Ressourcen Klavier (physisches Kapital), Finanzmittel (zur Bezahlung des Klaviers und der Ausbildung), Zeit (für die Ausbildung) und ein Klavierlehrer (zur Führung des Kindes beim Aufbau seiner Fähigkeiten). Durch beständige Wiederholung und Übung über einen längeren Zeitraum hinweg entwickelt das Kind seine Fähigkeiten zum Klavierspiel. Je mehr das Kind übt, umso besser bilden sich seine Fähigkeiten heraus, unterbricht das Kind hingegen für einige Jahre das Klavierspielen und Üben, so werden seine aufgebauten Fähigkeiten wieder verkümmern. Was die Talente und Fähigkeiten beim Menschen sind, sind in analoger Betrachtung die Kompetenzen und Kernkompetenzen beim Unternehmen: Durch beständige Wiederholung und Verbesserung von technologie- und organisationsbezogenen Aktivitäten über einen längeren Zeitraum wird das Zusammenspiel der unternehmerischen Ressourcen zunehmend reibungsloser, gleichsam routinehaft. Je länger und häufiger sich Unternehmen mit bestimmten Technologiefeldern bzw. Organisationsproblemen (z. B. Reorganisationen, Steuerung dezentraler Einheiten) befassen, umso größer ist das im Unternehmen (bei den einzelnen Mitarbeitern als individuelles Wissen und beim Unternehmen als in Regeln, Kompetenzen, Kernkompetenzen, Wissensdatenbanken und Handbüchern gespeichertes organisatorisches Wissen) vorhandene explizite und implizite Wissen (vgl. hierzu Kapitel D III zum organisatorischen Wandel), wie entsprechende Probleme anzugehen und zu lösen sind. Unternehmen brauchen oft Jahre für den Aufbau bestimmter (Kern-)Kompetenzen, nehmen dann aber die Aktivitäten fortlaufend und kontinuierlich wahr (z. B. kontinuierliche Forschung und Entwicklung über Jahre hinweg in wiederholten und ähnlichen Forschungsprojekten), um die aufgebauten (Kern-)Kompetenzen nicht zu verlernen. Durch beständige, fortlaufende Aktivitäten in dem entsprechenden Kompetenzfeld wird die (Kern-)Kompetenz verfeinert und weiterentwickelt und gerade nicht (so wie physisches Kapital) abgenutzt und verschlechtert.

Relativ wenig bekannt ist allerdings beim derzeitigen Stand der Forschung, wie und unter welchen Bedingungen sich (Kern-)Kompetenzen entwickeln. Charakteristisch für die Entwicklung von (Kern-)Kompetenzen ist ein komplexes Zusammenspiel der verschiedenen Ressourcen i. e. S. (Humankapital, Sachkapital, Managementteam, technologisches Wissen, Organisation des Unternehmens, Unternehmenskultur) im Unternehmen, das für unternehmensexterne und interne Beobachter nicht eindeutig nachvollzogen werden kann. Der Erfolgsbeitrag der vielen einzelnen Ressourcen i. e. S. zum Aufbau einer (Kern-)Kompetenz ist nicht isoliert ermittelbar. Wäre er dies, so wäre eine Erfolgsformel für Unternehmensführung gefunden, die von allen Unternehmen in einem Markt angewandt werden könnte mit der Konsequenz, dass kein Unternehmen Kompetenzvorsprünge erzielen könnte.

d. Dynamic Capabilities

Wenn man ein Unternehmen nur anhand seiner Ressourcen i. e. S. und seiner (Kern-) Kompetenzen charakterisiert und beschreibt, so wird damit ein unvollkommenes Bild eines Unternehmens gezeichnet. Es fehlt das dynamische Element, das sich ausdrückt im Aufbau neuer und der Degeneration bestehender Ressourcenpools sowie der dadurch induzierten Weiterentwicklung eines Unternehmens. Um eine stärker dynamische Betrachtung zu ermöglichen, wird nachfolgend die zusätzliche Ressourcenkategorie der Dynamic Capabilities eines Unternehmens eingeführt. Ebenso wie (Kern-)Kompetenzen sind Dynamic Capabilities komplexe Ressourcenbündel und zählen damit zu den Ressourcen i. w. S. Insgesamt ergibt sich somit eine dreistufige Ressourcenkategorisierung (vgl. Abb. 6)

Dynamic Capabilities bezeichnen die Fähigkeit eines Unternehmens zur permanenten Erneuerung und Rekombination seiner Ressourcen i. e. S. und (Kern-)Kompetenzen (vgl. hierzu Montgomery 1995, S. 263) als Antwort auf sich wandelnde Markt- und Umweltbedingungen. *Teece*, *Pisano* und *Shuen* definieren Dynamic Capabilities „[...] as the firm's ability to integrate, build, and reconfigure internal and external competences to address rapidly changing environments" (Teece/Pisano/Shuen 1997, S. 516). Für *Eisenhardt* und *Martin* sind Dynamic Capabilities die „[...] organisatorischen und strategischen Routinen, mit denen Firmen neue Ressourcenkombinationen erreichen, wenn Märkte entstehen, kollidieren, sich spalten, evolvieren oder vergehen" (Eisenhardt/Martin 2000, S. 1107, Übersetzung der Verfasser). Im Vergleich zu Ressourcen i. e. S. und (Kern-)Kompetenzen stellen Dynamic Capabilities Metafähigkeiten dar, weil sie die Fähigkeit eines Unternehmens bezeichnen, seine Ressourcen i. e. S. und (Kern-)Kompetenzen an sich wandelnde Umweltbedingungen anzupassen (vgl. Teece/Pisano/Shuen 1997, S. 515). Die dynamischen Fähigkeiten eines Unternehmens finden ihren Niederschlag in der Flexibilität des Unternehmens bei der Anpassung vorhandener Ressourcenpotenziale an neue Probleme und Umweltsituationen sowie in der Innovationsfähigkeit des Unternehmens beim Aufbau ganz neuer Ressourcenpotenziale und der dadurch ermöglichten Hervorbringung innovativer Produkte, Dienstleistungen und Unternehmensprozesse. Voraussetzungen für Flexibilität und Innovation sind eine korrekte und rechtzeitige Erkennung und Prognose von Umweltveränderungen durch das Unternehmen.

Weitere wichtige Grundvoraussetzungen für Dynamic Capabilities sind das Vorhandensein von noch nicht ausgeschöpften ressourcenbezogenen und organisatorischen Reserven (Slack Resources und Organizational Slack) im Unternehmen und die Fähigkeit des Unternehmens, sie zu mobilisieren, damit das Unternehmen den von der Umweltänderung induzierten Anpassungsbedarf erkennen und bewältigen kann (vgl. hierzu Staehle 1991, S. 313).

Dynamic Capabilities eines Unternehmens hängen wesentlich ab von seinen Fähigkeiten,

- neue Entwicklungen in der Unternehmensumwelt (z. B. Märkte, Technologien, offensive Aktionen der Konkurrenten und relevante Veränderungen von Konsumentenpräferenzen und der staatlichen Politik) zu erkennen, ihre voraussichtliche Bedeutung für das Unternehmen abzuschätzen und eine Unternehmensvision als Antwort auf beobachteten Wandel entwerfen zu können (visionär-prospektive Fähigkeiten des Unternehmens bzw. seines Managementteams und seiner Planung; vgl. Kapitel C III),
- organisatorische Veränderungen schneller und effizienter als die Wettbewerber zu realisieren (Anpassungsfähigkeit und Innovationsfähigkeit des Unternehmens).

Das Erkennen von zu erwartenden Umweltveränderungen (Erster Teilaspekt von visionär-prospektiven Fähigkeiten) können Unternehmen durch Frühwarnsysteme, Systeme der Konkurrentenbeobachtung bzw. ein umweltorientiertes Technologiemonitoring unterstützen. Ebenfalls kann die Zusammenarbeit und Vernetzung mit innovationsorientierten Kunden und Lieferanten dem Unternehmen Hinweise auf sich abzeichnende Umweltveränderungen und damit Innovationsimpulse geben (vgl. hierzu v. Hippel 1988). Das Erkennen von Umweltveränderungen muss nachfolgend ergänzt werden um die Fähigkeit des Managementteams, eine Unternehmensvision zu entwerfen bzw. weiter zu entwickeln als Reaktion auf erkannte Entwicklungstendenzen in der Unternehmensumwelt (Zweiter Teilaspekt von visionär-prospektiven Fähigkeiten).

Die Vision eines Unternehmens lässt sich allgemein definieren als „imagination of some future desired state" (Brumagim 1994, S. 97). Die wesentliche Funktion einer Unternehmensvision besteht darin, dass aus ihr die Unternehmensziele abgeleitet werden (vgl. Post 1997, S. 734) und dass sie Manager bei der Entscheidung unterstützt, auf welche Produkte, Technologien, Märkte und Kundengruppen das Unternehmen seine Ressourcen konzentrieren soll (vgl. Schoemaker 1992 sowie Vahs/Burmester 2002, S. 100 f.). Sie geht oftmals auf einzelne visionäre Führungskräfte zurück, die ihre Vision im Unternehmen durchsetzen und das Unternehmen auf die Verfolgung der Vision ausrichten. Mit Hilfe einer Unternehmensvision kann ein Unternehmen Wettbewerbsvorteile und Renten erzielen. Dies ist der Fall, wenn das Unternehmen auf der Grundlage seiner Vision z. B. frühzeitig bestimmte Ressourcen als wertvoll erkennen kann, bevor seine Konkurrenten den wahren Wert dieser Ressourcen erkennen (vgl. hierzu Barney 1986) oder wenn es frühzeitig (Kern-)Kompetenzen entwickeln kann, die ihre ökonomischen Potenziale erst bei geänderten Marktbedingungen in der Zukunft entfalten.

So verstandene Dynamic Capabilities eines Unternehmens stellen eine eigenständige Quelle für Wettbewerbsvorteile dar (vgl. hierzu Collis 1991, S. 50, 52), da im Wettbewerb die Fähigkeit schneller zu lernen und sich an Umweltveränderungen schneller anzupassen als die Wettbewerber (d. h. Dynamic Capabilities) langfristig den einzigen verteidigungsfähigen Wettbewerbsvorteil darstellt (De Geus 1988, S. 71; vgl. hierzu auch Foss 1997b, S. 350; Williams 1992, S. 30, 37, 48). *De Geus* führt hierzu prägnant aus: „the ability to learn faster than your competitors may be the only sustainable competitive advantage" (De Geus 1988, S. 71). Diese Argumentation bezweifeln aber *Eisenhardt* und *Martin*: Ihrer Ansicht nach liegt der strategische Wert dynamischer Fähigkeiten nicht in den Fähigkeiten per se, sondern in den neuen Ressourcenkonfigurationen begründet, die mit Hilfe dieser dynamischen Fähigkeiten hervorgebracht werden, sofern die hervorgebrachten Ressourcenkonstellationen die Bedingungen für einen verteidigungsfähigen Wettbewerbsvorteil erfüllen (vgl. Eisenhardt/Martin 2000, S. 1106, 1110, 1117 und die Kapitel B II 5 und C II).

Als Fazit aus den bisherigen Ausführungen lässt sich festhalten: Dynamic Capabilities sind die Fähigkeiten eines Unternehmens, Märkte und Technologien außerhalb des Unternehmens zu beobachten und neue, ökonomisch sinnvolle Verbindungen zwischen sich ändernden Marktbedürfnissen einerseits sowie den derzeitigen und potenziellen Ressourcen des Unternehmens andererseits zu entdecken und zu implementieren. Sie haben große Bedeutung für den Wettbewerbserfolg insbesondere in stark veränderlichen Märkten (vgl. Sanchez 1995, S. 154). Aus Sicht des ressourcenbasierten Ansatzes, wie er in diesem Buch dargestellt wird, ergeben sich somit drei unterschiedliche Ebenen einer Ressourcenhierarchie. Unternehmerische Renten können auf allen Ebenen dieser Ressourcenhierarchie erzielt werden, also sowohl auf der Ebene der Ressourcen i. e. S., der Ebene der (Kern-)Kompetenzen als auch der Ebene der Dynamic Capabilities. Dynamic Capabilities unterstützen dabei insbesondere die Erzielung von Schumpeter-Renten (vgl. hierzu die Ausführungen im nächsten Kapitel B II 4) durch Produkt- und Prozessinnovationen (vgl. Teece/Pisano/Shuen 1997, S. 527), weil sie die für die Umsetzung derartiger Innovationen erforderlichen Veränderungen der unternehmensinternen Ressourcenbasis und die entsprechenden organisatorischen Anpassungen ermöglichen. Demgegenüber können mit Ressourcen i. e. S. sowie mit (Kern-)Kompetenzen durch effektive und effiziente Nutzung bestehender Ressourcen vor allem Ricardo-Renten und Quasirenten (vgl. hierzu die Ausführungen im nächsten Kapitel B II 4) erzielt werden. Voraussetzung für die Erzielung von Renten ist allerdings, dass die Ressourcenkategorien jeweils die Ressourcencharakteristika aufweisen, die für die Begründung eines verteidigungsfähigen Wettbewerbsvorteils erforderlich sind, d. h. dass die Ressourcen jeweils den Test auf Vorliegen eines verteidigungsfähigen Wettbewerbsvorteils bestehen (vgl. hierzu die Ausführungen in Kapitel B II 5 und C II).

4. Ziel des unternehmerischen Handelns: Erzielung von Renten

Als Ziel unternehmerischen Handelns und generelle Verhaltensannahme wird im ressourcenorientierten Ansatz die Erwirtschaftung und Verteidigung von unternehmerischen Renten angeführt. *Barney* definiert den Begriff der ökonomischen Rente wie folgt: „A firm earns an economic rent when it earns a rate of return on the resources and capabilities it controls *greater than* what is needed to attract those resources and capabilities to the firm." (Barney 1994, S. 116).

Es gibt mehrere Arten von Renten (vgl. zum Folgenden Spieß 2005, S. 14 f.):

– **Monopol-Renten** basieren auf überlegener Marktmacht des Unternehmens und können z. B. in der exklusiven Kontrolle bzw. im Alleinbesitz einer bestimmten Ressource begründet sein.

– **Ricardo-Renten** beruhen auf der ungleichen Verteilung von Ressourcen zwischen den in einem Markt tätigen Unternehmen und sind Knappheitsrenten. Solche Ricardo-Renten kann ein Unternehmen erzielen, wenn es relativ knappe Ressourcen besitzt und ausbeutet, über die seine Wettbewerber nur in sehr eingeschränkter Menge verfügen.

– **Quasirenten** sind die wertmäßige Differenz zwischen der optimalen und der nächstbesten Verwendung einer Ressource. Je spezifischer eine Ressource ist, umso höher ist ceteris paribus die mit ihrer Hilfe erwirtschaftete Quasirente (vgl. hierzu Klein/Crawford/Alchian 1978).

– **Schumpeter-Renten** erzielt ein Unternehmen, wenn es mit Hilfe seiner Ressourcen Produkt- und Prozessinnovationen hervorbringt und sich die daraus resultierenden Innovationsgewinne aneignen kann. Aufgrund von imitierendem Verhalten der Wettbewerber sind Schumpeter-Renten kein dauerhaftes Phänomen.

Es bleibt anzumerken, dass diese begrifflich-inhaltliche Differenzierung nicht völlig trennscharf ist und insbesondere zwischen Schumpeter-Renten und Monopol-Renten sowie zwischen Ricardo-Renten und Monopol-Renten inhaltliche Überschneidungen existieren. Im Rahmen des ressourcenorientierten Ansatzes, in dessen Mittelpunkt der effektive und effiziente Einsatz unternehmerischer Ressourcen steht, sind primär Ricardo-Renten, Quasirenten und Schumpeter-Renten von Relevanz. Demgegenüber steht im Strategieansatz der Industrial Organization-Forschung (vgl. Kapitel B III) die Erzielung von Monopol-Renten und in der Neuen Institutionenökonomik (vgl. Kapitel B I) die Erzielung von Quasirenten und Effizienzstreben im Vordergrund. Renten werden im ressourcenorientierten Ansatz der Unternehmensführung durch Identifikation, Akkumulation, Einsatz und Weiterentwicklung von Wettbewerbsvorteile generierenden Ressourcen(bündeln) erzielt (vgl. Wernerfelt 1984).

5. Mittel zur Erzielung von unternehmerischen Renten: Aufbau verteidigungsfähiger Wettbewerbsvorteile

Zentral für die Erzielung von Renten ist der Aufbau verteidigungsfähiger Wettbewerbsvorteile (Sustainable Competitive Advantage). Zwischen den Vertretern des ressourcenorientierten Ansatzes wird kontrovers diskutiert, welche Merkmale eine Ressource aufweisen muss, damit sie einem Unternehmen einen verteidigungsfähigen Wettbewerbsvorteil (Sustainable Competitive Advantage) verleiht. Ein verteidigungsfähiger Wettbewerbsvorteil liegt vor, wenn er weiter besteht trotz der Anstrengungen von Konkurrenten, diesen Wettbewerbsvorteil zu duplizieren, und daher die Anstrengungen der Konkurrenten mangels Erfolgsaussichten beendet worden sind (vgl. Barney 1991, S. 102). Auf der Grundlage eines solchen Wettbewerbsvorteils kann ein Unternehmen Renten erzielen. Die nachfolgende Abb. 9 verdeutlicht das **Konzept des verteidigungsfähigen Wettbewerbsvorteils** im Überblick. Das zentrale Axiom innerhalb des Resource-based View of the Firm ist, dass sich Unternehmen in ihrer Ressourcenausstattung unterscheiden und dass sich daraus Unterschiede in der Effizienz und der Profitabilität von Unternehmen erklären lassen.

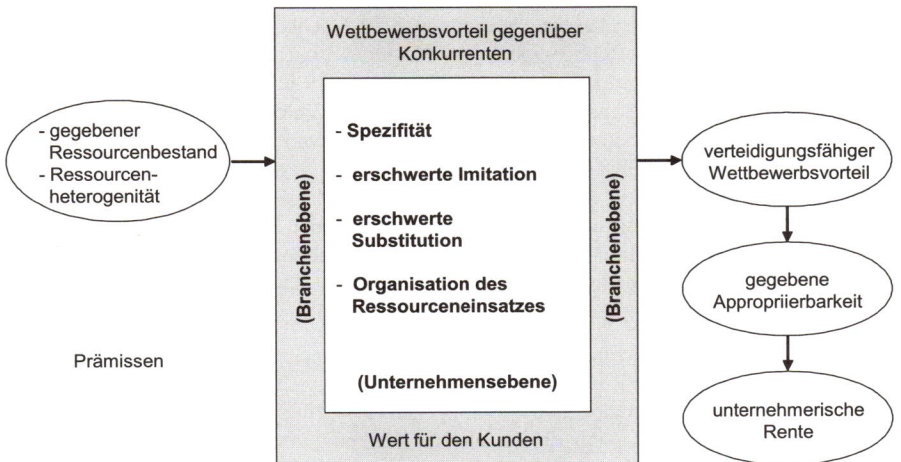

Abb. 9: Ressourcenmerkmale und verteidigungsfähiger Wettbewerbsvorteil
(in Anlehnung an Barney 1991, S. 105 f.)

Ein verteidigungsfähiger Wettbewerbsvorteil liegt vor, wenn eine Ressource einem Unternehmen einen Wettbewerbsvorteil gegenüber Konkurrenten verleiht und sie zur Nutzenstiftung für den Kunden beiträgt (markt- bzw. umweltorientierte Argumente) und wenn die Ressource spezifisch (d. h. auf einen bestimmten Einsatz im Unternehmen besonders zugeschnitten), schwer imitierbar bzw. substituierbar ist sowie gleichzeitig der Einsatz der Ressource effizient organisiert ist (ressourcenorientierte bzw. unternehmensinterne Argumente). Kann sich das Unternehmen die Erträge aus dieser Ressource aneignen (Appropriierbarkeit, z. B. weil es alle Verfügungsrechte an der Ressource besitzt und keine staatliche Regulierung die Aneignung der Erträge aus dem Ressourceneinsatz begrenzt oder verhindert), so ist eine unternehmerische Rente erzielbar. Dies ist – stark verkürzt – die Argumentation, wie sie von vielen Vertretern des Resource-based View (vgl. z. B. Barney 1991; Cool/Dierickx 1994; Schoemaker/Amit 1994) vertreten wird. Ein Beispiel für einen verteidigungsfähigen Wettbewerbsvorteil ist z. B. die Kontrolle über die Ortsnetze in der Telekommunikation durch einen Telekommunikationsanbieter (vgl. zur Verteidigungsfähigkeit dieses Wettbewerbsvorteils Burr 2004, S. 138 f.) oder der Besitz eines grundsätzlich nicht imitierbaren und nur schwer substituierbaren Patentes auf einen Wirkstoff in der Pharmaindustrie (vgl. hierzu Levin et al. 1987).

Für das Bestehen eines verteidigungsfähigen Wettbewerbsvorteils, der zu einem nachhaltigen Rentenstrom für das Unternehmen führt, ist es erforderlich, dass die in der obigen Abb. 9 genannten Ressourcen- und Umweltmerkmale alle simultan erfüllt sind. Ressourcen, die alle Kriterien erfüllen, sind die „Kronjuwelen" des Unternehmens (vgl. Montgomery 1995), die seinen strategischen Wettbewerbsvorteil gegenüber den Wettbewerbern begründen. In vielen Unternehmen stellen diese „Kronjuwelen" nur einen quantitativ kleinen Teil der gesamten Ressourcenausstattung dar. Einen verteidigungsfähigen Wettbewerbsvorteil kann ein Unternehmen erringen, indem es einzelne Ressourcen i. e. S. (z. B. Sachanlagevermögen, Humankapital, Reputation, Markennamen, Patente etc.) besitzt bzw. kontrolliert oder indem es Kernkompetenzen bzw. Kompetenzen entwickelt, die die genannten Merkmale erfüllen.

Für den Fall, dass es einem Unternehmen aufgrund Nichterfüllung bzw. Nichtmehrerfüllung einiger oder aller der oben genannten Bedingungen (vgl. Abb. 9) nicht mehr möglich ist, einen ressourcenbasierten, verteidigungsfähigen Wettbewerbsvorteil zu erzielen oder sich die Renten aus seinen Ressourcen anzueignen, gibt der ressourcenorientierte Ansatz der Unternehmensführung Gestaltungsempfehlungen für das Management. Falls ein Unternehmen einen Wettbewerbsvorteil besitzt, der nicht oder nicht mehr verteidigungsfähig ist und damit z. B. durch Imitation oder Substitution erodiert werden kann, so ergibt sich als grundsätzliche Handlungsoption eine Strategie der Exploitation des schwindenden Wettbewerbsvorteils oder eine Strategie der Exploration neuer Wettbewerbsvorteile oder eine Mischstrategie, die Exploration und Exploitation kombiniert. Sowohl die Exploitation vorhandener als auch die Exploration neuer Ressourcenpotentiale trägt zur kurz- bzw. langfristigen Gewinnerzielung eines Unternehmens bei (vgl. Teece/Pisano/Shuen 1997, S. 515).

Exploitation zielt auf die Nutzung bestehender Ressourcenpotenziale, z. B. die Erzielung von Effizienzgewinnung bei der Ressourcennutzung durch Rationalisierung oder Ausschöpfung von Größenvorteilen. Exploration bedeutet hingegen das Erforschen und Entwickeln neuer Ressourcen und Ressourcenkombinationen, also im Kern eine Innovationsthematik.

Die Entscheidung eines Unternehmens, welcher Anteil seiner knappen Ressourcen in Exploitation und welcher Anteil in Exploration investiert wird, d. h. die Verwirklichung einer angemessenen Balance zwischen Exploration und Exploitation, ist für die langfristige Überlebensfähigkeit und den Erfolg von Unternehmen von entscheidender Bedeutung (vgl. De Carolis 2003, S. 46 und Marengo 1994, S. 554). Das Verhältnis zwischen Ressourcenexploitation und Ressourcenexploration ist allerdings nicht unproblematisch. Vielmehr existiert zwischen (kurzfristiger) Ressourcenexploitation und (langfristig angelegter) Ressourcenexploration in vielen Fällen ein Spannungsverhältnis (vgl. Ghemawat/Richart I Costa 1993, S. 59 und Marengo 1994, S. 554, 561, 569). *Marengo* bringt dies auf den Punkt:

„Organizations always face the dilemma between concentrating their resources on the exploitation of the knowledge which is already available to them and the exploration of new possibilities. Both exploitation and exploration are necessary for the survival of an organization" (Marengo 1994, S. 554).

6. Betrachteter Zeithorizont: mittel- bis langfristig

Der im ressourcenorientierten Ansatz geltende Zeithorizont lässt sich als mittel- bis langfristig charakterisieren (Knudsen 1995, S. 208, abweichende Meinung bei Conner 1991, S. 143). Vertreter dieses Ansatzes betonen, dass Wettbewerbsvorteile vor allem durch langfristig nutzbare und schwer imitierbare Ressourcen geschaffen werden können (vgl. hierzu Foss/Knudsen/Montgomery 1995, S. 8; Schoemaker/Amit 1994, S. 6 f. sowie Mahoney/Pandian 1992, S. 364).

7. Kritik am Ansatz der ressourcenorientierten Unternehmensführung

Der Ansatz der ressourcenorientierten Unternehmensführung ist nicht unwidersprochen geblieben. Die **Kritik** an diesem neueren Ansatz der Strategie- und Managementforschung setzt an verschiedenen Punkten an (für eine ausführliche Darstellung der Kritikpunkte vgl. Burr 2002a). Zu nennen wären in diesem Zusammenhang

– der Umfang der im Rahmen der Theorie erfassten und untersuchten Ressourcenkombinationen, insbesondere die Beschränkung auf erfolgsgenerierende Ressourcen (vgl. Winter 1995, S. 149 sowie Montgomery 1995, S. 257), wie z. B. ein guter Ruf des Unternehmens, bei weitgehender Ignorierung erfolgsschädigender Ressourcen (vgl. Leonard-Barton 1995), wie z. B. ein schlechter Ruf des Unternehmens.

– die Beschränkung des ressourcenorientierten Ansatzes auf die Sicht der Angebotsseite und dementsprechend die weitgehende Vernachlässigung der marktlichen Umwelt und vor allem der Nachfrageseite (Mosakowsky/McKelvey 1997, S. 67, Fn. 3).

– die mangelnde theoretische Fundierung und methodische Schwächen des ressourcenorientierten Ansatzes. Sie äußern sich z. B. im Verzicht auf klar spezifizierte Annahmen zum Menschenbild und zur marktlichen Umwelt des Unternehmens sowie in einer nur ungenügenden Herausarbeitung der Anwendungsvoraussetzungen und des Effizienzkriteriums der ressourcenbasierten Theorie in vielen Publikationen (vgl. Kogut 1994, S. 74).

– die relativ geringe Eignung des ressourcenorientierten Ansatzes für empirische Forschung, da die unternehmensinternen Ressourcen einer empirischen Untersuchung schwerer zugänglich sind als unternehmensexterne Faktoren, wie z. B. Marktstrukturen und Anbieterstrategien, die für den Forscher leichter beobachtbar sind (vgl. hierzu z. B. Wernerfelt 1984, S. 180; Conner 1991, S. 145).

– die Verwendung unpräziser oder überhaupt nicht definierter und operationalisierter Begriffe, wie z. B. der Begriff der Kompetenz oder der Kernkompetenz (vgl. hierzu z. B. die Kritik von Brumagim 1994 sowie Lienemann/Reis 1996, S. 260 unter Verweis auf Rasche/Wolfrum 1993, S. 26 ff.).

Will man dem ressourcenorientierten Ansatz der Unternehmensführung gerecht werden, so gilt es bei aller Kritik auch zu berücksichtigen, dass es sich bei diesem Ansatz um ein noch relativ junges, noch nicht sehr ausgereiftes Forschungsfeld handelt, das noch Potenzial für Weiterentwicklung birgt.

III. Der Strategieansatz der Industrial Organization-Forschung

Ebenso wie bei der Darstellung der Theorien der Neuen Institutionenökonomik wird auch nachfolgend zuerst das Grundmodell im Abschnitt a dargestellt, bevor dynamische Erweiterungen und Elemente des Grundmodells in Abschnitt b beschrieben werden.

1. Das Grundmodell von Michael Porter

Im Mittelpunkt des Strategieansatzes der Industrial Organization-Forschung stehen die verschiedenen Möglichkeiten und Ansatzpunkte des Managements zum systematischen Aufbau von Marktmacht durch Beeinflussung der Wettbewerbskräfte innerhalb einer Branche. Der industrieökonomische Ansatz (auch **Market-based View** genannt) war in den 1980er Jahren das herrschende Paradigma der Strategieforschung (vgl. Teece/Pisano/Shuen 1997, S. 511). Er basiert vor allem auf den Arbeiten von Porter (vgl. hierzu insbesondere Porter 1986 und 1988) und dem Structure-Conduct-Performance-Ansatz als theoretischem Unterbau (vgl. Shepherd 1990, S. 5-7 und Scherer/Ross 1990, S. 5 f.). Der industrieökonomische Ansatz der Strategieforschung basiert auf folgenden **Verhaltens- und Umweltannahmen**:

- Die primäre Untersuchungseinheit innerhalb des Market-based View ist die Branche (vgl. Foss 1996, S. 177 und Porter 1981, S. 611). Im Mittelpunkt der Betrachtung stehen dabei insbesondere die durch Zahl und Größe der konkurrierenden Unternehmen bestimmte Branchenstruktur sowie die von einzelnen Unternehmen realisierten Produkt-Markt-Kombinationen.
- Managerhandeln wird innerhalb des industrieökonomischen Ansatzes als in starkem Maße rational modelliert (vgl. Amit/Schoemaker 1993, S. 42) und hat als Zielsetzung die Erwirtschaftung von Monopol-Renten durch Positionierung des Unternehmens innerhalb einer Branche und/oder durch Beeinflussung der Branchenstruktur. Manager streben mit ihren Entscheidungen die Erreichung eines stabilen Gleichgewichtszustands in Form eines dauerhaften und verteidigungsfähigen Wettbewerbsvorteils an.
- Die unternehmerische Ressourcenausstattung wird als exogen gegeben modelliert oder es wird davon ausgegangen, dass ein Unternehmen, nachdem es sich für eine bestimmte Wettbewerbsstrategie entschieden hat, die für die Strategieimplementierung erforderlichen Ressourcen friktionslos und unproblematisch erwerben bzw. aufbauen kann (vgl. Teece/Pisano/Shuen 1997, S. 514).
- Die Unternehmen einer Branche werden als grundsätzlich homogen, d. h. als ökonomische Einheiten mit qualitativ weitestgehend identischer Ressourcenausstattung modelliert (vgl. Barney 1991, S. 100). Unterschiede zwischen verschiedenen Unternehmen werden auf Unterschiede in der Unternehmensgröße und in der ökonomischen Performance, d. h. in den erzielten Renditen, reduziert (vgl. Teece/Pisano/Shuen 1997, S. 511 sowie Conner 1991).

Gemäß dem Strategieansatz der Industrial Organization-Forschung werden verteidigungsfähige Wettbewerbsvorteile und daraus abgeleitete Monopolrenten primär durch die Positionierung eines Unternehmens gegenüber den fünf Wettbewerbskräften seiner Branche (Verhandlungsmacht der Nachfrager, Verhandlungsmacht der Zulieferer, aktuelle und potenzielle Konkurrenten sowie Konkurrenz durch Substitutionsprodukte; vgl. Abb. 10) erzielt.

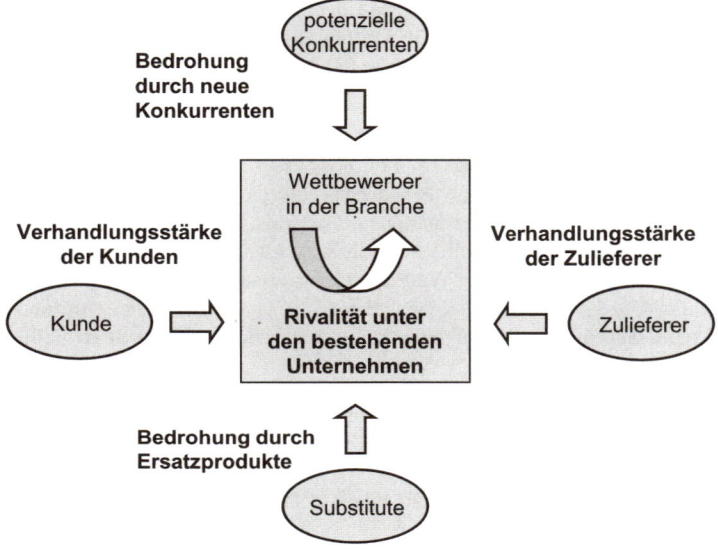

Abb. 10: Fünf Wettbewerbskräfte nach Porter
(vgl. Porter 1999, S. 29)

Die zusammengefasste Stärke der **fünf Wettbewerbskräfte** bestimmt die Wettbewerbsintensität und damit das in einer Branche realisierbare Gewinnpotenzial. Es gibt Branchen bzw. Marktsegmente, in denen alle oder zumindest mehrere der Wettbewerbskräfte schwach ausgeprägt sind mit der Konsequenz, dass die Branchenunternehmen überdurchschnittliche Gewinne erzielen können (z. B. Edelstahlherstellung, Luxusgüter des obersten Preissegments aufgrund wenig aktueller und potenzieller Konkurrenz sowie geringer Verhandlungsmacht der Nachfrager). Demgegenüber gibt es andere Branchen, in denen alle oder zumindest mehrere der Wettbewerbskräfte sehr stark ausgeprägt sind mit der Konsequenz, dass die Branchenunternehmen nur sehr geringe Gewinne erzielen können (z. B. Herstellung von Personal Computern aufgrund der sehr intensiven aktuellen Konkurrenz und der Verhandlungsmacht von Lieferanten von Mikroprozessoren und der niedrigen Markteintrittsbarrieren im Privatkundensegment).

Die Konzentration auf Wettbewerbskräfte und die Branchenstruktur bedeutet aber nicht, dass der Market-based View Porter'scher Prägung die Erfolgsbedeutung unternehmensinterner Ressourcenpotenziale völlig vernachlässigt. Porter erkennt die Bedeutung des Resource-based View, der die Ressourcen und Kompetenzen eines Unternehmens als entscheidend für die Begründung von Wettbewerbsvorteilen betrachtet, an (vgl. Porter 1994, S. 279). Porter als Vertreter des Market-based View schreibt aber Aspekten der Branchenstruktur größere Bedeutung für die Erzielung von Wettbewerbsvorteilen zu und warnt davor, dass sich Unternehmen übermäßig auf ihre Ressourcenbasis und Kompetenzen konzentrieren und dabei ihre Branche und die in ihr herrschenden Wettbewerbsverhältnisse vernachlässigen (vgl. hierzu Porter 1994, S. 281 f.; Spieß 2005, S. 18, Fn. 15).

Die primären Aufgaben des strategischen Managements von Unternehmen sind die Entdeckung profitabler Industrien und von Produkt-Markt-Kombinationen innerhalb einzelner Industrien sowie die Implementierung einer geeigneten Wettbewerbsstrategie (Kostenführerschaft, Differenzierung, Nischenstrategie), mit der sich das Unternehmen gegenüber den in seiner Branche herrschenden Wettbewerbskräften isolieren kann (vgl. Grant 1991, S. 117). Nach Vollendung der Branchenstrukturanalyse können aus dem Ansatz von *Porter* generische Strategien für Unternehmen abgeleitet werden (vgl. die Ausführungen in Kapitel C II).

Am Market-based View lässt sich vielfältige **Kritik** üben: Der industrieökonomische Ansatz ist statisch konzipiert (vgl. Grant 1991, S. 114; Foss 1996, S. 177). Er leistet eine Zustandsbetrachtung und Momentaufnahme von Branchenstrukturen und der von einzelnen Unternehmen gewählten Produkt-Markt-Kombinationen. Dynamische Aspekte, wie z. B. Strategiefindungsprozesse, die Änderung von Unternehmensstrategien oder die Evolution von Industrien im Zeitablauf und die Analyse von Wettbewerbsprozessen im Sinne von *Schumpeter* (vgl. Schumpeter 1980, S. 134) oder *Hayek* (vgl. Hayek 1976, S. 122 f.) oder von Innovationsprozessen sind nicht Gegenstand des industrieökonomischen Ansatzes der Strategieforschung.

Kritisiert werden kann ferner, dass die Unternehmen innerhalb einer Branche als Black Boxes betrachtet werden, d. h. ihre Binnenorganisationsstrukturen und Ressourcenausstattungen werden aus der Analyse fast vollständig ausgeblendet (vgl. Amit/Schoemaker 1993, S. 42; Foss 1996, S. 177). *Scherer* und *Ross* stellen hierzu fest: „The field (industrial organization, Anmerk. d. Verf.) has little to say directly about how one organizes and directs a particular industrial enterprise" (Scherer/Ross 1990, S. 1).

Die Modellannahmen und -restriktionen der Industrieökonomik sowie die Kritik an diesem Ansatz sind zum Ausgangspunkt für Weiterentwicklungen der Forschung zum strategischen Management geworden. Neuere Ansätze, wie z. B. der im vorigen Kapitel dargestellte Ansatz der ressourcenorientierten Unternehmensführung zielen darauf ab, einige der restriktiven Modellannahmen des Market-based View zu überwinden und durch realitätsnähere Annahmen zu ersetzen. So hat sich der Resource-based View in Auseinandersetzung mit dem Market-based View entwickelt.

2. Wandel von Industriestrukturen: Der Industrielebenszyklus

Der Ansatz von Porter ist im Kern eine komparativ-statische Theorie. Sie ermöglicht es, anhand der fünf Wettbewerbskräfte die Struktur einer Branche zu zwei festgelegten Zeitpunkten zu vergleichen. Über die Prozesse des Übergangs von einer Branchenstruktur zu einer anderen kann der Ansatz von Porter hingegen nichts aussagen. Will man diese Prozesse der Industrieevolution besser verstehen, so ist es erforderlich, ergänzende Konzepte wie z. B. das Konzept des Industrielebenszyklus heranzuziehen.

Die Entwicklung einer Industrie im Zeitablauf kann auf zwei Ebenen betrachtet und analysiert werden. Die interindustrielle Industrieevolution behandelt Aufstieg und Niedergang von Industrien in einer Volkswirtschaft im relativen Vergleich zueinander, während die intraindustrielle Industrieevolution die Veränderung der Binnenstrukturen eines einzelnen Industriezweiges analysiert. Das Konzept des Industrielebenszyklus als eine Erscheinungsform von Intra-Industrieevolution steht im Mittelpunkt dieses Kapitels.

Der Lebenszyklus einer Industrie (vgl. Haid/Münter 1999; Höft 1992, S. 103 ff.) beschreibt die verschiedenen Entwicklungsstadien, die eine Industrie über die Zeit durchlaufen kann (vgl. Abb. 11). Die aktuelle Entwicklungsstufe einer Industrie, d. h. der aktuelle Stand des Industrielebenszyklus kann an unterschiedlichen Indikatoren abgelesen werden:

– Zahl der Markteintritte, Zahl der Marktaustritte, Zahl der Netto-Eintritte.
– Anzahl der in der Industrie tätigen Unternehmen (vgl. Hölzl/Hofer 2001, S. 3; Haid/ Münter 1999, S. 7).
– Die Entwicklung des Marktvolumens im Zeitablauf (Einführung, Wachstum, Reife, Niedergang als wesentliche Phasen des Industrielebenszyklus (vgl. Abb. 12) bzw. Muster der zeitlichen Entwicklung von Preisen und Mengen einer Industrie (vgl. Haid/Münter 1999, S. 8).
– Anhand der technologischen Entwicklung und dem Innovationsgeschehen in einer Industrie (vgl. die Zusammenfassung bei Haid/Münter 1999): Aus dieser Sicht steht am Beginn der Industrieevolution eine radikale Innovation (z. B. der Personal Computer von IBM im Jahr 1981), in deren Folge eine Vielzahl von weiteren Produktinnovationen (schrittweise Weiterentwicklungen des PC z. B. durch neue Mikroprozessorgenerationen) realisiert werden. (Phase 1). In der nächsten Phase der Industrieevolution bildet sich ein dominantes Design als ein von der Mehrzahl der Anbieter geteiltes Verständnis über die Funktion und die wesentlichen Elemente des Produktes (PC mit Windows Software und Prozessoren gemäß Intel-Architektur) heraus (Phase 2). Die letzte Phase der Industrieevolution ist nach der Herausbildung des dominanten Designs durch einige wenige inkrementelle Produktinnovationen und Prozessinnovationen (weitere Verfeinerungen des Wintel PC, Optimierung der Vertriebs- und Lagerhaltungsprozesse bei den PC-Herstellern) gekennzeichnet (Phase 3, Reifephase).

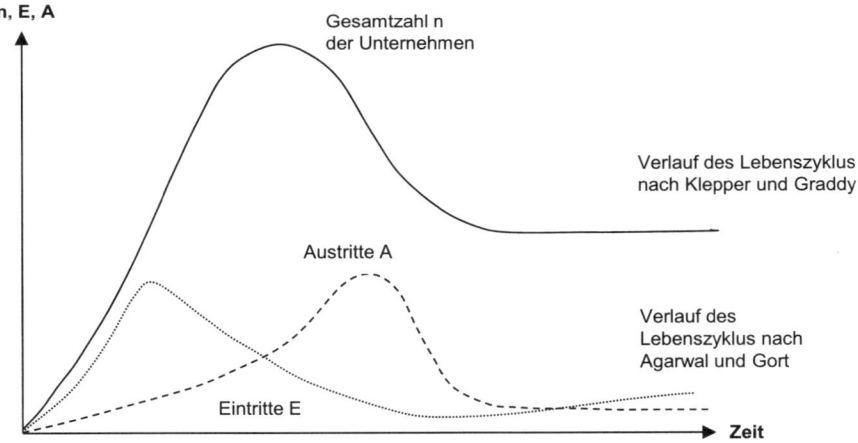

Abb. 11: Eintritte, Austritte und Gesamtzahl der Unternehmen im Zeitablauf (in Anlehnung an Haid/Münter 1999, S. 12; Agarwal/Gort 1996; Klepper/Graddy 1990)

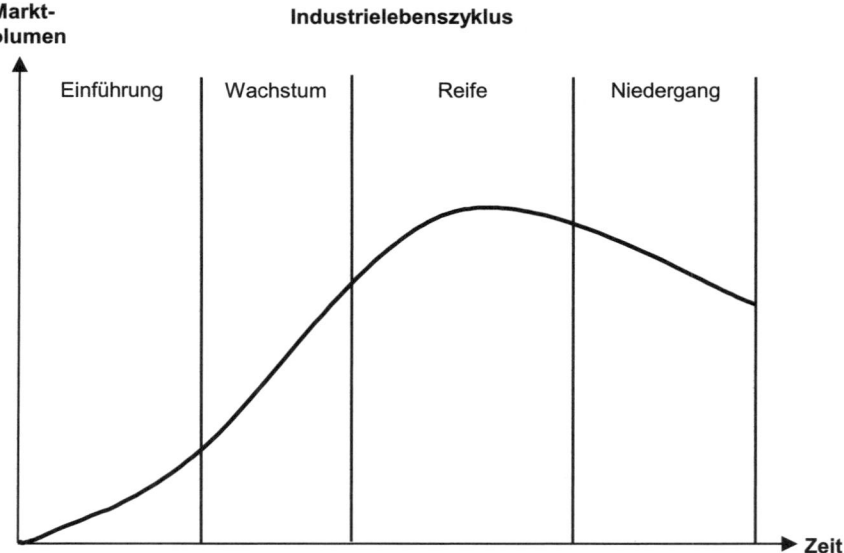

Abb. 12: Industrielebenszyklus, gemessen an der Entwicklung des Umsatzes der Industrie
(in Anlehnung an Höft 1992, S. 105)

Einen idealtypischen Verlauf der Innovationen zeigt die nachfolgende Abb. 13.

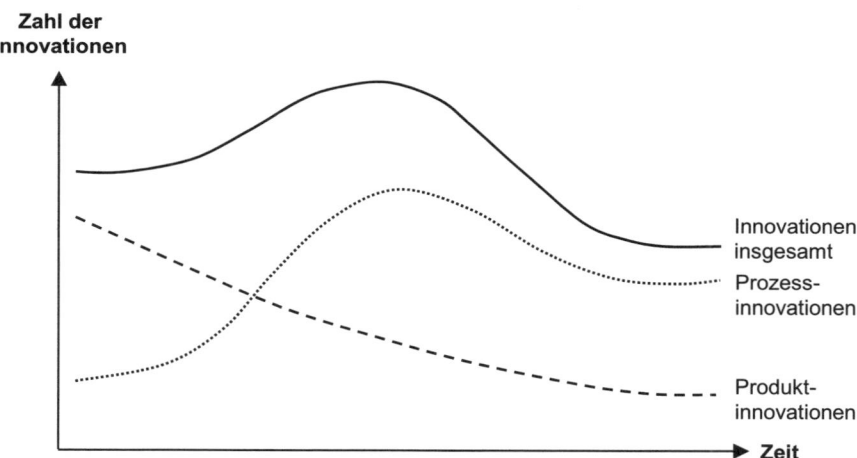

Abb. 13: Zahl der Innovationen einer Industrie im Zeitablauf
(in Anlehnung an Haid/Münter 1999, S. 21)

Jede der drei Phasen ist durch unterschiedliche Wettbewerbsintensität und unterschiedliche Grade an Turbulenz (Eintritte in die Branche, Austritte aus der Branche, Nettoeintritte) gekennzeichnet, wobei diese Industriecharakteristika mit zunehmender Reifung der Industrie geringer werden (vgl. Malerba/Orsenigo 1996, S. 62 f.). Weitere mit der Industrieevolution verbundene Forschungsfragen sind:

- Wie ändern sich im Laufe der Industrieevolution die angebotenen Produkte, vor allem ihre Produktarchitekturen? (Malerba/Orsenigo 1996, S. 66)
- Wie ändern sich im Laufe der Industrieevolution die Unternehmensgrenzen (vertikale Integration, Diversifikation, Vernetzung mit Lieferanten und Kunden, Kooperationen mit anderen Unternehmen der Branche)? (Malerba/Orsenigo 1996, S. 66)
- Wie ändert sich die Verteilung von Wertschöpfungsanteilen und Unternehmenskompetenzen zwischen den Unternehmen der Industrie? Fall 1: Von konzentrierten Kompetenzen in wenigen Unternehmen zu dezentral auf viele Unternehmen verteilten Kompetenzen (z. B. PC-Branche, Glasfaserindustrie)? Fall 2: Von dezentral verteilten Kompetenzen zu in wenigen Unternehmen konzentrierten Kompetenzen (z. B. Stahlindustrie, Automobilbau)?

Malerba und *Orsenigo* bezweifeln die allgemeine Anwendbarkeit dieses Lebenszyklusmodells auf alle Industrien (vgl. Malerba/Orsenigo 1996, S. 64). *Haid* und *Münter* nehmen eine gemäßigte Position ein, stellen das Konzept des Industrielebenszyklus aber nicht völlig infrage: „Nicht immer verläuft der Entwicklungspfad einer Industrie so geordnet, regelmäßig und determiniert, wie der Begriff des Industrielebenszyklus nahe legt; trotz gewisser Regelmäßigkeiten ist der Prozess immer zu einem gewissen Grad offen." (Haid/Münter 1999, S. 9).

IV. Markt und Staat als Einflussfaktoren des Unternehmensverhaltens

Unternehmen sind eingebettet in ein Umfeld (vgl. Freiling/Reckenfelderbäumer 2007, S. 235-240). Zu unterscheiden sind das allgemeine und das spezielle Umfeld des Unternehmens. Zum allgemeinen Umfeld eines Unternehmens gehören das politisch-gesetzgeberische System, die Standortfaktoren eines Landes (Infrastruktur, Rohstoffreichtum, Arbeitskräftepotenzial, Zustand der natürlichen Umwelt), gesellschaftliche Trends und Werthaltungen. Das spezielle Umfeld eines Unternehmens ist enger definiert; es umfasst den Markt bzw. die Branche, in der das Unternehmen operiert. Nachfolgend werden aus den verschiedenen Umfeldern von Unternehmen zwei Ausschnitte herausgegriffen, nämlich Markt und Staat als wesentliche Determinanten des Unternehmensverhaltens.

Das Umfeld nimmt Einfluss auf das Verhalten und den Erfolg von Unternehmen und zwingt Unternehmen, sich an die Bedingungen ihres Umfeldes anzupassen. Große Unternehmen können ihrerseits versuchen, auf ihr Umfeld Einfluss zu nehmen. Unternehmen sind Veränderungen in ihrem marktlichen Umfeld nicht vollständig ausgeliefert; sie können auch versuchen, ihr marktliches Umfeld zu verändern anstatt sich an ihr marktliches Umfeld anzupassen. Strategien zur Veränderung des marktlichen Umfeldes können beispielsweise in folgenden Punkten gesehen werden: Denkbar sind die Akquisition eines direkten Branchenkonkurrenten bzw. eine Fusion mit einem direkten Konkurrenten oder nur unter bestimmten Bedingungen erlaubte, ansonsten verbotene und damit illegale Kartellabsprachen (betreffend Preise, Absatzgebiete, Lieferkonditionen) mit der Zielsetzung, die Wettbewerbsintensität in der Branche zu reduzieren. Ein weiterer Ansatzpunkt zur Veränderung der Branche im Sinne des eigenen Unternehmens ist die Einflussnahme (z. B. durch Lobbyismus) auf politische Entscheidungsträger, die die Spielregeln der Branche (Ordnungsrahmen, Regulierungseingriffe) bestimmen und im Sinne der intervenierenden Unternehmen verändern können. Ein Beispiel hierfür war die Einflussnahme des damaligen Vorstandsvorsitzenden der Deutschen Post AG auf die deutsche Politik, die Mindestlöhne in der Branche festlegte, was Konkurrenten der Deutschen Post AG benachteiligte und teilweise sogar zum Marktaustritt zwang. Neben angestrebter bewusster Veränderung der Branchenstruktur können Unternehmen auch versuchen, die Branche berechenbarer zu machen, um derart den Bedarf nach flexibler Anpassung des Unternehmens zu reduzieren. Hier können langfristige Verträge mit Lieferanten oder Kunden, die Liefermengen und Preise im Vorhinein festlegen und dem Unternehmen mehr Planungssicherheit geben, genannt werden. Auch können Unternehmen versuchen, ihre Technologie in Normierungs- und Standardsetzungsgremien zum Branchenstandard zu machen und derart die Unsicherheit bezüglich der künftigen technologischen Entwicklung für sich zu reduzieren.

1. Der Einfluss des Staates auf privatwirtschaftliche Unternehmen

a. Staatliche Funktionen im Wirtschaftsleben

Der Staat erfüllt wichtige Funktionen im Wirtschaftsleben und kann damit das Verhalten und die Erfolgserzielung von Unternehmen in positiver oder negativer Weise tangieren. Die wichtigsten staatlichen Funktionen sind:

aa. Der Staat als Regelsetzer und Regeldurchsetzer

Der Staat fungiert als Regelsetzer und Regeldurchsetzer. Er definiert den Ordnungsrahmen des Marktes, indem er allgemeine Regeln festlegt (z. B. Eigentumsrecht, Gesellschaftsrecht, Haftungsrecht, Vertragsrecht, Kartellrecht etc.), die für alle Unternehmen in einem Land gelten. Neben allgemeinen Regeln für alle Unternehmen erlässt der Staat auch gesetzliche Vorschriften, die spezifisch für bestimmte Branchen gelten. Solche spezifischen staatlichen Regeln sind Regulierungseingriffe in bestimmte Märkte. Regulierungseingriffe können sich beziehen auf den Marktzutritt und das Marktverhalten von Unternehmen sowie die Marktergebnisse. Der Marktzutritt kann beispielsweise durch Zuverlässigkeitsprüfungen (im Gastgewerbe) oder eine Kontingentierung des Marktzutritts (im Taxigewerbe) reglementiert werden. Auf das Marktverhalten von Unternehmen kann der Staat Einfluss nehmen z. B. durch Preiskontrollen für Monopolunternehmen oder Verpflichtungen von Monopolunternehmen, ihre Telekommunikations- und Stromnetze für die Nutzung durch Konkurrenten zu öffnen. Die Marktergebnisse können verändert werden z. B. durch Abschöpfung von Monopolgewinnen, durch Förderung der Herausbildung einer wettbewerbsintensiven Marktstruktur oder durch Verhinderung des Eintritts eines marktbeherrschenden Unternehmens in andere, wettbewerbliche Märkte. Als Rechtfertigungsgründe für staatliche Regulierungseingriffe in Märkte können folgende Argumente genannt werden:

Regulierungseingriffe können die Verhinderung des Missbrauchs monopolistischer Marktmacht (z. B. durch Preisregulierung) bezwecken. Sie können aber auch auf die Vermeidung negativer oder positiver externer Effekte auf Dritte abzielen. Negative externe Effekte kann z. B. eine ruinöse Konkurrenz verursachen, die Qualitätsverluste oder volkswirtschaftlich unerwünschte Doppelinvestitionen zur Folge hat. Dies kann vermieden oder reduziert werden durch Marktzutrittsbeschränkungen. Positive externe Effekte sind beispielsweise aus Gründen der Sozial-, Umverteilungs- oder Regionalpolitik erwünschte besondere Ausgestaltungen des Leistungsangebotes (z. B. flächendeckende Versorgung, Gewährleistung eines Basisdienstes

auch für Geringverdiener, durch Eingriffe in die Preisstruktur erzwungene Quersubventionierung zwischen Kundengruppen oder Bedienungsgebieten).

Bisher sind in Deutschland mehrere Branchen und Unternehmen einer stärkeren staatlichen
Regulierung unterworfen worden: die Deutsche Post AG als marktbeherrschendes Unterneh-
men im Briefdienst in Deutschland, die Deutsche Telekom AG als marktbeherrschendes
Unternehmen im Bereich Festnetztelekommunikation, zunehmend werden auch Anbieter von
Mobilfunkdiensten Regulierungseingriffen unterworfen (z. B. regulatorisch beeinflusste
internationale Roaming-Gebühren und Zusammenschaltungsentgelte mit Festnetzen), die
Deutsche Bahn AG als marktbeherrschender Anbieter von Transportdienstleistungen auf der
Schiene, Stromversorger, diskutiert wird derzeit auch eine verstärkte Regulierung der Was-
serwirtschaft in Deutschland (vgl. Burr 1995; Murphy/Flauger/Stratmann 2010, S. 22 f.) und
der Banken und Versicherungen. Neben Branchen und Unternehmen wird auch die Regulierung bestimmter Technologien, z. B. der Erforschung und Anwendung der Gentechnik, praktiziert oder eine verstärkte Regulierung diskutiert (z. B. im Technologiefeld der Nanotechnologie, vgl. Burr/Grupp/Funken-Vrohlings 2009)

Fallbeispiel: Regulierung der Telekom AG

Mit der Marktöffnung des deutschen Telekommunikationsmarktes 1998 wurde die Deutsche Telekom AG als marktdominierendes Unternehmen einer besonderen Regulierung
unterworfen. Es erfolgten Regulierungseingriffe in die Endkundenpreise. Die Deutsche
Telekom AG wurde infolgedessen gezwungen, ihre Preise für Endkunden jährlich um
einen bestimmten Prozentsatz zu senken. Ebenfalls wurde die Deutsche Telekom verpflichtet, ihre Netze für die Benutzung durch Konkurrenten zu öffnen und hierfür regulatorisch festgelegte und kontrollierte Zusammenschaltungstarife den Wettbewerbern in
Rechnung zu stellen. Neben der Netzwerkzusammenschaltung wurde die Deutsche Telekom AG ebenfalls verpflichtet, den Konkurrenten Vorprodukte (z. B. entbündelte Teil-
nehmeranschlussleitungen im Ortsnetz) zu festgelegten Tarifen anzubieten. Als marktdominierendes Unternehmen wurde die Deutsche Telekom AG auch einer Universal-
dienstverpflichtung unterworfen, d. h. zur flächendeckenden Bereitstellung von Netzinfrastrukturen und Telefonzellen verpflichtet (vgl. Burr 1995).

---

ab. Der Staat als Finanzierer und Anbieter öffentlicher Güter

Der Staat ist Finanzierer und Anbieter öffentlicher Güter, wie z. B. innere und äußere Sicherheit, Bildung und Erziehung, Gesundheitswesen. Bei öffentlichen Gütern kommt es zu einem
Versagen des Marktmechanismus, weil Nichtausschließbarkeit über den Preismechanismus
gegeben ist und alle Bürger eines Landes von dem Niveau an innerer und äußerer Sicherheit
oder dem allgemeinen Gesundheits- und Bildungsstand in einem Land profitieren können,
ohne den öffentlichen Leistungen direkt zurechenbare Entgelte entrichten zu müssen. Ein
marktliches Angebot der entsprechenden Leistungen wird durch Trittbrettfahrerverhalten der
Nutzer und die Verheimlichung von Zahlungsbereitschaft für öffentliche Güter bei den Nutzern erschwert bzw. unmöglich gemacht. Zudem herrscht bei öffentlichen Gütern innerhalb
definierter Kapazitätsgrenzen Nicht-Rivalität im Konsum, d. h. eine Leistung kann gleichzeitig von mehreren Nutzern in Anspruch genommen werden, ohne dass die Nutzer sich gegenseitig beeinträchtigen bei ihrer Nutzung (z. B. Geldwertstabilität, Rechtssicherheit, Korrupti-
onsfreiheit in einem Land). Das Marktversagen impliziert nicht zwingend, dass der Staat die

entsprechenden Leistungen selbst erstellen muss, er muss sie zumindest finanzieren und kann die Erstellung auch auf private Unternehmen übertragen. Der Regelfall in Deutschland ist selbst nach der Privatisierung vieler öffentlicher Aufgaben in den letzten Jahren immer noch das Angebot öffentlicher Dienstleistungen in staatlichen Einrichtungen der Daseinsvorsorge, d. h. in Einrichtungen des öffentlichen Dienstes, durch öffentliche Unternehmen oder zumindest durch staatliche regulierte bzw. finanziell bezuschusste private Unternehmen.

ac. Der Staat als Nachfrager von Vorprodukten und Dienstleistungen

Der Staat und ihm gehörende öffentliche Unternehmen sind auch wichtige Nachfrager von Vorprodukten und Dienstleistungen in vielen Märkten. Hier verhält sich der Staat bzw. das staatliche Unternehmen als Marktakteur.

Durch ihre Beschaffungsentscheidungen nehmen der Staat und öffentliche Unternehmen Einfluss auf die technologische Entwicklung, das Investitionsverhalten, die Exportchancen, die Kapazitätsauslastung, die Wachstumsmöglichkeiten, die Rentabilität und die Schaffung bzw. den Abbau von Arbeitsplätzen in den entsprechenden Zulieferindustrien. So beträgt das Beschaffungsvolumen der Deutschen Bahn AG rund 20 Mrd. Euro pro Jahr. Es umfasst den allgemeinen Einkauf, Bauten, Elektrotechnik, Telekommunikation, Leit- und Sicherungstechnik, Fahrzeuge und Fahrzeugersatzteile (vgl. Wetzel 2010, sowie Deutsche Bahn 2009). Beispielsweise beschafft die Deutsche Bahn AG als öffentliches Unternehmen Zugmaterial bei der deutschen und internationalen Eisenbahnzulieferindustrie, Bauleistungen bei Baukonzernen und verschiedenartigste andere Dienstleistungen (z. B. Unternehmensberatung, Reinigungsdienstleistungen). Die Deutsche Post AG hat im Jahr 2008 Waren und Dienstleistungen im Umfang von 9,0 Mrd. Euro eingekauft. Die Deutsche Post Worldnet beschaffte Frachtflugzeuge, Fahrzeuge für den Fuhrpark, IT und Kommunikation, Druckerzeugnisse und Geschäftsbedarf, Produktionssysteme, Immobilien und Dienstleistungen (vgl. Deutsche Post AG 2008, S. 69). Die Deutsche Post AG ist ein wichtiger Abnehmer von Briefsortiermaschinen und Brieffrankiermaschinen, von Transportfahrzeugen und Beratungsdienstleistungen. Die Bundeswehr realisierte für die Beschaffung von Dienstleistungen Kooperationsmodelle bzw. Betreiberverträge gemeinsam mit der privaten Wirtschaft auf so unterschiedlichen Feldern wie IT-Services, Bekleidungswesen, Fuhrpark, Instandhaltungslogistik, strategischer Seetransport, strategischer Lufttransport, simulatorgestützte Personalausbildung und Telekommunikationsdienste. Das Volumen dieser Beschaffungskooperationen betrug im Jahr 2009 insgesamt 1,56 Mrd. Euro (vgl. Deutsche Bundeswehr 2008, S. 19-21, 31). Dazu kamen militärische Beschaffungen mit einem Volumen von 5,06 Mrd. Euro (geplante Haushaltsansätze aus dem Jahr 2008). Der Staat ist in Deutschland der bedeutendste Abnehmer für Verteidigungstechnik und damit größter Kunde der deutschen Rüstungsindustrie.

ad. Der Staat als Förderer und Vorbereiter privatwirtschaftlicher Tätigkeit

Neben einer stabilisierenden Funktion kommt dem Staat oft auch eine fördernde, unterstützende und vorbereitende Funktion im Verhältnis zu privatwirtschaftlicher Unternehmenstätigkeit zu. So fördert der Staat Einrichtungen der Grundlagenforschung, weil private Unternehmen in derartige zweckfreie Forschung aufgrund der geringen Gewinnaussichten und hohen Risiken zu wenig investieren. Diese Unterinvestition liegt darin begründet, dass Ergebnisse der Grundlagenforschung Merkmale öffentlicher Güter (Nichtausschließbarkeit, Nichtrivalität im Konsum) aufweisen und daher eine derartige Forschungstätigkeit für Unternehmen nur in Ausnahmefällen und unter speziellen Bedingungen rentabel und attraktiv ist (vgl.

Burr 2004). Dies findet seinen Niederschlag in der staatlichen Finanzierung (Max Planck-Gesellschaften, Helmholtz-Institute) bzw. Teilfinanzierung (Universitäten) von Einrichtungen der Grundlagenforschung und in staatlichen Investitionen in die öffentliche Infrastruktur (Eisenbahnen, Straßen, Brücken). Entsprechende Großinvestitionen in öffentliche Infrastruktur oder die Erforschung und Entwicklung von Technologien zur Serienreife in Großforschungseinrichtungen würden die Finanzkraft und Risikotragfähigkeit privater Unternehmen oftmals überfordern. Daher ist staatliche Aktivität (z. B. öffentliche Infrastrukturinvestitionen, Erforschung der friedlichen Nutzung der Kernfusion im Forschungszentrum Jülich) oft Vorbedingung und Vorbereitung für nachfolgende privatwirtschaftliche Initiativen.

ae. Der Staat als Retter letzter Hand

In Krisen kommt dem Staat aufgrund seiner Finanzkraft und Risikotragfähigkeit nicht selten die Funktion eines Retters letzter Hand und damit eine stabilisierende Funktion zu. Diese staatliche Funktion kommt bisweilen zum Tragen in Anpassungs- und Strukturkrisen einzelner Regionen (z. B. in Ostdeutschland), einzelner Branchen (z. B. in der deutschen Schiffsbauindustrie seit den 70er Jahren) oder in gesamtwirtschaftlichen Wirtschafts- und Finanzkrisen (z. B. infolge der Krise auf dem amerikanischen Immobilienmarkt im Jahr 2007, was zu einer weltweiten Finanz- und Wirtschaftskrise führte). In seltenen Fällen fungiert der Staat auch als Rettungsinstanz bei Krisen von einzelnen Großunternehmen, vor allem wenn sie für eine Stadt oder eine Region erhebliche wirtschaftliche Bedeutung haben (z. B. Opel im Jahr 2009 und Philipp Holzmann im Jahr 1999). Ein Extrembeispiel ist die vollständige Verstaatlichung der Bank Hypo Real Estate im Mai 2010 durch die Bundesrepublik Deutschland, die im Jahr 2009 nur durch massive staatliche Finanzzuschüsse vor dem Konkurs bewahrt werden konnte.

b. Mögliche Rollen des Staates im Wirtschaftssystem

Die Rolle des Staates in der Wirtschaft ist je nach Wirtschaftssystem unterschiedlich. In einem planwirtschaftlichen Wirtschaftssystem (heute noch in Kuba, Nordkorea und Weißrussland) hat der Staat einen sehr großen Einfluss auf das wirtschaftliche Geschehen. Demgegenüber ist die das ökonomische Gewicht des Staates in einem marktwirtschaftlich ausgerichteten Wirtschaftssystem (z. B. Irland, Schweiz, Großbritannien, USA) relativ betrachtet viel geringer. Das deutsche Wirtschaftsmodell der Sozialen Marktwirtschaft (vgl. Müller-Armack 1947; Erhard 1957) ist als Mischmodell anzusehen, das marktwirtschaftliche und staatswirtschaftliche Elemente kombiniert und eine spezifische Aufgabenteilung zwischen Staat und privater Unternehmertätigkeit realisiert. Die marktwirtschaftliche Komponente im Konzept der Sozialen Marktwirtschaft zeigt sich in der großen Bedeutung von wettbewerblich organisierten Märkten für die Effizienz der Leistungserstellung. Die Rolle des Staates in Märkten ist grundsätzlich auf die Setzung des Ordnungsrahmens, d. h. der konstituierenden Regeln für den Markt, vor allem auch auf die Verhinderung wirtschaftlicher Machtkonzentration und wettbewerbswidriger Praktiken von Unternehmen beschränkt. Die soziale Komponente im Konzept der Sozialen Marktwirtschaft zeigt sich in staatlichen Gesetzen zum Schutz von leistungsschwächeren oder benachteiligten Marktteilnehmern (Jugendliche, werdende Mütter, ältere Menschen, Schwerbehinderte, Kranke, Unfallopfer) sowie in einer Einkommensumverteilung mittels des Steuersystems, durch staatliche Transferleistungen und soziale Sicherungssysteme. Mit diesen staatlichen Systemen und Unterstützungsleistungen werden die Ergebnisse der auf marktlichem Wettbewerb basierenden Primäreinkommensverteilung korrigiert (vgl. Dichtl/Issing 1993, Sp. 1914 f.).

Entsprechend der jeweiligen wirtschaftspolitischen Konzeption (Marktwirtschaft, soziale Marktwirtschaft, Planwirtschaft) unterscheiden sich die Länder sehr stark hinsichtlich der ökonomischen Freiheit, die in jedem Land verwirklicht ist. Die Heritage Foundation ermittelt jährlich einen Index der ökonomischen Freiheit. In diesem Index werden Teilaspekte integriert, wie z. B. Geschäftsfreiheit, fiskalische Freiheit, monetäre Freiheit, Freiheit von Korruption, Handelsfreiheit, Größe des Regierungsapparates, Investitionsfreiheit, Sicherung von Eigentumsrechten (Property Rights) und Freiheit des Arbeitsmarktes. Im Jahr 2010 beurteilte die amerikanische Heritage Foundation insgesamt 179 Länder gemäß diesen Kriterien. Es zeigte sich, dass Hong Kong, Singapur, Australien, Neuseeland und Irland die Länder mit der größten wirtschaftlichen Freiheit sind, während Kuba, Simbabwe und Nordkorea die Plätze 177-179 belegten, d. h. die größte wirtschaftliche Unfreiheit aufwiesen. Deutschland belegte unter den 179 Ländern den 23. Platz (vgl. Miller et al. 2010, S. 4-8).

Die Rolle des Staates hat sich in marktwirtschaftlichen und gemischten, d. h. sozialmarktwirtschaftlichen Wirtschaftssystemen in den letzten Jahrzehnten deutlich gewandelt. Unter den Bedingungen der Globalisierung und des Standortwettbewerbs zwischen Ländern muss der Staat zunehmend mehr Handlungszwängen gehorchen und unterliegt gleichzeitig auch mehr Handlungsbegrenzungen. Staaten stehen heute immer mehr im Wettbewerb zu anderen Staaten. Zu nennen ist hier der Wettbewerb zwischen den Steuersystemen von Staaten, der zu günstigeren Steuersätzen für Unternehmen und Kapitalanleger geführt hat. Zu nennen ist auch der Wettbewerb zwischen Staaten um die Ansiedlung von großen Industriebetrieben (durch Offerierung günstiger Standortbedingungen und bisweilen auch umfangreicher Subventionen für die Unternehmensansiedlung) und die Anwerbung von gut ausgebildeten Menschen. Die Handlungszwänge, denen Staaten heute auch unterliegen, zeigten sich bei der staatlichen Rettung von systemrelevanten Banken („too big to fail") in den Jahren 2008 und 2009. Der Konkurs dieser Banken hätte aufgrund ihrer wirtschaftlichen Größe und ihrer Vernetzung mit anderen Banken zu schweren gesamtwirtschaftlichen Krisen führen können und musste daher durch staatliche Rettungsmaßnahmen vermieden werden.

Der nachfolgend dargestellte Einfluss staatlicher Rahmenbedingungen und Förderleistungen auf die technologische Leistungsfähigkeit der deutschen Autoindustrie soll verdeutlichen, welche Bedeutung staatliche Aktivität in marktwirtschaftlichen und sozial-marktwirtschaftlichen Systemen für den Erfolg privater Unternehmenstätigkeit haben kann.

Zu der technologischen Leistungsfähigkeit der deutschen Autohersteller haben die eigenen Ausgaben der Unternehmen für Forschung und Entwicklung maßgeblich beigetragen, die diese Hersteller seit Jahrzehnten tätigen. Allein auf die Anstrengungen der Autoindustrie (Endhersteller und Zulieferer) lässt sich die technologische Leistungsfähigkeit dieser Branche aber nicht zurückführen. Vielmehr war es auch ein Bündel flankierender staatlicher Maßnahmen, die der Autoindustrie zugutekamen. Zu nennen sind hier:

- Vorteilhafte Besteuerung von Werkswagen und Geschäftswagen in Deutschland, was es der Autoindustrie erleichterte, ihre Automobile auch im Hochpreissegment zu positionieren und größere Absatzvolumina zu erreichen,
- der Verzicht auf ein Tempolimit auf deutschen Autobahnen, was die Entwicklung leistungsstarker Motoren, Fahrwerke und Bremssysteme begünstigte,
- die staatlichen Forschungs- und Förderprogramme, z. B. zur Materialforschung, zur Elektromobilität, von denen insbesondere auch die Autoindustrie direkt oder indirekt profitierte,
- die staatlich finanzierte Einrichtung von ingenieurswissenschaftlichen und jüngst auch betriebswirtschaftlichen Lehrstühlen und Studiengängen an Universitäten und Fachhoch-

schulen, die sich direkt mit der Technik des Automobils und dem Management in der Automobilindustrie befassen,

– die staatlich finanzierte Einrichtung von Helmholtz-, Leibniz- und Max-Planck-Forschungsinstituten, z. B. im Bereich der Erforschung neuer Materialien und Werkstoffe,

– das Engagement deutscher Politiker zur Vertretung der Interessen der deutschen Automobilindustrie bei der EU (z. B. bei der Festlegung von Emissionsgrenzwerten) und in wichtigen Auslandsmärkten,

– staatliche Subventionen für die Ansiedlung neuer Automobilwerke, z. B. in Leipzig (BMW, VW),

– staatliche Maßnahmen zur Rettung konkursgefährdeter Automobilhersteller in Deutschland (z. B. Opel im Jahr 2009),

– die seit Jahren diskutierte, aber noch nicht realisierte verbesserte steuerliche Abzugsfähigkeit von Forschungs- und Entwicklungsaufgaben. Hiervon würde neben anderen Wirtschaftszweigen insbesondere auch die deutsche Autoindustrie aufgrund ihrer hohen Ausgaben für Forschung und Entwicklung profitieren.

Allein die obigen Maßnahmen zeigen, dass die technologische Leistungsfähigkeit der deutschen Autoindustrie nicht ausschließlich auf eigene Forschungs- und Entwicklungsanstrengungen der Endhersteller und Zulieferer sondern auch auf ihre Nutzung günstiger gesamtwirtschaftlicher Rahmenbedingungen zurückzuführen ist.

2. Die Einbettung privatwirtschaftlicher Unternehmen in Märkte

Ein Markt ist definiert als jedes Zusammentreffen von Angebot und Nachfrage für ein bestimmtes Sachgut, eine bestimmte Dienstleistung oder sonstige immaterielle Leistung (z. B. Patente, Markenrechte, Urheberrechte). Unabdingbare Voraussetzungen für die Funktionsfähigkeit von Märkten sind die Existenz von eindeutig definierten und zugeordneten Handlungs- und Verfügungsrechten (Property Rights, vgl. Kapitel B I 1), die Existenz funktionsfähigen Wettbewerbs (vgl. Kantzenbach 1967 und Clark 1940) und unverzerrte Preissignale, die den Unternehmen die tatsächlichen Knappheiten von Gütern signalisieren (vgl. von Hayek 1945). Sind einzelne dieser Bedingungen nicht erfüllt, so kommt es zu Marktversagen aufgrund von öffentlichen Gütern und externen Effekten (nicht definierte, nicht zugeordnete oder verdünnte Property Rights), aufgrund von Monopolbildung (fehlender Wettbewerb) oder aufgrund der Lenkung von Ressourcen in falsche Verwendungen (weil Preise nicht die wahren ökonomischen Knappheiten widerspiegeln).

a. Erscheinungsformen von Märkten und Multimarktmanagement von Unternehmen

Märkte können in vielfältigen Erscheinungsformen auftreten. Märkte können abgegrenzt werden

– nach den angebotenen Sach- und Dienstleistungen bzw. Leistungsbündeln,

– nach geographischen Merkmalen (Länder, Regionen und Orte, in denen das Unternehmen tätig ist),

– nach den Kundengruppen, die die Leistungen des Unternehmens abnehmen (Märkte für Investitionsgüter bzw. Konsumgüter),

– nach der Funktion des Marktes im unternehmerischen Wertschöpfungsprozess (Beschaffungsmärkte, Absatzmärkte) sowie

– nach der Materialität und Beobachtbarkeit der Marktprozesse (physische Märkte, elektronische Märkte).

Nach den angebotenen Sach- und Dienstleistungen lassen sich Märkte für Sachgüter (z. B. Mobiltelefone, Automobile) von Märkten für Dienstleistungen (z. B. Beratung, Wirtschaftsprüfung) unterscheiden. In hochentwickelten Volkswirtschaften sind die Märkte für Dienstleistungen oftmals vom Marktvolumen, von der Zahl der Beschäftigten und auch von den erzielten Renditen her bedeutsamer als die Märkte für Sachgüter, die aber in der öffentlichen Wahrnehmung größere Aufmerksamkeit genießen. In der Kombination von Sachgütern und Dienstleistungen zu Leistungsbündeln (definiert als Kombination von Sachgütern oder Dienstleistungen, die ein Kundenproblem lösen, vgl. Burr/Stephan 2006, S. 23) liegt heute ein besonderes Potenzial für Wertschöpfung, Innovation und wettbewerbliche Differenzierung (vgl. Burr/Stephan 2007).

Nach der geographischen Reichweite können unterschieden werden: lokale Märkte (z. B. ortsgebundener Wochenmarkt), regionale Märkte (z. B. Molkereigenossenschaften, die die von den umliegenden Bauern der Region gelieferte Milch abnehmen, Zementwerke oder Wasserwerke, die aufgrund der ungünstigen Transportkosten-Wert-Relation nur Kunden im näheren regionalen Umfeld beliefern), nationale Märkte (z. B. die auch heute noch stärker national geprägten Märkte für die Belieferung von Armeen mit Verteidigungsgerät), länderübergreifende Märkte (z. B. der Markt für Telekommunikationsdienstleistungen in der Europäischen Union) und der Weltmarkt (z. B. Unterhaltungselektronik, Computer, Flugzeuge, Eisenbahnzulieferung, Autoindustrie), in dem weitgehend standardisierte Güter und Dienstleistungen als sog. Weltprodukte angeboten werden (vgl. Kapitel D II).

Viele Unternehmen konzentrieren sich entweder auf andere Firmen oder auf Privatkonsumenten als wichtigste Kundengruppe, einige Firmen bedienen auch beide Kundengruppen. Dementsprechend lassen sich in Märkte für Investitionsgüter und Konsumgüter bzw. für investive Dienstleistungen und konsumtive Dienstleistungen unterscheiden. Investitionsgüter (z. B. des Maschinenbaus, des Großanlagenbaus) und investive Dienstleistungen (z. B. IT-Outsourcing für Firmenkunden) werden typischerweise für andere Unternehmen angeboten. Konsumgüter (z. B. Spielzeug) und konsumtive Dienstleistungen (z. B. Friseurleistung) werden typischerweise für Endverbraucher auf Privatkundenmärkten angeboten. So bedient beispielsweise das amerikanische Fast Food-Unternehmen McDonalds bisher ausschließlich Privatkunden. Bisweilen richten sich Unternehmen sowohl an Privatkunden als auch an Firmenkunden. Das amerikanische Internet-Kaufhaus Amazon verkauft Güter des alltäglichen Bedarfs an Privatkunden, bietet aber gleichzeitig Beratungsdienstleistungen an für Start-up-Unternehmen, die einen eigenen Internet-Shop (z. B. auf der Plattform Amazon Marketplace) einrichten möchten. Die meisten Autohersteller verkaufen ihre Produkte sowohl an Privatkunden als auch an gewerbliche Abnehmer (z. B. Leasingfirmen, Großabnehmer für Transportfahrzeuge wie z. B. die Deutsche Post Worldnet).

Unternehmen können Märkte benutzen, um für die Wertschöpfung benötigte Rohstoffe, Hilfsstoffe, Betriebsstoffe und Dienstleistungen zu beschaffen (Beschaffungsmärkte, vgl. Arnold/Kasulke 2007, Kortschak 2004 sowie Large 1999) oder ihre erzeugten Sachgüter, Dienstleistungen und Leistungsbündel an Privat- oder Firmenkunden abzusetzen (Absatzmärkte).

Zu unterscheiden ist ferner das physische Zusammentreffen von Anbietern und Nachfragern (z. B. Wochenmarkt, Warenbörsen, Messen) vom elektronisch vermittelten Zusammentreffen von Anbietern und Nachfragern inklusive elektronisch vermittelter Transaktionsabwicklung (elektronische Märkte, vgl. Picot/Reichwald/Wigand 1996). Beispiele für elektronische Märkte sind elektronische Beschaffungsplattformen im Internet oder die vor allem an Privatkunden gerichteten Internetmärkte Ebay und Amazon.

Unternehmen sind heute in mehreren Märkten gleichzeitig tätig. Für diese Unternehmen ist das Multimarktmanagement die Regel. Multimarktmanagement bedeutet dabei die Bedienung bzw. das Tätig werden auf mehr als einem Markt, wobei sich die Märkte durch ihre Heterogenität hinsichtlich der angebotenen Sachgüter und Dienstleistungen, hinsichtlich der Marktvolumina, der Kundenwünsche, der Wettbewerbssituation und der Voraussetzungen und kritischen Erfolgsfaktoren für langfristig erfolgreiches Agieren im Markt signifikant unterscheiden. Im Geschäftsjahr 2008 erzielte Siemens einen Umsatz von 77,3 Mrd. Euro (vgl. Siemens 2009, S. 68) Dem stand ein Beschaffungsvolumen für Material, Dienstleistungen und Produkte in Höhe von rund 40 Mrd. Euro gegenüber, das Siemens von mehr als 100.000 Zulieferern weltweit bezieht (vgl. Kux 2009, S. 2, 4). Siemens bedient hauptsächlich Märkte für Investitionsgüter, in denen Krankenhäuser (Geschäftsbereich Medizintechnik), Industrie- und Dienstleistungsunternehmen (Geschäftsbereich Automatisierungstechnik), staatliche und private Anbieter von Verkehrsdienstleistungen (Geschäftsbereich Verkehrstechnik, z. B. für Eisenbahnen) sowie staatliche und private Energieversorger (Geschäftsbereich Stromerzeugung und Stromübertragung) die wichtigsten Kunden von Siemens sind. Gemeinsam ist allen diesen Kunden, dass sie selbst private oder öffentliche Unternehmen sind; somit ist Siemens stark auf das Firmenkundengeschäft (Business to Business) fokussiert. Viele der beschriebenen Sachgüter und Dienstleistungen werden dabei von Siemens auf einer länderübergreifenden oder weltweiten Basis angeboten. Aus dem endkundennahen Privatkundengeschäft hat sich Siemens mit dem Verkauf der Mobiltelefonsparte und des Geschäftsfeldes „schnurlose Telefone" weitgehend zurückgezogen (vgl. Höppner 2010, S. 36). Der Verkauf der Hörgerätesparte ist derzeit in der Diskussion (vgl. Höppner/Landgraf 2010, S. 36); die einzigen Geschäftsfelder, in denen Siemens noch Waren und Dienstleistungen für Privatkunden anbietet, sind damit Haushaltsgeräte (Bosch-Siemens-Haushaltsgeräte) und Beleuchtungstechnik (Osram).

b. Marktformen

Je nach den Verhältnissen auf beiden Seiten eines Marktes, d. h. auf der Anbieter- und auf der Nachfragerseite, lassen sich im Kern die nachfolgenden Marktformen unterscheiden:

- Monopol (1 Anbieter, viele Nachfrager, Beispiel: Der deutsche Telekommunikationsmarkt vor dem 1.1.1998, als die Deutsche Telekom AG noch das gesetzliche Netzmonopol innehatte),
- Monopson (1 Nachfrager, viele Anbieter, z. B. der Staat als einziger Nachfrager für Rüstungsgüter in Deutschland),
- Duopol (2 Anbieter, viele Nachfrager, z. B. Boeing und Airbus als die beiden einzigen Anbieter für große Verkehrsflugzeuge mit mehr als 300 Flugsitzen im Weltmarkt, vgl. Alich/Fasse 2010, S. 22 f.),
- Oligopol (mehrere Anbieter, 3 bis 5 Anbieter beim engen Oligopol, mehr als 5 Anbieter beim weiten Oligopol, z. B. bei den Herstellern von Einspritzsystemen für Dieselmotoren gibt es weltweit nur noch 3 bedeutende Anbieter: Bosch, Delphi, Nippon Denso. Ein weites Oligopol bildet sich immer mehr heraus bei den Massenautoherstellern des weltweiten PKW-Marktes),
- Polypol (viele Nachfrager, viele Anbieter, z. B. der weltweite Markt für Personal Computer oder Standardtextilien).

Die jeweilige Marktform ist ein bedeutender Einflussfaktor (aber nicht der alleinige Einflussfaktor) auf die Profitabilität eines Unternehmens. Im Monopol haben Unternehmen die Möglichkeit, auf die Marktpreise durch Reduzierung der angebotenen Menge einzuwirken und derart überdurchschnittliche Renditen in Form von Monopolgewinnen zu erzielen. Im Polypol müssen sich Unternehmen an die durch die intensive Marktkonkurrenz geprägten Marktpreise anpassen und haben daher keine Möglichkeit, überdurchschnittliche Renditen zu erzielen (vgl. Fritsch/Wein/Ewers 2007, S. 196).

Da Unternehmen gleichzeitig in mehreren Märkten tätig sind, bestimmt auch das Zusammenspiel mehrerer Marktformen die Profitabilität der Unternehmen. So ist beispielsweise die weltweite Stahlindustrie im Beschaffungsmarkt mit einem engen Oligopol von 3 Eisenerzlieferanten (Vale aus Brasilien, BHP Billiton und Rio Tinto aus Australien) konfrontiert. Andererseits steht die Stahlindustrie im Absatzmarkt sehr verhandlungsstarken Abnehmern in der Autoindustrie (aufgrund der Abnahme sehr großer Stahlmengen) gegenüber. Stahlunternehmen, die in bedeutendem Umfang an die Autoindustrie Stahl liefern, sehen sich daher steigenden Preisen bei der Beschaffung von Eisenerz und gleichzeitig stagnierenden oder weniger stark steigenden Preisen beim Verkauf des hergestellten Stahls an eine kleine Zahl bedeutender Autohersteller gegenüber (vgl. Murphy/Palm/Slodczyk 2010; Herz/Murphy 2010; Murphy/Slodczyk 2010). Eine solche Marktformenkonstellation auf der Absatz- und Beschaffungsseite kann die Profitabilität eines Unternehmens nachhaltig beeinträchtigen. Für Unternehmen ist es daher eine wichtige Aufgabe, ihre Bezugs- und Abnahmequellen so zu diversifizieren, dass keine zu großen Abhängigkeiten von einer kleinen Gruppe von Lieferanten bzw. Abnehmern und damit keine übermäßige Marktmacht bei dieser Gruppe von Lieferanten bzw. Abnehmern entsteht.

c. Erscheinungsformen zyklischer Marktschwankungen

Wirtschaftliche Aktivität verläuft nicht konstant und kontinuierlich, sondern ist im Zeitablauf mehr oder weniger starken Schwankungen unterworfen. Für die Schwankungen wirtschaftlicher Aktivität im Zeitablauf gibt es mehrere Erklärungsversuche, die sich danach unterscheiden lassen, wie langfristig der Betrachtungshorizont gewählt wird. Dementsprechend werden nachfolgend lange Kondratieff-Wellen (Dauer: 40-60 Jahre), der allgemeine Konjunkturzyklus (Dauer: 3-5 Jahre) und die beiden Sonderfälle der Branchen- und Firmenkonjunktur erörtert. Am Ende des Abschnitts wird auf lang dauernde Struktur- und Anpassungskrisen in einer Branche eingegangen, denen sich das einzelne Unternehmen nur selten entziehen kann.

Unternehmen können von den langen Wellen der wirtschaftlichen Entwicklung sowohl profitieren als auch negativ betroffen sein. Das Phänomen der langen Wellen wurde zuerst von Nikolai Dimitriewitsch Kondratieff in seiner Publikation „Die langen Wellen der Konjunktur" (vgl. Kondratieff 1926) in die ökonomische Theorie eingeführt (vgl. dazu auch die Darstellung bei Janssen 1997, S. 23). Der Theorie der langen Wellen liegt die Vorstellung zu Grunde, dass sich die wirtschaftliche Entwicklung als Abfolge von langfristigen Aufschwung- und Krisenperioden vollzieht, die mit einer 40- bis 60jährigen Regelmäßigkeit auftreten (Janssen 1997, S. 10).

In Abb. 14 sind die in den letzten 200 Jahren vorzufindenden Kondratieff-Wellen aufgeführt.

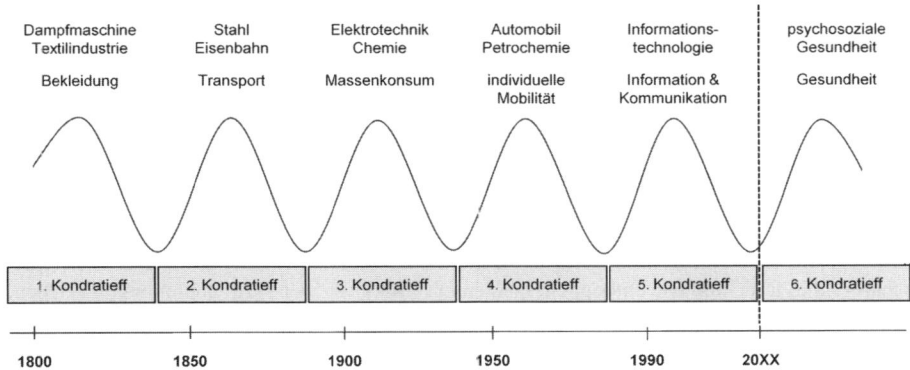

Abb. 14: Kondratieffzyklen und ihre jeweiligen Basisinnovationen
(vgl. Nefiodow 1996, S. 12)

Demnach gab es seit Beginn der Industrialisierung fünf große Zyklen, die jeweils von spezifischen richtungsweisenden Basistechnologien bzw. -innovationen bestimmt wurden. Das Auslaufen einer Kondratieff-Welle und ebenso das der folgenden Wellen wird mit der lokalen Marktsättigung begründet, so dass Rezessionen folgen, die jeweils solange anhalten, bis eine neue Basistechnologie hervorgeht.

Märkte unterliegen einem allgemeinen Konjunkturzyklus. Gemessen wird der Verlauf des Konjunkturzyklus durch die Veränderung des Branchenumsatzes, der Beschäftigung oder der Auftragseingänge im Zeitablauf. Ein typischer Konjunkturzyklus dauert 3 bis 5 Jahre und ist damit erheblich kürzer als eine Kondratieff-Welle, die 40-60 Jahre dauert. Am Anfang des Konjunkturzyklus steht ein Konjunkturtief; es folgt ein Konjunkturaufschwung, der in eine Hochkonjunktur mündet, die von einem erneuten Konjunkturabschwung abgelöst wird und in einem erneuten Konjunkturtief mündet. Der jeweilige Stand des Konjunkturzyklus hat auf die Profitabilität von Unternehmen starken Einfluss. Im Konjunkturtief führt ein schlechter Auslastungsgrad von Anlagen zu einer Verschlechterung der Kostensituation eines Unternehmens; dies gilt insbesondere in fixkostenintensiven Branchen (z. B. Autoindustrie, Stahlindustrie). Im Konjunkturtief werden zudem viele Kunden nach Einsparmöglichkeiten suchen, z. B. indem sie versuchen, Preise für von ihnen benötigte Rohstoffe, Vorprodukte, Sachgüter und Dienstleistungen zu reduzieren. Demgegenüber ist in Phasen der Hochkonjunktur eine verbesserte Anlagenauslastung und eine geringere Preissensibilität bzw. höhere Zahlungsbereitschaft von Abnehmern förderlich für die Rentabilität eines Unternehmens.

Der Konjunkturzyklus verläuft nicht für alle Branchen gleich. Vielmehr gibt es Unternehmen, die von einem Konjunkturaufschwung als erste profitieren (sog. Frühzykliker, z. B. Transportgewerbe, Stahlindustrie, Maschinenbau, Autoindustrie, langlebige Konsumgüter, IT-Branche, Zeitarbeitsfirmen) und dementsprechend auch als erste Unternehmen einen Konjunkturabschwung spüren. Davon zu unterscheiden sind Spätzykliker (z. B. Maschinenbau, Anlagenhersteller), die erst spät von einem allgemeinen Konjunkturaufschwung profitieren, aber auch später von einem allgemeinen Konjunkturabschwung betroffen sind. Daneben gibt es auch Branchen, die von Schwankungen des Konjunkturzyklus nicht so stark betroffen sind wie früh- und spätzyklische Branchen. Solche nicht-zyklischen, defensiven Branchen bieten meistens Produkte an, die Basisbedürfnisse der Kunden decken (z. B. Lebensmittelindustrie, Strom- und Wasserversorgung, Telekommunikation, Pharmaindustrie und Gesundheitswesen), für die auch bei schlechterer Konjunkturlage ein Bedarf besteht. (vgl. Quandt/Schwarz 2001; Hackhausen/Panster 2008; Jiang/Koller/Williams 2009).

Neben der allgemeinen gesamtwirtschaftlichen Konjunkturlage in einem Land gibt es auch stets zeitlich und intensitätsmäßig differenzierte Branchenkonjunkturen. So erlebte beispielsweise die Solarindustrie in Deutschland aufgrund umfangreicher staatlicher Subventionierung eine besonders günstige Entwicklung, die weit positiver war als die allgemeine Konjunkturentwicklung (vgl. v. Hebel 2010, S. 27). Und selbst innerhalb einer Branche gibt es oft Unternehmen, die sich von einer negativen Konjunkturentwicklung in der gesamten Volkswirtschaft und in ihrer Branche entkoppeln können und eine besondere Firmenkonjunktur erleben. Gründe für solche besonderen Firmenkonjunkturen können, z. B. in herausragenden Produktinnovationen, in überlegenden Geschäftsmodellen, in einem überlegenen Bekanntheitsgrad der Produkte bzw. einer starken Markenposition oder in einem besonders treuen Kundenstamm liegen. So konnte das Unternehmen Apple aufgrund mehrerer Wettbewerbsvorteile (bekannter Markenname, gutes Produktdesign, leichte Bedienbarkeit und hohe Ergonomie der Produkte, treue Kundengruppen, neue Geschäftsmodelle z. B. beim Download von Applikationen für Mobiltelefone oder von Musikdateien) eine besonders günstige Unternehmensentwicklung erreichen, die die allgemeine gesamtwirtschaftliche Entwicklung und die Computer- bzw. Mobiltelefonbranche deutlich übertraf.

Einen Sonderfall stellt es dar, wenn Unternehmen von mittelfristigen strukturellen Veränderungen in ihrer Branche negativ betroffen sind. Bekannte Beispiele für strukturell bedingte Branchenkrisen waren z. B. die Krise der europäischen Stahlindustrie in den 1970er und 1980er Jahren, die durch hohe Überkapazitäten und Subventionswettläufe zwischen europäischen Staaten ausgelöst wurde. Ein Beispiel für eine Branchenkrise war auch der Niedergang der deutschen Kameraindustrie von Anfang der 1970er Jahre bis heute, weil sie den Übergang zur Elektronik schlechter bewältigt hat als die japanische Konkurrenz und zudem Kostennachteile gegenüber der japanischen Kameraindustrie aufwies. Ein weiteres Beispiel für die strukturelle Krise einer Branche ist möglicherweise die Glasfaserindustrie, die für Telekommunikationsdienstleister Netzinfrastrukturen entwickelt, produziert, installiert und teilweise sogar für ihre Kunden betreibt. Diese Branche hat bis 2002 von einem Boom profitiert, der durch die New Economy angetrieben wurde. Nach 2002 erlebte diese Branche eine fast beispiellose Branchenkrise und muss sich seit mehreren Jahren mit sehr niedrigen Wachstumsraten zufrieden geben (vgl. Burr/Stephan 2007). In dieser Branchenkrise haben fast alle Unternehmen drastische Rückgänge hinsichtlich Umsatz, Beschäftigtenzahl, Börsenkursen und Gewinnausweis verzeichnet; nur wenige Branchenunternehmen (z. B. Cisco) konnten sich zumindest teilweise entkoppeln von der Branchenkrise in der Netzwerkausrüsterindustrie. Im Falle von Cisco ist die trotz Branchenkrise günstige Entwicklung des Unternehmens vor allem der Innovations- und Finanzkraft des Unternehmens und seiner Fokussierung auf besonders wachstumsstarke Marktsegmente (z. B. Router für Internetdatenverkehr) zu verdanken.

V. Zusammenfassung

1. Unternehmensführung aus institutioneller, ressourcenökonomischer und marktlicher Sicht

In diesem Hauptkapitel wurden mit der Neuen Institutionenökonomik, dem Resource-based View of the Firm und dem Strategieansatz nach *Porter* theoretische Grundlagen dargestellt, um Unternehmensführung analysieren und verstehen zu können. Auch wurden die dynamischen Elemente in diesen drei Theorien oder in anderen, inhaltlich verwandten Theorien (z. B. Konzept des Industrielebenszyklus als inhaltliche Ergänzung des Ansatzes von Porter) dargestellt. Zusätzlich wurde verdeutlicht, dass Unternehmen eingebettet sind in ein Umfeld, das in starkem Maße von Märkten und staatlichen Instanzen und ihren Entscheidungen geprägt ist. Der Staat und die Märkte nehmen Einfluss auf das Verhalten des Unternehmens und seinen betriebswirtschaftlichen Erfolg, gemessen in Umsatzwachstum, Profitabilität oder Börsenkursentwicklung. Der Staat übernimmt vielfältige Funktionen im Wirtschaftsleben. Sie reichen je nach Wirtschaftssystem von der Vorbereitung privatwirtschaftlicher Tätigkeit bis zur letzten Rettungsinstanz in schweren Wirtschafts- und Finanzkrisen oder (im seltenen Fall der Planwirtschaft) bis zur vollständigen Planung, Organisation und Kontrolle betrieblicher Tätigkeit. Unternehmen sind ebenfalls eingebunden in Märkte. Märkte können in vielfältigen Erscheinungsformen auftreten und unterschiedliche Wettbewerbsintensität (unterschiedliche Marktformen) aufweisen. Typisch für Märkte ist auch, dass sie nicht stabil sind, sondern zyklischen Schwankungen unterliegen, die ihre Ursachen in langen Wellen der technologischen Entwicklung (Kondratieff), in allgemeinen Konjunkturschwankungen oder in Struktur- und Anpassungskrisen in einzelnen Branchen haben können. Unternehmen sind jedoch den Schwankungen der Märkte nicht ausgeliefert. Einigen Unternehmen gelingt es, sich erfolgreich von negativen Entwicklungen der Konjunktur oder ihrer Branche erfolgreich durch den Aufbau verteidigungsfähiger Wettbewerbsvorteile und Verfolgung einzigartiger Strategien zu entkoppeln.

Unternehmensführung im Verständnis dieses Buches ist vor allem die Gestaltung der Rahmenbedingungen (institutionelle Rahmenbedingungen wie Regeln, Organisationsformen, Anreiz- und Kontrollsysteme im Unternehmen) und das Management der im Unternehmen eingesetzten Ressourcen i. e. S. und aufgebauten (Kern-) Kompetenzen. In der Analyse muss dabei das marktliche Umfeld, vor allem die Branche, in der das Unternehmen operiert, eingeschlossen und berücksichtigt werden.

2. Weiterführende Verständnisfragen

a. Patente sind Schutzrechte für Technologien, die es einem Unternehmen erleichtern sollen, sich die Gewinne aus seinen innovativen Produkten anzueignen. Erklären Sie aus einer Property Rights-Perspektive, warum die Institution des Patentrechtes erforderlich und effizient ist.

b. Marktliche Transaktionen werden heute oftmals in starkem Maße mit Informations- und Kommunikationstechnologien unterstützt bzw. realisiert, um Transaktionskosten zu senken und derart Effizienzgewinne zu erzielen. Nennen Sie Branchen, in denen elektronische Transaktionsabwicklung und elektronische Märkte heute sehr verbreitet sind und zeigen Sie auf, welche Möglichkeiten es gibt, die verschiedenen Phasen einer Transaktion mit Informations- und Kommunikationstechnologien zu unterstützen.

c. Unternehmen richten in zunehmendem Maße Telearbeitsplätze ein, bei denen Mitarbeiter zu Hause arbeiten können, dabei aber mit modernen Informations- und Kommunikationstechniken an das Unternehmen angebunden sind. Analysieren Sie mit Hilfe der Agency-Theorie, welche Agency-Probleme eine solche Telearbeitsbeziehung aus Sicht des Arbeitsgebers verursachen kann und leiten Sie geeignete Gestaltungsempfehlungen zur Reduzierung dieser Probleme ab.

d. Stellen Sie in einer vergleichenden Übersichtstabelle dar, welche Untersuchungseinheit und welches Effizienzkriterium jeder der drei institutionenökonomischen Theorien zugrunde liegen.

e. Analysieren Sie anhand der fünf Wettbewerbskräfte nach Porter die Marktsituation im deutschen Strommarkt aus der Perspektive eines der vier großen überregional tätigen Verbundunternehmen (Eon, RWE, Vattenfall, EnBW).

f. Analysieren Sie anhand der fünf Wettbewerbskräfte nach Porter die Marktsituation im deutschen Automarkt im Marktsegment der Luxusklasse aus der Perspektive eines der vier bekannten deutschen Luxusautomobilhersteller (Audi, BMW, Daimler, Porsche).

g. Nennen Sie jeweils drei Unternehmen, die in ihrer Branche eine Strategie der Kostenführerschaft, eine Differenzierungsstrategie oder eine Nischenstrategie verfolgen. Begründen Sie Ihre Unternehmensauswahl anhand von Unternehmenskennzahlen oder anhand von Dokumenten und Aussagen von diesen Unternehmen bzw. über diese Unternehmen.

h. Analysieren Sie aus ressourcenökonomischer Sicht anhand der Ihnen bekannten Kriterien, ob und unter welchen Bedingungen mit Hilfe von erteilten Patenten, geschützten Markennamen oder einer guten Unternehmensreputation verteidigungsfähige Wettbewerbsvorteile aufgebaut werden können.

i. Zählen Sie auf, aus welchen Ressourcen im engeren Sinne ein Unternehmen besteht. Ermitteln Sie für ein Unternehmen Ihrer Wahl anhand von dessen Bilanzdaten, welchen quantitativen Umfang und/oder monetären Wert diese Einzelressourcen in diesem Unternehmen haben.

j. Dynamische Fähigkeiten (dynamic capabilities) beschreiben die Fähigkeit eines Unternehmens, sich an Wandel der Umwelt anzupassen durch Weiterentwicklung von Ressourcen und Kompetenzen. Nennen Sie ein Unternehmen Ihrer Wahl, das Ihrer Ansicht nach in den letzten 10 bis 20 Jahren Veränderungen in großem Ausmaß bewältigen musste. Begründen Sie Ihre Auswahl, indem Sie die Ursachen aufzeigen, die die Veränderungen erforderlich machen, und im Detail aufzeigen, wie und mit welchen Anpassungsleistungen sich das Unternehmen an sein geändertes Umfeld angepasst. hat

k. Stellen Sie in einer vergleichenden Übersicht dar, welche Aussagen man aus den institutionenökonomischen, ressourcenökonomischen und marktstrategischen Unternehmensführungstheorien zu den Möglichkeiten und Grenzen des Make or Buy (Leistungstiefengestaltung, Outsourcing) abgeleitet werden können. Worin bestehen Gemeinsamkeiten und Unterschiede in den Aussagen der jeweiligen Theorien.

l. Nennen Sie die fünf wichtigsten Funktionen des Staates im Wirtschaftsleben. Welche dieser Funktionen ist in wirtschaftlichen Krisenzeiten, welche in wirtschaftlich günstigen Zeiten besonders bedeutsam? Begründen Sie Ihre Aussage.

m. Das Konzept der Sozialen Marktwirtschaft ist vielfältigen Veränderungen und Versuchen einer Neudefinition in den letzten Jahrzehnten unterworfen worden (z. B. Konzept der Neuen Sozialen Marktwirtschaft). Welche Aussagen finden Sie in den Parteiprogrammen von CDU, CSU, SPD, FDP, Grünen und Linke zum Konzept der Sozialen Marktwirtschaft und dem für Deutschland am besten geeigneten Wirtschaftssystem (aus Sicht der jeweiligen Partei).

n. Nennen Sie jeweils drei Beispiele dafür, wie staatliche Interventionen in Märkten in den letzten Jahren positive Wirkungen und negative Wirkungen auf private Unternehmenstätigkeit gehabt haben. Gehen Sie dabei insbesondere auf Nebenwirkungen auf Dritte (z. B. Steuerzahler, Konsumenten, Konkurrenten) ein.

o. Nennen Sie die wichtigsten Ansatzpunkte für Unternehmen, auf ihr marktliches Umfeld und auf die Politik/den Staat Einfluss zu nehmen. Zeigen Sie die Grenzen für die unternehmerische Einflussnahme auf, wie sie z. B. in einschlägigen Gesetzen vorgesehen sind.

p. Unternehmen müssen heute simultan oft mehrere Märkte bearbeiten. Zeigen Sie aus theoretischer Sicht (market-based view, resource-based view, neue Institutionenökonomik) Grenzen für das Multimarktmanagement von Unternehmen auf.

q. Diskutieren Sie die These: Ohne staatliche Hilfe und Unterstützung kann die deutsche Autoindustrie den Übergang zum Elektroantrieb technologisch und wirtschaftlich nicht bewältigen.

C. Instrumente der Unternehmensführung

I. Corporate Governance

1. Zum Begriff und den Bedeutungsinhalten von ‚Corporate Governance'

a. Das ‚Corporate Governance'-Konzept: Außen- und Binnenperspektive

‚Corporate Governance' befasst sich mit dem rechtlichen und faktischen Ordnungsrahmen für die Führung und Überwachung von Unternehmen (vgl. v. Werder 2011, S. 49). ‚Corporate Governance'-Problematiken haben sich in den vergangenen Jahren, u. a. aufgrund zahlreicher Unternehmensskandale infolge von Bilanzfälschungen, überhöhten Abfindungs- und Bonuszahlungen an Top-Manager etc., zu einem zentralen und kontrovers diskutierten Managementthema entwickelt. Das Thema ‚Corporate Governance' ist mittlerweile in der Lehre und in der Praxis der Unternehmensführung fest verankert (v. Werder 2011, S. 48): „Mit der Figur des Chief Compliance Officer hat die Thematik auch in großen DAX-Werten inzwischen Vorstandsrang erreicht. Erste CGOs – Chief Governance Officers – mit direktem Zugang zum Vorstandsvorsitzenden – werden ebenfalls bereits installiert."

Erstmals aufgeworfen und analysiert wurden Probleme der ‚Corporate Governance' bereits in den 30er Jahren des letzten Jahrhunderts von *Berle* und *Means* (1932). *Berle* und *Means* haben in einer umfassenden empirischen Studie das Verhältnis zwischen Unternehmenseignern und Geschäftsführung vor dem Hintergrund der Trennung von Eigentum und Verfügungsgewalt in Publikumsgesellschaften untersucht (vgl. Mendrzyk 2004, S. 6). Der Begriff ‚Corporate Governance' ist trotz seiner weiten Verbreitung aber noch vergleichsweise jung, er wird auch im angelsächsischen Sprachraum erst seit Anfang der 1990er Jahre verwendet (vgl. Witt 2003, S. 1). Seit Mitte der 1990er Jahre hat der Terminus verstärkt Eingang in die deutsche Betriebswirtschaftslehre gefunden. Bis heute wurde der Begriff von zahlreichen Autoren aufgegriffen und je nach Themenfeld und Schwerpunktsetzung unterschiedlich weit definiert (vgl. Valcárel 2002, S. 5). Im deutschsprachigen Raum wird der ‚Corporate Governance'-Begriff meist sehr eng an dem ursprünglichen von *Berle* und *Means* geprägten Konzept verwendet. So definiert *Witt* Corporate Governance als „Organisation der Leitung und Kontrolle eines Unternehmens" (Witt 2000, S. 159; 2003, S. 1). Im Zentrum der Betrachtung steht die institutionelle Ausgestaltung der Binnenorganisation des Unternehmens. In diesem Sinne bezeichnet Corporate Governance „in einer Kurzformel den rechtlichen und faktischen Ordnungsrahmen für die Leitung und Überwachung eines Unternehmens" (v. Werder 2003, S. 4). In der Binnenperspektive des Unternehmens beschäftigt sich Corporate Governance als Teilgebiet der Unternehmensführung mit der institutionellen Gestaltung der Führung und Kontrolle der Gesamtunternehmung durch die Spitzenorgane (vgl. Metten 2010, S. 7). Dabei stehen meist die großen börsennotierten (Aktien-)Gesellschaften im Mittelpunkt des Interesses, „da sich die typischen großen Governance-Probleme hier in besonders markanter Form zeigen" (v. Werder 2003, S. 5).

Zahlreiche Autoren, insbesondere aus dem angelsächsischen Sprachraum, fassen das Corporate Governance-Konzept dagegen wesentlich weiter und beschränken sich nicht nur auf die

Binnenperspektive, sondern erweitern den Begriff explizit um die Außenbeziehungen des Unternehmens (vgl. z. B. Fligstein 2001, S. 171; Fligstein/Freeland 1995, S. 22). So definiert *Fligstein* ‚Corporate Governance' sehr umfassend als „the internal organization of the firm and the links between the firm and its suppliers, competitors, customers, and the state" (Fligstein 2001, S. 170). Gemäß dieser Auffassung des Begriffs geht es bei der ‚Corporate Governance'-Problematik grundsätzlich um die Steuerung von Wechselbeziehungen und gegenseitigen Abhängigkeiten: „Those seeking to govern the firm must gain control over the firms' internal und external environments in order to manage and stabilize these interdependencies" (Fligstein 2001, S. 170). Während es auch aus dieser Perspektive bei der internen Steuerung der Abhängigkeiten um Fragen der institutionellen Gestaltung der Führung und um die Motivation und Anreize von Eigentümern, Managern und Mitarbeitern geht, stehen bei der externen Steuerung die Wechselbeziehungen zu einer Vielzahl von externen Anspruchsgruppen (‚Stakeholder'), wie Zulieferer, Kunden, Wettbewerber, Kapitalmarkt, Staat etc. im Vordergrund. In der Außensicht richtet sich Corporate Governance auf die rechtliche und faktische Einbindung des Unternehmens in seine Umwelt.

Zusammenfassend kann also zwischen einer internen und einer externen Perspektive der Corporate Governance unterschieden werden:

– Bei der **internen Sicht** stehen die jeweiligen Rollen, Handlungsbefugnisse und Funktionsweisen sowie das Zusammenwirken der Unternehmensorgane wie Vorstand und Aufsichtsrat im Vordergrund. Diese Perspektive hat die Diskussion in Deutschland lange bis in die 1990er Jahre hinein dominiert. Die Corporate Governance-Diskussion wird in der Binnenperspektive weitestgehend mit Fragen der Unternehmensverfassung gleichgesetzt. Die Unternehmensverfassung ist eine Art Grundgesetz des Unternehmens, das den Ordnungsrahmen für sämtliche Aktivitäten im Unternehmen sowie der langfristig per Vertrag an das Unternehmen gebundenen Akteure definiert (Mette 2010, S. 7).

– Bei der **nach außen orientierten Sicht** richtet sich Corporate Governance hingegen auf das Verhältnis der Unternehmensführung zu den wesentlichen Bezugsgruppen des Unternehmens (vgl. v. Werder 2003, S. 4). In dieser Außensicht thematisiert Corporate Governance damit wichtige Elemente der in der deutschen BWL meist separat geführten **Shareholder**- bzw. **Stakeholder**-Management-Diskussion.

Die nachfolgende Betrachtung fokussiert sich stärker auf die Binnenperspektive des Unternehmens und thematisiert das Corporate Governance-Konzept im engeren Sinne.

b.   Unternehmensverfassung als Teilgebiet der ‚Corporate Governance'

Im Zentrum des ‚Corporate Governance'-Begriffs steht das Konzept der Spitzenverfassung eines Unternehmens. Der Terminus Corporate Governance schließt damit alle Aspekte der unter dem Begriff der **Unternehmensverfassung** diskutierten Themenkomplexe mit ein (vgl. Valcárel 2002, S. 146). Die Unternehmensverfassung bildet den institutionellen Handlungsrahmen der Unternehmensführung. Die vorherrschende Begründung der Notwendigkeit der Unternehmensverfassung basiert auf den Interessenskonflikten der an der Unternehmung beteiligten Akteure, insbesondere von Eigentümern, Manager und Mitarbeitern, und deren Zielen. Da die im Unternehmen erwirtschaftete Menge an materiellen und immateriellen Ressourcen begrenzt ist, können nicht alle Ansprüche der Akteure im gleichen Maße befriedigt werden. Um deshalb die Handlungsfähigkeit der Unternehmen sicherzustellen, wird die Entscheidungspartizipation der Akteure in der Unternehmensverfassung normiert (vgl. Macharzina/Wolf 2010, S. 126 f.).

Zum Begriff der Unternehmensverfassung finden sich in der Literatur viele unterschiedlich weit gefasste Definitionen (vgl. z. B. Albach 1981, S. 55; Chmielewicz 1981, S. 484; Frese 1993, Sp. 1285). In der Vielfalt der existierenden Begriffsbestimmungen lassen sich allerdings Gemeinsamkeiten feststellen. Zwei Punkte erscheinen hier nennenswert (vgl. dazu auch Valcárel 2002, S. 148):

– Die meisten Definitionsansätze unterteilen die Regelungen der Unternehmensverfassung übereinstimmend in einen Teil **gesetzlich kodifizierter** und einen Teil vom Unternehmen **frei gestaltbarer Elemente** (z. B. in der Satzung oder Geschäftsordnung). Den Unternehmen bleibt innerhalb des ihnen gesetzlich vorgegebenen Rahmens ein bisweilen beträchtlicher Spielraum bei der Ausgestaltung ihrer Verfassung.

– Eine weitere Gemeinsamkeit in den meisten Definitionen besteht darin, dass durch die Unternehmensverfassung eine **Zuteilung von Rechten und Pflichten** an bestimmte Personengruppen im Unternehmen vorgenommen wird (vgl. Valcárel 2002, S. 148). Die Unternehmensverfassung reglementiert die Größe und den Einfluss des Kreises derjenigen Personengruppen, die ihre Interessen in die Zielsetzung und Politik des Unternehmens einbringen können (vgl. Steinmann/Gerum 1982, S. 3 f.). Dadurch regelt die Unternehmensverfassung auch, welchen Zugang die Personengruppen zu den Leitungs- und Kontrollorganen des Unternehmens haben.

Nach *Valcárel* wird die Unternehmensverfassung demzufolge definiert als „vertragliches Regelwerk gesetzlich kodifizierter sowie unternehmensspezifisch gestaltbarer Bestimmungen […], die bestimmte Rechte und Pflichten einzelner Personen und Personengruppen im Unternehmen festlegen." (Valcárel 2002, S. 148).

Ein weiterer Aspekt, der in einigen Definitionen zur Unternehmensverfassung angesprochen wird, ist die Frage der institutionellen Ausgestaltung. Bei diesem Gesichtspunkt geht es konkret um die Gestaltung der Struktur und Entscheidungsbefugnisse der entsprechenden Entscheidungsorgane. Demnach wirkt die Unternehmensverfassung strukturbildend. Sie schreibt die Einrichtung von Entscheidungsgremien vor, über welche die Verwirklichung der verschiedenen Interessen der beteiligten Akteure vollzogen wird (vgl. Macharzina/Wolf 2010, S. 129). Dieser strukturelle Aspekt stellt jedoch keinen unabhängigen Gestaltungsparameter der Unternehmensverfassung dar, sondern leitet sich streng genommen aus der Gestaltung der Zuteilung der Rechte und Pflichten an die verschiedenen Personengruppen im Unternehmen ab.

Während die Unternehmensverfassung auf das Unternehmen als rechtlich-wirtschaftliche Einheit ausgerichtet ist, beinhaltet die **Betriebsverfassung** Regelungen, „die auf das Zusammenwirken der relevanten Interessengruppen im Betrieb als technischer Einheit gerichtet sind. Die Betriebsverfassung ist somit ein Teil der Unternehmensverfassung" (Macharzina/Wolf 2010, S. 130).

c. ‚Corporate Governance'-Konzepte und Fragen der Unternehmensverfassung in der öffentlichen Debatte

Während das umfassende (interne und externe) Corporate Governance-Konzept im deutschsprachigen Raum erst seit Mitte der 1990er Jahre verstärkt diskutiert wird, hat die Erörterung von Fragen der Unternehmensverfassung in Deutschland eine lange Tradition. Die Diskussion wurde allerdings lange Jahre von Juristen dominiert. Die Betriebswirtschaftslehre hat sich erst Mitte der 70er Jahre des 20. Jahrhunderts mit Nachdruck in die Debatte eingeschaltet. Das allgemeine ökonomische Interesse am Thema wurde maßgeblich von der Diskussion um die Arbeitermitbestimmung und der Einführung des Mitbestimmungsgesetzes im Jahr 1976 beeinflusst, ferner auch von grundsätzlichen Überlegungen zur „Wirtschaftsdemokratie", die von den gesamtgesellschaftlichen Entwicklungen der 60er und 70er Jahre des 20. Jahrhunderts geprägt waren (vgl. Valcárel 2002, S. 145 f.).

Während das Interesse an Fragen der Unternehmensverfassung in den 1980er tendenziell rückläufig war, ist seit der zweiten Hälfte der 1990er Jahre eine erneute Hinwendung zu dieser Thematik und insbesondere zu den weiter gefassten Fragen der Corporate Governance-Thematik zu verzeichnen. Ausgelöst wurde diese neuerliche Debatte durch zahlreiche Fälle von Missmanagement und Unternehmenskrisen in den USA und in Europa. So hat in Deutschland der Beinahe-Konkurs der Metallgesellschaft AG im Jahre 1993, die durch Fehlspekulationen in Öl über eine Mrd. Euro und damit praktisch ihr ganzes Vermögen verlor, erstmals zu einer kritischen Auseinandersetzung mit dem deutschen Corporate Governance-System geführt (vgl. Lutter 2003, S. 738; Witt 2003, S. 3). Zahlreiche weitere Fälle, wie die Insolvenz der Philip Holzmann AG, die Betrugsgeschäfte durch die Flowtex AG und die Balsam AG, oder jüngst die gerichtliche Anklage von Aufsichtsrats- und Vorstandsmitgliedern der Mannesmann AG wegen Untreue im besonders schweren Fall bzw. Beihilfe zur Untreue wurden in der Öffentlichkeit intensiv debattiert (vgl. nachfolgend die ausführliche Darstellung zum Fall Mannesmann). In Deutschland stand die Diskussion in den vergangenen Jahren ferner unter dem Eindruck der Einführung des Gesetzes zur Kontrolle und Transparenz im Unternehmensbereich (KonTraG), das 1998 in Kraft getreten ist. In der jüngsten Vergangenheit war zudem die Entstehung und der Beschluss des „Deutschen Corporate Governance Kodex" im Sinne einer Best Practice-Regelung Gegenstand nachdrücklicher Diskussionen (vgl. dazu auch Abschnitt 6 a dieses Kapitels). Im Gegensatz zu der in den 1960er und 1970er Jahren geführten Debatte sind Fragen der betrieblichen Mitbestimmung dagegen eher in den Hintergrund getreten.

Der Fall Mannesmann – Angemessene Vorstandgehälter, Prämien und Abfindungen

Am 17. Februar 2003 erhob die Staatsanwaltschaft Düsseldorf im so genannten „Mannesmann-Verfahren" Anklage gegen die früheren Aufsichtsratsmitglieder der Mannesmann AG Josef Ackermann (Vorstandssprecher der Deutschen Bank), Klaus Zwickel (bis Juli 2003 Erster Vorsitzender der Industriegewerkschaft Metall), Joachim Funk (bis 1999 Vorstandsvorsitzender der Mannesmann AG, dann Wechsel in den Aufsichtsrat und dort Vorsitzender des Gremiums) und Jürgen Ladberg (ehemaliger Vorsitzender des Konzernbetriebsrats der Mannesmann AG), sowie gegen die früheren Vorstandsvorsitzenden Klaus Esser und Ex-Personalchef Dietmar Droste. Den Angeklagten wurde – in unterschiedlicher und wechselnder Tatbeteiligung – Untreue in besonders schwerem Fall bzw. Beihilfe zur Untreue vorgeworfen. Gegenstand der Anklage waren Prämien- und Abfindungszahlungen in Höhe von umgerechnet 57 Mio. Euro, die an Klaus Esser, dessen Vorstandkollegen sowie an andere ehemalige Spitzenmanager der Mannesmann AG im Rahmen der Übernahme des Konzerns durch Vodafone AirTouch Plc. geflossen sind (vgl. Staatsanwaltschaft Düsseldorf 2003).

Ausgangspunkt des Falls war der Entschluss der Mannesmann AG, im Oktober 1999 den britischen Mobilfunkbetreiber Orange Plc. für 30,6 Mrd. Euro (und die Übernahme von Schulden) aufzukaufen. Ende November 1999 bezahlte Mannesmann die Akquisition zu

60 % in eigenen Aktien und zu 40 % in bar (vgl. Munzinger-Archiv 2004). Angesichts dieser Übernahme sah sich der britische Wettbewerber Vodafone AirTouch zu einer Gegenreaktion herausgefordert. Vodafone AirTouch entstand im Januar 1999 durch die Fusion des britischen Mobilfunkunternehmens Vodafone mit dem U. S.-amerikanischen Konkurrenten AirTouch. AirTouch war (über die niederländische Tochtergesellschaft AirTouch Communications) Konsortialpartner von Mannesmann beim Betrieb des deutschen Mobilfunknetzes ‚Mannesmann D2' und hielt eine knapp 35-prozentige Beteiligung an der Mannesmann-Tochtergesellschaft Mannesmann Mobilfunk GmbH (welche auch in das fusionierte Unternehmen Vodafone Airtouch eingebracht wurde; vgl. Vodafone 2000). Vodafone war dagegen mit etwas mehr als 17 % an dem direkten deutschen Konkurrenten von ‚Mannesmann D2', an der E-Plus-Mobilfunk GmbH & Co. KG beteiligt (vgl. Vodafone 1999). Angesichts der veränderten Wettbewerbssituation versuchte Vodafone AirTouch unter der Leitung des Vorstandsvorsitzenden Chris Gent eine Fusion seines Unternehmens mit der Mannesmann Mobilfunk GmbH anzustoßen. Dieses Vorhaben wurde jedoch vom Vorstandvorsitzenden der Mannesmann AG, Klaus Esser, nicht unterstützt, u. a. aufgrund unterschiedlicher Vorstellungen über die zukünftige strategische Ausrichtung der beiden Unternehmen.

Das Mobilfunkunternehmen Vodafone hielt in der Folgezeit jedoch am Vorhaben der Fusion mit Mannesmann fest und veröffentlichte ein feindliches Übernahmeangebot. Mit diesem Kaufangebot begann eine in Deutschland bis dahin beispiellose Übernahmeschlacht, die sogar in den Medien (u. a. über Anzeigen in Printmedien) ausgetragen wurde. Beide Seiten kämpften um die Gunst der Aktionäre, gaben bis dahin ungekannte Summen für die Öffentlichkeitsarbeit in den Medien aus (allein Mannesmann setzte geschätzte 169 Mio. Euro ein; vgl. Brost et al. 2003, S. 26) und suchten sich Verbündete für ihre jeweiligen Strategien. Nach erfolglosem Einsatz zahlreicher Abwehrstrategien gegen die drohende Übernahme (u. a. wurde durch eine Reihe von Maßnahmen der Aktienkurs von Mannesmann um 50 % gesteigert) und dem Verlust von Verbündeten (u. a. wurde mit dem französischen Unternehmen Vivendi bzw. AOL Europe über Kapitalbeteiligungen bzw. Kooperationen verhandelt) stimmte der Aufsichtsrat der Mannesmann AG nach monatelangem Widerstand Anfang Februar 2000 der feindlichen Übernahme zu (vgl. Munzinger Archiv 2004). Vodafone zahlte für die Akquisition rund 170 Milliarden Euro in eigenen Aktien (vgl. Vodafone 2000).

Vor der Zustimmung des Aufsichtsrats der Mannesmann AG zu der Übernahme wurde im Aufsichtsrats-Ausschuss für Vorstandsangelegenheiten jedoch noch über Anerkennungsprämien und Abfindungszahlungen für Klaus Esser und weitere Mitglieder des Top-Managements verhandelt. Diesem für die Vergütung der Vorstände zuständigen vierköpfigen Aufsichtsratsausschusses gehörten die Aufsichtsratsmitglieder Ackermann, Funk, Ladberg und Zwickel an. Die gesamten Zahlungen beliefen sich auf umgerechnet insgesamt 57 Mio. Euro, wobei allein an Klaus Esser etwa 30 Mio. Euro flossen. In diesem Betrag enthalten waren zum einen Abfindungszahlungen (also die Auszahlung des laufenden Vertrages inklusive der Rentenansprüche von Esser) in Höhe von ca. 15 Mio. Euro und zum anderen Anerkennungsprämien für die Leistungen im Rahmen des „Abwehrkampfes" (u. a. für die Steigerung des Aktienkurses von Mannesmann um 50 Prozent) ebenfalls in Höhe von ca. 15 Mio. Euro (vgl. Brost et al. 2003, S. 26; Munzinger Archiv 2004; Staatsanwaltschaft Düsseldorf 2003). Diese Zahlungen, und insbesondere die Anerkennungsprämien, wurden zum Gegenstand der Ermittlungen und schließlich der Anklage, welche die Staatsanwaltschaft Düsseldorf im März 2001 gegen die genannten ehemaligen Aufsichtsrats- und Vorstandmitglieder erhob.

Die Anklage durch die Staatsanwaltschaft Düsseldorf wurde aufgrund des Verdachts erhoben, dass der Vorstandsvorsitzende Esser bzw. der Vorsitzende des Aufsichtsrats Funk die Abfindungszahlungen und Prämien als Gegenleistung für ihre Zustimmung zur „freundlichen" Übernahme der Mannesmann AG durch Vodafone anstrebten. Aus Sicht der Staatsanwaltschaft dienten diese Zahlungen ausschließlich dem Zweck der persönlichen Bereicherung der Begünstigten und hatten eine bewusste Schädigung des Unternehmens zur Folge (vgl. Staatsanwaltschaft Düsseldorf 2003). Insbesondere der letztgenannte Aspekt sollte dabei den Anklagepunkt der Untreue und damit einer gravierenden Pflichtverletzung untermauern. Die Verteidigung der Angeklagten stellte der Anklage das Argument entgegen, dass Abfindungszahlungen und Prämien in dieser Höhe international durchaus üblich und somit angemessen sind. Der Vorwurf der Pflichtwidrigkeit und der Untreue sei damit irrelevant.

Ganz allgemein ist im Zuge einer Übernahme das akquirierende Unternehmen meist bestrebt, den Vorstand und den Aufsichtsrat des Akquisitionsobjekts zu ersetzen. Dies wird jedoch insofern erschwert, als für Vorstand und Aufsichtsratsverträge in Deutschland unterschiedliche Laufzeiten vereinbart werden. Während in den USA (Vereinigungsmodell) das Gremium durch einfache Abwahl abberufen werden kann, ist in Deutschland (Trennungsmodell) ein vorzeitiges Ausscheiden der beteiligten Mitglieder nur bei grobem Verschulden zulässig. Aufgrund der Laufzeit der Verträge von traditionell fünf Jahren ist eine vorzeitige Auflösung der Verträge zumeist mit Abfindungszahlungen verbunden.

Strittig war im Fall Mannesmann insbesondere die Höhe der Abfindungszahlungen. Nach § 87 des deutschen Aktiengesetzes hat der Aufsichtsrat bei der Festsetzung der Gesamtbezüge der einzelnen Vorstandsmitglieder (Gehalt, Gewinnbeteiligungen, Aufwandsentschädigungen, Versicherungsentgelte, Provisionen und Nebenleistungen jeder Art) dafür zu sorgen, dass die Gesamtbezüge in einem angemessenen Verhältnis zu den Aufgaben der Vorstandsmitglieder und zur Lage der Gesellschaft stehen.

Der Vorwurf der Untreue bzw. der gravierenden Pflichtverletzung ließ sich den Angeklagten im Prozess nicht nachweisen, da nicht eindeutig festzustellen war, wann eine Abfindungszahlung bzw. Prämie unangemessen ist und damit dem Unternehmen schadet. Zwar hat die Wirtschaftsstrafkammer des Düsseldorfer Landgerichts festgestellt, dass die angeklagten Mitglieder des Aufsichtsrats-Ausschusses für Vorstandsangelegenheiten (Ackermann, Funk und Zwickel) mit ihrer Entscheidung über die Prämien und Abfindungen für das Top Management zwar gegen das deutsche Aktienrecht verstoßen haben, weil sie nicht im Interesse des Unternehmens gehandelt hätten. Allerdings konnte Ihnen der wichtigste Anklagepunkt der Untreue, d. h. eine gravierende Pflichtverletzung, nicht nachgewiesen werden. Damit musste auch die Anklage wegen Beihilfe zur Untreue gegen den Hauptbegünstigten des Zahlungen, den ehemaligen Vorstandsvorsitzenden Klaus Esser, fallen gelassen werden. Da Esser nicht selbst über die Prämien und Abfindungszahlungen entschieden hat, konnte ihm auch kein aktienrechtlicher Verstoß nachgewiesen werden. Das Gericht entschied auf Freispruch für alle Angeklagten (vgl. Brost 2004, S. 15).

2. Zur Theorie der Corporate Governance

a. Corporate Governance und Neue Institutionenökonomik

Aus Sicht der Neuen Institutionenökonomik stellen Unternehmen Orte der Bündelung von Beiträgen verschiedener Bezugsgruppen (Anteilseigner, Arbeitnehmer, Zulieferer, Fremdkapitalgeber etc.) zur arbeitsteiligen Wertschöpfung unter der Leitung des Top-Managements dar (vgl. v. Werder 2003, S. 6). In den institutionenökonomischen Ansätzen werden **Unternehmen als Vertragsnetzwerke** interpretiert. Die Beziehungen zwischen den verschiedenen Bezugsgruppen werden über implizite oder explizite Verträge geregelt (vgl. dazu auch Alchian/Demsetz 1972, S. 793). Auf der theoretischen Grundlage der Neuen Institutionenökonomik lassen sich die Governance-Probleme des Unternehmens darauf zurückführen, dass

- die geschlossenen Verträge zwischen den Bezugsgruppen des Unternehmens zu einem gewissen Grade unvollständig sind (**unvollständige Verträge**);
- die Handlungs- und Verfügungsrechte im Unternehmen auf mehrere Akteure verteilt sind (**ausgedünnte 'Property Rights'**);
- die diversen Bezugsgruppen unterschiedliche Interessen verfolgen (**individuelle Nutzenmaximierung**);
- die beteiligten Akteure beschränkt rational handeln (**beschränkte Rationalität**);
- **Informationsasymmetrien** zwischen den beteiligten Akteuren bestehen;
- sich die beteiligten Akteure opportunistisch verhalten (**opportunistisches Verhalten**);
- die Anbahnung, Vereinbarung, Kontrolle und Anpassung der vertraglichen Beziehungen zwischen den Akteuren **Transaktionskosten** verursacht.

Das Problem der Unvollständigkeit von Verträgen, d. h. von Vertragslücken ergibt sich im Theoriegebäude der Neuen Institutionenökonomik zunächst aufgrund der Tatsache, dass Verträge in die Zukunft gerichtet sind (vgl. v. Werder 2003, S. 6). Es bestehen Unsicherheiten über die zukünftigen wirtschaftlichen Entwicklungen. Die Vielzahl der Einflussfaktoren auf zukünftige Entwicklungen hat zur Folge, dass sich nicht alle (komplexen) Szenarien und Eventualitäten antizipieren und damit vertraglich fixieren lassen. Aufgrund der beschränkten Rationalität der beteiligten Akteure werden zudem bestimmte Aspekte und Eventualitäten bei der Vertragsgestaltung ganz einfach übersehen. Ein ökonomisches Kosten-/Nutzen-Kalkül bei der vertraglichen Gestaltung komplizierter Beziehungen zwischen den betroffenen Akteursgruppen lässt es häufig vorteilhafter erscheinen, bewusst Lücken in der Vertragsgestaltung in Kauf zu nehmen. In Anbetracht der Unterschiedlichkeit der Interessen und angesichts der Neigung zu opportunistischem Verhalten werden die beteiligten Akteure jedoch versuchen, je nach Einflussmöglichkeit auf das Unternehmensgeschehen, Vertragslücken zu ihren eigenen Gunsten und damit meist zu Lasten der anderen Bezugsgruppen zu nutzen (vgl. v. Werder 2003, S. 6). Die skizzierten Governance-Probleme, insbesondere aufgrund von Interessensdivergenzen und der Neigung zu opportunistischem Verhalten, werden zudem durch asymmetrisch verteilte Informationen zwischen den beteiligten Akteuren verstärkt (zu den verschiedenen Kategorien von Informationsasymmetrien vgl. Kapitel B I 3).

Welche Art von Governance-Problemen sich als Folge unvollständiger Verträge, unterschiedlicher Interessen, der Neigung zu opportunistischem Verhalten und Transaktionskosten bei der Vertragsgestaltung konkret ergeben bzw. zu bewältigen sind, „hängt grundlegend vom Kreis der in die Analyse einbezogenen Bezugsgruppen sowie den ihnen unterstellten Verhaltensweisen ab" (v. Werder 2003, S. 7). Der klassische Ansatz zum Corporate Governance-Konzept nach *Berle* und *Means* thematisiert das Verhältnis zwischen den Eigentümern (Principale) und dem Management (Agenten) als Trägern der Verfügungsgewalt, denen die Leitung des Unternehmens übertragen wird (vgl. Kapitel B I 3 des vorliegenden Lehrbuches). In einer erweiterten Sichtweise des klassischen Agency-Modells lassen sich weitere Bezugsgruppen, wie Fremdkapitalgeber oder Lieferanten, in den konzeptionellen Betrachtungsrahmen mit unvollständigen Verträgen, Eigeninteressen, opportunistischem Verhalten etc. integrieren. Während die klassische Analyse der Governance-Probleme relevante Thematiken des Shareholder-Ansatzes abdeckt, entspricht die auf mehrere Interessengruppen erweiterte Sichtweise eher dem Stakeholder-Konzept (v. Werder 2003, S. 7).

b. Das klassische Agency-Modell: Trennung von Eigentum und Verfügungsgewalt

Im klassischen Fall der eigentümergeführten Unternehmung trägt der Eigentümer das Kapitalrisiko, er besitzt die Verfügungsgewalt und hat vollumfänglichen Anspruch auf den erwirtschafteten Gewinn. **Eigentümergeführte Unternehmen** sind heute nur noch bei Kleinstbetrieben bzw. bei kleinen und mittelständischen Unternehmen zu finden, welche sich in der Phase der Gründer- oder unmittelbar gründernahen Generation befinden. In der überwiegenden Zahl aller Großunternehmen liegt dagegen eine **Trennung zwischen Eigentum und Verfügungsgewalt** vor. Die Verfügungsgewalt über die unternehmerischen Ressourcen wird von den Eigentümern an befähigte Dritte, d. h. einem professionellen Management übertragen. Die Übertragung der Verfügungsgewalt an ein professionelles Management kann u. a. durch den Anstieg der Unternehmensgröße bedingt sein. Mit dem Anstieg der Unternehmensgröße nimmt zunächst die Komplexität der Leitungsaufgaben zu. Angesichts der zunehmenden Komplexität der Leitungsaufgaben sehen sich die Eigentümer häufig nicht mehr dazu befähigt, das Unternehmen selbständig zu lenken. Insbesondere in den Nachgründergenerationen treten die Eigentümer aufgrund mangelnder Befähigung oder fehlendem Interesse die Verfügungsgewalt an ein professionelles Management ab. Unternehmenswachstum geht zudem regelmäßig mit der Zersplitterung der Eigentümerstruktur einher, was, insbesondere im Fall des Börsengangs, auf den zunehmenden Kapitalbedarf zurückzuführen ist. Eine Zersplitterung der Eigentümerstruktur begünstigt ebenfalls die Übertragung der Leitungsfunktion an angestellte Manager.

Das Verhältnis zwischen den Eigentümern und dem Management wird im Kontext der Neuen Institutionenökonomik als **Agency-Beziehung** modelliert (vgl. dazu auch Jensen/Meckling 1976, S. 305 ff.). Dabei gelten für beide Bezugsgruppen die bereits bekannten Verhaltensprämissen: Die Akteure verfolgen ihre eigenen, z. T. voneinander abweichenden Interessen. Zwar sind sowohl die Eigentümer als auch das Management an einer nachhaltig prosperierenden Unternehmensentwicklung interessiert, im Einzelfall werden sich die Prioritäten und Ziele jedoch unterscheiden. Während die Eigentümer risikoneutral sind und eine Maximierung ihrer Eigenkapitalrendite anstreben werden, verhält sich das Management nach den Modellangaben streng opportunistisch und risikoavers. Das Management verfolgt mit seinen Handlungen primär eigene, für das Unternehmen bzw. die Eigentümer unter Umständen schädliche Zielsetzungen. So könnte das Management dazu verleitet sein, einen unangemessen teuren Dienstwagen zu beschaffen oder ausschließlich gut aussehende anstelle befähigter Sekretärinnen (oder natürlich Sekretäre) einzustellen (vgl. auch Kirsch/Heeckt 2001, S. 48). Grundsätzlich werden Manager bestrebt sein, das eigene Einkommen zu maximieren und ihre Macht- und Prestigeposition (bspw. über einen Expansionskurs) zu verbessern. Im Mittelpunkt dieser Agency-Beziehung mit unterschiedlichen Interessen stehen asymmetrisch verteilte Informationen zwischen den Eigentümern und dem Management, wobei im Regelfall von einem Informationsvorsprung für das Management als vor Ort im Unternehmen tätigen Agent ausgegangen werden muss. Durch die Wahrnehmung der Leitungsaufgaben ist das

Management über die wirtschaftliche Situation des Unternehmens weitaus besser informiert als die Anteilseigner. Die Anteilseigner sind mit ihrem Eigenkapitalengagement deshalb in besonderem Maße den Risiken unvollständiger Verträge ausgesetzt: Die Ansprüche der Anteilseigner (Steigerungen des Unternehmenswertes und Gewinnausschüttungen) lassen sich aufgrund von Unsicherheiten über die zukünftige wirtschaftliche Entwicklung des Unternehmens und insbesondere aufgrund des opportunistischen Verhaltens der Manager nicht exakt vertraglich fixieren. Zur Lösung dieses Moral Hazard-Problems sieht die Agency-Theorie die Implementierung von adäquaten Anreiz- und Kontrollsystemen (z. B. ergebnisabhängige Entlohnungsformen, die zu einer Interessenangleichung zwischen Principal und Agent führen, oder externe, unabhängige Wirtschaftsprüfer als Kontrollinstrumente) im Corporate Governance-System vor. Dadurch soll die Gefahr bzw. der Spielraum für Hidden Action seitens des Managements verhindert werden (vgl. Kapitel B I 3).

Diese Sichtweise der Agency-Beziehung sieht sich in jüngerer Zeit einer wachsenden **Kritik** ausgesetzt. Insbesondere die folgenden beiden Aspekte sind Gegenstand der Einwände (vgl. v. Werder 2003, S. 7):

- Die Annahme eines streng opportunistischen Verhaltens des Managements ist nicht realitätskonform. Entgegen den Annahmen Theorie wird davon ausgegangen, dass es zahlreiche nicht-finanzielle, persönliche Anreize für die Akteure im Management gibt, nicht opportunistisch im Eigeninteresse zu handeln. Nach *Donaldson* und *Davis* sind Manager vielmehr „[...] good stewards of the corporation and diligently work to attain high levels of corporate profit and shareholder returns" (Donaldson/Davis 1994, S. 155);
- Die Verkürzung der Corporate Governance-Thematik auf die bilaterale Beziehung zwischen den Anteilseignern und dem Management lässt zahlreiche Corporate Governance-Probleme (z. B. zwischen Management und Fremdkapitalgebern) unberücksichtigt.

Letzterer Kritikpunkt gibt Anlass dazu, die Interessen der bislang aus der Betrachtung ausgeklammerten Bezugsgruppen in die ökonomische Analyse mit einzubeziehen.

c. Erweiterte Sichtweise der Corporate Governance: Der Stakeholder-Ansatz

Im Gegensatz zum klassischen Agency-Modell bezieht der Stakeholder-Ansatz neben den Interessen der Anteilseigner und der Manager die Belange weiterer Bezugsgruppen wie Arbeitnehmer, Zulieferer, Fremdkapitalgeber, den Staat bzw. die allgemeine Öffentlichkeit explizit in die Governance-Problematik ein. Der Begriff der **Bezugsgruppen** (Stakeholder) wird in der Literatur nicht einheitlich verwendet und unterschiedlich weit gefasst. Auf Basis der theoretischen Überlegungen der Neuen Institutionenökonomik sind nach *v. Werder* zum Kreis der für die Corporate Governance relevanten Bezugsgruppen all jene natürlichen Personen und Institutionen zu zählen, „die auf der Grundlage unvollständiger Verträge Transaktionen mit dem Unternehmen durchführen und aus diesem Grund ein (in weiterem Sinne) ökonomisches Interesse am Unternehmensgeschehen haben" (v. Werder 2003, S. 9). Das ökonomische Interesse dieser primären Bezugsgruppen zielt darauf ab, eine ihrem Wertschöpfungsanteil entsprechende Gegenleistung zu erhalten. Der Wertschöpfungsanteil bezieht sich auf die von den betreffenden Akteuren im Rahmen der Transaktion geschaffenen Werte, abzüglich der von ihnen verzehrten Werte (Vorleistungen). Wichtig bei dieser Abgrenzung der Bezugsgruppen ist demnach, dass die relevanten Akteure in einer „wirtschaftlich deutbaren [...] Austauschbeziehung zum Unternehmen stehen" (v. Werder 2003, S. 9). Diese Abgrenzung der relevanten Bezugsgruppen deckt sich mit dem Kreis der „primären" Bezugsgruppen, den sogenannten ‚Primary Stakeholders' (vgl. Haller 1997, S. 41):

- **Eigenkapitalgeber (oder Anteilseigner)**: Eigenkapitalgeber stellen dem Unternehmen finanzielle Mittel zur Verfügung. Allerdings darf das Eigenkapitaleigentum nicht mit dem Eigentum am Unternehmen gleichgesetzt werden. Die verschiedenen Produktionsfaktoren, die im Unternehmen in den Wertschöpfungsprozess einfließen, werden von unterschiedlichen Akteursgruppen zur Verfügung gestellt (vgl. u. a. Witt 2003, S. 6). Mit der Bereitstellung von finanziellen Mitteln erwerben die Eigenkapitalgeber keine festen vertraglichen Rückzahlungs- oder Verzinsungsansprüche. Der Wertschöpfungsanteil der Anteilseigner wird über die Rendite (Kurssteigerungen und Gewinnausschüttungen) abgegolten (vgl. v. Werder 2003, S. 9; Witt 2003, S. 6);
- **Arbeitnehmer**: Zu den Arbeitnehmern eines Unternehmens zählen alle Angestellten und Arbeiter. Die Mitglieder der Unternehmensleitung oder der Aufsichtsgremien zählen aus rechtlicher und ökonomischer Sicht nicht zu den Angestellten (vgl. Witt 2003, S. 7). In Deutschland werden diese Arbeitnehmer als so genannte ,leitende Angestellte' bezeichnet. Der Wertschöpfungsanteil der Arbeitnehmer – die Arbeitsleistung – wird über sämtliche Geld- und Naturalbezüge, wie Löhne und Gehälter, Gratifikationen, Prämien, Provisionen, Gewinnbeteiligungen und Erfindervergütungen abgegolten (vgl. Haller 1997, S. 61);
- **Fremdkapitalgeber:** Der Wertschöpfungsanteil der Fremdkapitalgeber (bereitgestellte Kredite) wird primär über Zinsen abgegolten (vgl. Haller 1997, S. 63). Neben der fristgerechten Zahlung der vereinbarten Kreditzinsen haben Fremdkapitalgeber zudem ein Interesse an der fristgerechten Rückzahlung des Kredits;
- **Lieferanten:** Die Vorleistungen der Lieferanten werden in der Regel gegen Bezahlung abgegolten. Die Lieferanten eines Unternehmens haben ein Interesse an einer fristgerechten Bezahlung der gelieferten Vorleistungen und sind darüber hinaus an einer fortdauernden Lieferbeziehung interessiert (vgl. Witt 2003, S. 9);
- **Staat:** Die Vorleistungen des Staates (u. a. Bereitstellung der Infrastruktur) werden über die direkten Steuern vom Ertrag des Unternehmens abgegolten. Strittig ist in diesem Zusammenhang die Behandlung der indirekten Steuern, der für die Arbeitnehmer einbehaltenen Lohnsteuer und Sozialabgaben sowie der spezifischen öffentlichen Abgaben und Gebühren (vgl. dazu Haller 1997, S. 62);
- **Kunden:** Die Abnahme der Produkte erfolgt gegen Bezahlung. Kunden sind an einem Angebot preiswerter und qualitativ hochwertiger Produkte interessiert.

Die zentrale Aufgabe der Corporate Governance eines Unternehmens liegt demzufolge darin, „to create and distribute increased wealth and value to all its primary stakeholder groups, without favouring one group at the expense of others" (Clarkson 1995, S. 112).

Für die ökonomische Diskussion der Governance-Problematik in dieser erweiterten Betrachtung lassen sich die Modellannahmen der Neuen Institutionenökonomik ohne weiteres anwenden. So verfolgen die genannten Bezugsgruppen im Rahmen ihrer Austauschbeziehungen durchaus unterschiedliche Interessen: Zwar haben alle primären Bezugsgruppen ein Interesse an der nachhaltig erfolgreichen wirtschaftlichen Entwicklung des Unternehmens, aber letztlich werden die Bezugsgruppen versuchen, eine möglichst hohe Gegenleistung für ihren Wertschöpfungsanteil zu erhalten. Zielkonflikte bestehen insofern, als der zu verteilende Wertschöpfungsumfang begrenzt ist. Auch sind alle primären Bezugsgruppen dem Risiko aus unvollständigen Verträgen ausgesetzt. In diesem Sinne argumentiert *v. Werder*, dass „die Aktionäre keineswegs als einzige Bezugsgruppe den Risiken unvollständiger Verträge ausgesetzt sind. Das (Eigenkapital-)Engagement der Anteilseigner ist zwar infolge der mangelnden vertragsmäßigen Fixierung ihres Renditeanspruchs zweifelsohne dem Grunde nach in besonderem Maße riskant. In Hinblick auf die Risikohöhe ist aber andererseits zu differenzieren, wenn man an die diesbezüglichen Unterschiede zwischen Groß- und Kleinanlegern denkt" (v. Werder 2003, S. 8).

Eine Quelle für Risiken aus unvollständigen Verträgen stellen die Fremdkapitalgeber des Unternehmens dar, welche die Konditionen für eingeräumte Kreditlinien unter Androhung des Fremdkapitalabzugs zu ihren Gunsten zu verbessern suchen. In der umgekehrten Perspektive ergeben sich auch Risiken für die Fremdkapitalgeber. So kann das Unternehmen gewährte Kreditmittel in risikoreichere Projekte investieren, die von dem ursprünglich zugesagten Verwendungszweck abweichen. Lieferanten sind im Rahmen ihrer Austauschbeziehung mit dem Unternehmen der Gefahr ausgesetzt, im Falle der Insolvenz des Unternehmens einen kompletten Forderungsausfall zu erleiden. Neben dem kompletten Forderungsausfall im Falle einer Insolvenz besteht zudem das Risiko, dass der Kunde des Lieferanten aufgrund seiner überlegenen Machtposition auf einer Nachbesserung des Vertrages zuungunsten des Lieferanten besteht. Überlegene Machtpositionen und daraus resultierende Abhängigkeiten entstehen in der Zuliefer-Abnehmer-Beziehung unter anderem durch co-spezifische Investitionen des Lieferanten in komplementäre Vermögenswerte (zum Begriff der Spezifität vgl. Kapitel B I 2). Die Transaktionskostentheorie spricht von co-spezifischen Investitionen bzw. Vermögenswerten (,**Cospecialized Assets**‘), wenn sich Vermögenswerte am produktivsten in betrieblicher Kombination mit den Vermögenswerten anderer Akteure einsetzen lassen. Folgende Arten der **Co-Spezifität** lassen sich unterscheiden (vgl. Stephan 2004):

— ,**Site Specificity**‘: Investitionen des Lieferanten in ortsgebundene Einrichtungen (Grundstücke, Gebäude etc.): Ein Automobilzulieferer errichtet bspw. eine Produktionsstätte in unmittelbarer Nachbarschaft zum Werk des Automobilherstellers;
— ,**Physical Asset Specificity**‘: Investitionen der Akteure in an die Partneranforderungen angepasstes Anlagevermögen (Spezialmaschinen, Technologien etc.): Der Automobilzulieferer erwirbt bspw. Pressen und Stanzmaschinen für Karosserieteile eines PKW-Modells des Automobilherstellers oder investiert in die informationstechnologische bzw. produktionslogistische Vernetzung;
— ,**Human Asset Specificity**‘: Investitionen der Akteure in die Qualifikation ihrer Mitarbeiter gemäß den Anforderungen des Partners: Die Mitarbeiter des Automobilzulieferers werden in der Bedienung der Pressen und Stanzmaschinen ausgebildet;
— ,**Dedicated Assets**‘: Investitionen in nicht spezialisierte Anlagen, die nur für die geplante Transaktion beschafft werden und bei deren Wegfall Überkapazitäten entstehen: Der Automobilzulieferer beschafft zusätzliche Maschinen, um seine Produktionsengpässe infolge des unerwartet erfolgreichen Verkaufsstarts des neuen PKW-Modells auszugleichen.

Ein Lieferant, welcher in großem Umfang co-spezifische Investitionen getätigt hat, befindet sich in einer schwachen Verhandlungsposition gegenüber dem Management des abnehmenden Unternehmens, denn die Verwendung der Vermögenswerte ist an die Existenz der Transaktionsbeziehung gebunden. Der Lieferant ist in einer solchen Transaktionsbeziehung also in hohem Maße dem Risiko unvollständiger Verträge und des opportunistischen Verhaltens des Managements ausgesetzt. Das Konzept der Co-Spezifität von Investitionen kann in analoger Form auch auf die Arbeitnehmer oder Kunden des Unternehmens übertragen werden: *V. Werder* erläutert, wie Arbeitnehmer durch entsprechende (Vor-)Leistungen in eine solche Situation geraten können: „ […] wenn sie z. B. mit Blick auf in Aussicht gestellte Verdienst- und Karrierechancen den Arbeitsplatz und Wohnort wechseln und dort eine Immobilie erwerben sowie unternehmensspezifische Expertise aufbauen. Gerät das Unternehmen entgegen den Erwartungen in wirtschaftliche Schwierigkeiten, können den tatsächlich getätigten Investitionen in Sach- und Humankapital schnell Gehaltseinbußen und uneingelöste Karriereversprechen gegenüberstehen." (2003, S. 9). Kunden, die in unternehmensspezifische Produkte und Systemlösungen investiert haben, und nur zu prohibitiv hohen Kosten zu Produkten oder Systemen anderer Anbieter wechseln können, sind ähnlichen Risiken ausgesetzt (vgl. v. Werder 2003, S. 10).

d. Aufgaben der Corporate Governance aus Sicht der Neuen Institutionenökonomik

Im Folgenden wird davon ausgegangen, dass vollständige Verträge wegen der Unsicherheit über die zukünftigen Entwicklungen zu hohe Transaktionskosten bewirken oder de facto ganz unmöglich sind, weil nicht alle möglichen Szenarien a priori vorstellbar bzw. vertraglich zu regeln sind. Angesichts von Interessendivergenzen und bestehender Informationsasymmetrien haben Akteure prinzipiell Gelegenheiten wie auch Anreize zu opportunistischem Verhalten, im Eigeninteresse Vertragslücken zu Lasten anderer Bezugsgruppen auszunutzen (vgl. Witt 2003, S. 5). Zusammenfassend wird nach *Witt* (2003, S. 5 f.) Corporate Governance immer dann zu einem betriebswirtschaftlich relevanten Problem, wenn

– die Organisation der Wertschöpfung Arbeitsteilung und Delegation erforderlich macht und verschiedene natürliche Personen Produktionsfaktoren einbringen;
– sich die verschiedenen beteiligten Personen nicht immer solidarisch verhalten und Interessenskonflikte entstehen;
– und die Gestaltung vollkommener Verträge nicht möglich oder zu teuer erscheint.

„Das Unternehmensgeschehen stellt sich aus dieser Perspektive somit als komplexes Geflecht von Austauschbeziehungen zahlreicher Akteure mit Opportunismusoptionen und Opportunismusrisiken dar" (v. Werder 2003, S. 11). Als Kernproblem ergeben sich nun aus Sicht der Neuen Institutionenökonomik infolge der Realisierung dieser Optionen und Risiken Wohlfahrtsverluste und Verteilungsungleichgewichte. Opportunismusrisiken und -optionen setzen falsche Anreize für die jeweiligen Bezugsgruppen. Diese werden suboptimale Wertschöpfungsbeiträge in die Transaktionsbeziehungen einbringen bzw. Gegenleistungen erhalten, die ihre Beiträge einschließlich des Opportunismusrisikos nicht adäquat honorieren (vgl. v. Werder 2003, S. 11). Nach *v. Werder* ist es deshalb die zentrale **Funktion der Corporate Governance** im Unternehmen, „durch geeignete rechtliche und faktische Arrangements aus Verfügungsrechten und Anreizsystemen die Spielräume und die Motivation der Akteure für opportunistisches Verhalten einzuschränken" (v. Werder 2003, S. 11). Vereinfacht ausgedrückt sollte die Corporate Governance möglichst **günstige Rahmenbedingungen für eine nachhaltig produktive Wertschöpfung und faire Wertverteilung** schaffen (vgl. O'Sullivan 2000, S. 1).

e. Corporate Governance und die ressourcenorientierte Theorie der Unternehmung

Während sich die Neue Institutionenökonomik sowohl hinsichtlich ihrer grundlegenden Annahmen als auch hinsichtlich ihres Erklärungsanspruches und Analysefokus in besonderer Weise für die Analyse von Corporate Governance-Problemen im Shareholder- und im erweiterten Stakeholder-Modell eignet, liefert der ressourcenorientierte Ansatz nur bedingt Anknüpfungspunkte für eine entsprechende Auseinandersetzung mit Corporate Governance-Fragen. Mit Blick auf die **Prämissen** scheint es zunächst Übereinstimmungen mit dem ressourcenorientierten Ansatz zu geben. Wie im ressourcenorientierten Erklärungsansatz (vgl. Kapitel B II) lässt sich auch aus der Perspektive des Corporate Governance-Konzepts das

Unternehmen als Ressourcenbündel interpretieren: Verschiedene Ressourceneigner legen ihre Ressourcen in einem Pool zusammen und disponieren anschließend in der Gruppe über die gebündelten Ressourcen (vgl. Valcárel 2002, S. 56 ff.). Diese Sicht entspricht der Perspektive von *Penrose*, die Unternehmen als „collections of productive ressources" (Penrose 1959, S. 24) definiert. Der Ressourcenpool setzt sich aus den primären Stakeholdern als den Eignern der in den Pool eingebrachten Ressourcen zusammen und umfasst neben Eigen- und Fremd-kapitalgebern auch Sachkapitalgeber (Lieferanten und, über die Infrastruktur, auch der Staat) und Humankapitalgeber (Arbeitnehmer).

Unterschiede zwischen dem ressourcenorientierten Ansatz und dem Corporate Governance-Konzept bestehen allerdings in den Kernfragestellungen. Gemäß dem ressourcenorientierten Ansatz begründen die verfügbaren Ressourcen und (Kern-)Kompetenzen des Unternehmens Wettbewerbsvorteile und stiften Erfolgspotenziale im Markt. Das Kernanliegen des Ansatzes richtet sich auf die Frage, unter welchen Umständen der Wettbewerbsvorteil eines Unternehmens nachhaltigen Bestand hat (vgl. Kapitel B II 5). Ausgehend von der Frage, warum Unternehmen erfolgreich sind, widmet sich dieses Theoriefeld im strategischen Management den Erfolgsfaktoren des Unternehmens in Gestalt seiner Ressourcen(bündel) und Kompetenzen. Der Analysefokus richtet sich damit auf die erfolgsstiftenden Merkmale der Ressourcen(bündel) sowie auf Strategien, diese erfolgreich im Wettbewerb einzusetzen (vgl. Freiling 2004, S. 413 ff.). Obgleich sich in der Corporate Governance-Diskussion das Unternehmen ebenfalls als Ressourcenpool interpretieren lässt, handelt es sich – im Gegensatz zum ressourcenorientierten Ansatz – um ein primär institutionell geprägtes Konzept. Das zentrale Anliegen der Corporate Governance-Diskussion richtet sich auf die Frage, wie die (Transaktions-)Beziehungen zwischen den Ressourceneignern gestaltet werden sollten (vgl. Valcárel 2002, S. 134 ff.). Ziel der Gestaltung der Wechselbeziehungen zwischen den relevanten Anspruchsgruppen ist es, möglichst günstige Rahmenbedingungen für eine nachhaltig produktive Wertschöpfung und faire Wertverteilung zu schaffen. Die Ressourcenmerkmale und deren erfolgreiche Nutzung im Wettbewerb bleiben in der Corporate Governance-Diskussion außen vor. Der **Analysefoku**s richtet sich nicht auf die Eigenschaften von Ressourcen als Quelle der Wettbewerbsvorteile, sondern auf das Einkommen der Ressourceneigner (Renten) aus den mit den gepoolten Ressourcen geschaffenen Werten bzw. die Ressourcensteuerung und -kontrolle. Nicht die Ressourcen selbst sind also Gegenstand der Betrachtung, sondern der Eigentumsbegriff und seine verfügungsrechtlichen Implikationen sowie die Anspruchsgruppen des Unternehmens (Ressourceneigner) und ihre Beziehungen zueinander. Solche institutionellen Fragestellungen werden im ressourcenorientierten Erklärungsansatz ausgeblendet, d. h. es wird nicht explizit hinterfragt, wer die verschiedenen Ressourcen (und Kompetenzen) in das Unternehmen einbringt und wie der „Erfolg" auf die Ressourceneigner zu verteilen ist. Eine mögliche engere Verbindung zwischen dem ressourcenorientierten Ansatz und dem Corporate Governance-Konzept könnte allenfalls über die Erweiterung des Ressourcenbegriffs erfolgen. Ein gut funktionierendes Corporate Governance-System im Unternehmen, welches Interessenskonflikte reduziert und eine produktive Wertschöpfung ermöglicht, kann die Grundlage für einen verteidigungsfähigen Wettbewerbsvorteil bilden. Aus dieser Sicht wäre ein gut funktionierendes **Corporate Governance-System als Ressource** des Unternehmens (analog zu organisatorischem Kapital) zu interpretieren.

3. Gestaltungsmodalitäten der Corporate Governance

a. Gestaltungsprinzipien der Corporate Governance

Um eine produktive Wertschöpfung und faire Werteverteilung zwischen den Stakeholdern zu fördern, orientiert sich die Gestaltung von Corporate Governance-Systemen an verschiedenen **Prinzipien**. Mit diesen Prinzipien werden zwei Zielsetzungen verfolgt: (a) Die Prinzipien zielen zunächst darauf ab, Anreize für opportunistisches Verhalten durch eine Harmonisierung der Interessen der beteiligten Bezugsgruppen zu verringern bzw. zu eliminieren. Eine vollumfängliche Zielidentität bzw. Übereinstimmung der Interessen der Bezugsgruppen lässt sich aber nur in Ausnahmefällen erzielen. Deshalb wird bei der Gestaltung von Corporate Governance-Systemen zudem versucht (b) die Spielräume für opportunistisches Verhalten zu beschränken. Folgende vier Prinzipien lassen sich gemeinhin unterscheiden (vgl. v. Werder 2003, S. 14):

(1) **Abstimmung der Anreiz- und Motivationsstrukturen:** Eine Möglichkeit zur Eindämmung von Interessenskonflikten zwischen den Bezugsgruppen stellt die Harmonisierung der Interessenslagen durch Anreiz- und Motivationsstrukturen dar. Anreizkonforme Verträge können sowohl monetäre als auch nichtmonetäre Elemente enthalten. So lassen sich Interessenskonflikte zwischen Unternehmensleitung und Kapitaleignern durch die Vereinbarung einer ergebnisabhängigen Vergütung des Managements entschärfen. Bei der ergebnisabhängigen Vergütung stellt sich die Frage nach geeigneten Bemessungsgrundlagen. Zu beachten ist bei der Wahl der Bezugsgröße, dass der gewählte Ergebnisindikator durch die Arbeitsanstrengung und Leistung des Managements beeinflusst werden kann und nicht überwiegend von externen, nicht kontrollierbaren Faktoren abhängig ist. Für die Mitglieder in Aktiengesellschaften bieten sich mehrere Bezugsgrößen für eine leistungsabhängige Vergütung an (vgl. Witt 2003, S. 21):

– die ausgeschüttete Dividende;
– das Betriebsergebnis;
– der Börsenkurs.

Als weitere Möglichkeit der ergebnisabhängigen Vergütung nennt *Witt* (2003, S. 21) die Bezahlung in Aktien, deren Verkauf einer Sperrfrist unterliegt. Der erzwungene Aktienbesitz macht Manager zu Kapitaleignern und ist so die direkteste Form der Herstellung von Interessensverträglichkeit.

(2) **Appelle an die Bezugsgruppen** zur vertrauensvollen Gestaltung der Austauschbeziehungen und zur fairen Werteverteilung: Mit solchen Appellen im Sinne einer intrinsischen Motivation wird bezweckt, eine Harmoniekultur im Unternehmen zu schaffen und eine Übereinstimmung der Interessenlagen herbeizuführen. Im Harmoniemodell stellt sich das Unternehmen als Erfolgs- und Risikogemeinschaft aller beteiligten Bezugsgruppen dar, die auf Basis von Vertrauen und Loyalität handeln. Appelle können im Rahmen von freiwilligen Vereinbarungen (z. B. Verhaltenskodices), in Satzungen oder aber auch in Gesetzen proklamiert werden. So sieht der Deutsche Corporate Governance Kodex (vgl. Abschnitt 6 in diesem Kapitel) vor, dass Vorstand und Aufsichtsrat zum Wohle des Unternehmens eng zusammen arbeiten sollen (vgl. dazu auch v. Werder 2003, S. 15).

(3) **Gewaltenteilung in der Unternehmensverfassung:** Durch Gewaltenteilung werden Verfügungsrechte auf mehrere Akteure verteilt und so Machtmonopole abgebaut, die zur Ausnutzung von Opportunismusoptionen genutzt werden könnten. Ein prominentes Beispiel

bildet die Zweistufigkeit von Unternehmensleitung und Aufsicht in deutschen Aktiengesellschaften (Two Tier-Prinzip), d. h. die Aufteilung der Entscheidungs- und Handlungsbefugnisse der Unternehmensleitung auf das Exekutiv- und das Aufsichtsorgan (vgl. Witt 2003, S. 86). Nach *Malik* (2002, S. 235 ff.) umfassen die Kernaufgaben des Exekutivorgans als oberster Managementinstanz

- das Durchdenken und Bestimmen des Geschäftszwecks und des Geschäftsauftrages sowie die Entwicklung einer Strategie;
- das Setzen von Verhaltensstandards und Maßstäben für die Arbeitnehmer;
- den Aufbau und Erhalt von Humanressourcen;
- das Durchdenken und Festlegen der organisatorischen Gesamtstruktur des Unternehmens;
- die Pflege der Schlüsselbeziehungen des Unternehmens zu seiner Umwelt;
- die Wahrnehmung der Repräsentation des Unternehmens;
- die Einsatzbereitschaft für die Bewältigung von Krisen.

Als Kernaufgaben des Aufsichtsorgans sieht *Malik* (2002, S. 184 ff.) dagegen die

- Rückschau- und die Vorschau-Funktion;
- Auswahl, Führung, Beurteilung, Kompensation und Entlassung des Top-Managements;
- Organisation des Exekutivorgans, Geschäftsverteilung und Geschäftsordnung;
- Gestaltung der Beziehungen zu den Anspruchsgruppen.

Eine in der Betriebswirtschaftslehre kontrovers diskutierte Fragestellung lautet in diesem Zusammenhang, ob bzw. in welchem Umfang das Aufsichtsorgan auch Führungsfunktionen übernehmen sollte (vgl. Malik 2002, S. 245 sowie Macharzina/Wolf 2010, S. 138).

(4) **Publizität:** Mit der öffentlichen Darlegung der Geschäftsvorfälle und der Entwicklung des Unternehmens soll Transparenz bezüglich der Interessen und des tatsächlichen Verhaltens der beteiligten Akteure geschaffen werden. Publizität dient der Verringerung von Informationsasymmetrien. „Je transparenter das Unternehmen einschließlich seiner Austauschprozesse für die Stakeholder ist, desto eher können diese […] Vertrauen in die Integrität der Unternehmensleitung und der anderen governancerelevanten Akteure gewinnen" (v. Werder 2003, S. 14). Besonders umfangreiche Publizitätsvorschriften gelten für U. S.-amerikanische Kapitalgesellschaften. Die Leitung der Kapitalgesellschaften ist u. a. dazu verpflichtet, viermal im Jahr einen Geschäftsbericht zu veröffentlichen. Zudem unterliegen sie umfangreichen Publizitätsvorschriften der U. S.-amerikanischen Börsenaufsicht (‚Security and Exchange Commission', SEC) und der Aktienbörsen, wenn ihre Anteile dort gelistet sind. Die U. S.-amerikanischen Rechnungslegungsstandards (Generally Accepted Accounting Principles, U. S.-GAAP) gelten zudem als sehr stark an den Publizitätsbedürfnissen der Anteilseigner ausgerichtete Prinzipien (vgl. Witt 2003, S. 67). Eine herausragende Rolle im Kontext des Gestaltungsprinzips ‚Publizität' kommt der externen, unabhängigen Wirtschaftsprüfung zu. Nur wenn den beteiligten Akteuren verlässliche und ungefärbte Informationen vermittelt werden, lassen sich Transparenz schaffen und Informationsasymmetrien abbauen.

b. Corporate Governance und externe vs. interne Kontrollmechanismen

Mit Hilfe der dargestellten Governance-Prinzipien können die Interessen der beteiligten Akteure zwar harmonisiert, aber nicht immer gänzlich in Übereinstimmung gebracht werden, d. h. es bleiben Interessenskonflikte und Anreize für opportunistisches Verhalten bestehen. Auch lassen sich die Spielräume für opportunistisches Verhalten nicht vollumfänglich eliminieren. Durch den Einsatz von Kontrollmechanismen ist es aber möglich, die tatsächliche

Ausnutzung von Opportunismusoptionen durch die beteiligten Akteure aufzudecken bzw. zu sanktionieren. Interne Kontrollen über die Einrichtung von Organen, externe Kontrollen über den Markt und gesetzliche Kontrollen stellen drei verschiedene Corporate Governance-Mechanismen zur Sanktionierung von opportunistischem Verhalten dar (vgl. Witt 2001, S. 75; v. Werder 2003, S. 12 f.):

- **Externe Governance-Mechanismen (Markt für Unternehmenskontrolle):** Im Zentrum der externen Governance-Mechanismen steht der Markt für Unternehmenskontrolle, in welchem Änderungen der Machtkonstellationen innerhalb einer Gesellschaft vollzogen werden. Der Markt für Unternehmenskontrolle sanktioniert unbefriedigende Leistungen des Managements mit Aktienverkäufen, Kursrückgängen oder, im schlimmsten Fall, mit einer feindlicher Übernahme und Auswechslung des Managements. Der externe Kontrollmechanismus ist keinesfalls auf die Eigenkapitalgeber beschränkt. Vielmehr werden Fremdkapitalgeber schlechte Managementleistungen und daraus resultierende negative Entwicklungen der Liquidität des Unternehmens mit entsprechend schlechteren Finanzierungsbedingungen sanktionieren.
- **Interne Governance-Mechanismen (Organkontrollen):** Hier erhalten die relevanten Bezugsgruppen bestimmte Informations-, Überwachungs- und Entscheidungsrechte. Diese Rechte sollen den Bezugsgruppen dazu dienen, Risiken besser zu erkennen (Informations- und Überwachungsrechte) und im Rahmen ihrer Handlungs- und Entscheidungsbefugnisse zu reduzieren. So erlaubt es der Aufsichtsrat der Aktiengesellschaft den Eigen- und Fremdkapitalgebern, sowie im Mitbestimmungsfall auch den Arbeitnehmern, den Vorstand zu kontrollieren. Im Falle eines Fehlverhaltens entlässt der Aufsichtsrat die Vorstandsmitglieder.
- **Zivil- und strafrechtliche Governance-Mechanismen (gesetzliche Kontrolle):** Ein Fehlverhalten der beteiligten Akteure kann schließlich auch über den juristischen Weg sanktioniert werden. Bezugsgruppen können für ihr betrügerisches, eigennütziges oder gegen die Interessen der anderen Bezugsgruppen gerichtetes Verhalten schadensersatzpflichtig gemacht werden. Insbesondere im U. S.-amerikanischen Corporate Governance-System spielen Schadensersatzklagen eine wichtige Rolle. Alle Mitglieder der Unternehmensleitung haften de lege für Schäden, die sie dem Unternehmen durch Pflichtverletzungen zufügen (vgl. Witt 2003, S. 68).

c. Regelungsinstrumente

Die Gestaltung von Corporate Governance-Systemen kann auf mehreren Regelungsebenen erfolgen:

- **Gesetzliche Regelungen zur Corporate Governance:** Das Gesetz verkörpert die oberste Regelungsebene in Corporate Governance-Systemen: Regelungen auf untergeordneten Ebenen, die gegen die gesetzlichen Governance-Regelungen verstoßen, brauchen von den beteiligten Akteuren nicht beachtet werden (vgl. Hommelhoff/Schwab 2003, S. 52). Die gesetzlichen Regelungen, die ein Staat vorgibt, sind das Ergebnis eines parlamentarischen Gesetzgebungsverfahrens und für alle Adressaten des Gesetzes verbindlich. Gesetzliche Regelungen können notfalls mit staatlichen Mitteln durchgesetzt werden.
- **Ausnutzung von gesetzlichen Spielräumen durch statuarische Regelungen:** Die gesetzlichen Regelungen, die ein Land vorgibt, sind nicht in allen Details erschöpfend. Es gibt Wahlrechte und Gestaltungsspielräume, die es einem Unternehmen erlauben, die Corporate Governance den individuellen Bedürfnissen anzupassen (vgl. Witt 2003, S. 124). Wichtige Regelungsinstrumente stellen diesbezüglich Gesellschaftsverträge oder

Satzungen dar. Insbesondere das deutsche Aktiengesetz behält wichtige Materien der statuarischen Regelung vor: Sachverhalte und Aspekte, welche in deutschen Aktiengesellschaften durch die Satzung bestimmt werden umfassen u. a. den Betrag des Grundkapitals, die Zahl der Mitglieder des Vorstand bzw. die Regeln, nach denen diese Zahl bestimmt wird (§ 23 Abs. 3 Satz 3 AktG) und die Bestimmung von Geschäften, vor deren Vornahme der Vorstand die Zustimmung des Aufsichtsrats einholen muss (§ 111 Abs. 4 Satz 2 AktG). Statuarische Bestimmungen dürfen ihrerseits nicht gegen gesetzliche Regelungen verstoßen (vgl. Hommelhoff/Schwab 2003, S. 53).

– **Untergesetzliche Governance-Standards (Verhaltenskodices):** Untergesetzliche Governance-Standards haben nicht den Status formeller Rechtsregelungen, sondern beruhen auf Initiativen aus Kreisen der Praxis und sollen qua Selbstbindung der Unternehmen wirksam werden. Solche Verhaltenskodices stellen Empfehlungen außerhalb des geltenden Rechts dar und formulieren Grundsätze im Sinne einer Best Practice, so wie sie in einem gut geführten Unternehmen beachtet werden sollten (vgl. Lutter 2003, S. 741). „Die Verbindlichkeit eines Kodex kann von der völligen Freiwilligkeit der Kodexbefolgung über die Philosophie des »Comply or Explain« bis zu dem faktischen Zwang reichen, die meisten Regeln eines Kodex als Voraussetzung etwa einer Börsenzulassung zu akzeptieren" (v. Werder 2003, S. 16). Im Gegensatz zum relativ langsamen Gesetzgebungsverfahren hat ein Kodex im Sinne einer Best Practice-Orientierung den Vorteil schnellerer Anpassungsmöglichkeiten an sich dynamisch ändernde Anforderungen, etwa der internationalen Finanzmärkte. Zudem erlaubt ein Kodex in begründeten Ausnahmefällen ein unternehmensindividuelles Abweichen von Standards. Als Beispiel für einen solchen untergesetzlichen Governance-Standard ist hier der Deutsche Corporate Governance-Kodex zu nennen (vgl. dazu Abschnitt 6 in diesem Kapitel).

Im Gegensatz zu diesen mehr oder weniger detaillierten Regelungen governancerelevanter Sachverhalte können Corporate Governance-Probleme natürlich auch dem Marktgeschehen, insbesondere dem Markt für Unternehmenskontrolle überlassen werden (v. Werder 2003, S. 15). In Deutschland funktioniert dieser Markt für Unternehmenskontrolle allerdings bislang nur bedingt. So kommen etwa feindliche Übernahmen äußerst selten vor. Die viel beachteten Zusammenschlüsse bzw. Übernahmen Thyssen/Krupp und insbesondere Mannesmann/Vodafone sowie Aventis/Sanofi Synthélabo (vgl. Hopt 2003, S. 36), sowie im Jahr 2010 sind Hochtief bislang Einzelfälle geblieben.

4. Corporate Governance-Systeme für börsennotierte Gesellschaften in den USA, Deutschland und Europa

a. Unterschiede zwischen dem deutschen und dem U. S.-amerikanischen Corporate Governance-System im Überblick

Die nachfolgende Darstellung der Ausgestaltung von Corporate Governance-Systemen beschränkt sich auf börsennotierte (Aktien-)Gesellschaften. In dieser Gesellschaftsform zeigen sich die typischen Governance-Probleme in besonders markanter Form. Mit dem deutschen und dem U. S.-amerikanischen System werden zwei Modelle von Corporate Governance-Systemen portraitiert, die im internationalen Vergleich besonders große Unterschiede aufweisen. Kennzeichnend für deutsche Aktiengesellschaften ist, dass die Funktionen der Unternehmensleitung (Vorstand) und der Kontrolle (Aufsichtsrat) institutionell getrennt sind und somit einschließlich der Hauptversammlung drei Organe in der Unternehmensverfassung verankert sind. Die deutsche Unternehmensverfassung wird deshalb auch als **Trennungsmo-**

dell bzw. dreistufiges Modell bezeichnet. Demgegenüber sind in der U. S.-amerikanischen Unternehmensverfassung die Funktionen der Leitung und der Kontrolle in einem Gremium – dem Board of Directors – zusammengefasst. Das U. S.-amerikanische Modell wird auch als **zweistufiges Vereinigungsmodell** bezeichnet (vgl. Macharzina/Wolf 2010, S. 164).

Weitere Unterschiede zwischen beiden Modellen der Corporate Governance bzw. der Unternehmensverfassung bestehen vor allem in der Zusammensetzung des Aufsichtsrats. In Deutschland haben die Mitarbeiter das Recht, Vertreter in das Kontrollgremium zu entsenden. Diese institutionalisierte Form der Mitbestimmung der Arbeitnehmervertreter ist im internationalen Vergleich als sehr weitreichend zu beurteilen (vgl. Neubürger 2003, S. 177). Im deutschen Modell haben Fremdkapitalgeber zwar grundsätzlich kein gesetzlich vorgesehenes Recht auf Mitbestimmung im Aufsichtsrat, dennoch sind deutsche Großbanken häufig im Aufsichtsrat ihrer Kreditkunden vertreten. Deutsche Großbanken verfügen über einen (zwar in den letzten Jahren reduzierten, aber immer noch) beträchtlichen Anteilsbesitz an den großen deutschen Aktiengesellschaften. Mit Blick auf den Einfluss der Banken im Aufsichtsrat wird das deutsche Modell oft auch als Insider Control-System oder als bankenorientiertes Corporate Governance-Modell bezeichnet (vgl. Witt 2003, S. 12). Demgegenüber ist der Anteilsbesitz von Banken an Industriegesellschaften in den USA gesetzlich unzulässig. Dort entsenden Banken auch keine Vertreter in die Kontrollgremien der Aktiengesellschaften. Dasselbe gilt für die Mitarbeiter des Unternehmens. „In diesem Corporate Governance-System, das als Outsider Control-System oder kapitalmarktorientiertes System bezeichnet wird, gibt es keine Mitbestimmung" (Witt 2003, S. 12 f.).

Mit der Schaffung der **Europäischen Aktiengesellschaft (SE)** hat der europäische Gesetzgeber im Europäischen Wirtschaftsraum im Oktober 2004 den Unternehmen de facto eine Wahlmöglichkeit zwischen dem dreistufigen Trennungsmodell und dem zweistufigen Vereinigungsmodell eröffnet. In Ergänzung zur Hauptversammlung kommt das monistische System der SE dem amerikanischen Vereinigungsmodell sehr nahe, während das dualistische System mit Aufsichts- und Leitungsgremium dem deutschen Corporate Governance-Modell entspricht (vgl. Binder et. al. 2004; Europäische Kommission 2010; Kuhn 2005).

    b.   Das deutsche Modell der Corporate Governance in Aktiengesellschaften

Die gesetzlichen Regelungen zur Corporate Governance im deutschen Aktienrecht beschäftigen sich hauptsächlich mit dem Wesen und den Modalitäten der Gründung einer Aktiengesellschaft (AG) sowie mit deren Organisation. Die **Regelungen zur Organisation einer Aktiengesellschaft** umfassen u. a. die Anzahl der Organe, die Wechselwirkungen der Organe untereinander sowie die Aufteilung der Handlungs- und Entscheidungsrechte (vgl. Mendrzyk 2004, S. 26). Die AG kann als repräsentative Gesellschaftsform für deutsche Großunternehmen bezeichnet werden, da sie sich vor allem für Gesellschaften mit starkem Kapitalbedarf eignet. Nach § 1 AktG ist die Aktiengesellschaft (AG) eine Handelsgesellschaft, die über eine eigene Rechtspersönlichkeit verfügt (juristische Person). Sie haftet ihren Gläubigern nur in Höhe des Gesellschaftsvermögens. Dies bedeutet, dass der einzelne Anteilseigner einer beschränkten Haftung gegenüber Dritten unterliegt. Der Hauptvorteil der Haftungsbeschränkung in Kapitalgesellschaften ist darin zu sehen, dass die Beschaffung von Eigenkapital erleichtert wird (vgl. Valcárel 2002, S. 213). Ferner ist das Grundkapital der Aktiengesellschaft in Aktien zerlegt, was die Übertragung der Anteile begünstigt. Die **Gründung einer Aktiengesellschaft** ist an zwingende gesetzliche Vorschriften gebunden. Damit soll z. B. erreicht werden, dass Käufer von Aktien vor unseriösen Gesellschaftsgründern geschützt sind. Für die Gründung ist es erforderlich, dass die Personen, welche die Aktien gegen Einlagen übernehmen, eine **Satzung** (den Gesellschaftsvertrag der Aktiengesellschaft) durch notarielle Beurkundung feststellen lassen. Die Aktionäre, die die Satzung festgestellt haben, gelten als Gründer der Gesellschaft. Nach § 23 AktG müssen in der Satzung folgende Angaben enthalten sein:

- die Gründer;
- die Firma und der Sitz der Gesellschaft;
- der Unternehmensgegenstand (Gesellschaftszweck);
- die Höhe des Grundkapitals (der Mindestnennbetrag liegt bei 50.000 Euro);
- die Nennbeträge der Aktien und Zahl der Aktien jeden Nennbetrags;
- die Zahl der Mitglieder des Vorstands oder die Regeln, nach denen diese Zahl festgelegt wird.

Satzungsänderungen erfordern einen Beschluss der Hauptversammlung, der mit einer Dreiviertelmehrheit des bei der Beschlussfassung vertretenen Grundkapitals zu fällen ist. Die deutsche Aktiengesellschaft kennt drei Organe, die zwingend vorgeschrieben sind (dreistufiges Modell bzw. Trennungsmodell): (a) Vorstand, (b) Aufsichtsrat und (c) Hauptversammlung. Obwohl die Hauptversammlung formaljuristisch als das oberste Organ einer Aktiengesellschaft zu interpretieren ist, sind die drei Organe einander nicht hierarchisch zugeordnet, sondern stehen nebeneinander. Die Zuständigkeitsordnung kann somit im Sinne einer Gewaltenteilung interpretiert werden (vgl. Mendrzyk 2004, S. 26).

Die **Hauptversammlung** ist das Organ der Aktionäre (Eigentümer). Der Besitz von Aktien verleiht dem Aktionär das Recht auf Auskunft über die Angelegenheiten der AG sowie das Recht auf Einflussnahme auf das Unternehmen, insbesondere über die Ausübung des Stimmrechts (vgl. Mendrzyk 2004, S. 83). Die Ausübung des Stimmrechtes und auch das Auskunftsrecht sind auf die Hauptversammlung beschränkt (§ 131 AktG). Der Aktionär kann zwar auch außerhalb der Hauptversammlung Anfragen an den Vorstand der AG richten, dieser ist jedoch nicht zur Beantwortung der Fragen verpflichtet (vgl. Mendrzyk 2004, S. 96). Die Hauptversammlung, auf der die Aktionäre zusammenkommen, wird mindestens einmal im Jahr einberufen. Die Hauptversammlung bestellt nach § 119 Abs. 1 Satz 1 AktG die Mitglieder des Aufsichtsrats, soweit diese in mitbestimmten Unternehmen nicht auch unter der Mitwirkung der Arbeitnehmerseite bestellt werden (Arbeitnehmervertreter im Aufsichtsrat). Ferner hat die Hauptversammlung folgende **Aufgaben**:

- Entscheidung über die Verwendung des Bilanzgewinns (§ 119 Abs. 1 Satz 2 AktG);
- Bestellung der Abschlussprüfer (§ 318 Abs. 1 HGB, § 119 Abs. 1 Satz 4 AktG);
- Entlastung der Mitglieder des Vorstands und Aufsichtsrats (§ 119 Abs. 1 Satz 3 AktG);
- Beschluss über Satzungsänderungen (§ 119 Abs. 1 Satz 5 AktG);
- Beschluss über Maßnahmen der Kapitalbeschaffung und der Kapitalherabsetzung (§ 119 Abs. 1 Satz 6 AktG);
- Bestellung von Prüfern zur Prüfung von Vorgängen bei der Gründung oder der Geschäftsführung (§ 119 Abs. 1 Satz 7 AktG).

Schließlich fasst die Hauptversammlung auch den Beschluss über die Auflösung der Gesellschaft (§ 119 Abs. 1 Satz 8 AktG). Die Hauptversammlung ist nach § 119 Abs. 2 AktG explizit von der Geschäftsführung des Unternehmens ausgeschlossen und darf nur auf Verlangen des Vorstands über Geschäftsführungsfragen entscheiden (vgl. Valcárel 2002, S. 215). Beschlüsse werden in der Hauptversammlung grundsätzlich mit einfacher Stimmenmehrheit gefasst (§ 133 Abs.1 AktG). In der Satzung kann jedoch für bestimmte Beschlüsse ein abweichendes Quorum festgelegt werden. Die Höhe des Stimmrechts des einzelnen Aktionärs bemisst sich grundsätzlich nach dem jeweiligen Anteil am Grundkapital, also am Aktieneigentum. Das deutsche Aktienrecht kennt verschiedene Aktiengattungen, die den Aktionär mit unterschiedlichen Rechten ausstatten: Stammaktien stellen den Normaltyp dar und gewähren dem Aktionär u. a. gleiches Stimmrecht auf der Hauptversammlung und den gleichen Anspruch am Gewinn. Im Gegensatz dazu räumen Vorzugsaktien den Aktionären besondere Rechte im Verhältnis zu den Stammaktien ein, z. B. einen besonderen Anspruch auf den Gewinn oder besondere Bezugsrechte bei der Ausgabe neuer Aktien im Zuge von Kapitalerhöhungen. Häufig sind Vorzugsaktien ohne Stimmrechte aber mit einem höheren Gewinnanspruch ausgestattet (‚Vorzugsaktien ohne Stimmrecht'). Zum Schutz von Minderheiten sieht das Gesetz einige Minderheitenrechte vor, wie zum Beispiel, die Einberufung einer Hauptversammlung verlangen zu können (§ 122 AktG). Die Stimmen der Aktionäre, welche die Einberufung fordern, müssen mindest fünf Prozent der Anteile am Grundkapital erreichen. Soll der Vorstand oder der Aufsichtsrat insgesamt entlastet werden, kann ein Zehntel der Stimmen eine gesonderte Abstimmung über eine Person verlangen (§ 120 AktG) usw. Für die Entscheidungen, die von den Aktionären auf der Hauptversammlung getroffen werden, sieht das deutsche Aktienrecht kein weiteres Kontrollorgan vor. Eine externe Kontrolle kann allenfalls über den Kapitalmarkt erfolgen, indem Hauptversammlungsbeschlüsse entsprechende Veränderungen des Aktienpreises auslösen (vgl. Valcárel 2002, S. 216). In der Praxis ist die Präsenz der stimmberechtigten Aktionäre auf den Hauptversammlungen großer deutscher Aktiengesellschaften beständig zurückgegangen und liegt derzeit bei durchschnittlich 50 Prozent. An vielen deutschen Unternehmen sind institutionelle Anleger, vornehmlich Banken und Versicherungen, mit großen Anteilspaketen und Stimmrechtspaketen beteiligt (vgl. Witt 2003, S. 80). *Witt* erklärt die Dominanz insbesondere von Banken bei Abstimmungen auf Hauptversammlungen mit zwei Faktoren:

– Banken halten Anteile an anderen Unternehmen;
– Banken haben Depotstimmrecht, d. h. sie üben auch die Stimmrechte der von ihren Kunden gehaltenen Anteile auf den Hauptversammlungen aus.

Der **Aufsichtsrat** ist für die Eigentümer das Organ der Kontrolle der Geschäftsführung durch den Vorstand. Zusammensetzung, Rechte und Pflichten regeln die §§ 95-116 AktG. In den Kompetenzbereich des Aufsichtsrates fallen **drei wichtige Aufgaben** (vgl. Valcárel 2002, S. 217 f.):

– die Überwachung des Vorstands (§ 111 Abs. 1 AktG);
– die Einwilligung zu zustimmungspflichtigen Geschäften (§ 111 Abs. 4, Satz 2 AktG);
– die Bestellung und Abberufung des Vorstandes (§ 84 AktG).

Die primäre Aufgabe besteht in der Überwachung des Vorstandes. Darunter fällt auch das Recht, die Aktiengesellschaft dem Vorstand gegenüber zu vertreten (§ 112 AktG). Der Aufsichtsrat fungiert damit als Vertretung der Gesellschaft gegenüber dem Vorstand. Gegenstand der Überwachungsaufgabe ist der gesamte Bereich der unternehmerischen Entscheidungstätigkeit und deren Folgen. Die Überwachungstätigkeit des Aufsichtsrates beschränkt sich zunächst auf die Prüfung und Beratung der vom Vorstand gemäß § 90 AktG vorzulegenden Berichte. Reicht diese Berichterstattung durch den Vorstand nicht aus, so hat der Aufsichtsrat das Recht, eine Einsichtnahme und Prüfung der Bücher und Schriften sowie der Vermögensgegenstände der Gesellschaft vorzunehmen (vgl. Mendrzyk 2004, S. 47). Neben der Kontrolle des Vorstandes bestehen weitere Aufgaben des Aufsichtsrates in der Feststellung und Prüfung des Jahresabschlusses, in der Erarbeitung des Gewinnverwendungsvorschlags und des Geschäftsberichts. Der Aufsichtsrat darf jedoch nicht an der Geschäftsführung des Unternehmens teilnehmen (§ 111 Abs. 4 AktG). Die Aufsichtsratsmitglieder sind gehalten, die Sorgfalt eines ordentlichen und gewissenhaften Geschäftsleiters aufzuwenden (§§ 116 und 93 AktG). Der Aufsichtsrat besteht größenabhängig aus mindestens drei und maximal 21 **Mitgliedern** (§ 95 Abs. 1 AktG). Der Aufsichtsrat einer AG setzt sich aus Vertretern der Eigentümer und bei mitbestimmten Unternehmen auch aus Vertretern der Arbeitnehmer zusammen (§ 110 AktG). Die genaue Zusammensetzung des Gremiums ist durch die unternehmerische Mitbestimmung geprägt (vgl. dazu Abschnitt 5 in diesem Kapitel).

Der **Vorstand** ist das dritte Organ einer Aktiengesellschaft, dem als primäre Aufgabe die Leitung der Aktiengesellschaft unter eigener Verantwortung obliegt (§ 76 Abs. 1 AktG). Anders als bei der GmbH, wo die Gesellschafter dem Geschäftsführer Weisungen geben können, ist der Vorstand der AG selbständig und weisungsunabhängig. Der Vorstand führt die Geschäfte (§ 77 Abs. 1 AktG) und vertritt die Gesellschaft eigenverantwortlich nach außen (§ 78 Abs. 1 AktG). Zur Erfüllung der ihm übertragenen Aufgaben verfügt das geschäftsführende Organ über umfassende Dispositions- und Verfügungsgewalt bezüglich sachlicher sowie personeller Ressourcen (Oesterle/Krause 2004, S. 272). Die Befugnisse des Vorstands reichen über alle Geschäftsfelder der Gesellschaft, jedoch benötigt der Vorstand für bestimmte wichtige Geschäfte die Zustimmung des Aufsichtsrats. Diese zustimmungspflichtigen Geschäfte (§ 111 Abs.4 AktG) werden einzeln festgeschrieben, d. h. diese sind in der Satzung des Unternehmens enumerativ festgelegt. Nach empirischen Befunden zählen hierzu vor allem substanzielle Entscheidungen, wie bspw. der Erwerb, die Veräußerung und Belastung von Beteiligungen, die Expansion von Zweigniederlassungen und Betriebsstätten sowie das Eingehen von Unternehmensverbindungen (vgl. Macharzina/Wolf 2010, S. 137). Die Mitglieder des Vorstandes haben bei ihrer Geschäftsführung die Sorgfalt eines ordentlichen und gewissenhaften Geschäftsleiters anzuwenden (§ 93 Abs. 1 AktG) und stehen in der Pflicht, eine nachhaltig erfolgreiche Entwicklung des Unternehmens herbeizuführen (vgl. Oesterle/ Krause 2004, S. 272; Semler 1996, S. 9 f.). Aus der Pflicht des Vorstandes, eine nachhaltig erfolgreiche Entwicklung des Unternehmens herbeizuführen, lassen sich nach *Semler* (1996, S. 9 f.) folgende **originäre Führungsfunktionen** des Vorstandes ableiten (vgl. Oesterle/ Krause 2004, S. 273):

– **Planung** (mittelfristige Zielfestlegung der Unternehmenspolitik) beinhaltet die Festlegung der strategischen Stoßrichtung und der zukünftigen Entwicklung des Unternehmens aus einer Fülle potentieller Handlungsalternativen;
– **Koordination** meint die Koordination und Organisation sämtlicher Teilbereiche des Unternehmens und schießt die Festlegung und Verbreitung unternehmensweiter Grundsätze ein;
– **Kontrolle** bezieht sich auf die permanente Erfolgskontrolle der Aktivitäten hinsichtlich Zielerreichung und schließt auch eine Abweichungsanalyse ein;
– **Besetzung von Führungspositionen** bezieht sich schließlich auf die nicht delegierbare Personalverantwortung des Vorstands.

Im Rahmen der eigenverantwortlichen Leitung und Geschäftsführung der AG ergeben sich aus dem Aktiengesetz und dem HGB die folgenden **Aufgaben und Pflichten** des Vorstandes im Innen- und Außenverhältnis:

– gerichtliche und außergerichtliche Vertretung der Gesellschaft (§ 78 AktG);
– Vorbereitung und Ausführung von Hauptversammlungsbeschlüssen (§ 83 AktG);
– Berichterstattung an den Aufsichtsrat (§ 90 AktG);
– Sorgepflicht für Buchführung (§ 91 AktG);

- besondere Pflichten bei der Gefährdung der Gesellschaft (§ 92 AktG);
- Sorgfaltspflicht bei der Geschäftsführung (§ 93 AktG);
- Einberufung der Hauptversammlung (§ 121 AktG);
- Aufstellung und Vorlage des Jahresabschlusses und des Lageberichts an den Abschlussprüfer (§§ 264, 290, 320 HGB); und
- Offenlegung des Jahresabschlusses und des Lageberichts (§ 325HGB).

Der Vorstand wird vom Aufsichtsrat bestellt und ist diesem gegenüber auch Rechenschaft schuldig (§ 90 AktG). Vorstandsmitglieder werden für höchstens fünf Jahre bestellt, wobei eine Wiederbestellung möglich ist (§ 84 Abs. 1 AktG). Eine Abberufung eines Vorstandsmitgliedes vor Ablauf der Amtszeit ist nur bei groben Pflichtverletzungen oder bei Vertrauensentzug durch die Hauptversammlung möglich (vgl. Witt 2003, S. 79). **Mitglieder** können nur natürliche Personen sein (es kann also nicht eine GmbH bestellt werden, die ihrerseits ihren Geschäftsführer im Vorstand der AG handeln lässt, wie es beispielsweise im Fall der GmbH & Co. KG möglich ist). In Deutschland setzt sich der Vorstand in der Regel aus mehreren Mitgliedern zusammen, wobei die genaue Anzahl durch die Satzung der Gesellschaft bestimmt wird. Bei einem Grundkapital von mehr als drei Mio. Euro muss der Vorstand aus mindestens zwei Personen bestehen, sofern in der gesellschaftseigenen Satzung nichts Gegenteiliges bestimmt ist. Eine Höchstzahl von Mitgliedern kennt das deutsche Aktiengesetz nicht (vgl. Oesterle/Krause 2004, S. 273). Gemäß § 77 Abs. 1 AktG sind sämtliche Mitglieder des Vorstandes nur gemeinschaftlich zur Geschäftsführung befugt, d. h. es gilt prinzipiell der Grundsatz der Gesamtverantwortung nach dem Kollegialprinzip. Aufgrund der Komplexität der Unternehmensleitung insbesondere bei diversifizierten Großkonzernen lässt sich das Prinzip der Gesamtverantwortung jedoch häufig nur schwer realisieren. In der Praxis bildet sich daher meist eine funktionale oder divisionale Arbeitsteilung in den Vorständen heraus. Mit Blick auf die Verteilung der Entscheidungskompetenzen sind in diesem Zusammenhang zwei Ausgestaltungsmöglichkeiten denkbar (vgl. v. Werder 1987, S. 2266):

- **Portefeuillegebundene Unternehmensleitung**: Die einzelnen Vorstandmitglieder erarbeiten für den Bereich, für den sie jeweils zuständig sind, Entscheidungsvorlagen. Die vorbereiteten Entscheidungsvorlagen werden schließlich dem Gesamtvorstand zur gemeinsamen Beschlussfassung vorgelegt. Die Vorstandsmitglieder dürfen für ihre Handlungssegmente ('Portefeuilles') keine autonomen Entscheidungen treffen.
- **Ressortgebundene Unternehmensleitung**: Bei einer ressortgebundenen Organisation übernehmen die einzelnen Vorstandsmitglieder individuelle Entscheidungskompetenzen für ihre zu verantwortenden Teilbereiche. Allerdings gibt es auch im Fall des Ressort-Modells Geschäfte, die zwingend in die Entscheidungszuständigkeit des Gesamtvorstands fallen. Zu solchen Geschäften zählen ressortübergreifende Angelegenheiten bzw. Geschäfte, die das gesamte Unternehmen betreffen. Mit Blick auf die Organisationsstruktur führt die ressortgebundene Unternehmensleitung zu einer faktischen Personalunion der zweiten Hierarchiestufe mit der obersten Unternehmensleitung (Vorstand).

Trotz einer eventuell vorgenommenen ressortgebundenen Leitung des Unternehmens ist der Vorstand nach geltendem Recht ein Kollegialorgan mit Gesamtverantwortung, das gehalten ist, gemeinschaftlich und gleichberechtigt zusammenzuarbeiten.

Für den Regelfall eines aus mehreren Mitgliedern zusammengesetzten Vorstandes kann der Aufsichtsrat nach § 84 Abs. 2 AktG ein Mitglied des Vorstands zum **Vorstandsvorsitzenden** ernennen. Im Gesetz werden die Rechte und Pflichten des Vorstandsvorsitzenden nicht näher spezifiziert. Nach allgemeiner Auffassung steht jedoch dem Vorsitzenden das Recht zu, das

Kollegialorgan nach außen zu repräsentieren, Vorstandssitzungen einzuberufen und diese zu leiten. Nach dem Gesetz ist der **Vorstandsvorsitzende** aufgrund des Prinzips der Gesamtverantwortung jedoch nur primus inter pares. In der Praxis ist der Vorstandsvorsitzende allerdings mit einem nicht zu unterschätzenden Machtpotenzial ausgestattet. In solchen Fällen dominiert der Vorstandsvorsitzende das Leitungsorgan häufig in einer Weise, „dass man seine Vorstandkollegen eher als weisungsgebundene Mitarbeiter des Vorsitzenden bezeichnen müsste" (Witt 2003, S. 80). Die Dominanz des Vorstandsvorsitzenden basiert dabei ganz entscheidend auf der Überwachungspflicht über alle Ressorts und der sachlichen Koordination der Vorstandsarbeit (vgl. Oesterle/Krause 2004, S. 274). Sofern die Satzung bzw. Geschäftsordnung keinen Vorstandsvorsitzenden vorsieht, kann bei mehrgliedrigen Vorständen alternativ auch ein Vorstandssprecher gewählt werden. Die Rechtsstellung des Vorstandssprechers ist gesetzlich nicht spezifiziert, so dass die Befugnisse im Einzelnen in der Geschäftsordnung konkretisiert werden. Der Vorstandsprecher übernimmt vorrangig administrative Tätigkeiten wie die Einberufung und Leitung der Vorstandssitzungen, die Repräsentanz nach außen sowie die Koordination mit dem Aufsichtsrat, dagegen kann die Koordination der verschiedenen Ressorts nur einem Vorstandsvorsitzenden obliegen (vgl. Oesterle/Krause 2004, S. 276).

c. Das U. S.-amerikanische Modell der Corporate Governance in Aktiengesellschaften (Stock Corporation)

Die U. S.-amerikanische Unternehmensverfassung für Aktiengesellschaften gilt als Prototyp des angloamerikanischen Modells. Die rechtlichen Bestimmungen zur Unternehmensverfassung weichen in angelsächsischen Ländern in mehrerlei Hinsicht vom deutschen Modell ab. „Der grundlegende Unterschied liegt in der zweistufigen […] Struktur des angloamerikanischen Modells im Gegensatz zum deutschen dreistufigen oder Trennungsmodell der Unternehmensverfassung, welches sich noch in Holland (nach der dortigen Aktienrechtsreform für die großen AGs), Italien und Österreich findet und in Frankreich möglich ist" (Macharzina/Wolf 2010, S. 164). Als Prototyp des angloamerikanischen Modells sieht die U. S.-amerikanische Unternehmensverfassung für Aktiengesellschaften (Stock Corporation) nur **zwei Gesellschaftsorgane** vor: (1) das Shareholders' Meeting und (2) das Board of Directors. Während das Shareholders' Meeting ungefähr dem Organ der deutschen Hauptversammlung entspricht, vereint das zweite Organ, das Board of Directors, Leitungs- und Kontrollfunktion. Anders als in Deutschland agieren in den USA damit Vorstand und Aufsichtsrat nicht getrennt voneinander, sondern bilden ein einheitliches Gremium. Dieses zweistufige Modell wird deshalb auch als Board-Verfassung bezeichnet.

Das **Shareholders' Meeting** (Versammlung der Aktionäre) ist jährlich einzuberufen und übt im Wesentlichen ähnliche Funktionen aus wie eine deutsche Hauptversammlung. Im Mittelpunkt steht die Bestellung und Abberufung der Mitglieder des Board of Directors. Daneben sind zentrale Aufgaben die Erstellung und Änderung des Gründungsvertrags (Charter), der mit der Geschäftsordnung und den Gesetzen die Verfassung einer Stock Corporation darstellt, sowie die Beschlussfassung über besondere Angelegenheiten, wie die Fusion und Auflösung eines Unternehmens oder die Veräußerung von wesentlichen Teilen des Gesellschaftsvermögens. Bei der Stock Corporation ist das Shareholders' Meeting, wie auch die Hauptversammlung bei der deutschen Aktiengesellschaft, von der Geschäftsführung ausgeschlossen.

Das vom Shareholders' Meeting gewählte **Board of Directors** ist als zweites Organ der Gesellschaft sowohl mit Leitungs- als auch mit Kontrollaufgaben betraut. Die Leitungsfunktion des **Board of Directors** bezieht sich auf unternehmenspolitische, strategische Entscheidungen und umfasst vor allem die Festlegung der obersten Unternehmensziele und die Durchführung der längerfristigen Planungen. Ferner bildet das Board of Directors verschiedene Ausschüsse und Komitees, die inhaltlich abgegrenzte Funktionen wahrnehmen. So ist das Audit Committee mit der Vorbereitung der Abschlussprüfung betraut. Die operative Ebene der Unternehmensführung obliegt hauptsächlich den Officers, die vom Board of Directors ernannt, überwacht und abberufen werden. Die Executive Officers (Chief Executive Officer, Chief Financial Officer etc.) sind leitende Angestellte, die als Mitglieder der obersten Managementebene anzusehen sind, jedoch kein eigenständiges Organ der Gesellschaft darstellen (vgl. Macharzina/Wolf 2010, S. 167). Häufig gehören die Executive Officers selbst dem Board an. Insbesondere der Chief Executive Officer (CEO) übernimmt in der U. S.-amerikanischen Unternehmenspraxis zugleich die Funktion des Board-Vorsitzenden (Chairman of the Board). Im Board finden sich demnach zwei Arten von Mitgliedern:

– Outside Directors werden in das Board gewählt und sind dort nebenamtlich tätig;
– Managing bzw. Inside Directors, die zugleich operative Managementfunktionen wahrnehmen, wie der CEO, der als Executive Officer zugleich hauptberuflich als leitender Manager im Unternehmen tätig ist.

Prinzipiell obliegt die Bestellung und Abberufung der Mitglieder des Board of Directors zwar dem Shareholders' Meeting. In der Praxis übertragen die Gesellschafter ihre Stimmen jedoch über Vollmachten („Proxy-System") dem Chief Executive Officer oder dem Chief Financial Officer, welche diese dann selbst ausüben. Das Proxy-System ist vergleichbar mit dem deutschen Depotstimmrecht der Banken und soll der Aktivierung und besseren Vertretung der sich häufig passiv verhaltenden Gesellschafter dienen. Durch die Einwerbung einer größeren Anzahl an Vollmachten können die Inside Directors damit de facto selbst über die Besetzung des Boards bestimmen. Da die Inside Directors über das Proxy-System natürlich auch Einfluss auf die Auswahl und Bestellung der Outside Directors ausüben, können letztere auch nicht als von den Aktionären bestellte Kontrolleure des obersten Managements angesehen werden. Diese Machtkonzentration auf die Personen der Inside Directors kann einerseits zu einer Stärkung der Flexibilität und Schlagkräftigkeit der Unternehmensleitung führen, andererseits besteht jedoch die Gefahr der mangelnden Kontrolle.

d. Die Europäische Aktiengesellschaft (Societas Europaea)

Die **Europäische Aktiengesellschaft** (lat. Societas Europaea, kurz SE) ist eine neu geschaffene **supranationale Rechtsform** für Aktiengesellschaften im Europäischen Wirtschaftsraum (EWR). Seit Oktober 2004 können in allen Mitgliedsstaaten des EWR, also in den Staaten der Europäischen Union sowie in den Staaten der Europäischen Freihandelsassoziation (EFTA), d. h. in Island, Liechtenstein und Norwegen, Europäische Aktiengesellschaften gegründet und im jeweiligen nationalen Handelsregister eingetragen werden (vgl. Binder et al. 2007, S. 26). Der europäische Gesetzgeber hat die SE als supranationale Rechtsform ausgestaltet, deren Struktur und Funktionsweise in allen EWR-Mitgliedsstaaten grundsätzlich einheitlich sein soll (vgl. Kuhn 2005, S. 23). Mit der Schaffung der Rechtsform der Europäischen Aktiengesellschaft wird das Ziel verfolgt, im integrierten europäischen Wirtschaftsraum Kapitalgesellschaften nach weitgehend einheitlichen Rechtsprinzipien zu schaffen.

Das Recht der Europäischen Aktiengesellschaft ist in zwei europäischen Rechtsakten verankert. Eine wesentliche Rechtsgrundlage für das Gesellschaftrecht der SE bildet die **Verordnung über das Statut der Europäischen Gesellschaft** (VO SE). Sie wird flankiert durch die **Richtlinie zur Ergänzung des Statuts der SE** hinsichtlich der Beteiligung der Arbeitnehmer. Die Regelungen der VO SE bilden einen Handlungsrahmen für die nationalen europäischen Gesetzgeber und befassen sich vornehmlich mit der Gründung und der Leitung der SE (Kuhn 2005, S. 24):

„Eine umfassende Kodifikation des Rechts der SE erfolgte nicht, da sich dies als politisch nicht durchsetzbar erwiesen hatte. Der europäische Gesetzgeber hat sich daher darauf beschränkt, ein Rahmenrecht zu schaffen, welches [...] durch Bestimmungen des nationalen Rechts aufgefüllt wird."

Die Europäische Aktiengesellschaft ist durch folgende **allgemeine Wesensmerkmale** gekennzeichnet:

- die SE ist eine Gesellschaft Europäischen Rechts und besitzt eine **eigene Rechtspersönlichkeit** (Art. 1. Abs. 3 VO SE).
- die SA ist eine **Kapitalgesellschaft** deren Kapital ist in **Aktien** zerlegt ist (Art. 1. Abs. 2 VO SE).
- Das Kapital der SE lautet auf Euro und der **gezeichnete Kapitalstock** beträgt mindestens **120.000 Euro** (Art. 4. Abs. 1 und 2 VO SE).
- der **Sitz** muss sich **im Europäischen Wirtschaftsraum**, d. h. in einem Staat der Europäischen Union oder der Europäischen Freihandelsassoziation befinden.

Hinsichtlich der Struktur der Gesellschaftsorgane eröffnen die Statuten der VO SE dem Gründer und Satzungsgeber die Wahlmöglichkeit zwischen dem sogenannten **monistischen System**, bei dem ein einheitliches Organ die Unternehmensleitung ausübt, und dem **dualistischen System**, bei dem die Leitungs- und Überwachungsaufgaben zwei getrennten Organen zugeschrieben sind (vgl. Kuhn 2005, S. 24):

(a) **Dualistisches System**: Der europäische Gesetzgeber hat das dualistische System in Übereinstimmung mit dem deutschen Aktienrecht ausgestaltet (vgl. Veil 2005, S. 351). Das Leitungsorgan führt die Geschäfte der SE in eigener Verantwortung (Art. 39 Abs. 1 S. 1 VO SE) und wird durch ein Aufsichtsorgan kontrolliert. Ähnlich wie bei einer Gesellschaft nach deutschem Aktienrecht kommen dem Aufsichtsorgan **drei wichtige Aufgaben** zu:

- die Bestellung und Abberufung der Mitglieder des Leitungsorgans (Art. 39 Abs. 2 VO SE);
- die Überwachung der Führung der Geschäfte durch das Leitungsorgan (Art. 40 Abs. 1 S. 1 VO SE);
- die Einwilligung zu zustimmungspflichtigen Geschäften des Leistungsorgans (Art. 48 Abs. 1 S. 1 VO SE).

(b) **Monistisches System**: Im monistischen System übernimmt ein Verwaltungsorgan die Leitung der SE in eigener Verantwortung (Art. 43 Abs. 1 S. 1 VO SE). Das Verwaltungsorgan bestimmt dabei die Grundlinien der Tätigkeit der SE und überwacht deren Umsetzung. Die Leitungsbefugnis des Verwaltungsorgans bleibt jedoch auf diese Grundlinien beschränkt. Die operativen Aufgaben der laufenden Geschäftsführung sind von geschäftsführenden Direktoren wahrzunehmen (vgl. Veil 2005, S. 351). Die geschäftsführenden Direktoren können im „internen Modell" unmittelbar aus dem Kreis der Mitglieder des Verwaltungsorgans bestellt werden. Bei dieser internen Besetzung ist jedoch Voraussetzung, dass die nicht-geschäftsführenden Mitglieder die Mehrheit im Verwaltungsrat bilden. Alternativ können externe geschäftsführende Direktoren bestellt werden („externes Modell"), die nicht dem Verwaltungsorgan angehören (vgl. Kuhn 2005, S. 24). In letzterem Fall wird die Konvergenz des monistischen Systems zum dualistischen System deutlich (vgl. Macharzina/Wolf 2010, S. 179). Das

Verwaltungsorgan übernimmt im Wesentlichen die Funktion eines Aufsichtsgremiums, welches zudem die Unternehmenspolitik bestimmt, während die laufenden Geschäfte vom Gremium der geschäftsführenden Direktoren im Sinne des Vorstandes wahrgenommen werden.

Aus Sicht des deutschen Gesellschaftsrechts bringt die Verordnung zur Europäischen Aktiengesellschaft eine bedeutende Neuerung mit sich, indem sich nun auch in Deutschland eine monistische Struktur bei Aktiengesellschaften implementieren lässt (vgl. Macharzina/Wolf 2010, S. 179).

Sowohl im monistischen als auch im dualistischen System bildet die **Hauptversammlung** das **Organ der Aktionäre** (Eigentümer). Der Besitz von Aktien verleiht dem Aktionär das Recht auf Auskunft über die Angelegenheiten der SE sowie das Recht auf Einflussnahme auf das Unternehmen, insbesondere über die Ausübung des Stimmrechts. Die Hauptversammlung bestellt im dualistischen System die Mitglieder des Aufsichtsorgans (Art. 40 Abs. 2 S. 1 VO SE) und im monistischen System die Mitglieder des Verwaltungsorgans (Art. 40 Abs. 3 S. 1 VO SE).

Welche **Vorteile** birgt die **Europäische Aktiengesellschaft**? Waren europaweit agierende Unternehmen bislang dazu gezwungen, in jedem Land eine rechtlich selbstständige Tochterunternehmung zu gründen, so bietet die SE den Unternehmen nun die Möglichkeit, im Europäischen Wirtschaftsraum als supranationale rechtliche Einheit mit nationalen Niederlassungen und Betriebsstätten aufzutreten („**Betriebsstättenkonzern**"). Unternehmen können über die SE im internationalen Geschäftsverkehr nun einheitlich, d. h. mit einer einzigen Rechtspersönlichkeit und nicht über eine Vielzahl von Tochtergesellschaften auftreten, um ihre europäischen Wertschöpfungsaktivitäten zu steuern. Es entfällt dadurch der Kosten- und Zeitaufwand, ein Netz von lokalen Tochtergesellschaften zu gründen, für die unterschiedliche rechtliche Vorschriften gelten und für die bspw. eigene Aufsichts- oder Verwaltungsorgane unterhalten werden müssen. Die Schaffung von europaweit geltenden Normen legt zudem die Grundlage für die Vereinheitlichung von Berichtssystemen, Führungs- und Rechtsstrukturen, was ebenfalls zu einer deutlichen Senkung von Verwaltungskosten führen soll (Macharzina/Wolf 2010, S. 178).

Ein weiterer Vorteil ist die Erleichterung der **Verlegung des Hauptsitzes** der Europäischen Aktiengesellschaft innerhalb der EU bzw. des Europäischen Wirtschaftsraumes. Die SE kann ihren satzungsmäßigen Sitz unter Wahrung der Identität grenzüberschreitend verlegen, ohne hierbei im Herkunftsstaat aufgelöst und im Aufnahmestaat neu gegründet werden zu müssen (vgl. dazu Art. 8 SE-VO). Dadurch wird die Wahl des Hauptsitzes aus rein wirtschaftlichen Gründen für Unternehmen erleichtert.

Durch die Struktur der SE werden ferner **grenzüberschreitende Fusionen und Akquisitionen** vereinfacht. Damit können Unternehmen eine Expansion und Neuordnung ihrer Strukturen über Ländergrenzen hinweg vornehmen, ohne kostenaufwändige und zeitraubende Formalitäten für mehrere Tochtergesellschaften in den einzelnen Staaten vornehmen zu müssen. Bei grenzübergreifenden Fusionen oder strukturellen Veränderungen im Europäischen Konzernverbund wird zudem der **supranationale Charakter** einer SE als potenzieller Vorteil angesehen (z. B. bei der Umwandlung nationaler Tochtergesellschaften in Zweigniederlassungen einer Muttergesellschaft). Der supranationale Charakter hilft der Leitung und den Mitarbeitern des „übernommenen" Unternehmens (oder vorheriger Tochtergesellschaften) dabei, nicht ein Gefühl der nationalen ‚Niederlage' zu entwickeln (vgl. Europäische Kommission 2010, S. 3).

Ein wichtiger Vorteil bzw. Anreiz der Etablierung einer SE ist schließlich im **europäischen Image** zu sehen, das mit der Gesellschaftsform signalisiert wird. Die SE-Gesellschaftsform ist besonders für Unternehmen attraktiv, die ihre europäische Zugehörigkeit unterstreichen oder von einer europäischen Rechtsform profitieren wollen, die besser bekannt ist als ihre nationale Rechtsform, um sich ohne die Gründung ausländischer Tochtergesellschaften Zugang zu anderen EU-Märkten zu verschaffen. Dies scheint vor allem Unternehmen in kleinen Ländern, den osteuropäischen Staaten und in exportorientierten Ländern, wie z. B. Deutschland, zugute zu kommen (vgl. Europäische Kommission 2010, S. 4).

Welche **wirtschaftliche Bedeutung** hat die SE im europäischen Wirtschaftsraum seit ihrer Rechtskräftigkeit in 2004? Bis zum 1. Januar 2011 waren insgesamt 700 Europäische Aktiengesellschaften registriert, davon 217 in der Tschechischen Republik und 158 in Deutschland. Die große Popularität bei tschechischen Unternehmen ist insbesondere auf die zuvor genannte Signalwirkung des europäischen Images zurückzuführen. In Deutschland haben u. a. die Allianz, BASF, Bilfinger-Berger, BP Europa, Clariant, Dekra, E.on-Energy Trading, Fresenius, MAN, QCells, Porsche Automobil Holding und SGLCarbon die Rechtsform der SE angenommen (ETUI 2011).

5. Unternehmensverfassung und Mitwirkung der Arbeitnehmer in Deutschland

a. Regelungen zur Mitbestimmung der Arbeitnehmer auf Betriebs- und Unternehmensebene

Die Arbeitnehmerinteressen sind in Deutschland sowohl durch Mitbestimmungsgesetze auf Unternehmensebene als auch durch Betriebsverfassungsgesetze auf der Ebene des Betriebes geregelt. Die Vor- und Nachteile dieser spezifisch deutschen Variante der industriellen Demokratie, d. h. der institutionalisierten Form der Mitbestimmung, werden sehr kontrovers diskutiert (zu einem Überblick vgl. u. a. Frege 2002).

In Deutschland ist ein Großteil der Rechte und Pflichten der Arbeitnehmer als relevante Interessengruppe auf der betrieblichen Ebene über die Betriebsverfassung geregelt. Das **Betriebsverfassungsgesetz von 1972** (BetrVG 1972) regelt die Mitbestimmungsrechte der zum Betrieb gehörenden Arbeitnehmer in personellen, sozialen und wirtschaftlichen Angelegenheiten. Der Bezugspunkt des Gesetzes richtet sich demnach nicht auf das Unternehmen als rechtliche Einheit, sondern auf den Betrieb als Ort der physischen Leistungserstellung (vgl. Kapitel A). Das BetrVG 1972 räumt den Arbeitnehmern kollektiv-institutionalisierte Beteiligungsrechte ein, die sie über verschiedene Organe oder Rechtsinstitute realisieren können (§§ 1-80 sowie §§ 87-113 BetrVG 1972). Das Gesetz sieht u. a. vor, dass in Betrieben mit in der Regel mindestens fünf ständigen wahlberechtigten Arbeitnehmern **Betriebsräte** im Sinne einer kollektiven Interessenvertretung eingerichtet werden (§ 1 BetrVG 1972). Daneben regelt das Gesetz die Mitwirkung auf individueller Ebene durch die einzelnen Arbeitnehmer, bei Angelegenheiten die entweder sie selbst oder ihren eigenen Arbeitsplatz betreffen (u. a. §§ 81-86a BetrVG 1972). Neben dem BetrVG 1972 regelt das Sprecherausschussgesetz von 1989 (SprAuG) den Einfluss der **leitenden Angestellten** auf betrieblicher Ebene. Als leitende Angestellte gelten Arbeitnehmer, welche nach § 5 Abs. 3 BetrVG 1972 zur selbständigen Einstellung und Entlassung von Arbeitnehmern berechtigt sind oder Generalvollmacht oder Prokura besitzen oder regelmäßig sonstige Aufgaben wahrnehmen, die für den Bestand und die Entwicklung des Unternehmens oder eines Betriebs von Bedeutung sind. Leitende Angestellte können nicht an der Wahl zum Betriebsrat teilnehmen. Für Betriebe mit mindestens zehn leitenden Angestellten gibt es daher den Sprecherausschuss (§ 1 SprAuG). Der Sprecherausschuss hat Unterrichtungs- und Beratungsrechte, aber keine Mitbestimmungsrechte.

b. Gesetzliche Regelungen zur unternehmerischen Mitbestimmung der Arbeitnehmer

Auf der Unternehmensebene sind in Deutschland die Mitbestimmungsrechte der Arbeitnehmer über folgende **drei Gesetze** geregelt:

- das **Montanmitbestimmungsgesetz von 1951** (MontanMitbestG 1951) bzw. das Montanmitbestimmungsergänzungsgesetz von 1956 (MontanMitbestErgG;
- das **Betriebsverfassungsgesetz** von 1952 (BetrVG 1952);
- das Mitbestimmungsgesetz von 1976 (MitbestG 1976).

Das **Montanmitbestimmungsgesetz von 1951** (MontanMitbestG 1951) regelt die Mitbestimmung von Arbeitnehmern in Unternehmen des Bergbaus sowie der Eisen und Stahl erzeugenden Industrie mit mehr als 1.000 Beschäftigten (§ 1 MontanMitbestG 1951). Die Montanmitbestimmung findet nur auf Unternehmen, die in der Rechtsform einer Aktiengesellschaft, einer Gesellschaft mit beschränkter Haftung oder einer bergrechtlichen Gewerkschaft betrieben werden, Anwendung. Das MontanMitbestG 1951 ist die älteste und weitreichendste Form der unternehmerischen Mitbestimmung von Arbeitnehmern. Ende der 1990er Jahre fielen noch 45 Unternehmen unter die Regelungen dieses Gesetzes, darunter die RAG AG (vormals Ruhrkohle AG) sowie ThyssenKrupp (vgl. Kommission Mitbestimmung 1998, S. 43). Das Montanmitbestimmungsgesetz regelt die Mitbestimmung der Arbeitnehmer sowohl im Aufsichtsrat als auch im Vorstand. Der Aufsichtsrat im Montan-Bereich besteht aus elf Mitgliedern und wird paritätisch durch eine gleiche Anzahl an Vertretern der Arbeitnehmer und der Anteilseigner sowie einem weiteren neutralen Mitglied gebildet (§ 4 Montan MitbestG 1951). Dem neutralen Mitglied kommt eine besondere Bedeutung zu, da es den Vorsitz des Organs inne hat und bei Pattsituationen entscheiden kann. Das neutrale Mitglied muss das Vertrauen der Arbeitnehmer- und der Arbeitgebervertreter genießen. Der Vorschlag zur Wahl des neutralen Mitglieds wird durch die Aufsichtsratsmitglieder mit Mehrheit aller Stimmen beschlossen. Es bedarf jedoch der Zustimmung von mindestens je drei Mitgliedern der Vertreter der Arbeitnehmer und der Anteilseigner (§ 8 Abs. 1 MontanMitbestG 1951). Das Gesetz regelt neben der Mitbestimmung im Aufsichtsrat auch die Mitbestimmung der Arbeitnehmer im Vorstand. In den vom Gesetz betroffenen Unternehmen bestellt der Aufsichtsrat einen so genannten **Arbeitsdirektor** in den Vorstand. Der Zuständigkeitsbereich des Arbeitsdirektors ist nicht explizit im Gesetz geregelt aber er erstreckt sich meist auf die Bereiche Personal und Soziales. Der Arbeitsdirektor kann nicht gegen die Stimmen der Mehrheit der Arbeitnehmermitglieder im Aufsichtsrat bestellt oder abberufen werden (§ 13 Montan MitbestG 1951). Insofern gelten die Arbeitsdirektoren als Exponenten der Arbeitnehmermitbestimmung in den Leitungsgremien der Montan-Unternehmen.

Das **Betriebsverfassungsgesetz von 1952** (BetrVG 1952) regelt die Mitbestimmung in kleineren Unternehmen mit bis zu 2.000 Beschäftigten. Es findet u. a. auf Aktiengesellschaften, Kommanditgesellschaften, Gesellschaften mit beschränkter Haftung, sowie auf Erwerbs- und Wirtschaftsgenossenschaften Anwendung. Ausgenommen von diesem Gesetz sind Familiengesellschaften mit weniger als 500 Beschäftigten sowie Aktiengesellschaften mit weniger als 500 Beschäftigten, die neu nach dem 10. August 1984 gegründet oder aus einer anderen Rechtsform umgewandelt wurden (Als Familiengesellschaften gelten solche Aktiengesellschaften, deren Aktionär eine einzelne natürliche Person ist oder deren Aktionäre untereinander verwandt oder verschwägert sind). Im Gegensatz zum MontanMitbestG sehen die Rege lungen des BetrVG 1952 nur ein eingeschränktes Mitbestimmungsrecht der Arbeitnehmer im Aufsichtsrat vor. Nach § 76 Abs. 1 muss der Aufsichtsrat in den Unternehmen zu einem Drittel mit Arbeitnehmervertretern besetzt sein. Eine Mitwirkung im Leitungsgremium sieht das Gesetz nicht vor.

Das **Mitbestimmungsgesetz von 1976** (MitbestG 1976) dehnt die Mitbestimmung auf Unternehmen mit mehr als 2.000 Beschäftigten außerhalb der Montanindustrie aus. Das MitbestG 1976 richtet sich auf Aktiengesellschaften, Kommanditgesellschaften auf Aktien, Gesellschaften mit beschränkter Haftung sowie auf Erwerbs- und Wirtschaftsgenossenschaften. Unabhängig von der Größe der Aufsichtsräte, die sich nach der Beschäftigtenzahl richtet, sind Anteilseigner- und Arbeitnehmerseite im Aufsichtsrat mit gleicher Stimmenzahl, also paritätisch vertreten. Im Gegensatz zum Montanmitbestimmungsgesetz liegt hier jedoch eine **Scheinparität** vor, denn bei einem Abstimmungspatt entscheidet in einer zweiten Abstimmung der Aufsichtsratsvorsitzende, welcher dann über zwei Stimmen verfügt (§ 29 MitbestG 1976). Der Aufsichtsratsvorsitzende wird de facto durch die Arbeitgeberseite bestimmt. Für die Wahl des Vorsitzenden durch den Aufsichtsrat ist zwar zunächst eine zwei Drittel Mehrheit aller Stimmen erforderlich. Wird bei der Wahl des Aufsichtsratsvorsitzenden diese Mehrheit nicht erreicht, so wählen in einem zweiten Wahlgang die Aufsichtsratsmitglieder der Anteilseigner den Aufsichtsratsvorsitzenden und die Vertreter der Arbeitnehmerseite dessen Stellvertreter (§ 27 MitbestG 1976). Ebenso wie das MontanMitbestG 1951 sieht das MitbestG 1976 einen **Arbeitsdirektor** vor, bei dessen Bestellung und Abberufung die Arbeitnehmerseite aber kein Vetorecht hat. In Pattsituationen bestellt die Seite der Anteilseigner im Aufsichtsrat den Vertreter in den Vorstand (§ 33 MitbestG 1976). Wie im MontanMitbestG 1951 ist der Zuständigkeitsbereich des Arbeitsdirektors nicht explizit im Gesetz geregelt, er erstreckt sich aber meist ebenfalls auf die Bereiche Personal und Soziales (vgl. dazu auch Macharzina/Wolf 2010, S. 154). Die Zahl der Unternehmen, die in Deutschland nach dem Gesetz von 1976 mitbestimmt werden, wurde für das Jahr 1996 mit 728 angegeben (vgl. Kommission Mitbestimmung 1998, S. 45). Darunter finden sich heute die meisten deutschen Großkonzerne (z. B. Daimler) sowie z. T. auch deren große Tochtergesellschaften (z. B. die Daimler-Tochter EVOBus GmbH).

6. Aktuelle Reformbestrebungen in den internationalen Corporate Governance-Systemen

Vor dem Hintergrund der (scheinbaren) Häufung von Unternehmenskrisen und Missmanagement, spektakulären Verlusten und mangelhaften Kontrollen, wie z. B. im Fall Mannesmann, in der „Schmiergeldaffäre" bei Siemens oder in den Skandalen um Enron und Worldcom in den USA, wurde in den meisten westlichen Industriestaaten eine intensive Debatte über die wirksame und nachvollziehbare Führung und Kontrolle von Kapitalgesellschaften durch die entsprechenden Organe geführt (vgl. Oesterle/Krause 2004, S. 272). Als Ergebnis dieser Debatten wurden in zahlreichen Industriestaaten, u. a. in Deutschland und in den USA, Reformen der rechtlichen Rahmenbedingungen der Corporate Governance angestrebt. So traten in Deutschland u. a. im Jahre 1998 das **Gesetz zur Kontrolle und Transparenz im Unternehmensbereich** (KonTraG), in 2002 das **Transparenz- und Publizitätsgesetz (TransPuG)**, in 2005 das **Gesetz über die Offenlegung von Vorstandsvergütungen (VorstOG)** sowie zuletzt in 2009 das **Bilanzrechtsmodernisierungsgesetz (BilMoG)** sowie das **Gesetz zur Angemessenheit der Vorstandsvergütung (VorstAG)** in Kraft. Der U. S.-amerikanische Gesetzgeber hat im Jahre 2002 den **Sarbanes-Oxley Act** verabschiedet, dessen Regelungen ebenfalls die Ursachen der jüngsten Finanzskandale bekämpfen sollen. Darüber hinaus wurden in den meisten Industriestaaten und auch von internationalen Organisationen so genannte Corporate Governance-Standards (‚Codes of Best Practice' oder ‚Codes of Conduct') entwickelt. Allein in Europa haben bereits 13 Mitgliedstaaten der Europäischen Union solche Standards erarbeitet (vgl. Hopt 2003, S. 33). Diese **Codes of Best Practice**-Bewegung stellt einen Versuch dar, Corporate Governance nicht durch Aktienrecht und immer neue Aktienrechtsreformen zu verwirklichen, sondern durch freiwillige Verhaltenskodices bzw. Verhaltensstandards der beteiligten Akteure (vgl. Hopt 2003, S. 32). Diese Standards stehen außerhalb des geltenden Rechts, d. h. sie basieren weder auf Gesetzen, Rechtsverordnungen oder sonstigen staatliche Wiesungen, und können somit nur durch freiwillige Verpflichtungserklärungen eine Bindungswirkung erzielen (vgl. Mendrzyk 2004, S. 9). Nachfolgend wird exemplarisch der Deutsche Corporate Governance Kodex (DCGK) anhand seiner Entstehungsgeschichte, Zielsetzung und Inhalte portraitiert. Als Beispiel für ein aktuelles gesetzliches Reformvorhaben werden abschließend die Regelungen des Sarbanes-Oxley Acts in den USA vorgestellt.

a. Der Deutsche Corporate Governance Kodex

aa. Hintergrund und Zielsetzung des deutschen Kodex

Ein wichtiger Auslöser für die Initiierung und Erarbeitung von Corporate Governance-Standards in den westlichen Industrieländern war die Häufung von Unternehmenskrisen und Missmanagement in der jüngeren Vergangenheit. Nicht nur in den USA, sondern auch in Deutschland kam es zu einer solchen Häufung spektakulärer Fälle von Unternehmensskandalen und -zusammenbrüchen (vgl. dazu Abschnitt 1 c in diesem Kapitel). Neben der Häufung von Unternehmenskrisen und Missmanagement ist nach *Lutter* (2003) aber auch das geänderte Finanzierungsverhalten der großen deutschen Unternehmen für die Initiierung und Entwicklung des deutschen Kodex mit verantwortlich: „Angestoßen durch das Vorbild USA wurde der Aktionär als Financier des Unternehmens entdeckt - natürlich weniger der Kleinanleger als der institutionelle Anleger. Als Folge waren die großen deutschen Aktiengesellschaften ganz plötzlich an Investoren interessiert und ganz besonders an solchen aus dem Ausland, vor allem an den riesigen Vermögen der Pensionsfonds und Versicherungen in den USA. Auf deren Interesse und deren Vertrauen kam es plötzlich an. Für diese institutionellen Anleger aber waren die deutschen Unternehmen eher Exoten: mit einem kleinen Kapitalmarkt, ohne eine SEC, mit einem Aktiengesetz von 400 Paragraphen und einer unverständlichen Sprache" (Lutter 2003, S. 739).

Demnach werden mit dem deutschen Kodex **zwei Zielsetzungen** verfolgt (vgl. Lutter 2003, S.739 f.):

- Mit dem deutschen Corporate Governance Kodex sollen die in Deutschland geltenden Regeln für Unternehmensleitung und -überwachung (d. h. das deutsche System der Corporate Governance) insbesondere für internationale Investoren, aber auch für Kunden, Mitarbeiter sowie für die Öffentlichkeit transparenter gemacht werden;
- Durch die Verbesserung des bestehenden Systems soll zudem das Vertrauen in die Führung und Überwachung deutscher börsennotierter Unternehmen wieder gestärkt werden.

Mit seinen Zielsetzungen will der Kodex die Unternehmensführung in die Prinzipien der sozialen Marktwirtschaft einbetten. Der DCGK folgt dem Grundgedanken des Stakeholder-Value-Ansatzes und definiert das Unternehmensinteresse unter Einschluss der Belange der Aktionäre, der Arbeitnehmer und – explizit – der sonstigen dem Unternehmen verbundenen Gruppen, wie bspw. den Kunden und der Öffentlichkeit (vgl. v. Werder 2011, S. 51 f.).

Der deutsche Kodex wurde zunächst durch private Initiativen – (die Corporate Governance-Grundsätze der Frankfurter Grundsatzkommission und der German Code of Corporate Governance des Berliner Initiativkreis) ins Leben gerufen. Die Anstöße für diese privaten Initiativen gehen zurück auf Kodex-Initiativen im Ausland (insbesondere in Großbritannien) und auf eine Initiative der OECD (OECD Principles of Corporate Governance). Die von den beiden Initiativen erarbeiteten Vorschläge wurden schließlich von einer breit besetzten Regierungskommission, der so genannten Kodex-Kommission, aufgegriffen. Die Kodex-Kommission, welche von der Bundesjustizministerin beauftragt wurde, bestand aus 13 Mitgliedern aus Wissenschaft, Wirtschaft und öffentlichem Leben. Die Kommission hat Anfang 2002 den ‚Deutscher Corporate Governance Kodex' beschlossen und der Bundesjustizministerin vorgelegt. Der Kodex wurde im elektronischen Teil des Bundesanzeigers veröffentlich und in der Zwischenzeit mehrfach ergänzt (zu einer Darstellung der Genese des Kodex vgl. Lutter 2003, S. 738 sowie v. Werder 2011, S. 51 f.).

ab. Gegenstand des deutschen Kodex

Der Kodex enthält international sowie national anerkannte Standards guter und verantwortungsvoller Unternehmensführung und adressiert alle wesentlichen – vor allem internationalen – **Kritikpunkte** an der deutschen Unternehmensverfassung, nämlich

– die mangelhafte Ausrichtung auf Aktionärsinteressen;
– die duale Unternehmensverfassung mit Vorstand und Aufsichtsrat;
– die mangelnde Transparenz deutscher Unternehmensführung;
– die mangelnde Unabhängigkeit deutscher Aufsichtsräte;
– die eingeschränkte Unabhängigkeit der Abschlussprüfer.

Der Kodex enthält überwiegend Verhaltens-Empfehlungen, die sich vor allem an Vorstand und Aufsichtsrat der börsennotierten Gesellschaften richten. Diese Empfehlung stehen außerhalb des geltenden Rechts und formulieren Grundsätze im Sinne einer Best Practice, so wie sie in einem gut geführten Unternehmen beachtet werden sollten (vgl. Lutter 2003, S. 741). „Die Rechtsverbindlichkeit der Kodex-Regeln lässt sich auch nicht auf sonstigem Wege begründen. Namentlich sind jene Regeln keine Handelsbräuche [...] Vielmehr versteht sich der Kodex als Aufforderung an die Unternehmen, ihre aktuelle Corporate Governance zu optimieren; der Kodex beschreibt daher einen Soll- und nicht einen Ist-Zustand. Die **Kodex-Regeln** sollen sich **als breitflächig akzeptierter Verhaltensmaßstab** bei der Leitung und Überwachung von Unternehmen erst noch etablieren" (Hommelhoff/Schwab 2003, S. 56). Der Kodex besitzt allerdings über die Entsprechenserklärung gemäß § 161 AktG (eingefügt durch das Transparenz- und Publizitätsgesetz vom 19.07.2002) eine gesetzliche Grundlage: Der Gesetzgeber schreibt für börsennotierte Aktiengesellschaften eine jährliche Selbsterklärung vor, in welchem Umfang sie den Kodex anwenden und in welchen Bereichen sie davon abweichen. Diese Entsprechungserklärung verleiht dem Kodex, trotz fehlender Rechtsverbindlichkeit, eine Steuerungswirkung: Handelt ein Unternehmen nicht nach den Regeln des Kodex, dann hat es dies öffentlich zu erklären und muss negative Reaktionen des Marktes befürchten. Nach *Hommelhoff* und *Schwab* besteht der Anreiz, die Kodex-Regeln einzuhalten „somit in der Drohung mit adverser Publizität" (2003, S. 58).

Wichtige Aspekte die **im Kodex** thematisiert werden sind u. a.:

– Alle Aktionäre sollen gleiche Rechte erhalten, d. h. jede Aktie gewährt grundsätzlich eine Stimme. Höchst-, Vorzugs- und Mehrheitsstimmrechte bestehen nicht.

– Die Vergütung des Vorstands soll fixe und variable Bestandteile umfassen. Die variablen Vergütungsteile sollten einmalige sowie jährlich wiederkehrende, an den Erfolg gebundene Komponenten und Komponenten mit langfristiger Anreizwirkung und Risikocharakter enthalten.

– Die Vergütung der Vorstandsmitglieder soll im Anhang des Konzernabschlusses aufgeteilt nach Fixum, erfolgsbezogenen Komponenten und Komponenten mit langfristiger Anreizwirkung ausgewiesen werden. Die Angaben sollen zudem individualisiert erfolgen.

– Vorstandsmitglieder sollen Nebentätigkeiten, insbesondere Aufsichtsratmandate außerhalb des Unternehmens, nur mit Zustimmung des Aufsichtsrats übernehmen.

– Die Vergütung des Aufsichtsrates sollte ebenfalls individualisiert angegeben werden.

– Die Gesellschaft soll Aktionäre bei Informationen gleich behandeln.

– Jedes Aufsichtsratmitglied soll Interessenskonflikte dem Aufsichtsrat gegenüber offen legen.

„Augenfällig wird das Defizit deutscher Unternehmen in Sachen Corporate Governance bei der Frage der Offenlegung von Vorstandsgehältern. Gerade einmal ein Drittel aller DAX-Konzerne hat, wie im Kodex gefordert, die individuellen Bezüge ihrer Topmanager freiwillig publik gemacht. Mittlerweile fordern einzelne Topmanager bereits, die entsprechende Empfehlung im Kodex wieder zu streichen. Noch intransparenter als die Bezüge deutscher Vorstände ist nach wie vor die Arbeit vieler Aufsichtsräte" (Storn 2004, S. 34).

b. Der Sarbanes-Oxley Act

ba. Hintergrund und institutionelle Verankerung

Nachdem dem U. S.-amerikanischen Corporate Governance-System in den vergangenen Jahren sowohl von der Wissenschaft als auch von internationalen Institutionen wie der Weltbank eine Vorbildfunktion für die in die Krise geratenen südostasiatischen Staaten aber auch für die kontinentaleuropäischen Staaten zugewiesen worden war, wird diese Überlegenheit infolge der Finanzskandale bei U.S.-amerikanischen Großunternehmen wie Enron, Tyco oder Worldcom nunmehr wieder stark angezweifelt. Der U. S.-amerikanische Gesetzgeber hat mit der Verabschiedung des Sarbanes-Oxley Acts im Juli 2002 versucht, die Ursachen dieser jüngsten Finanzskandale zu bekämpfen. Mit den Regelungen des Gesetzes soll zudem das Vertrauen in das U. S.-amerikanische Corporate Governance-System wieder hergestellt werden (vgl. Salzberger 2003, S. 165).

Der Sarbanes-Oxley Act zielt anstelle einer Änderung des Gesellschaftsrechts auf eine profunde **Änderung des U. S.-Wertpapierrechtes** ab. Dies hat zur Folge, dass neben den nationalen Aktiengesellschaften auch 1.300 ausländische Unternehmen von diesen Änderungen betroffen sind, deren Aktien an einer U. S-Börse notiert sind. Verantwortlich für die Umsetzung ist dementsprechend die U. S.-amerikanische Börsenaufsichtsbehörde Security and Exchange Commission (SEC). Die SEC ist als unabhängige Bundesbehörde direkt dem U.S.-Kongress unterstellt. Sie nimmt exekutive Aufgaben (Überwachung der Kapitalmarktgesetze, was die Überwachung der Rechnungslegung börsennotierter Unternehmen einschließt) sowie legislative Aufgaben (Entwicklung von Rechnungslegungsnormen und Prüfungsgrundsätzen) wahr und hat judikative Befugnisse. Die SEC hat zivile Vollstreckungsbefugnisse gegen Personen, die gegen das Wertpapierrecht verstoßen, was allerdings strafrechtliche Maßnahmen ausschließt. Schließlich ist die SEC eine Art Widerspruchsbehörde, die auf Antrag Widersprüche gegen Sanktionen der Börsen oder der Berufsvereinigungen gegen ihre Mitglieder prüft.

bb. Gegenstand des Gesetzes

Der Sarbanes-Oxley Act zielt im Wesentlichen auf **vier Problemaspekte** des U. S.-amerikanischen Corporate Governance-Systems ab und

- erweitert die Verantwortlichkeiten des Managements und des Audit Committees;
- verschärft die Anforderungen an die Genauigkeit und Vollständigkeit von veröffentlichten finanzwirtschaftlichen Informationen;
- verschärft Anforderungen an die Wirtschaftsprüfer;
- erweitert die Offenlegungs- und Prüfungspflichten.

Der Sarbanes-Oxley Act erweitert die Pflichten des Managements und verschärft dessen Haftung erheblich (vgl. Salzberger 2004, S. 165). Der Chief Executive Officer (CEO) und der Chief Financial Officer (CFO) eines Unternehmens müssen sicherstellen, dass die Informationen in allen relevanten Meldungen und Berichten des Unternehmens, insbesondere in den Quartals- und Jahresberichten, korrekt erfasst, verarbeitet, gesammelt und letztendlich fristgerecht veröffentlicht werden. CEO und CFO übernehmen damit die Verantwortung für die Einrichtung und Pflege eines internen Kontrollsystems. Sie müssen in einer eidesstattlichen Erklärung bestätigen, dass die finanzielle Situation des Unternehmens im Konzernabschluss in allen wesentlichen Aspekten integer und richtig dargestellt wurde. Eine Verletzung dieser Pflichten kann erhebliche strafrechtliche Konsequenzen zur Folge haben.

Erweitert wird durch das Gesetz auch die Rolle und Verantwortlichkeit des Prüfungsausschusses (Audit Committee) ab. Das Audit Committee wird vom Board of Directors gebildet. Dem Prüfungsausschuss kommt eine wichtige Rolle bei der internen Überwachung der Unternehmensleitung zu, d. h. das Audit Committee bildet einen elementaren Träger der Kontrollfunktion im Board. Der Prüfungsausschuss ist mit der Vorbereitung der Abschlussprüfung betraut und für die Beziehung des Unternehmens zu seinen externen Prüfern verantwortlich. Dies schließt die Verantwortung für die Berufung, Festlegung der Vergütung und Überwachung der externen Wirtschaftprüfer ein. Mit dem Ziel der verbesserten Überwachung stellt der Sarbanes-Oxley Act nun spezifische Anforderungen an die Mitglieder des Audit Comitee und präzisiert deren Aufgaben. Das Gesetz verlangt, dass die Mitglieder des Prüfungsausschusses unabhängig von der Unternehmensführung sind. Demzufolge darf das Audit Commitee nicht mit geschäftsführenden Mitgliedern des Boards besetzt werden. Auch dürfen die Mitglieder des Prüfungsausschusses keine Zahlungen für Beratungsleistungen noch sonstige Vergütungen von der Gesellschaft erhalten. Dem Prüfungsausschuss dürfen also nur nebenamtlich tätige, unabhängige Board-Mitglieder (Independent Outside Directors) angehören (vgl. Salzgeber 2003, S. 166). Der Abschlussprüfer hat direkt an das Audit Committee und nicht an das Management zu berichten.

Zur Verbesserung der Berufsaufsicht über die Wirtschaftsprüfer wird durch den Sarbanes-Oxley Act eigens eine neue Regulierungsbehörde, das so genannte ‚Public Company Accounting Oversight Board‘, geschaffen. „Damit soll ein zweiter Fall Enron verhindert werden, bei dem die Prüfer von *Arthur Andersen* Hand in Hand mit dem Management arbeiteten" (Salzgeber 2003, S. 166). Aufgabe dieser neu geschaffenen Regulierungsbehörde für den Wirtschaftsprüferberuf ist die Überwachung des Berufsstandes und die Kontrolle der Prüfungen börsennotierter Unternehmen. Sämtliche Wirtschaftsprüfungsgesellschaften, die Prüfungsleistungen für an U. S-amerikanischen Börsen notierte Gesellschaften erbringen, unterliegen damit der Aufsicht dieser Regulierungsbehörde. Zudem sieht es das Gesetz vor, dass Wirtschaftsprüfungsgesellschaften weitreichende Unabhängigkeitsanforderungen zu erfüllen haben. So dürfen keine Buchführungsleistungen für die geprüfte Gesellschaft erbracht werden und auch keine internen Revisionsfunktionen übernommen werden (vgl. Salzgeber 2003, S. 166).

7. Verständnisfragen

a. Mit welchen Fragen beschäftigt sich das ‚Corporate Governance'-Konzept und welche Gestaltungsaufgaben übernehmen dabei die Spitzenorgane des Unternehmens?

b. Warum hat das Interesse an Corporate Governance-Fragen bzw. -Problematiken in den vergangenen Jahren so stark zugenommen?

c. Was versteht man unter der Außen- und Binnenperspektive in der ‚Corporate Governance'? Illustrieren Sie die Perspektiven konkret am Beispiel des britischen Ölkonzerns BP.

d. In den institutionenökonomischen Ansätzen werden Unternehmen als Vertragsnetzwerke interpretiert. Illustrieren Sie dies anhand von konkreten Beispielen. Wie lassen sich in diesem Zusammenhang Governance-Probleme von Unternehmen auf der theoretischen Grundlage der Neuen Institutionenökonomik erklären?

e. Aus der Sicht der Agency-Theorie kommt es durch die Übertragung von Verfügungsgewalt über die unternehmerischen Ressourcen von den Eigentümern an ein professionelles Management zu sogenannten ‚Principal-Agenten'-Problemen. Illustrieren Sie konkrete Beispiele für Moral Hazard-Probleme infolge des opportunistischen Verhaltens durch das Management und skizzieren Sie, welche Lösungsmöglichkeiten durch eine entsprechende Ausgestaltung der Corporate Governance bestehen. Beziehen Sie zum Moral Hazard-Konzept aus Sicht der Agency Theorie kritisch Stellung.

f. Die Gestaltung von Corporate Governance-Systemen erfolgt auf drei Regelungsebenen: Erläutern Sie die verschiedenen Regelungsebenen und erklären Sie das Verhältnis, in dem diese zueinander stehen.

g. Erläutern Sie die wesentlichen Unterschiede in der Ausgestaltung der Unternehmensverfassung börsennotierter Aktiengesellschaften zwischen dem dreistufigen deutschen Modell und dem zweistufigen U. S.-amerikanischen Modell. Diskutieren Sie die Vor- und Nachteile der beiden Modelle.

h. Die Europäische Gesellschaft (SE) ist eine neu geschaffene Rechtsform für Aktiengesellschaften im Europäischen Wirtschaftsraum (EWR). Eine steigende Zahl von Unternehmen entscheidet sich für diese Rechtsform. So beschloss Ende 2006 die Hauptversammlung des deutschen Gesundheitskonzerns Fresenius AG die Umwandlung der Rechtsform in eine Europäische Gesellschaft. Welche Vorteile verspricht sich das europaweit agierende Unternehmen von der Umwandlung seiner Rechtsform?

i. Was versteht man unter „Scheinparität" in der unternehmerischen Mitbestimmung der Arbeitnehmer?

II. Strategie

Die Strategie ist ein wesentliches Element der Unternehmensführung. Eine **Strategie** bestimmt die grundsätzliche, langfristige Ausrichtung eines Unternehmens im Markt. Sie legt die Verhaltensweise des Unternehmens gegenüber den Marktteilnehmern fest und bestimmt, welche Ressourcen innerhalb und außerhalb des Unternehmens aufgebaut und eingesetzt werden müssen, um die langfristigen Unternehmensziele zu verwirklichen. Die Betriebswirtschaftslehre (vgl. zum Folgenden Macharzina/Wolf 2008, S. 261 ff.) klassifiziert Strategietypen nach ihrem Geltungsbereich und unterscheidet:

- **Unternehmensstrategien** (Corporate Strategies): Auf der Unternehmensebene besteht die strategische Aufgabe darin festzulegen, mit welchen Produkten und auf welchen Märkten das Unternehmen präsent sein möchte und wo die (zukünftigen) Kernkompetenzen des Unternehmens liegen sollen.
- **Geschäftsbereichsstrategien** (Business Strategies): Auf der Geschäftsbereichsebene besteht die strategische Aufgabe darin festzulegen, mit welcher Wettbewerbsstrategie (z. B. Kostenführerschaft, Differenzierung oder Nischenstrategie nach Porter 1988) der einzelne Geschäftsbereich im Markt operieren soll.
- **Funktionsbereichsstrategien** (Functional Strategies): Auf der Funktionsbereichsebene besteht die strategische Aufgabe darin, die grundsätzlichen Zielsetzungen und Aktivitäten der einzelnen Funktionsbereiche festzulegen (z. B. F&E-Strategie, Marketingstrategie, Personalstrategie usw.)

1. Phasen und Instrumente der Strategieentwicklung

Strategieentwicklung vollzieht sich bei idealtypischer Vorgehensweise in drei Schritten:

- Analyse der strategischen Ausgangssituation;
- Strategische Planung;
- Festlegung der Mittel und Wege zur Zielerreichung.

a. Analyse der strategischen Ausgangssituation

Strategieentwicklung beginnt mit der gründlichen Analyse der momentanen wirtschaftlichen, technischen und sozialen Position des Unternehmens und seiner relevanten Umwelt. Beliebte Instrumente zur Analyse der strategischen Ausgangssituation sind die Potenzialanalyse, die Umweltanalyse und die Stärken-Schwächen-Analyse.

- **Potenzialanalyse**: Ziel der Potenzialanalyse ist es, die unternehmensinternen gegenwärtig und zukünftig verfügbaren Ressourcen zu untersuchen. Die Analyse gibt Auskunft über Stärken und Schwächen des Unternehmens sowie über die mit einem bestimmten Ressourcenpotenzial verbundenen Entwicklungsmöglichkeiten des Unternehmens.
- **Umweltanalyse**: Erkenntnisobjekt der Umweltanalyse ist die externe Unternehmensumwelt. Im Rahmen der **generellen Umweltanalyse** (Analyse der Makroumwelt) werden die gegenwärtigen Bedingungen sowie die erwarteten Veränderungen der politisch-rechtlichen, ökonomischen, technologischen, ökologischen und gesellschaftlichen Umwelt analysiert. Es handelt sich hierbei um Umweltfaktoren, die auf alle Unternehmen in einer Branche gleichermaßen wirken. Hingegen werden im Rahmen der **speziellen Umweltanalyse** (Branchenanalyse) nur solche Faktoren betrachtet, die für den Wettbewerb in einer ganz bestimmten Branche von Bedeutung sind. Zur Analyse von Struktur und Entwicklung einer Branche hat sich das Branchenstrukturmodell von *Porter* (1980, S. 47 ff.) als dominantes Modell etabliert. Ziel der speziellen Umweltanalyse ist die Beurteilung der Wettbewerbsintensität in der Branche, in der das Unternehmen operiert. *Porter* unterscheidet **fünf Wettbewerbskräfte**, die in ihrer Summe die Wettbewerbsintensität und damit die Attraktivität der Branche determinieren: die Marktmacht der Abnehmer und Lieferanten, die Bedrohung durch Substitute und potenzielle Konkurrenten sowie die Rivalität zwischen den bestehenden Wettbewerbern (vgl. hierzu Kapitel B III).

- **Stärken-Schwächen-Analyse**: Die Stärken-Schwächen-Analyse ist ein Instrument, bei dem die wichtigsten Vorteile (Stärken) und Nachteile (Schwächen) des Unternehmens mit denen der Hauptwettbewerber bzw. des Best Practice-Unternehmens verglichen werden. Bewertungskriterien sind die aus der Potenzialanalyse bekannten Potenzialfaktoren.

b. Strategische Planung

Die Ergebnisse der Analyse bilden den Ausgangspunkt für die strategische Planung, deren Hauptaufgabe die Festlegung langfristiger Unternehmensziele ist. Strategische Planung erfolgt grundsätzlich für einzelne strategische Geschäftseinheiten. Strategische Geschäftseinheiten sind unabhängige Produkt-Markt-Kombination mit einem eindeutigen Marktauftrag, einem autonomen Ressourcenzugriff und eigenem Erfolgsbeitrag für das Unternehmen, also ein isolierter Ausschnitt aus dem gesamten Betätigungsfeld des Unternehmens, für den sich eine bestimmte Strategie definieren lässt, um die Unternehmensziele zu erreichen. Die Definition strategischer Geschäftsfelder gilt als erster Schritt der strategischen Planung. Durch die Auswahl strategischer Geschäftsfelder sollten die Unternehmenspotenziale so auf ausgewählte Tätigkeitsfelder ausgerichtet werden, dass große und dauerhafte Wettbewerbsvorteile entstehen (vgl. Pleschak/Sabisch 1996, S. 63).

Hilfsmittel der strategischen Planung sind die SWOT-Analyse und Portfoliomethoden.

- **SWOT-Analyse**: Die SWOT-Analyse (Strengths-Weaknesses-Opportunities-Threats) ergänzt die intern ausgerichtete Stärken-Schwächen-Analyse um die externen Gefahren und Gelegenheiten der Umwelt. Aus den Ergebnissen der Gegenüberstellung können strategische Handlungsoptionen abgeleitet werden, weshalb die SWOT-Analyse mehr als ein Analyseinstrument ist.
- **Portfoliomethoden**: Ursprünglich stammen Portfoliomethoden aus der Finanzwirtschaft. Mit ihrer Hilfe wurden optimale ‚Portefeuilles‘ von Wertpapieren und Kapitalanlagen bestimmt (vgl. Markowitz 1952, S. 77 ff.). Umfassende Verbreitung in der strategischen Unternehmensführung (sowohl als Analyseinstrument, zur strategischen Planung auch als eigenständige Strategieansätze), im Marketing und im Technologiemanagement haben Portfoliomethoden seit der Aufstellung des Marktanteil-Marktwachstum-Portfolios der Boston Consulting Group (BCG) Anfang der siebziger Jahre gefunden. Die Vielzahl an Portfolios fußt auf einem gemeinsamen Grundkonzept: Ziel von Portfolio-Modellen ist, die momentane und zukünftige Positionierung einzelner strategischer Geschäftseinheiten vor dem Hintergrund wesentlicher Einflussfaktoren darzustellen, zu beurteilen und daraus Entscheidungen für die Ressourcenallokation im Unternehmen abzuleiten.
- Zu diesem Zweck arbeiten strategische Portfoliomodelle zumeist mit Hilfe einer zweidimensionalen Matrix, auf deren Achsen wesentliche Einflussgrößen auf Chancen und Risiken der strategischen Geschäftseinheit zu je einem Haupteinflussfaktor vereint werden. Diese beiden Faktoren geben dem jeweiligen Portfolio den Namen und unterscheiden sich hinsichtlich ihrer Beeinflussbarkeit durch das Unternehmen. Eine Achse steht im Regelfall für den Umweltfaktor, der vom Unternehmen nicht zu beeinflussen ist (im BCG-Portfolio das Marktwachstum). Auf der anderen Achse findet sich im Allgemeinen der unternehmensinterne Einflussfaktor, den das Unternehmen selbst aktiv gestalten kann (im BCG-Portfolio der Marktanteil). Aufgrund der Positionierung der einzelnen strategischen Geschäftseinheiten im Portfolio lassen sich strategischen Empfehlungen in Form so genannter Normstrategien ableiten. **Normstrategien** zeigen die unter den jeweiligen Bedingungen typischen strategischen Stoßrichtungen auf, z. B. Investitions-, Desinvestitions- und Selektionsstrategien. Welche Haupteinflussfaktoren für ein Portfolio ausgewählt wer-

den, hängt vor allem davon ab, zu welchen strategischen Entscheidungen Aussagen gewonnen werden sollen. Abb. 15 zeigt das Prinzip des Portfolioaufbaus am Beispiel des Marktattraktivitäts-Wettbewerbsvorteils-Portfolios von McKinsey.

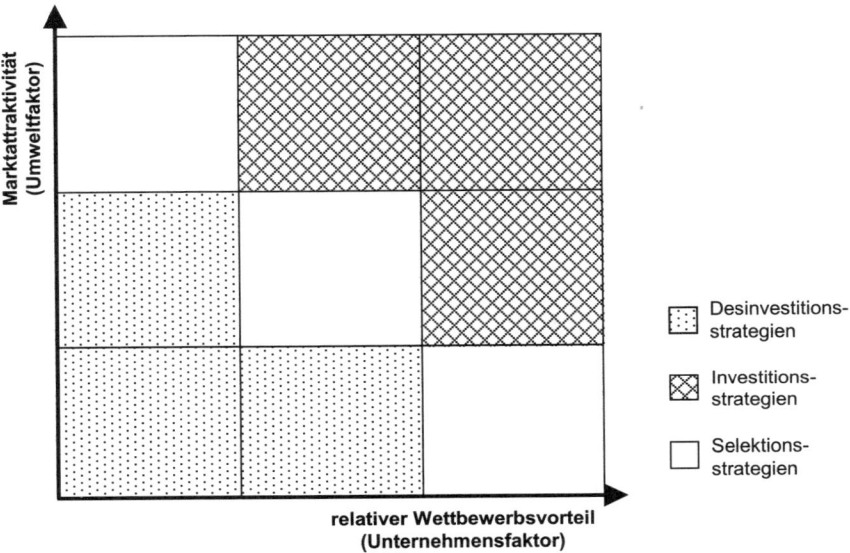

Abb. 15: Prinzip des Portfolioaufbaus anhand des Marktattraktivitäts-Wettbewerbsvorteils-Portfolios von McKinsey

In der Strategielehre hat die Unterscheidung von Strategy Content und Strategy Process in den letzten Jahren zunehmende Akzeptanz gefunden. **Strategy Content** umfasst alle theoretischen Ansätze, die Aussagen machen zu den konkreten Strategieinhalten. **Strategy Process** betont demgegenüber den Prozess der Entwicklung einer Strategie im Unternehmen, also z. B. das arbeitsteilige Zusammenwirken von oberster Unternehmensleitung, Planungsstäben, internen und externen Beratern mit den operativ ausführenden Unternehmensbereichen bei der Festlegung von Zielen und Strategien (vgl. für einen Überblick Mintzberg/Quinn/Ghoshal 1999). Zur Unterscheidung von Strategy Content und Strategy Process ist als drittes die Frage der **Strategieimplementierung** hinzu zu fügen: Wie können Strategien so im Unternehmen implementiert und umgesetzt werden, dass sie von den operativen Bereichen im Unternehmen tatsächlich bei deren alltäglichen Entscheidungen beachtet werden. Zur Beantwortung dieser Frage hat die Managementlehre in den letzten Jahren einige Konzepte entwickelt, zu denen z. B. die Balanced Scorecard als Instrument der Strategieumsetzung mit Hilfe von Kennzahlen zu rechnen ist (vgl. Kaplan/Norton 1997; Horváth & Partner 2001). In den nachfolgenden Kapiteln werden Strategien entsprechend den theoretischen Grundlagen dieses Lehrbuchs als marktorientierte, ressourcenorientierte und/oder effizienzorientierte Strategien verstanden und dargestellt.

2. Marktorientierte Strategien

a. Der klassische Strategieansatz nach Porter (1988)

Auf der Grundlage der Ergebnisse einer Branchenstrukturanalyse (vgl. hierzu Kapitel B III) empfiehlt *Porter* einem Unternehmen die Realisierung einer der drei strategischen Basisoptionen, die die nachfolgende Abb. 16 zeigt.

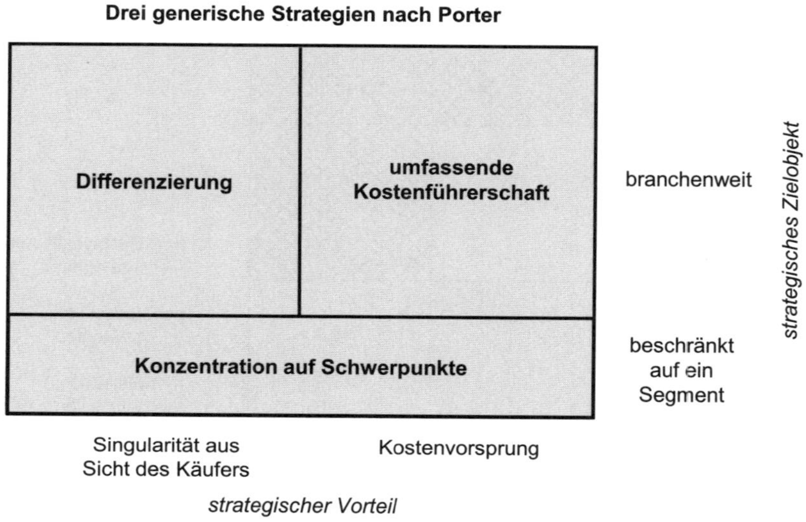

Drei generische Strategien nach Porter

Abb. 16: Wettbewerbsstrategien nach Porter
(vgl. Porter 1983, S. 67)

Bei einer Strategie der **Kostenführerschaft** versucht das Unternehmen, die geringsten Herstellkosten in seiner Branche zu erreichen und auf dieser Grundlage mit den niedrigsten Produktpreisen die Preisführerschaft im Markt zu erlangen. Demgegenüber zielt eine **Differenzierungsstrategie** darauf ab, dass sich das Unternehmen von seinen Konkurrenten abhebt und auf diese Weise eine höhere Zahlungsbereitschaft und höhere Preise für seine Marktleistungen erzielen kann. Eine **Nischenstrategie** zielt darauf ab, dass das Unternehmen nicht in der ganzen Branche tätig ist, sondern nur ein Teilsegment des relevanten Marktes bedient in der Hoffnung, in seiner Nische der kostengünstigste Produzent zu werden oder durch Differenzierung eine einzigartige Position aufzubauen.

Die verschiedenen Strategietypen stellen an die Unternehmen unterschiedliche Anforderungen. Ein Unternehmen, das eine Strategie der Kostenführerschaft realisieren, d. h. der kostengünstigste Produzent in seiner Branche werden möchte, muss auf kostengünstige Beschaffung von Vorprodukten achten, Fabriken effizienter Größe aufbauen, ständige Rationalisierung und strenge Kostenkontrolle durchführen, Anreizsysteme schaffen, die Kostenbewusstsein bei den Mitarbeitern generieren und honorieren (z. B. Entlohnung in Abhängigkeit von erzielten Kosteneinsparungen), sowie eine fertigungsgerechte Produktkonstruktion und große Stückzahlen realisieren, um Größen- und Kostenvorteile in der Produktion ausschöpfen zu können (vgl. *Porter* 1988 sowie zu Kostendegression und Economies of Scale Kapitel D II 4 b f).

Ein Unternehmen, das sich im Rahmen einer Differenzierungsstrategie von Konkurrenten abheben möchte, kann hierfür folgende Hauptansatzpunkte wählen: Die Differenzierung kann erreicht werden durch herausragende Produktqualität, exzellentes Produktdesign, zusätzliche Dienstleistungen und damit Angebot von Problemlösungen statt isolierter Sachgüter, die Breite der Angebotspalette (Komplettangebote aus einer Hand mit Bequemlichkeitsvorteilen für den Kunden), den Aufbau von Reputation und Markennamen durch Werbung und eine einzigartige Produkttechnologie, die dem Kunden Nutzenvorteile stiftet. Eine Differenzierungsstrategie stellt an ein Unternehmen andere Anforderungen als eine Kostenführerschaftsstrategie, z. B. strenge Qualitätskontrolle, Aufbau von Anreizsystemen, die das Streben nach Produktqualität und Kreativität honorieren (z. B. Bonuszahlungen für Qualitätssteigerungen), Flexibilität bei der Bearbeitung fokussierter Kundengruppen etc.

Eine Konzentration auf Schwerpunkte (Nischenstrategie, die sich auf einzelne Branchensegmente spezialisiert) kann ein Anbieter erreichen, indem er sich auf eine bestimmte Region (z. B. ein Bundesland oder eine einzelne Stadt), ein bestimmtes Kundensegment (z. B. der Finanzdienstleister MLP auf Hochschulabsolventen) oder auf einen Ausschnitt der in der Branche möglichen Produktpalette (z. B. Porsche auf alltagstaugliche Sportwagen und Geländewagen) konzentriert. Eine Nischenstrategie stellt an einen Anbieter ebenfalls spezifische Anforderungen, z. B. in der maßgeschneiderten Kommunikationspolitik gegenüber fokussierten Kundengruppen oder der flexiblen Bearbeitung mehrerer Nischen, in denen das Unternehmen tätig ist (vgl. hierzu Porter 1988).

Dass verschiedene Unternehmen einer Branche sich teilweise für sehr unterschiedliche Grundstrategien entscheiden, zeigt das Beispiel des deutschen Lebensmittelhandels sehr deutlich. Unternehmen wie Aldi und Lidl setzen auf niedrige Preise, die ihnen ihre günstige Kostenposition ermöglicht. Dabei resultiert die günstige Kostenposition u. a. aus einem eng fokussierten Produktsortiment, der Nutzung von Verhandlungsmacht gegenüber Zulieferern (Lebensmittelherstellern) zur Erzielung niedriger Einkaufspreise und einer auf das Notwendige beschränkten Ladeneinrichtung. Demgegenüber positionieren sich Unternehmen wie Edeka und Tengelmann mit einer Differenzierungsstrategie im Markt. Sie erzielen mit vielen ihrer angebotenen Produkte höhere Preise im Markt als ihre Wettbewerber. Ermöglicht wird ihnen dies durch ihre Differenzierung von den Konkurrenten, die auf einem sehr breiten Produktsortiment mit vielen Markenartikeln sowie Läden mit großzügiger Ausstattung an verkehrsgünstigen, guten Standorten beruht. Demgegenüber gibt es auch viele Lebensmittelhändler, die sich auf eine Nischenstrategie konzentrieren, indem sie eine bestimmte Kundengruppe fokussieren (z. B. Biomärkte für gesundheitsbewusste Verbraucher, Feinkost Käfer für kaufkräftige Verbraucher) oder sich auf ein bestimmtes lokales Umfeld konzentrieren (z. B. kleine Tante-Emma-Läden, in denen der Inhaber seine Kunden aus der Nachbarschaft persönlich kennt).

b. Die Weiterentwicklung des Strategieansatzes nach Porter (1997)

Porter hat seinen Strategieansatz in späteren Publikationen weiter präzisiert. Seine drei generischen Strategien (Kostenführerschaft, Differenzierung, Nische) dienen zur einfachen und umfassenden Darstellung von alternativen strategischen Positionen, die Unternehmen in einer Branche wählen können. Die späteren, nachfolgend wiedergegebenen Ausführungen vertiefen das Verständnis dieser drei generischen Strategien (vgl. Porter 1997, S. 47). Ausgangspunkt der Formulierung einer Strategie sind alle Tätigkeiten des Unternehmens in einer Gesamtbetrachtung (also gerade nicht seine Ressourcen oder die einzelnen Transaktionen des Unternehmens). Mit Tätigkeiten bezeichnet Porter alle konkreten Geschäftstätigkeiten, die von der

Entwicklung bis zur Vermarktung eines Sachgutes bzw. einer Dienstleistung erforderlich sind (vgl. Porter 1997, S. 43). Mit einer Wettbewerbsstrategie versucht das Unternehmen, eine einzigartige Position in einer Branche zu erringen und sein Geschäft mit einzigartigen Tätigkeiten anders als seine Wettbewerber zu betreiben: „Dabei liegt der Kern der Strategie in bestimmten Tätigkeiten, die ausdrücklich anders verrichtet werden als bei den Mitbewerbern oder bei diesen gar nicht erfolgen" (Porter 1997, S. 45).

Porters Strategiekonzept umfasst drei grundlegende Bausteine:
- Entdeckung und Festlegung strategischer Positionen;
- Abwägen der Trade-offs zwischen Tätigkeiten;
- Abstimmung und Integration zwischen den Tätigkeiten zur Erzielung verteidigungsfähiger Wettbewerbsvorteile.

Hinsichtlich der **Entdeckung und Festlegung strategischer Positionen** betont Porter, dass ein Unternehmen versuchen muss, über eine strategische Positionierung die Einzigartigkeit seiner Marktleistungen gegenüber den Marktleistungen von Konkurrenten erreichen. Bei der Festlegung seiner strategischen Position muss ein Unternehmen Entscheidungen über folgende Sachverhalte treffen:
- Festlegung des Produkt- und Serviceportfolios (**Variantenbezogene Positionierung**): Das Unternehmen muss festlegen, welche Produkte und Dienstleistungen es anbieten möchte und welche es nicht anbieten kann bzw. möchte (vgl. Porter 1997, S. 46).
- Identifikation der Bedürfnisse einer speziellen Kundengruppe (**Bedarfsbezogene Positionierung**): Das Unternehmen muss wirtschaftlich relevante Kundengruppen erkennen, über ihre Bedienung bzw. Nicht-Bedienung entscheiden, die unterschiedlichen Bedürfnisse der jeweiligen Kundengruppe identifizieren und mit speziell auf die Kundengruppe hin gestalteten Geschäftstätigkeiten befriedigen (vgl. Porter 1997, S. 46 f.).
- Festlegung der gezielten Erreichung und Ansprache segmentierter Kundengruppen (**Zugangsbezogene Positionierung**): Hierbei ist es Aufgabe des Unternehmens, den besten Zugang zu den segmentierten Kundengruppen zu finden. Erforderlich ist hierfür, die für die jeweilige Kundengruppe am besten geeigneten Wege der Produktlieferung bzw. Dienstleistungsbereitstellung (Vertriebswege) und der persönlichen Erreichung und Information des Kunden (Marketingkanäle) auszuwählen. Wichtige Determinanten dieser Entscheidung sind die Standorte der Kunden oder ihre Unternehmensgröße bzw. Kaufkraft und Zahlungsbereitschaft (vgl. Porter 1997, S. 47).

Die drei genannten Elemente zur Bestimmung einer strategischen Positionierung können kombiniert festgelegt oder ein einzelner, wichtiger Punkt kann in den Vordergrund gerückt werden (vgl. Porter 1997, S. 48). Ein Unternehmen sollte nach *Porter* seine strategische Positionierung für einen langfristigen Zeitraum konzipieren, planen und realisieren. *Porter* geht von einem Zeithorizont von teilweise mehr als zehn Jahren aus (vgl. Porter 1997, S. 55).

Das **Abwägen der Trade-offs** zwischen Tätigkeiten ist notwendig, da die Bestimmung einer strategischen Positionierung noch wenig über die konkret erforderlichen Tätigkeiten zum Ausfüllen der gewählten strategischen Position sagt. Ziel ist, dass sich die gewählte strategische Positionierung im Idealfall in systematisch auf die Strategieumsetzung ausgerichteten Tätigkeiten des Unternehmens niederschlägt. Angesichts begrenzter Ressourcen müssen Unternehmen mehrere Abwägungen (Trade-offs) zwischen Tätigkeiten bewusst entscheiden (vgl. Porter 1997, S. 48). Drei wichtige Abwägungen muss das Unternehmen treffen:

- Passen die Tätigkeiten zum Image und zur Reputation des Unternehmens, d. h. kann das Unternehmen die neuen Tätigkeiten glaubhaft, ohne Irritation der Kunden anbieten angesichts der bisherigen Tätigkeiten des Unternehmens und der mit den bisherigen Tätigkeiten erworbenen Reputation (vgl. Porter 1997, S. 49)?
- Passen die Tätigkeiten (z. B. bei der Produktgestaltung, bei der Mitarbeiterqualifikation, bei den Marketingaktionen) zur angestrebten strategischen Positionierung des Unternehmens (vgl. Porter 1997, S. 49)?
- Passen die Tätigkeiten zu den internen Koordinations-, Management- und Kontrollsystemen, die das Verhalten der Mitarbeiter steuern und ihnen Orientierung geben (oder lösen sie aufgrund ihrer Inkompatibilität mit diesen internen Systemen Irritation in der Belegschaft aus; vgl. Porter 1997, S. 50)?

Die drei genannten Fragen müssen beantwortet werden und zwingen das Unternehmen, bestimmte Tätigkeiten wahrzunehmen und auf die Wahrnehmung anderer Tätigkeiten bewusst zu verzichten: „Strategie bedeutet, im Wettbewerb Abwägungen zu treffen. Die Essenz der Strategie besteht in der Wahl dessen, was nicht zu tun ist" (Porter 1997, S. 50).

Zur **Abstimmung und Integration zwischen den Tätigkeiten** zur Erzielung verteidigungsfähiger Wettbewerbsvorteile ist auf der Grundlage der gewählten strategischen Positionierung und der hierfür erforderlichen Tätigkeiten im dritten Schritt der Frage nachzugehen, wie die Tätigkeiten miteinander verknüpft, kombiniert und integriert werden können (vgl. Porter 1997, S. 50)? Strategisches Ziel ist es dabei, ein konsistentes Geschäftssystem abgestimmter, integrierter und sich gegenseitig unterstützender Tätigkeiten zu schaffen, das einen ökonomischen Mehrwert für den Kunden generiert. Die komplementären Tätigkeiten sollen also geleitet durch die strategische Positionierung einer systematischen Feinabstimmung unterzogen werden. Ein solches komplexes Geschäftssystem, das sich aus einer Vielzahl von miteinander verflochtenen Tätigkeiten ergibt, ist durch Konkurrenten in der Regel kaum imitierbar (vgl. Porter 1997, S. 51, 54). Für die strategiespezifische Abstimmung und Integration von Tätigkeiten gibt es drei wesentliche Vorgehensweisen und damit verbundene Problemstellungen, die kombiniert verwirklicht werden können (vgl. Porter 1997, S. 53, 51):

- Jede Tätigkeit muss konsistent sein mit der strategischen Positionierung (varianten-, bedarfs- und zugangsbezogene Positionierung).
- Die Tätigkeiten müssen sich gegenseitig unterstützen und verstärken.
- Alle Tätigkeiten müssen sich zu einer Aktivitätskette anordnen lassen und derart zur Optimierung der betrieblichen Gesamtleistung beitragen. Dies schließt insbesondere die Möglichkeit der Eliminierung einzelner Tätigkeiten bei Veränderung anderer Tätigkeiten ein.

Porter betont, dass ein Wettbewerbsvorteil stets aus dem richtig abgestimmten und integrierten Gesamtsystem aller Tätigkeiten des Unternehmens und gerade nicht aus der Perfektionierung einzelner, isolierter und abgegrenzter Erfolgsfaktoren, Ressourcen und Kernkompetenzen hervorgeht (vgl. Porter 1997, S. 54): „Strategie ist das Kreieren aufeinander abgestimmter Tätigkeiten in einem Unternehmen. Ihr Erfolg hängt davon ab, dass viele Dinge – nicht nur einige wenige – gut gemacht werden, in wechselseitiger Ergänzung." (Porter 1997, S. 55)

Die drei beschriebenen Hauptaktivitäten – strategische Positionierung, Treffen von Abwägungen (Trade-offs) sowie die Abstimmung und Integration von Tätigkeiten – ergeben insgesamt die Strategie des Unternehmens (vgl. Porter 1997, S. 58). Daraus ergibt sich nicht nur, welche Tätigkeiten das Unternehmen erfüllen soll, sondern auch, auf welche Tätigkeiten es bewusst verzichten soll (Verzicht auf das Angebot bestimmter Sachgüter und Dienstleistungen, auf die

Bedienung bestimmter Bedürfnisse von einzelnen Kundengruppen und auf bestimmte Zugangswege zum Kunden, wenn sie nicht zur Strategie des Unternehmens passen; vgl. Porter 1997, S. 58). Unternehmen erreichen somit nach Porter dauerhaften Wettbewerbserfolg, wenn sie eine einzigartige strategische Positionierung finden, ihre Tätigkeiten auf die Realisierung dieser Positionierung ausrichten und alle Tätigkeiten zu einem konsistenten Geschäftssystem komplementär und sich gegenseitig unterstützend integrieren (vgl. Porter 1997, S. 56).

3. Ressourcenorientierte Strategien

Im Gegensatz zu marktorientierten Strategien, die die Branche, in der das Unternehmen tätig ist, zum Ausgangspunkt der Strategieformulierung machen, konzentrieren sich ressourcenorientierte Strategien auf die dem Unternehmen derzeit und zukünftig zur Verfügung stehenden Ressourcen. Dementsprechend stehen Ressourcen im Mittelpunkt des Strategieverständnisses dieses theoretischen Ansatzes: „Strategy formulation consists in the identification, deployment and development of resources" (Wernerfelt 1989). Eine gut zum ressourcenorientierten Ansatz der Unternehmensführung passende Strategiedefinition findet sich auch bei *Collis* (1991, S. 65): „Strategy is concerned with the optimal application of the resources a firm possesses relative to competitors." Ziel ist, die Ressourcen des Unternehmens effektiv und effizient einzusetzen, so dass das Unternehmen mit möglichst geringen Produktionskosten (das Effizienzkriterium dieser Theorie) seine Leistungen erstellt und auf der Grundlage seiner Ressourcen verteidigungsfähige Wettbewerbsvorteile erringen kann.

a. Exploitation versus Exploration von Ressourcen

Eine ressourcenorientierte Strategie kann sich dabei entweder auf Exploitation, d. h. effektive und effiziente Nutzung der vorhandenen Unternehmensressourcen oder auf Exploration, d. h. Erforschung und Entwicklung neuer Ressourcen und Ressourcenkombinationen richten.

Exploitation betreibt ein Unternehmen, das gegebene Ziele mit minimalem Ressourceneinsatz anstrebt oder mit gegebenem Ressourceneinsatz den Zielerreichungsgrad maximiert. Die erste ist eine kostenorientierte Strategie, die zweite eine produktivitätsorientierte Strategie. Eine effiziente Exploitation bestehender Ressourcen kann beispielsweise bedeuten, vorhandene Ressourcen in mehreren Verwendungen einzusetzen (siehe das Beispiel von Honda, das seine Kompetenz im Motorenbau einsetzt im Geschäftsfeld Motorräder, PKW, Rennboote und Rasenmäher in Kapitel B II). Auf diese Weise können auch Größenvorteile und Verbundvorteile ausgeschöpft und damit Kostensenkungen realisiert werden.

Bei der **Exploration** geht es hingegen um die Weiterentwicklung und qualitative Veränderung der bisherigen Ressourcenpotenziale, z. B. indem ein Unternehmen über Aus- und Weiterbildungsmaßnahmen das Humankapital im Unternehmen verbessert, durch Forschung und Entwicklung vorhandene Technologien weiter entwickelt und sich an Wandel der Umwelt und der Unternehmensaufgabe durch Rekombination von Ressourcen und Kompetenzen anpasst (vgl. Stephan 2003). Bei der Exploration neuer Ressourcenkombinationen stehen nicht Senkungen der Herstellkosten, sondern Innovationsfähigkeit und Flexibilität des Unternehmens im Mittelpunkt der Betrachtung.

Das Verhältnis zwischen Ressourcenexploitation und Ressourcenexploration ist allerdings nicht unproblematisch. Vielmehr existiert zwischen oftmals kurzfristig orientierter Ressourcenexploitation und oftmals langfristig angelegter Ressourcenexploration (in der Literatur finden sich hierfür auch die Begriffe statische Effizienz und dynamische Effizienz; dies ist die

Begriffsverwendung bei Ghemawat/Ricart I Costa 1993, Post 1997, Sanchez/Heene 1997 und Marengo 1994) in vielen Fällen ein Spannungsverhältnis (so auch die Ansicht von Gehemawat/Ricart I Costa 1993, S. 59 und Post 1997, S. 734, 739 sowie Marengo 1994, S. 554, 561, 569). *Abernathy* hat darauf hingewiesen, dass ein Unternehmen nicht hocheffizient im statischen Sinne sein und gleichzeitig eine hohe Innovationsrate aufweisen kann. Er führt hierzu aus: „... the conditions needed for rapid innovative change are much different from those that support high levels of production efficiency." (Abernathy 1978, S. 4). *Heskett* unterscheidet zwischen einer Organisation vom Typ A, der auf Regelmäßigkeit und (statische) Effizienz von Abläufen ausgelegt ist und einer Organisation vom Typ B, der auf Innovation und Flexibilität hin optimiert ist (vgl. Heskett 1987). *Spieß* (2005, S. 20) weist unter Bezugnahme auf *Lowendahl* und *Haanes* (1997, S. 36) darauf hin, dass das Kernproblem, mit dem sich Unternehmen konfrontiert sehen, wenn sie Exploitation und/oder Exploration von Ressourcen betreiben, darin besteht, „eine Organisation zu schaffen, der es gelingt, sowohl ersteres als auch zweiteres aktiv zu fördern." *Ghemawat* und *Ricart I Costa* kommen zu der vorsichtigen Schlussfolgerung: „[...] organizational arrangements that promote static efficiency may be inconsistent with arrangements that promote dynamic efficiency" (Ghemawat/Ricart I Costa 1993, S. 63). *Sanchez* und *Heene* betonen, dass die Ressourcenexploitation (in ihrer Terminologie: Competence Leveraging) den kurzfristigen Wettbewerbserfolg des Unternehmens bestimmt und daher einen Großteil der Aufmerksamkeit des Managements und der Ressourcen innerhalb von Unternehmen bindet, der für die Ressourcenexploration (Competence Building) zur Sicherung der langfristigen Unternehmenszukunft nicht mehr zur Verfügung steht (vgl. Sanchez/Heene 1997, S. 307).

Die Entscheidung eines Unternehmens, welcher Anteil seiner knappen Ressourcen in Exploitation und welcher Anteil in Exploration investiert wird, d. h. die Verwirklichung einer angemessen **Balance zwischen Exploration und Exploitation**, ist für die langfristige Überlebensfähigkeit und den Erfolg von Unternehmen von entscheidender Bedeutung (so auch die Ansicht von March 1991, S. 71, 73). *Marengo* bringt dieses Problem auf den Punkt: „Organizations always face the dilemma between concentrating their resources on the exploitation of the knowledge which is already available to them and the exploration of new possibilities. Both exploitation and exploration are necessary for the survival of an organization." (Marengo 1994, S. 554).

Ghemawat und *Ricart I Costa* arbeiten Kriterien und Einflussfaktoren heraus, nach denen sie versuchen zu bestimmen, ob in einer gegebenen Situation eine statische Orientierung (Ressourcenexploitation) oder eine dynamische Orientierung (Ressourcenexploration) des Unternehmens mehr Vorteile verspricht bzw. wie Unternehmen die Balance zwischen statischer und dynamischer Orientierung ausgestalten. Auf der Ebene des Industriezwigs als Ganzes begünstigen eine hohe Wandelungsrate der Umwelt, eine sehr kurze ökonomische Lebensdauer von Kernressourcen und reale Preise für die Produkte des Unternehmens, die jedes Jahr um mehr als zwei bis acht Prozent sinken, eine Orientierung des Unternehmens an dynamischer Effizienz und der Exploration neuer Ressourcenkombinationen. Umgekehrt bestärken eine geringe Wandelungsrate der Umwelt, eine sehr lange ökonomische Lebensdauer von Kernressourcen und konstante bzw. steigende reale Preise ein Unternehmen in seiner Orientierung an statischer Effizienz und der Ausschöpfung bestehender Ressourcenkombinationen (Ressourcenexploitation; vgl. Ghemawat/Ricart I Costa 1993, S. 70). Somit kann die Industriestruktur Einfluss ausüben, ob die Unternehmen einer Branche sich stärker an Ressourcenexploitation oder an Ressourcenexploration orientieren.

Neben Merkmalen der Branche gibt es noch weitere unternehmensbezogene Merkmale, die die Balance zwischen statischer und dynamischer Effizienz innerhalb eines Unternehmens bestimmen. Zu nennen wären hier die verfolgte Strategie des Unternehmens und die Unternehmensgeschichte (vgl. hierzu Ghemawat/Ricart I Costa 1993, S. 70-71) sowie als organisationsbezogene Faktoren die Lernfähigkeit und insbesondere der Zentralisierungs- bzw. Dezentralisierungsgrad des Unternehmens (vgl. zu diesen organisatorischen Determinanten Marengo 1994, S. 555, der darauf hinweist, dass Dezentralität bei der Wissensakquisition Varietät, Experimentieren und Lernen innerhalb des Unternehmens begünstigt, während Zentralität dazu beiträgt, einmal validiertes Wissen unternehmensweit zu nutzen und auszubeuten. Unternehmen benötigen nach *Marengo* sowohl Zentralisation als auch Dezentralisation, um langfristig erfolgreich zu sein.). *March* (1991) arbeitet weitere Faktoren heraus, die den Trade-off zwischen Exploration und Exploitation bestimmen. Er differenziert nach unternehmensexternen und unternehmensinternen Faktoren und nennt im Einzelnen:

–   **Personalfluktuation**, die die Varietät der Wissensbestände und Erfahrungen innerhalb der Organisation fördert: Eine hohe Fluktuation des Personals erschwert die Exploitation einmal gemachter Erfahrungen und des bereits vorhandenen Wissens innerhalb des Unternehmens. Umgekehrt fördert eine nicht zu hohe Fluktuationsrate des Personals die Exploration, da die mit der Kultur und dem organisatorischen Code des Unternehmens noch nicht sozialisierten neuen Mitarbeiter neuartige Erfahrungen in das Unternehmen einbringen und dadurch den Gesamtbestand des unternehmerischen Wissens vergrößern (vgl. March 1991, S. 78). *March* weist aber darauf hin, dass Personalfluktuation nur dann eine Quelle für Exploration sein kann, wenn ausscheidende Mitarbeiter nicht durch solche Mitarbeiter ersetzt werden, die sehr gut zu dem bestehenden organisatorischen Code des Unternehmens passen (vgl. March 1991, S. 80 f.).

–   **Turbulente Umfeldveränderungen**, die Anpassungen des Unternehmens erfordern: Turbulente Umfeldveränderungen erschweren die Exploitation vorhandenen Wissens innerhalb des Unternehmens, das durch die Umweltveränderungen teilweise entwertet wird. Umgekehrt erfordern und begünstigen turbulente Umfeldveränderungen die Exploration neuen Wissens innerhalb des Unternehmens (vgl. March 1991, S. 79-81).

–   **Unsicherheit bzw. Risiko** und Schnelligkeit der Anpassung: Exploitation zielt auf die Verfeinerung und Ausdehnung bestehender Kompetenzen und Technologien. Die Erfolge von Exploitationsbemühungen sind im Regelfall positiv, schnell realisierbar und vorhersagbar. Exploration bedeutet Experimentieren mit neuen Alternativen und Problemlösungsmethoden. Die Erfolgswahrscheinlichkeit von Explorationsbemühungen ist oftmals unsicher, nur langfristig realisierbar und mit der Gefahr der Fehlinvestition bzw. des Scheiterns von Forschungsprojekten verbunden. Aus diesen Gründen herrscht in vielen Organisationen eine Tendenz vor, die Exploitation bekannter Alternativen der Exploration unbekannter Alternativen vorzuziehen, was jedoch langfristig für die Entwicklungsfähigkeit des Unternehmens nachteilig ist.

–   Unternehmensinterner **Wettbewerb** und unternehmensexterne, marktliche Konkurrenz: Unternehmensinterner und unternehmensexterner Wettbewerb haben ebenso wie die beiden genannten Faktoren Auswirkungen auf den Trade-off zwischen Exploitation und Exploration. Dynamische Wettbewerbsprozesse mit zunehmender Zahl von Wettbewerbern halten nach Ansicht von *March* ein Unternehmen an, mehr in Exploration und weniger in Exploitation zu investieren, um eine Dominanz gegenüber Wettbewerbern zu erzielen oder die relative Wettbewerbsposition zu verbessern, und wirken damit den vielen Organisationen inhärenten Tendenzen zur Betonung von Exploitation gegenüber Exploration entgegen. Die Exploration neuer Möglichkeiten ist dann die angebrachte Vorgehensweise und gegenüber der Exploitation bestehender Möglichkeiten zu favorisieren, wenn ein Unternehmen die Spitzenposition in seiner Branche anstrebt (vgl. March 1991, S. 85).

Diese vier Faktoren zusammen bestimmen nach *March* die Balance zwischen Exploitation und Exploration von Ressourcen in einer Organisation.

Es erscheint allerdings angesichts der Komplexität der Problemstellung, der Unsicherheit bezüglich der Verteilung von Kosten und Erträgen, des intertemporalen Charakters dieser Fragestellung und der Vielzahl der von dieser Entscheidung betroffenen Akteure zu ambitioniert, von der Forschung und der Praxis eindeutige Maßstäbe zur punktgenauen Ermittlung des optimalen Verhältnisses zwischen Exploration und Exploitation zu erwarten (optimistischer ist die Formulierung bei March 1991, S. 85: „The complexity of the distribution of costs and returns across time and groups makes an explicit determination of optimality a nontrivial exercise."). Diese Frage einer angemessenen Balance zwischen Exploration und Exploitation stellt sich auf allen Ebenen des Organisierens, d. h. sowohl für den einzelnen Mitarbeiter, der seine persönlichen Fähigkeiten optimieren möchte, als auch für einzelne Abteilungen, das Unternehmen als Ganzes sowie die Branche und die Volkswirtschaft, in die die Unternehmung eingebettet ist (vgl. hierzu auch March 1991, S. 72).

b.   Aufbau spezialisierter Kompetenzen zur Differenzierung von Wettbewerbern

Eine weitere ressourcenorientierte Strategie kann darin gesehen werden, dass Unternehmen über die Zeit besondere **Kompetenzen** in bestimmten Aktivitätsfeldern aufbauen und sich damit von Wettbewerbern dauerhaft differenzieren, wenn diese Kompetenzen die Anforderungen an einen verteidigungsfähigen Wettbewerbsvorteil (vgl. hierzu Kapitel B II 5) erfüllen. So weisen beispielsweise *Henderson/Cockburn* (1994) in einer empirischen Untersuchung nach, dass Pharmaunternehmen über die Jahre hinweg spezialisierte Kompetenzen in speziellen Fachdisziplinen (Molekularbiologie, Biochemie, Pharmakologie etc.) und in bestimmten Krankheitsfeldern (Krebs-, Herz- und Kreislauferkrankungen, Atemwegserkrankungen) sowie spezifische Such- und Forschungsroutinen (z. B. Daumenregeln und Erfahrungswissen, wann Forschungsprojekte abgebrochen werden sollten) aufbauen. Dies korrespondiert mit der empirisch zu beobachtenden Tatsache, dass bestimmte Unternehmen bestimmte Aktivitäten effektiver, effizienter, qualitativ besser durchführen als andere Unternehmen, z. B. über Jahre hinweg leistungsfähigere und laufruhigere Motoren oder Software mit ergonomischerer Benutzeroberfläche oder Produkt begleitende Dienstleistungen mit höherer Zuverlässigkeit offerieren als ihre Konkurrenten. Mit über die Zeit entwickelten und erlernten spezifischen Kompetenzen können sich Unternehmen dauerhaft von ihren Konkurrenten differenzieren.

c.   Monopolisierung oder zumindest exklusive Kontrolle von knappen Ressourcen

Eine dritte ressourcenorientierte Strategie kann auf die **Monopolisierung oder zumindest exklusive Kontrolle von knappen Ressourcen** abzielen, die Unternehmen für die Entwicklung spezifischer Unternehmenskompetenzen benötigen. Beispiele aus der Wirtschaftspraxis hierfür sind zahlreich: Unternehmen versuchen, auf dem Arbeitsmarkt knappe Fachspezialisten mit gesuchten Qualifikationen möglichst langfristig an sich zu binden, es wird eine exklusive Zusammenarbeit mit Lieferanten von spezialisierten Vorprodukten vereinbart oder Technologien und Ideen werden unter Einsatz von intellektuellen Eigentumsrechten (Patente, Copyrights, Markennamen, Geschäftsgeheimnisse) unter exklusive Kontrolle des Unternehmen gebracht (vgl. Kapitel D IV). Diese Ressourcenstrategien zielen im Kern auf die Behinderung von Konkurrenten durch exklusive Kontrolle über essentielle Ressourcen.

d. Aufbau ressourcenbasierter verteidigungsfähiger Wettbewerbsvorteile

Aus Sicht des Ansatzes der ressourcenorientierten Unternehmensführung zielen die strategischen Bemühungen eines Unternehmens darauf, einen verteidigungsfähigen ressourcenbasierten Wettbewerbsvorteil aufzubauen. Ein solcher **Sustainable Competitive Advantage** liegt vor, wenn Ressourcen alle die beschriebenen Ressourcenmerkmale (Wert für den Kunden, Wettbewerbsvorteil gegenüber Konkurrenten, Spezifität, erschwerte Imitation, erschwerte Substitution, effizienter Ressourceneinsatz, gegebene Appropriierung von Renten) gleichzeitig erfüllen. In diesem Fall liegt ein statischer verteidigungsfähiger Wettbewerbsvorteil vor. In einer dynamischen Betrachtung kann ein verteidigungsfähiger Wettbewerbsvorteil in der Fähigkeit eines Unternehmens, schneller als seine Wettbewerber zu lernen und sich an Umweltveränderungen schneller anzupassen, gesehen werden.

Die in den Kapiteln C II 3 a (Exploitation versus Exploration), b (Aufbau spezialisierter Kompetenzen) und c (Monopolisierung von Ressourcen) beschriebenen ressourcenorientierten Strategien werden nur dann erfolgreich sein, wenn sie sich auf Ressourcen (einzelne Ressourcen sowie (Kern-)Kompetenzen als komplexe Ressourcenbündel) beziehen, die die Bedingungen für einen verteidigungsfähigen Wettbewerbsvorteil erfüllen.

e. Strategische Empfehlungen nach Ablauf eines verteidigungsfähigen Wettbewerbsvorteils
    (Sustainable Competitive Advantage)

Auch für den Fall, dass es einem Unternehmen nicht möglich ist, einen ressourcenbasierten, verteidigungsfähigen Wettbewerbsvorteil aufzubauen oder zu erhalten, gibt der ressourcenorientierte Ansatz der Unternehmensführung strategische Gestaltungsempfehlungen für das Management. Falls ein Unternehmen einen Wettbewerbsvorteil besitzt, der nicht (oder nicht mehr, z. B. aufgrund des Ablaufs eines Patents oder zwischenzeitlich eingetretenen technologischen Wandels) verteidigungsfähig ist und damit z. B. durch Imitation oder Substitution erodiert werden kann, so empfiehlt *Grant* (1991) dem Management

– eine Strategie der langen Geheimhaltung des Wettbewerbsvorteils vor den Konkurrenten,
– eine Strategie der kurzfristigen Ausbeutung dieses Vorteils (‚Harvesting‘), bevor Wettbewerber ihn imitieren bzw. substituieren können oder
– eine Strategie, die nicht auf die Verteidigung bestehender sondern auf die Schaffung neuer Wettbewerbsvorteile in kurzer Zeit abzielt und zwar schneller als Konkurrenten die bestehenden Wettbewerbsvorteile durch Imitation oder Substitution erodieren können (Fast Pace-Strategien; vgl. Grant 1991, S. 130 f.).

Zusätzlich kann das Unternehmen versuchen, seine Ressourcen so zu verändern (z. B. durch Erhöhung ihres Spezifitätsgrades und ihrer Nichtimitierbarkeit oder durch Reorganisation des Ressourceneinsatzes), dass sie zu Ressourcen weiter entwickelt werden, auf denen das Unternehmen nunmehr einen verteidigungsfähigen Wettbewerbsvorteil aufbauen kann. Ein Beispiel wäre die graduelle Fortentwicklung eines pharmazeutischen Wirkstoffs, auf den das Patent abgelaufen ist, und die erneute Anmeldung eines Patents auf den modifizierten Wirkstoff.

f. Der Strategieprozess aus Sicht des Resource-based View of the Firm

Aus Sicht des Resource-based View of the Firm kann der **Strategieprozess eines Unternehmens** mit den folgenden Teilschritten beschrieben werden:

(1) Erkennen von Ressourcen, die das Potenzial für die Begründung eines verteidigungsfähigen Wettbewerbsvorteils haben;

(2) Akquirierung der entsprechenden Ressourcen vom Markt, bevor der Ressourcenverkäufer und Konkurrenten des Unternehmens den wahren Wert der Ressourcen erkannt haben (vgl. Barney 1986) sowie langfristige Bindung der Ressourcen an das Unternehmen;

oder

(2a) Eigene Entwicklung der Ressourcen im Unternehmen (Ressourcenexploration) und langfristige Bindung der entwickelten Ressourcen an das Unternehmen;

(3) Einsatz der Ressource, um mit ihrer Hilfe einen ressourcenbasierten verteidigungsfähigen Wettbewerbsvorteil zu begründen (Ressourcenexploitation);

(4) Weiterentwicklung der Ressourcen, insbesondere ihre Anpassung und Neukonfiguration infolge Wandel der Unternehmensumwelt (Ressourcenexploration);

(5) Verwertung der Ressource am Markt, wenn sie keinen verteidigungsfähigen Wettbewerbsvorteil mehr begründet.

Auf der Ebene der (Kern-)Kompetenzen muss das Management seine strategischen Entscheidungen daran orientieren, in welcher Entwicklungsphase ihres Lebenszyklus sich die entsprechende Kompetenz befindet. Abb. 17 zeigt die wesentlichen strategischen Handlungsoptionen des Managements zur Einbindung bzw. Verwertung von Kernkompetenzen.

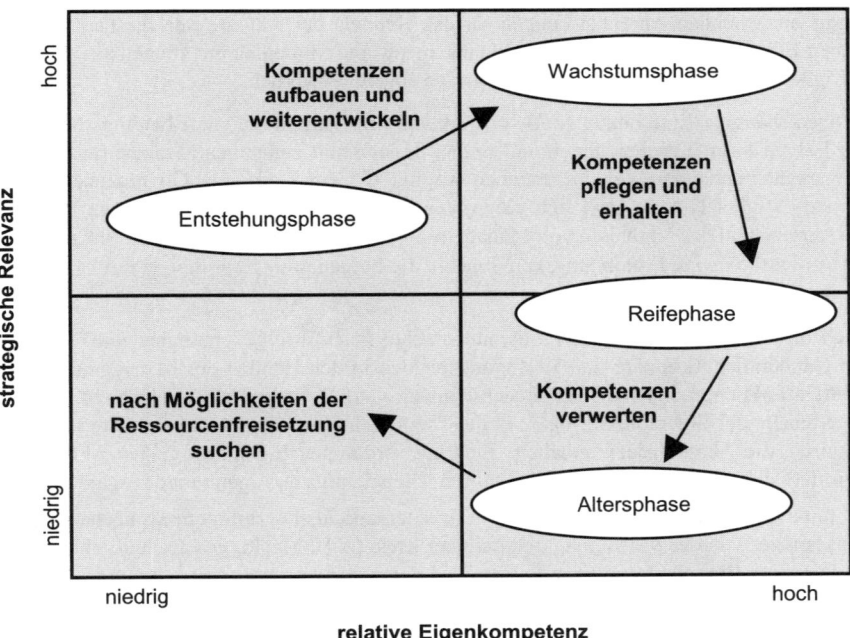

Abb. 17: Lebenszyklus von Kompetenzen (in Anlehnung an Strautmann 1993, S. 97 f.)

4. Strategie aus Sicht der Neuen Institutionenökonomik

Die Institutionenökonomik ist ein Teilgebiet der Organisationslehre. Sie legt den Fokus auf Effizienzbetrachtungen, wobei Effizienz mit der Minimierung von Transaktionskosten oder Agency-Kosten oder der Minimierung der Summe aus Transaktionskosten und externen Effekten (in der Property Rights Theorie) gleichgesetzt wird. Dies wirft die Frage auf, was institutionenökonomische Ansätze zur Strategielehre beitragen können? Die Ansichten gehen hier in der Literatur sehr weit auseinander: *Ghoshal* und *Moran* (1996) sprechen der Transaktionskostentheorie die Relevanz für Fragestellungen der unternehmerischen Praxis ab. Andere Autoren hingegen erweitern die Transaktionskostentheorie, um sie besser auf strategische Fragestellungen anwenden zu können (vgl. z. B. Picot 1991 durch Einführung der Transaktionskosteneinflussgröße ‚strategische Bedeutung‘). Eine differenzierte Analyse und Diskussion der Strategierelevanz der Neuen Institutionenökonomik erscheint daher geboten. Hierfür wird auf die Einteilung wesentlicher Richtungen der Strategielehre Strategy Content, Strategy Process, Strategieimplementierung) Bezug genommen. Zu klären bleibt im Anschluss, ob und inwiefern die Neue Institutionenökonomik zu diesen drei Teilgebieten der Managementlehre Erklärungs- und Erkenntnisbeiträge leisten kann.

a.   Property Rights-Theorie

Im Mittelpunkt dieser Theorie stehen die von unterschiedlichen Verteilungen von Property Rights ausgehenden Anreizwirkungen für das Handeln der Akteure und die daraus resultierenden Effizienzwirkungen. Für eine Management- und Strategielehre können aus der Property Rights-Theorie folgende Erklärungsbeiträge abgeleitet werden.

Erfolgsabhängige Entlohnung (z. B. mit Aktien oder Aktienoptionen) beteiligt Manager an den Folgen Ihrer Entscheidungen und ordnet ihnen damit zunehmend konzentriertere Verfügungsrechtebündel zu (vgl. hierzu auch Kapitel C I zur Corporate Governance). Aus der Property Rights-Theorie lässt sich die Aussage ableiten, dass erfolgsabhängige Entlohnung die Anreize und das Verhalten von Managern positiv beeinflussen wird, weil Managern durch die erfolgsabhängige Entlohnungskomponente die Folgen ihrer Handlungen direkt zugeordnet werden.

Auch für Situationen verdünnter Eigentumsrechte (z. B. infolge Trennung von Eigentum in den Händen der Aktionäre und Verfügungsrechten in den Händen des Managements bei der Publikumsaktiengesellschaft) lassen sich Hinweise auf Managerverhalten ableiten, wenn man das Konzept der Eigentumssurrogate in die Theorie einführt. Eigentumssurrogate sind externe Faktoren, die Akteure dazu anhalten, auch bei verdünnten Eigentumsrechten Aktivitäten zu ergreifen, die zu effizienten Lösungen führen. Die wichtigsten Eigentumssurrogate sind

–   funktionierender Wettbewerb auf dem Absatzmarkt als Disziplinierungsmechanismus, der Manager von der Verfolgung persönlicher Ziele (z. B. Macht, gesellschaftlicher Einfluss, luxuriöse Büroausstattung) zu Lasten des Unternehmens bzw. seiner Aktionäre abhält;

–   funktionierender Wettbewerb auf dem Markt für Managerstellen, der gute Managementleistungen durch Karrieremöglichkeiten in anderen Unternehmen belohnt und schlechte Managementleistungen sanktioniert;

–   funktionierender Markt für Unternehmenskontrolle (der die Übernahme durch einen neuen Eigentümer erlaubt), der die Unternehmensleitung ebenfalls von der Verfolgung

persönlicher Interessen abhält und nach Effizienz in der Unternehmensführung streben lässt und
- erfolgsabhängige Entlohnung des Managements (siehe oben).

Diese Faktoren sorgen dafür, dass auch in Situationen verdünnter Handlungs- und Verfügungsrechte das Management des Unternehmens im Interesse der Eigentümer handelt.

Während sich die Property Rights-Theorie für Fragen des strategischen Managements nur in begrenztem Umfang anwenden lässt, gilt diese Aussage für den nachfolgend dargestellten Transaktionskostenansatz nicht.

b.   Transaktionskostentheorie

ba.   Oliver E. Williamson: Effizienzorientierung versus Strategieorientierung in der Managementlehre

In seinem Beitrag aus dem Jahr 1991 arbeitet *Oliver Williamson* zwei grundlegende Orientierungen in der Strategieforschung heraus, zum einen die Strategieorientierung (**Strategizing**), zum anderen die Effizienzorientierung (**Economizing**). Zu den führenden effizienzorientierten Strategieansätzen zählt *Williamson* den Ansatz der ressourcenorientierten Unternehmensführung, den Dynamic Capabilities-Ansatz sowie den Transaktionskostenansatz (vgl. Williamson 1991, S. 76). Zur Strategizing-Richtung rechnet *Williamson* Ansätze der Spieltheorie (vgl. Williamson 1991, S. 90). Er äußert sich nicht, welche Ansätze er darüber hinaus zur Strategizing-Richtung zählt. Aufgrund seiner Argumentation mit strategischer Positionierung dürfte vermutlich auch der Strategieansatz von *Porter* angesprochen sein.

Strategieorientierung im Sinne der Spieltheorie und des Porterschen Ansatzes bedeutet für *Williamson* den Aufbau und die Nutzung von Marktmacht oder von Ressourcenmacht bzw. Ressourcenabhängigkeiten, z. B. um Konkurrenten abzuschrecken und die eigene Marktpositionierung zu sichern. Ein solches Strategieverständnis ist nach *Williamson* aus zwei Gründen nicht Erfolg versprechend: Zum einen weil nur sehr wenige Unternehmen über signifikante Marktmacht verfügen (vgl. Williamson 1991, S. 80). Zum anderen ist ein so verstandenes strategisches Handeln für die Unternehmen dann nicht Erfolg versprechend, wenn es mit übermäßigen Produktionskosten oder Transaktionskosten verbunden ist: „All the clever ploys and positioning [...] will rarely save a project that is seriously flawed in first-order economizing respects." (Williamson 1991, S. 75). Dabei zählt *Williamson* zu First Order Economizing alle Aktivitäten des Unternehmens, die Verschwendung, unnötige Bürokratie und ungenutzte Reserven bei den unternehmerischen Ressourcen (Slack Resources) reduzieren und darauf abzielen, eine den Transaktionen des Unternehmens angemessene, effiziente Organisationsform (Stichwort: Markt versus Hierarchie) zu finden und dadurch die Anpassungsfähigkeit des Unternehmens an sich wandelnde Umweltbedingungen sicherzustellen (vgl. Williamson 1991, S. 77). Verschwendung von Ressourcen ist nach *Williamson* vor allem durch eine nicht effiziente Organisationsform bedingt (vgl. Williamson 1991, S. 78).

Williamson hält die Effizienzorientierung in der Strategielehre, wie sie durch den Transaktionskostenansatz in die Strategielehre eingeführt wird, langfristig für bedeutender und daher für die überlegene Unternehmensstrategie im Vergleich zur marktlichen Positionierung des Unternehmens. Er betrachtet aber Strategieorientierung und Effizienzorientierung nicht als sich gegenseitig ausschließend (vgl. Williamson 1991, S. 76). *Williamson* spricht der Strategieorientierung nicht jegliche Bedeutung ab, bevorzugt aber die Effizienzorientierung in der

Strategieforschung: „In the long run, however, the best strategy is to organize and operate efficiently" (Williamson 1991, S. 75).

bb. Strategieinhalt (Strategy Content) und Transaktionskostentheorie

In der Literatur gab es mehrfach Versuche, die Transaktionskostentheorie zu erweitern, um sie auf Fragen des strategischen Managements besser anwendbar zu machen. So fügt *Picot* (1991) die Transaktionskosteneinflussgröße ‚strategische Bedeutung' in die Transaktionskostentheorie ein. Transaktionen sind nach *Picot* strategisch bedeutend, wenn sie zur Differenzierung des Unternehmens von seinen Wettbewerbern beitragen und geheimhaltungsbedürftig sind. In einer weiteren Variante des ursprünglichen Transaktionskostenmodells berücksichtigt *Picot* (1991) das Vorhandensein von Einlagerungsbarrieren und Auslagerungsbarrieren. Dabei sind Einlagerungsbarrieren vor allem fehlendes Wissen, fehlende Unternehmenskompetenzen und sonstige Ressourcenengpässe, die verhindern, dass das Unternehmen bei spezifischen und strategisch bedeutenden Transaktionen zur (eigentlich effizienten) Eigenerstellung übergeht. Einlagerungsbarrieren zwingen das Unternehmen zur engen Kooperation mit anderen Unternehmen oder zum marktlichen Fremdbezug. Auslagerungsbarrieren (z. B. betriebliche Mitbestimmung der Arbeitnehmer, gesetzliche Regelungen zum Betriebsübergang) hindern das Unternehmen an dem (eigentlich effizienten) marktlichen Fremdbezug von standardisierten und wenig unsicheren Transaktionen.

bc. Strategieimplementierung aus Sicht der Transaktionskostentheorie

Die Fundierung der Make or Buy-Fragestellung ist eines der häufigsten Anwendungsgebiete der Transaktionskostentheorie. In der Beantwortung dieser Frage schlägt sich die Strategie des Unternehmens nieder (z. B. Kostenführerschaft oder Differenzierung). Die Wahl der effizienten Einbindungsform für Transaktionen bezeichnet *Williamson* als Economizing.

Aus der Transaktionskostentheorie können auch Gestaltungsempfehlungen abgeleitet werden, wie ein Unternehmen Flexibilität bei der Anpassung an sich wandelnde Umwelten erzielen bzw. steigern kann. Die Transaktionskostentheorie empfiehlt hier vor allem das Vermeiden oder zumindest das Reduzieren von spezifischen Investitionen (in Sachanlagen, Humankapital, orts- oder beziehungsspezifische Investitionen), die auf ganz bestimmte Verwendungen im Unternehmen oder auf bestimmte Einsatzgebiete außerhalb des Unternehmens hin zugeschnitten sind und in anderen Verwendungen nur einen geringen ökonomischen Wert besitzen. Wenn es dem Unternehmen gelingt, vormals spezifische Transaktionen durch weniger spezifische oder gar standardisierte Transaktionen zu ersetzen (z. B. durch technischen Fortschritt in Verbindung mit einer Reorganisation der Arbeitsabläufe, die künftig z. B. den Einsatz von Personal mit standardisierten Qualifikationen ermöglichen), so kann das Unternehmen seinen Eigenerstellungsgrad reduzieren und bei entsprechender Vertragsgestaltung mit externen Lieferanten oder Kooperationspartnern seine Flexibilität steigern. In diesem Falle kann sich das Unternehmen beim Wechsel einer Strategie mit seiner Unternehmensstruktur leichter an die neue Strategie anpassen.

bd. Strategieprozess (Strategy Process) aus Sicht der Transaktionskostentheorie

Die Frage des Make or Buy kann nicht nur im Bereich der operativen Leistungserstellung im Unternehmen (Vorprodukte, Subdienstleistungen), sondern auch für den Strategieprozess selbst gestellt werden. Das Unternehmen muss entscheiden, für welche Aktivitäten innerhalb des Strategieprozesses es Fremdbezug von externen Akteuren (z. B. standardisierte Marktstudien von Unternehmensberatern, Finanzanalysten und Marktforschungsinstituten) wählt. Alternativen zum Fremdbezug sind eine enge Kooperation mit einem externen Akteur (z. B. bei einer Reorganisation, wenn das Reorganisationskonzept in stärkerem Maße unternehmensspezifisch zugeschnitten sein soll und die Problemstellung mit einer mittleren Unsicherheit behaftet ist) oder die Eigenerstellung (Kreieren einer hoch spezifischen Unternehmensstrategie, Erarbeitung strategisch bedeutsamer, geheimhaltungsbedürftiger Studien durch Mitarbeiter des eigenen Planungsstabes). Der Strategieprozess besteht in dieser Sicht aus einer Vielzahl von einzelnen Transaktionen, für die jeweils die effizienteste Einbindungsform zu wählen ist.

c. Agency-Theorie

ca. Agency-Probleme mit Bezug zu Strategieinhalten (Strategy Content) bzw.
Strategieimplementierung

Aus der Agency-Theorie können konkrete Empfehlungen für ein Unternehmen im Wettbewerb abgeleitet werden. Die Theorie empfiehlt bei angebotenen Gütern (Sachgüter, Dienstleistungen) mit hoher Qualitätsunsicherheit für den Verkäufer (vgl. Kapitel D V zur Dienstleistungsorientierung) den Aufbau von Qualitätssignalen (z. B. Anbieterreputation, Garantien) zur Differenzierung von konkurrierenden Leistungsangeboten. Qualitätssignale können für ein Unternehmen vor allem dann einen Wettbewerbsvorteil und die Differenzierung von Konkurrenten ermöglichen, wenn sie für leistungsschwache Konkurrenten nur zu hohen Kosten imitierbar sind.

Verfolgt ein Unternehmen eine Differenzierungsstrategie oder eine Strategie der Kostenführerschaft, so kann eine solche Strategie durch ein geeignetes institutionelles Design unterstützt, wenn nicht erst ermöglicht werden. So kann es Ziel eines Unternehmens sein, möglichst nur mit besonders kostengünstigen oder mit besonders qualitätsbewussten und innovationsorientierten Lieferanten, Kunden oder Kooperationspartnern zusammen zu arbeiten. Durch Aufbau entsprechender Screening-Mechanismen und Self Selection-Mechanismen kann das Unternehmen dafür sorgen, dass es die geeigneten Marktpartner findet und auf diese Weise seine Strategie der Kostenführerschaft oder der Differenzierung unterstützt.

Ebenfalls kann durch entsprechend gestaltete Anreiz- und Kontrollsysteme im Unternehmen verschwenderisches oder nicht qualitätsorientiertes Verhalten der Mitarbeiter (Moral Hazard) reduziert und auf diese Weise eine Strategie der Kostenführerschaft oder der Differenzierung institutionell unterstützt und verankert werden. Denkbar ist beispielsweise, den Chefeinkäufer zumindest teilweise in Abhängigkeit von den realisierten Einsparerfolgen beim Einkauf von Vorprodukten zu entlohnen (Kostenführerschaft) oder erreichte Qualitätsverbesserungen bzw. innovative Produktideen durch Bonuszahlungen zu belohnen (Differenzierungsstrategie). Effektiv und effizient gestaltete Anreiz- und Kontrollsysteme innerhalb des Unternehmens sowie zwischen dem Unternehmen und seinen externen Lieferanten bzw. Kooperationspartnern erhöhen die Wahrscheinlichkeit, dass die Mitarbeiter bzw. externen Lieferanten und Kooperationspartner zu der Strategieverwirklichung und den Zielen des Unternehmens beitragen. Analoge Ausführungen gelten auch für die Anstellung von besonders kostenbewussten oder besonders qualitäts- und innovationsorientierten Mitarbeitern (Manager, Fachkräfte) durch das Unternehmen. Auch hierbei kann das Unternehmen durch entsprechend gestaltete Screening- und Self Selection-Mechanismen versuchen, genau diejenigen Mitarbeiter zu gewinnen, die zur Strategieumsetzung benötigt werden.

Die bisherigen Ausführungen haben verdeutlicht, dass ein Unternehmen entsprechende Anreiz- und Kontrollsysteme benötigt, die Kostensenkungsaktivitäten bzw. eine Qualitäts- und Differenzierungsstrategie unterstützen.

cb.   *Agency-Probleme im Strategieprozess (Strategy Process)*

Die Entwicklung und Generierung von Strategien ist vor allem in Großunternehmen ein stark arbeitsteiliger Prozess, bei dem die Unternehmensleitung durch eine Vielzahl von Beteiligten (interne Beratungsabteilungen, Planungs- und Controllingabteilungen, ausführende operative Unternehmensbereiche) unterstützt und beeinflusst wird. Eine wichtige Aufgabe der Unternehmensführung als Principal ist es somit, die für die Strategieentwicklung am besten geeigneten Agenten im Unternehmen auszuwählen (Hidden Characteristics-Problem) und die ausgewählten Agenten von der Verfolgung eigener Interessen und der opportunistischen Ausnutzung ihres Informationsvorsprungs (Moral Hazard-Problem) abzuhalten. Auch hierbei kommt entsprechend gestalteten institutionellen Mechanismen (Screening, Self Selection, entsprechend gestaltete Anreiz- und Kontrollsysteme) im Unternehmen eine erhebliche Bedeutung zu. Analoge Probleme stellen sich, wenn die Unternehmensleitung externe Akteure (z. B. externe Unternehmensberater) in den Prozess der Strategiegenerierung einbezieht.

d.   Die Neue Institutionenökonomik als Strategie- und Managementlehre?

Die vorstehenden Ausführungen haben verdeutlicht, dass die Neue Institutionenökonomik eine Reihe von wertvollen Gestaltungshinweisen vor allem zur Gestaltung des Strategieentwicklungsprozesses (z. B. Make or Buy einzelner Prozessschritte) sowie zur Umsetzung und Implementierung von Unternehmensstrategien im Unternehmen (z. B. durch Wahl effizienter Governance Structures sowie durch entsprechend gestaltete Anreiz- und Kontrollsysteme) geben kann. Die besondere Stärke der Neuen Institutionenökonomik liegt somit bei der Analyse und Gestaltung von institutionellen Rahmenbedingungen für die Generierung und Implementierung einer Strategie. Auch bei der Erklärung von Strategieinhalten (Strategy Content) kann die Neue Institutionenökonomik Erklärungs- und Gestaltungshinweise geben. Der Strategieinhalt ist aus Sicht der Neuen Institutionenökonomik fokussiert auf geheimhaltungsbedürftige, strategisch bedeutende Transaktionen, die Differenzierung des Unternehmens von Wettbewerbern (z. B. durch Qualitätssignale oder spezifisches Anlagevermögen, spezifisches Humankapital, orts- und beziehungsspezifische Investitionen, die die Einzigartigkeit des Unternehmens im Vergleich zu seinen Konkurrenten begründen) sowie eine möglichst transaktions- und produktionskostengünstige Leistungserstellung (z. B. durch Wahl der entsprechenden Organisationsform und entsprechende Gestaltung von Anreiz- und Kontrollmechanismen). Insbesondere weist die Institutionenökonomik auf das Erfordernis hin, bei Veränderung der Aufgabe bzw. der Strategie des Unternehmens auch Anpassungen bei der gewählten Organisationsform und den institutionellen Strukturen im Unternehmen (Anreiz- und Kontrollsysteme) vorzunehmen, um die veränderte Aufgabe bzw. Strategie effizient verwirklichen zu können. Zu wesentlichen Strategieinhalten, mit denen sich das breite Feld der Strategielehre beschäftigt, kann die Neue Institutionenökonomik somit Erklärungsbeiträge geben.

Es wurde deutlich, dass die Property Rights-Theorie zu Fragen der Strategielehre nur relativ geringe Erklärungs- und Gestaltungshinweise (Anreizsysteme für Manager) geben kann, während die Transaktionskostentheorie und die Agency-Theorie erkennbare Erkenntnisgewinne vor allem bei der effizienzorientierten Analyse und Gestaltung des Strategieprozesses und der Strategieimplementierung ermöglichen. Als Fazit wird festgehalten, dass die Neue

Institutionenökonomik eine ökonomisch basierte Organisationslehre ist (und bleibt), aus der auch Aussagen zur Gestaltung des Strategieprozesses (Strategy Process) und zur Strategieimplementierung sowie zu wesentlichen Strategieinhalten (Strategy Content) hergeleitet werden können.

5. Abgrenzung und Konfliktfelder zwischen einer ressourcen-, markt-, und institutionenorientierten Strategieerklärung

Die dargestellten Theorien (Strategieansatz nach *Porter*, Resource-based View, Neue Institutionenökonomik) unterscheiden sich signifikant in ihren Inhalten und in ihrer grundsätzlichen Ausrichtung. Dies führt zu kontroversen Diskussionen zwischen den Anhängern der verschiedenen Theorierichtungen: *Oliver Williamson* rechnet den Resource-based View of the Firm und den Transaktionskostenansatz zur effizienzorientierten Richtung der Strategieforschung. Er betont, dass Effizienzorientierung langfristig die bessere Grundlage für eine unternehmerische Strategie ist als taktische Manöver der Unternehmensführung, die Abschreckung von Konkurrenten und die Marktpositionierung des Unternehmens (vgl. Williamson 1991). Gerade umgekehrt argumentiert *Porter* als Vertreter der Marktpositionierungs-Richtung in der Strategielehre: *Porter* kritisiert, dass die Bemühungen vieler Unternehmen, ihre Effektivität und Effizienz zu steigern (durch Outsourcing, Business Process Reengineering etc.), zwar beeindruckende Erfolge erzielt haben, aber dazu geführt haben, dass viele Unternehmen sich gegenseitig imitieren und immer ähnlicher werden, was die einzigartige Marktpositionierung der Unternehmen (und damit ihre Strategie) langfristig beeinträchtigt, wenn nicht zerstört (vgl. Porter 1997, S. 45). Gerade aus diesem Grunde hätten sich die Effektivitätsverbesserungen bei vielen Unternehmen nicht in steigenden Gewinnen dieser Unternehmen niedergeschlagen. Vielmehr ist infolge intensivierten Wettbewerbs zwischen sich immer ähnlicher werdenden Unternehmen ein Großteil der Effektivitäts- und Effizienzverbesserungen den Kunden oder den Lieferanten der Unternehmen zugekommen (vgl. Porter 1997, S. 44). Am Resource-based View kritisiert *Porter* die fragmentierte Partialbetrachtung des Unternehmens: Er verweist darauf, dass alle Tätigkeiten des Unternehmens aufeinander abgestimmt werden müssen, um auf der Grundlage eines systematisch konzipierten und optimierten Geschäftssystems einen nachhaltigen Wettbewerbsvorteil zu erzielen. Das Denken in Kernkompetenzen und kritischen Ressourcen (als ausgewählten Stärken des Unternehmens) beeinträchtigt nach *Porter* gerade die Sicht des Unternehmens als Ganzes (vgl. Porter 1997, S. 52 f.): „Strategie ist das Kreieren aufeinander abgestimmter Tätigkeiten in einem Unternehmen. Ihr Erfolg hängt davon ab, dass viele Dinge – nicht nur einige wenige – gut gemacht werden, in wechselseitiger Ergänzung." (Porter 1997, S. 55). *Porter* kritisiert daher die effizienzorientierte Richtung der Strategieforschung als „Strategiemodell der vergangenen Dekade" (Porter 1997, S. 53).

Sowohl *Williamson* als auch *Porter* betonen, dass beide Sichtweisen der Strategieforschung wesentlich sind (vgl. Porter 1997, S. 43 und Williamson 1991, S. 75). Beide Autoren weisen aber der jeweils von ihnen bevorzugten Richtung der Strategieforschung eine höhere Bedeutung zu (vgl. Williamson 1991, S. 90 und Porter 1997, S. 53, 58).

6. Verständnisfragen

a. Untersuchen und bestimmen Sie die Stärke der fünf Wettbewerbskräfte nach Porter in den folgenden Branchen bzw. Marktsegmenten:

- Luxuswagensegment der Automobilindustrie in Deutschland,
- Personal Computer für Privatkunden in Deutschland,
- Postdienstleistungen (Paketdienste) in Deutschland.

b. Welche Unternehmen in der weltweiten Autoindustrie verfolgen Ihrer Ansicht nach eine Strategie der Kostenführerschaft, der Differenzierung und der Konzentration auf Schwerpunkte bzw. Nischenstrategie?
Unterscheiden Sie zwischen den drei Marktsegmenten Bau von Luxusautomobilen, Bau von Automobilen der Mittelklasse bzw. gehobenen Mittelklasse und Kleinwagenbau.

c. Patente und Markennamen sind Ressourcen, auf denen Unternehmen verteidigungsfähige Wettbewerbsvorteile aufbauen können. Informieren Sie sich über die wertvollsten Marken bzw. Patente, die Unternehmen weltweit halten. Recherchieren Sie auch nach, mit welchen Methoden der Wert einer Marke bzw. eines Patentes bestimmt werden kann.

d. Unternehmen ändern im Zeitablauf ihre Gesamtunternehmensstrategien. Analysieren Sie, wie sich im Zeitraum 1985-2010 die Gesamtunternehmensstrategie der Daimler AG (Daimler-Benz AG bis 1998, von 1998 bis 2007 DaimlerChrysler) verändert hat. Stellen sie dem vergleichend die Veränderungen der Gesamtunternehmensstrategie der Siemens AG in diesem Zeitraum gegenüber. Welches Unternehmen hat seine Gesamtunternehmensstrategie stärker verändert in diesem Zeitraum, welches der beiden Unternehmen war wirtschaftlich erfolgreicher in diesem Zeitraum?

e. Analysieren Sie anhand der Bilanz eines Unternehmens Ihrer freien Wahl, welche Ressourcen diesem Unternehmen zur Verfügung steht. Kann aus Sicht des Resource-based view of the firm behauptet werden, dass der Einsatz von mehr Ressourcen zu mehr Kompetenz des Unternehmens und damit zu mehr Erfolg des Unternehmens führt?

III. Planung

1. Grundlagen der betrieblichen Planung

a. Kennzeichnung der Planung

Die Zusammensetzung eines Unternehmens aus verschiedenen Teilbetrieben, die Vielfalt der Umwelteinflüsse auf die Unternehmensentwicklung und die verschiedenen Perspektiven der Unternehmensführung (vgl. Kapitel A) deuten an, dass es in Unternehmen zahlreiche Führungsprobleme unterschiedlicher Art gibt. Will man ihre Lösung nicht einer entsprechenden Vielzahl einzelner Ad-hoc-Entscheidungen überlassen, ist ein abgestimmtes System von Entscheidungen zu entwickeln. Eine abgestimmte Entscheidungsfindung beruht auf gedanklichem Voraussehen der Handlungsalternativen und Handlungsergebnisse, also einer Planung. **Planung** ist ein ordnender informationsverarbeitender Prozess der vorausschauenden Festlegung zielbezogener Größen und Maßnahmen (vgl. Schweitzer 2005, S. 18; Wild 1982, S. 13). Das gesamte betriebliche Gestaltungsproblem wird also durch Planung aufbereitet. Die allgemeinen Charakteristika der Planung zeigen sich als

– Zukunftsbezogenheit: Planung konzentriert sich auf die Erfassung und Lösung aktueller und künftiger Probleme.
– Ordnung: Planung entwickelt strukturierte Entwürfe der Handlungsfreiräume und -alternativen sowie ihrer Konsequenzen.
– Informationsverarbeitung: Im Zuge der Planung werden – vielfach mit technischer Unterstützung – Informationen aus vielfältigen Quellen erhoben, ausgewertet und andere Informationen erzeugt.
– Prozessgebundenheit: Planung geht selbst systematisch-methodisch in einer typischen Abfolge von Schritten (Planungsphasen) vor.

Ergebnis der Planung ist ein Plan oder ein Plansystem, das mehrere Einzelpläne in systematischer Weise verbindet. Von nicht zu unterschätzender Bedeutung ist zudem ein hintergründiges Planungsergebnis: Im Zuge der Planungszusammenarbeit erhalten die Beteiligten neue Informationen und Eindrücke zu den betrieblichen Sachverhalten und Problemaspekten ebenso wie zu den Wert-, Denk- und Handlungsmustern der übrigen Beteiligten. Dies wird in ihre Planumsetzung eingehen. Damit können der Planungsprozess und das Planergebnis sowohl für einzelne wie für mehrere Planungsträger und Ausführende kritische Werte für wichtige Einflussgrößen identifizieren, die Unsicherheit verringern und ähnlich wie Normen, Werte und organisatorische Regelungen die Umweltkomplexität senken, indem sie Verhaltenserwartungen stabilisieren (vgl. Wild 1982, S. 16 f.; Kieser/Kubicek 1992, S. 114).

Notwendig wird die Planung durch die Vielzahl an betrieblichen Entscheidungsmöglichkeiten und Entscheidungsträgern sowie das unvollkommene Wissen sowohl über die Zusammenhänge zwischen beeinflussbaren und angestrebten Größen als auch die Entwicklung dieser Größen und Zusammenhänge selbst. Diese Mannigfaltigkeit der Gestaltungsprobleme zieht ähnlich vielfältige Alternativen zur Planungsgestaltung nach sich. Abb. 18 zeigt Merkmale zur Kennzeichnung einer Planung (zu den Einzelheiten vgl. Wild 1982, S. 157 ff.; Schweitzer 2005, S. 30, 35 ff.).

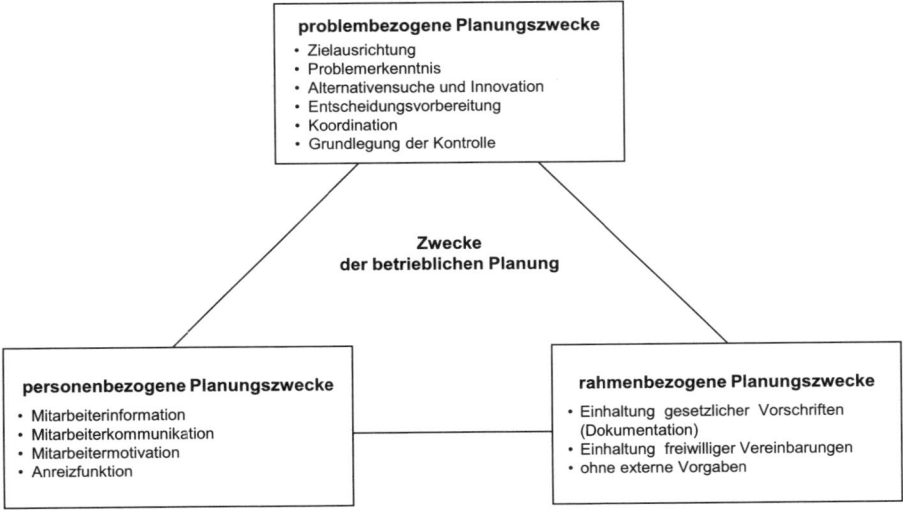

Abb. 18: Aufgaben der betrieblichen Planung

Hauptzweck der Planung ist ein Beitrag zur Zielerreichung und damit zur Unterstützung der gesamtbetrieblichen Führung. Je nach Problemstellung äußert dieser Hauptzweck sich in verschiedenen der **speziellen Planungszwecke** aus Abb. 18 (vgl. Wild 1982, S. 18 f.). So sind problembezogene, sachliche Planungsfunktionen wie etwa die Zielausrichtung, die Entwicklung innovativer Ideen und Alternativen sowie die Entscheidungsvorbereitung von solchen Funktionen zu trennen, die eher der Planungsumsetzung durch die Mitarbeiter, also hierarchisch-organisatorischen Führungsaufgaben dienen. Neben der Mitarbeiterinformation und -motivation gehört auch die Vorbereitung der Kontrolle dazu. Planung liegt eigentlich im eigenen Interesse der Unternehmung, doch gibt es verschiedene externe Vorgaben zu Inhalt, Art und Durchführungen von Planungen. Gesetzlich vorgeschrieben sind beispielsweise Notfallpläne in sicherheitsrelevanten Bereichen oder Risikofrüherkennungssysteme für eher kaufmännische Belange (etwa nach dem Gesetz zur Kontrolle und Transparenz im Unternehmensbereich (KonTraG)). Freiwillige Vereinbarungen zur Planung werden in Verbindung mit einem bestimmten Börsenstandard akzeptiert (etwa dem DAX, TecDax oder dem SDAX; vgl. Baumeister/Werkmeister 2001) oder zur Koordination der Leistungserstellung mit Lieferanten und Abnehmern im Rahmen einer Vereinbarung zum Supply Chain-Management. Problem- und mitarbeiterbezogene Zwecke der Planung überlagern sich, etwa wenn Teilaufgaben der Planung auf verschiedene Mitarbeiter übertragen werden und zur Koordination der Teilaufgaben von den planenden und den ausführenden Mitarbeitern nicht mehr abstrahiert werden kann. Das Ausmaß der Dezentralisierung der Planung und die Lösungsmethoden werden dann möglicherweise nicht generell, sondern in Abhängigkeit der jeweiligen Mitarbeiter festgelegt. Ebenso treten personelle Interdependenzen auf, wenn die Mitarbeiter eigene Ziele verfolgen, so dass die Planung auch unternehmenszielgerichtetes Verhalten der Mitarbeiter sicherstellen soll (vgl. zur individuellen Nutzenmaximierung Kapitel B I). In ihrer Gesamtheit dienen die genannten Planungsfunktionen der Vorbereitung der rationalen Gestaltung des Unternehmensprozesses und somit der fundierten gesamtbetrieblichen Steuerung.

Das **Planungsobjekt** kann in zeitlich, sachlich und hierarchisch differenzierte Teilpläne eingegrenzt werden. Je nach dem gewählten Differenzierungsmerkmal erhält man so zum Beispiel eine kurz- oder langfristige, eine Absatz-, Fertigungs- oder Beschaffungsplanung oder eine strategische, taktische oder operative Planung. Insbesondere in der Absatzplanung findet auch eine Differenzierung nach regionalen oder Ländermärkten statt. Weitergehende und andere Planungsdifferenzierungen führen beispielsweise zu einer Logistik-, einer Supply Chain-, einer Qualitätsplanung oder einer Währungsplanung. Ferner erfolgt die Bildung von Teilplänen nach mehreren Merkmalen gleichzeitig, etwa zur kurzfristigen Finanzplanung im Rahmen des Cash-Management (vgl. auch Kapitel C VII).

Von den Merkmalen zur Charakterisierung des **Planungsträgers** oder **Planungssubjekts** verdienen Umfang und Verteilung der Planungs- und Entscheidungskompetenzen besondere Beachtung. Als Extremformen werden Planungs- und Entscheidungskompetenzen einerseits vollständig von den Betroffenen selbst wahrgenommen, andererseits in unterschiedlichem Umfang delegiert, also nachgeordneten Instanzen, speziellen Planungsstäben, Teams oder Ausschüssen übertragen. Zu klären ist bei der Delegation der Umfang der den nachgeordneten Planungsträgern eingeräumten individuellen Planungskompetenzen. Sie reichen vom Initiieren einer Planung über das Vorbereiten der Entscheidung, die Entscheidung selbst bis hin zur Kontrolle der Planumsetzung. Man spricht hier auch von der vertikalen Kompetenzverteilung. Dagegen drückt Dezentralisierung das Ausmaß der horizontalen Kompetenzverteilung auf verschiedene Planungsträger aus (zur Messung von Dezentralität vgl. Frese 2005, S. 135 ff.). Oft geht mit der Delegation auch Dezentralisation der Entscheidung einher. Doch werden

Planungen auch an nachgeordnete zentrale Stellen delegiert, etwa Zentralbereiche oder gemeinsame Ausschüsse verschiedener dezentraler Einheiten. Nicht auf die endgültige Entscheidung, sondern auf die Beteiligung an vorangegangenen Planungsphasen zielt die Unterscheidung autoritärer und kooperativer Partizipation (vgl. auch C VI; zu Zwischenformen vgl. Frese 2005, S. 255 ff.). Bei mehreren Planungsbeteiligten ist die Informationsverteilung darauf zu prüfen, ob alle Planungsbeteiligten über dasselbe Wissen verfügen oder ob Informationsasymmetrien, unter Umständen zusätzlich noch Zieldivergenzen vorliegen, worauf sie sich beziehen und wie mit ihnen umzugehen ist.

Die Verteilung der Planung oder einzelner Teile davon auf mehrere Planungsträger erhöht die Anforderungen an die **Generalisierung der Planung**. Während ein autonomer Planungsträger Form, Verfahren und Inhalt der Voraussicht zukünftiger Entwicklungen weitgehend nach eigenem Ermessen wählen kann, ist bei Beteiligung mehrerer Planungsträger auf Übertragbarkeit und intersubjektive Überprüfbarkeit der Planungsteilaufgaben zu achten. Dazu dient die Formalisierung der Planung etwa über Planungshandbücher und -richtlinien. Zur Standardisierung der Planung gehört die Vereinheitlichung der Planung. Verbreitet ist die Entwicklung von Planungsstandards in Pilotprojekten und ihre Übertragung (Roll-Out) auf andere Unternehmensbereiche oder Konzerngesellschaften. Die Dokumentation der Planung und die Kommunikation ihrer Ergebnisse im Unternehmen oder gegenüber Außenstehenden können mündlich, schriftlich, visuell oder durch elektronische Datenverarbeitung stattfinden.

Planung bezweckt bessere Führung unter Unsicherheit. Dennoch können unsichere Planungsprämissen sich als falsch herausstellen. Eine starre Planung, die nur im Hinblick auf einen Umweltzustand konzipiert ist, erweist sich womöglich insgesamt als unbrauchbar. Einen elastischeren Ausweg bietet eine Verfeinerung der Planung in Form einer flexiblen Planung. Sie geht von mehreren möglichen Umweltentwicklungen aus und entwickelt vorab für absehbare Umweltzustände bedingte Handlungsanweisungen, welche beim Eintreten der auslösenden Umweltsituationen umzusetzen sind. Trotz ihrer **Flexibilität** behält die Planung verbindlichen Charakter, wenn bei Eintreten eines Umweltzustandes klar ist, welchen Wert eine Plangröße konkret annimmt (vgl. Wild 1982, S. 77).

Merkmale einer Planung		wichtige Ausprägungen
Planungsobjekt	sachlicher Gegenstand	Funktion, Region, Produkt, Kunde, Prozess, Bereich
	zeitliche Reichweite	kurz-, mittel-, langfristig
	hierarchisch	strategisch, taktisch, operativ
Planungssubjekt	Kompetenzumfang	Gesamtplanung, Teilplanung, Teilaufgaben, Phasen
	Partizipationsgrad	autoritär, [...], kooperativ
	organisatorische Einheit	Instanz, Stab (Spezialeinheit)
	organisatorische Einordnung	zentral, dezentral
Generalisierung (methodische Merkmale)	Elastizität	flexibel, [...], starr;
	Standardisierung	standardisiert, [...], individuell
	Dokumentation	mündlich, schriftlich, [...], IT

Abb. 19: Merkmale der betrieblichen Planung

b. Aufgaben im Planungs- und Kontrollprozess

Typisch für die Planung ist ihr Prozesscharakter, d. h. die Abfolge bestimmter Planungsphasen. So steht am Beginn eines Planungsprozesses typischerweise eine Zielvorstellung oder eine mehr oder weniger präzise Problemwahrnehmung. Zur Überwindung der wahrgenommenen Probleme oder allgemein zum Erreichen von Zielen sind Handlungsalternativen zu entwickeln, jeweils deren Ergebnisse zu prognostizieren und zu bewerten. Anschließend ist eine Entscheidung zwischen den Alternativen zu fällen. Auch Kontrollergebnisse können Planungen auslösen, insbesondere wenn sie unbefriedigend ausfallen. Schließlich prägen Kontrollmaßnahmen die Umsetzung der Planung. Planvorgaben, deren Einhaltung nicht kontrolliert wird, wirken regelmäßig wenig verbindlich und laufen Gefahr, missachtet zu werden. Auch dies unterstreicht den Zusammenhang von Planung und Kontrolle. Abb. 20 fasst den zyklischen Charakter des Planungs- und Kontrollablaufs zusammen.

Abb. 20: Phasen im Planungs- und Kontrollzyklus

Die **Zielbildung** ist bei systematischem Vorgehen der Ausgangspunkt des Planungs- und Kontrollzyklus. Ihre Bedeutung rührt aus dem handlungsleitenden Charakter von Zielen. In dieser Phase sind Ziele zu finden, hinsichtlich Inhalt, Ausmaß, Zeitbezug und Verantwortlichkeit zu präzisieren und zu ordnen. Dies führt zu einem Zielsystem. Typischerweise ist es nicht sinnvoll, alle Ziel unabhängig voneinander zu verfolgen, sondern es ist damit zu rechnen, dass einige Ziele sich ergänzen (komplementäre Ziele) oder sich teilweise widersprechen (konkurrierende Ziele). Die Ordnung der Einzelziele innerhalb eines Zielsystems ergibt sich aus

– Präferenzen in Form von Prioritäten oder Gewichtungen oder aus
– Instrumentalbeziehungen (Mittel-Zweck-Beziehungen), die definitionslogisch festgelegt oder empirisch-kausal ermittelt werden.

Beispiele für Zielsysteme sind Kennzahlensysteme oder Balanced Scorecards, die grundsätzlich für jedes Unternehmen, auch für einzelne Phasen im Unternehmenszyklus oder für Stufen in der Unternehmenshierarchie unterschiedlich ausgefüllt werden können. Eine Vorprägung der Zielbildung auf nachgeordneten Ebenen erfolgt durch die Wahl einer bestimmten Strategie (vgl. Kapitel C II). Verfolgt man beispielsweise eine Strategie der Kostenführerschaft, so werden zur Umsetzung in den Unternehmensbereichen andere Zielgrößen von Bedeutung sein als bei einer Differenzierungsstrategie.

Die **Problemanalyse** umfasst einerseits die Ermittlung der Problemlücke (Gap) zwischen der erwarteten Entwicklung und den Zielvorstellungen sowie andererseits die Identifizierung wichtiger Ursachen und Einflussgrößen auf eine solche Lücke. Da gerade der zweite Teil der Problemanalyse typischerweise neue Sichten auf vorhandene Sachverhalte oder auf generell neue Sachverhalte erfordert, kommen zur Problemanalyse vielfältige Analyse-, Systematisierungs- und Strukturierungstechniken zum Einsatz (vgl. Kapitel D IV oder Klein/Scholl 2004).

Zur **Alternativenbildung** sind Maßnahmen zur Problemlösung zu finden und zu Entscheidungspaketen zusammenzustellen. Dabei ist darauf zu achten, dass die einzelnen Alternativen voneinander unabhängig realisiert werden können. Es kann vorkommen, dass eine Maßnahme Bestandteil mehrerer oder aller Alternativen ist. Das Methodenspektrum der Alternativenbildung umfasst unter anderem Kreativitätstechniken für die Suche von Alternativen und systematisierend-strukturierende Ansätze für deren Ausarbeitung (vgl. Schweitzer 2005, S. 63 f.).

Die Ergebnisse der einzelnen Alternativen sind zu prognostizieren und ihre Zielwirkung ist zu bewerten. **Prognosen** sind begründete Aussagen über das künftige Auftreten von Ereignissen. Sie beruhen auf Beobachtungen zu den Rahmen- oder Anfangsbedingungen und theoretischen Aussagen zu den Wirkungen dieser Anfangsbedingungen auf die Zielerreichung. Lage- und Entwicklungsprognosen informieren über Rahmendaten und Werte für exogene Modellgrößen, die für die Alternativenfindung und -bewertung von Bedeutung sind, jedoch unabhängig von den betrieblichen Entscheidungen eintreten. Dazu gehören z.B. Prognosen über die Entwicklungen am Absatzmarkt, von Tariflöhnen oder Steuersätzen. Dagegen richten Wirkungsprognosen sich auf die Konsequenzen betrieblicher Maßnahmen, etwa bestimmter Markteintrittsstrategien oder Leistungsprogrammalternativen. Prognosen werden mit unterschiedlichen Prognosetechniken durchgeführt (vgl. Mertens/Rässler 2004). Einerseits beruhen sie auf

- einfachen oder strukturierten Expertenurteilen, etwa in Form von Befragungen oder der Delphi-Methode.

Andererseits beruhen zahlreiche Prognosetechniken auf statistischen Datenauswertungen zur Identifizierung prognosetauglicher Zusammenhänge. Dies sind insbesondere:

- kausale Ansätze: Sie begründen Prognosen mit Ursache-Wirkungs-Beziehungen (etwa Absatzprognosen durch Preis-Absatz-Funktionen oder Kostenprognosen durch Kostenfunktionen),
- Trendanalysen: Sie schreiben die zeitliche Entwicklung der zu prognostizierenden Größe beispielsweise mit gleitenden Durchschnitten, exponentiellen Glättungen oder Trendregressionen fort,
- Indikatorprognosen: Sie leiten die Prognosegröße ohne direkten kausalen oder zeitlichen Zusammenhang aus anderen Größen (Indikatoren) her. Wichtige Formen sind
  - die Hochrechnung; d. h. die Verallgemeinerung von Beobachtungen einer Detailgröße auf die übergeordnete Größe (beispielsweise bei der Analyse von Pilotmärkten);
  - die Spezialisierung als umgekehrte Vorgehensweise der Übertragung eines Zusammenhangs auf übergeordneter Ebene auf die zu prognostizierende Detailgröße (bspw. bei der Ausrichtung der Plangrößen für regionale Märkte auf ein Gesamtmarktwachstum),
  - die Leitreihenprognose: bei ihr wird aus den Werten von Frühindikatoren (etwa Auftragseingängen) auf die Prognosegröße (etwa den Personalbedarf) geschlossen,
  - die Analogieprognose: sie schließt aus bekannten Entwicklungen auf künftige Entwicklungen (bspw. aus der Diffusion von CD-Playern auf die von DVD-Playern).

Zur Prognose der Alternativenwirkung tritt die **Bewertung** als Zuordnung einer Zielwirkung der Alternative hinzu. Sie wirft dort ein eigenes Problem auf, wo mehrere Einzelwirkungen zu einer Gesamtwirkung zusammenzufassen sind. Dies betrifft sowohl die Zusammenfassung jahresbezogener Ergebnisprognosen zum Gesamtwert eines Projekts als auch die Aggregation der Bewertung und Gewichtung der einzelnen Zielkriterien bei Mehrzielproblemen im Rahmen einer Nutzwertanalyse. Hinsichtlich der finanziellen Zielwirkung ist die Kapitalwertmethode der klassische und umfassende Bewertungsansatz (vgl. Troßmann 1998, S. 24).

Die **Entscheidung** über eine Alternative hängt mit den vorangegangenen Prognosen und Bewertungen eng zusammen. Der Zusammenhang ist besonders eng, wenn die Alternativenbewertung bereits eine Entscheidungsregel beinhaltet und wenn die Planung durch die Unternehmensleitung selbst erfolgt. Wenn die Planung an eigene Planungsinstanzen oder an andere nachgeordnete Stellen delegiert wird oder wenn sie auf bewusst unvollständigen Planungsprämissen beruht, hebt die Entscheidung sich von den vorangegangenen Phasen jedoch teils durch formale Anforderungen an die Entscheidungsfindung, etwa Anhörungs-, Mitsprache- oder Mitbestimmungsrechte, teils durch ein eigenständiges Abwägen der Zielwirkungen und ihrer Stabilität durch die Unternehmensleitung ab. Dies kann auch solche Zielaspekte einschließen, die in der Prognose und Bewertung nicht explizit erfasst werden. Die Entscheidung schließt die Planung mit dem eigentlichen Plan ab.

Nach der Planung steht die **Umsetzung** des beschlossenen Planes an. Soweit dies anderen, nachgeordneten betrieblichen Bereichen übertragen wird, stellen sich Steuerungs- und Durchsetzungsprobleme. Die mit der Umsetzung Beauftragten müssen über den Plan informiert und die Pläne in detaillierte, konkretisierte Vorgaben ausgearbeitet werden, soweit dies nicht bereits im Planungsprozess geschehen ist. Schließlich sind die im Plan vorgesehenen Maßnahmen zu veranlassen.

In der **Kontrolle** werden zur Entscheidungsunterstützung und zur Verhaltensbeeinflussung Plangrößen und Vergleichsgrößen gegenübergestellt. An diesen Kontrollzwecken orientieren sich die verwendeten Kontrollgrößen (vgl. Wild 1982, S. 44 f.). Als Plangrößen werden Prognosegrößen (Wird-Größen) oder Vorgabegrößen verwendet. Vorgabegrößen sind die ursprünglichen Planvorgaben oder Sollgrößen. Dabei berücksichtigen Soll-Größen nach Möglichkeit abweichende Werte wichtiger Einflussgrößen gegenüber der ursprünglichen Planwertbestimmung. Vergleichsgrößen sind ebenfalls Prognose- und Soll-Größen, aber auch realisierte Werte, also Ist-Größen. Abb. 21 gibt einen Überblick.

Von großer Bedeutung sind zeitnahe und zukunftsorientierte Kontrollformen, die eine Reaktion auf festgestellte oder drohende Missstände erlauben. So ermöglicht ein Soll-Wird-Vergleich eine Planfortschrittskontrolle, die insbesondere projekt- bzw. prozessbegleitend eingesetzt wird und gegebenenfalls die Notwendigkeit von besonderen Anstrengungen oder Plananpassungen aufzeigt.

Soll-Wird-Vergleiche sind – vielfach implizit – Grundlage von Frühaufklärungssystemen (siehe dazu Krystek/Müller-Stevens 1999). Zur Plausibilitäts- und Konsistenzüberprüfung der Zielvorgaben (Zielkontrolle) dient die Gegenüberstellung verschiedener Vorgabewerte (Soll-Soll-Vergleich), zur Überprüfung alternativer Prognosemethoden ein Wird-Wird-Vergleich. Ebenfalls eine Warnfunktion hat der Vergleich von Wird-Größen mit Ist-Größen durch die Überprüfung der den Prognosen zugrunde gelegten Prämissen (Prämissenkontrolle). Diese Kontrollformen tragen daher zur Entscheidungsunterstützung bei.

Vergleichs-größe / Plangröße	Soll-Größe	Wird-Größe	Ist-Größe
Planvorgabe bzw. Sollvorgabe	Zielkontrolle (Soll-Soll-Vergleich)	Planfortschrittskontrolle (Soll-Wird-Vergleich)	Ergebniskontrolle (Soll-Ist-Vergleich)
Wird-Größe		Prognosekontrolle (Wird-Wird-Vergleich)	Prämissenkontrolle (Wird-Ist-Vergleich)
Ist-Größe			Zeitvergleich oder Betriebsvergleich (Benchmarking bzw. Ist-Ist-Vergleich)

Abb. 21: Formen der Kontrolle

Dagegen konstatiert die klassische Ergebniskontrolle durch Plan-Ist- bzw. durch Soll-Ist-Vergleich bereits eingetretene Sachverhalte. So kann sie als nachträgliche Kontrolle Abweichungen feststellen, diese jedoch nicht mehr ändern. Dies macht sie auf den ersten Blick nutzlos. Dennoch hat die Ergebniskontrolle eine wichtige prophylaktische Funktion für die Verhaltensbeeinflussung in der Steuerung hierarchischer Beziehungen: Wenn das Verhalten nachgeordneter Instanzen mit eigenständigen Zielen nicht direkt beobachtbar ist (zu ‚Hidden Action' vgl. Kapitel B), so liefert eine Ergebniskontrolle indirekte, wenn auch möglicherweise durch zufällige Effekte gestörte Informationen über deren Verhalten. Soweit es gelingt, diese zufälligen Effekte durch Kontrollen und weitere Informationen, etwa über aus früheren Perioden oder vergleichbaren Planobjekten gewonnenen Benchmarks, zu isolieren, hat die Ergebniskontrolle eine disziplinierende und motivierende, also verhaltensbeeinflussende Funktion.

Den Abschluss eines Planungs- und Kontrollzyklus bildet die **Abweichungsanalyse.** Ihr Schwerpunkt liegt auf der Identifizierung und Auswertung beeinflussbarer Abweichungen mit vorwiegend statistischen Verfahren. Soweit nicht beeinflussbare Abweichungen vorliegen, sind sie bei der Abweichungsanalyse zu berücksichtigen, indem auf die Soll-Ist- und weniger auf die Planvorgabe-Ist-Abweichung geachtet wird. Soll-Ist-Abweichungen erlauben primär Rückschlüsse auf ein – je nach Vorzeichen der Abweichung – günstiges oder ungünstiges Verhalten der Verantwortlichen. Doch kann die Auswertung dieser Abweichungen durchaus zu Informationen über besondere Umweltzustände oder Schwächen des Planungsprozesses führen, die dem Verantwortlichen nicht anzulasten sind. Diese können zwar nicht mehr abgelaufene, immerhin jedoch künftige Planungen und Umsetzungen verbessern. Der Wirtschaftlichkeit wegen konzentrieren derartige Analysen sich auf relevante Abweichungen, die einzeln oder über mehrere Perioden hinweg kumuliert bestimmte Schwellenwerte überschreiten.

Der geschilderte **Planungs- und Kontrollzyklus** beschreibt ein Idealmodell, dessen Ablauf in der praktischen Umsetzung regelmäßig durch Vor- und Rückkopplungen variiert wird. So führen unbefriedigende Bewertungsergebnisse vorhandener Alternativen typischerweise zu **Rückkopplungen** in Form einer erneuten Alternativensuche, einer neuen Problemanalyse oder gar des Überdenkens der betrieblichen Ziele. Auch wird im Anschluss an den Planungsprozess mitunter eine Plananpassung nötig. Mit zunehmender Aufwendigkeit der Vorgehensweise, von einfacher Überprüfung mit Kontrollen über Plankonkretisierung und -fortschreibung bis zur Planänderung, erweist sich die Plananpassung als eigenständige Planungsrunde.

c. Bildung von Planungssystemen

Die bisher genannten Merkmale kennzeichnen eine einzelne Planung. In geordneter Form bildet diese mit ihren Planungsphasen, -methoden und -instrumenten und Plangrößen ein Planungssystem. Zusätzlich kann die Planung in mehrere Teilplanungen untergliedert sein. Für die Teilpläne sind die Ziele, Prämissen und Probleme, die geplanten Maßnahmen, die dafür benötigten bzw. bereitgestellten Ressourcen anzugeben. Schließlich sind Verantwortliche zu benennen für die Planung und ihre Umsetzung. Den Zusammenhang zwischen mehreren Teilplänen kennzeichnen weitere Merkmale (vgl. Abb. 22).

Merkmale zur Kennzeichnung eines Planungssystems	
Differenziertheit	sachlich, zeitlich, räumlich, hierarchisch
Koordination	simultan, sukzessiv mit Rückkopplungen
Entwicklungsform	deduktiv (retrograd, top-down); induktiv (progressiv, bottom-up)
zeitliche Anpassung	einfach, rollend
Vollständigkeit	Schwerpunktplanung, Flächenplanung

Abb. 22: Merkmale zur Kennzeichnung eines Planungssystems

Das Merkmal der **Differenzierung** drückt aus, dass mehrere Teilplanungen vorliegen und welcher Art sie sind. Bei problembezogener Differenzierung ergeben sich sachlich, zeitlich, regional oder hierarchisch differenzierte Teilpläne. Diese können das Planungsproblem vollständig und gleichmäßig abdecken – man spricht von Flächenplanung – oder sie können Planungsschwerpunkte setzen. Decken mehrere Teilpläne zumindest teilweise ähnliche oder verwandte Problembereiche ab, etwa langfristige Planungen auch die kurze Frist, so sind sie im Planungssystem zu **integrieren.** Geht man dazu von der feinsten (z. B. kurzfristigen oder operativen) Planung aus, spricht man von induktiver oder synthetischer Planentwicklung, andernfalls – bei Orientierung an einer umfassenderen (etwa langfristigen oder strategischen) Planung – von deduktiver Planableitung. Vor allem für hierarchische Planzusammenhänge findet man auch die Begriffspaare progressive Planung oder retrograde Planung (Bottom-up- bzw. Top-down-Planung). Als **Koordinationsarten** werden simultane und sukzessive Planabstimmung unterschieden. Bindet man in sukzessive Planentwicklung ausgeprägte Vor- und Rückkopplungen in einen solchen Ablauf ein, spricht man auch von zirkulärer Planung. Schließlich bietet ein System mit mehreren selbständigen, doch nach bestimmten Regeln aufeinander abgestimmten Teilplanungen im Vergleich zur Einzelplanung elastischere Reaktionsmöglichkeiten bei Unsicherheit. Neben der Verwendung bedingter Pläne im Rahmen einer flexiblen Planung wären dies eine Abstufung der zeitlichen Planungsreichweite und individuelle Anpassungsregeln für die einzelnen Planungsstufen und Teilpläne, wie sie für rollende und revolvierende Planungen typisch sind (vgl. Troßmann 1992; Wild 1982, S. 179).

d. Gestaltung des Planungssystems in der Metaplanung

Angesichts der vielfältigen Differenzierungs- und Gestaltungsmöglichkeiten ist die Gestaltung der Planung offensichtlich ein eigenes Planungsproblem. Zur zweckmäßigen Gestaltung der Planung sind Anforderungen zu formulieren, die aus den Unternehmenszielen, wichtigen Umwelteinflüssen und den übrigen Führungsteilsystemen (vgl. Abb. 23) herzuleiten sind. Solche Anforderungen sind etwa die Zielwirksamkeit der Planung hinsichtlich ihrer sachlichen und zeitlichen Problemabdeckung, aber auch ihre Einheitlichkeit, Einfachheit und Wirtschaftlichkeit.

Im Planungskonzept sind die Teilpläne und ihre Zusammenhänge inhaltlich (was wird geplant) und institutionell (wer plant) festzulegen. Zudem sind die Einführung und Weiterentwicklung des Planungssystems zu planen. Vielfach werden neue Planungskonzepte in Pilotprojekten für einzelne Bereiche entwickelt, bevor sie in anderen Unternehmensbereichen eingesetzt oder angepasst werden (Roll-Out). Dazu sind ein Zeitplan und technische Voraussetzungen zu klären. Abb. 23 fasst dies zusammen.

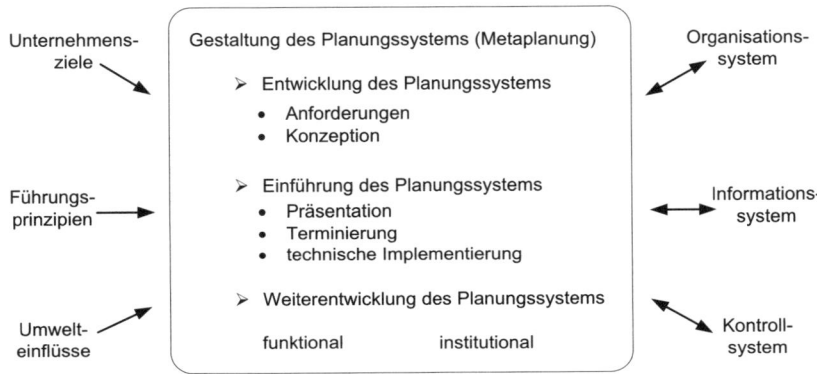

Abb. 23: Gestaltung des Planungssystems in der Metaplanung

2. Koordination von Planungssystemen

a. Notwendigkeit der Plankoordination

Angesichts der Komplexität betrieblicher Sachverhalte und der Vielzahl von Entscheidungsmöglichkeiten, Entscheidungsträgern und deren Handlungsspielräumen, die für größere Planungsprobleme zu koordinieren sind, erweist sich eine Lösung des Gestaltungsproblems unter Berücksichtigung aller Aspekte im Rahmen einer simultanen Planung regelmäßig als schwierig (vgl. Bretzke 1980, S. 128 ff.). Die Beschränkung auf relevante Aspekte vereinfacht das Problem nur graduell. Stattdessen wird das Gesamtplanungsproblem in Teilprobleme zerlegt, wobei man darauf achten wird, durch geschicktes Zerlegen verbleibende Abhängigkeiten zwischen den Teilplänen gering oder ihre Auswirkungen zumindest kontrollierbar zu halten.

Die Auflösung des gesamtbetrieblichen Gestaltungsproblems in Teilprobleme verändert die bisherigen Problemstrukturen. Sie wirft aber auch ein neuartiges Führungsproblem auf, nämlich die Art und Weise der Problemzerlegung. Es ist festzulegen, welche Problemaspekte in einer integrierten Planung berücksichtigt und welche an andere Planungs- bzw. Entscheidungsträger übertragen werden (Delegation). Soweit Unsicherheit über die Handlungsmöglichkeiten zur Lösung der Teilprobleme und die Ziele der dafür Verantwortlichen herrscht, werden die Planungsbeteiligten über die Gestaltung der Zielvorgaben und die Abgrenzung der Teilprobleme im Rahmen der Steuerung auch eine Beeinflussung zugunsten eigener Ziele anstreben (vgl. die Opportunismusannahme) in B I). Voraussetzung der **Delegation**) ist die

Abbildung der Interdependenzen in der eigenen Planung des Delegierenden. In einer groben Einteilung werden sachliche von personellen Interdependenzen unterschieden. Zu den sachlichen Interdependenzen zählen Wechselwirkungen hinsichtlich der Ziele, der Mittel und der Risiken der beteiligten Pläne sowie hinsichtlich ihrer zeitlichen Festlegung. Personelle Interdependenzen liegen vor, wenn die Planungsbeteiligten oder die mit der Planumsetzung Beauftragten sich hinsichtlich ihrer Ziele oder Informationen unterscheiden (vgl. Kapitel B I zu Principal-Agenten-Problemen).

Zur Koordination dieser Wechselwirkungen kommen verschiedene Koordinationsinstrumente in Betracht. Wichtige Formen sind Maßnahmenprogramme, Budgets, Lenk- und Verrechnungspreise oder andere Kennzahlen und allgemeine Hinweise (z. B. zum Umfang mit Fehlverhalten bzw. der sogenannten Fehlerkultur) oder Verhaltensvorgaben. Sie unterscheiden sich im Schwerpunkt sowie im Delegationsgrad bzw. im Ausmaß und der Detailliertheit der Eingriffe in die Teilplanungen. Offensichtlich sind die pauschalen Wirkungen allgemeiner Hinweise oder Verhaltensvorgaben. Eher auf die sachlichen Mittelinterdependenzen zielen Regeln, Termine und Maßnahmenprogramme, speziell auch Produktionsprogramme. Diese sachlichen Interdependenzen können sehr detailliert und explizit berücksichtigt werden. Dagegen stellen Budgets und Lenkpreise die Zielwirkungen deutlicher in den Blickpunkt, zumindest werden die direkten Wirkungen auf Erfolgsziele deutlicher erfasst, während bei Maßnahmenprogrammen der Schwerpunkt auf den festgelegten Maßnahmen liegt. Zudem werden bei einer Koordination über Verrechnungspreise große Teile der Planungsaufgaben delegiert, unabhängig davon ob die Verrechnungspreise selbst zentral festgelegt oder dezentral ausgehandelt werden. Abb. 24 zeigt die Schwerpunkte der wichtigsten Koordinationsinstrumente im Überblick.

	Maßnahmen-programme	Kennzahlen	Budgets	Verrechnungs- und Lenkpreise
Delegation	gering			hoch
Detailliertheit	hoch			gering
Interdependenz	hoch			gering
Erfolgszielwirkung	indirekt			direkt

Abb. 24: Instrumente zur Koordination von Plänen

Zeitliche Interdependenzen treten auf, wenn Pläne über den Planungszeitraum hinauswirken oder wenn Teilpläne für mehrere Perioden erstellt werden. Dann stellt sich die Frage, wie diese zeitlichen Wechselwirkungen berücksichtigt werden und wie mit den dabei zu vermutenden Umweltunsicherheiten umgegangen wird. Eine Lösung liegt in der festen Vorgabe eines Plans für alle Perioden des gesamten Planungszeitraums, der für alle Umweltentwicklungen gilt. Dies wird als **starre Planung** bezeichnet. Ihr Vorteil liegt in ihrer Einfachheit. Sie ist einfach kommunizierbar und kann die Verhaltenserwartungen im unterstellten Normalfall in hohem Maße stabilisieren. Kritisch zu sehen sind hingegen der hohe Informationsbedarf für eine fundierte Festlegung der Planvorgaben über mehrere Perioden hinweg sowie ihre Reaktion auf zunehmende Abweichungen vom angenommenen Normalfall der Umweltentwicklung. Einerseits richtet eine starre Planung die Umsetzungsverantwortlichen weiterhin auf die für den Normalfall konzipierten Planvorgaben aus. Um dies zu ermöglichen, werden in einen starren Plan typischerweise die unterschiedlichsten Puffer eingebaut, beispielsweise in Form von Zwischenlägern, Sicherheitsbeständen oder Personalreserven. Solche Reserven tragen zur Einhaltung der Planvorgaben bei, doch belasten sie vielfach das Ergebnis, insbesondere wenn eine schlechte Pufferkoordination zur Mehrfachabsicherung führt (z. B. wenn in einer Lieferkette die liefernde Stelle ein Ausgangslager und die empfangende Stelle ein Eingangslager mit jeweils eigenen Sicherheitsbeständen führt). An ihnen setzen regelmäßig Sparmaßnahmen an, beispielsweise im Rahmen des Lean Management. Andererseits kann es sein, dass die Umweltentwicklungen so weit vom Normalfall abweichen, sei es durch Maschinen- oder Absatzausfälle, durch Streiks oder Materialmangel oder sei es durch Liquiditätsprobleme, dass das Vertrauen der Beteiligten in die Einhaltbarkeit des Plans schwindet. In solchen Fällen liefert eine unzutreffende starre Planung kaum mehr Anhaltspunkte für das koordinierte Handeln der Beteiligten.

Zur hierarchischen, sachlichen und zeitlichen Koordination von Teilplänen gibt es verschiedene Ansätze, die im Folgenden erläutert werden.

b. Die Koordination hierarchischer Planungsinterdependenzen

Planungshierarchisch werden Pläne der strategischen, taktischen oder operativen Stufe zugeordnet. Operative Pläne unterscheiden sich von strategischen Plänen durch die größere Differenziertheit, Detailliertheit und Präzision der Plangrößen, also insbesondere der betrachteten Ziele, Maßnahmen und Ressourcen (vgl. Abb. 25). Zudem sind operative Planungsprobleme im Allgemeinen stärker eingegrenzt und strukturiert, wenn sie auf den Ergebnissen anderer Planungen aufbauen, und auf kürzere Fristen ausgelegt.

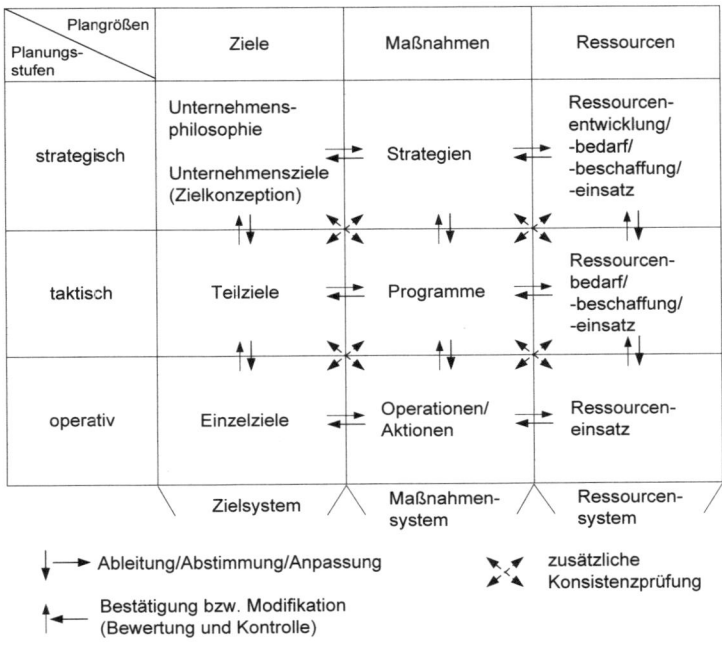

Abb. 25: Hierarchische Untergliederung der Planung
(nach Töpfer 1976, S. 130)

Die Pläne der verschiedenen hierarchischen Planungsstufen sind aufeinander abzustimmen. Dies erfordert eine horizontale Abstimmung innerhalb der einzelnen Planungsstufe, aber auch eine vertikale Abstimmung über die verschiedenen Stufen hinweg. Dazu gibt es grundsätzlich zwei Richtungen (vgl. Abb. 26): Bei deduktiver oder retrograder Planentwicklung werden die Vorgaben nachgeordneter Ebenen aus den übergeordneten Ebenen hergeleitet (Top-Down-Ansatz). Dies erlaubt eine Ausrichtung an Visionen und zukunftsorientierten Überlegungen sehr grundsätzlicher Art. Reine Top-Down-Vorgaben sind zudem einfach zu kommunizieren. Sie ziehen aber auch zahlreiche Akzeptanz- und Realisationsprobleme nach sich, die vorab schwer zu bestimmen sind. Die Motivationswirkung ist ambivalent zu sehen: Einerseits bieten überzeugend vorgetragene Visionen und Strategien hohes motivatorisches Potenzial, andererseits droht durch schlecht abgestimmte Umsetzungsprobleme hohes Frustrationspotenzial. Auch der Koordinationsbedarf ist mangels Detailkenntnis schlecht abschätzbar.

Aspekt Planungsrichtung	Top-Down-Ansatz	Bottom-Up-Ansatz
Idee	Visionen und Strategien → Was wollen wir tun?	‚Primat des Möglichen' → Was können wir tun?
Realisationsmöglichkeiten	schwierig zu bestimmen → oft nicht gegeben	Planung und Umsetzung in einer Hand
Motivation	abhängig von Art der Vorgaben	abhängig vom Umgang mit Ideen
Koordinationsbedarf	vorab vielfach nicht erkennbar	an bekannten Problemen und Lösungen orientiert
Kommunikationsbedarf	grundsätzlich gering, abhängig von Akzeptanz	hoch für Plankoordination und Rückkopplungen
→ zirkuläre Planung (Gegenstromverfahren) als Kompromiss		

Abb. 26: Koordinationsrichtungen in der hierarchischen Planung

Bei einer Aggregation operativer zu strategischen Plänen (Bottom-Up-Ansatz) sind die Realisationsmöglichkeiten grundsätzlich besser bekannt. Dies gilt auch für kritische Aspekte, die besonderen Koordinationsbedarf aufwerfen. Allerdings stellt die Konfrontation mit neuen Rahmenbedingungen und mit neuen Ideen diesen Ansatz vor besondere Herausforderungen. Während in stabiler Umwelt Bottom-Up-Ansätze vorhandene Lösungen mit geringen Rückkopplungen anpassen können, steigt der Kommunikationsbedarf mit zunehmenden Änderungen der Umwelt rapide an. Die strategische Ausrichtung wird dominiert von den vorhandenen Möglichkeiten und Fertigkeiten, ein glatter Widerspruch zur gelegentlich vorzufindenden Bezeichnung „progressive Planung". Es droht eine stark inkrementelle Planung ohne strategische Perspektive („Muddling Through"). Im Gegenstromverfahren (zirkuläre Planung) werden typischerweise strategische Top-Down-Vorgaben nach einer ersten Umsetzung in operative Pläne wieder zu strategischen Plänen verdichtet und ggf. in mehreren Planungsrunden überarbeitet. Ergebnis sind idealtypisch Kompromisse, die durch die Beteiligung nachfolgender Planungsebenen motivierend wirken, dadurch auch tragfähig und realisierbar sind. Allerdings erhöht das zirkuläre Durchlaufen der Planungsebenen mit der entsprechenden vertikalen und horizontalen Koordination den Kommunikationsbedarf.

c. Die Koordination sachlicher Planungsinterdependenzen

Sachliche Planungsinterdependenzen liegen vor, wenn die Planung für ein Produkt oder einen Prozess andere Planungen beeinträchtigt, weil gemeinsame Begrenzungen vorliegen, beispielsweise gemeinsame knappe Personal-, Finanz-, Anlagen- oder Rohstoffressourcen. Für solche Ressourceninterdependenzen werden zwei Problemschwerpunkte unterschieden: einerseits ist dies die Verwendung der vorhandenen knappen Ressourcen, andererseits die Ressourcenanpassung durch Investitionsmaßnahmen oder Desinvestitionen. Die beiden Problemschwerpunkte hängen insofern zusammen, als zur Entscheidung über Anpassungsmaßnahmen die derzeitige und die je nach Anpassungsmaßnahme später möglichen Verwendungen zu klären sind. Die Ressourcenverwendung wird vielfach in eine der Ressourcengestaltung nachgeordnete Hierarchieebene eingebettet. Programm-, Losgrößen- und Reihenfolgeplanung (als Beispiele zur Ressourcenverwendung) gelten bei vorhandenen Kapazitäten als typische Probleme der operativen Planung, während die Verknüpfung von Produktions- mit Investitions-, Finanzierungs- und Personalentscheidungen (als Beispiele der Ressourcengestaltung) in die taktische Planung fällt (vgl. Küpper 2008, S. 137-150). Zur strategischen Planung zählen u. a. Entscheidungen über Produktspektren oder Länderstandorte des Unternehmens.

Die Lösung von Ressourceninterdependenzproblemen innerhalb einer Planungsebene ist vergleichsweise einfach, wenn lediglich eine gemeinsame Begrenzung vorliegt. In diesem Fall wird für alle Verwendungsmöglichkeiten festgestellt, welchen Zielbeitrag sie pro Einheit der knappen Ressource beisteuern. In vielen praktischen Fällen wird der einschlägige Zielbeitrag ein **Deckungsbeitrag** sein, also die Differenz aus den Erlösen und den variablen Kosten, die einem Produkt, einer Produktart, einem Land oder Markt, generell also dem Entscheidungsobjekt zugeordnet werden. Bei der Produktionsprogrammplanung ist es dann der relative Deckungsbeitrag pro Ressourcen- oder Engpasseinheit, die ein Stück einer Produktart benötigt. Die Produktarten werden nach dem relativen Deckungsbeitrag geordnet, da dieser die wirtschaftliche Verwendung der knappen Ressource misst. Anschließend werden sukzessive diejenigen Produktarten mit dem höchsten relativen Deckungsbeitrag gewählt und mit ihren Planmengen auf der Ressource eingeplant, bis die verfügbaren Ressourcen aufgebraucht sind. Dieses vergleichsweise einfache Lösungsprinzip des relativen Deckungs- oder Zielbeitrags führt zum optimalen Produktionsplan. Die Probleme liegen in diesem Fall vorwiegend darin, diesen Zielbeitrag bei unterschiedlichen Zielkategorien, auf längere Sicht und mit hinreichender Sicherheit zu identifizieren.

Der relative Zielbeitrag pro Engpasseinheit ist hier das Entscheidungskriterium für die Vergabe einer knappen Ressource. Der relative Zielbeitrag einer Engpasseinheit, den das letzte gerade noch in den Produktionsplan aufgenommene Produkt erzielt, liefert darüber hinaus Informationen für weitere Planungsprobleme. So kann für Zusatzaufträge überprüft werden, ob sie mit den benötigten Ressourcen einen höheren Zielbeitrag erwirtschaften als dieses kritische Produkt. Er drückt damit die **Opportunitätskosten** für eine andere Verwendung der knappen Ressource aus. Zudem gibt er den Nutzen einer Ressourcen- bzw. Kapazitätssteigerung an und ist daher mit deren Kosten zu vergleichen. Schließlich kann der relative Zielbeitrag als Lenkpreis die Ressourcenverwendung zwischen verschiedenen Bereichen steuern (vgl. Schweitzer/Küpper 2008, S. 471 ff.).

Schwieriger ist das Programmplanungsproblem bei mehreren knappen Ressourcen, da eine Orientierung an den relativen Zielbeiträgen hinsichtlich der einzelnen Ressourcen zu widersprüchlichen Ergebnissen führen kann. Ein Lösungsansatz, der simultan mehrere gemeinsame Engpässe berücksichtigt, ist die **lineare Planungsrechnung.** In ihrer Standardform für die

Produktionsprogrammplanung geht sie von folgenden Annahmen aus (vgl. Küpper 2008, S. 190 ff.; Zäpfel 1992, S. 98 ff.):

Gesucht sind die Produktionsmengen x_j für die Produkte j = 1, 2, [...], n. Als Zielbeiträge der Produkte gelten ihre Deckungsbeiträge. Der Deckungsbeitrag je Stück eines Produkts wird als konstant angenommen und mit d_j bezeichnet. Er wird im Standardfall als Differenz des Stückerlöses p_j abzüglich der variablen Stückkosten k^v_j eines Produktes berechnet. Der Gewinn als Summe der Deckungsbeiträge abzüglich der fixen Kosten K^f ist zu maximieren. Mitunter wird auf die explizite Berücksichtigung der fixen Kosten im Modell verzichtet, so dass direkt die Summe der Deckungsbeiträge maximiert wird. Dabei sind Absatzhöchstmengen h_j für jedes Produkt und verfügbare Kapazitäten b_i der Einsatzgüter i (i = 1, 2, [...], m) zu beachten. Für jedes Produkt geben Produktionskoeffizienten a_{ij} an, welche Mengen der Einsatzgüter i zur Fertigung einer Produkteinheit benötigt werden. Zudem werden Variable s_i bzw. s_j festgelegt, die die nicht verplanten Ressourcen oder Absatzmengen ausdrücken. Sie heißen Schlupfvariablen. Ihr Wert ergibt sich regelmäßig als

$$s_i = b_i - \sum_{j=1}^{n} a_{ij} \cdot x_j \quad \text{bzw.} \quad s_j = h_j - x_j \, .$$

Mit diesen Angaben wird das folgende Modell der linearen Planungsrechnung aufgestellt. Es enthält mit Kapazitäts- und Absatzbeschränkungen typische Engpässe betrieblicher Prozesse. Andere Engpässe – etwa zu verfügbaren Ressourcen – können entsprechend ergänzt werden.

Ziel: $G = \sum_{j=1}^{n} d_j \cdot x_j - K^f \rightarrow \max!$

Nebenbedingungen:

Kapazitätsbeschränkungen: $\sum_{j=1}^{n} a_{ij} \cdot x_j \leq b_i \qquad (i = 1, 2, ..., m)$

Absatzbeschränkungen: $x_j \leq h_j \qquad (j = 1, 2, ..., n)$

Nichtnegativitätsbedingungen: $x_j \geq 0 \qquad (j = 1, 2, ..., n)$

Ein Beispiel für ein derartiges lineares Programmplanungsproblem ist in Abb. 27 zusammengestellt. Teil a enthält die Ausgangsdaten. Teil b in Abb. 27 formuliert das zugehörige Problem als Ungleichungsproblem, Teil c in Gleichungsform mit Schlupfvariablen.

Probleme mit zwei Variablen können grafisch gelöst werden. Durch Auflösen der Gleichungen des linearen Gleichungsmodells nach einer der beiden Variablen erhält man die notwendigen Gleichungen dafür (vgl. Teil d; Abb. 28). Die Restriktionsgeraden begrenzen die konvexe Menge der zulässigen Lösungen. Bei positiven Deckungsbeiträgen ist es vorteilhaft, eine Lösung zu wählen, die möglichst weit vom Ursprung entfernt ist. Abgesehen von Spezialfällen wird sie auf einem Schnittpunkt zweier Restriktionsgeraden liegen. Im Allgemeinen gibt es mehrere solcher Schnittpunkte (d.h. Eckpunkte der Menge zulässiger Lösungen). Optimal ist derjenige Eckpunkt, durch den eine Gerade mit der Steigung der Zielfunktion so gelegt werden kann, dass sie nicht in die Menge zulässiger Lösungen führt, sondern sie nur berührt. Die Koordinaten des Schnittpunkts lassen sich durch Auflösen der beiden zugehörigen Restriktionsgleichungen bestimmen, anschließend daraus der Zielwert der optimalen Lösung. Weiterhin kann für diese Lösung der Umfang der nicht ausgeschöpften Kapazitäten und Absatzmöglichkeiten angegeben werden (zu Einzelheiten dieser Sensitivitätsanalyse siehe die formale Lösung im Folgenden).

Programmplanung als Beispiel sachlicher Plankoordination

a) Problemstellung

Ein Betrieb will die gewinnmaximalen Planmengen für folgende zwei Produkte festlegen:

Erlöse und Kosten	Produkt 1	Produkt 2
Erlös	150 €/Stk.	126 €/Stk.
variable Kosten	90 €/Stk.	80 €/Stk.
Deckungsbeitrag	60 €/Stk.	46 €/Stk.

Die Fixkosten betragen 15.000 €.

Kapazitätsbedarf	Produkt 1	Produkt 2	Kapazität
Anlage A	3 Std./Stk.	3 Std./Stk.	1.800 Std.
Personaleinsatz B	2 Std./Stk.	3 Std./S k.	1.500 Std.
Rohstoff C	5 kg/Stk.	3 kg/ tk	2.500 kg
Absatzhöchstmengen	550 Stück	400 Stück	

Gesucht ist das optimale Produktions- und Absatzprogramm mit folgenden Variablen:

Variable	Bedeutung
x_1	Planmenge Produkt 1
x_2	Planmenge Produkt 2
s_1	Schlupfvariable Anlage A (freie Kapazität)
s_2	Schlupfvariable Personal B (freie Mitarbeiterstunden)
s_3	Schlupfvariable Rohstoff C (freie Rohstoffmenge)
s_4	Absatzschlupf Produkt 1 (nicht ausgeschöpfte Absatzmenge)
s_5	Absatzschlupf Produkt 2 (nicht ausgeschöpfte Absatzmenge)

b) Formulierung des linearen Planungsmodells

Zielfunktion:
$$G = -15.000 + 60 \cdot x_1 + 46 \cdot x_2 \rightarrow \text{max !}$$

Nebenbedingungen:

$$
\begin{array}{llcr}
A: & 3 \cdot x_1 + 3 \cdot x_2 & \leq & 1.800 \\
B: & 2 \cdot x_1 + 3 \cdot x_2 & \leq & 1.500 \\
C: & 5 \cdot x_1 + 3 \cdot x_2 & \leq & 2\,500 \\
X1: & x_1 & \leq & 550 \\
X2: & x_2 & \leq & 400
\end{array}
$$

Nichtnegativitätsbedingungen: $\quad x_1, x_2 \geq 0$

c) Formulierung des linearen Planungsmodells mit Schlupfvariablen

Zielfunktion:
$$G = -15.000 + 60 \cdot x_1 + 46 \cdot x_2 \rightarrow \text{max !}$$

Nebenbedingungen:

$$
\begin{array}{llcr}
A: & 3 \cdot x_1 + 46 \cdot x_2 + s_1 & = & 1.800 \\
B: & 2 \cdot x_1 + 3 \cdot x_2 + s_2 & & 1.500 \\
C: & 5 \cdot x_1 + 3 \cdot x_2 + s_3 & & 2.500 \\
X1: & x_1 + s_4 & = & 550 \\
X2: & x_2 + s_5 & = & 400
\end{array}
$$

Nichtnegativitätsbedingungen: $\quad x_1, x_2 \geq 0$

Abb. 27: Ausgangsdaten und Modelle zum Beispiel sachlicher Plankoordination

Programmplanung als Beispiel sachlicher Plankoordination (II)

---

d) grafische Lösung

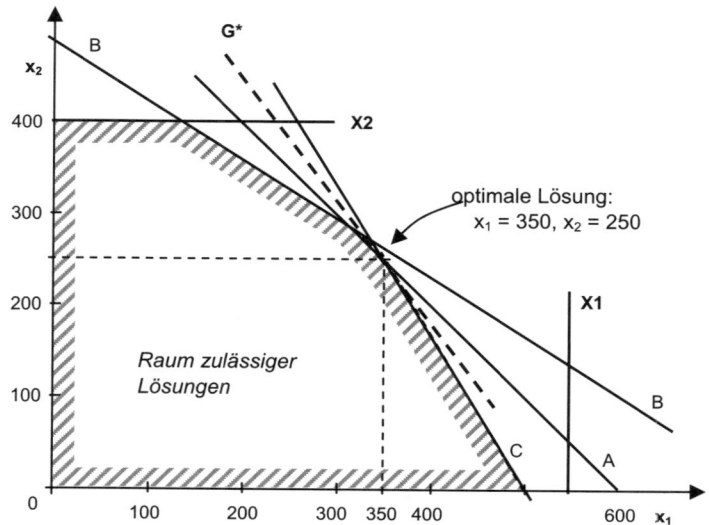

Abb. 28: Grafische Lösung zum Beispiel sachlicher Plankoordination

Die Gleichungen von Teil c sind auch Grundlage der formalen Lösung durch den einfachen Simplexalgorithmus, mit dem auch Probleme mit mehr als zwei Variablen gelöst werden können. Für diesen Algorithmus definieren sie die Ausgangslösung in der Tableauform in Teil e. Die formalen Lösungsschritte sind beispielsweise in *Neumann* und *Morlock* (2002, S. 52 ff.) dargestellt. Konkret wird wie folgt vorgegangen. In der Ausgangslösung stehen in der Kopfzeile die Variablen für die einzelnen Produkte. Ihre Mengen sind in der Ausgangslösung null und daher in dieser kurzen Tableauform nicht eigens aufgeführt. In der Zeile darunter stehen die zugehörigen Deckungsbeiträge. Diese Variablen heißen Dualwerte.

Der Dualwert zu einer Restriktion gibt an, wie sich die Zielgröße verändert, wenn die Restriktion um eine Einheit gelockert wird. Ganz links in dieser Zeile stehen die Zielgröße und ihr Wert. In der Ausgangslösung entspricht er den fixen Kosten. In der Kopfspalte stehen die Basisvariablen. Es sind anfangs die Schlupfvariablen, daneben ihre anfangs positiven Beträge. In der Matrix neben den Schlupfvariablen stehen die Koeffizienten aus dem Gleichungssystem.

Systematische Austauschschritte passen sukzessive die Planmengen der beiden Produkte an. Dazu wird in jedem Austauschschritt (Iteration) jeweils eine Variable der Kopfzeile gegen eine aus der Kopfspalte getauscht und die Mengen- und Bewertungskoeffizienten neu berechnet. Die Spalte der auszutauschenden Variable heißt Pivotspalte j^*, die Zeile der auszutauschenden Basisvariable heißt Pivotzeile i^*. Pivotspalte und Pivotzeile sind grau unterlegt. Sie schneiden sich im Pivot-Element mit dem Koeffizienten $c_{i^* j^*}$.

Programmplanung als Beispiel sachlicher Plankoordination (III)

e) formale Lösung mit dem Simplex-Verfahren

	Ausgangstableau			Tableau nach der 1. Iteration			Endtableau (nach der 2. Iteration)		
	Lösung	x_1	x_2		Lösung	s_3	x_2		Lösung	s_3	s_1
G	-15.000	-60	-46	**G**	15.000	12	-10	**G**	17.500	7,00	8,33
s_1	1.800	3	3	s_1	300	-3/5	6/5	x_2	250	-1/2	5/6
s_2	1.500	2	3	s_2	500	-2/5	9/5	s_2	50	1/2	-2/3
s_3	2.500	5	3	x_1	500	1/5	3/5	x_1	350	1/2	-1/2
s_4	550	1	0	s_4	50	-1/5	-3/5	s_4	200	-1/2	1/2
s_5	400	0	1	s_5	400	0	1	s_5	150	1/2	-5/6

Abb. 29: Formale Lösung im Beispiel sachlicher Plankoordination

Für die Neuberechnung der Mengen- und Wertkoeffizienten c_{ij}^{neu} aus den Koeffizienten c_{ij} des derzeitigen Tableaus im Schnittpunkt der Zeilen i und der Spalten j gelten die Regeln:

– für die Neuberechnung des Wertes des Pivotelements :

$$c_{i^*j^*}^{neu} = \frac{1}{c_{i^*j^*}}$$

– für die Neuberechnung der übrigen Werte der Pivotspalte j* (i ≠ i*):

$$c_{ij^*}^{neu} = -\frac{c_{ij^*}}{c_{i^*j^*}}$$

– für die Neuberechnung der übrigen Werte der Pivotzeile i* (j ≠ j*):

$$c_{i^*j}^{neu} = \frac{c_{i^*j}}{c_{i^*j^*}}$$

– für die Neuberechnung des Zielwertes und der übrigen Koeffizienten des Tableaus $((i \neq i^*) \cap (j \neq j^*))$:

$$c_{ij}^{neu} = c_{ij} - \frac{c_{i^*j} \cdot c_{ij^*}}{c_{i^*j^*}}.$$

Im Beispiel wird in der ersten Iteration wegen des höheren Deckungsbeitrags Produkt 1 in den Plan aufgenommen. Seine Menge kann auf 500 Stk. gesetzt werden. Höhere Mengen verhindert der knappe Rohstoff. Daher werden in der ersten Iteration die Variablen x_1 und s_3 getauscht. Dies führt zum Tableau nach der ersten Iteration. Die Menge x_1 erhält einen positiven Wert (hier 500), die freie Kapazität s_3 wird null. Der Dualwert für die freie Rohstoffkapazität wird gemäß den obigen Regeln zu -60/(-5) = 12 berechnet, die übrigen Dualwerte, Mengen und Koeffizienten entsprechend. Der Gewinn bei Fertigung von 500 Stück von Produkt 1 berechnet sich zu 500 Stk. · 60 €/Stk. – 15.000 € = 15.000 €. Er kann auch dem ersten Tableau entnommen werden.

Der negative Dualwert von -10 für Produkt 2 in diesem Tableau zeigt, dass eine Fertigung von Produkt 2 vorteilhaft ist und dafür die verbleibenden freien Kapazitäten sowie, falls nötig, die Menge von Produkt 1 verringert werden sollte. Die Menge von Produkt 2 wird durch die Anlagenkapazität begrenzt. Daher steht in deren Zeile das Pivotelement. Die nötigen Wert-

und Mengenberechnungen erfolgen in der zweiten Iteration. Da alle Dualwerte nach dieser Iteration positiv sind, ist dies bereits das optimale Endtableau mit der aus dem grafischen Modell bekannten Mengenlösung. Im Unterschied zum grafischen Modell lässt sich der formale Ansatz auf Probleme mit mehr als zwei Variablen anwenden. Aus der Literatur sind Modelle mit mehreren hundert Restriktionen und mehreren tausend Variablen bekannt (vgl. Neumann/Morlock 2002, S. 11 ff.).

Programmplanung als Beispiel sachlicher Plankoordination (IV)

f) Ergebnis und Sensitivitätsanalyse

Die Werte in der Lösungsspalte des Endtableaus geben den optimalen Produktionsplan und die freien Kapazitäten an. Der zugehörige Erfolg wird wie folgt berechnet:

	Planmenge	Plan-Deckungsbeitrag	Gesamtwerte
Produkt 1	350 Stk.	60 €/Stk.	21.000 €
Produkt 2	250 Stk.	46 €/Stk.	11.500 €
- fixe Kosten			- 15.000 €
Plangewinn			17.500 €

Anlage A und Rohstoff C sind ausgelastet. Personal B hat noch 50 Std. freie Kapazität. Es sind weitere 200 Stück von Produkt 1 und 150 Stück von Produkt 2 absetzbar, doch fehlen dafür die Fertigungskapazität und Rohstoffe.

Die Dualwerte in der Lösungszeile zeigen, dass – innerhalb des Stabilitätsbereichs der Lösung – eine Senkung der Fertigungszeit auf Anlage A den Gewinn um 8,33 €/Std. senkt; bei einer Verringerung der verfügbaren Rohstoffmenge C sinkt der Gewinn um 7,00 €/kg. Eine Kapazitätserhöhung steigert den Gewinn entsprechend. Die ursprünglich geplante Personalkapazität könnte ohne Mengeneinbußen um 50 Std. sinken.

Die Zeilen zu den Variablen x_1 und x_2 zeigen, dass sofern das jeweils andere Produkt seinen Planpreis erzielt, der Produktionsprogrammplan vorteilhaft ist für Preise von

- Produkt 1 zwischen $150 - \dfrac{7,00}{0,5} = 136,00$ € und $150 + \dfrac{8,33}{0,5} = 166,66$ €

- Produkt 2 zwischen $126 - \dfrac{8,33}{5/6} = 116,00$ € und $126 + \dfrac{7,00}{0,5} = 140,00$ €.

Für höhere Preisänderungen oder entsprechende Änderungen der variablen Kosten ist das Produktionsprogramm neu zu planen.

Abb. 30: Sensitivitätsanalyse im Beispiel sachlicher Plankoordination

Die Lösungszeile der Optimallösung enthält die Dualwerte der Variablen. Für die Variablen der Basislösung sind die Dualwerte null. Für die übrigen, die Nichtbasisvariablen, sind sie positiv. Sie werden als Summe der mit den Optimallösungskoeffizienten multiplizierten Zielbeiträge berechnet. Die Bedeutung der Dualwerte liegt in ihrer Interpretation als Opportunitätskosten einer Einheit eines Produkts oder Ressource. Sie geben an, wie der Gewinn sinkt, wenn der zugehörige Variablenwert um eins steigt. Beispielsweise gibt der Dualwert von 7 unter der Schlupfvariable s_3 an, dass der Gewinn um 7 € sinkt, wenn ein Kilo Rohstoff für andere Produkte freigehalten werden soll. Die gleiche Wirkung ergibt sich, wenn ein Kilo Rohstoff weniger beschafft werden kann und somit aus diesem Grund die verwendbare Rohstoffmenge um ein Kilogramm sinkt.

Ähnlich wie die relativen Zielbeiträge im Ein-Engpass-Problem informieren die Dualwerte unter anderem darüber,

– welchen Deckungsbeitrag ein Zusatzauftrag für eine knappe Ressourceneinheit liefern muss, um ein bis dahin eingeplantes Produkt zu verdrängen, oder
– welche zusätzlichen Deckungsbeiträge mit zusätzlichen Ressourcen erwirtschaftet werden können – und welche Preisgrenze daher für die Investition in zusätzliche Ressourcen angemessen ist.

Ein auf den ersten Blick überraschendes Ergebnis der linearen Planungsrechnung ist, dass in der optimalen Lösung freie Absatzkapazitäten auftreten: das Unternehmen könnte zum unterstellten Preis größere Stückzahlen der Produkte absetzen, als die berechnete Lösung dies vorsieht. Da es diese möglichen Stückzahlen jedoch mangels Ressourcen nicht herstellen kann, gilt für die unterstellte Ressourcenlage die Mengenplanung des Optimaltableaus und es bleibt bei den nicht ausgeschöpften Absatzmöglichkeiten. Einen Ausweg bietet die Investition in höhere Anlagen- oder Rohstoffkapazitäten.

Im Anschluss an die optimale Lösung kann die sogenannte postoptimale Sensitivitätsanalyse wie im Fall mit einem Engpass weitere Informationen zur Planungssituation liefern (vgl. Troßmann/Baumeister/Werkmeister 2008, S. 113 ff.). Mit partiellen Variationen der Eingangsgrößen kann untersucht werden, wie stark die Produktionsmengen, Preise, variable Kosten oder die Ressourcenbegrenzungen schwanken können, so dass die bisherigen Lösungsmengen dennoch optimal bleiben.

So ergeben sich als Preisgrenzen für Zusatzaufträge

– von Produkten j, deren Plan-Absatzhöchstmenge ausgeschöpft ist (Dualwert der Produktvariable $DW_{xj} = 0$; Dualwert der Absatzschlupfvariable $DW_{sj} \geq 0$):

bei retrograder Berechnung ausgehend von den bisherigen Planpreisen:

$$PG_j = p_j - DW_{sj}$$

bei progressiver Berechnung ausgehend von den variablen Kosten:

$$PG_j = k_j^v + \sum_i DW_i \cdot a_{ij}$$

mit den Dualwerten DW_i und den Koeffizienten a_{ij} der übrigen Restriktionen i. Für Preise oberhalb PG_j ändert sich durch Zusatzaufträge die optimale Mengenlösung.

Für eine Abweichung Δd_j vom Planpreis (Plan-db) des Produktes j gilt: bei Produkten j, die hergestellt werden, deren Plan-Absatzhöchstmenge jedoch nicht ausgeschöpft ist ($0 < x_j < h_j$; Dualwert der Produktvariable $DW_{xj} = 0$; Dualwert der Absatzschlupfvariable $DW_{sj} = 0$), bleibt die bisherige Mengenlösung optimal, wenn die Preisabweichung innerhalb des folgenden Intervalls bleibt:

$$\max_i \left\{ \delta \,\middle|\, DW_i + a_{ij} \cdot \delta \geq 0; a_{ij} > 0 \right\} \leq \Delta d_j \leq \min_i \left\{ \delta \,\middle|\, DW_i + a_{ij} \cdot \delta \geq 0; a_{ij} < 0 \right\}.$$

Produkte, die nach der bisherigen Mengenlösung nicht hergestellt werden (Dualwert der Produktvariable $DW_{xj} \geq 0$; Dualwert der Absatzschlupfvariable $DW_{sj} = 0$), werden hergestellt ab der Preisgrenze $PG_j = p_j + DW_{xj}$. Bei abweichender Mengen b_i von Kapazitäten i, die nicht ausgeschöpft sind, gilt $DW_{si} = 0$ und der Zielwert ändert sich nicht. Bei abweichenden Mengen ausgeschöpfter Kapazitäten gilt $DW_{si} \geq 0$ und der Zielwert ändert sich um DW_{si}.

Diese Ergebnisse der **Sensitivitätsanalyse** erlauben die Abgrenzung des betrachteten Planungsproblems gegenüber anderen Problemen und seine Abstimmung mit diesen. Sie gelten unmittelbar lediglich im Stabilitätsbereich der Lösungsmengen, der durch die erwähnten Schwankungsbereiche abgegrenzt wird, und für Änderungen jeweils einer Eingangsgröße. Für größere oder gemeinsame Änderungen der Eingangsgrößen ist das Modell in der Regel neu zu formulieren und zu lösen.

Selbstverständlich sind das lineare Planungsmodell, seine Optimallösung und deren Eigenschaften das Ergebnis verschiedener Vereinfachungen. Zu diesen Vereinfachungen gehören in diesem Grundmodell unter anderem

– die Annahme linearer Problemstrukturen,
– die Beschränkung auf Programmalternativen ohne Fixkostensprünge und
– die Annahmen bekannter und verlässlicher Eingangsdaten.

Die Annahme linearer Problemstrukturen ist erfüllt, wenn konstante Werte für die variablen Stückkosten, Preise und Produktionskoeffizienten vorliegen. Dies ist für viele abgegrenzte Planungsprobleme durchaus der Fall (vgl. Schweitzer/Küpper 2008, S. 176 ff.). Soweit jedoch mengenabhängige Preise, Kosten oder Produktionskoeffizienten von Bedeutung sind, sei es durch Mengenrabatte oder Lerneffekte, wäre das Modell daher entsprechend anzupassen. Dies kann die Stabilitätseigenschaften der Lösung beeinträchtigen, es könnte sie durch solche Wechselwirkungen oder Pfadabhängigkeiten aber auch erhöhen (vgl. Werkmeister 2000; Adam 2001).

Die Beschränkung auf Programmalternativen ohne Fixkostensprünge bedeutet, dass im Grundmodell beispielsweise sprungfixe Kosten durch den Einsatz zusätzlicher Maschinen, Hallen, Mitarbeiter oder ähnlichem mehr nicht explizit modelliert werden. Ebenso wenig werden produktartfixe Kosten einbezogen, die etwa speziell für die Entwicklung und Einrichtung einer Variante (Produktart) anfallen, so dass der vollständige Wegfall bestimmter Kosten bei der Produktionsmenge null für eine Produktart nicht abgebildet wird. Soweit solche Effekte doch von Bedeutung sind, ist das Modell entweder mehrfach in entsprechend angepasster Form zu analysieren oder es ist von vornherein auf eine aufwändigere Modellstruktur überzugehen, beispielsweise auf ein gemischt-ganzzahliges Modell. Solche Modelle gibt es in verschiedenen Varianten (vgl. Küpper 2008, S. 135 ff.; Neumann/Morlock 1993, S. 380 ff.), doch sind sie schwieriger lösbar als lineare Modelle.

Das vorliegende lineare Planungsmodell ist für bekannte und verlässliche Eingangsdaten prädestiniert, wie sie die Kosten- und Absatzplanung am ehesten für kurzfristige und überschaubare Sachverhalte liefern. Dennoch könnten einerseits die unsichere Umwelt, andererseits die Abhängigkeit von Informationslieferanten, die mit ihrer Informationsbereitstellung eigene Interessen verfolgen, Probleme aufwerfen. Eine Absicherung gegen Umweltschwankungen bietet wieder ein großer Stabilitätsbereich der Lösung oder ihre explizite Berücksichtigung, etwa in Ansätzen des Stochastic Programming (vgl. Wets 1983). Andernfalls sind geeignete Absicherungsmaßnahmen zu suchen. Opportunistisches Verhalten der Informationslieferanten ist ein allgemeines Planungsproblem, das teils durch Anreizsysteme und Kontrollen (vgl. Kapitel B I), hier auch durch die Konkurrenz der Produktarten (nach dem ‚divide et impera‘-Prinzip) zu steuern ist.

Die Entwicklung von Planungsmodellen für unterschiedliche Problemsituationen ist Gegenstand der Unternehmensforschung (bzw. des Operations Research). Dieser Zweig der Betriebswirtschaftslehre sucht formale Algorithmen mit optimaler oder Heuristiken mit einer guten Lösung für ein bestimmtes Problem. Die Qualität der Lösungen hängt unter anderem davon ab, inwieweit das Modell dem vorliegenden Problem entspricht. Unabhängig vom konkreten Ergebnis und vom verwendeten Lösungsalgorithmus verdeutlicht das Beispiel allgemeine Aspekte der sachlichen Plankoordination:

Das Grundmodell der linearen Planungsrechnung oder die skizzierten Varianten davon führen zu einem Mengenplan, der innerhalb seines Stabilitätsbereiches optimal ist. Dort sind zudem die Ergebniswirkungen von abweichenden Ist- bzw. Wird-Werten der Eingangsgrößen auf einfache Weise abzuschätzen. Diese Prognosewirkung unterstreicht die Bedeutung des Stabilitätsbereichs. Zudem vereinfacht der Stabilitätsbereich die Planungsorganisation: Abweichungen der Eingangsgrößen, die innerhalb des jeweiligen Stabilitätsbereichs bleiben, ändern zwar den Erfolg, nicht jedoch die Planmengen. Solange der Erfolg nicht unter etwaige kritische Größen fällt, die das Planungsmodell insgesamt in Frage stellen, braucht die Planumsetzung Änderungen der Eingangsgrößen nicht weiter zu berücksichtigen. Dies vereinfacht die Abstimmung mit Plänen, die an die Produktionsprogrammplanung anknüpfen, also etwa die Beschaffungs-, Logistikplanung oder die Arbeitsplanung. Sie können unabhängig von Preis- oder Kostenänderungen gegenüber der Optimallösung beibehalten werden, solange diese Abweichungen innerhalb des Stabilitätsbereichs der Optimallösung bleiben und damit lediglich den Gewinn, nicht aber die optimale Mengenlösung beeinträchtigen. Zudem liefern die Intervallgrenzen für die optimalen Preise Anhaltspunkte für die Preispolitik, die freien bzw. voll ausgelasteten Kapazitäten entsprechend für die Investitionspolitik. Dies entzerrt die Planungsprobleme.

Diese Ergebnisse folgen hier aus einem linearen Planungsmodell, das mit einem Standardalgorithmus wichtige Problemaspekte simultan berücksichtigt. Sie sind jedoch in weniger formaler, doch nichtsdestotrotz wirksamer Weise auch als Ergebnis von Verhandlungen zwischen dezentral entscheidenden Verantwortlichen für die zu koordinierenden Bereiche denkbar. Ob eine zentrale oder eher eine dezentrale Planung vorzuziehen ist, kann unter anderem anhand der Transaktionskosten analysiert werden (vgl. Kapitel B I 2) Die Identifikation kritischer Größen und ihre Festlegung als Vorgabe für daran anknüpfende Planungen ist unabhängig vom verwendeten Mechanismus eine wesentliche Aufgabe der betrieblichen Planung.

d. Die Koordination zeitlicher Interdependenzen in der rollenden Planung

Pläne bilden zukünftige Entwicklungen ab. Sie tun dies in vielfältiger zeitlicher Differenzierung. Einerseits reichen sie unterschiedlich weit in die Zukunft, andererseits unterteilen sie die Zukunft in unterschiedlich große Zeiträume. So gibt es Betriebe, deren Planungen lediglich das nächste Jahr oder weniger abdecken, sei es weil sie lediglich für einen befristeten Zweck angelegt sind oder weil sie längere Planungen für unnötig und zu aufwändig halten. Andere Betriebe hingegen planen für die nächsten drei Jahre, fünf Jahre oder durchaus noch fernere Planungshorizonte. Innerhalb dieses Planungshorizontes werden regelmäßig kürzerfristige Planungen angelegt, insbesondere Monats-, Quartals-, Halbjahres- oder Jahresplanungen, eher saisonal ausgerichtete Planungen, etwa für das Frühjahrs-, Herbst- oder Weihnachtsgeschäft, oder auf bestimmte Termine, beispielsweise größere Messen ausgerichtete Planungen. Eher für einzelne Funktionen wird in noch kürzeren Perioden geplant. Beispiele hierfür liefern eine wöchentliche Arbeitsplanung im Industriebetrieb oder die tägliche Liquiditäts- und Risikoplanung in Finanzinstituten.

Der Zeitraum bis zum Planungshorizont wird im Allgemeinen in mehrere Einzelperioden mit aneinander gereihten Teilplänen untergliedert. Sofern für den Gesamtzeitraum ebenfalls ein

Plan aufgestellt wird, spricht man von einer Schachtelung der Pläne. Sowohl bei lediglich aneinander gereihten Plänen als auch bei einem geschachtelten System sind starre Planvorgaben für alle Perioden möglich, die verbindlich und unabhängig von der Umweltentwicklung sind. Auf ihre Nachteile wurde bereits hingewiesen. Einen heuristischen Ansatz zur Aktualisierung der Planung liefert die Gegenüberstellung der ursprünglichen Planwerte mit Prognosen (Forecasts), die bereits neuere Ist-Werte oder zusätzliche Informationen enthalten. Dabei bleibt die Art der Reaktion auf Abweichungen zwischen Planwerten und Forecasts offen.

Einen systematischen Ansatz zur Aktualisierung der Planung liefert die rollende Planung. Sie legt bei unsicheren künftigen Entwicklungen den Schwerpunkt auf die abgestufte Plananpassung. In mehrstufigen Planungssystemen mit mindestens zwei Planungsebenen, die

- unterschiedlich detailliert arbeiten (Grob- und Detailplanung) und
- nach dem Prinzip der Schachtelung verknüpft sind,

sieht eine rollende Planung für jede Stufe mehrere zeitliche Teilplanungen vor,

- die sich weit überlappen und
- in eigenen Rhythmen fortgeschrieben werden

und damit starre Vorabfestlegungen vermeiden (vgl. Troßmann 1992, S. 126).

Dies ermöglicht ein anpassungsfähiges System zusammenhängender Teilplanungen. Ihr Zusammenhang wird einerseits sichergestellt durch das Prinzip der Schachtelung, nach dem die übergeordnete Planung die untergeordnete zeitlich einschließt – im Gegensatz etwa zur einfachen Reihung von Teilplänen unterschiedlicher Dauer oder auch Detailliertheit. Andererseits sichert die weitreichende Überlappung der Teilplanungen einen engen Planzusammenhang. Der Anpassungsfähigkeit dient die Unterscheidung mehrerer Planungsebenen mit eigenen Regeln für die Anpassung der Pläne. Als Beispiel dient der Fall einer jährlichen Grobplanung für vier Jahre und einer Detailplanung für jeweils vier Quartale. In einer Ausgestaltung als rollende Planung werden Jahres- und Quartalspläne in eigenen Rhythmen aktualisiert: Jedes Quartal werden die vier Quartalspläne aktualisiert. Die Jahresplanung hingegen findet nur jährlich statt. Sie aktualisiert in diesem Beispiel die drei verbleibenden Jahrespläne für die Jahre 2 bis 4 und hängt einen neuen Jahresplan für das neue Jahr 5 an.

Ein Problem wirft die Abstimmung der Quartals- und der Jahrespläne auf. Zum Jahresende werden Quartalspläne für das anstehende Jahr und Jahrespläne für den Zeitraum der Grobplanung neu aufgestellt. Sie sollten daher in sich schlüssig sein. Im Laufe des Jahres ergeben sich jedoch neue Informationen, etwa die Ist-Ergebnisse der abgelaufenen Quartale oder aktuellere Prognosen, die von den ursprünglichen Planprämissen abweichen. Je stärker aktuelle Informationen in die Überarbeitung der Quartalspläne eingehen, desto stärker weichen sie vom ursprünglichen Jahresplan ab. So kann sich beispielsweise bei der Planung für das vierte Quartal bereits abzeichnen, dass die Jahrespläne für das laufende und das Folgejahr unrealistisch scheinen. Bei solchen Abweichungen ist zu prüfen und in einem Konzept der rollenden Planung festzulegen, inwieweit die Planaktualisierung für das vierte Quartal neue Informationen berücksichtigt und damit bewusst vom ursprünglichen Jahresplan abweicht, und inwieweit sie den ursprünglichen Planungsgrundlagen für das laufende Jahr vertraut.

Die rollende Planung mit ihrer differenziert geregelten Plananpassung für einzelne Planungsstufen gilt als Anpassungsform mittlerer Komplexität. Sie steht zwischen einer einfachen Aktualisierung der Planung für die laufende Periode (bspw. durch quartalsweise Forecasts des Jahresergebnisses) und einer aufwändigen revolvierenden Planung, in der gemäß dem Planungsrhythmus nicht nur die laufende Planung aktualisiert, sondern auch um neue Planperioden ergänzt wird – und dies mit einer ausgeprägten Herleitung nachgeordneter aus übergeordneten Plänen (vgl. Wild 1982, S. 176 ff.; Friedl 2003, S. 204 ff.). Alle diese Varianten versuchen, durch geschickte Kombination der zwei Prinzipien der Plananpassung und der Planantizipation die Nachteile der starren Planung in einer schwankenden Umwelt zu vermeiden. In der rollenden Planung geschieht dies auf besonders charakteristische Weise.

3. Die flexible Koordination von Handlungsoptionen und Risiken

a. Methoden der flexiblen Planung im Überblick

Flexibilität der Planung bedeutet, dass charakteristische Umweltentwicklungen antizipiert werden und spezifische Planvorgaben für jede betrachtete Entwicklung der Einflussgrößen festgelegt werden (vgl. Laux 1971). Dieses Prinzip der flexiblen Planung steckt im einperiodigen Fall hinter einer flexiblen Plankostenrechnung, die mit einer Kostenfunktion für jede relevante Beschäftigung eine Kostenvorgabe, die Sollkosten, bestimmt. In mehrperiodigen Problemen hängen die Umweltentwicklungen, Handlungsmöglichkeiten und Ergebnisse nachfolgender Perioden von den Entscheidungen und Umweltentwicklungen vorangegangener Perioden ab. Anstehende Entscheidungen eröffnen oder verbauen zukünftige Handlungsoptionen. Dies soll in flexiblen Planungen berücksichtigt werden. Methodisch können diese Zusammenhänge auf unterschiedliche Weise erfasst werden. Abb. 31 unterscheidet diese Zusammenhänge nach der Anzahl der berücksichtigten Handlungsoptionen und Umweltzustände.

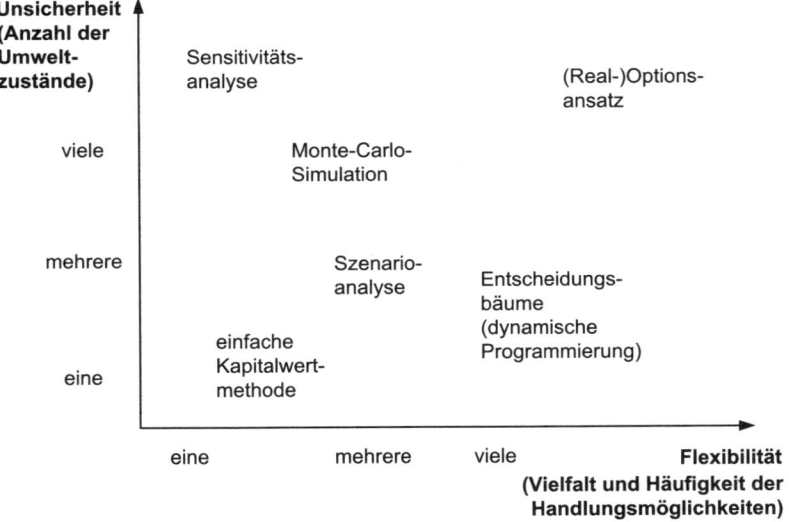

Abb. 31: Ansätze zur Berücksichtigung flexibler Handlungsoptionen

Während die klassische Kapitalwertmethode und ihre Varianten in Form von Sensitivitätsanalysen (vgl. III 2 c), Szenarioanalysen und Monte-Carlo-Simulationen (vgl. Troßmann 1998, S. 313 ff.) eher zur Analyse einer oder – bei Mehrfachanwendung – weniger Handlungsoptionen im Zeitablauf ausgelegt sind, sind viele Handlungsoptionen ein zentrales Element von Entscheidungsbäumen und Realoptionsbewertungen. Diese beiden Verfahren werden daher im Folgenden erläutert.

b. Strukturierung von Handlungsoptionen und Handlungsbedarf

Zur Steuerung einer Vielzahl von Handlungsalternativen und Umweltzuständen ist deren Strukturierung zweckmäßig. Als Merkmale der Strukturierung kommen sehr unterschiedliche Kriterien in Frage: Nach dem (monetären) Umfang der Alternativen klassifizieren beispielsweise ABC-Analysen die Lieferanten, Artikel, Kunden oder andere Entscheidungsobjekte, um ihnen dann bestimmte Vorgehensweisen zuzuordnen (vgl. S. 158). Andere Klassifizierungsansätze orientieren sich an technischen Merkmalen, am Neuigkeitsgrad der Produkte oder an Markteigenschaften (z. B. die Marktanteils-Marktwachstums-Portfolios; vgl. Kapitel C II).

Zur Strukturierung von Handlungsalternativen oder Umweltzuständen hinsichtlich der Wahrscheinlichkeit und des Ausmaßes ihrer Ergebnisse werden vielfach Risk Maps vorgeschlagen. Abb. 32 zeigt ein Beispiel.

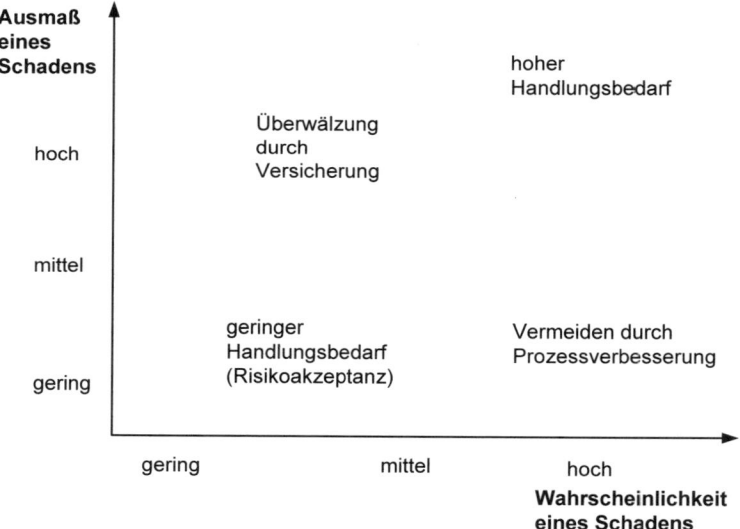

Abb. 32: *Strukturierung unerwünschter Handlungsfolgen und möglicher Handlungsoptionen)mit Hilfe einer Risk Map*

Mit Risk Maps können vor allem Fälle gut positioniert werden, in denen ein (von der Norm negativ abweichendes und dann als Schaden betrachtetes) Ergebnis mit einer bestimmten Wahrscheinlichkeit eintritt, während ansonsten der Normalfall herrscht. Schwieriger sind Maßnahmen zu positionieren, die mit großer Wahrscheinlichkeit zu kleinen Problemen, mit kleiner Wahrscheinlichkeit aber zu sehr großen Problemen führen. Da mit vielen kleinen Problemen anders umzugehen ist als mit wenigen großen, setzt die Verwendung einer Risk Map die Identifizierung der jeweiligen Ursachen voraus. Vielfach werden den Positionen in der Risk Map nicht nur Handlungsbedarf, sondern auch bestimmte Strategien des Risikomanagements zugeordnet. Zu ihnen gehören die Vermeidung oder Reduzierung von Risiken, die

Reduktion von Wahrscheinlichkeit oder Ausmaß des Schadens durch organisatorische oder technische Maßnahmen oder durch Versicherungen sowie die Akzeptanz eines möglichen Risikos bzw. im Falle seiner Realisation des entsprechenden Schadens.

c. Entscheidungsbäume als differenziertes Analyseinstrument

Entscheidungsbäume zeichnen sich dadurch aus, dass sie eine überschaubare Vielfalt zukünftiger Entwicklungen auf grafische Weise darstellen und anschließend rechnerisch lösen. Daher dient die Planstrukturierung mit Entscheidungsbäumen und ihre Analyse mit Hilfe der dynamischen Programmierung typischerweise für Probleme der flexiblen Planung,

– bei denen in wechselnder Abfolge eigene Entscheidungen und Umweltreaktionen zu analysieren sind und

– bei denen die Folgeentscheidungen in unterschiedlicher Weise von vorangegangenen Entscheidungen und Umweltentwicklungen abhängen.

Zur grafischen Darstellung der Handlungsoptionen) dienen Entscheidungsknoten, Umweltknoten und die Verbindungskanten zwischen ihnen. Als Ausgangspunkt der Darstellung dient ein Entscheidungsknoten, an den für jede Alternative eine Kante angehängt wird, die zum Umweltknoten für diese Alternative führt. An diesem Umweltknoten hängen die Kanten für die verschiedenen Umweltentwicklungen, die für diese Alternative relevant sind, und wiederum die Knoten für die Folgeentscheidungen, soweit diese explizit abgebildet werden. Dies führt zur charakteristischen Baumstruktur mit mehreren Knoten und Ästen (vgl. Abb. 33). Ein Ast endet, wenn für einen Umweltzustand keine weiteren Folgeentscheidungen unterschieden werden. Die Zielwirkungen einer Alternative sind teilweise unabhängig von der Umweltentwicklung und werden dann der jeweiligen Alternativenkante zugeordnet, teilweise sind sie umweltzustandsabhängig und gehen dann in den zugehörigen Endknoten ein.

Es hat sich eingebürgert, in der grafischen Darstellung für Entscheidungsknoten Quadrate, für Zustandsknoten Kreise und für nicht weiter differenzierte Primärergebnisse Dreiecke zu verwenden (vgl. z. B. Troßmann 1998, S. 378). Die Feinheit der Verästelung kann von Ast zu Ast verschieden ausfallen. Es scheint sinnvoll, für Umweltsituationen mit höherer Eintrittswahrscheinlichkeit eher detaillierte Pläne aufzustellen. Andererseits sind gerade für Notfallsituationen trotz ihrer geringen Wahrscheinlichkeit umfangreiche Krisenpläne zum Arbeits-, Brand- oder Katastrophenschutz vorgeschrieben. Auch das Ausmaß möglicher Konsequenzen wird bei der Gestaltung der Planung zu berücksichtigen sein.

Für die einzelnen Alternativen können unterschiedliche Umweltentwicklungen relevant sein, da sie auf unterschiedliche Weise in den Markt eingreifen. Dies gilt bei mehrperiodigen Projekten regelmäßig auch für die Zinssätze, mit denen spätere Zahlungswirkungen der Projektalternativen abzuzinsen sind. Abb. 33 zeigt ein Beispiel für diese differenzierte Form der Problemdarstellung in einem Entscheidungsbaum, der sich von links nach rechts zunehmend weiter verästelt.

Das Beispiel von Abb. 33 untersucht alternative Internationalisierungsstrategien (A1: Joint Venture, A2: Direktinvestition, A3: Export), mit denen ein bislang exportierendes Unternehmen einen Auslandsmarkt bearbeiten kann (vgl. Kapitel D II). Als Zielgröße dienen die Einnahmenüberschüsse bzw. ihr Kapitalwert. Ergänzend finden sich vielfach auch nichtmonetäre Größen wie Produktionszahlen, Qualitätsgrößen oder ähnliches. Die Alternativen führen zu unterschiedlichen Einnahmenüberschüssen, die teils von der Marktentwicklung und Folgeentscheidungen abhängen (A1 und A2), teilweise auch unabhängig davon prognostiziert werden (etwa für Alternative 3: Export wie bisher). Ebenso sind die für die Abzinsung der mehrperiodigen Einnahmenüberschüsse wichtigen Zinssätze entscheidungs- und umweltabhängig (vgl. Kapitel D II 4 d). Alternative A2 bietet weitere Entscheidungsoptionen nach einem Jahr. Für A1 oder A3 sind sie entsprechend vorstellbar, da der Entscheidungsträger bei Entscheidung für ein weiteres Jahr Export (A3) nach einem Jahr grundsätzlich vor einer ähnlichen Entscheidung steht wie jetzt, doch sind sie nicht explizit abgebildet.

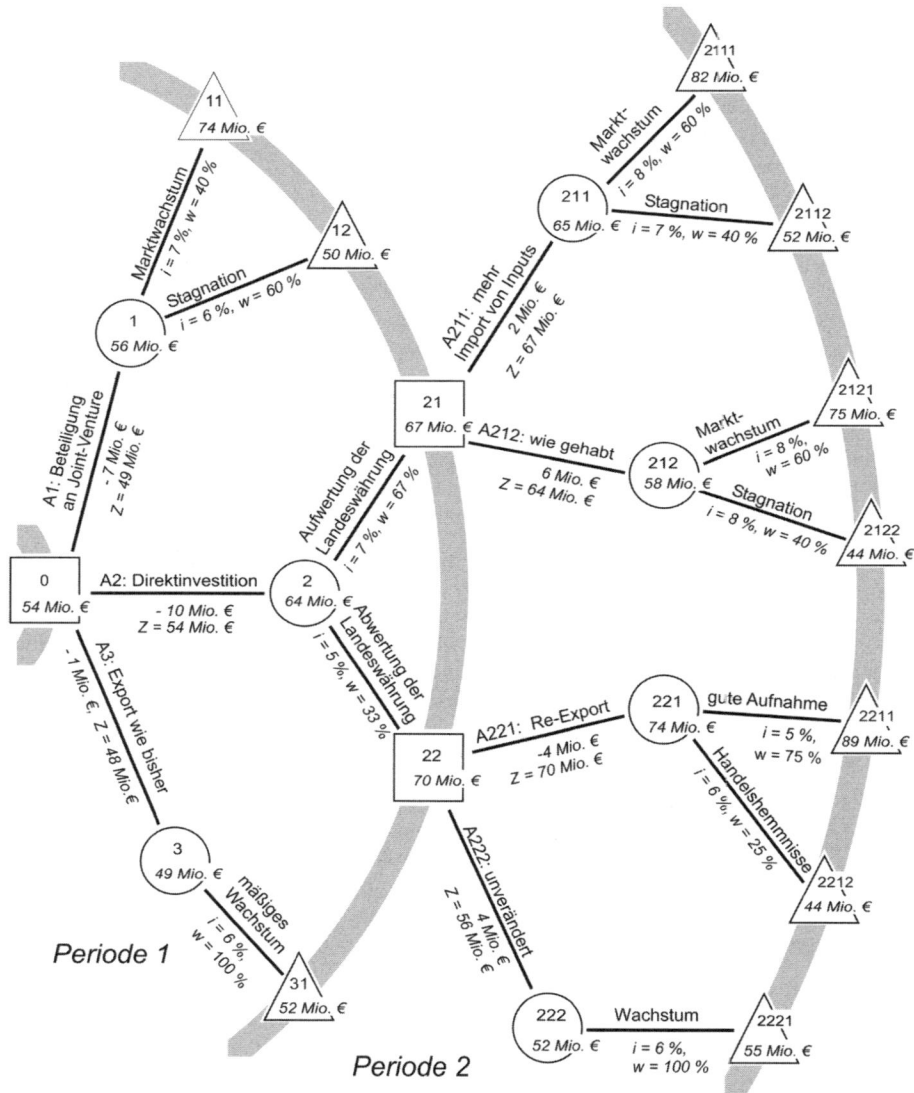

Abb. 33: Beispiel eines Entscheidungsbaums

Mit den drei Entscheidungsalternativen, den jeweils relevanten Umweltzuständen, den gegebenenfalls anschließenden Folgealternativen sowie deren eigenen Umweltentwicklungsmöglichkeiten ist das Problem bereits in hohem Maße vorstrukturiert. Doch enthält Abb. 33 weitere Informationen. Dies sind zum einen die spezifischen Ausgaben und Einnahmen für jede Alternative innerhalb des Planungshorizontes. Die Beteiligung am Joint Venture (Alternative A1) kostet sofort 7 Mio. €. Zum anderen enthält Abb. 33 die Kapitalwerte, die für jede Alternative und jeden Umweltzustand am Ende ihres jeweiligen Planungshorizontes prognostiziert werden. Beispielsweise wird für die Situation 11, d. h. bei Beteiligung am Joint Venture und wachsendem Markt ein Kapitalwert von 74 Mio. € zum Ende von Jahr 1 geplant. Für diese Alternative und Umweltentwicklung gilt zudem ein Kalkulationszinssatz von 7 %, ihre Wahrscheinlichkeit ist 40 %. Entsprechende Angaben sind für alle Alternativen und Umweltentwicklungen zusammengestellt. Sie sind für die Entscheidungsfindung zu bewerten.

Zur Bestimmung des optimalen Plans wird der Entscheidungsbaum retrograd in folgenden Schritten abgearbeitet:

(0) Ausgangspunkt sind die unter Umständen unsicheren Ergebnisse zum Ende der letzten Planungsstufe bzw. -periode. Sie sind in den Dreiecken des Beispiels von Abb. 33 notiert.

(1) Für jeden Zustandsknoten dieser Planungsstufe wird mit einer passenden Bewertungsregel der Wert dieser mit den einschlägigen Kalkulationszinssätzen diskontierten Ergebnisse berechnet. Dies sind die Knoten 211, 212, 221 und 222 des Beispiels. Da die Ergebnisse im Beispiel risikobehaftet sind, werden ihre Erwartungswerte angegeben. Dies passt zu risikoneutralen Präferenzen. In Ungewissheitssituationen ohne Wahrscheinlichkeitsinformationen oder bei anderen Risikonutzenkonzepten (wie dem Bernoulli-Konzept) sind entsprechende Bewertungen der Zustandsknoten anzugeben. In solchen Fällen ist die konsistente Aggregation dieser Bewertungen über mehrere Entscheidungsstufen eigens zu prüfen.

(2) Der Zielbeitrag Z der Alternativen wird aus dem Wert am jeweiligen Zustandsknoten zuzüglich bzw. abzüglich etwaiger alternativenabhängiger, doch umweltunabhängiger Beträge berechnet. Dies sind beispielsweise Investitionszahlungen. Sie werden hier jeweils dem Jahresanfang zugeordnet und deshalb nicht abgezinst. Ebenso wird hier der Einfachheit wegen mit den Projektüberschüssen des Jahres verfahren. Sie sind in Abb. 33 zusammen mit den Zielwerten Z an der Kante der Alternative notiert.

Beispielsweise gilt für den erwarteten Kapitalwert der Zahlungsströme der Alternative A211 nach Jahr 2, berechnet auf das Ende des Jahres 2:

$\qquad$ bei Zustand A2111: 82 Mio. €
$\qquad$ bei Zustand A2112: 52 Mio. €

erwarteter Barwert dieser Zahlungsströme zum Ende des Jahres 1:

$\qquad$ 82 Mio. €/1,08 · 60 % = 45,55 Mio. €
$\qquad$ 52 Mio. €/1,07 · 40 % = 19,44 Mio. € 65 Mio. €
$\qquad$ zuzüglich der periodenspezifischen Überschüsse in Jahr 2: 2 Mio. €

Bewertung der Alternative A211 zum Ende von Jahr 1: $\qquad$ 67 Mio. €

(3) Am Entscheidungsknoten wird die beste Alternative gewählt und ihr Zielbeitrag als Wert des Knotens festgesetzt. Dies ist im Knoten 21 des Beispiels der Wert Z211, im Knoten 22 der Wert Z221.

(4) Soweit der Entscheidungsknoten der Anfangsknoten ist, ist das Entscheidungsproblem gelöst. Andernfalls wird das Verfahren mit Schritt 1 fortgesetzt, um die Alternativen auf der vorangehenden Stufe zu vergleichen. Im Beispiel sind es die Alternativen 1, 2 und 3.

Nach der zweiten Rechenrunde landet man beim Grundknoten 0 des Beispiels mit dem Wert Z2 der Alternative 2.

Da der Entscheidungsbaum gerade eine flexible Reaktion auf die Umweltentwicklungen ermöglichen soll, wird er sinnvollerweise um eine Risikoanalyse ergänzt. Sie kann unterschiedlich aufwendig betrieben werden (vgl. Diederichs 2004; Troßmann/Baumeister 2006). Hier ergänzt eine einfache Risikoanalyse in Form der tabellarischen Darstellung von Abb. 34 den Entscheidungsbaum um wichtige Kennzahlen der Projektalternativen.

Abb. 34 enthält ergänzend noch Risikokennzahlen und Einflussgrößen. Zu ihnen gehören:

- der Erwartungswert des Ergebnisses oder der Ergebnisse;
- die Standardabweichung als wichtigste Maßgröße für die Streuung des Ergebnisses, unter Umständen auch die Korrelation mit wichtigen Risikoindikatoren (hier etwa Zins- oder Wechselkursentwicklung, Handelsbarrieren oder Marktwachstum);
- wichtige Einflussgrößen für das Ergebnis und seine Streuung;
- Best-Case- und Worst-Case-Szenarien für besonders günstige und ungünstige Kombinationen der Einflussgrößen-Ausprägungen (Szenario-Technik).

Alternative	A1 Joint Venture	A2 A211/A221 Direktinvestition	A3 Export wie gehabt
Erwartungswert des Kapitalwerts	49,0 Mio. €	53,9 Mio. €	48 Mio. €
Standardabweichung des Kapitalwerts	10,8 Mio. €	14,6 Mio. €	0 Mio. €
Worst-Case-/Best-Case-Kapitalwerte	40,2 Mio. € (A12) 62,2 Mio. € (A11)	25,7 Mio. € (A2212) 66,9 Mio. € (A2211)	48 Mio. €
Verlustwahrschein-lichkeit gegenüber A3	60 %	35 %	0 %
wichtiger Risikofaktor	Marktentwicklung	Wechselkurs	Handelsbarrieren

Abb. 34: Ergänzende Risikoanalyse zum Entscheidungsbaum

In vielen Fällen sind zudem noch Verlust- und Gewinnwahrscheinlichkeiten von Bedeutung. Sie hängen vom verwendeten Rechnungssystem ab. Im vorliegenden Beispiel erzielen alle Alternativen positive Kapitalwerte, so dass vielmehr die Wahrscheinlichkeit eines schlechteren Ergebnisses als in der Nullalternative von Interesse ist. Als Nullalternative eignet sich am ehesten die Beibehaltung der bisherigen Exportstrategie A3. Bei Strategie A2 und den bedingten Folgestrategien A211 bzw. A221 führen die Kantenfolgen 2112 sowie 2122 nach Diskontierung und unter Berücksichtigung der zwischenzeitlichen Zahlungen zu schlechteren Ergebnissen als A3. Die Wahrscheinlichkeit der beiden Umweltzustände ist 67 % · 40 % = 27 % bzw. 33 % · 25 % = 8 %. Die Summe ergibt die Verlustwahrscheinlichkeit von 35 % von A2 gegenüber der Nullalternative A3. Bei Alternative A1 ist die Verlustwahrscheinlichkeit 60 %.

Sofern die Unternehmung nicht stark risikoavers entscheidet, wird als Ergebnis des Beispiels der folgende flexible Plan gewählt: Es wird zunächst die Alternative A2 (Direktinvestition) gewählt. Ihre Ausgestaltung hängt von der Umwelt-, speziell der Wechselkursentwicklung ab. Bei einer Aufwertung tritt die Planalternative A211 in Kraft, bei einer Abwertung A221.

Die Entscheidung für diese Strategie kann noch durch eine Sensitivitätsanalyse abgesichert werden. Dies gilt insbesondere hinsichtlich

- möglicher Schwankungen wichtiger Einflussgrößen: wie stark können Wechselkurs, Zinssätze, Marktwachstum fallen bzw. steigen, so dass immer noch Alternative 2 die beste ist;
- abweichenden Risikopräferenzen: wie stark dürfen schlechte Ergebnisse gewichtet werden, ohne dass Alternative 2 nicht mehr die beste ist.

Mit dieser flexiblen Internationalisierungsstrategie kann das Unternehmen angemessen auf Umweltentwicklungen reagieren und doch wichtigen Partnern, etwa Lieferanten, Kunden oder Financiers, frühzeitig seine voraussichtlichen Handlungen kommunizieren und entsprechende Vereinbarungen abschließen oder gezielte Absicherungsmaßnahmen vorbereiten.

Das Beispiel zeigt ebenfalls, dass mit der Alternativenzahl und der Umweltvielfalt der Informationsbedarf und der Aufwand zur konsistenten Prognose der nötigen Informationen deutlich zunehmen. Um die Anzahl der bedingten Entscheidungen beherrschbar zu halten, bedarf es eines disziplinierten Planungsmanagements, das eine Verzettelung in Einzelaspekten vermeidet und in der Lage ist, das Problem auf wesentliche Alternativen zu beschränken und die kritischen Einflüsse auf deren Vorteilhaftigkeit zu identifizieren. Dies stärkt tendenziell den Einfluss der planungs- und entscheidungsvorbereitenden Stellen, die in einer ausgeprägten Vorabkoordination die umfangreichen Informationen zu sammeln und zu verdichten haben.

4. Realoptionen als Bewertungskonzept für Handlungsalternativen bei Risiko

a. Die Idee von Realoptionen

Mit zunehmender Anzahl von Handlungsalternativen und Umweltentwicklungen steigt der Aufwand zu ihrer differenzierten Berücksichtigung in der flexiblen Planung. Dies begrenzt bei der Verwendung von Entscheidungsbäumen die Anzahl der berücksichtigbaren Alternativen und Umweltzustände und vernachlässigt damit auch die potenziellen Vorteile aus nicht modellierten Handlungsoptionen. Mitunter wird ein Zuschlag auf den Wert der explizit geplanten Handlungsoptionen vorgeschlagen, um die nicht explizit geplanten Optionen zu berücksichtigen (Korrekturverfahren). Doch handelt es sich dabei nur um eine Behelfslösung.

Der Realoptionsansatz lenkt das Augenmerk darauf, dass ein Investor sich mit jedem Handeln bzw. jeder Alternative weitere Alternativen und Folgealternativen eröffnet oder verbaut. Zu diesen Handlungsmöglichkeiten gehören beispielsweise

- die Verschiebung des Projektbeginns, um zusätzliche Informationen abzuwarten (Warte- oder Aufschuboption),
- der Abbruch des Projekts (Abbruchoption),
- die Ausgestaltung des Projekt derart, dass es später erweitert werden kann (Erweiterungs- oder Wachstumsoption),
- im Projekt den Wechsel zwischen verschiedenen Produktionsverfahren oder die zeitweilige Stilllegung einzelner Anlagen vorzusehen (Wechsel- oder Stilllegungsoption).

Unter dem Namen Realoptionen werden daher Bewertungskonzepte vorgeschlagen, die den Wert späterer zusätzlicher Informationen über die Umweltentwicklung und die Reaktionsmöglichkeiten darauf in die Planung integrieren (zu einem Überblick vgl. Baecker/Hommel 2004). Der Name deutet zudem darauf hin, dass für diese Bewertung finanzwirtschaftliche

Optionsmodelle auf Realgüteranwendungen übertragen werden. Doch ist die Idee unabhängig davon und wird zunächst an einem einfachen Beispiel erläutert.

b.   Beurteilung eines Standardprojekts mit unsicheren Rückflüssen

Die Idee des Realoptionsansatzes wird zunächst an einem einfachen Projekt betrachtet, das je nach Entwicklung der Informationen zu künftigen Überschüssen jetzt führt oder später oder gar nicht durchgeführt werden kann (vgl. Dixit/Pindyck 1994, S. 27 ff.). Für dieses Ausgangsbeispiel werden zwei unterschiedliche Bewertungsansätze vorgestellt: die aus der flexiblen Planung vertraute dynamische Planungsrechnung sowie die kapitalmarktorientierte Contingent-Claims-Analyse. Schließlich wird der zunächst periodenorientierte Informations- und Investitionsprozess in einen kontinuierlichen stochastischen Prozess überführt, dessen formale Modellierung und Analyse auf die Gewinnung allgemeiner Aussagen zum Zusammenhang zwischen Risiko und dem Wert von Investitionsoptionen zielt.

Betrachtet wird ein Projekt, das bei einer Anfangsinvestition I von 1.700 € zu einer Reihe von Cash-flows führt. Diese hängen vom Preis P ab. Dieser beträgt in Periode 0 175 € und in den Folgejahren entweder gleich bleibend 250 € (im Zustand u = up) oder gleich bleibend 100 € (im Zustand d = down). Die Höhe P_1 der Rückflüsse ab Jahr 1 ist eine binäre Zufallsvariable, deren Ausprägungen P_1^u bzw. P_1^d mit Wahrscheinlichkeit w bzw. (1 - w) eintreten. Im Beispiel ergeben sich für die beiden möglichen Umweltzustände die Zahlungsreihen von Abb. 35:

Zustand \ Jahr	Wahrschein-lichkeit	Anfangs-ausgabe 0	Projektüberschuss 0	1	2	...	Kapitalwert im Jahr 0 (bei 10 %)
up (P_1 = 250)	50 %	-1.700	175	250	250	...	2.675
down (P_1 = 100)	50 %	-1.700	175	100	100	...	1.175
Erwartungswert		-1.700					1.925

Abb. 35: Beispielprojekt für den Realoptionsansatz

Eine Kapitalwertberechnung ohne Beachtung späterer Handlungsoptionen führt zu folgendem erwarteten Kapitalwert der Projektüberschüsse der möglichen unendlichen Investitionsketten:

$$V_0 = P_0 + w \cdot \sum_{t=1}^{\infty} \frac{P_1^u}{(1+r)^t} + (1-w) \cdot \sum_{t=1}^{\infty} \frac{P_1^d}{(1+r)^t} = (1 + r + w \cdot (u-d) - d) \cdot \frac{1}{r} \cdot P_0$$

Das Projekt ist in dieser Form vorteilhaft, wenn für den Projektwert Ω_0 gilt:

$$\Omega_0 = \max[V_0 - I; 0] \geq 0 \quad \text{bzw.} \quad V_0 \geq I.$$

Für die Beispielwerte ergibt sich bei einem Zinssatz von 10 % ein erwarteter Kapitalwert von 1.925. Nach Abzug der Anfangsinvestition von 1.700 verbleibt ein Projektwert von 225. Das Projekt ist grundsätzlich vorteilhaft und wird begonnen.

c.   Verschiebung des Standardprojekts als zusätzliche Option

Eine für den Realoptionsansatz charakteristische Variation des Standardprojekts ist die Möglichkeit (Option), das Projekt nicht sofort, sondern erst zu einem späteren Zeitpunkt zu beginnen. Dies ist vorteilhaft, wenn sich zu diesem Zeitpunkt die Informationslage verbessert hat und die Durchführung oder die Ausgestaltung der Investition darauf reagieren kann. Im Beispiel bleibt die Anfangsausgabe des Projekts unverändert. Der Investor verzichtet auf die Investitionsdurchführung, wenn die Überschussprognose eindeutig auf 100 fällt:

Jahr / Zustand	Wahrschein-lichkeit	0	Anfangs-ausgabe 1	Projektüberschuss 1	2	...	Kapitalwert in Jahr 1 (bei 10 %)
up ($P_1 = 250$)	50 %	0	-1.700	250	250	...	2.750
down ($P_1 = 100$)	50 %	0	0	0	0	...	0
Erwartungswert			-1.700				1.375

Abb. 36: Die Verschiebungsoption im Beispielprojekt

Verschiebt man die Projektentscheidung und beginnt die Investition in Jahr 1, führt dies zum Nettoergebnis $F_1 = \max[V_1 - I; 0]$ mit dem Barwert der Zahlungsreihe zum Zeitpunkt 1:

$$V_1(P_1) = P_1 + w \cdot \sum_{t=1}^{\infty} \frac{P_1}{(1+r)^t} = \frac{1+r}{r} \cdot P_1$$

Da der Preis eine Zufallsvariable ist, sind auch der Barwert und das Nettoergebnis Zufallsvariablen. Aus Sicht des Jahres 0 gilt für den Erwartungswert des Nettoergebnisses in Jahr 1:

$$E_0(F_1(P_1)) = w \cdot \max\left[V_1(P_1^u) - I; 0\right] + (1-w) \cdot \max\left[V_1(P_1^d) - I; 0\right]$$
$$= w \cdot \max\left[\frac{1+r}{r} \cdot P_1^u - I; 0\right] + (1-w) \cdot \max\left[\frac{1+r}{r} \cdot P_1^d - I; 0\right]$$

Dies ist der Wert der Optionsfortführung (Continuation Value) aufgrund der in Jahr 0 verfügbaren Informationen. Im Beispiel beträgt er 525. Er ist auf das Jahr 0 abzuzinsen und mit dem Wert Ω_0 der sofortigen Investitionsdurchführung zu vergleichen. Da die sofortige Investition die Warteoption beendet, heißt ihr Wert auch Beendigungswert (Termination Value). Für den Wert F_0 des Gesamtprojekts (mit den alternativen Optionen der sofortigen oder der um ein Jahr verzögerten Investition) aus Sicht des Jahres 0 gilt daher:

$$F_0 = \max\left[V_0 - I; \frac{E_0(F_1(P_1))}{1+r}\right] = \max\left[225; \frac{525}{1,1}\right] = 477.$$

Das Warten ist vorteilhaft; die Option des späteren Projektverzichts erhöht den Projektwert. Die Rechnung folgt der dynamischen Programmierung, d. h. der Zerlegung eines mehrstufigen Entscheidungsproblems in aufeinander folgende Entscheidungen (hier: Durchführung oder Warten in Jahr 0; Durchführung oder Warten in Jahr 1, ..., bis zu einer endgültigen Festlegung), die beginnend bei der letzten Planungsstufe retrograd abgearbeitet werden, so dass die Beurteilung einer Stufe sich auf den Vergleich der Ergebnisse der nachfolgenden Stufen (d. h. des jeweils besten Ergebnisses der nachfolgenden Alternativen) beschränken kann.

d. Projektbewertung mit dem portfoliobasierten Ansatz (Contingent Claims Approach)

Ein anderer Ansatz zur Bewertung von zustandsabhängigen (bedingten) Zahlungen (Contingent Claims) eines Projekts versucht, diese Zahlungsstruktur durch Investitionen in Güter zu duplizieren, deren Wert vollständig mit den zufallsabhängigen Projektzahlungen korreliert. Dies setzt voraus, dass es solche Güter gibt und dass für diese Güter ein Wert bekannt ist. Im einfachsten Fall kann die Zahlungsstruktur durch genau ein Anlagegut (Basisobjekt) erzeugt werden. Dann wird ein Portfolio gebildet aus

−   dem Projekt, dessen aktueller Wert F_0 gesucht wird und dessen Wert F_1 in Jahr 1 zufallsabhängig ist, wobei gilt:

$$F_1(P_1) = \begin{cases} \max\left[\sum_{t=1}^{\infty} \dfrac{P_1^u}{(1+r)^{t-1}} - I; 0\right] = \max\left[\sum_{t=1}^{\infty} \dfrac{250}{(1+r)^{t-1}} - 1.700; 0\right] & \text{für } P_1 = P_1^u \\[4ex] \max\left[\sum_{t=1}^{\infty} \dfrac{P_1^d}{(1+r)^{t-1}} - I; 0\right] = \max\left[\sum_{t=1}^{\infty} \dfrac{100}{(1+r)^{t-1}} - 1.700; 0\right] & \text{für } P_1 = P_1^d \end{cases}$$

−   und n Einheiten des Anlageguts (Wertpapiers), das jetzt handelbar ist zum Preis P_0 und dessen Preis P_1 im Jahr 1 vollständig mit den Überschüssen des zu beurteilenden Projekts korreliert. Wegen der vollständigen Korrelation von Wertpapierpreis und Projektüberschuss wird für beide die gleiche Variable P verwendet.

Der Wert des Portfolios beträgt

$$\Phi_0 = F_0 + n \cdot P_0 \qquad\qquad \text{in Jahr 0 und}$$

$$\Phi_1 = F_1 + n \cdot P_1 \qquad\qquad \text{in Jahr 1.}$$

Zudem hängt der Portfoliowert in Jahr 1 von der Preisentwicklung P_1 ab. Es gilt:

$$\Phi_1(P_1) = \begin{cases} F_1(P_1^u) + n \cdot P_1^u = 1050 + 250 \cdot n & \text{für } P_1 = P_1^u \\ F_1(P_1^d) + n \cdot P_1^d = 0 + 100 \cdot n & \text{für } P_1 = P_1^d \end{cases} \quad \text{und} \quad P_0 = 175.$$

Mit diesen Gleichungen ist der gesuchte Wert F_0 noch nicht hinreichend bestimmt, solange n und F_1 noch offen sind. Für deren Festlegung wird auf zwei weitere Ideen zurückgegriffen.

Die erste Idee nutzt aus, dass sich durch geschickte Beimischung des vollständig korrelierten Anlageguts ein risikoneutrales bzw. risikoloses Portfolio erzeugen lässt. Speziell ist die Anzahl der Einheiten des Anlageguts so zu bestimmen, dass jeder Umweltzustand zum gleichen Portfoliowert führt:

$$\Phi_1(P_1^u) \overset{!}{=} \Phi_1(P_1^d) \quad \text{bzw.} \quad 1050 + 250 \cdot n = 100 \cdot n \quad \Leftrightarrow \quad n = -7.$$

Dies führt zu Leerverkäufen im Umfang von 7 Einheiten des Anlageguts. Ein niedrigerer Projekterfolg durch niedrigere Überschüsse wird durch den Erfolg aus den Leerverkäufen gerade ausgeglichen und umgekehrt. Der Portfoliowert ist unabhängig vom stochastischen Überschuss bzw. Preis, also risikolos, und beträgt unabhängig von P_1

$$\Phi_1(P_1) = -700.$$

Die zweite Annahme ist die Arbitragefreiheit des Kapitalmarktes. In einem arbitragefreien Markt muss gelten, dass der Gewinn des Portfolios der Verzinsung des anfänglichen Portfoliowertes entspricht. Andererseits hat der Gewinn eine Verzinsung gemäß dem Marktzinssatz r für das Anlagegut zu berücksichtigen, da sonst kaum ein Anleger bereit ist, ein Gut zu erwerben, dessen erwarteter Preis $E(P_1)$ genau dem aktuellen Preis P_0 entspricht. Zu beachten ist, dass diese Verzinsung nur vom Anfangspreis P_0, nicht jedoch vom stochastischen Preis P_1 abhängt. Sie ist für beide Zustände gleich hoch. Damit gilt für den Gewinn des Portfolios:

$$G = \Phi_1 - \Phi_0 + r \cdot n \cdot P_0 = \Phi_1 - F_0 - \cdot n \cdot P_0 + r \cdot n \cdot P_0 \overset{!}{=} r \cdot \Phi_0 = r \cdot (F_0 + n \cdot P_0)$$

$$(1+r) \cdot F_0 = \Phi_1 - n \cdot P_0$$

$$F_0 = \frac{\Phi_1 - n \cdot P_0}{1+r} = \frac{-700 + 1225}{1{,}1} = 477.$$

Das Beispiel verdeutlicht, dass der portfolioanalytische Ansatz (Contingent Claims Approach) bei konsistenten Annahmen zum selben Ergebnis führt wie die Projektbeurteilung durch dynamische Programmierung, die dem üblichen Vorgehen der Kapitalwertrechnung näher liegt.

Dennoch hat der Contingent Claims Approach seine Berechtigung. Denn beim vorliegenden Projekttyp müssen an verschiedenen Stellen stochastische Werte diskontiert werden. Einfach ist dies bei den Zahlungen nach Jahr 1. Sie sind aus Sicht von Jahr 1 bekannt, so dass der risikolose Zinssatz gewählt werden kann. Falls noch weitere Risikofaktoren auftreten, die auf das Projekt und das Duplikationsportfolio wirken, können diese mit einer einheitlichen Anpassung des Zinssatzes berücksichtigt werden. Dagegen ist für die Diskontierung von P_1 auf den Zeitpunkt 0 zu klären, ob und wie dieses Risiko im Kalkulationszinssatz berücksichtigt wird. Der dynamische Planungsansatz erlaubt eine investorspezifische Festlegung des Kalkulationszinssatzes. Die Frage, ob dieser Zinssatz konsistent mit den Kapitalmarktbedingungen ist, bildet nicht den Schwerpunkt dieses Ansatzes. *Dixit/Pindyck* (1994, S. 27) behelfen sich der Einfachheit wegen mit der Annahme eines vollständig diversifizierbaren Projektrisikos. Inwieweit dies zutrifft, wäre gegebenenfalls zu prüfen. Dagegen bildet die Möglichkeit, ein risikofreies Portfolio zu bilden und dessen Wert korrekterweise dann mit dem risikolosen Zinssatz zu diskontieren, den Kern des Contingent Claims Approach. Zweifel an der Anwendbarkeit dieses Ansatzes begründen sich eher mit den notwendigen voll korrelierten und beliebig teilbaren Wertpapieren. Hier sind trotz aller Beispiele zu realwirtschaftlichen Projekten, die gerade *Dixit/Pindyck* (1994) oder *Hommel/Scholich/Baecker* (2003) vorstellen, doch sorgfältige Prüfungen angebracht, ob der Wert eines Projekts in seinem unternehmensspezifischen Umfeld durch Wertpapiere des Kapitalmarkts angemessen dupliziert werden kann.

e. Übertragung finanzwirtschaftlicher Bewertungsansätze auf Realoptionen

Die geschilderten Contingent-Claims-Überlegungen liegen auch der Übertragung finanzwirtschaftlicher Optionsmodelle auf Realgüterentscheidungen zugrunde. Sie zeichnen sich durch verschiedene standardisierte Annahmen aus, die die Vielfalt der möglichen Umweltentwicklungen und Handlungsmöglichkeiten vereinfacht abbilden. Zum gemeinsamen Kern dieser Optionsmodelle gehören die Annahmen, dass

- für die zu bewertenden Realentscheidungsoptionen ein Vermögensgegenstand (Underlying) vorliegt, der dieselben Risikocharakteristika wie das Entscheidungsobjekt aufweist,
- dieser Vermögensgegenstand am Markt hinreichend liquide gehandelt wird („vollkommener" Kapitalmarkt mit bekannten risikolosen Zinsen) und damit eine Bewertung vorliegt,

– die Wertentwicklung der Realoption und des Underlying einem regelmäßigen stochastischen Prozess unterliegt.

Innerhalb dieser Annahmen finden sich verschiedene Ansätze zur Realoptionsbewertung. Besondere Bedeutung haben das Black-Scholes-Modell und das Binomialmodell.

Das Black-Scholes-Modell dient in seiner Standardform der Bewertung einer europäischen Call-Option. Diese beinhaltet das Recht, aber nicht die Pflicht, zu einem festgelegten Zeitpunkt einen Vermögensgegenstand, insbesondere eine Aktie, zu einem vorher festgelegten Ausübungspreis zu erwerben (vgl. Kapitel C VII). Bei den hier betrachteten Realoptionen handelt es sich bei diesem Vermögensgegenstand um das betrachtete Projekt bzw. um den daraus zu erwartenden Zahlungsstrom, beim festgelegten Preis im einfachsten Fall um eine Anfangsinvestition, beispielsweise für die Erstellung einer Anlage oder eine Markterschließung, die Voraussetzung ist für den späteren Zahlungsstrom. Die Bewertung einer solchen Option mit dem Black-Scholes-Ansatz beruht auf fünf Parametern:

– dem Aktienkurs S bzw. seinem Pendant, dem Barwert der Zahlungen des betrachteten Realprojekts
– dem Ausübungspreis X bzw. dem Betrag der Projektinvestition,
– dem Ausübungsdatum T bzw. dem Zeitpunkt der Projektinvestition (Anlagenerstellung, Markteintritt),
– dem risikolosen Zinssatz r,
– der Standardabweichung der Aktienrendite   bzw. der Standardabweichung des Barwerts der Projektzahlungen.

Gesucht ist der Betrag, den man jetzt zu zahlen bereit ist, um zum Zeitpunkt T mit der Projektinvestition das Recht auf künftige Zahlungsüberschüsse zu erwerben. Dieser Betrag ist der Wert der Option bzw. der Optionspreis. Da die künftigen Zahlungsüberschüsse unsicher sind, bedarf es einer Prognose ihrer Höhe. Während im einführenden Beispiel grundsätzlich beliebige Wertentwicklungen und Wahrscheinlichkeitsverteilungen denkbar waren, werden im Black-Scholes-Modell die Lognormalverteilung der Aktienkurse bzw. die Normalverteilung der Aktienkursrenditen und ihre Entwicklung gemäß einer geometrischen Brownschen Bewegung angenommen. Diese Annahmen werden übernommen für die Prognose des Barwerts der Zahlungsüberschüsse im Investitionszeitpunkt T. Damit gilt für den Wert F der Realoption:

$$F = N(d_1) \cdot S - N(d_2) \cdot X \cdot e^{-rT}$$

mit $N(d_1)$ bzw. $N(d_2)$ als Werte der Standardnormalverteilungsfunktion für die Parameter

$$d_1 = \frac{\ln\left(\dfrac{S}{X}\right) + \left(r + \dfrac{\sigma^2}{2}\right) \cdot T}{\sigma \cdot \sqrt{T}} \quad \text{und} \quad d_2 = \frac{\ln\left(\dfrac{S}{X}\right) - \left(r + \dfrac{\sigma^2}{2}\right) \cdot T}{\sigma \cdot \sqrt{T}}$$

bzw. $d_2 = d_1 - \sigma \cdot \sqrt{T}$. $N(d_1)$ bzw. $N(d_2)$ sind Ausdrücke für die Pseudowahrscheinlichkeiten, dass die Option bei Fälligkeit „im Geld" ist, d. h. dass der Marktpreis des Basiswertes höher ist als der Ausübungspreis der Option.

Zur Übertragung des Black-Scholes-Ansatzes auf das bisherige Beispiel sind die entsprechenden Größen anzupassen bzw. vorzugeben. Unterstellt man ein vergleichbares Wertpapier mit einer Rendite von 8 % und einer Standardabweichung von 20 % sowie einer Korrelation von 0,67 zur Marktrendite von 8 % und ihrer Standardabweichung von 8 %, so ergibt sich ein Beta von 1,67. Dies führt bei einem risikolosen Zinssatz von 5 % zu einer Renditeforderung von 10 %. Mit diesen Angaben berechnet sich der Wert S der Rückflüsse in Jahr 1 zu 1.925 € bei einem Ausübungspreis von 1.700 €. Damit erhält man $d_1 = 0{,}9715$ und $d_2 = 0{,}7715$ und entsprechend einen Wert der Einstiegsoption von 345 €.

Die Vorteile des Black-Scholes-Bewertungsansatzes liegen im vergleichsweise geringen Informationsbedarf und in der einfachen Verarbeitung dieser Informationen. Problematisch ist der Ansatz einerseits, wenn die Annahmen über die Wertentwicklung des Projekts bzw. des Underlying nicht zutreffen, und andererseits, wenn die Projektentscheidungen nicht nur zu einem festgelegten Termin anstehen, sondern zu mehreren Terminen oder auch mehrstufig erfolgen können.

Mehrstufige Entscheidungsmodelle orientieren sich deutlicher an einer diskreten Entscheidungsfolge und bilden sie in typischen Gitter-(„Lattice"-)Strukturen ab. Sie gehen von im Regelfall gleich langen Zeitintervallen aus, in denen sich die Projektzustände entwickeln und nach denen der Entscheidungsträger auf die Umweltentwicklung (also beispielsweise eine Preis- oder Wechselkursänderung für die Entscheidung über einen Markteintritt oder eine Anlage oder für die damit erzeugten Produkte) reagieren und jeweils über die Projektfortführung entscheiden kann. Abb. 37 zeigt eine solche Gitterstruktur für den Fall, dass der aktuelle Wert eines Basisobjekts sich (etwa aufgrund der Preisänderung) nach jedem Zeitintervall aufwärts (um den Faktor u) oder abwärts (um den Faktor d) entwickelt. Dieses Gitter wird von links nach rechts aufgebaut. Da hier zwei Bewegungsrichtungen möglich sind, spricht man von einem Binomialmodell (vgl. Cox/Ross/Rubinstein 1979).

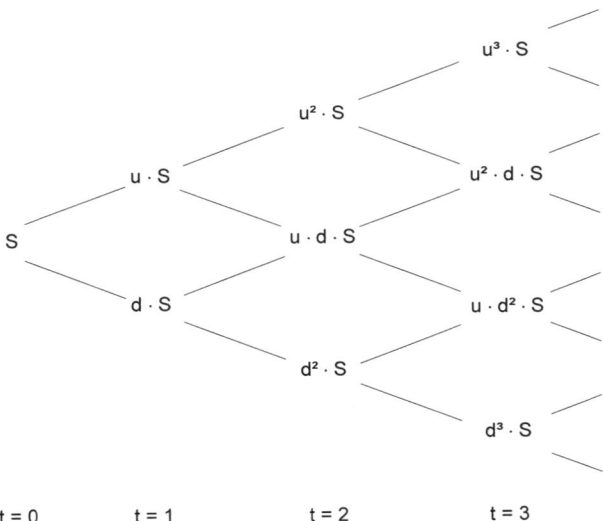

Abb. 37: Binomialbaum zur Abbildung der Projektentwicklung

Nimmt man für die Entwicklung des Basisobjekts wieder eine geometrische Brownsche Bewegung mit Standardabweichung σ des normalverteilten Störparameters an, so gilt für die Aufwärts- bzw. Abwärtsfaktoren folgende Abhängigkeit von der Anzahl n der Entscheidungsstufen bzw. ihrer Dauer t:

$$u = e^{\sigma \cdot \sqrt{t}} \text{ bzw. } d = \frac{1}{u} = e^{-\sigma \cdot \sqrt{t}}.$$

Der Wert S_n eines Basisobjekts nach n Stufen, von denen n_u aufwärts und n_d abwärts gehen, wird daher berechnet als $S_n = S_0 \cdot u^{n_u - n_d}$.

Die Bewertung der Handlungsmöglichkeiten geht nun von diesen Entscheidungsmöglichkeiten aus und berücksichtigt die zugehörigen Investitionen I. Sofern deren Wert zu einem Entscheidungszeitpunkt höher ausfällt als der Projektwert V_n, unterbleibt die Investition und der Optionswert F_n ist für diesen Fall null. Damit gilt für die Stufe n

$$F_n = \max\left[V_n - I_n; 0\right]$$

Da der Projektwert von den Folgeentscheidungen abhängt, beginnt man wieder mit der Bewertung der letzten betrachteten Entscheidungsstufen und setzt für diese $V_T = S_T$. Der Wert einer vorangegangenen Periode ergibt sich aus der Gewichtung des um eine Periode diskontierten Wertes der zwei Zustände, zu denen er führen kann, mit den jeweiligen Wahrscheinlichkeiten w bzw. $1 - w$:

$$V_{n-1} = \left(w \cdot F_{n,u} + (1 - w) \cdot F_{n,d}\right) \cdot e^{-r}$$

In den gängigen Realoptionsansätzen werden zur Gewichtung allerdings nicht (individuell) geschätzte Wahrscheinlichkeiten verwendet, sondern es werden Pseudo-Wahrscheinlichkeiten zugrunde gelegt. Diese lassen sich bei Annahme eines vollkommenen Kapitalmarkts aus der arbitragefreien Bewertung bzw. Wertentwicklung des Basisobjekts und der risikolosen Wertpapiere herleiten. Konkret gilt für die Pseudowahrscheinlichkeiten:

$$w = \frac{e^{r \cdot t} - d}{u - d} \text{ und } 1 - w = \frac{u - e^{r \cdot t}}{u - d}$$

Beginnend mit der letzten Entscheidungsstufe bzw. -periode T lässt sich damit der Entscheidungsbaum von rechts nach links rekursiv bewerten.

Im Beispiel könnte die Mehrstufigkeit so aussehen, dass statt der bisherigen Einmalinvestition von 1.700 € in Jahr 0 oder Jahr 1 drei Tranchen betrachtet werden: Eine Tranche von 100 € zum Ende von Jahr 0 sowie von 300 € zum Ende des ersten und 1.300 € zum Ende des zweiten Halbjahres von Jahr 1. Vor jeder Tranche wird unter Berücksichtigung der Entwicklung der Projektprognosen neu über die Projektfortführung entschieden. Dann ergeben sich aus den bisherigen Annahmen sowie der Intervalllänge t = 0,5 der Aufwärtsfaktor u = 1,15191 und der Abwärtsfaktor d = 0,86812. Abb. 38 enthält in den jeweils oberen hellen Feldern die von links nach rechts entwickelten Werte des Binomialbaums. In den dunklen Feldern darunter stehen kursiv die von rechts nach links hergeleiteten Bewertungen in Abhängigkeit der Prognoseentwicklung. Die verwendeten Pseudo-Wahrscheinlichkeiten betragen 47,39 % und 52,61 %.

Vergleicht man den Black-Scholes- mit dem Binomial-Ansatz, so fällt auf, dass der Black-Scholes-Ansatz einfacher zu berechnen ist, der Binomial-Ansatz dagegen gezielter auf die Entscheidungsoptionen eingehen kann. Der Binomial-Ansatz oder der noch allgemeiner gehaltene Ansatz ohne spezielle Annahmen zu Zahl und Art der Umweltsituationen und ihren Wahrscheinlichkeitsverteilungen (aus Abschnitt b) erfordern damit eine stärkere Auseinandersetzung mit den Handlungsalternativen und auch mit den Möglichkeiten des Projektabbruchs in Folge ungünstiger Entwicklungen des Projekts und seiner Rahmenbedingungen.

Ende 0	Hj I/01	Hj II/01
		3.389 €
	2.554 €	*- 1.300 € = 2.089 €*
1.925 €	*986 €*	1.925 €
356 €	1.451 €	*625 €*
	0 €	1.093 €
		0 €

Abb. 38: Tabellarische Darstellung des Beispielbaums

Damit bieten sie eine differenziertere Grundlage für die flexible Planung von Investitions- und Desinvestitionsentscheidungen. Deren Wert gegenüber einer starren Planung zeigt sich in der höheren Bewertung der Investitionsoptionen oder der Unterlassensalternative. Vom Entscheidungsbaumverfahren unterscheiden sich alle drei Realoptionsansätze durch die objektivierte Herleitung von Kalkulationszinssätzen aus Kapitalmarktmodellen. Ob dies ein Vorteil ist, hängt von der Vollständigkeit und Vollkommenheit der Kapitalmärkte ab. Bei unvollkommenen Kapitalmärkten mag eine individuelle Herleitung von Kalkulationszinssätzen wie im Entscheidungsbaumverfahren zu besseren Ergebnissen führen. Unabhängig davon zeigen einfache Sensitivitätsanalysen der verschiedenen Beispiele, dass größere Risiken den Wert von Projekten nicht zwangsläufig mindern, solange das Unternehmen sich die strategischen Optionen bewahrt, auf diese Risiken zu reagieren.

5. Informationsunterstützung der Planung

a. Informationen als spezielle Form des Wissens

Die Beispiele zu den Planungsansätzen lassen erkennen, dass eine fundierte Planung umfangreicher Informationen bedarf. **Informationen** sind zweckorientiertes Wissen (vgl. Wittmann 1959, S. 14), also Kenntnisse über Sachverhalte und Vorgänge, die auf einen bestimmten Zweck hin orientiert sind. Diese klassische Sicht der Information als spezielle Form des **Wissens** wird gelegentlich hinterfragt, weil Wissens- und Informationsbegriffe für sehr verschiedene Forschungsdisziplinen von Bedeutung sind. So wird diese Sicht anderen Definitionen gegenübergestellt, die Wissen als zweckorientiert vernetzte Information auffassen (vgl. Zahn 2005, S. 396; zur Vielfalt der Begriffe vgl. Amelingmeyer 2004, S. 40 ff.), die es im Wissensmanagement zu steuern gelte. Dennoch erweist sich der hier verwendete umfassendere Informationsbegriff nach wie vor als tragfähig, um die vielfältigen Facetten offenkundig vorhandener oder latenter, expliziter oder impliziter, nicht artikulierter, beschreibender, erklärender oder wertender, individuell oder sozial verfügbarer Kenntnisse und Fähigkeiten hinsichtlich Fakten, Verhalten und Strukturen von Sachverhalten und Vorgängen zu erfassen. Zudem können Informationen als Daten vorliegen, d. h. in einer speziell kodierten und vorwiegend maschinell verarbeitbaren Zusammensetzung von Zeichen. Abb. 39 fasst dies zusammen.

Das **Wissen** eines Individuums bezeichnet die Gesamtheit seiner Kenntnisse und Fähigkeiten. Soweit diese Kenntnisse und Fähigkeiten sich beschreiben, strukturieren, systematisieren und standardisieren lassen, spricht man von **explizitem Wissen.** Es kann in Regelwerken, Daten, Modellen und Methoden kodifiziert werden. Dies ermöglicht eine gezielte Verarbeitung und Weitergabe sowie eine Speicherung in Daten-, Modell- und Methodenbanken. Daneben gibt es Kenntnisse und Fähigkeiten, die nicht oder nur schlecht artikulierbar sind. Dazu gehören subjektive Erfahrungen, Einsichten und Intuition, die in alltäglichen Handlungen ebenso wie in Grenzerlebnissen erworben werden und sich verfestigen. Dieses **implizite Wissen** gilt als stillschweigend vorhanden und ist entsprechend schlecht kommunizierbar (*Polanyi* spricht von „tacit knowledge"; „[...] we can know more than we can tell"; vgl. Polanyi 1966, S. 3). Eine weitere Unterscheidung in technisches und kognitives implizites Wissen stammt von *Nonaka* und *Takeuchi* (1997, S. 8): Technisches implizites Wissen umfasst Fertigkeiten und Kenntnisse („Know-How"), die bei der Ausübung von Aufgaben erworben und dabei eingesetzt werden, unbewusst oder bewusst, doch jedenfalls nicht (mehr) in expliziter Form vorliegen (z. B. zur Auftragsdisposition aufgrund der Erfahrungen mit Mitarbeitern und Kunden). Kognitives implizites Wissen entsteht aus inneren Denk- und Empfindensstrukturen, die nicht hinterfragt werden und die Wahrnehmung der Umwelt prägen.

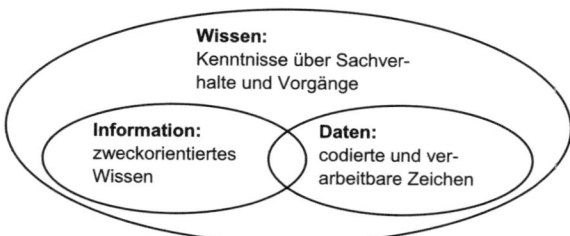

Abb. 39: Abgrenzung von Wissen, Informationen und Daten

Auch die Kenntnisse und Fähigkeiten von Betrieben lassen sich als betriebliches Wissen bezeichnen. Das Wissen von Betrieben („**kollektives Wissen**") beinhaltet zunächst das Wissen der am Betrieb beteiligten individuellen Wissensträger. Hinzu kommt jedoch eine neue Qualität gemeinsamer Kenntnisse und Fähigkeiten, wenn individuelle Kenntnisse in bestimmter, betriebsspezifischer statt in beliebiger Weise kombiniert werden. Die Vorteile kollektiver Problemlösungsprozesse bestehen in der größeren Menge unterschiedlichen Wissens, das abgerufen und genutzt werden kann, aber auch in der Entwicklung und Nutzung von aufeinander abgestimmten Kenntnissen und Fähigkeiten, die die Besonderheit eines Betriebes ausmachen können. Auch im kollektiven Wissen lassen sich implizite und explizite Züge ausmachen: Implizites kollektives Wissen beruht auf den vielfach gewachsenen Strukturen, gemeinsamen Erfahrungen und Erinnerungen der Betriebsangehörigen, die sich auch in gemeinsamen Verhaltensmustern und Wertvorstellungen niederschlagen. Die vielfach zu beobachtenden informellen Hierarchien und Kommunikationswege sind Ausdruck des impliziten Wissens. Expliziter Ausdruck des kollektiven Wissens sind dagegen beispielsweise formale Regeln zu Ablauf- und Aufbaustrukturen oder eine gemeinsam erarbeitete und dokumentierte Unternehmensvision. Abb. 40 fasst diese Einteilung des Wissens zusammen.

Zu den Aufgaben des Informationssystems gehören die Gestaltung der Wissenstransformation und des Wissenstransfers. Wissenstransformationen sind Übergänge zwischen implizitem und explizitem sowie individuellem und kollektivem Wissen. Solche Übergänge bewirken auch eine Wissensgenerierung insofern, als die explizite Darstellung oder die Verinnerlichung des Wissens bereits zu neuem Wissen führt. Es werden vier typische Formen der Wissenstransformation unterschieden (vgl. Abb. 41 und Nonaka/Takeuchi 1997). Es gibt zahlreiche Ansätze, psychologischer oder technischer Art (Assoziationstechniken, Analogien, Metaphern, Beobachtungen, Experimente, Beschreibungsmodelle), um implizites Wissen zu ergründen, zumindest teilweise zu erfassen und übertragbar zu machen.

	individuelles Wissen: Gesamtheit von Kenntnissen und Fähigkeiten	kollektives Wissen: Wissen aller Beteiligten: alle Beteiligten besitzen Ausschnitte, die (teilweise) erst gemeinsam mit dem Wissen anderer wirken.
implizites Wissen (tacit knowledge)	Verhalten von Konkurrenten/Partnern /Kunden Erfahrungen Intuition	gemeinsame Werte Unternehmens- kultur
explizites Wissen	individuelle Zielvorgaben spezielle, dokumentierte Fachkenntnisse	Ziel- vereinbarungen offizielle Regeln der Zusammenarbeit

Abb. 40: Formen betrieblichen Wissens

Diese **Externalisierung** ist beispielsweise eine wichtige Aufgabe der Prozessanalyse. Der Umkehrschritt, die **Internalisierung** expliziten Wissens, erfolgt durch Verinnerlichung von Verhaltensmustern und Vorgehensweisen, beispielsweise infolge von Übung oder Gewöhnung, so dass vormals bewusste Urteile und Tätigkeiten nunmehr „automatisch" oder unbewusst erfolgen. Die **Kombination** expliziten Wissens kann zu neuem explizitem Wissen führen. Ein Beispiel wäre, wenn Informationen über Produkte und Märkte im Rahmen der Planung zusammengetragen und daraus ein Absatzplan entwickelt wird. Die Übertragung impliziten Wissens erfolgt durch **Sozialisation,** also die Beobachtung, Teilnahme und Übernahme von Kenntnissen, Haltungen und Fähigkeiten anderer.

von \ zu	**implizites Wissen**	**explizites Wissen**
implizites Wissen	Sozialisation	Externalisierung
explizites Wissen	Internalisierung	Kombination

Abb. 41: Formen der Wissenstransformation und -entwicklung
(nach Nonaka/Takeuchi 1997)

b. Merkmale des betrieblichen Informationssystems

Ein Kern des expliziten kollektiven Wissens ist schließlich das **betriebliche Informationssystem**, in dem das explizite Wissen des Betriebs in kodifizierter und strukturierter Form festgehalten ist, insbesondere in Form des Zielsystems des Betriebs, von Produkt- und Prozessbeschreibungen, Organigrammen und dem betrieblichen Rechnungswesen. Informationssysteme für die Zwecke der Unternehmensführung gibt es in verschiedenen, nicht immer ordentlich voneinander abgrenzbaren Ausprägungen, etwa unter den Begriffen Entscheidungsunterstützungs- oder Decision-Support-Systeme (EUS oder DSS), Executive- oder Führungs-Informations-Systeme (EIS oder FIS), computergestützte Berichtssysteme und generell als Management-Informations- oder Managementunterstützungssysteme (MIS oder MUS), die sich mit unterschiedlichen Schwerpunkten von Ausführungs-, Administrations- und Dispositionssystemen für nachgeordnete Ebenen abheben (vgl. Hansen/Neumann 2009, S. 453 ff.; Zahn 2005, S. 439 ff.).

Bei der Gestaltung eines geeigneten Informationssystems stehen fünf Aspekte im Vordergrund: der inhaltliche, der personelle, der methodische, der strukturelle und der technische Aspekt. Abb. 42 stellt sie mit wichtigen Teilaspekten zu charakteristischen Aufgaben zusammen. Sie werden im Anschluss erläutert.

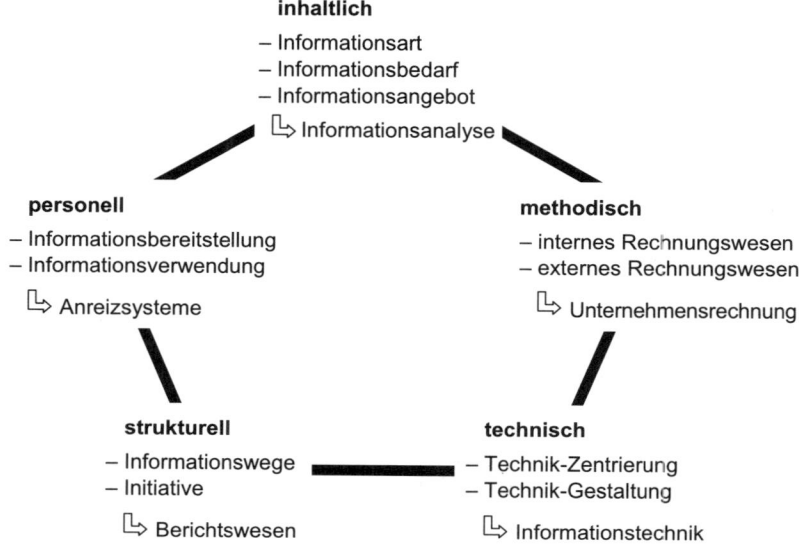

Abb. 42: Merkmale zur Gestaltung eines Informationssystems

c. Die Informationsanalyse

Im ersten Aspekt sind die Informationen inhaltlich zu kennzeichnen und zu analysieren (vgl. Wild 1982, S. 123). Die Kennzeichnung beschreibt unter anderem die Art der relevanten Informationen, ihren Gegenstand, ihre Genauigkeit und Zuverlässigkeit. Zu analysieren sind einerseits der Informationsbedarf, andererseits das Informationsangebot. Für beide Seiten gibt es verschiedene Analysetechniken. Die Techniken zur **Informationsbedarfsanalyse** werden in problem-, daten- und benutzerorientierte Ansätze eingeteilt.

Problemorientierte Ansätze ermitteln den Informationsbedarf entweder durch deduktiv-logische Herleitung aus den betrieblichen Aufgaben und Zielen oder durch die Analyse entsprechender Planungsmodelle. Datenorientierte Ansätze durchforsten vorhandene Dokumente und Datenbanken und die verschiedenen Prozesse der Datenerfassung, -speicherung, -verarbeitung und -verwendung. Weiter analysieren sie die formellen, durch Aufbau- und Ablauforganisation geregelten sowie die informellen Kommunikationsbeziehungen im Betrieb. Benutzerorientierte Ansätze gehen von den Informationsanwendern aus und erheben dazu entweder in Interviews, Fragebögen oder Berichten einen explizit geäußerten Informationsbedarf oder sie stellen durch Beobachtung die tatsächliche Verwendung von Informationen fest. Ein typisches Beispiel hierfür ist die Analyse kritischer Erfolgsfaktoren für die Aufgabenerfüllung.

Die genannten Verfahren haben typische Stärken und Schwächen (vgl. Küpper 2008, S. 186 f.). Problemorientierte Verfahren sind grundsätzlich vorzuziehen, doch hängt der damit hergeleitete Informationsbedarf in hohem Maße von der adäquaten Problemerfassung bzw. Modellbildung ab. Dies ist dann kritisch zu sehen, wenn die Problemerfassung und Modellbildung fachfremd erfolgt, beispielsweise durch interne oder externe Informations- und Kommunikationsspezialisten. In solchen Fällen ist zudem mit schlechter Akzeptanz des deduktiv ermittelten Informationsbedarfs durch die Aufgabenträger zu rechnen. Daten- und benutzerorientierte Ansätze werfen tendenziell geringere Akzeptanzprobleme auf, doch ist hier prinzipiell unklar, ob die vorhandenen oder die verwendeten und gewünschten Daten (der subjektive Informationsbedarf) angesichts betrieblicher Innovationen und einer sich wandelnden Umwelt noch relevant sind. Bei der Ausgestaltung der Informationsbedarfsanalyse wird daher zwischen diesen Vor- und Nachteilen der Verfahren abzuwägen sein.

Die in der Datenanalyse zusammengetragenen Daten bilden zugleich einen wichtigen Teil des **Informationsangebots**. Sie sind indes in verschiedener Hinsicht zu ergänzen. So ist zu prüfen, ob die vielfältigen vorhandenen Daten tatsächlich verfügbar sind oder ob Schnittstellenprobleme, vor allem Zugriffs- und Kompatibilitätsprobleme zwischen den Daten aus unterschiedlichen Betriebsbereichen und Softwaresystemen, ihre Nutzung unbeabsichtigt einschränken. Zur Überwindung solcher Probleme und zur personenbezogenen, integrierten, zeitabhängigen und stabilen Datensammlung dienen Data-Warehouse-Konzepte (vgl. etwa Mertens/Griese 2002, S. 74 ff.). Weiter hat der Betrieb zu prüfen, inwieweit er

- zwischenbetriebliche Informationssysteme (Business-to-Business-(=B2B)-Systeme), etwa aus Produktionsnetzwerken,
- Kundeninformationssysteme (Business-to-Consumer-(=B2C)-Systeme)
- spezielle Informationsdienste für Branchen, Länder oder andere Themen oder
- elektronische Marktplätze

in sein Informationssystem integriert oder generell freie Daten aus dem Internet für innerbetriebliche Zwecke zulässt – und wie weit er umgekehrt interne Daten für externe Zwecke freigibt oder sie kommerziell verwertet (vgl. Hansen/Neumann 2009, S. 144 ff.). Schließlich ist zu prüfen, ob aus vorhandenen, für andere Zwecke festgehaltenen Daten durch geeignete Analysetechniken neue, nützliche Informationen gewonnen werden können. Hierzu soll das **Data Mining** neue Hypothesen über betriebliche Zusammenhänge aufspüren, indem es

- neue Beziehungen zwischen Daten herstellt,
- Daten vorhandenen oder neuen Klassen und Clustern zuordnet,
- systematische Abweichungen identifiziert und
- bestimmte Text- oder sonstige Datenmuster aufdeckt.

Beispiele für solche Informationen sind Nutzer- oder Kundenprofile. Für diese Zwecke setzt das Data Mining ein breites Spektrum statistischer Methoden ein (vgl. Lusti 2002).

d. Das Informationsanreizsystem

Der personelle Aspekt des Informationssystems konzentriert sich auf die Informationsunterschiede zwischen den Beteiligten. Als charakteristische Konstellation gilt der Konflikt zwischen der Unternehmensleitung und einem zumindest in wichtigen Aspekten besser informierten Bereichsmanager, wie sie Principal-Agenten-Modellen zugrunde liegt. Angesichts dieser Unterschiede im Informationsstand ist die Verfügbarkeit von Informationen im Betrieb keineswegs selbstverständlich, sondern es ist darauf hinzuarbeiten, dass die Beteiligten ihre

Informationen bereitstellen und sie andererseits verfügbare Informationen nicht ignorieren bzw. tatsächlich nutzen. Bis zu einem gewissen Grad sind entsprechende Verpflichtungen der Manager durch Vorschriften und Verbote möglich, und zwar soweit, wie die Informationsbereitstellung zumindest im Nachhinein feststellbar und eine Nichtbereitstellung sanktionierbar ist. In den übrigen Fällen beruht die Informationsbereitstellung auf Kosten-Nutzen-Kalkülen der Manager. *Myerson* hat mit seinem Offenlegungsprinzip (Revelation Principle) gezeigt, dass geeignete Anreizsysteme in wichtigen Fällen die Informationsbereitstellung sicherstellen (vgl. Myerson 1979). Allerdings gelingt dies nur, wenn der Manager für die Preisgabe seines Informationsvorsprungs entschädigt wird, was die Vorteile der Offenlegung teilweise, in für die Unternehmensleitung ungünstigen Fällen auch vollständig aufzehrt.

Ein bekanntes Anreizschema zur Informationsoffenlegung hat *Weitzman* beschrieben (vgl. Weitzman 1976). Es ist in Abb. 43 zusammengefasst.

Das Weitzman-Schema regelt wie **Anreizsysteme** generell die Art der Belohnung, Bemessungsgrundlage und Belohnungsregel für die Mitarbeiter (vgl. Laux 2005, S. 24 ff.). Das Weitzman-Schema legt eine finanzielle Belohnung fest. Die Bemessungsgrundlage sind die berichteten bzw. geplanten und die tatsächlich erzielten Ergebnisse für einen Bereich. Dabei kann es sich um finanzielle Größen handeln, doch sind nichtmonetäre Vorgabegrößen, etwa Produktionsmengen, Qualitätsgrößen, Durchlaufzeiten oder ähnliches ebenso denkbar. Die Belohnungsregel des Weitzman-Schemas geht davon aus, dass die Planvorgaben in Höhe der Managerberichte festgelegt werden und dass der Manager für höhere Ist-Ergebnisse belohnt, für niedrigere Ergebnisse durch Lohnabzüge bestraft wird. Dazu werden Koeffizienten α, β und γ in die Entlohnungsfunktion eingebaut.

Jeder Entlohnungskoeffizient des Weitzman-Schemas dient einem speziellen Zweck (vgl. Husmann 1996, S. 143 f.): Der Koeffizient β bietet einen Anreiz, einen möglichst hohen Planerfolg zu berichten. Der Koeffizient α drückt einen zusätzlichen Bonus für den Fall aus, dass der Isterfolg höher als der Planwert ausfällt, doch ist der zusätzliche Bonus geringer als bei einer sofortigen höheren Meldung (wegen $\alpha < \beta$). Umgekehrt wird ein absehbar überhöhter Bericht dadurch unattraktiv, dass die Planverfehlung mit einem höheren Abzug sanktioniert wird (wegen $\gamma > \beta$). Dies sichert im Fall unbeschränkter Mittel die wahrheitsgemäße Information. Die zusätzliche Vorgabe, dass die Beteiligung an Ergebnissen über Plan geringer ausfällt als die Abzüge bei der Planverfehlung, gibt dem Manager den Anreiz zur wahrheitsgemäßen Berichterstattung. Mit dieser vergleichsweise einfachen, transparenten Regel erreicht der Betrieb die Informationsoffenlegung durch die Manager. Keinen Anreiz bietet das Weitzman-Schema freilich dafür, dass die Informationen sich auf eine hohe Leistung des Managers beziehen. Es bleibt die Gefahr, dass Manager niedrige Zielgrößen vorschlagen, die sie leicht erreichen können. Die fehlende Leistungsorientierung ist in der Tat der Kernvorwurf gegen das von *Weitzman* im Jahr 1976 in einer Analyse eines in einer russischen Zeitschrift veröffentlichten Modells bezeichnenderweise als „New Soviet Incentive Scheme" vorgestellte Anreizsystem (vgl. Ewert/Wagenhofer 2008, S. 420). Andere Probleme können auftreten, wenn mehrere Bereiche mit dem Weitzman-Schema gesteuert werden, zwischen denen Ressourceninterdependenzen auftreten. Da das Weitzman-Schema die Entlohnung nur an einer Erfolgsgröße des eigenen Bereichs orientiert, ist darauf zu achten, dass diese die Ressourceninterdependenzen berücksichtigt. Dies kann beispielsweise über opportunitätskostenbasierte Verrechnungspreise für die Ressourcen geschehen.

Anreizschemata zur Informationsoffenlegung

Idee: Eine Verknüpfung der Managerentlohnung an die aufgrund seiner Berichte festgesetzte Planvorgabe einerseits und an das von ihm erzielte Ergebnis seines Bereichs andererseits soll sicherstellen, dass der Manager
- wahrheitsgemäß berichtet (Überwindung der Informationsasymmetrie bzw. von Hidden Action-Problemen)
- anspruchsvolle Planwerte berichtet (Begrenzung von Moral-Hazard-Problemen).

Weitzman-Anreizschema für wahrheitsgemäße Berichte:

Anreizfunktion für die Managerentlohnung:

$$s^w(C, \hat{C}) = \begin{cases} S + \beta \cdot \hat{C} + \alpha \cdot (C - \hat{C}) \text{ für } C \geq \hat{C} \\ S + \beta \cdot \hat{C} + \gamma \cdot (C - \hat{C}) \text{ für } C < \hat{C} \end{cases} \quad \text{mit } 0 < \alpha < \beta < \gamma$$

sowie mit den Variablen:

$\hat{C}$ berichtetes und geplantes Ergebnis des eigenen Bereichs

C tatsächliches Ergebnis des eigenen Bereichs

$s^w(C, \hat{C})$ Entlohnung des Managers in Abhängigkeit von Bericht und Ergebnis

S fixe Entlohnungskomponente

β berichtsabhängiger Entlohnungsparameter

α (niedriger) Entlohnungsparameter für die Berichtsüberschreitung

γ (hoher) Parameter für die Ergebnisverfehlung (Strafparameter)

Als Bemessungsgrundlage dienen daher
- das berichtete bzw. das geplante Bereichsergebnis und
- die Abweichung zwischen dem berichteten und dem tatsächlichen Ergebnis.

Bei wahrheitsgemäßem Bericht erhält der Manager $S + \beta \cdot \hat{C}$. Ein höheres Ergebnis als zuvor berichtet führt zu einer Belohnung. Sie fällt jedoch geringer aus (wegen $\alpha < \beta$), als wenn er dies vorab berichtet hätte. Dagegen sinkt seine Entlohnung, und zwar stärker als sie bei Planübererfüllung steigt (wegen $\beta < \gamma$), wenn er das berichtete Ergebnis nicht erwirtschaftet. Der Bericht wirkt als selbstgesetzte Planvorgabe, deren Überschreitung gerne gesehen und deren Verfehlung stärker bestraft wird.

Wegen $\dfrac{\partial s^w(C, \hat{C})}{\partial \hat{C}} = \begin{cases} \beta - \alpha \text{ für } C \geq \hat{C} \\ \beta - \gamma \text{ für } C < \hat{C} \end{cases}$ mit $0 < \alpha < \beta < \gamma$ sinkt die Entlohnung bei

falscher Berichterstattung. Das Weitzman-Schema fördert wahrheitsgemäße Berichte und sichert diese bei geschickter Interpretation selbst bei risikobehafteten Ergebnissen (vgl. Ewert/Wagenhofer 2003, S. 516 ff.).

Problematisch ist bei der Informationsoffenlegung nach dem Weitzman-Schema, dass es Moral-Hazard-Probleme vernachlässigt und es keine expliziten Anreize zu einer hohen Arbeitsleistung bietet.

Abb. 43: Anreize zur Informationsoffenlegung nach dem Weitzman-Schemas

Zur Berücksichtigung der Managerleistung bei den Berichten haben Osband und Reichelstein ein Informationsanreizschema vorgeschlagen, das in Abb. 44 zusammengefasst ist (vgl. Reichelstein/Osband 1984, Osband/Reichelstein 1985, Ewert/Wagenhofer 2008, S. 422). Es ist auf den ersten Blick formal aufwendiger als das Weitzman-Schema. Für einen gegebenen Bericht lässt es sich jedoch als einfache, linear erfolgsabhängige Funktion darstellen. Eine fixe Komponente legt das Niveau dieser Funktion berichtsabhängig fest und mindert somit die Moral-Hazard-Probleme, der variable Teil sichert die Berichtseinhaltung.

Osband-Reichelstein-Schema zur Informationsoffenlegung

(vgl. Reichelstein/Osband 1984, Osband/Reichelstein 1985, Ewert/Wagenhofer 2008, S. 482):

Anreizfunktion für die Managerentlohnung:

$$s^{OR}(C, \hat{C}) = S + \ell(\hat{C}) + \ell'(\hat{C}) \cdot (C - \hat{C})$$

mit $\hat{C}$ berichtetes und geplantes Ergebnis des eigenen Bereichs

     C tatsächliches Ergebnis des eigenen Bereichs

     $s^{OR}(C, \hat{C})$ Entlohnung des Managers in Abhängigkeit von Bericht und Ergebnis

     S fixe Entlohnungskomponente

     $\ell(\hat{C})$ berichtsabhängige Entlohnungskomponente

     $\ell'(\hat{C})$ berichts- und ergebnisabhängiger Entlohnungsparameter, der mit dem vorab berichteten Erfolg degressiv steigt ($\ell'(\hat{C}) > 0$, $\ell''(\hat{C}) < 0$).

Die Entlohnung steigt mit dem vorab berichteten Planergebnis an und bietet somit einen steigenden Leistungsanreiz. Dies mindert Moral-Hazard-Probleme. Für einen gegebenen Bericht steigt die Entlohnung linear mit dem tatsächlichen Ergebnis.

Mit der Zufallsvariable $\tilde{C}$ für das Ergebnis gilt für einen risikoneutralen Manager bei

– falschem Bericht, also $\hat{C} \neq E[\tilde{C}]$:

$$E\left[s^{OR}(\tilde{C}, \hat{C})\right] = S + \ell(\hat{C}) + \ell'(\hat{C}) \cdot (E[\tilde{C}] - \hat{C})$$

     Ein zu hoher Bericht $\hat{C}$ führt zu Abzug (wegen $E[\tilde{C}] - \hat{C} < 0$), ein zu niedriger Bericht ermöglicht eine Zulage, doch sinkt die fixe Komponente $\ell(\hat{C})$ im Gegenzug.

– wahrheitsgemäßem Bericht, also $\hat{C} = E[\tilde{C}]$:

$$E\left[s^{OR}(\tilde{C}, \hat{C} = E[\tilde{C}])\right] = S + \ell(\hat{C}) = S + \ell(E[\tilde{C}])$$

     Da es keine Abweichung gibt, gibt es keinen Abzug und ein angemessenes Fixum.

Wegen der strengen Konvexität der Entlohnungskomponente $\ell(\hat{C})$ gilt für das Ausmaß dieser Effekte (vgl. Takayama 1985, S. 85 f.):

$$E\left[s^{OR}(\tilde{C}, \hat{C} = E[\tilde{C}])\right] \geq E\left[s^{OR}(\tilde{C}, \hat{C})\right] \qquad \text{bzw.} \quad \ell(E[\tilde{C}]) - \ell(\hat{C}) \geq \ell'(\hat{C}) \cdot (E[\tilde{C}] - \hat{C}).$$

Der höhere Lohn bei Übererfüllung eines zu niedrigen Berichts gleicht das niedrigere Fixum nicht aus. Im Vergleich der beiden Berichte ist die wahre Berichterstattung vorteilhaft für den Manager. Eine äquivalente einfache Form der Osband-Reichelstein-Belohnungsfunktion lautet:

$$s_2^{OR}(C, \hat{C}) = S_2^{OR}(\hat{C}) + \ell(\hat{C}) + \ell'(\hat{C}) \cdot C \qquad \text{mit } S_2^{OR}(\hat{C}) = S + \ell(\hat{C}) - \ell'(\hat{C}) \cdot \hat{C}.$$

Es ist eine einfache lineare fix-variable Entlohnung mit einem berichtsabhängigen Fixum. Sie zeigt die Osband-Reichelstein-Form als allgemeine Form, in der das berichtsabhängige Fixum auch den Bestrafungspart des Weitzman-Schemas übernimmt.

Abb. 44: Anreize zur Informationsoffenlegung nach dem Osband-Reichelstein-Schema

Die vorgestellten Anreizsysteme konzentrieren sich auf die Informationsbereitstellung. Probleme der Informationsverwendung genießen hingegen geringere Aufmerksamkeit. Abgesehen von technischen Problemen auf verschiedenen Schichten der Informationsübermittlung (vgl. Hansen/Neumann 2009, S. 1143) zählen zu den Problemen der Informationsverwendung

- der Verzicht auf Informationsbeschaffung oder -aufnahme wegen der damit verbundenen Mühen und Kosten,
- das Ignorieren, Verdrängen oder Unterdrücken schlechter oder nicht ins eigene Weltbild passender Nachrichten (durch eine Vogel-Strauß-Politik oder Bunkermentalität) oder
- die Fehlinterpretation von Daten wegen unterschiedlicher semantischer Belegung.

Zur Vermeidung solcher Informationspathologien (vgl. Picot/Reichwald/Wigand 2003, S. 3) gibt es organisatorische Maßnahmen, etwa Empfangsbestätigungen, Dokumentationsvorschriften oder andere Kontrollen des Informationsstandes. Sie heben eher auf formale Merkmale der Informationsverwendung ab. Dagegen sind ökonomische Anreizmodelle zur Informationsverwendung noch vergleichsweise wenig entwickelt.

e. Das betriebliche Rechnungswesen

Eine herausragende Rolle im Informationssystem spielt das betriebliche Rechnungswesen: aus ihm stammt ein großer Teil der Informationen, mit denen Unternehmen geführt werden. Zum betrieblichen Rechnungswesen werden in einer umfassenden Sicht alle Rechnungssysteme gezählt, die Mengen- oder Wertgrößen für betriebliche Zwecke bereitstellen. Den traditionellen Kern des Rechnungswesens bilden die Bilanzrechnung, die Gewinn- und Verlustrechnung (GuV), die Kosten- und Erlösrechnung und die Finanzrechnung. Diese Rechnungen werden typischerweise periodisch durchgeführt und erhalten ihre besondere Bedeutung daraus, dass sie Informationen für eine ganze Reihe von Zwecken liefern.

Bei der Kosten- und Erlösrechnung sind dies vorwiegend interne Dokumentations-, Planungs-, Steuerungs- und Kontrollzwecke (vgl. Schweitzer/Küpper 2008, S. 38). Zu ihnen gehören die Kalkulation von Preisuntergrenzen und internen Verrechnungspreisen für Produkte und Aufträge, die Bestimmung von Kosten, Erlösen und Erfolgen für betriebliche Abrechnungseinheiten (Kostenstellen oder Profit Center) und Abrechnungsperioden, die Unterstützung bei Produktionsprogramm-, Verfahrenswahl-, Make-or-Buy- und Investitionsentscheidungen, die Gestaltung von Anreizsystemen und viele andere mehr. Da die Kosten- und Erlösinformationen sich vorwiegend an interne Adressaten richten, werden sie dem **internen Rechnungswesen** zugeordnet.

Die Kosten- und Erlösrechnung folgt mit der klassischen Unterteilung in Kostenarten-, Kostenstellen- und Kostenträgerrechnung weitgehend einem einheitlichen Prinzip. Aus dieser Grundstruktur heraus haben sich wegen der Vielfalt der Rechenzwecke sowie der betrieblichen Entscheidungsprobleme sehr unterschiedliche betriebliche Ausprägungen der Kostenrechnung gebildet. Sie unterscheiden sich insbesondere

- in der Ausgestaltung als Voll- oder Teilkostenrechnung: eine Teilkostenrechnung ordnet einem Rechnungsobjekt je nach Rechnungsprinzip nur die variablen Kosten oder die direkt zurechenbaren Einzelkosten zu, eine Vollkostenrechnung auch anteilige Gemeinkosten oder aufgeschlüsselte fixe Kosten. Bei einer Schlüsselung von Kosten ist grundsätzlich von einer Beeinflussung der Entscheidungen auszugehen. Als klassisches Problem der Vollkostenrechnung gilt, dass man sich mit ihr aus dynamischen Märkten herauskalkuliert. Ob eine Schlüsselung von Kosten und eine Verrechnung gerade der vollen Kosten aus anderen Gründen positiv wirken (vgl. etwa Zimmerman 1979 oder Pfaff 1993), kann nur fallspezifisch beurteilt werden;

- in der Art der berücksichtigten Kosteneinflussgrößen und ihrer Strukturierung: vorzuziehen sind direkte Einfluss- bzw. Bezugsgrößen statt pauschaler Wertbezugsgrößen (etwa Kostensätze für Wareneingangs- und Logistikprozesse statt pauschaler Materialgemeinkostenzuschläge auf Materialeinzelkosten und eine gegebenenfalls mehrfach gestufte Struktur der Kostenzurechnung (wie sie etwa in mehrstufigen Deckungsbeitragsrechnungen üblich ist);
- sowie in der Verwendung von Ist-, Plan- oder Normalkostengrößen: Während eine einfache Istkostenrechnung nur geringe Anhaltspunkte liefert und lediglich bereits Geschehenes dokumentiert, eröffnet die Bestimmung durchschnittlicher („normaler") Kosten oder die eigenständige Ermittlung von Plankosten vielfältige Möglichkeiten zur genaueren Durchdringung der Kostenabhängigkeiten und der Kostenbeeinflussung. Eine anschließende Gegenüberstellung der geplanten mit den Istkosten erweitert diese Möglichkeiten.

Auch die Jahresabschlussrechnungen für Bilanz und GuV dienen vielfältigen Zwecken. Generell haben sie eine Informationsfunktion für unterschiedliche externe Adressaten, etwa Anteilseigner, Gewerkschaften, Gläubiger, Fiskus, Öffentlichkeit und sonstige Interessenten. Zudem erfüllen sie die Rechenschaftspflicht gegenüber Kapitalgebern, also Gesellschaftern, Aktionären und Banken. Schließlich knüpfen an ihnen Zahlungen an, speziell Dividenden, Steuern und andere direkt oder indirekt erfolgsabhängige Zahlungen. Wegen ihrer Ausrichtung auf außenstehende Adressaten werden die Jahresabschlussrechnungen dem **externen Rechnungswesen** zugeordnet. Um diese Rechensysteme für Außenstehende nachvollziehbar zu halten, werden Regelwerke formuliert, die den Ermessensspielraum der Rechnungslegenden bei ihrer Gestaltung einschränken. Derzeit konkurrieren in Deutschland und Europa drei Rechnungslegungsstandards: nationale Handels- und Gesellschaftsrechte gemäß der 4. und der 7. EG-Richtlinie, die International Financial Reporting Standards (IFRS) des International Accounting Standard Boards (IASB) sowie die Generally Accepted Accounting Principles (GAAP) des Financial Accounting Standards Board (FASB) aus den USA. Trotz verschiedener Ansätze zur Vereinheitlichung dieser Regelwerke erschwert ihr Nebeneinander die Auswertung der jeweiligen Jahresabschlüsse.

Der dritte wichtige Teil des Rechnungswesens ist die **Finanzrechnung.** Sie dient der Erfassung und Gestaltung von Zahlungen, finanziellen Verpflichtungen und Finanzierungsmöglichkeiten durch Zahlungsflussrechnungen, Finanzplanungen, Kapitalbindungsrechnungen und Cash-Management-Systeme. Da dies zwar für interne Zwecke, doch immer in enger Zusammenarbeit mit außenstehenden Financiers erfolgt, hat die Finanzrechnung eine Mittelstellung zwischen internem und externem Rechnungswesen.

Zu diesem Kern des betrieblichen Rechnungswesens treten eine ganze Reihe von weiteren Rechnungen, die teils periodisch, teils aperiodisch und weiter teils mit ausgeprägt externer, teils mit interner Ausrichtung durchgeführt werden. Abb. 45 zeigt einen Überblick (zu Einzelheiten dieser Rechnungen siehe insbesondere Schweitzer/Küpper 2008, Coenenberg 2009).

Sonderbilanzen sind für bestimmte Anlässe vorgeschriebene Rechenschaftsberichte, Steuerbilanzen werden für die Steuererklärung gegenüber dem Fiskus erstellt. Fachberichte sammeln vorwiegend aggregierte statistische Daten zu bestimmten Themengebieten für die Weitergabe an Aufsichtsbehörden, Verbände oder andere statistische Einrichtungen. Hinzu treten Berichte, die auf bestimmte betriebliche Ziele ausgerichtet sind und an denen externe Stakeholder besonderes Interesse haben. Hierzu gehören Öko-, Umwelt- und Sozialbilanzen, die für Perioden oder Lebenszyklen, speziell für die Herstell- und Nutzungsdauer eines Produkts oder die Betriebszugehörigkeit der Mitarbeiter angelegt sind (vgl. etwa Fischer-Winkelmann 1980;

Faßbender-Wynands 2001; Sundmacher 2002) oder Rechnungen zum Humankapital, anderen immateriellen Werten (vgl. Günther/Günther 2004) oder speziellen Gütern („Carbon Accounting"). Ein gemeinsames Anliegen dieser Ansätze ist die Betonung der Nachhaltigkeit der Unternehmensführung (vgl. Dyckhoff/Souren 2007).

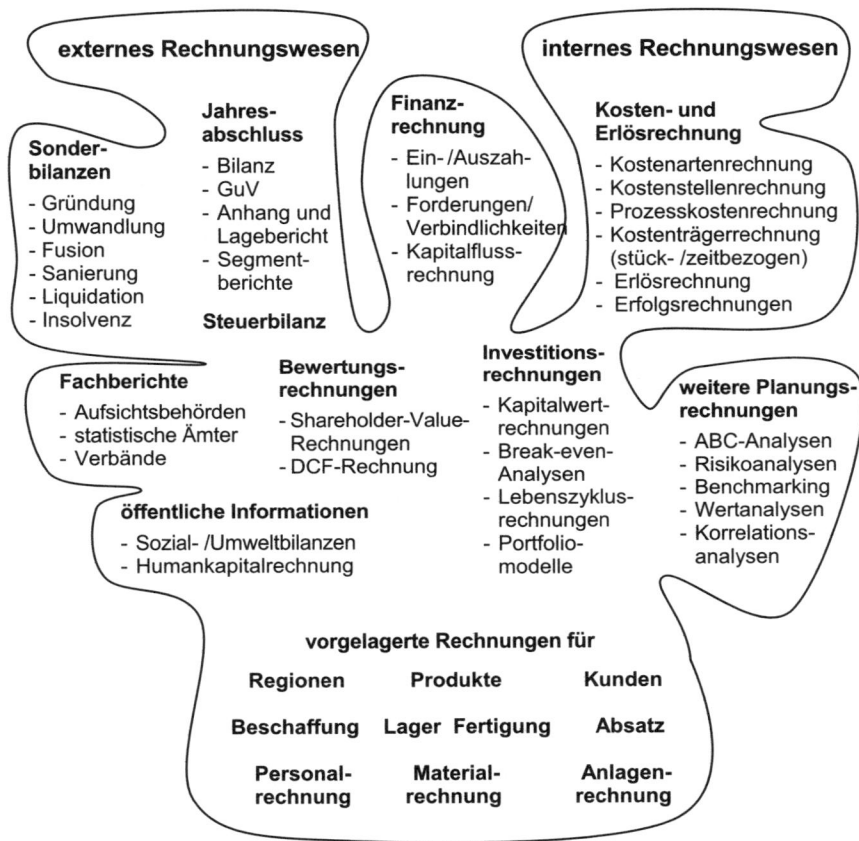

Abb. 45: Rechensysteme des externen und internen Rechnungswesens

Bewertungsrechnungen und Investitionsrechnungen hängen methodisch eng zusammen. Sie unterscheiden sich jedoch in ihren Adressaten. Bewertungsrechnungen richten sich an externe Adressaten. Von Bedeutung sind sie unter anderem für die Emissionspreisfestlegung bei Börsengängen, für das Pflichtangebot bei Übernahmen börsennotierter Gesellschaften sowie für den Ausschluss von Minderheitsaktionären gegen Barabfindung (,Squeeze Out'; vgl. § 327b AktG) sowie generell für die überbetriebliche Preisfestlegung für Unternehmen. Sie verwenden dazu vorwiegend die Discounted-Cash-flow-Methode (DCF-Verfahren) als standardisierte Fassung der Kapitalwertmethode mit Wertansätzen, die sich am durchschnittlichen Marktteilnehmer orientieren.

Dagegen dienen die eigentlichen Investitionsrechnungen der eigenständigen Beurteilung eines Investitionsprojektes und können in methodischer Sicht vor allem als Kapitalwert-, Break-even-, Lebenszyklus- oder Portfolioanalysen, ebenso wie hinsichtlich der Wertansätze sehr gezielt auf die betriebliche Situation angepasst werden (vgl. Troßmann 1998). Dies trifft für weitere Planungsrechnungen aus Abb. 45 ebenfalls zu. ABC-Analysen unterstützen die Unterscheidung wichtiger von weniger wichtigen Gütern und Prozessen und in der Folge die differenzierte Zuordnung von Planungsmethoden. Das Benchmarking ermittelt Kennzahlen zur Beurteilung betrieblicher Sachverhalte (Produkte, Prozesse, betriebliche Funktionen) auf Basis der Erfahrungen anderer Unternehmensbereiche oder anderer Unternehmen, die Sollgrößen aus Planungen des betrachteten Geschäftsbereichs oder Prozesses gegebenenfalls ergänzen (vgl. Burr/Seidlmeier 1998). Wertanalysen arbeiten Funktionen von Produkten oder Prozessen und deren Kosten heraus und versuchen, diese über unterschiedliche Gestaltungsvarianten zu optimieren (vgl. Küpper 2008, S. 373 ff.). Paradebeispiel für Korrelationsanalysen ist das bereits erwähnte Aufspüren von Zusammenhängen im Fertigungs- und Absatzbereich im Rahmen des Data Mining.

Extern und intern orientierte Rechnungen werden sich aufgrund ihrer unterschiedlichen Zielsetzungen trotz aller Bemühungen um eine Vereinheitlichung des Rechnungswesens unterscheiden. Immerhin ist es jedoch einen Versuch wert, durch geeignete Gestaltung der notwendigen vorgelagerten Rechnungen zur Erfassung und Planung von Personal, Material und Anlagen und durch eine Differenzierung dieser Rechnungen nach unterschiedlichen Bezugsgrößen, beispielsweise Produktarten, Regionen und Kunden oder im Leistungsprozess in Beschaffung, Fertigung und Absatz wenigstens eine gemeinsame Basis in Form einer einheitlichen **Grundrechnung** mit vielfältigen unterschiedlichen Auswertungsmöglichkeiten zu legen (vgl. Riebel 1994).

f.   Die Gestaltung des Berichtswesens

Informationen überraschen immer wieder mit der Spontanität ihres Flusses. Dies führt durchaus zu interessanten Erkenntnissen, doch leidet darunter die Verlässlichkeit der Informationsweitergabe und -verarbeitung. Zur Organisation des Informationsflusses zur betrieblichen Führung dienen Berichte. **Berichte** sind eine Form der strukturierten Informationsübermittlung. Die Personen, Einrichtungen, Regelungen, Daten und Prozesse, mit denen Berichte erstellt und weitergegeben werden, bilden ein Berichtssystem. Berichte und Berichtssysteme werden hinsichtlich mehrerer Merkmale strukturiert (vgl. Küpper 2008, S. 194 ff.; Mertens/ Griese 2009, S. 1 ff.).

Entscheidend für die Berichtsgestaltung ist der Berichtszweck. Zu unterscheiden sind wiederum Dokumentationszwecke, vor allem auch in extern orientierten Rechenschaftsberichten, von Planungs- und Kontrollberichten, die Planungsmaßnahmen auslösen, Entscheidungen vorbereiten oder Kontrollen unterstützen. Weiterhin sind der Absender und der Empfänger eines Berichts sowie der Berichtsweg zu bestimmen. Die Initiative zur Informationsübermittlung kann vom Berichtenden oder vom Berichtsempfänger ausgehen. Vielfach sieht das Berichtssystem feste Abläufe der Berichtserstellung vor oder erzeugt bestimmte Berichte automatisch (man spricht auch von generatoraktiven Berichten). Der Berichtsweg orientiert sich an der betrieblichen Organisation, doch sind Abweichungen und Ergänzungen denkbar.

Ein Bericht kann mündlich erstattet werden, alternativ durch ein Schriftstück, in einfacheren Fällen auch in anderer audiovisueller oder akustischer Form. Die Berichtsform prägt das verwendete Trägermedium. Beim Trägermedium stellt der technische Wandel das Dokumentenmanagement immer wieder vor neue Anforderungen, um die erfassten Informationen trotz verblassender Druckfarben, Säurefraß an Papier, alternder Magnetbänder und anderer Speichermedien, des Ausfalls von Lesegeräten oder mangelnder Verfügbarkeit veralteter Software zu erhalten.

Berichte sind für alle betrieblichen Sachverhalte denkbar, soweit diese eben zu dokumentieren oder Gegenstand von Entscheidungen sind. Berichte können sich auf Istwerte, Prognose- oder Vorgabewerte beziehen und Informationen in unterschiedlicher Verdichtung, als ursprüngliche oder als verdichtete Größen, speziell als Kennzahlen beinhalten. Sie werden regelmäßig in festen zeitlichen Rhythmen oder bei bestimmten Toleranzwertüberschreitungen erstellt (generatoraktive Berichtssysteme) oder in benutzeraktiven Berichtssystemen bei Bedarf angefordert. Unabhängig von der Berichtsauslösung können Berichte vorkonstruiert werden,

– die als reine Standardberichte periodisch einen vorgegebenen Informationsumfang beinhalten, aus dem die Empfänger diejenigen Informationen entnehmen, welche für sie interessant erscheinen,
– als reine Ausnahmeberichte (Signalsysteme) lediglich über einzelne oder kumulierte Abweichungen von vorgegebenen Sollwerten berichten oder die
– als Mischformen Standardberichte fallweise oder periodisch durch Ausnahmeberichte ergänzen.

Die Informationen für Standardberichte können in ebenfalls standardisierter Form zusammengestellt werden und sie werden in der Regel nicht von einem, sondern von vielen Empfängern genutzt. Daher sind Standardberichte vergleichsweise wirtschaftlich, können jedoch schlecht auf individuellen Informationsbedarf zugeschnitten werden. Da aus neuen Umweltbedingungen, betrieblichen Entwicklungen oder Zielen offensichtlich neuer Informationsbedarf entsteht, ohne dass immer deutlich wird, ob bisherige Informationen wegfallen können, tendieren Standardberichte dazu, an Umfang und Detailliertheit zuzunehmen. Dies führt zur vielfach beklagten Informationsflut. Ein Ausweg daraus ist die Vorgabe eines festen Berichtsumfangs, etwa eines einseitigen Management Abstract oder eines zeitlich begrenzten Statements als verdichtete Berichte. Ein anderer Ausweg sind die genannten Ausnahmeberichte und Mischformen, die neben ihrer reinen Signalfunktion darauf abzielen, durch Informationsfilterung das Augenmerk des Berichtsempfängers trotz dieser Datenflut auf wichtige Informationen zu lenken (vgl. Mertens 2009).

Einen Schritt weiter gehen benutzeraktive Berichtssysteme, indem sie dem Berichtsempfänger größeren Einfluss auf die Auslösung von Berichten und deren Gestaltung gewähren. Benutzeraktive Berichtssysteme erstellen typischerweise Bedarfsberichte. Diese beginnen bei einfachen standardisierten oder freien Abfragesystemen. Die Ausrichtung auf die individuellen Informationsbedürfnisse des Berichtsnutzers wird deutlicher bei Dialogsystemen, die Berichte und Auswertungsmöglichkeiten im Zusammenwirken von Daten- und Softwareangeboten des Systems und den Vorstellungen des Nutzers entwickeln und damit speziell auf die vielfältigen Informationsbedürfnisse der Unternehmensführung ausgerichtet werden können.

g. Die Informationstechnik

Der technische Aspekt des betrieblichen Informationssystems bezieht sich auf das Ausmaß und die Art der Nutzung elektronischer Informationstechnik in Form von Rechnern, Rechnernetzen und der zugehörigen Software. Grundsätzlich ist zu klären, inwieweit das Informationssystem sich überhaupt auf elektronische Technik stützen soll. Zwar nimmt die Technik aufgrund ihrer enormen technischen Entwicklung und vielseitigen Einsatzmöglichkeiten einen breiten Raum in der öffentlichen Wahrnehmung ein und bildet in vielen Betrieben einen großen Kostenblock. Dennoch erfolgt nach wie vor ein beträchtlicher Teil des betrieblichen Informationsaustauschs unabhängig von elektronischer Informationstechnik oder ergänzend zu ihr. Beispiele hierfür sind

- die Einrichtung formeller Wege des inner- oder zwischenbetrieblichen Informationsaustauschs, etwa durch

  · die direkte Zusammenarbeit in der Hierarchie und zwischen verschiedenen Stellen,
  · Besprechungen, Sitzungen Kommissionen, Komitees, Tagungen, Konferenzen und andere Formen der Kollegienzusammenarbeit oder
  · vor-Ort-Visitationen von Werken, Tochtergesellschaften, Lieferanten und Kunden;

- die gezielte Bereitstellung und Akzeptanz informeller Informationskanäle ohne offensichtliche Themenvorgabe, etwa durch die Einrichtung und Förderung kommunikativer Brennpunkte (Kaffee-Ecken, Betriebssport, Flurfunk, Golfplätze, VIP-Lounges oder sonstige gesellschaftliche Events).

Diese Informationssysteme schließen den Einsatz elektronischer Informationstechnik selbstverständlich nicht aus. Vielmehr können sie sich durchaus ergänzen und somit die Vorzüge der technischen Systeme, also die einfache Speicherung, die schnelle und kostengünstige Vervielfältigung, Bereitstellung und Verbreitung sowie Verarbeitung von standardisierten Informationen mit den Vorzügen persönlicher Kommunikation, also die gezielte Ausrichtung auf den Adressaten, die stärkere und länger nachwirkende Einprägung der Information durch geschickte emotionale und charismatische Präsentation, kombinieren. In Richtung dieser Kombination gehen auch Versuche der Individualisierung elektronischer Informationssysteme durch benutzerspezifische Möglichkeiten der mehrdimensionalen Datenauswertung, etwa im Online Analytical Processing (OLAP) mit Slicing- und Dicing-, Drill-down-, Sum-up und Roll-up-Optionen oder What-if- bzw. How-to-achieve-Analysefunktionen (vgl. Hansen/ Neumann 2009, S. 479 ff.) oder der ansprechenden Gestaltung von Bildschirm- und Vortragspräsentationen.

Die Ausgestaltung der Informationstechnik schwankt seit den Anfängen der maschinellen betrieblichen Datenverarbeitung zwischen zwei Grundformen: einerseits die zentrale Variante mit einem Zentralrechner, der die Daten und die Anwendungen speichert, und vielen Eingabe-/Ausgabe-Stationen in Form von Terminals oder auch PCs mit geringen weiteren Funktionen und andererseits die verteilte Datenspeicherung und -verarbeitung mit mehreren vernetzten Servern und Client-Rechnern, die über eigenständige Datenbestände und Anwendungssoftware verfügen (vgl. Stahlknecht/ Hasenkamp 2004, S. 126 ff., 446 ff.). Abb. 46 zeigt diese Grundformen in schematischer Übersicht.

Diese beiden Grundformen sind im Laufe der Zeit in verschiedener Form kombiniert worden. Streng genommen ist schon das Client/Server-Modell ein Kompromiss zwischen der zentralistischen Variante und einem dezentralen Konglomerat grundsätzlich gleichberechtigter Rechner. Aktuelle Entwicklungsformen, die zentrale und dezentrale Komponenten teilweise auf unterschiedliche Weise mischen, entstehen im Rahmen des Cloud Computing. Weitere Aspekte, die ebenfalls mit zentralistischen oder dezentralistischen Varianten zur Vielfalt der Kombinationsformen führen, sind beispielsweise die Fragen

- der Festlegung auf einen einzelnen oder die Zulassung mehrerer Hardware- und Softwarelieferanten,

– der Entwicklung eigener oder der Fremdbeschaffung von Anwendungssoftware oder
– die generelle Festlegung auf einen eigenständigen Betrieb des Informationssystems im Gegensatz zur Auslagerung auf externe Dienstleister (vgl. Burr 2003).

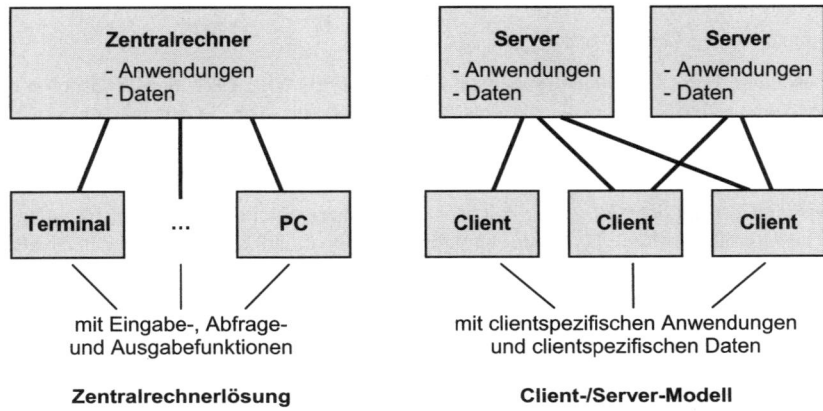

Abb. 46: Grundformen der verteilten Informationsverarbeitung

Ohne alle Kombinationen im Einzelnen vorstellen zu können, ist es zur Beurteilung dieser Kombinationen dennoch sinnvoll, auf die prinzipiellen Vor- und Nachteile dieser Grundformen zurückzugreifen. Sie ähneln in hohem Maße den generellen Merkmalen zentraler und dezentraler Organisation (vgl. Frese 2005). Zu den Vorteilen einer dezentralen Gestaltung des Informationssystems zählen

– die niedrigeren Hardwarekosten,
– die größere Flexibilität durch einfacheren Ausbau oder Abbau sowie
– die dezentrale, aufgabenorientierte Verantwortlichkeit

(vgl. Stahlknecht/Hasenkamp 2004, S. 446). Umgekehrt liegen Vorteile der zentralrechnerbasierten Variante in

– der besseren Daten- und Netzsicherheit,
– dem geringeren personellen Betreuungsaufwand sowie
– der höheren Verfügbarkeit.

Insbesondere in Branchen, für die die Datensicherheit eine besonders große Rolle spielt, werden daher Zentralrechner weiterhin vorherrschen (vgl. Stahlknecht/Hasenkamp 2004, S. 446). Dies gilt in besonderem Maße für Kreditinstitute. Zudem ist auch für andere, international tätige Unternehmen derzeit eine Tendenz zur Re-Zentralisierung oder zur Rechenzentrumskonzentration zu konstatieren, um die Vorteile strategisch günstiger Standorte (z. B. Kostenvorteile oder die Nähe zu IT-technischem Know-How) nützen zu können.

Diese grundsätzlichen Festlegungen zur Gestaltung des Informationssystems wirken auch auf die betriebliche Planung und die Organisation zurück. Denn generell ist davon auszugehen, dass dezentrale Varianten inhaltlich und in ihrer Anreizwirkung stärker auf die Bedürfnisse der dezentralen Entscheidungsträger ausgerichtet und damit für das Gesamtunternehmen aufwändiger zu steuern sind als zentrale Varianten. Diese Wechselwirkungen zwischen Informations-, Planungs- und Organisationssystem sowie dem übrigen Führungssystem hat die betriebliche Führung zu berücksichtigen.

6. Budgetierung

a. Kennzeichnung von Budgets

Eine besondere Form von Planvorgaben sind Budgets (vgl. Wild 1974, S. 325). Zur weiteren Kennzeichnung von Budgets sind die Planungsmerkmale aus Abb. 18 anzupassen. Ein **Budget** ist eine spezielle Plangröße, die meist in Geld ausgedrückt wird. Sie gilt für eine organisatorische Einheit, für einen abgegrenzten Zeitraum und für einen bestimmten Zweck.

Budgets sind verbindliche Vorgaben, nicht nur Prognosen. Sie können sowohl für Input- als auch Outputgrößen gelten. Typische Outputbudgetgrößen sind Umsätze, Deckungsbeiträge, Gewinn oder andere Erfolgsgrößen eines Verantwortungsbereichs. Inputbudgets sind die für den Bereich insgesamt oder in einzelnen Jahren bereitgestellten Finanzmittel. Die Budgets können die absolute Höhe der Finanzmittel festlegen oder bestimmte Kosten- oder Umsatzveränderungen, beispielsweise als Einsparvorgaben. Wichtig sind weitere Differenzierungen, etwa güterbezogen als Personalkosten- oder als Informationstechnikkostenbudget, funktionsbezogen als Forschungs- und Entwicklungs- oder als Marketingbudget oder produktbezogen als differenzierte Umsatzvorgabe, da in diesen Anwendungsbereichen durchaus unterschiedliche Budgetierungstechniken zum Einsatz kommen.

Zu diesen wichtigen Budgetmerkmalen gehört der Budgetzweck. Budgetvorgaben konkretisieren übergeordnete Ziele. Sofern sie anspruchsvoll festgelegt werden, aber doch nicht in unerreichbar scheinender Höhe, motivieren sie die Verantwortlichen. Dies besagen Ziel- und Anspruchsniveautheorien (vgl. Argyris 1953). Eine Beteiligung (Partizipation; vgl. C VI) an der Budgetfestlegung, ausgeprägte Einflussmöglichkeiten auf die Budgeteinhaltung sowie ein geeignetes Anreizsystem wirken ebenfalls motivierend (vgl. Friedl 2003, S. 361 f.). Doch setzt dies voraus, dass die Handlungsalternativen den übrigen Zielaspekten mit einem Mindestniveau genügen (zur Rolle satisfizierender Ziele vgl. Schweitzer/Troßmann 1998, S. 48 ff.). Die Kapitalallokation, d. h. die Zuteilung und Bewilligung finanzieller Mittel mit der entsprechenden Abgrenzung von Handlungs- und Entscheidungsfeldern strukturieren über die Ziele hinaus die Entscheidungsprobleme und -alternativen sowie die Entscheidungsprozesse. Budgets sind daher ein zentrales Koordinationsinstrument für die betriebliche Führung (vgl. auch Abb. 24 auf S. 120). Schließlich bildet ein Budget eine naheliegende Grundlage für Prognosen der Bereichsergebnisse und deren Kontrolle. Die Wirkung der Budgetkontrolle hängt davon ab, in welchem Maße Fehlverhalten des Budgetnehmers glaubwürdig aufgedeckt und generell Budgetverfehlungen toleriert werden (vgl. Baiman/Demski 1980). Dazu ist zu klären, ob dem Budgetnehmer bekannt ist, ab welcher Grenze die Abweichungen dokumentiert, analysiert und gegebenenfalls sanktioniert werden. Bei ausgeprägter Abhängigkeit der budgetierten Größe von einer oder mehreren Einflussgrößen, die außerhalb der Verantwortung der Budgetnehmer liegt, ist eine Festlegung flexibler Budgets oder von Ergänzungs- oder Eventualbudgets möglich. Allerdings sind die damit verbundenen automatischen Budgetanpassungen vorab sorgfältig zu prüfen, da sie die Klarheit der Budgetvorgabe eintrüben und sie in der Folge die Budgetverantwortlichen davon abhalten können, im Sinne der Unternehmung auf die Umweltentwicklungen zu reagieren. Empirische Untersuchungen weisen darauf hin, dass Manager bei starren Budgets oder Zielvorgaben auch Vorteile gegenüber flexiblen Mechanismen sehen (vgl. etwa Merchant 1987).

b. Kennzeichnung der Budgetierung

Zur Festlegung von Budgets gibt es unterschiedliche Verfahren, die regelmäßig den gesamten oder wesentlichen Teile des Planungszyklus umfassen (vgl. Dambrowski 1986, S. 128; Wild 1974, S. 325). Sie werden als Budgetierungsprozess oder Budgetierungstechniken bezeichnet. **Budgetierung** bezeichnet den gesamten Planungsprozess zur Erstellung, Vorgabe bzw. Vereinbarung, Kontrolle und Anpassung von Budgets.

Die Unterschiede zwischen den Verfahren rühren teilweise aus den Merkmalen der zu erstellenden Budgets her, teils ruhen sie in den Budgetbeteiligten oder sie drücken unterschiedliche Verfahrensmerkmale aus. Der Überblick über diese Merkmale und wichtige Ausprägungen in Abb. 47 zeigt wichtige Punkte, auf die bei der Budgetierung zu achten ist.

Budgetierungsbeteiligte (Budgetorgane)	
organisatorische Einordnung:	Unternehmensleitung, Instanzen, Stäbe
Zielvorstellungen:	einheitlich, [...], abweichend
Informationsverteilung:	gleichmäßig, [...], ungleichmäßig
Beteiligungsgrad:	zeitlich: ständig, zeitweilig, ausnahmsweise
	materiell: gering, [...], hoch
Methodik der Budgetierung	
Ausgangsgrößen:	Input, Output
Ausgangshöhe:	Nullbasis, Fortschreibung, Neufestsetzung
Abhandlung der Teilprobleme:	simultan, sukzessiv, kombiniert
vertikale Budgetabstimmung:	top – down, bottom – up, Gegenstromverfahren
	(retrograd, progressiv, zirkulär)
Budgetanlass (Auslösung):	regelmäßig, ereignisbezogen, unregelmäßig
Dokumentation des	undokumentiert,
Budgetierungsprozesses:	Gesprächsnotizen, Schriftwechsel, Handbücher
Anreizberücksichtigung:	explizit, [...], allenfalls implizit

Abb. 47: Merkmale der Budgetierung

An der Budgetierung sind Personen mit unterschiedlicher Stellung beteiligt: Der Budgetgeber steht regelmäßig hierarchisch über dem Budgetnehmer. Bei Konkurrenz mehrerer Projekte oder bei externer Finanzierung treffen jedoch auch Gleichgestellte aufeinander. Die Budgetierungsbeteiligten unterscheiden sich hinsichtlich ihrer Zielvorstellungen und der verfügbaren Informationen. Allerdings bestehen Möglichkeiten, die Zielvorstellungen über die Auswahl der Projektverantwortlichen oder deren spätere Sozialisation zu harmonisieren (vgl. Picot/ Dietl/Franck 2008, S. 258; Simon 1976, S. 198-219) oder durch bestimmte Rollenzuweisungen zu standardisieren (vgl. Simon 1976, 257-278). Ebenso kann man versuchen, durch geschickte Gestaltung der Informations- und Berichtssysteme alle Beteiligten mit den entscheidungsrelevanten Informationen zu versorgen (vgl. S. 158 ff. oder Küpper 2008, S. 180-194) und sie durch geeignete Anreizsysteme zur Informationsbereitstellung und -verwendung zu motivieren. Schließlich ist die Einplanung von Budgetreserven (‚Budgetary Slack') zu bedenken, die ebenfalls explizit oder insgeheim, im letzten Fall aber durch Initiative und Wissen des Budgetnehmers erfolgen kann. Als methodischer Ansatz zur Gewinnung und Aufbereitung entscheidungsrelevanter Information zur Budgetierung bietet sich speziell die Prozesskostenrechnung an (vgl. Troßmann 1992). Sie zielt gerade darauf ab, die Kosten in Gemeinkostenbereichen zu strukturieren und einer Gestaltung zugänglich zu machen, den Bereichen also, für die die Budgetierung besonderer Aufmerksamkeit bedürfen. Zur zielgerechten Berücksichtigung der Wirkung vielfältiger Einflussgrößen ist die Prozesskostenrechnung jedoch als Teilkostenrechnung zu konzipieren (vgl. Werkmeister 2003, Baumeister/Ilg 2004).

Daneben haben der Budgetierungsprozess und die Informations- und Berichtssysteme eine eigene Kommunikationsfunktion, die über die abschließende Feststellung des Budgets hinausgeht. Sie beruht darauf, dass die Beteiligten sich nicht nur gegenseitig formell über ihre Ziele, Handlungsalternativen, Restriktionen sowie mögliche Engpässe und andere Probleme informieren (vgl. Ewert/Wagenhofer 2008, S. 409), sondern auch im Zuge dieses Prozesses und gegebenenfalls über informelle Kommunikationsebenen ihre gegenseitige Einschätzung prägen. Die Budgetierungskommunikation wirkt als personenorientierte Führungskoordination zudem insofern über das Budget hinaus, als sie den Bedarf an differenzierten Budgets und weiteren Vorgaben sowie die Notwendigkeit von Kontrollen, allgemein also den Umgang mit der Umwelt- und Verhaltensunsicherheit beeinflusst.

Hinsichtlich der Merkmale des eigentlichen **Budgetierungsprozesses** ist die Budgetierung im laufenden Geschäft in mehrerer Hinsicht von einer Projektbudgetierung zu unterscheiden. Zielführend ist eine Berücksichtigung der Input-Output-Beziehung bei der Budgetfestlegung. Ein Kostenbudget sollte daher in Abhängigkeit des zu erstellenden Outputs festgelegt werden. Typische Beispiele dafür sind flexible Anpassungen von Produktionsprogrammen oder anderen Leistungsmengen für einzelne betriebliche Bereiche (Kostenstellen), in internationalen Unternehmen auch über mehrere Standorte und Währungsgebiete hinweg (vgl. Werkmeister 1997, S. 217). Die Kostenwirkungen solcher Verlagerungen zwischen bestehenden Standorten oder Mengenverschiebungen im Leistungsprogramm lassen sich vergleichsweise einfach prognostizieren und budgetieren. Gemessen daran fällt die Formulierung der Input-Output-Beziehung für neuartige Produkte, Standorte, Projekte oder für Gemeinkostenbereiche schwer. Im Vergleich zur Erfassung und Berücksichtigung der Input-Output-Beziehung und der Neufestsetzung von Budgets scheint die Fortschreibung bisheriger Budgets vielfach einfacher. Doch geht die inhaltliche Begründung für neuartige Projekte vielfach kaum über einfache Analogieüberlegungen und Ähnlichkeitskalkulationen hinaus. Ähnlichen Behelfscharakter haben einfache Budgetfestsetzungen, etwa durch gleichmäßige Aufteilung oder Kürzung verfügbarer Mittel (nach dem Gießkannen- bzw. Rasenmäherprinzip) oder durch das Anhängen von Forschungs- und Entwicklungs- oder Werbebudgets an die laufende Umsatzentwicklung.

Zwei Budgetierungstechniken mit einfachen Input-Output-Modellen sind das Zero-Base-Budgeting und die Gemeinkostenwertanalyse (vgl. z. B. Küpper 2008, S. 372-381; Troßmann 1992, S. 516-521). Beim Zero-Base-Budgeting werden künftige Budgets grundsätzlich neu für bestimmte Leistungen begründet. Dazu werden lediglich (typischerweise) drei Leistungsniveaus für eine Stelle definiert und diesen Leistungsniveaus Kostenbeträge zugeordnet. Die Gemeinkostenwertanalyse geht pauschal davon aus, dass bestehende Gemeinkosten überhöht sind. Durch die Forderung massiver Kostensenkungen sollen Kosten- und Nutzenbeträge für einzelne Positionen eines Katalogs von Leistungsarten begründet und Verbesserungsvorschläge erzwungen werden. Aus den Leistungsniveaus bzw. den Verbesserungsvorschlägen werden Leistungs- bzw. Aktionspakete zusammengestellt und auf das übergreifende Budget hin ausgerichtet. Dieser kurze Überblick verdeutlicht einen grundsätzlichen und namensgebenden Unterschied zwischen dem Zero-Base-Budgeting und der Gemeinkostenwertanalyse:

Während in der Gemeinkostenwertanalyse vorhandene Leistungsbeziehungen modifiziert werden sollen, liegt der Schwerpunkt des Zero-Base-Budgeting in einer Neufassung dieser Leistungsbeziehungen. Es nimmt durchaus einen vollständigen Verzicht auf bestimmte Leistungspakete in Kauf. Ein Neuanfang der Programmplanung (Basis Null) und somit die Beseitigung gewachsener Ineffizienzen wird von ihr zumindest proklamiert.

Kosten oder Erfolge für vorhandene Cost Center oder Profit Center werden regelmäßig, jährlich, quartals- oder monatsweise budgetiert und dies im allgemeinen nach einem stark standardisierten Schema. Dagegen fallen neuartige Investitionsprojekte weniger regelmäßig an und auch der Budgetierungsprozess ist dort tendenziell weniger standardisiert. Seine Dokumentation hängt in hohem Maße von der rechtlichen Stellung des zu budgetierenden Bereichs ab. Eigenständige Gesellschaften mit externen Kapitalgebern erfordern vielfach eine umfangreiche Rechnungslegung und spezifische Dokumentation, um die Finanzierungsvereinbarungen z. B. gegenüber Banken abzusichern. Für den organisierten Kapitalmarkt sind zudem die Vorschriften des Wertpapierhandelsgesetzes zu beachten (bspw. zum Insiderhandel und zu Ad-hoc-Meldepflichten). Dagegen kommen interne Budgetbereiche möglicherweise mit geringerer Dokumentation aus. Zumindest ist sie gemäß eigenen Vorstellungen gestaltbar.

c. Gestaltung eines Budgetsystems

Wird das Budgetierungsproblem in mehrere hierarchische, sachliche, funktionale oder räumliche Teilprobleme zerlegt, stellen sich die typischen Probleme der Plankoordination (vgl. III 1 d). Bei sukzessiver Vorgehensweise ist die Reihenfolge der Teilbudgetierungen festzulegen. Ein Beispiel ist eine absatzbasierte Planung, in der ein Fertigungsplan an den Absatzplan und an diese beiden Pläne wiederum weitere Planungen anknüpfen. Für diese funktionalen Bereiche der betrieblichen Leistungserstellung werden Betriebsbudgets festgelegt. Daneben sind eigene Budgets für wichtige Einsatzgüter (z. B. Material oder Personal) möglich, deren Höhe mit den Einsatzbereichen dieser Güter abzustimmen ist. Investitionsbudgets verknüpfen die typischerweise kurzfristigen Betriebsbudgets mit längerfristigen Überlegungen. Die Planungs- und Budgetierungsabfolge grenzt die Handlungsmöglichkeiten der nachfolgenden Bereiche bereits stark ein, so dass für ihre Budgetierung vergleichsweise präzise Voraussetzungen vorliegen. Zeichnet sich im Budgetierungsablauf eine unbefriedigende Finanz- oder Erfolgssituation ab, sind vorangegangene Schritte neu aufzuwerfen. Die Zusammenfassung der Teilbudgets sowie der Liquiditäts- und Erfolgswirkungen der Betriebs- und Investitionspläne wird als Masterbudget bezeichnet. Abb. 48 zeigt ein Beispiel mit ausgewählten Vor- und Rückkopplungen. Ähnlich wie bei der Abstimmung funktionaler Teilbudgets ist bei Teilproblemen auf unterschiedlichen Hierarchiestufen entsprechend die Reihenfolge der vertikalen Budgetabstimmung festzulegen.

d. Entwicklungen der Budgetierung

Die Vielzahl und Vielfalt der Ausgestaltungsmerkmale der Budgetierung (vgl. Abb. 47) zeigen, dass die Budgetierung ein Koordinationsinstrument ist, das grundsätzlich sehr flexibel gestaltet und eingesetzt werden kann, um anstehende Führungsaufgaben in strategischer wie taktischer und operativer Sicht zu bewältigen. Entsprechend häufig ist daher auch ihr Einsatz in Betrieben. Allerdings wird an betrieblichen Anwendungen vielfach kritisiert, dass sie sehr an bekannten Lösungen orientiert seien und diese im Wesentlichen fortschreiben, mit hohem Zeit- und Personalaufwand an vergleichsweise kleinen Verbesserungen dieser Lösungen arbeiten. Zudem sei die Budgetierung in vielen Betrieben sehr stark ritualisiert und verlöre die

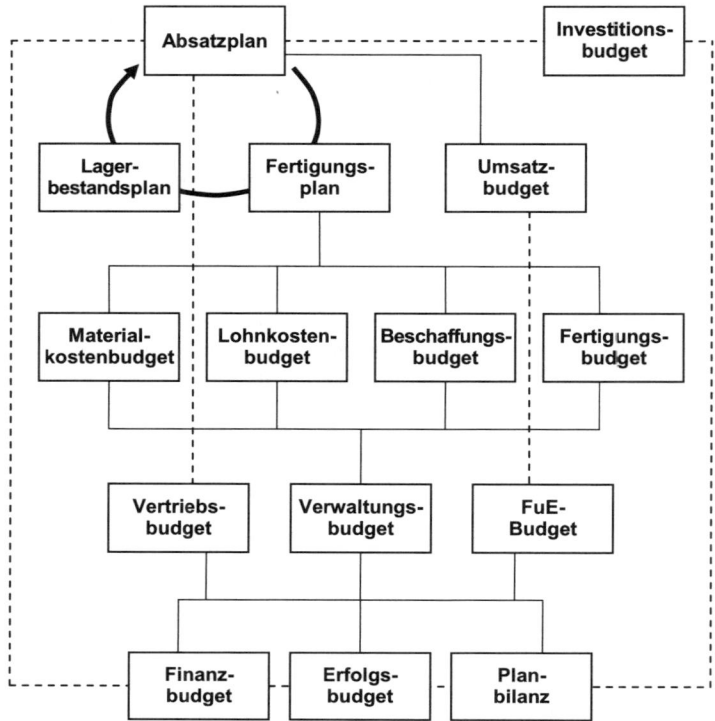

Abb. 48: Plan- und Budgetzusammenhang im Masterbudget

strategische Perspektive aus dem Auge. Typische Aussagen werden *Jack Welsh* (CEO General Electric; „The budget is the bane of corporate America") oder *Bob Lutz* (CEO Chrysler; "The budget is a tool of repression") zugeschrieben (vgl. Gleich/Greiner/Hofmann 2006, S. 25). Unter diesen Mängeln leidet auch die Motivations- und Anreizfunktion von Budgets und der Budgetierung, sich und den Betrieb auf neue Ideen auszurichten, sich dafür ambitionierte Ziele zu setzen und die nötigen Ressourcen einzuplanen.

Werden in der Budgetierung solche Defizite festgestellt, bieten sich verschiedene Auswege. Zu den wichtigsten von ihnen gehörten:

−   Outputorientierte Ausrichtung der Budgetierung
    Budgets sind Mittel für einen Zweck. Diese einfache Aussage geht in dem Maße unter, in dem Budgets sich verselbstständigen, d. h. ein vorhandenes Budget und die vorhandenen Inputs als Grundlage der Budgets für das nächste Jahr gelten (der sogenannte Sperrklingen- bzw. Ratchet-Effekt) und allenfalls pauschal angepasst werden (z. B. um die Inflationsrate abzüglich einer Kostensenkungsvorgabe). Mit einer output-, d. h. zweckorientierten Vorgehensweise kann das Budget eher auf das ausgerichtet werden, was wirklich benötigt und nachgefragt wird. Grundsätzliche Konzepte dafür wurden mit der outputorientierten Programmbudgetierung für Bereiche mit einem hohen Anteil an Einzel- bzw. variablen Kosten sowie mit dem Zero-Base-Budgeting für Gemeinkostenbereiche vorgestellt.

– Strategische Ausrichtung der Budgetierung
Ein anderer Ansatz zur Überwindung der Beharrungskräfte und Fortschreibungstendenzen bestehender Budgets bietet eine Ausrichtung der Budgets an strategischen Zielvorstellungen. Es ist offensichtlich, dass neue Strategien nicht mit derselben Detailliertheit und Verlässlichkeit in präzise Budgets umzusetzen sind wie altbekannte Maßnahmen. Sie sind damit auch eine Quelle von Unsicherheit für die Betroffenen. Doch kann die notwendige Pionierarbeit wiederum neue Ideen und Motivation freisetzen, insbesondere wenn die Betroffenen als Beteiligte eingebunden werden.

– Ergänzung der Budgetierung um nichtmonetäre Plangrößen
Ein Vorzug von Budgets liegt in ihrer Aggregation zahlreicher nichtmonetärer Inputgrößen in eine monetäre Vorgabegröße. Dies vereinfacht die Planung und ermöglicht eine Kompetenzdezentralisierung, da zahlreiche Planungs- und Umsetzungsaspekte nicht mehr in ihren technischen Einzelheiten in die Planung eingehen müssen, sondern dezentral bei Bedarf entschieden werden können. Dennoch kann die Berücksichtigung nichtmonetärer Plangrößen zweckmäßig sein. Allerdings sollten es dann keine Inputgrößen sein, sondern Performancemaße, mit denen strategische Ziele und Outputgrößen operationalisiert werden können (z. B. Marktanteile, Reichweiten oder Kundenzufriedenheitsmaße).

– Entschlackung der vorhandenen Budgetierung:
Bei vorhandenen Budgetierungssystemen sind zwei Tendenzen beobachtet worden (vgl. Argyris 1953): (i) Methodisch eine Tendenz zur Verfeinerung und Komplexität und (ii) im Volumen zum Aufbau von Budgetreserven („budgetary slacks"). Es gehört zu den systemverbessernden Aufgaben des Controlling, kleinere Schwächen von Koordinationsinstrumenten zu beheben, etwa durch zusätzliche Bezugsgrößen, verfeinerte Kostenspaltungen in fixe, sprungfixe und variable Kosten etc. Dabei darf aber nicht übersehen werden, dass Verfeinerungen, die sich nicht bewährt haben oder durch die betriebliche oder die Marktentwicklung obsolet geworden sind, wieder beseitigt werden müssen. Ebenso sind Budgetreserven, die ursprünglich einmal wegen der mit neuen Projekten verbundenen Unsicherheit zweckmäßig gewesen sein mögen, zu hinterfragen und abzubauen, wenn sich die Situation stabilisiert hat. Unnötige Prozesse – bei der Budgetierung ebenso wie in den Budgetierungsbereichen – sind ohnehin abzustellen. Das Problem liegt in ihrer Identifizierung.

Der Konflikt zwischen den verschiedenen Ansätzen ist offensichtlich. Während die ersten drei Zielrichtungen etwas zur vorhandenen Budgetierung hinzufügen und diese damit aufwändiger gestalten, schlägt der vierte Ansatz die Gegenrichtung ein. Die Lösung wird daher nur ausnahmsweise in einer der Richtungen liegen, sondern eher im Abwägen einer passenden Kombination gezielter Verbesserungen und Einsparungen.

Nach dem Ausmaß der beabsichtigten Veränderungen kann man in Anlehnung an *Gleich, Greiner* und *Hofmann* (2006, S. 29) zwei Konzepte unterscheiden:

Zum **Better Budgeting** zählen sie

· eine Verbesserung der IT-Unterstützung,
· eine Verbesserung der Datenmodelle der Budgetierung,
· eine Harmonisierung der verwendeten Daten (keine Inkonsistenzen)
· benutzerfreundliche Planungsformulare,
· bessere Schulung der Beteiligten
· eine konservative Reduzierung der Detailliertheit der Budgets.

Als **Advanced Budgeting** bezeichnen sie (vgl. Gleich/Greiner/Hofmann 2006, S. 29 ff.)

·   eine Umsetzung der outputorientierten Planung,
·   eine stärkere Anbindung an die Strategie,
·   eine Änderung der Inhalte von Planung und Budgetierung
·   eine Anbindung an den Rolling Forecast,
·   ein ganzheitliches Performance Measurement,
·   selbstadjustierende Ziele.

Auch wenn insbesondere unter der Rubrik Änderung der Inhalte von Planung und Budgetierung durchaus einige Verschlankungen der Budgetierung vorgeschlagen werden (z. B. die Planung eines Postens Kommunikationskosten statt detailierter Porto-, Fax-, Festnetz- und Handykosten oder eines Postens Bürokosten statt Miet-, Reinigungs-, Kommunikationskosten etc.), droht angesichts der übrigen – im Einzelnen durchaus zweckmäßigen und in der Planungs- und Budgetierungsliteratur schon seit längerem vorgeschlagenen Erweiterungen – doch die zuvor kritisierte Komplexitätsgefahr.

Statt der inkrementell angelegten Verbesserungs- und Erweiterungsansätze wird daher ein Beyond-Budgeting-Ansatz vorgeschlagen (vgl. Hope/Fraser 2003; www.bbrt.org). Er fasst verschiedene Führungsprinzipien in einem dezentralen, stark auf Selbststeuerung ausgelegten Führungskonzept für eine Netzwerkorganisation zusammen, das über die als mechanistisch und zentralistisch eingestuften herkömmlichen Command-and-Control-Budgetierungs-Modelle hinausgeht (vgl. die Gegenüberstellung der Managementmodelle in Abb. 49):

Das Beyond-Budgeting-Modell

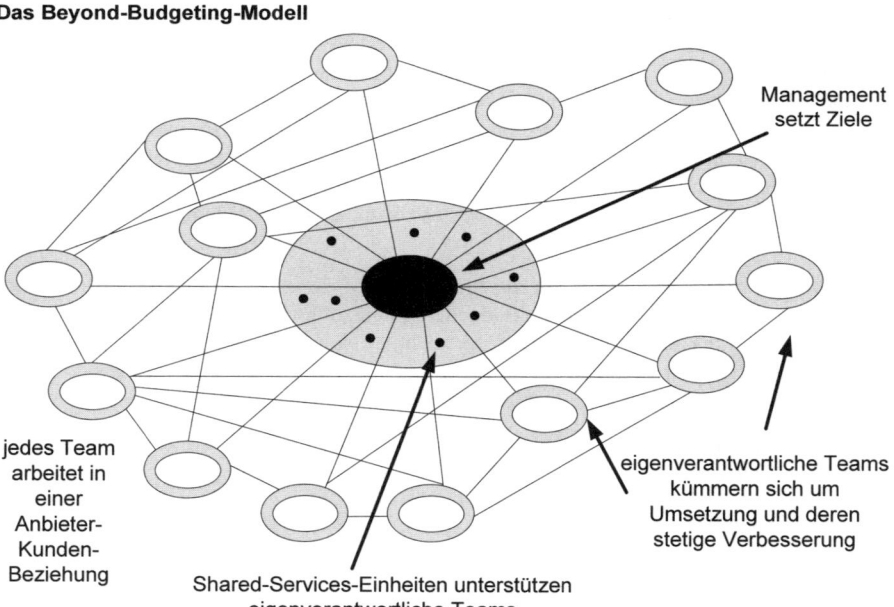

Management
setzt Ziele

jedes Team
arbeitet in
einer
Anbieter-
Kunden-
Beziehung

Shared-Services-Einheiten unterstützen
eigenverantwortliche Teams

eigenverantwortliche Teams
kümmern sich um
Umsetzung und deren
stetige Verbesserung

Das Command-and-Control-Modell

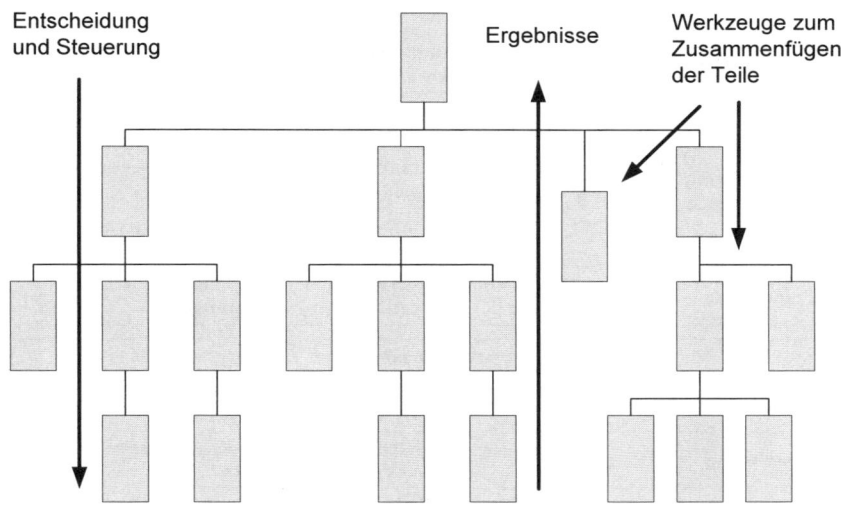

Abb. 49: Gegenüberstellung mentaler Management-Modelle nach dem Beyond-Budgeting-Ansatz (vgl. www.BBRT.org; Stand: 17.02.2010)

Zur Umsetzung des Beyond-Budgeting-Management-Modells wurden zwölf Prinzipien festgelegt, deren gemeinsame Anwendung die postulierte dezentrale Netzwerk(selbst)steuerung ermöglichen soll. Abb. 50 fasst sie zusammen. Es handelt sich um sechs Prinzipien, mit denen die Entscheidungsautonomie der betrieblichen Einheiten verstärkt werden soll (Leadership Actions) und weitere sechs Prinzipien, mit denen diese selbststeuernden Einheiten dennoch koordiniert werden sollen.

Diese Prinzipien sollen die betrieblichen Entscheidungen auf die Anforderungen ausrichten, die sich in wandelnden Märkten ergeben. Die Kombination dieser Prinzipien zur Erfüllung der Anforderungen dynamischer Märkte ist in sich nicht immer widerspruchsfrei – etwa die Forderung einer klaren strategischen Zielorientierung bei gleichzeitigen flexiblen Planungsansätzen – und wird auch in der Umsetzung zahlreiche Probleme aufwerfen. Die Festlegung von Verrechnungspreisen für die angestrebte flexible Koordination über interne Märkte setzt Planungen der Mengenstruktur voraus, um Effizienzvorteile gegenüber externen Märkten nutzen und bewerten zu können. Performanceabhängige Belohnungssysteme werden propagiert, ohne die Details der Umsetzung und kritische Nachteile zu diskutieren. Die starke Betonung relativer Zielvereinbarungen, d. h. insbesondere die Orientierung an Ergebnissen der Konkurrenz, passt zu Wachstumsphasen. In gesamtwirtschaftlichen Krisen können solche Ziele zu schwach ausfallen und zu geringe Anreize zur Vorsorge setzen. Solche Probleme lassen sich lösen, wie auch zahlreiche Fallbeispiele zeigen (vgl. www.bbrt.org). Aber da diese Lösungen im Detail doch recht unterschiedlich ausfallen, bleibt als Fazit zum Beyond Budgeting, dass seine allgemeinen Prinzipien eine Führungsphilosophie widerspiegeln, deren Umsetzung jedoch eines abgestimmten Einsatzes von Koordinationsinstrumenten bedarf, darunter auch der Budgetierung.

Führungshandeln	
1. Kunden	**Konzentriere dich alle auf die Kunden,** **nicht auf hierarchische Beziehungen.**
2. Prozesse	**Organisiere eine schlankes Netzwerk rechenschaftspflichtiger Teams,** *keine zentralisierten Funktionen.*
3. Autonomie	**Gib Teams die Freiheit und Fähigkeit zum Handeln,** *mikro-manage sie nicht..*
4. Verantwortung	**Schaffe eine Verantwortungskultur auf allen Ebenen,** *nicht nur im Zentrum..*
5. Transparenz	**Fördere offene Information zum Selbstmanagement,** *beschränke sie nicht hierarchsich*
6. Steuerung	**Arbeite mit wenigen klaren Werten, Zielen und Grenzen,** *nicht mit festen Zielvorgaben.*

Ausrichtung der Führungsprozesse auf das Führungshandeln	
1. Ziele	**Setze relative Ziele für kontinuierliche Verbesserung,** *handle keine fixen Verträge aus.*
2. Belohnung	**Belohnung geteilten Erfolg auf Basis relativer Performance,** *nicht feste Zielvorgaben.*
3. Planung	**Gestalte Planung als kontinuierlichen partzipativen Prozess,** *nicht zu einem jährlichen Top-Down-Event.*
4. Kontrolle	**Basiere Kontrollen auf relativen Kennzahlen und Trends,** *nicht Abweichungen gegenüber dem Plan.*
5. Ressourcen	**Stelle Ressourcen bereit, wenn nötig,** *nicht durch jährliche Budgetzuteilung.*
6. Koordination	**Koordiniere Zusammenarbeit dynamisch,** *nicht durch jährliche Planungsrunden.*

Abb. 50: Prinzipienkatalog des Beyond Budgeting
(vgl. Hope/Fraser 2003, S. 61; www.BBRT.org)

7. Verständnisfragen

a. „Pläne sind nichts – Planung ist alles!" Welche Charakteristika von Plänen und Planung hatte General Eisenhower Ihrer Meinung nach im Sinn, als er diesen Ausspruch tat?

b. Stellen Sie simultane und sukzessive Planungstechniken anhand eines selbstgewählten Beispiels gegenüber. Welche Vor- und Nachteile sehen sie bei einer simultanen Planung?

c. Vergleichen Sie die flexible Plankostenrechnung und die Planung mit Entscheidungsbäumen als flexible Planungstechniken. Wählen Sie je einen typischen Anwendungsfall und erläutern Sie charakteristische Vor- und Nachteile der beiden Verfahren.

d. Fassen Sie die zentralen Aussagen des Realoptionsansatzes zur Bewertung unsicherer Projekte zusammen. Worin sehen Sie wichtige Stärken und Schwächen dieses Ansatzes?

e. Vergleichen Sie vier charakterisitische Budgetierungstechniken hinsichtlich wichtiger Merkmale.

f. Welche grundsätzliche Kritik wird von Vertretern des Beyond Budgeting an Planungs- und Budgetierungssystemen geäußert?

Welche grundsätzlichen Probleme drohen umgekehrt bei Orientierung an den Prinzipien des Beyond Budgeting?

g. In Wissensbanken soll das Wissen der Mitarbeiter erfasst, gespeichert und bereitgestellt werden. Welche Anreizprobleme werfen die Bestückung der Wissensbanken und ihre Nutzung auf? Diskutieren Sie Lösungsansätze.

IV. Organisation

In Kapitel C I wurde mit dem Thema ‚Corporate Governance' der institutionelle Handlungsrahmen der Unternehmensführung vorgestellt. Innerhalb dieses Handlungsrahmens haben die vorangegangenen Kapitel C II und III die beiden Führungsinstrumente der Strategieformulierung sowie der Planung und Budgetierung in den Mittelpunkt der Betrachtung gerückt. Eine wichtige Zielsetzung der Strategieformulierung und Planung liegt in der Bestimmung der Wertschöpfungsleistungen, welche durch das Unternehmen zu erbringen sind. Um die vielfältigen und komplexen Aufgaben im Rahmen des Wertschöpfungsprozesses zur Umsetzung der Strategien und Planungen erfüllen zu können, bedarf es eines geeigneten Ordnungsrahmens, oder präziser formuliert, eines geeigneten Organisationsrahmens. Dieser organisatorische Rahmen wird im vorliegenden Kapitel C IV portraitiert.

Die Kernherausforderung der Unternehmensorganisation besteht darin, ein Grundgerüst für die Arbeitsteilung und das Zusammenwirken der vielfältigen, dem Unternehmen zur Verfügung stehenden Ressourcen, d. h. der Mitarbeiter, des physischen Kapitals, der finanziellen Ressourcen, der Technologien etc. zu liefern. Aus Sicht des Resource-based View of the Firm stellt die Organisation selbst eine Ressource des Unternehmens dar, mit der sich verteidigungsfähige Wettbewerbsvorteile erzielen lassen. *Barney* (1991, S. 101) bezeichnet sie als ‚organisationales Kapital' (vgl. Kapitel B II 3 b). In einer erweiterten Sicht handelt es sich bei der Unternehmensorganisation jedoch nicht nur um eine einzelne Ressource i. e. S., sondern vielmehr um eine kollektive Ressource i. w. S. D. h., ein passendes organisatorisches Grundgerüst ermöglicht den koordinierten, zielorientierten Einsatz der einzelnen Ressourcen und ist damit Voraussetzung für das Entstehen von Unternehmenskompetenzen (vgl. Kapitel B II 3 c). Dass der Resource-based View nicht „organisationsleer" ist sondern eine eigenständige Organisationskonzeption entwickelt hat, zeigt sich auch am Konzept der organisatorischen Routine und an der Betonung des administrativen Rahmens bei *Edith Penrose*, der das unternehmerische Ressourcenbündel zusammenhält (vgl. Penrose 1995).

Die Neue Institutionenökonomik vertritt ein anderes Organisationsverständnis. Im Mittelpunkt dieser Organisationstheorien steht die Gestaltung von Governance Strukturen mit Hilfe von Verträgen, Anreizsystemen und Kontrollsystemen, so dass Arbeitsteilung und Koordination zwischen Akteuren effizient bewältigt werden können.

Aus dem Strategieansatz der Industrial Organization-Forschung lassen sich keine Aussagen zur Unternehmensorganisation ableiten, da er sich auf die Branche und die in ihr wirkenden Wettbewerbskräfte konzentriert und die Binnenstruktur von Unternehmen ausblendet.

Nachfolgend wird vor allem ein ressourcenorientiertes Organisationskonzept dargestellt, in dessen Mittelpunkt die durch effiziente Organisation ermöglichte Exploitation und Exploration von unternehmerischen Ressourcen steht.

Welche Organisationsform ist die richtige? Welche Konfiguration und welche Regelungen sind für eine Organisationsform in Anbetracht der spezifischen Situation des Unternehmens und der Besonderheiten der zu erfüllenden Aufgabe zweckmäßig? Bei der Festlegung des organisatorischen Grundgerüsts stehen der Unternehmensführung zahlreiche Gestaltungsparameter zur Verfügung. Beispielhaft genannt seien die folgenden Fragen, die es bei der Gestaltung zu beantworten gilt:

- Nach welchen Kriterien soll die (komplexe) Gesamtaufgabe in einzelne Teilaufgaben zergliedert werden?
- Welche Aktivitäten sollen zu organisatorischen Teileinheiten zusammengefasst werden (in Stellen, Gruppen, Abteilungen, Geschäftseinheiten etc.)?
- Wie sollen die einzelnen Aktivitäten bzw. Arbeiten innerhalb der organisatorischen Einheit koordiniert, gesteuert und überwacht werden?
- In welchem Verhältnis stehen die Teileinheiten zueinander, d. h. wie soll die Koordination der Teilaufgaben erfolgen, die von den verschiedenen organisatorischen Teileinheiten übernommen wird?

Die Organisation ist nicht nur ein komplexes, sondern auch ein abstraktes Phänomen. Den Personen im Unternehmen (und externen Betrachtern) erschließt sich die Organisation allenfalls ausschnitthaft, bspw. anhand von Organisationshandbüchern, Organisationsschaubildern (Organigrammen), Stellenbeschreibungen, Arbeitszeitregelungen oder Ablaufplänen: „Diese stellen lediglich Oberflächenmerkmale der Unternehmensorganisation dar, sie vermögen jedoch nicht den vielschichtigen Gesamtkomplex der organisatorischen Regelungen vollständig wiederzugeben." (Macharzina/Wolf 2008, S. 463). Der einleitende Teil dieses Kapitels beschäftigt sich deshalb zunächst mit dem Begriff und den Grundlagen der Organisation. Neben der Aufgabe und den Notwendigkeiten des Organisierens werden vor allem die Merkmale und Elemente sowie verschiedene begriffliche Perspektiven der Organisation thematisiert (C IV 1). Kapitel C IV 2 geht auf die wichtigsten Parameter der organisatorischen Gestaltung im Sinne von Grundbausteinen (oder besser: Strukturdimensionen) der Unternehmensorganisation ein. Anschließend führt Kapitel C IV 3 diese verschiedenen Strukturdimensionen zusammen und portraitiert und diskutiert die Zweckmäßigkeit verschiedener Konfigurationen der organisatorischen Gestaltung am Beispiel der in der Unternehmenspraxis verbreiteten formalen Organisationsstrukturen. Das Kapitel C IV 4 fokussiert abschließend die Defizite der gängigen formalen und insbesondere hierarchisch angelegten Strukturmodelle der Organisation. Dabei stehen Herausforderungen wie die bereichsübergreifende Zusammenarbeit und die Stärkung der informellen Koordination im Mittelpunkt. Zielsetzung dieser Auflockerung formaler Strukturmodelle ist die Steigerung der Problemlöse- und Innovationsfähigkeit von Organisationen.

1. Grundlagen der Organisation

a. Begriffe und Perspektiven der Organisation

Die Literatur differenziert in drei unterschiedliche Sichtweisen der Organisation im Sinne von drei verschiedenen Begriffsauffassungen: Die **institutionelle, instrumentale und funktionale Organisationsperspektive** (vgl. u. a. Bühner 2004; Kieser/Walgenbach 2007; Schulte-Zurhausen 2005; Scott 1986). Die drei Begriffsauffassungen ergänzen sich und nähern sich dem Organisationsbegriff lediglich aus unterschiedlichen konzeptionellen Perspektiven.

Nach dem **institutionellen Organisationsbegriff (,,Das Unternehmen ist eine Organisation")** haben Organisationen in einer arbeitsteiligen Gesellschaft den Charakter von Institutionen im Sinne von institutionalisierten Ein- oder Mehrpersonengebilden. Organisationen sind zielorientierte soziale Gebilde, welche durch Mitgliedschaften klar von ihrer Umwelt abgrenzbar sind. Durch Verträge und formale Regeln üben Organisationen normative Macht auf ihre Mitglieder aus und definieren die Menge und Art erwünschter und sanktionsfrei möglicher Handlungen (vgl. Wiegand 1996, S. 75).

Im Gegensatz zum institutionellen Verständnis von Organisationen, welches Organisation und Unternehmen gleichsetzt, wird in der funktionalen und instrumentellen Perspektive die Organisation als Bestandteil des Unternehmens gesehen, insbesondere als Mittel zur Erreichung der Unternehmensziele (Bühner 2004, S. 2): „Der Mittelcharakter ist in zweifacher Hinsicht von Bedeutung: zum einen in der Funktion der Organisation als Prozess des Organisierens und zum anderen als Ergebnis organisatorischen Tätigseins." Demzufolge wird zwischen dem **funktionalen Organisationsbegriff** und dem **instrumentalen Organisationsbegriff** unterschieden. Aus **instrumentaler Sicht** ist die Organisation, als Ergebnis organisatorischen Tätigseins, ein Instrument der Unternehmensführung: Organisation ist kein Selbstzweck, sondern ein wichtiges Mittel zur effizienten Führung von Unternehmen (**,,Das Unternehmen hat eine Organisation"**). Zentraler Bestandteil dieses Instruments ist die formale Organisationsstruktur. Aus **funktionaler Sicht** wird Organisation als Prozess verstanden, d. h. als Abfolge von Aufgaben und Tätigkeiten, die im Zusammenhang mit der Planung und Implementierung der formalen Organisationsstruktur stehen (**,,Das Unternehmen wird eine Organisation"**). Organisation ist demzufolge die Tätigkeit des Organisierens.

In welchem Verhältnis steht die Organisation zur Unternehmensführung und zum Strategischen Management? Die funktionale Perspektive und insbesondere die instrumentelle Perspektive stehen in der Tradition der historischen Analyse und These von *Alfred Chandler* (1962) und geben eine klare Antwort: „**Structure Follows Strategy**", die Organisationsstruktur folgt der Unternehmensstrategie. Die Anpassung der Organisationsstrukturen an die Unternehmensstrategie stellt demnach eine klassische Implementierungsaufgabe dar. So erfordern Änderungen von Unternehmenszielen und Strategien, z. B. eine Diversifikations- oder Internationalisierungsstrategie von Unternehmen, auch eine Anpassung der organisatorischen Strukturen und Prozesse. In der Literatur wird auch das umgekehrte Verhältnis diskutiert: „Strategy follows Structure" (vgl. Burton/Kuhn 1979; Hall/Saias 1980). Diese Sichtweise zielt darauf ab, dass in der Unternehmenspraxis oftmals die etablierten Organisationsstrukturen die Formulierung und Ausrichtung der Unternehmensstrategie einschränken bzw. prägen (vgl. Hammond 1994, S. 99). Nur jene Strategien sind demzufolge durchsetzbar, welche sich mittels der vorhandenen Organisationsstruktur friktionslos umsetzen lassen.

In der deutschen Organisationslehre wird zwischen **Aufbau-** und **Ablauforganisation** unterschieden. Die Aufbauorganisation bildet das statische Gerüst. Sie legt die Zuordnung von Aufgaben im Unternehmen auf organisatorische Teileinheiten fest und regelt die Beziehungen zwischen diesen Teileinheiten durch Zuweisung von Entscheidungs- und Weisungsbefugnissen sowie von Verantwortung. Die Ablauforganisation (synonym: **Prozessorganisation**; vgl. hierzu ausführlich Kapitel C V) regelt die zur Aufgabenerfüllung notwendigen Abläufe (Arbeits- und Informationsprozesse) innerhalb des durch die Ablauforganisation gesteckten Rahmens. *Hoffmann* (1992, Sp. 208) weist darauf hin, dass diese Trennung nur analytischen Charakter besitzt und primär der besseren Durchdringung der ganzheitlichen organisatorischen Problemstellung dient: „Aufbau und Ablauf sind verschiedene Betrachtungsweisen des *gleichen* Gegenstandes. Beide bilden die bewusst geplante, formale, aus sachrationalen, generellen und dauerhaften Regelungen bestehende Organisationsstruktur der Unternehmung."

b. Aufgabe und Notwendigkeit des Organisierens

Organisationen sind ein hervorstechendes, wenn nicht gar das prägende Merkmal moderner Industrie- und Dienstleistungsgesellschaften (vgl. Scott 1986, S. 24). Eine zentrale Ursache für den Bedeutungszuwachs von Organisationen in modernen Gesellschaften, insbesondere (aber nicht ausschließlich) in der wirtschaftlichen Domäne, ist der Anstieg der Komplexität der zu bewältigenden Aufgaben und die daraus resultierende Notwendigkeit zur Kooperation und Arbeitsteilung zwischen einzelnen Akteuren. Um die vielfältigen und komplexen Aufgaben eines Wertschöpfungsprozesses erfüllen zu können, bedarf es eines geeigneten Ordnungsrahmens, oder präziser formuliert, eines passenden Organisationsrahmens (vgl. Macharzina/ Wolff 2008, S. 462).

Ein illustratives Beispiel für eine komplexe Aufgabe stellt die Entwicklung und Fertigung eines modernen Passagierflugzeuges dar. So entwickelt und fertigt Airbus seine Passagierflugzeuge der A3XX-Familie (A320, A330, A340 A350, A380) an über 15 verschiedenen Standorten in Europa. Airbus beschäftigt derzeit ca. 52.000 Mitarbeiter (2009). Darüber hinaus sind 100.000 Menschen in mehr als 1.500 rechtlich und wirtschaftlich selbstständigen Zulieferbetrieben im Auftrag von Airbus tätig. Die Hauptsäulen der Produktion sind die beiden Endmontagewerke in Finkenwerder (Hamburg) und Toulouse (Frankreich). Die anderen Airbus-Standorte haben sich auf die Entwicklung bzw. Fertigung einzelner Komponenten und Teile spezialisiert. Die nachfolgende Abb. 51 zeigt die Arbeitsteilung bei Airbus in der Flugzeugproduktion in Europa.

Um solch komplexe Aufgaben, wie die Entwicklung und Fertigung eines Passagierflugzeuges, bewältigen zu können, unterstellen einzelne Akteure bzw. Individuen einen Teil ihrer eigenen Ressourcen einer zentralen Kontrolle bzw. Verwaltungs- und Verfügungsinstanz, die außerhalb ihrer selbst liegt (Kieser/Walgenbach 2007, S. 3). Eben diese gemeinschaftliche Bündelung und Unterstellung von Ressourcen rückt eine weit verbreitete Etikettierung bzw. Definition von Organisationen als konstitutives Merkmal in den Mittelpunkt: „Organisationen sind Ressourcenpools oder korporative Akteure" (Kieser/Kubicek 1992, S. 1; vgl. dazu auch Coleman 1979; Kieser/Walgenbach 2007; Penrose 1995). Die eingebrachten Ressourcen der einzelnen Akteure bzw. Individuen können ganz unterschiedlicher Natur sein und reichen von den verschiedenen Formen bzw. Aspekten des Humankapitals (Tatkraft, Fach- und Erfahrungswissen sowie das Beziehungsnetzwerk der Einzelnen) über finanzielles Kapital (Bargeldbestände, Kreditlinien) und physisches Kapital (Fabrikgebäude, Maschinen, Grundstücke etc.) bis hin zu Technologien oder der Reputation einzelner Unternehmensmitglieder (z. B. Steve Jobs bei Apple) oder des ganzen Unternehmens (zur Klassifizierung von Ressourcen vgl. ausführlich B II 3).

Individuen bringen i. d. R. nicht alle Ressourcen, über die sie verfügen, in eine Organisation ein und sind demzufolge auch an mehr als einer Organisation beteiligt, wobei Ausmaß und Intensität ihres Engagements erheblich variieren (vgl. Kieser/Walgenbach 2007, S. 3; Scott 1986, S. 39): „So kann jemand gleichzeitig Angestellter in einem Industriebetrieb, Mitglied in einer Gewerkschaft, in einer Kirche, Logenbruder, Mitglied einer politischen Partei, Staatsbürger, Patient in der Praxis eines Ärztekollektivs, Aktionär in einer oder mehreren Aktiengesellschaften und Kunde mehrerer Einzelhandels- oder Dienstleistungsbetriebe sein." (Scott 1986, S. 39).

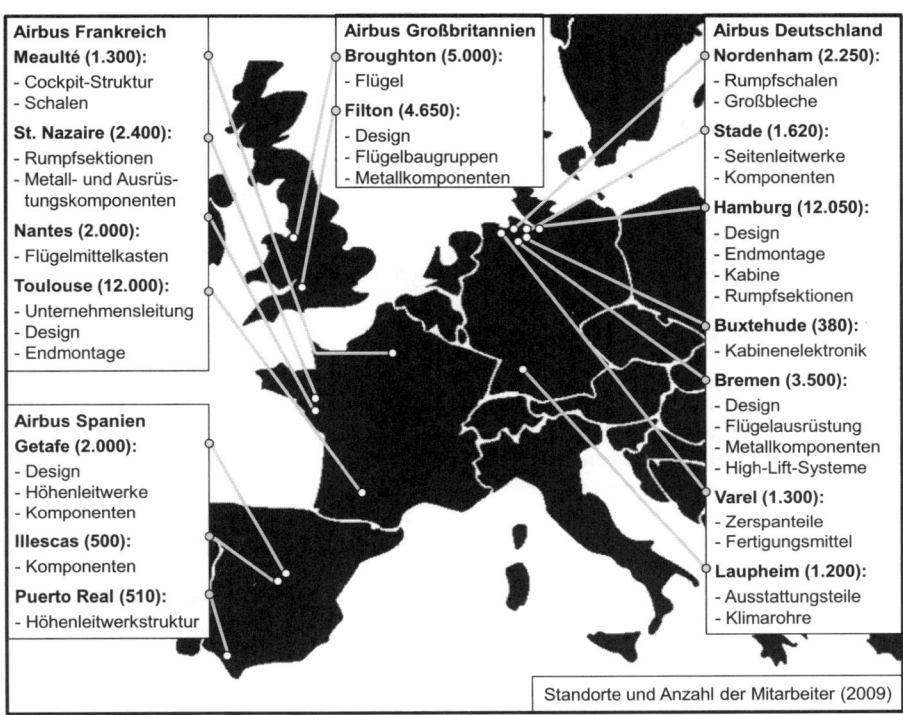

Airbus Frankreich
Meaulté (1.300):
- Cockpit-Struktur
- Schalen

St. Nazaire (2.400):
- Rumpfsektionen
- Metall- und Ausrüs-
  tungskomponenten

Nantes (2.000):
- Flügelmittelkasten

Toulouse (12.000):
- Unternehmensleitung
- Design
- Endmontage

Airbus Spanien
Getafe (2.000):
- Design
- Höhenleitwerke
- Komponenten

Illescas (500):
- Komponenten

Puerto Real (510):
- Höhenleitwerkstruktur

Airbus Großbritannien
Broughton (5.000):
- Flügel

Filton (4.650):
- Design
- Flügelbaugruppen
- Metallkomponenten

Airbus Deutschland
Nordenham (2.250):
- Rumpfschalen
- Großbleche

Stade (1.620):
- Seitenleitwerke
- Komponenten

Hamburg (12.050):
- Design
- Endmontage
- Kabine
- Rumpfsektionen

Buxtehude (380):
- Kabinenelektronik

Bremen (3.500):
- Design
- Flügelausrüstung
- Metallkomponenten
- High-Lift-Systeme

Varel (1.300):
- Zerspanteile
- Fertigungsmittel

Laupheim (1.200):
- Ausstattungsteile
- Klimarohre

Standorte und Anzahl der Mitarbeiter (2009)

Abb. 51: Arbeitsteilung in der Organisation Airbus Europa
Quellen: EADS (2009); F.A.Z.-Net (2007); eigene Bearbeitung

c. Merkmale und Elemente von Organisationen

Organisationen sind äußerst vielfältige und in sich komplexe Gebilde (vgl. Kieser/Kubicek 1992, S. 4; Scott 1986, S. 35). Es ist deshalb hilfreich, im Sinne einer einleitenden Orientierung, wesentliche Kernelemente im Sinne von **konstitutiven Merkmalen** und Elemente von Organisationen herauszuarbeiten und zu portraitieren, um die Abstraktheit und Vielfältigkeit des Organisationsphänomens zu mildern (vgl. dazu auch Macharzina/Wolf 2008, S. 463). Nach *Scott* (1986, S. 35 ff.) sowie *Kieser* und *Walgenbach* (2007, S. 3) sind Organisationen **soziale Gebilde,**

– in die mehrere beteiligte Akteure bzw. **Mitglieder** sich selbst oder in ihrem Besitz befindliche Ressourcen einbringen, um gemeinsam eine **komplexe Aufgabenstellung** bzw. **Zielsetzung** zu verfolgen;

– die zur Bewältigung der komplexen Aufgabenstellung bzw. Erreichung der Zielsetzung Hilfsmittel und **Technologien**, insbesondere **formale Strukturen** nutzen (zur formalen Organisationsstruktur vgl. ausführlich die nachfolgenden Ausführungen unter C IV 1 cc);

– die in eine spezifisch ökonomische, technologische, ökologische, politische und soziale **Umwelt** eingebettet sind, auf die sie sich einstellen müssen und welche sie beeinflussen können.

ca. Gemeinschaftliche Ziele und Aufgabenstellung

Individuen bringen Ressourcen in die Organisation ein, um bestimmte (gemeinsame) Zielsetzungen verfolgen und Aufgaben bewältigen zu können, die sie in Anbetracht des Umfangs und der Komplexität der Aufgabe nicht alleine bewältigen können. Im Mittelpunkt der Ausführungen dieses Lehrbuchs zur Unternehmensführung stehen Organisationen mit **erwerbswirtschaftlichen Zielsetzungen** und Aufgabenstellungen, die auf die Produktion marktlicher Leistungen gerichtet sind, um damit Gewinn zu erzielen. Dabei handelt es sich typischerweise um komplexe Produktions- und Wertschöpfungsaufgaben, wie im obigen Beispiel anhand von Airbus illustriert. Ein Großteil der folgenden Ausführungen lässt sich jedoch ohne Einschränkungen auf nicht erwerbswirtschaftlich tätige Organisationen, wie karitative Einrichtungen, politische Parteien oder Fußballvereine übertragen.

Die Zielsetzung von Organisationen ist Gegenstand zahlreicher Debatten (vgl. Kieser/Kubicek 1992, S. 5 f.; Scott 1986, S. 39 f.). Zum einen ist es fraglich, ob Organisationen wirklich gemeinschaftliche, in sich monolithische und homogene Zielsetzungen verfolgen (können). In Anbetracht der Vielzahl von beteiligten Akteuren ist es sicherlich zutreffender, von Zielsystemen bzw. -hierarchien oder Zielbündeln der Organisation zu sprechen. Ungeachtet der Zielkonflikte zwischen den einzelnen beteiligten Akteuren bleibt jedoch festzuhalten, dass Organisationen im Sinne eines gemeinschaftlichen Ressourcenpools auf gemeinsame Oberziele (z. B. Gewinnziel, Wachstum und Unabhängigkeit des Unternehmens) hin ausgerichtet sind. Zum anderen ist zu hinterfragen, ob die Ziele und Aufgabenstellungen von Organisationen auf Dauer angelegt sind. Als Antwort kann der Verweis auf das organisatorische Zielsystem dienen: Während sämtliche Beteiligten ein Interesse am Bestand der Organisation (im Sinne eines erfolgreichen Überlebens im Markt bzw. Wettbewerb) haben, kann bzw. muss es jenseits dieses Oberziels in Anbetracht von sich wandelnden Umwelten auch zu einem Wandel von Teil- und Unterzielen kommen. Kapitel D III thematisiert diese Notwendigkeit sowie Formen des organisatorischen Wandels in ausführlicher Form. *Scott* sowie *Kieser* und *Kubicek* folgern im Sinne eines kleinsten gemeinsamen Nenners, dass der Bestand einer Organisation, definiert über einen zielgerichteten Zusammenschluss von Individuen bzw. wirtschaftlichen Akteuren zum Zwecke der Ressourcenpoolung, nicht von vorneherein auf eine relativ kurze Dauer begrenzt sein kann.

cb. Mitgliedschaft in Organisationen

Was bestimmt die **Mitgliedschaft** von Akteuren und Individuen in einer Organisation? Warum bringen Individuen bzw. wirtschaftliche Akteure eigene Ressourcen in den Pool der Organisation ein? Zwei zentrale Begründungen hierfür sind nachfolgend zu nennen. Die erste Begründungslinie wurzelt in organisationssoziologischen Theorieansätzen und zielt auf die sozialen Bindungen und Beziehungen ab, welche Individuen mit und innerhalb von Organisationen durch ihre Mitgliedschaft eingehen (vgl. Scott 1986, S. 246 ff.). Über das Einbringen von Ressourcen in den gemeinsamen Pool hinaus, ist das Eingehen einer **sozialen Beziehung** mit der Organisation ein prägendes Merkmal der Mitgliedschaft (vgl. Kieser/Kubicek 1991, S. 11). Die Mitgliedschaft im Sinne einer „Kollektivität" innerhalb des „Ensembles" einer Organisation wird aus organisationssoziologischer Sicht durch zwei Kriterien bestimmt (Scott 1986, S. 247):

– Es existiert eine abgegrenzte Sozialstruktur, das heißt ein begrenztes Netzwerk sozialer Beziehungen mit den anderen Akteuren innerhalb der Organisation;

– Es besteht innerhalb der Organisation ein Normensystem, das von den Mitgliedern, die durch dieses Netzwerk sozialer Beziehungen miteinander verknüpft sind, gilt und akzeptiert wird.

Mitgliedschaft in einer Organisation entsteht aus dieser Perspektive durch einen Prozess der Sozialisation, die durch die spezifische **Organisations-** bzw. **Unternehmenskultur** geprägt wird. Mitgliedschaft bedeutet insofern soziale Integration und Einbindung in eine Organisation. Infolge der **sozialen Bindung** bringen die Mitglieder ihre Ressourcen auch dann in den Pool der Organisation ein, wenn sie persönlich andere Ziele verfolgen (zu konkreten Maßnahmen der Stärkung der personalen Netze zwischen den Organisationsmitgliedern vgl. Kapitel C IV 4 c).

Neben der sozialen Bindung wird die Mitgliedschaft in erwerbswirtschaftlich tätigen Organisationen durch **vertragliche Bindungen** bestimmt (vgl. Kieser/Kubicek 1991; Kieser/Walgenbach 2007). Diese Begründungslinie wurzelt u. a. in der vertragstheoretischen bzw. institutionenökonomischen Denktradition, in der Organisationen als Institutionen vornehmlich durch Verträge entstehen und gestaltet werden (vgl. Kapitel B I). Welche Art von vertraglichen Bindungen lassen Mitgliedschaften in Organisationen entstehen? Es sind, in Abhängigkeit der Vertragstypen verschiedene Intensitäten der Bindungen zu unterscheiden:

– **Gesellschaftsvertrag**: Gesellschafts- oder Gesellschafterverträge regeln die Rechte und Pflichten der Gesellschafter, d. h. der Anteilseigner oder Eigentümer der Organisation, sowie der von den Gesellschaftern eingesetzten Geschäftsleitung im Innenverhältnis gegenüber den anderen Organisationsmitgliedern und im Außenverhältnis gegenüber externen Akteuren. Gesellschafter können Individuen oder Rechtspersönlichkeiten sein, die neben ihren eigenen persönlichen Fähigkeiten und Leistungen auch andere Ressourcen, insbesondere Finanzkapital in den Ressourcenpool der Organisation einbringen. Aus diesem umfangreichen Einbringen von Ressourcen erwachsen die im Gesellschaftervertrag festgelegten Rechte (Eigentumsrechte, Gewinnaneignungsrecht, Vertretungsrechte, Geschäftsführungs- und Weisungsbefugnisse etc.) sowie Pflichten (Haftungs- und Kontrollpflichten, Verlustübernahme etc.). Gesellschafter und Geschäftsleitung verkörpern als Mitglieder der Organisation die Arbeitgeberseite.

– **Arbeitsvertrag**: Arbeitsverträge regeln die Rechte und Pflichten der Arbeitnehmer, d. h. der abhängig Beschäftigten. Arbeitnehmer unterwerfen sich mit dem Arbeitsvertrag dem Direktionsrecht des Arbeitgebers. Das im Arbeitsvertrag spezifizierte Arbeitsverhältnis ist im Grunde auf Dauer angelegt. *Kieser* und *Kubicek* weisen in diesem Zusammenhang darauf hin, dass die vom Arbeitnehmer zu erbringenden Leistungen nicht von vorneherein im Detail festgelegt sind bzw. aufgrund der Unsicherheit und Unvorhersehbarkeit von Wandlungen der Unternehmensumwelt und der Aufgaben auch gar nicht detailliert für die Zukunft festgelegt werden können: „Das Direktionsrecht gibt dem Arbeitgeber die Möglichkeit, diese Details von Situation zu Situation zu bestimmen." (1991, S. 14). Mit dem Arbeitsvertrag verpflichtet sich der Arbeitnehmer, seine eigenen Leistungen (einschließlich seines Know-hows) in den Ressourcenpool der Organisation einzubringen. Neben den Pflichten zur Erfüllung der ihm übertragenen Aufgaben hat der Arbeitnehmer auch Rechte, beispielsweise Informations- und Mitbestimmungsrechte (vgl. dazu Kapitel C I) und insbesondere natürlich das Recht, den Arbeitsvertrag von sich aus zu kündigen.

Neben Arbeitsvertrag und Gesellschaftervertrag gibt es weitere Vertragsformen, welche Bezugsgruppen (,Stakeholder') an die Organisation binden. Bei einem engen Verständnis von Mitgliedschaft in Organisationen wird man jedoch diese Bezugsgruppen wie Lieferanten

(Kaufverträge) oder Fremdkapitalgeber (Kreditverträge) etc. als externe Stakeholder bezeichnen und aus der Betrachtung ausklammern. Als Grenzfälle sind Werk- oder Dienstverträge zu deuten, die sich im Gegensatz zu Arbeitsverträgen auf konkrete Leistungen beziehen und nicht auf Dauer angelegt sind. Die so über Werk- oder Dienstverträge einbezogenen Mitglieder werden auch als „**freie Mitarbeiter**" oder „freelancer" bezeichnet (vgl. Kieser/Kubicek 1991, S. 14). Werk- und Dienstverträge können Unternehmen auch mit anderen Unternehmen abschließen. Letztere agieren dann als **Outsourcing-Partner** und erfüllen wichtige administrative oder wertschöpfungsbezogene Aktivitäten für ihren Auftraggeber.

cc. Organisationale Regeln und Strukturen

Organisationen benötigen Regeln zur Festlegung und Umsetzung der Arbeitsteilung für die Bewältigung von komplexen Aufgaben. Arbeitsteilung auf Basis von Regeln schafft zunächst Kontinuität und Sicherheit in Form eines Ordnungs- und Orientierungsrahmens für die Mitglieder der Organisation. Arbeitsteilung auf Basis von Regeln fördert überdies (zumindest bis zu einem bestimmten Grad) die Effizienz der Organisation. Denn Arbeitsteilung kann nur dann in effizienter Form funktionieren, wenn bestimmte Aufgaben, die eine Person oder eine Gruppe von Personen bewältigen kann, eindeutig und auf Dauer – in Form von Regeln – festgelegt sind (vgl. Burr 1999). Diese Arbeitsteilung im Sinne einer Zuordnung von (Teil-) Aufgaben und gegebenenfalls von Sachmitteln auf einen einzelnen menschlichen Aufgabenträger wird in der Organisationslehre ‚**Stelle**‘ genannt. Die Stelle stellt damit die kleinste organisatorische Einheit in der Organisation dar (zur genaueren Unterscheidung und Systematisierung verschiedener Arten von organisatorischen Teileinheiten vgl. Kapitel C IV 2). Für die Organisation ergibt sich durch die Stellendefinition in Form von Stellenbeschreibungen mit Anforderungs- und Tätigkeitsprofilen ein weiterer Vorteil: Die Stelle bzw. die Stellenaufgabe ist personenneutral, d. h. sie wird unabhängig von konkreten Personen bzw. Gruppen von Personen definiert. Wird eine Stelle frei, so muss deshalb nicht die gesamte Struktur der Arbeitsteilung in Frage gestellt und neu festgelegt bzw. geordnet werden, es muss nur ein neuer Stelleninhaber für die Stelle gefunden werden.

Wenn die Gesamtaufgabe von Organisationen arbeitsteilig erbracht wird, dann erfordert dies neben der Aufgabenzergliederung und Festlegung von Teilaufgaben (Stellendefinitionen) mit Hilfe von Regeln auch die Abstimmung und Koordination der einzelnen Teilaufgaben zur Erreichung der übergeordneten Zielsetzung und Bewältigung der Gesamtaufgabe. Diese Koordination der Teilaufgaben in Organisationen beruht ebenfalls auf Regeln: „So ist die Hierarchie ein wichtiges Instrument zur Koordination [...]. Durch Regeln wird festgelegt, welche Stellen Weisungsrechte für welche anderen Stellen besitzen, welche Kompetenzen diese weisungsberechtigten Stellen im Einzelnen in Anspruch nehmen können usw." (Kieser/Kubicek 1991, S. 17). Kompetenzen sind hierbei im Sinne von stellenbezogenen Handlungs- und Entscheidungsrechten zu verstehen und streng zu unterscheiden von Unternehmenskompetenzen im Sinne des Resource-based View of the Firm. Neben der hierarchischen Koordination gibt es zahlreiche andere Formen der Koordination (vgl. dazu das nachfolgende Kapitel C IV 2). So erfolgt die Abstimmung und Koordination zwischen den Teilaufgaben auch mit Hilfe von Arbeitsplänen und Verfahrensrichtlinien, d. h. mit Hilfe von formalisierten Routinen und Prozessabläufen (vgl. Scott 1986, S. 288). Arbeitspläne und Verfahrensrichtlinien sind insbesondere dann dienlich, wenn zwischen den einzelnen Teilaufgaben wechselseitige Abhängigkeiten bestehen und eine Abstimmung die Aufgabenbewältigung nicht nur erleichtert, sondern überhaupt erst ermöglicht (vgl. dazu ebenfalls Kapitel C IV 2). Formale Verfahrensrichtlinien und Arbeitspläne erhöhen die Effizienz arbeitsteiliger

Prozesse, da auch diese, analog zu den Stellendefinitionen einen Ordnungs- bzw. Orientierungsrahmen für die Beteiligten vorgeben und die Erfordernisse zur individuellen Abstimmung und Kommunikation vermindern.

Die Gesamtheit aller offiziell verabschiedeten Regeln zur Strukturierung und Koordination der Arbeitsteilung in einer Organisation wird als **formale Organisationsstruktur** bezeichnet. Die betreffenden Regeln sind meist verbindlich und schriftlich in Form von Handbüchern, Organigrammen, Stellenbeschreibungen und Verfahrensregeln fixiert. Neben den formalen Regeln gibt es auch **informale Regeln**, die sich durch Gewohnheit, Tradition und alltägliche Praxis verfestigen und oftmals nicht schriftlich fixiert, sondern täglich im Unternehmen gelebt werden. Wichtige informale Regeln sind z. B. in der Organisationskultur verankert (vgl. dazu ausführlich Burr 1999).

Abschließend ist festzuhalten, dass einerseits formale Organisationsstrukturen erforderlich sind, um eine komplexe Gesamtaufgabe in arbeitsteiliger Form effizient bewältigen zu können. Andererseits kann es infolge einer Überformalisierung zur Bürokratisierung und damit zur Beschneidung der Handlungsfreiheiten der Organisationsmitglieder kommen (vgl. Kieser/Kubicek 1991, S. 18 f.). *Scott* (1986) bezeichnet die damit verbundenen Inflexibilitäten und Ineffizienzen als **organisationale Pathologien**. Der abschließende Teil dieses Kapitels (C IV 4) thematisiert deshalb Möglichkeiten, wie die Nachteile infolge von Überformalisierung durch die Stärkung des Informellen in der Organisation entkräftet werden können.

d. Zwischenfazit: Arbeitsteilung und Koordination als Herausforderung der Organisation

Mit Hilfe der Definition von Organisationen als Ressourcenpools und der Darstellung der zentralen Elemente und Merkmale von Organisationen lassen sich aus einer instrumentalen bzw. funktionalen Perspektive die beiden Kernprobleme und Herausforderungen der Organisation verdeutlichen (vgl. Kieser/Kubicek 1991, S. 2; Kieser/Walgenbach 2007, S. 3): (1) Wie soll die Leitung über den Ressourcenpool, d. h. die interne (und externe) Arbeitsteilung und Koordination der Ressourcen und Handlungen organisiert werden (**Arbeitsteilung** und das daraus resultierende Abstimmungs- bzw. **Koordinationsproblem**) und (2) wie soll die Verteilung des Ertrags in erwerbswirtschaftlich tätigen Organisationen erfolgen (**Verteilungsproblem**)? Im Mittelpunkt der nachfolgenden Ausführungen steht die Herausforderung der Arbeitsteilung und das damit verknüpfte Koordinationsproblem.

Wie lassen sich komplexe Aufgaben, wie die Entwicklung und Produktion von Passagierflugzeugen, an denen viele einzelne Akteure beteiligt sind, bewältigen und organisieren? „Organisieren" umfasst dabei die Festlegung und Aufteilung der Gesamtaufgabe in verschiedene Teilaufgaben sowie die Koordination der Teilaufgaben und Aktivitäten. Folgende Fragen sind im Kontext der Gestaltung einer organisationalen Struktur zu beantworten:

– Nach welchen Kriterien soll die (komplexe) Gesamtaufgabe in einzelne Teilaufgaben zergliedert werden?
– Welche Aktivitäten sollen zu organisatorischen Teileinheiten zusammengefasst werden (in Stellen, Gruppen, Abteilungen, Geschäftseinheiten etc.)?
– Wie sollen die einzelnen Aktivitäten bzw. Arbeiten innerhalb der organisatorischen Einheit koordiniert, gesteuert und überwacht werden?
– In welchem Verhältnis stehen die Teileinheiten zueinander, d. h. wie soll die Koordination der Teilaufgaben erfolgen, die von den verschiedenen organisatorischen Teileinheiten übernommen wird?

Die folgenden Fragen werden im nachfolgenden Kapitel C IV 2 anhand der Darstellung der fünf zentralen Strukturdimensionen bzw. Gestaltungsparameter von Organisationen aufgegriffen und beantwortet. Häufig wird im Zusammenhang mit der Gestaltung von Organisationsstrukturen als weiterer Gestaltungsparameter die Frage aufgeworfen, welche Aktivitäten innerhalb der Organisation selbst und welche von Externen erbracht werden sollen (vgl. z. B. van Geldern 2008). Bei näherer Betrachtung entpuppt sich die Beantwortung dieser Fragestellung jedoch primär als strategische Herausforderung und ist, im Sinne des „Structure Follows Strategy"-Paradigmas eine Fragestellung des Strategischen Management und weniger der Organisationsgestaltung.

2. Parameter der formalen Organisationsgestaltung: Vier Strukturdimensionen

Wie lassen sich formale Organisationsstrukturen beschreiben? Gerade komplexe soziale Gebilde wie Organisationen sind durch eine Vielzahl an Eigenschaften gekennzeichnet und können dementsprechend in zahlreichen Dimensionen beschrieben werden. Die vier wichtigsten Dimensionen der formalen Organisationsstruktur (kurz: Strukturdimensionen) sind (vgl. Kieser/Kubicek 1992, S. 73 ff.; Macharzina/Wolf 2008, S. 477 ff.; van Geldern 2008, S. 18 ff.):

- Kriterien bzw. Art der Arbeitsteilung und Spezialisierung;
- Konfiguration der Leitungssysteme;
- Entscheidungsdelegation (Zentralisation versus Dezentralisation);
- Koordination.

a. Kriterien der Arbeitsteilung und Spezialisierung

Als Ausgangspunkt der Gestaltung formaler Organisationsstrukturen steht die Frage nach der Form der Arbeitsteilung (vgl. zum Folgenden auch Picot 1993). Die aus den Unternehmenszielen abgeleitete Gesamtaufgabe von Organisationen ist zu komplex und umfangreich, als dass sie von einer Person alleine ausgeführt werden könnte. Nach welchen Kriterien lässt sich eine komplexe Gesamtaufgabe in einzelne Teilaufgaben zergliedern und nach welchen Kriterien sollten die Teilaufgaben bzw. Aktivitäten zu Stellen zusammengefasst werden? Zwei grundsätzliche Alternativen bieten sich für die Form der Arbeitsteilung an:

(1) Mengenteilung: Die Gesamtaufgabe wird im Fall der Mengenteilung in inhaltlich identische Teilaufgaben zerlegt. Jede organisatorische Teileinheit hat damit gleiche (oder zumindest sehr ähnliche) Aufgabeninhalte zu bewältigen. Im Beispiel Airbus lässt sich dies an der Fertigung der Rumpfkomponenten für Passagier-Flugzeuge verdeutlichen. Die Fertigung der Rumpfkomponenten für alle Airbus-Flugzeugtypen erfolgt parallel an den Standorten St. Naizaire, Hamburg und Nordenham. Eine Mengenteilung bietet sich immer dann an, wenn im Rahmen der Gesamtaufgabe, welche eine Organisation zu bewältigen hat, ein großes Volumen an sehr ähnlichen oder gar identischen Aufgaben anfällt, die dann im Sinne einer parallelen Aufgabenteilung auf die einzelnen Stellen verteilt werden. Ein weiteres Beispiel für Mengenteilung findet sich üblicherweise bei Versicherungsunternehmen, bei denen die Aufgabenzuordnung auf die einzelnen Sachbearbeiter nach alphabetischer Reihenfolge der Nachnahmen der Versicherungsnehmer erfolgt: Inhaltlich hat jeder Sachbearbeiter bei den Versicherungsunternehmen ein identisches Aufgabenspektrum zu bewältigen.

(2) Spezialisierung: Im Fall der Spezialisierung wird die Gesamtaufgabe nach inhaltlichen Kriterien differenziert. Es entstehen Teilaufgaben unterschiedlicher Art, die gebildeten organisatorischen Teileinheiten konzentrieren sich auf die Ausführung spezifischer Teilaufgaben. In diesem Zusammenhang spricht man auch von einer Artenteilung, die der Mengenteilung gegenübergestellt wird. Die Spezialisierung der Mitarbeiter soll die Grundlage für die Realisierung von Effizienz- und Kostenvorteilen in Form von Routinisierungs- und Skaleneffekten bilden. Mitarbeiter, die sich auf ein inhaltlich kleineres Spektrum an Tätigkeiten beschränken, können diese Tätigkeiten effizienter ausführen als Mitarbeiter mit einem großen Aufgabenspektrum (vgl. dazu sehr ausführlich den Exkurs in Kapitel D II 3 c). Spezialisierung kann nach verschiedenen Kriterien erfolgen. Zu den wichtigsten Kriterien zählen:

- Spezialisierung nach Verrichtungen oder Funktionen;
- Spezialisierung nach Objekt (Produkte, Regionen und Kunden);
- Spezialisierung nach Rang;
- Spezialisierung nach Phase;
- Spezialisierung nach Zweckbeziehung.

Vereinzelt wird als weiteres Kriterium der Spezialisierung auch die Arbeitsteilung nach Arbeitsmitteln (z. B. Maschinen) genannt. Bei genauerer Betrachtung erweist sich die Gliederung nach Arbeitsmitteln jedoch als Sonderfall der Gliederung nach Verrichtungen bzw. Funktionen (siehe unten).

Die in der Praxis am stärksten verbreiteten Kriterien bei der Zerlegung komplexer Aufgabenbündel und Bildung größerer organisatorischer Teileinheiten sind die Spezialisierung nach Objekt und nach Verrichtung bzw. Funktionen. Bei der **Arbeitsteilung nach Verrichtungen bzw. Funktionen** (Verrichtungszentralisation) werden in den organisatorischen Teileinheiten Aktivitäten ähnlicher oder identischer Art gebündelt. Das Kriterium zur Bildung von Organisationseinheiten sind also die verschiedenen Aufgabeninhalte bzw. Tätigkeitsschwerpunkte. Funktionen bzw. Verrichtungen können auf unterschiedlichen Betrachtungsebenen definiert sein. So kann auf einer übergeordneten Ebene nach den betrieblichen Funktionen Beschaffung, Forschung und Entwicklung (F&E), Fertigung, Montage und Vertrieb unterschieden werden. Auf einer tieferen Betrachtungsebene lässt sich bspw. die Funktion Fertigung weiter nach verschiedenen Teilverrichtungen wie Bohren, Fräsen, Sägen, Schweißen, Lackieren sowie Vor- und Endmontage untergliedern. Einen Sonderfall der Gliederung nach Funktionen bzw. Verrichtungen bildet die Arbeitsteilung nach Arbeitsmitteln. Ein Arbeitsmittel ist ein Hilfsmittel, welches Personen zur Verrichtung ihrer Arbeit benötigen. Das Arbeitsmittel ist also per Definition an die Art der Verrichtung gekoppelt. Insbesondere bei Arbeitsmitteln mit einem sehr engen Einsatzspektrum, bspw. im Fall von Spezialmaschinen, wie Bohr-, Fräs- oder Sägemaschinen, fällt das Arbeitsmittel unmittelbar mit den einzelnen Verrichtungen Bohren, Fräsen und Sägen zusammen. Letztlich ist aber auch bei universeller einsetzbaren Arbeitsmitteln, wie flexiblen Werkzeugmaschinen, das Arbeitsmittel an ein begrenztes Spektrum von Verrichtungen gekoppelt, z. B. an die Werkstückbearbeitung oder Formgebung.

Die Arbeitsteilung und Gliederung organisatorischer Teileinheiten **nach Objekten** fasst Aufgaben zusammen, die auf einen bestimmten Gegenstand bzw. ein bestimmtes (Sach-)Gebiet gerichtet sind. Nach Objekten gegliederte organisatorische Teileinheiten werden auch als Sparten, Divisionen und Geschäftsbereiche bezeichnet. Demzufolge spricht man in diesem Kontext von **Spartenorganisation, divisionaler Organisation** und **Geschäftsbereichsorganisation**. Typischerweise werden die drei Objekttypen Produkte, Regionen und Kunden unterschieden. In diesem Zusammenhang sei ausdrücklich betont, dass die Klassifizierung von Kunden als „Objekte" lediglich als organisationstechnische Bezeichnung zu verstehen ist.

Bei der **Arbeitsteilung nach Produkten** (objektorientierte Arbeitsteilung nach Produkt) werden in den organisatorischen Teileinheiten, d. h. in den Sparten, Divisionen oder Geschäftsbereichen, jene Aktivitäten und Verrichtungen zusammengefasst, die auf das gleiche Produkt (Sachgut oder Dienstleistung) gerichtet sind. Auch ‚Produkte' können auf verschiedenen Aggregationsebenen definiert sein. So kann sich eine produktorientierte Arbeitsteilung auf übergeordnete Produktkategorien bzw. -bereiche beziehen, die letztlich verschiedenen Branchen entsprechen, wie bspw. Flugzeug- oder Automobilbau. Auf einer untergeordneten Ebene kann sich eine produktorientierte Arbeitsteilung aber auch auf verschiedene Produktmodelle oder -varianten richten, im Automobilbau z. B. auf Sportwagen, Geländefahrzeuge, Limousinen sowie Klein- und Kompaktfahrzeuge.

Bei der **Arbeitsteilung nach Regionen** (objektorientierte Arbeitsteilung nach Region) bildet die geographische Dimension das Kriterium für die Bildung von organisatorischen Teileinheiten. In einer regionalen Division werden all jene Produkte und die erforderlichen Verrichtungen zusammengefasst, die für die jeweilige Region bestimmt bzw. maßgeblich relevant sind. Ebenso wie bei Verrichtungen und Produkten kann auch der Begriff ‚Region' auf unterschiedlichen Aggregationsebenen definiert sein und einen dementsprechend unterschiedlich breit oder eng gefassten territorialen Umfang besitzen. So können nach Regionen gegliederte Geschäftsbereiche auf komplette Weltregionen (Europa, Nordamerika, Asien & Pazifik, Mittel- & Südamerika, Afrika & Mittlerer Osten), auf einzelne Länder, Bundesländer, Regierungsbezirke, Landkreise oder gar Städte und Kommunen bezogen sein.

Die dritte Variante der Bildung organisatorischer Teileinheiten nach Objekten stellt schließlich die Arbeitsteilung nach **Kunden**. Das ‚Objekt' Kunde kann sich auf einzelne (Groß-) Kunden oder auf in sich homogene Kundensegmente beziehen, die nach entsprechenden Segmentierungskriterien zu Kundengruppen zusammengefasst werden. Eine nach Kundengruppen orientierte Gruppierung von Aktivitäten findet sich häufig bei Banken, die zwischen Privat- und Großkundengeschäft bzw. Firmenkundengeschäft differenzieren.

Neben der in der Organisationspraxis verbreiteten Spezialisierung nach Verrichtung und Objekt gibt es weitere Möglichkeiten der Festlegung von Arbeitsteilung und Spezialisierung. Bei der Spezialisierung nach **Rang** wird die Gesamtaufgabe in Leitungs- bzw. Entscheidungsaufgaben und ausführende, d. h. operative Aufgaben unterteilt. Bei der Spezialisierung und Bildung von organisatorischen Teileinheiten nach **Phasen** erfolgt die Zerlegung eines größeren Aufgabenkomplexes nach den einzelnen Teilschritten der durchzuführenden Gesamtaufgabe. Beispiel hierfür ist die Zerlegung von Aktivitäten in Planungs-, Ausführungs- und Kontrollaufgaben (vgl. Macharzina/Wolf 2008, S. 476). In Forschungs- und Entwicklungsorganisationen ist häufig die Phasenuntergliederung in Grundlagenforschung, anwendungsbezogene Forschung, marktferne und marktnahe Entwicklungsaktivitäten zu beobachten (vgl. dazu auch Kapitel D IV). Bei der Zerlegung der komplexen Gesamtaufgabe in Teilaufgaben entsprechend ihrer **Zweckbeziehung** erfolgt eine Unterteilung in direkt wertschöpfende Aufgaben mit unmittelbarem Bezug zur Leistungserstellung und unterstützende Tätigkeiten, wie Verwaltungsaufgaben mit indirektem Leistungsbezug.

Üblicherweise kommen in der Unternehmenspraxis bei der Bildung organisatorischer Teileinheiten nicht nur ein Gliederungskriterium, sondern mehrere Gliederungskriterien zum Einsatz. Zwei prinzipielle Varianten sind denkbar: Zum einen können auf den verschiedenen Hierarchieebenen im Unternehmen unterschiedliche Gliederungskriterien zur Bildung von organisatorischen Teileinheiten zum Einsatz kommen. Zum anderen können aber auch auf ein und derselben Hierarchieebene mehrere Gliederungskriterien zur Bildung von organisatorischen Teileinheiten herangezogen werden. Die Frage nach der Zahl der Gliederungskriterien bei der Bildung von organisatorischen Teileinheiten wird in der nachfolgenden Darstellung der Konfiguration der Leitungssysteme im Detail erörtert.

b. Konfiguration der Leitungssysteme

In der bisherigen Darstellung wurde verallgemeinernd von ‚Stellen' und ‚organisatorischen Teileinheiten' gesprochen. Aber was genau ist eigentlich unter organisatorischen Teileinheiten zu verstehen? Bislang war nur davon die Rede, dass in den verschiedenen organisatorischen Teileinheiten Aktivitäten gebündelt werden. Zu diesem Zweck werden in den Teileinheiten mehrere Stellen zusammengefasst. Im Fall der Mengenteilung sind die Stellen und Aufgaben in den verschiedenen Teileinheiten inhaltlich identisch (oder zumindest ähnlich). Im Fall der Spezialisierung dagegen sind die Stellen innerhalb der Teileinheiten hinsichtlich der Aufgaben und Tätigkeiten klar von den Stellen in anderen Teileinheiten abzugrenzen. Durch die Zusammenfassung von Aufgaben und Bündelung von Stellen in organisatorischen Teileinheiten entstehen jedoch Probleme in der Binnenorganisation: Wie sollen die einzelnen Aktivitäten bzw. Arbeiten innerhalb der Einheit koordiniert, gesteuert und überwacht werden? Zur Verringerung dieses Problems des arbeitsteiligen Wirtschaftens werden den Stellen in den organisatorischen Teileinheiten Leitungs- bzw. Vorgesetztenstellen zugeordnet. Dadurch entstehen in organisatorischen Teileinheiten Über- und Unterordnungsbeziehungen, d. h. **Hierarchien**. Eine Leitungsstelle wird auch als **Instanz** bezeichnet und ist mit besonderen Rechten und Pflichten ausgestattet. Bei diesen Rechten und Pflichten handelt es sich um (vgl. Hoffmann 1992, Sp. 214; Kieser/Kubicek 1992, S. 83; Kieser/Walgenbach 2008, S. 89 f.; Scherm/Pietsch 2007, S. 204 ff.):

— **Entscheidungsbefugnisse**: Entscheidungsbefugnisse bzw. -kompetenzen beinhalten das Recht, verbindliche Entscheidungen mit Innen- oder Außenwirkung zu treffen;
— **Weisungsbefugnisse**: Weisungsbefugnisse beinhalten das Recht, den anderen Stellen in der organisatorischen Teileinheit Vorgaben machen zu können. Weisungsrechte beinhalten zum einen fachliche Weisungsbefugnisse, hinsichtlich der Art und Weise der Aufgabenerfüllung, und disziplinarische Weisungsbefugnisse in Bezug auf personalpolitische Maßnahmen;
— **Verantwortung**: Instanzen übernehmen die Verantwortung für die Aktivitäten innerhalb des Aufgabenbereichs der organisatorischen Teileinheit. Während in organisatorischen Teileinheiten mit jeder Stelle auch die Verantwortung für einen bestimmten, in der Stellenbeschreibung festgelegten Teilaufgabenbereich verbunden ist, trägt die Instanz die Verantwortung für den gesamten organisatorischen Bereich.

Gerade bei umfangreichen und komplexen Aufgaben bzw. Aufgabenbündeln werden organisatorische Teileinheiten mit zugeordneten Instanzen auf mehreren Aggregationsebenen gebildet. Diese Leitungsstellen in der Linie unterhalb der Unternehmensleitung werden als Linieninstanzen bezeichnet (vgl. Staerkle 1992, Sp. 1230). So ist es in der verarbeitenden Industrie üblich, Stellen zu Gruppen mit einer Gruppenleitung, Gruppen zu Abteilungen mit Abteilungsleitung, Abteilungen zu einer Hauptabteilung mit Hauptabteilungsleitung, und Hauptabteilungen zu Bereichen mit einer Bereichsleitungsstelle zusammenzufassen (vgl. Abb. 52; siehe z. B. auch van Geldern 2008, S. 26). Die Anzahl der Hierarchieebenen bestimmt dabei die Tiefe der Leitungsorganisation. Der Rang einer Aufgabe und damit die hierarchische

Einstufung einer Stelle (Sachbearbeiter, Gruppenleiter, Abteilungsleiter, Hauptabteilungsleiter, Bereichsleiter) ist durch den Umfang der Leitungsaufgabe gekennzeichnet. Das **Subsidiaritätsprinzip** fordert, Aufgaben an die tiefstmögliche Hierarchieebene bzw. Stelle zu delegieren, die auf Basis ihrer Befugnisse und Kompetenzen fähig ist, sie auszuführen (vgl. Staerkle 1992, S. 1230).

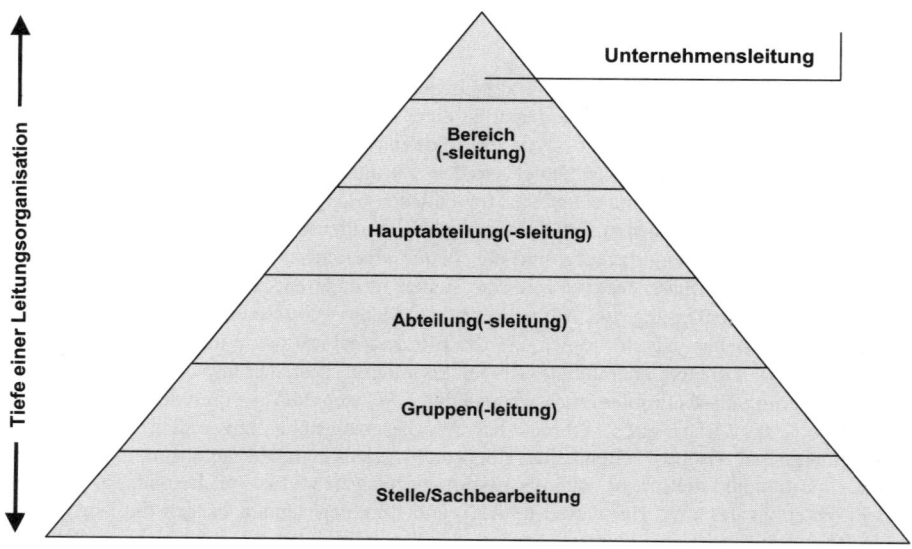

Abb. 52: Tiefe der Leitungsorganisation und Anzahl der Hierarchieebenen

Für die Etikettierung der organisatorischen Teileinheiten auf den verschiedenen Hierarchiestufen gibt es keine einheitliche Nomenklatur. Ein anschauliches Beispiel für individuelle Bezeichnungen der organisatorischen Teileinheiten auf den verschiedenen Hierarchieebenen bieten die deutschen Hilfsdienste, insbesondere die Feuerwehren. Die Bildung organisatorischer Teileinheiten ist unter dem Stichwort „Gliederung der taktischen Einheiten" in der Feuerwehr-Dienstvorschrift (FwDV) geregelt. Die Arbeitsteilung erfolgt nach Art der Verrichtung. So werden taktische Einheiten nach Art des Unfalls bzw. nach verschiedenen Verrichtungen wie Brandbekämpfung, Personenrettung oder Gefahrgutabwehr gebildet. Bei den deutschen Feuerwehren bezeichnet man die kleinsten organisatorischen Einheiten nach den einzelnen Stellen als Trupp, bestehend aus zwei bis drei Einsatzkräften – einem Truppführer und ein bis zwei Truppmänner. Eine Staffel ist eine Einheit aus i. d. R. sechs Einsatzkräften, die bereits autonom eigene Aufgaben kleineren Umfangs unter der Leitung eines Staffelführers wahrnimmt (z. B. die Beseitigung einer Ölspur). Die nächstgrößere Organisationseinheit ist die Gruppe, die umfangreichere Aufgaben selbständig bewältigen kann (z. B. die Bekämpfung eines Fahrzeugbrandes). Sie besteht aus mehreren Trupps und einem Gruppenführer. Nächstgrößere Einheit ist dann der Zug, z. B. ein Löschzug bestehend aus mindestens zwei Löschgruppen und Zugführer, welcher größere Aufgaben selbstständig bewältigt (z. B. die Bekämpfung eines Scheunen- oder Zimmerbrandes). Dem Zug übergeordnet ist noch der

Verband, der nur bei sehr umfangreichen Aufgaben (z. B. Großschadenslagen) zum Einsatz kommt.

Neben der oben angesprochenen Gestaltung der Leitungstiefe nach der Zahl der Hierarchieebenen kann mit dem sogenannten „**Leitungssystem**" eine weitere Dimension bei der Gestaltung der Leitungsorganisation unterschieden werden. In der Organisationspraxis finden sich drei Grundtypen von Leitungssystemen (vgl. auch Macharzin/Wolff 2008, S. 477 ff.; Staerkle 1992, Sp. 1232 f.): (a) **Einliniensysteme**; (b) **Mehrliniensysteme** und (c) **Mischsysteme**, insbesondere **Stabliniensysteme**.

(a) Einliniensysteme: In einem Einliniensystem haben organisatorische Teileinheiten jeweils eine übergeordnete Instanz. Diese verfügt gegenüber den untergeordneten Einheiten über Weisungsbefugnisse. In einem Einliniensystem gilt demzufolge das Prinzip der Einheit der Auftragserteilung. In der konsequenten Anwendung hat damit jeder Mitarbeiter genau einen Vorgesetzten. Der Vorteil dieses Einliniensystems ist die Eindeutigkeit der Kompetenzregelung im Sinne der Klarheit der Weisungs- und Berichtskette entlang der vertikalen Organisationsstruktur (Hierarchie). Da jeder Vorgesetzte jedoch nur eine begrenzte Anzahl von Stellen bzw. Mitarbeitern führen kann, führen Einliniensysteme häufig zu einer großen Tiefe der Leitungsorganisation mit vielen Hierarchieebenen. In der negativen Konsequenz ergeben sich lange Kommunikationswege, was bspw. Entscheidungsprozesse verlangsamt. Nachfolgend ist in Abb. 53 ein Einliniensystem dargestellt.

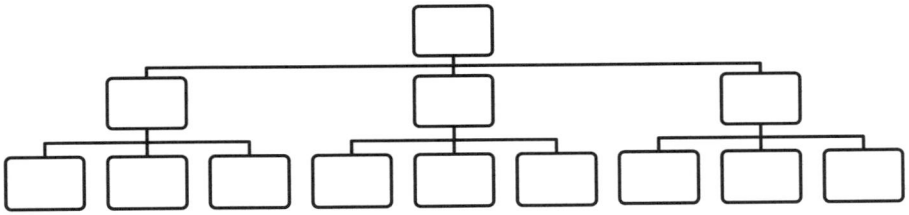

Abb. 53: Einliniensystem mit drei Leitungsebenen

(b) Mehrliniensysteme: In Mehrliniensystemen haben organisatorische Teileinheiten jeweils mehrere übergeordnete Instanzen, d. h. die Leitungsaufgabe wird auf mehrere Leitungsstellen verteilt. Im Gegensatz zum Einliniensystem gilt hier die Pluralität der Auftragserteilung. Üblicherweise werden die verschiedenen „Leitungslinien" nach unterschiedlichen Kriterien gebildet, d. h. bei den Leitungsstellen gilt das Prinzip der Spezialisierung: Der Entscheidungs- und Weisungsbereich jedes Vorgesetzten ist auf bestimmte Funktionen oder Objekte festgelegt. Eine solche Festlegung ist erforderlich, um Überschneidungen von Weisungsbefugnissen zu vermeiden. Bei Überschneidungen von Weisungsbefugnissen kommt es im einen Extremfall zu unnötigen Redundanzen und im anderen Extremfall zu widersprüchlichen und konfliktären Weisungen. Durch die Spezialisierung der Vorgesetzten erhofft man sich in der Praxis mehr fachliche Kompetenz auf der Ebene der Instanzen und eine Verkürzung der Kommunikations- und Informationswege. Infolge der erforderlichen formalen Festlegung und Abgrenzung der Zuständigkeiten ist de facto jedoch ein Verlust an Flexibilität und Verlangsamung von Entscheidungsprozessen zu beobachten. Da Zuständigkeiten niemals klar und eindeutig voneinander abgegrenzt werden können, ist bei unklaren Entscheidungssituationen und Zuständigkeiten eine Verunsicherung der Organisationsmitglieder – sowohl auf Seiten der Vorgesetzten als auch auf Seiten der Mitarbeiter – die Folge. Es besteht zudem die Gefahr von Kompetenz- und Autoritätskonflikten. Aufgrund dieser Nachteile und Gefahren sind in der Praxis eigentlich keine reinen Mehrliniensysteme vorzufinden. In Abb. 54 ist ein Mehrliniensystem mit drei Linienvorgesetzten dargestellt.

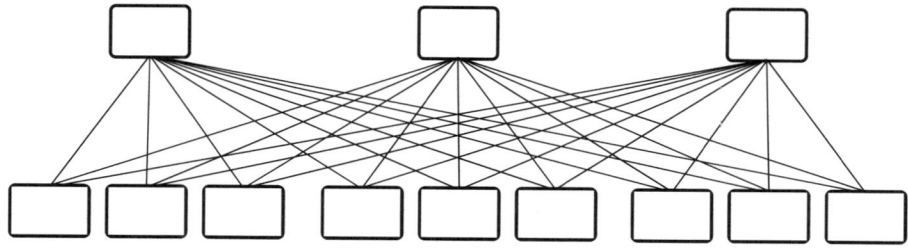

Abb. 54: Mehrliniensystem mit drei Linienvorgesetzten

(c) Stab-Liniensysteme: Das Stab-Liniensystem basiert im Prinzip auf dem Einliniensystem und ergänzt dieses um so genannte Stabsstellen. Stabsstellen, oder kurz Stäbe, sind Leitungshilfsstellen ohne eigene Weisungs- und Entscheidungsbefugnisse. Bei einem Stab-Liniensystem delegieren die Instanzen die Entscheidungsvorbereitung auf Stabsstellen, während die Entscheidungs- und Weisungsbefugnisse bei den Leitungsstellen, d. h. in der „Linie" verbleiben. Stäbe sind immer dann anzutreffen, wenn von den Instanzen komplexe Entscheidungsprobleme bewältigt werden müssen, die ein hohes Maß an spezialisierten Fachkenntnissen erfordern: „Diese sind bei den Linieninstanzen, die tendenziell Universalkenntnisse und – fähigkeiten aufweisen (müssen), nicht in derselben Weise verfügbar, was eine Unterstützungs- und Beratungsfunktion durch Fachexperten bei der Entscheidungsfindung notwendig macht." (Macharzina/Wolf 2008, S. 479). Die nachfolgende Abb. 55 stellt den Grundtyp eines Stab-Liniensystems dar. Weite Verbreitung hat das Stabliniensystem auch in der Militärorganisation gefunden. Bereits im Dreißigjährigen Krieg (1618-1648) wurden in den Hauptquartieren der Armeen Stäbe eingerichtet, um die Offiziere von Erkundungs- und Aufklärungstätigkeiten zu entlasten (zur Historie der Stab-Linienorganisation siehe Schreyögg 2008, S. 125). So ist das Stab-Liniensystem heute auch bei der Deutschen Bundeswehr anzutreffen. Stabsabteilungen in den Verbänden und Großverbänden der Bundeswehr unterstützen und beraten den Kommandeur oder kommandierenden General.

In der Praxis existieren heute zahlreiche Varianten des Grundtyps des Stab-Linien-Systems (vgl. dazu Macharzina/Wolf 2008, S. 479; van Geldern 2008, S. 22 ff.):

- **Stab-Linien-System mit Führungsstab**: Nur die oberste Instanz in der Hierarchie verfügt über einen Stab. Bei solchen Führungsstäben handelt es sich bspw. um Vorstandsassistenzen und -büros.
- **Stab-Linien-System mit zentraler Stabsstelle**: Die zentrale Stabsstelle übernimmt Unterstützungs- und Beratungsfunktion für alle nachgeordneten Instanzen. Dazu zählen große Stabsabteilungen mit Strategie- und Planungsaufgaben, wie die Unternehmensplanung (‚Corporate Planning') oder Unternehmensentwicklung (‚Corporate Development') oder Strategie (‚Corporate Strategy').
- **Stab-Linien-System mit Stäben auf mehreren hierarchischen Ebenen**: Stabseinheiten sind auf mehreren Hierarchieebenen bis hin zu Instanzen auf mittleren Managementebenen (z. B. Abteilungsleitung) anzutreffen.

– **Stab-Linien-System mit Stabshierarchie**: Sind Stäbe auf mehreren hierarchischen Ebenen angesiedelt, dann besteht zwischen den Stäben der verschiedenen Hierarchieebenen oftmals auch ein hierarchisches Gefüge.

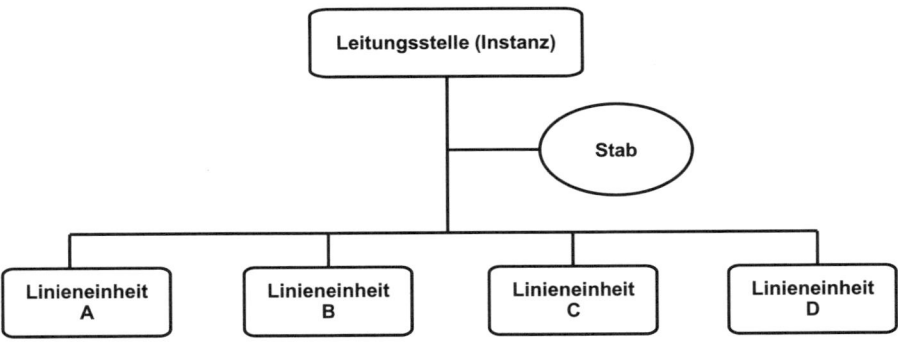

Abb. 55: Grundtyp eines Stab-Liniensystems

Offiziell sind Stäbe Leitungshilfsstellen ohne eigene Entscheidungs- und Weisungsbefugnisse. In der Praxis ist jedoch oftmals das Phänomen der abgeleiteten Weisungsbefugnis zu beobachten: „bei dem Stäben im Verhältnis zu nachgelagerten Instanzen eine Art informelle Autorität zuwächst, die im Wesentlichen in der Machtquelle des Wissens und der Beeinflussungsmöglichkeit der Instanz des Stabes begründet ist." (Macharzina/Wolf 2008, S. 479).

c. Entscheidungsdelegation: Zentralisierung und Dezentralisierung

Leitungsstellen sind mit besonderen Rechten und Pflichten ausgestattet. Neben der Verantwortung für die Aktivitäten innerhalb der organisatorischen Teileinheit sind dies vor allem Entscheidungs- und Weisungsbefugnisse. Entscheidungsbefugnisse beinhalten das Recht, verbindliche Entscheidungen mit Innen- oder Außenwirkung zu treffen. Hinsichtlich des Entscheidungsgegenstandes lassen sich Zielentscheide (Festlegung von Zielen), Handlungsentscheide (Auswahl einer oder mehrerer Handlungsalternativen), Beziehungsentscheide (Aufnahme oder Abbruch von sozialen Beziehungen) oder Gestaltungsentscheidungen (Festlegung von Rahmenbedingungen, Normen, Regeln etc.) unterscheiden. Weisungsbefugnisse beinhalten das Recht, den Stellen in der organisatorischen Teileinheit Vorgaben machen zu können. Jede Weisung setzt damit eine Entscheidung voraus, aber nicht jede Entscheidung hat eine Weisung zur Folge. Bei Entscheidungen mit Außenwirkung spricht man nicht von Weisungs-, sondern von Vertretungsbefugnissen. Im Innenverhältnis sind Entscheidungen Weisungen vorgeschaltet. Hat sich eine Leitungsstelle für ein bestimmtes Ziel, für eine Alternative oder Maßnahme etc. entschieden, so kann sie diese entweder selbst ausführen oder eine ihr untergeordnete Stelle qua Weisung damit beauftragen. Weisungen leiten sich damit unmittelbar aus Entscheidungen ab (vgl. dazu Kieser/Kubicek 1992, S. 154).

Die Grundstruktur der Über- und Unterordnungsverhältnisse wurde im vorangegangenen Kapitel im Kontext des Leitungssystems diskutiert. Offen ist bislang jedoch geblieben, in welchem Umfang der sachliche Zuständigkeitsbereich und damit wie breit der Horizont des Entscheidungsgegenstandes (bei gleicher Grundstruktur der Über- und Unterordnungen) angelegt ist. Der Umfang des sachlichen Zuständigkeitsbereichs und damit der Entscheidungsbefugnisse einer Leitungsstelle wird in der Dimension „Entscheidungsdelegation" betrachtet. Als Delegation bezeichnet man die Zuweisung von Entscheidungsbefugnissen von einer Instanz (Delegierende) an (in der Regel) untergeordnete Instanzen (Delegationsempfänger). Anstelle von Entscheidungsdelegation wird auch von Entscheidungsdezentralisation bzw. im gegenteiligen Fall von Entscheidungszentralisation gesprochen.

Die Entscheidungsdelegation ist umso größer, je mehr Entscheidungsbefugnisse aufgrund von generellen Regelungen auf Linieninstanzen auf unteren Hierarchieebenen verteilt werden. *Hungenberg* (1995) sowie *Hungenberg* und *Wulf* (2007) unterscheiden Typen von Dezentralisationsgraden in Organisationen zwischen den beiden Extrempunkten der vollständigen Dezentralisation (vollständige Verteilung von Entscheidungsaufgaben auf nachgelagerte Hierarchieebenen) und vollständiger Zentralisation (Bündelung in der Unternehmensspitze):

– **Führung**: Das Führungsmodell ist durch ein hohes Maß an Zentralisation geprägt. Die Unternehmensführung fällt alle wesentlichen Führungsentscheidungen;
– **Koordination**: Die Unternehmensführung fällt relevante Entscheidungen zur Koordination der organisatorischen Teileinheiten. Neben den Zielentscheiden zählen dazu vor allem Gestaltungsentscheidungen und zentrale Handlungsentscheidungen;
– **Direktion**: Die Unternehmensleitung fällt primär Zielentscheidungen für die organisatorischen Teileinheiten;
– **Kohäsion**: Die oberste Unternehmensleitung fällt nur Entscheidungen, die für den Zusammenhalt der organisatorischen Teileinheiten erforderlich sind;
– **Information**: Das Führungsmodell ist durch ein hohes Maß an Dezentralisation geprägt. Die Unternehmensführung beschränkt sich auf die Sicherung des Informationsaustauschs.

Hungenberg und *Wolf* (2007) weisen darauf hin, dass in einer Organisation weder eine vollkommene Zentralisierung noch eine vollkommene Dezentralisierung denkbar sind: Eine vollkommene Dezentralisierung und Autonomie der Aufgabenträger käme dem arbeitsteiligen Handeln von unabhängigen Wirtschaftssubjekten auf Märkten gleich, es liegt dann also streng genommen keine Organisation bzw. kein Unternehmen vor. Auch eine vollkommene Zentralisierung ist nicht realisierbar – ein bestimmtes Ausmaß an Routinetätigkeiten wird immer bei den ausführenden Stellen verbleiben. Abb. 56 gibt einen Überblick über die verschiedenen Typen von Dezentralisierungsgraden differenziert nach den Rollen der obersten Instanz.

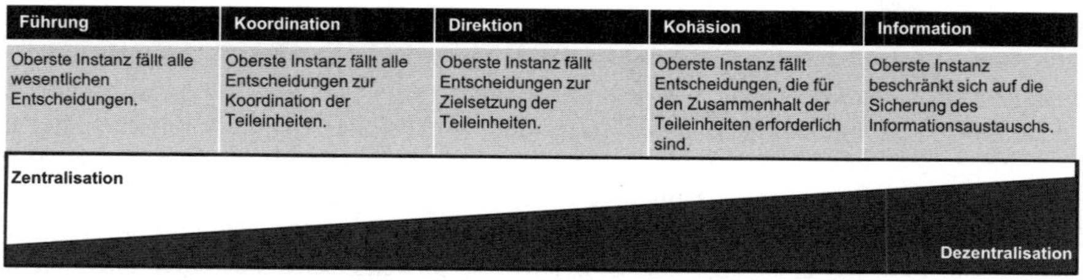

Führung	Koordination	Direktion	Kohäsion	Information
Oberste Instanz fällt alle wesentlichen Entscheidungen.	Oberste Instanz fällt alle Entscheidungen zur Koordination der Teileinheiten.	Oberste Instanz fällt Entscheidungen zur Zielsetzung der Teileinheiten.	Oberste Instanz fällt Entscheidungen, die für den Zusammenhalt der Teileinheiten erforderlich sind.	Oberste Instanz beschränkt sich auf die Sicherung des Informationsaustauschs.

Zentralisation

Dezentralisation

Abb. 56: Klassifikation von Dezentralisationsgraden

Eine Gestaltungsvariante der Zentralisation stellt die Bildung von Zentralabteilungen dar. In Zentralabteilungen werden generell Funktionen bzw. Aufgaben angesiedelt, die der bereichsübergreifenden Steuerung des Unternehmens dienen. In diesem Zusammenhang hat sich auch der Begriff der ‚Zentralen Dienste' oder ‚Serviceabteilungen' durchgesetzt. Zentrale Dienste bzw. Zentralabteilungen werden insbesondere für solche Aufgaben bzw. Funktionen gebildet, die zum einen für alle Teileinheiten relevant sind und für die zum anderen durch eine Aufteilung auf die verschiedenen Teileinheiten das Volumen, das für eine effiziente Aufgabenerfüllung erforderlich ist, unterschritten wird bzw. bei denen durch die Aufteilung Größen- und Verbundvorteile verloren gingen (vgl. dazu auch Kieser/Kubicek 1992, S. 248). Um diese Effizienzverluste durch Dezentralisierung zu vermeiden, werden die Entscheidungsbefugnisse für die betreffenden Aufgaben bzw. Funktionen aus den Linieneinheiten an eine Zentralabteilung übertragen. Zwei Varianten sind in der Praxis zu beobachten (für einen empirischen Überblick der aufgabenbezogenen und funktionalen Ausstattung von Unternehmenszentralen im internationalen Vergleich siehe Digmayer 2002, S. 35 ff.):

– **Zentralisation der Verantwortungsbefugnisse nach** einzelnen **Funktionen** bzw. Verrichtungen: Für bestimmte Funktionen werden zentrale Organisationseinheiten gebildet, wie bspw. der Zentraleinkauf, die Forschung, die Rechtsabteilung, das Gesamtcontrolling, der Zentralbereich Personal oder Entsorgung.
– **Zentralisation der Verantwortungsbefugnisse** für bestimmte **Sachmittel:** Die Zentralabteilung übernimmt die zentrale Entscheidungsbefugnis und Verantwortung über bestimmte sachmittelbezogene Ressorts wie den Fuhrpark oder das Rechenzentrum. Da mit den Sachmitteln meist auch bestimmte Funktionen verbunden sind, kann diese Form der Zentralisation auch als Unterform der Zentralisation nach Verrichtungen angesehen werden.

Die nachfolgende Abb. 57 zeigt eine nach Produkten gegliederte (divisionale) Organisationsstruktur mit Zentralabteilungen.

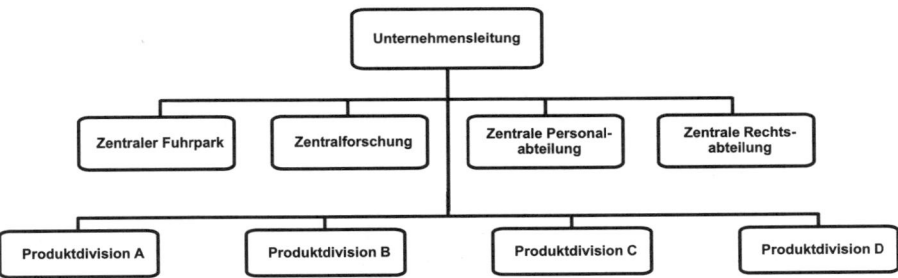

Abb. 57: Divisionale Organisation mit Zentralabteilungen

Alternativ zur Bildung von Zentralabteilungen kann eine Zentralisation der betreffenden Dienst- bzw. Serviceabteilungen auch in einer organisatorischen Linieneinheit, bspw. innerhalb eines Geschäftsbereichs bzw. innerhalb einer Division erfolgen. Üblicherweise wird jene Linieneinheit ausgewählt, welche die betreffende Leistung am stärksten in Anspruch nimmt. Dieser organisatorischen Einheit wird dann die Verantwortung übertragen, die betreffenden Leistungen auch für alle anderen organisatorischen Einheiten zu erbringen, insofern diese dort benötigt werden.

d. Koordination und Formalisierung

Durch die Zergliederung der Gesamtaufgabe und Zusammenfassung von Teilaufgaben in verschiedenen organisatorischen Teileinheiten entsteht Koordinationsbedarf. Koordinationsbedarf entsteht zum einen zwischen den Aktivitäten und Akteuren innerhalb der einzelnen organisatorischen Teileinheiten (siehe die vorhergehenden Ausführungen zur Instanzenbildung in C IV 2 b) sowie auch zwischen den Aufgabenkomplexen der verschiedenen organisatorischen Teileinheiten. Warum besteht eigentlich ein Koordinationsbedarf und was beinhaltet die Koordination? Koordinationsbedarf entsteht unter anderem deshalb, weil zwischen den Teilaufgaben meist arbeitsteilige Abhängigkeiten im Sinne von Interdependenzen bestehen. Folgende Formen von Interdependenzen lassen sich unterscheiden (vgl. Thompson 1967, S. 54 f.):

– **Gepoolte Interdependenzen** (Ressourceninterdependenzen): Zwei oder mehr organisatorische Teileinheiten greifen auf die gleiche Ressourcenmenge zu und es bestehen Rivalitäten in der Nutzung, z. B. infolge von Kapazitätsbeschränkungen (vgl. dazu auch ausführlich die Ausführungen zu Verbundeffekten in Kapitel D II). Im Fall von Airbus liegen gepoolte Interdependenzen bspw. bei den vielfältigen Testeinrichtungen für die Flugzeuge vor. So befinden sich am Standort in Hamburg die Testeinrichtungen für die statischen und dynamischen Prüfverfahren, denen viele der mechanischen Bauteile und Werkstoffe der verschiedenen Flugzeugtypen unterzogen werden müssen und auf die entsprechend viele organisatorischen Teileinheiten von Airbus zugreifen.
– **Sequentielle Interdependenzen**: Organisatorische Teileinheiten nutzen den Output einer anderen Teileinheit als ihren Input. Es bestehen demzufolge organisationsinterne Zuliefer-Abnehmer-Beziehungen. So beliefert das Airbus-Werk in Nordenham den Fertigungsstandort in Hamburg mit Rumpfschalen und Blechen für den A380. In Hamburg erfolgt dann die Montage der Rumpfkomponenten und Bleche zu kompletten Rumpfsektionen, die dann nach Toulouse transportiert werden, wo die Endmontage des Flugzeugs erfolgt.
– **Reziproke Interdependenzen**: Zwischen den organisatorische Teileinheiten bestehen Input-Output-Beziehungen in beiden Richtungen. Die betreffenden Teileinheiten befinden sich sowohl in der Zuliefer- als auch in der Abnehmerrolle gegenüber einer oder mehreren anderen Teileinheiten. Solche reziproken Interdependenzen können simultan oder sequenziell auftreten. So bestehen bei Airbus simultane reziproke Interdependenzen zwischen organisatorischen Teileinheiten an den Standorten in Buxtehude und in Hamburg. Bei der Entwicklung und Produktion der Flugzeugkabinen am Standort in Hamburg benötigt die dortige Organisationseinheit beständig Informationen und Bauteile aus Buxtehude, wo parallel die Produktion der Kabinenelektronik erfolgt. Gleichzeitig ist aber auch die Produktion der Kabinenelektronik auf Informationen und andere Inputleistungen aus Hamburg angewiesen. Sequenzielle reziproke Interdependenzen liegen dagegen an den Standorten in Meaulté und St. Nazaire in Frankreich vor. Am Standort in St. Nazaire werden Metallkomponenten gefertigt, die anschließend in Meaulté zu Rumpfschalen geformt und im Nachgang wiederum in St. Nazaire zu Rumpfsektionen montiert werden (vgl. dazu EADS 2009; F.A.Z.-Net 2007).

Gerade in großen Organisationen mit vielen Teileinheiten und Mitgliedern können die einzelnen Mitglieder diese Abhängigkeiten und Interdependenzen nicht mehr überblicken. Die individuellen Leistungen und Teilaktivitäten der Organisationsmitglieder müssen deshalb auf die Organisationsziele und Gesamtaufgabe der Organisation ausgerichtet werden – sie sind zu koordinieren: „Regelungen, die der Abstimmung arbeitsteiliger Prozesse und der Ausrichtung von Aktivitäten auf die Organisationsziele dienen, nennen wir *Koordinationsmechanismen* oder *Koordinationsinstrumente*." (Kieser/Kubicek 1992, S. 95 f.). Häufig wird synonym für die Koordination auch der Begriff der Integration verwendet (vgl. Schreyögg 2008, S. 129). In jedem Fall geht es um die Regelung der zielorientierten Zusammenfassung und Abstimmung der interdependenten Teilaufgaben in der Organisation.

Welche Regelungen und Instrumente zur Koordination bieten sich an? Zur Unterscheidung und Systematisierung von Koordinationsinstrumenten gibt es zahlreiche Gliederungskriterien.

Ein verbreitetes Gliederungskriterium ist die Unterscheidung der verschiedenen Koordinationsformen anhand der Medien bzw. Instrumente, mit deren Hilfe die Koordination erfolgt (vgl. Kieser/Kubicek 1992, S. 103 ff.; Scherm/Pietsch 2007, S. 204 ff.; Schreyögg 2008, S. 131 ff.):

– **Koordination durch persönliche Weisungen**: Insbesondere innerhalb von organisatorischen Teileinheiten, in denen durch die Bildung von Leitungsstellen bzw. Instanzen Weisungsbefugnisse festgelegt sind, wird Koordination durch hierarchische Über- und Unterordnung ermöglicht. „Vorgesetzte" können qua persönlicher Weisung und Anordnung die Arbeitsteilung ab- bzw. bestimmen. Das Medium der Koordination ist also die persönliche Weisung. Man spricht in diesem Zusammenhang auch von vertikaler Kommunikation. Kritisch ist anzumerken, dass eine Überbetonung der Koordination durch persönliche Weisung sehr schnell zu einer Überlastung der Weisungsinstanzen und der offiziellen Dienstwege (Berichts-, Entscheidungswege) führen kann.

– **Koordination durch Selbstabstimmung (diskursive Koordination)**: Im Gegensatz zur Koordination durch persönliche Weisungen, welche die vertikale Kommunikation in den Mittelpunkt rückt, steht bei der Koordination durch Selbstabstimmung die horizontale oder laterale Kommunikation im Mittelpunkt. Die organisatorischen Einheiten, die bei ihrer Leistungserstellung interdependente Aktivitäten aufweisen, stimmen sich untereinander ab und entscheiden damit im Diskurs in der Gruppe. Man spricht deshalb auch von Selbstabstimmung oder Selbstorganisation durch Diskurs. *Scherm* und *Pietsch* (2007, S. 210.) weisen in diesem Zusammenhang darauf hin, dass es hier um die offizielle Form der Selbstabstimmung geht, „die über den unverbindlichen Informationsaustausch hinausgeht, der bei einem guten persönlichen Verhältnis zwischen Unternehmensmitgliedern fast immer gegeben ist". Die in Folge der Koordination durch Selbstabstimmung herbeigeführten Entscheidungen haben einen offiziellen und verbindlichen Charakter. Bei der Koordination durch Selbstabstimmung lassen sich verschiedene Arten unterscheiden, die sich im Umfang des strukturellen Rahmens und hinsichtlich der Regelungsdichte voneinander unterscheiden (vgl. Kieser/Walgenbach 2007, S. 211 ff.; Scherm/Pietsch 2007, S. 210 ff.; Schreyögg 2008, S. 143 ff.):

· Bei der **fallweisen Interaktion im eigenen Ermessen** bestehen keine spezifischen Regelungen für die Selbstabstimmung der Akteure. Die Betroffenen handeln eigeninitiativ und auf Basis ihrer eigenen Einschätzung. Die fallweise Interaktion im eigenen Ermessen ist immer dann möglich, wenn bei der Koordination die Einhaltung der hierarchischen Dienst- und Kommunikationswege nicht streng vorgeschrieben ist. Im Gegensatz dazu bestehen bei der themenspezifischen und institutionalisierten Interaktion Strukturen und Regelungen für die Selbstabstimmung.

· Bei der **themenspezifischen Interaktion** bestehen, bezogen auf einen konkreten thematischen Anlass, Regelungen bzw. Pflichten zur Selbstabstimmung der Betroffenen. So ist es bei Personaleinstellungsverfahren üblich, dass sich die betroffene Fachabteilung und die Personalabteilung bezüglich der Auswahl der geeigneten Bewerber abstimmen. Bei der Beschaffung von IT-Hardware, bspw. von PCs, stimmen sich die Fachabteilungen und die zentrale IT-Abteilung des Unternehmens miteinander ab.

· Bei der **institutionalisierten Selbstabstimmung** werden Gremien gebildet, in denen die Koordination erfolgt. Dazu zählen offizielle Gesprächsrunden, Komitees, Arbeitsgruppen, Ausschüsse und auch Koordinatorenstellen. Institutionalisierung der Selbstabstimmung in Gremien bietet sich dann an, wenn mehrere organisatorische Teileinheiten aus verschiedenen Organisationsbereichen betroffen sind. Innerhalb der Gremien sind die Mitglieder, ungeachtet ihrer hierarchischen Eingliederung in die Linienorganisation, gleichberechtigt. Typische Aufgaben für die Selbstabstimmung in Gremien sind Querschnittsthemen wie Qualitätssicherung oder ökologische Profilierung.

– **Koordination durch Standardisierung:** Eine zentrale und wichtige Form der Abstimmung in Unternehmen ist die Standardisierung von Handlungsweisen und Entscheidungen. Eine solche Standardisierung von Handlungsweisen und Entscheidungen erfolgt mit Hilfe festgelegter Verfahrensrichtlinien im Sinne von **Regeln** oder **Programmen**. Während Regeln (vgl. Burr 1999) üblicherweise als allgemeine Verfahrensrichtlinien verstanden werden, beinhalten Programme eine Folge von konkreten Instruktionen für spezifische Anlässe (vgl. Scherm/Pietsch 2007, S. 205). Gegenstand der Standardisierung sind in jedem Fall Aufgaben, die in gleicher oder ähnlicher Art und Weise wiederholt anfallen. Durch die Formulierung von Verfahrensrichtlinien werden diese in formale Routinen überführt. Verfahrensrichtlinien verringern damit den Bedarf an Anweisungen durch Vorgesetzte (vgl. Kieser/Walgenbach 2007, S. 115 ff.). Ansatzpunkte der Standardisierung können die mit der Aufgabe verbundenen Abläufe bzw. Prozesse sein (z. B. Schritte im Personalauswahlverfahren oder Phasen von Produktentwicklungsprozessen), aber auch Ergebnisse oder die für die Erbringung der Leistung bzw. Erfüllung der Aufgabe erforderlichen Ressourcen (z. B. Mitarbeiterqualifikationen). Häufig entstehen Programme und Regeln aus der Erfahrung der Organisationsmitglieder und sind demzufolge das Ergebnis von Lernprozessen, wenn es durch die wiederholte Aufgabenerbringung und Aktivitätenfolge zu einer Verfestigung von Handlungsmustern kommt. Verfahrensrichtlinien werden oftmals auch verbindlich und im Voraus vorgegeben (vgl. Kieser/Kubicek 1992, S. 110). Eine solche Anweisung kann mündlich oder schriftlich erfolgen. Werden Regeln oder Programme schriftlich fixiert, dann spricht man in der Organisationslehre von **Formalisierung**. Beispiele für schriftlich fixierte Regeln und Programme sind Handbücher, Organigramme (Organisationsschaubilder), Richtlinien oder Stellenbeschreibungen (vgl. u. a. Kieser/Kubicek 1992, 159 f.; Macharzina/Wolf 2008, S. 493). Die Formalisierung wird auch als ein typisches Merkmal der Bürokratisierung angesehen (Weber 1980, S. 130): „Der normale ‚Geist' der rationalen Bueraukratie ist, allgemein gesprochen: 1. Formalismus […].‟ Ein anschauliches historisches Beispiel für schriftlich fixierte organisatorische Regeln und Programme stellt das sogenannte „Generalregulativ" der Gussstahlfabrik Krupp aus dem Jahr 1872 dar. Mit seinen insgesamt 72 Paragraphen beinhaltet das Krupp'sche Generalregulativ Verfahrensrichtlinien und Bestimmungen zu den Grundsätzen der Geschäftsführung und Unternehmensorganisation sowie zu den betrieblichen Sozialeinrichtungen. Im nachfolgenden Exkurs ist in Abb. 58 ein Ausschnitt aus dem Generalregulativ, der Paragraph 13 als Handlungsprogramm zum Umgang mit Verbesserungsvorschlägen aus den Reihen der Belegschaft, im Sinne einer Instruktion für den konkreten Anlass, dargestellt.

– **Koordination durch Pläne:** Bei Plänen als organisatorischem Koordinationsinstrument handelt es sich um periodisch bestimmte Vorgaben für die ausführenden Stellen. Die Vorgaben beziehen sich dabei auf das zu erreichende Ergebnis für einen bestimmten Planungszeitraum (vgl. Scherm/Pietsch 2007, S. 206) und können darüber hinaus auch zu ergreifende Maßnahmen oder einzusetzende Ressourcen umfassen. In der Literatur wird in diesem Zusammenhang explizit darauf hingewiesen, dass Pläne ein eigenständiges Koordinationsinstrument darstellen, bei dem die Vorgaben an die ausführenden Stellen nach festgelegten Verfahren im Rahmen eines institutionalisierten Planungsprozesses erarbeitet werden (vgl. Kieser/Walgenbach 2007, S. 119; Scherm/Pietsch 2007, S. 206). Bei Plänen handelt es sich also weder um persönliche Weisungen noch um das Ergebnis eines Selbstabstimmungsprozesses. Pläne sind ebenfalls von der Anwendung von Programmen und Regeln durch die Ausführenden abzugrenzen. Im Gegensatz zu Programmen und Regeln, welche bis auf Widerruf Gültigkeit beanspruchen, enthalten Pläne Vorgaben für eine spezifizierte Periode und können sich demzufolge von Periode zu Periode unterscheiden. Pläne sind ferner von Programmen durch ihre Kernbestandteile abzugrenzen: Pläne enthalten konkrete Zielvorgaben, bspw. über die in der Planungsperiode zu fertigenden Stückzahlen eines bestimmten Produktes. Darüber hinaus können detaillierte Pläne auch bestimmte Verfahrensweisen vorgeben. Im Gegensatz zu Plänen enthalten Programme nur Vorgaben über allgemeine Verfahrensweisen, jedoch keine konkreten Zielsetzungen. Wichtig ist bei der Diskussion über den Zusammenhang zwischen Plänen und Programmen schließlich die Feststellung, dass bei der Formulierung und Ausarbeitung von Plänen üblicherweise Programme zum Einsatz kommen: So erfolgt die Planerstellung in vielen Unternehmen programmgeleitet im Zuge eines vorgegebenen Planungsprozesses in mehreren Stufen als Abfolge von vorab definierten Phasen. Zu einer ausführlichen Darstellung der betrieblichen Planung vgl. Kapitel C III 1.

Exkurs: „Generalregulativ" für Betrieb und Verwaltung der Gussstahlfabrik Krupp

Das sogenannte „Generalregulativ" der Gussstahlfabrik Krupp ist ein Beispiel für eines der ersten umfassenden Unternehmenshandbücher mit Verfahrensrichtlinien für die Unternehmensleitung („Procura") und die Belegschaft. Das Generalregulativ wurde vom Inhaber des Unternehmens, Alfred Krupp, im Jahr 1872 erlassen und umfasst insgesamt 72 Paragraphen, in denen die Grundsätze der Geschäftsführung (mit Instruktionen für die „Procura") und Unternehmensorganisation einschließlich der Rechte und Pflichten der Belegschaft sowie auch Bestimmungen über die betrieblichen Sozialeinrichtungen enthalten sind. Das Generalregulativ wurde an alle Mitarbeiter („Beamte, Angestellte und Arbeiter") ausgeteilt und behielt bis zum Ende des Unternehmens Krupp als Familienunternehmen im Jahr 1967 Gültigkeit. Der nachfolgende Paragraph 13 stellt exemplarisch für das Generalregulativ ein Handlungsprogramm zum Umgang mit Verbesserungsvorschlägen aus den Reihen der Belegschaft dar:

„Anregungen und Vorschläge zu Verbesserungen, auf solche abzielende Neuerungen, Erweiterungen, Vorstellungen über und Bedenken gegen die Zweckmäßigkeit getroffener Anordnungen sind aus allen Kreisen der Mitarbeiter dankbar entgegen zu nehmen und durch Vermittelung des nächsten Vorgesetzten an die Procura zu befördern, damit diese ihre Prüfung veranlasse. Eine Abweisung der gemachten Vorschläge ohne eine vorangegangene Prüfung derselben soll nicht stattfinden, wohingegen denn auch erwartet werden muss, dass eine erfolgte Ablehnung dem Betreffenden, auch wenn ihm ausnahmsweise nicht alle Gründe dafür mitgetheilt werden können, genüge und ihm keineswegs Grund zur Empfindlichkeit und Beschwerde gebe. Die Wiederaufnahme eines schon abgelehnten Vorschlages unter veränderten tatsächlichen Verhältnissen oder in verbesserter Gestalt ist selbstredend nicht nur zulässig, sondern empfehlenswert."

Abb. 58: Auszug aus dem „Generalregulativ" der Gussstahlfabrik Krupp
(vgl. Höckel (1964), S. 15 f.)

– **Koordination durch interne Märkte:** Bei der Nutzung von internen Märkten als Koordinationsinstrument wird versucht, Einzelentscheidungen bzgl. bestimmter Leistungen von organisatorischen Teileinheiten über einen unternehmensinternen Preismechanismus abzustimmen, der das unternehmensinterne Angebot und die interne Nachfrage regelt. Nach *Scherm* und *Pietsch* (2007, S. 207) nehmen interne Märkte eine Zwischenstellung zwischen hierarchischer Koordination und Selbstabstimmung ein, da sie zwar Selbstabstimmung fördern sollen, jedoch die Rahmenbedingungen vorgegeben werden. Interne Märkte unterscheiden sich von „richtigen" externen Märkten dadurch, dass die Transaktionspartner, d. h. die organisatorischen Teileinheiten, die in einem Interdependenzverhältnis stehen, durch soziale und vertragliche Bindungen in ihrer Entscheidungsfreiheit hinsichtlich der Auswahl des Partners und der Modalitäten des Leistungsaustauschs eingeschränkt sind (vgl. Scherm/Pietsch 2007, S. 207). Ein weiterer Unterschied ist im Preismechanismus zu sehen. Während auf externen Märkten der Preis in der Regel durch mehr oder minder freie Verhandlungen zwischen der Angebots- und Nachfrageseite zustande kommen, wird bei internen Märkten üblicherweise ein Verrechnungspreis als Wertansatz für den Transfer von Leistungen in Form von Ressourcen, Vor- und Zwischenprodukten, Dienstleistungen oder Informationen von der Unternehmensleitung festgesetzt. Es gibt aber auch Fälle, in denen Unternehmen die freie Preisbildung und die freie Wahl des Vertragspartners auf dem internen Markt gestatten. In all jenen Fällen, in denen keine wirkliche marktorientierte, d. h. verhandlungsbasierte Preisbildung zustande kommt, finden üblicherweise zwei heuristische Verfahren für die Festsetzung von internen Verrechnungspreisen Verwendung:

- Die interne Verrechnung von Leistungen orientiert sich an **externen Marktpreisen**.
- Liegen keine Marktpreise vor, so können zur Koordination des Leistungsaustausches die **Grenzkosten** als Grundlage für den Verrechnungspreis dienen.

Voraussetzung für das Funktionieren interner Märkte ist, dass die organisatorischen Teileinheiten, die auf den internen Märkten agieren, mit einer eigenen Gewinn- und Verlustverantwortung ausgestattet sind.

– **Koordination durch Unternehmenskultur:** In jeder Organisation bildet sich über die Zeit eine spezifische Kultur im Sinne von gemeinsam geteilten Überzeugungen heraus, die das Selbstverständnis und die Eigendefinition der Organisation und ihrer Mitglieder prägen. „Organisationskultur bezieht sich auf gemeinsame Orientierungen, Werte usw. Es handelt sich also um ein kollektives Phänomen, das das Handeln des einzelnen Mitglieds prägt. Kultur macht infolgedessen organisatorisches Handeln einheitlich und kohärent." (Schreyögg 1992, Sp. 1526). Eine Organisationskultur kann mehr oder minder stark ausgeprägt sein und äußert sich in vielfältiger Art und Weise. Sie beeinflusst die Sprache und Kommunikation im Unternehmen, sie kommt in organisatorischen Ritualen, in Werthaltungen, Normen und Denkhaltungen der Organisationsmitglieder zum Ausdruck. Die Werte und Normen, welche mit der Organisationskultur transportiert werden, wirken als informelle organisatorische Verhaltensregeln. Ein Verstoß gegen solche Werte und Normen kann (soziale) Sanktionen zur Folge haben. Je stärker die Mitarbeiter die Organisationskultur annehmen und verinnerlichen, d. h. diese implizit in ihre Handlungen und Entscheidungen einfließen lassen, desto weniger bedeutsam werden strukturelle Vorgaben für die Koordination von Aktivitäten (vgl. Bea/Göbel 2006, S. 321; Ouchi 1980, S. 129 ff.).

Die dargestellten Koordinationsinstrumente lassen sich anhand verschiedener Kriterien zu Gruppen zusammenfassen. So ordnen *Kieser* und *Walgenbach* (2007) die Instrumente in **strukturelle** und **nicht-strukturelle Koordinationsmechanismen**. Strukturelle Koordinationsinstrumente beruhen demzufolge auf organisatorischen Regelungen und sind Teil der formaalen Organisationsstruktur. Dagegen flankieren die nicht-strukturellen Instrumente, die nicht Bestandteil der formalen Organisationsstruktur sind, wie bspw. Die Unternehmenskultur, die strukturelle Koordination.

Scherm und *Pietsch* (2007) unterscheiden in **hierarchische** und **nicht hierarchische Koordinationsinstrumente**. Dieselbe Unterteilung, nur in andere Begrifflichkeiten gekleidet, nutzen auch *Bea* und *Göbel* (2006), wenn sie von **Fremd-** und **Selbstkoordination** sprechen. Bei der Selbstkoordination bzw. nicht-hierarchischen Koordination übernehmen die betroffenen Akteure die Abstimmungsleistung selbst, insbesondere bei der Koordination durch Selbstabstimmung, bei internen Märkten sowie bei der Koordination durch die Unternehmenskultur. Dagegen wird bei der Fremdkoordination durch Pläne, Programme und Weisungen die Abstimmung von außen, üblicherweise durch hierarchisch übergeordnete Stellen vorgenommen. Eine dritte Form der Systematisierung wählt *Galbraith* (2000, S. 108 ff.), der in **formelle** und **informelle Instrumente** der Koordination untergliedert. Zu den informellen Koordinationsinstrumenten zählt er insbesondere die Selbstabstimmung (durch Kommunikation und Diskurs) und die Unternehmenskultur. Hierzu ist anzumerken, dass die eindeutige Einordnung der verschiedenen Formen der Selbstabstimmung als informelle Koordinationsform in der Literatur nicht ohne Widerspruch bleibt. So wird insbesondere die institutionalisierte Form der Selbstabstimmung von *Bolte* und *Porschen* (2006, S. 21 f.) als formelles Koordinationsinstrument portraitiert. Demnach liegt bei der institutionalisierten Selbstabstimmung eine vergleichsweise hohe Formalisierung und Festlegung der Formen vor, in denen sich die Koordination vollzieht. Spezifizierte strukturelle Regelungen, bspw. für die Initiierung, Bildung und Steuerung von Gremien bewirken, dass die Selbstabstimmung oftmals nicht dem Ermessen der betroffenen Mitarbeiter überlassen bleibt und damit eher formellen Charakter hat. Abb. 59 gibt einen Überblick über die verschiedenen Klassifikationsansätze für Koordinationsinstrumente. Die Selbstabstimmung wird dabei aber, ungeachtet der (berechtigten) Einwände von *Bolte* und *Porschen* (2006), einheitlich den informellen Koordinationsinstrumenten zugeordnet.

persönliche Weisungen	Pläne	Programme und Regeln	Selbstabstimmung	interne Märkte	Unternehmens-kultur
hierarchische Koordination (Fremdkoordination)			nicht-hierarchische Koordination (Selbstkoordination)		
strukturelle Koordination			nicht-strukturelle Koordination		
formelle Koordination			informelle Koordination	formelle Koordination	informelle Koordination

Abb. 59: Klassifikationsansätze für Koordinationsinstrumente

Im Kanon der Koordinationsmechanismen wird häufig auch die Koordination durch formelle und informelle Kommunikation bzw. Kommunikationsinstrumente betont (siehe z. B. Galbraith 2000; Kraut et al. 1990). Hierbei sind genaugenommen zwei Aspekte zu unterscheiden: (a) Starke informelle Kommunikationsnetze zwischen den Mitarbeitern in einer Organisation fördern die Koordination durch Selbstabstimmung, insbesondere die fallweise Interaktion im eigenen Ermessen. Horizontale Kommunikation und Koordination durch Selbstabstimmung bedingt, dass die betroffenen Akteure sich persönlich kennen. Koordination durch Selbstabstimmung wird deshalb umso bedeutsamer sein, je stärker die informellen sozialen Netzwerke und Kommunikationsstrukturen innerhalb der Organisation ausgeprägt sind. Informelle personale Netze und Kommunikation sind aus dieser Sicht eine Grundvoraussetzung der Koordination, insbesondere durch Selbstabstimmung (vgl. dazu ausführlich Kapitel C IV 2 d).

(b) Einige Autoren nennen als eigenständigen Koordinationsmechanismus auch Informations- und Kommunikationstechnologien, insbesondere den Einsatz von Wissensmanagementsystemen, Business Intelligence Lösungen und von modernen Telekommunikationsformen im Unternehmen (vgl. Kemper/Baars/Mehanna 2010; Kubicek 1992, Sp. 938 ff.; Scherm/Pietsch 2007, S. 213). So eröffnen moderne Telekommunikationsformen die Möglichkeit, auch komplexe Koordinationsaufgaben über räumliche Distanzen hinweg ohne den unmittelbaren persönlichen Kontakt durchzuführen (z. B. über Videokonferenzen). Wissensmanagementsysteme machen das in der Organisation vorhandene Wissen transparent und erleichtern damit den organisationsinternen Know-how-Transfer, verhindern unnötige Doppelarbeiten und fördern die Zusammenführung von Wissen. Streng genommen handelt es sich jedoch beim Einsatz von modernen Informations- und Kommunikationstechnologien nur um koordinationsunterstützende Instrumente, welche bspw. die Koordination durch Standardisierung (z. B. im Intranet des Unternehmens veröffentlichte Verfahrensrichtlinien), persönliche Weisungen oder Selbstabstimmung (über Videokonferenzen) erleichtern.

3. Formale Strukturmodelle der Organisation

a. Determinanten formaler Organisationsstrukturen:

Welche Organisationsform ist die richtige? Welche Konfiguration und welche Regelungen sind für eine Organisation zweckmäßig? Entsprechend des „Structure Follows Strategy"-Paradigmas folgt die Organisationsstruktur den Zielen bzw. der Strategie des Unternehmens. Die Anpassung der Organisationsstrukturen an die Unternehmensstrategie bzw. an die Unternehmensziele stellt aus dieser Perspektive eine klassische Implementierungsaufgabe dar und folgt dem Gesichtspunkt der Zweckmäßigkeit. Die Organisationsgestaltung wird nicht nur durch die Ziele und Strategien der Organisation beeinflusst, sondern allgemein durch Unterschiede in der Situation an sich: „Welche Regelungen für eine Organisation zweckmäßig sind, hängt […] von der Situation dieser Organisation ab." (Kieser/Kubicek 1992, S. 199; vgl. auch Galbraith 1973, S. 2 sowie Scott 1986). Der Begriff der Situation beschreibt den Kontext der Organisation und schließt Ziele und Strategien gleichermaßen wie die Umwelt ein, in der die Organisation agiert. Die Situation einer Organisation ist als mehrdimensional zu begreifen und jede der Dimensionen stellt einen Einflussfaktor auf die Organisation dar, der auch in Wechselwirkung mit den anderen Faktoren steht. Als Dimensionen der Situation, in der sich eine Organisation befindet, sind demzufolge alle Faktoren zu betrachten, die dazu beitragen, Unterschiede zwischen formalen Organisationsstrukturen bzw. zwischen deren Zweckmäßigkeit zu erklären (vgl. Kieser/Kubicek 1992, S. 205). Weit verbreitet ist die Unterteilung in die Dimensionen der internen und externen Situation (vgl. u. a. Kieser/Kubicek 1992, S. 209):

– Dimensionen der internen Situation

  ·   Tiefe und Breite des Leistungsprogramms (Diversifikation);
  ·   Größe;
  ·   Internationalisierungsgrad;
  ·   Fertigungstechnologie;
  ·   Informations- und Kommunikationstechnologie;
  ·   Rechtsform und Eigentumsverhältnisse;
  ·   etc.

– Dimensionen der externen Situation
  · Konkurrenzverhältnisse im Markt;
  · Kundenstruktur (Anzahl, Größe und Vielfalt);
  · Umweltdynamik, insbesondere die technologische Dynamik;
  · Gesellschaftlich-kulturelle Bedingungen;
  · etc.

In der folgenden Darstellung verschiedener formaler Strukturmodelle für Organisationen wird auf die dargestellten internen und externen Dimensionen der Situation Bezug genommen.

b. Funktionale Organisationsstruktur

Bei der funktionalen Organisation wird das Unternehmen auf der Hauptgliederungsebene, d. h. auf der ersten Ebene unterhalb der Unternehmensleitung nach Funktionseinheiten bzw. nach Verrichtungsbereichen unterteilt. Die funktionale Organisationsstruktur verbindet die Arbeitsteilung nach Verrichtungen bzw. Funktionen mit dem Grundtyp der eindimensionalen Organisationsstruktur. Die klassische funktionale Organisationsstruktur wird deshalb auch zu den eindimensionalen Strukturmodellen gerechnet. Die Organisation bildet also eine klare und eindeutige Hierarchiestruktur (vgl. dazu Macharzina/Wolf 2008, S. 480). Die nachfolgende Abb. 60 zeigt die mehrstufige funktionale Arbeitsteilung (auf zwei Ebenen) am Beispiel eines deutschen Herstellers von Anhängeraufbauten aus der Nutzfahrzeugindustrie.

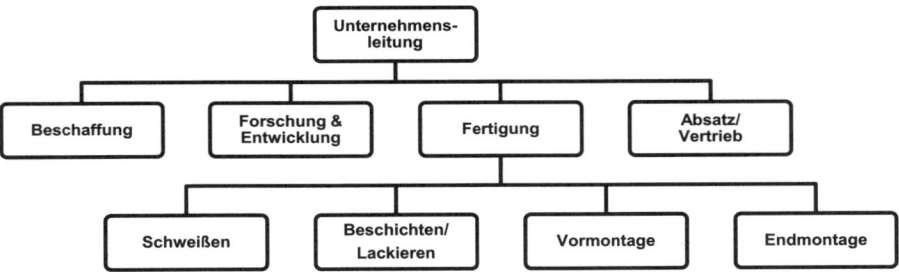

Abb. 60: Mehrstufige Gliederung organisatorischer Teileinheiten nach Funktionen

Die Vorteile einer funktionalen Organisationsstruktur liegen in der Spezialisierung auf einzelne Verrichtungen und dem Aufbau funktionsspezifischer Fähigkeiten. Die Spezialisierung auf einzelne Verrichtungen, d. h. auf ein engeres Aufgabenspektrum begünstigt und beschleunigt das Sammeln von Erfahrungen und den Aufbau von Routinen. Das Potenzial zur Realisierung von Lern- und Erfahrungskurveneffekten lässt sich umfassend ausschöpfen (vgl. dazu auch ausführlich Kapitel D II 4). Infolge der klaren und eindeutigen Hierarchiestruktur ergeben sich für die Mitarbeiter auch klare Verantwortlichkeiten. Die Trennung in einzelne Verrichtungs- und Produktionsbereiche stellt jedoch auch die zentrale Ursache für alle Nachteile der funktionalen Organisationsstruktur dar: Durch die Trennung entstehen Schnittstellen und ein entsprechend hoher Koordinations- und Kommunikationsaufwand zwischen den Funktionsbereichen ist die Folge. Es besteht ferner die Gefahr der Entstehung von Bereichsegoismen und Rivalitäten zwischen den Funktionsbereichen. Schließlich mangelt es infolge der isolierten Funktionsperspektive der einzelnen Bereiche auch häufig an der Ergebnisverantwortung hinsichtlich der Gesamtleistung der Organisation. So kann sich eine Tendenz zur Suboptimierung ergeben – die organisatorischen Teileinheiten verfolgen die Optimierung ihrer Funktionsaufgabe, ohne den Blick für die funktionsübergreifende Gesamtlösung zu wahren. So kann die Technikverliebtheit in der Forschungs- und Entwicklungsabteilung zu einem sogenannten Over-Engineering der Produkte führen, welche sich dann nicht mehr kostengünstig fertigen lassen und den Nachfrager in ihrer Funktionalität überfordern.

Die funktionale Organisationsstruktur gilt als die älteste Strukturform, die in der Unternehmenspraxis Verbreitung gefunden hat und die heute vor allem in kleinen und mittelständisch geprägten Unternehmen mit einem vergleichsweise homogenen Produktprogramm Verwendung findet (vgl. Macharzina/Wolf 2008, S. 480). Dies trifft auch auf das Beispiel des Herstellers von Anhängeraufbauten aus der Nutzfahrzeugindustrie zu. Das Produktprogramm des Unternehmens umfasst ein enges Modellspektrum für Koffer- und Kühlaufbauten. Für viele Unternehmen ist die funktionale Organisationsstruktur die erste formale Struktur, die zur Anwendung kommt. Als Varianten der funktionalen Organisationsstruktur mit stärkerer Objektorientierung werden zum einen die Stabs-Produkt- bzw. Kundenorganisation und zum anderen die produkt- bzw. kundenorientierte Untergliederung genannt (vgl. Macharzina/Wolf 2008, S. 481). Bei der **Stabs-Produkt- bzw. Kundenorganisation** werden der Unternehmensleitung Stäbe zugeordnet, welche die produkt- bzw. kundenorientierte Koordination der einzelnen Verrichtungen stärken sollen. Bei der **produkt- bzw. kundenorientierten Untergliederung** werden die einzelnen Funktionsbereiche auf der zweiten Gliederungsebene nach den verschiedenen Produkten bzw. Kunden unterteilt. Dies ermöglicht eine weitere Spezialisierung auf die verschiedenen produkt- bzw. kundenspezifischen Anforderungen an die Verrichtungen. Diese Übergangsformen zur objektorientierten Organisationsstruktur werden in ausführlicher Form in Kapitel C IV 4 b erläutert.

Mit zunehmender Größe des Unternehmens und Verbreiterung des Produktprogramms kommt es jedoch infolge der unterschiedlichen Anforderungen an die Verrichtungen zu einer Überforderung der Funktionsbereiche und vor allem auch der Unternehmensleitung, welche für die funktionsübergreifenden Koordinationsaufgaben zuständig ist. Ein Übergang zu einer stärker objektorientierten Organisationsstruktur (Spartenorganisation) ist geboten.

c.   Spartenorganisation

Die Spartenorganisation verbindet die Arbeitsteilung nach Objekt mit dem Grundtyp der eindimensionalen Organisationsstruktur. Ebenso wie die funktionale Organisationsstruktur wird deshalb die Spartenorganisation zu den eindimensionalen Strukturmodellen gerechnet. Die Spartenorganisation wird auch als divisionale Organisation oder Geschäftsbereichsorganisation bezeichnet. Die Bildung von Sparten (synonym: Divisionen oder Geschäftsbereichen) kann nach den Objektgesichtspunkten Produkt, Kunde oder Region erfolgen (vgl. Bühner 1992, Sp. 2275). Die Bildung von Sparten ist mit der Schaffung von dezentralen Verantwortungsbereichen verbunden. Die Sparten handeln, im Vergleich zu den Funktionsbereichen, relativ autonom, d. h. ein großer Teil der Wertschöpfungsaktivitäten und Verantwortlichkeiten bezogen auf das jeweilige Objekt ist innerhalb der Sparte angesiedelt: „Der Grund für die Zusammenfassung der Abteilungsbildung nach Produkten und Kundengruppen beziehungsweise Regionen zu einem Strukturtyp – der divisionalen Struktur – liegt letztlich darin, daß […] Abteilungen entstehen, die die wichtigsten Funktionen umfassen und somit quasi selbstständig als Unternehmungen in der Unternehmung agieren können." (Kieser/Kubicek 1992, S. 89). In sehr autonom agierenden Sparten sind im Extremfall alle primären Wertschöpfungsfunktionen wie F&E, Beschaffung, Produktion und Absatz im Verantwortungsbereich der Sparte angesiedelt. In der Regel weisen die Sparten aber nicht sämtliche Funktionsbereiche auf. Insbesondere jene Funktionen und Aufgabenbereiche, die für alle Sparten gleichermaßen relevant sind und von diesen im selben oder ähnlichen Maße nachgefragt werden, werden in Zentralbereichen angesiedelt.

Zur Schaffung und Ausgestaltung der dezentralen Verantwortungsbereiche in den Sparten wurden Center-Konzepte zur Delegation von Erfolgsverantwortung an die zweite Hierarchieebene geschaffen. Die Sparten können als Cost-Center, Profit-Center oder Investment-Center geführt werden:

- **Cost-Center:** Die Geschäftsbereichsleitung trägt die Kostenverantwortung und ist für die Einhaltung von Kostenbudgets verantwortlich;
- **Profit-Center:** Die Geschäftsbereichsleitung trägt die Gewinn- und Verlustverantwortung. Die Geschäftsbereichsleitung hat große Handlungsfreiheit und kann im Extremfall auch das Produktprogramm ohne Rücksprache mit der Konzernleitung verändern;
- **Investment-Center:** Die Geschäftsbereichsleitung trägt neben der Gewinn- und Verlustverantwortung auch die Verantwortung für Investitionsentscheidungen des Geschäftsbereichs.

Die Entstehung der Spartenorganisation ist in engem Zusammenhang mit dem oben beschriebenen Effizienzverlust der funktionalen Organisationsstruktur infolge des Wachstums und der zunehmenden Diversifizierung bzw. Internationalisierung von Unternehmen zu sehen. Die Beibehaltung der funktionalen Organisationsstruktur würde ab einer gewissen Organisationsgröße und Vielfalt des Produkt-, Kunden- oder Länderportfolios zu kaum überschau- und kontrollierbaren Funktionsbereichen führen. Ein weiterer Faktor, der zur Herausbildung von Sparten führt, ist die erhöhte Branchen- und Umweltdynamik, denen die verschiedenen Produkt-, Kunden- und Ländersegmenten des Unternehmens ausgesetzt sind. Unterschiedliche marktliche und technologische Entwicklungen zwingen die Unternehmen zu situationsangepassten und auf Einzelfälle bezogenen Entscheidungen und Handlungen, die besser innerhalb der einzelnen Sparte als über die mehrere Funktionsbereiche initiiert und koordiniert werden können.

Spartenorientierte Organisationsstrukturen wurden erstmalig in den 1920er Jahren von U. S.-amerikanischen Mischkonzernen wie DuPont, General Electric und General Motors eingeführt. Vereinzelt haben auch deutsche Großunternehmen wie Siemens noch vor dem zweiten Weltkrieg divisionale Strukturen übernommen. Bei der Mehrzahl der deutschen Großunternehmen hat die divisionale Organisationsstruktur jedoch erst seit den 1960er Jahren Verbreitung gefunden. Beispiele für deutsche Großunternehmen, welche in den 1960er bzw. frühen 1970er Jahren den Übergang zur Spartenorganisation gefunden haben, sind das Chemieunternehmen Bayer und der Konsumgüterhersteller Beiersdorf. Als Grund für die zeitliche Verzögerung bei der Einführung von Sparten in Deutschland im Vergleich zu den USA wird häufig der höhere Wettbewerbsdruck in den USA genannt (vgl. Bühner 1992, Sp. 2275).

ca. Produktspartenorganisation

Die üblichste Form der Spartenorganisation in der Praxis ist die Produktspartenorganisation. Die meisten diversifizierten Großunternehmen in Europa und in Nordamerika wählen diesen Strukturtyp als Organisationsform (vgl. Fligstein/Freeland 1995; Fligstein 2001). Die Sparten werden bei der Produktspartenorganisation auf der ersten Ebene unterhalb der Unternehmensleitung nach produktorientierten Kriterien gebildet, indem Produkte mit gemeinsamer technologischer Basis oder Produkte für homogene Marktsegmente zentralisiert werden (vgl. Bühner

1992, Sp. 2275). Im Beispiel des Luft- und Raumfahrtkonzerns EADS umfasst eine solche Gliederung die Geschäftsbereiche ‚Zivile Flugzeuge (Airbus)‘, ‚Militärische Transportflugzeuge‘, ‚Helikopter (Eurocopter)‘, ‚Raumfahrt‘ sowie ‚Verteidigungs- und Sicherheitssysteme‘. Oftmals werden sehr große Geschäftsbereiche, wie im Beispiel EADS, auf einer zweiten Gliederungsebene weiter nach Produktdivisionen oder Produktmodellen differenziert. Im Fall von EADS-Airbus beinhaltet dies die weitere Untergliederung und Bildung organisatorischer Teileinheiten nach den Passagierflugzeugmodellen A320, A330, A340 A350 sowie A380. Die nachfolgende Abb. 61 zeigt eine solche mehrstufige produktorientierte Spartenorganisation auf zwei Ebenen am Beispiel von EADS bzw. Airbus.

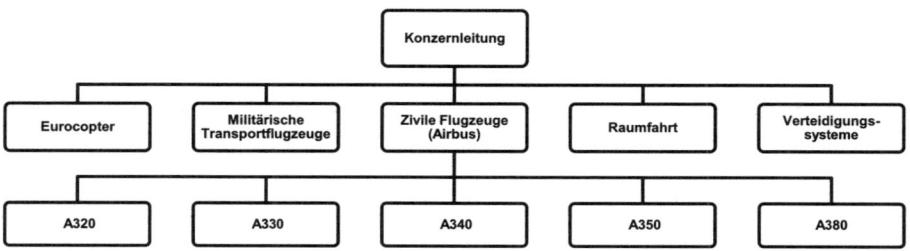

Abb. 61: Mehrstufige Spartenorganisation nach Produkten bzw. Produktgruppen

Unterhalb der Produktdivisionen gliedern viele Unternehmen auf der zweiten oder ggf. auf der dritten Ebene ihre Organisation nach Funktionen. Abb. 62 zeigt eine solche „gemischte" organisatorische Gliederung für einen integrierten Anbieter von Produkten für den Gesundheitsmarkt.

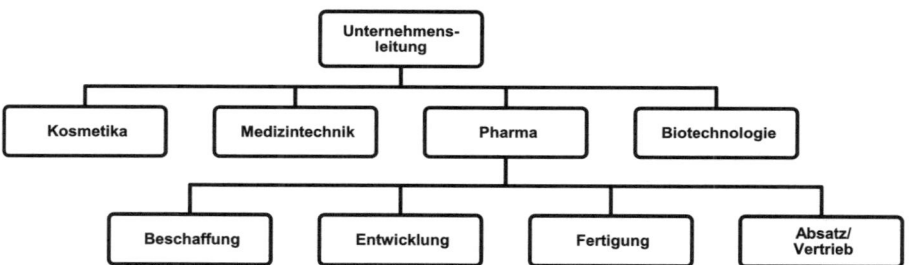

Abb. 62: Produktspartenorganisation mit Untergliederung nach Funktionen
auf der dritten Ebene

Die Ausrichtung der Organisationsstruktur auf Produkte stärkt die Marktorientierung und Flexibilität der Organisation, insbesondere wenn zwischen den Produkten des Unternehmens bedeutende Unterschiede hinsichtlich des Markt-, Technologie- und Wettbewerbsumfeldes bestehen. Produktsparten können auf Veränderungen in ihrem spezifischen Markt- und Wettbewerbsumfeld schnell und gezielt mit Veränderungen im Produktprogramm bzw. mit Änderungen in der Wettbewerbsstrategie reagieren. Auch auf produktspezifische technologische Entwicklungen können Sparten schneller reagieren als ein nach Funktionen gegliedertes Unternehmen, insbesondere wenn die Sparten auch die Gewinn- und Verlustverantwortung sowie die Verantwortung für Investitionsentscheidungen tragen. Mit der Bildung autonomer und starker Sparten wächst jedoch die Gefahr der Entstehung von Geschäftsbereichsegoismen. Infolge mangelnder Zusammenarbeit und Koordination droht mangelnde Ressourceneffizienz: So kann es zu Doppelarbeiten in den Sparten kommen, mögliche Verbundpotenziale zwischen den Sparten werden nicht oder nur mangelhaft ausgeschöpft. Der Grad der Spartenautonomie sollte deshalb auch von der Diversifikationsstrategie des Unternehmens abhängen (vgl. dazu ausführlich Kapitel D I): Die Diversifikation in verbundene Märkte und Produkte zielt primär auf die Realisierung von Verbundvorteilen durch die Koordination der interdependenten Sparten ab und bedingt deshalb einen eher geringen Grad an Spartenautonomie. Dagegen entfallen bei der Diversifikation in unverbundene Märkte bzw. Produkte mit dem Ziel der Risikostreuung die Interdependenzen zwischen den Sparten weitestgehend. Ein höherer Grad an Spartenautonomie ist zweckdienlich.

cb. Regionale Spartenorganisation (Regionalorganisation)

Bei der Regionalorganisation werden die Sparten auf der ersten Ebene unterhalb der Unternehmensleitung nach Absatzregionen gebildet. Auf Unternehmensebene, insbesondere bei Großunternehmen, werden Absatzregionen üblicherweise für einzelne Ländermärkte oder für mehrere Länder zusammen, d. h. für supranationale Wirtschaftsräume definiert. Die Zusammenfassung von Ländern zu supranationalen Regionen ist häufig dann zu beobachten, wenn diese gemeinsam einen regionalen wirtschaftlichen und/oder politischen Integrationsraum bilden, durch räumliche und/oder kulturelle Nähe geprägt sind und für sich genommen nicht die für eine Einzelmarktbearbeitung erforderliche Mindestgröße aufweisen. So werden die skandinavischen Länder oftmals zu einer einheitlichen Absatzregion zusammengefasst. Selbiges gilt für die Schweiz, Österreich und Deutschland. Abb. 63 zeigt eine regionale Gliederung von organisatorischen Teileinheiten, welche auf der ersten Ebene nach Regionen und auf der zweiten Ebene nach Ländermärkten gebildet wird.

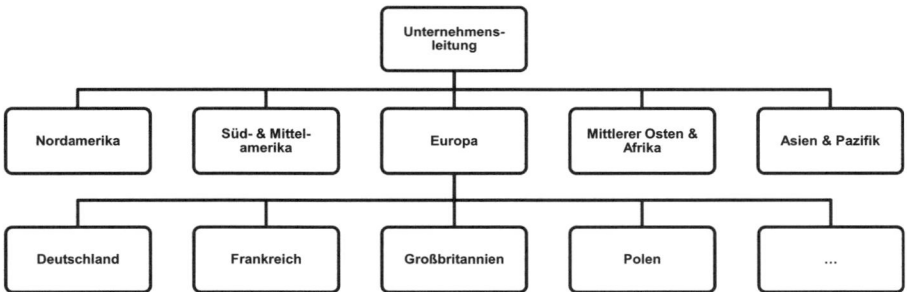

Abb. 63: Mehrstufige Gliederung organisatorischer Teileinheiten nach Regionen

Die Spartenorganisation nach Regionen eignet sich insbesondere für Unternehmen, deren Internationalisierungsgrad sehr stark ausgeprägt ist, d. h die einen großen Anteil ihrer Umsätze auf ausländischen Märkten erwirtschaften und die das Inland als Geschäftsregion neben mehreren anderen betrachten. Solche Unternehmen werden sich insbesondere dann für eine Regionalorganisation entscheiden, wenn das Produktspektrum relativ homogen ist, die verschiedenen Absatzregionen jedoch durch markante Unterschiede geprägt sind. In diesem Fall sind die Unternehmen gezwungen, ihr Produktprogramm an die lokalen Bedingungen der Märkte vor Ort anzupassen (vgl. dazu ausführlich Kapitel D II 5). Unter solchen Bedingungen sind, angesichts der starken Verbundenheit des Produktprogramms, die Interdependenzen und der Koordinationsbedarf zwischen den einzelnen Produkten zur Anpassung an die lokalen Bedingungen innerhalb der Region sehr groß. Der Abstimmungsbedarf zwischen den Produkten überwiegt den Abstimmungsbedarf zwischen den Absatzregionen, die aufgrund ihrer Unterschiede als vergleichsweise autonome Sparten geführt werden.

Die Vor- und Nachteile der Regionalorganisation sind analog zu den Vor- und Nachteilen der Produktspartenorganisation zu sehen. Die prinzipiellen Vorteile der Regionalorganisation liegen in der hohen Flexibilität, auf die lokalen Bedingungen vor Ort eingehen zu können. Das Regionalspartenmanagement ist mit der Absatzregion vertraut, kennt die Besonderheiten der Märkte und kann diese unabhängig von den anderen Sparten vergleichsweise autonom berücksichtigen. Zur Anpassung des Produktprogramms sind in den Regionalsparten nicht nur Marketing und Vertrieb, sondern ggf. auch die lokale Produktions- und Entwicklungsverantwortung angesiedelt (vgl. dazu ausführlich Kapitel D II 5). Die Schwächen des Konzepts liegen dagegen in der mangelnden Koordination funktionaler und produktbezogener Aktivitäten zwischen den Absatzregionen. Zur Verbesserung der Koordination richten Unternehmen mit einer Regionalorganisation deshalb häufig Produkt- oder Funktionskoordinatoren im Sinne einer Stabs-Produkt- bzw. Stabs-Funktionenorganisation ein, welche die Regionenübergreifende Koordination stärken sollen (vgl. Pausenberger 1992, Sp. 1059).

Beispiele für Unternehmen mit einer Regionalorganisation finden sich vor allem in der Konsum- und Markenartikelbranche, insbesondere in den Segmenten Lebensmittel, Pflegeprodukte und Kosmetika. So verfügen die Unternehmen Nestlé, L'Oréal und Wella über eine Regionalorganisation. (vgl. Galbraith 2000; Pausenberger 1992). Auch der Baustoffkonzern und Zementproduzent Holcim, mit Hauptsitz in der Schweiz, verfügt über eine regional orientierte Spartenstruktur. Der nachfolgende Exkurs (Abb. 64) gibt einen Überblick über verschiedene Strukturmodelle zur Berücksichtigung der internationalen Dimension der Unternehmenstätigkeit (vgl. dazu auch Galbraith 2000 sowie Stopford/Wells 1972).

Exkurs: Organisationsstrukturtypen der Internationalen Unternehmung

(1) Nationale oder unspezifische Organisation der internationalen Aktivitäten: In der frühen Phase der Internationalisierung, wenn Unternehmen nur wenige Kunden im Ausland besitzen und nur ein kleiner Teil des Umsatzes im Ausland erwirtschaftet wird, findet die internationale Geschäftstätigkeit üblicherweise noch keinen Reflex in der Organisationsstruktur von Unternehmen (vgl. Galbraith 2000, S. 35 ff.; Pausenberger 1992, Sp. 1054). Die internationalen Märkte und Kunden werden primär über direkte oder indirekte Exporte, d. h. mit Hilfe von Absatzmittlern, abgedeckt. Das internationale Geschäft ist von untergeordneter strategischer Bedeutung und wird von jenen organisatorischen Teileinheiten abgewickelt, die auch für das nationale Geschäft tätig sind. So übernimmt der Vertrieb auch die Aufgaben des internationalen Vertriebs. Die Fertigung ist ebenfalls zuständig für die Anpassung der Produkte an den ausländischen Bedarf, insofern dies überhaupt geschieht.

(2) Segregierte Organisation – die internationale Abteilung bzw. Division: Mit fortschreitender Internationalisierung und zunehmender Bedeutung des Auslandsgeschäfts ergibt sich die Notwendigkeit, die Organisationsstruktur im Hinblick auf das Auslandsgeschäft zu ergänzen. Mit zunehmender Zahl an Kunden im Ausland, mit steigenden Umsätzen und auch mit dem zunehmenden Druck, auf die Besonderheiten des Auslandsgeschäfts Rücksicht zu nehmen, steigt die zusätzliche organisatorische Belastung der nationalen bzw. unspezifischen organisatorischen Teileinheiten. Um hier für Entlastung zu sorgen, werden üblicherweise als erste Stufe zur Berücksichtigung des internationalen

Geschäfts internationale Abteilungen geschaffen. Im Fall von klein- und mittelständischen Unternehmen können diese internationalen Abteilungen als separate organisatorische Teileinheiten auf der ersten Ebene unterhalb der Unternehmensleitung gebildet werden, bspw. als Appendix der funktionalen Organisationsstruktur. Alternativ ist eine Eingliederung in den Vertriebsbereich in Form einer Unterabteilung denkbar. Bei nach Produktsparten organisierten Unternehmen wird die internationale Abteilung bzw. Division meist auf der Ebene der einzelnen Sparten eingerichtet, insbesondere wenn diese unterschiedlich stark internationalisiert sind. Die Bezeichnungen für die internationale Abteilung bzw. Division variieren in der Praxis. Neben der Etikettierung ‚Internationale Abteilung‘ bzw. ‚Internationale Division‘ ist auch der Begriff ‚Exportabteilung‘ oder ‚Export-/Importabteilung‘ gebräuchlich. Mehrere Gründe sprechen für die Bildung einer solchen internationalen Abteilung bzw. Division, sobald die internationalen Aktivitäten eine kritische Masse erreicht haben (vgl. dazu u. a. Galbraith 2000; Pausenberger 1992):

- **Klarheit der Zuständigkeit und Fokus**: Während in der nationalen bzw. nicht segregierten Organisation die internationalen Aktivitäten als Nebenaufgabe zum nationalen Geschäft erledigt werden, erhalten sie in der gesonderten internationalen Abteilung ungeteilte Aufmerksamkeit.

- **Effizienzsteigerung und Kostensenkung**: Bei den internationalen Aktivitäten können durch die Spezialisierung zusätzliche Effizienzgewinne erzielt werden. So lassen sich durch die gebündelte Koordination des Auslandsgeschäfts Reise- und Kommunikationskosten einsparen (im Gegensatz zu der nicht segregierten Konstellation, bei der die Zuständigkeit für das Auslandsgeschäft über viele organisatorische Teileinheiten verstreut ist).

- **Bündelung von Auslandserfahrung und internationalem Fachwissen**: Gerade in der Anfangsphase der Internationalisierung ist es zweckmäßig, die (wenigen) Fachleute mit Auslandserfahrung in einer Abteilung zusammenzufassen und das Wissen und die Erfahrung über die Auslandsmärkte zu bündeln.

- **Signalwirkung**: Die Bildung einer eigenständigen organisatorischen Teileinheit und Bündelung signalisiert eine Veränderung in der Unternehmensstrategie. Die Bündelung der internationalen Aktivitäten in einer organisatorischen Teileinheit verleiht ihnen eine kritische Masse, das internationale Geschäft steigt in seiner Bedeutung. Dies hat Signalwirkung nach innen sowie nach außen.

(3) Integrierte internationale Organisation: Steigt das internationale Geschäft in seiner Bedeutung weiter an und gewinnt es strategische Bedeutung für die Erreichung der Unternehmensziele, so muss diesem Umstand auch in der Organisationsstruktur Rechnung getragen werden. Damit Inlands- und Auslandsmärkte ihrer Bedeutung entsprechend Beachtung finden, ist die Dichotomie zwischen Inlands- und Auslandsgeschäft aufzuheben. Das Auslandsgeschäft ist nicht weiter in einem organisatorischen Appendix, sondern integriert in der gesamten Organisation zu berücksichtigen. Zu diesem Zweck wird die internationale Division aufgelöst und die internationalen und nationalen Aktivitäten in einer integrierten internationalen Organisation zusammengefasst. Bei integrierten internationalen Organisationen lassen sich ein- und mehrdimensionale Modelle unterscheiden.

a.) Bei der **eindimensionalen internationalen Organisationsstruktur** sind zwei prinzipielle Alternativen zu unterscheiden. Die erste Alternative scheint in einem sogenannten

,**globalen**' **Szenario** angebracht. In diesem Fall weist das Unternehmen einen hohen Internationalisierungsgrad auf und zugleich sind die nationalen und internationalen Märkte, in denen sich das Unternehmen bewegt, relativ homogen, d. h. durch einheitliche Kundenbedürfnisse, rechtliche Rahmenbedingungen etc. geprägt. In einem solchen Szenario erscheint es vorteilhaft, sowohl bei einer funktionalen Organisationsstruktur als auch bei der Spartenorganisation, Bereiche mit weltweiter, d. h. globaler Verantwortung zu bilden. Eine Unterstützung der lokalen bzw. regionalen Anpassung der Produkte durch die Organisationsstruktur ist nicht erforderlich. Man spricht deshalb in diesen Fällen auch von global integrierten Funktional-, Produkt- oder Kundenstrukturen. Die zweite Alternative bietet sich in einem ,**multinationalen**' bzw. ,multiregionalen' **Szenario** an. In diesem Fall ist das Unternehmen einem hohen Anpassungs- und Differenzierungsdruck in den verschiedenen nationalen bzw. regionalen Märkten ausgesetzt. In dieser Situation kann eine Spartenbildung nach Regionen, d. h. eine Regionalorganisation in Frage kommen, um die lokale Anpassung der Produkte und Geschäftskonzepte des Unternehmens zu unterstützen (vgl. dazu die vorangegangene Darstellung sowie die Ausführungen zu globalen und multinationalen Strategien von Unternehmen in Kapitel D II 5).

b.) Mehrdimensionale internationale Organisationsstrukturen zeichnen sich dadurch aus, dass neben der regionalen Gliederung noch weitere Gliederungskriterien, bspw. Produkte und/oder Funktionen, bei der Bildung der Organisationsstruktur Berücksichtigung finden. So finden sich bei vielen international tätigen und diversifizierten Großunternehmen in der Praxis integrierte Matrixstrukturen (zweidimensionale Organisationsstrukturen), die nach Produkten und Regionen gegliedert sind. Erneut sei an dieser Stelle jedoch angemerkt, dass eine integrierte und ausbalancierte Matrixstruktur, mit egalitären Weisungs- und Entscheidungsbefugnissen zwischen Produkt- und Regionalmanagern in der Praxis nur sehr selten zu finden ist (zur ausführlichen Diskussion dieser Thematik siehe die nachfolgenden Ausführungen in Kapitel C IV 3 d).

Abb. 64: Organisationsstrukturen der Internationalen Unternehmung

cc. Kundenzentrierte Spartenorganisation

Bei der kundenzentrierten Spartenorganisation werden die Sparten auf der ersten Ebene unterhalb der Unternehmensleitung nach Kunden gebildet. Nach *Meffert* (1992, Sp. 1219) stellt die Spartenorganisation nach Kunden den Extremfall des kundenorientierten Marketing dar. Die Kunden-Sparte kann sich auf einzelne (Groß-)Kunden (**Key-Accounts**) oder auf in sich homogene Kundensegmente beziehen, die nach entsprechenden Segmentierungskriterien zu Kundengruppen zusammengefasst werden. In Abb. 65 ist die Organisationsstruktur eines deutschen Unternehmens aus der Fabrik- und Prozessautomatisierungsbranche dargestellt. Das Unternehmen entwickelt und produziert Prozess- und Fertigungsanlagen für Unternehmen, die ihre Produkte in Serien- und Massenproduktion herstellen. Auf der ersten Ebene differenziert das Unternehmen nach der Branchenzugehörigkeit seiner Kunden, da von den Branchen unterschiedliche Anforderungen an die Automatisierungs- bzw. Fertigungstechnik ausgeht, obwohl diese auf denselben Kerntechnologien basiert. Auf der zweiten Ebene differenziert das Unternehmen innerhalb der Branchen nach verschiedenen Kunden, da auch innerhalb der einzelnen Branchen, wie beispielsweise in der Automobilindustrie, von den verschiedenen Herstellern unterschiedliche Anforderungen an die Produkte (sprich die Fabrikautomatisierung) gestellt werden.

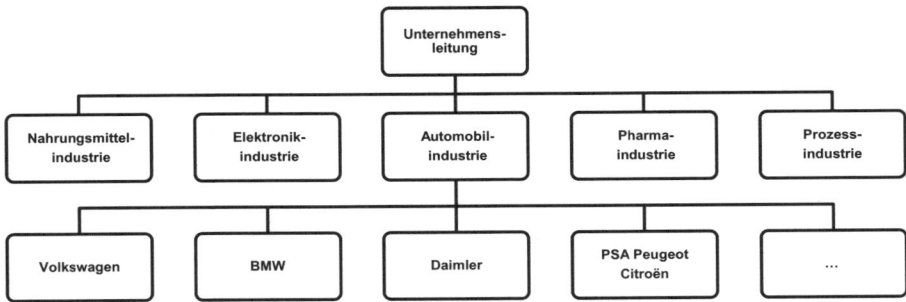

Abb. 65: Mehrstufige Gliederung organisatorischer Teileinheiten nach Kunden

Die Vor- und Nachteile der Spartenbildung nach Kunden sind erneut analog zu den Vor- und Nachteilen der beiden anderen Spartentypen zu sehen. Der prinzipielle Vorteil der Spartenbildung nach Kunden liegt insbesondere in der hohen Flexibilität, auf die individuellen Bedürfnisse und Anforderungen von Kunden bzw. Kundengruppen eingehen zu können. Diese extreme Form der Kundenorientierung soll eine höhere Kundenzufriedenheit und damit auch Kundenbindung zur Folge haben. Die Schwächen des Konzepts liegen, ähnlich wie bei der Regionalorganisation, in der mangelnden Koordination der funktionalen und produktbezogener Aktivitäten zwischen den Kundengruppen. Ein weiterer Schwachpunkt kann in der Tendenz zur Fokussierung auf den bestehenden Kundenstamm und die Vernachlässigung von Marketingmaßnahmen zur Gewinnung neuer Kundengruppen gesehen werden (vgl. Meffert 1992, Sp. 1219).

Eine nach Kundengruppen orientierte Gruppierung von Aktivitäten findet sich bspw. bei Banken, die zwischen Privat- und Großkundengeschäft bzw. Firmenkundengeschäft differenzieren. Der Übergang zwischen der Spartenbildung nach Kunden und der Spartenbildung nach Produkten ist jedoch fließend, da mit den unterschiedlichen Kundengruppen bei Banken oftmals auch ein anderes Produkt- und Dienstleistungsangebot einhergeht. Des Weiteren findet man auch bei Zulieferern aus dem Maschinen- und Anlagenbau sowie aus der Automobilindustrie die Spartenbildung nach Kunden vor. Die Spartenbildung nach Kunden ist in dieser Branche insbesondere in jenen Fällen populär, in denen Kunden aus sehr unterschiedlichen Bereichen dasselbe Produkt (bspw. Prozess- und Fertigungsanlagen) mit sehr unterschiedlichen individuellen Anforderungen und Spezifika nachfragen. Schließlich findet sich eine Gliederung nach Kunden auch im Bereich industrieller Dienstleistungen, bspw. bei so genannten ‚Electronic Manufacturing Services'-Anbietern, die für große Kunden, bspw. für Handyproduzenten wie Nokia, Samsung oder SonyEricsson, die komplette Auftragsfertigung von elektronischen Baugruppen, Geräten und Systemen abdecken.

d. Matrix- und Tensororganisation als mehrdimensionale Strukturmodelle

Mehrdimensionale Organisationsstrukturen liegen vor, wenn das Strukturmodell der Organisation durch ein Mehrliniensystem geprägt ist, d. h. wenn die Organisation zwei oder mehr übereinander gelagerte Leitungssysteme aufweist (vgl. Macharzina/Wolf 2008, S. 484; Scholz 1992, Sp. 1302). In der Praxis gilt das zweidimensionale Strukturmodell – die sogenannte ‚**Matrixorganisation**' – als die wichtigste mehrdimensionale Organisationsstruktur. In diesem Fall haben die Mitarbeiter in den organisatorischen Linieneinheiten jeweils zwei Linienvorgesetzte. Weist die Organisation drei übereinander gelagerte Leitungssysteme auf, spricht man auch von ‚**Tensor-Organisation**'. In jedem Fall kombinieren mehrdimensionale Leitungssysteme objekt- und verrichtungsorientierte Kriterien bei der Gliederung der (Leitungs-)Organisation. Bei den meisten mehrdimensionalen Strukturmodellen wird das objektbezogene Leitungssystem anhand von Produkten gegliedert. Kommt bei der zweidimensionalen Matrixorganisation in einer Dimension ein produkt- bzw. produktgruppenbezogenes Kriterium zum Einsatz, spricht man – uneinheitlich – auch von einer Matrix-Produkt-Organisation bzw. Produkt-Matrix-Organisation (vgl. z. B. Macharzina/Wolf 2008, S. 484 oder Brockhoff 1999a, S. 340). Nachfolgend ist in Abb. 66 eine Produkt-Matrix-Organisation abgebildet, bei der das nach Produkten gegliederte Leitungssystem von einem nach Funktionen gegliederten Leitungssystem überlagert wird. Die graphische Darstellungsform des zweidimensionalen Strukturmodells erfolgt mit Hilfe der üblichen Form der Gitternetzdarstellung. Die operativen Einheiten sind in der Gitternetzdarstellung als graue Punkte abgetragen, denen jeweils zwei Leitungsinstanzen zugeordnet sind, d. h. jeder Mitarbeiter erhält faktisch zwei Vorgesetzte.

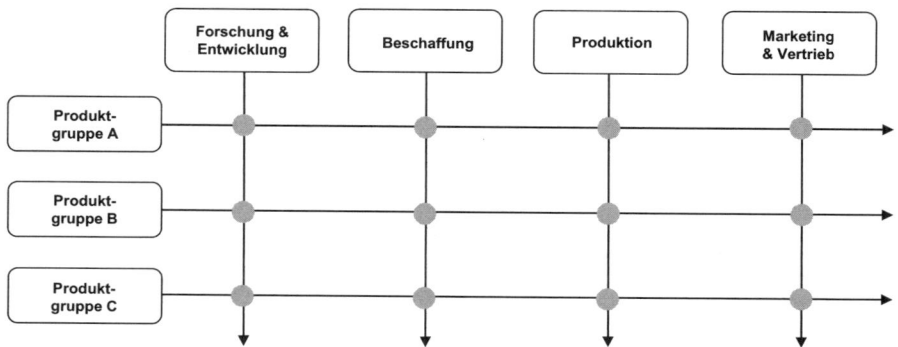

Abb. 66: Produkt-Matrix-Organisation mit Funktionen

Die Matrix-Produkt-Organisation mit Funktionen in der zweiten Leitungsdimension ist insbesondere bei verbunden diversifizierten Unternehmen verbreitet, die entweder primär national agieren oder global ausgerichtet sind und bei denen regionale bzw. länderspezifische Faktoren somit keine maßgebliche Rolle für die Geschäftstätigkeit ausüben. Die Kombination der produktbezogenen mit der funktionalen Leitungsdimension soll zu einer ausgewogenen Berücksichtigung der Funktions- und Produktinteressen führen und gleichzeitig die Vorteile beider Gliederungs- bzw. Strukturprinzipien miteinander verbinden. Die funktionale Leitungsdimension soll die Realisierung der Spezialisierungsvorteile auf Verrichtungen im Sinne von Lern- und Erfahrungskurveneffekten quer zu den Produktbereichen sicherstellen. Die produktbezogene Leitungsdimension soll den Marktbezug und die damit einhergehende Flexibilität gewährleisten. Die kombinierte Realisierung dieser Vorteile wird insbesondere aufgrund der „produktiven" Konflikte zwischen den Funktions- und Produktmanagern erwartet (vgl. Macharzina/Wolf 2008, S. 485).

Eine verbreitete Variante der Matrixorganisation stellt die Kombination von produkt(gruppen)bezogenen und regionalen Kriterien bei der Gliederung der beiden Leitungssysteme dar. Dieser zweidimensionale Strukturtyp ist insbesondere bei internationalen Unternehmen mit heterogenem Produktprogramm verbreitet, bei denen sowohl von den Produkten als auch von den Absatzregionen unterschiedliche Anforderungen an die Organisation gestellt werden.

Durch die Verbindung der Produktdimension mit der regionalen Dimension in den Leitungsebenen erhofft man sich ähnliche Kombinationsvorteile wie bei der Verbindung von Funktion
und Produkt. Während die regionale Leitungsdimension den lokalen bzw. regionalen Markt-
spezifika Rechnung tragen soll, ist die produktbezogene Leitungsdimension für die Besonderheiten der Produktmärkte und Technologien zuständig. Funktionale Belange und Aufgaben
werden dabei durch Zentralabteilungen übernommen, die sich auf der Grundlage von Richtli-
nienkompetenzen insbesondere für die globale Koordination und Kontrolle all jener Funktionen verantwortlich zeichnen, die für alle Produkt- und Regionalsparten gleichermaßen von
Bedeutung sind (vgl. Pausenberger 1992, Sp. 1061). Abb. 67 zeigt eine nach Produkten und
Regionen gegliederte Matrixorganisation mit zentralen Funktionsbereichen. Vielfach wird
eine solche Produkt-Regionen-Matrix-Organisation mit starken Zentralfunktionen auch als
Tensor-Organisation bezeichnet. Da die Zentralfunktionen im dargestellten Fall jedoch nur
koordinierende Aufgaben wahrnehmen und nicht mit gleichberechtigten Weisungs- und Entscheidungsbefugnissen ausgestattet sind, ist diese Etikettierung jedoch nicht zutreffend.

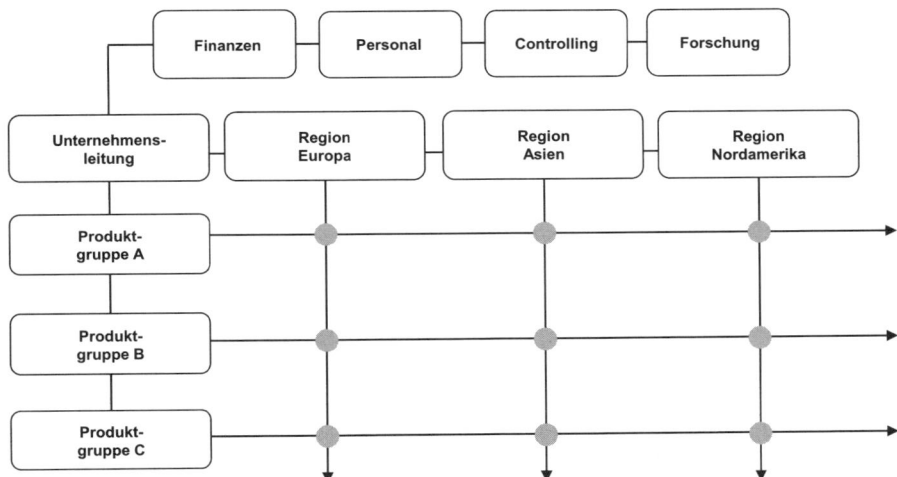

Abb. 67: Produkt-Regionen-Matrix-Organisation mit Zentralfunktionen

In der idealtypischen Ausprägungsform der mehrdimensionalen Strukturmodelle wird von
einer Gleichberechtigung der verschiedenen Leitungsdimensionen ausgegangen. Es werden,
in einer optimistischen Einschätzung, produktive Konflikte unterstellt. In der Realität gestalten sich diese Konflikte jedoch selten produktiv (vgl. Galbraith 2000, S. 98 ff.). Das zentrale
Gestaltungsproblem von mehrdimensionalen Organisationsstrukturen besteht deshalb eben
gerade in der Vermeidung von solchen Konflikten, insbesondere durch die Kompetenzabgrenzung zwischen den verschiedenen Leitungsstellen. Eine solche Kompetenzabgrenzung
bedingt in der Praxis eine standardisierte, kontextspezifische Zuordnung von Weisungs- und
Entscheidungsbefugnissen auf Basis von Regeln und Programmen. Solche Regeln und Programme legen fest, welche Leitungsstellen bei welchen Anlässen über die endgültigen Wei-
sungs- und Entscheidungsbefugnisse verfügen: Wer hat beispielsweise bei einer Matrix-
Produkt-Organisation mit Funktionen in der zweiten Leitungsdimension die abschließende
Entscheidungsbefugnis über die Ausgestaltung einer produktbezogenen Marketing-Strategie,

der Produktmanager oder Marketing-Leiter? Wer entscheidet in einer Produkt-Regionen-Matrix-Organisation über die Frage der Lieferantenauswahl für ein bestimmtes Land, der Regional- bzw. Ländermanager oder der Produktmanager?

Da eine solche Standardisierung und Zuordnung von Entscheidungs- und Weisungsbefugnissen niemals eindeutig und vollständig erfolgen kann, kommt es in der Praxis in der Folge stets zu unproduktiven Konflikten. Diese Konflikte führen nicht zur Verbesserung, sondern zur Verzögerung von Entscheidungsprozessen oder sogar zur Handlungsunfähigkeit der Organisation. Kritisch fällt überdies ins Gewicht, dass der vermeintliche Vorteil erhöhter Flexibilität der mehrdimensionalen Organisationsstrukturmodelle dadurch negativ kompensiert wird, dass ein hoher Bedarf an Führungskräften besteht (vgl. Macharzina/Wolf 2008, S. 486). Abschließend bleibt festzuhalten, dass in der unternehmerischen Praxis, infolge der skizzierten negativen Aspekte, eine idealtypische Matrix- oder gar Tensor-Organisationsstruktur mit gleichberechtigten Weisungs- und Entscheidungsbefugnissen zwischen den Leitungsdimensionen nur selten vorzufinden ist (vgl. dazu auch Galbraith 2000, S. 100 ff. sowie Oelsnitz 2009, S. 85). Ein Beispiel für eine Produkt-Regionen-Matrix-Organisation bietet der deutsche Werkzeugmaschinenhersteller Gildemeister AG. Gildemeister ist in einer Leitungsdimension nach den verschiedenen Produktionswerken gegliedert, welche mit den Produktlinien und Baureihen des Unternehmens korrespondieren. Die zweite Leitungsdimension deckt über die Vertriebs- und Service-Einheiten die regionalen Absatzmärkte ab (vgl. Gildemeister 2009).

e. Holding-Konzepte als Strukturvariante der Konzernorganisation

Die zunehmende Größe, Diversifikation und Internationalisierung von Unternehmen hat in den vergangenen Jahrzehnten zu einer verstärkten rechtlichen Verselbstständigung der organisatorischen Teileinheiten geführt. Insbesondere auch infolge des Wachstums durch Akquisitionen und Fusionen kam es vermehrt zur Herausbildung von Konzernstrukturen. Zur verbreiteten Strukturvariante der Konzernorganisation hat sich die Holdingstruktur entwickelt. *Hoffmann* (1992, Sp. 218) erläutert die Grundüberlegungen bei der Einführung von Holdingstrukturen: „Ziel ist die Gewährleistung der unternehmensweiten (konzernweiten) Flexibilität und Marktnähe, die durch die nahezu völlige Autonomie der Teilbereiche (Tochtergesellschaften) erreicht werden kann."

Was bedeutet eigentlich ‚Konzernorganisation' in Abgrenzung (bzw. Präzisierung) des Begriffs der ‚Unternehmensorganisation'? Der Begriff des Konzerns ist zunächst juristischen Ursprungs. Laut § 18 des deutschen Aktiengesetzes ist unter einem **Konzern** ein unter einheitlicher Leitung (der Konzernober- oder Muttergesellschaft) stehendes Unternehmen mit mindestens zwei rechtlich selbstständigen Teilgesellschaften zu verstehen. Im Mittelpunkt der Definition des Aktienrechtes stehen damit zwei Kriterien: Neben der **einheitlichen Leitung** ist die **rechtliche Selbstständigkeit** der Konzernunternehmen Voraussetzung für die Existenz eines Konzerns. Ob innerhalb des Konzerns zwischen den Unternehmen darüber hinaus Über- und Unterordnungsverhältnisse im Sinne von einem „herrschenden" und einem oder mehreren (wirtschaftlich) abhängigen Unternehmen bestehen (Subordinationskonzern) oder ob es sich um den Zusammenschluss von gänzlich unabhängigen Unternehmen handelt, ist unerheblich. *Bleicher* (1992, Sp. 1152 f.) weist darauf hin, dass in der Unternehmenspraxis der Konzernbegriff auch für Zwischenformen von Verbindungen rechtlich selbstständiger Teilgesellschaften und unselbständig operierender Unternehmens- und Geschäftsbereiche Anwendung findet.

Ein anschauliches Beispiel für eine komplexe Konzernstruktur mit vielschichtigen Über- und Unterordnungsverhältnissen zwischen den zahlreichen Teileinheiten stellt der EADS-Konzern dar. Zum Konsolidierungskreis der Konzernobergesellschaft des EADS-Konzerns – der European Aeronautic Defence and Space Agency EADS N.V. mit Hauptsitz in den Niederlanden – gehörten im Geschäftsjahr 2009 insgesamt 185 Tochtergesellschaften, die sich im vollständigen Besitz oder zumindest Mehrheitsbesitz des Konzerns befinden, darunter die Airbus Deutschland GmbH und Airbus France S.A.S. (beide aus der Division Airbus), die Eurocopter Deutschland GmbH und Eurocopter S.A.S. (Division Eurocopter) sowie die Astrium GmbH (Division Raumfahrt). Ferner ist der EADS-Konzern an über 60 Gemeinschaftsunternehmen und assoziierten Unternehmen mit Anteilen zwischen 20 und 49,9 Prozent beteiligt. So hält EADS bspw. 46,3 Prozent der Kapitalanteile an Dassault Aviation, einem französischen Hersteller von Privat- und Militärjets.

Die von *Bleicher* (1992) angesprochene Mehrdeutigkeit und Konfusion des Konzernbegriffs wird teilweise dadurch aufzufangen versucht, dass einerseits vom Konzern als ‚Rechtsform‘ und andererseits von der Konzernunternehmung als ‚Organisationsform‘ gesprochen wird. (vgl. Macharzina/Wolf 2008, S. 489). Die Holdingsstruktur beschreibt eine solche Organisationsform der Konzernunternehmung. Organisatorisch kann die Holdingsstruktur als Weiterentwicklung der Spartenstruktur verstanden werden (vgl. Käfer 2007, S. 146). Denn hinsichtlich der Gliederung auf der zweiten Hierarchieebene knüpft die Holdingsstruktur an die Grundidee der Spartenorganisation an, bei der die Geschäftsbereiche meist nach Produkten oder Regionen differenziert sind. Im Gegensatz zur Spartenorganisation ist die Holdingstruktur jedoch dadurch gekennzeichnet, dass die organisatorischen Teileinheiten im Konzern als rechtlich selbstständige Teilgesellschaften agieren, was im Konzept der Spartenorganisation nicht als konstitutives Merkmal angelegt ist. Mit der Holdingsstruktur wird ferner, wie bereits einleitend von *Hoffmann* (1992) erläutert, die Zielsetzung der Spartenorganisation fortgeführt, nämlich die Stärkung der dezentralen Verantwortungsbereiche. Durch die rechtliche Selbstständigkeit soll den organisatorischen Teileinheiten ein noch größeres Maß an Autonomie und Flexibilität übertragen werden. In vereinfachter Sicht entspricht die Holdingsstruktur damit einer in gesellschaftsrechtlicher Hinsicht dezentralisierten Form der Spartenorganisation (vgl. Käfer 2007, S. 146).

In der Praxis sind drei idealtypische Varianten der Holdingsstruktur zu beobachten:

– **Operative Holding (Stammhauskonzern):** Im Fall des sogenannten Stammhauskonzerns übt die Konzernobergesellschaft – das Stammhaus – eine Doppelfunktion aus. Neben der Aufgabe der Leitung des Konzerns ist die Muttergesellschaft zugleich mit eigenen Wertschöpfungsaktivitäten im Markt betraut und aktiv. Demzufolge ist es ebenfalls eine wesentliche Aufgabe des Managements der Spitzeneinheit des Stammhauskonzerns, die Wertschöpfungsaktivitäten der Muttergesellschaft am Markt operativ zu führen. Der Stammhauskonzern entspricht damit dem **segregierten Konzerntyp** (vgl. Bleicher 1992, Sp. 1158). Ein prägendes Merkmal des Stammhauskonzerns ist ferner die Dominanz der Stamm- bzw. Muttergesellschaft über die anderen rechtlich selbständigen oder unselbständigen Teileinheiten des Konzerns. Die Konzernzentrale übt typischerweise einen sehr starken Einfluss auf die Tochterunternehmen im Konzern aus. Die Struktur von Stammhauskonzernen muss auch aus dem Blickwinkel ihrer historischen Entwicklung betrachtet werden: Die Entwicklung hat sich meist aus dem Kerngeschäft (Stammhaus) heraus vollzogen (vgl. Bleicher 1992, Sp. 1158). Die operative Holding findet man insbesondere bei jenen Unternehmen, die durch vertikale oder horizontale Diversifikation (vgl. Kapitel D I) aus dem dominierenden Kerngeschäft gewachsen sind. Die Gründung von weiteren Tochtergesellschaften dient(e) (ursprünglich) oftmals nur der Ergänzung bzw. Unterstützung des Kerngeschäfts. Die Tochtergesellschaften sind daher i. d. R. deutlich kleiner als die

Muttergesellschaft und hängen von dieser strategisch, strukturell und personell ab. Der Strukturtyp des Stammhauskonzerns erscheint gut geeignet für kleinere und gering diversifizierte bzw. internationalisierte Konzerne mit wenigen Tochtergesellschaften, welche primär der Unterstützung des Stammgeschäfts dienen. „Die überragende Bedeutung des Stammgeschäfts für sämtliche Konzernabläufe ermöglicht zum einen eine Kompetenzbündelung in der Zentrale, zum anderen sichert sie die Standardisierung von Entscheidungsprozessen und Effizienzvorteile, z. B. durch Lernkurven- und Verbundeffekte." (Käfer 2007, S. 145). Als nachteilig ist zu sehen, dass der starke Fokus auf das Stammhausgeschäft eine demotivierende Wirkung auf die anderen Tochtergesellschaften hat und es angesichts der Doppelfunktion (Management des Stammhausgeschäfts und des Geschäfts der Tochtergesellschaften) zu einer Überlastung der Konzernführung kommen kann. Obwohl der Stammhauskonzern in der Literatur vielfach nur als Übergangslösung hin zu anderen Holdingstrukturtypen diskutiert wird, findet die Stammhausstruktur bei deutschen börsennotierten Aktiengesellschaften immer noch starke Verbreitung (vgl. Käfer 2007, S. 145). So ist die Deutsche Lufthansa in ihren Grundzügen bis heute als Stammhauskonzern organisiert. Die Deutsche Lufthansa AG ist die Obergesellschaft des Konzerns, die zugleich das Stammgeschäft – den Passagierlinienflug (Lufthansa Passage Airline) – als selbständigen Geschäftsbereich nach dem Stammhausprinzip führt. Die anderen Geschäftsbereiche Lufthansa Cargo AG, Lufthansa Technik AG, Lufthansa Systems GmbH und LSG Lufthansa Service Holding (einschließlich LSG Sky Chefs) gehören als rechtlich selbständige Tochtergesellschaften zum Konzern. Die Lufthansa AG nimmt gegenüber diesen Konzernunternehmen eine Führungsrolle im Sinne einer Management-Holding war (vgl. dazu die nachfolgenden Ausführungen).

– **Management-Holding:** Die Obergesellschaft der Management-Holding führt, im Gegensatz zum Stammhauskonzern, kein eigenes operatives Geschäft. Gegenüber den – in der Grundidee – gleichberechtigten Konzernunternehmen nimmt sie jedoch Führungsaufgaben war. „Die führungsmäßigen Verbindungen sind dabei mehrheitlich eher locker ausgeprägt, sodass Teilgesellschaften eine hohe Autonomie aufweisen." (Macharzina/Wolf 2008, S. 490). Zu den Führungsaufgaben der Holding zählt in erster Linie die Übernahme der Gesamtverantwortung für den Konzern und die Festlegung der übergeordneten Ziele und Strategien. Dazu zählt insbesondere die strategische Steuerung und Planung (Konzernentwicklung) einschließlich der Festlegung der strategischen Geschäftsfelder. D. h., die Spitzeneinheit der Management-Holding trägt die Verantwortung für große Investitions- und Desinvestitionsentscheidungen. Ferner zeichnet sich die Management-Holding i. d. R. für die Besetzung von Führungspositionen bei den Tochterunternehmen sowie für die unternehmensweite Kapital-, Liquiditäts- und Erfolgsplanung verantwortlich. Die übergeordneten Ziele und Strategien der Holding bilden den Handlungsrahmen für die Teilgesellschaften im Konzern. Das Management der Teilgesellschaften ist, neben dem operativen Geschäft, vor allem für die strategische Führung ihrer Kernfunktionen, wie Produktentwicklung, Produktion, Beschaffung, Absatz, Vertrieb und Personalmanagement (Festlegung von Funktionsbereichsstrategien für das Teilunternehmen) zuständig. Im Idealfall kombiniert die Management-Holding die Vorteile der Autonomie, d. h. die Marktnähe und Flexibilität der Tochtergesellschaften, mit den Vorteilen der strategischen Führung und Koordination des Konzernverbunds durch die Muttergesellschaft. Ein Beispiel für eine Management-Holdingstruktur bietet das deutsche Maschinenbauunternehmen Voith AG. Während das Management der Holding, unterstützt durch einige Zentralfunktionen (z. B. Merger & Acquisitions), die allgemeine Geschäftsstrategie des Konzerns bestimmt und verantwortet, obliegt die Führung der einzelnen Sparten den rechtlich selbstständigen Tochtergesellschaften Paper Holding GmbH & Co. KG (System-lieferant für die internationale Papierindustrie), Voith Hydro Holding GmbH & Co. KG (Ausrüstungen für Wasserkraftwerke, Gemeinschaftsunternehmen mit Siemens), Voith Turbo GmbH & Co. KG (Antriebs- und Bremssysteme) sowie Voith Industrial Services Holding GmbH (technische Dienstleistungen einschließlich Facility Management).

- **Finanz-Holding:** Im Gegensatz zur operativen Holding und Management-Holding übt die Finanz-Holding weder operative noch unmittelbare strategische Führungsfunktionen aus. Die Teilgesellschaften des Konzerns werden primär als kapitalmäßige Beteiligungen, d. h. als Finanz- bzw. Portfolioinvestitionsobjekte betrachtet. Die Hauptaufgabe der Finanz-Holding liegt darin, das Konzernvermögen zu verwalten. Im Vordergrund steht die Wert-optimierung des Beteiligungsportfolios des Konzerns unter Ertrags- und Risiko-Gesichts-punkten. Im Extremfall kann demzufolge die Finanz-Holding ihren unternehmerischen Einfluss so weit minimieren, dass sie de facto nur noch die Rolle einer Vermögensverwal-tungs- und -beteiligungsgesellschaft ohne strategischen und operativen Leitungsanspruch wahrnimmt. Im Regelfall nimmt die Finanz-Holding bei Mehrheitsbeteiligungen jedoch zumindest einen mittelbaren Einfluss auf die Teilgesellschaften, insbesondere durch die Vorgabe von finanziellen Zielgrößen und durch die Besetzung der obersten Leitungsstel-len der Tochtergesellschaften. Ein Beispiel für eine solche Finanzholding mit mittelbarer Einflussnahme auf ihre Mehrheitsbeteiligungen stellt die Verlagsgruppe und Medienhol-ding Georg von Holtzbrinck dar. Die Verlagsgruppe gliedert sich in vier Bereiche, in de-nen der Konzern zahlreiche Beteiligungen hält. Es handelt sich dabei um die Bereiche Publikumsverlage (u. a. mit Beteiligungen an der S. Fischer Verlag GmbH, der Rowohlt Verlag GmbH, dem Verlag Kiepenheuer & Witsch GmbH & Co. KG sowie an Pan Mac-millan), Bildung und Wissenschaft (u. a. Scientific American, Inc., Palgrave Macmillan, Nature Publishing Group), Zeitungen und Wirtschaftsinformationen (u. a. ZEIT-Verlag Gerd Bucerius GmbH & Co. KG, Prognos AG) sowie Elektronische Medien und Services (u. a. Quarter Media GmbH, Holtzbrinck Networks GmbH einschließlich VZnet, my-hammer, PARSHIP). Die Verlagsgruppe ist sehr dezentral organisiert. Die Teilgesell-schaften des Konzerns, auch solche an denen Holtzbrinck die Mehrheitsanteile hält, agie-ren weitestgehend selbstständig und werden marktnah von einem unternehmerisch unab-hängigen Management geführt. In der Holding selbst sind nur rund 70 Mitarbeiter beschäftigt – angesichts von 17.000 Mitarbeitern konzernweit eine kleine Zahl. Die Hol-ding beschränkt sich auf die strategische Weiterentwicklung der Verlagsgruppe (Ent-scheidungen über Beteiligungen bzw. Desinvestitionen), den Einsatz und die Entwicklung unternehmerisch agierender Führungskräfte der ersten und zweiten Führungsebene bei den Tochtergesellschaften sowie auf das Beteiligungscontrolling und die Beratung der Teilgesellschaften des Konzerns (vgl. Sambeth 2002, S. 345).

In der Unternehmenspraxis finden sich zahlreiche Zwischenstufen zwischen diesen drei ideal-typischen Formen von Holding-Strukturen für die Konzernorganisation, so dass der Übergang zwischen den Idealtypen als fließend erachtet werden kann. Häufig werden zwischen die Konzernobergesellschaft und die Teilgesellschaften des Konzerns noch Zwischengesellschaf-ten – beispielsweise Regionalzentralen – eingebaut, welche in Ergänzung zur Spitzeneinheit weitere Koordinations- bzw. Harmonisierungsaufgaben wahrnehmen sollen (vgl. Bleicher 1992, Sp. 1152 f.; Macharzina/Wolf 2008, S. 490 f.).

4. Flexibilitäts- und innovationsorientierte Strukturmodelle der Organisation

a. Defizite hierarchischer Strukturmodelle

Die im vorangegangenen Kapitel C IV 3 dargestellten Strukturmodelle betonen vornehmlich formale und hierarchische Koordinationsinstrumente. Dies birgt einerseits Vorteile, da die Organisation auf die langfristige Sicherung der Unternehmensziele angelegt ist und Stabilität bzw. Kontinuität benötigt. Andererseits birgt die Betonung von hierarchischen und formalen Koordinationsmechanismen in den Strukturmodellen auch Nachteile, insbesondere mit Blick auf die mangelnde Anpassungsfähigkeit und Flexibilität der Organisation. Die Veränderungs-dynamik in der Unternehmensumwelt hat in den vergangenen Jahrzehnten aufgrund von mehreren Ursachenkomplexen stark zugenommen (zu einer Übersicht der dynamikerzeugen-den Faktoren vgl. Kapitel D II 1 sowie D IV 1). Zwar sind Organisationen seit jeher mit Wandel konfrontiert, aber organisationale Entwicklungs- und Transformationsprozesse wur-den über lange Zeit als überwiegend kontinuierliche und vorhersehbare Wandlungsprozesse betrachtet (vgl. Lang/Alt 2003, S. 279). Die Veränderungen in der Unternehmensumwelt werden jedoch immer weniger vorhersehbar (vgl. Ulrich 1994, S. 7 ff.). Steigende Komplexi-tät, Dynamik und diskontinuierlicher Wandel bezeichnen wesentliche Charakteristika dieser Unternehmensumwelt. Angesichts der gestiegenen Umweltdynamik werden Unternehmen immer wieder mit neuartigen Herausforderungen (z. B. Innovationsaufgaben) und Problem-stellungen konfrontiert, welche mit den vorhandenen hierarchischen, zentralisierten Struktur-modellen und insbesondere den formellen Koordinationsmechanismen nicht oder nur ansatz-weise bewältigt werden können. Die Planbarkeit und Standardisierbarkeit von Abläufen und Aufgabeninhalten sowie die Formalisierung von Handlungsweisen und Reaktionen stößt an ihre Grenzen.

Als Ausweg aus dem Dilemma, welches sich aus den konfliktären Anforderungen der Stabili-tät und Kontinuität einerseits und der Anpassungsfähigkeit und Flexibilität andererseits an die Organisationsform ergibt, suchen Unternehmen nach neuen organisatorischen Lösungen. In Ergänzung zu den vorhandenen Organisationsstrukturen, die ja primär auf die Erfüllung der permanent anfallenden, kontinuierlichen Aufgaben gerichtet sind, versuchen Unternehmen die Innovationsaufgaben und neuartigen Herausforderungen unter Nutzung von speziellen Orga-nisationsformen mit höherem Flexibilitätspotenzial zu bewältigen. Diese speziellen Organisa-tionsformen legen weniger Gewicht auf hierarchische Strukturen und auf standardisierte bzw. formelle Koordination, sondern rücken in stärkerem Maße horizontale Koordination, Selbst-koordination und informelle Koordinationsinstrumente in den Mittelpunkt.

b. Projekt- und Produktmanagement-Organisation sowie internes Corporate Venturing

In Anbetracht der mangelnden langfristigen Plan- und Standardisierbarkeit von (bestimmten) Abläufen und Aufgabeninhalten stellt sich die Frage, welche Möglichkeiten es zur Stärkung der Flexibilität der im vorhergehenden Kapitel beschriebenen (formalen) Strukturmodelle der Organisation gibt (zum Begriff der organisatorischen Flexibilität vgl. Burr 2004a, Sp. 276 ff.). Zum einen bietet sich die Möglichkeit, bestimmten Stellen in der Organisation zeitlich be-grenzte Informations- und Beratungsrechte oder gar Weisungs- und Entscheidungsbefugnisse für die Bewältigung konkreter Problemstellungen bzw. Innovationsaufgaben einzuräumen. Zum anderen können zeitlich unbefristete Stellen geschaffen werden, die mit der Zielsetzung der Stärkung der fachbereichsübergreifenden Koordination innerhalb der organisatorischen Strukturmodelle mehr Flexibilität bewirken sollen. Ein Sammelkonzept für den erstgenannten Fall stellt die sogenannte **Projektorganisation** dar (vgl. Kieser/Kubicek 1992, S. 138 ff.;

Macharzina/Wolf 2008, S. 496). Als Konzept für die zeitlich unbefristete Steigerung der Flexibilität von hierarchisch angelegten Strukturmodellen wird das sogenannte „**Produktmanagement**" bzw. die „**Produkt-Management-Organisation**" diskutiert (vgl. Kieser/Kubicek 1992, S. 143 ff.; van Geldern 2008, S. 54 ff.). Die Inhaber dieser Stellen mit der Zielsetzung der Stärkung der Flexibilität und insbesondere der Markt- und Innovationsorientierung der Organisation werden, entsprechend der Ausgestaltungsmodi, **Projektmanager** oder **Produktmanager** genannt (vgl. Kieser/Kubicek 1992, S. 138). Im Gegensatz zur Projektorganisation und zur Produkt-Management-Organisation, welche die Linienorganisation überlagern, handelt es sich beim **internen Corporate Venturing** um ein Konzept, welches die Bildung von organisatorischen Einheiten innerhalb der bestehenden Organisationsstruktur vorsieht. Innerhalb von weitgehend autonomen Teileinheiten soll Neues, z. B. neue Technologien oder neue Geschäftsfelder, möglichst unbeeinflusst von den etablierten Aktivitäten entwickelt werden.

ba. *Projektmanagement und Projektorganisation*

Die Projektorganisation ist ein Sammelkonzept für verschiedene Anlässe und Formen einer einzelfallbezogenen und temporär angelegten Ergänzung und Auflockerung der auf Dauer angelegten Organisationsstruktur. Ganz generell stellen **Projekte** nach DIN 69 901 einmalige und zeitlich befristete sowie in der Regel neuartige Vorhaben dar, welche Organisationen zu bewältigen haben. Diese Merkmale werden auch unter dem Begriff der Singularität zusammengefasst. Singularität von Projekten bedeutet, dass die Projektaufgabe für die betrachtete Organisation neu bzw. unter besonderen Restriktionen zu erledigen ist (vgl. Grün 1992, Sp. 2103). Projekte sind ferner dadurch gekennzeichnet, dass sie komplex sind. Die Komplexität entsteht durch die (Viel)Zahl der zur Erreichung der Projektziele notwendigen Aktivitäten sowie durch die (Viel)Zahl der beteiligten Stellen bzw. Akteure. Das letzte Merkmal zieht überdies die Interdisziplinarität von Projekten nach sich. Interdisziplinarität bezieht sich auf die Tatsache, dass komplexe Projekte die Zusammenarbeit zwischen Stellen bzw. Organisationsmitgliedern aus unterschiedlichen organisatorischen Teileinheiten und Hierarchieebenen sowie mit unterschiedlichem fachlichem Hintergrund erfordern. Beispiele für komplexe Projekte sind die Entwicklung eines neuen Produktes unter Einbezug von Fachkräften aus dem Marketing, der Produktion, der Forschung und Entwicklung sowie aus dem Bereich Finanzierung oder die gleichzeitige Einführung eines neuen Produktes in verschiedenen Ländermärkten, unter Beteiligung der zahlreichen Marketing- und Produktionsleiter der lokalen ausländischen Tochtergesellschaften. Die interdisziplinäre Zusammenarbeit zwischen Stellen aus verschiedenen organisatorischen Bereichen bedingt Koordination, die aus dem Muster der üblichen Koordinationsprozesse der vorhandenen Organisationsstruktur fällt. Entsprechend der Aufgaben- und Problemstellung werden überlagernd zu den vorhandenen organisatorischen Strukturmodellen zeitlich befristete Projektorganisationsformen gebildet.

Üblicherweise werden vier bis fünf verschiedene Formen der Überlagerung der Linienorganisation durch die Projektorganisation unterschieden:

– **Institutionalisierte Selbstabstimmung auf Zeit:** Zur Koordination der projektbezogenen Zusammenarbeit zwischen den verschiedenen Stellen im Unternehmen werden Ausschüsse oder Gremien auf Zeit gebildet, die sich aus den am Projekt beteiligten Akteuren zusammensetzen. Innerhalb der Projektgremien sind die Mitglieder, ungeachtet ihrer hierarchischen Eingliederung in die auf Dauer angelegte Linienorganisation, gleichberechtigt. Welche Vorteile birgt diese befristete, projektbasierte Form der Selbstabstimmung gegenüber der regulären, unbefristeten Form der Selbstabstimmung, die über die hierarchischen Leitungsinstanzen der Linienorganisation läuft? In der unbefristeten institutionalisierten

Selbstabstimmung werden meist (einfachere) Querschnittsthemen wie Qualitätssicherung besprochen und koordiniert. Gerade jedoch die Singularität und insbesondere die Komplexität von Projekten kann die permanente Form der Selbstabstimmung überfordern. Beispielsweise ist es im Rahmen von Produktentwicklungsprojekten erforderlich, dass sich die Projektbeteiligten in jeder Phase von der Ideengewinnung und -bewertung, über die Konzeptions- und Konstruktionsphase bis hin zur Test- und Markteinführungsphase intensiv abstimmen. Es sind beständig Entscheidungen zu fällen über Zeit-, Kosten-, Kapazitäts-, Struktur- und Meilensteinpläne, über Produktanforderungen und -eigenschaften, über technische Lösungsansätze etc. Diese komplexe Abstimmungsaufgabe im Projekt erfordert zudem ein gewisses Maß an Ressourcenautonomie, d. h. an Verfügungsgewalt über die für die Projektaufgaben notwendigen personellen und sachlichen Ressourcen. Eine Selbstabstimmung der Projektbeteiligten in Gremien wird diesen Anforderungen nicht gewachsen sein. Eine stärkere Form der Projektorganisation besteht dann darin, für die laufende Projektkoordination eine eigene Stelle, die Stelle des Projektmanagers, zu schaffen (vgl. Kieser/Kubicek 1992, S. 139).

– **Stabsprojektorganisation** oder **Einfluss-Projektmanagement**: Wird die Stelle des Projektmanagers in Form einer Stabsstelle gebildet bzw. wird diese Aufgabe einer bestehende Stabsstelle übertragen, dann spricht man von einer Stabsprojektorganisation (vgl. Grün 1992, Sp. 2107; Macharzina/Wolf 2008, S. 496) oder von Einfluss-Projektmanagement (vgl. Kessler/Winkelhofer 2004, S. 28; Kieser/Kubicek 1992, S. 139). In dem Fall, in dem die Projektorganisation „lediglich" einer bestehenden Stabsstelle übertragen wird, sind die betreffenden Stabsmitarbeiter in der Nebenaufgabe mit der Koordination eines oder mehrerer Projekte beauftragt (vgl. Grün 1992, Sp. 2107). Bei der Stabsprojektorganisation bzw. beim Einfluss-Projektmanagement verfügen die Projektmanager über keine Entscheidungskompetenzen und Weisungsbefugnisse gegenüber der Linie. Die Projektmitarbeiter sind nach wie vor den Linienvorgesetzten unterstellt. Die Aufgaben der Stabstellen bleiben damit auf die Koordination sowie beratende und informierende Aufgaben beschränkt. Die Aufgaben des Projektmanagers beschränken sich auf die Vorbereitung und Planung des Projektablaufs, auf die Überzeugungsarbeit, die betroffenen Instanzen und ausführenden Stellen zur Akzeptierung der Pläne zu bewegen, auf die Überwachung des Projektfortschritts sowie auf die Kontrolle und Information, z. B. über Abweichungen von den Planvorgaben und Projektzielen (vgl. Kieser/Kubicek 1992, S. 139). Bei der reinen Stabsprojektorganisation ist die Ressourcenautonomie der Projektmanager entsprechend schwach ausgeprägt. Die wichtigen Projektentscheidungen treffen i. d. R. die übergeordneten Instanzen oder die ausführenden Instanzen in der Linienorganisation (vgl. Grün 1992, Sp. 2107). Dies stellt einen der zentralen Nachteile dieser Form der Projektorganisation dar. Der Projektmanager kann sich häufig gegenüber den betroffenen Instanzen und ausführenden Stellen nicht durchsetzen und ist gezwungen, nicht nur bei wenigen wichtigen, sondern bei einer Vielzahl von Projektentscheidungen die jeweils übergeordneten Instanzen anzurufen. Dies kann zur Überlastung der höheren Hierarchieebenen und zu einer Verlangsamung oder gar Blockade des Projektfortschritts führen. Der Vorteil dieser Form des Projektmanagements ist darin zu sehen, dass nur wenig organisatorische Umstellungen notwendig werden und keine Konflikte durch die Verselbständigung der Projektorganisation gegenüber der vorhandenen Organisationsstruktur entstehen. Abb. 68 zeigt eine Stabs-Projektorganisation am Beispiel der Neuproduktentwicklung.

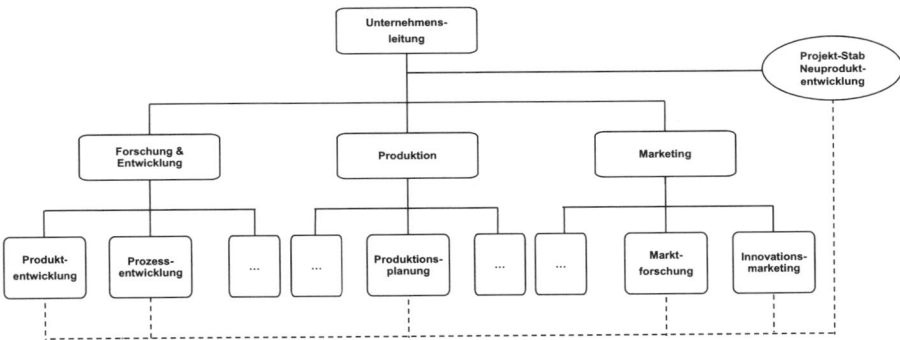

Abb. 68: Stabs-Projektorganisation am Beispiel der Neuproduktentwicklung

– **Federführungsmodell (Fachabteilungsmodell):** Das Federführungsmodell stellt eine Variante der Stabs-Projektorganisation dar. Anstelle der Stabsstelle übernimmt in diesem Fall die am stärksten vom Projekt bzw. von den Projektzielen betroffene Fachabteilung aus der Linienorganisation die Koordinationsaufgabe. Die Leitung der Fachabteilung bzw. ein von ihr beauftragter Mitarbeiter übernimmt die Rolle des Projektmanagers. Analog zur Stabs-Linienorganisation verfügt jedoch der Projektmanager aus der Fachabteilung über keine eigenen Weisungsbefugnisse und Entscheidungskompetenzen gegenüber den anderen projektbeteiligten Fachbereichen in der Linienorganisation. Berührt die Koordinationsaufgabe des Projekts die Interessen- und Verantwortungsbereiche anderer Linienabteilungen, ist zunächst die kollegiale Selbstabstimmung zu suchen. Scheitert die Selbstkoordination, so ist auch beim Federführungsmodell die nächste übergeordnete Instanz anzurufen.

– **Matrix-Projektorganisation:** In der Matrix-Projektorganisation verfügen die Projektmanager bzw. Projektleiter, im Gegensatz zur Stabs-Projektorganisation, über eigene Weisungsbefugnisse und Entscheidungskompetenzen gegenüber den projektbeteiligten Fachbereichen in der Linienorganisation (vgl. Grün 1992, Sp. 2107; Kieser/Kubicek 1992, S. 141). Der Projektleiter kann den am Projekt beteiligten Linieninstanzen und u. U. den untergeordneten ausführenden Stellen Anweisungen erteilen. Dadurch entsteht, analog zur Matrixorganisation, ein projektbezogenes Mehrliniensystem. Die Matrix-Projektorganisation ist demzufolge durch die Überlagerung projektbezogener und fachbezogener Kompetenzen gekennzeichnet (vgl. dazu Abb. 69). Dabei umfasst die Kompetenz des Projektleiters üblicherweise die Definition der inhaltlichen Leistungsbeiträge, die von den betroffenen Fachbereichen der Linienorganisation zu erbringen sind, und die Vorgabe von zeitlichen Fristen. Die fachbezogene, interne Aufgabenverteilung und die Verfahrensregeln bei den projektbeteiligten Fachbereichen obliegen dann den jeweiligen Instanzen der Linienorganisation. Der Vorteil der Matrix-Projektorganisation im Vergleich zur Stabs-Projektorganisation ist darin zu sehen, dass der Projektleiter durch die ihm übertragenen Entscheidungskompetenzen und Weisungsbefugnisse die Koordination zur Erreichung der Projektziele verbindlicher und zielorientierter vorantreiben kann. Die Matrix-Projektorganisation impliziert jedoch auch Konflikte. Konflikte entstehen zum einen durch die sich überschneidenden Kompetenzen und unklaren Kompetenzabgrenzungen zwischen den Linieninstanzen und der Projektleitung. Zum anderen ergeben sich Konflikte durch die Aufteilung der Ressourcen der Fachbereiche (Linieneinheiten) zwischen den konkurrierenden Projekt- und Routineaufgaben (vgl. Grün 1992, Sp. 2107 f.).

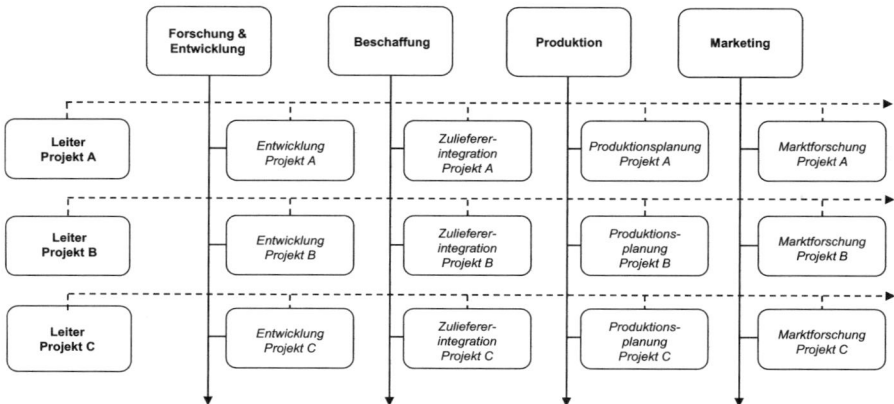

Abb. 69: Matrix-Projektorganisation am Beispiel von mehreren Neuproduktentwicklungsprojekten

– **Reine Projektorganisation:** Im Unterschied zu den bislang diskutierten Formen der Projektorganisation sieht die reine Projektorganisation die zeitlich befristete Schaffung von Organisationseinheiten für die ausschließliche Erfüllung von (einer oder mehreren) Projektaufgaben vor (vgl. Grün 1992, Sp. 2108). Die Beteiligten werden für die Dauer des Projekts aus den Linienorganisationseinheiten herausgenommen und in die zeitlich befristete Projektstruktur integriert (vgl. Macharzina/Wolf 2008, S. 496). Neben der organisatorischen Integration erfordert die reine Projektorganisation häufig auch die räumliche Zusammenlegung der Projektmitglieder. Eine rein virtuelle Zusammenführung der Beteiligten ist gerade bei komplexen neuartigen Projekten nur in Ausnahmefällen denkbar (vgl. McDonough/Kahn/Barczak 2001, S. 111). Bei der reinen Projektorganisation verfügt der Projektleiter – wie eine Linieninstanz – über eigene personelle und sachliche Ressourcen, die dem Zugriff der Linienorganisation entzogen sind. Bei der reinen Projektorganisation sind demzufolge die Ressourcenautonomie und die Verselbstständigung gegenüber der Linienorganisation sehr hoch. Als synonyme Bezeichnung für die „reine Projektorganisation" hat deshalb auch der Begriff **„autonomes Projektmanagement"** Verbreitung gefunden (vgl. Kohler 2008, S. 14; Wheelwright/Clark 1992, Kapitel 8). Ein solches „reines Projektmanagement" findet sich in der Unternehmenspraxis insbesondere bei großen Projekten, beispielsweise bei der Neuentwicklung von komplexen Produkten im Maschinen- und Großanlagenbau oder in der Flugzeugindustrie. So wurde für die Entwicklung des Airbus A380 eine reine Projektorganisation geschaffen, in die nicht nur Akteure von EADS sondern auch von 1.500 externen Lieferanten eingebunden waren Das Budget für das komplexe Entwicklungsprojekt betrug geschätzte 12 Mrd. Euro. Die Entwicklung des Airbus A380 erforderte zahlreiche parallel arbeitende Entwicklungsteams u. a. für die Rumpfsegmente, Flügel und Cockpit. Diese Teilleistungen der unterschiedlichen Teams mussten im Rahmen der Projektorganisation permanent aufeinander abgestimmt werden (vgl. Gerybadze 2005, S. 168; Klußmann/Malik 2007, S. 373). Als Vorteil der reinen Projektorganisation ist zu nennen, dass die uneingeschränkte Verfügung über projektspezifische Ressourcen die Erreichung der Projektziele und Einhaltung der Termine begünstigt. Der Projektleiter steht nicht im Konflikt mit den Managern der Linieneinheiten. Durch die Ausgliederung der Beteiligten aus der Linienorganisation und ihre vollständige Integration in das Projekt entfallen für die Mitarbeiter zudem die Nachteile der Doppelbelastung, die sich bei den bisher diskutierten Formen der Projektorganisation gezeigt hat. Diesen Vorteilen stehen jedoch Probleme mit der Bereitstellung und hinreichenden Auslastung der projektspezifischen Ressourcen gegenüber (vgl. Grün 1992, Sp. 2108 f.). Um Projekte möglichst autark, d. h. unabhängig von den Ressourcen der Linienorganisation zu machen, orientiert sich die Kapazitätsplanung bezüglich der erforderlichen projektbezogenen Ressourcen oftmals zu starr am Spitzenbedarf: „In Phasen der Projektarbeit, in denen weniger Ressourcen benötigt werden, erfolgt häufig kein entsprechender Abbau, weil der Projektmanager nicht das Risiko eingehen will, bei einem Ansteigen der Anforderungen diese Ressourcen nicht wieder zu erhalten [...]." (Kieser/Kubicek 1992, S. 141). Weitere Ineffizienzen in der Nutzung von Kapazitäten ergeben sich insbesondere bei projektspezifischen Ressourcen, wie beispielsweise Spezialmaschinen oder Laborgeräten, die außerhalb des Projektes keine unmittelbare Verwendung in der Organisation finden. Nach Abschluss des Projektes liegen solche Kapazitäten dann weitestgehend brach.

In der wissenschaftlichen und praktischen Diskussion geeigneter Formen der Projektorganisation haben sich zahlreiche Bezeichnungen für die verschiedenen Varianten herausgebildet. So finden sich im angelsächsischen Raum und im Innovationsmanagement die Bezeichnungen ‚Leichtgewichts-Projektmanagement' (**Lightweight Project Manager**) und ‚Schwergewichts-Projektmanagement' (**Heavyweight Project Manager**) (vgl. Kohler 2008; Wheelwright/Clark 1992; Clark/Fujimoto 1991). Die Bezeichnungen charakterisieren das „Gewicht" bzw. den Einfluss des Projektleiters gegenüber den Instanzen der Linienorganisation und finden ihre Entsprechung in der Stabs-Projektorganisation (Leichtgewichts-Projektmanagement) und Matrix-Projektorganisation (‚Schwergewichts-Projektmanagement').

Welche Form der Projektorganisation auch immer gewählt wird, der Erfolg von Projekten hängt in hohem Maße von den im Projekt eingesetzten Planungs- und Budgetierungsinstrumenten ab (vgl. dazu ausführlich Kapitel C III).

bb. Produktmanagement und Produktmanagement-Organisation

Analog zu den Stellen der Projektmanagement-Organisation übernehmen die Stellen der Produktmanagement-Organisation spezifische Koordinationsaufgaben. Der primäre Fokus ist dabei auf die Koordination der Absatz- bzw. Marketingaktivitäten für bestimmte Produkte gerichtet. Die Produktmanagement-Organisation überlagert durch die Koordination von produktbezogenen Absatz- und Marketingaktivitäten in der Regel die funktionale Organisationsstruktur. Im Gegensatz zu der Projektmanagement-Organisation ist die Koordinationsaufgabe des Produktmanagers jedoch auf Dauer angelegt.

Exkurs: Die Ursprünge der Produktmanagement-Organisation bei Procter & Gamble

Die Ursprünge der Produktmanagement-Organisation liegen in den späten 1920er Jahren in den USA. Im Jahre 1927 hatte der U. S.-amerikanische Konsumgüterhersteller *Procter & Gamble* mit Absatzschwierigkeiten zu kämpfen (vgl. Tietz 1992, Sp. 2067). Betroffen war ein neues Seifenprodukt des Unternehmens mit dem Markennamen „Camay", das bereits 1926 in den Markt eingeführt wurde, sich jedoch nicht durchsetzen konnte und die Umsatzerwartungen weitgehend verfehlte. Die Schwierigkeiten am Markt wurden durch interne Konflikte zwischen den einzelnen Funktionsbereichen bei *Procter &*

Gamble verstärkt. Unterschiedliche Prioritäten in den Fachabteilungen und funktionale Optimierungsansätze verhinderten eine zufriedenstellende Gesamtlösung. Zur Klärung und Lösung der Probleme wurde der Produktgruppe „Camay" ein Produktmanager (‚Promotion Department Manager') zugeteilt mit dem Auftrag, sämtliche externen und internen produktbezogenen Aktivitäten und Angelegenheiten zu koordinieren und zu steuern. Diese organisatorische Lösung führte schnell zum erhofften Erfolg (vgl. Aumayr 2006, S. 12). In der Folge hat sich diese Organisationsform des Produktmanagements zu einem festen Bestandteil der Unternehmensorganisation entwickelt. Der Produktmanager ist bei *Procter & Gamble* bis heute verantwortlich für alle produkt- bzw. markenspezifischen Aktivitäten im Vertrieb. Nicht nur bei *Procter & Gamble*, sondern in der gesamten Konsumgüterindustrie (aber auch in anderen Branchen) hat sich die Produktmanagement-Organisation, unter der Bezeichnung Produkt- oder Brandmanagement, bei vielen Unternehmen durchgesetzt (vgl. Tietz 1992, S. 2067).

Abb. 70: Zu den Ursprüngen der Produktmanagement-Organisation

Unter welchen Voraussetzungen ist die Einrichtung einer Produktmanagement-Organisation sinnvoll? Die Einrichtung einer Produktmanagement-Organisation ist für Unternehmen (oder analog auch für Geschäftsbereiche) mit einer funktionalen Organisationsstruktur prinzipiell dann sinnvoll, wenn das Produktprogramm vergleichsweise breit angelegt und eventual auch tief ausdifferenziert ist (mit entsprechend vielen Produktmodellen). Erfordern in diesem Fall die verschiedenen Produktarten und Produktmodelle auch unterschiedliche Strategien der Marktbearbeitung, dann kann es zu einer Überforderung des Vertriebs kommen. Ist der Vertrieb bspw. nach Absatzregionen untergliedert, dann werden sich die Gebietsverkaufsleiter auf die Besonderheiten ihrer jeweiligen Absatzregionen fokussieren. Sie können den Besonderheiten aller Produktgruppen und -modelle nicht gebührend Beachtung schenken. Es gibt dementsprechend keine Stellen, die für den langfristigen Erfolg der Produkte bzw. der übergeordneten Produktgruppen verantwortlich sind. Der Vertrieb ist zu stark auf das Tagesgeschäft, d. h. den Verkauf fokussiert, das strategische Marketing wird dagegen vernachlässigt. Es mangelt an produktspezifischen Marktforschungsaktivitäten und entsprechenden Marketingkonzepten: „Das Marketing für die verschiedenen Produkte oder Produktgruppen ist u. U. nur unzureichend auf die Erfordernisse der spezifischen Märkte abgestimmt; Marktpotenziale werden nicht ausgeschöpft." (Kieser/Kubicek 1992, S. 143). Diese Defizite gewinnen insbesondere dann an Gewicht, wenn die Marktdynamik sehr hoch ist, d. h. wenn sich Umwelt- und Marktbedingungen rasch ändern und Produktlebenszyklen einen kurzen Verlauf aufweisen.

Zusammenfassend lassen sich drei Bedingungen formulieren, unter denen die Einrichtung einer Produktmanagement-Organisation vorteilhaft erscheint: Je mehr Produkte bzw. Produktmodelle aus dem Angebotsprogramm des Unternehmens in denselben Märkten abgesetzt werden müssen, je unterschiedlicher die Marktbedingungen für diese Produkte sind und je dynamischer bzw. instabiler sich das Umfeld in diesen Märkten entwickelt, desto mehr nutzt die Produktmanagement-Organisation dem Unternehmen (vgl. Kieser/Kubicek 1992, S. 143; Tietz 1992, Sp. 2068). Die Produktmanagement-Organisation soll dazu beitragen, dass jedes Produkt die angestrebte strategische Marktposition erreicht, die nach klaren Plänen ausgebaut und behauptet wird (vgl. Tietz 1992, Sp. 2067). Typische Aufgaben eines Produktmanagers, welcher mit der Koordination der Absatz- bzw. Marketingaktivitäten betraut ist, umfassen (siehe auch Tietz 1992, Sp. 2068; van Geldern 2008, S. 56):

– Marktforschung: Sammlung (oder Beauftragung der Sammlung), Aufarbeitung, Analyse und Interpretation von Daten über Märkte, Marktsegmente sowie Beeinflussungsmöglichkeiten von Märkten;

– Wettbewerberanalyse: Produktbezogene Analyse der Marketing- und Geschäftsstrategien der Wettbewerber;

– Marketingstrategie: Planung und Ausarbeitung einer produktspezifischen Marketingstrategie, Erstellung von Marketingplänen;

– Verkaufsförderung: Festlegung der Verkaufsförderziele und -strategien sowie Planung von konkreten ‚Sales Promotion'-Aktivitäten;

– Absatzplanung und -kontrolle: Absatzprognosen und Überwachung der Umsätze, Überwachung der Produktpläne auf Erreichung der Planziele;

– Produkt- und Preispolitik: Produktbezogene Analyse und Planung der Preise, der Produktgestaltung und Verpackung;

– Markenmanagement: Sicherung und Pflege der Markenidentität und des Markenwerts von Produktmarken bzw. Produktgruppenmarken unter Berücksichtigung der Dachmarken;

– Koordination der internen Zusammenarbeit: Unterstützung der technischen Bereiche (Entwicklungs- und Fertigungsabteilung) in Fragen des Produkt- und Verpackungsdesigns;

– Zusammenarbeit mit externen Akteuren: Auswahl, Koordination und Kontrolle der externen Werbe- und Kommunikationsagenturen sowie Marktforschungsinstitute.

Bei der Einführung und Ausgestaltung der Produktmanagement-Organisation eröffnen sich Unternehmen zwei zentrale Gestaltungsparameter. Die erste wichtige Entscheidung betrifft die hierarchische Anbindungsebene in der funktional gegliederten Linienorganisation. Der Produktmanager kann zunächst innerhalb des betroffenen Funktionsbereichs angesiedelt sein. Üblicherweise wird dies der Vertrieb bzw. das Marketing sein (zur Einbettung in andere Funktionsbereiche siehe die Ausführungen unten). Die Eingliederung in den Funktionsbereich Vertrieb bzw. Marketing dominiert in der Konsumgüterindustrie, da hier die wesentlichen Koordinationsaufgaben des Produktmanagers die absatzwirtschaftlichen Aktivitäten betreffen (vgl. Kieser/Kubicek 1992, S. 144). Die nachfolgende Abb. 71 zeigt die Variante der Eingliederung der Produktmanagement-Organisation in den Funktionsbereich Marketing.

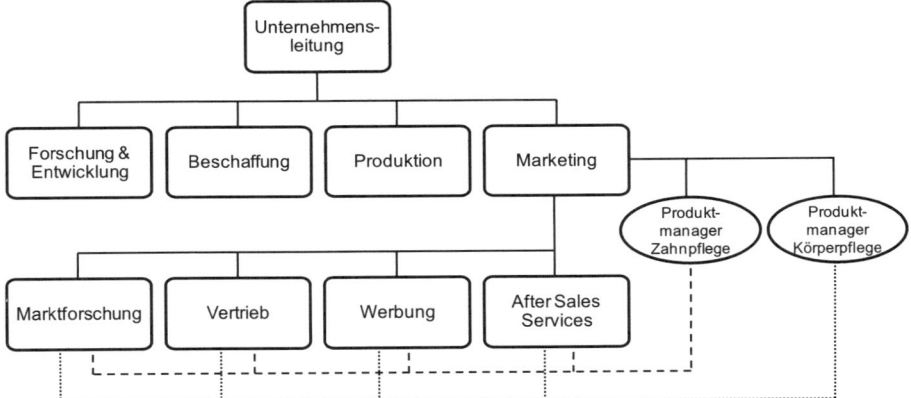

Abb. 71: Produktmanagement-Organisation innerhalb des Funktionsbereichs Marketing

Eine weitere Gestaltungsvariante stellt die funktionsbereichsübergreifende Einordnung des Produktmanagers dar. So kann die Produktmanagement-Organisation direkt an eine übergeordnete Instanz, z. B. an die Unternehmensleitung angebunden sein. Dies erscheint dann sinnvoll, wenn der Produktmanager neben dem Marketing und Vertrieb auch weitere Funktionsbereiche, wie die Produktentwicklung oder Produktion, in die Koordinationsaufgabe einbeziehen muss. Abb. 72 visualisiert die funktionsübergreifende Variante der Produktmanagement-Organisation.

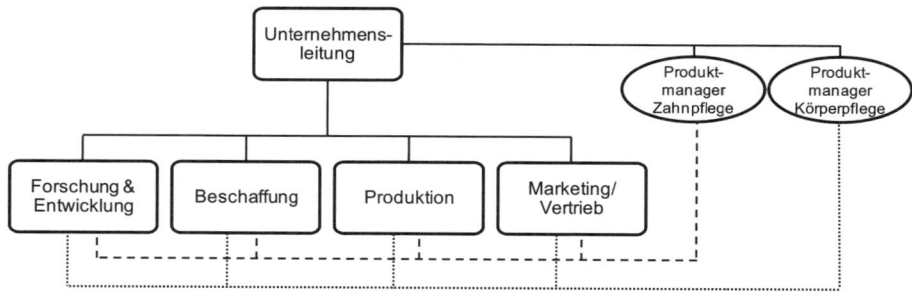

Abb. 72: Funktionsübergreifende Produktmanagement-Organisation

Der zweite zentrale Gestaltungsparameter, neben der hierarchischen Einbindungsebene in der Linienorganisation, betrifft die Ausstattung des Produktmanagers mit Weisungsbefugnissen und Entscheidungskompetenzen gegenüber den Linieneinheiten. Hier stellt sich die Frage, ob der Produktmanager mit fachlichen Weisungs- und Entscheidungsbefugnissen ausgestattet werden soll oder nicht. Ohne Weisungs- und Entscheidungsbefugnisse entspricht das Produktmanagement einer Stabsstelle. Der Produktmanager hat lediglich informierende und beratende Funktion. Im Fall der Zuweisung von begrenzten Weisungs- und Entscheidungsbefugnissen führt die Überlagerung der Linienorganisation durch die Produktmanagement-Organisation de facto zu einer Matrixorganisation. Die Weisungs- und Entscheidungsbefugnisse speisen sich aus dem oben aufgeführten Aufgabenkatalog des Produktmanagers. Die Matrix-Produktmanagement-Organisation impliziert ähnliche Konflikte wie die Matrix-Projektorganisation. Konflikte entstehen zum einen durch die sich überschneidenden Kompetenzen, d. h. durch unklare Kompetenzabgrenzungen zwischen dem Funktionsmanager und dem Produktmanager. Zum anderen ergeben sich Konflikte durch die Aufteilung der Ressourcen und insbesondere Budgets zwischen den Funktionsabteilungen und dem Produktmanagement.

Eine noch „stärkere" Form der Produktmanagement-Organisation stellt die Eingliederung des Produktmanagements in die Linienorganisation dar. Insbesondere wenn die Märkte der verschiedenen Produkte bzw. Produktgruppen sehr heterogen sind und für sich genommen eine kritische Masse an Geschäftsvolumen generieren, dann kann die Einrichtung einer produktgruppenspezifischen Absatzorganisation gerechtfertigt sein. In diesem Fall wird der Funktionsbereich Absatz (oder Marketing) nach den verschiedenen Produkten bzw. Produktgruppen untergliedert. Die Produktmanager sind in diesem Fall Linienmanager innerhalb des Funktionsbereichs Absatz und haben volle Weisungs- und Entscheidungsbefugnisse gegenüber nachgeordneten Stellen in der Linienorganisation, bspw. gegenüber dem produktspezifischen Marketing und Vertrieb (vgl. Abb. 73). Das Produktmanagement als Instanz in der funktionalen Organisationsstruktur kann als eine organisatorische Übergangsform von der reinen funktionalen Organisation hin zu einer nach Produkten bzw. Produktgruppen gegliederten divisionalen Organisation angesehen werden (vgl. dazu auch Kapitel C IV 3 b).

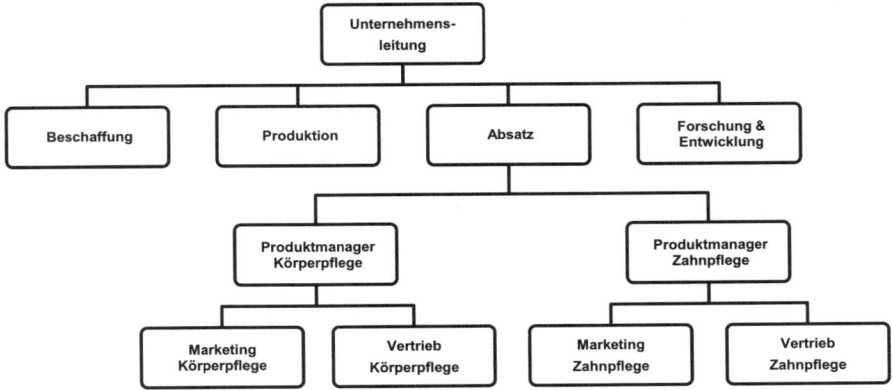

Abb. 73: Produktmanagement als Instanz in der funktionalen Organisation

Zielsetzung der Produktmanagement-Organisation ist die Stärkung der Marktorientierung und Flexibilität der Organisation durch eine fach- bzw. funktionsbereichsübergreifende Koordination. Neben Produkten oder Produktgruppen können aber auch andere „Problemkategorien" zum Gegenstand der fach- bzw. funktionsbereichsübergreifenden Koordination werden (vgl. Kieser/Kubicek 1992, S. 149). Eine Variante des Produktmanagements ist das Key-Account- oder Kundengruppenmanagement. Hier werden koordinierende Stellen für die verschiedenen Kundengruppen oder für bedeutsame Einzelkunden (‚Key-Accounts') des Unternehmens eingerichtet. Im Fall von Konsumgüterherstellern kommen hierfür große Einzelhandelsketten oder der Großhandel in Frage. Der Key-Account- oder Kundengruppenmanager kümmert sich dann bei allen relevanten Produkten um die Koordination der kundenspezifischen Marketing- und Vertriebsaktivitäten. Bei Einzel- oder Großhandelsunternehmen können, anstelle des Marketing und Vertriebs, schließlich auch Aufgaben der Beschaffung zum Gegenstand der Koordination gemacht werden.

bc. Aufbau neuer Technologieschwerpunkte und Geschäftsfelder durch internes Corporate Venturing

Es ist oftmals schwierig, in einer bestehenden und gefestigten Unternehmensorganisation neue Technologien und neue Geschäftsfelder zu entwickeln. Die bestehende Organisation reagiert auf Neues nicht selten mit Widerständen und Abstossungsreaktionen. Bestehende Strukturen bieten nicht immer ideale Bedingungen für neue Ideen, Technologien, Strukturen und Geschäftsfelder.

Die sich daraus ergebende Fragestellung ist, wie in einer bestehenden Unternehmensorganisation neue organisatorische Einheiten mit einer eigenen institutionellen Struktur, eigener Ressourcenausstattung und eigenen Zielsetzungen bzw. neuem Marktauftrag geschaffen werden können und wie dabei die hemmende Wirkung der bestehenden Unternehmensorganisation gegenüber dem Neuen reduziert bzw. überwunden werden kann? Eine Möglichkeit hierfür bieten Konzepte des Corporate Venturing. Corporate Venturing ist eine „unternehmerische

Aktivität, bei der ein gereiftes, am Markt etabliertes Unternehmen an der Gründung neuer unternehmensinterner oder -externer Einheiten, die selbständige Unternehmen oder Unternehmensteile sein können, beteiligt ist." (Macharzina/Wolf 2010, S. 761). Dementsprechend sind die neuen organisatorischen Einheiten (auch Venture-Einheiten genannt) im Allgemeinen mit innovativen, oftmals risikoreichen Aufgaben betraut, die innerhalb der bestehenden Strukturen des etablierten Unternehmens nicht so effektiv und effizient erfüllt werden könnten wie in der Venture-Einheit (vgl. Macharzina/Wolf 2010, S. 761 f.). Es können internes und externes Venture Management unterschieden werden. Beim internen Venture Management werden unternehmensintern neue organisatorische Einheiten in einer bestehenden Unternehmensorganisation aufgebaut. Demgegenüber beteiligt sich beim externen Venture-Management das etablierte Unternehmen an einem neu gegründeten, mit dem etablierten Unternehmen bisher noch nicht wirtschaftlich und rechtlich verbundenen Unternehmen (vgl. Macharzina/Wolf 2010, S. 762 f.). Die nachfolgenden Ausführungen konzentrieren sich auf das interne Venture Management und blenden damit das externe Venture Management aus.

Beim internen Venture Management werden Unternehmensteilbereiche mit großer Selbständigkeit und Autonomie innerhalb der bestehenden Unternehmensstruktur geschaffen. Wichtigste Erscheinungsformen des internen Venture-Managements sind der **Product Champion** und das **Venture Team**. Beim Product Champion-Konzept wird einem Unternehmensangehörigen der Auftrag erteilt, innerhalb des Unternehmens einen weitgehend autonomen Unternehmensteilbereich völlig neu aufzubauen. Der Product Champion erhält dabei wie der Gründer eines neuen Unternehmens große Handlungsspielräume, damit er einen neuen Unternehmensteilbereich aufbauen kann, der sich von den bisherigen Strukturen der bestehenden Organisation deutlich unterscheidet. Derart sollen für die Verwirklichung der innovativen Idee optimale Voraussetzungen und Rahmenbedingungen geschaffen werden. Das Venture Team ist ein Team aus Spezialisten der verschiedensten Fachdisziplinen, die vom Mutterunternehmen beauftragt werden, einen neuen Unternehmensbereich aufzubauen. Die Fachspezialisten sollen dabei die für die Realisierung des Vorhabens erforderlichen Fachqualifikationen und betrieblichen Kenntnisse (Finanzierung, Marketing und Vertrieb, Forschung und Entwicklung) einbringen und werden von einem Venture Manager geleitet (vgl. Macharzina/Wolf 2010, S. 764 f.).

c.   Organisation des Informellen: Stärkung der informellen Koordination

Eine zentrale Zielsetzung sowohl der Projekt- als auch der Produktmanagement-Organisation ist u. a. die Stärkung der Problemlöse- sowie Innovationsfähigkeit und damit der Entwicklungsfähigkeit von Organisationen. Zwar zählen beide Organisationsformen zu den Instrumenten der strukturellen Koordination, d. h. sie sind Teil der formalen Organisationsstruktur, allerdings rücken sie fach- und funktionsbereichsübergreifende Koordinationsinstrumente in den Mittelpunkt und betonen insbesondere die Selbstabstimmungsfähigkeit der Organisation. Mittels horizontaler und insbesondere informeller Koordination sollen die Beschränkungen der Flexibilität durch den Einfluss formaler Hierarchien entkräftet werden. Gerade der Anspruch der informellen Koordination durch die Projekt- und Produktmanagement-Organisation ist jedoch kritisch zu hinterfragen.

Ein prägendes Merkmal der Projekt- sowie der Produktmanagement-Organisation ist die institutionalisierte Form der Selbstabstimmung, bspw. über die Einrichtung von Gremien und Ausschüssen oder über das Stabs-Produkt- bzw. Stabs-Projektmanagement. Das Flexibilitätspotenzial der institutionalisierten Form der Selbstabstimmung ist jedoch beschränkt. So portraitieren *Bolte* und *Porschen* (2006) die institutionalisierte Selbstabstimmung als formelles und nicht als informelles Koordinationsinstrument. Bei der institutionalisierten Selbstabstimmung erfolgt demnach „eine vergleichsweise hohe Formalisierung und Festlegung der Formen, in denen sich die Koordination und die Kooperation vollziehen. Die Selbsttätigkeit soll in ‚geregelten Bahnen' verlaufen [...] Spezifizierte strukturelle Regelungen bewirken, dass die Selbstabstimmung gerade nicht dem Ermessen der betroffenen Mitarbeiter überlassen bleibt: Es gibt Formulare für die Einladungen nebst Verteilerkreisen, die Tagesordnung wird im Vorhinein vereinbart, und die Ergebnisse werden dokumentiert und protokolliert." (Bolte/Porschen 2006, S. 21 f).

Unternehmen treffen institutionelle Vorkehrungen und Regelungen, um die Funktionstüchtigkeit der Selbstabstimmung zu fördern (vgl. Steinmann/Schreyögg 2000, S. 425). Die institutionalisierte Selbstabstimmung wird aus dieser Perspektive zum formellen Koordinationsinstrument „degradiert". Die geschaffenen Vorkehrungen und Regelungen erhöhen die Kontrollierbarkeit und Nachvollziehbarkeit. Zudem bleibt diese Form der Selbstabstimmung weiterhin der Orientierung an offiziellen Vorgaben und Plänen verhaftet (vgl. Bolte/Porschen 2006, S. 21). Ähnliche Vorbehalte und Einschränkungen lassen sich auch gegen die themenspezifische Interaktion und Selbstabstimmung vorbringen. Auch bei der themenspezifischen Selbstabstimmung definieren Unternehmen Regelungen bzw. Pflichten zur Selbstabstimmung der Betroffenen. Der eingangs formulierte Anspruch, die Innovations- und Problemlösefähigkeit von Organisationen mit Hilfe von flexibilitätsorientierten Organisationsformen und insbesondere mittels informeller Koordinationsinstrumente zu aktivieren und zu verstärken, wird durch diese regelgebundene Selbstorganisation nicht in dem erhofften Maße erfüllt. Infolge der Konzentration auf institutionalisierte und themenspezifische Formen der Selbstabstimmung bleibt die situative Koordination und selbstinitiierte Abstimmung, die über die unmittelbare Aufgabensphäre der eigenen Stelle und Abteilung der Mitarbeiter hinausreicht, weitgehend vernachlässigt (vgl. Bolte/Porschen 2006, S. 21; Tushman/Nadler 1996 S. 149).

Wie lässt sich die informelle und bereichsübergreifende Koordination organisieren, ohne dass sie in ein planungsbezogenes und regelgebundenes Korsett gezwängt wird? Charakteristisch für die informelle und bereichsübergreifende Koordination ist zunächst, dass sie sich aus Anforderungen und Problemstellungen ergibt, die in hohem Maße situativ und kontextgebunden sind. Daraus resultieren Unwägbarkeiten, die sich weder vorhersehen noch durch technische oder organisatorische Verfahren beherrschen lassen. Die Betroffenen handeln eigeninitiativ und auf Basis ihrer eigenen Einschätzung. Die Handlungsweisen, die dem Informellen zugrunde liegen, sind damit nicht per se plan- und steuerbar. Ganz im Sinne der fallweisen Interaktion im eigenen Ermessen bestehen keine spezifischen Regelungen für die informelle Selbstabstimmung der Akteure. Der Versuch, das Informelle organisieren zu wollen, ist somit eigentlich ein Paradoxon. Die Organisation des Informellen kann nur dann gelingen, wenn solche Formen der Organisation entwickelt werden, durch die der besondere Charakter des Informellen nicht zerstört, sondern erhalten bleibt und unterstützt wird (vgl. Bolte/Porschen 2006, S. 12).

Ein wichtiger Ansatz zur Unterstützung der bereichsübergreifenden informellen Koordinationsfähigkeit ist die Stärkung engmaschiger und weitreichender persönlicher (Kommunikations- und Kontakt-)Netze der Mitglieder der Organisation (vgl. Bolte/Porschen 2006, S. 70 ff.; Galbraith 2000, S. 115): „Fundamental to the use of all lateral forms [bereichsübergreifender informeller Koordinationsmechanismen] is the quality and extensiveness of the company's interpersonal networks; a key leadership role is valuing and building these networks. They are usually by-products of other activities that a company undertakes, like training, rotational assignments, and audits." (Galbraith 2000, S. 115). (Informelle) Koordination durch Selbstabstimmung bedingt, dass die betroffenen Akteure sich persönlich kennen. Personale Netze der Organisationsmitglieder sind das Ergebnis der Verdichtung ihrer persönlichen Kontakte. Der substanzielle Wert der personalen Netze ergibt sich über ihre Schlüsselfaktoren „persönliche Beziehungen" und „Vertrauen". Die Bildung von persönlichen Netzwerken schafft demzufolge die Voraussetzung für die abteilungsübergreifende und insbesondere erfahrungsgeleitete Koordination von Aktivitäten. Persönliche Netzwerke ermöglichen es den beteiligten Mitarbeitern, ein gemeinsames Erfahrungswissen und gemeinsame Erfahrungsräume aufzubauen. Im Zentrum der Netzwerkbildung steht die Schaffung persönlich-empathischer Beziehungen (Bolte/Porschen 2006, S. 72).

Wie schafft und stärkt man engmaschige und weitreichende personale Netze in der Organisation? Direkt anordnen lassen sich persönliche Beziehungen und personale Netze nämlich nicht. Wie *Galbraith* (2000, S. 115) bemerkt, entstehen personale soziale Netze in Organisationen meist als Nebeneffekte anderer betrieblicher Maßnahmen. Ein Beispiel dafür ist die Vernetzung von Mitarbeitern als Folge von Versetzungen durch Reorganisationsmaßnahmen. Bei vielen personalpolitischen aber auch anderen betrieblichen Maßnahmen kann die persönliche Vernetzung der Mitarbeiter ein gezielt ins Kalkül einbezogener Nebeneffekt sein (vgl. Neuberger 1994, S. 232). So wird die Entwicklung von personalen Netzen und Beziehungen u. a. begünstigt durch:

- unternehmensinterne Personalentwicklungsmaßnahmen, z. B. Trainings- und Weiterbildungsveranstaltungen;
- Expatriate-Programme (Expatriierung, d. h. vorübergehende Entsendung von Mitarbeitern in ausländische Tochtergesellschaften);
- Job Rotation (systematischer Arbeitsplatz- oder Aufgabenwechsel von Mitarbeitern);
- Trainee-Programme (Förderprogramme für Nachwuchskräfte mit aufeinander abgestimmten Einsätzen in verschiedenen Unternehmensbereichen und Abteilungen);
- kollegiale Supervision (vgl. Stephan/Groß/Hildenbrandt 2009, S. 50 f.);
- bereichsübergreifende Projektarbeiten;
- interne Unternehmensberatung (zeitlich befristeter Einsatz von Fach- und Nachwuchsführungskräften im Inhouse-Consulting);
- internes Auditing (Einsatz von Mitarbeitern als interne Auditoren).

Darüber hinaus können Unternehmen auch explizite Gelegenheiten außerhalb des regulären Arbeitskontextes schaffen bzw. unterstützen, die es den Mitarbeitern ermöglichen, sich auf informeller Basis zu treffen und Beziehungen zu knüpfen (vgl. u. a. Bolte/Porschen 2006, S. 87; Neuberger 1994, S. 234):

- Belegschafts-Stammtische, z. B. für Nachwuchskräfte;
- Förderung von betrieblichen Sport- und Kulturgruppen;
- Lerngemeinschaften und selbstorganisierte Workshops;
- Bereichs-, Betriebs- oder Unternehmensfeiern zu verschiedenen Anlässen;
- die früher üblichen, heute eher selten gewordenen Betriebsausflüge;
- etc.

Neben diesen rein informellen Plattformen außerhalb des regulären Arbeitskontextes gibt es jedoch auch zahlreiche „firmenpolitische" Veranstaltungen (auf Basis freiwilliger Teilnahme), die primär als Begegnungsbühnen für die indirekte Netzwerkbildung konzipiert werden. Zu nennen ist bspw. der sogenannte „**Brown Bag Lunch**" (auch Brown Bag-Sitzung oder Brown

Bag-Seminar genannt). Als Brown Bag Lunch bezeichnet man Vortrags- oder Informations-veranstaltungen, üblicherweise während der Mittagspause, bei der die Teilnehmer Speisen und Getränke zu sich nehmen können. Zu den in regelmäßigen Abständen stattfindenden Brown-Bag-Lunch-Veranstaltungen werden Mitarbeiter aus verschiedenen Bereichen und Abteilungen des Unternehmens offiziell eingeladen. Die Teilnahme ist jedoch freiwillig. Der Begriff ‚Brown Bag‘ verweist auf die vom Unternehmen bereitgestellten Essenspakete, die in den USA typischerweise in braunen Papiertüten verpackt sind. Der Ablauf von Brown Bag Lunch-Veranstaltungen ist üblicherweise zwei- oder dreigeteilt. An einen einführenden (Im-puls-)Vortrag schließt sich üblicherweise eine Plenumsdiskussion an, die dann in Kleingrup-pengespräche überführt wird. Neben der Vorstellung und Diskussion von Themen oder Prob-lemen aus dem Arbeitskontext, z. B. aus aktuellen Forschungsprojekten, dient der Brown Bag-Lunch vor allem der persönlichen Vernetzung der Teilnehmer. Bereiche und Themenfel-der, auf die Brown Bag Lunch-Veranstaltungen häufig abzielen, sind Forschung und Entwick-lung, das Qualitäts- oder Umweltmanagement. Ein weiteres „firmenpolitisches" Veranstal-tungsformat, das primär als Begegnungsbühne für die indirekte Netzwerkbildung konzipiert wird, ist das sogenannte „**BarCamp**". Ein BarCamp ist eine offene Tagung, deren Ablauf und Inhalte von den Teilnehmern im Tagungsverlauf selber entwickelt werden. In den Grundzü-gen ähnelt das BarCamp-Format den in Kapitel D III 2 dargestellten Großgruppenverfahren, insbesondere der **Open Space-Methode**. Bei der Open Space-Methode wird versucht, die Interaktionsdynamik unstrukturierter „Kaffeepausen" auf ein gering vorstrukturiertes Konfe-renzdesign mit Mitgliedern der Organisation zu übertragen. Analog zu Kaffeepausen soll der Austausch der Teilnehmer in den Mittelpunkt gestellt werden. Open Space schafft einen Raum, in dem viele Menschen selbstorganisiert und selbstverantwortlich ihre Anliegen inner-halb eines gemeinsamen Ober- oder Generalthemas gemeinschaftlich bearbeiten können.

Abschließend bleibt anzumerken, dass neben der Schaffung von engmaschigen und weitrei-chenden persönlichen Beziehungsnetzen in der Organisation eine weitere wichtige Vorausset-zung für die Stärkung der informellen Selbstkoordination in der Organisation gegeben sein muss. Um die informelle Koordination umsetzen zu können, müssen notwendige **Freiräume** nicht nur auf der Ebene der Arbeits- sondern auch auf der Ebene der Organisationsgestaltung belassen oder geschaffen werden (vgl. Bolte/Porschen 2006, S. 66).

5. Zukunft der Organisation: Entwicklungsperspektiven der Organisationsformen

Die Bedeutung und Beurteilung der Eignung und Erfolgswirksamkeit von Organisationsfor-men zur Bewältigung von komplexen Aufgaben unterlagen in den vergangenen Jahrzehnten einem kontinuierlichen Wandel. Bis in die 1970er Jahre hinein wurden in Unternehmen eindi-mensionale Leitungssysteme, insbesondere divisionale Strukturen sowie formale und hierar-chische Koordinationsmechanismen betont. In den 1980er sind diese „bürokratischen Organi-sationsstrukturen" verstärkt in die Kritik geraten. Im Zentrum dieser Kritik standen die mangelnde Flexibilität, Marktorientierung und Wandlungsfähigkeit der eindimensionalen und formalen Strukturmodelle. *Scott* (1986) hat als Bezeichnung für diese Inflexibilitäten und Ineffizienzen auch den Begriff der **organisationalen Pathologien** geprägt (vgl. dazu auch Kapitel C IV I d). Als Reaktion auf diese Kritik setzten in den späten 1970er und 1980er Jahren zahlreiche Unternehmen auf mehrdimensionale Strukturmodelle, insbesondere auf die Matrix-Organisationsform (vgl. Galbraith 2000; Oelsnitz 2009, S. 85). Herrschte anfänglich noch der Optimismus vor, die Komplexität bzw. Intransparenz der mehrdimensionalen Orga-nisationsstrukturen und Leitungssysteme sowie den hohen Koordinationsaufwand durch geeignete Managementsysteme und computerunterstütze Steuerungssysteme beherrschen zu können, so trat in den 1990er Jahren diesbezüglich eine Ernüchterung ein. Nach *Oelsnitz* (2009, S. 85) „hat die Matrix-Organisation als primäres Strukturierungsmuster heute ihren Höhepunkt überschritten."

Wegen der genannten Schwierigkeiten praktizieren nur noch wenige Unternehmen die Matrix-Organisation in ihrer idealtypischen Form. An ihre Stelle sind in Unternehmen die flexibilitäts- und innovationsorientierten Strukturmodelle der Organisation gerückt. So ergänzen die meisten Unternehmen ihre Linienorganisation heute durch Formen der Projektorganisationen und/oder der Produktorganisationen. Es kam in den vergangen Jahren in der Praxis de facto zu einer Renaissance der „Matrix-Organisation": „Die meisten [Unternehmen] wählen eine abgeschwächte Form. Das konventionelle Einlinienprinzip wird dann im Kern unangetastet gelassen." (Oelsnitz 2009, S. 85). Diese organisatorische Lösung wird – im Gegensatz zur reinen Matrix-Organisation – als gangbarer Ausweg aus dem Dilemma gesehen, welches sich aus den konfliktären Anforderungen der Stabilität und Kontinuität einerseits und der Anpassungsfähigkeit und Flexibilität andererseits an die Organisationsform ergibt: In Ergänzung zu der vorhandenen Linienorganisation, die primär auf die Erfüllung der permanent anfallenden, kontinuierlichen Aufgaben gerichtet ist, versuchen Unternehmen die Innovationsaufgaben und neuartigen Herausforderungen unter der Nutzung von speziellen Organisationsformen, insbesondere der Projektorganisation sowie der Produktorganisation, mit höherem Flexibilitätspotenzial zu bewältigen. So ist diese schwächere Form der Matrix mittels überlagernden Produkt- und Projektorganisationen für divisional organisierte Unternehmen eine gute Möglichkeit, spartenübergreifend innovierende und/oder koordinierende Aufgaben wahrzunehmen. In funktional strukturierten Organisationen bzw. Organisationseinheiten stärkt die überlagernde Produkt- bzw. Projektorganisation das Denken in Geschäftsprozessen, welches in den 1990er Jahren und in der vergangenen Dekade verstärkt zum Bezugspunkt der Organisationsgestaltung wurde (vgl. Davenport 1993; Hammer/Champy 1994; Macharzina/Wolf 2008, S. 510 ff.; vgl. dazu auch ausführlich die Kapitel C V 7b sowie D III 4 b).

Welche zukünftigen Entwicklungen sind bei der Gestaltung von Organisationsformen zu erwarten? Welche Konfigurationen und Regelungen erscheinen sinnvoll in Anbetracht

- der anhaltenden und in der Tendenz eher zunehmenden Veränderungsdynamik und Diskontuität in der Unternehmensumwelt,
- der weiter steigenden Innovationsorientierung und verminderten Routinisierbarkeit vieler Aufgabeninhalte,
- neuer Informations- und Kommunikationstechnologien (z. B. Web 2.0) mit erweiterten Interaktions- und Kollaborationsmöglichkeiten in der digitalen Kommunikation,
- zunehmend komplexen, technologie- und dienstleistungsintensiver, global ausgerichteter Wertschöpfungsketten sowie
- der zunehmenden Öffnung der unternehmensinternen Produktion und Wertschöpfung durch Einbindung von externen Akteuren, insbesondere Kunden und Lieferanten (z. B. im Rahmen von Open Innovation-Konzepten; vgl. Kapitel D IV 6), was zu einer Desintegration traditioneller Wertschöpfungsketten führt?

In der Diskussion stehen mehrere Thesen und Entwicklungsperspektiven, welche die genannten Einflussfaktoren (teilweise) aufgreifen. Setzt sich der oben portraitierte Trend hin zur Überlagerung der Linienorganisation durch die Produkt- und Projektorganisation zur Stärkung der Flexibilität und Innovationsfähigkeit der Unternehmen fort, dann wird die Aufbaustruktur von Unternehmen weiter an Bedeutung verlieren und sich zunehmend auflösen. Am

Ende dieser Entwicklung stehen reine Projektorganisationen bzw. reine Prozessorganisationen. Es kommt zu einer Dominanz des **Prozess-, Projekt-** und **Innovationsdenkens** über das **Struktur-** und **Bestandsdenken**.

In Anbetracht der zunehmenden Veränderungsdynamik und Innovationsorientierung sowie der verminderten Routinisierbarkeit vieler Aufgabeninhalte gewinnt überdies die Koordination durch Selbstabstimmung zwischen Aufgabenträgern und insbesondere die informelle Selbstabstimmung in der Organisation an Bedeutung. Die Anforderungen und Problemstellungen an die Stelleninhaber ergeben sich zunehmend situativ und sind kontextgebunden. Daraus resultieren Verläufe und Ergebnisse der Aufgabenerfüllung, die sich nur teilweise vorhersehen und nicht vollständig durch technische oder organisatorische Verfahren beherrschen lassen. Die Betroffenen müssen eigeninitiativ und auf Basis ihrer eigenen Einschätzung handeln. Die **Organisation des Informellen** dominiert die **Organisation des Formellen** (zur zunehmenden Bedeutung der Organisation des Informellen siehe Bolte/Porschen 2006).

Schließlich kommt es in Anbetracht der zunehmenden Auflösung traditioneller Wertschöpfungsstrukturen und der verstärkten Öffnung von Produktions- und Wertschöpfungsprozessen in Unternehmen gegenüber Dritten, z. B. durch die aktive Einbindung von Kunden und Lieferanten, auch zu einer Auflösung von organisatorischen Grenzen und Konturen. Netzwerkorganisationen gewinnen an Bedeutung. Bereits seit den 1990er Jahren sind netzwerkartige Organisationsformen Gegenstand der (wissenschaftlichen) Diskussion und haben nun in den letzten Jahren auch in der Praxis verstärkt Bedeutung erlangt. Im organisatorischen Sinn ist ein Netzwerk ein Beziehungsgefüge aus relativ selbstständigen Einheiten, die u. a. durch gemeinsame Werte verbunden sind (vgl. Macharzina/Wolf 2008, S. 500). Eine Extremform der **Netzwerkorganisation** bildet in diesem Zusammenhang das sogenannte **virtuelle Unternehmen**. Ein virtuelles Unternehmen (synonym: virtuelle Organisation oder virtuelles Netzwerk) ist eine Form der Organisation, bei der sich rechtlich unabhängige Unternehmungen und/oder auch Einzelpersonen virtuell (meist über das Internet) für einen gewissen Zeitraum zu einem gemeinsamen Geschäftsverbund zusammenschließen. Ein wichtiges Hilfsmittel zur Koordination der arbeitsteiligen Aktivitäten im virtuellen Verbund stellen hierbei neue Informations- und Kommunikationstechnologien dar. Man spricht in Anbetracht der virtuellen Zusammenarbeit und digitalen Koordination auch von der Verflüssigung der organisatorischen Regelungen und Strukturen (vgl. Macharzina/Wolf 2008, S. 531 ff.). Es kommt zu einer Dominanz des **flüssigen Aggregatszustands** über den **festen Aggregatszustand** und damit der **Wandlungsfähigkeit** über die **Stabilität von Organisationen**.

6. Verständnisfragen

a. Die Organisationslehre unterscheidet zwischen externen und internen Mitgliedern von Organisationen. Die Unterscheidung kann mit Hilfe des soziologischen und des juristischen Ansatzes vollzogen werden. Stellen Sie beide Ansätze zur Bestimmung der internen Mitgliedschaft vor und nennen Sie Beispiele für interne Mitglieder. Nennen Sie ferner zwei Beispiele für Grauzonen. Illustrieren Sie Ihre Ausführungen am Beispiel des Flugzeugbauers Airbus (EADS).

b. Die Spezialisierung und Mengenteilung sind zwei alternative Formen der Arbeitsteilung bei komplexen Aufgaben. Nennen Sie drei verschiedene Kriterien, nach denen Spezialisierung erfolgen kann und führen Sie dafür je ein Praxisbeispiel an.

c. Erläutern Sie die Unterschiede zwischen Stellen, Instanzen und Stabstellen. Diese Typen von organisatorischen Teileinheiten finden sich auch außerhalb des Kontextes von erwerbswirtschaftlich tätigen Unternehmen. Übertragen Sie die Unterscheidung z. B. auf Fußballmannschaften.

d. Durch die Zergliederung der Gesamtaufgabe und Zusammenfassung von Teilaufgaben in verschiedenen organisatorischen Teileinheiten entsteht Koordinationsbedarf. Welche Regelungen und Instrumente zur Koordination bieten sich an? Nennen und erläutern Sie vier verschiedene Koordinationsformen.

e. Die zwei populärsten Grundformen der Aufbauorganisation sind einerseits die funktionale und andererseits die divisionale Organisationsstruktur nach Produkten. Erläutern Sie zunächst was darunter zu verstehen ist und stellen Sie anschließend die Vor- und Nachteile der divisionalen und funktionalen Organisationsstrukturen dar.

f. Welche Form der Aufbauorganisation empfehlen Sie dem großen mittelständischen Schokoladenhersteller Alfred Ritter GmbH & Co. KG („Ritter Sport")? Hauptgeschäftsfeld des Unternehmens ist hochwertige Tafelschokolade für verschiedene Segmente des Süßwarenmarktes. Das Unternehmen beschäftigt ca. 800 Mitarbeiter und erwirtschaftete einen Jahresumsatz in 2009 von 274 Mio. Euro. Etwa zwei Drittel des Umsatzes erwirtschaftet das Unternehmen in Deutschland, etwa ein Drittel auf ausländischen Märkten, allerdings mit steigender Tendenz. Begründen Sie Ihre Wahl!

g. Die Flexibilität von Organisationen wird durch die informelle Koordination(sfähigkeit) gestärkt. Ein wichtiger Ansatz zur Unterstützung der bereichsübergreifenden informellen Koordination ist die Stärkung engmaschiger und weitreichender persönlicher (Kommunikations- und Kontakt-)Netze der Mitglieder der Organisation. Wie schafft und stärkt man engmaschige und weitreichende personale Netze in der Organisation?

V. Prozessorganisation

Zwei Entwicklungen in der Unternehmenspraxis haben Fragestellungen der Prozessorganisation zu einem sehr wichtigen Thema für viele Unternehmen gemacht:

–   Häufige Reorganisationen sind in vielen Unternehmen seit Jahren zu beobachten. Die Unternehmen unterziehen sich radikalen Umstrukturierungen. Einen Schwerpunkt der Reorganisation legen viele Unternehmen dabei auf die Neugestaltung von Geschäftsprozessen (vgl. zum Folgenden Broß/Burr/Freidinger 1995). Sie möchten ihre betrieblichen Abläufe neu definieren, um ihre Wertschöpfung zu optimieren und sich für den internationalen Wettbewerb vorzubereiten und zu behaupten.

–   Seit Jahren gibt es zahlreiche Klagen vieler Kunden über schlechten, unzuverlässigen Service und mangelnde Kundenorientierung vieler Unternehmen in Deutschland (Schlagwort ‚Servicewüste Deutschland', vgl. Gross 1998).

Beide Entwicklungen (Optimierung der Wertschöpfung, zuverlässiger und kundenorientierter Service) haben viel zu tun mit der Gestaltung der Geschäftsprozesse. Die Prozesse und die Art ihrer Organisation entscheiden darüber, ob es einem Unternehmen gelingt, kosteneffizient zu produzieren und einen zuverlässigen, kundenorientierten Service zu offerieren. Geschäftsprozesse hängen eng mit Wertschöpfung und Kundenorientierung zusammen. Nachfolgend werden zwei Blickwinkel auf Geschäftsprozesse eingenommen: Prozesse werden analysiert unter dem Aspekt der Wertschöpfung und unter dem Aspekt der Kundenorientierung.

Nachfolgend werden in Kapitel C IV 1 zentrale Begriffe des Prozessmanagements definiert und im übernächsten Kapitel C IV 2 das Prozessmanagement aus Sicht der in diesem Lehrbuch verwendeten theoretischen Grundlagen betrachtet. Die sich anschließenden Kapitel C IV 3-7 behandeln ausgewählte Instrumente und Konzepte des Prozessmanagements.

1. Grundbegriffe und Definitionen

Nachfolgend werden die für das Verständnis der weiteren Ausführungen wichtigsten Begriffe Geschäftsprozess, Wertschöpfung und Wertschöpfungssystem näher definiert.

a. Geschäftsprozess

Das Wort bzw. der Wortstamm des Begriffs ‚Prozess' stammt aus dem Lateinischen von ‚procedere = vorangehen, vorgehen'. Der **Begriff Prozess** wird in der Unternehmenspraxis und der Umgangssprache allgemein verwendet und seine Anwendung kann leicht zu Missverständnissen führen.

Ein Geschäftsprozess (synonymer Begriff: Prozess, in der älteren Organisationslehre spricht man auch von Abläufen bzw. Ablauforganisation) wird wie folgt definiert: Ein Geschäftsprozess ist eine zielgerichtete Abfolge von Aktivitäten, die Inputfaktoren zu Output transformiert und auf ein einheitliches Ziel ausgerichtet ist. Die wesentlichen Elemente eines Prozesses zeigt die nachfolgende Abb. 74.

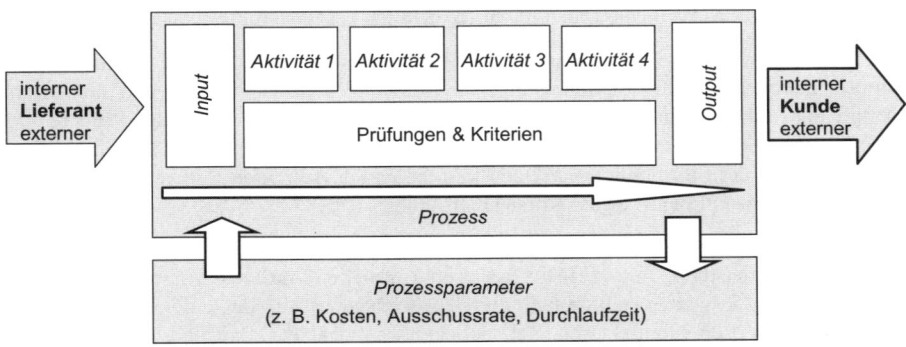

Abb. 74: Begriffsdefinition ‚Prozess' (vgl. Freidinger 1995)

Ein unternehmensexterner Lieferant oder ein unternehmensinterner Lieferant (eine Abteilung des Unternehmens, die Leistungen für eine andere Abteilung erbringt) stellen einen Inputfaktor (z. B. Rohstoffe, Vorprodukte) bereit. Durch eine Abfolge von Aktivitäten wird der Input in einen Output transformiert. Der Output wird an einen unternehmensexternen oder einen unternehmensinternen Kunden (eine Abteilung des Unternehmens, die Leistungen von einer anderen Abteilung bezieht) abgegeben. Charakteristisch für einen Geschäftsprozess ist seine Ausrichtung auf eine Zielsetzung (Kundennutzen, Wertschöpfung, Gewinn etc.) und dass während der Aktivitätenfolge die physischen (Outputmengen) und monetären (bewerteter

Output) Ergebnisse des Prozesses ermittelt und anhand von Kennzahlen (Prozessparameter, wie z. B. Kosten, Qualität, Durchlaufzeiten etc.) quantifiziert werden.

b. Wertschöpfung und Kundenorientierung

Die Fokussierung auf die Optimierung der Wertschöpfung ist ein weiteres Charakteristikum des Denkens in Geschäftsprozessen (anstelle des Denkens in Strukturen der Aufbauorganisation). Unternehmerische Wertschöpfung findet in den Prozessen des Unternehmens statt.

Eine wertschöpfende Aktivität wird vom Kunden direkt honoriert (Geldzahlung, sonstige Zuwendung). Jede Aktivität, welche vom Kunden nicht direkt honoriert wird, ist zwangsläufig nicht wertschöpfend und damit ein Kostentreiber, welcher durch andere wertschöpfende Aktivitäten finanziert werden muss.

Wertschöpfung ist die Differenz zwischen Output des Unternehmens (der Abteilung, der Arbeitsgruppe, des Individuums) und dem Input, den die betrachtete Untersuchungseinheit für die Leistungserstellung benötigt. Grundlage der Inputbewertung ist die Bewertung der beschafften Rohteile, Rohmaterialien oder Vorleistungen mit Marktpreisen (oft auch Planpreisen oder Normpreisen aus der Kostenrechnung) oder im Falle der unternehmensinternen Beschaffung von einem anderen Unternehmensbereich mit internen Verrechnungspreisen. Die Inputfaktoren werden in den Produktionsprozessen des Unternehmens veredelt, es wird ein Mehrwert erzeugt. Das Sachgut bzw. die Dienstleistung muss sich im Wert aus Sicht des Kunden von den Rohmaterialwerten deutlich unterscheiden. Für diese Differenz ist der Kunde bereit, einen Preis zu bezahlen. Dabei gilt ausschließlich die Bewertung des Kunden.

Die Wertschöpfung des Unternehmens erfolgt in Prozessen. Unterschieden werden primäre (unmittelbar wertschöpfende), unterstützende (mittelbar wertschöpfende) und nicht-wertschöpfende Aktivitäten in den Prozessen, in welchen die Wertschöpfung erfolgt. Primäre oder **unmittelbar wertschöpfende Aktivitäten** befassen sich mit der physischen Herstellung eines Sachgutes bzw. der Erbringung einer Dienstleistung und dessen/deren Verkauf bzw. Distribution an den Kunden. Ebenso ist der Kundendienst inbegriffen.

Unterstützende Aktivitäten befassen sich nicht direkt mit der Herstellung des Sachgutes oder der Dienstleistung. Ihre Aufgabe ist es, die primären Aktivitäten aufrechtzuerhalten. Unterstützende Aktivitäten sind deshalb mittelbar wertschöpfend. Sie sind verantwortlich für die Beschaffung von Inputfaktoren, Technologien, Personal etc. Beispiele dafür sind: Beschaffungs- sowie Forschungs- und Entwicklungsprozesse oder rein administrative Prozesse mit Kundenbezug.

Nicht-wertschöpfende Aktivitäten sind möglicherweise zur Aufrechterhaltung des Betriebsgeschehens notwendig, haben jedoch keinen direkten Produkt- und Kundenzusammenhang. Sie haben keinen erkennbaren Nutzen für den Kunden. Dies umfasst alle Aktivitäten der Unternehmensinfrastruktur (Büroräume, Energieversorgung) sowie Lagerung von Vorprodukten, Vorbereitung von Maschinen und Werkstücken für die Produktion, interner Transport etc. Weitere aus Sicht des Kunden nicht-wertschöpfende Prozesse sind z. B. administrative Prozesse ohne Kundenbezug (z. B. Prozesse der Reisekostenabrechnung), Buchführung, Werkschutz und die Kantine des Unternehmens.

Entscheidend für den Erfolg von Unternehmen ist die Verknüpfung von Geschäftsprozessen zu einem Wertschöpfungssystem: In verschiedenen Unternehmen werden unterschiedliche Sachgüter erzeugt oder unterschiedliche Dienstleistungen erbracht, die grundlegenden Prozesse (z. B. Auftragsannahme, Rechnungsstellung) sind jedoch oftmals identisch bzw. mindestens stark ähnlich in vielen Unternehmen. Den betrieblichen Prozessen eines jeden Unternehmens liegt ein System zugrunde. Was braucht beispielsweise ein Haushaltsgerätehersteller, um eine Bestellung anzunehmen, die Bestellung zu bearbeiten, das Gerät herzustellen, es auszuliefern und die Rechnung zu stellen? Welche Schritte muss eine Bank vollziehen, wenn sie Geldüberweisungen abwickelt, Filialen koordiniert und Kreditentscheidungen rechtzeitig und korrekt trifft? Wie konstruiert ein Automobilhersteller ein neues Fahrzeug, das aus Tausenden von Bauteilen besteht, wie handhabt er den täglichen Strom von Bestellungen und Lieferungen mit Lieferanten und Montagewerken? Jede Geschäftstätigkeit sieht anders aus, doch eines haben alle Geschäftstätigkeiten gemeinsam: alle beruhen auf ‚Wertschöpfungssystemen', die den Kunden des Unternehmens einen Mehrwert liefern. Ein **Wertschöpfungssystem** ist eine inner- und überbetriebliche Verknüpfung von Prozessen, die von unterschiedlichen Partnern erbracht werden und auf ein einheitliches Ziel ausgerichtet sind. Das Management des gesamten Wertschöpfungssystems wird immer wichtiger für den wirtschaftlichen Erfolg von Unternehmen. Abnehmende Anteile an eigener Wertschöpfung infolge von Outsourcing bedingen exzellentes Management der eingesetzten Ressourcen und die Fähigkeit, Leistungsbeiträge von vielen internen und externen Wertschöpfungspartnern zu einer Gesamtleistung zu koordinieren und zu integrieren.

Das Wertschöpfungssystem organisiert Arbeitsteilung und lenkt Tätigkeiten im Unternehmen; es verbindet alle Prozesse und richtet sie auf ein gemeinsames Ziel aus. Die Leistung eines Unternehmens ist das unmittelbare Ergebnis dessen, wie effizient und effektiv das Wertschöpfungssystem strukturiert und gemanagt wird. Unternehmen, die effizienter und schneller arbeiten als ihre Konkurrenten, haben oftmals besser gestaltete und besser gemanagte Wertschöpfungssysteme. Deshalb sind die Qualität des Wertschöpfungssystems und seine Konfiguration/Organisation oft ebenso entscheidend für den Wettbewerbsvorteil des Unternehmens wie seine Technologien, Produkte oder Dienstleistungen. Beispiele von Unternehmen, die mit Hilfe innovativer Wertschöpfungssysteme Wettbewerbsvorteile realisiert haben, sind das Unternehmen Benetton (vgl. Abb. 75) und das Unternehmen Smart.

Charakterisierung der Wertschöpfung bei Benetton

Benetton ist ein italienischer Bekleidungshersteller, der bereits in den 1980er Jahren ein für damalige Verhältnisse innovatives Wertschöpfungssystem realisiert hat (vgl. die nachfolgende Abbildung sowie Picot/Dietl/Franck 2002, S. 209 f.)). Benetton konzentriert sich auf die eigene Produktion besonders modischer (und damit kurzlebiger) Bekleidungsartikel, der überwiegende Teil der Bekleidungsherstellung wird von Auftragsfertigern in Entwicklungsländern hergestellt. Benetton hat ebenfalls den Entwurf und das Design der Modekollektionen an spezialisierte Designbüros größtenteils ausgelagert. Es beschränkt sich auf die Vorgabe einer groben Designrichtlinie, die von den unabhängigen Designbüros umgesetzt und konkretisiert wird. Bei den Vertriebskanälen besitzt Benetton nur einige ausgewählte Ladengeschäfte selbst, der überwiegende Teil der Benetton-Shops wird von selbstständigen Unternehmern auf eigene Rechnung im Rahmen eines Franchising-Abkommens mit Benetton unter Nutzung des Markennamens Benetton betrieben. Die Benetton-Shops sind dabei mittels eines Datennetzes an die Benetton-Zentrale angebunden, so dass Änderungen der Nachfrage und Statusberichte über die gut verkäuflichen bzw. schlecht verkäuflichen Modeartikel sehr rasch an die Zentrale übermittelt werden können, die dann die Aufträge mit den Lohnfertigern entsprechend anpasst. Auch das Inkasso der Forderungen gegenüber den Händlern übernimmt Benetton nicht selbst, sondern tritt die Forderungen an einen Factoring-Dienstleister ab, der dann die Forderungen geltend macht gegenüber den Händlern. Ein Factoring-Dienstleister ist dabei ein Finanzdienstleister, an den Unternehmen ihre Forderungen gegen ihre Schuldner verkaufen können, wobei das Unternehmen im Regelfall weniger als den Nennwert der Forderung vom Factoring-Dienstleister erhält, dieser dann aber nach dem Kauf der Forderung das Risiko des Forderungsausfalls und die Mühe der Forderungseintreibung übernimmt. Im Kern handelt es sich somit bei Benetton um ein Wertschöpfungssystem mit sehr geringer eigener Fertigungstiefe und der Einbindung von unternehmensexternen Spezialisten.

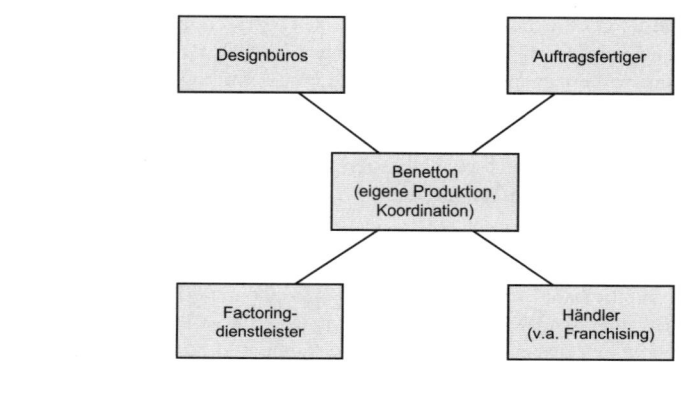

Abb. 75: Das Wertschöpfungssystem von Benetton
(in Anlehnung an Picot/Dietl/Franck 2002, S. 209 f.)

Der Autohersteller smart GmbH (Marke: smart) ist eine 100 % Tochtergesellschaft der DaimlerChrysler AG, die sich auf die Entwicklung, Herstellung und den Vertrieb von zwei- und viersitzigen Kompaktautomobilen konzentriert. Die Fabrik in Frankreich ist durch ein innovatives Wertschöpfungssystem gekennzeichnet: MCC hat das Automobil gemeinsam mit ausgewählten Systemlieferanten entwickelt. Die Systemlieferanten übernehmen den wesentlichen Teil der Produktion und stellen komplette Module (Fahrzeugcockpit, Türsysteme, Sitzmodule, Innenraum etc.) her, die in der MCC-Fabrik direkt an das Band geliefert und sofort eingebaut werden. Smart als Endhersteller erbringt ca. zehn Prozent der Wertschöpfung am Automobil, die verbleibenden 85 % der Gesamtwertschöpfung erbringen die Systemlieferanten (vgl. Pfaffmann 2001, S. 37, 43).

Kundenorientierung: Traditionelle Modelle der Aufbauorganisation (z. B. funktionale oder divisionale Organisation) fördern die Optimierung von Funktionen oder Divisionen, behindern aber eine horizontale Optimierung im Sinne einer Definition und Umsetzung durchgängiger Geschäftsprozesse, die mehrere Unternehmensbereiche tangieren und auf den externen oder internen Kunden als Endziel der Wertschöpfung ausgerichtet sind. Unternehmen, welche kundenorientiert handeln möchten, müssen sich prozessoptimiert aufstellen (vgl. Pohland 2009, S. 8). Dies bedeutet für die Unternehmen, unternehmensinterne Abteilungs- und Bereichsgrenzen zu überwinden und die bisher etablierten internen Strukturen z. T. drastisch zu verändern, um Prozesse mehr als bisher auf den Kunden auszurichten.

2. Prozessorientierung als neue Strömung in der Organisationslehre und theoretische Grundlagen der Prozessorganisation

Die Organisation von Unternehmen kann aus zwei Perspektiven betrachtet werden: Bei der **Aufbauorganisation** stehen die Teilaufgaben, die für ihre Erfüllung vorgesehenen Aufgabenträger (einzelne Mitarbeiter, Teams, Abteilungen, Funktionsbereiche, Divisionen) und die zwischen diesen Ausgabenträgern bestehenden Austauschbeziehungen im Mittelpunkt der Betrachtung. Die Organisationslehre hat für die Strukturierung der Aufbauorganisation zahlreiche Modelle (z. B. funktionale Organisation, divisionale Organisation, Matrixorganisation, Tensororganisation; vgl. C IV 3) entwickelt.

Demgegenüber stehen bei der **Prozessorganisation** (synonym: Ablauforganisation) die in Raum und Zeit ablaufenden konkreten Geschäftsprozesse als Abfolge zielgerichteter Aktivitäten (z. B. Prozesse der internen Produktionslogistik, der Neuproduktentwicklung etc.) im Vordergrund, die sich bei und zwischen den Aufgabenträgern vollziehen: „Die Prozessorganisation befasst sich mit den betrieblichen Prozessen, die innerhalb des Unternehmens, zwischen dem Unternehmen und den Kunden sowie zwischen dem Unternehmen und den Lieferanten stattfinden" (Wilhelm 2007, S. VII). Die Unterscheidung von Aufbau- und Ablauforganisation betont zwei Sichtweisen der Organisation, die sich komplementär ergänzen. Ein organisatorischer Aufbau ohne konkrete, organisierte Abläufe ist sinnlos, das Unternehmen wäre nicht funktionsfähig. Organisatorische Abläufe ohne aufbauorganisatorischen Rahmen, der klar festlegt, wer wem unterstellt ist und für welche Aufgabe welcher Aufgabenträger zuständig ist, sind kaum vorstellbar und würden zu chaotischen Zuständen im Unternehmen führen (vgl. Macharzina/Wolf 2010; Picot 1993).

Heute finden die prozessorientierten Aspekte in der Praxis und in der Organisationslehre starke Beachtung (vgl. Picot/Dietl/Franck 2002, Davenport 1993). Es wird auch vom Begriff der Prozessorganisation gesprochen, bei welcher die Organisationsgestaltung von den für die Kundenbefriedigung notwendigen Geschäftsprozessen ausgeht und darauf aufbauend die Stellenbeschreibungen und die Abteilungsgliederung entwickelt. Die Ausrichtung des Unternehmens an Prozessen wird damit zum Kriterium für die Strukturierung der Aufbauorganisation (vgl. Reiß 2007, S. 164). Dies ist gerade die umgekehrte Vorgehensweise wie früher, bei der in eine bereits gegebene Aufbauorganisation Geschäftsprozesse nachträglich ‚hineindefiniert' wurden (vgl. Wilhelm 2007, S. 10 f.).

Gänzlich neu ist die prozessorientierte Betrachtungsweise aber nicht. In der deutschsprachigen Organisationslehre der 1920er und 1930er Jahre stand zwar die Gliederung der Aufbauorganisation im Vordergrund und die Ablauforganisation hatte nur relativ wenig Bedeutung. Es gab aber bereits in den 1920er und 1930er Jahren Autoren, die die herrschende Fokussierung auf Fragen der Aufbauorganisation nicht teilten (vgl. Gaitanides 2007, S. 5-21). Interessant sind Ansätze aus den 30er Jahren des letzten Jahrhunderts (vgl. z. B. Nordsiek 1934), welche bereits damals die räumlich-zeitliche Realisierung von Tätigkeiten innerhalb von Organisationen (= Ablauforganisation), d. h. von Prozessen, sowie die Bedeutung und Wichtigkeit dieser Tätigkeiten bei der Gestaltung von Organisationen hervorhoben. Die prozessorientierte Sichtweise wurde dann in den 1980er Jahren in Deutschland durch die Arbeiten von *Küpper* (1980) und von *Gaitanides* (1983) (vgl. auch den neueren Überblick über den Forschungsstand bei Gaitanides/Scholz/Vrohlings/Raster 1994 und Gaitanides 2007, S. 5-21) und Anfang der 1990er Jahre durch das Buch der amerikanischen Autoren *Hammer* und *Champy* (vgl. Hammer/Champy 1994) in Deutschland bekannt gemacht.

Für die Gestaltung von Prozessen in Unternehmen können einige der diesem Lehrbuch zugrunde liegenden Theorien wichtige Hinweise geben (vgl. auch Gaitanides 2007, S. 63-98).

Aus Sicht der **Property Rights-Theorie** ist es bedeutsam, konzentrierte Verfügungsrechte an Ressourcen und dadurch Anreize für die handelnden Akteure zu sparsamem und verantwortungsvollem Einsatz der Ressourcen zu schaffen. Im Rahmen des neuen Prozessmanagements wird dieser theoretischen Forderung z. B. durch die Ernennung von Prozessverantwortlichen Rechnung getragen. Prozessverantwortliche sind Fach- und Führungskräfte, denen die Verantwortung für einen ganzen Geschäftsprozess inklusive umfassender Handlungs- und Verfügungsrechte zur Durchsetzung von Entscheidungen gegenüber den Leitern von Funktionsbereichen zugeordnet werden (vgl. hierzu Kapitel B I).

Aus Sicht der **Transaktionskostentheorie** (vgl. hierzu Kapitel B I) sind Geschäftsprozesse so zu gestalten, dass durch klare Zuweisung von Handlungs- und Verfügungsrechten sowie Verantwortung die Kosten der Anbahnung, Vereinbarung, Abwicklung, Kontrolle und Anpassung von Transaktionen (im Rahmen komplexer Geschäftsprozesse) möglichst gering gehalten werden. Auch kann die Transaktionskostentheorie wertvolle Hinweise darauf geben, welche Prozessschritte selbst wahrgenommen werden sollten (spezifische, unsichere und sehr häufige Transaktionen) und welche Prozessschritte effizienter vom Markt zugekauft werden können (standardisierte, relativ sichere und seltene Transaktionen). Ferner weist die Transaktionskostentheorie darauf hin, dass viele Schnittstellen (zwischen Teams, Funktionalbereichen, Geschäftsbereichen etc.) innerhalb eines Prozesses zur Fragmentierung dieses Prozesses in eine Vielzahl einzelner Transaktionen führen. Daraus resultieren hohe Koordinationskosten infolge von Problemen bei der prozessinternen Anbahnung, Vereinbarung, Abwicklung, Kontrolle und Anpassung von Transaktionen zwischen vielen Prozessbeteiligten.

Die **Agency-Theorie** lenkt den Blick insbesondere auf die Gestaltung von Anreiz- und Kontrollsystemen (vgl. hierzu Kapitel B I), um bei den an einem Unternehmensprozess beteiligten Personen eine Interessensangleichung herbeizuführen und vorhandene Spielräume für Moral Hazard-Verhalten bei den Prozessbeteiligten zu reduzieren. Im Rahmen des neueren Prozessmanagements wird dieser Forderung insbesondere durch den Aufbau von Messsystemen Rechnung getragen, die Prozesskennzahlen über die aktuelle Performance eines Geschäftsprozesses ermitteln. An den Prozesskennzahlen können dann wiederum Anreiz- und Kontrollsysteme (erfolgsabhängige Entlohnung von Mitarbeitern, Zielvereinbarungen und ihre Überprüfung am Jahresende) ansetzen.

Der **ressourcenorientierte Ansatz der Unternehmensführung** (vgl. hierzu Kapitel B II) nimmt eine spezielle Sicht auf Geschäftsprozesse ein: Ressourcen werden in Prozessen koordiniert. Bei wiederholter Ausführung von Geschäftsprozessen bilden sich im Zeitablauf implizites Erfahrungswissen und eine erleichterte Koordination durch eingespielte Routinen heraus. Dies hat im Wesentlichen drei Effekte zur Folge:

(1) Der Prozess läuft gleichsam automatisch ab, das Zusammenspiel der Ressourcen und der Koordinationsaufwand innerhalb des Prozesses werden zunehmend reibungsloser und effizienter.

(2) Durch die Herausbildung von Routinen werden in den Geschäftsprozessen Ressourcen freigesetzt, die vorher im Prozess gebunden waren und nunmehr anderweitig im Unternehmen eingesetzt werden können und weiteres Wachstum des Unternehmens ermöglichen. Ein Beispiel verdeutlicht dies: Beschäftigen sich Manager und Ingenieure das erste Mal mit der Entwicklung eines neuartigen technischen Produktes, so sehen sie sich dabei mit hoher Unsicherheit, noch wenig routinierten F&E-Prozessen sowie fehlendem Erfah-

rungswissen bei der Problemlösung konfrontiert. Steht im nächsten Jahr ein sehr ähnliches Entwicklungsproblem an, so können Manager und Ingenieure von mittlerweile vorhandenen Entwicklungsroutinen und bereits aufgebautem Erfahrungswissen profitieren und sehen sich mit im Vergleich zum Vorjahr reduzierter Unsicherheit konfrontiert. Das Forschungsproblem kann mit geringerem Ressourceneinsatz gelöst werden, die nicht mehr im Forschungsprozess gebundenen Ressourcen können in anderen Forschungsprozessen eingesetzt werden.

(3) Werden Prozesse über längere Zeit hinweg in ähnlicher Art und Weise durchgeführt (z. B. Beschaffungsprozesse für Standardteile), so sammeln nicht nur die am Prozess beteiligten Mitarbeiter Erfahrungswissen, sondern der Prozessablauf selbst, seine Regeln und Routinen werden in der Wissensbasis der Organisation (schriftliche Dokumentationen und Datenbanken, die explizites Wissen aufnehmen, aber auch implizites Erfahrungswissen, das in der Unternehmenskultur gespeichert wird) verankert.

Insbesondere verweist der ressourcenorientierte Ansatz der Unternehmensführung auf die Frage, wie und unter welchen Bedingungen durch spezifisch gestaltete Geschäftsprozesse verteidigungsfähige Wettbewerbsvorteile (sustainable competitive advantage) für das Unternehmen erreicht werden können. Dies ist vor allem denkbar, wenn Geschäftsprozesse patentiert und damit die Prozessgestaltung gegen Nachahmer geschützt werden können (vgl. Möhrle/ Walter 2009).

Der **marktorientierte Strategieansatz** nach Porter betont das Erfordernis, Geschäftsprozesse so zu gestalten, dass sie die jeweilige Unternehmensstrategie (Kostenführerschaft, Differenzierungsstrategie, Nischenstrategie) unterstützen und umsetzen (vgl. auch Gaitanides 2007, S. 123-128). Optimierte Geschäftsprozesse können vor allem eine Differenzierungsstrategie unterstützen: „Die Einzigartigkeit von Produkten und Dienstleistungen innerhalb einer Branche ist nicht ohne einzigartige Geschäftsprozesse realisierbar." (Gaitanides 2007, S. 124 f.).

Bei umgekehrter Betrachtung können aus den verwendeten Theorien auch Hinweise auf die **Ursachen von Effizienzschwächen in Prozessen** abgeleitet werden. Solche Ursachen sind oft zu sehen in

- unklar zugeordneter Verantwortung für Teilschritte innerhalb des Prozesses und für den Gesamtprozess;
- unklar definierten und verdünnten (auf mehrere Akteure verteilte) Handlungs- und Verfügungsrechten an den im Prozess eingesetzten Ressourcen;
- „falschen" Make or Buy-Entscheidungen, die sich effizienzmindernd auswirken;
- zu vielen Schnittstellen (technischer und organisatorischer Art) innerhalb des Prozesses;
- falsch gestalteten Anreiz- und Kontrollsystemen und dadurch verzerrten Anreizen der Prozessbeteiligten sowie
- geringer Wiederholungshäufigkeit der Aktivitäten und damit wenig Routine und Stabilität in Geschäftsprozessen;
- geringer Wiederholungshäufigkeit von Prozessen nur geringe Möglichkeiten für Mitarbeiter und das Unternehmen zum Erwerb und zur Vertiefung von Erfahrungswissen und infolgedessen hohe Rüst- und Fehlerkosten in den Prozessen.

Bei Prozessen, die fest in der Wissensbasis des Unternehmens und dem Erfahrungswissen der Mitarbeiter verankert sind, ist es im Falle einer angestrebten Reorganisation oftmals schwierig, den erlernten Prozess zu verlernen und einen veränderten oder gänzlich neuen Prozess zu implementieren.

3. Funktionsorientierung in Unternehmen

Die funktionale Organisation gliedert das Unternehmen nach den zu verrichtenden Tätigkeiten, entsprechend finden sich funktional orientierte Abteilungen wie Beschaffung, Produktion, Absatz, Forschung und Entwicklung, Verwaltung. Kleine und mittelständische Unternehmen sind heute meist funktional organisiert. Diese Aussage gilt auch für viele Großunternehmen auf tieferen Ebenen der Hierarchie. D. h. so organisierte Unternehmen sind darauf ausgerichtet, in betrieblichen Funktionen zu arbeiten und diese Funktionen zu optimieren. Die Erbringung der Lieferungen und Leistungen in Unternehmen erfolgt aber in den Prozessen des Unternehmens. In den Prozessen sind die einzelnen Funktionen des Unternehmens als Leistungsbereiche beteiligt. Für die Optimierung der Leistungserbringung sind deshalb die Prozesse zu betrachten. Optimierung von Funktionen führt dabei nicht zu dem Ziel des Entwurfs und der Umsetzung durchgängiger, effizienter Geschäftsprozesse. Die Ausrichtung des Unternehmens an Prozessen wird damit zum Kriterium für die Strukturierung der Aufbauorganisation.

Abb. 76 verdeutlicht, wie sich Geschäftsprozesse durch ein Unternehmen ziehen und dabei die Grenzen zwischen Funktionalbereichen überwunden und diese Bereiche zu einer Zusammenarbeit motiviert werden müssen. Am Beispiel des Produktentwicklungsprozesses wird dies deutlich: Erfolgreiche Innovationen entstehen oft durch eine enge Zusammenarbeit der drei Unternehmensfunktionen Forschung und Entwicklung, Produktion und Marketing (vgl. Cooper 2001, S. 118-120). Die Marketingabteilung besitzt oftmals das Wissen und die Informationen über Kundenbedürfnisse bzw. Kundenprobleme und Markttrends. Dieses Wissen muss an die F&E-Abteilung transferiert werden, damit diese kundengerechte Produkte entwickelt. Umgekehrt besitzt die Produktionsabteilung das Wissen darüber, wie ein Gut effizient hergestellt werden kann. Auch dieses Wissen muss im Rahmen der Forschung und Entwicklung berücksichtigt werden, denn bereits bei der Konstruktion des Produktes wird der Großteil der späteren Herstellkosten (Stichwort: Fertigungsgerechte Produktkonstruktion) determiniert. Erfolgreiche Produktinnovationen beruhen oftmals auf der reibungslosen Zusammenarbeit dieser drei Bereiche im Rahmen des Produktentwicklungsprozesses.

Folgende **Probleme der funktionalen Organisation** sind zu erwarten:

– Die von einer Funktion direkt erzeugten Kosten können im Unternehmen relativ leicht ermittelt werden (Ausbildung von Kostenstellen). Im Gegensatz dazu bereitet die Ermittlung der Prozesskosten (z. B. für die Erfüllung eines Sonderwunsches eines Kunden) erhebliche Probleme. Die Kosten von Prozessen sind in vielen funktional organisierten Unternehmen nur mit einer aufwändigen Prozesskostenrechnung zu bestimmen (vgl. Werkmeister 2003).

– Der ökonomische Effekt eines Prozesses (z. B. die einzelnen Aktivitäten, die wesentlich für die Kundenzufriedenheit sind) ist nicht sichtbar. Die Gesamtprozessqualität ist oftmals nicht eindeutig und objektiv messbar. Prozessveränderungen können somit nur schwer begründet werden.

– Streng funktional organisierte Unternehmen sind normalerweise nicht darauf ausgerichtet, Prozesse zu optimieren. Viele beteiligte Funktionen konkurrieren um gleiche Ressourcen und stehen damit im internen Wettbewerb.

– In funktional orientierten Unternehmen ist es schwierig, Verantwortung eindeutig zuzuordnen. Im Falle des Misserfolgs sind keine betriebliche Funktion und kein Mitarbeiter allein verantwortlich, da immer mehrere Abteilungen beteiligt und bei der Aufgabenerfüllung voneinander abhängig sind.

– Prozesse sind fragmentiert (viele Schnittstellen zwischen vielen Spezialisten), unsichtbar und werden nicht gemanagt von einer hierfür verantwortlichen Person. Es fehlt nicht selten der Blick für das Unternehmensganze und den Gesamtprozess, stattdessen steht die Sicht der Funktionalbereiche im Vordergrund.
– Optimierungsvorgänge finden öfters nur in den einzelnen Funktionen statt. Erfolgreiche Zusammenarbeit zwischen den Funktionsbereichen ist bisweilen schwierig und wird durch ‚Funktionskulturen‘ zusätzlich erschwert. Als Ergebnis tritt die Orientierung von Abteilungen an ihren Eigeninteressen und Eigenzielen auf, Kundenorientierung und Ausrichtung aller Aktivitäten auf den Kunden wird erschwert.

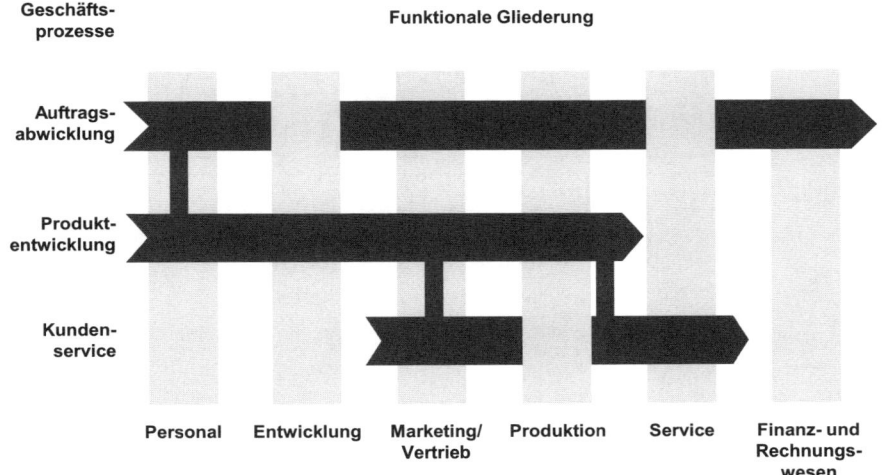

Abb. 76: Geschäftsprozesse und Überwindung funktionaler Barrieren
(vgl. Morelli 1995)

Abb. 77 weist auf die tieferen Mängelursachen hin, die die funktionale Organisation (wie jedes andere Organisationsmodell, z. B. die divisionale Organisation auch) problematisch machen, wenn es um die Definition und Implementierung durchgängiger und effizienter Geschäftsprozesse geht. Die tieferen Mängelursachen sind zu sehen in einer Ausgestaltung von Funktionalbereichen als Profit-Center sowie in kontra-produktiven Anreizsystemen bei der Entlohnung von Mitarbeitern. Werden Unternehmensbereiche (funktional orientierte Abteilungen oder produktorientierte Divisionen) ausschließlich nach dem von ihnen erzielten Gewinn beurteilt, kann die unternehmensinterne Zusammenarbeit und damit die Realisierung durchgängiger Geschäftsprozesse beeinträchtigt werden, wenn die Zusammenarbeit den Gewinnausweis einzelner Abteilungen zu Gunsten anderer Abteilungen reduziert. Dies wird der Fall sein, wenn z. B. die Unternehmensleitung die Überlassung qualifizierter Mitarbeiter an andere Unternehmensbereiche zu internen Verrechnungspreisen (vgl. Kreuter 1996, S. 563), die deutlich unter den Marktpreisen liegen, anordnet. Ebenso sind die Anreizsysteme auf der Ebene des einzelnen Mitarbeiters für die Zusammenarbeit im Unternehmen und den reibungslosen Ablauf von Prozessen entscheidend: Werden Mitarbeiter ausschließlich auf der Grundlage ihrer individuellen Leistung entlohnt und befördert, erschwert dies die Zusammenarbeit mit anderen Mitarbeitern und damit die friktionslose Gestaltung von Geschäftsprozessen, die auf Teamarbeit mehrerer Individuen basieren. Wird umgekehrt ein Team nur auf Grundlage seiner Teamleistung unter Nicht-Honorierung der Individualleistung einzelner Mitarbeiter entlohnt, so schwächt dies die Anreize für den einzelnen Mitarbeiter, sich maximal anzustrengen (vgl. die Überlegungen zum Profit-Sharing in C VI). Vielmehr entstehen Anreize zur Drückebergerei im Team, da der Nutzen des reduzierten Arbeitseinsatzes dem einzelnen Mitarbeiter zukommt, die Nachteile aber vom Team als Ganzes getragen werden. Diese Beispiele zeigen, dass die Entlohnungsformen (neben anderen Faktoren, wie z. B. Aufsicht durch Vorgesetzte) Einfluss auf unternehmensinterne Teamarbeit und Prozesse nehmen.

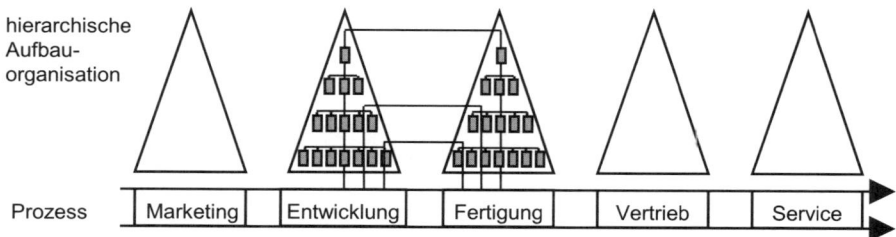

Wo liegen die tieferen Mängelursachen?

- Funktionsbereiche als Ertragszentren

- contra-produktive Anreizsysteme in Unternehmen

Abb. 77: Systembedingte Mängel der Funktionalorganisation, hier am Beispiel des Zusammenwirkens zwischen Entwicklung und Fertigung (vgl. Freidinger 1995)

Die Abb. 78 verdeutlicht, wie Informationsbarrieren zwischen den Hierarchieebenen im Unternehmen (Zurückhaltung negativer Nachrichten durch Mitarbeiter, unzureichende Informationen durch die Unternehmensspitze über die Strategie und geplante Entwicklung des Unternehmens) in Verbindung mit funktionalen Barrieren (Kommunikationsprobleme und Interessengegensätze zwischen Mitarbeitern der verschiedenen Funktionalbereiche im Unternehmen) dazu führen, dass sich in einem Unternehmen operative Inseln herausbilden, was die Realisierung effizienter Geschäftsprozesse erschwert.

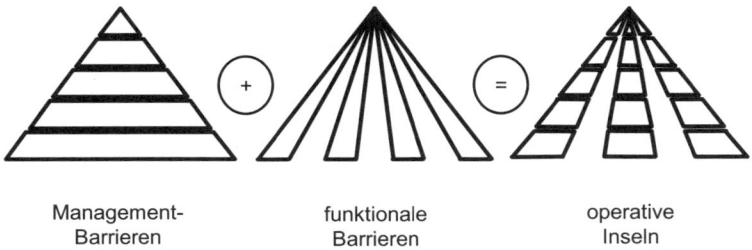

| Management-
Barrieren | funktionale
Barrieren | operative
Inseln |

- Informationsfilterung
- funktionale Abschottung
- Koordinationsproblem

Abb. 78: Konstruktionsmängel hierarchischer Aufbaustrukturen
(vgl. Krüger 1994, S. 85; Morelli 1995)

Die nachfolgende Abb. 79 verdeutlicht nochmals den **Zusammenhang zwischen Aufbau-
und Ablauforganisation**. Sie zeigt auf, wie ein einzelner Kundenauftrag verschiedenste
Unternehmensteilbereiche tangiert und dass ein effizienter Kundenauftragserfüllungsprozess
nur durch effiziente Koordination und Zusammenarbeit zwischen den verschiedenen Funktionalbereichen im Unternehmen erreicht werden kann.

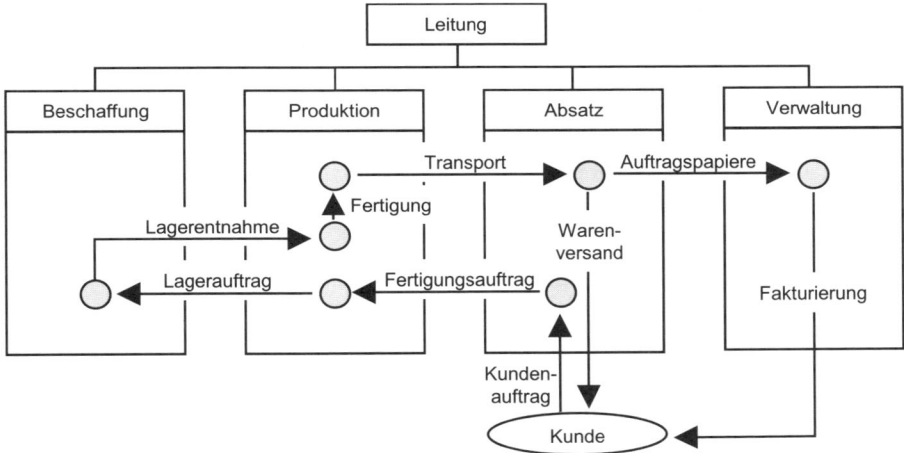

Abb. 79: Geschäftsprozesse im Rahmen der Aufbauorganisation des Unternehmens
(vgl. Krüger 1994, S. 119; Morelli 1995)

Die nachfolgende Abb. 80 skizziert, dass bei zunehmender Arbeitsteilung zwischen den Unternehmen und ihren Marktpartnern (Zulieferer, Unternehmen derselben Wertschöpfungsstufe
als Kooperationspartner, Kunden) Geschäftsprozesse oft mit den Geschäftsprozessen anderer
Akteure zu unternehmensübergreifenden Prozessen integriert werden müssen. Gerade in einer
solchen **unternehmensübergreifenden Prozessgestaltung** können Wettbewerbsvorteile begründet werden, die durch Konkurrenten schwer imitierbar sind. Beispiele für die Integration
von Geschäftsprozessen eines Unternehmens mit Geschäftsprozessen seiner Zulieferer sind

der Aufbau von Just in Time-Systemen oder die gemeinsame, eng abgestimmte Forschungs-
und Entwicklungsarbeit zwischen einem Unternehmen und seinen Zulieferern. Auch eine
Integration von Geschäftsprozessen mit den Geschäftsprozessen von Kunden ist denkbar,
z. B. die enge Abstimmung zwischen Unternehmen und Kunde bei der Erstellung von maßgeschneiderten, komplexen Dienstleistungslösungen oder die frühzeitige Einbeziehung ausgewählter, besonders innovationsbereiter Kundenunternehmen in die Produktentwicklung (sog.
Lead User-Konzept nach v. Hippel 1988). Eine interessante Variante der Kundenintegration
findet auch bei einzelnen Logistikdienstleistern (z. B. UPS) oder bei Einzelhändlern statt, die
ihren Kunden über das Internet Einblick in den Bearbeitungsstand ihres Transport- oder Be-
stellauftrages und damit in ihre Geschäftsprozesse geben.

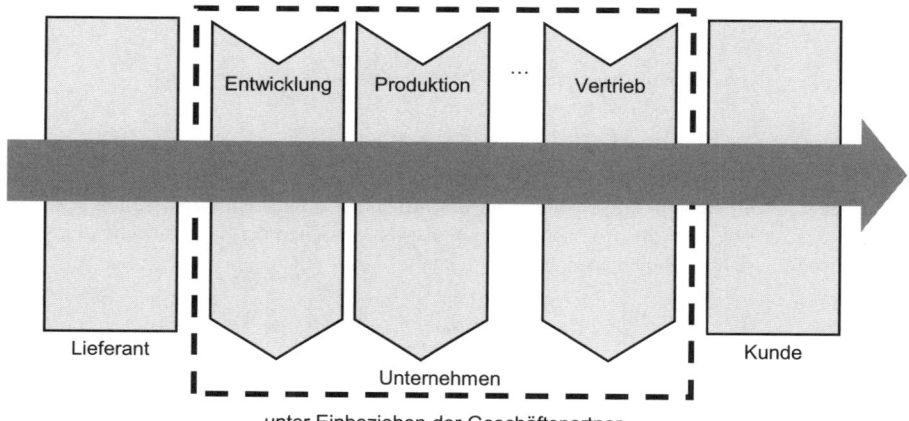

Abb. 80: Unternehmensübergreifende Prozessgestaltung (vgl. Morelli 1995)

4. Gestaltung des Prozess-Designs

a. Zielkonflikte im magischen Dreieck

Das magische Dreieck in Abb. 81 ist die Bezeichnung für den Versuch vieler Unternehmen,
die drei **Zielgrößen** Zeit, Kosten und Qualität miteinander zu vereinbaren. Das Problem liegt
dabei darin, dass Verbesserungen bei einer Zielgröße in der Regel zu Lasten der Erreichung
der beiden anderen Ziele gehen. So bedeutet etwa eine Halbierung der Entwicklungszeit für
ein neues Automobil oftmals eine signifikante Erhöhung der Entwicklungskosten und eine
Erhöhung der Zahl der Konstruktionsfehler und der Probleme beim Serienanlauf (Qualität).

Heute ist dieses magische Dreieck teilweise anders zu formulieren als in der Vergangenheit.
Einen Vorschlag für eine Neuformulierung des magischen Dreiecks macht die folgende Abb.
82. In der Vergangenheit haben sich Unternehmen der Erreichung des ein-dimensionalen
Zieles Kundenzufriedenheit gewidmet. Wurde das Ziel erreicht, stellte man meistens fest,
dass man die Ressourcennutzung/Kosten vernachlässigt hatte und trotz hoher Bewertung bei
Kundenzufriedenheit in Kosten- und Cash Flow-Probleme geraten ist. Daraufhin widmete
man sich der Ressourcennutzung und den Kosten. Wiederum erzielte man hierbei Erfolge,
jedoch wurden auch die Leistungsqualität schlechter und die Kunden unzufriedener. Also
widmete man sich wieder der Kundenzufriedenheit usw. Hatte man diese beiden Ziele in der

Balance, stellte man bald darauf fest, dass man die dritte Größe, nämlich die Mitarbeiter und ihre Motivation/Zufriedenheit, vergessen hatte, z. B. weil die neuen Arbeitsstrukturen zwar kosteneffizient und kundenorientiert waren, aber sich nicht an den Bedürfnissen der Mitarbeiter orientierten und diese überlasteten.

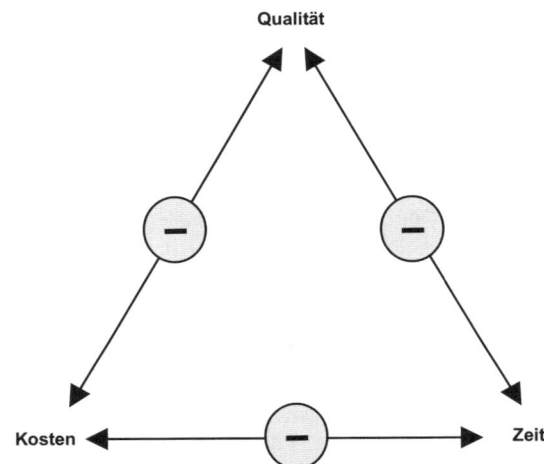

Abb. 81: Das magische Dreieck von Zeit, Qualität und Kosten

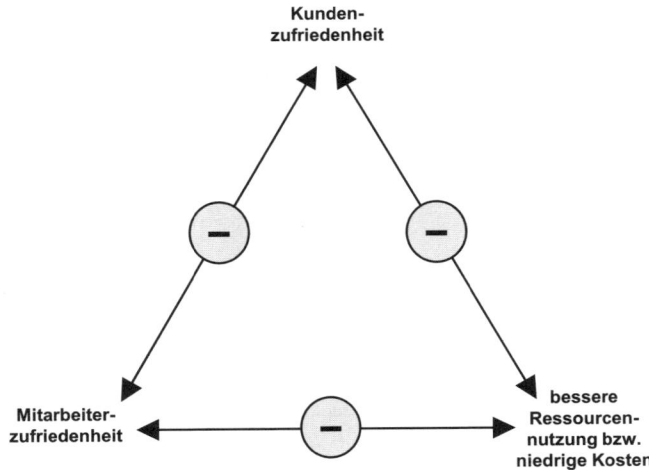

Abb. 82: Das magische Dreieck – Neuinterpretation
(nach einer Idee von Wolfgang Broß, Hewlett Packard)

Eine grundsätzlich andere Herangehensweise an dieses Optimierungsproblem war notwendig, denn das drei-dimensionale Problem (Gleichgewicht zwischen Kundenzufriedenheit, Ressourcennutzung und Mitarbeiterzufriedenheit) war mit den bisherigen Organisationskonzepten und einer Veränderung der Aufbauorganisation nicht zu lösen. Vielmehr waren zur Lösung dieses Problems fundamentale Änderungen in der Unternehmensstruktur **und** den Prozessen (Aufbau- **und** Ablauforganisation) **und** die Unterstützung der neuen Prozesse durch den Einsatz der EDV erforderlich. Deshalb versucht man heute, diese drei Ziele simultan anzustreben und besser miteinander zu vereinbaren durch Prozessorganisation und EDV-Einsatz.

b.   Beispiel für Geschäftsprozesse und ihre Optimierung

Die Gestaltung und Optimierung von Geschäftsprozessen finden heute in der Regel unter Einsatz der elektronischen Datenverarbeitung statt. Das nachfolgende Beispiel verdeutlicht die Potenziale der EDV zur Effizienzsteigerung und Umgestaltung von Geschäftsprozessen (vgl. Hammer 1990, S. 105-108). Ford beschäftigte Anfang der 80er Jahre in der Rechnungsabteilung (Accounts Payable) 500 Mitarbeiter in Nordamerika. Der Prozess lief wie folgt ab (vgl. Abb. 83): Die Einkaufsabteilung (Purchasing) bestellt beim Zulieferer (Vendor) Vorprodukte. Die Einkaufsabteilung leitet eine Kopie des Auftrags an die Rechnungsabteilung weiter. Nach Anlieferung der Ware sendet die Wareneingangsstelle (Receiving) eine Eingangsbestätigung an die Rechnungsabteilung. Kurze Zeit später sendet der Lieferant seine Rechnung (Invoice) an die Rechnungsabteilung. Aufgabe der Rechnungsabteilung ist es, die drei Dokumente zu prüfen und bei ihrer Übereinstimmung die Rechnung zu bezahlen. Dieser Geschäftsprozess erwies sich als personalintensiv, langdauernd (lange Bearbeitungszeiten führen oftmals zu verspäteter Zahlung an den Lieferanten) und fehleranfällig (komplexer Vergleich von drei Dokumenten). Die Ineffizienz des Prozesses wurde besonders offensichtlich, als Ford einen Kennzahlenvergleich (Benchmarking) dieses Prozesses mit dem entsprechenden Geschäftsprozess beim Automobilhersteller Mazda durchführte.

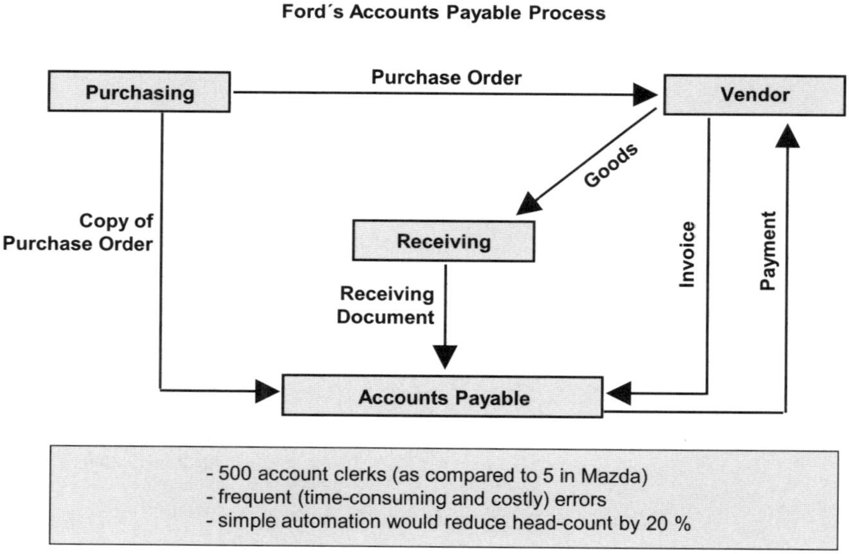

Ford´s Accounts Payable Process

Abb. 83: Geschäftsprozess vor der Optimierung (vgl. Hammer 1990, S. 106)

Durch eine völlige Neugestaltung dieses Geschäftsprozesses unter Einsatz der Informationstechnologie erzielte Ford drastische Effizienzsteigerungen. Im Rahmen des neu definierten
Geschäftsprozesses (vgl. die nächste Abb. 84) bestellt der Einkauf nach wie vor beim Zulieferer, macht aber in einer zentralen Datenbank einen Eintrag über den Auftrag (Art, Menge und
Preis der bestellten Vorprodukte, Liefertermin). Der Lieferant liefert die Güter und muss
überhaupt keine Rechnung mehr an Ford schreiben (,Invoiceless Processing'). Die Wareneingangsstelle nimmt bei Anlieferung der Vorprodukte einen entsprechenden Eintrag in der
Datenbank (,entgegengenommen') vor, wenn die angelieferte Ware mit der bestellten Ware
übereinstimmt. Das EDV-System vergleicht automatisch die ursprüngliche Einkaufsorder und
die Eingangsbestätigung der Wareneingangsstelle und erstellt den Scheck. Die Rechnungsabteilung schickt den Scheck an den Lieferanten, die Kreditorenbuchhaltung kann sich auf die
Prüfung von Problemfällen konzentrieren. Durch die Reorganisation konnten 75 % der Beschäftigten in der Rechnungsabteilung eingespart werden. Die Einsparung von Personal wurde durch die Neudefinition des Gesamtprozesses in Verbindung mit der EDV-Unterstützung
realisiert.

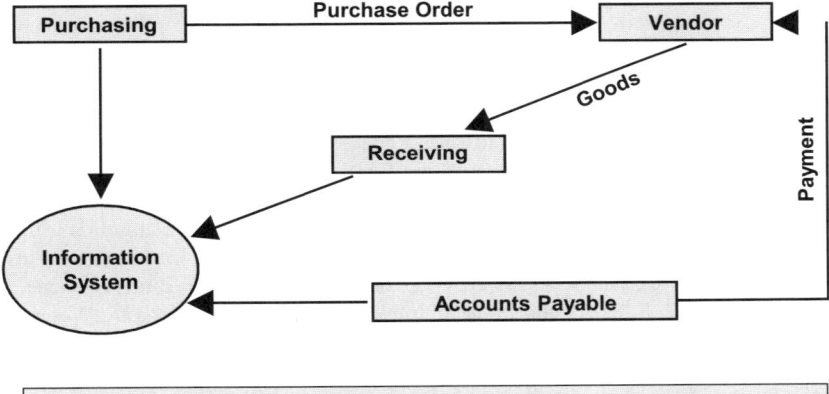

Abb. 84: Geschäftsprozess nach der Optimierung (vgl. Hammer 1990, S.107)

Dieses Beispiel zeigt nach *Hammer* (1990, S. 108) folgendes: Die dem Gesamtprozess unter-
liegenden Regeln wurden geändert. Während die Regel früher bei Ford hieß „wir zahlen mit
Erhalt der Rechnung" heißt es jetzt bei Ford „wir zahlen mit Erhalt der Güter". Eine alleinige
Optimierung der Rechnungsabteilung hätte nicht Effizienzgewinne in diesem Umfang erbracht. Vielmehr wurde der Gesamtprozess, den man mit ,Prozess der Güterakquisition' bezeichnen könnte und dem die Abteilungen Einkauf, Wareneingangsstelle und Rechnungsabteilung angehören, optimiert.

Als Fazit aus den bisherigen Ausführungen lässt sich festhalten, dass die Wettbewerbskräfte die Unternehmen zur

– ausgeprägten Kundenorientierung auf allen Hierarchieebenen;
– Vorgabe der Zusammenarbeit mit externen Kunden und Lieferanten als Wertmaßstab und Vorbild für die Zusammenarbeit von Abteilungen/Funktionen innerhalb des Unternehmens (Prinzip des internen Kunden und internen Lieferanten);
– Überwindung von Abteilungs- und Funktionsegoismen (zur Erzielung von Zeit- und Effizienzgewinn);
– Anordnung aller Vorgänge und Aktivitäten zu Prozessen, nicht zu Abteilungsfunktionen;
– Optimierung von Aktivitäten mit Wertschöpfung (aus Kundensicht);
– häufigen Eliminierung oder zum Outsourcing von Aktivitäten ohne Wertschöpfung (aus Kundensicht);
– laufenden Optimierung der kundenbezogenen Prozesse

zwingen.

5. Ausgewählte Aktionsparameter zur Prozessverbesserung

a. Aufbau von Messsystemen und Erkennen typischer Prozessschwachstellen

Die Geschäftsprozesse im Unternehmen werden mit Hilfe von Prozessführungsgrößen (Kennzahlen) gemessen, die aus den strategischen Erfolgsfaktoren abgeleitet werden. Die Messung von Kennzahlen ermöglicht den Aufbau eines Regelkreises (vgl. die nachfolgende Abb. 85), der zu einer fortlaufenden Prozessverbesserung führt. Ohne ein Kennzahlensystem, das wesentliche Performancegrößen (Kosten, Durchlaufzeiten, Fehlerraten etc.) ermittelt, kann das Unternehmen nicht beurteilen, ob ein Geschäftsprozess durch eine Reorganisation effizienter (oder ineffizienter) geworden ist. Der **Aufbau eines Messsystems** zur Erhebung und Auswertung von prozessbezogenen Kennzahlen (vgl. zum Folgenden Broß/Burr/Freidinger 1995 sowie Wilhelm 2007, S. 81-83 und Pohland 2009, S. 10 f., 212 f.) umfasst im Wesentlichen vier Schritte. In einem ersten Schritt ist der zu messende Prozess bzw. Prozessabschnitt festzulegen. Als zweiter Schritt sind die zu erhebenden Kennzahlen (z. B. Ausschussraten, Durchlaufzeiten, Termintreue etc.) exakt zu definieren sowie das Vorgehen bei ihrer Erhebung und Auswertung organisatorisch (Prozesse der Erhebung und Auswertung, Aufgabenträger) festzulegen. Als dritter Schritt ist die Form der Präsentation der Auswertungsergebnisse (z. B. in Tabellenform oder grafische Darstellung durch Balken- oder Verlaufsdiagramme) einheitlich festzulegen. Als letzter Schritt beim Aufbau eines Messsystems ist die Organisation der internen Informationsverbreitung (d. h. wo werden welche Kennzahlen in welchem Zeitintervall und für wen im Unternehmen zugänglich gemacht, z. B. Aushang, Werkszeitung etc.) und die Archivierung früher erhobener Daten festzulegen.

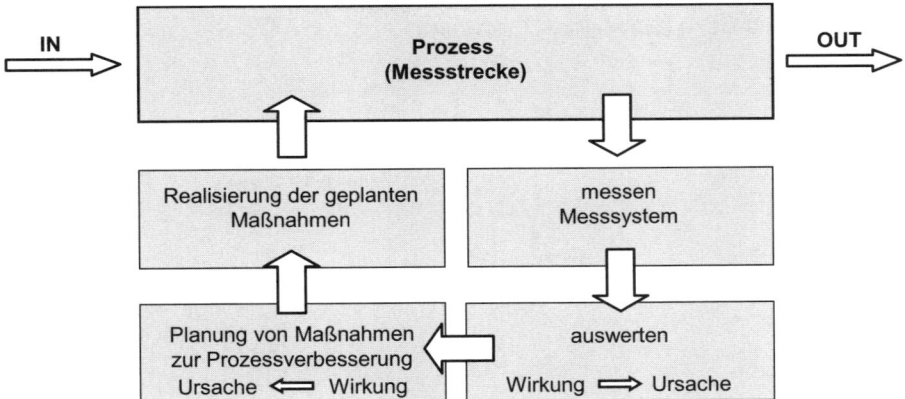

Abb. 85: Kennzahlenbasierte Regelkreise zur kontinuierlichen
Prozessverbesserung (vgl. Freidinger 1996)

Einen Überblick über mögliche **Prozesskennzahlen**, mit denen die Performance und Effizienz eines Prozesses beurteilt werden kann, gibt die nachfolgende Abb. 86.

Zeiten	**Kosten**
☐ Liegezeit	☐ Gesamtkosten

☐ minimale Liegezeit
   ☐ mittlere Liegezeit
   ☐ maximale Liegezeit
	☐ minimale Gesamtkosten
	   ☐ mittlere Gesamtkosten
	   ☐ maximale Gesamtkosten

☐ Einarbeitungszeit	☐ Materialkosten …
☐ Bearbeitungszeit	☐ Personalkosten …
☐ Maßeinheit der Zeit	☐ Hilfs- und Betriebskosten …
	☐ Energiekosten …
	☐ versch. Gemeinkosten …
Mengenvolumen	☐ Kosten für Abschreibung/
☐ Häufigkeit pro Zeitraum	Reparatur/Instandhaltung …
☐ Zeitraum	☐ kalkulatorische Zinsen …

Abb. 86: Beispiele zur Entwicklung von Prozesskennzahlen (nach Morelli 1995)

Im Sinne einer detaillierten Steuerung von Geschäftsprozessen wird es dabei oftmals erforderlich, komplexe Kennzahlen auf ihre Einflussfaktoren zurück zu führen, um die wahren Ursachen für Effizienzstärken bzw. Effizienzschwächen in bestimmten Prozessen ermitteln und fortlaufend beobachten zu können. Wenn möglich sollten auch die Einflussgrößen operationalisiert und fortlaufend erhoben werden. Die nachfolgende Abb. 87 zeigt hierzu ein Beispiel, wie die komplexe Kennzahl Liefertreue auf ihre wesentlichen Einflussfaktoren zurückgeführt und durch Kontrolle der Einflussgrößen die Liefertreue eines internen Logistikprozesses optimiert werden kann.

Liefertreue = f (Durchlaufzeit, Starttermin)

Durchlaufzeit = f (Lieferzeit, Transportzeit, Bearbeitungs-
zeit, Anteil Nacharbeit ...)

Liegezeit = f (Anzahl der Schnittstellen, Art
der Fehler, Kapazität, MA-
Motivation)

...

*Abb. 87: Dekomposition von Kennzahlen zur Messung von Prozessen und Identifikation
möglicher Ursachen für Effizienzschwächen in Prozessen am Beispiel von Logistikkennzahlen
(vgl. Freidinger 1996)*

Durch die Ermittlung von wesentlichen Einflussgrößen auf die Effizienz von Prozessen können auch typische Schwachstellen von Geschäftsprozessen identifiziert und fortlaufend beobachtet werden. Typische **Schwachstellen von Geschäftsprozessen** (vgl. hierzu die nachfolgende Abb. 88) sind zu lange Durchlaufzeiten (wenn z. B. ein Gut während des Bear-
beitungsprozesses lange Liegezeiten und viele innerbetriebliche Transportvorgänge aufgrund
unzureichend geplanter Maschinenbelegung erfährt). Auch zu hohe Kosten (durch übermäßigen Faktoreinsatz und Verschwendung in den Geschäftsprozessen, z. B. durch Doppelarbeiten
und häufige Nachbesserungen), Überauslastung von Kapazitäten (durch Planungsfehler oder
unrealistische Terminzusagen des Vertriebs) und Qualitätsmängel der hergestellten Güter und
Dienstleistungen (z. B. durch zu enge Zeitvorgaben in der Fertigung oder zu knappe Personal-
ausstattung in einzelnen Bereichen) weisen auf Schwächen in Geschäftsprozessen hin. Eine
große Zahl organisatorischer Wechsel (d. h. viele an einem Prozess beteiligte Unternehmensbereiche und Abteilungen), häufige Systemwechsel (z. B. nicht völlig kompatible Email-Pro-
gramme oder Datenbankprogramme der verschiedenen Unternehmensbereiche) und häufige
Medienwechsel (z. B. im Prozess der Weiterleitung einer Nachricht kommt es zum Wechsel
zwischen mündlicher Kommunikation, Email-Verkehr und handschriftlichen Notizen als Ergänzung von auf Papier ausgedruckten Email-Nachrichten) können ebenfalls Ursachen für
Fehler, Missverständnisse und Effizienzschwächen von Geschäftsprozessen sein.

Als Fazit aus den bisherigen Ausführungen lässt sich festhalten:

– Prozesse müssen möglichst messbar gemacht werden (Prozesse, die messbar sind, können
   leichter optimiert werden).
– Die Messgrößen werden als Ansätze für Korrekturmaßnahmen genommen.
– Die Messgrößen bzw. Kennzahlen müssen Kundenbezug haben.

Prozessbewertung – Quantifizierung von Schwachstellen

– Durchlaufzeiten (Liege-, Bearbeitungs- und Transferzeiten)

– Kosten (Prozesskosten)

– Kapazitätsauslastung

– Qualität (Fehler bei der Leistungserstellung und beim Kunden)

– Anzahl organisatorischer Wechsel

– Anzahl systemtechnischer Wechsel

– Anzahl Medienwechsel

Abb. 88: Typische Schwachstellen von Geschäftsprozessen
(vgl. Morelli 1995)

b.   Wesentliche Ansatzpunkte zur Prozessumgestaltung

Die wesentlichen **Ansatzpunkte zur Umgestaltung von Geschäftsprozessen** zeigt die nachfolgende Abb. 89. Prozesse können umgestaltet werden, indem nicht notwendige Prozessschritte gänzlich eliminiert, d. h. künftig nicht mehr wahrgenommen werden. Auch durch die Auslagerung einzelner Prozessschritte (oder des ganzen Prozesses) auf spezialisierte Dienstleistungsanbieter (z. B. ein Logistikdienstleister übernimmt die interne Produktionslogistik) oder durch das Zusammenfassen von vormals auf mehrere Personen verteilten Arbeitsschritten und ihre Bündelung bei einer einzigen Person können Effizienzsteigerungen erzielt werden. Ein typischer Ansatzpunkt zur Beschleunigung von Geschäftsprozessen ist ihre Parallelisierung (z. B. gleichzeitige Forschungs- und Entwicklungsarbeit mehrerer Teams an den Komponenten eines geplanten Automobils im Wege des Simultaneous Engineering anstelle sukzessiver Abarbeitung von Forschungsaufgaben). Verlagern bedeutet die sachlich-logische

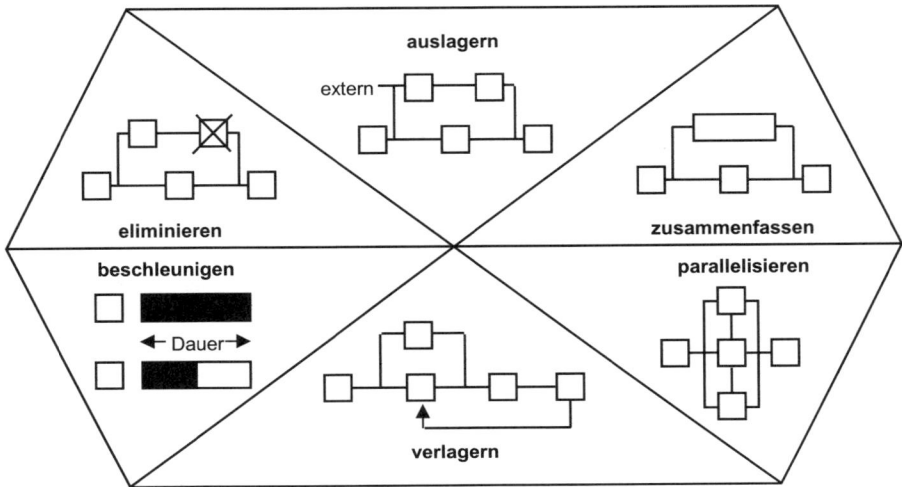

Abb. 89: Wesentliche Ansatzpunkte zur Prozessgestaltung (vgl. Eversheim 1995, S. 143)

Neustrukturierung eines Geschäftsprozesses, so dass er insgesamt sinnvoller abläuft (Beispiel: Erst wird die Bonität eines Neukunden geprüft und über die Annahme des Auftrags entschieden, bevor die Anfrage an das Lager gestellt wird, ob das bestellte Gut auf Lager ist). Die Beschleunigung von Geschäftsprozessen kann nicht nur durch ihre Parallelisierung, sondern auch durch die Eliminierung von Wartezeiten, Liegezeiten und Nachbearbeitungsschritten erreicht werden (vgl. hierzu auch Abb. 90).

Ein Beispiel verdeutlicht die verschiedenen Ansatzpunkte im Zusammenhang: Ein Unternehmen steht vor dem Problem, die Prozesse der Lagerhaltung (Einlagerung und Auslagerung von Gütern aus Zwischenlagern) umzugestalten. Typische Ansatzpunkte hierfür können sein (vgl. Wilhelm 2007, S. 65 f.):

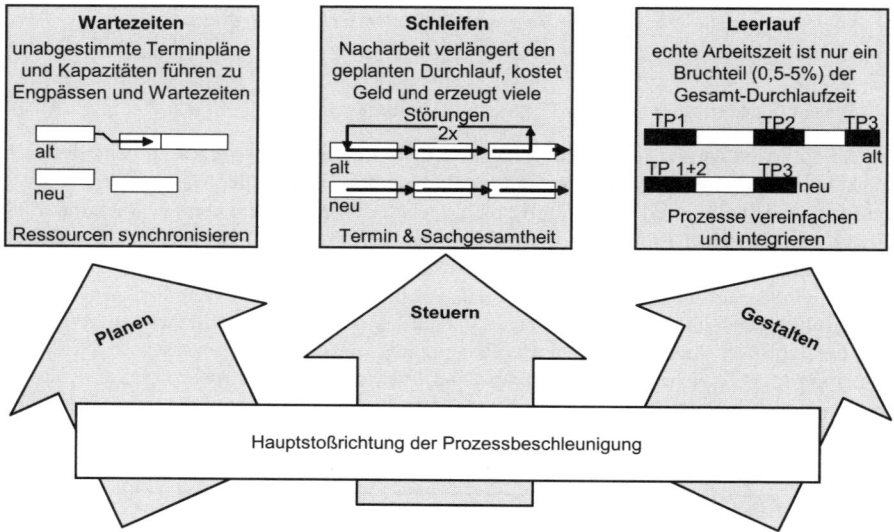

Abb. 90: Ansatzpunkte der Prozessbeschleunigung (vgl. Freidinger 1996)

(1) **Eliminierung** der Prozessschritte: Durch Übergang zur Just in Time-Anlieferung von Vorprodukten können die Zwischenlager und damit die Lagerhaltungsprozesse vollständig eliminiert werden.

(2) **Auslagerung** der Prozessschritte: Die Bewirtschaftung der Lager und die entsprechenden Lagerhaltungsprozesse kann das Unternehmen einem spezialisierten Lagerdienstleister (einige Logistikdienstleister oder Facility Management-Dienstleister offerieren diese Dienstleistung) übertragen.

(3) **Zusammenfassen** von Prozessschritten: Das Unternehmen muss prüfen, ob es durch Zusammenfassung mehrerer Prozessschritte, die bisher auf mehrere Mitarbeiter verteilt waren, Effizienzvorteile erzielen kann. Denkbar ist beispielsweise, dass der Mitarbeiter, der bisher die Mengen- und Qualitätskontrolle der angelieferten Vorprodukte durchgeführt hat, zukünftig auch gleich die Verbuchung im Warenwirtschaftssystem vornimmt.

(4) **Parallelisierung** von Prozessschritten: Prozesse der Ein- und Auslagerung aus Lagern können beschleunigt werden, indem das Unternehmen z. B. statt einer einzigen Anfahr-

trampe für LKWs und einer einzigen Stelle für die Warenannahme mehrere Anfahrtrampen und mehrere Stellen für die Warenannahme einrichtet.

(5) **Verlagern** von Prozessschritten: Das Unternehmen muss untersuchen, ob durch sachlich-logische Umgruppierung der Lagerhaltungsprozesse ineffiziente Arbeitsschritte vermieden werden können. Denkbar wäre hier beispielsweise, dass erst die Qualitätskontrolle der angelieferten Vorprodukte durchgeführt wird und danach die Erfassung der qualitativ einwandfreien Vorprodukte im Warenwirtschaftssystem vorgenommen wird.

Wäre der Prozess umgekehrt gestaltet (Erfassung aller angelieferten Waren im Warenwirtschaftssystem, dann Qualitätskontrolle) würde dies die Verbuchung von Vorprodukten erfassen, die dann bei nicht bestandener Qualitätskontrolle wieder an den Lieferanten zurückgesandt und ausgebucht werden müssen.

(6) **Beschleunigung** von Prozessschritten (vgl. Gaitanides 2007, S. 216): Das Unternehmen kann versuchen, durch bessere Planung der Ein- und Auslagerungsprozesse Wartezeiten und Liegezeiten der Vorprodukte sowie unproduktiven Leerlauf im Lager zu verringern. Ebenfalls der Beschleunigung von Lagerhaltungsprozessen kann eine verbesserte technische Unterstützung der Lagerhaltungsprozesse (schnellere, zuverlässigere Gabelstapler, automatisierte Hochregale) dienen.

Unternehmen werden in der Regel mehrere dieser Ansatzpunkte zur Umgestaltung von Geschäftsprozessen gleichzeitig realisieren, wobei der Ausgangspunkt der Analyse die Frage ist, ob der Prozess nicht vollständig eliminiert werden kann. Wird diese Frage bejaht, so erübrigen sich die Bemühungen, Prozesse auszulagern, zu beschleunigen, zu parallelisieren etc.

c. Prozessverantwortliche

Die Ernennung eines Prozessverantwortlichen (**Process Owner**, vgl. Pohland 2009, S. 10, 212) ist ein wichtiger Ansatzpunkt des neuen Prozessmanagements zur Erzielung von Effizienzsteigerungen in Geschäftsprozessen. Ein Prozessverantwortlicher ist eine Führungskraft, die zusätzlich zu ihrer Führungsverantwortung in einem Funktionalbereich (z. B. Marketing, Fertigung) die Verantwortung für einen definierten Prozess (z. B. Neuproduktentwicklung), der mehrere Funktionsbereiche tangiert, übertragen bekommt. Der Prozessverantwortliche erhält in einem zu definierenden Umfang für den Prozess betreffende Fragen und Angelegenheiten Entscheidungs- und Weisungsrechte gegenüber den Leitern der anderen Funktionalbereiche und den in den Funktionalbereichen arbeitenden Mitarbeitern. Er muss die verschiedenen Funktionsbereiche zu einem durchgehenden Prozess integrieren. Der Process Owner erhält damit die Verantwortung für den Gesamtprozess, d. h. für die Zielerreichung des Gesamtprozesses und die Suche nach Möglichkeiten zur Weiterentwicklung des Geschäftsprozesses und zur Erzielung weiterer Effizienzsteigerungen. Durch Ernennung des Prozessverantwortlichen wird eine Situation der organisierten Unverantwortlichkeit (keiner der Leiter der Funktionalbereiche fühlt sich für den Gesamtprozess verantwortlich) überwunden. Es ist empfehlenswert, den Prozessverantwortlichen in der Unternehmenshierarchie relativ hoch zu verankern. Die Leiter der Funktionalbereiche sind damit dem Process Owner und der Gesamtunternehmensleitung doppelt unterstellt.

Bei komplexen, sehr umfangreichen, unternehmensweiten Prozessen mit vielen Beteiligten wird ein einzelner Prozessverantwortlicher überlastet sein. In diesem Fall ist es denkbar, Teilprozessverantwortliche für verschiedene Prozessabschnitte zu ernennen, die dem Hauptprozessverantwortlichen berichten. Damit wird eine Hierarchie von Prozessverantwortlichen parallel zur weiterhin bestehenden Primärorganisation des Unternehmens etabliert.

6. Grundsätzliche Methoden des Prozessdesigns und der Prozessimplementierung

Die Umsetzung gefundener Prozesslösungen erfordert organisatorischen Wandel im Unternehmen. Die Erreichung organisatorischen Wandels (vgl. hierzu Kapitel D III) ist der schwierigste Teil bei prozessorientierten Umgestaltungen in Unternehmen. Neue Organisationsstrukturen müssen geschaffen und neue Verhaltensweisen der Mitarbeiter eingeübt werden. Nicht nur, dass dieser Wandel sehr aufwändig und langwierig sein kann, es ist bisweilen auch mit Widerstand der Betroffenen und Akzeptanzproblemen zu rechnen. Es stellt sich hier die Frage, welche Strategien Unternehmen bei der Umsetzung von prozessorientierten Reorganisationen wählen und mit welchen Problemen sie sich dabei konfrontiert sehen. Entscheidenden Einfluss auf die Dauer sowie die ggf. auftretenden Widerstände und Akzeptanzprobleme nimmt die gewählte Implementierungsstrategie. Zwei grundlegende Alternativen stehen zur Auswahl: Process Improvement und Business Process Reengineering (vgl. die nachfolgende Abb. 91).

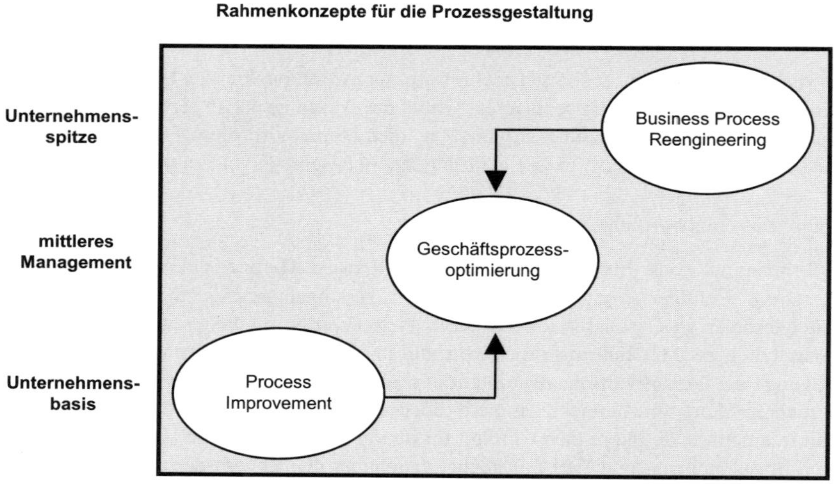

Rahmenkonzepte für die Prozessgestaltung

Abb. 91 Strategien der Prozessgestaltung und Prozessimplementierung (vgl. Morelli 1995)

a. Process Improvement

Bei dieser Vorgehensweise werden Prozesse auf „sanfte" Art gestaltet. Diese Vorgehensweise beim Prozessmanagement orientiert sich eher an dem japanischen KAIZEN-Gedanken (vgl. dazu Imai 1994, S. 21 ff.). Verbesserungen werden dabei in kleinen Schritten, häufig bzw. laufend und eher kontinuierlich eingeführt. Ein zentraler Ausgangspunkt jedes Process Improvements ist die Durchführung von systematischen Prozessanalysen. Dies gilt vor allem in den administrativen Bereichen und Gemeinkostenbereichen. Ziel ist dabei, Schwachstellen zu lokalisieren, um Verbesserungsmaßnahmen einleiten zu können.

Charakteristisch für **Process Improvement** ist, dass die betroffenen Mitarbeiter an der Planung und Umsetzung der Veränderungsprozesse beteiligt werden. Es handelt sich um einen partizipativen Ansatz, der organisatorische Wandel kommt von unten und wird von unten gestaltet im Sinne einer Bottom Up-Strategie. Der Vorteil dieser Vorgehensweise ist in der raschen Umsetzung der erarbeiteten Pläne zu sehen, da eine hohe Akzeptanz der Mitarbeiter für die gemeinsam erarbeitete Lösung wahrscheinlich ist. Nachteile sind zu sehen in der sehr langwierigen und aufwändigen Konzeptions- und Planungsphase, der Gefahr des Zerredens von Vorschlägen und in der Tatsache, dass Mitarbeiter oftmals nur Vorschläge machen, von denen sie sich positive Auswirkungen auf den eigenen Unternehmensbereich und den eigenen Arbeitsplatz erhoffen. Zu beachten ist dabei, dass die Vorschläge der Mitarbeiter in die geplante Änderungsstrategie der Unternehmung passen müssen. Organisatorischer Wandel gegen den Willen des Topmanagements ist im Regelfall nicht möglich.

b. Business Process Reengineering

Bei dieser Vorgehensweise werden Prozesse auf radikale Art gestaltet. Hierunter versteht man die Umsetzung von prozessorientierten Reorganisationen in großen Schritten mit großen Änderungen und drastischen Performancesteigerungen als Ziel. Aufbauend auf der Prozessanalyse werden beim **Business Process Reengineering** (vgl. Hammer/Champy 1994, Gaitanides 2007, S. 47-62, Macharzina/Wolf 2008, S. 510-516) die Prozesse optimiert bzw. ganz neu aufgesetzt. Es wird gerne mit dem Greenfield-Approach verbunden: Wenn das Unternehmen völlig neu auf der grünen Wiese gegründet würde, wie würden dann die Prozesse gestaltet werden? Die bestehenden Prozesse werden somit als unbrauchbar betrachtet ('All is bad'). Die neuen, notwendigen Prozesse werden radikal und dramatisch angegangen und zur Einführung getrieben (zu weiteren Prinzipien des Business Process Reengineering als Konzept des organisatorischen Wandels vgl. Kapitel D III 4). Das **Denken in Prozessketten** erfordert eine ganzheitliche Betrachtung der Unternehmenstätigkeit. Voraussetzung für die Umsetzung der Prozessidee ist die Modellierung der Kernprozesse aus der Gesamtsicht des Unternehmens. Das Verfahren mündet in die Rekonfiguration und Neuausrichtung der Organisation um die ‚Kernprozesse' herum. Es wird davon ausgegangen, dass es nur eine vergleichsweise geringe Zahl solcher Kernprozesse in jedem Unternehmen gibt.

Eine Ergänzung der Idee der radikalen Neugestaltung der Prozesse ist der **Triage-Gedanke**. Insbesondere in mittleren und großen Unternehmen erfordert die Zusammenlegung der Prozesse zu wenigen strategisch relevanten Kernprozessen eine weitere Gliederung innerhalb dieser Kernprozesse: „Das bedeutet, dass auch Business Reengineering trotz funktionsübergreifender Aufgabenbearbeitung nicht ohne Arbeitsteilung auskommt." (Osterloh/Frost 1996, S. 50). ‚Triage' bezeichnet dabei die Segmentierung der Prozesse in Prozessvarianten oder Prozessabschnitte. Drei grundsätzliche Varianten der Triage sind denkbar (vgl. dazu Osterloh/Frost 1996, S. 50 ff.):

(1) **Funktionale Segmentierung**: Diese Form der Segmentierung der Prozesse entspricht in ihren Grundzügen dem klassischen Produkt- oder Funktionsmanagement. Zwar existiert eine einheitliche Verantwortung für den gesamten Auftragserstellungsprozess, aber die Schnittstellen innerhalb der Prozesse bleiben erhalten, d. h. innerhalb der Prozesse erfolgt eine herkömmliche Arbeitsteilung. Es besteht die Gefahr, dass der Prozess nicht durchgesetzt werden kann (‚Funktionale Bereichsfürsten').

(2) **Segmentierung nach Problemhaltigkeit**: Je nach Problemstellung bzw. Standardisierungsgrad kann eine Dreiteilung der Prozesse in komplexe Fälle, in Fälle mit mittelmäßigem Schwierigkeitsgrad und in reine Routinefälle erfolgen. Eine Segmentierung nach Komplexität ist aber nur dann möglich, wenn frühzeitig ersichtlich ist, welcher Komplexitätsgrad gegeben ist. *Osterloh* und *Frost* (1999) illustrieren dies anhand typischer Geschäftsprozesse in der Versicherungsbranche. Während im Fall der Policenerstellung die anfallenden Prozesse relativ einfach nach Komplexität zu segmentieren sind, ist dies im

Fall der Schadensabwicklung in der Regel nicht möglich (vgl. Osterloh/Frost 1999, S. 52). Problematisch ist zudem, wer nach welchen Kriterien entscheidet, was wie abgearbeitet werden soll (‚Gatekeeper'-Problematik).

(3) **Segmentierung nach Kundengruppen**: Eine Segmentierung nach einzelnen Kunden bzw. Kundengruppen entspricht in den Grundzügen dem ‚Key Account'-Management.

Die Einführung und Implementierung des Verfahrens setzt Top Down an. Vom Topmanagement, unterstützt durch interne Planungsstäbe und externe Berater, am grünen Tisch des Planers entworfene Lösungen werden schlagartig und für die Betroffenen sehr überraschend im Unternehmen angekündigt. Durch die Top Down-Strategie ist der Vorteil des Business Process Reengineering-Vorgehens in der raschen und effizienten Konzeptions- und Planungsphase zu sehen. Auf diese Weise lassen sich zudem am ehesten Quantensprünge und revolutionäre Neuerungen realisieren. Der Nachteil ist in der bisweilen sehr langwierigen Umsetzungsphase zu sehen, da Akzeptanzprobleme, ggf. sogar Widerstand der Betroffenen zu erwarten sind (zu einer ausführlichen Darstellung vgl. Kapitel D III 3 a).

Zunehmend wird in der Praxis eine kombinierte Vorgehensweise gewählt, die Elemente des Process Improvements mit Elementen des Business Process Reengineering kombiniert. In der Praxis laufen viele Reengineering-Vorhaben nach folgendem Muster ab: Die Rahmenbedingungen und Ziele der Reorganisation werden von der Unternehmensleitung vorgegeben. Konkrete inhaltliche Ausgestaltungen werden von unten gemeinsam mit den betroffenen Mitarbeitern erarbeitet und umgesetzt. Der Vorteil dieses Vorgehens ist darin zu sehen, dass durch Einbeziehung der von Reengineering betroffenen Mitarbeiter ihre Detailkenntnis und ihr Wissen um die Probleme vor Ort genutzt wird.

7. Ein Gesamtkonzept zur integrierten Prozessgestaltung

In der Prozessgestaltung geht es maßgeblich darum, kundenorientierte und effiziente (d. h. optimierte Wertschöpfung) Prozesse zu entwickeln. Eine umfassend verstandene Prozessgestaltung umfasst im Wesentlichen folgende vier Stufen (vgl. Abb. 92).

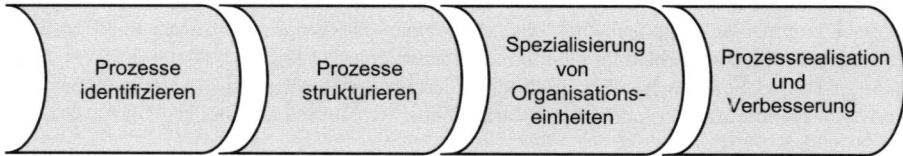

Abb. 92: Stufen der Prozessgestaltung
(in Anlehnung an Picot/Dietl/Franck 2002, S. 313)

a. Prozesse identifizieren

Prozesse entstehen durch Funktionsintegration, weshalb sich als erstes die Frage stellt, wo es überhaupt sinnvoll erscheint, auf eine funktionale Aufgabenteilung zu verzichten. Ein Hauptproblem im Prozessmanagement besteht daher darin, jene Prozesse zu identifizieren, die wesentlich zum Unternehmenserfolg beitragen („kritische" Wertschöpfungsprozesse) (vgl. Picot/Dietl/Franck 2002, S. 312). *Porter* (2000) nennt die folgenden Kriterien zum **Identifizieren „kritischer" Wertschöpfungsprozesse**:

– hoher Einfluss des Prozesses auf die Kundenzufriedenheit,
– starker Einfluss des Prozesses auf das Erreichen/Erhalten eines Wettbewerbsvorteils,
– hohe Ressourcenintensität.

b. Prozesse strukturieren

Nach der Identifikation „kritischer" Wertschöpfungsprozesse sind die Prozesse inhaltlich zu strukturieren, d. h. der betrachtete Prozess ist in Teilprozesse zu zerlegen und anschließend in eine optimale Bearbeitungsreihenfolge zu bringen (vgl. Picot/Dietl/Franck 2003, S. 312 f.):

– Zerlegung des Gesamtprozesses in Teilprozesse: Das erfolgt meist in mehreren hierarchischen Stufen, bis man auf der untersten Stufe bei den Elementarprozessen anlangt. Obwohl die Auflösungstiefe von der Art und dem Umfang der Arbeitsaufgabe abhängt, kann man sagen, dass Prozesse, die häufig durchgeführt werden, möglichst tief gegliedert werden sollten, um Abläufe zu optimieren (vgl. Haller 2001, S. 182).
– Festlegung der optimalen Reihenfolge der Teilprozesse: Mit der Festlegung der Reihenfolge der Teilprozesse geht zugleich die Definition von Schnittstellen einher. **Schnittstellen** sind Phasen im Prozessablauf, in denen der Output eines Teilprozesses als Input an einen nächsten übertragen wird. Weil Schnittstellen grundsätzlich eine Fehlerquelle darstellen, sollte man darum bemüht sein, Schnittstellen zu eliminieren oder zumindest zu minimieren (vgl. Haller 2001, S. 182.). Zur reibungslosen Übergabe von Teilleistungen an den Schnittstellen ist es sinnvoll, schriftliche Leistungsspezifikationen niederzulegen, die den Übergabeprozess (beteiligte Personen, Inhalte, Umfang, Zeiten u. ä.) genau dokumentieren.

Generell kann eine umfassende Prozessdokumentation die Strukturierung von Prozessen erleichtern. Neben rein verbalen Prozessbeschreibungen, die zwar allgemein verständlich sind, sich aber aufgrund vieler verzweigter Prozessabläufe nur sehr unübersichtlich dokumentieren lassen, gibt es noch diverse **Visualisierungstechniken**. Sie verdeutlichen, welche Aktivitäten durchgeführt werden, welcher Input dazu nötig ist und wo Schnittstellen auftreten. Gängige Visualisierungstechniken sind ereignisgesteuerte Prozessketten (vgl. Krcmar 2003, S. 102 ff.), die eine einfache, übersichtliche, sequenzielle Darstellung des Leistungsprozesses bieten.

c. Spezialisierung von Organisationseinheiten

Nachdem die Teilprozesse gebildet und in eine Reihenfolge gebracht worden sind, müssen sie einzelnen Organisationseinheiten (Stellen oder Abteilungen) zugewiesen werden. *Picot, Dietl* und *Franck* (2003, S. 315) unterscheiden mehrere Formen der prozessorientierten Spezialisierung von Organisationseinheiten, die sich auf einem Kontinuum zwischen den Extrema **funktionale Spezialisierung** auf der einen und reine Prozessorganisation auf der anderen Seite bewegen (vgl. die nachfolgende Abb. 93. **Reine Prozessorganisation** ist dadurch gekennzeichnet, dass sämtliche Entscheidungsrechte (zur Property Rights-Theorie vgl. Kapitel B I), die zur Planung, Durchführung und Kontrolle eines Prozesses notwendig sind, einem Prozessmanager übertragen werden. Der Prozessmanager kann den Prozess eigenverantwortlich steuern und z. B. in Teilprozesse untergliedern sowie Mitarbeiter mit deren Bearbeitung betrauen. Diese hohe Konzentration von Verfügungsrechten beim Prozessmanager setzt bei diesem starke Anreize zu einer effektiven und effizienten Arbeitsorganisation. Es ist hier nämlich möglich, den Prozessmanager zumindest teilweise ergebnisabhängig, z. B. nach kundenbezogenen Leistungsindikatoren zu entlohnen, und ihn auf diese Weise auch dazu zu zwingen, von seinem Koordinationsrecht Gebrauch zu machen. Zwischen den beiden Extrema gibt es diverse organisatorische Möglichkeiten, die es erlauben, die funktionale Organisationsstruktur mehr oder weniger zu erhalten und um Elemente der Prozessorganisation zu ergänzen. Solche hybriden Formen bieten den Vorteil, die funktionsübergreifende Abstimmung zu verbessern ohne die Spezialisierungsvorteile der funktionalen Arbeitsteilung gänzlich aufzugeben.

Um zu entscheiden, wann man die Funktion und wann den Prozess priorisiert, kann man auf transaktionskostentheoretische Überlegungen zurückgreifen. Die Transaktionskostentheorie (vgl. Kapitel B I) gibt Hinweise wie Aufgaben so in Teilaufgaben zerlegt werden, dass die Transaktionskosten, die im Austauschprozess zwischen den beteiligten Akteuren anfallen, minimiert werden. Weil die Transaktionskosten stark von den Interdependenzen (Wechselwirkungen) zwischen den Teilaufgaben beeinflusst werden, gilt es diese Interdependenzen zu minimieren. Interdependenzen können beispielsweise in Form einer mangelnden Artikulierbarkeit von Teilen des menschlichen Wissens bestehen. Es handelt sich um Wissen, das meist durch Erfahrung erworben wurde und sich kaum verbal, sondern vielmehr durch praktische Anleitung und Übung vermitteln lässt (implizites Wissen, vgl. Polanyi 1962 und das Kapitel D III 2 c zum organisatorischen Wandel).

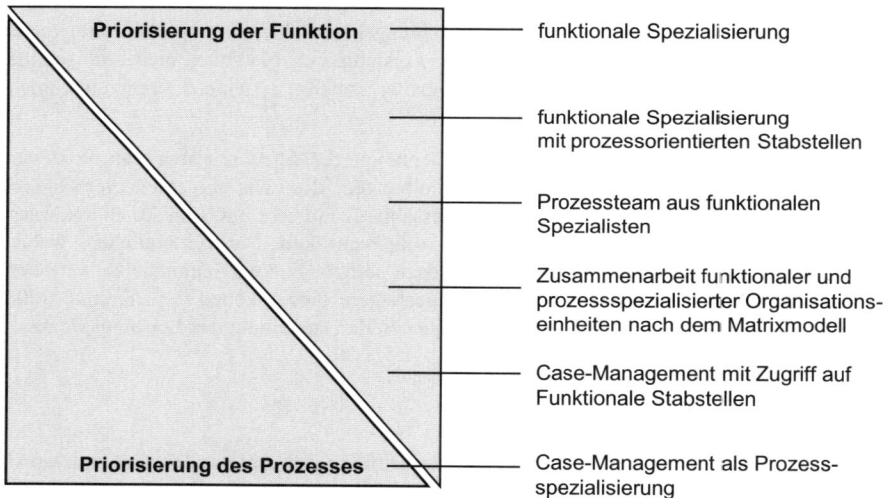

Abb. 93: Spezialisierung von Organisationseinheiten in der Prozessorganisation (vgl. Picot/Dietl/Franck 2002, S. 315)

Der Transfer solchen Wissens zwischen zwei Aufgabenträgern ist deshalb mit extrem hohen Transaktionskosten verbunden. Hier macht es Sinn, Teilaufgaben so zu bilden, dass aufwändige Wissenstransfers zwischen den Aufgabenträgern vermieden werden und nur solche Leistungen ausgetauscht werden, für die eine Weiterverarbeitung möglich ist, ohne Rückgriff auf das für ihre Erstellung notwendige Know-how zu nehmen. Man sagt, dass derartige Leistungen ein Stadium wissensökonomischer Reife erreicht haben (vgl. Picot/Dietl/Franck 2003, S. 76 sowie Dietl 1993, S. 171-179). Für Prozessstufen, die das Stadium wissensökonomischer Reife noch nicht erreicht haben bzw. die umfangreiches Spezialisten-Know-how erfordern, eignet sich die prozessorientierte Spezialisierung nicht, hier muss man weiterhin bei einer funktionalen Spezialisierung bleiben (vgl. Picot/Dietl/Franck 2003, S. 317).

d. Prozessrealisation und Verbesserung

Nachdem die Prozesse strukturiert worden sind, wird der Prozess freigegeben und umgesetzt. Es kann sinnvoll sein, den Prozess stufenweise einzuführen und zunächst einen Pilottest vorzunehmen. Dabei kann man die Auswirkungen beobachten und Fehler korrigieren, ehe Probleme in einem größeren Rahmen entstehen, die dann möglicherweise zu kostenträchtigen Nacharbeiten oder Kundenunzufriedenheit führen. Mitarbeiter begegnen neuen Prozessen oft mit Misstrauen und Widerstand. Veränderte Arbeitsanforderungen und -abläufe können den Mitarbeitern über Schulungs- und Qualifizierungsmaßnahmen vermittelt werden. Widerstände können abgebaut werden, indem die betroffenen Mitarbeiter frühzeitig in die Strukturierung des Prozesses einbezogen werden. Eine wichtige Frage bei der **Prozessumsetzung** ist, ob der Prozess zur Verwirklichung der unternehmerischen Ziele beiträgt. Deshalb ist es sinnvoll, bestimmte Erfolgsindikatoren festzulegen, die eine Aussage über die Prozessleistung ermöglichen. Kennzahlen für die Prozessgüte werden oft am Ende des Prozesses oder an Schnittstellen erhoben. *Haller* (2001, S. 188) nennt als Beispiele für die Auftragsabwicklung folgende Kennzahlen:

- Angebotserfolgsquote;
- Kundenzufriedenheit;
- Dauer der Angebotserstellung;
- Dauer der Auftragsabwicklung;
- Prozesskosten.

Prozessoptimierung ist dabei keine einmalige Aufgabe in Unternehmen, sondern als eine Daueraufgabe zu bezeichnen. Prozesse bleiben nicht über Jahre stabil, denn Kundenanforderungen ändern sich oder die Wettbewerber legen neue Maßstäbe an und zwingen das Unternehmen zur **Prozessverbesserung**. Die Prozessumgestaltung kann dann entweder häufig und in kleinen fortlaufenden Schritten (Process Improvement) oder durch eine vollständige Umgestaltung in größeren Abständen (Business Process Reengineering) erfolgen.

8. Verständnisfragen

a. Leiten Sie aus der Property Rights- Theorie, der Transaktionskostentheorie und der Agency-Theorie Hinweise zur Gestaltung und effizienten Organisation von Geschäftsprozessen in Unternehmen ab. Gehen Sie dabei insbesondere auf die Bedeutung von Anreiz- und Kontrollsystemen ein.

b. Unternehmen wie Dell (Computerbau) und BMW (Automobilbau) haben Build-to-order- (BTO) bzw. Make-to-order-(MTO)-Systeme implementiert. Hierbei wird eine (im Internet oder am Computer des Verkäufers) eingegebene Bestellung direkt in die Produktionsplanung des Unternehmens eingespeist und mit der Auslieferungsplanung der hergestellten Produkte synchronisiert. Der Auftrag des Kunden wird also erst nach seiner Erteilung schnell und direkt in einen Fertigungsauftrag transformiert und das entsprechende Produkt nach eingegangener Bestellung produziert. Welche ökonomischen Vorteile können solche bereichsübergreifenden Auftragsabwicklungsprozesse für ein Unternehmen bewirken? Sind solche Prozesse leicht imitierbar durch andere Unternehmen?

c. Global operierende Unternehmen müssen heute oftmals Geschäftsprozesse implementieren, die mehrere Standorte in mehreren Ländern umfassen. Welche besonderen Probleme, aber auch welche Chancen eröffnet die Verwirklichung länderübergreifender Geschäftsprozesse in einem multinationalen Unternehmen?

d. Unternehmen bemühen sich heute fortgesetzt, Unternehmensprozesse schlanker, d. h. effizienter zu machen durch fortgesetzte Kostensenkungsbemühungen. Diskutieren Sie die möglichen Risiken fortgesetzter Kostensenkungsbestrebungen für die Funktionsfähigkeit von Unternehmensprozessen. Gehen Sie auch auf das Verhältnis von Kostensenkung (Effizienz) sowie Flexibilität und Innovationsfähigkeit von Unternehmensprozessen ein.

e. Automatisierung von Unternehmensprozessen (z. B. computergesteuerte automatische Hochregallager, mit Robotern automatisierte Produktionsprozesse, in denen keine Menschen mehr arbeiten müssen), ist heute ein Weg für Unternehmen, um unter Kostenaspekten wettbewerbsfähig zu bleiben. Stellen Sie alle Argumente zusammen, die gegen eine Automatisierung von Unternehmensprozessen sprechen und machen Sie derart die Grenzen der Automatisierung von Unternehmensprozessen deutlich.

VI. Personalführung und Anreizsysteme

1. Grundlagen der Personalführung

a. Kennzeichnung der Personalwirtschaft und der Personalführung

Personalführung bezeichnet die zielorientierte Gestaltung des Betriebs mit Menschen. Sie bezeichnet damit ähnlich wie die Materialwirtschaft, die Anlagenwirtschaft oder die Finanzwirtschaft einen Teil der betrieblichen Führung, der sich mit einem speziellen Einsatzgut, der menschlichen Arbeit, beschäftigt. Trotz dieser analog zum allgemeinen Führungsbegriff aufgebauten Definition weisen Personalwirtschaft und Personalführung Besonderheiten auf, die sie von den übrigen „Güter"-Wirtschaften deutlich unterscheiden und der formalen Analogie Grenzen setzen. Diese liegen in den Menschen begründet. Sie unterscheiden sich von den übrigen Einsatzgütern durch ihre Heterogenität in ihren Voraussetzungen und in ihren Werten, durch ihre Urteilskraft und ihre Kreativität. Zudem empfinden Menschen besondere Schutzbedürfnisse und für sie gilt eine besondere Fürsorgepflicht. Beides hat dazu beigetragen, dass die Personalwirtschaft stärker verrechtlicht ist als andere Unternehmensbereiche.

Die Heterogenität der Voraussetzungen der Menschen zeigt sich beispielsweise in ihren körperlichen Merkmalen und Fähigkeiten, aber auch in unterschiedlichen und von körperlichen Merkmalen weitgehend unabhängigen geistigen oder emotionalen Fähigkeiten. Soweit diese nicht offensichtlich sind, liegen Hidden Characteristics mit ihren typischen Problemen für das Entstehen und die Gestaltung der Zusammenarbeit vor (vgl. B I). Die unterschiedlichen Voraussetzungen begünstigen trotz der ebenfalls wichtigen Anpassungsfähigkeit der Menschen unterschiedliche Wahrnehmungen von Situationen und die Entwicklung unterschiedlicher Lösungsansätze. Eigene Werte führen dazu, dass Menschen Lösungsansätze unterschiedlich beurteilen und sich für ihre und betriebliche Belange in unterschiedlichem Maße einsetzen. Die menschliche Kreativität ist Voraussetzung für Innovationen (vgl. D IV).

Die Urteilskraft ermöglicht es Menschen, Entscheidungen zu treffen und Handlungen zu initiieren, ohne sich dabei nur an vorgegebenen Regeln orientieren zu müssen. Dies ist von besonderer Bedeutung für unklare Situationen oder Probleme mit unvollständigen Informationen, für die automatisierte Entscheidungssysteme nur schlecht programmiert werden können. Aufgrund ihres Wissens und ihrer Urteilskraft können Menschen solche Situationen analysieren und Entscheidungen dafür treffen.

Zur Personalführung gehören daher einerseits Aufgaben der Personalwirtschaft als typische „Güter"-Wirtschaft. Mitarbeiter müssen beschafft, entwickelt, eingesetzt und auch freigesetzt werden, und diese Tätigkeiten müssen geplant, organisiert und kontrolliert werden. Die hierzu eingesetzten Instrumente weisen trotz der besonderen sachlichen, sozialen, institutionellen und rechtlichen Rahmenbedingungen des Wirtschaftens mithilfe von Menschen zahlreiche Ähnlichkeiten zu anderen Güterarten auf. Diese Aufgaben und Instrumente werden in Abschnitt 2 erläutert. Andererseits ist es Aufgabe der Personalführung, die Menschen mit ihren besonderen Eigenschaften und Vorzügen für die Erfüllung gemeinsamer betrieblicher Aufgaben zu motivieren. Dazu werden typische Anreizsysteme in Abschnitt 3 vorgestellt.

b. Institutionenökonomische Perspektiven der Personalführung

Eine zentrale Aufgabe der Personalführung ist die Gestaltung der Arbeitsbeziehungen, sowohl generell zwischen Arbeitgebern und Arbeitnehmern als auch zwischen übergeordneten und nachgeordneten Instanzen. Solche Beziehungen basieren in der Regel auf einem Arbeitsvertrag oder auf betrieblichen Organisationsregelungen, die den Charakter abgeleiteter (sekundärer) Institutionen haben (vgl. zum Begriff der abgeleiteten Institution Picot/Dietl/Franck 2002, S.15). Zur Gestaltung effizienter Institutionen bietet daher die Neue Institutionenökonomik wichtige Ansätze.

Die Beziehung zwischen Arbeitgeber und Arbeitnehmer, aber auch die zwischen Vorgesetztem und unterstelltem Mitarbeiter ist der Schwerpunkt der Agency-Modelle (siehe B I). Typischerweise fällt dem Arbeitgeber bzw. Vorgesetzten die Rolle des Principals zu, den Arbeitnehmern bzw. den unterstellten Mitarbeitern die des Agenten. Adverse Selection-Probleme stellen sich im Personalmanagement vor allem bei der Personalauswahl, also bei der Neubesetzung einer Stelle oder bei der Zuweisung einer bestimmten Arbeitsaufgabe (z. B. Zusammenstellung eines Teams für ein Forschungsprojekt). Hier ist es für den Arbeitgeber von großer Bedeutung, eine zwischen ihm und dem Bewerber vorliegende Informationsasymmetrie über die relevanten Eigenschaften des Bewerbers (Hidden Characteristics) abzubauen. Dies betrifft sowohl die fachliche als auch die persönliche Eignung des Bewerbers. Zur Lösung von Adverse-Selection-Problemen schlägt die Agency-Theorie Signalling und Screening vor, d. h. ein Bewerber kann von sich aus Informationen beibringen (Bewerbungsunterlagen), und ein Arbeitgeber kann durch eigene Aktivitäten (z. B. Tests, Auswertung der Bewerbungsunterlagen) Informationen über den Bewerber beschaffen. Eine Deckung des Personalbedarfs aus vorhandenen Mitarbeitern senkt grundsätzlich die mit der Personalauswahl verbundenen Informationsbeschaffungskosten, weil der Bewerber bereits bekannt ist. Moral-Hazard- oder Shirking-Probleme treten nach Vertragsschluss auf. Sie betreffen damit den Zeitraum, in dem der Arbeitnehmer für ein Unternehmen bereits tätig ist und äußern sich in Minder- oder Schlechtleistungen des Arbeitnehmers aufgrund seiner Informationsvorsprünge bezüglich der eigenen Arbeitsleistung und des eigenen Anstrengungsniveaus. Die Aussicht auf eine interne Stellenbesetzung, insbesondere durch Beförderung, setzt Anreize, die Moral Hazard entgegenwirken. Vergleichbare Grundsatzaussagen und Gestaltungsempfehlungen liefern Principal-Agenten-Modelle auch für andere Probleme und Alternativen der Personalführung.

c. Perspektive des Resource-based View of the Firm

Der ressourcenbasierte Ansatz der Unternehmensführung betont für das Personalmanagement die Identifikation verteidigungsfähiger Wettbewerbsvorteile, die auf den im Unternehmen vorhandenen Personalressourcen basieren oder das Management des Personallebenszyklus (Personalbeschaffung, -einarbeitung, -einsatz, -entwicklung und -freisetzung) (vgl. Burr 2007). Voraussetzungen für einen personalbasierten Wettbewerbsvorteil sind

– die Tätigkeit des Personals muss für die Kunden des Unternehmens Nutzen stiftend sein,
– die Tätigkeit des Personals muss dazu beitragen, dem Unternehmen einen Wettbewerbsvorteil gegenüber den Wettbewerbern zu verleihen,
– Personalressourcen müssen unternehmensspezifisch sein (das Personal muss über unternehmensspezifische Qualifikationen und Fähigkeiten verfügen),
– Personalressourcen müssen selten sein, d. h., sie dürfen für andere Unternehmen nicht ohne weiteres am Arbeitsmarkt zu beschaffen sein (z. B. qualifizierte IT-Spezialisten im Boom der New Economy in den Jahren 2000/2001 oder wieder um 2010),
– andere Unternehmen dürfen nicht in der Lage sein, die relevanten Personalressourcen (Qualifikationen und Fähigkeiten der Mitarbeiter) zu imitieren (z. B. über eigene Ausbildungsprogramme),
– das Personal darf nicht durch andere Ressourcen (z. B. Sachanlagen) substituierbar sein,
– der Personaleinsatz muss effizient und effektiv organisiert sein, insbesondere muss das Unternehmen über eine effiziente und effektive Personaleinsatzplanung verfügen, um das Wissen und die Fähigkeiten der Mitarbeiter einer optimalen Verwendung zuzuführen.
– Voraussetzung für die Appropriierung des personalbasierten Wettbewerbsvorteils ist, dass es dem Unternehmen gelingt, die Mitarbeiter mit dem wettbewerbsrelevanten Humankapital an das Unternehmen zu binden. In diesem Zusammenhang spielt auch die Verhandlungsmacht der Humankapitalträger eine entscheidende Rolle. Mitarbeiter, die aufgrund ihrer Humankapitalausstattung über eine große Verhandlungsmacht verfügen, können sich in Gehaltsverhandlungen einen Teil des Unternehmensgewinns aneignen (z. B. hoch qualifizierte Investmentbanker bei Verhandlungen mit ihrem Arbeitgeber).

Das Management des Personallebenszyklus sollte sich gemäß dem Resource-based View of the Firm an den definierten Unternehmenskompetenzen ausrichten. D. h. Personalbeschaffung, -einarbeitung, -einsatz, -entwicklung und -freisetzung müssen so erfolgen, dass die Unternehmenskompetenzen unterstützt werden. Das bedeutet konkret, dass z. B. beim Ausscheiden von Mitarbeitern (sofern es nicht durch Maßnahmen der Personalbindung verhindert werden kann) deren wettbewerbsrelevantes Wissen im Unternehmen gehalten und auf einen Nachfolger übertragen wird. Das Personalmanagement ist also aus dieser Perspektive so zu gestalten, dass solche individuellen Qualifikationen zur Verfügung gestellt werden, die einen Beitrag zum Aufbau und zum Erhalt der Kernkompetenzen des Unternehmens leisten.

2. Aufgaben der Personalführung

a. Überblick über Teilaufgaben der Personalführung

Innerhalb der Gesamtaufgabe der Personalführung lassen sich wichtige Teilaufgaben unterscheiden. Dies sind:

– die Festlegung der Personalpolitik, d. h. der Grundsatzentscheidungen für das Handeln im Personalbereich, und der Prinzipien der Personalführung,

– die Personalplanung mit ihren verschiedenen Teilplanungen zum Personalbedarf, zur Beschaffung, Entwicklung, zum Einsatz und zur Freisetzung der Mitarbeiter,
– die Personalorganisation
– das Personalinformationssystem und
– das Personalcontrolling.

b. Prinzipien der Personalführung

Die Möglichkeiten der Gestaltung der Personalführung werden grob durch Führungsstile und Führungstechniken charakterisiert. Führungsstilmodelle analysieren typische Muster des Umgangs zwischen Führungskräften und Mitarbeitern. Eine bekannte Einteilung anhand der Verteilung von Entscheidungskompetenzen ist das Kontinuum der Führungsstile von *Tannenbaum* und *Schmidt* (1958). Sie stellen kontinuierliche Zwischenformen zwischen den zwei Extremformen autokratischer bzw. autoritärer Führung einerseits und kooperativer Führung andererseits fest. Abb. 94 stellt wichtige Ausprägungen vor.

autoritärer Führungsstil			kooperativer Führungsstil	
autoritär	patriarchalisch	partizipativ	delegativ	demokratisch
Vorgesetzer entscheidet und ordnet an	Vorgesetzter entscheidet und begründet	Vorgesetzter zeigt Problem auf, Mitarbeiter schlagen Lösungen vor, Vorgesetzter entscheidet	Vorgesetzter zeigt Problem auf und legt Entscheidungsspielraum fest, Mitarbeiter entscheiden	gemeinsame Problemfindung und Entscheidung, Vorgesetzter moderiert
Entscheidungskompetenz der Vorgesetzten			**Entscheidungsraum der Mitarbeiter**	

Abb. 94: Kontinuum der Führungsstile in Anlehnung an Tannenbaum/Schmidt (1958)

Als Führungstechniken oder Management-by-Techniken werden Konzepte zur Abgrenzung des Handlungsspielraums von Führungskräften und Mitarbeitern bezeichnet. Wichtige Ausprägungen hinsichtlich des Schwerpunktes der Vorgaben (Aufgaben oder Ziele) und deren Zustandekommen (autoritär oder kooperativ) sind:

– Management by Exception (MbE):
  Ziel ist die Entlastung der Führung von Routineaufgaben. Mitarbeiter bearbeiten ihre Aufgabengebiete selbstständig nach von der Führung vorgegebenen Regeln; Führungskräfte greifen nur im Ausnahmefall ein, d. h. bei negativ abweichenden Ergebnissen oder in Ausnahmesituationen. Dies setzt vergleichsweise gut strukturierte Aufgaben voraus, die eine Abgrenzung von Normalfall und Ausnahmefall erlauben. Auch die geringe Förderung der Eigeninitiative der Mitarbeiter führt zu einem vergleichsweise statischen Führungssystem.
– Management by Objectives (MbO):
  Führungskräfte und Mitarbeiter erarbeiten eine Zielvereinbarung, ggf. mit Teilzielen, für die Mitarbeiter und ihren Aufgabenbereich. Ein typisches Beispiel dafür sind Profit Center. Deren Verantwortliche handeln und entscheiden nach eigenem Ermessen, um die Ziele zu erreichen. Von dieser Entscheidungsfreiheit verspricht man sich eine höhere Motiva-

tion der verantwortlichen Mitarbeiter sowie situationsadäquate Entscheidungen. Unterstützt wird dies vielfach durch eine Entlohnung in Abhängigkeit der Zielerreichung. Problematisch sind die Auswahl und die Höhe der Ziele. Zudem sind die Zielvorgaben im Allgemeinen durch zusätzliche Handlungsrahmen zu ergänzen, um Abteilungsegoismen oder zu kurzsichtige Handlungen zu vermeiden.

Die Beurteilung dieser Ansätze zur zielorientierten Gestaltung der Personalführung setzt Hypothesen über die Zielwirkung von personellen Eigenschaften oder Personalführungsinstrumenten voraus. Man kann mehrere Gruppen von Hypothesen unterscheiden:

– Eigenschaftstheorien verbinden erfolgreiche Führung mit Eigenschaften der Führungskräfte. Häufig genannte Eigenschaften sind Durchsetzungsvermögen, Leistungsbereitschaft, Intelligenz, Ausdauer, Zielstrebigkeit (vgl. Stegdill 1948, S. 58 f.), aber auch Charisma oder Fachkenntnis.

– Situationstheorien betonen, dass ein Führungstyp nicht für jede Situation passt, sondern die Vorteile bestimmter Eigenschaften nur in bestimmten Situationen zum Tragen kommen (vgl. z. B. Nieder/Naase 1977, S. 66). Als situative Rahmenbedingungen der Führung gelten etwa individuelle Merkmale (z. B. Geschlecht, Alter, Fähigkeiten, Einstellungen der Mitarbeiter) sowie gesellschaftliche Rahmenbedingungen (z. B. Kultur, Wertesystem), der Unternehmenstyp (z. B. Privat-, Familien- oder öffentliches Unternehmen; Großbetrieb, Klein- und Mittelbetrieb), der Funktionsbereich (z. B. Absatz, Beschaffung, F&E), Organisationsmerkmale (z. B. Art und Dominanz der Ablauf- oder der Aufbauorganisation) oder die Phase im Lebenszyklus des Betriebs (z. B. Aufbau, Reife, Sanierung).

Für viele Fälle wurden Vorteile kooperativer Führungsstile und Führungstechniken in Bezug auf den Arbeitseinsatz und das Arbeitsergebnis festgestellt. Allgemeine Aussagen über den „besten" Führungsstil sind dennoch schwierig, da die Ergebnisse des Führungsstils von der Art der Aufgabe, den Eigenschaften der Beteiligten und den situativen Merkmalen abhängen (vgl. Vroom/Yetton 1973). Es gehört somit auch zur Aufgabe der Führung, diese Merkmale der Führungssituation zu identifizieren und einen passenden Führungsstil anzuwenden.

c. Personalplanung

Schwerpunkte der Personalplanung sind die Planung von Personalbedarf und Personalbestand. In der Personalbedarfsplanung ist festzulegen, wie viele Mitarbeiter welcher Qualifikation benötigt werden. Je nach Differenziertheit der Planung ist der Personalbedarf weiter aufzugliedern hinsichtlich des Zeitraums, des Einsatzortes und weiterer Kriterien. Entsprechend ist der Personalbestand zu planen, um Bedarfs- oder Bestandüberhänge und den daraus resultierenden Handlungsbedarf zu identifizieren. Zur **Personalbestandsplanung** kann im Allgemeinen der vorhandene Personalbestand unter Berücksichtigung seiner demographischen oder qualitativen Entwicklung sowie der Fluktuation fortgeschrieben werden. Unter Umständen ist der vorhandene Personalbestand noch hinreichend differenziert zu erfassen, auch um verlässliche Grundlagen für seine Entwicklungsprognose zu erhalten.

Dagegen gestaltet sich die **Personalbedarfsplanung** regelmäßig schwieriger. Es gibt Verfahren zur Personalbedarfsplanung mit quantitativem und mit qualitativem Schwerpunkt. Bei Verfahren mit quantitativem Schwerpunkt geht es um die Bestimmung eines mehr oder weniger großen Bedarfs bestimmter Qualifikation. Es liegt nahe, dass der Personalbedarf mit dem Leistungsprogramm zusammenhängt. Wenn dieses festgelegt ist, kann daraus in einer sukzessiven outputorientierten Personalbedarfsplanung über pauschale oder differenzierte Arbeitszeitbedarfskoeffizienten der Personalbedarf hergeleitet werden. Diese Vorgehensweise setzt voraus, dass ein Zusammenhang zwischen dem Personalbedarf und dem Leistungsprogramm sowie etwaigen weiteren Determinanten bekannt ist. Weitere Determinanten können betriebsbedingt sein, etwa die Fertigungsverfahren, die Betriebsorganisation, Programme zur kontinuierlichen oder diskreten Prozess- und Produktverbesserung und Ähnliches; sie können aber auch gesamtwirtschaftlich oder gesellschaftlich bedingt sein, wenn etwa der Krankheitsstand konjunkturellen Schwankungen unterliegt oder Vorschriften zur Arbeitszeit, zu Weiterbildungen, Mitarbeitervertretungen, Erziehungs- und Altersteilzeit zu beachten sind. Zur Feststellung solcher Zusammenhänge kommen statistische Verfahren (Regressionsanalysen, …) in Frage. Weit verbreitet sind aber auch beobachtende und direkt messende Zeitstudien, wie sie früh von der Scientific-Management-Bewegung im Anschluss an die Arbeiten von *Taylor* (1903, 1911) und in Deutschland insbesondere vom „Reichsausschuß für Arbeitszeitermittlung" (REFA; www.refa.de) entwickelt wurden. Weitere Verfahren der Personalbedarfsplanung mit quantitativem Schwerpunkt sind einfache direkte Schätzverfahren und Expertenbefragungen sowie statistische Zeitreihenanalysen (Trendanalysen).

Bei der qualitativ orientierten Personalbedarfsplanung stehen dagegen die inhaltlichen Anforderungen an das Personal im Vordergrund. Da das Anforderungsprofil und der Personalbedarf für bestimmte, oft auch einzelne Stellen (Arbeitsplätze) mit einer spezifischen Aufgabenstellung, einem geplanten Arbeitsanfall und einer festgelegten Position in der Betriebsorganisation gesucht sind, spricht man auch von Arbeitsplatzmethoden.

d. Personalorganisation und Personalinformationssystem

Aufgabe der **Personalorganisation** ist die Strukturierung der betrieblichen Personalwirtschaft. Hierarchisch ist hinsichtlich der Aufgabenverteilung zu klären, ob die Personalwirtschaft in einem Zentralbereich für das ganze Unternehmen oder in Linienabteilungen durchgeführt wird und wer über die zentrale oder dezentrale Wahrnehmung von Personalaufgaben entscheiden darf. Hinzu kommt die Frage, ob bestimmte Aufgaben in eigene Gesellschaften ausgegliedert bzw. generell fremd vergeben werden. Verbreitet sind das Outsourcing der Personalbuchhaltung oder von Schulungsmaßnahmen, der Einsatz von Personalberatungen zur Personalgewinnung („Headhunter") oder von Outplacement- und Umschulungs-Dienstleistern zur Personalfreisetzung. In seltenen Fällen lagern Unternehmen auch ihre ganze Personalabteilung aus (z. B. Jenoptik). Ablauforganisatorisch ist die sachliche und zeitliche Abfolge der Prozesse im Leistungs- und im Führungsbereich der Personalarbeit festzulegen.

Das **Personalinformationssystem** dient der Erfassung, Verarbeitung, Speicherung und Weitergabe der personalbezogenen Informationen. Zu ihnen gehören sowohl die eigentlichen mitarbeiterbezogenen Daten (zu ihren Qualifikationen, Arbeitsverträgen, Arbeitszeiten, Beurteilungen etc.), Informationen über die Maßnahmen und Prozesse der Personalwirtschaft (Einstellungen, Weiterbildungen, Freistellungen, …) als auch die Informationen der Personalführung. Bei vielen dieser Informationen handelt es sich um quantitative und qualitative Sachgrößen aus der Personalplanung, die Organisations- und Stellenpläne. Daneben gehören jedoch die Personalkosten- und Leistungsrechnung sowie weitere monetäre Rechensysteme zum Personalinformationssystem. Für das Personalinformationssystem sind verschiedene aktuelle Entwicklungen zu beobachten: Im Leistungsbereich sind dies die umfangreichen Regelungen zum Datenschutz, die ausgeprägten arbeitsrechtlichen Informations- und Dokumentationspflichten, die Entwicklung personalbezogener ethischer Standards (Code of Conduct) sowie weitere freiwillige oder gesetzliche Verpflichtungen im Zuge der Wahrnehmung der Corporate Social Responsibility und deren Überwachung.

Diese Entwicklungen bringen erhebliche Anforderungen an die Sicherheit, Vollständigkeit und Verlässlichkeit des Personalinformationssystems mit sich. Besonders deutlich wird dies, wenn soziale oder ethische Standards in internationalen Lieferketten beachtet werden sollen. In solchen Fällen ist sicherzustellen, dass die dezentrale Personalauswahl bei einem Lieferanten Konzernstandards einhält (beispielsweise durch Verzicht auf Kinderarbeit oder Korruption). Zur Überwachung wird vielfach auf externe Dienstleister zurückgegriffen, die die Einhaltung bestimmter Standards oder Verfahren zertifizieren und mit Gütesiegeln bestätigen, deren Qualität und Akzeptanz aber ihrerseits wieder sicherzustellen ist.

Auch im Führungsbereich hat die Bedeutung von Personalinformationen zugenommen. Dies belegt einerseits die zunehmende Verbreitung von Balanced-Scorecard-Systemen (vgl. Kaplan/Norton 1992), in denen sich regelmäßig eine der vier Perspektiven auf Mitarbeiter bezieht, während die Mitarbeiter in älteren Kennzahlensystemen eine nachgeordnete Rolle spielen oder nur als Aufwand auftauchen (etwa dem Return on Investment (RoI)). Andererseits sind Personalinformationen zu einem wichtigen Thema der externen Berichterstattung geworden. Teils werden sie direkt in Geschäftsberichte aufgenommen, teils spielen sie eine zentrale Rolle in Nachhaltigkeitsberichten, teilweise gibt es eigene Personal- und Mitarbeiterberichte.

e.　Personalcontrolling

Zwischen den geschilderten Teilaufgaben der Personalführung bestehen ausgeprägte Interdependenzen und damit Koordinationsbedarf. Aufgabe des **Personalcontrolling** ist die Koordination zwischen den Bestandteilen der Personalplanung und deren Koordination mit Personalorganisation und -kontrolle. Grundsätzlich zeigen sich dabei die typischen Nebenfunktionen des Controlling, angewendet auf die personalbezogenen Führungsinstrumente. Dies sind die Informationsbereitstellung, die Methodenunterstützung, die Entscheidungsunterstützung sowie die Initiativfunktion. Konkrete Aufgabenschwerpunkte sind die Bereitstellung von Informationen zu den Personalkosten sowie deren Analyse hinsichtlich ihrer Höhe und Struktur, die Messung und Analyse der Arbeitsproduktivität, die Identifikation quantitativer Personalprobleme (Personalengpässe) und qualitativer Personalführungsprobleme (etwa aufgrund von Fluktuation) oder die Analyse und Bereitstellung von Erfolgs- und Performancemaßen für leistungsabhängige Entlohnungs- und Anreizsysteme. Dazu dienen sowohl Einzelkennzahlen als auch umfassende Methoden und Modelle (vgl. bspw. Abb. 95).

Instrumente zur Verknüpfung von Zielgrößen der Personalführung mit wichtigen Einflussgrößen sind Humankapitalrechnungen und entsprechende Strategy Maps (vgl. zu einem Überblick Neumann 2007, S. 31 ff.). Abb. 95 fasst empirisch beobachtete Ursache-Wirkungs-Zusammenhänge zusammen. Eine genauere Betrachtung ergibt, dass einige dieser Zusammenhänge sowohl in ihrer Wirkungsrichtung als auch in ihrem Vorzeichen durchaus überraschen und die Gesamtwirkung mehrerer Effekte nicht immer eindeutig ist. Beispielsweise sinkt mit steigender Anforderungsvielfalt und Autonomie die Verbundenheit zum Betrieb. Ursachen dafür können eine Überforderung durch die Anforderungsvielfalt oder eine größere emotionale Unabhängigkeit durch die Autonomie sein. Andererseits steigt mit der Anforderungsvielfalt und der Autonomie die Arbeitszufriedenheit und damit indirekt wiederum das affektive Commitment zum Betrieb. Die Gesamtwirkung ist nur für den konkreten Anwendungsfall zu beurteilen. Dies erfordert jedoch eine Präzisierung und Operationalisierung der Einfluss- und der Ziel- bzw. Zwischenzielgrößen, ihre Erhebung und die Unterstützung bei ihrer Interpretation – eine Aufgabe des Controlling. Während diese Strategy-Map weitgehend auf die internen Probleme der Personalführung ausgerichtet ist, gehört zu den Aufgaben des Personalcontrolling auch die Berücksichtigung des Personalwesens in der betrieblichen Gesamtplanung sowie die Koordination mit anderen Informationssystemen, etwa der Investitions- und Finanzrechnung (vgl. Küpper 2008, S. 468). Besonders deutlich treten dabei im Personalcontrolling die Konflikte zwischen Erfolgs- und Sozialzielen des Betriebs sowie zwischen der Planungs- bzw. Entscheidungsorientierung von Rechensystemen einerseits und ihrer Verhaltens- bzw. Anreizorientierung andererseits zutage. Anreizsysteme zur Lösung dieser Zielkonflikte werden daher im folgenden Kapitel C VI 4 behandelt.

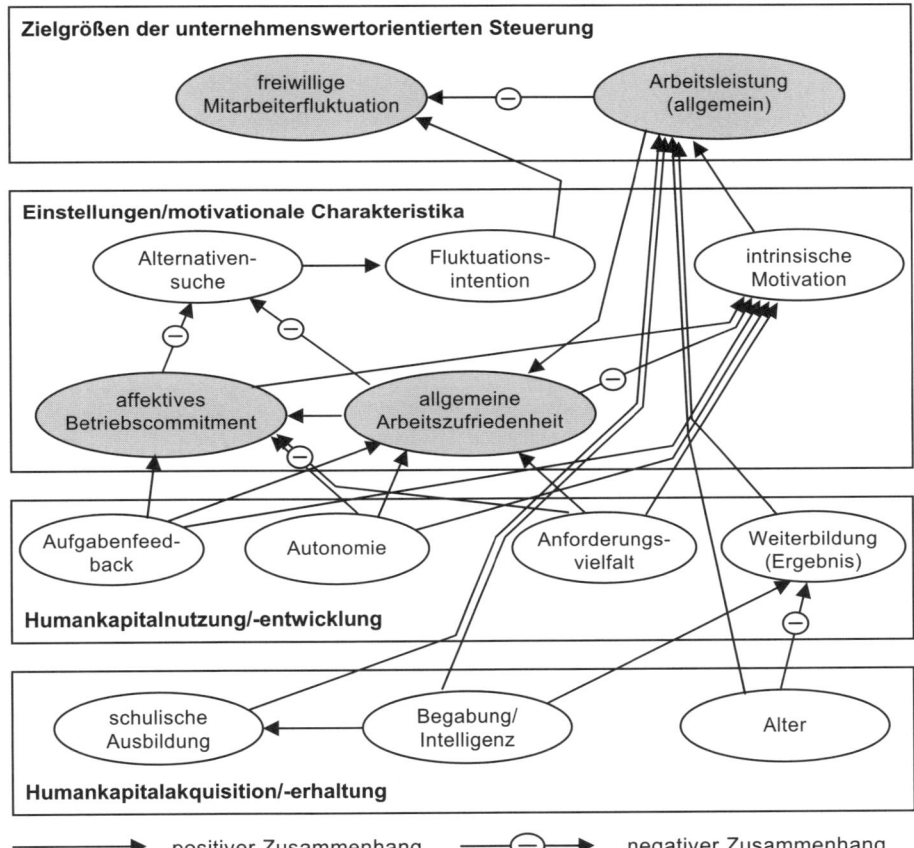

Abb. 95: Zusammenfassung einer Metaanalyse in einer Humankapital-Strategy-Map
(in Anlehnung an Neumann 2007, S. 323)

3. Instrumente der Personalwirtschaft

a. Personalbeschaffung

Ergebnis der Personalbedarfsermittlung ist der Soll-Bestand an Arbeitskräften. Im Saldo gegenüber dem Ist-Bestand ergibt sich eine Über- oder Unterdeckung des Personalbedarfs. Bei differenzierter Personalplanung kann es vorkommen, dass Überhang (z. B. bei ungelernten Kräften) und Unterdeckung (z. B. bei Fachkräften) gleichzeitig auftreten. Daraus ergibt sich Handlungsbedarf. Zum Abbau der Ungleichgewichte dienen Personalbeschaffung, Personalentwicklung und Personalfreisetzung.

Personalbeschaffung „ist die Suche und Bereitstellung von Personalressourcen [...], die der Deckung von Personalbedarf (entweder Ersatz- oder Neubedarf) dient" (Berthel/Becker 2003, S. 199). Sie umfasst im weiten Sinn neben der Akquisition der Bewerbungen (Personalbeschaffung i. e. S.) die Auswahl, Einstellung und Einarbeitung des Personals.

Zur Akquisition von Bewerbungen ist das Personalbeschaffungspotenzial auszuschöpfen. Dazu wird zwischen einem internen (aktueller Personalbestand im Unternehmen) und einem externen Arbeitsmarkt (Arbeitskräftemarkt außerhalb des Unternehmens) unterschieden (vgl. Bisani 1992, Sp. 1626). Entsprechend lassen sich interne und externe Methoden der Personalbeschaffung unterscheiden (vgl. Abb. 96), die in der betrieblichen Praxis vielfach parallel oder sukzessive eingesetzt werden (z. B. wenn vakante Stellen intern nicht zu besetzen sind; vgl. Berthel/Becker 2003, S. 200). Auf beiden Personalmärkten gibt es Methoden, die eher auf die Deckung eines kurzfristigen oder vorübergehenden Personalbedarfs ausgelegt sind und solche, die eher langfristig die Verbesserung des Mitarbeiterpotenzials bezwecken.

Personalbeschaffung	intern	ohne Änderung bestehender Arbeitsverhältnisse: • Mehrarbeit (Überstunden, Sonderschichten u. ä.) • Urlaubsverschiebungen • Personalentwicklung, um das Qualifikationsniveau zu erhöhen mit Änderung bestehender Arbeitsverhältnisse: • Versetzung • Umwandlung von Teilzeit- in Vollzeitarbeitsplätze bzw. von befristeten in unbefristete Arbeitsverhältnisse • betriebliche Bildung (z. B. Umschulung, Übernahme von Auszubildenden)
	extern	Abschluss neuer Arbeitsverträge Personalleasing

Abb. 96: Methoden der Personalbeschaffung
(in Anlehnung an Hentze 1992, Sp. 1901 f.)

Zu den grundsätzlich kurz- und mittelfristig ausgelegten externen Methoden gehört das **Personalleasing** (Arbeitnehmerüberlassung, Zeit- oder Leiharbeit). Dabei ist der Arbeitnehmer nicht ständig an das Unternehmen gebunden, sondern wird von einer Verleihfirma (Personalleasing-Unternehmen) gegen eine Leihgebühr zeitweise zur Verfügung gestellt. Zwischen den beiden Unternehmen wird dazu ein Arbeitnehmerüberlassungsvertrag geschlossen. Der Arbeitnehmer ist Angestellter der Personalleasing-Unternehmung und wird für die Dauer des Leasingvertrags dem Weisungsrecht des Leasingnehmers (‚Entleihers') unterstellt (vgl. z. B. Stopp 1997, S. 55 oder Berthel/Becker 2003, S. 205 f.). Da Leasing-Verträge im Vergleich zu regulären Arbeitsverträgen einfach und kurzfristig zu kündigen sind, handelt es sich um eine sehr flexible Form der Personalbeschaffung und des Personalabbaus. Aus Arbeitnehmersicht wird jedoch die Verunsicherung beklagt, die durch die mit dem Ende des Leasing-Vertrags mögliche betriebsbedingte Kündigung des Beschäftigungsverhältnisses von Seiten des Personalleasing-Unternehmens entsteht.

Ungeachtet der Unterschiede der Personalbeschaffungsmethoden haben interne und externe Personalbeschaffung typische Vor- und Nachteile, die in Abb. 97 zusammengefasst sind (vgl. auch Klimecki/Gmür 2001, S. 163).

Interne Personalbedarfsdeckung	Externe Personalbedarfsdeckung
Potenzielle Vorteile im Personalbeschaffungsprozess	
• geringe Informationskosten, da Bewerber bekannt • geringe Zeitverluste der Stellenbesetzung, z. B. da keine Kündigungsfrist für Bewerber • geringe Verhandlungs-, Einarbeitungs- und Fluktuationskosten, da Betrieb bekannt • geringere Kontrollkosten	• größere Auswahlmöglichkeiten • höhere Leistungsbereitschaft, da die subjektiv eingeschätzte Arbeitsplatzsicherheit geringer ist • geringere Kosten bei Personalabbau in der Probezeit
Potenzielle Vorteile im Personaleinsatz (Qualifikation und Motivation)	
• Motivations- und Qualifikationspotenziale bereits erkannt • geringere Fluktuationsgefahr durch unerfüllte Erwartungen • allgemeines Signal für Aufstiegschancen • Anreize durch offene Konkurrenz um knappe Aufstiegschancen • Erhaltung betriebsspezifischer Qualifikationen • Unabhängigkeit von extern verfügbaren Qualifikationen	• Anpassung der Motivation an die aktuellen Umweltbedingungen • Aufbrechen bestehender Deutungs- und Wertmuster • Verhinderung von Beförderungsautomatismus und Seilschaften • Erwerb neuartiger Qualifikationspotenziale, die innerbetrieblich nicht erzeugt werden • Begrenzung von Betriebsblindheit • Gewinnung von Informationen über Konkurrenten und Kooperationspartner
Potenzielle Nachteile im Personaleinsatz (Qualifikation und Motivation)	
• Rückgang der Leistungsbereitschaft durch geringe Konkurrenz • Alterung fachspezifischer Qualifikationen und keine Anreize zur Weiterqualifizierung • Förderung von Betriebsblindheit	• Demotivierung der vorhandenen Belegschaft durch fehlende Aufstiegsperspektiven • höhere Fluktuation verbunden mit der Abwanderung aufgebauter Qualifikationen

Abb. 97: Vor- und Nachteile interner und externer Personalbeschaffung

Ziel der **Personalauswahl** (Personalselektion) ist die Ermittlung der Personen, die die Anforderungen des Unternehmens oder auch einer konkret zu besetzenden Stelle bestmöglich erfüllen (vgl. Finzer/Mungenast 1992, Sp. 1583). Grundlage der Auswahl sind das Anforderungsprofil (Soll-Qualifikation) und die ermittelte Qualifikation des Bewerbers (Ist-Qualifikation). Aus dem Vergleich von Soll und Ist ergibt sich die **Eignung** des Bewerbers (vgl. Finzer/ Mungenast 1992, Sp. 1583). Bei der Eignungsfeststellung sind auch die potenziellen Entwicklungen des Anforderungsprofils und der Bewerber zu berücksichtigen (dynamische Perspektive; vgl. Finzer/Mungenast 1992, Sp. 1583).

Die **Personaleinführung** stellt die letzte Phase der Personalbeschaffung dar. Sie beinhaltet den Qualifizierungsprozess für die Arbeitsaufgabe (**Einarbeitung**) und zum anderen den Sozialisationsprozess im Unternehmen und in der Arbeitsgruppe (**Eingliederung**) (vgl. Huber 1992, Sp. 764). Hauptziel der Personaleinführung ist die soziale und fachliche Integration neuer Mitarbeiter (vgl. Huber 1992, Sp. 764). Während eine gelungene Personaleinführung zu einer erfolgreichen Mitarbeit und einem hohen Commitment mit dem Unternehmen und seinen Zielen führen kann, haben empirische Untersuchungen folgende dominierende Personaleinführungsprobleme identifiziert: enttäuschte Erwartungen des neuen Mitarbeiters (Realitätsschock), quantitative Überlastung und qualitative Unterforderung, mangelnde Informationen über das vom Mitarbeiter erwartete Verhalten (Rollenunklarheit) sowie Defizite im Führungsverhalten (vgl. Krüger 1983, S. 132 ff. und Kieser/Nagel 1986, S. 957 f.). Konsequenz dieser Personaleinführungsprobleme sind unter anderem Frühfluktuationen, zu niedrige Leistungen sowie geringes Commitment zum Unternehmen und seinen Mitarbeitern.

Bei der Personaleinführung werden im Allgemeinen fünf Phasen unterschieden (vgl. Abb. 98), von denen einige schon vor der Personaleinstellung liegen. Diese stufenübergreifende Gestaltung der Personaleinführung soll zu deren besserem Gelingen beitragen.

Phase	Beschreibung
Vor-Eintrittsphase	• Sozialisierungsprozess vor dem Eintritt in das Unternehmen • geteilte Werte erleichtern die Einführung in das Unternehmen • Entwicklung einer Konzeption zur Einführung des neuen Mitarbeiters
Rekrutierungsphase	• beginnt mit der Stellenausschreibung und endet mit dem Vertragsabschluss • realistische Informationen passen die Erwartungen beider Seiten an die tatsächlichen Gegebenheiten an
Konfrontationsphase	• Bewältigung des Realitätsschocks • Vermittlung von Werten, Normen und Ritualen
Einarbeitungsphase	• Abstimmung der gegenseitigen Erwartungen • Beseitigung von Rollenunklarheiten
Integrationsphase	• Eingliederung des neuen Mitarbeiters in die Gruppe • Aufbau einer Bindung an das Unternehmen und die Arbeitsgruppe.

Abb. 98: Phasen der Personaleinführung
(in Anlehnung an Huber 1992, Sp. 766-768 und Berthel/Becker 2003, S. 234-237)

Zu den gebräuchlichsten Instrumenten der Personaleinführung gehören:
- Trainee-Programme:
- Einarbeitung ‚on the Job': ein Mitarbeiter nimmt seine Tätigkeit sofort auf und wird von erfahrenen Mitarbeitern unterstützt. Diese praxisorientierte Einarbeitung hat Motivations- und Produktivitätsvorteile. Doch besteht die Gefahr, dass vorhandene Routinen mit ihren Problemen übernommen werden;
- Einarbeitung ‚off the Job': Die Einarbeitung erfolgt in Schulungen (Lehrvorträge, Plan- oder Rollenspiele) für eine Gruppe von Mitarbeitern, losgelöst von der künftigen Stelle;

- schriftliche Unterlagen in Form von Einarbeitungsplanen, Handbüchern oder Checklisten;
- Orientierungsveranstaltungen und Einführungsseminare.

b. Personaleinsatz und Personalentwicklung

Personaleinsatz bezeichnet die Zuordnung des verfügbaren Personals auf organisatorische Einheiten (Stellen, Abteilungen) oder Tätigkeiten. Diese Zuordnung erfolgt anhand von fünf Dimensionen (vgl. Kossbiel 1992b, Sp. 1654 und Scholz 2000, S. 575):

- **qualitative Dimension** hinsichtlich des Fähigkeitsprofils der Arbeitskraft und des Anforderungsprofils der Stelle,
- **quantitative Dimension** zur Festlegung des Arbeitsumfangs, den ein Stelleninhaber zu bewältigen hat,
- **zeitliche Dimension** zur Festlegung von Zeitpunkt und Zeitdauer des Arbeitseinsatzes,
- **lokale Dimension** zur Festlegung des Arbeits-/Einsatzortes,
- **soziale Dimension** zur Anpassung des Arbeitsplatzes an die Erfordernisse der Mitarbeiter.

Gegenstand des Personaleinsatzmanagements sind der individuelle Mitarbeiter und die **Arbeitsgruppe** als ein soziales Gebilde mit einer begrenzten Zahl an Mitgliedern, die über längere Zeit an einer gemeinsamen Aufgabe arbeiten. Gruppen nehmen innerhalb des Unternehmens eine zentrale Position ein (vgl. Scholz 2000, S. 612). In arbeitsteilig organisierten Leistungsprozessen arbeiten Menschen in Gruppen zusammen, um in einem gemeinsamen Arbeitsprozess das gesetzte Ziel effektiver und effizienter zu erreichen als in einem Zustand ohne Arbeitsteilung. Gruppen sind durch kontinuierliche Kommunikations- und Interaktionsprozesse gekennzeichnet, aus denen heraus sich gruppenspezifische Werte, Regeln und Normen herausbilden). Maßnahmen und Instrumente auf Gruppenebene sind beispielsweise die Bestimmung der optimalen Gruppenform (Alternativen sind u. a. teilautonome Arbeitsgruppen oder Qualitätszirkel), die Koordination des Leistungsprozesses in der Gruppe und die Steuerung des Gruppenverhaltens (z. B. durch die Wahl der Gruppenzusammensetzung oder Maßnahmen zur Konfliktbewältigung) (vgl. Scholz 2000, S. 616-639).

Auf der Ebene einzelner Mitarbeiter stehen Maßnahmen zur Gestaltung von Arbeitsplatz, -aufgabe, -methode und -umgebung im Vordergrund. Im Einzelnen sind beispielsweise Entscheidungen zum Schutz der Mitarbeiter vor schädlichen Umwelteinflüssen (Lärm, chemische und biologische Stoffe, Kälte und Hitze), zur Gestaltung der Arbeitsmittel (Form, Funktion, Anordnung, z. B. ergonomische Gestaltung von Bildschirmarbeitsplätzen), zur Arbeitszeit (z. B. Schichtarbeit, Gleitzeit, Teilzeitarbeit, Jahres- und Lebensarbeitszeitvereinbarungen) und zur Zuordnung von Mitarbeiter und Arbeitsplatz (qualitativer Fit vom Fähigkeitsprofil und Anforderungsprofil) (vgl. Klimecki/Gmür 2003, S. 181-194; Scholz 2000, S. 641-677).

Zur **Personalentwicklung** gehören Maßnahmen, die eine Veränderung der Qualifikationen und/oder Leistungen von Mitarbeitern auf Basis von Bildung, Arbeitsstrukturierung oder Karriereplanung zum Gegenstand haben (vgl. Berthel/Becker 2003, S. 261). Personalentwicklung erfolgt also nicht allein durch explizite Qualifizierung (z. B. durch Fort- und Weiterbildung), sondern ebenso durch implizite Qualifikationsveränderungen (z. B. durch Karriereplanung) und Leistungsänderungen (z. B. Aktivierung und Nutzung brachliegender Leistungspotenziale) (vgl. Berthel/Becker 2003, S. 263). Die Personalentwicklung hängt eng mit anderen Bereichen der Personalführung zusammen. Sie kann z. B. eine Alternative zur Personalbeschaffung über den externen Arbeitsmarkt sein (vgl. Thom 1992b, Sp.1677), insbesondere wenn die gesuchten Qualifikationen vom externen Arbeitsmarkt nicht zur Verfügung gestellt werden. Personalentwicklungsmaßnahmen können der Personalerhaltung dienen, weil von ihnen eine beträchtliche Anreizwirkung ausgehen kann (vgl. Thom 1992b, Sp. 1677) (z. B. Aufwärtsbeförderung mit merklichen Einkommenszuwächsen).

Personalentwicklungsmaßnahmen lassen sich in die Kategorien Bildung, Arbeitsstrukturierung und Karriereplanung einteilen:

- Berufliche Bildung

    · Berufsausbildung, welche erstmalig und systematisch berufliche Kenntnisse und Fähigkeiten vermittelt, die zur Ausübung einer qualifizierten beruflichen Tätigkeit notwendig sind (vgl. Thom 1992b, Sp. 1682);

    · Traineeausbildung als unternehmensspezifische Einarbeitungsprogramme für Hochschulabsolventen;

    · Fort- und Weiterbildung, welche Kenntnisse, Fähigkeiten und Verhaltensweisen vermitteln, die dazu dienen, die Qualifikation des Mitarbeiters zu erhalten und/oder zu verbessern (vgl. Berthel 1992, Sp. 884);

    · Umschulung: Bildungsmaßnahmen, die das Ziel haben, dem Mitarbeiter theoretische und praktische Kenntnisse und Fähigkeiten in einem neuen Tätigkeitsgebiet/Beruf zu vermitteln (vgl. zur Umschulung Becker 1992).

- **Arbeitstrukturierung:** meint die „Gestaltung von Inhalt, Umfeld und Bedingungen der Arbeit" (Staehle 1999, S. 885) auf der Ebene eines Arbeitsfeldes (System klar abgegrenzter Teilaufgaben, die durch eine Personen oder eine Arbeitsgruppe erledigt werden). In den Bereich der Arbeitsstrukturierung fallen Maßnahmen, die auf eine Veränderung des Arbeitsfeldes abzielen. Verkleinerungen des Arbeitsfeldes gehören nicht zu den Personalentwicklungsmaßnahmen (vgl. Berthel/Becker 2003, S. 312 f.). Die Vergrößerung des Arbeitsfeldes umfasst:

    · Job Rotation (Arbeitswechsel): Qualifizierung des Mitarbeiters durch planmäßigen Arbeitsplatzwechsel (vgl. z. B. Hungenberg 1990, S. 212 ff.);

    · Job Enlargement (horizontale Arbeitserweiterung): ein Arbeitsfeld wird durch Hinzufügen qualitativ gleichartiger Aufgaben vergrößert (vgl. Kupsch 1975, Sp. 1079);

    · Job Enrichment (vertikale Arbeitsanreicherung): das Arbeitsfeld wird durch zusätzliche Entscheidungs- und Kontrollrechte bereichert, dies hat in der Regel einen positiven Effekt auf die Arbeitsmotivation (vgl. Herzberg 1972, S. 35).

- **Karriereplanung:** Eine Karriere ist jede denkbare Stellenfolge eines Mitarbeiters innerhalb eines Unternehmens. Gegenstand der Karriereplanung ist der berufliche Werdegang des einzelnen Mitarbeiters (vgl. Berthel/Becker 2003, S. 328). Es geht also um die horizontale und vertikale Versetzung von Mitarbeitern im Unternehmen. Ziel ist es vor allem, den zukünftigen Fach- und Führungskräftenachwuchs durch frühzeitige personalpolitische Entscheidungen sicherzustellen. Sichtbares Zeichen der Karriereplanung sind mitarbeiterbezogene Laufbahnpläne, die über Art, Dauer und Ort der Tätigkeit Auskunft geben (zur Laufbahn vgl. Berthel/Becker 2003, S. 334).

Grundlage der Personalentwicklungsmaßnahmen sind mitarbeiterbezogene Informationen, die z. B. über die Personalbeurteilung zu gewinnen sind, sowie Informationen über den Arbeits- und Bildungsmarkt.

c. Personalfreisetzung

Personalfreisetzung (synonym Personalabbau, Personalfreistellung) bedeutet eine Reduzierung der Personalüberdeckung in „quantitativer, qualitativer, zeitlicher und örtlicher Hinsicht" (Hentze 1992, Sp. 1907). Personalfreisetzung kann ein ganzes Unternehmen, die Belegschaft von Unternehmensteilen und einzelne Mitarbeiter betreffen. Zu den wichtigen Anlässen und **Ursachen** der Personalfreisetzung zählen (vgl. Wagner 1992, Sp. 1574-1551; Hentze 1991):

– konjunkturell bedingte Produktions- und Absatzrückgänge mit geringerem Personalbedarf;
– saisonal bedingte Beschäftigungsschwankungen (z. B. im Tourismus);
– veränderte Nachfragestrukturen, Produkte und Märkte, die Beschäftigungseffekte innerhalb oder zwischen bestimmten Regionen und Branchen auslösen;
– qualitative und quantitative Veränderungen des Personalbedarfs durch technologische Änderungen (Automatisierung);
– Änderungen der Ablauf- und/oder Aufbauorganisation, z. B. Abbau von Hierarchieebenen;
– Schließung von Unternehmen oder Unternehmensteilen;
– Standortverlagerungen;
– Fehlverhalten, mangelnde Leistungsbereitschaft oder Leistungsfähigkeit der Mitarbeiter.

Dominiert bei der Personalfreisetzung der Druck, den geänderte Rahmenbedingungen auf das Unternehmen ausüben, so kann das Unternehmen durchaus ein Interesse haben, Personalfreisetzungen zu vermeiden, um qualifizierte Mitarbeiter nicht durch eine möglicherweise vorübergehende Marktlage zu verlieren. Davon, dasss eine solche Vermeidung im Sinne der Mitarbeiter ist, ist ohnehin auszugehen. Maßnahmen zur Vermeidung der Personalfreisetzung können beispielsweise sein (vgl. Berthel/Becker 2003, S. 246 f.; Hamel 1994, S. 7 f.):

– unternehmenspolitische Maßnahmen zur Vermeidung von Personalabbau wie der Erhalt bestehender und der Aufbau neuer Wettbewerbsvorteile, die die Beschäftigungssituation positiv beeinflussen oder Maßnahmen zur Erlangung staatlicher Beschäftigungsgarantien;
– Maßnahmen, die einer temporären Personalüberdeckung entgegenwirken, wie z. B. Lagerproduktion, Übernahme von Fremdaufträgen;
Personalkostensenkung, z. B. Entgeltkürzung, Aussetzen von geplanten Entgelterhöhungen, Abbau von freiwilligen sozialen Leistungen;
– Flexibilisierung, z. B. flexible Vergütungssysteme, Mitarbeiterqualifikation, flexible Arbeitszeitmodelle;
– Kurzarbeit.

Bei den Maßnahmen der Personalfreisetzung lassen sich zwei Grundformen unterscheiden:

– Personalfreisetzung ohne Reduktion des Personalbestandes durch Änderung bestehender Arbeitsverhältnisse (interne Personalfreisetzung);
– Personalfreisetzung mit Reduktion des Personalbestandes durch Beendigung bestehender Arbeitsverhältnisse (externe Personalfreisetzung).

Abb. 99 gibt einen Überblick über alternative Maßnahmen der Personalfreisetzung.

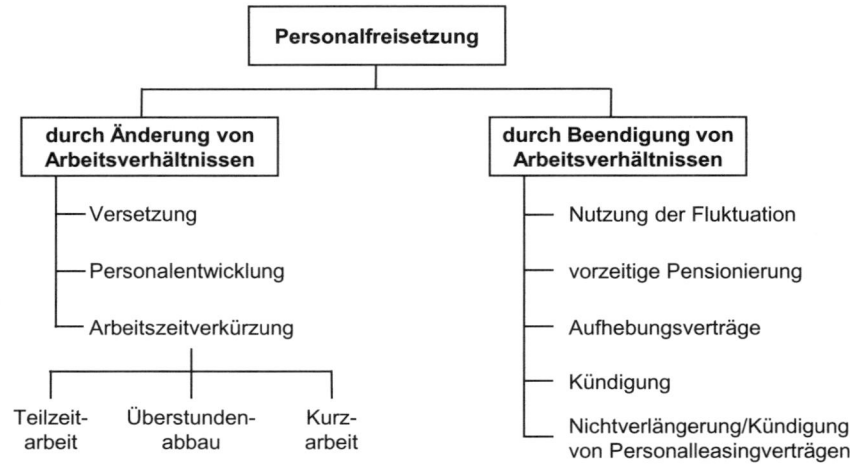

Abb. 99: Maßnahmen der Personalfreisetzung
(in Anlehnung an Hentze 1992, Sp. 1907 f.)

4. Anreizsysteme zur Personalführung

a. Aufgaben betrieblicher Anreizsysteme

Anreizsysteme haben die Aufgabe, das Verhalten von Mitarbeitern zu beeinflussen. Sie dienen der Bewältigung personeller Interdependenzen (siehe dazu C III) und sind damit Teil der betrieblichen Personalführung. Ebenso wie andere Instrumente der Personalführung werden Anreizsysteme für den gesamten Betrieb festgelegt. Dies schließt nicht aus, ein in seinen Grundsätzen festgelegtes System durch einzelne gezielte Anreize zu ergänzen. Zur Bewältigung personeller Interdependenzen gehören einerseits der Abbau von Zieldivergenzen und andererseits der Umgang mit Informationasymmetrien durch Informationsanreize, Leistungsanreize und Bleibeanreize (entsprechend den typischen Formen der Informationsasymmetrie: Hidden Characteristics, Hidden Action und Hidden Intention; vgl. B I).

Ziele und Fähigkeiten der Mitarbeiter werden bereits durch die Personalauswahl und -entwicklung beeinflusst. Auch Anreizsysteme können solche Ziele und die Entwicklung von Fähigkeiten initiieren, doch liegt der Schwerpunkt von Anreizsystemen auf der Verstärkung oder Abschwächung bereits vorhandener Motive, um dadurch ein gewünschtes Verhalten oder Ergebnis zu erzielen. Dies geschieht bereits durch entsprechende Verhaltens- oder Ergebnisvorgaben im Rahmen der Planung. Betont wird diese Anreizwirkung durch die Feststellung und Würdigung des Verhaltens oder Ergebnisses in Form einer Belohnung oder Bestrafung, und insbesondere durch die Antizipation dieser Würdigung. Dies setzt einen Zusammenhang zwischen Ergebnis bzw. Verhalten und Belohnung voraus. Dieser wird durch eine Belohnungsfunktion hergestellt, die eine Bemessungsgrundlage mit Art und Höhe der Belohnung verknüpft. Belohnung, Bemessungsgrundlage und Belohnungsfunktion sind daher die zentralen Komponenten eines Anreizsystems. Abb. 100 zeigt die idealtypische Motivationskette.

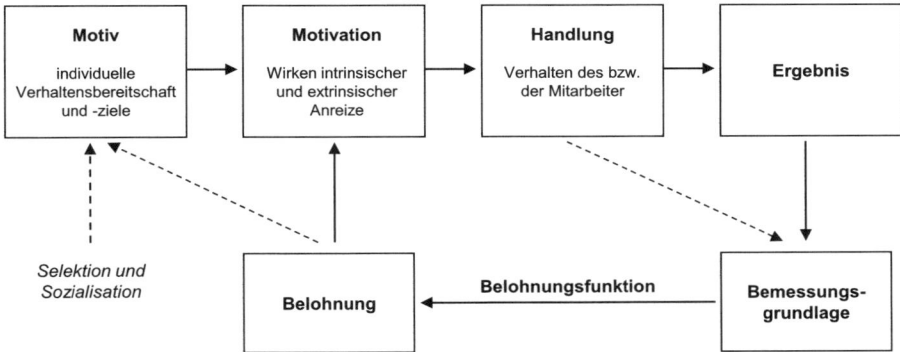

Abb. 100: Die Rolle von Anreizsystemen in der Motivationskette

Nach der Art der Motivation und der Anreize sind extrinsische und intrinsische Formen zu unterscheiden. Bei intrinsischer Motivation beruht die Bedürfnisbefriedigung auf der Tätigkeit selbst bzw. die Tätigkeit erfolgt um ihrer selbst willen. Intrinsische Motivation ergibt sich, wenn das Handeln zum (eigenen) Handlungsziel passt. Beispiele dafür sind Mitarbeiter,

- die gerne mit Menschen umgehen und mit ihnen Geschäfte abschließen,
- die gerne tüfteln, um Lösungen für technische Probleme zu entwickeln,
- denen Ordnung und korrekte Vorgehensweisen ein eigenes Bedürfnis sind.

Im Allgemeinen sind diese intrinsischen Motive in einem Menschen nicht gleichermaßen ausgeprägt. Zu den Aufgaben der Personalauswahl und Personalentwicklung gehört es daher, diese Motive zu identifizieren und die Mitarbeiter passenden Stellen zuzuordnen.

Extrinsische Motivation liegt vor, wenn eine Bedürfnisbefriedigung unter Mitwirkung Dritter bzw. durch deren Würdigung erzielt wird. Entsprechend beruhen extrinsische Anreize auf der Würdigung (Belohnung bzw. Bestrafung) der Leistung durch Dritte. Es handelt sich um eine explizite Fremdsteuerung der Mitarbeiter. Ihr Nutzen liegt in der

- Disziplinierung des Handelns,
- Flexibilisierung der Handlungsziele sowie
- der Initiierung intrinsischer Motivation.

Extrinsische Anreize in Form von Belohnungen, Bestrafungen oder auch nur einem Preissystem bewirken eine Disziplinierung ansonsten ungezügelter Leidenschaften, die intrinsisch vorhanden sind oder durch andere extrinsische Anreize hervorgerufen werden. Sie haben dadurch eine kontrollierende Wirkung. Extrinsische Anreize haben auch informierende Wirkungen, indem sie Aufschluss darüber geben, ob und – je nach Ausgestaltung des Anreizes – auch wie sehr ein Verhalten oder Ergebnis für andere wünschenswert ist oder nicht. Die Ausrichtung auf extrinsische Anreize durch Verfolgung materieller Interessen kann die Verlässlichkeit, Ordentlichkeit, Berechenbarkeit, auch die Hilfsbereitschaft der Beteiligten erhöhen.

Extrinsische Anreize wirken flexibilisierend, wenn sie handelbar und damit gegen andere Anreize austauschbar sind. Die Mehr- oder Weniger-Erfüllung eines Bedürfnisses kann dann besonders einfach gegen die Erfüllung anderer Bedürfnisse getauscht oder zumindest abgewogen werden. Dadurch eröffnen sich Handlungsspielräume, die bei der Fixierung auf ein Bedürfnis vielfach nicht vorliegen. Die Handelbarkeit ist bei finanziellen Anreizen besonders ausgeprägt. Dagegen beschränken beispielsweise die in stärkerem Maße intrinsisch begründeten und weniger fungiblen Sachziele eines Non-Profit-Betriebes die Handlungsziele und -alternativen deutlich stärker.

Schließlich können extrinsische Anreize intrinsische Motivation erzeugen, indem sie die Beschäftigung mit Fremdem erzwingen, wodurch Kompetenzerwerb, Erfolgserlebnisse und damit intrinsische Motivation erst möglich werden.

Intrinsische Anreize zielen darauf, die Tätigkeit und den (betrieblichen) Alltag befriedigend zu gestalten. Ansatzpunkte bieten die Gestaltung der Arbeitsbedingungen, eine interessante Tätigkeit, Identifikationsmöglichkeiten mit der Aufgabe bzw. dem Umfeld, Verantwortungsübernahme oder Entfaltungsmöglichkeiten. Intrinsisch motivierte Mitarbeiter bieten Vorteile, da sie nicht durch (teure) extrinsische Anreize motiviert werden müssen. Doch ist intrinsische Motivation nicht per (moralisch) gut oder betrieblich erwünscht. Man denke nur an Rachemotive oder das Streben nach technischem Perfektionismus, wie es sich im bekannten Bild der „Konstruktion goldener Schrauben" zeigt. So besteht eine wichtige Funktion der Personalauswahl in der Identifikation von Bewerbern mit der passenden intrinsischen Motivation.

Die Beispiele für Anreize verdeutlichen, dass extrinsische und intrinsische Anreize sich nicht ausschließen, sondern zu kombinieren sind, und dass die Vernachlässigung einer der beiden Anreizformen allenfalls einen Extremfall darstellt. Daher sind zur Gestaltung von Anreizsystemen die Zusammenhänge und Abhängigkeiten zwischen beiden Anreizformen zu prüfen. Abb. 101 zeigt wichtige Möglichkeiten:

Zusammenhang intrinsischer und extrinsischer Anreize		
Unabhängigkeit: intrinsische und extrinsische Anreize können unabhängig voneinander analysiert, ihre Wirkungen addiert werden **Beispiel:** Principal-Agenten-Modelle, arbeitspsychologische Modelle, Flow-Modelle	**Zwischenformen (begrenzte Abhängigkeit):** Mindestniveau extrinsischer Anreize als Voraussetzung für Wirkung intrinsischer Anreize (und umgekehrt). **Beispiel:** Zwei-Faktoren-Modell von Herzberg	**Abhängigkeit:** intrinsische und extrinsische Anreize verstärken oder beeinträchtigen ihre Wirkungen **Beispiel:** Disziplinierungseffekt ↑ (Gesetz der Verstärkung), Motivation-Crowding-Out ↓

Abb. 101: Mögliche Zusammenhänge intrinsischer und extrinsischer Anreize

Eine wichtige Wechselwirkung zwischen extrinsischen und intrinsischen Anreizen ist die **Motivationsverdrängung** (Motivation-Crowding-Out; vgl. Frey/Osterloh 1997, S. 310 f.). Sie kann entstehen, wenn extrinsische Anreize

(1) die (subjektive) Selbstbestimmung vermindern:
Handlungen werden aufgrund eigener Überzeugung oder aufgrund von externen Kräften durchgeführt. Extrinsische Anreize verstärken das subjektive Empfinden der Fremdsteuerung. Explizite Vorgaben von Maßnahmen verdrängen die vorhandene Motivation stärker als Preissysteme, da letztere noch Entscheidungsspielräume lassen und damit die Urteilskraft der Beteiligten würdigen. Der Steuerung über Verrechnungspreissysteme wird daher gemeinhin bessere Motivationseffekte zugeschrieben als einer Maßnahmenvorgabe (vgl. Küpper 2008, S. 428 ff.).

Ähnliche Probleme werden für die Belohnung eines freiwilligen Helfers in einer Notsituation beobachtet. Die Belohnung bewirkt das Aufdrängen eines impliziten Vertrags und damit einen Druck, der das freiwillige Engagement einschränkt (Reaktanz).

(2) die Annahme gegenseitiger Wertschätzung (Reziprozität) aufheben, die implizit einer bisherigen Beziehung (Vertrag) ohne extrinsische Anreize zugrunde liegt:
Monetäre Belohnungen überlagern oder verdrängen andere Beweggründe für eine Handlung und werten diese damit ab. Ihr Vorteil – die Handelbarkeit bzw. Austauschbarkeit – wird zum Nachteil, wenn sie auch die Austauschbarkeit der Leistung und der Leistungserbringer signalisieren, so dass diese sich nicht mehr als Individuen gewürdigt sehen.

(3) das Gerechtigkeitsempfinden verletzen:
Wird eine Belohnung als unfair empfunden, sinkt die intrinsische Motivation. Für die empfundene Fairness sind Vergleiche von Bedeutung (relative Performancemessung).

(4) Erwartungen zur Belohnung künftigen Verhaltens oder ähnlicher Belohnungen bisher intrinsisch motivierten Verhaltens wecken (Spillover-Effekte):
Wiederholt gewährte Belohnungen in einem Bereich wirken sich auf die Freiwilligkeit der Mitarbeit in anderen Bereichen aus, insbesondere wenn es sich um ähnlich wahrgenommene Leistungen handelt („Pflicht" zu Schulaufgaben und zur Mithilfe im Haushalt).

Geldbelohnungen zerstören die intrinsische Motivation nicht, wenn die Tätigkeit innerlich (in ihrem „Flow" (Csikszentmihalyi 1996)) mit Geld zusammenhängt. Selbstbestimmte Tätigkeit oder selbstbestimmte Ziele für sich bewirken jeweils alleine keine intrinsische Motivation; dies gelingt erst durch ihre thematische Übereinstimmung.

b. Elemente extrinsischer Anreizsysteme

Anreizsysteme legen die Art und Höhe der Belohnung fest, die als Folge einer Leistung des Begünstigten eintritt bzw. veranlasst wird und die Befriedigung des Motivs oder mehrerer Motive des Begünstigten bewirken soll. Typischerweise werden drei zentrale Gestaltungselemente von Anreizsystemen unterschieden. Dies sind

– die Art der Belohnung,
– die Bemessungsgrundlage und
– der Zusammenhang zwischen Bemessungsgrundlage und Belohnung in Form einer Belohnungsregel.

Für diese Komponenten eines Anreizsystems gibt es zahlreiche Gestaltungsmöglichkeiten (vgl. Abb. 102).

Als **Belohnung** kommen alle bereits erwähnten materiellen und immateriellen extrinsischen Anreize in Frage, die für einen Manager wirksam erscheinen. Als finanzielle (oder monetäre) Anreize gelten Prämienzahlungen sowie die Gewährung von Aktien und Aktienoptionen. Zu den nichtmonetären materielle Anreize zählen beispielsweise Dienstwagen, besondere Büroausstattungen oder Incentive-Reisen.

Bei der zeitlichen Verteilung der Belohnung sind zwei gegenläufige Effekte abzuwägen: Einerseits wirken unmittelbare Sanktionierungen generell stärker als verzögerte Sanktionen, wenn mit zunehmender Verzögerung der Zusammenhang zwischen Handlung bzw. Ergebnis und Belohnung überlagert wird von anderen Einflüssen. Andererseits lassen sich manche Wirkungen erst mit gewisser Verzögerung wahrnehmen und beurteilen (etwa bei längerfristigen F&E-Projekten oder bei Personalentwicklungsmaßnahmen), so dass eine (vor-)schnelle

Beurteilung nicht die Gesamtwirkung erfassen kann. Konkret werden materiell-sachliche Anreize teilweise bereits während der Projektlaufzeit gewährt, also bevor die Arbeitsleistung oder das Ergebnis feststeht. Dann ist mit ihnen auch ein Vertrauensvorschuss verbunden, also ein immaterieller Anreiz. Dagegen werden Prämien, Aktien oder Aktienoptionen im Regelfall zeitlich nachgelagert gewährt und vielfach über mehrere Perioden verteilt, so dass sie von der Erfolgsbeurteilung des Projektes abhängen.

Gestaltungs-parameter	alternative Gestaltungsformen		
Art der (extrinsischen) Belohnung	materielle Anreize		immateriell:
	monetär: - Zahlung - Aktien - Aktienoptionen	nichtmonetär: - Dienstwagen - Büroausstattung - ...	- Anerkennung - Verantwortung - Beförderung - Versetzung
Art der Bemes-sungsgrundlage	- eindimensional/mehrdimensional - monetär/nichtmonetär - individuell/übergreifend - Istgrößen/Plangrößen - absolute/relative Performancemaße - Marktgrößen/Größen des Rechnungswesens		
Art der Beloh-nungsfunktion	- linear/nicht linear (abschnittsweise, gestaffelt, ...) - mit/ohne Fixum - mit/ohne Ober-/Untergrenzen (Caps/Floors)		
zeitliche Verteilung	- sofortige/spätere Gewährung - Verteilung über mehrere Perioden		

Abb. 102: Gestaltungsmöglichkeiten von Belohnungssystemen

Als **Bemessungsgrundlage** bedarf es Beurteilungs- oder Performancegrößen. Zur Beurteilung eines Mitarbeiters oder eines Bereichs kommt eine Vielzahl unterschiedlicher Größen zum Einsatz. In einer ersten Einteilung kommen auch hier einerseits monetäre Größen in Frage, also insbesondere Umsätze, Kosten und Erfolgsgrößen in den verschiedenen Abgrenzungen des internen und externen Rechnungswesens (vgl. Weißenberger 2003, S. 85-162; 234-296). Als weitere monetäre Größen werden Marktgrößen als Bemessungsgrundlage eingesetzt, beispielsweise in Form von Aktienkursen des Unternehmens oder als Marktanteile bestimmter Produkte. Nichtmonetäre Performancemaße werden vielfach eingesetzt, wenn ein Interesse an der Erfüllung spezieller Zielinhalte besteht. Hierzu zählen soziale oder ökologische Ziele, die durch nichtmonetäre Performancemaße operationalisiert werden. Daneben können sich nichtmonetäre Performancemaße auf wichtige Aspekte des Leistungsprozesses beziehen. Beispiele hierfür sind Durchlauf- oder Bearbeitungszeiten für Aufträge, Ausschuss- oder Beschwerdequoten, Fluktuationsraten oder auch der Anteil an Lieferanten mit einer bestimmten Zertifizierung. Schließlich werden nichtmonetäre Performancemaße vielfach eingesetzt, um längerfristige Entwicklungen zu steuern. Beispielsweise dienen die Anzahl an Patenten, an Neuprodukten oder an Neukunden als Indikatoren für künftige Erfolgspotentiale. Die Beispiele verdeutlichen zugleich, dass ein Performancemaß allein vielfach nicht ausreicht, sondern mehrere Größen zu einem Kennzahlensystem zu verbinden sind. Man spricht dann auch von einem mehrdimensionalen (oder multikriteriellen) Performancemaß.

Als Bemessungsgrundlagen kommen sowohl input- als auch outputorientierte Größen in Frage. Ihre Eignung hängt von dem Zweck ab, dem das Anreizsystem dient, und von den Messmöglichkeiten. Zielt das Anreizsystem primär auf ein bestimmtes Verhalten oder auf die genaue Einhaltung eines Budgets ab, so erlauben die Arbeitsleistung oder die ausgegebenen Projektmittel als inputorientierte **Bemessungsgrößen** eine direkte Beurteilung des Managers. Die ausgegebenen Projektmittel sind vergleichsweise einfach ermittelbar. Dagegen sind geeignete Maßgrößen der Arbeitsleistung vielfach schwierig zu finden. Bei repetierlicher Tätigkeiten mag beispielsweise eine Vorgabezeit eine solche Inputgröße sein, deren Unterschreiten honoriert werden kann (vgl. Lücke 1988, S. 30-42). Für leitende Tätigkeiten gibt es in Einzelfällen Vorgaben und Checklisten, die die Prüfung der Geschäftsführung regeln (vgl. etwa IDW (o.J.)). Sie formulieren typischerweise Mindestanforderungen an eine leitende Tätigkeit. Zwar erlauben sie nur unter zusätzlichen Annahmen eine stufenlose Messung der Arbeitsleistung, doch liefern sie zumindest formale Anhaltspunkte für grobes Fehlverhalten. Allerdings droht bei inputorientierten Beurteilungsgrößen die Gefahr der Vernachlässigung von Menge und Qualität des Outputs.

Diese Gefahr ist bei outputorientierten **Performancegrößen** geringer. Sie können im betrieblichen Rechnungswesen in vielfältiger Form mit unterschiedlichen Vorteilen bereitgestellt werden (vgl. Weißenberger 2003, S. 85-162; 234-296). Grundlegend für wertorientierte monetäre Performancemaße ist die Einteilung in Gesamtwertgrößen, in Periodenüberschussgrößen und in Rentabilitäten (vgl. Troßmann/Baumeister/Werkmeister 2008, S. 244 f.). Rentabilitäten stellen eine Erfolgsgröße ins Verhältnis zu einem knappen Faktor, insbesondere Kapital- oder Umsatzgrößen. Dennoch werfen sie grundsätzliche Probleme für Steuerungszwecke auf. So können sie über den Zähler und den Nenner beeinflusst werden, ohne dass generell klar ist, ob bzw. welche der beiden Einflussgrößen erwünscht sind. Weiter droht bei Rentabilitätsorientierung ein Unterinvestitionsproblem, da kleine Projekte mit kleinen absoluten Überschüssen durchaus größere Rentabilitäten erzielen können als größere Projekte, ohne dass dies im Sinne der auf Unternehmensleitung bzw. Eigner sein muss. Hinzu kommen zahlreiche spezielle Probleme einzelner Rentabilitätsgrößen: etwa bei Orientierung an der Eigenkapitalrentabilität die Vorteilhaftigkeit höherer Verschuldung gemäß dem Leverage-Effekt oder Probleme der Kapitalabgrenzung (vgl. hierzu auch Arbeitskreis 2010). Dagegen taugen Gesamtwertgrößen wie der Kapitalwert oder bestimmte Periodenüberschussgrößen grundsätzlich zur wertorientierten Unternehmenssteuerung. Stimmt die Summe der Zahlungsüberschüsse mit der Summe der Gewinne überein (Kongruenz- oder Clean-Surplus-Bedingung), lassen sich gewinnorientierte und kapitalwertorientierte Unternehmensführung durch geeignete Verzinsung ineinander überführen (vgl. Lücke 1955 zum Prinzip und Feltham/Ohlsen 1995 zu den Besonderheiten in risikobehafteten Principal-Manager-Problemen).

Die **Belohnungsregel** legt fest, wie die Belohnung bestimmt wird. Im einfachen Fall setzt die übergeordnete Instanz die Belohnung nachträglich subjektiv fest (dies wird gelegentlich auch als Prämie bezeichnet – im Gegensatz zu einem zuvor geregelten Bonus). Eindeutiger und weniger willkürlich ist jedoch die Vereinbarung einer festen Belohnungsfunktion für den Zusammenhang zwischen der Bemessungsgrundlage und der Belohnung. Bei multikriterieller Bemessungsgrundlage hat die Belohnungsfunktion eine geeignete Aggregation vorzusehen. Weiter ist zu klären, ob nur eine Belohnung vorgesehen oder auch eine Bestrafung zugelassen wird. Dies ist weniger weltfremd, als es auf den ersten Blick erscheint. Beispielsweise ist eine fixe Pachtzahlung des Managers eine Standardlösung für Principal-Agenten-Modelle mit einem Manager, der risikofreudiger oder besser informiert ist als der Principal (vgl. Harris/ Raviv 1979; Holmström 1979). Doch kann eine ungünstige Umweltentwicklung dem Manager dann durchaus negative Ergebnisse bescheren, wenn er die Pacht nicht erwirtschaftet. Weiterhin ist bei der Belohnungsregel zu klären, ob lediglich ein Fixum, eine variable Belohnung oder eine Kombination von beidem eingesetzt wird. Für eine variable Belohnung ergeben sich weitere Einzelprobleme. So ist für ein erfolgsorientiertes Anreizsystem mit variabler Belohnung insbesondere festzulegen, ob es ein Anreizintervall mit einer Ober- oder Untergrenze (Cap bzw. Floor) für die variable Belohnung gibt oder nicht und ob die variable Belohnung konstant, gestaffelt progressiv oder degressiv von der Bezugsgröße abhängt.

Insbesondere bei Anreizsystemen, die auf die Einhaltung eines Ausgabenbudgets angelegt sind, ist festzulegen, wie Über- und Unterschreitungen sanktioniert bzw. belohnt werden, da gerade für fixierte Zielgrößen bzw. Restriktionen eine reine Maximierungs- oder Minimierungsbelohnung vielfach nicht sinnvoll ist (vgl. Schweitzer/Troßmann 1998, S. 48 f., 334 ff.).

c. Anforderungen an betriebliche Anreizsysteme

Damit ein Anreizsystem seinen Zweck erfüllen kann, muss es mehrere Anforderungen erfüllen. Diese richten sich entweder auf einzelne Komponenten des Anreizsystems oder auf das Anreizsystem insgesamt. Sie lassen sich teilweise deduktiv aus dem Zweck und den Rahmenbedingungen des Anreizproblems herleiten, teilweise sind sie aus allgemeinen Praktikabilitätsüberlegungen heraus zu ergänzen.

Wegen der unterschiedlichen Anreizschwerpunkte unterscheiden sich die Zusammenstellungen potentieller Anforderungen an Anreizsysteme in der Literatur (vgl. beispielsweise Friedl 2003, S. 297; Laux 1999, S. 29 ff.; Weißenberger 2003, S. 84; Winter 1996a, S. 71-92). Dennoch schälen sich einige generelle Anforderungen heraus, die in individuelle und übergreifende Anforderungen unterteilt werden. Sie werden im Folgenden genauer erläutert.

Individuelle Anforderungen gelten für eine einzelne Anreizbeziehung. Zu den wichtigsten unter ihnen gehören:
– Anreizkompatibilität (Verhaltenssteuerungsprinzip)
– Beeinflussbarkeit (Controllability-Prinzip)
– intersubjektive Überprüfbarkeit und Transparenz
– Wirtschaftlichkeit.

Die **Anreizkompatibilität** verlangt als Verhaltenssteuerungsprinzip, dass ein Anreizsystem dem Manager generell dann einen Vorteil verschaffen sollte, wenn sein Handeln dem Principal, d. h. dem Betrieb bzw. seinen Eignern nützt. Eine verbesserte Ausprägung der Bemessungsgrundlage sollte daher einen besseren Beitrag zu den Zielen des Principals leisten.

Das **Controllability-Prinzip** fordert vorwiegend aus motivationspsychologischen Gründen, dass Entscheidungsträger nur für die Erreichung von Zielgrößen verantwortlich gemacht werden, die sie auch tatsächlich beeinflussen können.

Die Ausprägung der Bemessungsgrundlage soll nach dem Controllability-Prinzip einen Rückschluss auf das Verhalten erlauben. Problematisch wird dies insbesondere in Unsicherheitssituationen, wenn der Manager auf von ihm unbeeinflussbare Umweltentwicklungen reagieren muss und dies den Zusammenhang zwischen Ergebnis und Verhalten überlagert. Wenn in solchen Fällen die Reaktionsalternativen des Managers keine Kongruenz zwischen seinen eigenen Zielen und denen des Principals (bspw. der Kapitalgeber) aufweisen, kann es je nach Unsicherheitssituation und Unsicherheitspräferenz der Beteiligten durchaus sinnvoll sein, das

Controllability-Prinzip außer Acht zu lassen und den Manager über das Anreizsystem zu zwingen, auf von ihm nicht verschuldete ungünstige Umweltentwicklungen durch besondere Anstrengungen zu reagieren (vgl. Demski 1976). Ebenso sind Verstöße gegen das Controllability-Prinzip mitunter sinnvoll, wenn zusätzliche, vom Manager nicht beeinflussbare Performancemaße verwendet werden, weil sie einen besseren Rückschluss auf das Verhalten des Managers erlauben (vgl. Holmström 1979; vgl. Abschnitt C VI 5).

Intersubjektive Überprüfbarkeit und **Transparenz** liegen vor, wenn die Beteiligten die relevanten Komponenten des Anreizsystems, insbesondere die Bemessungsgrundlage sowie die Belohnung verifizieren können. Die unterstellten Zusammenhänge von Bemessungsgrundlagen und Belohnungsregeln sollten durchschaubar sein und dem Eigenverständnis der Manager nicht widersprechen (vgl. Küpper 2008, S. 227 ff.). Die Überprüfbarkeit monetärer Belohnungen wirft im Allgemeinen keine Probleme auf, eher jedoch die nichtmonetärer Anreize. Zur Überprüfbarkeit gehört in einer weiteren Fassung auch, dass keiner der Beteiligten die Bemessungsgrundlage einseitig und unbemerkt manipulieren kann (Anforderung der **Manipulationsfreiheit**). Typische Problembereiche der Manipulierbarkeit liegen in bilanzpolitischen Gestaltungsmöglichkeiten der Unternehmensleitung, die von den Aktionären nur eingeschränkt überprüft werden können. Beispielsweise können durch eine Bilanzverkürzung zum Jahresende (durch Tilgung kurzfristiger Verbindlichkeiten) verschiedene Bemessungsgrundlagen verbessert werden, ohne dass dies für die Eigner ohne weiteres ersichtlich ist.

Das Anreizsystem verursacht dem Investor Kosten für die Entlohnung und für weitere Aktivitäten, beispielsweise zur Erfolgsmessung und für andere Informations- und Kontrolltätigkeiten. Diese Kosten sind vom zusätzlichen Erfolg durch das Anreizsystem abzuziehen, so dass insgesamt ein größerer Nettovorteil verbleibt als bei alternativen Anreizsystemen. Auf die **Wirtschaftlichkeit** sind auch die potentiellen Steuerungsvorteile eines differenzierten Anreizsystems über den Vergleich zum größeren Aufwand für seine Durchsetzung abzuwägen.

Neben den geschilderten Anforderungen gibt es weitere Anforderungen. Zu nennen sind die Vollständigkeit und Nachverhandlungssicherheit des Anreizsystems (vgl. Schweizer 1999, S. 183 ff.), die Wahrheit der Berichte, Fairness oder die zeitliche Verbundenheit (Aktualität) der Belohnung (vgl. Weißenberger 2003, S. 82) oder die pareto-effiziente Risikoteilung (vgl. Laux 1999, S. 31). Sie sind aus den bisherigen Annahmen teilweise durch eine Erweiterung des Entscheidungsablaufs oder -spektrums herzuleiten, teilweise sind sie speziell für einzelne Anreizsystemvarianten sinnvoll.

Zu den individuellen Anforderungen an ein Anreizsystem treten **übergreifende Anforderungen** hinzu, wenn mehrere Anreizbeziehungen gemeinsam zu koordinieren sind (vgl. Demski/Sappington 1984). Übergreifende Anforderungen sind:

– Absicherung gegen Kollusion
– Gerechtigkeit und Fairness
– Kongruenz von übergreifenden und individuellen Anreizsystemen.

Kollusion bezeichnet das Zusammenwirken mehrerer Manager zu Lasten des Principals. Die Absicherung gegen Kollusion stellt den Principal vor einen Zwiespalt. Einerseits droht die Gefahr, dass mehrere Manager gemeinsame Projekte übertrieben vorteilhaft darstellen, sei es bewusst oder aus einer reinen Overconfidence-Euphorie (vgl. Oskamp 1965), oder dass sie die Präsentation ihrer einzelnen Projekte absprechen und die Ressourcenkonkurrenz damit außer Kraft setzen. Um dies zu vermeiden, wäre eine organisatorische oder räumliche Trennung der Manager zweckmäßig. Andererseits birgt die Zusammenarbeit von Managern auch für den Principal Vorteile, wenn Ressourcen gemeinsam nutzbar sind oder der gemeinsame Ideenaustausch sowie das Hinterfragen individueller Ansätze zu besseren Ergebnissen führen. Dies zeigt: Nicht jede Kooperation der Manager ist für die Zentrale nachteilig. Als Problem der Anreizgestaltung wirkt insbesondere jene Kollusion, die der Investor nicht antizipiert (vgl. Krapp 2000, S. 14).

Zur Vorbeugung unerwünschter Kollusion gibt es eine Reihe von Vorschlägen. Einige davon wirken grundsätzlich gegen die Kollusion. Zu ihnen gehört der bei *Tirole* anklingende, allerdings wenig praktikabel erscheinende Vorschlag zueinander anonymer Manager (vgl. Tirole 1992, S. 190). Zudem beschneidet er die Kollusions- oder Kooperationsvorteile generell. Alternativ könnte ein geeigneter Vertrag die Kooperation legalisieren (vgl. Krapp 2000, S. 14 ff., 184). Schließlich senken differenzierte Anreizmechanismen für die einzelnen Manager deren Kollusionsinteresse (vgl. Winter 1996b, S. 909). Andere Vorschläge schwächen die Nachteile der Kollusion eher ab. Beispielsweise kann die Unternehmensleitung als Principal versuchen, das gegenseitige Vertrauen der Manager als Basis der Kollusion aufzubrechen, indem er einzelne von ihnen austauscht oder ergänzt und dadurch das Konkurrenz- und Konfliktpotential zwischen den Managern steigert. Zudem baut eine bessere Information Informationsungleichgewichte zwischen allen Beteiligten und damit die Grundlage der nicht antizipierten Kollusion ab.

Für Mehrpersonen-Anreizsysteme ist schließlich die von den Managern wahrgenommene **Gerechtigkeit** zu beachten. Paretooptimale Anreizverträge zwischen Investor und Manager wiesen die Vorteile im Regelfall einseitig zu: Sie nehmen an, dass die Verhandlungsmacht des Investors die des Managers übertrifft, und daher der Nutzen des Investors steigt, während der des Managers sich nicht verschlechtert (vgl. Weißenberger 2003, S. 58). Anreizsysteme sind in diesem Sinne gerecht, wenn keiner der Manager weniger als seinen Opportunitätsnutzen erhält. Zweifel an der Gerechtigkeit entstehen jedoch, wenn die Manager unterschiedlichen Opportunitätsnutzen geltend machen und daher unterschiedliche Anreize bekommen.

Zudem wird im betrieblichen Alltag und in Experimenten vielfach eine Orientierung an **Fairness-Vorstellungen** beobachtet (vgl. Frey 1997). Diese reichen über die isolierte Anreizsituation hinaus und überwinden ein rein situatives Nutzenkalkül. Eine Verletzung solcher übergreifender Fairness-Vorstellungen, beispielsweise durch eine sehr ungleiche Verteilung der Vorteile, führt zur expliziten Ablehnung des Anreizvertrags oder zu nicht intendiertem Verhalten. Andere typische Konfliktfelder der Fairness bestehen darin, dass je nach Marktsegment und Umweltsituation gleiche Ausgangssituationen (gemessen beispielsweise durch Investitionsbudgets, Marktpotentiale oder ähnlichem) trotz vergleichbarer Anstrengung der Manager zu unterschiedlichen Ergebnissen (als Erfolg, Umsatz, …) führen können, aber auch unterschiedliche Ausgangssituationen zu gleichen Ergebnissen führen können. Dies erschwert die Wahrnehmung der Fairness.

Bei der Anreizgestaltung für mehrere Manager ist schließlich auf die **Kongruenz** der einzelnen Systeme zu achten. Anreizkonformes Verhalten eines Managers sollte die Zielerreichung der übrigen nicht beeinträchtigen. Dies betrifft generell sachliche und personelle Interdependenzen. Besonders kritisch sind solche Interdependenzen zu prüfen, wenn das Anreizsystem auf relativen Leistungsbeurteilungen basiert, bei denen die Bewertung eines Managers von der Beurteilung der übrigen Manager abhängt. Relative Leistungsbeurteilungen werden für den Multimanagerfall häufig vorgeschlagen (vgl. etwa Holmström 1982, Demski/Sappington 1984, Krapp 2000, S. 63 ff.). Doch besteht die Gefahr, dass ein Manager seine relative Performance durch Schädigung der übrigen verbessert, ohne dass dies im Sinne des Investors ist.

d. Grundformen betrieblicher Anreizsysteme

Die Kombinationen der Merkmale von Belohnungssystemen, die in Abb. 102 zusammengestellt sind, eröffnen ein breites Spektrum zur Gestaltung von Anreizsystemen. Dies legt nahe, dass es kein generell optimales Anreizsystem gibt, sondern dass die Vor- und Nachteile eines Anreizsystems zweck- und situationsabhängig zu beurteilen sind. Im Folgenden werden zwei Probleme vorgestellt. Beim ersten Problem geht es darum, ob die Anreize individuelle Leistungen oder gemeinsame Leistungen eines Teams, eines Bereichs oder des Gesamtbetriebs honorieren. Als zweites zentrales Problem ist zu klären, ob sich die Belohnung ausschließlich an den tatsächlich erzielten Ergebnissen des Managers orientieren soll oder ob weitere Größen berücksichtigt werden sollen. In Frage kommen dafür einerseits Umweltgrößen, andererseits Planwerte bzw. Zielvereinbarungen.

Im einfachsten Fall dient der erzielte betriebliche Gesamterfolg als Bemessungsgrundlage für eine lineare Entlohnung der Manager. Er setzt sich zusammen aus den Bereichserfolgen der beteiligten Manager. Da der Gesamterfolg durch die Erfolgsbeteiligungen zumindest teilweise zwischen den Unternehmenseigner und den Manager aufgeteilt wird, spricht man auch vom Profit Sharing (vgl. Loeb/Magat 1978, S. 112 f.). Für die Anreizfunktion des Profit-Sharing gilt folgende Entlohnungsfunktion des Bereichsmanagers:

$$s_j^{PS}(G) = S + \delta_j \cdot G = S + \delta_j \cdot \sum_j G_j$$

mit den Variablen

$s_j^{PS}(G)$ Entlohnung des Managers j in Abhängigkeit des Gesamterfolgs

G, G_j Gesamterfolg bzw. Erfolgs des Bereichs j

S_j fixe Entlohnungskomponente eines Bereichsmanagers, ggf. managerspezifisch

δ_j Erfolgsanteil eines Bereichsmanagers, ggf. managerspezifisch.

Bei der Beurteilung dieses bereichsübergreifenden Profit Sharing sind Informations- und Leistungsanreize zu prüfen. In diese Anreizfunktion gehen weder Informationen noch Budgetvorgaben eines Bereichsmanagers explizit ein. Dennoch hat sie indirekt interessante Konsequenzen für die Informationsbereitstellung der Manager im Rahmen von Planung und Budgetierung. Da eine optimale Ressourcenallokation wegen der Gewinnbeteiligung im ureigenen Interesse der beteiligten Manager liegt und wahrheitsgemäße Berichte die Ressourcenallokation verbessern, wird ein Manager im Profit Sharing wahrheitsgemäß berichten,

– sofern er davon ausgeht, dass auch die anderen Manager wahrheitsgemäß berichten und
– sofern nicht Arbeitsleid oder Private Benefits mit ihren Nutzenwirkungen die möglicherweise ungünstigen Konsequenzen wahrheitsgemäßer Berichte des Managers überlagern.

Aufgrund der wahrheitsgemäßen Berichte erhält der Manager auch das aus betrieblicher Sicht optimale Budget. Die Informationsanreizwirkungen des Profit Sharing sind daher kompatibel mit betrieblichen Erfolgszielen, die Anreizregel ist transparent, vergleichsweise gut überprüfbar und wirtschaftlich umzusetzen. Die Gefahr missbräuchlicher Zusammenarbeit (Kollusion) zwischen den Managern mit abgesprochenen Fehlinformationen ist gering, da diese Berichte keine Entlohnungsgrundlage sind. Sie sind allenfalls durch die nichtmonetären Nutzenkomponenten (Arbeitsleid und Private Benefits) motiviert. Aus Gründen des Gerechtigkeitsempfindens kann es vorteilhaft sein, die Erfolgsbeteiligung der einzelnen Manager nicht zu sehr schwanken zu lassen, da andernfalls Verteilungskonflikte zwischen den Managern aufbrechen können. Weniger gut erfüllt ist die Controllability-Anforderung: Die Erfolgsprämie eines Managers hängt nicht primär von seinen eigenen Leistungen, sondern von den Beiträgen anderer Manager ab, so dass mit steigender Zahl der Manager der eigene Einfluss auf die Entlohnung schwindet. Mit seiner einfachen, gesamterfolgsabhängigen Entlohnung ist das Profit-Sharing-Anreizschema schlecht gegen Trittbrettfahrer gefeit. Die betriebliche Führung muss mit begleitenden Instrumenten dagegen ansteuern.

Deutlich stärker auf die Möglichkeiten des einzelnen Bereichsmanagers ausgelegt ist die bereichsbezogene Form der Erfolgsbeteiligung:

$$s_j(G_j) = S_j + \delta_j \cdot G_j$$

Hier hängt die Entlohnung des Bereichsmanagements ausschließlich vom Ergebnis des betreffenden Bereichs ab, so dass von deutlich stärkerer Controllability und Leistungsanreizen auszugehen ist als beim bereichsübergreifenden Profit Sharing. Dagegen ist durchaus mit Informationsfehlanreizen durch Bereichsegoismen zu rechnen. Beispielsweise können überhöhte Prognosen im Rahmen des Planungsprozesses zu Fehlallokationen von Ressourcen führen, die den Bereichserfolg steigern, den Gesamterfolg jedoch schmälern. Ähnliche Probleme werfen Ressourceninterdependenzen bei dem primär auf Informationsanreize ausgerichteten Weitzman-Schema auf, soweit keine geeigneten Koordinationsmechanismen berücksichtigt werden (vgl. Kapitel C III).

Einen Ansatz zur expliziten Berücksichtigung dieser Ressourceninterdepenzen zwischen den Erfolgen mehrerer Bereich schlagen Groves und Loeb vor (vgl. Groves 1973, Groves/Loeb 1979). Im Groves-Schema gehen sie davon aus, dass der Erfolg eines Betriebs von den Erfolgen seiner Bereiche j (j = 1, [...], J), diese Erfolge G_j der Bereiche von deren jeweiligem Investitionsbudget x_j abhängen. Bei knappen Ressourcen (insbesondere knappen finanziellen Mitteln) steht ein Betrieb daher vor folgendem Problem der Ressourcenallokation auf seine Bereiche:

Zielfunktion:

$$G = \sum_j G_j(x_j) \rightarrow \max!$$

Nebenbedingung: $x = \sum_j x_j \leq \overline{x}$.

mit den Variablen:

G_j Erfolg des Bereichs j
x_j Menge der dem Bereich j zugeteilten Ressource
$\overline{x}$ verfügbare Gesamtmenge der Ressource.

Das Problem wird dadurch erschwert, dass die Unternehmensleitung nicht die tatsächlich möglichen Erfolge $G_j(x_j)$, sondern lediglich die Berichte $\hat{G}_j(x_j)$ der Bereichsmanager kennt.

Groves und Loeb zeigen nun, dass der Betrieb das Problem gemäß dem Groves-Schema mit folgender Anreizfunktion für die Entlohnung der Bereichsmanager in Abhängigkeit des eigenen Ist-Erfolges eines Managers i und der berichteten Erfolge aller anderen Manager j auf optimale Weise löst (vgl. Groves 1973, Groves/Loeb 1979):

$$s_i^G(G_t(x_i)) = S_i + \varepsilon_i \cdot \left(G_t(x_i) + \sum_{j \neq i} \hat{G}_j(x_j) \right)$$

mit den zusätzlichen Variablen:

s_i^G Entlohnung des Managers i im Groves-Anreizschema (i = 1, [...], J)

$\hat{G}_i$ berichteter und geplanter Erfolg des Bereichs i (entsprechend $\hat{G}_j$ für Bereich j)

S_i fixe Entlohnungskomponente des Managers i

ε_i Anteil des Managers i am berichteten Gesamterfolg (Belohnungsparameter).

Zur obigen Formulierung gleichwertig ist folgende Abhängigkeit der Managerentlohnung vom berichteten Gesamterfolg und der eigenen Erfolgsabweichung:

$$s_i^G(G_t(x_i)) = S_i + \varepsilon_i \cdot \left(\Delta G_t(x_i) + \hat{G}(x) \right)$$

In beiden Formulierungen handelt es sich um lineare Entlohnungsfunktionen über positive und negative Ausprägungen der Bemessungsgrundlage. Zu dieser Bemessungsgrundlage gehören Planwerte bzw. Zielvereinbarungen der eigenen und aller anderen Bereiche sowie die Istwerte des eigenen Bereichs. Für jeden Bereichsmanager ist bei dieser Entlohnungsregel die wahrheitsgemäße Berichterstattung optimal, unabhängig davon, wie die anderen berichten. Denn verzerrte Informationen über die Leistungsfähigkeit des eigenen Bereichs und die Vorteilhaftigkeit von Investitionen in den eigenen Bereich könnten zwar möglicherweise den eigenen Planerfolg steigern. Doch führen sie zu Fehlallokationen der Ressourcen des Gesamtbetriebs und damit zu einem suboptimalen Gesamterfolg als zweitem Teil der Bemessungsgrundlage. Da zudem für den eigenen Bereich die tatsächlich erzielten Erfolge als Bemessungsgrundlage dienen, nützen übertriebene Berichte dem Bereichsmanager nicht.
Voraussetzung für diese Anreizkompatibilität ist, dass

– kein Arbeitsleid zu berücksichtigen ist (andernfalls ist tendenziell mit zu niedrigen Berichten zu rechnen),

– keine Private Benefits erzielt werden (andernfalls ist tendenziell mit überhöhten Berichten zu rechnen) und

– keine Risikoaversion vorliegt.

In diesen Fällen ist daher von Ausweichreaktionen der Bereichsmanager auszugehen. Vor der Ressourcenzuteilung kann ein Manager seine Entlohnung nur eingeschränkt beeinflussen, da sie auch von den Berichten der übrigen Bereiche abhängt. Nach der Ressourcenzuteilung hängt die Entlohnung ausschließlich vom Ergebnis des eigenen Bereichs ab. Insofern liefert das Groves-Schema auch Leistungsanreize, auch wenn diese nicht explizit modelliert werden (vgl. zur Anreizkompatibilität auch Hofmann/Pfeiffer (2003)). Vorteile des Groves-Schema liegen außerdem in der einfachen Durchführung in Betrieben, die ohnehin über ein entsprechendes Planungs- und Zielvereinbarungssystem verfügen, sowie in seiner Transparenz.

Die Kombination der tatsächlichen Bereichserfolge mit den gesamtbetrieblichen Planerfolgen als Bemessungsgrundlage ist in expliziter Form in der Praxis nicht weit verbreitet. Soweit übergreifende Performancemaße beobachtet werden, sind dies eher die gesamtbetrieblichen Isterfolge oder ihre Abweichung von Plan- bzw. Zielerfolgen.

Exkurs: Wertorientierte Unternehmenssteuerung bei Siemens

Die Siemens AG sah sich im Jahr 1998 einer unbefriedigenden Unternehmenswertentwicklung gegenüber. Der Aktienkurs bzw. der Börsenwert entwickelten sich in den Jahren 1990 bis 1998 deutlich schlechter als bei vergleichbaren Unternehmen. Die folgende Abbildung zeigt, dass der Deutsche Aktienindex (DAX) den Vergleichswert 100 (für das Jahr 1998) von einem deutlichen niedrigeren Niveau im Jahr 1990 erreicht als die Siemens-Aktie. Entsprechend ergibt sich eine Kurssteigerung von 235 % des DAX im Vergleich zu lediglich 79 % der Siemens-Aktie (alle Angaben berechnet aufgrund der Geschäftsberichte des Siemens-Konzerns bzw. von Informationen der Deutsche Börse AG).

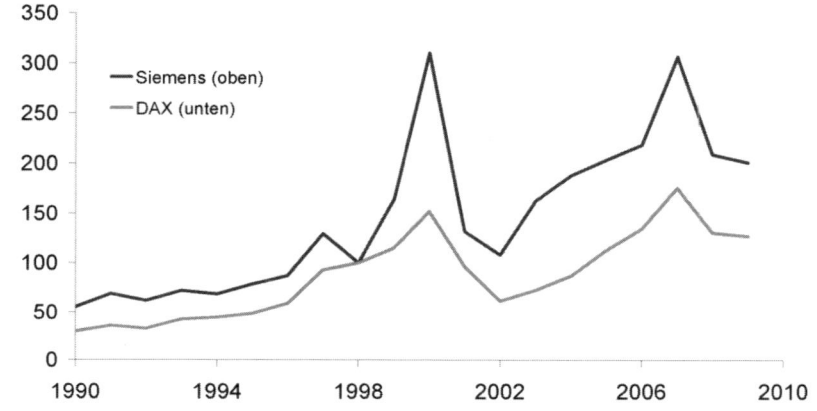

Abb. 103: Entwicklung des Siemens-Aktienkurses und des DAX (1998 = 100)

Als Reaktion darauf beschloss Siemens unter dem Namen Top$^+$ ein Paket verschiedener Maßnahmen. Diese umfassten einerseits sachliche Schwerpunkte, andererseits aber auch Neuerungen des Führungssystems. Zu diesen Neuerungen zählen die Unternehmenssteuerung über den Geschäftswertbeitrag (GWB) und die dezidiert erfolgsabhängige Entlohnung der Führungskräfte mit Stock Options.

Der GWB ist eine von Siemens entwickelte und als Warenzeichen eingetragene Variante eines Residualgewinns (Economic Value Added). Er wird berechnet als Geschäftsergebnis nach Steuern abzüglich der Kapitalkosten auf das Geschäftsvermögen. Das Geschäftsergebnis unterscheidet sich vom EBIT (Earnings before Interest and Taxes) und das Geschäftsvermögen vom bilanziellen EBIT-Vermögen (Summe der Aktive abzüglich der typischerweise zinslosen Verbindlichkeiten) durch Anpassungen (Conversions). Diese bezwecken eine bessere Trennung der operativen Aktivitäten von Finanzierungsaktivitäten, eine klare Risikozuordnung zur Erhöhung der Transparenz und Wirtschaftlichkeit und eine Belastung von nichtbilanzierten Vermögensgegenständen (z. B. bei Operating Leasing) mit Kapitalkosten (vgl. Neubürger 2000, S. 192). Als Kapitalkostensatz auf das Geschäftsvermögen verwendete Siemens einen gewichteten Durchschnitt aus unternehmensweiten Fremdkapital- und bereichsspezifischen Eigenkapitalkostensätzen. Im Jahr 2000 ergaben sich Kapitalkostensätze der operativen Bereiche zwischen 8 % und 11 %.

Ziel der GWB-Steuerung war die Konzentration auf ein Performancemaß (vgl. Neubürger 2000, S. 188), das

- das Ergebnis und die Kapitalkosten in einer Größe zusammenfasst. Dies geschieht in der oben dargestellten Weise eines Economic Value Added. Als Mindestanforderung an einen Geschäftsbereich galt das Erreichen eines positiven Geschäftswertbeitrags binnen drei Jahren. Dies war auch eine Grundlage der Neuordnung der Geschäftsfelder bei Siemens;

- durch enge Anlehnung an die externe Rechnungslegung einfach ermittelbar sowohl intern als auch extern kommunizierbar ist (Stichwort „Value Reporting);

- eine Zielhöhenfestlegung aufgrund von Kapitalmarkterwartungen und Best-Practices und eine laufende Kontrolle erlaubt. Dazu gehört eine jährliche Steigerung der GWB-Vorgabe der Geschäftsbereiche. Diese Vorgaben und die Entwicklung des GWB sowie monatlich aktualisierte Forecasts und Sensitivitätsanalysen waren Gegenstand der quartalsweisen Durchsprachen mit dem Management der dezentralen Einheiten;

- als unmittelbare Grundlage der variablen Vergütung herangezogen werden kann. Als variable Entlohnung des Leitungskreises bei Siemens wurden indexierte Aktienoptionspläne eingeführt. Die Gewährung von Aktienoptionen wurde auf das Erreichen von einjährigen bzw. dreijährigen GWB-Zielen ausgerichtet, wobei grundsätzlich 2/3 des Bonus aus der GWB-Performance der eigenen und 1/3 aus der GWB-Performance der übergeordneten Einheit ermittelt wird.

Die Konsequenzen dieses wertorientierten Steuerungskonzepts lassen sich anhand verschiedener Größen feststellen. Ein wichtiges Element war die Bereinigung und Neuausrichtung der Geschäftsfelder anhand der GWB-Perspektiven. Hier lässt sich nach der Wachstumsphase der neunziger Jahre eine deutliche Bereinigung im Jahr 2000 feststellen, in dem die Zahl der ausgeschiedenen Tochtergesellschaften erstmals größer ist als die der neukonsolidierten (nach dem Geschäftsjahr 1999/2000 werden die Angaben nicht mehr im Geschäftsbericht bereitgestellt).

	Summe konsolidiert	davon neu konsolidiert	Summe ausge-schieden
1997	365	k.A.	k.A.
1998	658	328	35
1999	762	181	97
2000	718	114	138

Abb. 104: Entwicklung des Konsolidierungskreises im Siemens-Konzern

Ein ähnliches Bild zeigt die Umsatzentwicklung zwischen 1998 und 2007 in Abb. 105. Sie spiegelt konjunkturelle Schwankungen, aber auch die Ausgliederung von Geschäftsfeldern (unter anderem Siemens Nixdorf, Epcos, Infineon) wieder. Besonders auffällig ist, dass trotz des insgesamt nicht wesentlich gestiegenen Umsatzes sich der GWB im gleichen Zeitraum deutlich verbessert hat.

Schließlich zeigt sich das Ergebnis des wertorientierten Steuerungskonzepts auch in der Entwicklung des Aktienkurses nach 1998. Nach der Einführung der GWB-Steuerung bis zum Jahr 2007 entwickelte sich der Kurs der Siemensaktie trotz ausgeprägten zwischenzeitlichen Schwankungen insgesamt deutlich besser als der DAX (vgl. Abb. 103). Damit hat die GWB-Steuerung ihr zentrales Ziel der Unternehmenswertsteigerung erreicht.

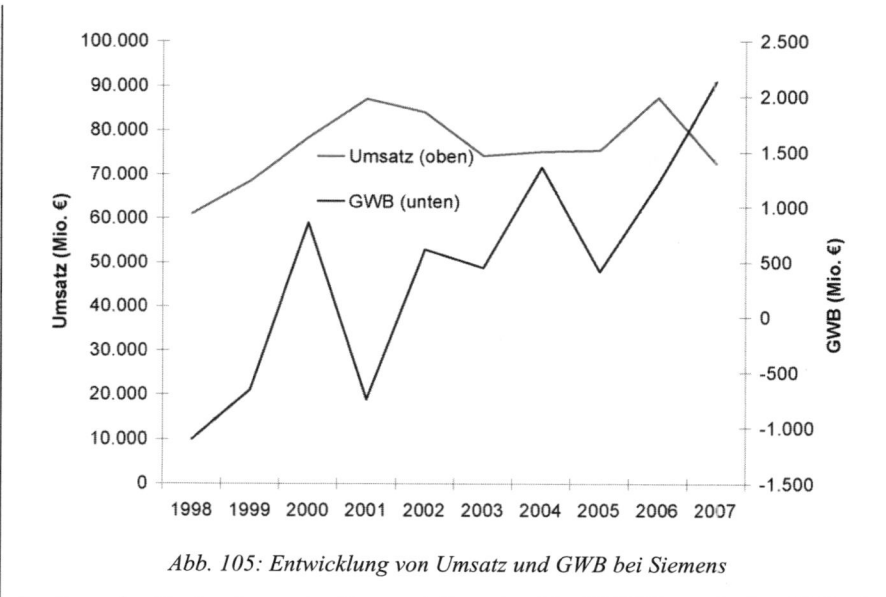

Abb. 105: Entwicklung von Umsatz und GWB bei Siemens

Im Zuge der Neubesetzung der Konzernleitung im Jahr 2007/08 wurde der GWB als Steuerungsgröße durch andere Performancemaße (insbesondere den ROCE und den Free Cash Flow) abgelöst. Ob dies der Grund für den vergleichsweise starken Kursrückgang bis 2010 ist, oder ob dieser andere Gründe hat (z. B. die Aufarbeitung der Korruptionsfälle), bleibt noch offen.

Abb. 106: Wertorientierte Unternehmenssteuerung mit dem Geschäftswertbeitrag bei Siemens

5. Agency-Modelle zur Analyse von Anreizsystemen

a. Kennzeichnung von Agency-Problemen

Anreizprobleme entstehen, wenn Aufgaben auf einen Entscheidungsträger (Agenten) übertragen werden, der

– nicht alle Konsequenzen seiner Handlungen bzw. Entscheidungen zu tragen hat (Problem der Verteilung der Property Rights; vgl. B I);
– über besondere Informationen verfügt (Informationsasymmetrie) hinsichtlich der Art der Konsequenzen, ihres Ausmaßes und Abhängigkeit vom Arbeitseinsatz und Umwelteinflüssen (Hidden Characteristics) oder hinsichtlich seiner eigenen Entscheidungen über Art der Entscheidungen sowie über Art und Ausmaß seines Arbeitseinsatzes (Hidden Action),
– persönliche Präferenzen (oder auch Aversionen) für einige Handlungskonsequenzen hat, die von denen des Auftraggebers (Principals) abweichen (Zieldivergenzen).

In diesen Fällen ist nicht sichergestellt, dass der Agent seine Handlungen im Sinne seines Auftraggebers durchführt. Zur Analyse dieser Art von Anreizproblemen in einem deduktiven Modell bietet sich der Principal-Agenten-Modellrahmen an. Er geht von folgenden Annahmen aus (zur ursprünglichen Darstellung vgl. Grossman/Hart 1983):

Betrachtet wird eine Vertragsbeziehung zwischen einem Principal (stellvertretend für die Eigentümer oder die Leitung einer Unternehmung) und einem Agenten (einem Manager). Der Agent beeinflusst durch seine Entscheidungen und sein Verhalten (seine Arbeitsinhalte und seinen Arbeitseinsatz) seinen eigenen Nutzen, aber auch den Nutzen des Principals. Der Nutzen des Agenten beruht neben monetären Größen (im Regelfall die Entlohnung) auf nichtmonetären Größen (im Regelfall das Arbeitsleid). In vielen Fällen werden nicht die eigentlichen Zielgrößen des Principals, sondern andere Berichtsgrößen (Hilfsgrößen) gemessen und übermittelt. So sind viele Anleger an einem langfristig und umfassend ausgelegten Unternehmenswert interessiert. Gemessen und beurteilt wird vielfach aber ein monetärer Periodenerfolg, der dem eigentlichen Ziel nur teilweise entspricht. Dann entstehen Kongruenzverluste (vgl. Feltham/Xie 1994). Die Wirkungen der Entscheidungen und des Verhaltens des Agenten (die Ergebnisse) hängen ab von unsicheren Umwelteinflüssen. Sind die Entscheidungen und der Arbeitseinsatz des Agenten sowie die Ausprägung der unsicheren Umweltgröße für den Principal nicht beobachtbar, kann der Principal nicht feststellen, ob der Agent sich anstrengt oder ob ein gutes oder schlechtes Ergebnis auf eine günstige oder ungünstige Umweltentwicklung zurückzuführen ist. In diesem Fall kann der Principal versuchen, die Arbeitsleistung des Agenten durch die Gestaltung des Arbeitsvertrages, insbesondere durch eine erfolgsabhängige Entlohnung, zu beeinflussen. Die Analyse entsprechender Verträge ist der Kern der Principal-Agenten-Modelle. Zentraler Vertragsgegenstand ist – neben der Tätigkeit – das Vergütungssystem. Es umfasst die Bemessungsgrundlage, die Arten der Belohnung und die Belohnungsfunktion. Andere Analyseschwerpunkte bilden eine Verbesserung des Informationssystems (Monitoring) oder Beschränkungen der Handlungsoptionen des Agenten. Bei der Vertragsgestaltung sind die Alternativen (auch Opportunitäten, Outside Options genannt) von Principal und Agent zum betrachteten Vertrag (etwa Verträge mit anderen Agenten bzw. Principalen, Unterlassung der betrachteten Projekte, Arbeitslosigkeit) zu berücksichtigen.

Zur Analyse von Principal-Agenten-Problemen werden zwei Fälle unterschieden. Sind die Entscheidungen und der Arbeitseinsatz des Agenten beobachtbar, spricht man vom First-Best-Fall. Kann dann der Agent durch einen Forcing Contract, der abweichendes Verhalten bestraft, auf bestimmte Entscheidungen oder Arbeitseinsätze verpflichtet werden, besteht das zentrale Problem des Principals in der Festlegung des vorzugebenden Arbeitseinsatzes und des zugehörigen Lohnes. Der First-Best-Fall dient als Referenz für den Second-Best-Fall, in dem die Anstrengung des Agenten und die Ausprägung der unsicheren Umweltgröße nicht beobachtet werden können. Hier kann der Agent nicht wirksam auf eine bestimmte Arbeitsleistung verpflichtet werden, so dass ein geeignetes Anreizsystem einzusetzen ist. Die Differenz zwischen dem First-Best- und dem Second-Best-Ergebnis des Principals wird auch als Agency-Kosten bezeichnet. Sie messen den Nutzen- oder Effizienzverlust, der dem Principal aufgrund der Informationsasymmetrie entsteht.

Das allgemeine Principal-Agenten-Problem enthält in formaler Darstellung als Zielfunktion des Principals den Erwartungswert seines Nutzens:

$$\max E(u_P(x(a),s))$$

s.t.

$$E(u_A(s,a)) \geq U_A \quad \text{(PB)}$$

Dabei bezeichnen u_P bzw. u_A den Nutzen des Principals bzw. des Agenten in Abhängigkeit der Arbeitsleistung a, des erzielten Ergebnisses x und der Entlohnung bzw. des Entlohnungssystems s. U_A bezeichnet den Reservationsnutzen des Agenten. Die Partizipationsbedingung

PB fordert, dass der Agent durch diesen Arbeitsvertrag mindestens den Nutzen erzielt, den er anderweitig erzielen könnte.

Im Second-Best-Fall kann der Principal nicht überprüfen, ob der Agent auf einen vereinbarten Entlohnungsvertrag auch tatsächlich mit der Arbeitsleistung reagiert, die diesem zugrunde gelegt wurde. Daher hat der Principal bei der Analyse möglicher Entlohnungen sicherzustellen, dass die von ihm gewünschte Arbeitsleistung a bei der festzulegenden Belohnungsregel s auch für den Agenten optimal ist und der Agent keinen Anreiz hat, eine andere Arbeitsleistung zu wählen. Dazu wird der First-Best-Fall um eine Anreizbedingung AB ergänzt. Generell lautet sie:

$$a = \arg\max_{\alpha}\ u_A\left(s(\alpha), \alpha\right) \tag{AB}$$

Dieses Modell ist sowohl hinsichtlich der Modellierung der Präferenzen der Beteiligten als auch hinsichtlich der Handlungsmöglichkeiten des Agenten noch sehr allgemein gehalten. Für konkrete Aussagen ist es zu präzisieren. Dies betrifft insbesondere die Nutzenfunktionen der Beteiligten, die möglichen Arbeitsleistungen des Agenten sowie die Art der Unsicherheit.

Christensen und *Feltham* (2005, S. 86 ff.) untersuchen verschiedene charakteristische Varianten dieses Principal-Agenten-Modells mit additiver Verknüpfung des Nutzens des Agenten aus seiner Entlohnung und seinem Arbeitsleid v(a) als weiterer Nutzenkomponente. Für einen risikoneutralen Principal und exponentialverteilte Dichtefunktionen der Ergebnisse erhalten sie charakteristische empirische Formen erfolgsabhängiger Entlohnung in Abhängigkeit der Risikoeinstellung des Agenten, die in Abb. 107 zusammengefasst sind. Dort sind auch typische Anwendungsbeispiele angegeben.

Risikoeinstellung des Agenten	stark sinkende Risikoaversion	schwach sinkende Risikoaversion	konstante Risikoaversion
formale Abbildung	Wurzel-Risikonutzenfunktion	logarithmische Risikonutzenfunktion	exponentielle Risikonutzenfunktion
Entlohnungsfunktion	überlinear niedriges Fixum	linear	unterlinear hohes Fixum
Beispiel	Aktienoptionen für oberes Management	Umsatz- oder Gewinnbeteiligung für mittleres Management	Festgehalt auf niedrigen Hierarchiestufen

Abb. 107: Charakteristische Formen erfolgsabhängiger Entlohnung
bei exponentialverteilter Ergebnisdichtefunktion und risikoneutralem Principal

b.   Das LEN-Modell als standardisierter Principal-Agenten-Modellansatz

Mit der allgemeinen Form des Principal-Agenten-Modells lassen sich verschiedene Grundformen von Anreizproblemen analysieren. Doch für andere Analysen erweist sich die allgemeine Form als zu sperrig. Bereits die in den letzten Abschnitten getroffenen Aussagen für eine einfache Principal-Agenten-Konstellation waren nur für spezielle Arten von Risikonutzenfunktionen des Agenten oder Wahrscheinlichkeitsverteilungen des Ergebnisses möglich. Aussagen für differenziertere Konstellationen (z. B. mit mehreren oder unscharfen Bemessungsgrundlagen, mehrperiodigen Problemen, …) sind allenfalls mit noch restriktiveren

Annahmen möglich. Zudem erschwert die notwendige Fallunterscheidung hinsichtlich der jeweils gültigen Prämissen die Nachvollziehbarkeit und Verwendbarkeit der Aussagen.

Als Ausweg wird mit dem LEN-Modell die Verwendung einer standardisierten Form des Principal-Agenten-Problems als Analyserahmen diskutiert (vgl. Spremann 1987, Christensen/Feltham 2005, S. 154 ff.). Sein Name fasst drei besondere Eigenschaften zusammen:

L der Linearität der unterstellten Entlohnungsfunktion mit einem Fixum und einer ergebnisabhängigen (variablen) Komponente

E der exponentiellen Risikonutzenfunktion des Agenten sowie auch des Principals, soweit dieser ebenfalls als risikoavers gilt

N der Normalverteilung der Erfolgsfunktion in Abhängigkeit des Arbeitseinsatzes.

Diese drei Eigenschaften erlauben beträchtliche rechentechnische Vereinfachungen, so dass auch differenzierte Anreizkonstellationen abgebildet und gelöst werden können.

Das LEN-Modell geht von der Abfolge der Ereignisse im Rahmen des Principal-Agenten-Problems wie in Abb. 108 aus (vgl. zum Folgenden Wagenhofer/Ewert 1993, S. 375 ff.). Principal und Agent vereinbaren einen Vertrag, aufgrund dessen der Agent eine Handlung bzw. eine Arbeitsleistung wählt. Für die Vertragsvereinbarung und die Festlegung der Handlung gehen beide von identischen Informationen aus. Der Principal kann allerdings die Arbeitsleistung a des Agenten nicht beobachten, sondern lediglich ein Ergebnis x feststellen. Dieses dient als Bemessungsgrundlage für die Entlohnung s(x) des Agenten.

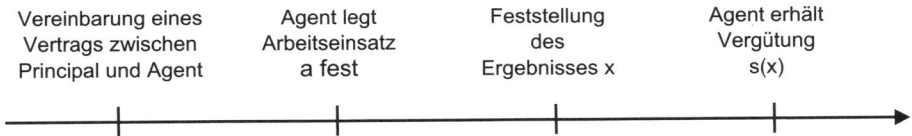

| Vereinbarung eines Vertrags zwischen Principal und Agent | Agent legt Arbeitseinsatz a fest | Feststellung des Ergebnisses x | Agent erhält Vergütung s(x) |

Abb. 108: Handlungsablauf im LEN-Modell

Für die Zusammenhänge von Arbeitsleistung des Agenten, Ergebnishöhe und Nutzen der Beteiligten gelten in der Grundform des LEN-Modells folgende Annahmen:

Erfolg in Abhängigkeit des Arbeitseinsatzes: $x = b \cdot a + \widetilde{\varepsilon}_x$

stochastischer Umwelteinfluss: $\widetilde{\varepsilon}_x \approx N(0, \sigma^2)$ (normalverteilt)

Nettoerfolg (= Nutzen) des Principals: $u_P = -\exp\left[-r_P \cdot (x - s(x,a))\right]$ (exponentiell)

Nutzen des Agenten: $u_A = u(s(x,a), V(a))$
$= -\exp\left[-r_A \cdot (s(x,a) - 0,5 \cdot a^2)\right]$ (exponentiell)

Vergütungsfunktion: $s(x) = f + v \cdot x$ (linear)

mit

f	Fixum	a	Arbeitseinsatz	b	Arbeitsproduktivität
v	Prämiensatz	U_A	Reservationsnutzen	r_A	Risikoaversionskoeffizient des Agenten
s	Vergütung	x	Output (Erfolg)	r_P	Risikoaversionskoeffizient des Principals

Als Ergebnisgröße ist beispielsweise ein Deckungsbeitrag oder Erfolg eines Bereichs denkbar, von dem die Entlohnung des Managers noch nicht abgezogen wurde. Grundsätzlich wird ein proportionaler Zusammenhang zwischen Arbeitsleistung und Ergebnis unterstellt, der durch einen additiven Störeinfluss überlagert wird, abgebildet durch die normalverteilte Zufallsvariable ε. Diese Störgröße

- kann vom Agenten nicht beeinflusst werden,
- hat einen Erwartungswert von null und eine von der Ergebnishöhe unabhängige Streuung,
- kann auch ex post vom Principal nicht festgestellt werden.

Die Präferenzen des Agenten werden durch eine exponentielle Nutzenfunktion abgebildet, die den Nutzen aus dem Einkommen (Belohnung) und der Arbeitsleistung (Arbeitsleid) multiplikativ verknüpft. Der Principal orientiert sich nur am Nettoergebnis (nach Abzug der Entlohnung). Im Folgenden wird zunächst noch eine exponentielle Risikonutzenfunktion betrachtet; vielfach beschränkt sich das LEN-Modell auf den Fall eines risikoneutralen Principals.

Die Annahmen der Normalverteilung und exponentiellen Risikonutzenfunktion schränken den Anwendungsbereich des LEN-Modells ein; die Einschränkung auf lineare Entlohnungen beschränkt den Lösungsraum auf Alternativen, die bei Gültigkeit der übrigen Annahmen gar nicht gewählt würden (vgl. Abb. 107) oder die in der Praxis häufig nicht gewählt werden (z. B. die Vernachlässigung unterer Schranken, also „fixer" Fixbestandteile). Begründet wird dies mit analysetechnischen Vorteilen des LEN-Ansatzes (vgl. Christensen/Feltham 2005, S. 156).

Zu diesen rechentechnischen Vorteilen gehört, dass sich das Sicherheitsäquivalent eines normalverteilten Ergebnisses bei exponentieller Risikonutzenfunktion und linearem Anreizvertrag einfach darstellen lässt. So gilt für das Sicherheitsäquivalent des Principals

$$\text{SÄ}_P = (1-v) \cdot b \cdot a - f - 0,5 \cdot (1-v)^2 \cdot \sigma^2 \cdot r_P$$

und das Sicherheitsäquivalent des Agenten:

$$\text{SÄ}_A = E(s(x,a)) - 0,5 \cdot a^2 - 0,5 \cdot r_A \cdot \text{Var}(s(x,a)) = f + v \cdot b \cdot a - 0,5 \cdot a^2 - 0,5 \cdot v^2 \cdot \sigma^2 \cdot r_A$$

Die beiden Sicherheitsäquivalente enthalten die Erwartungswerte von (Netto-)Erfolg bzw. Entlohnung und Arbeitsleid abzüglich der jeweiligen Risikoprämien. Die Verwendung der Sicherheitsäquivalente ist deshalb von Bedeutung, da ihre Maximierung gleichwertig zur Maximierung des Erwartungsnutzens ist.

Nach diesen Vorüberlegungen zu den Modellprämissen stellt sich das allgemeine Entscheidungsmodell des Principals

$$\max_{f,v,a} E(u_P)$$

$$\text{s.t. } E(u_A \mid a) \geq U_A \qquad \text{(PB)}$$

$$a = \arg\max_{\alpha \in R} \left\{ E(u_A, \alpha) \right\} \qquad \text{(AB)}$$

in LEN-Form unter Verwendung der Sicherheitsäquivalente wie folgt dar:

$$\max_{f,v,a} \ \text{SÄ}_P = (1-v)\cdot b \cdot a - f - 0{,}5\cdot(1-v)^2 \cdot \sigma^2 \cdot r_P$$

$$\text{s.t. } \text{SÄ}_A = f + v\cdot b \cdot a - 0{,}5\cdot a^2 - 0{,}5\cdot v^2 \cdot \sigma^2 \cdot r_A \geq U_A \qquad \text{(TB)}$$

$$a = \arg\max_{\alpha \in R}\left\{ f + v\cdot b\cdot \alpha - 0{,}5\cdot \alpha^2 - 0{,}5\cdot v^2 \cdot \sigma^2 \cdot r_A \right\} \qquad \text{(AB)}$$

c. First-Best-Lösung des LEN-Modells

In der First-Best-Situation ist die Arbeitsanstrengung bzw. die Ausprägung der Störgröße beobachtbar. Ist zusätzlich eine vereinbarte Anstrengung a_v über einen Forcing Contract C*

$$C^*: s^F(a) = \begin{cases} s(x) = f + v\cdot x(a_v, \varepsilon) \ \text{für } a = a_v \\ -\infty \qquad\qquad\qquad\quad \text{sonst} \end{cases}$$

erzwingbar, dann entfällt die Anreizbedingung. Das Ergebnis schwankt dann nur in Abhängigkeit der Störgröße und wird gemäß der Erfolgsbeteiligung der Beteiligten aufgeteilt. Der Principal wird bei eigener Risikoaversion die Erfolgsschwankungen nicht alleine tragen wollen, sondern den Agenten daran beteiligen. Dafür hat er dem (im LEN-Modell generell risikoaversen) Agenten eine Risikoprämie zu zahlen.

Aus der Partizipationsbedingung folgt:

$$f = U_A - v\cdot b \cdot a + 0{,}5\cdot a^2 + 0{,}5\cdot v^2 \cdot \sigma^2 \cdot r_A$$

Einsetzen in die Zielfunktion:

$$\text{SÄ}_P = (1-v)\cdot b \cdot a - U_A + v\cdot b\cdot a - 0{,}5\cdot a^2 - 0{,}5\cdot v^2 \cdot \sigma^2 \cdot r_A - 0{,}5\cdot(1-v)^2 \cdot \sigma^2 \cdot r_P$$

Ableiten und Auflösen der First-Order-Bedingung führt zu:

$$\frac{\partial \text{SÄ}_P}{\partial a} = b - a \overset{!}{=} 0 \ \leftrightarrow \ a^F = b$$

$$\frac{\partial \text{SÄ}_P}{\partial v} = b\cdot a - v\cdot \sigma^2 \cdot r_A - (-1)(1-v)\cdot \sigma^2 \cdot r_P$$

$$= \sigma^2 \cdot \left(-v\cdot r_A + (1-v)\cdot r_P\right) \overset{!}{=} 0 \ \leftrightarrow \ v^F = \frac{r_P}{r_A + r_P}$$

Damit gilt für die Entlohnung des Agenten:

$$s = f + v\cdot x = f + v\cdot b\cdot a = f + v\cdot b^2 = U_A + 0{,}5\cdot b^2 + 0{,}5\cdot v^2 \cdot \sigma^2 \cdot r_A$$

und für das Sicherheitsäquivalent des Principals:

$$\text{SÄ}_P = b\cdot a - s - 0{,}5\cdot(1-v)^2 \cdot \sigma^2 \cdot r_P = 0{,}5\cdot b^2 - U_A - 0{,}5\cdot \sigma^2 \cdot \frac{r_P \cdot r_A}{r_A + r_P}$$

Arbeitseinsatz des Agenten und Gesamterfolg sind unabhängig von der Ergebnisverteilung ($a^* = b$; $x^* = b^2$). Damit ist das First-Best-Modell ein Risikoteilungsmodell. Für einen risikoneutralen Principal ($r_P = 0$) gilt $v^* = 0$ und der Agent erhält lediglich ein Fixum. Ein risikoaverser Investor beteiligt den Agenten am Risiko und zahlt ihm dafür eine Risikoprämie.

d. Retrograde Lösung im Second-Best-LEN-Fall

Im Second-Best-Fall kann der Principal die Anstrengung des Agenten und den Umwelteinfluss nicht beobachten. Er kann somit nicht aus dem Ergebnis auf die Anstrengung schließen. Ein Forcing Contract scheidet aus. Stattdessen ist in einer retrograden Vorgehensweise zunächst die Agentenanstrengung in Abhängigkeit der Erfolgsbeteiligung und anschließend diese sowie das Fixum zu bestimmen:

Wahl der Agentenanstrengung

$$\frac{d\{\ \}}{d\alpha} = v \cdot b - \alpha \overset{!}{=} 0 \leftrightarrow a = v \cdot b$$

Beachtung des Reservationsnutzens:

$$f = U_A - v \cdot b \cdot a + 0{,}5 \cdot a^2 + 0{,}5 \cdot v^2 \cdot \sigma^2 \cdot r_A$$

Durch Einsetzen in das Sicherheitsäquivalent des Principals

$$S\ddot{A}_P = (1-v) \cdot b \cdot a - U_A + v \cdot b \cdot a - 0{,}5 \cdot a^2 - 0{,}5 \cdot v^2 \cdot \sigma^2 \cdot r_A - 0{,}5 \cdot (1-v^2) \cdot \sigma^2 \cdot r_P$$

und anschließende Umformungen erhält man:

$$S\ddot{A}_P = b^2 \cdot v - U_A - 0{,}5 \cdot b^2 \cdot v^2 - 0{,}5 \cdot v^2 \cdot \sigma^2 \cdot r_A - 0{,}5 \cdot (1-v^2) \cdot \sigma^2 \cdot r_P$$

Ableiten nach v ergibt den Erfolgsbeteiligungs- bzw. Risikoteilungsparameter v:

$$\frac{dS\ddot{A}_P}{dv} = b^2 - b^2 \cdot v - v \cdot \sigma^2 \cdot r_A - (1-v) \cdot \sigma^2 \cdot r_P \overset{!}{=} 0$$

Auflösen nach v ergibt: $v^* = \dfrac{b^2 + \sigma^2 \cdot r_P}{b^2 + \sigma^2 \cdot r_A + \sigma^2 \cdot r_P}$ Prämiensatz

Das Fixum erhält man durch Einsetzen von a in die Reservationsbedingung des Agenten:

$$f = U_A - v \cdot b \cdot a + 0{,}5 \cdot a^2 + 0{,}5 \cdot v^2 \cdot \sigma^2 \cdot r_A = U_A - 0{,}5 \cdot v^2 \cdot (b^2 - \sigma^2 \cdot r_A)$$

sowie durch Einsetzen von v in Reservationsbedingung:

$$f = U_A - 0{,}5 \cdot \left(\frac{b^2 + \sigma^2 \cdot r_P}{b^2 + \sigma^2 \cdot r_A + \sigma^2 \cdot r_P}\right)^2 \cdot (b^2 - \sigma^2 \cdot r_A)$$ Fixum

Die optimale Agentenanstrengung ist abhängig von der Erfolgsbeteiligung:

$$a = v \cdot b = 0{,}5 \cdot \left(\frac{b^2 + \sigma^2 \cdot r_P}{b^2 + \sigma^2 \cdot r_A + \sigma^2 \cdot r_P}\right) \cdot b$$ Anstrengung

Bei partieller Variation der Eingangsgrößen erhält man für das LEN-Modell folgende Zusammenhänge zwischen Risikoaversion des Agenten, Streuung (Varianz) der Ergebnisgröße sowie Arbeitsleistung des Agenten. Sofern die Annahmen des LEN-Modells gelten,

– sinkt der Prämiensatz c.p. mit steigender Risikoaversion des Agenten
– sinkt der Prämiensatz c.p. mit steigendem Ergebnisrisiko
– steigt die Anstrengung mit steigender Arbeitsproduktivität.

e. Vergleich von First-Best- und Second-Best-Lösung bei risikoneutralem Principal

Vielfach wird das LEN-Modell zur übersichtlicheren Darstellung auch auf einen risikoneutralen Principal beschränkt. Dann gilt für die Lösung des Anreizproblems (für $r_P = 0$):

Prämiensatz:
$$v = \frac{b^2}{b^2 + \sigma^2 \cdot r_A}$$

Fixum:
$$f = U_A - \frac{b^4 \cdot (b^2 - \sigma^2 \cdot r_A)}{2 \cdot (b^2 + \sigma^2 \cdot r_A)^2}$$

Nettoerfolg des Principals:
$$E(u_P) = b \cdot a - f - v \cdot b \cdot a = \frac{b^4}{2 \cdot (b^2 + \sigma^2 \cdot r_A)} - U_A$$

Im Vergleich zum First-Best-Fall führt der Second-Best-Fall zu folgendem Effizienzverlust:

$$L = E(u_P(a^{FB})) - E(u_P(a^{SB})) = \frac{1}{2} \cdot b^2 - \frac{1}{2} \cdot b^2 \cdot \frac{b^2}{b^2 + \sigma^2 \cdot r_A} = \frac{1}{2} \cdot b^2 \cdot \frac{\sigma^2 \cdot r_A}{b^2 + \sigma^2 \cdot r_A}$$

Die Grenzwertbetrachtung für r gegen null zeigt, dass der Effizienzverlust umso geringer ausfällt, je geringer die Risikoaversion des Agenten ist. Entsprechend zeigt die Grenzwertbetrachtung für σ^2 gegen null, dass mit sinkender Streuung der Störgröße bzw. mit steigender Präzision des Performancemaßes der Effizienzverlust sinkt. Man bezeichnet den Unterschied zwischen dieser Second-Best- und der First-Best-Lösung daher auch als Präzisionsverlust. Die Bedeutung für die Unternehmensführung ist offensichtlich: Durch präzisere Performancemaße kann das erreichbare und verteilbare Ergebnis verbessert werden, weil es weniger teuer ist, den Agenten zu höherer Arbeitsleistung zu motivieren.

6. Analyse multikriterieller Anreizsysteme

a. Merkmale multikriterieller LEN-Modelle

Die betrachteten Anreizsysteme gehen davon aus, dass der Agent eine Arbeitsleistung erbringt und knüpfen die Belohnung des Agenten an ein Performancemaß als Bemessungsgrundlage. In der betrieblichen Praxis finden sich aber zahlreiche Beispiele dafür, dass einerseits Agenten unterschiedliche Arten von Arbeitsleistungen erbringen und andererseits mehrere Performancemaße zur Beurteilung der Leistung (und der Entlohnung) eines Agenten eingesetzt werden.

– Beispiele für das Erbringen unterschiedlicher Arbeitsleistungen (Multitasking) sind
   · im Vertrieb: Aktivitäten zur Akquise neuer Kunden und Betreuung vorhandener Kunden
   · in der Fertigung: Entwicklung neuer Produkte und Fertigung bekannter Produkte.

– Beispiele mehrdimensionaler Bemessungsgrundlagen sind
   · die Verwendung des Bereichserfolgs und des Unternehmenserfolgs,
   · die Verwendung einer monetären und einer nichtmonetären Größe (oder jeweils mehrerer Größen), z. B. von technischen Performancemaßen oder Qualitätsgrößen im Fertigungs- oder F&E-Bereich, von Kundenkennzahlen im Absatzbereich, von ökologischen oder sozialen Kennzahlen,

·   die Verwendung einer betrieblichen bzw. rechnungswesenbasierten Erfolgsgröße (Gewinn) und einer Marktgröße (Marktwert bzw. Shareholder Value),

·   die Verwendung einer eigenen und einer externen Performancegröße (eigener gegenüber Branchengewinn) ($\rightarrow$ relative Performancemessung).

–   Offensichtlich ist es nicht zweckmäßig, zusätzlich ein Performancemaß einzuführen, das genau das Gleiche misst wie ein bereits vorhandenes Performancemaß, da dieses weder zusätzliche Informationen über die Arbeitsleistung des Agenten noch über die Umweltunsicherheit – die beiden Hauptaugenmerke in Anreizbeziehungen – liefert. Interessant sind stattdessen

–   Performancemaße, die durch die Arbeitsleistungen des Agenten unterschiedlich beeinflusst werden und daher Aufschluss über seine Arbeitsleistungen geben, oder

–   Performancemaße, die von den nicht beeinflussbaren Umwelteinflüssen in unterschiedlicher Weise betroffen sind und daher deren Wirkung präzisieren helfen, wodurch wiederum Rückschlüsse über die Arbeitsleistung möglich werden.

Entsprechende Anreizsituationen werden daher modelliert. Dazu wird wieder ein LEN-Modell verwendet, d. h. es wird zugunsten der Einfachheit des Modells auf die Vollständigkeit der untersuchten Lösungen verzichtet. Aus dem gleichen Grund beschränkt sich die Darstellung auf den zweidimensionalen Fall (zum allgemeinen mehrdimensionalen Fall vgl. Feltham/Xie 1994). Zunächst wird das allgemeine Modell für zwei Arbeitsleistungen formuliert und analysiert, das sich aus diesen Annahmen ergibt. Anschließend werden Lösungen für spezielle Annahmenkonstellationen analysiert. Interessant sind insbesondere folgende Fälle:

–   ein direkt messbares Leistungsergebnis ($y_1 = x$, $y_2 = 0$)
–   ein indirekt messbares Leistungsergebnis ($y_1 \neq x$, $y_2 = 0$)
–   unterschiedlich gut messbare unabhängige Leistungsergebnisse ($\sigma_1{}^2 \neq \sigma_2{}^2$; $\sigma_{12} = 0$)
–   unterschiedlich gut messbare unabhängige Leistungsergebnisse ($\sigma_1{}^2 \neq \sigma_2{}^2$; $\sigma_{12} \neq 0$)

Diese Fälle können weiter differenziert werden danach, ob technische Unabhängigkeit der Teilleistungen vorliegt oder nicht.

b.   Komponenten des mehrdimensionalen LEN-Modells

Zur Erfassung mehrerer Arbeitsleistungen und Performancemaße ist das Standard-LEN-Modell zu ergänzen. Dies betrifft grundsätzlich sowohl die Produktionsfunktion als auch den Nutzen und die Entlohnung des Agenten.

1)   linear additive Produktionsfunktion mit mehreren Teilleistungen:

$$x(a_1, a_2) = b_1 \cdot a_1 + b_2 \cdot a_2 + \varepsilon_x$$

$a_i \geq 0$ Teilleistungen des Agenten (nichtnegativ)
b_i Produktivität der Teilleistung i
$\varepsilon_x \approx N(0, \sigma_x^2)$ stochastischer Umwelteinfluss (normalverteilt)

Das Gesamtergebnis wird bestimmt als Summe von zwei Teilergebnissen, die der Agent durch zwei Teilleistungen a_i ($a_i \geq 0$; i = 1,2) mit den jeweiligen Produktivitäten b_i erzeugt. Der Agent verteilt seinen Arbeitseinsatz frei auf die Teilleistungen. Es gibt keine Obergrenze für die Teilleistungen und deren Summe, sondern lediglich Nichtnegativitätsbedingungen. Zum Gesamtergebnis gehört ein exogener normalverteilter Störfaktor, der unabhängig von den Teilleistungen ausfällt.

2) quadratische Kosten- bzw. Arbeitsleidfunktion des Agenten

$$C(a_1, a_2) = \frac{1}{2} \cdot \left(a_1^2 + 2 \cdot c \cdot a_1 \cdot a_2 + a_2^2 \right) \qquad (-1 \le c \le 1)$$

Der Agent empfindet Arbeitsleid bzw. Kosten, die quadratisch mit beiden Teilleistungen wachsen. Das Arbeitsleid kann durch technische Abhängigkeit der beiden Teilleistungen verstärkt oder abgeschwächt werden. Dies wird durch den Abhängigkeitsfaktor c gemessen ($-1 \le c \le 1$). Beispielsweise verringert Aufgabenvielfalt das Arbeitsleid mancher Mitarbeiter (dann ist $c < 0$). Andere empfinden dies wegen der größeren Komplexität eher als belastend ($c > 0$). Ist das Arbeitsleid unabhängig vom Zusammenwirken der Teilleistungen, gilt $c = 0$ (vgl. Holmström/Milgrom 1991, S. 33 f.).

3) Informationssystem mit zwei linearen Performancemaßen

$$y_j(a_1, a_2) = \mu_{1j} \cdot a_1 + \mu_{2j} \cdot a_2 + \varepsilon_j \qquad \text{Performancemaß j (j = 1, 2)}$$

μ_{ij} Wirkung der (Teil-)Leistung i auf das Performancemaß j

$\varepsilon_j \approx N(0, \sigma_j^2)$ nicht kontrollierbare Zufallsvariable für Performancemaß j mit

$$\Sigma = \begin{pmatrix} \sigma_1^2 & \sigma_{12} \\ \sigma_{21} & \sigma_2^2 \end{pmatrix} \qquad \text{Kovarianzmatrix der Mess-Störgrößen}$$

Der Principal verfügt über ein Informationssystem mit m Performancemaßen y_j (j = 1, 2, ..., m). Das Gesamtergebnis x kann eines dieser Performancemaße sein. Oft stehen jedoch nur Hilfsgrößen zur Verfügung: statt des vielfach angestrebten langfristigen Unternehmenserfolgs wird nur ein Periodenerfolg oder eine Marktkapitalisierung gemessen, die beide nicht alle Facetten des langfristigen Unternehmenserfolgs für die Eigner erfassen. Die Performancemaße hängen wie die Produktionsfunktion additiv-linear von den Teilleistungen ab; spezifiziert werden diese Zusammenhänge durch Sensitivitäten μ_{ij} des Performancemaßes j bezüglich der Teilleistung i; zudem gibt es für jedes Performancemaß einen vom Agenten nicht beeinflussbaren, unabhängigen Störfaktor ε_j mit Erwartungswert null und Varianz σ_j^2. Die Störfaktoren der Performancemaße können miteinander korrelieren. Die Matrix Σ fasst die Kovarianzen zusammen. Principal und Agent verfügen über die gleiche Information über die Produktionsfunktion, die Wirkung der Arbeitsleistungen und die Sensitivität der Performancemaße.

4) lineare multikriterielle Entlohnungsfunktion des Agenten

$$s(y_1, y_2) = f + v_1 \cdot y_1 + v_2 \cdot y_2$$

mit Fixum f und den Prämiensätzen v_1, v_2 bezüglich der Performancemaße y_1 und y_2.

5) Risikonutzenfunktion des risikoneutralen Principals

$$E(u_P) = E(x) - s(y_1, y_2) = b_1 \cdot a_1 + b_2 \cdot a_2 - f - v_1 \cdot y_1 - v_2 \cdot y_2$$

Der Nutzen des Principals hängt vom Nettoerfolg ab, d. h. dem Ergebnis x abzüglich der Entlohnung s des Agenten. Er hängt insbesondere nicht (direkt) von den Performancemaßen ab. Der Principal ist risikoneutral.

6) Risikonutzenfunktion des risikoaversen Agenten

$$u_A = -\exp\left(- r \cdot [s(y_1, y_2)] - C(a_1, a_2) \right)$$

und entsprechend Sicherheitsäquivalent des Agenten im mehrdimensionalen Fall:

$$\text{SÄ}_A = E[s(y_1, y_2)] - C(a_1, a_2) - 0,5 \cdot r \cdot \text{Var}[s(y_1, y_2)]$$

$$= \begin{pmatrix} f + v_1 \cdot y_1 + v_2 \cdot y_2 - 0{,}5 \cdot (a_1^2 + 2 \cdot c \cdot a_1 \cdot a_2 + a_2^2) \\ -0{,}5 \cdot r \cdot \left(v_1^2 \cdot \sigma_1^2 + 2 \cdot v_1 \cdot v_2 \cdot \sigma_{12} + v_2^2 \cdot \sigma_2^2 \right) \end{pmatrix}$$

Der Agent ist risikoavers mit einem positiven Arrow-Pratt-Risikomaß r ($r \geq 0$) bezogen auf die Summe von Entlohnung und Arbeitsleid. Wegen der speziellen Annahmen (exponentielle Risikonutzenfunktion und normalverteilte Störgrößen) ist die Maximierung des Risikonutzens wieder äquivalent zur Maximierung des Sicherheitsäquivalents (vgl. Holmström/Milgrom 1991, S. 29).

Aus diesen Annahmen ergibt sich bei zwei möglichen Arbeitsleistungen des Agenten und zwei Performancemaßen das folgende LEN-Modell des Principals:

$$\max_{f, v_1, v_2, a_1, a_2} \quad E(u_P) = b_1 \cdot a_1 + b_2 \cdot a_2 - s(y_1, y_2) =$$

$$= b_1 \cdot a_1 + b_2 \cdot a_2 - f - v_1 \cdot \left(a_1 \cdot \mu_{11} + a_2 \cdot \mu_{21} \right) - v_2 \cdot \left(a_1 \cdot \mu_{12} + a_2 \cdot \mu_{22} \right)$$

s.t.

$$\begin{pmatrix} f + v_1 \cdot \left(a_1 \cdot \mu_{11} + a_2 \cdot \mu_{21} \right) + v_2 \cdot \left(a_1 \cdot \mu_{12} + a_2 \cdot \mu_{22} \right) \\ -0{,}5 \cdot (a_1^2 + 2 \cdot c \cdot a_1 \cdot a_2 + a_2^2) \\ -0{,}5 \cdot r \cdot \left(v_1^2 \cdot \sigma_1^2 + 2 \cdot v_1 \cdot v_2 \cdot \sigma_{12} + v_2^2 \cdot \sigma_2^2 \right) \end{pmatrix} \geq U_A \qquad \text{(TB)}$$

$$(a_1, a_2) = \underset{(\alpha_1, \alpha_2)}{\arg\max} \begin{pmatrix} f + v_1 \cdot \left(\alpha_1 \cdot \mu_{11} + \alpha_2 \cdot \mu_{21} \right) + v_2 \cdot \left(\alpha_1 \cdot \mu_{12} + \alpha_2 \cdot \mu_{22} \right) \\ -0{,}5 \cdot (\alpha_1^2 + 2 \cdot c \cdot \alpha_1 \cdot \alpha_2 + \alpha_2^2) \\ -0{,}5 \cdot r \cdot \left(v_1^2 \cdot \sigma_1^2 + 2 \cdot v_1 \cdot v_2 \cdot \sigma_{12} + v_2^2 \cdot \sigma_2^2 \right) \end{pmatrix} \qquad \text{(AB)}$$

Es wird zunächst für den First-Best-Fall und anschließend für ausgewählte Second-Best-Fälle untersucht.

c. Das Multitasking-Problem im First-Best-Fall

Bei symmetrischer Information von Principal und Agent nicht nur über die Wirkung der Arbeitsleistungen des Agenten, sondern auch über die Arbeitsleistungen selbst liegt der First-Best-Fall vor. Wenn die Agentenanstengungen über einen Forcing Contract fixiert werden können, entfällt die Anreizbedingung. Wegen der Risikoaversion des Agenten übernimmt der risikoneutrale Principal das Risiko und bezahlt nur ein Fixum. Die Performancemaße spielen keine Rolle. Das Anreizproblem vereinfacht sich im First-Best-Fall auf die Beachtung der Teilnahmebedingung in ihrer risikolosen Form:

$$\max_{f, a_1, a_2} E(u_P) = b_1 \cdot a_1 + b_2 \cdot a_2 - f$$

s.t.

$$f - 0{,}5 \cdot (a_1^2 + 2 \cdot c \cdot a_1 \cdot a_2 + a_2^2) \geq U_A \qquad \text{(TB)}$$

Auflösen der Teilnahmebedingung nach f und Einsetzen in die Zielfunktion ergibt:

$$E(u_P) = b_1 \cdot a_1 + b_2 \cdot a_2 - 0{,}5 \cdot (a_1^2 + 2 \cdot c \cdot a_1 \cdot a_2 + a_2^2) - U_A \rightarrow \max!$$

$$\frac{\partial E}{\partial a_i} = b_i - a_i - c \cdot a_j \overset{!}{=} 0 \quad \leftrightarrow \quad a_i^{FB} = \frac{b_i - c \cdot b_j}{1 - c^2} \qquad \text{Arbeitsleistung des Agenten}$$

$$E(x^{FB}) = \frac{b_1^2 - 2 \cdot c \cdot b_1 \cdot b_2 + b_2^2}{1 - c^2} \qquad \text{Ergebnis}$$

$$s^{FB} = f^{FB} = 0,5 \cdot \frac{b_1^2 - 2 \cdot c \cdot b_1 \cdot b_2 + b_2^2}{1 - c^2} + U_A \qquad \text{Entlohnung des Agenten}$$

$$E(u_P(a_1^{FB}, a_2^{FB})) = 0,5 \cdot \frac{b_1^2 - 2 \cdot c \cdot b_1 \cdot b_2 + b_2^2}{1 - c^2} - U_A \quad \text{Nutzen des Principals}$$

Diese First-Best-Ergebnisse sind Maßstab der folgenden Fälle. Zunächst werden – ebenfalls für den First-Best-Fall – die Konsequenzen der technischen Arbeitsleidabhängigkeit behandelt. Dazu werden die Ergebnisse bei technischer Abhängigkeit mit denen bei technischer Unabhängigkeit zu vergleichen. Der Einfachheit wegen beschränkt sich die Darstellung auf den First-Best-Fall. Für die Arbeitsleistungen gilt:

– bei positiver technischer Abhängigkeit des Arbeitsleids ($c > 0$) strengt der Agent sich weniger an als bei Unabhängigkeit;
– bei negativer technischer Abhängigkeit ($c < 0$) strengt der Agent sich mehr an;
– bei technischer Unabhängigkeit wird jede Arbeitsleistung für sich festgelegt.

Für das Gesamtergebnis gilt bei technischer Unabhängigkeit ($c = 0$):

$$E(u_P(a_{1,c=0}^{FB}, a_{2,c=0}^{FB})) = 0,5 \cdot \left(b_1^2 + b_2^2\right) - U_A$$

Bei technischer Abhängigkeit der Teilleistungen ($c \neq 0$) gilt:

$$E(u_P(a_1^{FB}, a_2^{FB})) = 0,5 \cdot \frac{b_1^2 - 2 \cdot c \cdot b_1 \cdot b_2 + b_2^2}{1 - c^2} - U_A$$

Vergleicht man den Erwartungsnutzen des Principals in beiden Fällen, ergibt sich als Effizienzeffekt $L(c)$ für $c \neq 0$:

$$L(c) = E(u_P(a_{1,c=0}^{FB}, a_{2,c=0}^{FB})) - E(u_P(a_{1,c\neq 0}^{FB}, a_{2,c\neq 0}^{FB})) = 0,5 \cdot \frac{2 \cdot c \cdot b_1 \cdot b_2 - c^2 \cdot (b_1^2 + b_2^2)}{1 - c^2}$$

Offensichtlich ist wegen $L(c) < 0$ für $-1 < c < 0$ eine negative Arbeitsleidabhängigkeit c für den Principal vorteilhaft. Für positive Werte des technischen Abhängigkeitskoeffizienten c mit ($0 < c < 1$) gibt es keine Arbeitsleistungen, für die die technische Abhängigkeit Vorteile bietet. Damit sind Agenten mit positiver Arbeitsleidabhängigkeit für den Principal generell weniger vorteilhaft als solche mit neutraler oder negativer Arbeitsleidabhängigkeit. Bei der Personalauswahl ist daher darauf zu achten, dass die Aufgabenzusammenstellung für die Mitarbeiter attraktiv ist; zumindest sollte eine Arbeitsleidverstärkung vermieden werden.

Zudem lassen sich Empfehlungen für die Arbeitsverteilung zwischen Mitarbeitern herleiten. Für eine gegebene Arbeitsleidabhängigkeit von Mitarbeitern bei Erfüllung mehrerer Aufgaben gilt für die Allokation der Arbeitsleistungen auf die Teilleistungen:

$$\frac{a_1^{FB}}{a_2^{FB}} = \frac{b_1 - c \cdot b_2}{b_2 - c \cdot b_1}$$

Fall 1: $0 < c < 1$ → Konzentration auf eine Teilleistung und Spezialisierung

Bei positiver technischer Abhängigkeit wird der Principal nach Möglichkeit nur eine Teilleistung auf den Agenten delegieren (vgl. Wagenhofer 1996, S. 162 f.). Dies führt zu einer Spezialisierung des bzw. der Agenten.

Fall 2: $-1 < c < 0$→ Synergieeffekte bei Durchführung beider Teilleistungen.

Bei negativer technischer Abhängigkeit sinken die Grenzkosten des Agenten für eine Tätigkeit, wenn er zugleich die andere durchführt. Eine Delegation beider Leistungen an einen Agenten ist vorteilhaft für den Principal. Principal und Agent profitieren von einer breiteren oder vielfältiger angelegten Aufgabenstellung des Agenten. Als Beispiele dafür gelten Job Enrichment und Job Enlargement. Für den Nutzen dieser Synergieeffekte ist es jedoch wichtig, dass die (negative) Areitsleidabhängigkeit nicht nur vom Principal postuliert, sondern vom Agenten auch empfunden wird. Sonst wird sich im Second-Best-Fall das opportunistische Verhalten des Agenten als eine unerwünschte, in diesem Fall auch unerwartete Konzentration auf eine Leistung und die entsprechende Vernachlässigung der anderen Leistung zeigen.

Diese Zusammenhänge zwischen der Arbeitsorganisation und dem Arbeitsleid des Agenten bei mehreren Teilleistungen fasst Abb. 109 zusammen.

Arbeitsorganisation technische Abhängig- keit des Arbeitsleides	**integriert:** mehrere Teilleistungen pro Agent	**spezialisiert:** eine Teilleistung pro Agent
positiv (c > 0)	–	+
unabhängig	0	0
negativ (c < 0)	+	–

Abb. 109: Zusammenhang der technischen Abhängigkeit
des Arbeitsleides und der Arbeitsorganisation

d.   Das Multitasking-Anreizproblems bei asymmetrischer Information (Second-Best-Fall)

Im Second-Best-Fall werden zur Lösung des Multitasking-Problems über die Anreizbedingung die optimalen Arbeitsleistungen in Abhängigkeit der Prämiensätze v_j festgelegt. Dies geschieht über die Auflösung der First-Order-Bedingungen nach den Arbeitsleistungen i. Zur übersichtlicheren Darstellung wird fortan technische Unabhängigkeit unterstellt (c = 0):

$$\frac{\partial\{\ \}}{\partial\alpha_i} = v_1 \cdot \mu_{i1} + v_2 \cdot \mu_{i2} - \alpha_i \overset{!}{=} 0 \quad \forall i\ (i \neq j)$$

$$a_i = v_1 \cdot \mu_{i1} + v_2 \cdot \mu_{i2} \quad \forall i\ (i \neq j)$$

Anschließend werden diese Arbeitsleistungen in die Zielfunktion des Principals eingesetzt. Durch Ausnutzung der Teilnahmebedingung und nach Umformungen lautet sie:

$$\max_{f,v_1,v_2} E(u_P) = \begin{pmatrix} b_1 \cdot (v_1 \cdot \mu_{11} + v_2 \cdot \mu_{12}) + \\ b_2 \cdot (v_1 \cdot \mu_{21} + v_2 \cdot \mu_{22}) \end{pmatrix} - 0{,}5 \cdot \begin{pmatrix} (v_1 \cdot \mu_{11} + v_2 \cdot \mu_{12})^2 \\ + (v_1 \cdot \mu_{21} + v_2 \cdot \mu_{22})^2) \end{pmatrix}$$
$$- 0{,}5 \cdot r \cdot \left(v_1^2 \cdot \sigma_1^2 + 2 \cdot v_1 \cdot v_2 \cdot \sigma_{12} + v_2^2 \cdot \sigma_2^2 \right) - U_A$$

Diese Zielfunktion wird wiederum nach den zu bestimmenden Prämiensätzen abgeleitet:

$$\frac{\partial E(u_P)}{\partial v_1} = b_1 \cdot \mu_{11} + b_2 \cdot \mu_{21} - v_1 \cdot (\mu_{11}^2 + \mu_{21}^2)$$

$$- v_2 \cdot (\mu_{11} \cdot \mu_{12} + \mu_{21} \cdot \mu_{22}) - r \cdot (v_2 \cdot \sigma_{12} + v_1 \cdot \sigma_1^2) \overset{!}{=} 0$$

$$\frac{\partial E(u_P)}{\partial v_2} = b_1 \cdot \mu_{12} + b_2 \cdot \mu_{22} - v_2 \cdot (\mu_{12}^2 + \mu_{22}^2)$$

$$- v_1 \cdot (\mu_{11} \cdot \mu_{12} + \mu_{21} \cdot \mu_{22}) - r \cdot (v_1 \cdot \sigma_{12} + v_2 \cdot \sigma_2^2) \overset{!}{=} 0$$

Dies ist ein lineares Gleichungssystem mit zwei Gleichungen (für j = 1, 2) und den beiden Prämiensätzen als Unbekannten. Seine Lösung ergibt die Prämiensätze in allgemeiner Form:

$$v_1^{SB} = \frac{\begin{matrix}(\mu_{21} \cdot \mu_{12} - \mu_{11} \cdot \mu_{22}) \cdot (b_2 \cdot \mu_{12} - b_1 \cdot \mu_{22}) \\ + r \cdot \left(\sigma_2^2 \cdot (b_1 \cdot \mu_{11} + b_2 \cdot \mu_{21}) - \sigma_{12} \cdot (b_1 \cdot \mu_{12} + b_2 \cdot \mu_{22}) \right)\end{matrix}}{(\mu_{11}^2 + \mu_{21}^2 + r \cdot \sigma_1^2) \cdot (\mu_{12}^2 + \mu_{22}^2 + r \cdot \sigma_2^2) - (\mu_{12} \cdot \mu_{11} + \mu_{22} \cdot \mu_{21} + r \cdot \sigma_{12})^2}$$

$$v_2^{SB} = \frac{\begin{matrix}(\mu_{11} \cdot \mu_{22} - \mu_{21} \cdot \mu_{12}) \cdot (b_2 \cdot \mu_{11} - b_1 \cdot \mu_{21}) \\ + r \cdot \left(\sigma_1^2 \cdot (b_1 \cdot \mu_{12} + b_2 \cdot \mu_{22}) - \sigma_{12} \cdot (b_1 \cdot \mu_{11} + b_2 \cdot \mu_{21}) \right)\end{matrix}}{(\mu_{11}^2 + \mu_{21}^2 + r \cdot \sigma_1^2) \cdot (\mu_{12}^2 + \mu_{22}^2 + r \cdot \sigma_2^2) - (\mu_{12} \cdot \mu_{11} + \mu_{22} \cdot \mu_{21} + r \cdot \sigma_{12})^2}$$

Durch Einsetzen der Prämiensätze könnten die übrigen Größen der Lösung (Arbeitseinsatz, Fixum und Gesamtlohn des Agenten sowie Ergebnis und Nettoerfolg des Principals) für den Second-Best-Fall mit zwei Teilleistungen des Agenten und zwei stochastisch abhängigen Performance-Hilfsmaßen bestimmt werden. Doch sind diese Lösungen sehr unhandlich. Es ist daher zweckmäßig, die allgemeine Lösung zu spezifizieren, um bestimmte Effekte herauszuarbeiten. Dies geschieht in den folgenden Abschnitten.

e. Multitasking mit dem Ergebnis als einzigem, direkt messbaren Performancemaß

Kann das Gesamtergebnis der Arbeitsleistungen direkt gemessen werden ($y_1 = x$; $y_2 = 0$), so gibt es nur ein Performancemaß und damit auch nur eine variable Entlohnungskomponente. Der Prämiensatz bezüglich des bis auf die Störgröße ε von den Arbeitsleistungen abhängigen und direkt messbaren Ergebnisses x berechnet sich zu:

$$v_x = \frac{b_1^2 + b_2^2}{b_1^2 + b_2^2 + r \cdot \sigma^2}$$

Der Agent wählt seinen Arbeitseinsatz für die Teilleistungen abhängig von der Prämie

$$a_i = b_i \cdot v_x \qquad \forall i \ (i \neq j)$$

Der Erwartungswert des Ergebnisses beträgt:

$$E(x^{SB}) = b_1 \cdot a_1^{SB} + b_2 \cdot a_2^{SB} = (b_1^2 + b_2^2) \cdot v_x$$

Für den Erwartungsnutzen des Principals bei direkt messbarer Ergebnisgröße gilt:

$$E(u_P(x_x^{SB})) = 0,5 \cdot (b_1^2 + b_2^2) \cdot v_x - U_A$$

– und den Nutzen des Agenten:

$$E(s_x^{SB}(y_1, y_2)) = 0,5 \cdot (b_1^2 + b_2^2) \cdot v_x + U_A$$

Gemessen am First-Best-Fall ergibt sich in diesem Second-Best-Fall der Effizienzverlust:

$$E(L_x) = E(u_P(a_1^{FB}, a_2^{FB})) - E(u_P(x_x^{SB})) = 0,5 \cdot (b_1^2 + b_2^2) \cdot (1 - v_x)$$

$$E(L_x) = 0,5 \cdot (b_1^2 + b_2^2) \cdot \left(1 - \frac{b_1^2 + b_2^2}{b_1^2 + b_2^2 + r \cdot \sigma^2}\right) = 0,5 \cdot \frac{(b_1^2 + b_2^2) \cdot r \cdot \sigma^2}{b_1^2 + b_2^2 + r \cdot \sigma^2}$$

Es handelt sich um einen Präzisionsverlust, der durch die Ungenauigkeit der Ergebnismessung zustande kommt. Je kleiner die Varianz des Störfaktors und je präziser damit die Ergebnismessung ausfällt, desto geringer ist der Effizienzverlust. Umgekehrt gilt auch: ein besseres Informationssystem senkt die Agency-Kosten.

f.   Multitasking mit einer Hilfsgröße als einzigem Performancemaß

In manchen Fällen liegt statt der eigentlich angestrebten Ergebnisgröße nur eine Hilfsgröße zur Performancemessung vor (beispielsweise ein Gewinn anstelle eines längerfristigen Unternehmenserfolges oder ein Kundenumsatz statt eines Kundenwertes). Dann ist deren Abhängigkeit vom Arbeitseinsatz zu spezifizieren. Gemäß dem bisherigen Modell gilt für die Hilfsgröße y_H (vgl. zum Folgenden Wagenhofer 1996, S. 159):

$$y_H(a_1, a_2) = \mu_{11} \cdot a_1 + \mu_{12} \cdot a_2 + \varepsilon_H$$

Zur Bestimmung des Arbeitseinsatzes ist wieder die Anreizbedingung zu lösen:

$$(a_1, a_2) = \arg\max_{\alpha_1, \alpha_2} \left\{ f + v_H \cdot (\mu_{11} \cdot a_1 + \mu_{21} \cdot a_2) - 0,5 \cdot (\alpha_1^2 + \alpha_2^2) - 0,5 \cdot r \cdot v_H^2 \cdot \sigma_H^2 \right\} \qquad \text{AB}$$

$$\frac{\partial \{\ \}}{\partial \alpha_i} = v_H \cdot \mu_{il} - \alpha_i \overset{!}{=} 0 \quad \leftrightarrow \quad a_i^H = \mu_{il} \cdot v_H \qquad \forall i$$

Der Agent strengt sich für die Teilleistung stärker an, die stärker auf das Performancemaß wirkt. Auch das Fixum lässt sich zunächst in Abhängigkeit des Prämiensatzes angeben. Bei bindender Teilnahmebedingung gilt:

$$f + v_H \cdot (\mu_{11} \cdot a_1 + \mu_{21} \cdot a_2) - 0,5 \cdot (a_1^2 + a_2^2) - 0,5 \cdot r \cdot v_H^2 \cdot \sigma_H^2 = U_A \qquad \text{(TB)}$$

$$\leftrightarrow \quad f = U_A - 0,5 \cdot v_H^2 \cdot (\mu_{11}^2 + \mu_{21}^2) + 0,5 \cdot r \cdot v_H^2 \cdot \sigma_1^2$$

Damit fehlt lediglich die Bestimmung des Prämiensatzes. Mit der Ergebnisfunktion

$$x(a_1, a_2) = b_1 \cdot a_1 + b_2 \cdot a_2 + \varepsilon_x$$

maximiert der Principal seinen Nutzen:

$$\max_{f,v,a_1,a_2} E(u_P) = E(x) - s(y) = b_1 \cdot a_1 + b_2 \cdot a_2 - f - v_H \cdot (\mu_{11} \cdot a_1 + \mu_{21} \cdot a_2)$$

$$= \begin{pmatrix} b_1 \cdot \mu_{11} \cdot v_H \\ + b_2 \cdot \mu_{21} \cdot v_H \end{pmatrix} - \begin{pmatrix} U_A - 0,5 \cdot v_H^2 \cdot (\mu_{11}^2 + \mu_{21}^2) \\ + 0,5 \cdot r \cdot v_H^2 \cdot \sigma_H^2 \end{pmatrix} - v_H^2 \cdot (\mu_{11}^2 + \mu_{21}^2)$$

$$= (b_1 \cdot \mu_{11} + b_2 \cdot \mu_{21}) \cdot v_H - U_A - 0,5 \cdot v_H^2 \cdot (\mu_{11}^2 + \mu_{21}^2) - 0,5 \cdot r \cdot v_H^2 \cdot \sigma_H^2$$

Diese Zielfunktion wird wiederum nach dem zu bestimmenden Prämiensatz abgeleitet:

$$\frac{\partial E(u_P)}{\partial v_H} = b_1 \cdot \mu_{11} + b_2 \cdot \mu_{21} - v_H \cdot (\mu_{11}^2 + \mu_{21}^2) - r \cdot v_H \cdot \sigma_H^2 \overset{!}{=} 0$$

Umformen führt zum Prämiensatz bezüglich der Hilfsgröße:

$$v_H = \frac{b_1 \cdot \mu_{11} + b_2 \cdot \mu_{21}}{\mu_{11}^2 + \mu_{21}^2 + r \cdot \sigma_H^2}$$

Dies führt zum Erwartungsnutzen des Principals:

$$E(u_P) = 0,5 \cdot (b_1 \cdot \mu_{11} + b_2 \cdot \mu_{21}) \cdot v - U_A$$

Der erwartete Effizienzverlust $E(L_H)$ für den Principal gegenüber der First-Best-Lösung beträgt:

$$E(L_H) = E(u_P(a^{FB}, a^{FB})) - E(u_P(a_H^{SB}, a_H^{SB}))$$

$$= 0,5 \cdot (b_1^2 + b_2^2) - 0,5 \cdot (b_1 \cdot \mu_{11} + b_2 \cdot \mu_{21}) \cdot v_H$$

$$= 0,5 \cdot (b_1^2 + b_2^2) \cdot \frac{\mu_{11}^2 + \mu_{21}^2 + r \cdot \sigma_H^2}{\mu_{11}^2 + \mu_{21}^2 + r \cdot \sigma_H^2} - 0,5 \cdot (b_1 \cdot \mu_{11} + b_2 \cdot \mu_{21}) \cdot \frac{b_1 \cdot \mu_{11} + b_2 \cdot \mu_{21}}{\mu_{11}^2 + \mu_{21}^2 + r \cdot \sigma_H^2}$$

$$= 0,5 \cdot \frac{(b_1^2 + b_2^2) \cdot r \cdot \sigma_1^2 + b_1^2 \cdot \mu_{21}^2 + b_2^2 \cdot \mu_{11}^2 - 2 \cdot b_1 \cdot \mu_{11} \cdot b_2 \cdot \mu_{21}}{\mu_{11}^2 + \mu_{21}^2 + r \cdot \sigma_H^2}$$

$$= 0,5 \cdot \frac{\overbrace{(b_1^2 + b_2^2) \cdot r \cdot \sigma_1^2}^{\text{Präzisionsverlust}} + \overbrace{(b_1 \cdot \mu_{21} - b_2 \cdot \mu_{11})^2}^{\text{Kongruenzverlust}}}{\mu_{11}^2 + \mu_{21}^2 + r \cdot \sigma_H^2}$$

Durch Umformen lässt sich der Effizienzverlust in zwei Komponenten aufteilen:

– den Präzisionsverlust, der durch die Ungenauigkeit der Ergebnisgröße entsteht und
– den Kongruenzverlust durch die Verwendung einer Hilfsgröße statt der direkten Ergebnisgröße.

Offensichtlich fällt der Kongruenzverlust umso geringer aus, je näher die Indikatorgrößen μ an den exakten Produktivitäten b liegen. Abb. 110 zeigt diese Zusammenhänge grafisch. Allerdings garantiert auch ein sehr präzises Performance-Hilfsmaß y_H nicht, dass die First-Best-Arbeitsleistungen gewählt werden. Es genügt nicht immer, sehr genau zu messen, solange nicht das Richtige gemessen wird. In anderen Fällen kann auch ein sehr genaues, weniger kongruentes Hilfsmaß besser sein als ein vergleichsweise ungenaues, aber kongruentes Maß (z. B. Gewinn ≻ Shareholder Value = Börsenkapitalisierung).

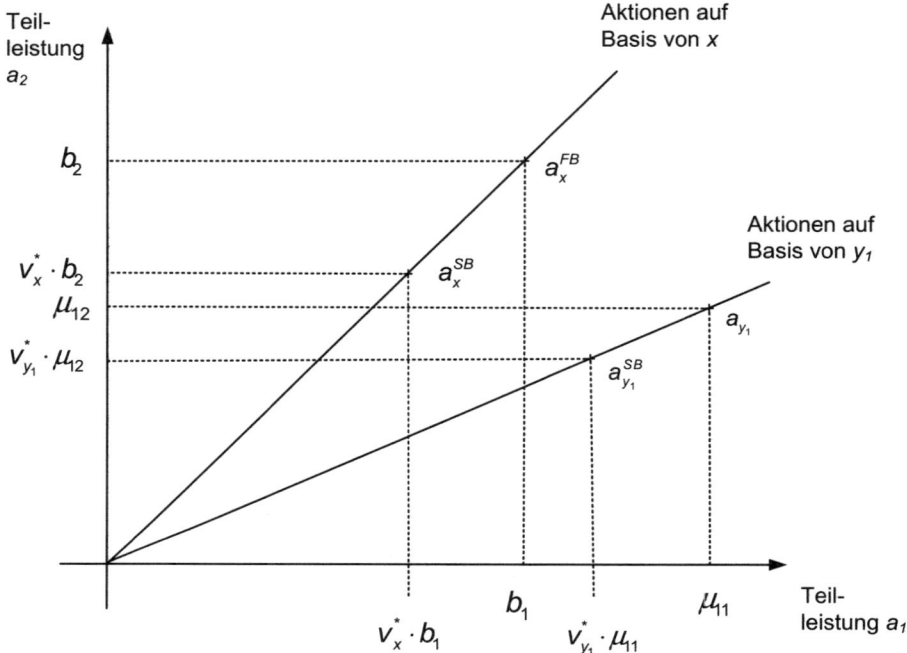

Abb. 110: Wirkung von Präzision und Kongruenz der Performancemaße
(nach Feltham/Xie 1994, S. 436)

Der Reservationsnutzen spielt für den Effizienzverlust offensichtlich keine Rolle, sondern von den Eigenschaften des Agenten lediglich die Risikoaversion und seine Produktivitäten bzw. Beeinflussungsmöglichkeiten der Hilfsgröße.

g. Mehrere unabhängige und leistungsspezifische Performancemaße

Ein wichtiger Fall multikriterieller Anreizsysteme liegt vor, wenn es mehrere Arbeitsleistungen des Agenten gibt und für jede Arbeitsleistung ein eigenes Performancemaß (Hilfsgröße) verwendet wird (vgl. Feltham/Xie 1994, S. 442; Holmström/Milgrom 1991; S. 26, 34)). Beispielsweise werden Versicherungsvertreter über die Anzahl bzw. den Wert der Neuverträge und den Bestandsverträge entlohnt. Die Performancemessfunktionen lauten dann:

$$y_1(a_1, a_2) = \mu_{11} \cdot a_1 + \varepsilon_1$$

$$y_2(a_1, a_2) = \mu_{22} \cdot a_2 + \varepsilon_2$$

Hält man auch die übrige Modellparametrisierung einfach und nimmt technische Unabhängigkeit des Arbeitsleides (c = 0) und stochastische Unabhängigkeit der Störgrößen der Performancemaße ($\sigma_{12} = 0$) an, gilt für die Prämiensätze und für die Arbeitseinsätze:

$$\begin{pmatrix} v_{1U} \\ v_{2U} \end{pmatrix} = \begin{pmatrix} \dfrac{\mu_{11} \cdot b_1}{\mu_{11}^2 + r \cdot \sigma_1^2} \\ \dfrac{\mu_{22} \cdot b_2}{\mu_{22}^2 + r \cdot \sigma_2^2} \end{pmatrix} \quad \text{und} \quad \begin{pmatrix} a_{1U} \\ a_{2U} \end{pmatrix} = \begin{pmatrix} \mu_{11} \cdot v_{1U} \\ \mu_{22} \cdot v_{2U} \end{pmatrix} = \begin{pmatrix} \dfrac{\mu_{11}^2 \cdot b_1}{\mu_{11}^2 + r \cdot \sigma_1^2} \\ \dfrac{\mu_{22}^2 \cdot b_2}{\mu_{22}^2 + r \cdot \sigma_2^2} \end{pmatrix}$$

Bei einer Betrachtung der Prämiensätze und der Arbeitsleistungen wird klar, dass der risiko-averse Agent c.p. einen höheren Prämiensatz für diejenige Leistung erhalten wird und einen größeren Arbeitseinsatz auf diejenige Leistung verwenden wird, die mit einem präziseren Performancemaß gemessen wird, bei der also σ^2 kleiner ausfällt. Die Prämiensätze und Arbeitsleistungen verhalten sich entsprechend der Präzision der Performancemaße. Das Verhältnis der Prämiensätze heißt Incentive Ratio:

$$\frac{a_{1U}}{a_{2U}} = \frac{\mu_{11}^2 \cdot b_1}{\mu_{22}^2 \cdot b_2} \cdot \frac{\mu_{22}^2 + r \cdot \sigma_2^2}{\mu_{11}^2 + r \cdot \sigma_1^2}$$

$$\frac{v_{1U}}{v_{2U}} = \frac{\mu_{11} \cdot b_1}{\mu_{22} \cdot b_2} \cdot \frac{\mu_{22}^2 + r \cdot \sigma_2^2}{\mu_{11}^2 + r \cdot \sigma_1^2} \qquad \text{(Incentive Ratio)}$$

Standardmäßig erfolgen die Berechnung des Erwartungswerts des Ergebnisses sowie des Erwartungsnutzen des Principals bei Einsatz zweier unabhängiger Hilfsgrößen:

$$E(u_P(a_{1U}^{SB}, a_{2U}^{SB})) = 0,5 \cdot \left(b_1 \cdot \mu_{11} \cdot v_{1U} + b_2 \cdot \mu_{21} \cdot v_{1U} \right) - U_A$$

Gegenüber der First-Best-Lösung ergibt sich ein Effizienzverlust für den Principal aufgrund der Präzisionsverluste der beiden Performancemaße:

$$E(L_U) = E(u_P(a_1^{FB}, a_2^{FB})) - E(u_P(a_{1U}^{SB}, a_{2U}^{SB}))$$

$$= 0,5 \cdot (b_1^2 + b_2^2) - 0,5 \cdot \left(\frac{\mu_{11}^2 \cdot b_1}{\mu_{11}^2 + r \cdot \sigma_1^2} + \frac{\mu_{22}^2 \cdot b_2}{\mu_{22}^2 + r \cdot \sigma_2^2} \right)$$

$$= 0,5 \cdot \left(\underbrace{\frac{b_1^2 \cdot r \cdot \sigma_1^2}{\mu_{11}^2 + r \cdot \sigma_1^2}}_{\text{Präzisionsverlust 1}} + \underbrace{\frac{b_2^2 \cdot r \cdot \sigma_2^2}{\mu_{22}^2 + r \cdot \sigma_2^2}}_{\text{Präzisionsverlust 2}} \right)$$

Auf ein besonderes Problem haben *Holmström* und *Milgrom* (1991) hingewiesen: Gibt es nur für die eine Leistung ein verlässliches Performancemaß (also insbesondere für sehr große Werte von σ_2^2 und sehr kleine Werte von μ_{22} bzw. $\mu_{22} = 0$), steigt der Effizienzverlust auf

$$E(L_U) = 0,5 \cdot \left(\underbrace{\frac{b_1^2 \cdot r \cdot \sigma_1^2}{\mu_{11}^2 + r \cdot \sigma_1^2}}_{\text{Präzisionsverlust 1}} + \underbrace{b_2^2}_{\substack{\text{Präzisions-} \\ \text{verlust 2}}} \right).$$

Unter Umständen ist es für den Principal vorteilhaft, ganz auf Anreize des Agenten zu verzichten, etwa wenn dieser autonom einen positiven Arbeitseinsatz wählt. Die Vorteilhaftigkeit des Anreizsystems gegenüber einer autonomen Arbeitsleistung ist c.p. umso eher bedroht, je

- geringer die Arbeitssensitivität der Performancemaße
- größer die Ungenauigkeit σ_j^2 der Performancemaße
- ungleichmäßiger die Performancemaße in ihrer Arbeitssensitivität und Genauigkeit, da dies zu entsprechend ungleichmäßiger Arbeitsleistung führt und damit die Grenzkosten der Arbeit wachsen (besonders ausgeprägt beim hier nicht berücksichtigten kumulativen Arbeitsleid $c \geq 0$).

h. Mehrere abhängige Performancemaße für eine Arbeitsleistung

Eine weitere Analyserichtung der Principal-Agenten-Modelle zielt auf die stochastischen Zusammenhänge zwischen mehreren Performancemaßen. Hintergrund ist die Frage, ob durch Verwendung zusätzlicher Performancemaße bei der Beurteilung von Arbeitsleistungen des Agenten die Wirkungen anderer Ergebniseinflussgrößen klarer abgegrenzt werden können. Wichtige Anwendung ist der Umgang mit Wirkungen bzw. Größen, die vom Agenten nicht beeinflusst werden können, also die Einhaltung des Controllability-Prinzips oder die Verwendung relativer Performancemaße.

Dazu wird auf die allgemeine Bestimmung der Prämiensätze zurückgegriffen, doch erlaubt eine Abstraktion von weiteren, dort berücksichtigten Sachverhalten eine klarere Aussage. Daher wird das dort verwendete multikriterielle LEN-Modell in verschiedener Hinsicht vereinfacht. Eine wichtige Vereinfachung liegt hinsichtlich des Arbeitseinsatzes des Agenten vor, der lediglich durch eine Größe (a_1) modelliert wird. Dagegen werden zwei Performancemaße y_j ($j = 1, 2$) eingesetzt, die von dieser Arbeitsleistung sowie jeweils einer eigenen Störgröße ε_j beeinflusst werden. Die Störgrößen sind gemeinsam normalverteilt mit der Kovarianz σ_{12}. Die Produktions- und Messfunktionen lauten dann

$$x(a_1) = b_1 \cdot a_1 + \varepsilon_x, \quad y_1(a_1) = \mu_{11} \cdot a_1 + \varepsilon_1, \quad y_2(a_1) = \mu_{12} \cdot a_1 + \varepsilon_2$$

Wenn nur eine Arbeitsleistung betrachtet wird, spielt die technische Abhängigkeit der Arbeitsleistungen keine Rolle. Dies vereinfacht das multikriterielle LEN-Modell des Principals wie folgt:

$$\max_{f, v_1, v_2, a_1} E(u_P) = b_1 \cdot a_1 - s(y_1, y_2) = b_1 \cdot a_1 - f - v_1 \cdot a_1 \cdot \mu_{11} - v_2 \cdot a_1 \cdot \mu_{12}$$

s.t.

$$\begin{pmatrix} f + v_1 \cdot a_1 \cdot \mu_{11} + v_2 \cdot a_1 \cdot \mu_{12} \\ -0{,}5 \cdot a_1^2 - 0{,}5 \cdot r \cdot (v_1^2 \cdot \sigma_1^2 + 2 \cdot v_1 \cdot v_2 \cdot \sigma_{12} + v_2^2 \cdot \sigma_2^2) \end{pmatrix} \geq U_A \qquad \text{(TB)}$$

$$a_1 = \arg\max_{\alpha_1} \begin{pmatrix} f + v_1 \cdot \alpha_1 \cdot \mu_{11} + v_2 \cdot \alpha_1 \cdot \mu_{12} - 0{,}5 \cdot \alpha_1^2 \\ -0{,}5 \cdot r \cdot (v_1^2 \cdot \sigma_1^2 + 2 \cdot v_1 \cdot v_2 \cdot \sigma_{12} + v_2^2 \cdot \sigma_2^2) \end{pmatrix} \qquad \text{(AB)}$$

Die optimalen Prämiensätze der Lösung dieses multikriteriellen Problems mit einer Arbeitsleistung und abhängigen Performancemaßen vereinfachen sich entsprechend:

$$v_{1,A}^{SB} = \frac{b_1 \cdot r \cdot (\sigma_2^2 \cdot \mu_{11} - \sigma_{12} \cdot \mu_{12})}{(\mu_{11}^2 + r \cdot \sigma_1^2) \cdot (\mu_{12}^2 + r \cdot \sigma_2^2) - (\mu_{12} \cdot \mu_{11} + r \cdot \sigma_{12})^2}$$

$$v_{2,A}^{SB} = \frac{b_1 \cdot r \cdot (\sigma_1^2 \cdot \mu_{12} - \sigma_{12} \cdot \mu_{11})}{(\mu_{11}^2 + r \cdot \sigma_1^2) \cdot (\mu_{12}^2 + r \cdot \sigma_2^2) - (\mu_{12} \cdot \mu_{11} + r \cdot \sigma_{12})^2}$$

Die beiden Prämiensätze unterscheiden sich nur im Zähler. Belohnt wird jeweils der Informationsgehalt einer Bemessungsgrundlage, gemessen als Sensitivität dieser Bemessungsgrundlage multipliziert mit der Varianz der anderen Bemessungsgrundlage, abzüglich des darin enthaltenen Informationsgehalts der anderen Bemessungsgrundlage, multipliziert mit der Kovarianz.

Mit der Incentive Ratio lässt sich die Verteilung der Anreize direkt berechnen:

$$\frac{v_{1,A}^{SB}}{v_{1,2}^{SB}} = \frac{b_1 \cdot r \cdot (\sigma_2^2 \cdot \mu_{11} - \sigma_{12} \cdot \mu_{12})}{b_1 \cdot r \cdot (\sigma_1^2 \cdot \mu_{12} - \sigma_{12} \cdot \mu_{11})} = \frac{\sigma_2^2 \cdot \mu_{11} - \sigma_{12} \cdot \mu_{12}}{\sigma_1^2 \cdot \mu_{12} - \sigma_{12} \cdot \mu_{11}} \qquad \text{(Incentive Ratio)}$$

Bei dieser Incentive Ratio fallen mehrere Aspekte auf (vgl. dazu Banker/Datar 1989 sowie Feltham/Wu 2000). So hängt die relative Bedeutung der beiden Performancemaße ab von

- ihrer Sensitivität hinsichtlich der Arbeitsleistung: je größer die Sensitivität eines Performancemaßes, desto höher ist c.p. der darauf entfallende Prämienanteil;
- ihrer Präzision ($1/\sigma^2$): je größer die Störeffekte bzw. die Varianz eines Performancemaßes, desto geringer ist der darauf entfallende Prämienanteil;
- ihrer Kovarianz: bei unkorrelierten Performancemaßen ($\sigma_{12} = 0$) entspricht das Verhältnis der Prämiensätze dem Verhältnis der Produkte aus Präzision und Sensitivität der Performancemaße (Banker/Datar (1989) sprechen von der Signal-to-Noise-Ratio).

Dagegen hängt bei der gewählten LEN-Form des Principal-Agenten-Problems die relative Bedeutung der Performancemaße nicht ab von der Produktivität der Arbeitsleistung oder der Risikoeinstellung des Agenten, solange diese sich für die Entlohnungskomponenten nicht unterscheidet.

i. Das Controllability-Prinzip als Anwendungsfall

Einen wichtigen Anwendungsfall der geschilderten Zusammenhänge liefert die Diskussion um die Bedeutung des Controllability-Prinzips für die Abgrenzung von Kompetenzbereichen und das Setzen von Anreizen. Das Controllability-Prinzip besagt, dass ein Manager anhand derjenigen Kriterien beurteilt werden soll, die er durch seine Entscheidungen beeinflussen kann (daher auch der Begriff des Prinzips der Entscheidungsbezogenheit der Performancebewertung). Dieses Prinzip findet sich in verschiedenen ähnlichen Varianten in der Literatur zur Organisation, zur Personalführung und natürlich zum Controlling (beispielsweise fordert Weber die Kongruenz von Aufgabe und Verantwortung).

Aus dem Anreizmodell mit mehreren abhängigen Performancemaßen für eine Arbeitsleistung können auf einfache Weise Konstellationen konstruiert werden, in denen die Verwendung einer nicht beeinflussbaren Größe als Bemessungsgrundlage zweckmäßig ist. In diesem LEN-Anreizmodell ergaben sich folgende Prämiensätze für die beiden Performancemaße:

$$v_{1,A}^{SB} = \frac{b_1 \cdot r \cdot (\sigma_2^2 \cdot \mu_{11} - \sigma_{12} \cdot \mu_{12})}{(\mu_{11}^2 + r \cdot \sigma_1^2) \cdot (\mu_{12}^2 + r \cdot \sigma_2^2) - (\mu_{12} \cdot \mu_{11} + r \cdot \sigma_{12})^2}$$

$$v_{2,A}^{SB} = \frac{b_1 \cdot r \cdot (\sigma_1^2 \cdot \mu_{12} - \sigma_{12} \cdot \mu_{11})}{(\mu_{11}^2 + r \cdot \sigma_1^2) \cdot (\mu_{12}^2 + r \cdot \sigma_2^2) - (\mu_{12} \cdot \mu_{11} + r \cdot \sigma_{12})^2}$$

Nimmt man an, dass der Bereichsmanager das Performancemaß 2 nicht beeinflussen kann (also $\mu_{12} = 0$ ist), dieses aber eine positive Varianz und eine von null verschiedene Kovarianz zum gut beeinflussbaren Performancemaß 1 hat, dann gilt für die Prämiensätze v_{1C} bzw. v_{2C}:

$$v_{1,C}^{SB} = \frac{b_1 \cdot r \cdot \sigma_2^2 \cdot \mu_{11}}{(\mu_{11}^2 + r \cdot \sigma_1^2) \cdot r \cdot \sigma_2^2 - (r \cdot \sigma_{12})^2} = \frac{b_1 \cdot \mu_{11}}{\mu_{11}^2 + r \cdot (1 - \rho_{12}^2) \cdot \sigma_1^2}$$

$$v_{2,C}^{SB} = \frac{-b_1 \cdot r \cdot \sigma_{12} \cdot \mu_{11}}{(\mu_{11}^2 + r \cdot \sigma_1^2) \cdot r \cdot \sigma_2^2 - (r \cdot \sigma_{12})^2} = -\frac{\sigma_1}{\sigma_2} \cdot \rho_{12} \cdot \frac{b_1 \cdot \mu_{11}}{\mu_{11}^2 + r \cdot (1 - \rho_{12}^2) \cdot \sigma_1^2}$$

Für die Gesamtentlohnung des Agenten gilt in diesem Fall mit zwei Performancemaßen:

$$s(y_1, y_2) = f + \frac{b_1 \cdot \mu_{11}}{\mu_{11}^2 + r \cdot (1 - \rho_{12}^2) \cdot \sigma_1^2} \cdot y_1 - \frac{b_1 \cdot \mu_{11}}{\mu_{11}^2 + r \cdot (1 - \rho_{12}^2) \cdot \sigma_1^2} \cdot \frac{\sigma_1}{\sigma_2} \cdot \rho_{12} \cdot y_2$$

Sie setzt sich zusammen aus

- einer variablen beeinflussbaren Komponente,
- einer variablen Komponente, die zwar nicht beeinflussbar ist, aber informativ, und
- einer fixen Komponente f, die den Opportunitätsnutzen des Agenten sicherstellt.

Beispiele wären etwa ein Bereichserfolg und ein Unternehmenserfolg aus Sicht eines Bereichsmanagers. Der informative Gehalt des zweiten, nicht beeinflussbaren Performancemaßes bezieht sich zwar nicht direkt auf die Leistungen des Agenten, sondern auf die nicht beeinflussbaren Umweltzustände. Die Information darüber erlaubt dem Principal aber,

- bei positiver Korrelation der Performancemaße ($\rho_{12} > 0$) aus einem hohen Wert des Performancemaßes 2 zu folgern, dass auch die nicht beobachtbare Störgröße des Performancemaßes 1 einen hohen Wert annehmen sollte, ohne dass es dazu einer besonderen Anstrengung des Agenten bedarf. Für eine (lediglich) gute Ausprägung von Performancemaß 1 hat der Agent in diesem Fall auch keine besondere Belohnung verdient;
- bei negativer Performancemaßkorrelation ($\rho_{12} < 0$) aus einem hohen Performancewert 2 zu folgern, dass die nicht beobachtbare Störgröße des Performancemaßes 1 einen niedrigeren Wert annehmen sollte. Die in diesem Fall positive zweite variable Komponente gleicht den Umweltnachteil für den Agenten hinsichtlich seiner beeinflussbaren Entlohnung aus.

Insgesamt folgt, dass ein zweites Performancemaß (und weitere mehr) vorteilhaft sind, wenn sie Rückschlüsse auf die Leistung des Agenten erlauben, selbst wenn dieser sie nicht beeinflussen kann. Diese Hypothese wurde (hier) aus dem multikriteriellen LEN-Modell hergeleitet. In allgemeiner Form findet sie sich im Informationsprinzip von *Holmström* (1982), wonach jede kostenlos verfügbare Information zur Performancebewertung eingesetzt werden sollte, solange ihre Berücksichtigung bessere Rückschlüsse auf das Handeln des Managers ermöglicht. Eine Aufweichung des Controllability-Prinzips ist wegen des Informationsgehalts zur Umweltentwicklung gerechtfertigt. Zudem wird der Manager über das Anreizsystem gezwungen, auf von ihm nicht verschuldete ungünstige Umweltentwicklungen durch besondere Anstrengungen zu reagieren (vgl. Demski 1976). Die Ergebnisverbesserung ist gegen die

Motivationsbeeinträchtigung abzuwägen, wenn der Manager für Entwicklungen verantwortlich gemacht wird, die außer seiner Reichweite liegen. Doch scheinen Manager einen Verstoß gegen das Controllability-Prinzip oftmals einer im Einzelfall vielfach schwierigen Abgrenzung beeinflussbarern und nicht beeinflussbarer Effekte vorzuziehen (vgl. Merchant 1987).

k. Relative Performancebeurteilung (Relative Performance Evaluation – RPE)

Über die Art dieser zusätzlichen Information sagt das multikriterielle Principal-Agenten-Modell wenig aus. Wichtig sind ihre (unvollständige) Korrelation, im LEN-Modell zusätzlich noch die Anforderungen, dass ein Zusammenhang mit dem Verhalten des Agenten linear ausfällt sowie dass die Varianz der Störgröße unabhängig ist vom Agentenverhalten. Inhaltlich kann es sich um Größen handeln, die dem eigentlich interessierenden „Erfolg" ähneln (z. B. eine rechnungswesenbedingte Variante der Erfolgsberechnung) oder eine völlig andere Größe (z. B. technische Produkt- oder Prozesskennzahlen, Markt- oder Umweltkennzahlen).

Es kann sich bei diesen zusätzlichen Informationen jedoch auch um gleichartige Informationen aus anderen Betrachtungsfeldern handeln. Dies ist Gegenstand der relativen Performancebeurteilung. Bei der relativen Performancebeurteilung werden gleichartige Informationen über andere Agenten, den „Markt" insgesamt, oder auch andere Perioden in die Beurteilung eines Agenten aufgenommen. Dies geschieht beispielsweise in Form eines Betriebsvergleichs (Benchmarking), eines Marktvergleichs oder auch als Zeitvergleich. Die relative Performance zeigt sich dann in der Differenz zwischen der eigenen Performance und der Vergleichsgröße. Dabei ist zwischen relativer Performancemessung und relativen Kennzahlen zu unterscheiden: Der Einsatz von relativen Kennzahlen (Verhältniszahlen; vgl. C III) kann auch hinsichtlich unterschiedlicher Sachverhalte zweckmäßig sein; umgekehrt ist auch eine relative Performancemessung mit absoluten Kennzahlen denkbar (etwa der Vergleich von Marktwerten bzw. Marktwertänderungen oder Residualgewinnen verschiedener Bereiche). Abb. 111 fasst die Charakteristika von multikrieteller und relativer Performancemessung zusammen.

Mit der relativen Performancemessung versucht man, allgemeine von spezifischen Risiken zu trennen (mitunter spricht man auch von systematischen und unsystematischen Risiken). Allgemeine Risiken betreffen alle Marktteilnehmer in gleicher oder zumindest ähnlicher Weise. Zu ihnen gehören beispielsweise Preisentwicklungen von Einsatzgütern (Rohstoffe, Personal, Kapital) oder von Absatzgütern (Inflationsrisiken), Währungsrisiken oder politische Risiken, denen die Vergleichsbetriebe in ähnlicher Weise ausgesetzt sind. Betriebs- bzw. abteilungsspezifische Risiken liegen als Lieferantenausfallrisiken in der Beschaffung, als Entwicklungs- oder Prozessrisiken in der Fertigung oder als Absatzrisiken vor. Die Trennung allgemeiner von spezifischen Risiken – und die Erhebung entsprechender Informationen durch ein zusätzliches Performancemaß – bietet für Principal und Agent zweierlei potenzielle Vorteile:

(i) sie ermöglicht bessere Rückschlüsse auf das Verhalten des Agenten (→ eingeschränkte Orientierung am Controllability-Prinzip)

(ii) sie erlaubt es, den risikoaversen Agenten von Risiken zu entlasten, für deren Übernahme der Principal ihn andernfalls entlohnen müsste.

Art der Bemessungs- grundlagen	Einflussbereich des Agenten (Abteilung, Bereich, Center)	übergreifende Bemessungsgrundlage
inhaltlich gleichartig	zusätzliche Information durch weiteres Performancemaß als - Zeitvergleich - Plan-Ist-Vergleich	relative Performancebeurteilung: - Abteilungs- bzw. Bereichsgrößen - Branchengrößen - Marktgrößen → vielfach positive Korrelation (Ausnahme: negative Korrelation im Oligopol oder in Lieferketten möglich)
inhaltlich unterschiedlich	multikriterielle Performancemessung: - finanzielle Größen: Erfolg, Umsatz, Kosten, ... - technische Größen: Termine, Qualitätsmerkmale, ... - Kundengrößen: Zufriedenheit, Loyalität, ... - soziale Größen: Fluktuation, MA-Entwicklung, Anteil zertifizierter Lieferanten/ Produkte → unterschiedliche Korrelationen	Kombinationen unterschiedlicher Art: - technische (Projekt- oder Bereichs-) Größen mit gesamtbetrieblichen Größen für nachgeordnete Ebenen - betriebliche Erfolgsgrößen mit gesamtwirtschaftlichen Größen zur Erfassung der Opportunitätskosten - ...

Abb. 111: Charakteristische Fälle der multikriteriellen Performancemessung

Es ist offensichtlich, dass sowohl die allgemeinen Risiken als auch die betriebsspezifischen Risiken von der Wettbewerbsstruktur der jeweiligen Märkte und der Produktionsstruktur der betreffenden Betriebe abhängen. Auf polypolistischen Märkten mit reinen Preisnehmern werden die Risiken anders ausfallen, auch anders beeinflussbar sein als auf oligopolistischen Märkten mit Preis- und Mengenwettbewerb. Im einen Fall erfolgt das Markthandeln des Agenten unabhängig von anderen Marktteilnehmern; trotz unterschiedlichem Leistungseinsatz ähneln sich die Reaktionen auf die Marktunsicherheiten vielfach. Im anderen Fall ist von Interdependenzen zwischen dem Handeln der Beteiligten auszugehen, die sich durch gemeinsame Aktivitäten zur Markterschließung, durch Konkurrenz oder auch als Verdrängung zeigen können. Auch bei einem innerbetrieblichen Performancevergleich ist mit Interdependenzen zu rechnen, die im Rahmen der Prozesskette oder durch parallele Aktivitäten auftreten. Die Markt- bzw. innerbetriebliche Vergleichsperformance wird in diesem Fall durch die eigenen Aktivitäten des Agenten beeinflusst. Mit einer relativen Performancebewertung kann daher im Oligopolfall über den Informationsgewinnungsaspekt hinaus auch versucht werden, das Verhalten des Managers zu beeinflussen und ihn beispielsweise zu einem aggressiven Auftreten auf dem Markt zu bewegen, wenn dies die Performance der Konkurrenz beeinträchtigt und seine relative Performance dadurch verbessert. Umgekehrt kann mit der Berücksichtigung des Gesamterfolgs als Performancemaß (zusätzlich oder anstelle der Bereichsperformance) versucht werden, Bereichsegoismen und innerbetrieblicher Konkurrenz entgegenzuwirken. Die Analyse solcher Effekte ist Gegenstand der Wettbewerbswirkungen der relativen Performancemessung (vgl. Aggarwal/Samwick 1999a und 1999b).

Beschränkt man sich wieder auf den Fall einer undifferenzierten Aktivität des Agenten, lassen sich die Fälle mit und ohne Interdependenzen formal in der Bestimmung der aus dem multikriteriellen LEN-Modell bekannten Prämiensätze unterscheiden. Bei Interdependenzen gilt $\mu_{12} \neq 0$ und die Prämiensätze $v_{1,A}$ und $v_{2,A}$ lassen sich nicht weiter vereinfachen. Kann indes der Markt- bzw. Konkurrenzeinfluss des Agenten vernachlässigt werden, gilt $\mu_{12} = 0$ und es können die Prämiensätze $v_{1,C}$ und $v_{2,C}$ übernommen werden. Deutlich wird der Performancevergleich durch Umformung der Gesamtentlohnung:

$$s(y_1, y_2) = f + \frac{b_1 \cdot \mu_{11}}{\mu_{11}^2 + r \cdot (1 - \rho_{12}^2) \cdot \sigma_1^2} \cdot \left(y_1 - \frac{\sigma_1}{\sigma_2} \cdot \rho_{12} \cdot y_2 \right)$$

Allerdings belohnt die Prämie nicht direkt die Differenz zwischen Bereichs- und Marktperformance, sondern modifiziert diese noch durch die Kovarianz.

Die relative Performancemessung ist als Instrument der Managervergütung oder der Personalpolitik empirisch untersucht worden (vgl. Gibbons/Murphy 1990, Jensen/Murphy 1990, Murphy 2000). Die Ergebnisse dieser Studien zur Bedeutung der relativen Performancemessung sind widersprüchlich. Eindeutige Nachweise einer Vorteilhaftigkeit oder systematischen Anwendung der relativen Performancemessung bei der Vergütung fehlen. Doch lässt sie sich bei Beförderungen und Entlassungen Effekte der relativen Performancemessung nachwiesen lassen (vgl. Gibbons/Murphy 1992). Insgesamt ergeben sich damit uneinheitliche Ergebnisse zur relativen Performancemessung außerhalb des engeren Finanzbereichs. Angesichts der oben genannten Vorteile überrascht dies und in aktuellen Vorschlägen zum Beyond Budgeting wird die relative Performancemessung auch ausdrücklich empfohlen (vgl. BBRT 2011 und C III). Allerdings weist die relative Performancemessung auch Probleme auf: So stellen sich Diskussionen über die Beeinflussbarkeit einzelner Performancemaße vielfach als zeitraubend heraus. Bei relativer Performancemessung sind Prämienzahlungen auch bei negativen Erfolgsgrößen möglich, wenn nur die Vergleichsgrößen des Marktes oder anderer Unternehmen stärker sinken. Dies irritiert die Öffentlichkeit und Investoren. Es fehlt der Anreiz, Risiken zu vermeiden, die aus der Performancemessung eliminiert werden, für das Unternehmen aber weiterhin bestehen. Beispielsweise wird ein absehbarer Ölpreisanstieg hingenommen, statt durch Lageraufbau, Absicherungsentscheidungen oder langfristige Verträge abgesichert.

Zusätzliche Probleme entstehen, wenn das Management die Performance der Vergleichsunternehmen beeinflussen kann. So kann relative Performancemessung Anreize zu zerstörerischem Handeln liefern, um auf Oligopolmärkten die Konkurrenz zu schädigen. Ebenso droht die Auswahl von unattraktiven Märkten mit schwachen Konkurrenten oder eine Beeinflussung der Strategie (Kosten- oder Technologieführerschaft wegen relativer Performancemessung. Schließlich ist relative Performancemessung unnötig bzw. teuer, wenn Manager zur Risikosenkung auch ihre privaten Anlageentscheidungen diversifizieren können.

7. Verständnisfragen

a. Kennzeichnen Sie Führungs- und Leistungsaufgaben der betrieblichen Personalführung.

b. Welche Bedeutung spielt der Resource-based View für die Gestaltung der Führungs- und der Leistungsaufgaben der Personalführung?

c. Stellen Sie die drei grundlegenden Komponenten von Anreizsystemen dar und erläutern Sie mögliche Ausprägungen.

d. Erläutern Sie die Unterschiede zwischen dem Profit Sharing und dem Groves-Schema anhand von mindestens drei Merkmalen.

e. Die Gewährung von Aktienoptionen ist ein verbreitetes Anreizinstrument für Führungskräfte. Eine einfache Form sieht vor, dass eine Aktiengesellschaft einem Manager eine Option einräumt, nach einer bestimmten Frist eine bestimmte Anzahl an Aktien zum am Tag der Optionsausgabe gültigen Kurs zu beziehen. Nach der Haltefrist kann dieser die Aktien frei verkaufen. Varianten sehen Einschränkungen der Optionsausübung vor, beispielsweise auf den Fall, dass der Aktienkurs des Unternehmens sich besser entwickelt hat als ein Vergleichsindex.

Ziehen Sie die Ergebnisse der Analyse des LEN-Modells heran, um die Eignung solcher Aktienoptionen als Anreizinstrument zu beurteilen. Warum ist bei der Übertragung der Aussagen des LEN-Modells auf die Beurteilung von Aktienoptionen Vorsicht geboten?

f. Bonusbanken sehen vor, dass ein Teil der erfolgsabhängigen Entlohnung verteilt über mehrere Jahre ausgezahlt wird, um kurzsichtigem Handeln des Managements entgegenzuwirken. Unter anderem wird vorgeschlagen, die späteren Auszahlungen

   aa. mit der Gesamtkapitalrentabilität laut Jahresabschluss
   bb. mit der Aktienkursrendite zu verzinsen.

Stellen Sie diese Konzepte als Anreizsysteme dar und erörtern Sie ihre Möglichkeiten und Grenzen.

VII. Finanzierung

1. Führungsaufgaben des betrieblichen Finanzbereichs

Betrachtet man den finanziellen Aspekt des betrieblichen Wirtschaftens, so zeigt dieses sich als Abfolge von Einnahmen und Ausgaben. Die damit verbundenen Änderungen des Geldvermögens als Summe bzw. Saldo von Zahlungsmitteln, Guthaben und Schulden sind eine wichtige betriebliche Zielgröße. Daneben sind auch die Änderungen des Bestands an Zahlungsmitteln durch Einzahlungen oder Auszahlungen von Interesse. Ausgaben fallen für größere und kleinere Investitionen an, wenn in Mitarbeiter, Anlagen, Roh-, Hilfs- und Betriebsstoffe oder in andere Güter investiert wird, die verarbeitet und später wieder veräußert werden können, um damit wieder Einnahmen zu erzielen. In diesem betrieblichen Güterkreislauf bildet die Finanzierung das Gegenstück zur Investition, denn zum Aufbau und zur laufenden Durchführung des Geschäftsbetriebs benötigen Betriebe finanzielle Mittel. Investitionsprojekte wandeln vorwiegend finanzielle Mittel in andere Güter um. Die Finanzierung stellt diese finanziellen Mittel bereit. Abb. 112 verdeutlicht dieses Zusammenwirken.

Abb. 112 enthält zudem eine engere, auf die Zahlungswirkungen beschränkte Fassung des Finanzierungsbegriffs. Gemäß dieser Fassung ist eine Finanzierung eine Reihe von Zahlungen, die mit einer Einnahme beginnt. Umgekehrt ist eine Investition eine Reihe von Zahlungen, die mit einer Auszahlung beginnt. Die enge Definition wirft allerdings bei einigen Sonderfällen Zuordnungsprobleme auf. So gibt es Investitionsprojekte, die in einem frühen Stadium durch eine Einzahlung angeschoben werden, beispielsweise durch eine Subvention oder einen Entwicklungszuschuss eines Großkunden. Entsprechend gibt es typische Finanzierungen, die mit einer Auszahlung beginnen, beispielsweise die Kosten für die Notierung an ausländischen Börsen, wenn man sich den dortigen Kapitalmarkt erschließen will oder wenn für bestimmte Finanzierungsformen zunächst ein Rating zu bezahlen ist. Die enge zahlungsorientierte Definition mag für Investitionen noch nützlich sein, weil sie das betont, was allen Investitionen gemeinsam ist, nämlich die Zahlungswirkungen zu verschiedenen Zeitpunkten.

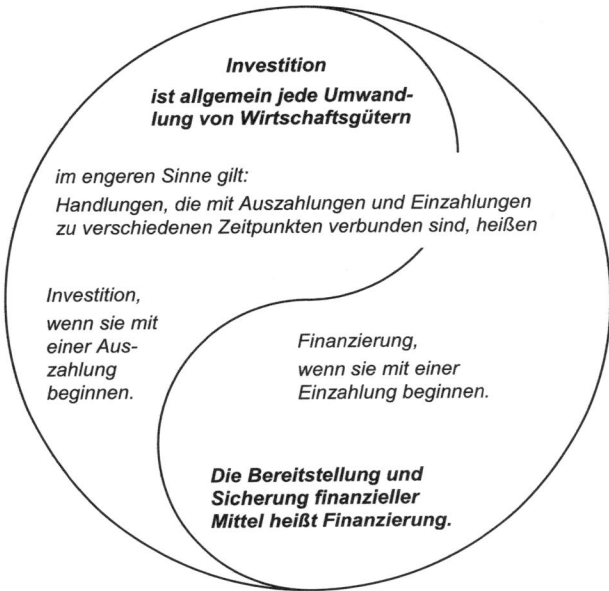

Abb. 112: Gegenüberstellung von Investition und Finanzierung

Deren Prognose und Bewertung stehen dann im Zentrum des Investitionsproblems. Dabei wird hingenommen, dass die zahlungsorientierte Betrachtung von sachlichen Unterschieden zwischen Investitionsprojekten abstrahiert. Sachliche Unterschiede sind im Alternativenvergleich schwer handhabbar. Sie werden vielfach vereinfachend dadurch berücksichtigt, dass man nur Alternativen berücksichtigt, die alle sachlichen Anforderungen hinreichend erfüllen. Sobald diese Vereinfachung nicht akzeptabel erscheint, weil die sachlichen Unterschiede zwischen Alternativen zu markant sind, ist die Verwendung des allgemeinen Investitionsbegriffs sinnvoll und die Prognose- und Bewertungsansätze sind entsprechend zu erweitern. Bei der Finanzierung hingegen steht die umfassende Sichtweise ohnehin im Vordergrund, da Finanzierungen typischerweise eine einfachere Zahlungsstruktur aufweisen und ihr Problemschwerpunkt gerade in der Beurteilung der unterschiedlichen institutionellen Ausgestaltungsformen und Wirkungen von ähnlichen Zahlungsströmen liegt. Die dafür bedeutsamen Rahmenbedingungen werden anschließend erläutert.

2. Rahmenbedingungen der betrieblichen Finanzierung

a. Ziele und Aufgaben der betrieblichen Finanzwirtschaft

Gegenstand der Finanzierung sind Nominalgüterströme, also Geldbewegungen oder Ansprüche darauf. Daher stehen bei der Finanzierung formale Erfolgsziele offensichtlich im Vordergrund. Immerhin spielen technische, soziale oder ökologische Ziele eine Rolle in der Gewinnung bestimmter Kapitalgeber. So versuchen einige Finanzinstitute, potenzielle Anleger durch besonders ideenreiche Finanzinnovationen anzulocken. Andere betonen in ihrer Anlagepolitik die Einhaltung ethischer Standards, etwa durch soziale oder ökologische Kriterien. Wieder andere stellen ihre Kompetenz in der einfachen Abwicklung von Standardfinanzgeschäften heraus. Mit diesen Zielen verfolgen sie letztlich doch die bereits in Abb. 112 aufgenommene Bereitstellung liquider Mittel als allgemeines Ziel der Finanzierung. Dazu sind in der betrieblichen Finanzwirtschaft die Auswirkungen der betrieblichen Aktivitäten auf die gegenwärtigen und auf künftige Zahlungsströme sowie auf die Beeinflussung der Zahlungsressourcen zu analysieren und alternative Gestaltungsformen (Bargeldbestände, Kreditlinien, kurzfristige Anlagen) dieser Zahlungspotenziale zu prüfen. Die Zusammenstellung dieser Zahlungsströme und die Identifizierung wichtiger Einflussgrößen für ihre Höhe, zeitliche Verteilung und Verlässlichkeit sind Aufgabe der Finanzplanung. Da sowohl die anstehenden Zahlungsströme als auch die Gestaltungsalternativen sich vor allem in ihrer zeitlichen Struktur und ihrer Verlässlichkeit unterscheiden, gehört die Planung, Steuerung und Sicherung der liquiden Mittel zu den Kernaufgaben der Finanzierung. Ihre besondere Bedeutung hat die Liquiditätssicherung angesichts der Verpflichtung zur Eröffnung des Konkursverfahrens oder des gerichtlichen Vergleichsverfahrens bei Zahlungsunfähigkeit oder bei Überschuldung (bei Aktiengesellschaften gemäß § 92 AktG, generell nach Maßgabe der Konkurs- oder Insolvenzordnung).

b. Die Situation der Kapitalgeber

Die finanziellen Ressourcen eines Betriebes stammen in der Regel aus mehreren Quellen. Auf den ersten Blick ersichtlich ist der Finanzierungscharakter von Krediten, die Banken gewähren. Ebenso spielen die Absatzerlöse eine zentrale Rolle für die betriebliche Finanzierung. Sie kann durch Anzahlungen oder Entwicklungszuschüsse von Kunden verstärkt werden. Eher verdeckten Finanzierungscharakter haben die Zahlungsziele für das Begleichen von Rechnungen, die Lieferanten oder auch der Staat gewähren. Die Beziehungen eines Betriebs zu seinen Mitarbeitern tragen zur Finanzierung bei, wenn den Mitarbeitern Teile ihrer Entlohnung erst (lange) nach der Arbeitsleistung ausgezahlt werden, wie dies bei Betriebsrenten, Pensionszusagen oder Arbeitszeitkonten der Fall ist, und der Betrieb bis zur Zahlung mit diesem Geld wirtschaften kann. Schließlich stammen finanzielle Mittel von den Eigentümern des Betriebs. Hieran knüpft die Abgrenzung von Eigen- und Fremdkapital an, die in Kapitel C VII 3 vertieft wird. Abb. 113 fasst die betrieblichen Finanzierungsquellen zusammen.

Innerhalb dieser Finanzquellen weisen die Eigenkapitalgeber, also die Eigentümer, eine Besonderheit auf. Denn es ist durchaus möglich, dass nach einer (anfänglichen) Kapitaleinlage keine Zahlungsströme zwischen dem Betrieb und seinen Eigentümern fließen oder dass diese sich auf die Zahlung von Dividenden beschränken und damit im Vergleich zu den übrigen Zahlungsströmen zwischen dem Betrieb, seinen Banken, Lieferanten, Mitarbeitern und Kunden gering ausfallen. Ein Beispiel hierfür ist Microsoft, das trotz immensen wirtschaftlichen Erfolgs lange Zeit keine Dividende gezahlt hat und erst im Jahr 2003 von dieser Politik abwich (vgl. Microsoft 2003, S. 9). Die Vorteile der Eigentümer resultierten bis dahin aus dem Verkauf ihrer Anteile am Kapitalmarkt zu gestiegenen Kursen. Trotz der im Volumen möglicherweise unauffälligen Zahlungsströme zwischen Betrieb und Eigentümern spielen die Eigentümer als Eigenkapitalgeber eine besondere Rolle für die betriebliche Finanzierung: Während der Umfang und der Zeitpunkt der übrigen Zahlungen weitgehend durch Verträge oder im Falle des Staates und seiner Institutionen durch Gesetze festgelegt sind, sind die Zahlungen an die Eigenkapitalgeber typischerweise offen und daher durch die zuständigen Gremien der Gesellschaft disponierbar. Daher wird im Folgenden das Eigenkapital als Finanzquelle besonders hervorgehoben und die Finanzierung durch Kredite stellvertretend für die übrigen Finanzquellen als Fremdkapital betrachtet.

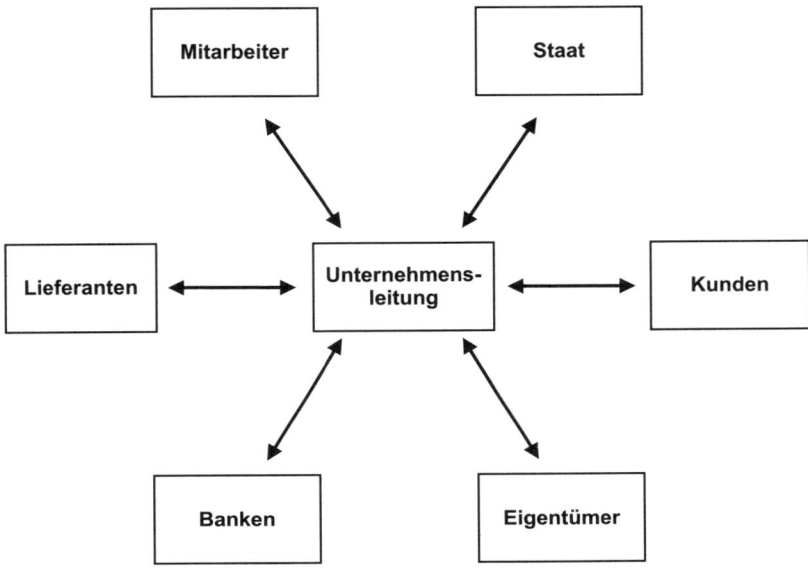

Abb. 113: Überblick über betriebliche Finanzquellen

c. Der Finanzmarkt

Die Finanzierungsinteressen der Kapitalnehmer und die Anlagewünsche der Kapitalgeber treffen auf dem Finanzmarkt zusammen. Der Finanzmarkt ist der Markt für Geld und Ansprüche auf Geld. Allerdings verbirgt diese knappe Formulierung die Vielfalt des Finanzmarktes eher als dass sie sie aufzeigt. Eine abschließende Aufzählung der Finanzierungsformen wird schon dadurch erschwert, dass laufend neue Varianten entwickelt werden. Umso wichtiger erscheint die Zusammenstellung von Merkmalen zur Charakterisierung von Finanzmärkten und der auf ihnen gehandelten Finanzierungsformen.

Zwei wichtige Merkmale zur Kennzeichnung eines Finanzmarktes sind seine Vollständigkeit und seine Vollkommenheit. Von einem **vollständigen Finanzmarkt** spricht man, wenn auf ihm jeder beliebige Zahlungsstrom gehandelt werden kann, egal welche zeitliche Struktur, welche Höhe und welche Sicherheit er aufweist (zur Vollständigkeit von Märkten vgl. Arrow 1964 und Debreu 1959, S. 98 f.). Dabei spielt es für die Vollständigkeit keine Rolle, ob das Gegenstück zu diesem Zahlungsstrom in einem einzigen Finanzierungstitel oder einer passenden Kombination mehrerer Finanzierungstitel besteht. Diese Eigenschaft ist für die Bewertung von Finanztiteln wichtig. Denn wenn auf einem dementsprechend vollständigen Markt die Zahlungen eines Finanztitels durch die Kombination der Zahlungen anderer Finanztitel erzeugt werden können, kann der gesuchte Wert eines neuen Finanztitels aus den Werten der vorhandenen Finanztitel berechnet werden (vgl. auch die Bewertung von Realoptionen in

Kapitel C III). Arbitrageprozesse, also der gezielte An- und Verkauf von Gütern auf Märkten mit unterschiedlichen Preisen, führen dazu, dass etwaige inkonsistente Bewertungen der einzelnen Titel abgebaut werden. Die **Vollkommenheit eines Finanzmarktes** besagt zusätzlich, dass solche Arbitrageprozesse sofort ablaufen und zu einem einheitlichen Preis führen. Dies gelingt dann, wenn Finanztitel von zahlreichen Anbietern und Nachfragern in beliebiger Stückelung, in unendlicher Geschwindigkeit, ohne zusätzliche Transaktionskosten (Gebühren und Spesen) und mit einheitlicher Information gehandelt werden. Diese Eigenschaft wird in vielen Finanzmarktmodellen vorausgesetzt, da sie die Finanzmarktanalyse und die Bewertung von Finanztiteln vereinfacht. Wenn Finanztitel aus anderen Finanztiteln mit bekannter Bewertung rekonstruierbar sind, hängt ihre Bewertung durch einen rationalen Entscheidungsträger nicht von dessen Präferenzen ab, sondern es ist eine **präferenzfreie Bewertung** möglich. Diese Idealvorstellung einer Wertfindung ist dort von Bedeutung, wo Marktteilnehmer zum Handel gezwungen werden. Praktisch relevant ist vor allem der Zwang zur Veräußerung von Wertpapieren bzw. Zahlungsansprüchen, unter anderem bei

– Entschädigungsregelungen in Gewinnabführungs- oder Eingliederungsverträgen oder
– der Höhe der Abfindung für die Anteile von Minderheitsaktionären, die in Squeeze-Out-Verfahren nach § 327a ff. AktG zwangsweise vom Unternehmen ausgeschlossen werden könne, wenn ein Mehrheitsaktionär mindestens 95 % der Stimmrechte geltend machen kann.

Vollständigkeit und Vollkommenheit eines Marktes sind indes keineswegs selbstverständlich. So werden viele Finanzanlagen nur zwischen bestimmten Mindest- oder Höchstbeträgen angeboten und bestimmte Geschäfte sind in manchen Ländern generell verboten, verpönt oder aus anderweitigen Gründen nicht möglich oder nicht sinnvoll. Beispielsweise

– waren Privatanlegern in Deutschland bis vor kurzem Hedgefonds und Leerverkäufe von Wertpapieren nicht erlaubt,
– sind in manchen Gesellschaften Zinsgeschäfte verboten oder verpönt,
– sind Real Estate Investment Trusts (Reits) in Deutschland steuerlich anders geregelt als in den USA und daher als Finanzierungsform weniger präsent und
– ist in manchen Ländern die Beleihung von Immobilien erschwert, da die Rechtslage wegen unvollständiger Grundbuchführung oder bei Eigennutzung als Wohnraum den Gläubigern keinen Zugriff darauf ermöglicht und Immobilien für die Gläubiger somit keine Sicherheit darstellen.

Zudem sind Finanzmärkte in dem Maße unvollkommen, in dem

– die Transaktionen auf diesen Märkten Zeit oder Kosten erfordern und
– die Marktteilnehmer über unterschiedliche Informationen verfügen.

Mit diesen Unvollkommenheiten gehen die einzelnen Finanzierungsformen auf unterschiedliche Weise um. Zu beobachten sind unter anderem komplizierte Klauseln in Verträgen, vielfältige Formen der Kreditsicherung, organisierte Kapitalmärkte (etwa Börsen) und langfristige Finanzierungsbeziehungen. Wie die nachfolgenden Überlegungen zeigen, können aus diesen Unvollkommenheiten sogar Erklärungen für die Existenz von Finanzierungsformen mit bestimmten Eigenschaften begründet werden.

Will ein Betrieb Kapital von außen beschaffen, so steht ihm dazu der Verkauf von Finanztiteln in Form von Aktien, Schuldverschreibungen oder ähnlichem offen. Während ihm der Erlös zufließt, erhalten die Käufer der Finanztitel Anwartschaften auf künftige Zahlungen sowie je nach Finanztitel Kontrollrechte (vgl. dazu Hartmann-Wendels 2001, S. 117 ff.). Die künftigen Zahlungen werden aus den Überschüssen des betrieblichen Leistungsprozesses bestritten. Die Unsicherheit der Überschüsse überträgt sich grundsätzlich auf die Zahlungen an die Kapitalgeber, wobei Art und Ausmaß der Unsicherheit der Finanzzahlungen von der Art der Zahlungsanwartschaft abhängen. Die Finanzierungspolitik des Betriebs teilt mit der Bereitstellung von Finanztiteln, deren Zahlungen in unterschiedlicher Weise vom Risiko abhängen, die Risiken in ungleicher Weise auf die Kapitalgeber auf. Grundsätzlich ermöglicht dies den Anlegern eine Ausrichtung ihrer Anlagen gemäß ihrer Risikopräferenzen. Allerdings wirkt sich dies auf die Bewertung dieser Titel am Kapitalmarkt und damit auf ihre Vorteilhaftigkeit für die Anleger aus. Es lässt sich zeigen, dass Anleger ihre Vermögensposition unabhängig von der Finanzierungspolitik eines Betriebs optimieren können, wenn die Kapitalmärkte hinreichend ausdifferenziert sind und Bewertungsunterschiede durch Arbitrageprozesse zügig abbauen. Die Arbitrageprozesse führen damit dazu, dass die Finanzierungstitel und die Risikoallokation keinen Einfluss auf die Finanzpolitik eines Betriebs, auf den Leistungsprozess und schließlich auf den Marktwert des Betriebs haben. Dies ist der Kern des **Theorems der Irrelevanz der Kapitalstruktur** bei vollkommenen Kapitalmärkten von *Modigliani* und *Miller* (vgl. Modigliani/Miller 1958).

Das Irrelevanztheorem widerspricht indes völlig den Beobachtungen, dass

- die Kreditvergabe im betrieblichen Alltag von bestimmten Bilanzrelationen und damit von der Höhe des Eigenkapitals abhängig gemacht wird, und dass
- die Einhaltung bestimmter Bilanzkennzahlen durch die bankaufsichtsrechtlichen Richtlinien (,Basel II'; vgl. Basler Ausschuss 2004) explizit gefordert wird.

Realitätsnäher sind offensichtlich unvollkommene Kapitalmärkte. Sie liegen zum einen vor, wenn Anpassungsprozesse an neue Informationen oder unerwartete Ereignisse nicht sofort, sondern mit zeitlicher Verzögerung ablaufen. Derartige Verzögerungen (Lags) liegen verschiedenen makroökonomischen Konjunkturmodellen zugrunde. Zudem sind sie für die empirische Überprüfung finanzwirtschaftlicher Hypothesen von Bedeutung, da diese Verzögerungen den eindeutigen Nachweis von Ursache-Wirkungs-Zusammenhängen erschweren können. Beispielsweise versuchen **Event-Studies** (Ereignisstudien), die Börsenkursauswirkung bestimmter Ereignisse durch eine Überrenditereaktion der Kapitalmärkte innerhalb eines Zeitfensters nachzuweisen (vgl. Fama/Fisher/Jensen/Roll 1969; McWilliams/Siegel 1997). Dabei werden enge Zeitfenster um den Ereigniszeitpunkt bevorzugt, da mit der Länge des Zeitfensters die Gefahr steigt, dass andere Ereignisse den nachzuweisenden Effekt überlagern. Verzögerte Kapitalmarktreaktionen fallen nun möglicherweise aus dem Zeitfenster und sind dann nicht mit hinreichender Verlässlichkeit nachweisbar. Schließlich – und dies ist für die betriebliche Praxis ein wichtiger Punkt – sind Zahlungsverzögerungen in der laufenden Liquiditätsplanung zu berücksichtigen. Doch erklären all diese Verzögerungen nicht den Unterschied zwischen dem Kapitalstrukturirrelevanzpostulat und den alltäglichen Beobachtungen. Hierfür ist der andere Grund für unvollkommene Kapitalmärkte von Bedeutung. Dabei handelt es sich um die ungleiche Verteilung von Informationen zwischen den Marktteilnehmern, speziell wenn also Hidden Characteristics oder Hidden Action zwischen Kapitalgeber und Kapitalnehmer vorliegen. Dann ist mit den aus Kapitel B I bekannten Problemen zu rechnen, insbesondere mit Adverse Selection und mit Moral Hazard.

d. Informationsasymmetrien bei Finanzbeziehungen

Informationsunterschiede hinsichtlich der Eigenschaften eines Projekts (Qualitätsunterschiede; Hidden Information) oder der Interessen des Kapitalnehmers machen es möglich, dass die Kapitalnehmer aufgrund ihrer besseren Information für ihre Finanztitel einen hohen Preis (beispielsweise einen Emissionskurs) fordern, die Kapitalgeber hingegen lediglich einen niedrigeren durchschnittlichen Preis zu zahlen bereit sind. Soweit die Preisfindung für das Finanzgeschäft über den Zins erfolgt, werden die Kapitalnehmer einen niedrigeren Zins bieten als die Kapitalgeber verlangen. Wenn Kapitalgeber nicht abschätzen können, ob der hohen Preisforderung bzw. dem niedrigen Zinsgebot tatsächlich eine bessere Information zugrunde liegt und inwieweit diese den Preis bzw. Zins rechtfertigt, kommt die Finanzierung wegen der Qualitätsunsicherheit nicht zustande. Der vielfach vorgeschlagene Ausweg, dass die Kapitalgeber für dieses hohe Risiko einen höheren Zinssatz verlangen, löst das Problem nicht. Denn mit steigenden Zinsforderungen der Kapitalgeber steigt die Wahrscheinlichkeit, dass gerade solche Kapitalnehmer auf die Zinsforderung eingehen, die einem besonders hohen und wegen der asymmetrischen Informationsverteilung nicht ohne weiteres erkennbaren Ausfallrisiko unterliegen (vgl. Schmidt/Terberger 1997, S. 423). Es ist ein klassischer Fall von **Adverse Selection**. Auswege aus dem drohenden Marktversagen bieten auch im Finanzierungsbereich die bekannten Lösungen für Adverse-Selection-Situationen (vgl. Akerlof 1970, S. 499): der Abbau der Informationsasymmetrien durch Informationsbereitstellung des besser Informierten (des Agenten) oder Informationsbeschaffung des schlechter Informierten (des Principals) einerseits und die Angleichung der Interessen andererseits (vgl. Abb. 114).

Zur Informationsbeschaffung kann man sich auf die eigenen Quellen verlassen oder sich an Dritte wenden. Die Möglichkeiten zur **Selbstinformation** weisen im Finanzbereich vergleichsweise geringe Besonderheiten aus. Informationen erhält ein potenzieller Anleger aus von den Unternehmen selbst herausgegebenen Geschäftsberichten oder Konditionen der vorgeschlagenen Finanzierungen, aus der Tages- und Wirtschaftspresse, aus einschlägigen Foren im Internet oder ähnlichem.

Kritisch zu sehen ist die Gefahr des Herdentriebs, durch den sich wohlwollende oder negative Einschätzungen verstärken (vgl. Drehmann/Oechssler/Roider 2004). Ähnliche Phänomene finden sich in anderen Bereichen durch Moden. Im Finanzbereich führen sie zur Gefahr spekulativer Blasen aufgrund des Herdenverhaltens, etwa dem Börsenboom bis zum Jahr 2001, unabhängig davon, ob die gleichgerichteten Entscheidungen durch die vorliegenden Informationen überhaupt gerechtfertigt sind.

Die andere Form der Informationsbeschaffung ist das Einschalten spezialisierter Dritter, von Finanzintermediären oder von anderen ergänzenden Sachwaltern. Diese Informationsbeschaffung ist gegen Herdenverhalten selbstverständlich ebenfalls nicht gefeit. **Spezialisierte Dritte** oder ergänzende Sachwalter im Finanzbereich sind Banken, Vermögensverwalter, Versicherungs- und Immobilienmakler. Dennoch sollten ihre Erfahrung, ihre breiter gestreuten Informationsquellen sowie ihre besonderen institutionellen Anforderungen zu einer differenzierteren Einschätzung von Finanzgeschäften führen. Zu diesen Anforderungen zählen vor allem aufsichtsrechtliche oder andere gesetzliche Vorschriften (zum Beispiel das Kreditwesengesetz KWG oder das Wertpapierhandelsgesetz WpHG). Diese Kompetenz der Finanzintermediäre kommt bei der Vermittlung von Unternehmensbeteiligungen (Investment Banking), oder bei der Beratung zu Finanzanlagen, Konsumentenkrediten, KfZ-Finanzierungen über Kredite oder Leasing, Eigenheimfinanzierungen, Rentenplänen oder auch bestimmten Versicherungsprodukten für Privatanleger zum Einsatz. Hier wirken sie als spezialisierte Dritte ohne eigene Finanzgeschäfte. Ihre Eignung zu einem neutralen Interessenausgleich hängt allerdings auch von ihren eigenen Interessen, insbesondere auch von ihrer Entlohnung ab. Es ist damit zu rechnen, dass die Beratungs- und Vermittlungsleistung anders ausfällt, wenn einer der Beteiligten dem Vermittler eine Abschlussprovision bezahlt als bei einer geschäftsunabhängigen Entlohnung (wie sie etwa die Verbraucherberatungsstellen oder Einrichtungen wie die Stiftung Warentest erhalten). Die Einschaltung eines spezialisierten Dritten erweitert also das Anreizproblem von der Kapitalnehmer-Kapitalgeber-Beziehung auf die Beziehungen zwischen den Dreien. Das Anreizproblem wird noch komplizierter, wenn der Dritte nicht nur durch seine Beratungs- und Überwachungsleistung zwischen Kapitalangebot und -nachfrage vermittelt (vgl. Diamond 1984), sondern er als eigentlicher Finanzintermediär tätig wird und beispielsweise die banktypischen Volumen- und Fristentransformationen durchführt. Von Volumentransformation spricht man beispielsweise, wenn eine Bank Spareinlagen vieler Kleinanleger dazu verwendet, Kredite in großem Volumen anzubieten. Sie erspart dem Kreditnachfrager auf diese Weise die direkte Kontaktaufnahme und Verhandlung mit den Kleinanlegern. Entsprechend werden bei Fristentransformation zum Beispiel kurzfristige Einlagen dazu verwendet, langfristige Kredite zu finanzieren. Bei dieser Finanzintermediation liegt nicht nur Unsicherheit über die Qualität der Beratungsleistung und -interessen vor, sondern auch über die Fähigkeit des Intermediärs, die im Zuge seiner eigenen Finanzgeschäfte anfallenden Zahlungsverpflichtungen zu erfüllen.

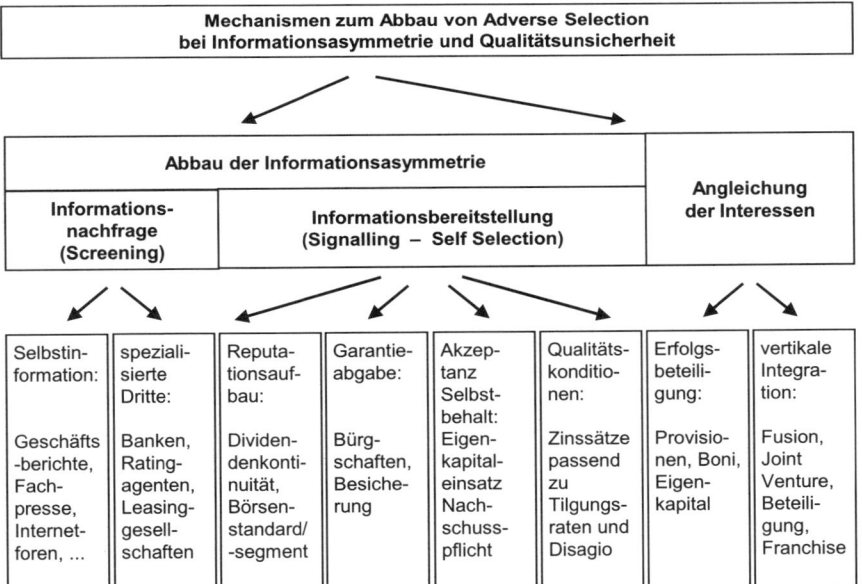

Abb. 114: Wege zum Abbau von Adverse Selection auf dem Finanzmarkt

Neben der Informationssuche spielt die **Informationsbereitstellung** mit Qualitätssignalen eine wichtige Rolle beim Abbau von Qualitätsunsicherheit und bei der Vermeidung des daraus drohenden Marktversagens. Die Initiative zur Informationsbereitstellung geht vorwiegend vom Kapitalnehmer aus. Er kann eine besondere Qualität der von ihm verfolgten und zu finanzierenden Projekte signalisieren, indem er sich mit Eigenkapital an diesen Projekten beteiligt und damit Risiken in entsprechender Höhe abfängt. Dazu gehören auch Selbstbehalte oder Nachschussregelungen für bestimmte Finanzierungs- oder Rechtsformen. Auch Finanzierungen mit hohem Disagio bzw. hohen Tilgungsraten könnten grundsätzlich dem Sicherheitsbedürfnis der Fremdkapitalgeber entgegenkommen und von diesen mit niedrigeren Zinssätzen honoriert werden. Allerdings ist besonders darauf zu achten, dass solche Konditionen den Kapitalgebern keine unerwünschte Negativauswahl an Investoren mit besonders riskanten Projekten bescheren. Ein weiteres Qualitäts- oder Absicherungssignal ist die Bereitschaft und Fähigkeit des Kapitalsuchenden, Bürgen oder Sicherheiten für seine Verpflichtungen zu stellen. Gängige Sicherheiten sind Hypotheken oder Grundschulden, die zu finanzierenden Objekte selbst, Lagerbestände an Rohwaren, Halb- oder Fertigfabrikaten oder Wertpapiere. Ihre Sicherungswirkung hängt davon ab, wie schnell ein Gläubiger auf die Sicherheiten zugreifen und sie verwerten kann.

Schließlich sind eine gute Reputation und anspruchsvolle Qualitätssiegel wichtige Signale eines Kapitalnehmers. Die Reputation hängt unter anderem von seiner Fähigkeit ab, bisherige Kredite pünktlich zu bedienen oder regelmäßige Dividenden auszuschütten. Regelmäßige Dividenden erfordern nicht zwangsläufig Dividendenkontinuität, doch sind der Dividendenhöhe nachvollziehbare Kriterien zugrunde zu legen. Über die rein finanzwirtschaftlichen Aspekte hinaus gibt es wenige einheitliche inhaltliche Reputationsmerkmale, da beispielsweise sowohl ein besonders vorsichtig als auch ein besonders originell wirtschaftender Kapitalnehmer, der regelmäßig mit Innovationen am Markt erfolgreich ist, entsprechende Reputation aufbaut. Wichtig für den erfolgreichen Reputationsaufbau sind

- die Häufigkeit der Finanzierungsabschlüsse,
- die einfache und schnelle Überprüfung der tatsächlichen Qualität der Projekte und
- die langfristige Ausrichtung der Finanzierungsbeziehung.

Häufige, schnell feststellbare Qualitätssignale des Kapitalnehmers bauen Unsicherheit des Kapitalgebers ab, eine langfristige Ausrichtung der Finanzierungsbeziehung erhöht tendenziell den Vorteil des Kapitalnehmers aus der Bekanntgabe von Informationen bzw. der Nutzung der Reputation (vgl. Fritsch/Wein/Ewers 2003, S. 299).

Unsicherheit über das **Verhalten** der Kapitalnehmer nach Vereinbarung des Finanzierungsgeschäfts bildet die zweite Quelle der Informationsasymmetrie. Die Gefahr für den Kapitalgeber liegt besonders darin, dass der Kapitalnehmer die erhaltenen Mittel in Projekte investiert, die nicht im Sinne des Kapitalgebers sind, sei es weil sie besonders riskant sind oder dem Kapitalnehmer hohe private Vorteile verschaffen, oder dass der Kapitalgeber sich nur wenig anstrengt. Auch mit diesen Informationsasymmetrien muss eine Finanzierung umgehen. Eine Form dazu sind Mechanismen zur Verhaltensüberwachung (Monitoring). Im Finanzbereich besteht die Möglichkeit, dass Kapitalgeber sich in den Aufsichtsrat des zu finanzierenden Unternehmens wählen lassen und damit vergleichsweise eng in wichtige Entscheidungen eingebunden werden (vgl. auch Kapitel C I zur Corporate Governance). Eine strukturierte äußere Form der Überwachung von Kapitalnehmern liefern die Jahresabschlussprüfung, die Fortführung von Ratings oder Unternehmensanalysen durch spezialisierte und unabhängige Institute. Weniger strukturiert, allerdings vielfach ebenfalls informativ sind allgemeine Kapitalmarktinformationen. Eher zu spät wirkt die Einsetzung von Sonderprüfern, etwa durch die Hauptversammlung zur Überprüfung von Vorstandsmaßnahmen oder Wertfestsetzungen. Sie wird problematisches Verhalten eher dokumentieren und möglicherweise einer Sanktionierung zuführen als es vermeiden.

Ergänzend zur Überwachung der Kapitalnehmer ist es hilfreich, dass einige der Mechanismen zum Umgang mit Qualitätsunsicherheit zugleich die Verhaltensunsicherheit verringern. Dies gilt für diejenigen Mechanismen, die auf die Angleichung von Interessen abzielen (vgl. Abb. 114). Wie die Qualitätsunsicherheit ist die Verhaltensunsicherheit für die Beteiligten ebenfalls nicht kritisch, wenn gemeinsame Ziele sicherstellen, dass beide ihre besseres Wissen und ihre Verhaltensmöglichkeiten nicht zu Lasten des anderen ausnutzen. Da eine Interessenangleichung jedoch keineswegs für alle Finanzierungsbeziehungen möglich ist, ist es überdies hilfreich, Charakteristika von Finanzierungsmaßnahmen herauszuarbeiten, die solche Fehlanreize senken. Dazu haben sich Principal-Agenten-Modelle als besonders fruchtbar erwiesen (vgl. Innes 1990, Hartmann-Wendels 2001, S. 123 ff.).

Zur Herleitung solcher Anforderungen wird davon ausgegangen, dass ein Unternehmer Kapital benötigt, um ein Investitionsprojekt zu finanzieren. Der Erfolg der Investition ist unsicher. Er hängt von externen Einflussgrößen sowie vom Arbeits- oder Mitteleinsatz des Investors ab. Beides kann der Kapitalgeber nicht beobachten. Zudem hängt zwar die Wahrscheinlichkeitsverteilung des künftigen Erfolgs vom Arbeitseinsatz des Unternehmers ab, doch ermöglicht der beobachtbare Erfolg der Investition keinen eindeutigen Rückschluss auf diesen Arbeitseinsatz. Für seinen Kapitaleinsatz erhält der Kapitalgeber eine Zahlungsanwartschaft. Der Unternehmer wird das Projekt nur durchführen, wenn der verbleibende Überschuss nach Abzug seiner Arbeitskosten und der Zahlung an den Kapitalgeber sowie unter Berücksichtigung etwaigen Arbeitsleides ihm einen größeren Nutzen bietet als die Projektunterlassung (Partizipationsbedingung). Offensichtlich wird der Unternehmer nur einen Arbeits- oder sonstigen Einsatz leisten, wenn sein Anteil am zusätzlichen Ertrag nicht kleiner ist als die Grenzkosten des Inputs. Der optimale Arbeitseinsatz hängt damit von der Form der Erfolgs- und Kostenfunktionen des Arbeitseinsatzes ab (Anreizbedingung).

Ein optimaler Arbeitseinsatz des Unternehmers lässt sich beispielsweise für den charakteristischen Fall berechnen, dass das Arbeitsleid mit steigendem Arbeitseinsatz überproportional zunimmt, bis die dadurch verursachten Grenzkosten den Grenzerfolg überschreiten. Dies entspricht einer konvex steigenden Arbeitskostenfunktion. Die Höhe des optimalen Arbeitseinsatzes ist außerdem durch die Zahlung an den Kapitalgeber bedingt. Im Fall einer Beteiligungsfinanzierung ist es typischerweise ein proportionaler Erfolgsanteil. Doch führt diese zu einem niedrigeren Grenzerfolg des Projekts, da dem Unternehmer ein geringerer Erfolgsanteil verbleibt, der entsprechend schneller von den Arbeitskosten erreicht wird. Die Erfolgsbeteiligung des Kapitalgebers mindert den Anreiz des Unternehmers zu hohem Arbeitseinsatz und führt damit zu einem Unterinvestitionsproblem. Dagegen ermöglicht ein Standardkreditvertrag des Kapitalgebers die First-Best-Lösung dieses Principal-Agenten-Problems auf anreizkompatible Weise. Bei einem Standardkreditvertrag erhält der Kapitalgeber eine fixe Rückzahlung für Zins und Tilgung, sofern das Projekt einen genügend hohen Erfolg abwirft, und den gesamten Projekterfolg eines Projekts, solange dieser diese Rückzahlungshöhe nicht erreicht (vgl. Innes 1990). Abb. 115 zeigt diese Zahlungsstruktur.

Die Vorteilhaftigkeit eines Standardkreditvertrags leuchtet ein, wenn der Kapitalgeber den realisierten Betrag direkt beobachten kann. Weniger einleuchtend ist sie, wenn die Überprüfung eines vom Kapitalnehmer gemeldeten Erfolgs nur mit zusätzlichen Maßnahmen und Kosten möglich ist (Costly-State-Verification; vgl. Townsend 1979, S. 265). Diese Maßnahmen können beispielsweise in genaueren innerbetrieblichen Nachforschungen bestehen. In Frage kommt aber auch ein Benchmarking mit vergleichbaren Projekten oder die Feststellung branchen-, länder- oder konjunkturell bedingter Einflüsse und damit einer relativen Performancemessung (vgl. Gibbons/Murphy 1990, Aggarwal/Samwick 1999). Solche Analysen veranlasst ein Kapitalgeber, dem das berichtete Ergebnis zu niedrig vorkommt. Damit ist ein Finanzierungsvertrag für den Kapitalgeber nur interessant, wenn er eine erfolgsunabhängige und konstante Zahlung erhält. Denn andernfalls meldete der Kapitalnehmer jedenfalls nur den niedrigsten Erfolg, bei dem keine Überprüfung durch den Kapitalgeber zu erwarten ist, und schafft dadurch einen zusätzlichen Anreiz zur Überprüfung.

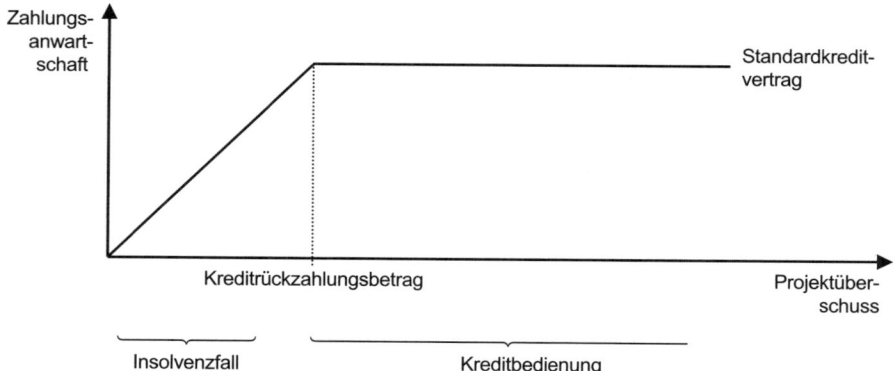

Abb. 115: Zahlungsstruktur eines Standardkreditvertrags

Ein Standardkreditvertrag wirft allerdings ein neues Anreizproblem auf. Denn der Unternehmer erhält aus seinem Projekt entweder die Differenz aus dem Erfolg abzüglich der Zins- und Tilgungszahlung an den Kreditgeber, falls diese positiv ist, oder er erhält nichts, falls der Erfolg die Rückzahlung für Zins und Tilgung nicht deckt. Dies entspricht der Struktur einer Kaufoption auf den Erfolg mit der Rückzahlung als Ausübungspreis. Der Wert dieser Kaufoption steigt mit zunehmender Volatilität des Erfolgs, also mit einer riskanteren Geschäftspolitik des Unternehmers. Dagegen sinkt der korrespondierende Wert für den Kreditgeber. Diesem Risiko können die Kreditgeber begegnen, indem sie entweder einen entsprechend höheren Zinssatz verlangen und Adverse Selection in Kauf nehmen, oder indem sie ebenfalls Finanzierungstitel mit Kaufoptionscharakter erhalten. Deren Wert steigt mit einer riskanteren Geschäftspolitik und könnte damit die höheren Rückzahlungsrisiken abfedern. Damit ergibt sich insgesamt folgende grundsätzliche Zahlungsstruktur für das externe Kapital (vgl. Abb. 116 sowie Hartmann-Wendels 2001, S. 133). Eine solche Zahlungsstruktur weisen typischerweise Wandel- oder Optionsschuldverschreibungen auf (zu Details vgl. Abb. 121 weiter unten). Auch bei Vorzugsaktien mit einer Überdividende sind die Kapitalgeber an den Erfolgen oberhalb eines kritischen Wertes besonders beteiligt.

Einen anderen Weg zur Lösung des Principal-Agenten-Problems erhält man, wenn Kreditgeber und Kreditnehmer sich grundsätzlich auf langfristige Finanzierungsbeziehungen einlassen. Einerseits eröffnet dies die Möglichkeit der Sanktionierung schädlichen Verhaltens durch Kündigung der Vertragsbeziehung. Andererseits sinkt das Ausmaß der Qualitäts- oder Verhaltensunsicherheit tendenziell im Verlauf einer längerfristigen Beziehung (vgl. Hartmann-Wendels 2001, S. 138). Während bei einem einmaligen Finanzierungsgeschäft der Kapitalgeber nur schwer unterscheiden kann, ob ein geringer Ertrag Ergebnis schlechter Informationen, unzureichenden Arbeitseinsatzes des Kapitalnehmers oder widriger Umweltentwicklungen ist, ermöglicht eine wiederholte Beobachtung eine bessere Abschätzung dieser Effekte. Mehrfache schlechte Ergebnisse sind nur mit geringer Wahrscheinlichkeit allein auf Pech des Kapitalnehmers zurückzuführen, dauerhaft gute Ergebnisse wahrscheinlich nicht nur Glück des Kapitalnehmers, sondern auch seinen Eigenschaften bzw. denen seines Projekts und seinem

Engagement zuzuschreiben. Opportunistisches Verhalten des Kapitalnehmers ist in einer längerfristigen Finanzierungsbeziehung eher zu identifizieren und zu sanktionieren. Auch die Überprüfung der Angaben des Kapitalnehmers zum Projekterfolg durch den Kapitalgeber auf ihre Korrektheit findet in einer längerfristigen Beziehung mehr Anknüpfungspunkte, sofern die lange Gewohnheit dafür nicht blind macht. Typische langfristige Finanzierungsbeziehungen finden sich in revolvierenden Krediten, in Hausbankbeziehungen, in sukzessiven Erhöhungen der Limits von Kreditkarten oder Debitkarten (EC-Karten) oder ähnlichem.

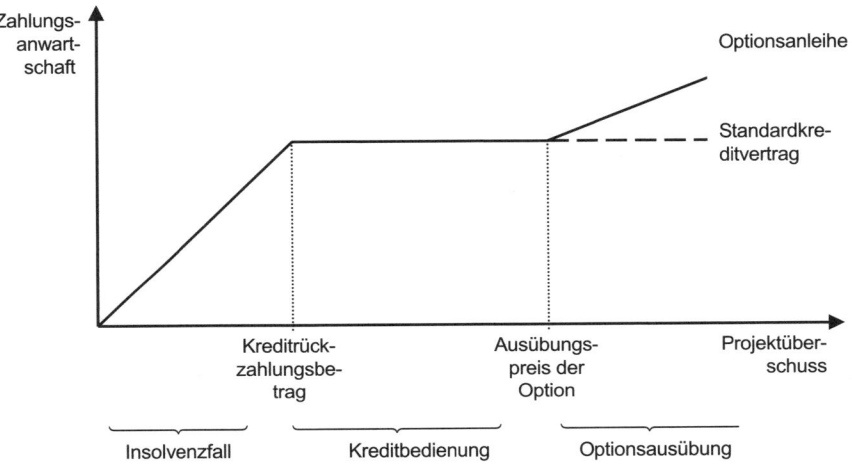

Abb. 116: Ergänzung des Standardvertrags zu einer Optionsanleihe

Für die Analyse charakteristischer Finanzierungsformen ist weiterhin von Bedeutung, ob sie vollständig sind oder nicht. Die Vollständigkeit eines Finanzvertrags bezieht sich darauf, ob er abschließend und für alle Fälle regelt, welche Zahlungen die Beteiligungen durchführen. Vollständige Finanzierungsregelungen sind grundsätzlich ohne weiteres denkbar, wenn alle Beteiligten die relevanten Einflüsse kennen bzw. sie beobachten und ihre Ausprägung feststellen können. Dies entspricht symmetrischer Informationsverteilung. Zudem sind vollständige Verträge auch bei asymmetrischer Informationsverteilung denkbar. Allerdings hängt ihre Umsetzung hier von den Angaben eines der Beteiligten ab, die der andere je nach Art der asymmetrischen Information möglicherweise nicht ohne weiteres nachprüfen kann. Zur Lösung dieses Informationsproblems dienen Erfolgsbeteiligungen oder Kreditverträge der geschilderten Art. Offen bleibt lediglich die tatsächliche Höhe der abschließenden Zahlung, da diese erst mit dem Ergebnis des Projekts festgelegt wird.

Hinderlich für den Abschluss vollständiger Verträge ist indes die Vielfalt der möglichen Umweltentwicklungen, die auf den Erfolg eines Projekts und auf die Möglichkeit des Unternehmers, seinen Zahlungsverpflichtungen nachzukommen, einwirken. Diese Vielfalt führt zu zwei Grundformen der Gestaltung von Finanzierungsverträgen: einerseits zu einfach gehaltenen Regelungen, die die Zahlungen unabhängig von den Projektentwicklungen festlegen, andererseits zu sehr differenzierten Vertragswerken mit eigens formulierten Zahlungsverpflichtungen für jede Umweltentwicklung, beispielsweise in Form von bedingten Finanzierungstranchen, Nachschusspflichten, Wertanpassungsklauseln als Preis- und Zinsänderungsklauseln oder ähnliches. Die Nachteile beider Grundformen liegen auf der Hand. Sie sind denen der starren und flexiblen Planung vergleichbar (vgl. Kapitel C III). Zwischenformen gelingt es möglicherweise, diesen Konflikt mit abschließenden Regeln zu lösen. Ein Ansatz wäre zum Beispiel eine zeitlich befristete Kreditlinie, für die eine automatische Verlängerung festgelegt wird, solange vereinbarte Liquiditäts-, Umsatz- oder Erfolgskennzahlen (sogenannte Covenants) eingehalten werden.

Eine Alternative liegt jedoch in der bewusst unvollständigen Formulierung von Verträgen. In diesem Fall ist die Kompetenz zur Entscheidung von Sachverhalten zu klären, die nicht vertraglich geregelt sind. Typischerweise erhält der Kapitalnehmer diese Kompetenz (und damit das residuale Kontrollrecht), zumindest solange er die festgelegten Pflichten gegenüber den Kapitalgebern erfüllt. Erfüllt der Kapitalnehmer diese Zahlungsverpflichtungen nicht in voller Höhe, so sehen vertragliche oder gesetzliche Regelungen vielfach vor, dass ihm diese Kompetenz entzogen wird. Für das anschließende Problem der Neuvergabe der Entscheidungsbefugnis ist die Stellung der Kapitalgeber von Bedeutung. Dominiert ein Kapitalgeber, wird er auch die anschließenden Entscheidungen prägen. Im allgemeinen Fall mehrerer Kapitalgeber tritt üblicherweise ein Dritter an deren Stelle, beispielsweise ein Insolvenzverwalter. In diesem Fall werden die Ansprüche eines einzelnen Kreditnehmers im Regelfall nur spät und ohne Unterschied zu anderen Ansprüchen behandelt.

Eine differenzierte Behandlung erzielt ein Kreditgeber, der eine spezielle Besicherung seines Kredits vereinbart, die seine Sicherheiten (etwa gelieferte Ware, Wertpapiere, finanzierte Maschinen, Gebäude oder Grundstücke) in Form von Eigentumsvorbehalten, Sicherungsübereignungen oder Grundpfandrechte aus der Insolvenzmasse heraushält. Einen früheren Einfluss bewahrt er sich, wenn der Kreditvertrag die Handlungsfreiheit des Kreditnehmers einschränkt. Solche Einschränkungen heißen auch Covenants. Sie schreiben beispielsweise Art und Ausmaß von Investitionen oder eine Obergrenze für Dividenden vor oder sie begrenzen die Möglichkeit zu anderen Finanzierungen (vgl. Hartmann-Wendels 2001, S. 143). Dadurch senken sie die Anreize des Kreditnehmers zu Maßnahmen, welche die Zahlungsansprüche des Kreditgebers gefährden, oder sie beschränken die Möglichkeiten zu solchen Maßnahmen. Darüber hinaus bieten sie dem Kreditgeber Gelegenheit zur Einflussnahme, falls der Kreditnehmer eine dieser Beschränkungen nicht einhält oder sie ändern möchte. Der mit solchen Einschränkungen implizierte Verweis auf Neuverhandlungen vereinfacht die Abfassung des ursprünglichen Vertrags, welcher für die betroffenen Fälle keine weiteren Detailregelungen vorsehen muss, entsprechend also unvollständig bleiben kann (vgl. Hart/Moore 1998).

3. Alternativen der betrieblichen Finanzierung

a. Abgrenzung von Eigen- und Fremdfinanzierung-

Die geschilderten Rahmenbedingungen zur Situation der Kapitalgeber, zum Finanzmarkt und zu den Informationsasymmetrien zwischen Kapitalgeber, Kapitalnehmer und gegebenenfalls auch einem intervenierenden Dritten führen dazu, dass zur Charakterisierung betrieblicher Finanzierungsalternativen eine ganze Reihe von Merkmalen sinnvoll ist. Abb. 117 stellt einige von ihnen mit wichtigen Ausprägungen zusammen.

Zwei Merkmale beschreiben die Finanzierungsströme (vgl. Abb. 118). Das Merkmal der Mittelherkunft hebt darauf ab, ob dem Betrieb überhaupt Geld von außerhalb zufließt (dann spricht man von Außenfinanzierung) oder ob über Mittel disponiert wird, die sich bereits in irgendeiner Form im betrieblichen Umsatzprozess befinden (bei Innenfinanzierung).

Merkmale zur Charakterisierung von Finanzierungsformen			
Herkunft des Geldes	aus dem Betrieb (Innenfinanzierung)		von außen (Außenfinanzierung)
Kapitalgeber	Eigentümer	Dritte	Mischformen
Güterart	Finanzmittel (Nominalgüter)		Sachmittel (Realgüter)
Dauer (Fristigkeit) der Kapitalbindung	offen		befristet: kurz- / mittel- / langfristig
Zahlungsanspruch	in vereinbarter Höhe		Residualanspruch
Beteiligung an Unternehmensleitung	generell	fallweise / verhandelbar	keine
Besicherung	keine	Sicherungsklauseln	Bürgschaften	Grundpfandrechte (Hypotheken)
Verbriefung	ja		nein
Handelbarkeit	nicht handelbar	nicht organisierter Kapitalmarkt	organisierter Kapitalmarkt

Abb. 117: Merkmale zur Charakterisierung von Finanzierungsformen

Zur Innenfinanzierung zählt man

– die Umschichtung von Vermögensgegenständen, also insbesondere die Finanzierung neuer Projekte durch die (vorzeitige) Liquidation vorhandener Vermögensgegenstände, durch die Verkürzung und Verringerung der Kapitalbindung, durch die Ausgliederung einzelner Produktionsstufen (Outsourcing) oder durch den Verkauf von Forderungen (Factoring);

– die Einbuchung von Rückstellungen für die Begleichung späterer Zahlungsverpflichtungen nach § 249 HGB und damit eine entsprechende Verringerung des ausschüttbaren Gewinns. Hierunter fallen insbesondere Pensionsrückstellungen, Rückstellungen für drohende Verluste aus schwebenden Geschäften sowie für Jahresabschluss- und Prüfungskosten etc., Rückstellungen für Gewährleistungen, Rückstellungen für nachzuholende Instandhaltungen sowie weitere Rückstellungen;

– die Einbehaltung von Gewinnen durch Thesaurierung ausgewiesener Gewinne (offene Selbstfinanzierung) oder als stille oder versteckte Selbstfinanzierung durch Nichtaktivierung bzw. Unterbewertung von Aktiva sowie die Überbewertung von Passiva (als Formen der Bildung stiller Reserven).

Die Auflistung von Abb. 117 zeigt, dass zur Innenfinanzierung ein breites und im Einzelfall nicht immer trennscharfes Spektrum von Maßnahmen gezählt wird. So weisen etwa Sale-and-Lease-Back-Geschäfte, also Verkäufe von Wirtschaftsgütern in Verbindung mit einem anschließenden Leasing, keinen reinen Innenfinanzierungscharakter auf, da im Gegenzug zum Verkauf durchaus Mittelzuflüsse in den Betrieb erfolgen. Doch gilt tendenziell, dass bei Innenfinanzierung das Management nicht als reiner Kapitalnachfrager auf den Kapitalmärkten auftritt. Daher entscheidet es über Innenfinanzierungen vergleichsweise autonom.

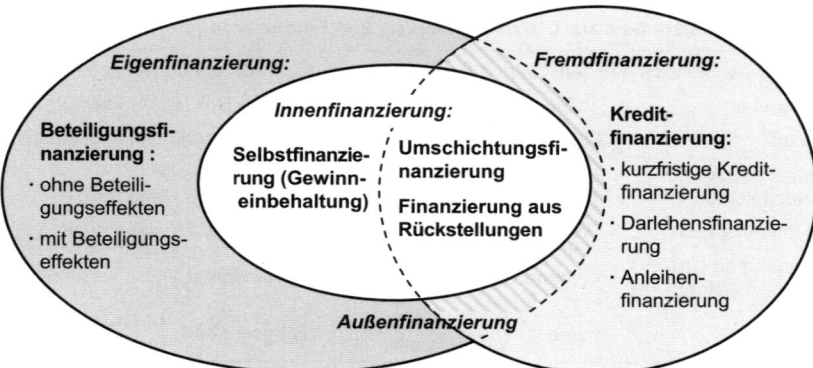

Abb. 118: Abgrenzung typischer Finanzierungskategorien

Das zweite Merkmal betrifft die Kapitalgeber und unterteilt in **Eigen- und Fremdfinanzierung**. Diese Einteilung orientiert sich an typischen Formen von Zahlungsanwartschaften, also Vermögensrechten sowie von Haftung und Informations-, Kontroll- und Mitwirkungsrechte. Hinsichtlich der **Haftung** bezieht es sich darauf, ob das dahinter stehende Kapital zur Begleichung von Zahlungsverpflichtungen zur Verfügung steht, ob der Kapitalgeber unter Umständen weitere Finanzmittel zur Abdeckung von Gläubigeransprüchen nachschießen muss oder ob dem Betrieb aus einer Kapitalposition sogar Zahlungsverpflichtungen an die Gläubiger erwachsen. Sowohl historisch gewachsene Usancen als auch aufsichtsrechtliche Vorschriften (etwa im Kreditwesengesetz (KWG) oder im Basler Abkommen) vergleichen das haftende Eigenkapital mit anderen Positionen im Jahresabschluss. Eigenkapitalgeber führen dem Betrieb **Einlagen** durch Geld- oder Sachmittel zu und werden dadurch zu Miteigentümern des Betriebs. Daraus entsteht eine Anwartschaft auf eine Gewinnbeteiligung, bei Betriebsauflösung auch auf eine Beteiligung am Restvermögen, doch setzt dies voraus, dass überhaupt ein Gewinn erwirtschaftet wird oder Restvermögen vorhanden ist, welche ausgeschüttet werden können. Die Höhe dieser Zahlungsansprüche ist vorab nicht bekannt. Die **Informations-, Kontroll- und Mitwirkungsrechte** der Eigenkapitalgeber sowie ihre Haftung sind generell geregelt. Dies schließt nicht aus, dass sie zwischen einzelnen Formen des Eigenkapitals (beispielsweise Stammaktien oder Vorzugsaktien) oder einzelnen Eigenkapitalgebern formell (etwa zwischen Kommanditisten und Komplementären einer Kommanditgesellschaft) oder materiell (zwischen Groß- und Minderheitsaktionären einer Aktiengesellschaft) unterschiedlich ausfallen, doch ist dies grundsätzlich durch die Rechtsform oder die Satzung des Betriebs und nicht einzelfallbezogen geregelt. Dagegen erhalten bei einer Fremdfinanzierung die Fremdkapitalgeber für die Überlassung ihrer Geld- oder Sachmittel Zahlungsansprüche aus Zins und Tilgung in vereinbarter Höhe. Sie haften mit den überlassenen Mitteln nur in Sonderfällen, etwa wenn es sich um Gesellschafterdarlehen in einer GmbH handelt. Ihre Informations-, Kontroll- und Mitspracherechte sind nicht generell geregelt, sondern für jedes Geschäft auszuhandeln oder mit dem Aufbau einer Geschäftsbeziehung zu entwickeln (dies ist typisch für Hausbanken). Abb. 119 fasst diese Merkmale von Eigen- und Fremdkapital zusammen.

Eigenkapital	Fremdkapital
· begründet (Mit-)Eigentum · durch Geld- oder Sacheinlage	· begründet Zahlungsansprüche · durch Überlassung von Geld- oder Sachmitteln
und damit	und damit
· generelle Informations-, Kontroll- und Mitwirkungsrechte	· spezielle Informations-, Kontroll- und Mitwirkungsrechte
· Haftung	· keine Voraus-)Haftung
· Anspruch auf Gewinnbeteiligung und Residualvermögen	· Anspruch auf vereinbarte Verzinsung und Rückzahlung

Abb. 119: Gegenüberstellung von Eigen- und Fremdfinanzierung

b. Formen der Eigenfinanzierung

Eigenkapital erhält der Betrieb, indem bisherige Eigner und Gesellschafter ihre Einlagen erhöhen oder neue Gesellschafter hinzutreten. Für diese Beteiligungsfinanzierung kommen Sacheinlagen oder Finanzeinlagen in Frage. **Sacheinlagen** sind typisch für Übernahmen, bei denen die bisherigen Eigentümer des übernommenen Unternehmens Gesellschafter des übernehmenden Unternehmens werden und als Gegenleistung ihr bisheriges Unternehmen als Sacheinlage in die übernehmende Gesellschaft einbringen. Dies ist ebenfalls ein Beispiel, in dem eine präferenzfreie Bewertung nützlich wäre. Finanzmittel fließen dem Betrieb in solchen Fällen nur ausnahmsweise zu. Eher ist davon auszugehen, dass die im Anschluss an Übernahmen üblicherweise durchgeführten Umstrukturierungen zu zusätzlichem Finanzbedarf führen. Dagegen führen **Finanzeinlagen** dem Betrieb tatsächlich finanzielle Mittel zu. Die Beteiligungsfinanzierung kann – je nach Rechtsform des Betriebs – sowohl mit als auch ohne Beteiligungseffekten durchgeführt werden. **Beteiligungseffekten** dokumentieren die Beteiligung am Unternehmen durch ein handelbares Wertpapier (vgl. Abb. 120).

Eine Grundform von Beteiligungseffekten ist die Aktie. In ihrer Standardform (Stammaktie) sind mit diesem Mitgliedschaftsrecht Anrechte auf Dividendenzahlung und auf Anteile am Liquidationserlös, Stimm- und Auskunftsrechte verbunden. Diese Rechte werden in speziellen Aktienformen ergänzt oder weggelassen (zu Einzelheiten vgl. etwa Perridon/Steiner 2003, S. 369). So hat eine Vorzugsaktie in der Regel Anrecht auf eine Vorzugsbehandlung, beispielsweise in Form einer höheren Dividende oder einer Dividende, die auch gezahlt wird, wenn Stammaktionäre keine Dividende erhalten. Die Gesellschaftssatzung kann eine Obergrenze für die Vorzugsdividende vorsehen (limitierte Vorzugsaktie). Manche Anleger schätzen gleichbleibende Dividendenströme. Für sie ist die kumulative Vorzugsaktie konzipiert, für die auch in Verlustjahren Dividende gezahlt wird, welche im Gegenzug mit Dividendenansprüchen in späteren Gewinnjahren ausgeglichen wird. Zudem gibt es spezielle Aktien, die mit einer höheren Anzahl von Stimmrechten (Mehrstimmrechtsaktie) oder mit anderen Einflussmöglichkeiten, zum Beispiel Vetorechten (Golden Share) ausgestattet sind. Ebenfalls ohne direktes Stimmrecht, dafür mit besonderen Vermögensrechten sind Genussscheine, Investmentzertifikate und Optionsscheine ausgestattet (vgl. Abb. 120).

Bei einer Beteiligung an einer Personengesellschaft erhält man regelmäßig keine Beteiligungseffekten, ebenso wenig von einer GmbH oder einer Genossenschaft. Bei diesen Gesellschaften ist die Beteiligung im Gesellschaftsvertrag oder in der Satzung festgeschrieben und ohne das Einverständnis der übrigen Gesellschafter nicht aufzulösen. Dagegen ist die Beteiligung an einer Aktiengesellschaft wegen der Verbriefung der Anteile grundsätzlich auflösbar, indem man die Aktien oder ggf. andere Beteiligungseffekten verkauft. Einfach ist dies, wenn die Aktien zum Handel an einer Börse zugelassen sind, schwieriger fällt der Wertpapierhandel auf nicht oder schwach organisierten Kapitalmärkten (Graumarkt).

Beteiligungs- bzw. Einlagenfinanzierung

Wird dem Unternehmen entweder durch Eigentümer (Einzelunternehmen), Miteigentümer (Personengesellschaften) oder Anteilseigner (Kapitalgesellschaften) Eigenkapital von außen zugeführt, spricht man von Einlagenfinanzierung bzw. bei Ausgabe von Beteiligungseffekten von Beteiligungsfinanzierung. Es werden die Einlagen der bisherigen Eigentümer erhöht (zusätzliche Einlagen oder Nachschüsse) oder neue Gesellschafter aufgenommen. Die Verbriefung der Beteiligungsrechte und die damit verbundene Handelbarkeit (Fungibilität) beeinflusst den Zugang zum Kapitalmarkt (insbesondere zur Börse).

Formen der Beteiligungsfinanzierung (durch Verbriefung der Beteiligung):

Aktie:	Die Aktie verbrieft ein Anteilsrecht oder Mitgliedschaftsrecht an einer Aktiengesellschaft. Sie gewährt Anspruch auf Dividendenzahlung und einen Anteil am Liquidationserlös, je nach Art der Aktie zudem Stimmrecht und Auskunftsrecht sowie Bezugsrechte auf junge Aktien.
Stammaktie:	Standardform der Aktie. Es gilt das Prinzip der Gleichberechtigung der Aktionäre hinsichtlich Stimmrecht, Dividendenrecht, Bezugsrecht, Recht auf Beteiligung am Liquidationserlös.
Vorzugsaktie:	Vorzüge gegenüber Stammaktie hinsichtlich eines oder mehrerer Rechte, häufig dann Nachteile bei anderen Rechten. Anreiz zum Aktienerwerb bei Sanierung oder Kapitalerhöhung bei Unter-pari-Aktienkurs.
weitere Formen:	Mehrstimmrechtsaktie, Golden Share, prioritätische Vorzugsaktie, kumulative oder limitierte Vorzugsaktie
Genussschein:	verbrieft mindestens ein Vermögensrecht, kein Stimmrecht. In der Regel werden obligationsähnliche Genussscheine gegen Mittelzufluss ausgegeben, die neben einer Gewinnbeteiligung eine gewinnunabhängige Mindestverzinsung und nachrangige Rückzahlungsansprüche einräumen.
Investmentzertifikat	verbrieft einen Anteil an einem Wertpapierfonds, der von einer Kapitalanlagegesellschaft (Investmentgesellschaft) verwaltet wird und damit mittelbares Besitzrecht an den im Fonds enthaltenen Wertpapieren.
Optionsschein	verbrieft einen Anspruch auf das zugrunde liegende Wertpapier und wirkt als Finanzierungsinstrument, falls er vom Unternehmen selbst ausgegeben wird.

Abb. 120: Eigenschaften ausgewählter Formen der Beteiligungsfinanzierung

c.　Formen der Fremdfinanzierung

Bei der **Fremdfinanzierung** werden kurz- und langfristige Kredite unterschieden (zu den Einzelheiten der Finanzierungsformen vgl. etwa Perridon/Steiner 2003, S. 384 ff.): **Kurzfristige Kredite** umfassen kurzfristige Bankkredite (unter anderem Kontokorrentkredite, Tages- und Termingelder, Wechsel- und Lombardkredite), kurzfristige Handelskredite (Lieferantenkredite und Kundenkredite durch Vorauszahlungen) sowie kurzfristige Finanzierungen über den Geldmarkt (Euronotes, Commercial Papers und Certificates of Deposits).

Neben der Vereinbarung der jeweiligen Konditionen bildet die Steuerung ihrer Inanspruchnahme, das Cash-Management, ein Kernproblem der kurzfristigen Finanzierung. **Langfristige Formen der Fremdfinanzierung** sind die Darlehensfinanzierung, die Anleihefinanzierung und spezielle Geschäftskreditformen. Üblicherweise spricht man ab einer Laufzeit von vier Jahren von langfristigen Kreditformen. Zur Darlehensfinanzierung gehören Bankdarlehen (unter anderem die klassischen Hypothekendarlehen mit festen oder variablen Zinsen, Roll-Over-Kredite als revolvierende Kredite mit periodischer Zinsanpassung, Konsortialdarlehen), Gesellschafterdarlehen oder Schuldscheindarlehen von Versicherungs- und anderen Kapitalsammelgesellschaften. Die Geschäftskreditfinanzierung findet sich vor allem im Franchising und im Leasing sowie als anderweitiger Lieferanten- oder Kundenausstattungskredit.

Die **Anleihefinanzierung** beruht auf der Ausgabe von Schuldverschreibungen (auch Anleihen oder Obligationen genannt) durch den Anleiheemittenten. Die Schuldverschreibung verpflichtet den Emittenten in der Regel zur Rückzahlung des aufgenommenen Geldbetrags sowie zu Zinszahlungen. Die Anleihe lautet auf einen bestimmten Nennbetrag, doch kann der tatsächliche Ausgabebetrag davon abweichen. Liegt er darüber (über pari), heißt die Differenz zwischen Ausgabebetrag und Nennbetrag Agio, liegt der Ausgabebetrag unter dem Nennbetrag (unter pari), heißt die Differenz Disagio. Anleihen heben sich von den bisher genannten Kreditformen dadurch ab, dass sie sich nicht an einen bestimmten Kreditgeber richten. Stattdessen werden für Anleihen handelbare Urkunden über Anteile an der Schuldverschreibung (Teilschuldverschreibung) ausgegeben, die zahlreiche Anleger zeichnen können. Sie werden meist als Inhaberpapiere ausgestaltet. Dies bedeutet, dass der Inhaber der Anleihe und nicht etwa eine namentlich bestimmte Person die damit verbundenen Ansprüche geltend machen kann. Somit können Anleihen auf dem Kapitalmarkt, im Regelfall auf dem organisierten Kapitalmarkt erworben und veräußert werden (vgl. Abb. 121 zu Einzelheiten von Anleihen).

Die Ausgabe von handelbaren Urkunden für Anleihen wird als **Verbriefung** bezeichnet und hat verschiedene Konsequenzen für Kapitalgeber und Kapitalnehmer. Durch die Handelbarkeit (Fungibilität) liegt für die Anleihe anders als für Darlehen regelmäßig ein Marktpreis vor und der Emittent wird vom Kapitalmarkt, speziell von anderen Anlegern oder Rating-Instituten, beobachtet. Dies erleichtert die Bewertung der Anleihe für den Kapitalgeber, führt aber auch zu Kursrisiken. Zudem werden Anleihen üblicherweise von einer großen Zahl von Anlegern gehalten, deren Interessen abgesehen von der regulären Bedienung der Anleihe durchaus voneinander abweichen und daher schwieriger zu harmonisieren sind. Insbesondere kann nicht ohne weiteres ein besonderes Interesse am Fortbestand des Emittenten unterstellt werden, solange der einzelne Kapitalgeber seine Anleihe am Kapitalmarkt verkaufen und dadurch seine Geschäftsbeziehung zum Anleiheemittenten ohne weiteres lösen kann. Dadurch sind Anleihen deutlich „nachverhandlungssicherer" als Darlehen, die einzelne oder wenige Kapitalgeber im Rahmen einer längerfristigen Geschäftsbeziehung gewähren.

Merkmale wichtiger Anleiheformen

Anleihen (Industrieobligationen, Schuldverschreibungen):

Anleihen richten sich nicht an einen bestimmten Kreditgeber, sondern an den Kapitalmarkt. Die dazu ausgegebenen Schuldverschreibungen sind verkehrsfähige Urkunden, in denen der Aussteller sich zur Zahlung einer bestimmten Geldsumme (im Allgemeinen zur Rückzahlung des gewährten Darlehens) sowie zu regelmäßigen Zinszahlungen verpflichtet. Zerlegt in Teilschuldverschreibungen, die einen Teilbetrag der Anleihe verbriefen, werden sie meist als Inhaberpapiere ausgegeben. Voraussetzung ist die Emissionsfähigkeit des Kreditnehmers, abgesehen davon keine bestimmte Rechtsform. So werden Anleihen vor allem von größeren Unternehmen und öffentlichen Körperschaften ausgegeben.

Ausstattungsmerkmale der Industrieobligationen sind: Zins, Laufzeit und Tilgung, Kündigung und Sicherung. Maßgebend für die Zinsbelastung sind der Nominalzins (zur Grobeinstellung) und gegebenenfalls ein Agio bzw. Disagio, d. h. ein Aufpreis bzw. Abschlag des Emissionskurses gegenüber dem Rückzahlungskurs (zur Feineinstellung der Verzinsung). Ein Emissionskurs unter dem Rückzahlungskurs (Unter-pari-Emission) ist möglich und üblich. Die Laufzeiten von Anleihen liegen bei 5 bis 25 Jahren. Die Tilgung (Rückzahlung) erfolgt einmalig am Ende der Laufzeit oder (üblicherweise) in Jahresraten nach einem Tilgungsplan durch Auslosung oder Rückkauf an der Börse. Häufig werden Kündigungsmöglichkeiten außerhalb der planmäßigen Tilgung oder das Recht der Zinsanpassung in bestimmten Fällen (Zinskonversion) vorbehalten. Die Obligation wird oft mit Grundpfandrechten besichert, aber auch durch Bürgschaften oder Sicherungsklauseln.

Zu den einmaligen Kosten zählen beispielsweise die Konsortialprovision, die Börsenzulassungsgebühr und die Druckkosten; zu den laufenden Kosten vor allem die Zinszahlungen, zudem gegebenenfalls Auslosungskosten; insgesamt sind es etwa 9 bis 12 % des Nominalbetrags der Anleihe.

Wandelschuldverschreibung (Convertible Bond):

Wandelanleihen räumen dem Gläubiger das Recht ein, die Obligation (meist nach einer bestimmten Frist) in einem bestimmten Verhältnis in Aktien der Gesellschaft umzutauschen, wobei gewöhnlich ein Agio (Aufgeld) zu zahlen ist. Dafür hat die emittierende Gesellschaft ein bedingtes Kapital für die benötigten Aktien einzurichten. Fremdkapital wird für das Unternehmen Eigenkapital, eine Tilgung entfällt und durch das Agio fließen weitere Mittel zu. Mit dem Umtausch geht die Obligation unter.

Optionsschuldverschreibung (Stock Warrant Bond):

Optionsanleihen beinhalten zwei Papiere: den Optionsschein, der dem Inhaber ein Bezugsrecht auf später auszugebende Aktien gewährt, und die Teilschuldverschreibung, die bis zur Tilgung neben den Aktien besteht. Es wird kein Fremdkapital in Eigenkapital umgewandelt, doch wird zusätzliches Eigenkapital beschafft. Auch dies setzt eine bedingte Kapitalerhöhung voraus.

Gewinnschuldverschreibung:

Sie gewähren neben der festen Verzinsung eine zusätzliche Gewinnbeteiligung, die an die Höhe der Dividende gekoppelt ist, oder sie sind ohne feste Verzinsung nur mit einem nach oben begrenzten Gewinnanspruch ausgestattet. Im letzten Fall beinhalten Gewinnschuldverschreibungen ein hohes Risiko, da die Gläubiger in Verlustjahren leer ausgehen.

Abb. 121: Merkmale wichtiger Anleiheformen

d. Mezzanine Finanzierungsformen

Zahlreiche Finanzierungsformen lassen sich nicht eindeutig einer der beiden typisierenden Kategorien Eigen- und Fremdkapital aus Abb. 119 zuordnen, da sie die Merkmale Vermögens- und Mitwirkungsrechte sowie Haftung unterschiedlich kombinieren. Diese Mischformen heißen auch **hybride Finanzierungsinstrumente** (vgl. Drukarczyk 1993, S. 580 ff.) oder **Mezzanine** (vgl. KfW 2004). Zu ihnen zählen unter anderem:

- Genussscheine oder Partizipationsscheine: Sie trennen speziell geregelte Vermögensrechte und Haftungspflichten von den Mitwirkungsrechten. Da Genussscheine im Regelfall eigene Wertpapiere darstellen, gehören sie auch zu den Beteiligungseffekten (vgl. Abb. 118);
- Optionsscheine: Sie gelten als hybride Finanzierungsinstrumenten, da sie vor der Optionsausübung noch keine Mitwirkungsrechte beinhalten und da sie vielfach in Verbindung mit einer Anleihe (Optionsanleihe; vgl. Abb. 121) begeben werden;
- Wandelanleihen (Wandelschuldverschreibungen), da ihr Charakter mit der Wandlung der Anleihe in Aktien wechselt (vgl. Abb. 121);
- Gesellschafterdarlehen: Ein Darlehen, das ein Gesellschafter einer Gesellschaft mit beschränkter Haftung (GmbH) seiner Gesellschaft gewährt, kann gemäß § 32a GmbHG im Insolvenzverfahren nur nachrangig geltend gemacht werden. Es wird damit faktisch als Eigenkapital behandelt;
- stille Beteiligungen mit Gewinn- und Verlustbeteiligung, die jedoch keine generellen Mitspracherechte einräumen.

Neben der Beteiligungsfinanzierung weisen die Formen der Innenfinanzierung Eigenfinanzierungscharakter auf. Offensichtlich ist dies bei der Selbstfinanzierung durch die offene oder implizite Thesaurierung von Gewinnen bzw. stillen Reserven. Zwar fließen dem Betrieb keine Eigenmittel zu, der Finanzierungscharakter liegt eher in der Verhinderung des Mittelabflusses. Zudem tritt hier wie bei den Rückstellungen die Frage in den Vordergrund, wie diese Instrumente zu gestalten sind, damit sie dem wirtschaftlichen bzw. haftenden Eigenkapital zurechenbar sind, ohne dass entsprechende Mitwirkungsrechte gewährt werden müssen.

Gerade die Möglichkeit, auf vergleichsweise einfache Weise, also in der Regel ohne Änderung der Gesellschaftsverträge und ohne gleichzeitig den Kapitalgebern generelle Mitspracherechte einzuräumen, wirtschaftlich haftendes Eigenkapital zuzuführen, , macht Mezzanine zur Unternehmensfinanzierung interessant. Mezzanine-Kapital wird daher teilweise noch weiter nach seiner ‚Eigenkapitalnähe‘ unterteilt (vgl. KfW 2004). Es kann in der Handelsbilanz als Eigenkapital ausgewiesen werden, wenn es langfristig gewährt, erfolgsabhängig vergütet, ggf. eine Verlustbeteiligung beinhaltet und im Insolvenzfall nachrangig bedient wird. Derart ausgestaltete Gesellschafterdarlehen, atypische und typische stille Beteiligungen sowie Genussschein-Kapital heißen eigenkapitalnahe Mezzanine (‚Equity Mezzanine‘). Dagegen gelten Nachrangdarlehen, Wandelanleihen und Optionsanleihen als Mezzanine mit Fremdkapital-Ausrichtung (‚Debt Mezzanine‘). Sie werden in der Bilanzauswertung und im Rating vielfach anteilig (nach Auslegung der KfW zur Hälfte) dem wirtschaftlichen Eigenkapital zugerechnet.

4. Gestaltung ausgewählter Finanzierungsfragen

a. Leasing als Finanzintermediation

Die Einschaltung von Dritten ist ein wichtiges Instrument zur Vereinfachung einer Finanzierungsbeziehung zwischen Kapitalnehmer und Kapitalgeber. Die Vereinfachung liegt insbesondere in der Fristentransformation und der Volumentransformation und der dadurch verbesserten Größen- und Zeitabstimmung von Finanzgeschäften, wie dies vielfach als Kernaufgabe von Banken gilt. Die Verbindung von Kapitalnehmer und Kapitalgeber durch einen spezialisierten Intermediär eröffnet jedoch weitere Vorteile, die über die engeren Finanzierungsfunktionen einer Bank hinausgehen. Ein typisches Beispiel hierfür ist das **Leasing** (zu den Einzelheiten vgl. Perridon/Steiner 2003, S. 449 ff.). Leasing bezeichnet die

– Überlassung eines Wirtschaftsguts
– zu Gebrauch oder Nutzung
– für eine bestimmte Dauer
– gegen ein meist regelmäßiges Entgelt.

Die Festlegung einer bestimmten Dauer (Grundmietzeit) gilt speziell für das Finanzierungsleasing. Zur steuerlich vielfach gewünschten Zuordnung beim Leasinggeber wird die Grundmietzeit typischerweise zwischen 40 % und 90 % der betriebsgewöhnlichen Nutzungsdauer festgelegt. Weiter ist von Bedeutung, ob der Leasingnehmer eine Verlängerungs- oder eine Kaufoption erhält, die er während oder nach Ende der Grundmietzeit ausüben kann. Dagegen sind Operating-Leasing-Verträge, wie sie beispielsweise für Kfz oder EDV-Hardware üblich sind, kürzerfristig kündbar. Es handelt sich weitgehend um Mietverträge. Als Wirtschaftsgut (Leasingobjekt) kommen sowohl (Gewerbe-)Immobilien als auch Mobilien (Autos, Flugzeuge, Maschinen oder andere Güter) in Frage.

Leasing verbindet den Leasingnehmer, der das Leasingobjekt nutzt, mit der Leasinggesellschaft als Eigentümerin des Objekts. Die Leasinggesellschaft tritt daher an die Stelle der direkten Beziehungen des Leasingnehmers (Kunden) zum Hersteller, zu einem Zwischenhändler oder zum Gütermarkt generell einerseits und zu Banken oder zu anderen potenziellen Financiers andererseits (vgl. Abb. 122). Der direkte Kontakt zwischen Hersteller und Leasingnehmer beschränkt sich auf den Informationsaustausch bei der Entscheidung für ein bestimmtes Leasingobjekt sowie üblicherweise auf Wartungs-, Garantie- und Serviceleistungen. Ist die Leasinggesellschaft vom Hersteller abhängig, spricht man von Hersteller-Leasing.

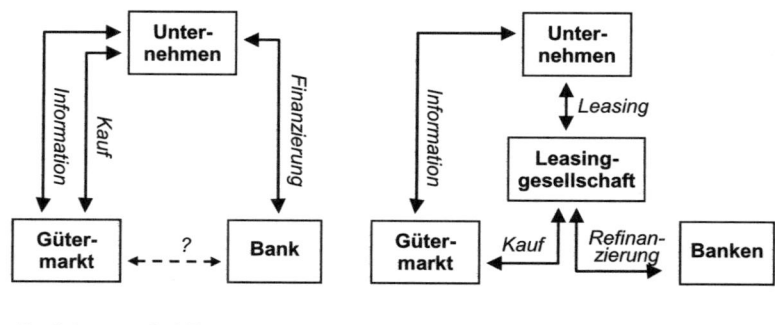

Beziehungen bei Trennung von   **Beziehungen beim Leasing**
Investition und Finanzierung

Abb. 122: Direktfinanzierung und Leasing als Finanzierungsalternativen

Der Kunde sieht sich beim Leasing nicht mehr zwei Vertragspartnern (Verkäufer des Leasingobjekts und Bank), sondern nur einem gegenüber, dem Leasinggeber. Informationssuche über potenzielle Investitions- bzw. Leasingobjekte wird er üblicherweise unabhängig davon betreiben. Für den Leasinggeber stellt sich die Situation auf den ersten Blick dar wie zuvor für den Kunden bei Direktkauf. Allerdings gibt es bei genauerer Betrachtung der Situation einen gravierenden Unterschied: Die Leasinggesellschaft wird im Regelfall nicht nur ein Objekt oder wenige, sondern viele Objekte beschaffen und vermieten, so dass die Transaktionskosten zur Beschaffung der einzelnen Leasingobjekte und ihrer Finanzierung weniger ins Gewicht fallen. Sie hat im Vergleich zu einem einzelnen Kunden ähnliche Größenvorteile (Skalenvorteile), wie sie ein Händler oder Großhändler generell im Vergleich zum Endverbraucher hat.

Mit dieser Konstellation ist das Leasing eine Alternative zum Kauf des Objekts und seiner direkten Finanzierung durch Eigen- oder Fremdkapital. Als Argumente für das Leasing werden unter anderem angeführt (vgl. Franke/Hax 2004, S. 536 f.; Kratzer/Kreuzmair 1997, S. 100 ff.):

– steuerliche Vorteile: anders als ein langfristiger Kredit erhöht Leasing die Bemessungsgrundlage der Gewerbesteuer beim Leasingnehmer nicht; zudem ermöglichen unterschiedliche Ertragsteuersätze von Leasinggeber und Leasingnehmer Steuerarbitrage durch die zeitliche Verlagerung von Steuerzahlungen. Dieser Effekt trifft am ehesten beim grenzüberschreitenden Leasing zu, geht dann aber mit einer höheren Komplexität der Vereinbarung einher.
– bilanzielle Vorteile: die Leasingraten erscheinen lediglich in der Gewinn- und Verlustrechnung, während bei Kreditfinanzierung die bilanziell ausgewiesene Fremdfinanzierung steigt und daher die Eigenkapitalquote sinkt. Aus diesen bilanzoptischen Gründen wird Leasing teilweise als mezzanine Finanzierungsform eingeordnet. Doch handelt es sich um einen vordergründigen Effekt, da Leasingverpflichtungen gemäß § 285 Abs. 3 HGB im Bilanzanhang aufzuführen sind;
– Preis- bzw. Kostenvorteile: Der Leasinggeber erhält als Abnehmer größerer Stückzahlen einen größeren Mengenrabatt als ein Einzelkunde und kann diese an den Leasingnehmer weitergeben. Allerdings muss der Leasingnehmer einerseits vielfach auf Preisvorteile verzichten, die sich aus speziellen Aktionen des Herstellers oder anderweitig günstigen Marktkonditionen ergeben, andererseits wird regelmäßig auch ein normaler Händler bei Abnahme entsprechender Stückzahlen diese Mengenvorteile erzielen. Damit bleibt die Frage, warum sie gerade über eine Leasingbeziehung und nicht etwa über einen direkten Verkauf weitergereicht werden.

Die Diskussion zeigt, dass die genannten Vorteile des Leasings vergleichsweise schmal ausfallen. Nicht zu vernachlässigen sind zudem einige Nachteile des Leasings. Zu ihnen zählen die eingeschränkte Auswahl an Objekten, wenn für manche Anlageobjekte kein Leasingangebot vorliegt oder wenn ein Leasingobjekt nur mit einer eingeschränkten Auswahl von anderen Anlagen kombinierbar ist, die Einschränkungen bei einer vorzeitigen Vertragsbeendigung sowie möglicherweise rigidere Vorschriften zur Nutzung, Versicherung und Instandhaltung des Leasingobjekts im Vergleich zu einem gekauften Objekt. Mithin sollten also nur wenige Gründe dafür vorliegen, warum eine Leasinggesellschaft eine besonders vorteilhafte Finanzierung bieten kann. Dennoch hat das Leasing seit seinem erstem Auftreten (in Deutschland im Jahre 1962 mit der Gründung der ersten deutschen Leasinggesellschaft, im angloamerikanischen Raum etwas früher) sich als Finanzierungsalternative zum eigenkapital- oder kreditfinanzierten Kauf etabliert.

Die Attraktivität des Leasings wird erst verständlich, wenn man seine informationsökonomischen Besonderheiten in die Analyse einbezieht. Zwar gleichen sich die Einkaufsmöglichkeiten einer Leasinggesellschaft und eines Händlers oder die Refinanzierungsmöglichkeiten einer Leasinggesellschaft und einer Universalbank grundsätzlich. Womöglich bieten sich einer Universalbank wegen ihrer Diversifikation oder Größe sogar noch günstigere Konditionen. Doch hat eine Leasinggesellschaft dann grundsätzliche Vorteile gegenüber einer Bank, wenn sie das Leasingobjekt besonders vorteilhaft bewerten kann. Dies ist wichtig, wenn der Leasing- bzw. Kreditnehmer säumig wird und die Leasinggesellschaft bzw. Bank auf das (Leasing-)Objekt als Sicherheit zurückgreifen. Die Verwendung und Verwertung derartiger Sicherheiten liegt außerhalb des Kerngeschäfts einer Bank. Diese besitzt dafür üblicherweise keine Kompetenz und kann die Sicherheiten nur mit Abschlägen akzeptieren. Wenn eine Bank von ihren Kunden sehr unterschiedliche Güter als Sicherheiten annimmt (Immobilien, Maschinen verschiedener Art, Roh- und Handelswaren, Rechte), verfügt sie über wenig Erfahrung im Handel mit den einzelnen Sicherheiten und deren Verwertung verursacht vergleichsweise hohe Transaktionskosten. Mangels Marktkenntnis muss sie zur Sicherheitsverwertung unter Umständen hohe Preisabschläge in Kauf nehmen oder auf die vergleichsweise aufwendige Form der Versteigerung zurückgreifen. Dagegen verfügen spezialisierte Leasinggesellschaften schon wegen der vereinbarten Rücknahme der Leasingobjekte nach Ablauf der Vertragsdauer über einschlägige Erfahrungen. Kraftfahrzeug-Leasinggesellschaften halten ein Vertriebssystem für PKWs vor, Flugzeug-Leasinggesellschaften verkaufen oder vermieten zurückgegebene Flugzeuge an andere Fluggesellschaften. Für sie stellt die Verwertung des geleasten Objekts als Sicherheit für den Zahlungsausfall eines Kunden ein geringeres Problem dar als für eine Universalbank, so dass sie entsprechend geringere und günstigere Vorsorge treffen müssen. Zudem fällt Leasinggesellschaften die Verwertung des Leasingobjekts schon deshalb leichter, wenn sie in der Insolvenz des Mieters ein Aussonderungsrecht besitzen (vgl. Franke/Hax 2004, S. 537).

Diesen möglichen Vorteil kann die Leasinggesellschaft an den Leasingnehmer weitergeben, sie muss es aber nicht. Für diesen besteht daher nach wie vor das Problem, Leasing als Form der Anlagefinanzierung mit anderen Alternativen zu vergleichen und dazu die möglichen eigenen steuerlichen, bilanziellen und Zahlungsvorteile gegenüber den Nachteilen abzuwägen. Während die bilanzielle und steuerrechtliche Behandlung des Leasings zahlreiche Detailprobleme aufwirft (vgl. Hastedt/Mellwig 1998), stellt die Beurteilung der dann prognostizierten Zahlungsströme methodisch kein besonderes Problem dar. Hierfür genügt im Allgemeinen eine passend gestaltete Kapitalwertrechnung.

Da der Leasingnehmer während der Vertragslaufzeit über das Objekt verfügt und der Leasinggeber erst nach Ablauf des Vertragsverhältnisses darauf zugreifen kann, entstehen während der Laufzeit des Leasingvertrags typische Interessenkonflikte hinsichtlich der Wartung und Nutzung des Objekts. Für den Leasingnehmer sind Wartungsmaßnahmen nur insoweit von Interesse, als sie die Nutzungsmöglichkeiten während der Vertragslaufzeit nicht beeinträchtigen oder sie sogar steigern. Dagegen hat der Leasinggeber größeres Interesse an Wartungsmaßnahmen, da sie den Wert des Objekts bei der Rückgabe steigern. Eine geringe Wartung durch den Leasingnehmer wirkt also zu Lasten des Leasinggebers. Der Leasinggeber kann sich dagegen schützen, indem er die Leasingrate von vornherein auf einen hohen Wertverlust wegen hoher Nutzung und geringer Wartung auslegt. Hohe Leasingraten schrecken jedoch mäßige Nutzer ab und belohnen sorgfältige Wartung nicht. Diese Adverse Selection verringert ein Leasinggeber, der den Leasingnehmer vertraglich verpflichtet, das Leasingobjekt regelmäßig und mit vorgegebenem Umfang durch einen Dritten warten zu lassen (vgl. Franke/Hax 2004, S. 528). Zudem kann der Leasingvertrag auf eine Interessenangleichung ausgelegt sein (vgl. Drukarczyk 1993, S. 466). So gibt es beispielsweise Leasingvarianten, die

-   dem Leasinggeber ein Andienungsrecht des Objekts an den Leasingnehmer einräumen,
-   dem Leasingnehmer eine Verlängerungsoption oder eine Kaufoption gewähren oder
-   eine Aufteilung eines über einen vereinbarten Restwert hinaus erzielten Mehrerlöses vorsehen

und die damit eine flexible Anpassung an die Interessen der Beteiligten ermöglichen.

b. Liquiditätssteuerung durch parameterorientierte Kassenhaltungsstrategien

Die Zusammenarbeit auf finanziellem Gebiet verliert einige der geschilderten informationsökonomischen Probleme, wenn die eine Seite der anderen Seite Verhaltensweisen und Entscheidungen auf eindeutige, nachprüfbare und sanktionierbare Weise vorgeben kann. Ein wichtiger Anwendungsfall ist die Steuerung von liquiden Mitteln, speziell von Kassenbeständen. Auf dieses Problem der Disposition über die Anlage und Beschaffung kurzfristiger Finanzmittel richten sich Lösungsansätze in Form von Kassenhaltungsstrategien.

Kassenhaltungsstrategien widmen sich einem vergleichsweise engen Problem: der Planung des optimalen Liquiditätsbestandes. Das Problem wird typischerweise auf folgenden Kern konzentriert (vgl. Troßmann 1990, S. 57 f.): Betrachtet werden Bestände an liquiden Mitteln in zwei charakteristischen Formen. Einerseits ein Kassenbestand, andererseits eine Geldanlagemöglichkeit. Der Kassenbestand entspricht – abgesehen vom klassischen Fall einer Barkasse – einem Guthaben auf einem Kontokorrentkonto (Girokonto). Kassenbestände oder entsprechende Kontenbestände auf nicht bzw. nur gering verzinslichen Kontokorrentkonten sollten wegen der schlechten oder fehlenden Verzinsung möglichst niedrig ausfallen. Andererseits sollten die liquiden Mittel so hoch sein, dass betriebliche Maßnahmen nicht aus vorübergehendem Geldmangel in der Kasse bzw. im Girokonto unterbleiben und dass keine zu hohen Überziehungszinsen auf negative Kontenstände anfallen, wenn gleichzeitig Beständen auf anderen Konten vorliegen. Die Steuerung der Kassenbestände wird erschwert, wenn die Kassenzugänge und -abflüsse unsicher sind und schwanken. Der Kassenbestand ändert sich zum einen durch anderweitig determinierte, modellexogene Geldzu- und -abflüsse, die den Kassenbestand tendenziell oder vorübergehend steigen oder fallen, unter Umständen auch negativ werden lassen, zum anderen durch gezielte Transferzahlungen auf das Geldanlagekonto oder von diesem zurück auf das Kassenkonto. Die exogenen Zu- und Abflüsse bzw. ihr jeweiliger Saldo grenzen das Kassenhaltungsmodell zu anderen Bereichen der betrieblichen Finanzwirtschaft ab. Die Transfers zwischen Kassenbestand und Geldanlage sind jedoch disponibel und zu optimieren. Dabei sind Einflüsse auf zwei Ebenen zu beachten:

– finanzielle Wirkungen der Transferzahlungen bzw. ihrer Unterlassung,
– Führungsprobleme der Delegation dieser Transferdispositionen.

Typischerweise werden drei Arten finanzieller Wirkungen betrachtet (vgl. Ballwieser 1978, S. 36 ff.). Dies sind erstens die im Fall eines unzureichenden Kassenbestandes berechneten Sollzinsen oder Verzugszinsen, zweitens die Verzinsung der Geldanlage, die bei einer Kassenhaltung nicht erzielt wird, als Opportunitätskosten der Kassenhaltung und drittens die Transferkosten für die Übertragung von Kassenbeständen auf das Anlagekonto oder zurück. Alle drei Arten von Finanzwirkungen treten proportional zu den jeweiligen Beständen oder Transferbeträgen auf. Doch sind gerade für die Transferzahlungen ebenso fixe Pauschalbeträge für jeden Transfer denkbar, unter Umständen in unterschiedlicher Höhe für jede Transferrichtung. Dieses Problems ähnelt in seiner Grundstruktur den aus Lagerhaltungsmodellen bekannten Ansätzen und so überrascht es nicht, dass viele Lösungsansätze einem aus den Lagerhaltungsmodellen bekannten Prinzip folgen und parameterbasierte Strategien entwickeln (vgl. Troßmann 1990, S. 59). Diese Ansätze richten die Transferdispositionen auf bestimmte Parameter oder Kassenbestandskennzahlen aus. Als Kennzahlen dienen insbesondere angestrebte Kassenbestände, Mindestkassenbestände, Höchstkassenbestände oder Transferbeträge. Neben der Art und Anzahl der verwendeten Parameter unterscheiden die Kassenhaltungsmodelle sich einerseits darin, ob sie für die exogenen Zahlungssalden deterministische oder stochastische Werte annehmen, und andererseits darin, ob und in welcher Weise sie zeitliche Interdependenzen, etwa Trends sowie Reaktions- oder Verweilzeiten, berücksichtigen.

Unabhängig von den unterstellten Rahmenbedingungen charakterisieren die verwendeten Parameter eine Kassenhaltungsstrategie. Abb. 123 zeigt Beispiele derartiger Strategien (vgl. Troßmann 1990, S. 60).

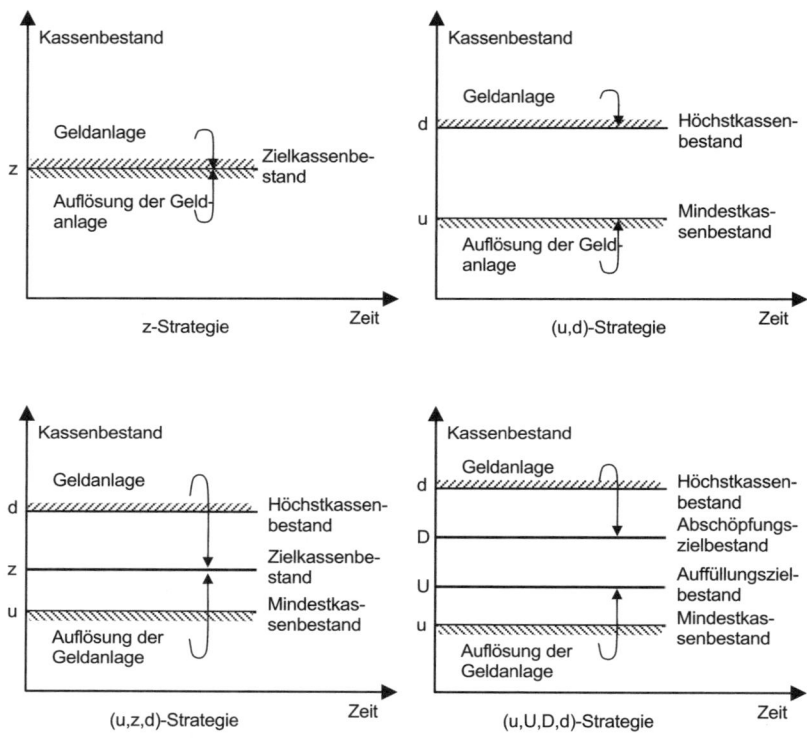

Abb. 123: Beispiele zu parameterorientierten Kassenhaltungsstrategien
(vgl. Troßmann 1990, S. 60)

So besteht die z-Strategie darin, laufend Beträge in passender Höhe auf das Anlagekonto zu transferieren oder von dort in die Kasse zu übertragen, so dass gerade immer ein Zielkassenbestand z erreicht wird. Es leuchtet sofort ein, dass dies bei häufigen und schwankenden exogenen Kassenbewegungen zu entsprechend häufigen und damit teuren Transfers führt. Eine alternative Strategie, die u-d-Strategie, besteht daher darin, Kassenbestandsschwankungen innerhalb eines Korridors zwischen einem Höchstkassenbestand d und einem Mindestkassenbestand u hinzunehmen und lediglich bei Über- bzw. Unterschreitungen dieses Korridors Geld zum oder vom Anlagekonto zu transferieren. Die Transferbeträge werden in diesem Fall so hoch angesetzt, dass der Kassenbestand danach gerade innerhalb des Korridors liegt. Die dritte Strategie, die u-z-d-Strategie, richtet die Höhe der Transferbeträge, die beim Überschreiten des Höchstkassenbestandes d oder beim Unterschreiten des Mindestkassenbestandes bzw. der Liquiditätsuntergrenze u ausgelöst werden, genau auf den Zielkassenbestand z aus. Dagegen gibt die vierte Strategie aus Abb. 123 separate Zielgrößen D für die Höhe des Kassenbestands nach einem Transfer zum Anlagekonto und U für die Kassenbestände nach den Transfers vom Anlagekonto vor. Weitere Varianten von Kassenhaltungsstrategien sehen zusätzlich oder alternativ zu den bisher genannten Kennzahlen beispielsweise feste Termine, feste Rhythmen oder feste Höhen für die Transferzahlungen vor.

Zwischen solchen Strategiealternativen hat ein Betrieb sich zu entscheiden, wenn er die Kassenhaltung über eine parameterorientierte Strategie betreiben will. Dabei wird vielfach ein zweistufiges Vorgehen gewählt (vgl. Ballwieser 1978, S. 19): Ein erster Schritt legt die Struktur der Kassenhaltungsstrategie fest. Mit eigenen Ansätzen wird anschließend im zweiten Schritt die konkrete Höhe der Parameter bestimmt.

Die Schwierigkeiten der Auswahl einer vorteilhaften Parameterstruktur und der Festlegung der optimalen Parameterhöhe hängen in hohem Maße von der allgemeinen Modellstruktur ab, also vor allem von der Berücksichtigung stochastischer exogener Zahlungsströme oder dynamischer Komponenten in Form von Verweil- und Reaktionsdauern. Zudem passt das Streben nach einer einfachen, also gut vermittelbaren, durchführbaren und kontrollierbaren Strategie nicht ohne Weiteres zu einer realitätsnahen Problemberücksichtigung. Hinzu kommt, dass realitätsnahe Modelle erhebliche Lösungsprobleme aufwerfen können und es für differenzierte Kassenhaltungsmodelle vielfach ohnehin nur heuristische Lösungen gibt. In diesem Fall ist unter Umständen nicht eindeutig nachzuweisen, ob die berechnete Lösung tatsächlich sinnvoll ist. Ihre Qualität kann lediglich anhand von Simulationsrechnungen abgeschätzt werden. Trotz dieser rechentechnischen Schwierigkeiten bei der Auswahl einer parameterorientierten Kassenhaltungsstrategie und der Festlegung der Kennzahlen in passender Höhe ist der Einsatz von parameterorientierten Kassenhaltungsstrategien von hoher führungspolitischer Bedeutung. Dies liegt an der damit verbundenen ausgeprägten Vorstrukturierung des Problems und die Konzentration auf wenige Kennzahlen und betrifft damit die zweite Ebene der Einflüsse auf die Problemgestaltung.

Der Vorzug parameterorientierter Kassenhaltungsstrategien liegt darin, dass sie eine einfache Delegation der Kassenhaltungsdispositionen ermöglichen. Zusätzlich zu dem Charakteristikum, dass die Kassenbestandssteuerung an sich ein vergleichsweise klar abgrenzbares Problem darstellt, ist eine einmal gewählte Lösung mit der Vorgabe passender Kennzahlen gut delegierbar und kontrollierbar. Die Mitarbeiter können die Vorgaben im allgemeinen direkt umsetzen und die Umsetzung der Lösung durch die damit beauftragten Mitarbeiter ist vergleichsweise einfach anhand der Kontenstände und Buchungen zu kontrollieren und entsprechend zu sanktionieren. Größere Informationsasymmetrien sind nicht zu befürchten, zumal die exogenen Zahlungssalden sowie die Zins- und Transferkonditionen als relevante Größen zumindest im Nachhinein gut feststellbar sind, wenn sie nicht ohnehin von der Unternehmensleitung festgelegt werden.

In der Konsequenz ermöglichen diese Rahmenbedingungen ein vergleichsweise schematisches Vorgehen zur Liquiditätssteuerung, das ohne weiteres auf eine Cash-Management-Software übertragbar ist. **Cash-Management-Systeme** sind computergestützte Kommunikationsformen zwischen Banken und Geschäftskunden, die Daten zur laufenden Kassen- und Kontendisposition erfassen und weiterleiten (vgl. Perridon/Steiner 2003, S. 155 ff.). Cash-Management-Systeme können grundsätzlich Kontokorrentkonten, Geldmarkt- und Termingeld- sowie weitere Konten weltweit und in verschiedenen Währungen umfassen. Sie liefern Informationen zu diesen Konten (Balance Reporting) und sie lösen – je nach Ausgestaltung des Cash-Management-Systems – Transfers zwischen ihnen aus, indem sie nach vereinbarten Regeln automatisch Zahlungsüberschüsse zwischen verschiedenen liquiden Kassenkonten hin zu einer vorbestimmten Anlage lenken. Spezielle Module bezwecken das rechnerische oder tatsächliche Zusammenführen von Überschüssen auf einem verzinslichen Zielkonto (Pooling) oder einen internen Ausgleich von Fremdwährungspositionen (Netting) oder zwischen verschiedenen Betriebsteilen nach kennzahlenbasierten Regeln. Dies soll entweder Transferkosten und Währungsumtauschverluste ersparen oder günstigere Anlagekonditionen erzielen. Die standardisierte Computerunterstützung von Kassenhaltung bzw. Cash Management verdeutlicht, dass das eigentliche Führungsproblem der Liquiditätssteuerung bei Verwendung parameterorientierter Kassenhaltungsstrategien weniger in deren Umsetzung, sondern in deren Konzeption und Einführung liegt. Bei der Festlegung von Art, Anzahl und Höhe der Parametervorgaben sind die Informationsprobleme und Zielprobleme zu beachten, die ein eingespieltes System im laufenden Betrieb erspart.

5. Verständnisfragen

a. Charakterisieren Sie die Aufgaben der Finanzierung.

b. Stellen Sie die Zahlungsströme zwischen dem Betrieb und wichtigen Finanzquellen dar. Welche Informationsrechte und –pflichten sind mit diesen Zahlungsströmen verbunden?

c. Was sind die Merkmale eines vollständigen und eines vollkommenen Finanzmarktes?

d. Erläutern Sie anhand von Beispielen wichtige Formen von Informationsasymmetrien zwischen dem Betrieb und seinem Finanzmarkt. Welche Möglichkeiten sehen Sie zur Überwindung der Informationsasymmetrien? Welche Notwendigkeit sehen Sie dazu?

e. Inwiefern sind ein Standardkreditvertrag, eine Optionsanleihe oder eine Aktie Instrumente zur Überwindung von Informationsasymmetrien?

f. Der Inhaber einer Wandelanleihe hat das Recht, ab einem bestimmten Aktienkurs die Anleihe in Aktien umzutauschen. Charakterisieren Sie die Risiko- und Zahlungsstruktur der Wandelanleihe.

g. Grenzen Sie Innen- und Außenfinanzierung sowie Eigen- und Fremdfinanzierung voneinander ab.

h. Was versteht man unter einer parameterorientierten Strategie des Finanzmanagements? Welche Vor- und Nachteile sehen Sie im Vergleich zur direkten Vorgabe finanzwirtschaftlicher Maßnahmen?

i. Der Markt für mezzanine Finanzierungsformen und ihre Verbriefung kam im Zuge der Finanzkrise im Jahr 2008/09 fast komplett zum Erliegen. Stellen Sie mezzanine Finanzierungsformen grundsätzlich dar und geben Sie wichtige Beispiele an. Wodurch unterscheiden sie sich von reinen Eigenfinanzierungen (z. B. durch Aktienemissionen) und reinen Fremdfinanzierungen (z. B. Krediten). Welches informationsökonomische Problem werfen Mezzanine auf?

j. Die Borussia Dortmund KGaA wurde dafür kritisiert, dass sie ihr damaliges Westfalenstadion in einem Sale-und-Lease-Back-Geschäft veräußert und zurückgemietet hat. Warum ist ein Fußballstadion im Allgemeinen kein günstiges Leasing-Objekt – im Unterschied etwa zum Airbus A380, für den Leasingfondsanteile stark nachgefragt werden?

D. Perspektiven der Unternehmensentwicklung

I. Diversifikation und Aufbau neuer Geschäftsfelder

Diversifikation und Diversität kann sich auf verschiedene Strategiedimensionen der Unternehmenstätigkeit beziehen. Im vorliegenden Lehrbuch wird Diversifikation als die Ausdehnung des Leistungsprogramms an Gütern und Dienstleistungen in für das Unternehmen neue Märkte verstanden. Der Marktbegriff kann sich dabei sowohl auf neue Produktmärkte als auch auf neue geografische Märkte beziehen. Während das nachfolgende Kapitel D II zur Internationalisierung die Dimension der geografischen Diversifikation der Geschäftätigkeit in den Vordergrund rückt, geht es im vorliegenden Kapitel um die Perspektiven und Optionen der Produktdiversifikation. Nicht von Diversifikation wird im Lehrbuchkontext dagegen in all jenen Fällen gesprochen, in denen Unternehmen ihre Aktivitäten auf bisher nicht bearbeitete, vor- oder nachgelagerte Stufen der Wertschöpfungskette innerhalb von angestammten Branchen bzw. Märkten ausdehnen. Diese Art der Erweiterung der Geschäftsaktivitäten wird als vertikale Integration bezeichnet. Während Kapitel D I 1 zunächst einen Überblick über die wichtigsten Begriffskonzepte der Diversifikation gibt, gewährt D I 2 einen Blick auf die empirische Relevanz des Phänomens der Produktdiversifikation. In Kapitel D I 3 werden dann mögliche Motive der produktbezogenen Diversifikation diskutiert, angefangen von Rentabilitätszielen über die Risikosenkung bis hin zu Managermotiven. Kapitel D I 4 lenkt die Betrachtung auf Rentabilitätszielsetzungen und hinterfragt, welche Wettbewerbsvorteile Unternehmen bei der Diversifikation ihrer Aktivitäten in verbundene Produktbereiche realisieren können. Als theoretische Grundlage für die Diskussion eignen sich insbesondere der transaktionskostentheoretische und der ressourcenorientierte Erklärungsansatz (vgl. dazu Kapitel B I und B II). Kapitel D I 5 beschäftigt sich mit negativen Diversifikationseffekten und D I 6 beschließt das Kapitel zur Diversifikation mit einem Überblick über Markteintritts- und Organisationsformen bei Diversifikationsschritten.

1. Definition und Formen der Unternehmensdiversifikation

a. Zu den Begriffen Unternehmensdiversifikation und Produktdiversifikation

Der **Begriff der Unternehmensdiversifikation** hat sich Mitte der fünfziger Jahre des 20. Jahrhunderts zunächst im angelsächsischen, später auch im deutschen Sprachraum durchgesetzt (vgl. Schüle 1992, S. 7). Diversifikation, was aus dem Lateinischen mit Veränderung, Abwechslung und Vielfalt zu übersetzen ist, lässt sich auf verschiedene Dimensionen der Unternehmenstätigkeit projizieren (vgl. Hoffmann 2009, S. 3 ff.). Diversifikation kann sich zunächst auf die Inputebene des Unternehmens, d. h. auf die Vielfalt der unternehmerischen Ressourcenbasis beziehen (vgl. Stephan 2003). So können das U. S.-amerikanische Unternehmen General Electric (GE) und das deutsche Unternehmen Siemens auf ein sehr breites Portfolio an Produkt- und Prozeßtechnologien zurückgreifen, angefangen von zahlreichen Technologien im Bereich der Elektrotechnik, über Turbinen- und Antriebstechnologien bis hin zu chemischen Technologien. In diesem breiten Technologiespektrum besitzen beide Unternehmen über mehr als einhundert tausend verbriefte Schutzrechte in Form von Patenten.

Auf der Outputebene sind ebenfalls verschiedene Diversifikationsstrategien denkbar. So kann die im folgenden Kapitel D II thematisierte Internationalisierung der Geschäftstätigkeit als geografische Diversifikation der Geschäftstätigkeit verstanden werden. Neben der Diversifikation in neue Ländermärkte bzw. Regionen kann sich ein Unternehmen auf der Outputebene in neue Produktbereiche diversifizieren. So sind die Unternehmen Siemens und GE in zahlreichen Geschäftsbereichen aktiv und bieten neben traditionellen Produktlinien wie Glühbirnen auch Haushaltsgeräte, medizinische Produkte und komplexe Industriegüter, z. B. Turbinen oder Industrieroboter, an.

Zwar ist in der Literatur kein Konsens bezüglich einer allgemeingültigen **Definition** der Diversifikation zu erkennen (vgl. Schüle 1992, S. 8), doch in der üblichen Verwendung erstreckt sich der unternehmerische Diversifikationsbegriff auf die Dimension Produktprogramm (Güter und Dienstleistungen). Diversifikation wird hierbei also outputbezogen definiert im Sinne der **Heterogenität des Leistungsprogramms** (vgl. Ansoff 1957 und 1965, Gort 1962, Rumelt 1982 und Teece 1982). Die Heterogenität des Leistungsprogramms bestimmt sich alternativ über die Betrachtung der Anzahl der Märkte, die mit dem Output bedient werden, oder über die Zahl der Industriesektoren bzw. Branchen, in denen ein Unternehmen aktiv ist. Der Begriff des Marktes bezieht sich in diesem Zusammenhang allerdings nicht auf die geografische Dimension der Geschäftstätigkeit, die in diesem Kapitel ausgeblendet wird, sondern auf verschiedene Kundensegmente (innerhalb eines Wirtschaftsraumes). Zwei Produkte bedienen dann verschiedene Märkte (Kundenbedarfe), wenn unternehmerische Ressourcen nicht kurzfristig von dem einen in den anderen Produktbereich transferierbar sind und wenn die Kreuzpreiselastizität der Nachfrage nach den beiden Produkten gering ist (vgl. Gort 1962, S. 9 und Teece 1980, S. 224). Die Kreuzpreiselastizität gibt an, wie stark die Nachfrage nach einem Produkt auf die Preisänderung eines anderen Produktes reagiert. Diese Auffassung von Diversifikation ist konform mit dem Diversifikationsbegriff nach *Ansoff* (1957), der den Eintritt von Unternehmen in neue Märkte mit neuen Produkten betont. Abb. 124 visualisiert das Diversifikationskonzept nach *Ansoff*.

Unabhängig davon ob die Heterogenität des Leistungsprogramms über die Betrachtung der Anzahl der Märkte, die mit dem Output bedient werden, oder über die Zahl der Industriesektoren bzw. Branchen erfolgt, liegt der Vorgehensweise die Annahme zu Grunde, dass Industrie- bzw. Marktgrenzen vorgegeben sind. Das vorliegende Lehrbuch definiert die Heterogenität des Leistungsprogramms aus der Sicht des Unternehmens, ohne auf fest vorgegebene Industrien und Marktdefinitionen zurückzugreifen. Der Begriff Industrie bzw. Markt wird im Folgenden durch den Begriff des Geschäfts bzw. des Geschäftsfeldes ersetzt (zur genaueren Abgrenzung des Begriffs Geschäft bzw. Geschäftsfeld vgl. Abell 1980). Die Produktdiversifikation im Sinne einer outputbezogenen Diversifikation wird definiert als die Ausdehnung des Leistungsprogramms an Gütern und Dienstleistungen in für das Unternehmen neue Geschäftsfelder (zu einer analogen Definition vgl. Hitt et al. 1997). In ähnlicher Weise findet nach *Rumelt* (1982) Diversifikation dann statt, wenn Unternehmen in Geschäftsbereiche expandieren, in denen die Produkte oder Produktlinien nur wenig Interdependenzen mit den angestammten Produkten aufweisen und deshalb ein nennenswerter Zuwachs an vorhandener Managementkompetenz erforderlich ist (vgl. dazu auch Sambharya 1995). Der Begriff der Diversifikation bezeichnet dabei sowohl den Zustand als auch den Prozess der Ausdehnung in eine Vielzahl von Aktivitäten.

Produkte		
bestehende	**neue**	

		bestehende	Marktdurchdringung	Produktentwicklung/ Differenzierung
Kundensegmente	**neue**	Marktentwicklung	**Diversifikation**

Abb. 124: Zum Diversifikationsbegriff nach Ansoff (vgl. Ansoff 1965, S. 109)

b. Arten der Unternehmens- und Produktdiversifikation

Bei der Unternehmensdiversifikation kann zwischen verschiedenen Diversifikationsarten und -richtungen differenziert werden. Die Literatur unterscheidet in der gängigsten Terminologie zwischen verbundener und unverbundener Diversifikation (vgl. Macharzina/Wolf 2008; Markides 1995; Markides/Willliamson 1996, 1994; Teece 1982). Die **verbundene Diversifikation** bezeichnet dabei die Ausdehnung der Geschäftsfeldaktivitäten auf Bereiche, die zentrale Gemeinsamkeiten mit den angestammten Aktivitäten aufweisen. So verfolgt beispielsweise der U. S.-amerikanische Konzern Johnson&Johnson eine verbundene Produktdiversifikationsstrategie innerhalb der Gesundheitsbranche. Das Produktportfolio des Unternehmens deckt beinahe alle Bereiche des Gesundheitssektors ab. Neben klassischen Pharmaprodukten stellt Johnson&Johnson medizinische Geräte, diagnostische Instrumente, Präparate zur Selbstmedikation, Nahrungsergänzungsmittel, Körperpflegemittel und zahlreiche andere Drogerieprodukte her. Im Gegensatz zur verbundenen Diversifikation bestehen bei der **unverbundenen Diversifikation** keinerlei Verflechtungen zwischen alten und neuen Aktivitäten. Der Grad der Verbunden- bzw. Unverbundenheit bezieht sich auf das Ausmaß der Verflechtungen und Zusammenhänge zwischen den neuen und den angestammten Aktivitäten. So handelt es sich bei dem bereits angesprochenen Unternehmen General Electric um ein in hohem Maße unverbunden diversifiziertes Unternehmen. Im breit diversifizierten Produktportfolio von GE lassen sich sehr heterogene Geschäftsbereiche identifizieren: Die traditionellen Wurzeln des Unternehmens liegen im Bereich der Elektrotechnik, u. a. mit den Produktlinien Glühbirnen und Beleuchtungssysteme, Systeme zur Verteilung und Steuerung elektrischer Energie sowie Kontroll- und Steuerungseinheiten für die Industrieautomatisierung. Daneben hat sich das Unternehmen in den Flugzeugturbinenbau, in das Geschäft mit Turbinen für stationäre Gas- und Dampfkraftwerke, in die Chemiebranche (Plastikprodukte), in die Medizintechnik und die

Schienenverkehrstechnik sowie in das Geschäft mit Haushaltsgeräten diversifiziert. Jüngster Schwerpunkt der Diversifikation der Geschäftstätigkeit sind Dienstleistungen. Mittlerweile entfällt über die Hälfte des Umsatzes von General Electric auf das Geschäft mit Finanz- und Versicherungsdienstleistungen („GE Capital Services') sowie Mediendienstleistungen (u. a. über den Fernsehsender NBC und die Universal Film Studios).

In der einschlägigen Literatur zur Produktdiversifikation finden sich zahlreiche Systematisierungen, die über die hier dargestellte Unterscheidung zwischen unverbundener und verbundener Diversifikation hinausreichen. So wird bspw. in der deutschsprachigen betriebswirtschaftlichen Literatur sowie auch in der Industrieökonomik häufig zwischen horizontalen, vertikalen und lateralen Diversifikationsarten differenziert. (vgl. z. B. Caves 1971; Welge/Al-Laham 2001, S. 441). Die **horizontale Diversifikation** meint dabei die Erweiterung des Produktprogramms in Geschäftsfelder, die mit dem angestammten Leistungsprogramm in Zusammenhang stehen. Die horizontale Diversifikation ist im deutschen Sprachgebrauch also der verbundenen Produktdiversifikation gleichzusetzen. Die **laterale Diversifikation** beschreibt dagegen die Erweiterung des Produktprogramms in vollkommen neue Produkt-Markt-Kombinationen und findet ihre Entsprechung in der unverbundenen Diversifikation des Leistungsprogramms. Die vertikale Diversifikation, oder präziser ausgedrückt die **vertikale Integration**, findet dagegen keine Entsprechung bei den in diesem Lehrbuch gebräuchlichen Diversifikationsarten. Von vertikaler Integration wird dann gesprochen, wenn Unternehmen ihre Aktivitäten auf bisher nicht bearbeitete, vor- oder nachgelagerte Stufen der Wertschöpfungskette innerhalb derselben Branche ausdehnen. Die vertikale Integration wird im vorliegenden Lehrbuchkontext nicht unter den Begriff der Unternehmensdiversifikation subsumiert. Eine weitergehende Systematisierung der Diversifikationsarten geht auf *Ansoff* (1965) zurück und unterscheidet zusätzlich zu horizontalen, vertikalen und konglomeraten Diversifikationsschritten auch noch die konzentrische Diversifikationsart. Als Ergänzung zur horizontalen Diversifikation stellt die konzentrische Diversifikation in der *Ansoff*'schen Systematik eine weitere Form der verbundenen Produktdiversifikation dar. Während horizontale Diversifikation im Sinne dieser Terminologie nur dann vorliegt, wenn durch neue Produkte ein neuer Bedarf der angestammten Kunden des Unternehmens gedeckt wird, spricht *Ansoff* (1965) von konzentrischer Diversifikation in allen jenen Fällen, in denen die Aktivitäten des Unternehmens in verbundene Produkt-Markt-Bereiche erweitert und dadurch neue Kundengruppen angesprochen werden. Die Literatur verwendet diese weitergehende Terminologie jedoch nicht einheitlich (vgl. dazu auch Schüle 1992, S. 10). Im Kontext des Lehrbuches wird diese Systematik deshalb nicht weiter verfolgt.

c.   Diversifikation und Markteintrittsformen

Neben der Frage der Richtung der Unternehmensdiversifikation – verbunden versus unverbunden – stellt sich dem Unternehmen als weiterer Gestaltungsparameter bei Diversifikationsschritten die Wahl der Markteintrittsform. Sieht man einmal von den zahlreichen kooperativen Formen ab, so gelten bei der Produktdiversifikation **externe und interne Markteintrittsformen** als prinzipielle Alternativen. Bei der Diversifikation in neue Geschäftsfelder können Unternehmen zwischen den beiden grundsätzlichen Alternativen der **internen Akkumulation**, d. h. des eigenständigen Aufbaus neuer Produktbereiche, und dem externen Zukauf, d. h. der **Akquisition** von anderen Unternehmen bzw. Unternehmensteilen, wählen (vgl. dazu Macharzina/Wolf 2008, S, 713 ff. und die Ausführungen in Kapitel D I 6). Als Akquisitionen werden dabei nicht nur vollständige Übernahmen (Kapital- bzw. Stimmrechtsbeteiligungen von 100 Prozent), sondern auch Mehrheitsbeteiligungen (über 50 Prozent) und Minderheitsbeteiligungen von mehr als 10 Prozent bezeichnet. Entscheidend ist in jedem Fall, dass das investierende Unternehmen einen Einfluss auf die Geschäftstätigkeit des Übernahmeobjektes ausübt.

2. Empirische Relevanz der Produktdiversifikation

Die Produktdiversifikation ist seit über 30 Jahren ein gut dokumentiertes Phänomen in der wissenschaftlichen Literatur. Beginnend mit den theoretischen Arbeiten von *Ansoff* (1957), *Penrose* (1959), *Chandler* (1962), und *Gort* (1962) sowie den empirischen Untersuchungen von *Rumelt* (1974) wurde die Unternehmensdiversifikation sowohl aus industrieökonomischer Perspektive als auch aus Sicht der Managementforschung untersucht. Die zahlreichen empirischen Studien konstatieren zunächst eine deutliche Zunahme der Produktdiversifikation der Unternehmen seit Ende des zweiten Weltkrieges bis in die 80er Jahre des letzten Jahrhunderts hinein (vgl. Rumelt 1982). Die Zunahme der Produktdiversifikation war zudem eng mit der Zunahme des Unternehmenswachstums verkoppelt (vgl. Chandler 1990). Als Folge hat die Zahl der diversifizierten Großunternehmen in der zweiten Hälfte des 20. Jahrhunderts stark zugenommen. Dabei haben sich verschiedene Formen der Diversifikation herausgebildet. Neben der verbundenen Diversifikation in verwandte Geschäftsbereiche hatte insbesondere die unverbundene, konglomerate Diversifikation in den 1960er und 1970er Jahren stark zugenommen. Dieser Trend kam jedoch in den 1980er Jahren zum Stillstand.

Spätestens seit Mitte der 1980er Jahre ist der Diversifikationsgrad der meisten Großunternehmen in den OECD-Staaten kontinuierlich zurückgegangen. Insbesondere die Zahl der unverbunden diversifizierten Unternehmen hat dabei drastisch abgenommen (vgl. Gerybadze/Stephan 2007, 2004; Markides 1995). Allerdings bestehen zwischen den verschiedenen Branchen erhebliche Unterschiede. Abb. 126 zeigt die Entwicklung des Produktdiversifikationsgrades für 50 ausgewählte, technologieintensive Großunternehmen aus der OECD im Zeitraum von 1985 bis zum Jahr 2000 differenziert nach den Branchen der einzelnen Unternehmen. Die Berechnung der Streuung der Geschäftsaktivitäten der Unternehmen erfolgt mit Hilfe des einstufigen **Entropiemaßes**.

Die Streuung der Umsätze der Unternehmen wurde über ein Spektrum von 68 verschiedenen ISIC-Klassen (k=1...S; S ≤ 68) im Zeitraum von 1985 bis 2000 erfasst. Der Entropiewert der Produktdiversifikation bestimmt sich demnach entsprechend der Formel (1) wie folgt (vgl. dazu den nachfolgenden Exkurs zur Bestimmung der Unternehmensdiversifikation in Abb. 125):

$$DP = \sum_{k=1}^{68} U_k \ln\left(\frac{1}{U_k}\right) \tag{1}$$

Im Zeitraum 1986 bis 2000 haben die Unternehmen im Stichprobendurchschnitt ihren Produktdiversifikationsgrad um mehr als zehn Prozentpunkte verringert (vgl. Abb. 126). Während in Branchen wie dem Maschinenbau und der Elektronik bzw. der Konsumelektronik der Produktdiversifikationsgrad allerdings nur leicht abgenommen bzw. vereinzelt sogar zugenommen hat, nahm der durchschnittliche Grad der Geschäftsfelddiversifikation in anderen Branchen deutlicher ab. Am stärksten auf ihr Kerngeschäft haben sich die Unternehmen aus den Branchen Telekommunikation und Pharma konzentriert. In der Automobilindustrie ist der Produktdiversifikationsgrad in den 80er Jahren des letzten Jahrhunderts zunächst noch angestiegen und erst in den 1990er Jahren dann deutlich zurückgegangen.

Exkurs: Bestimmung und Quantifizierung der Unternehmensdiversifikation

Eine erfolgreiche Gestaltung der Diversifikationspolitik in Unternehmen setzt eine entsprechende Bestimmung und Quantifizierung des Spektrums im Leistungsprogramm voraus (vgl. Wolf 1995, S. 439). Bei der Bestimmung und Quantifizierung der Unternehmensdiversifikation geht es um die Frage, wie die Diversifikationsstrategie eines Unternehmens abgebildet und gemessen werden kann. Wie kann die Vielfalt im Leistungsprogramm eines Unternehmens gemessen werden? Ein grundlegender Überblick über die Herausforderungen der Messung von Vielfalt findet sich bei *Hoffmann* (2009). Die valide Abbildung und Messung der Diversifikationsstrategie eines Unternehmens erfordert sowohl die Erfassung der schieren Anzahl der verschiedenen Produktbereiche (Bestimmung des Diversifikationsgrads) als auch die Bildung eines Urteils über deren Grad an Verbundenheit (Bestimmung des Diversifikationstyps). Die Ansätze zur Bestimmung des leistungsprogrammbezogenen Diversifikationsgrades und -typs von Unternehmen lassen sich in zwei Vorgehensweisen, nämlich in quantitativ-kontinuierliche und diskret-kategoriale Messmethoden unterteilen (vgl. dazu ausführlich Hall/St. John 1994, S. 153 ff.; Schüle 1992, S. 92 ff.).

Quantitativ-kontinuierliche Vorgehensweisen zielen darauf ab, den Diversifikationsgrad zu bestimmen. Der Diversifikationsgrad wird durch das Abzählen der verschiedenen Produktbereiche des Unternehmens gemessen (vgl. Hall/St. John 1994, S. 153 ff.; Hoskisson et al. 1993, S. 215 ff.; Wolf 1994, S. 347 ff.). Die Bestimmung und Definition der Produktbereiche erfolgt mit Hilfe von Branchenklassifizierungen, bspw. der U. S.-amerikanischen ‚Standard Industry Classification (SIC)‘, der international gebräuchlichen ‚International Standard Industry Classification (ISIC)‘ oder der deutschen bzw. europäischen Systematik der Wirtschaftszweige. Im Fall der ISIC-Klassifikation für Wirtschaftszweige werden die verschiedenen Branchen aus dem primären, sekundären und tertiären Sektoren einer von 17 Hauptgruppen zugeordnet (A: Land- u. Forstwirtschaft; B: Bergbau; C: Verarbeitendes Gewerbe; D: Energiewirtschaft etc.), die dann weiter in Divisionen, Klassen und Unterklassen untergliedert werden (vgl. Statistisches Bundesamt 2008).

Durch den Rückgriff auf veröffentlichte und nachvollziehbare Datenquellen, wie Geschäftsberichte, sind die quantitativ-kontinuierlichen Methoden durch eine hohe Objektivität und Reliabilität gekennzeichnet (vgl. Lubatkin et al. 1993, S. 433 ff.). Das bloße Abzählen lässt allerdings die relative Bedeutung der einzelnen Produktbereiche unberücksichtigt. Durch die Gewichtung der Produktbereiche, bspw. über die Einbeziehung relativer Umsatzanteile, kann bei der Berechnung des Diversifikationsgrades zusätzlich die Schwerpunktsetzung auf einzelne Tätigkeitsbereiche berücksichtigt werden (vgl. Hoskisson et al. 1993, S. 215 ff.). Gebräuchliche, quantitativ-kontinuierliche Methoden mit einer Gewichtung der Produktbereiche sind Konzentrationsmaße wie der **Herfindahl-Index** und Entropiemaße. Das **einstufige Entropiemaß** der Diversifikation *DP* bestimmt sich, analog zur obigen Formel (1), in allgemeiner Form wie folgt:

$$DP = \sum_{k=1}^{S} U_k \ln\left(1/UK\right) \tag{2}$$

U_k entspricht dem Anteil des Produktbereichs k am Gesamtumsatz des Unternehmens. Das Entropiemaß berücksichtigt damit neben der Anzahl auch die relative Bedeutung der einzelnen Produktbereiche, in denen ein Unternehmen agiert.

Um die Diversifikationsstrategie eines Unternehmens vollständig und valide erfassen zu können, bedarf es neben der Messung des Diversifikationsgrades zusätzlich der Bestimmung des Diversifikationstyps, also der Abbildung des Grades an Verbundenheit zwischen den Produktbereichen. Eben darin liegen die Nachteile der quantitativ-kontinuierlichen Vorgehensweisen unter der Verwendung von hierarchisch aufgebauten Branchenklassifikationen. Abzählmethoden sind nicht geeignet, das unterschiedlich breite und heterogene Spektrum verschiedener produktiver Aktivitäten sowohl innerhalb als auch zwischen den einzelnen Branchen zu berücksichtigen. Produktbereiche des Unternehmens, die der gleichen Branchenklasse angehören, werden bei den Abzählungsmethoden aggregiert und somit nicht differenziert berücksichtigt. Zudem basiert diese Vorgehensweise implizit auf der Annahme der ‚gleichen Unähnlichkeit‘, d. h. identischer Entfernungen zwischen Produktbereichen in benachbarten Branchenklassen (vgl. Davis/Duhaime 1992; Markides/Williamson 1996, S. 340 ff.). Problematisch ist in diesem Zusammenhang die einheitliche vierstellige Untergliederung der Klassifikationen. So erfordert die eindeutige Identifikation von Tätigkeitsbereichen in manchen Bereichen eine stärkere Disaggregation, während in anderen eine gröbere Unterteilung vollkommen ausreicht (vgl. Mai 1991, S. 8). Quantitativ-kontinuierliche Methoden sind damit wenig geeignet, um verbundene von unverbundenen Diversifikationsstrategien zu unterscheiden.

Im Gegensatz zu quantitativ-kontinuierlichen Maßgrößen richten sich **diskret-kategoriale Vorgehensweisen** primär auf die Erfassung des Typs der Diversifikationsstrategie. Je nach Ausprägungsform wird dem Unternehmen eine von mehreren möglichen Diversifikationskategorien zugeordnet (vgl. Hall/St. John 1994, S. 153; Hoskisson et al. 1993, S. 215 ff.). Die diskret-kategoriale Messung der Diversifikation wurde ursprünglich durch *Wrigley* (1970) eingeführt und anschließend von *Rumelt* (1974) modifiziert. In Abhängigkeit des Anteils des größten Geschäftsbereichs am Gesamtumsatz ordnen sich die Unternehmen den Kategorien Einproduktunternehmen, Unternehmen mit einem dominierenden Produktbereich, Unternehmen mit verwandten Produktbereichen sowie Unternehmen mit nicht verwandten Produktbereichen zu (vgl. Wrigley 1970). *Rumelt* hat dieses *Wrigley*'sche Ordnungsgerüst verfeinert und ein neunstufiges Kategorienschema entwickelt (vgl. Rumelt 1982, 1974). Die Zuordnung der produktiven Aktivitäten erfolgt bei den diskret-kategorialen Methoden auf Basis einer weitgehend subjektiven Beurteilung der einzelnen Unternehmensbereiche nach Einschätzung von Experten (Stimpert/Duhaime 1997, S. 111 ff.). Die Kategorisierung spiegelt damit die subjektive Einschätzung der hinzugezogenen Personen wider. Im Gegensatz zu den quantitativ-kontinuierlichen Maßgrößen berücksichtigt die diskret-kategoriale Messung infolge der individuellen Beurteilung durch Experten neben den eigentlichen Gütern und Dienstleistungen zahlreiche weitere Kriterien zur Beurteilung der Verbundenheit zwischen Produktbereichen. Produktbereiche werden als verbunden angesehen, wenn nach Expertenmeinung u. a. gleiche Anlagen und Einrichtungen, ähnliche Vertriebskanäle, gemeinsame Märkte oder identische Technologien von Bedeutung sind. Diese subjektiven Meßmethoden bergen jedoch Fehlerquellen. Die Beurteilungsspielräume der subjektiven Einschätzung mindern die Objektivität und infolgedessen die Reliabilität der Ergebnisse.

Um die Probleme, die mit der Subjektivität der diskret-kategorialen Diversifikationsmessung verbunden sind, auszublenden und gleichzeitig die Vorteile der Typologisierung beizubehalten, haben einige Ansätze versucht, die diskret-kategorialen mit den quantitativ-kontinuierlichen Methoden zu kombinieren. So ist das **zweidimensionale Entropiemaß** der Produktdiversifikation ein mit Branchenklassifikationen operierender Index, der neben der Erfassung des absoluten Diversifikationsgrades als zweite Dimension zusätzlich verschiedene Kategorien der Verbundenheit berücksichtigt (vgl. Jacquemin/Berry 1979; Palepu 1985). Zur Konstruktion des zweidimensionalen Entropiemaßes wird zwischen Produktbereichen (definiert in aller Regel auf Basis der vierstelligen Branchenklassifikation) und Branchenklassen (auf Basis der aggregierten, zweistelligen Branchenklassifikation) differenziert. Die einzelnen Produktbereiche, in denen ein Unternehmen operiert (k=1...S), lassen sich zu G Branchenklassen aggregieren (f=1...G; G ≤ S). Dabei wird die Annahme getroffen, dass Produktbereiche aus derselben Branchenklasse stärker untereinander verbunden sind als mit Produktbereichen aus anderen Branchen (vgl. Markides 1995, S. 39; Palepu 1985). Das zweidimensionale Entropiemaß der Diversifikation errechnet sich über zwei Stufen. Zunächst wird jeweils der Grad der Diversifikation innerhalb der einzelnen Branchenklassen (f=1....G), in denen das Unternehmen tätig ist, ermittelt. Der Diversifikationsgrad in der Branchenklasse f (DP_f) ergibt sich durch die Verteilung der Geschäftstätigkeit auf die k Produktbereiche innerhalb der Klasse f (k ⊂ f):

$$DP_f = \sum_{k=1}^{S} U_{kf} \ln(\frac{1}{U_{kf}}) \tag{3}$$

U_{kf} entspricht dem Umsatzanteil des Produktbereichs k am gesamten Umsatz des Unternehmens in der Branchenklasse f. In einem zweiten Schritt wird der verbundene Diversifikationsgrad DPR für das gesamte Unternehmen unter Berücksichtigung sämtlicher G Branchenklassen berechnet:

$$DPR = \sum_{f=1}^{G} DP_f U_f \tag{4}$$

U_f entspricht dabei dem Anteil der Branchenklasse f am Gesamtumsatz des Unternehmens. Im Gegensatz zu den subjektiven, diskret-kategorialen Maßgrößen von *Rumelt* (1974) und *Wrigley* (1970) weist das zweidimensionale Entropiemaß ein hohes Maß an Objektivität sowie Reliabilität auf und erweist sich gleichzeitig als valider Indikator für die Bestimmung des Typs der leistungsprogrammbezogenen Diversifikationsstrategie (vgl. Brush 1996 sowie Hoskisson et al. 1993).

Die Messkonzepte zur Bestimmung der Produktdiversifikation eignen sich grundsätzlich auch für die Erfassung anderer Dimensionen der Unternehmensdiversifikation. Sowohl mit den diskret-kategorialen als auch mit den quantitativ-kontinuierlichen Messmethoden kann beispielsweise das Ausmaß der geografischen Diversifikation oder der Ressourcendiversifikation von Unternehmen erfasst werden. An die Stelle von Produkten als relevante Erhebungseinheit treten im Fall der geografischen Diversifikation Länder bzw. Regionen und im Fall der Ressourcendiversifikation u. a. Technologien, welche über F&E-Ausgaben oder Patente operationalisiert werden können (vgl. dazu Stephan 2003, S. 171 ff.).

Abb. 125: Bestimmung und Quantifizierung der Unternehmensdiversifikation

Einfache Entropie

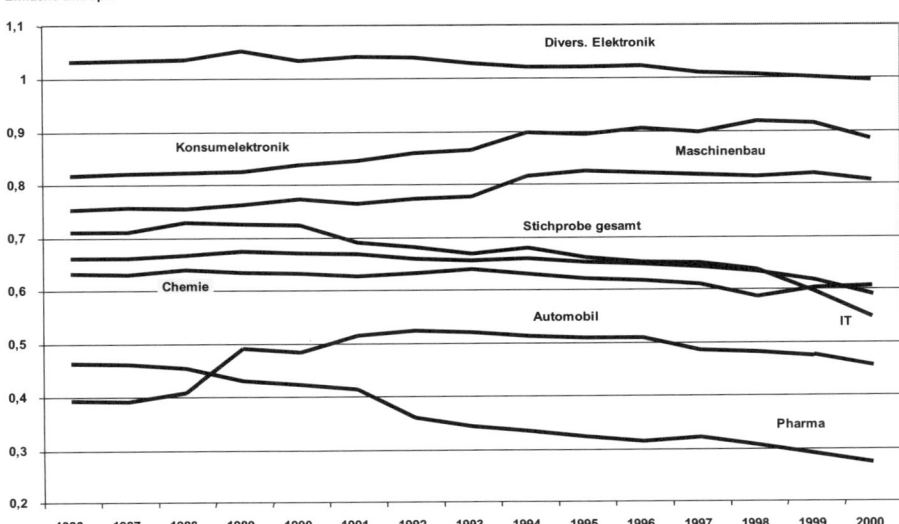

Abb. 126: Entwicklung der Produktdiversifikation für 50 ausgewählte Großunternehmen im Zeitraum 1986-2000 nach Branchen`

3. Ziele der Diversifikation der Geschäftstätigkeit

a. Endogene Zielsetzungen der Diversifikation der Geschäftstätigkeit

Warum diversifizieren sich Unternehmen? Welche Vorteile haben Unternehmen mit mehreren Produkten bzw. Geschäftsfeldern gegenüber nicht diversifizierten Einproduktunternehmen? Mit der Diversifikation der Geschäftstätigkeit können verschiedene Ziele verfolgt werden. In Abhängigkeit der Zielsetzung kann die Diversifikation aus verschiedenen theoretischen Blickwinkeln heraus beleuchtet werden. Argumente zur Erklärung der Unternehmensdiversifikation lassen sich aus **finanzwirtschaftlichen, verhaltenswissenschaftlichen, institutionenökonomischen** und **ressourcen-** bzw. **kompetenzbasierten Theorien** ableiten (vgl. Kapitel B I und B II). Sieht man einmal von exogenen Einflussgrößen wie allgemeine wirtschaftliche, politische, rechtliche, soziale und wettbewerbsorientierte Faktoren, die außerhalb des Einflusses der Unternehmensführung liegen, ab, so lassen sich bei den endogenen Zielsetzungen **drei Oberziele der Diversifikation** unterscheiden: **Rentabilitätssteigerung**, **Risikosenkung** und nichtrationale Ziele, vornehmlich **Managementinteressen**. Alle strategischen bzw. nichtrationalen Zielsetzungen, die Unternehmen mit der Produktdiversifikation verfolgen, lassen sich unter diese Oberziele subsumieren. So dient beispielsweise die Erhöhung der Marktmacht der Steigerung des Gewinns und ist damit dem Rentabilitätsziel zuzuordnen. Ein häufig genanntes Diversifikationsziel ist auch das Streben nach Wachstum (vgl. z. B. Kürpick 1981). Die Bedeutung des Wachstumsziels als originäres Unternehmensziel ist jedoch umstritten, da Wachstum auch als Mittel zur Erreichung anderer Ziele zu betrachten ist (Abb. 127).

Exkurs: Warum sollten Unternehmen wachsen?

Warum sollten Unternehmen überhaupt wachsen? Wachstum ist für sich genommen kein Selbstzweck. Es ist Mittel zum Zweck und Wachstum führt unter bestimmten Bedingungen zu einer Steigerung des Unternehmenserfolgs. Eine Gruppe von Erklärungsansätzen zielt auf die unmittelbare Rentabilitätswirkung von Wachstum ab. Zu den in diesen Ansätzen thematisierten Effekten zählt das komplette Spektrum der Größeneffekte. Größeneffekte, so genannte Skalen- und Kostendegressionseffekte thematisieren, warum infolge des Wachstums und einer zunehmenden Betriebs- bzw. Unternehmensgröße die Durchschnittskosten sinken (vgl. dazu Ausführlich den Exkurs in Kapitel D II 4 c):

- Traditionelle Skaleneffekte;
- Skaleneffekte in der Mehrbetriebsproduktion;
- sonstige Kostendegressionseffekte wie Lernkurveneffekte und Fixkostendegression durch erhöhte Kapazitätsauslastung.

Zu diesen Größeneffekten zählen streng genommen auch die nachfolgend in Kapitel D I 5 dargestellten Verbundeffekte durch Produktdiversifikation. Mit diesen Kostendegressions-und Skaleneffekten und lässt sich erklären, welche Vorteile große Unternehmen gegenüber kleineren Unternehmen realisieren können (**„Economies of Size"**). Ergänzend zu diesen Effekten, die eine direkte Kostensenkung und damit direkte Rentabilitätswirkung in den Vordergrund stellen, lassen sich auch mittelbare Effekte auf die Rentabilität identifizieren. Im Gegensatz zu den erstgenannten zielen die mittelbaren Erfolgseffekte weniger auf die Größe als vielmehr auf das Wachstum von Unternehmen ab. Zu diesen so genannten **„Economies of Growth"** gehören unter anderem folgende Effekte (vgl. Gerybadze/Stephan 2007):

- Wachsende Unternehmen bieten bessere Aufstiegsmöglichkeiten und haben infolgedessen leichteren Zugang zu talentierten neuen Mitarbeitern.
- Wachsende Unternehmen entwickeln Fähigkeiten und Routinen zur effizienteren und effektiveren „Expansion", das Management entwickelt „Wachstumsfähigkeiten" (vgl. dazu auch Penrose 1959).

Abb. 127: Warum sollten Unternehmen wachsen?

Die beiden Oberziele Risikosenkung und Rentabilitätssteigerung sind an bestimmte Diversifikationsarten gekoppelt. Eine höhere Rentabilität lässt sich bevorzugt mit verbundener Diversifikation, das Ziel der Risikosenkung dagegen eher durch unverbundene oder konglomerate Diversifikation erreichen. In der Literatur geht man in diesem Zusammenhang auch von einem bestehenden Zielkonflikt, d. h. einer Trade-off-Beziehung zwischen Ertrag und Risiko aus. Streng genommen muss jedoch von einer Trade-off-Beziehung zwischen Ertrag und Sicherheit gesprochen werden (vgl. Spremann 2000, S. 134). Demnach führt verbundene Diversifikation zu einem höheren Ertrag, der aber ein höheres Risiko einschließt. Eine unverbundene Diversifikationsstrategie verringert dagegen das Risiko, gleichzeitig aber auch den Ertrag (vgl. Amit/Livnat 1989, 1988; Kim et al. 1993; Simmonds 1990). Diese Trade-off-Beziehung ist allerdings nicht unumstritten. So hat Bowman in empirischen Untersuchungen nachgewiesen, dass diversifizierte Unternehmen gleichzeitig sowohl hohe Gewinne als auch ein geringes Risiko erzielen können (vgl. Bowman 1982, 1980). In diesem Zusammenhang spricht man auch vom ‚Bowman-Paradoxon' (vgl. Kim et al. 1993, S. 275 ff.; Henkel 2000, S. 363 ff.). Der folgende Überblick über die Erklärungsansätze der produktbezogenen Diversifikation orientiert sich an den verschiedenen Zielsetzungen. Neben den Oberzielen Rentabilität und Risikosenkung werden abschließend nichtrationale Erklärungsansätze diskutiert.

b. Diversifikation und Rentabilität

Sowohl in der Industrieökonomik als auch im strategischen Management bzw. in der Theorie der Unternehmung finden sich Ansätze, den Einfluss der Produktdiversifikation auf die Rentabilität von Unternehmen zu erklären. Aus industrieökonomischer Perspektive bieten der Aufbau von Marktmacht und die Errichtung von Markteintrittsbarrieren zentrale Anreize für die Diversifikation der Geschäftstätigkeit. Industrieökonomische Argumente zur **Marktmacht** richten sich auf die Verhandlungsmacht gegenüber Kunden und Lieferanten. Die Diversifikation der Geschäftstätigkeit erhöht die Verhandlungsmacht gegenüber Kunden und Lieferanten und führt über höhere Absatzpreise und niedrigere Beschaffungspreise zu einer Steigerung des Gewinns. Im Kern knüpft dieses Argument der Marktmacht jedoch an der Größe des Unternehmens und weniger an der Vielfalt des Leistungsprogramms an. Je größer die abzusetzenden Mengen und die zu beschaffenden Vorproduktumfänge bei einem Produkt sind, desto größer ist der Verhandlungsspielraum gegenüber Kunden und Lieferanten. Insofern handelt es sich um einen Größenvorteil des Unternehmens.

Die industrieökonomische Argumentation um **Markteintrittsbarrieren** bezieht sich in ihrer ursprünglichen Form auf vertikale Integration in vor- und nachgelagerte Wertschöpfungsstufen. Die vertikale Integration ermöglicht es Unternehmen, nicht integrierte Anbieter mit ruinösem Preiswettbewerb (‚Predatory Pricing') vom Markt zu drängen und potenzielle Wettbewerber vom Markteintritt abzuhalten. Vertikal integrierte Unternehmen können Gewinne auf einer Stufe des Wertschöpfungsprozesses zur Verdrängung von Konkurrenten auf anderen Wertschöpfungsstufen verwenden. Diese Markteintrittsbarriere durch vertikale Integration garantiert den etablierten Unternehmen einen höheren Gewinnspielraum. Bezieht man die Möglichkeit zur Quersubventionierung zwischen Geschäftsbereichen in die Argumentation um die Errichtung von Markteintrittsbarrieren mit ein, dann ist dieses Ziel auch über horizontale Diversifikation zu erreichen. Ein ausbalanciertes Portefeuille an Geschäftsfeldern mit unterschiedlichen Ertragsströmen erleichtert die **Quersubventionierung** zwischen den verschiedenen Bereichen. Das diversifizierte Unternehmen kann den in einzelnen Divisionen anfallenden positiven Cashflow auf neue Geschäftsbereiche umverteilen, deren Cashflow bislang negativ ist. Aus Sicht der Industrieökonomik führt Quersubventionierung der diversifizierten Unternehmen zur Errichtung von Markteintrittsbarrieren, insbesondere dann, wenn durch kollusive Preisfindung (Preisabsprachen) der diversifizierten Anbieter potenzielle Wettbewerber abgeschreckt werden (vgl. Amit/Livnat 1988; Nguyen et al. 1990; Scott 1993; Stephan 1999). Ein mit der Quersubventionierung eng verwandtes Argument ist das Erzielen von steuerlichen Vorteilen über **Verrechnungspreise**. Diversifizierten Unternehmen ist es möglich, durch Transaktionen zwischen den Geschäftsbereichen und internen Verrechnungspreise die steuerliche Belastung zu minimieren. Diese Form der Steuerarbitrage kann bei kollusivem Verhalten der diversifizierten Wettbewerber ebenfalls den Zugang für neue Wettbewerber erschweren (vgl. hierzu Markides 1995; Stephan 1999, S. 494.). Eine weitere Argumentationslinie um den Zusammenhang zwischen Markteintrittsbarrieren und horizontaler bzw. konglomerater Diversifikation verfolgt *Scott* (1993). *Scott* (1993) zielt auf Kontakte zwischen großen, diversifizierten Unternehmen auf unterschiedlichen Märkten ab. Kontakte auf mehreren Märkten schaffen Anreize für **Kollusion** und erhöhen die Stabilität kooperativen Verhaltens. Dadurch wird ein oligopolistischer Konsens bei Preisabsprachen erleichtert, was wiederum Möglichkeiten zur Errichtung von Markteintrittsbarrieren schafft (vgl. Scott 1993, S. 19 ff.).

Die industrieökonomisch ausgerichteten Erklärungsansätze zur Produktdiversifikation beanspruchen vor allem in oligopolistisch strukturierten Märkten, d. h. in Märkten mit wenigen Anbietern Gültigkeit. Die Argumente zu Markteintrittsbarrieren und Preisabsprachen setzen kooperatives Verhalten der etablierten Wettbewerber voraus. **Oligopolistisches Parallelverhalten** und entsprechende Wettbewerbsstrukturen der Märkte sind damit aus industrieökonomischer Perspektive wichtige Bestimmungsgründe der Diversifikation, die als exogene Faktoren außerhalb des unmittelbaren Einflussbereichs der strategischen Unternehmensführung liegen.

Die strategische Managementforschung und die Theorie der Unternehmung rücken demgegenüber endogene, d. h. vom Unternehmen beeinflussbare Faktoren in das Zentrum der Erklärungsversuche zur Rentabilitätswirkung der Produktdiversifikation. Die Rentabilitätswirkung wird hier ausschließlich über verbundene Diversifikation und entsprechende Verbundeffekte erzielt. Im Zusammenhang mit Verbundeffekten wird oft von Synergieeffekten gesprochen. Insbesondere in der Praxis wird der Synergiebegriff undifferenziert gebraucht und auf Kosteneinsparungseffekte im breiten Spektrum zwischen Skaleneffekten bzw. Skaleneffekte in der Mehrbetriebsproduktion, Erfahrungskurveneffekten bis hin zu einfachen Fixkostendegressionseffekten angewendet (vgl. dazu den Exkurs in Kapitel D II 4). Zur Wahrung der begrifflichen Präzision und Eindeutigkeit wird der Terminus ‚**Synergie**' im Rahmen des vorliegenden Lehrbuches deshalb bewusst vermieden. Die Nutzung von Verbundeffekten ist einer der wichtigsten und am häufigsten genannten Diversifikationsgründe überhaupt (vgl. Besanko et al. 2007, S. 167 f.; Breschi et al. 1998, S. 2; Stephan 2005, S. 512; Wolf 1994, S. 347 ff.). Folgt man der Argumentation, so führt verbundene Diversifikation zu einer Steigerung des Gewinns, zunächst über die Ertragskraft des neuen Geschäftsbereichs an sich und darüber hinaus über Verbundeffekte durch das Zusammenwirken der alten und neuen Geschäftsfelder. Verbunden diversifizierte Unternehmen befinden sich im Vorteil gegenüber anderen Unternehmen, da die integrierte Herstellung eines verbundenen Leistungsprogramms zu Kosteneinsparungen bzw. Leistungssteigerungen gegenüber der getrennten, isolierten Erstellung des Leistungsprogramms durch mehrere Unternehmen führt. Zur Nutzung von Verbundeffekten sind Unternehmen deshalb bemüht, ihre überschüssigen Inputleistungen in verwandten Geschäftsfeldern anzuwenden. Je geringer dagegen die Verbundenheit zwischen den neuen und den angestammten Geschäftsfeldern ist, desto geringer sind die zu erzielenden Verbundeffekte und desto geringer ist der zu erzielende Wettbewerbsvorteil (Geringer et. al. 1989; Hitt et al. 1997, S. 767 ff.; Markides 1995; Montgomery/Wernerfeldt 1988; Macharzina/Wolf 2008, S. 266; Palich/Cardinal/Miller 2000; Stephan 2005, S. 512 ff.). Aus dieser Perspektive ist die verbundene Diversifikationsstrategie der unverbundenen überlegen.

c.   Diversifikation, Risikosenkung und Steigerung des Unternehmenswertes

Der Erklärungszusammenhang zwischen Diversifikation und Risikosenkung basiert auf Überlegungen, die an die Erkenntnisse der **finanzwirtschaftlichen Portfoliotheorie** anknüpfen. Analog zu einem Investor auf dem Kapitalmarkt, der durch Streuung seines Vermögens auf mehrere Anlageformen das Risiko der Einzelanlagen verringert, kann ein Einzelunternehmen durch die Diversifikation das Risiko der Geschäftstätigkeit verringern. Diese Überlegungen gehen zurück auf *Markowitz* (1952), den Begründer der finanzwirtschaftlichen (Portfolio-) Theorie. Nach *Markowitz* kann ein risikoscheuer Investor die (Nicht-)Korrelation der Effizienzbeiträge alternativer Anlageformen zur Risikoreduktion nutzen. Das Risiko wird auf der Ebene des Gesamtunternehmens definiert und schlägt sich in der Varianz des Umsatzes, der Rendite, des Cashflows etc. nieder. Je geringer das Risiko ist, desto geringer ist die Varianz (vgl. Amit/Livnat 1989; Kim et al. 1993, S. 275 ff.; Madura/Whyte 1990, S. 73; Henkel 2000, S. 363). Grundsätzlich ist zwischen zwei Arten von Risikoquellen zu unterscheiden, denen Unternehmen ausgesetzt sind: **(1) Systematische Risiken** sowie **(2) unsystematische Risiken**. Das systematische Risiko betrifft das Risiko der Veränderung der makroökonomischen Rahmenbedingungen, die in keinem direkten Zusammenhang zur wirtschaftlichen Situation der Einzelunternehmung stehen. Diesem systematischen Risiko unterliegen alle Einzelunternehmen gleichermaßen. Ein solcher Risikofaktor ist bspw. der gesamtwirtschaftliche Konjunkturzyklus oder weltwirtschaftliche Krisen, wie bspw. die Banken-, Finanz- und Wirtschaftskrise der Jahre 2008 und 2009, die in 2007 durch die U.S.-amerikanische Immobilienkrise ihren Anfang nahm (wobei zweifellos bestimmte Branchen, wie bspw. das Bankgewerbe oder die Bauwirtschaft besonders stark von der Krise betroffen waren; vgl. dazu auch das nachfolgende Kapitel D II 1 cd). Demgegenüber bezieht sich das unsystematische Risiko auf unternehmensspezifische Faktoren, die unmittelbar die Einzelunternehmung betreffen. Eine wichtige unsystematische Risikoquelle stellen die spezifischen saisonalen und strukturellen Nachfrageschwankungen dar, denen die Produkt-Markt-Kombinationen der Einzelunternehmungen ausgesetzt sind.

Das **systematische Risiko** lässt sich auch durch eine sehr breite Diversifikation der Geschäftätigkeit nicht ausschalten. Je breiter gestreut das Geschäftsfeldportfolio ist, desto exakter passt sich die individuelle wirtschaftliche Lage des Unternehmens an die allgemeine gesamtwirtschaftliche Situation an. Im Gegensatz dazu kann das Unternehmen durch die entsprechende Ausgestaltung des Geschäftsfeldportfolios das unsystematische, d. h. unternehmensspezifische Risiko senken. Die Diversifikation in Geschäftsfelder mit unterschiedlichen Produkt-Markt-Kombinationen führt tendenziell zu einem Ausgleich der saisonalen und strukturellen Nachfrage- bzw. Ertragsschwankungen. So ist das integrierte ‚Life Science'-Unternehmen Johnson&Johnson im Gegensatz zum stärker konglomerat diversifizierten Unternehmen General Electric einem höheren unternehmensspezifischen Risiko ausgesetzt. Johnson&Johnson erwirtschaftet den Großteil seines Umsatzes in der Gesundheitsbranche. Die Gesundheitsbranche ist in allen Triade-Staaten ein stark regulierter Bereich, in dem die Nachfrage umfangreichen staatlichen bzw. gesetzlichen Einflüssen unterliegt. Im Falle von staatlichen Kostensenkungsprogrammen im Gesundheitssektor sind die beiden Johnson&Johnson-Geschäftssparten Medizinprodukte und Pharma unmittelbar mit Nachfrage- bzw. Ertragsrückgängen konfrontiert. Das unternehmensspezifische Risiko von General Electric, mit Aktivitäten in einer Vielzahl von Industriegüter-, Konsumgüter- und Dienstleistungssektoren, ist dagegen bedeutend geringer. Analog zu Investitionen in verschiedene Anlageformen führt also die Diversifikation in verschiedene Geschäftsfelder, deren Umsätze und Profite nicht miteinander korrelieren, zu einer Verringerung der Varianz der Umsätze bzw. Profite und damit des Risikos des Gesamtunternehmens.

Unter der Annahme, dass Kapital- und Anteilseigner ihre Investitionsentscheidungen auf der Grundlage von Erwartungswert und Varianz der Rendite treffen, führt eine geringere Varianz der Rendite und damit ein geringeres Risiko, unter sonst gleichbleibenden Bedingungen, zu einer Steigerung des Unternehmenswertes. Übergeordnetes Ziel der Diversifikation und Risikosenkung ist damit die **Steigerung des Unternehmenswertes**. Die einschlägige Literatur spricht in diesem Zusammenhang auch von **finanzwirtschaftlichen Zielen** (vgl. Markides 1995; Hill et al. 1992). Vereinzelt wird die Forderung erhoben, die Verminderung des Risikos als originäres Unternehmensziel der Diversifikation zu betrachten. Risikosenkung tritt in diesem Fall als Oberziel neben die Steigerung des Unternehmenswerts. An den grundlegenden finanzwirtschaftlichen Erklärungszusammenhängen ändert dies jedoch nichts. Als weiteres Ziel der Diversifikation wird, neben der Steigerung des Unternehmenswertes, auch die Verringerung der (Fremd-)Kapitalkosten genannt. Unternehmen sind bemüht, ihren Cashflow zu stabilisieren, um das von Kreditgebern und Anleihegläubigern wahrgenommene Ausfallrisiko zu verringern und geringere Kapitalkosten zu erzielen (vgl. Madura/Whyte 1990, S. 73 ff.).

Die Erklärungsansätze um den Zusammenhang zwischen Risikosenkung und Diversifikation richten sich primär auf unverbundene Diversifikationsstrategien. Die Diversifikation in unverbundene Geschäftsfelder mit geringen Gemeinsamkeiten und Verflechtungen mildert die Anfälligkeit für branchenspezifische zyklische und strukturelle Schwankungen. Bei der verbundenen Diversifikation in Bereiche, die ähnlichen branchenspezifischen Rahmenbedingungen ausgesetzt sind, kommt es dagegen zu keinem bzw. einem geringeren Ausgleich der unsystematischen Risiken, d. h. die Kovarianz der Umsätze und Renditen der Geschäftsfelder ist hoch. Bei verbundener Diversifikation nimmt die Varianz der Umsätze und Renditen des Unternehmens nicht ab, die positive Wirkung auf den Unternehmenswert (infolge eines verringerten Risikos) bleibt aus (vgl. Amit/Livnat 1988, 1989; Bergh 1997; Bishop 1995, S. 58 ff.; Madura/Whyte 1990, S. 73 ff.).

Die finanzwirtschaftlichen Erklärungsansätze zur Diversifikation sind in der Literatur nicht ohne **Kritik** geblieben. Im Zentrum der Kritik steht der Zusammenhang zwischen Risikominimierung und Steigerung des Unternehmenswertes. Vertreter der modernen Kapitalmarkttheorie kritisieren den der Diversifikation zugrunde liegenden ‚Portfoliogedanken' (vgl. dazu Chatterjee et al. 1999, S, 556 ff.; Herstatt 1994; Teece 1982). Es wird keinesfalls bestritten, dass die Schaffung eines diversifizierten Unternehmens zu einer Reduktion des unsystematischen Risikos, d. h. zur Verringerung der Varianz des Umsatzes bzw. der Rendite führt, gesetzt den Fall, die Umsätze und Renditen in den Geschäftsfeldern sind nicht miteinander korreliert. Die Kritik richtet sich, insbesondere im Kontext des Capital Asset Pricing-Modells (CAPM), vielmehr darauf, dass die Reduktion des Risikos der Anteilseigner nicht notwendigerweise über die Verschmelzung der Geschäftsfelder in einem einzigen Unternehmen erfolgen muss (vgl. u. a. Chatterjee et al. 1999, S. 556; Teece 1982, S. 39 ff.). Gemäß der modernen Kapitalmarkttheorie sind die Anteilseigner durchaus selbst in der Lage, ihre Vermögensanteile über mehrere Unternehmen und Branchen hinweg zu streuen und unsystematische Risiken auszuschalten. Existiert ein effizienter Kapitalmarkt, dann bietet die Unternehmensdiversifikation, die aufgrund von Ineffizienzen ihrerseits Kosten verursacht (z. B. infolge eines überproportional steigenden Verwaltungsaufwandes), Investoren keinen Vorteil. Vielmehr könnten Investoren ihren Anteilsbesitz selber zu geringeren Kosten streuen und unsystematische Risiken eliminieren (vgl. Chatterjee et al. 1999, S. 556 f.; Ramanujam/Varadarajan 1989, S. 537; Teece 1982, S. 39 ff.). Aus Sicht der modernen Kapitalmarkttheorie bestehen im Fall effizienter Kapitalmärkte für Unternehmen keine Anreize, sich zur Verringerung des unsystematischen Risikos zu diversifizieren, da die Senkung des Risikozuschlages und damit die Steigerung des Unternehmenswerts ausbleibt.

In der Realität müssen Kapitalanleger aus zwei Gründen aber sehr wohl ein gewisses Maß an unsystematischen Risiken tragen. Erstens ist es, entgegen den Annahmen des CAPM, Investoren de facto unmöglich, sich vollkommen zu diversifizieren und durch die optimale Gestaltung ihres Portfolios unsystematische Risiken gänzlich auszuschalten (vgl. Bergh 1997,

S. 715 ff.; Chatterjee et al. 1999, S. 557; Teece 1984, S. 90). Zweitens sind Finanz- und Kapitalmärkte durch zahlreiche Unvollkommenheiten gekennzeichnet (vgl. Chatterjee et al. 1999, S. 557; Teece 1984, S. 90). Unvollkommenheiten bzw. Ineffizienzen auf Kapitalmärkten entstehen u. a. durch Informationsasymmetrien zwischen Kapitalgebern und Kapitalnehmern sowie durch offizielle Restriktionen, wie bspw. Kontrollen bei Kapitaltransaktionen und steuerliche Regelungen. Aus den genannten Gründen messen Investoren einem geringeren unternehmensspezifischen Risiko durchaus einen höheren Wert bei. Die Diversifikation des Unternehmens stellt aus Sicht der Anleger und Kapitaleigner eine Dienstleistung des Unternehmens zur Verringerung des unsystematischen Risikos dar. Das Management des Konglomerates nimmt den Anlegern die Investitions- und Desinvestitionsentscheidungen zur Verringerung des unsystematischen Risikos ab. Voraussetzung hierbei ist natürlich, dass das Management diversifizierter Unternehmen über größere Fähigkeiten zur wertsteigernden Allokation finanzieller Ressourcen verfügt als der Anleger (vgl. Funk 1999). Der Aktionär hat nur über sein Engagement in der einen Aktie des diversifizierten Unternehmens zu entscheiden und nicht über den Kauf und Verkauf einer Vielzahl von Aktien mehrerer Einproduktunternehmen. Die Diversifikations(dienst)leistung führt, aufgrund der erweiterten Möglichkeiten der wertorientierten Allokation von Finanzmitteln, zur Steigerung des Unternehmenswertes.

Angesichts von Unvollkommenheiten auf den Kapitalmärkten und unzulänglichen Möglichkeiten der vollkommenen Diversifikation sind Investoren mit verschiedenen Arten von unternehmensspezifischen Risiken konfrontiert. Das unsystematische Risiko jedes Unternehmens kann in **drei verschiedene Ebenen** zerlegt werden: (1) die Ebene des taktischen Risikos, (2) des normativen Risikos sowie (3) des strategischen Risikos (vgl. Chatterjee et al. 1999, S. 558):

– Das **taktische Risiko** stellt sich aus einer kurz- und mittelfristigen Perspektive und ergibt sich aus der Annahme, dass Investoren, aufgrund von Informationsasymmetrien, eine ablehnende Haltung gegenüber unvorhergesehenen Einkommens- bzw. Gewinnschwankungen der Unternehmen aufweisen. Kapitalanleger reagieren deshalb auf die Reduzierung von unvorhergesehenen Einkommens- und Gewinnschwankungen der Unternehmen mit einer Verminderung des Risikoaufschlages. Finanzielle taktische Maßnahmen zur Verringerung dieses Risikos umfassen ein aktives Einkommens- und Gewinnmanagement (z. B. durch Hedging) zur Verringerung der Einkommensschwankungen und eine offene Kommunikation und Informationspolitik zur Verringerung der Informationsasymmetrien (vgl. Chaney/Lewis 1995, S. 319 ff.; Chatterjee et al. 1999, S. 558 f.).

– Beim **normativen Risiko** handelt es sich um den Risikoaufschlag, den ein Unternehmen übernehmen muss, wenn es wiederholt gegen Normen des Marktumfelds verstößt (vgl. Chatterjee et al. 1999, S. 562). Regelwidriges Verhalten ist als Form des ‚Missmanagements‘ zu deuten und äußert sich u. a. in der Missachtung von Wettbewerbsregeln oder in Verstößen gegen institutionelle Rahmenbedingungen. Die Einhaltung der Normen ist Grundbedingung für das Überleben im Markt. Unternehmen profitieren nicht von ihrem regelkonformen Verhalten, sie werden aber bei regelwidrigem Verhalten bestraft.

– Die dritte Risikoquelle umfasst **strategische Risiken**, die durch Marktunvollkommenheiten auf den Input- und Absatzmärkten entstehen. Während taktische Maßnahmen leicht reversibel sind, geht ein Unternehmen bei strategischen Handlungen Ressourcenverpflichtungen ein, die nur schwer rückgängig zu machen sind. Diese Ressourcenverpflichtungen müssen eingegangen werden, bevor das Ergebnis der Handlung richtig abzuschätzen ist (vgl. Chatterjee et al. 1999, S. 560). Das Ziel strategischer Handlungen im Unternehmen ist es, einen Wettbewerbsvorteil aufzubauen und aufrecht zu erhalten. Ein verteidigungsfähiger strategischer Wettbewerbsvorteil isoliert das Unternehmen vom Wettbewerbsdruck in der Branche und führt zu einem höheren Einkommensstrom bzw. Cashflow mit geringeren Schwankungen (vgl. Kapitel B II 5 sowie Rumelt 1984, S. 556 ff.). Das strategische Risiko des Unternehmens bezieht sich auf die Gefährdung dieses strategischen Wettbewerbsvorteils aufgrund von Unvollkommenheiten auf den Märkten für Inputgüter sowie auf den Absatzmärkten. Je gesicherter der Bestand des strategischen Wettbewerbsvorteils ist und je stärker Unternehmen ihren Cashflow gegen Wettbewerbskräfte isolieren können, desto geringer fällt der Risikoabschlag der Investoren aus. Zum Schutz gegen die Gefährdung ihrer Wettbewerbsvorteile diversifizieren sich Unternehmen deshalb in verschiedene Absatzmärkte bzw. Märkte für Inputleistungen. Die Diversifikation in mehrere Geschäftsfelder führt zur Verringerung des strategischen Risikos.

d. Diversifikation und Managementinteressen

Managementmotive als endogene Erklärungsansätze für die Unternehmensdiversifikation sind zur Agency-Thematik bzw. -Problematik zu rechnen (vgl. Kapitel B I 3). Bei den Erklärungsansätzen um **Managermotive** wird die Sichtweise des Unternehmens als monolithische, d. h. einheitliche Entscheidungsinstanz aufgehoben. Ausgangspunkt der Überlegungen zur Diversifikation aufgrund von Managermotiven ist die Trennung zwischen Eigentums- und Verfügungsrechten (vgl. Berle/Means 1932; Besanko et al. 2007, S. 173 f.). Im Idealfall handeln Manager als Agenten der Kapital- bzw. Anteilseigner (Principale) im Interesse des Unternehmens. Bei Diversifikationsschritten aufgrund von Managermotiven weichen die Interessen des Unternehmens und der Manager jedoch voneinander ab. Bei den Diversifikationsschritten aufgrund der persönlichen Interessen des Managements liegen aus Sicht des Gesamtunternehmens, im Gegensatz zu den wert- und gewinnsteigernden Zielsetzungen, keine rationalen Erklärungsmuster vor. Manager verfolgen mit der Diversifikation ihre eigenen, für das Unternehmen unter Umständen schädlichen Zielsetzungen. Von diesen Motiven sind strenggenommen jene Fälle zu unterscheiden, in denen sich die von den Managern initiierten Diversifikationsschritte deshalb der Zustimmung der Anteilseigner entziehen, weil sich die Erwartungen beider Parteien systematisch unterscheiden (Hybris-Hypothese; vgl. Markides 1995). Hier handeln die Agenten zwar wider den Willen der Principale, aber in Treu und Glauben für das Wohl des Unternehmens.

Zentraler und relevanter Erklärungsgegenstand im Kontext der Managermotive ist diejenige Diversifikation, die über das für das Unternehmen optimale Maß hinaus geht. Manager bewerten Diversifikation häufig höher als die Anteilseigner und neigen deshalb dazu, stärker zu diversifizieren als es für den Erfolg und Wert des Unternehmens optimal ist. Als **Motive** werden u. a. **Macht- und Prestigestreben** genannt (vgl. Bergh 1997). Nach *Marris* (1998) sind Manager bestrebt, überdurchschnittliche Wachstumsraten zu realisieren. Die einzige Möglichkeit, schneller zu wachsen als der Markt, ist, sich erfolgreich zu diversifizieren. Neben nicht-monetären Anreizen wie Macht und Prestige verfolgen Manager nach *Mueller* (1969) mit der wachstumsorientierten Diversifikation auch konkrete monetäre Ziele. Immer dann, wenn die Entlohnung an die Größe des Unternehmens gebunden ist, haben die Manager eine geringere Hemmschwelle bei zu tätigenden Investitionen. Gerade bei älteren, reiferen und größeren Unternehmen führt dies dazu, dass regelmäßig Diversifikationsschritte über das optimale Maß hinaus getätigt werden. Ob Managerentgelte tatsächlich von der Größe des Unternehmens abhängen, ist allerdings kritisch zu hinterfragen. Managerentgelte sind häufiger an direkte Erfolgskennzahlen gekoppelt (vgl. Witt 2003, S. 21). Weitere Motive, die von Managern mit der Diversifikation verfolgt werden, sind in der Schaffung einer größeren Unabhängigkeit und in der Risikoaversion per se zu sehen (vgl. Aron 1988, S. 76). Durch die Schaffung eines internen Kapitalmarktes koppelt sich das Management vom externen Kapitalmarkt ab und verschafft sich eine größere Unabhängigkeit. Liegt bei Managern eine starke Risikoaversion vor, kann dies zu konglomerater Diversifikation führen (vgl. Amihud/Lev 1981; Marris 1998). Mit der Diversifikation der Geschäftstätigkeit und dem damit verbundenen Unternehmenswachstum versuchen Manager zudem die Gefahr feindlicher Übernahmen abzuwehren, welche letztlich eine Bedrohung des eigenen Arbeitsplatzes darstellen.

Ursächlich für die Durchsetzung der individuellen Interessen der Manager sind mangelnde Kontroll- und Überwachungsmöglichkeiten seitens der Kapital- und Anteilseigner (vgl. auch Kapitel C I). Die für die Bewertung der Diversifikationsschritte durch die Kapital- und Anteilseigner erforderlichen Informationen sind meist komplexer Natur und nicht ohne weiteres verfügbar. Dies kann zu einer (vom Management bewusst geplanten oder unbewusst verantworteten) unvollständigen und fehlerhaften Information der Eigentümer führen. Die Anteilseigner sind infolgedessen nicht in der Lage, sich ein objektives Urteil über die vom Management geplanten Diversifikationsschritte zu bilden.

4. Diversifikation und Unternehmenserfolg: Theoretische Erklärungsansätze zur Rentabilitätswirkung

Welche ‚Konstellation' an Inputfaktoren bildet die Grundlage für die Realisierung von Verbundeffekten und wie führen diese Verbundeffekte zu einem verteidigungsfähigen Wettbewerbsvorteil? Erste formale Konzepte zur Erklärung der Rentabilitätswirkung der verbundenen Diversifikation wurden erst in den 70er Jahren des 20. Jahrhunderts in die Diskussion eingeführt. Die ersten Arbeiten zu Verbundvorteilen basieren vorwiegend auf neoklassischen Grundfesten. In der Folgezeit traten Ansätze aus dem Bereich der strategischen Managementtheorie und der industrieökonomischen Theorie zur Erklärung von Unternehmensdiversifikation in den Vordergrund. Zunächst wurden transaktionskostentheoretische Überlegungen angestellt, die Diversifikation vornehmlich mit Hilfe von Marktversagen zu erklären suchten. Diese Überlegungen wurden ergänzt durch ressourcen- und kompetenzbasierte Ansätze, welche den Unternehmenserfolg bei verbundener Diversifikation durch die Nutzung interner Ressourcen und Fähigkeiten erklären (vgl. dazu auch Stephan 2005). Kapitel D I 4 a führt in das traditionelle Konzept der Verbundeffekte ein und erläutert das Grundprinzip der gemeinsamen Nutzung von Inputfaktoren. Aufbauend auf dem traditionellen Konzept zu Verbundeffekten werden in D I 4 b Marktunvollkommenheiten für die Erklärung diversifizierter Unternehmen herangezogen. Kapitel D I 4 c beschäftigt sich schließlich auf Basis der ressourcen- und kompetenzbasierten Theorie mit der Frage, wie Diversifikation zu verteidigungsfähigen Wettbewerbsvorteilen führt.

a. Traditionelle Verbundeffekte als Erklärungsansatz der Unternehmensdiversifikation

Die erste Einführung eines formalen Konzepts der **Verbundvorteile** (‚Economies of Scope') erfolgte Mitte der 1970er Jahre durch *Panzar* und *Willig* (vgl. Panzar/Willig 1977, 1981; Willig 1979). Dieses und folgende Konzepte stehen auf den Grundfesten der neoklassischen Mikrotheorie und bauen auf frühen klassischen Arbeiten u. a. von *Clark* (1923) und *Clemens* (1958) auf. Die Konzepte bedienen sich der restriktiven Annahmen der neoklassisch orientierten Gleichgewichtsmodelle. Die neoklassische Mikrotheorie geht grundsätzlich von Unternehmen als profitmaximierende Einheiten aus, die auf Produkt- und Kapitalmärkten konkurrieren, auf denen vollkommener Wettbewerb sowie unendlich schnelle Reaktionsgeschwindigkeit herrscht, und auf denen sich die Marktteilnehmer, die über vollkommene Informationen verfügen, rational verhalten. Die Nutzung des Marktmechanismus verursacht keine Kosten. Angebot und Nachfrage werden durch den Preismechanismus in das Gleichgewicht gebracht. Das Unternehmen wird als Black Box betrachtet (vgl. Frederiksson/Lindmark 1979, S. 155). Die Ausgangsüberlegung in den klassischen Arbeiten war, dass die Rechtfertigung für die Existenz von diversifizierten Unternehmen von der Möglichkeit herrührt, Überschusskapazitäten zu nutzen. Die Nutzung von Überschusskapazitäten führt zu Kosteneinsparungen. Die ersten Konzepte zu Verbundeffekten sind somit bemüht, eine effizienzorientierte Theorie der diversifizierten Unternehmung zu entwickeln (vgl. Teece 1980). Im Gegensatz zu Skaleneffekten, die in der schieren Betriebsgröße bzw. im Ausmaß von gleichartigen Aktivitäten eines nicht notwendigerweise diversifizierten Unternehmens begründet sind, beschreiben Verbundeffekte Kosteneinsparungen, die aus der Breite des Leistungsprogramms des Unternehmens herrühren.

Nach *Panzar* und *Willig* (1981) liegen Verbundeffekte vor, wenn es weniger kostspielig ist, zwei oder mehr Produktlinien in einem Unternehmen herzustellen, als diese Produktlinien getrennt zu produzieren. Die Kosten der Verbundproduktion sind geringer als die addierten Kosten der Produktion durch zwei spezialisierte Unternehmen (vgl. Argyres 1996; Panzar/Willig 1977, S. 482 f.; dieselben 1981). Für den Fall mit zwei Outputgrößen Y_1 und Y_2 gilt:

$$C(Y_1, Y_2) < C(Y_1, 0) + C(0, Y_2) \qquad (5)$$

Die nachfolgende Abb. 128 visualisiert den Zusammenhang. Es liegt die Annahme zugrunde, dass bei der spezialisierten Produktion des Outputs und bei der gemeinsamen Produktion der Outputgrößen jeweils dieselbe Produktionstechnologie angewendet wird. Die Kosteneinsparung rührt demnach von der Existenz einer Inputgröße her, die von mehreren Produktlinien gemeinsam genutzt werden kann. Als Beispiel für eine solche gemeinsam nutzbare Inputgröße sind Test- und Versuchseinrichtungen von F&E-Abteilungen zu nennen. So testet das Unternehmen General Electric Komponenten bei der Entwicklung neuer stationärer Gasturbinen für Kraftwerke und bei der Entwicklung neuer Flugzeugturbinen in denselben Einrichtungen. Verbundvorteile entstehen hier nicht durch überlegene Produktionsfunktionen, sondern infolge der **Subadditivität der Inputgrößen**. Subadditivität liegt vor, wenn die Bereitstellung der Dienste der gemeinsam nutzbaren Inputgrößen (z. B. Testeinrichtungen) für zwei oder mehrere Produktlinien weniger Kosten verursacht als bei der gesonderten Bereitstellung dieser Inputgrößen für jede einzelne Produktlinie. Die Existenz von diversifizierten Unternehmen rechtfertigt sich demzufolge durch die **Kostenvorteile infolge der gemeinsamen Nutzung von Inputgrößen**.

Quelle der Verbundeffekte im neoklassischen Sinn sind Inputgrößen, die für mehrere Produktlinien verwendet werden können und zudem das **Nichtrivalitätsaxiom** erfüllen: Bei der gemeinsamen Nutzung der Inputgrößen in der Produktion verschiedener Outputlinien besteht keine Rivalität oder Überlastung (vgl. u. a. Teece 1980). In diesem Zusammenhang wird häufig der ‚Öffentliche Gut'- oder ‚Quasi-Öffentliche Gut'-Charakter der Inputgrößen angeführt. Letztlich stellt aber die Nichtrivalität die einzige Eigenschaft dar, die gemeinsam nutzbare Inputgrößen und öffentliche Güter verbindet. Gemeinsam nutzbare Faktoren stehen, wenn einmal für die Produktion einer Outputlinie beschafft, auch für die Unterstützung der Produktion anderer Outputlinien zur Verfügung. *Panzar* und *Willig* (1981) präzisieren das Konzept der gemeinsam nutzbaren Inputgrößen wie folgt: „It would seem most natural to define an input as sharable between the productions of product sets S and T if the joint production of these outputs enables some of the input to be conserved, vis-à-vis separate production, while the utilization of all other inputs were not expanded" (Panzar/Willig 1981, S. 269).

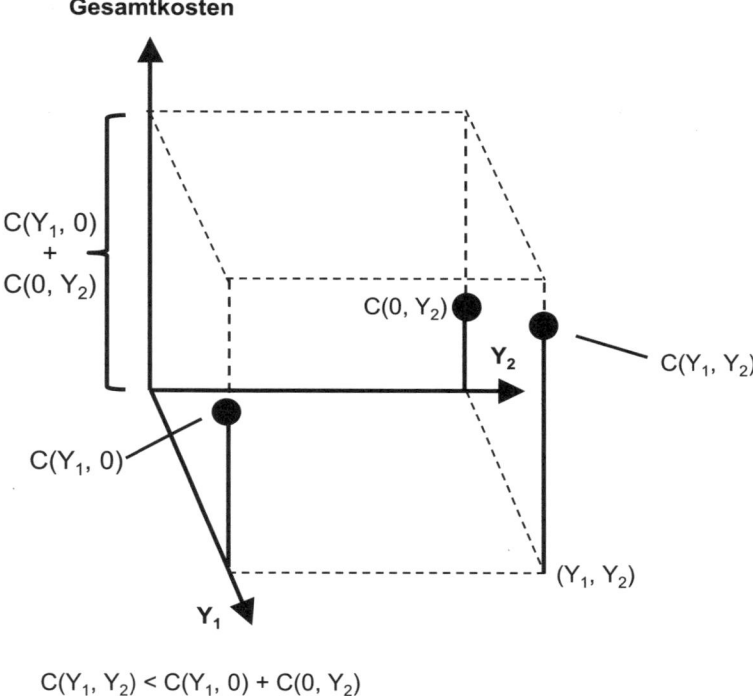

$$C(Y_1, Y_2) < C(Y_1, 0) + C(0, Y_2)$$

Abb. 128: Kosteneinsparung bei Verbundproduktion im Fall von zwei Produktlinien (eigene Bearbeitung in Anlehnung an Teece 1980, S. 225)

Panzar und *Willig* (1981) nennen Beispiele für die gemeinsame Nutzung von Inputgrößen:

- **Zeitlich versetzte Nutzung** der Produktionskapazität durch mehrere Outputgrößen: Z. B. Anlagen zur Stromerzeugung, die die Produktion von Tag- und Nachtstrom erlauben. In Medienunternehmen ist an Druckmaschinen zu denken, die wochentags für die Herstellung von Tageszeitungen genutzt und am Wochenende für den Druck eines wöchentlich erscheinenden Magazins eingesetzt werden.
- **Gleichzeitige Nutzung von Überkapazitäten** bei Ausrüstungsinvestitionen, Anlagen und Gebäude in mehreren Produktionsprozessen: Z. B. Turbinenprüfeinrichtungen und Testlaufstände bei GE, deren volle Funktionstauglichkeit eine entsprechende Mindestgröße erfordert, die bei der Nutzung durch nur eine Produktionslinie zwangsläufig Überkapazitäten zur Folge hätte.
- **Sekundäre Verwendung der Residualgrößen** von Produktionsfaktoren, die im primären Produktionsprozess nur teilweise ausgeschöpft wurden: Thermische Energie ist bspw. nach dem Antrieb einer Gasturbine zur Stromerzeugung für Fernwärmezwecke nutzbar.

- **Nutzung von Nebenprodukten**, die in der ursprünglichen Produktion entstehen: Z. B. Schafe, die neben Wolle auch die Produktion von Käse oder Fleisch ermöglichen, sowie Koks und Teer bei der Gaserzeugung.

Voraussetzung für die Verbundnutzung ist, dass die restlichen Anteile der Inputgrößen nicht weiter im angestammten Geschäftsbereich eingesetzt werden können, d. h. ein **Überschuss** entsteht. Materielle Inputfaktoren lassen sich in Verbrauchsfaktoren und Gebrauchsfaktoren unterteilen (vgl. Heinen 1991). Bei Verbrauchsfaktoren entsteht ein Überschuss, wenn sich in der primären Nutzung die Inputleistungen nur teilweise erschöpfen und eine sekundäre Nutzung ermöglicht wird. Die sekundäre Nutzung kann sich dabei auf die von *Panzar* und *Willig* (1981) beschriebenen Nebenprodukte oder aber auf Residualgrößen der Primärleistung (bspw. Restwärme) beziehen. Die gemeinsame Nutzung, d. h. der Verbrauch, erfolgt bis zur physischen Erschöpfung. Ein Überschuss bei Gebrauchsfaktoren ergibt sich durch freie Kapazitäten. Wie im Fall der Testeinrichtungen von GE entstehen freie Kapazitäten, wenn der Gebrauchsfaktor nicht oder nur unvollständig teilbar ist und sich der Output der angestammten Produktlinie (Flugturbinen) nicht bis zur Kapazitätsauslastung der Gebrauchsfaktoren ausdehnen lässt. Grenzen für die Ausdehnung des Outputs im angestammten Geschäft ergeben sich durch Sättigungseffekte infolge eines säkularen Nachfragerückgangs oder bei einem endlichen Grad der Nachfrageelastizität. Der Inputfaktor besitzt in diesem Fall eine fixe Kapazität, die nicht an die Outputmenge angepasst werden kann (und umgekehrt). Bei der Produktion von nur einer Outputlinie kann die freie Kapazität nicht genutzt und deshalb als Überschuss ohne Zusatzkosten einer sekundären Nutzung unterzogen werden. Hierunter sind die von *Panzar* und *Willig* (1981) angeführten Beispiele der Überkapazität und der zeitlichen Teilung zu subsumieren. Der gemeinsame Gebrauch erfolgt bis zur Auslastung der Kapazität.

Die Unterscheidung zwischen Gebrauchs- und Verbrauchsfaktoren ist nur für materielle Inputfaktoren gültig. Für immaterielle Inputfaktoren, die in der traditionellen Betrachtung ausgeklammert sind, liegen weder physische Kapazitätsbeschränkungen vor noch können diese „verbraucht" werden. Rivalität in der Nutzung schlägt sich im Wertverlust der immateriellen Inputfaktoren nieder. Streng genommen vermindert sich nur der exklusive wirtschaftliche Wert für den ursprünglichen Nutzer. Der immaterielle Vermögenswert wird nicht vermindert, sondern nur auf mehrere Parteien verteilt. Abb. 129 visualisiert das Konzept der gemeinsamen Nutzung von Inputfaktoren. Aus diesem traditionellen Konzept zu Verbundeffekten lässt sich vorläufig schließen, dass unvollständig teilbare, gemeinsam nutzbare Inputgrößen auf einer Wertschöpfungsstufe die Existenz von diversifizierten Unternehmen rechtfertigen.

Dieser vorläufige Schluss ist jedoch zu weit gegriffen. Gemeinsam nutzbare Inputfaktoren stellen eine notwendige, aber keine hinreichende Bedingung für die Existenz von diversifizierten Unternehmen dar. Die Argumentation um Verbundeffekte gründet sich bislang auf der Annahme, dass die Dienste des gemeinsam nutzbaren Inputfaktors vom Unternehmen selber erstellt bzw. generiert werden. Dies impliziert aber mitnichten, dass die (alternative) Nutzung der Inputleistungen bzw. die Bereitstellung in allen Fällen durch dasselbe Unternehmen erfolgen muss. Schlussfolgerungen auf entsprechende organisatorische Lösungen und die Grenzen von Unternehmen sind nicht stichhaltig. Es wäre durchaus denkbar, dass die Dienste der teilbaren Inputgrößen effizient über eine marktliche, d. h. nicht-hierarchische Lösung alloziiert bzw. bereitgestellt werden. Die Nutzung der Inputleistung wird in diesem Fall zumindest teilweise von der Bereitstellung institutionell entkoppelt. Es ist die Lösung denkbar, dass ein Unternehmen die Kapazitäten unter der Realisierung entsprechender Skaleneffekte zur Verfügung stellt und die Leistungen der Inputfaktoren an unabhängige Einzelunternehmen weiterverkauft. So könnte GE theoretisch die freien Kapazitäten seiner Testeinrichtungen für Flugzeugturbinen auch anderen Turbinenherstellern gegen Entgelt zur Verfügung stellen. Ob Verbundeffekte zur Diversifikation eines Unternehmens führen, bestimmt sich letztlich durch die Möglichkeit, inwieweit ein gemeinsam nutzbarer Inputfaktor effizient über den Markt gehandelt bzw. bereitgestellt werden kann.

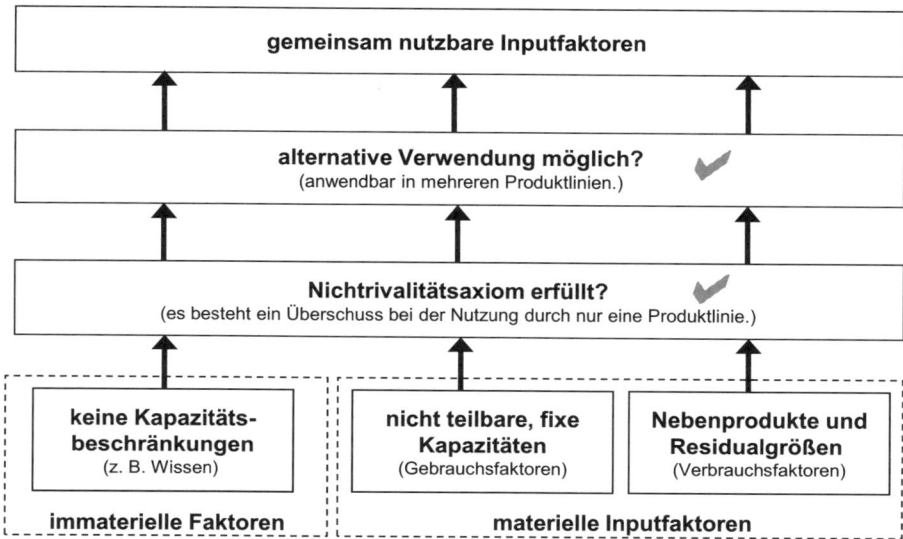

Abb. 129: Gemeinsame Nutzung von Inputfaktoren (vgl. Stephan 2003, S. 92)

Gemäß den Annahmen des traditionellen Konzeptes zu Verbundeffekten erfordert die effiziente Bereitstellung der Inputleistungen über den Markt zum einen, dass die verschiedenen, nicht integrierten Abnehmer auf den nachgelagerten Wertschöpfungsstufen einen Preis zu zahlen bereit sind, der den marginalen Kosten der Bereitstellung einer zusätzlichen Einheit der Inputleistung entspricht. Voraussetzung dafür ist, dass sich die Inputleistung im Hinblick auf die verschiedenen Endanwendungen differenzieren lässt. Fallen bei der Bereitstellung der Inputleistung für die einzelnen Endanwendungen unterschiedliche Grenzkosten an, dann müssen die Leistungen auch zu unterschiedlichen Preisen angeboten werden.

Zum anderen erfordert die Bereitstellung der Inputleistungen über den Markt, dass sich die Inputleistungen effizient vermarkten lassen. Die Kosten der marktlichen Abwicklung dürfen die der hierarchischen Lösung nicht übersteigen. Sind die Märkte, in denen in der traditionellen Betrachtung per Annahme Wettbewerb herrscht, in der Lage, eine effiziente Vermarktung der Inputleistungen sicherzustellen, und können entsprechend differenzierte Preise bilden, dann entfällt die Rechtfertigung für die Diversifikation des Unternehmens in neue Geschäftsfelder. Sollten jedoch Marktunvollkommenheiten vorliegen, dann führt dies zur Diversifikation von Unternehmen. Die Darstellung im nachfolgenden Kapitel D I 4 b verfolgt deshalb eine auf Transaktionskosten basierte Betrachtung und widmet sich dem Zusammenhang zwischen der Unternehmensdiversifikation und Marktunvollkommenheiten.

b. Transaktionskostenansatz und Diversifikation: Marktunvollkommenheiten
und Verbundeffekte

Die Diversifikation von Unternehmen ist vor allem dann die unvermeidbare Folge von Verbundeffekten, wenn gemeinsam nutzbare Inputleistungen nur zu Mehrkosten über den Markt
transferierbar sind. **Unvollkommenheiten auf den Märkten für Inputleistungen** führen
zum Auftreten von verbunden diversifizierten Unternehmen. Für die Erarbeitung eines exakten Verständnisses über den Zusammenhang zwischen Marktunvollkommenheiten und Diversifikation werden zentrale Annahmen des traditionellen Konzepts zu Verbundeffekten, welches auf den Grundfesten der neoklassischen Mikrotheorie basiert, aufgegeben. Zum einen
wird von der Annahme der Homogenität der Inputgrößen Abstand genommen, die in die Verbundproduktion einfließen. Zum anderen löst sich die Diskussion von den beiden Annahmen,
dass Marktteilnehmer über vollkommene Informationen verfügen und die Nutzung des Marktmechanismus keine Kosten verursacht. Die Argumentation bewegt sich damit auf den Grundfesten der Transaktionskostentheorie als Zweig der Neuen Institutionenökonomik (vgl. Kapitel B I 2). Ansatzpunkt der Transaktionskostentheorie ist die Erklärung der Koordination wirtschaftlicher Tätigkeit außerhalb der Denkwelt des vollkommenen Marktes. Transaktionskosten und Probleme, die sich aus der Situation der Unsicherheit heraus ergeben, finden explizite
Berücksichtigung.

Verfügt ein Unternehmen über Inputfaktoren, die für die Herstellung von zwei oder mehr
Outputlinien anwendbar sind und das Nichttrivialitätsaxiom erfüllen, dann stehen grundsätzlich
zwei Möglichkeiten zur Nutzung der überschüssigen Leistungen zur Verfügung. Das betreffende Unternehmen kann die überschüssigen Leistungen des Inputfaktors an unabhängige
Dritte verkaufen oder es kann diese selber nutzen und sich in das entsprechende Anwendungsfeld diversifizieren. Unternehmen werden dann die Alternative der Diversifikation nutzen,
wenn Marktunvollkommenheiten vorliegen, die einen Verkauf der überschüssigen Inputleistungen am Markt schwierig erscheinen lassen. Unvollkommenheiten auf den Märkten für
Inputleistungen entstehen u. a. durch die Eigenschaften der Inputfaktoren selbst. Inputfaktoren
lassen sich in materielle und immaterielle Vermögenswerte unterteilen, welche in die Wertschöpfung eingebracht werden. Materielle Vermögenswerte beinhalten finanzielle Mittel und
physische Vermögensgegenstände, wie Maschinen und Gebäude. Dagegen basieren immaterielle Vermögenswerte vornehmlich auf Wissen. Dieses Wissen lässt sich weiter unterteilen in
Fachwissen sowie Fähigkeiten und Erfahrungen (vgl. Abb. 130).

Bei **materiellen Inputfaktoren** hängt das Versagen der Märkte, einen effektiven Transfer zu
gewährleisten, in hohem Maße von der **Spezifität** der Vermögenswerte ab. Finanzielle Vermögensgegenstände sind für gewöhnlich hochgradig standardisiert. Demgegenüber weisen
physische Inputfaktoren häufig einen stark anwendungsspezifischen Charakter auf. In dem
Ausmaß, in dem für einen gemeinsam nutzbaren, materiellen Inputfaktor viele alternative
Anwendungsmöglichkeiten und genügend große Märkte mit einer Vielzahl an Abnehmern
vorliegen, gibt es keine Rechtfertigung für die unternehmensinterne Diversifikationslösung.
Für nicht spezialisierte, physische Inputfaktoren sind Marktlösungen effizient. Bei spezifischen physischen Inputfaktoren gestaltet sich die Bereitstellung über den Markt dagegen problematisch. So wird eine potenzielle Vermarktung der freien Kapazitäten der Turbinentesteinrichtungen von General Electric dadurch erschwert, dass es sich bei den Turbinen um
hochgradig komplexe und spezifische Investitionsgüter handelt, die nur von wenigen spezialisierten Unternehmen hergestellt werden. Die Zahl potenzieller Nachfrager für die Nutzung
der Testeinrichtungen wäre stark begrenzt. Ist der Markt für materielle Inputgrößen begrenzt,

d. h. die Zahl alternativer Anwendungsfelder und Abnehmer gering, dann ist die marktliche Lösung mit größerer Unsicherheit behaftet und kann zu einer Schwächung der Machtpositionen der Vertragspartner führen. Es besteht die Gefahr der Entstehung von uni- oder bilateralen Abhängigkeits- und Monopolsituationen. Der Leistungsnehmer wird versuchen, die Quasirenten, die mit der Bereitstellung der Inputleistungen verbunden sind, an sich zu ziehen. Um solche Risikosituationen zu umgehen, ist eine organisationsinterne Lösung angezeigt. Es besteht ein Anreiz für die Diversifikation des Unternehmens.

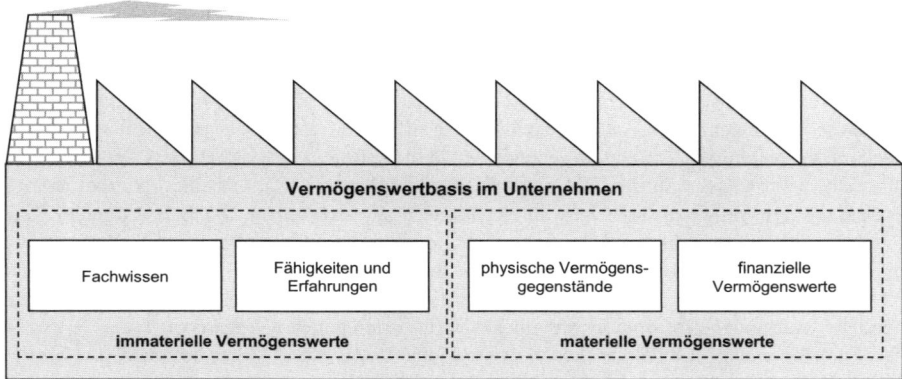

Abb. 130: Vermögenswertbasis im Unternehmen

Bei **immateriellen Inputfaktoren** werden Marktunvollkommenheiten durch die besonderen Eigenschaften des Faktors Wissen erzeugt. Beim Inputfaktor Wissen bestehen keine Kapazitätsbeschränkungen, d. h. das Nichtrivalitätsaxiom ist erfüllt. In dem Umfang, in dem Wissen in verschiedenen Bereichen einsetzbar ist, stellt es eine gemeinsam nutzbare Inputgröße dar und weist damit generische Attribute auf. Bei General Electric (GE) weisen beispielsweise die ‚aeroderivativen' Technologien generische Attribute auf. So wird aus dem Flugzeugbau stammendes Wissen im Bereich metallischer und keramischer Werkstoffe von GE in zahlreichen weiteren Anwendungsfeldern eingesetzt. Generisches Wissen kann in vielen verschiedenen Anwendungsfeldern eingesetzt werden, ohne dass es für einzelne Anwendungsfelder an Wert verliert (Allerdings nimmt der Wert von Wissen infolge nachlassender Exklusivität mit zunehmender Verbreitung für den einzelnen Nutzer ab). Im Hinblick auf die Diversifikation von Unternehmen stellt sich die Frage, ob Verbundvorteile aus dem internen Transfer von Wissen auf neue Anwendungsfelder mehr zum Unternehmenswert beitragen, als der Transfer und Verkauf dieses Wissens an externe Partner, z. B. in Form von Lizenzen (vgl. Teece 1997, S. 145). Die Antwort auf diese Frage hängt zunächst, analog zu den Überlegungen bei materiellen Vermögenswerten, von der Spezifität des Inputfaktors Wissen ab. Im Fall immaterieller Vermögenswerte wird die Frage nach der geeigneten organisatorischen Lösung jedoch darüber hinaus durch zwei weitere, besondere Charaktereigenschaften des Inputfaktors ‚Wissen' beeinflusst. Diese Besonderheiten bilden zugleich zentrale Barrieren für den Transfer des Inputfaktors Wissen über den Markt.

Erstens ist Wissen nur sehr schwer zu einem Vertragsgegenstand zu machen und deshalb nur bedingt über den Markt zu transferieren. Initiale Schwierigkeiten bei der vertraglichen Abwicklung ergeben sich bei der Anbahnung der Transaktion. Insbesondere das Auffinden potenzieller Geschäftspartner beim Transfer von Wissen gestaltet sich als schwierig. Der

Schutz von Wissen bei der Anbahnung von Geschäften erfordert die Unterdrückung wesentlicher Informationen. Die Wahrnehmung von potenziellen Angeboten ist deshalb stark eingeschränkt und verzerrt. Gerade in der Forschung und Entwicklung sind Tarnung und Verschleierung der Aktivitäten notwendig. Marktpartner können nicht erkennen, dass benötigtes Wissen überhaupt vorhanden ist (vgl. Teece 1997, S. 145). Erkennen beide Parteien trotz Wahrnehmungsbarrieren die Gelegenheit zum marktlichen Austausch, stellt sich eine weitere Hürde bei der Offenlegung der Informationen während der Verhandlung für die Partei mit dem geringeren Informationsstand. Um den Wert des Wissens richtig einschätzen zu können, bedarf es ex ante der Offenlegung eines großen Teils der zugrunde liegenden Informationen. In diesem Fall erhält der potenzielle Käufer vor der Durchführung der Transaktion kostenlosen und irreversiblen Zugang zur Inputleistung, wenn das Wissen genügend kodifizierbar und auf die Wissensbasis des Empfängers angepasst ist (vgl. Silver 1984). Der Verkäufer legt aus diesem Grund nicht sein komplettes Wissen offen und der Käufer muss mit opportunistischem Verhalten des Verkäufers rechnen. Er ist dem Risiko ausgesetzt, dass der Verkäufer ihn nicht wahrheitsgemäß über die zu verkaufende Information unterrichtet. Hierbei handelt es sich um das von *Arrow* skizzierte Informationsparadoxon (Arrow 1971). Solange der Käufer nicht über die vollständige Information verfügt, ist er nicht über den Wert der Information im Bilde. Erhält er jedoch die Information, so hat er sie ohne Kosten erworben. (vgl. Arrow 1971, S. 152). Der Verkäufer riskiert dagegen bei der Enthüllung der Information, dass verbundene, vertrauliche Informationen unbeabsichtigt offen gelegt werden (vgl. Teece 1986). Ist der Transfer erfolgt, bleiben insbesondere für den Verkäufer Risiken bestehen. So besteht weiter die Gefahr, dass der Käufer das Wissen in einer Form verwendet, die nicht durch den Vertrag gedeckt ist.

Zweitens beinhaltet das gesamte Wissen des Unternehmens einen hohen Anteil an **implizitem Wissen** (‚Tacit Knowledge‘), das im Gegensatz zu **explizitem Wissen** nicht oder nur unter prohibitiv hohen Kosten kommunizier- und übertragbar ist (vgl. Polanyi 1958, S. 49). Kommt es deshalb trotz der angeführten Hürden zum Vertragsabschluss, dann ergeben sich weitere Schwierigkeiten beim Transfer der impliziten Wissensbestandteile an den externen Vertragspartner. Das implizite Wissen des Unternehmens ist in individuelle und organisatorische Fähigkeiten und Erfahrungen eingebettet. Das Einbringen von Fähigkeiten und Erfahrungswissen ist oftmals nicht das Ergebnis bewusster Entscheidungen, sondern eine Routinereaktion auf entsprechende Signale der Arbeitsumgebung. Die Artikulation und Kodifizierbarkeit von Fähigkeiten und Erfahrungswissen ist beschränkt. Implizites Wissen erleichtert zwar die Koordination zwischen den Mitarbeitern im Unternehmen, es kann jedoch nur über die Teamarbeit dieser Mitarbeiter übertragen werden. Damit dieses Wissen überhaupt über den Markt an Externe transferiert werden kann, ist demzufolge die Begleitung durch Wissensträger (Mitarbeiter) des Unternehmens erforderlich. Die Begleitung durch Wissensträger ist häufig auch beim Transfer innerhalb des Unternehmens notwendig. So wurden bei der Entwicklung der ‚H‘-Klasse Gasturbinen zur Energieerzeugung bei GE für den Transfer der aeroderivativen Technologien insgesamt 200 Ingenieure aus dem Flugzeugturbinenbau abgestellt. Beim Transfer innerhalb des Unternehmens verringert sich jedoch das Problem der Einpassung des Wissens in den neuen organisatorischen Kontext. Die Einpassung in den neuen (externen) organisatorischen Kontext erfordert umfangreiche Lernprozesse. Infolge der Begleitung des Wissenstransfers und der Implementierung durch Mitarbeiter ergibt sich eine Einschränkung des Nichtrivalitätsaxioms. Es kann zu Faktorengpässen kommen, da die Wissensträger während der Dauer des Transfers und der Implementierung gebunden sind. Es besteht damit Rivalität bei der Nutzung des Inputfaktors.

Zusammenfassend lässt sich für den Fall immaterieller Inputfaktoren festhalten, dass sowohl vor als auch nach Vertragsabschluss Transaktionen über den Markt mit Schwierigkeiten verbunden sind. Demgegenüber ist eine unternehmensinterne, offene und interaktive Kommunikation vorteilhaft, die vor Vertragsabschluss die Wahrnehmung und Offenlegung von Informationen fördert und nach Vertragsabschluss den eigentlichen Transfer des Wissens erleichtert. Zudem wird bei einem Transfer der immateriellen Vermögenswerte innerhalb des Unternehmens die Gefahr opportunistischen Verhaltens verringert. Je häufiger der Transfer und je spezifischer das Wissen ist, desto eher kommen organisationsinterne Lösungen in Betracht, die Diversifikationslösung erscheint vorteilhaft. Abb. 131 fasst die Überlegungen zur **organisatorischen Lösung** bei gemeinsam nutzbaren Inputfaktoren zusammen.

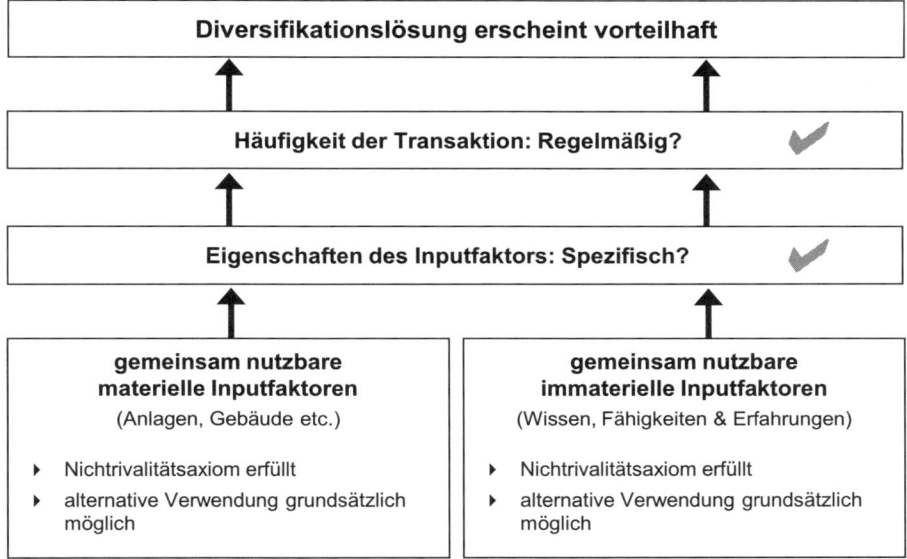

Abb. 131: Diversifikationslösung bei gemeinsam nutzbaren Inputfaktoren

Als hinreichende Bedingung für die Entstehung diversifizierter Unternehmen ist gemäß dem Transaktionskostenansatz das Vorliegen von Marktunvollkommenheiten erforderlich. Unternehmen können durch Diversifikation die Kosten der ökonomischen Aktivitäten verringern, wenn Verbundvorteile infolge der gemeinsamen Nutzung von Inputfaktoren entstehen, die nicht oder nur zu höheren Kosten und Risiken über den freien Markt zugänglich sind. Marktunvollkommenheiten verhindern insbesondere bei spezifischem Wissen und spezifischen materiellen Inputfaktoren eine effiziente Lösung über den Markt (vgl. Rumelt 1982, S. 359 ff.). An dieser Begründung der Diversifikation aus Sicht des Transaktionskostenansatzes ist allerdings zu kritisieren, dass diversifizierte Unternehmen durch die gemeinsame Nutzung der Inputfaktoren lediglich Kostenvorteile gegenüber nicht diversifizierten Unternehmen realisieren. Der Transaktionskostenansatz erklärt nicht, wie Unternehmen über differenzierte bzw. überlegene Leistungen am Markt Wettbewerbsvorteile erzielen. Im Kontext des Transaktionskostenansatzes heben sich diversifizierte Unternehmen lediglich über Kosten- bzw. Effizienzvorteile von Wettbewerbern ab. Nicht diversifizierte Wettbewerber können diese Wettbewerbsvorteile allerdings jederzeit durch analoge Diversifikationsschritte imitieren. Diese statische Perspektive kann die Frage nach der Verteidigungsfähigkeit der Verbund- und Wettbewerbsvorteile nicht beantworten.

Um die **langfristige Erfolgswirkung der Diversifikation** von Unternehmen zu verstehen, wird die Annahme der Homogenität der angebotenen Produkte (und eingesetzten Technologien) aufgegeben und eine dynamische Perspektive eingenommen. Für die Erklärung der Geschäftsfelddiversifikation werden Elemente der ressourcen- und kompetenzbasierten Theorie in die Diskussion eingeführt (vgl. hierzu auch Kapitel B II). Die ressourcenbasierte Theorie betrachtet das Unternehmen als Ansammlung einer komplexen Kombination von spezialisierten, produktiven Vermögenswerten. Die kompetenzbasierte Theorie erweitert diese Perspektive und erlaubt eine dynamische Betrachtungsweise der Verbundeffekte und Diversifikation.

c. Ressourcenbasierter Ansatz der Diversifikation: Dynamische Verbundvorteile

Unvollkommenheiten auf den Inputmärkten zwingen Unternehmen aus Sicht der Transaktionskostentheorie zur internen Nutzung überschüssiger Inputleistungen. Verbundvorteile bei spezifischen Inputfaktoren lassen sich damit nur durch die interne Diversifikation in (neue) Anwendungsfelder abschöpfen. Durch die interne Abschöpfung der Verbundvorteile erzielen die Unternehmen so einen vermeintlichen Wettbewerbsvorteil. Prinzipiell können Verbundvorteile allerdings von allen Wettbewerbern realisiert werden. Der Transaktionskostenansatz gibt zwar die Annahme der Homogenität der Inputgrößen auf, die differenzierte Sichtweise um die Inputfaktoren betrifft aber nur die Frage nach der geeigneten organisatorischen Lösung. Die Konsequenzen der Annahme heterogener Inputfaktoren für das Leistungsprogramm und die Wettbewerbsposition der Unternehmen werden nicht thematisiert. Dies hat zur Folge, dass die Annahme der Homogenität der Produkte aus dem neoklassischen Gedankengebäude implizit bestehen bleibt. Wie ein Unternehmen über die Abschöpfung von Verbundvorteilen Wettbewerbsvorteile am Markt erzielt, ist nicht Erklärungsgegenstand des Transaktionskostenansatzes.

Um einen Wettbewerbsvorteil erzielen und sich erfolgreich am Markt positionieren zu können, muss ein Unternehmen entweder Kundennutzen zu geringeren Kosten als Wettbewerber stiften oder sich mit seinem Angebot genügend stark von anderen Anbietern differenzieren. Aus Sicht der ressourcenbasierten Theorie entstehen dem Unternehmen solche Kosten- und Differenzierungsvorteile durch den Einsatz eines komplexen „Bündels" von spezialisierten, produktiven Vermögenswerten. Die ressourcenbasierte Theorie bezeichnet die spezialisierten, produktiven Vermögenswerte nicht mehr als Inputfaktoren, sondern definiert diese als **unternehmensspezifische Ressourcen** (vgl. Kapitel B II 3). Der Wechsel in der verwendeten Terminologie deutet auf veränderte Annahmen hin. Die im Wertschöpfungsprozess eingesetzten unternehmerischen Ressourcen haben nicht mehr den Charakter von homogenen Inputfaktoren, sondern stellen unternehmensspezifische, d. h. idiosynkratische Vermögenswerte dar. Die spezifische Kombination produktiver Ressourcen wird als entscheidende Quelle des Wettbewerbsvorteils des Unternehmens angesehen und ist in hohem Maße produkt- bzw. marktspezifisch (vgl. Chatterjee/Wernerfelt 1991, S. 33 ff.; Geringer et al. 1989; Montgomery/Hariharan 1991). Die spezifische Ressourcenkombination kann sowohl materieller als auch immaterieller Natur sein. Neben den materiellen Ressourcen und dem vorhandenen Fachwissen liegt der verteidigungsfähiger Wettbewerbsvorteil eines Unternehmens in erster Linie in den Fähigkeiten und Erfahrungen begründet, neue Ressourcen zu identifizieren, entwickeln und zu nutzen (vgl. Itami/Roehl 1987). Diese Fähigkeiten und Erfahrungen richten sich auch darauf, vorhandenes Wissen zu ändern bzw. zu erweitern. Fähigkeiten und Erfahrungswissen können sowohl auf individueller als auch auf organisatorischer Ebene angesiedelt sein und basieren vor allem auf der individuellen Lernfähigkeit der Unternehmensmitglieder sowie auf der Lernfähigkeit des gesamten Unternehmens. Organisatorische Fähigkeiten und Erfahrungen bilden sich durch gemeinsame Erfahrungen heraus, welche das Bindeglied zwischen den Wissensbeständen der einzelnen Mitglieder darstellen (vgl. Durand 2001, S. 2 ff.). Aufbauend auf den Ausführungen in Kapitel B II werden in der folgenden Darstellung die unternehmensspezifischen Ansammlungen von Fähigkeiten und Erfahrungen als Kompetenzen bezeichnet. Kompetenzen stellen den koordinierten, zielorientierten Einsatz der Ressourcen i. e. S. auf der ersten Ebene der Ressourcenhierarchie sicher (vgl. Kapitel B II 3 a). Es handelt sich um kollektive Eigenschaften, die dem Unternehmen als Ganzes oder wesentlichen Teilbereichen zugeschrieben werden.

Aufgrund der Aufgaben- und Marktspezifität sind die Märkte für **idiosynkratische Vermögenswerte** durch Unvollkommenheiten gekennzeichnet. Insbesondere die kompetenzbasierten Ressourcen sind keine Produkte im eigentlichen Sinne, für die Eigentumsrechte definiert und transferiert werden können. Wenn überhaupt, dann lassen sich kompetenzbasierte Ressourcen nur durch umfangreiche Lernprozesse von Externen erwerben. Idiosynkratische Vermögenswerte sind deshalb nicht oder nur mit hohem Wertverlust über den Markt handelbar (vgl. Markides 1995; Pfaffmann 2001, S. 159). Liegen überschüssige, gemeinsam nutzbare idiosynkratische Ressourcen vor, so werden Unternehmen bevorzugt eine interne Verwendung anstreben. Wie im Fall der Gasturbinen bei General Electric diversifizieren sich die Unternehmen in neue Anwendungsfelder, in denen sie mit Hilfe der spezifischen Ressourcenkombinationen verteidigungsfähige Wettbewerbsvorteile erzielen können. Aus der ressourcenorientierten Perspektive entstehen Verbundvorteile nur noch bedingt durch die von *Panzar* und *Willig* (1981) beschriebenen Kosteneinsparungen infolge der Subadditivität der gemeinsamen Nutzung von Inputleistungen. Aus ressourcenorientierter Sicht bieten sich Unternehmen mit einer verbundenen Diversifikationsstrategie **drei verschiedene Quellen von Verbundvorteilen**. Die erste Quelle von Verbundvorteilen liegt in der Nutzung von überschüssigen materiellen Ressourcen und vorhandenem Fachwissen in neuen Geschäftsfeldern (vgl. Brush 1996; Chatterjee, Wernerfelt 1991; Rumelt 1974). Voraussetzung für die Diversifikation ist die Verbundenheit des neuen Geschäftsfeldes mit den angestammten Bereichen, d. h. die spezifischen Ressourcenprofile müssen auch im neuen Geschäftsfeld zum Unternehmenserfolg beitragen (vgl. Chatterjee/Wernerfelt 1991; Lemelin 1982; Montgomery/Hariharan 1991). Diese Quelle von Verbundvorteilen deckt sich im weitesten Sinne mit den statischen Konzepten der neoklassischen und transaktionskostenbasierten Ansätze. Die gemeinsame Nutzung der Turbinentesteinrichtungen bei General Electric stellt ein Beispiel für diese Art von Verbundvorteilen dar. Abb. 132 visualisiert das Konzept der gemeinsamen Nutzung strategischer Ressourcenbündel. Die materiellen und immateriellen Vermögenswerte des Ressourcenbündels 3 kommen sowohl in der Produktlinie B als auch in der verbundenen Produktlinie C zum Einsatz. Das Profil des Ressourcenbündels 1 der Produktlinie A weist dagegen keine Verbindungen zum übrigen Leistungsprogramm auf. Auch das Ressourcenbündel 4 dient lediglich der einen Produktlinie C.

Bei dieser **ersten Quelle von Verbundeffekten** geht es um die Nutzung von bestehenden, Unternehmen bereits zur Verfügung stehenden strategischen Ressourcenbündeln. Bei ständig wechselnden Markt- und Konkurrenzbedingungen, wie sie typisch sind für technologieintensive, dynamische Branchen, werden Wettbewerbsvorteile nur von begrenzter Dauer sein.

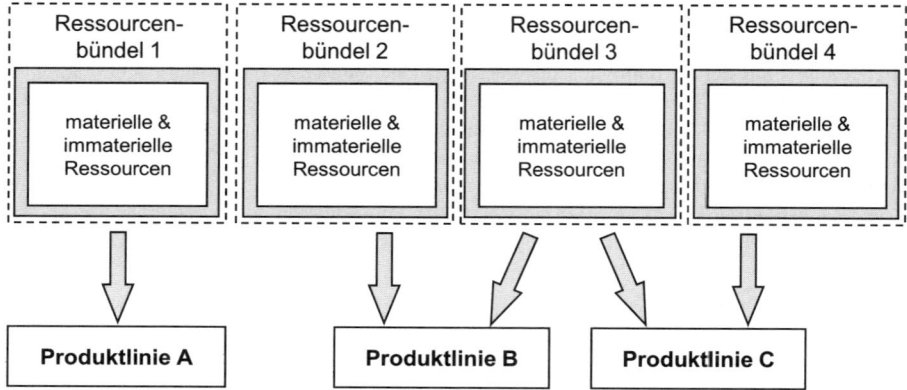

Abb. 132: Verbundvorteile durch gemeinsame Nutzung von Ressourcen

In dynamischen Umwelten sind Unternehmen beständig gezwungen, sich an veränderte Bedingungen anzupassen und diese aktiv mitzugestalten. (Nicht diversifizierte) Wettbewerber sorgen durch Substitution und Imitation des Ressourcenprofils für die Erosion des Wettbewerbsvorteils. Verbund- und Wettbewerbsvorteile, die auf einem vorhandenen Bestand an materiellen und immateriellen Ressourcen beruhen, haben in dynamischen Umwelten deshalb nur begrenzten Bestand. Die Betrachtung von Verbundvorteilen aus einer statischen Perspektive ignoriert das Potenzial der verbundenen Diversifikation zur Schaffung langfristiger Wettbewerbsvorteile. Der entscheidende langfristige Vorteil der verbundenen Diversifikation liegt weniger in der kurzfristig ausgerichteten Nutzung von (statischen) Verbundvorteilen, sondern vielmehr in dem Potenzial des Unternehmens, neue Ressourcenbündel schneller und zu geringeren Kosten auf- und ausbauen zu können als (nicht diversifizierte) Wettbewerber (vgl. Markides/Williamson 1994, S. 150). Das Konzept des langfristigen Vorteils der verbundenen Diversifikation basiert letztlich auf den dynamischen Fähigkeiten eines Unternehmens zur permanenten Erneuerung und Rekombination seiner Ressourcen i. e. S. und (Kern-)Kompetenzen (vgl. Kapitel B II 3 c).

Die **Verteidigungsfähigkeit des Wettbewerbsvorteils** ist umso größer, je schwerer substituierbar der Bestand an Vermögenswerten ist und je stärker die Barrieren für die Akkumulation identischer Ressourcenprofile sind. Immaterielle und vor allem kompetenzbasierte Ressourcen des Unternehmens sind nur unvollkommen imitierbar bzw. mangelhaft substituierbar und bilden damit die entscheidende Grundlage für verteidigungsfähige Wettbewerbsvorteile (vgl. Rumelt 1984). Allerdings sind durchaus auch Fälle denkbar, in denen unternehmensspezifische, komplexe Kombinationen physischer Ressourcen i. e. S., wie bspw. spezialisierte Laborausstattungen, die Quelle für einen langfristigen Wettbewerbsvorteil darstellen. Kompetenzen werden ausschließlich über interne Akkumulation geschaffen (vgl. Markides/Williamson 1994, S. 149 ff.). Der externe Erwerb über Allianzen oder Akquisitionen entspricht in aller Regel nicht vollständig den Anforderungen des Unternehmens, eine Anpassung an den unternehmensspezifischen Kontext ist erforderlich.

Die interne Akkumulation kompetenzbasierter Ressourcen ist jedoch mit Barrieren und Reibungsverlusten verbunden. Würden die Akkumulationsprozesse reibungslos verlaufen und könnten Wettbewerber diese zu geringen Mehrkosten beschleunigen, dann ist es für ein Unternehmen nicht möglich, einen Wettbewerbsvorteil auf lange Frist zu verteidigen oder gar auszubauen. **Vier Barrieren**, die zu Reibungsverlusten bei **interner Akkumulation** von strategischen Ressourcen führen, lassen sich unterscheiden (vgl. Dierickx/Cool 1989, S. 1507 ff.):

- **Zeitdruck**: In innovativen, dynamischen Aktivitätsfeldern besteht ein Zeitdruck bei der Akkumulation strategischer Ressourcen. Die Beschleunigung der Akkumulation der Ressourcen innerhalb verkürzter Frist führt zu überproportional steigenden Zusatzkosten infolge des Zeitdrucks. Mehrkosten entstehen durch den höheren Aufwand bei gleichzeitig höherer Fehlerquote, da die Möglichkeiten zum Testen und Ausprobieren während des beschleunigten Akkumulationsprozesses stark eingeschränkt sind.

- **Akkumuliertes Vorwissen**: Bei einem (noch) geringen Bestand an Ressourcen ist der Prozess der Akkumulation relativ kosten- und zeitintensiv. Aufgrund von Lern- und Erfahrungskurveneffekten sinken die zusätzlichen Kosten der weiteren Akkumulation mit zunehmendem Bestand an Ressourcen bzw. verwandtem Vorwissen.

- **Mangelnde Separierbarkeit der Ressourcen**: Die **Akkumulation** strategischer Vermögenswerte erfordert komplementäre Ressourcen. Je komplexer und verwobener der erforderliche Bestand an Ressourcen ist, desto größer ist die Akkumulations- und Imitationsbarriere bei einem noch geringen Bestand an strategischen Ressourcen.

- **Ex ante Unsicherheiten**: Bei der Akkumulation strategischer Vermögenswerte bestehen Doppeldeutigkeiten (‚Causal Ambiguities‘). Die für den Aufbau eines Wettbewerbsvorteils erforderlichen Ressourcen und Prozesse sind ex ante nicht immer eindeutig identifizierbar. Diese kausalen Unsicherheiten erhöhen den Zeit- und Kostenaufwand der Akkumulation.

Die **zweite Quelle von Verbundvorteilen** liegt darin begründet, dass diversifizierte Unternehmen die skizzierten Barrieren bei der internen Akkumulation von Ressourcen leichter überwinden als nicht diversifizierte Wettbewerber. Ein diversifiziertes Unternehmen verfügt über einen umfangreichen Bestand an Fähigkeiten und Erfahrungen, die es beim Aufbau und bei der Betätigung in angestammten Geschäftsfeldern erworben hat. Diese Kompetenzen kann das Unternehmen einsetzen, um die Barrieren bei der Schaffung neuer Ressourcenbündel und bei der Übertragung „überschüssiger" Ressourcen in neue Geschäftsfelder zu verringern. Diversifizierte (bzw. sich diversifizierende) Unternehmen können strategische Ressourcenbündel schneller und billiger aufbauen als nicht diversifizierte Unternehmen (vgl. Markides/ Williamson 1994, S. 149 ff.; Prahalad/Hamel 1990). Aus dieser kompetenzbasierten Perspektive ist ein diversifiziertes Unternehmen in der Lage, einen langfristigen, dynamischen Vorteil aus der Verbundenheit zu ziehen, der nur bedingt auf den ursprünglichen statischen Konzepten zu Verbundvorteilen beruht. Abb. 133 visualisiert den Zusammenhang der dynamischen Verbundvorteile bei der Schaffung neuer Ressourcenbündel: Die in der angestammten Produktlinie A erworbenen und eingesetzten Kompetenzen werden bei der Diversifikation in die neuen Produktlinien B und C sowie bei der dafür erforderlichen Akkumulation neuer Ressourcenbündel verwendet. Abb. 133 zeigt damit sowohl statische als auch dynamische Verbundvorteile.

Die **dritte Quelle von Vorteilen** der verbundenen Diversifikation ist in der Veredelung der angestammten Ressourcenbündel selbst zu sehen. Durch den wiederholten Einsatz der Ressourcen im Rahmen der Diversifikationsschritte kommt es zunächst zu einer Vertiefung der vorhandenen Fähigkeiten und Erfahrungen. Darüber hinaus müssen die vorhandenen Ressourcen, die bei der Akkumulation von Vermögenswerten in den neuen Geschäftsfeldern zum Einsatz kommen, dem veränderten Kontext angepasst werden.

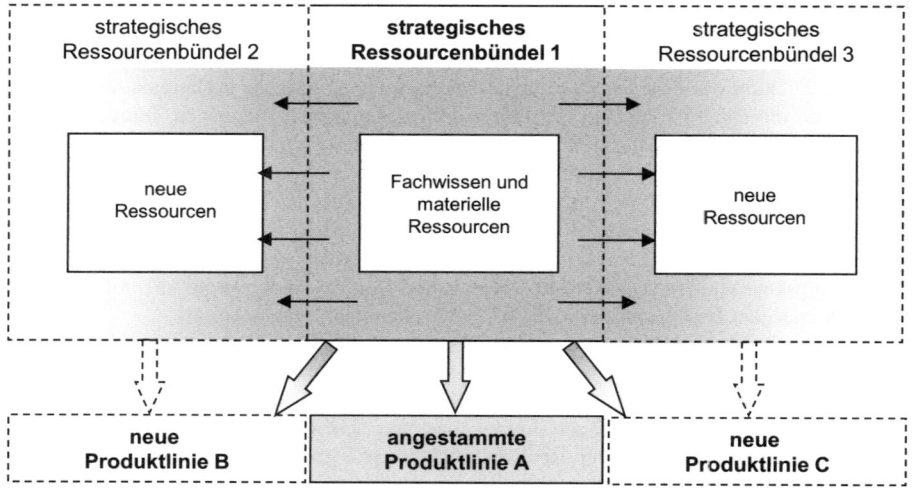

Abb. 133: Dynamische Verbundvorteile bei der Schaffung neuer Ressourcen

Die mit dieser Anpassung verbundenen Lernprozesse auf individueller und organisatorischer Ebene erweitern sowohl die angestammten Fähigkeiten und Erfahrungen als auch das spezifische Fachwissen. Aus dieser ebenfalls dynamischen Perspektive führt die verbundene Diversifikation so nicht nur zu einer Vertiefung, sondern ebenfalls zur Verbreiterung der angestammten Ressourcenbasis. Im Fallbeispiel Johnson&Johnson profitieren die angestammten Geschäftssparten Pharma und Medizinprodukte von den jüngsten Diversifikationsschritten des Unternehmens in das Geschäft mit Biotechnologie. Das neu erworbene Wissen in der Biotechnologie hat auch den Erfahrungs- und Fähigkeitshorizont in den „alten" Produktbereichen erweitert und dort bereits zu neuen Anwendungen geführt. So hat Johnson&Johnson im Geschäftsbereich Pharma arzneimittelbezogene „Biomarker" entwickelt, die anzeigen, ob und wie ein pharmazeutischer Wirkstoff bei Patienten anschlägt und wie der Organismus diesen Wirkstoff umsetzt. Abb. 134 verdeutlicht den Zusammenhang der Erweiterung und Veredelung bestehender Ressourcen.

Aus Sicht der ressourcenbasierten Theorie ist ein Unternehmen mit verbundenen Diversifikationsstrategien in der Lage, sowohl statische als auch dynamische Verbundeffekte zu realisieren. Aus einer statischen Perspektive können Unternehmen ihre überlegenen Ressourcenbündel zur Schaffung von Wettbewerbsvorteilen in verschiedenen Anwendungsfeldern nutzen und die Kosten für die Ressourcen auf mehrere Geschäftsfelder verteilen. Diese Art von Verbundeffekten gründet sich auf bereits vorhandene Ressourcen und stiftet dem diversifizierten Unternehmen Wettbewerbsvorteile, zumindest auf kurze und mittlere Frist. Aus dynamischer Sicht gründen sich langfristige Verbundvorteile auf dem Einsatz kompetenzbasierter Ressourcen in neuen Produktlinien. Der Einsatz bestehender Fähigkeiten und Erfahrungen kann bei der Akkumulation neuer Ressourcenbündel genutzt werden und führt über Lerneffekte zu einer Veredelung der vorhandenen Ressourcenbasis. Derartige Lerneffekte stellen überschüssige Ressourcen im Sinne von *Penrose* (1959) dar. Der langfristige Vorteil der verbundenen Diversifikation liegt somit in der höheren Effektivität der Prozesse zur Schaffung neuer (und Erweiterung bestehender) strategischer Ressourcenbündel begründet. Damit ist die in der transaktionskostentheoretischen Betrachtung im Mittelpunkt stehende Frage nach der internen oder externen Verwendung überschüssiger Ressourcen nicht mehr von Relevanz. Der externe Transfer von Kompetenzen und dynamischen Fähigkeiten über den Markt ist unmöglich. Auch die gemeinsame Nutzung überschüssiger Ressourcenbündel und Kompetenzen ist nur bedingt mit externen Kooperationspartnern realisierbar. Unternehmensspezifische, d. h. idiosynkratische Ressourcen sind nicht oder nur mit hohem Wertverlust über den Markt handelbar. Die Frage nach der organisatorischen Lösung ist aus der ressourcen- und kompetenzbasierten Sicht der verbundenen Diversifikation bereits mit dem Wesen der Verbundeffekte beantwortet.

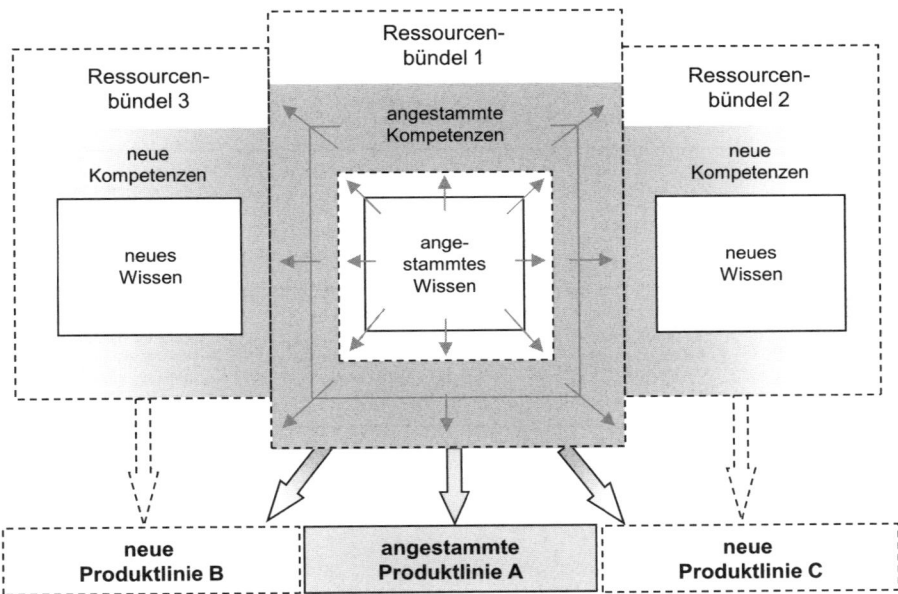

Abb. 134: Dynamische Verbundvorteile
durch Veredelung und Erweiterung bestehender Ressourcen

d. Zusammenfassung

Die drei dargestellten Erklärungsansätze zu Verbundvorteilen der Produktdiversifikation liefern komplementäre, aufeinander aufbauende Beiträge, wie verbundene Diversifikationsstrategien zu verteidigungsfähigen Wettbewerbsvorteilen führen. Die **neoklassischen Ansätze** bieten zunächst ein formales Konzept über das Wesen von Verbundeffekten in Abgrenzung zu Größenvorteilen. Ein Unternehmen ist durch die gemeinsame Nutzung von Inputfaktoren in verschiedenen Produktlinien in der Lage, Kosteneinsparungen zu realisieren, vorausgesetzt es besteht Nichttrivialität in der Nutzung. Die **Transaktionskostenansätze** präzisieren diese Argumentation und ergänzen das Konzept um die geeignete organisatorische Lösung. Ein Unternehmen wird dann die interne Diversifikationslösung wählen, wenn bei einer hohen Spezifität und häufigen Nutzung der Inputleistungen infolge von Unvollkommenheiten eine Marktlösung nicht oder nur mit hohen Transaktionskosten und Risiken zu realisieren ist. In den **ressourcen- und kompetenzbasierten Ansätzen** wird das Konzept der Verbundvorteile schließlich weiter verfeinert und das Zustandekommen von verteidigungsfähigen Wettbewerbsvorteilen erklärt. Wettbewerbsvorteile entstehen einem Unternehmen durch die Nutzung von statischen und dynamischen Verbundeffekten. Auf mittlere Frist erzielt das Unternehmen durch die Nutzung von unternehmensspezifischen, strategischen Ressourcenbündeln in mehreren Geschäftsfeldern Wettbewerbsvorteile. Verteidigungsfähige Wettbewerbsvorteile erzielt das Unternehmen darüber hinaus bei der Akkumulation neuer Vermögenswerte durch den Einsatz kompetenzbasierter Ressourcen. Abb. 135 fasst die Kernaussagen zusammen.

Oberziel	Erklärungsansätze/ Theorien	Kernaussagen		Stärken/Schwächen
Verbundvorteile (Rentabilität)	**Neoklassik**	▸ Verbundvorteile durch Kosteneinsparungen bei gemeinsam nutzbaren Inputfaktoren	(+)	grundlegendes formales Konzept der Verbundvorteile in Abgrenzung zu Skaleneffekte
		▸ Erfüllung des Nichttrivialitätsaxioms als Bedingung für gemeinsame Nutzung	(-)	keine Erklärung langfristiger Wettbewerbsvorteile und der geeigneten organisatorischen Lösung
	Transaktionskostentheorie	▸ Marktunvollkommenheiten führen zur Diversifikation	(+)	Erklärung der internen Nutzung von Verbundvorteilen (organisatorische Lösung)
		▸ Diversifikationslösung ist vorteilhaft bei häufiger Nutzung und hoher Spezifität der Inputfaktoren	(-)	keine Erklärung, wie Verbundvorteile zu verteidigungsfähigen Wettbewerbsvorteilen führen
	Ressourcen-/ Kompetenzbasierte Theorie	▸ komplexe Ressourcenbündel stiften Wettbewerbsvorteile	(+)	Erklärung langfristiger Wettbewerbsvorteile durch statische und dynamische Verbundvorteile
		▸ statische Verbundvorteile über Nutzung von Ressourcen und dynamische Verbundvorteile über den Einsatz von Kompetenzen	(+)	Erklärung der internen Nutzung (organisatorische Lösung) über das Wesen der Verbundeffekte

Abb. 135: Erklärungsansätze zu Verbundvorteilen der Produktdiversifikation

5. Negative Diversifikationseffekte

Negative Diversifikationseffekte ergeben sich, analog zu negativen Skaleneffekten, infolge eines zu stark gestiegenen Diversifikationsgrades der Unternehmen (vgl. Besanko et al. 2007, S. 91 ff.). Im Zuge der Verbreiterung der Geschäftsaktivitäten kommt es mit zunehmendem Diversifikationsgrad zu einem überproportional starken **Anstieg des Koordinations- und Kontrollaufwands** in Relation zum realen Output. Die zusätzlichen Kosten der Ausdehnung der Aktivitäten entstehen dabei überwiegend im Rahmen der Anstellung, Ausbildung und Integration zusätzlicher Führungskräfte. Die verbreiterte Leitungsspanne verursacht darüber hinaus Ineffizienzen in der Unternehmensführung. Beschränkte Informationsaufnahme- und Verarbeitungskapazitäten des Managements führen zu einer Verzerrung und einem Verlust an Informationen. Ein starker Anstieg des Diversifikationsgrades führt demzufolge nicht nur zu einem direkten Kostenanstieg, sondern auch zu einer Einschränkung der Möglichkeiten, Verbundeffekte überhaupt wahrnehmen und realisieren zu können. Die (unvollständig ausgeschöpften) Verbundvorteile werden konterkariert durch die gestiegenen Kosten des Zugangs zu und der Verarbeitung von Informationen. Aufgrund gestiegener Informationsverarbeitungskosten tendiert das Management zudem zur Konzentration auf finanzielle Kontrollinstrumente und riskiert die Vernachlässigung strategischer Kontrollmechanismen (vgl. Hitt et al 1997, S. 767 ff.; Hoskisson/Hitt 1990; Nguyen et al. 1990, S. 411 ff.; Rumelt 1982; Wolf 1994, S. 347 ff.).

Negative Diversifikationseffekte stellen letztlich eine Funktion der externen Komplexität dar, mit der ein Unternehmen konfrontiert ist. Je breiter das Spektrum an Geschäftsfeldern ist, desto vielfältiger sind die Umwelteinflüsse, denen sich ein Unternehmen ausgesetzt sieht. Die Komplexität und daraus entstehende Unsicherheiten nehmen mit steigendem Diversifikationsgrad zu. Demzufolge besteht ein kurvenförmiger Zusammenhang zwischen Diversifikationsgrad und Unternehmenserfolg. Bei einem geringen Diversifikationsgrad besteht ein positiver Zusammenhang zwischen Diversifikation und Unternehmenserfolg, bei einem hohen Diversifikationsgrad dagegen ein negativer Zusammenhang. Ein Unternehmen kann sich bis zu einem optimalen Grad diversifizieren. Jenseits des Optimums wiegen die zusätzlichen Kosten der Diversifikation die zusätzlichen Vorteile auf. Die jeweilige Lage des Optimums bestimmt sich individuell für jedes Unternehmen durch die verfügbaren Ressourcen und die spezifische Konfiguration externer Einflussfaktoren.

Kritisch ist anzumerken, dass die Erklärungsansätze zu negativen Diversifikationseffekten nicht eindeutig von den negativen Skaleneffekten zu trennen sind (Besanko et al. 2007, S. 91 ff.; Hoskisson/Hitt 1990; Markides 1995, S. 9 f.). Eine präzise Unterscheidung zwischen negativen Kosteneffekten infolge einer zunehmenden Unternehmensgröße und negativen Diversifikationseffekten aufgrund der gestiegenen Vielfalt der Aktivitäten ist nicht möglich. Die Argumente zu negativen Diversifikationseffekten berücksichtigen zudem nicht die vom Unternehmen eingeschlagene Diversifikationsstrategie und knüpfen lediglich am Diversifikationsgrad des Unternehmens an. Tendenziell sind aber die unmittelbaren, negativen Kosteneffekte der Unternehmensdiversifikation bei verbundenen Strategien aufgrund der geringeren Heterogenität der Aktivitäten weniger stark ausgeprägt als bei unverbundenen Strategien.

6. Organisations- und Markteintrittsformen bei Diversifikationsstrategien

Aus konzeptioneller Sicht beeinflussen zahlreiche Drittvariablen und „Störgrößen" die positive Kausalbeziehung zwischen der verbundenen Produktdiversifikation und dem Unternehmenserfolg. Zu den beiden wichtigsten Drittvariablen, die dem direkten Einfluss der Unternehmensführung unterliegen, zählen (1) die **Markteintrittsstrategie** und (2) die **Organisationsform** des diversifizierten Unternehmens. Entscheidungen über die Diversifikationsstrategie sind zunächst immer mit der Wahl der Markteintrittsstrategie verknüpft (vgl. Bergh 1997; Pitts 1976; Simmonds 1990, S. 399 ff.).

a. Diversifikationsstrategie und Markteintrittsformen

In den neueren theoretischen Erklärungsansätzen zur Diversifikation wird die Ansicht vertreten, dass die Wahl der Diversifikationsstrategie unmittelbaren Einfluss auf die zu wählende Markteintrittsstrategie hat. Grundsätzlich ist bei der Markteintrittsstrategie zwischen den beiden Extremformen der Diversifikation über **internes** und der Diversifikation über **externes Wachstum**, d. h. Akquisitionen, zu unterscheiden (vgl. u. a. Busija et al. 1997, S. 321 ff.). Neben diesen extremen Ausprägungsformen können die Geschäftsaktivitäten auch mittels zahlreicher Zwischenformen erweitert werden, z. B. durch Mehrheitsbeteiligungen, Lizenznahmen, Joint Ventures, Ausgründungen, interne Ausgründungen (‚Corporate Entrepreneurship'), strategische Allianzen und durch die Bereitstellung von Venture-Capital an unabhängige Unternehmen (vgl. dazu Gee 1994; Gomez/Ganz 1992, S. 44 ff.; Kay 1998, S. 226 ff.; Roberts/Berry 1985).

Die vorherrschende Meinung geht davon aus, dass Unternehmen mit verbundenen Diversifikationsstrategien bevorzugt interne Entwicklungsstrategien verfolgen sollten, während Akquisitionen für Unternehmen mit unverbundenen Diversifikationsstrategien geeignet sind (zu einer detaillierten Darstellung der Begründungszusammenhänge vgl. u. a. Busija et al. 1997, S. 321 ff.; Pitts 1976; Simmonds 1990, S. 399 ff.). Komplexe, unternehmensspezifische Ressourcenbündel und insbesondere (Kern-)Kompetenzen sowie dynamische Fähigkeiten sind nicht oder nur bedingt und mit hohem Wertverlust über den Markt handelbar. Unternehmen schaffen deshalb spezifische Ressourcenkombinationen bevorzugt über interne Akkumulation und tendieren zur internen Verwendung (vgl. Markides 1995; Markides/Williamson 1994). Ressourcenkombinationen, die schnell und/oder billig über externe Quellen erlangt werden, können nur kurzfristig einen strategischen Vorteil bieten (vgl. dazu auch die Ausführungen in D I 4 c). Streben Unternehmen dennoch einen externen Erwerb der Ressourcen an, so ist zu beachten, dass Verbundeffekte bei der Diversifikation nur dann zu realisieren sind, wenn eine Integration der neuen Geschäftsbereiche in die bestehenden Strukturen und Prozesse erfolgt. Extern erworbene Ressourcenbündel entsprechen nicht vollständig den Anforderungen des Unternehmens, eine Anpassung an den spezifischen Kontext ist erforderlich. Bei Akquisitionen nimmt gerade dieser Integrationsprozess eine gewisse Dauer in Anspruch und verursacht z. T. hohe Reibungsverluste (vgl. Simmonds 1990, S. 399). In einigen neueren Untersuchungen über den Zusammenhang zwischen Diversifikationsstrategie und Markteintrittsform wird die Annahme der Existenz einer eindeutig überlegenen Strategie jedoch wieder verworfen (vgl. Busija et al. 1997 sowie auch Simmonds 1990).

b. Organisatorische Verankerung von Diversifikationsstrategien

Neben der Markteintrittsstrategie übt auch die Wahl der **Organisationsform** einen Einfluss auf die Erfolgswirkung verbundener Diversifikationsstrategien aus. Zur Unterstützung der verbundenen Diversifikationsstrategie muss das Unternehmen für geeignete organisatorische Strukturen und Prozesse sorgen (vgl. dazu Granstrand/Sjölander 1990; Hill/Hoskisson 1987; Hill et al. 1992; Kazanjian/Drazin 1987, S. 342 ff.). Die Realisierung von Verbundvorteilen bei verbundener Diversifikation erfordert die Zusammenarbeit und Koordination zwischen den Geschäftsbereichen (zu Strukturen bei unverbundener Diversifikation vgl. Noelting 1996, S. 146 ff.). In diversifizierten Unternehmen mit **divisionalen Organisationsstrukturen** besteht die Gefahr, dass Gemeinsamkeiten zwischen den Geschäftsfeldern nicht genutzt werden. Divisionale Strukturen bergen das Risiko, dass strategische Vermögenswerte in den angestammten Geschäftsfeldern „gefangen" bleiben und damit die Realisierung von Verbundvorteilen unterbleibt (vgl. Christensen 1998, S. 5; Clarke/Brennan 1990, S. 9 ff.). *Szulanski* (1996) spricht in diesem Kontext von ‚Internal Stickiness'.

Diese Gefahr verstärkt sich, wenn die Einführung divisionaler Organisationsstrukturen in diversifizierten Unternehmen (und damit verbunden die Delegation von Verantwortung auf die Ebene der Geschäftsbereiche) mit der Errichtung finanzieller **Top Down-Kontrollsysteme** einhergeht (vgl. Christensen 1998, S. 2; Hitt et al. 1990, S. 33). In diesen Fällen tendieren Geschäftsbereiche dazu, die aus ihrer Sicht „altruistische" Weitergabe strategischer Ressourcen an konkurrierende Geschäftsbereiche zu verhindern. Die volle Erfolgswirkung verbundener Diversifikationsstrategien ist deshalb nur über die Institutionalisierung von Verbindungen zwischen den Geschäftsbereichen und die Schaffung komplementärer Anreizsysteme realisierbar. In diesem Kontext wird regelmäßig angemahnt, den Transfer von strategischen Vermögenswerten zwischen Geschäftsbereichen über interne organisatorische Kanäle und Mechanismen sicherzustellen, bspw. durch die Versetzung von Mitarbeitern (vgl. Hill/Hoskisson 1987; Hill et al. 1992; Markides 1995; Markides/Williamson 1994, S. 149 ff.).

Eine eng an die Organisationsstruktur gekoppelte Drittvariable mit ähnlicher Wirkung ist das **Entgeltsystem** im Unternehmen. Empirische Untersuchungen stützen die These, dass die Abstimmung zwischen Diversifikationsstrategie und der Wahl des Entgeltsystems einen positiven Effekt auf den Unternehmenserfolg hat (vgl. u. a. Gomez-Mejia 1992, S. 381 ff.; Markides/Williamson 1996, S. 340 ff.). So sollte bei verbunden diversifizierten Unternehmen das Entgeltsystem auf der Geschäftsbereichsleiterebene konkrete Anreize für den Austausch von Ressourcen zwischen den Geschäftsbereichen vorsehen. Eine ausschließliche Kopplung der erfolgsorientierten Entlohnungsbestandteile der Divisionsmanager an die Performance ihrer eigenen Geschäftsbereiche hemmt dagegen die volle Ausschöpfung vorhandener Verbundpotenziale (vgl. Boyd et al. 1998).

7. Verständnisfragen

a. Warum diversifizieren sich Unternehmen? Welche grundsätzlichen Argumente sprechen für die verbundene Diversifikation und welche für die konglomerate, d. h. die unverbundene Diversifikation?

b. Warum strafen Kapitalmärkte (z. B. institutionelle Anleger an Börsen) die Strategie der unverbundenen Diversifikation von Unternehmen mit Kursabschlägen ab (Conglomerate Discount)? Sind diese Kursabschläge aus Ihrer Sicht berechtigt?

c. Welche Bedingungen müssen für das Vorliegen von traditionellen Verbundeffekten erfüllt sein? Nennen Sie Beispiele für Verbundvorteile („Synergien") in der unternehmerischen Praxis.

d. Skizzieren Sie Fälle, in denen Diversifikations- und Wachstumsschritte von Unternehmen primär durch Eigeninteressen des Managements getrieben sind, jedoch den eigentlichen Unternehmenszielen und insbesondere dem Unternehmenswert nicht zuträglich sind.

e. Wie beurteilen Sie die folgenden Diversifikationsschritte hinsichtlich ihrer Zielsetzung und ökonomischen Sinnhaftigkeit?

- Der italienische Süßwaren- und Schokoladenhersteller Ferrero plant in 2011 die Übernahme eines Mehrheitsanteils am italienischen Milchkonzern Parmalat.

- Der deutsche Medienkonzern Bertelsmann AG veräußert in 2009 sein Musikgeschäft („Bertelsmann Music Group") an den japanischen Unterhaltungselektronikkonzern Sony Corp.

- Der deutsche Automobilkonzern Daimler Benz AG akquiriert unter der Ägide des Vorstandsvorsitzenden Edzard Reuter ab Mitte der 1980er Jahre u. a. den Elektronikkonzern AEG (1985), den Flugzeughersteller Dornier (1985), den Motoren- und Turbinenproduzenten MTU (1985), den Rüstungskonzern Messerschmidt-Boelkow-Blohm (1989) sowie den niederländischen Flugzeughersteller Fokker (1992).

- Unter Reuters Nachfolger Jürgen Schrempp veräußert die Daimler Benz AG ab 1995 die Anteile an den Unternehmen Dornier, Fokker und AEG (siehe oben). Unter Schrempp erfolgt in 1998 die Fusion mit dem U. S.-amerikanischen Automobilhersteller Chrysler Corporation zur DaimlerChrysler AG.

- Unter der Leitung von Dieter Zetzsche – dem Nachfolger von Jürgen Schrempp im Vorstandsvorsitz der DaimlerChrysler AG – wird die „Ehe" mit Chrysler wieder gelöst. 2007 trennt sich das Unternehmen von Chrysler und verkauft 80,1 % der Chrysler-Anteile an die Investmentgesellschaft Cerberus. Seither firmiert der deutsche Automobilkonzern unter dem Namen Daimler AG.

f. Welche Formen der Aufbauorganisation (siehe Kapitel C IV) eignen sich einerseits zur Unterstützung der Strategie der verbundenen Diversifikation und welche andererseits zur Unterstützung der unverbundenen Diversifikation?

II. Internationalisierung

Während im vorhergehenden Kapitel D I die Diversifikation der Unternehmenstätigkeit in neue Produkt-Märkte dargestellt wurde, geht es im vorliegenden Kapitel II um die geografische Diversifikation. Geografische Diversifikation meint in diesem Kontext die Ausdehnung der Geschäftstätigkeit auf ausländische Märkte. Die Internationalisierung der Geschäftstätigkeit von Unternehmen kann prinzipiell über drei **verschiedene Markteintrittsformen** erfolgen: (1) Unternehmen können ihre Absatztätigkeit über **Exporte** auf ausländische Märkte ausdehnen; (2) Unternehmen können ausländische Märkte alternativ dazu mit Hilfe eines **Kooperationspartners**, bspw. über die Zwischenschaltung eines Lizenz- oder Franchisenehmers bearbeiten; und (3) Unternehmen können schließlich auf ausländischen Märkten in den **Aufbau eigener Wertschöpfungs- und Produktionskapazitäten** investieren, um den dortigen Markt zu bearbeiten oder auch nur um Standortvorteile vor Ort zu nutzen. Ähnlich wie die Diversifikation in neue Produktmärkte stellt die Internationalisierung einen wichtigen strategischen Ansatzpunkt des Wachstums und der Entwicklung von Unternehmen dar.

Warum wird im Rahmen dieses Lehrbuchs die geografische Diversifikation losgelöst von der Produktdiversifikation betrachtet? Für eine separate Betrachtung sprechen mindestens zwei Gründe: Zum einen stellen die Produktdiversifikation und die Internationalisierung zwei substitutive Strategien des Unternehmenswachstums dar. Angesichts limitierter Ressourcen und des hohen Risikos werden Unternehmen nur selten beide Strategien parallel verfolgen (vgl. Gerybadze/Stephan 2007, S. 38). Zum anderen haben veränderte Rahmenbedingungen nicht nur zu der viel zitierten Dynamisierung, sondern vor allem zu einer Globalisierung des Wettbewerbs und der Märkte geführt, was Unternehmen – sowohl Großkonzerne als auch klein- und mittelständisch geprägte Unternehmen – vor neue Herausforderungen stellt. Mit der Darstellung der veränderten Rahmenbedingungen und Faktoren der Globalisierung aus unternehmerischer Sicht beginnt dieses Kapitel zur Internationalisierung (D II 1). Im Anschluss daran werden in D II 2 zentrale Begrifflichkeiten des Internationalen Managements geklärt: Was versteht man eigentlich genau unter einem multinationalen Unternehmen und was sind ausländische Direktinvestitionen? In Kapitel D II 3 werden dann die wichtigsten theoretischen Erklärungsansätze zur Internationalisierung der Unternehmenstätigkeit vorgestellt. Die Darstellung der relevanten Theorie orientiert sich an den bereits bekannten theoretischen Grundlagen des Lehrbuches. In Kapitel D II 4 erfolgt abschließend eine Darstellung der Besonderheiten der strategischen Unternehmensführung in international tätigen Unternehmen: Der Fokus der Darstellung liegt dabei zum einen auf den strategischen Orientierungen, die sich Unternehmen bei der Internationalisierung ihrer Geschäftstätigkeit bieten, und zum anderen auf den verschiedenen Markteintrittsstrategien zur internationalen Ausdehnung ihrer Geschäftstätigkeit.

1. Rahmenbedingungen und Faktoren der Globalisierung aus unternehmerischer Sicht

Betrachtet man die Rahmenbedingungen der Globalisierung, so lassen sich **vier verschiedene Faktoren** bzw. Faktorenklassen unterscheiden, welche in den letzten 30 Jahren zu einer nachhaltigen Dynamisierung und Internationalisierung des Wettbewerbs geführt haben (vgl. dazu u. a. Dunning 1997, S. 33 ff.; Henzler 1999, S. 3 ff.; Welge/Holtbrügge 2010, S. 26 ff.).

a. Technologische Dimension

Wesentliche Globalisierungsimpulse gingen in den letzten 30 Jahren von wissenschaftlichen und technologischen Entwicklungen aus. Allerdings sind in der technologischen Dimension der Globalisierung wechselseitige Kausalitäten zu beobachten. Zum einen stimulieren technologische Entwicklungen die Globalisierungstendenzen, zum anderen führt die Globalisierung der Weltwirtschaft auch zu einer Dynamisierung von Innovationsprozessen und damit zu einer höheren Rate des wissenschaftlich-technologischen Fortschritts.

aa. Technologische Entwicklungen als Globalisierungstreiber

Technologische Entwicklungen in der Elektronik (Mikroelektronik, Optoelektronik etc.), der Telekommunikation, der Materialtechnik und der Materialverarbeitung haben zu neuartigen Anwendungen in der Datenverarbeitung und Datenübertragung geführt. Diese Innovationen in der Datenverarbeitung und bei Übertragungsmedien (u. a. optische Glasfaser- und Mobilfunknetze) erleichtern den weltweiten Datenaustausch und haben die **Kommunikationskosten** drastisch gesenkt. So kostet heute ein dreiminütiges Telefongespräch zwischen London und New York nur mehr etwa zwanzig Cent, während dafür im Jahre 1930, in heutigen Preisen ausgedrückt, noch etwa 245 U. S.-Dollar aufgewendet werden mussten (vgl. Dicken 2003; OECD 2008a).

Exkurs: Glasfasertechnik

Die Einführung von Glasfasertechnik in den weltweiten Telekommunikationsnetzen hat zu einer drastischen Erhöhung der Übertragungskapazitäten bzw. -geschwindigkeiten und zu einer Senkung der Kommunikationskosten geführt. Glasfasertechnik ist ein Übertragungsmedium für Sprache, Daten und Bilder. Glasfaserkommunikationssysteme übertragen Daten auf optischem Wege und sind wichtiger Bestandteil moderner und leistungsfähiger Telekommunikations- und Datennetze. Infolge der hohen Frequenzen des Lichts sind Glasfasernetzsysteme durch ihre herausragende Übertragungskapazität und Geschwindigkeit anderen kabelgebundenen Übertragungstechniken (Kupferkabel oder Koaxialkabel mit analoger Vermittlungstechnik oder mit digitaler ISDN- oder XDSL-Vermittlungstechnik) und nicht kabelgebundenen Übertragungstechniken (GSM Mobilfunk, PCS Mobilfunk, Richtfunk, UMTS, Next Generation Mobilfunk Netze (4G/LTE), Wireless Local Lan Netze, Satellitenfunk etc.) überlegen. Hinzu kommt, dass Glasfasern aufgrund ihrer geringen Dämpfung Daten über wesentlich größere Entfernungen übertragen können als andere kabelgebundene Leitungen. Standard in derzeitigen Glasfasernetzen sind 2,5 bzw. 40 Gbit/s. Durch geschickte Beschaltung der Fasern mit Hilfe von sogenannten Wellenlängenmultiplexverfahren ist es zudem möglich, mehrere Signale über die gleiche Faser und im gleichen Wellenlängenfenster zu senden und sie am anderen

> Ende wieder voneinander zu trennen. Auf diese Weise lassen sich mehrere Kanäle pro Fenster über die gleiche Faser übertragen. Mit entsprechend trennscharfen Filtern können heute bis zu 160 Kanäle mit je 40 Gbit/s über eine Faser übertragen werden (vgl. Burr/Stephan 2007, S. 647). Das verschafft modernen optischen Netzen eine Übertragungskapazität von bis zu 6,4 Tbit/s, was in etwa 80 Mio. Telefonkanälen mit je 64 Kbit/s. entspricht.

Abb. 136: Exkurs zur Entwicklung der Glasfasertechnik

Neue Transporttechnologien haben zu einer kontinuierlichen Senkung der **Transportkosten**, zu einer Steigerung der Transportkapazitäten und -geschwindigkeiten sowie zu einer Erhöhung der Zuverlässigkeit geführt. Als wichtigste technologische Neuerungen in den letzten achtzig Jahren gilt im Schiffsverkehr die Einführung von Containern und im Lufttransport die Indienststellung von Düsenverkehrsflugzeugen mit großen Ladekapazitäten. Abb. 137 gibt einen Überblick über die Entwicklung der Transportkosten im Bereich der Luft- und Seefracht sowie der Telekommunikationskosten seit den 1930er Jahren des letzten Jahrhunderts. Die Daten sind allerdings mit Vorsicht zu interpretieren, da Zeitreihenabbildungen der einzelnen Transport- und Telekommunikationskosten aus unterschiedlichen Quellen zusammengestellt werden müssen (vgl. Hummel 2007, S. 135 ff.).

Transport- und Kommunikationskosten, 1930 bis 2010
(in konstanten Preisen, 1930 = 100)

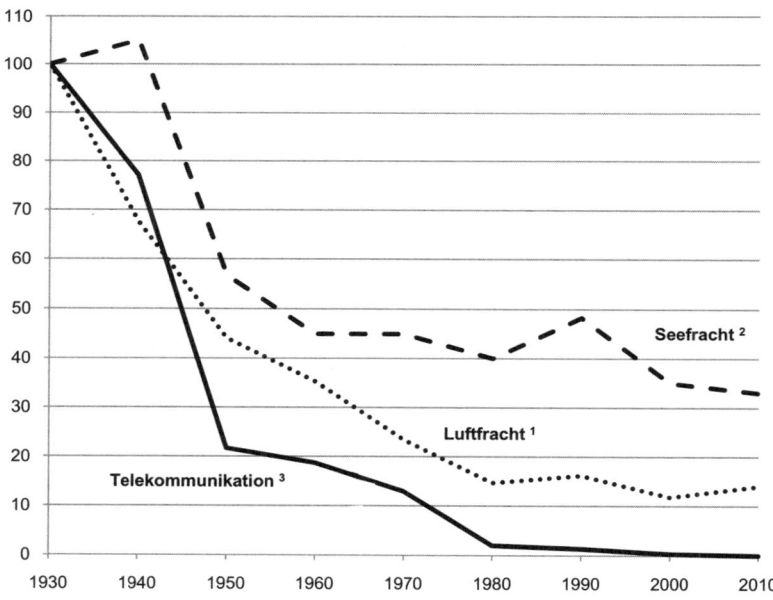

[1] durchschnittliche Einnahmen je geflogener Passagiermeile
[2] durchschnittliche Überseefrachtkosten (inkl. Hafengebühren) je Tonne
[3] Kosten eines 3-minütigen Telefonates von New York nach London

Abb. 137: Transport- und Kommunikationskosten zu konstanten Preisen (1930 = 100)
(s. auch IMF 2002; Hummel 2007; OECD 2008a; eigene Bearbeitung)

Trotz der methodischen Vorbehalte zeigt sich, dass die Transport- und Kommunikationskosten in den letzten 80 Jahren deutlich gesunken sind. Während die Telekommunikationskosten auf einen Promillewert des Ausgangsniveaus gefallen sind, fällt der Rückgang der Transportkosten dagegen eher moderat aus – insbesondere im Vergleich zur Entwicklung der Transportkosten während der ersten Globalisierungswelle gegen Ende des 19. Jahrhunderts. Diese erste Globalisierungswelle mit einem Anstieg des Welthandels im Zeitraum von 1870 bis 1910 wurde ebenfalls in maßgeblicher Form durch Fortschritte bei Kommunikations- und Transporttechnologien, vor allem durch die Einführung von Telegraphie, Eisenbahn und Dampfschifffahrt sowie die Anlegung künstlicher Kanäle, wie dem Suez- und Panamakanal, befeuert (IMF 2002, S. 116). Zu dem eher moderaten Rückgang der direkten Transportkosten für Seefracht seit der Einführung von genormten Schiffscontainern Ende der 1950er Jahre ist anzumerken, dass sich die effizienzsteigernden Effekte der Innovation vor allem indirekt auf den vereinfachten Warenumschlag und die höhere Transportgeschwindigkeit ausgewirkt haben und in den Zahlen von Abb. 137 nicht abgebildet sind (vgl. Hummels 2007, S. 144). Container können wegen ihrer genormten Form ohne Friktionen mit verschiedensten Transportmitteln (See- und Binnenschiffe, Eisenbahn und LKW) befördert und schnell umgeschlagen werden. Berücksichtigt man diese indirekten Kosteneinsparungen, dann sind die erzielten Kostendegressionen sind enorm. So liegt der Anteil der Transportkosten am Verkaufspreis eines TV-Gerätes aus Südostasien bei weniger als zehn Euro, bei einer Flasche Wein aus Australien bei 0,01 Euro (vgl. Biebig/Althof/Wagener 2008, S. 193 ff.). Inzwischen werden etwa zwei Drittel des internationalen Handels mit Halbfertig- und Fertigerzeugnissen mit Containern abgewickelt (vgl. UNCTAD 2008).

ab. Globalisierung als Innovationstreiber

Während technologische Entwicklungen die Globalisierung vorangetrieben haben, führt die Globalisierung in umgekehrter Wirkungsrichtung auch zu einer **Dynamisierung der Innovationsprozesse** und, in Folge, zur **Beschleunigung des technologischen Fortschritts**. Im weltweiten Wettbewerb sind Unternehmen gezwungen, verstärkt in Forschung und Entwicklung (F&E) zu investieren, um mit Innovationen und technologisch wettbewerbsfähigen Produkten im globalen Markt vor allem gegen kostengünstige Konkurrenten bestehen zu können. Der weltweite Wettbewerb und die Dynamisierung der Innovationsprozesse haben in vielen Branchen darüber hinaus auch zu einer deutlichen Verkürzung der Produktlebenszyklen geführt (vgl. dazu Kapitel D IV sowie Specht et al. 2002, S. 418). Unternehmen in technologieorientierten Sektoren befinden sich demzufolge in einem Zangengriff zwischen steigender technologischer Komplexität sowie höheren Entwicklungskosten ihrer Produkte einerseits und der Verkürzung der Produktlebenszyklen und damit einhergehend der Verringerung der Verwertungs- und Amortisationszeiträume für Investitionen in F&E andererseits. In diesem Zangengriff besteht für die Unternehmen die Notwendigkeit, ihr technologisches Potenzial in möglichst kurzer Zeit auf breiter Basis zu mobilisieren und Innovationsprozesse möglichst effizient zu gestalten. Einen zentralen Ansatzpunkt hierfür liefert die gezielte Verkürzung von Produktentwicklungszeiten. Durch eine Verkürzung der Vorlaufzeit für neue Produkte erhoffen sich die Unternehmen entsprechende Wettbewerbsvorteile und längere Armotisationszeiträume. Die Verkürzung von Entwicklungszeiten wird vielfach flankiert durch die weltweite Bündelung der verfügbaren (technologischen) Ressourcen und die internationale Integration der Entwicklungsaktivitäten an verschiedenen Standorten (vgl. Gerybadze 2004, S. 235 ff.). So soll beispielsweise mittels weltweit verteilter Teams die Entwicklungsarbeit an neuen Produkten in Arbeitsteilung möglichst 24 Stunden am Tag und 7 Tage die Woche erfolgen. In der Praxis haben sich jedoch ‚24/7'-**Entwicklungsstrategien** aufgrund von Koordinations- und Kommunikationsproblemen als wenig praktikabel erwiesen (vgl. Gerybadze 2004, S. 243 ff.). ‚24/7'-Entwicklungsstrategien werden in dieser extremen Ausprägung nur in wenigen Branchen, bspw. in der Softwareentwicklung praktiziert. Die Globalisierung führt aber nicht nur zu einer Dynamisierung der technologischen Aktivitäten in Unternehmen, sondern hat auch die Dynamik der wissenschaftlichen Aktivitäten an Universitäten und Forschungseinrichtungen sowie die Intensität des Technologietransfers zwischen den genannten Institutionen nachhaltig beeinflusst (vgl. Abramson et. al. 1997; Fabrizio 2006). Die Öffnung von Innovationsprozessen von Unternehmen und die Einbindung externer Akteure wie Universitäten und Forschungseinrichtungen aber auch Kunden und Lieferanten wird unter dem Schlagwort ‚**Open Innovation**' diskutiert (vgl. Chesbrough 2006, S. 1 ff.).

b. Die soziokulturelle Dimension der Globalisierung

Die erhöhte Mobilität der Menschen und die dadurch ausgelöste Verringerung der subjektiv wahrgenommenen Distanzen zwischen Ländern und Kulturkreisen verringern traditionelle kulturelle und soziale Bindungen an lokale Orte bzw. Regionen. Die Heimatverbundenheit sinkt (vgl. Bird/Stevens 2003). Traditionelle Bindungen werden durch länderübergreifende Bindungen abgelöst, die weniger durch nationale Grenzen, sondern vielmehr durch andere Merkmale (Alter, Lebensstile etc.) geprägt sind. Diese soziokulturellen Veränderungen begründen das Entstehen weltweit homogener Kundensegmente. Die Homogenisierung der Kundenbedürfnisse wird zudem unterstützt durch demografische Trends. So bildet sich weltweit (in allen entwickelten Nationen) ein wachsender Anteil an älteren Käuferschichten heraus. Diese Veränderung der Nachfragestrukturen hin zu homogenen Kundenbedürfnissen und -präferenzen steht im Kern der Überlegungen der so genannten ‚Culture Free-These' (vgl. Bird/Stevens 2003; Levitt 1983).

Die ‚**Culture Free-These**' geht von konvergenten kulturellen Entwicklungen aus: Unterschiede zwischen verschiedenen Ländern und Kulturen schleifen sich zunehmend ab, es entsteht eine einheitliche Weltkultur. Globalisierungskritiker, wie die Nicht-Regierungsorganisation ATTAC (‚Association pour une Taxation des Transactions financières pour l'Aide aux Citoyens et Citoyennes'), wenden in diesem Zusammenhang das Argument des „Kulturimperialismus" ein, wonach eine solche einheitliche Weltkultur weniger als Folge der Verschmelzung der verschiedenen Kulturen zu sehen ist, sondern vielmehr auf das Hegemonialstreben der westlichen Kultur zurückzuführen sei (vgl. dazu beispielhaft die Rundbriefe der ATTAC-Bewegung ‚Sand im Getriebe' Nr. 30 und Nr. 73; ATTAC 2004, 2009). Demnach kommt es zu einer zunehmenden Dominanz der westlichen Werte auch in afrikanischen, arabischen, asiatischen, pazifischen und südamerikanischen Kulturkreisen. Wichtige Träger der Kultur sind dabei insbesondere Konsumgüter, welche als Inbegriff westlicher Werte in andere Kulturkreise exportiert werden. Überdies begünstigen global agierende Unternehmen diese konvergente Entwicklung. Von globalisierungskritischen Institutionen wie ATTAC wird als Reaktion auf diese konvergente und „hegemoniale" Entwicklung regelmäßig die Forderung nach einer ‚Deglobalisierung' laut (vgl. z. B. ATTAC 2009). Folgt man, ungeachtet der vorgebrachten Kritik, der ‚Culture Free-These', dann stellen die soziokulturellen Rahmenbedingungen in den einzelnen Ländermärkten Faktoren dar, die keiner gesonderten Beachtung seitens des Managements bedürfen.

Im Gegensatz zur ‚Culture Free-These' geht die ‚**Culture Bound-These**' von divergenten kulturellen Entwicklungen in den Weltregionen aus. Demnach driften die Werte- und Normengefüge unterschiedlicher Kulturen auseinander oder bleiben zumindest als wichtiger Einflussfaktor für das Management bestehen (vgl. u. a. Hofstede 1999; Hofstede/Hofstede 2005). Angesichts der zunehmenden Globalisierung und der dadurch ausgelösten Gefahr der Entwurzelung besinnen sich Menschen stärker auf ihre nationale bzw. lokale kulturelle Identität. Nationale Werte und Normengefüge gehen demzufolge gestärkt aus der Entwicklung hervor. Folgt man der ‚Culture Bound-These‘, dann bilden die kulturellen Rahmenbedingungen und Unterschiede zwischen den einzelnen Ländermärkten wichtige Faktoren, die es beim Gang ins Ausland zu beachten gilt und die aus Sicht der einzelnen unternehmerischen Funktionsbereiche, wie dem Marketing oder dem Personalmanagement, einer gesonderten Vorgehensweise bedürfen.

Exkurs: Fünf Kulturdimensionen nach Hofstede

Im Zuge der Internationalisierung und des Eintritts in ausländische Märkte sind Unternehmen mit neuen Rahmenbedingungen vor Ort konfrontiert. Ein wichtiger Aspekt dieser lokalen Rahmenbedingungen sind die kulturellen Besonderheiten, die sich einerseits auf die Bedürfnisse und das Verhalten der Kunden, der Lieferanten, andererseits aber auch auf die Anforderungen und Bedürfnisse seitens der Mitarbeiter in dem betreffenden Land auswirken. Lassen sich die verschiedenen nationalen Kulturen sowie die Besonderheiten zur besseren Orientierung für das Management beschreiben und voneinander abgrenzen? Ein populäres Modell, welches versucht, diese nationalen kulturellen Prägungen in den verschiedenen Ländern zu beschreiben und miteinander zu vergleichen, ist das Modell der fünf Kulturdimensionen von Geert Hofstede. Grundlage des Modells von Hofstede ist eine umfassend angelegte empirische Fragebogenerhebung bei dem Unternehmen IBM im Zeitraum 1966-1971. Zielsetzung von Hofstede ist es, eine allgemein akzeptierte, präzise definierte und empirisch gestützte Terminologie zur Beschreibung von nationalen Kulturen und deren Besonderheiten zu entwickeln. Zu diesem Zweck befragte Hofstede insgesamt über 116.000 IBM-Mitarbeiter an 60 verschiedenen Länderstandorten des Unternehmens. Im Ergebnis identifizierte er mit Hilfe von Korrelations- und Faktoranalysen fünf Dimensionen, mit denen sich nationale kulturelle Prägungen beschreiben und voneinander abgrenzen lassen:

(1) Individualismus und Kollektivismus: Kollektivistisch geprägte Kulturen bewerten Gruppenzugehörigkeit und die Integration des Einzelnen in ein engmaschiges soziales Netzwerk sehr hoch. Der Mensch ist von Geburt an und insbesondere infolge der Primärsozialisation in starke, geschlossene soziale Gruppen (Familien, Clans etc.) integriert. Diese Gruppenzugehörigkeit wird vor allem durch ein „Wir-Gefühl", also durch soziale Beziehungen wie Vertrautheit, Sympathie und Kooperationsbereitschaft der einzelnen Gruppenmitglieder definiert. Durch das Zusammengehörigkeitsgefühl und die Loyalität grenzt sich die Gruppe auch „Anderen" gegenüber ab. Im Gegenzug für die Loyalität gewährt die Gruppe dem Einzelnen Schutz und soziale Sicherheit. In individualistisch geprägten Kulturkreisen sind die Bindungen zwischen den Mitgliedern der Gesellschaft dagegen locker ausgeprägt. Es gilt, die Rechte und Privatsphäre des Einzelnen zu schützen: Selbstbestimmung und -verwirklichung sowie Eigenverantwortung treten in den Vordergrund. Für Unternehmen hat diese Unterscheidung zwischen individualistisch und kollektivistisch geprägten Kulturen bedeutsame Auswirkungen hinsichtlich der Gewährung von Freiräumen und der Arbeitsorganisation. So bildet in kollektivistischen Kulturkreisen das Unternehmen eine wichtige soziale Instanz, die auch in die Privatsphäre der

Mitarbeiter hineinreicht. Die Trennung zwischen Beruf und Privatleben ist fließend. In individualistisch geprägten Kulturkreisen ist eine deutliche Trennung erforderlich – die Mitarbeiter schätzen die Freiräume für ihr Privat- und Familienleben.

(2) Machtdistanz: Die zweite Dimension im Modell von Hofstede beschreibt die Verteilung von Macht in einer Gesellschaft. Sie zeigt an, in welchem Umfang mit weniger Macht ausgestattete Mitglieder in einer Gesellschaft akzeptieren, dass Macht ungleich verteilt ist. Die Machtverteilung bezieht sich auf alle Sphären der Gesellschaft, d. h. auf Familie, Schule, Hochschule, Unternehmen oder Politik. Der Machtbegriff ist sehr umfassend angelegt und schließt alle Formen von Handlungs- und Entscheidungsmacht bis hin zur Verfügungsmacht über materielle und immaterielle Besitztümer ein. In Kulturen mit hoher Machtdistanz existiert in der Gesellschaft eine hohe Akzeptanz der Ungleichverteilung von Macht. Die Mitglieder der Gesellschaft erwarten und akzeptieren, dass Macht ungleich verteilt ist. Macht und Autorität werden nicht in Frage gestellt. In Kulturen mit geringer Machtdistanz wird dagegen eine ungleiche Verteilung von Macht nicht per se akzeptiert. Die Zuweisung von Macht bedingt entweder eine charismatische Legitimation bzw. Autorität, z. B. auf Basis von außeralltäglichen Fähigkeiten oder Persönlichkeitsmerkmalen, eine rationale Legitimation bzw. Autorität auf Basis gesetzter Ordnungen (z. B. Regeln und Gesetze) oder eine traditionale Autorität bzw. Legitimation auf Basis von seit jeher geltenden Traditionen (vgl. dazu auch Scott 1986, S. 60 sowie Weber 1972, S. 124). Für Organisationen und Unternehmen hat das Ausmaß an Machtdistanz in einer Kultur Auswirkungen auf geeignete Führungsstile und Entscheidungsstrukturen. Während Mitarbeiter in Gesellschaften mit hoher Machtdistanz autokratische oder patriarchalische Führungsstile schätzen, ist in Kulturen, die durch geringe Machtdistanz geprägt sind, ein partizipativer Führungsstil angemessen.

(3) Unsicherheitsvermeidung: Nationale Kulturen und Gesellschaften unterscheiden sich danach, wie ihre Mitglieder mit Unsicherheiten und Fremdartigem umgehen. Diese Dimension bildet ab, in welchem Ausmaß unklare und mehrdeutige Situationen für Verunsicherung, Ängstlichkeit und Stress sorgen. In Kulturen mit einer hohen Unsicherheitsvermeidungshaltung fühlen sich die Mitglieder von Unsicherheiten und Ungewissheiten bedroht und versuchen diese zu vermeiden bzw. zu verringern. Auf unklare Verhältnisse reagieren sie mit Desorientierung oder gar Aggression. Abweichende Auffassungen und Verhaltensmuster gilt es zu vermeiden. In Kulturen mit einer niedrigen Unsicherheitsvermeidungshaltung werden Unsicherheiten und Risiken dagegen akzeptiert und eher als Chance denn als Bedrohung wahrgenommen. Es herrscht eine größere Toleranz gegenüber Fremdartigem und Neuem vor. In Kulturkreisen mit hoher Risikoaversion können Unternehmen Unsicherheiten beispielsweise mit Hilfe von gründlichen Regelsystemen vermeiden, z. B. in Form von formalisierten Dienst- und Kommunikationswegen, klaren Hierarchiestrukturen, festgelegten Prozessabläufen und Routinen, verbindlichen technischen und organisatorischen Handbüchern und Dokumentationen etc.

(4) Maskulinität und Femininität: In der vierten Dimension unterscheiden sich nationale Kulturen danach, in welchem Ausmaß die Geschlechterrollen in einer Gesellschaft festgelegt und voneinander abgegrenzt sind. Maskuline Gesellschaften sind dadurch gekennzeichnet, dass es eindeutige Geschlechterrollen gibt, die nur schwer zu überwinden sind. In maskulinen Gesellschaften ist üblicherweise die männliche Rolle durch Leistungsstreben, Durchsetzungsvermögen und materielle Orientierung geprägt, während die weibliche Rolle eher durch Fürsorglichkeit, soziales Engagement, Empathie und Unterordnung belegt ist. Feminin geprägte Gesellschaften sind dadurch gekennzeichnet, dass es keine eindeutige Zuordnung von Geschlechterrollen gibt und eine weitestgehende Gleichberechtigung vorherrscht. Auch bringt die Gesellschaft den femininen Rolleneigenschaften die gleiche Wertschätzung entgegen wie den maskulinen Werten. Die maskuline bzw. feminine Prägung in Gesellschaften hat unmittelbare Implikationen auf die Gestaltung von Vergütungs- und Anreizstrukturen sowie die Arbeitsbeziehungen in Unternehmen. Während in maskulin geprägten Gesellschaften beispielsweise eine materielle leistungsabhängige Bezahlung motivationssteigernd wirken kann, sind ein kollegialer Führungsstil und ein harmonisches, auf Konsens bedachtes Betriebsklima in femininen Gesellschaften besonders förderlich.

(5) Langzeitorientierung: Die fünfte Dimension im Modell von Hofstede bildet ab, in welchem Ausmaß in einer Gesellschaft langfristiges Denken und Kontinuität geschätzt werden. Langzeitorientierung steht für das Hegen von Tugenden, die auf künftigen und dauerhaften Erfolg ausgerichtet sind. In Kulturen mit starker Langzeitorientierung haben Beharrlichkeit und Ausdauer im Verfolgen von Zielen einen hohen Stellenwert. In solchen Gesellschaften entstehen deshalb stabile und verbindliche soziale Gefüge auch über Generationen hinweg. In Kulturen, in denen eine langfristige Grundhaltung vorherrscht, besteht eine hohe Bereitschaft, durch kurzfristigen Verzicht, d. h. durch hohe Sparquoten und Investitionstätigkeit, auch langfristige Ziele zu verfolgen. Kulturen mit einer Langzeitorientierung sind demzufolge stärker zukunftsorientiert. Dagegen sind Kulturen mit einer Kurzzeitorientierung stärker auf die Gegenwart fixiert, ohne langfristige Visionen. Hofstede spricht in diesem Zusammenhang auch von Vergangenheitsorientierung – es herrscht Respekt gegenüber Traditionen, deren Sinnhaftigkeit und Zukunftswirkung nicht infrage gestellt werden. In einer kurzzeitorientierten Gesellschaft existiert beispielsweise Respekt für soziale Verpflichtungen (Statusverpflichtungen), ungeachtet ihrer Kosten und den entstehenden langfristigen (und eventuell negativen) Folgen. Für Unternehmen hat das Ausmaß der Langzeitorientierung in Gesellschaften Implikationen für das Strategische Management: Während in langzeitorientierten Kulturkreisen auch kurz- und mittelfristig Verluste durch Investitionsprojekte akzeptiert werden, wenn sich dadurch langfristige Vorteile ergeben, so ist die Durchsetzung solcher Projekte in kurzzeitorientierten Kulturkontexten schwierig (vgl. Hofstede/Hofstede 2005; Kutschker/Schmid 2008).

Neben dem Modell der fünf Kulturdimensionen existieren in der internationalen Kulturforschung zahlreiche weitere Ansätze zur Beschreibung und Charakterisierung von nationalen Kulturen. Ein weiteres sehr verbreitetes Kulturmodell ist der Ansatz von *Fons Trompenaars*, einem Schüler von *Hofstede*. In seinem Modell unterscheidet *Trompenaars* insgesamt sieben Kulturdimensionen, die z. T. auf den Dimensionen von *Hofstede* aufbauen. So findet sich auch bei *Trompenaars* die *Hofstede*-Dimension Individualismus versus Kollektivismus wieder, während andere Dimensionen, z. B. Serialität versus Parallelität (Umgang einer Kultur mit der Zeit: tun wir Dinge gleichzeitig oder nacheinander?) bei *Hofstede* nicht abgebildet sind (vgl. Hampden-Turner/Trompenaars 2002).

Abb. 138: Modell der Kulturdimensionen nach Hofstede

Neben den skizzierten kulturellen Entwicklungen begünstigen auch soziale Faktoren die Globalisierung. Durch konvergente ökonomische Entwicklungen in früheren Entwicklungsländern, den so genannten Schwellenländern bzw. neuen Industrieländern (Newly Industrialized Countries, ‚NICs'), sowie durch marktwirtschaftliche Reformen in früheren sozialistischen Staaten, den so genannten Reformstaaten oder Transformationsländern, kommt es zu einer langsamen Angleichung der Lebensumstände. Dadurch eröffnen sich für international agierende Konzerne neue Marktpotenziale insbesondere in Asien sowie in Mittel- und Osteuropa. Gleichzeitig entstehen in diesen Ländern aber auch neue Wettbewerber.

c. Politisch-rechtliche Dimension der Globalisierung

Ebenso wie in der technologischen Dimension der Globalisierung bestehen auch in der politisch-rechtlichen Dimension wechselseitige Kausalitäten. **Politische Harmonisierungsbestrebungen und Integrationsschritte**, z. B. in Europa (Europäische Union – EU), in Nordamerika (‚North American Free Trade Agreement – NAFTA‘), in Südamerika (‚Mercado Común del Sur‘ – MERCOSUR) oder Asien (‚Association of South East Asian Nations‘, ASEAN), fördern die Globalisierung. Umgekehrt geht aber gerade von der Globalisierung der Märkte auch ein Druck auf die Entscheidungsträger in den einzelnen Ländern aus, die lokalen Rahmenbedingungen an internationale Standards anzupassen. Infolge der gestiegenen internationalen Standortmobilität können Unternehmen Druck auf Nationalstaaten ausüben und mit der Verlagerung von Aktivitäten an Standorte mit günstigeren Rahmenbedingungen drohen. Dies führt zu einer Verschärfung des Wettbewerbs zwischen den Nationalstaaten, da sich die Unternehmen die Standorte mit den besten Bedingungen aussuchen werden. Durch ihre multinationale Präsenz können sie zudem Arbitrage zwischen den Niederlassungen in den verschiedenen Ländern betreiben, d. h. Unternehmen nutzen gezielt die unterschiedlichen Kostensituationen (z. B. infolge unterschiedlicher Steuer-, Sozial oder Umweltgesetzgebungen) an ihren verschiedenen (Länder-)Standorten aus (vgl. dazu auch Kapitel D II 3). Die Souveränität von Ländern, die Tätigkeit von global agierenden Unternehmen durch wirtschaftspolitische Maßnahmen zu regulieren und nationale Interessen durchzusetzen, wird dadurch erheblich eingeschränkt. Man spricht in diesem Zusammenhang auch von dem Problem der ‚**territorialen Asymmetrie**‘.

Die Länder versuchen diesen Entwicklungen durch eine möglichst weitgehende Harmonisierung der Standortbedingungen entgegenzuwirken. In nahezu allen westlichen Industrienationen wurden seit Ende der 70er Jahre des letzten Jahrhunderts die vormals staatlich regulierten Märkte in den Bereichen Energie, Telekommunikation und Verkehr dereguliert und staatliche Unternehmen privatisiert (vgl. Burr 1995; Laaser 1991). **Regionale Integrationsschritte** zur Bildung einheitlicher Wirtschaftsblöcke (EU, NAFTA, MERCOSUR, ASEAN etc.) können in diesem Zusammenhang als Bestreben interpretiert werden, das zunehmend größer werdende politische Vakuum der Nationalstaaten zu füllen. Die Herausbildung wirklicher supranationaler Strukturen und Institutionen, bspw. über multilaterale Abkommen, zur Füllung dieses Vakuums erfolgte bislang nur in den Bereichen des Außenhandels (‚World Trade Organization – WTO‘) oder im Bereich des Schutzes geistigen Eigentums (‚World Intellectual Property Organization – WIPO‘).

d. Ökonomische Dimension der Globalisierung

Sehr eng mit der politisch-rechtlichen Dimension ist die ökonomische Dimension der Globalisierung verknüpft. Durch die **Deregulierung der Kapital- und Gütermärkte** sowie insbesondere durch die **Liberalisierung des Welthandels** im Rahmen des **GATT** (‚General Agreement on Tariffs and Trade‘) und der **WTO** kommt es zu einer engeren Verflechtung von Volkswirtschaften (vgl. dazu den nachfolgenden Exkurs in Abb. 139). Auch infolge der außenwirtschaftlichen Öffnung vieler zuvor abgeschotteter Staaten in Asien (u. a. China) und in

Mittel- und Osteuropas (MOEL – Mittel- und Osteuropäische Länder) nimmt das Ausmaß dieser grenzüberschreitenden Arbeitsteilung zwischen Volkswirtschaften immer mehr zu. Für die Unternehmen bedeutet dies zunächst eine Ausdehnung ihrer potenziellen Märkte. Durch das Zusammenwachsen der Märkte (auch aus sozio-kultureller Perspektive) können Unternehmen Massenproduktionsvorteile nutzen und Wertschöpfungsaktivitäten an verschiedenen Standorten ansiedeln, die dafür die jeweils besten Rahmenbedingungen bieten. Zugleich führt die Ausdehnung der Märkte aber auch zu einer Verschärfung des Wettbewerbs. Eine weitere Intensivierung der Arbeitsteilung zwischen Volkswirtschaften wäre durch ein **multilaterales Abkommen zu grenzüberschreitenden Direktinvestitionen** (FDI) zu erwarten. Im Gegensatz zur deutlich vorangeschrittenen Liberalisierung des Waren- und Dienstleistungsverkehrs infolge der Reduzierung tarifärer und nicht-tarifärer Handelshemmnisse im Rahmen des GATT bzw. der WTO konnte sich die internationale Staatengemeinschaft jedoch bislang noch nicht zu einem Abschluss eines Abkommens zur Liberalisierung der grenzüberschreitenden Direktinvestitionskapitalströme entschließen. Bislang bestehen in diesem Bereich ausschließlich bilaterale Abkommen zwischen Staaten, welche die Direktinvestitionstätigkeit von multinational tätigen Unternehmen in den jeweiligen Gastländern betreffen (vgl. dazu UNCTAD 2009, S. 30 ff.).

Exkurs: Liberalisierung des Welthandels im Rahmen des GATT und der WTO

Das oberste Ziel der **Welthandelsorganisation (‚World Trade Organization – WTO')** ist die Errichtung und Wahrung von freiem Handel zwischen den Mitgliedsländern. Die WTO ist die einzige internationale Organisation, welche sich mit Regeln über die Handelsbeziehungen zwischen den Ländern beschäftigt. Derzeit sind 153 Staaten (Stand Mai 2010) Mitglied der WTO. Die beiden letzten Beitrittskandidaten waren in 2008 die Ukraine und Cap Verde. Die WTO löste nach Abschluss der Uruguay-Verhandlungsrunde zum 1. Januar 1995 das Allgemeine Zoll- und Handelsabkommen (‚General Agreement on Tariffs and Trade – GATT') ab, welches im Jahre 1947 abgeschlossen wurde. Herzstück der Organisation sind multilaterale Abkommen, die von den Mitgliedsländern ausgehandelt und unterzeichnet werden. Die Abkommen decken heute neben dem Handel mit Gütern (GATT) auch den Handel mit Dienstleistungen (‚General Agreement on Trade in Services – GATS') und Regelungen zum Schutz geistigen Eigentums (‚Trade-Related Aspects of Intellectual Property Rights – TRIPS') ab. Ein wichtiges Mittel zur Realisierung des Freihandelsziels ist die Verringerung tarifärer und nichttarifärer Handelshemmnisse (vgl. Finger/Olechowski 1987).

Tarifäre Handelshemmnisse sind Zölle, also finanzielle Abgaben bei der Einfuhr oder Ausfuhr von Waren. Üblicherweise bemessen sich Zölle auf Basis des Warenwerts (lat. „ad valorem") und werden diesem als prozentualer Aufschlag hinzuaddiert. Tarifäre Handelshemmnisse wirken direkt handelshemmend, indem sie die preisliche Wettbewerbsfähigkeit ausländischer Waren in Relation zu den inländischen Waren gleicher Art verringern. Neben Zöllen gibt es zahlreiche andere **nichttarifäre Handelshemmnisse**, welche ebenfalls direkt handelshemmend wirken. So beschneiden mengenbezogene Beschränkungen bei der Warenein- oder Ausfuhr, so genannte Mengenkontingente (Importkontingente/Exportkontingente), den Handel auch unmittelbar. Des Weiteren begrenzen ‚Local content'-Vorschriften, d. h. Vorschriften wonach ein bestimmter Wertschöpfungsanteil des Produkts vor Ort im Inland erzeugt werden muss, oder Ein-/Ausfuhrgenehmigungsvorschriften ebenfalls das Ausmaß des Außenhandels. Auch die Art und Geschwindigkeit der Zollabfertigung beeinflussen den Außenhandel. Unterschiedliche Abfertigungsmodalitäten und -praktiken erzeugen ebenfalls versteckte Handelshemmnisse.

Solche Unterschiede in der Zollabfertigung bestehen selbst innerhalb der Europäischen Union (EU). Die EU sollte eigentlich ein gemeinsames Zollgebiet bilden, innerhalb dessen Zölle und nicht-tarifäre Handelshemmnisse weitestgehend abgeschafft sind und das sich mit gemeinsamen Außenzöllen gegenüber Drittländern präsentiert. Zwar schottet eine gemeinsame Außengrenze die EU gegen Drittländer ab, und der Zollkodex der Europäischen Union legt die Regeln fest, zu denen Importe von Waren und Dienstleistungen diese Grenze passieren dürfen, doch diese Bestimmungen gewähren jede Menge Spielraum, zumal 27 nationale Verwaltungen sie in 22 Sprachen lesen. Im europäischen Zolltarif gibt es viele tausend Positionen. Die einzelnen Waren der richtigen Beschreibung zuzuordnen birgt oftmals großen Interpretationsspielraum. Welche Zölle tatsächlich fällig werden, ist deshalb von Land zu Land unterschiedlich. Ein Beispiel hierfür stellten lange Zeit Flachbildschirme dar, die sich bis vor kurzem einerseits als Computerzubehör und andererseits als Unterhaltungselektronik klassifizieren ließen. Während in Deutschland diese als Computerzubehör galten, bei dem zollfreier Import möglich ist, wurden Flachbildschirme in den Niederlanden als Konsumelektronikware klassifiziert, auf die 14 Prozent Zoll anfallen. Dieser hohe Zollsatz war in der EU ursprünglich als Schutzzoll gedacht, um die heimische Produktion vor asiatischer Konkurrenz zu schützen. In 2005 hat die EU die Bestimmungen in diesem Bereich schließlich geändert und die Größe der Flachbildschirme zum Maßstab für die Zollerhebung gemacht (vgl. Meyer-Timpe 2005).

Die stärkste Form von direkt handelshemmenden Maßnahmen sind Außenhandelsverbote (Embargo). Außenhandelsverbote werden bspw. gegenüber Handelspartnern aus Staaten ausgesprochen, welche den Terrorismus unterstützen oder Menschenrechte verletzen. Neben solch drastischen, direkt handelshemmenden Maßnahmen können Staaten aber auch zu subtileren Mitteln greifen, um das Ausmaß des Außenhandels, insbesondere der Importe aus dem Ausland zu beschränken. So wirkt die Subventionierung der heimischen Produktion indirekt handelshemmend, indem sie die preisliche Wettbewerbsfähigkeit der inländischen Waren gegenüber Importprodukten erhöht. Ebenfalls indirekt handelshemmend wirken ‚Buy national'-Kampagnen oder die Bevorzugung inländischer Anbieter bei öffentlichen Ausschreibungen.

Abb. 139: Exkurs zur Liberalisierung des Welthandels

Durch die Liberalisierung der Güter- und Faktormärkte und die zunehmend enger werdende Verflechtung der nationalen Volkswirtschaften kommt es für die Unternehmen nicht nur zu einer Ausdehnung der Märkte, sondern auch zu einer Verschärfung des Wettbewerbs. Unternehmen aus Industrienationen sehen sich in dieser Situation nicht nur mit neuen Wettbewerbern aus anderen Industrienationen konfrontiert, sondern müssen zugleich auch mit neuen Wettbewerbern aus Schwellen- und Entwicklungsländern konkurrieren, die auch zunehmend technisch anspruchsvolle Produkte anbieten. Diese neuartige Wettbewerbssituation charakterisiert *Perlitz* (2004, S. 2 f.) mit der Metapher der ‚**Internationalen Jagdlinie**'. Das Konzept der ‚Internationalen Jagdlinie' charakterisiert die Konkurrenzsituation in den Weltmärkten, d. h. es bezieht sich auf die Struktur des globalen Wettbewerbs zwischen Unternehmen aus verschiedenen Ländern. Unternehmen aus Entwicklungsländern „jagen" zunächst Unternehmen aus Schwellenländern und setzen diese mit ihren spezifischen Wettbewerbsvorteilen unter Druck. Diese Wettbewerbsvorteile beruhen in erster Linie auf der günstigeren Kostensituation in den Entwicklungsländern und sind in hohem Maße standortgebunden. Unternehmen aus Schwellenländern treten die „Flucht" nach vorne an und jagen ihrerseits wiederum Unternehmen aus hoch entwickelten Industrienationen. So treten Unternehmen aus Schwellenländern verstärkt in Märkte für technologie- und Know-how-intensive Produkte ein und konkurrieren unmittelbar in der angestammten Domäne der Unternehmen aus den Industrienationen. Ein gutes Beispiel für die praktische Relevanz dieser ‚Jagdlinie' liefert der Markt für Datenverarbeitungsgeräte. Wurde der Weltmarkt für elektronische Taschenrechner bis vor kurzem noch von Wettbewerbern aus asiatischen Schwellenländern, wie bspw. Acer aus Taiwan, dominiert, so beherrschen mittlerweile Billigproduzenten aus der Volksrepublik China (die bis Ende der 1990er Jahre noch als Entwicklungsland klassifiziert wurde) die Produktion einfacher, standardisierter Taschenrechner. Die Unternehmen aus den asiatischen Schwellenländern orientieren sich nun dagegen stärker an den Weltmärkten für komplexere Datenverarbeitungsgeräte wie etwa tragbare Computer (Notebooks). So hat sich das Unternehmen Acer zu einem der führenden Hersteller für tragbare Computer entwickelt und 1997 die Notebook-Sparte des U. S.-amerikanischen Herstellers Texas Instruments akquiriert. Die Wettbewerber aus den Industrienationen versuchen ihrerseits, sich diesem Wettbewerbsdruck durch neue Wertschöpfungsstrategien, insbesondere über die Fokussierung auf produktbegleitende, technische Dienstleitungen, zu entziehen (vgl. Burr/Stephan 2006). Dass die Dynamik der skizzierten Jagdlinie ungebrochen anhält, zeigt exemplarisch der im Jahr 2005 erfolgte Verkauf der IBM Computer-Sparte (inklusive der ThinkPad-Notebook-Produktline) an die chinesische Lenovo Group Ltd. Durch diese Übernahme des IBM PC-Geschäfts konnte sich der chinesische Computer-Hersteller als weltweit viertgrößter Anbieter im Geschäft mit Computer Hardware etablieren (vgl. Gartner 2010).

Einen weiteren Aspekt der neuen Wettbewerbssituation in den Weltmärkten thematisiert *Ohmae* mit seinem Konzept der **Triade-Struktur** (Ohmae 1992, 1985). Demnach konzentriert sich der weltweite Wettbewerb im Wesentlichen auf die drei wichtigen Wirtschaftsblöcke Europa, Nordamerika sowie Japan und Südostasien. Einerseits bestehen zwischen diesen Regionen starke kulturelle Unterschiede, andererseits nimmt die wirtschaftliche Konvergenz und Verflechtung zwischen diesen Regionen beständig zu. Große internationale Konzerne müssen deshalb in allen Triaderegionen präsent sein und sich gegenüber Konkurrenten behaupten, um dauerhaft wettbewerbsfähig zu bleiben. Regionen außerhalb der Triaderegionen spielen im weltweiten Wettbewerb nur eine untergeordnete Rolle.

Infrage gestellt wird das in seiner ursprünglichen Form aus den 1980er Jahren stammende Konzept der Triade-Struktur durch das Portrait der sogenannten **BRIC-Länder**, als Investitionsstandorte und Märkte der Zukunft. Die Abkürzung steht als Akronym für die Anfangsbuchstaben der vier aufstrebenden Schwellen- bzw. Transformationsländer Brasilien, Russland, Indien und China. Diese Länder konnten in den vergangenen Jahren ihre Wirtschaftsleistung mit jährlichen Wachstumsraten zwischen fünf und zehn Prozent überdurchschnittlich steigern. Es wird deshalb erwartet, dass in den kommenden 50 Jahren die Volkswirtschaften der BRIC-Länder die G8-Staaten (Deutschland, Frankreich, Großbritannien, Italien, Japan, Kanada, Russland und die USA) in ihrer Wirtschaftskraft überflügeln werden. Diese Prognose wird auch durch die Beobachtung gestützt, dass Unternehmen in den BRIC-Ländern in den vergangenen zehn Jahren ihre technologische Leistungsfähigkeit gestärkt haben und mit innovativen Produkten in den globalen Wettbewerb treten (vgl. Tseng 2009).

2. Multinationale Unternehmen und ausländische Direktinvestitionen

Was genau versteht man unter einem multinationalen Unternehmen? Wann ist ein Unternehmen multinational? Sind Unternehmen, die Vorprodukte von ausländischen Lieferanten beziehen oder vereinzelt Waren ins Ausland exportieren, bereits multinational? Im Folgenden wird geklärt, wann man von einem ‚Multinationalen Unternehmen‘ spricht in Abgrenzung zu einer strategisch unbedeutenden internationalen Ausrichtung. Ein zentrales Kriterium zur Klärung dieses Sachverhaltes bilden ausländische Direktinvestitionen. Von wirklicher Multinationalität kann nämlich nur gesprochen werden, wenn Unternehmen im Ausland investiert haben und dort wertschöpfende Aktivitäten eigenverantwortlich betreiben.

a. Zur Definition ausländischer Direktinvestitionen

Neben dem Außenhandel (Export/Import) stellen **ausländische Direktinvestitionen** (‚Foreign Direct Investment – FDI‘) die wichtigste „Säule" der Internationalisierung der Unternehmenstätigkeit dar. Ausländische Direktinvestitionen beziehen sich auf grenzüberschreitende Investitionen mit dem Ziel der unternehmerischen Betätigung im Gastland. Es existieren mehrere offizielle Richtlinien für die formale Definition von FDI. Die herrschende Begriffsauffassung wurde maßgeblich durch den Internationalen Währungsfond (IMF) und die Organisation für wirtschaftliche Zusammenarbeit und Entwicklung (OECD) geprägt (vgl. Stephan/Pfaffmann 2001, S. 191). Die OECD definiert ausländische Direktinvestitionen wie folgt: „Foreign direct investment (FDI) is a category of investment that reflects the objective of establishing a lasting interest by a resident enterprise in one economy (direct investor) in an enterprise (direct investment enterprise) that is resident in an economy other than that of the direct investor. The lasting interest implies the existence of a long-term relationship between the direct investor and the direct investment enterprise and a significant degree of influence on the management of the enterprise." (OECD 2008, S. 234). Diese Definition benennt **zwei** konstituierende **Merkmale einer ausländischen Direktinvestition**: Zum einen muss der zeitliche Horizont für die Investition von lang anhaltender Dauer sein, d. h. der Investor muss ein dauerhaftes Interesse („long-term relationship") an dem Investitionsobjekt haben. Zum anderen muss das Motiv für die grenzüberschreitende Investition in der unternehmerischen Betätigung liegen („a significant degree of influence on the management of the enterprise"), d. h. der Investor sollte einen unmittelbaren Einfluss und eine direkte Kontrolle auf die wertschöpfenden Aktivitäten im Ausland ausüben. Über diese beiden Merkmale lassen sich Direktinvestitionen im Ausland von Portfolioinvestitionen abgrenzen. Im Gegensatz zu ausländischen Direktinvestitionen zielen Portfolioinvestitionen meist auf kurzfristige und spekulative bzw. renditeorientierte Investitionen in Finanzanlagen ab. Ein direkter unternehmerischer Einfluss auf das Investitionsobjekt im Ausland ist bei Portfolioinvestitionen nicht vorgesehen.

In der Praxis kann es für externe Beobachter allerdings schwierig sein, Direktinvestitionen von Portfolioinvestitionen abzugrenzen, da im Zweifelsfall keine Rückschlüsse auf das tatsächliche Anlagemotiv und das Ausmaß des Einflusses bzw. der Kontrolle des Investors auf das Investitionsobjekt gezogen werden können. Um sich diesem Dilemma zu entziehen, wird ein weithin akzeptierter Schwellenwert für die Höhe der Beteiligung festgelegt: Bei Kapital- oder Stimmbeteiligung von mehr als 10 Prozent wird davon ausgegangen, dass es sich bei der Investition im Ausland um eine Direktinvestition handelt (vgl. OECD 2008; Stephan 2004). Direktinvestitionsobjekte sind demnach nicht nur Tochtergesellschaften im alleinigen Eigentum, d. h. im 100%-igen Kapital- bzw. Stimmrechtsbesitz. Direktinvestitionsbeziehungen erstrecken sich auch auf Tochtergesellschaften, an denen das investierende Unternehmen einen Anteil von mehr als 50 Prozent hält (**Mehrheitsbeteiligungen**) sowie auf **Minderheits-beteiligungen** zwischen 10 und 50 Prozent. Direktinvestitionen umfassen nicht nur direkte Beteiligungen, sondern schließen auch indirekte Beteiligungen an ausländischen Unternehmen ein. **Indirekte Direktinvestitionen** bezeichnen jene Investitionsobjekte, an denen die Muttergesellschaft nicht unmittelbar selbst, sondern mittelbar über Tochtergesellschaften (im Mehrheits- oder Minderheitsbesitz) beteiligt ist (vgl. Jost 1997, S. 6; OECD 2008, S. 49 ff.; Stephan 2004).

b. Formen des Markteintritts: Neugründungen und Akquisitionen

Beim ausländischen Markteintritt über Direktinvestitionen lassen sich **zwei grundsätzlich verschiedene Formen** unterscheiden. Die Muttergesellschaft kann Direktinvestitionen im Ausland alternativ in Form von **Akquisitionen** oder in Form von **Investitionen auf der ‚grünen Wiese'** vornehmen. Bei einer Akquisition übernimmt der Investor vorhandene ausländische Unternehmen bzw. Unternehmensteile oder aber er stockt vorhandene Beteiligungen an ausländischen Unternehmen auf. Dies setzt allerdings voraus, dass überhaupt geeignete Akquisitionsobjekte vorhanden sind. Dagegen handelt es sich bei Investitionen auf der grünen Wiese um Neugründungen bzw. Erweiterungen vorhandener Kapazitäten im Ausland. Direktinvestitionen auf der grünen Wiese sind demzufolge also immer gleichzusetzen mit einer realen Investitionstätigkeit. Dagegen führen Akquisitionen lediglich zu einem Eigentümerwechsel (Passivtausch in der Bilanz der Tochtergesellschaft), es kommt zu keiner realen Investitionstätigkeit. Abb. 140 visualisiert verschiedene Formen von Direktinvestitionsbeziehungen.

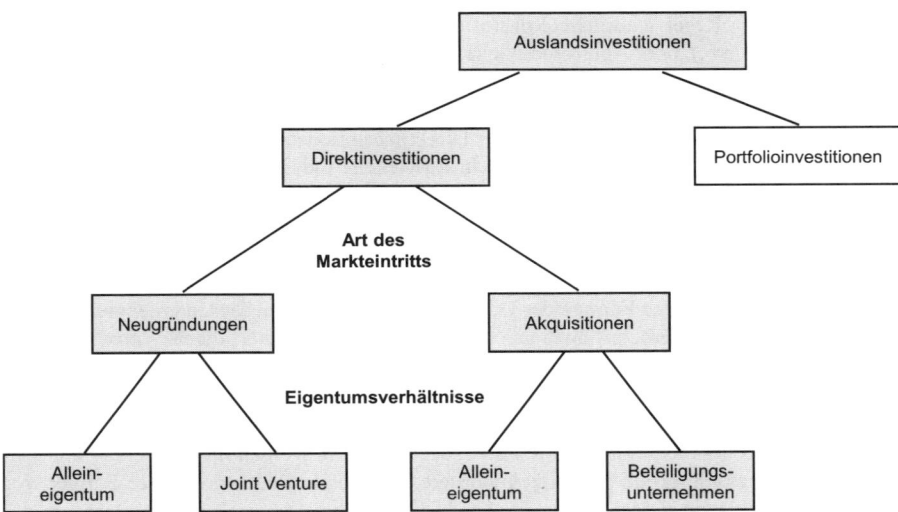

*Abb. 140: Typologie ausländischer Direktinvestitionen
(vgl. Stephan/Pfaffmann 2001, S. 193)*

c.   Motive der Direktinvestitionstätigkeit

Warum gehen Unternehmen überhaupt das Risiko der unternehmerischen Betätigung im Ausland über Direktinvestitionen ein? Was verbirgt sich hinter dem Wunsch der Kontrolle von Niederlassungen im Ausland? Eine gängige Systematisierung der Motive für Direktinvestitionen unterscheidet zwischen **(a) beschaffungsmarktorientierten, (b) absatzmarktorientierten, (c) produktions- oder effizienzorientierten** und **(d) strategischen Zielsetzungen** (vgl. u. a. Dunning 1992, S. 56 ff.; Kutschker/Schmid 2008, S. 84 ff.). Darüber hinaus können, ähnlich wie bei der Produktdiversifikation, Managerinteressen als Motiv der Internationalisierung genannt werden. Manager verfolgen mit der Internationalisierung ihre eigenen, für das Unternehmen unter Umständen schädlichen Zielsetzungen.

ca.   Zugang zu natürlichen Ressourcen: Beschaffungsmarktorientierte Zielsetzungen von FDI

Unternehmen investieren an ausländischen Standorten, um Zugang zu natürlichen, produktiven Ressourcen zu erlangen, die im Heimatmarkt überhaupt nicht oder zu nicht kompetitiven Preisen verfügbar sind. Der überwiegende oder gesamte Teil der zu beschaffenden Ressourcen bzw. des Outputs der ausländischen Tochtergesellschaft wird an das Mutterunternehmen oder an andere Schwestergesellschaften im Ausland weiter exportiert. Drei Unterformen lassen sich bei dem Motiv des Zugangs zu natürlichen Ressourcen unterscheiden:

–   **Zugang zu natürlichen, physischen Ressourcen:** Dabei handelt es sich um Unternehmen des verarbeitenden Gewerbes, die mit der Direktinvestition vor Ort die Grundversorgung mit (preiswerten) Ressourcen sicherstellen wollen. Die physischen Ressourcen umfassen in der Regel natürliche Rohstoffe (Bauxit, Blei, Edelmetalle, Eisenerze, Erdöl, Kupfer, Zink etc.), oder Agrarprodukte (Kaffee, Kautschuk, Südfrüchte, Tabak, Tee, tierische Produkte, Zucker etc.). Die physischen Ressourcen werden nach der Gewinnung im Ausland meist im Stammland bzw. an anderen Standorten des Unternehmens weiterverarbeitet oder veredelt. Mit dieser Form der Direktinvestitionen sind typischerweise Handelstransaktionen aus Entwicklungsländern in entwickelte Industrieländer verknüpft (vgl. dazu auch Dunning 1992, S. 56 ff.; UNCTAD 2009, S. 95 ff.).

–   **Zugang zu Niedriglohnstandorten:** Unternehmen aus Ländern mit einem hohen Reallohnniveau investieren im Ausland an Niedriglohnstandorten, die ein großes Potenzial an gering entlohnten, un- bzw. minderqualifizierten aber motivierten Arbeitskräften aufweisen. Typisch sind diese Formen der Direktinvestitionen sowohl für Unternehmen aus dem verarbeitenden Gewerbe als auch aus dem Dienstleistungssektor, deren Wertschöpfungsprozesse arbeitsintensive Produktionsstufen beinhalten. Diese Form bzw. dieses Motiv zur Verlagerung unternehmerischer Funktionen und Prozesse primär infolge von Kostenüberlegungen wird auch als **Offshoring** bezeichnet. Während die Unternehmen die arbeitsintensiven Produktionsschritte in die Zielländer verlagern, werden die Zwischen- und Fertigprodukte anschließend wieder reimportiert. Potenzielle Zielländer dieser Formen von Direktinvestitionen richten häufig Freihandels- bzw. Sonderwirtschaftszonen ein, um den Im- bzw. Export der Produkte zu erleichtern und Anreize für ausländische Investoren zu setzen. Neben herkömmlichen Sachgütern werden in verstärktem Maße auch Dienstleistungen zum Gegenstand von Auslandsverlagerungen bzw. Offshoring-Prozessen. So verlagern in den USA und in Europa Unternehmen in verstärktem Maße die Beschwerde- bzw. Informations-Hotlines für ihre Produkte nach Indien oder auf die Philippinen (vgl. UNCTAD 2005).

- **Zugang zu Know-how:** Die dritte Form des Ressourcenzugangs richtet sich auf die Erschließung von Produkt- und Prozesstechnologien, Management- und Marketing-Fähigkeiten bzw. organisatorischen Fähigkeiten. Unternehmen investieren in hochentwickelten Industrieländern in den Aufbau von sogenannten technologischen Horchposten, um an das Know-how von Wettbewerbern, Kunden, Zulieferern, Universitäten und Forschungseinrichtungen zu gelangen. So hat etwa der deutsche Automobilhersteller Daimler Benz AG im Jahr 1995 im Silicon Valley (Palo Alto) in den USA ein kleines Forschungslabor mit 25 Mitarbeitern gegründet. Erklärtes Ziel dieser Auslandsinvestitionen war es, technologische und gesellschaftliche Entwicklungen in den USA im Bereich der Informations- und Kommunikationstechnologie frühzeitig erkennen und für das Unternehmen nutzbar machen zu können (vgl. Pressemitteilung der Daimler Benz AG, Abteilung Forschung und Technik, 19.10.1995).

cb. Absatzorientierte Motive für FDI

Angesichts von Beschränkungen des heimischen Absatzmarktes erschließen Unternehmen durch den Gang ins Ausland dortige Märkte und versuchen, ihre Umsätze auszudehnen. Insbesondere Unternehmen aus Ländern mit kleinen Binnenmärkten (z. B. aus der Schweiz, den Benelux-Ländern oder aus Skandinavien) sind auf den Gang ins Ausland angewiesen, um mit steigenden Absatzzahlen Kostendegressionseffekte erzielen und preislich international wettbewerbsfähige Produkte anbieten zu können. Die Investition im ausländischen Markt kann einerseits die Erschließung eines für das Unternehmen vollkommen neuen Absatzmarktes zum Ziel haben. Andererseits kann die Direktinvestition auch der Sicherung eines bestehenden Absatzmarktes dienen, wenn bspw. der bisherige Export als Markteintrittsstrategie nicht mehr ausreichend erscheint und lokale Präsenz erforderlich wird. Der Aufbau einer Tochtergesellschaft vor Ort ist umso wahrscheinlicher, je größer das **Marktvolumen** des Zielmarktes ist bzw. je günstiger dessen **Marktwachstumspotenziale** erscheinen. Müssen die Produkte für den ausländischen Absatzmarkt nicht an den lokalen Bedarf bzw. die Rahmenbedingungen vor Ort angepasst werden, dann genügt es unter Umständen, vor Ort eine lokale Vertriebsniederlassung zu gründen. Das Unternehmen exportiert in diesem Fall Fertigprodukte an die ausländische Niederlassung, welche sich um den lokalen Vertrieb und Absatz der Produkte kümmert.

Denkbar ist auch, dass die Niederlassung im Ausland in geringem Umfang Wertschöpfung am Produkt erbringt, um kleinere Anpassungen an lokale Besonderheiten des Marktes vorzunehmen. Anpassungen werden bspw. durch abweichende Kundenpräferenzen oder unterschiedliche lokale Rahmenbedingungen (gesetzliche Vorschriften und Standards etc.) notwendig. Je größer die Anpassungserfordernisse des Produktes an die lokalen Bedingungen des Marktes sind, desto größere Wertschöpfungsumfänge wird ein Unternehmen tendenziell direkt vor Ort erbringen (vgl. dazu Yip 1992). Im Gegensatz zur reinen Exportstrategie kann sich das Unternehmen durch die lokale Präsenz vor Ort schneller und unmittelbarer mit den spezifischen Rahmenbedingungen im Zielmarkt (Sprache, Geschäftspraktiken, Kundenverhalten, gesetzliche Rahmenbedingungen etc.) vertraut machen und die Nachteile (mangelnde Kenntnisse des Marktes) gegenüber heimischen Wettbewerbern verringern. In Industriegütersektoren, in denen Unternehmen mit wenigen Geschäftspartnern große Teile ihres Umsatzes erwirtschaften und (interaktions-)intensive Geschäftsbeziehungen pflegen, kann die unmittelbare Präsenz am Standort auch vom Kunden gewünscht sein. Wenn bspw. Zulieferteile flexibel und bedarfsgerecht ‚Just in time' geliefert werden müssen, dann werden Zulieferunternehmen in vielen Fällen dazu gezwungen sein, in Produktionsstätten in unmittelbarer räumlicher Nähe zum Kunden zu investieren. In der Automobilindustrie liefern bspw. Automobilzulieferer ihre Teile und Komponenten nicht nur ‚Just in time' an das Band des Automobilherstellers, sondern sie sind oftmals auch für die Montage ihrer Zulieferprodukte am Endprodukt (in der Produktionsstätte des Kunden) verantwortlich (vgl. Pfaffmann/Stephan 2001, S. 335 ff.). Als weitere Ursache für die Errichtung von Produktionsstätten im Ausland ist das Vorhandensein von tarifären und nichttarifären Handelshemmnissen zu nennen. Auch hohe Transportkosten und (monetäre) Investitionsanreize der ausländischen Regierung bzw. der Wirtschaftsförderungseinrichtung im Zielmarkt sind ein Grund für die Errichtung von Produktionsstätten vor Ort. Schließlich kann es gerade für Unternehmen in technologie- und marketingintensiven Branchen notwendig sein, an den führenden Märkten mit eigenen Niederlassungen präsent zu sein, um einerseits neue Technologie- und Nachfragetrends frühzeitig erkennen zu können und andererseits ihre Reputation zu verbessern (vgl. Pfaffmann/Stephan 2000, S. 265 ff.).

cc. Effizienz- bzw. produktionsorientierte Motive

Investitionen aus Effizienzgründen werden überwiegend von großen, bereits in mehreren Ländermärkten präsenten, d. h. multinational tätigen Unternehmen getätigt. Mit dem Aufbau von zusätzlichen Produktionsniederlassungen im Ausland wollen die Unternehmen ihre bestehenden multinationalen Wertschöpfungsnetzwerke effizienter gestalten, um bspw. Skalen- und Verbundeffekte sowie Erfahrungen an den einzelnen Standorten für das gesamte Unternehmen nutzbar zu machen. Die Niederlassungen im Wertschöpfungsnetzwerk spezialisieren sich auf einzelne Produkte bzw. Komponenten oder auf einzelne Prozessschritte und produzieren für mehrere Märkte. So kann das Unternehmen von (Kosten-)Vorteilen aus der Produkt- und Prozessspezialisierung profitieren. Die Spezialisierung und Arbeitsteilung der einzelnen Niederlassungen im Wertschöpfungsnetzwerk ermöglichen es, die Vorteile aus der spezifischen Faktorausstattung, der lokalen Kultur, den institutionellen Rahmenbedingungen, dem ökonomischen und politischen System sowie der Marktstruktur in dem jeweiligen Land für das ganze Unternehmen nutzbar zu machen (vgl. Dunning 1992, S. 59). Hättest Du ein konkretes Beispiel eines MNU-Netzwerkes?

cd. Strategische Motive

Das Motiv der strategischen Direktinvestitionstätigkeit bezieht sich auf multinationale Unternehmen, welche im Ausland andere Unternehmen bzw. Teile von Unternehmen akquirieren und mit den aufgekauften Vermögenswerten langfristige Zielsetzungen verfolgen. Bei den investierenden Unternehmen kann es sich einerseits um große, bereits auf ausländischen Märkten etablierte MNU handeln, die mit der Akquisition ihre globalen bzw. regionalen Strategien unterstützen. Andererseits akquirieren auch international unerfahrene Unternehmen ausländische Wettbewerber, um ein erstes Standbein in den für sie unbekannten Märkten zu erwerben. Bei FDI mit strategischem Hintergrund können als kurz- bzw. mittelfristige Nebenziele zwar auch effizienz- und absatzorientierte Motive eine Rolle spielen, primär geht es hier aber um die langfristige Stärkung der Wettbewerbsposition des eigenen Unternehmens bzw. um die Schwächung der Position von Wettbewerbern. Zu solchen Direktinvestitionen mit strategischem Hintergrund zählen typischerweise grenzüberschreitende Großfusionen. Hier geht es nur vordergründig um effizienzorientierte Zielsetzungen, wie die Realisierung von operativen ‚Synergien'. Die wahren Motive für solche großen Unternehmensverschmelzungen wie auch für Großakquisitionen sind meist in der Stärkung der eigenen Wettbewerbsposition über die Steigerung des Marktanteils und der Marktmacht gegenüber anderen Konkurrenten zu sehen. Auslandsakquisitionen von diversifizierten und etablierten MNU werden häufig auch im Rahmen von Restrukturierungsprozessen getätigt, bspw. um das Kerngeschäftportfolio zu stärken oder um das Geschäftsrisiko durch die geografische Diversifikation zu vermindern.

Die geografische Diversifikation der Geschäftstätigkeit in verschiedene Ländermärkte kann unter bestimmten Bedingungen zu einer Erhöhung der Stabilität der Erträge und damit zu einer **Verringerung des Risikos** führen. So verringern Unterschiede bei Angebot und Nachfrage auf den Faktor- und Absatzmärkten in den einzelnen Ländermärkten das **unsystematische Risiko**. Insbesondere dann, wenn in den verschiedenen Ländern, in denen das Unternehmen tätig ist, unterschiedliche saisonale und strukturelle Nachfrage- und Angebotsbedingungen vorherrschen, kann durch geografische Diversifikation das unsystematische Risiko gesenkt werden. Im Gegensatz zur Produktdiversifikation lässt sich durch die geografische Diversifikation der Geschäftstätigkeit unter bestimmten Umständen eine Verringerung des **systematischen Risikos** herbeiführen. Dies kann insbesondere dann der Fall sein, wenn in den verschiedenen Ländermärkten unterschiedliche politische und gesamtwirtschaftliche Rahmenbedingungen vorherrschen und der Konjunkturzyklus entkoppelt verläuft (vgl. Bühner 1987, S. 25 ff.; Hitt et al. 1997, S. 767 ff.; Kim et al. 1993, S. 275 ff.; dieselben 1989, S. 45 ff.; Lofthouse 1997, S. 53 ff.; Sambharya 1995, S. 197 ff.).

Die Wirkung der geografischen Diversifikation auf das Ausmaß des systematischen Risikos von Unternehmen ist jedoch nicht eindeutig. Es ist auch eine Erhöhung des systematischen Risikos von Unternehmen denkbar, wenn diese z. B. in Ländermärkten oder Regionen aktiv sind, die von schweren Krisen bzw. ökonomischen Schocks betroffen sind. So hat bspw. die wirtschaftliche Krise in den ost- und südostasiatischen Ländern im Jahr 1997 („Asienkrise") auch die Umsätze und Erträge der dort aktiven Unternehmen aus Deutschland drastisch beschnitten und negative Rückkopplungen auf das europäische Geschäft ausgelöst. Ungeachtet ihrer globalen Wirkung hat die weltweite Banken-, Finanz- und Wirtschaftskrise der Jahre 2008 und 2009, die in 2007 mit der U. S.-amerikanischen Immobilienkrise ihren Anfang nahm, vor allem jene multinationalen Unternehmen empfindlich getroffen, die über einen Absatzschwerpunkt in den USA verfügten. So stürzten die europäischen Baustoffhersteller Lafarge SA aus Frankreich sowie Holcim aus der Schweiz, infolge des Einbruchs der Baubranche in den USA und des Rückgangs der Nachfrage nach Baustoffen wie Zement, in existenziell bedrohliche Liquiditätsengpässe (vgl. UNCTAD 2009a, S. 25 f.). Grundsätzlich hängt die Wirkung der geografischen Diversifikation auf das systematische Risiko eines Unternehmens einerseits von der Stabilität der wirtschaftlichen Rahmenbedingungen in den Ländern ab und wird andererseits vom Ausmaß der wirtschaftlichen Verflechtung der betreffenden Länder beeinflusst. Je geringer die wirtschaftliche Verflechtung der Ländermärkte ist, desto unabhängiger verläuft die gesamtwirtschaftliche Entwicklung in diesen Ländern. Die geografische Diversifikation in stark interdependente Ländermärkte verringert demzufolge das Niveau des systematischen Risikos eines Unternehmens nur unmerklich.

d. Betrachtungsebenen und Finanzierungsmodalitäten ausländischer Direktinvestitionen

Bei der Betrachtung ausländischer Direktinvestitionen sind neben der oben beschriebenen Unterscheidung zwischen mittelbaren und unmittelbaren Investitionen weitere Betrachtungsebenen zu unterscheiden. Spricht man von ausländischen Direktinvestitionen, so ist aus volkswirtschaftlicher Perspektive nach der Richtung der Investitionstätigkeit zu fragen (vgl. Kutschker/Schmid 2008, S. 87). Dabei ist zwischen Investitionen ausländischer Investoren im inländischen Wirtschaftsgebiet („**Inward-FDI**') und den von Inländern im Ausland getätigten Direktinvestitionen („**Outward-FDI**') zu unterscheiden. Aus der unternehmerischen Perspektive handelt es sich bei ausländischen Direktinvestitionen natürlich um Investitionen außerhalb des Heimatmarktes. Bei der Betrachtung von Direktinvestitionen ist überdies zu klären, ob **Bestands**- oder **Bewegungsgrößen** gemeint sind. Spricht man von Bewegungsgrößen („FDI-Flow'), so ist damit der Transfer von Direktinvestitionskapital ins Ausland gemeint. In der Regel werden FDI-Flows für eine bestimmte Betrachtungsperiode, z. B. auf ein Jahr bezogen, ausgewiesen. Bei FDI im Sinne einer Bestandgröße („FDI-Stock') handelt es sich dagegen um die akkumulierte Summe des insgesamt ins Ausland transferierten Kapitals unter Berücksichtigung von Wertänderungen infolge von Sonderabschreibungen, Wechselkursschwankungen etc. Das Konzept der Direktinvestitionen im Sinne von Bewegungsgrößen umfasst auch **Desinvestitionen**, d. h. den Abzug oder die Wertminderung des im Ausland investierten Kapitals. In diesem Sinne sind Abschreibungen mit einer negativen Direktinvestitionstätigkeit gleichzusetzen.

Erstinvestitionen im Ausland bezeichnen das erstmalige Engagement von Unternehmen in Form von Direktinvestitionen im ausländischen Markt. Streng genommen handelt es sich bei einer Erstinvestition um ein Engagement, bei dem ein inländisches Unternehmen erstmals eine Beteiligung von mehr als 10 % an einem ausländischen Unternehmen aufbaut bzw. erwirbt (vgl. Kutschker/Schmid 2008, S. 89; OECD 2008, S. 49). Wird dagegen eine bestehende Minder- oder Mehrheitsbeteiligung an einer vorhandenen Tochtergesellschaft aufgestockt, so spricht man von einer **Folgeinvestition**. Alternativ kann eine Folgeinvestition auch zur Erweiterung vorhandener Wertschöpfungskapazitäten ohne Veränderung der Beteiligungsverhältnisse erfolgen. Während die Finanzierung einer Erstinvestition im Ausland in der Regel einen Kapitaltransfer vom Inland ins Ausland erforderlich macht, kommen im Fall von Folgeinvestitionen weitere Finanzierungsmodalitäten in Betracht. Folgeinvestitionen können zunächst über zusätzlich zugeführtes Eigenkapital erfolgen. Daneben führen aber auch die von der ausländischen Tochter erwirtschafteten Gewinne zu einer Mehrung des Direktinvestitionsbestandes im Ausland, sofern diese nicht an das Mutterunternehmen abgeführt werden („thesaurierte Gewinne'). Vor Ort von der Tochtergesellschaft erwirtschaftete Gewinne müssen streng genommen an das Mutterunternehmen (in Relation zum bestehenden Beteiligungsverhältnis) abgeführt werden. Unterbleibt die Ausschüttung, dann mehren die Gewinne faktisch das (zurechenbare) Eigenkapital der Muttergesellschaft an der Tochtergesellschaft und werden dementsprechend als Direktinvestition gewertet. Ebenfalls als Direktinvestitionen gelten langfristige Kredite von der Muttergesellschaft an die ausländische Tochtergesellschaft, so genannte ,Intra-Firmenkredite'. Die Kredite werden zwar in der Bilanz der Tochtergesellschaft als Fremdkapital gewertet, gelten aber trotzdem als ausländische Direktinvestitionen durch die Kredit gewährende Muttergesellschaft. Damit lassen sich zusammenfassend drei Formen bzw. Quellen von Direktinvestitionskapital unterscheiden:

− **Zufuhr von Eigenkapital** bei Erst- oder über Folgeinvestitionen (Kapitaltransfer i. e. S.);
− **Reinvestierte Gewinne**, die nicht an die Muttergesellschaft abgeführt werden;
− **Langfristige Kredite** von der Mutter an die Tochtergesellschaft (,Intra-Firmenkredite').

In der unternehmerischen Praxis besitzen insbesondere die ersten beiden Finanzierungsmodalitäten die größte Relevanz. Muttergesellschaften werden bei jungen und im ausländischen Markt noch nicht etablierten Tochtergesellschaften Kapazitätserweiterungen in der Regel über die Zuführung von weiterem Eigenkapital finanzieren. Sind die Tochtergesellschaften dagegen im ausländischen Markt etabliert und erwirtschaften entsprechende Gewinne, dann werden sich reinvestierte Gewinne zur wichtigsten Quelle der Mehrung des Direktinvestitionsbestandes im Ausland entwickeln (vgl. Bellak/Cantwell 1995; UNCTAD 2009, S. 4). Alle drei genannten Quellen von Direktinvestitionskapital können natürlich auch negativ im Sinne von Desinvestitionen interpretiert werden. So führen nicht nur der Abzug von Eigenkapital, sondern auch Verluste der ausländischen Tochtergesellschaft zu einer Minderung des Direktinvestitionsbestandes im Ausland. Ähnlich werden langfristige Kredite der Tochtergesellschaft an das Mutterunternehmen oder die Tilgung von Krediten interpretiert.

e. Das Phänomen des multinationalen Unternehmens (MNU)

Was genau versteht man unter einem multinationalen Unternehmen (MNU)? Wann ist ein Unternehmen multinational, wann handelt es sich dagegen lediglich um national tätige Unternehmen oder Unternehmen mit einer nur geringen internationalen Orientierung? Zur Bestimmung des Phänomens des multinationalen Unternehmens existieren zahlreiche Definitionen und Abgrenzungsversuche (als Überblick vgl. Kutschker/Schmid 2008, S. 242 ff.). Die meisten Definitionen stellen ausländische Direktinvestitionen in das Zentrum ihrer Abgrenzung bzw. Präzisierung des Begriffs der multinationalen Unternehmenstätigkeit. Direktinvestitionen im Ausland implizieren per **Definition**, dass das Unternehmen im Ausland wertschöpfende Aktivitäten unter eigener Kontrolle betreibt (vgl. OECD 2009, S. 45 und 49). Im Sinne einer Arbeitsdefinition wird ein MNU im Folgenden nach *Dunning* (1992) definiert als „…enterprise that engages in foreign direct investment (FDI) and owns or controls value-adding activities in more than one country" (Dunning 1992, S. 3). Neben dieser rein terminologischen Bestimmung und Abgrenzung von MNU existieren zahlreiche weitere Ansätze zur Bestimmung des Ausmaßes der Multinationalität bzw. des Internationalisierungsgrades von Unternehmen. Wichtige **Indikatoren**, die gewöhnlich **zur Bestimmung des Ausmaßes der Internationalisierung bzw. der ,Multinationalität'** von Unternehmen herangezogen werden, sind:

- **Auslandsquoten oder ,Foreign to Total Operations-Ratio'** (FTO-Ratio) beziehen sich meist auf operative und finanzielle Kennzahlen und quantifizieren den Anteil des Auslandsgeschäfts am Gesamtgeschäft des Unternehmens. Kritisch ist bei der Verwendung von Auslandsquoten allerdings zu berücksichtigen, dass die FTO-Ratios bei Unternehmen aus kleinen Stammländern, z. B. aus der Schweiz oder aus den Niederlanden, höher sind als bei Unternehmen aus großen Heimatmärkten. Die drei gebräuchlichsten Auslandsquoten sind:

  · **FTO-Ratio Umsatz**: Der Anteil des Auslandsumsatzes am Gesamtumsatz ist ein Indikator für die Bedeutung der ausländischen Märkte bzw. Kunden für das Gesamtgeschäft des Unternehmens;
  · **FTO-Ratio Kapitalvermögen** (,Assets'): Der Anteil des im Ausland investierten Vermögens am gesamten Vermögensbestand des Unternehmens lässt Rückschlüsse auf die Bedeutung der im Ausland betriebenen kapitalintensiven Wertschöpfungsbzw. Produktionsschritte zu;
  · **FTO-Ratio Mitarbeiter**: Der Anteil der im Ausland beschäftigten Mitarbeiter lässt Rückschlüsse auf den Umfang der im Ausland betriebenen arbeitsintensiven Wertschöpfungs- bzw. Produktionsschritte zu.

- Als Ergänzung zu den angeführten gebräuchlichen Auslandsquoten kann auch das Ausmaß der im Ausland betriebenen **höherwertigen Wertschöpfungsaktivitäten** herangezogen werden, bspw. die FTO-Ratios F&E-Ausgaben und F&E-Mitarbeiter. In diesem Zusammenhang ist von Interesse, ob in den ausländischen Niederlassungen auch technologieintensive Produktion bzw. höherwertige Wertschöpfungsaktivitäten stattfinden oder lediglich einfache Montage bzw. vertriebsorientierte Tätigkeiten durchgeführt werden.

–   Ein sehr verbreiteter aber leider wenig aussagekräftiger Indikator zur Messung des Internationalisierungsgrades von Unternehmen ist die **Anzahl der Niederlassungen im Ausland** bzw. die **Anzahl der Länder**, in denen das Unternehmen über eigene Niederlassungen verfügt. Zur Erhöhung der Aussagekraft des Indikators müsste zusätzlich berücksichtigt werden, ob das Unternehmen auch in entfernteren Kulturkreisen über Tochtergesellschaften präsent ist oder ob es nur in angrenzenden Ländermärkten investiert hat.

–   Ein stärker qualitativ ausgerichteter Indikator zur Bemessung der ‚Multinationalität‘ von Unternehmen orientiert sich am Ausmaß der **multinationalen Zusammensetzung des Managements**. Setzt sich der Vorstand nur aus Führungskräften aus dem Heimatland zusammen oder sind Vertreter aus mehreren Ländern bzw. Kulturkreisen in diesem Gremium vertreten? Analog zum Management kann diese Betrachtung auch auf Seite der Eigentümer/Kapitaleigner durchgeführt werden, d. h. wie stark ist bspw. die geografische Streuung des Aktienbesitzes.

Die Liste von Indikatoren ließe sich fortsetzen und die Analyse von Beispielen wirft weitere Aspekte auf (vgl. Abb. 141). So könnte man zusätzlich das externe Netzwerk an Lieferanten, Kunden, Lizenznehmern und Kooperationspartnern auf die internationale Zusammensetzung hin prüfen. Auch könnte man die Intensität der Leistungsverflechtung im Konzern zwischen der Mutter- und den Tochtergesellschaften und den Tochtergesellschaften untereinander als Indikator für den Internationalisierungsgrad heranziehen. So liefert etwa das Ausmaß der länderübergreifenden, unternehmensinternen Handelsströme (‚Intra-Firmenhandel‘) oder unternehmensinternen Lizenzzahlungen Anzeichen für das Ausmaß der Leistungsverflechtung im Unternehmen. Allerdings bliebe, unabhängig von der Anzahl und der Güte der angelegten Indikatoren, die Messung der Multinationalität im Sinne einer Quantifizierung immer willkürlich (hinsichtlich der Reihenfolge und Gewichtung der Indikatoren).

Es kann im Einzelfall durchaus zweckmäßig sein, Unternehmen oder Unternehmensteile vor dem Hintergrund konkreter Ziel- oder Problemstellungen anhand ausgewählter Indikatoren auf ihren Internationalisierungsgrad hin zu analysieren. Aber in Anbetracht der Heterogenität verschiedener Branchen und Unternehmen erscheint ein allgemeingültiger Indikator bzw. Indikatorenmix für die Messung des Internationalisierungsgrades nicht adäquat zu sein. Perlitz (2004) schlägt aus diesem Grund eine über die rein **quantitative Abgrenzung** hinausgehende **qualitative Orientierung an den Unternehmenszielen** vor. Ihm zufolge gilt ein Unternehmen dann als multi- bzw. international, wenn die Auslandsaktivitäten zur Erreichung und Sicherstellung der Unternehmensziele von wesentlicher Bedeutung sind (vgl. Perlitz 2004, S. 10). Allerdings vermag auch dieser qualitative Ansatz den Vorwurf der Willkür in der Abgrenzung nicht gänzlich ausräumen. Denn es bleibt weiterhin offen, ab welchem Umfang die Auslandsaktivitäten das Kriterium der Wesentlichkeit erfüllen.

Nestlé als Beispiel für ein multinationales Unternehmen

Der in der Schweiz beheimatete Nestlé-Konzern ist der größte Nahrungsmittelkonzern der Welt. In der Umsatzrangliste rangiert der Konzern vor Procter & Gamble, Unilever und Pepsico. Das Unternehmen wurde 1866 von dem aus Frankfurt a. M. stammenden Apothekergehilfen Heinrich (‚Henri‘) Nestlé in der Schweiz in Vevey gegründet. 1867 gelang Nestlé mit der **Erfindung des** löslichen Milchpulvers als Muttermilchersatz für

Säuglinge der unternehmerische Durchbruch. Unter der Bezeichnung Nestlé *Kindermehl* produzierte das Unternehmen sehr erfolgreich lösliches Milchpulver für den europäischen und außereuropäischen Markt: Innerhalb von nur sieben Jahren konnte das Unternehmen 1,6 Millionen Dosen in 18 Länder verkaufen. In der Folge expandierte Nestlé auch in andere Produktlinien, bspw. in das Geschäft mit Kondensmilch und Schokolade. Ende des 19. Jahrhunderts erfolgte, mit der Übernahme eines Milchpulverwerks in Norwegen, der erste Schritt zur Ausdehnung der Produktion ins Ausland. Bereits zu Beginn des 20. Jahrhunderts verfügte Nestlé über weitere Produktionsstätten in Deutschland, Großbritannien, Spanien und in den USA. Im 20. Jahrhundert betrieb das Unternehmen durch zahlreiche Fusionen und Übernahmen anderer Nahrungsmittelhersteller, wie Maggi (Fertiggerichte, 1947), Findus (Tiefkühlkost, 1963), McNeill & Libby (Libby's Fruchtsäfte und Konserven, 1970), Ursina-Franck (Alete, Bärenmarke und Thomy, 1971), eine konsequente Expansionspolitik in neue Produkt- und Ländermärkte. Den internationalen Expansionskurs setzte Nestlé auch in den letzten zehn Jahren fort. Im Jahre 2002 übernahm das Unternehmen u. a. den U. S.-amerikanischen Tierfutterkonzern Ralston Purina sowie die deutsche Schöller Gruppe (Mövenpick und Schöller Eiscreme). In 2007 akquirierte Nestlé den amerikanischen Kindernahrungshersteller Gerber vom Pharmakonzern Novartis. Den vorläufig letzten Schritt in der globalen Übernahmekette stellte die Übernahme des Tiefkühlpizza-Geschäfts von Kraft Foods im Jahre 2010 dar. Damit zählt Nestlé heute in sieben Produktgruppen zu den weltweiten Marktführern: (1) Getränke in flüssiger und Pulverform (Kaffee); (2) Mineralwasser; (3) Milchprodukte und Speiseeis; (4) Nutrition-Produkte (Säuglings- und Kleinkindnahrung sowie Gesundheitsernährung); (5) Fertiggerichte; (6) Süßwaren; (7) Produkte für Haustiere; (8) pharmazeutische Produkte. Im Geschäftsjahr 2009 erwirtschaftete das Unternehmen einen Umsatz von 107,6 Mrd. Schweizer Franken (CHF). Der Umsatz ist breit über alle Weltregionen gestreut. Den größten Ländermarkt für Nestlé bilden die USA mit 30,7 Mrd. CHF Umsatz, gefolgt von Frankreich (8,1 Mrd.), Deutschland (5,8 Mrd.) und Brasilien (5,8 Mrd.). Der Heimatmarkt Schweiz trug mit 2 Mrd. CHF Umsatz lediglich zu 1,9 Prozent des Konzernumsatzes bei. Das Unternehmen erwirtschaftete damit über 98 Prozent seines Umsatzes im Ausland (FTO-Umsatz). Nestlé ist in mehr als 140 Ländern mit 449 Produktionsniederlassungen präsent, davon befinden sich allein 220 Fabriken in Schwellen- und Entwicklungsländern. Das Produktportfolio von Nestlé steht im Spannungsfeld zwischen der lokalen Anpassung an Kundenbedürfnisse vor Ort und globaler Standardisierung. Während einige Produkte und Marken nur in einzelnen Ländern angeboten werden, verfügt das Unternehmen auch über zahlreiche globale Marken (z. B. KitKat, Nescafé, Nesquik, Nespresso, Perrier, San Pellegrino). Die internationale Orientierung spiegelt sich auch in der Zusammensetzung des Vorstands wieder, in dem je ein Belgier (Vorsitzender), Kanadier, Deutscher, Franzose und U. S.-Amerikaner sowie je zwei Südafrikaner, Schweizer und Spanier vertreten sind (vgl. Nestlé 2009, 2008).

Abb. 141: Exkurs zu Nestlé als multinationales Unternehmen

3. Empirische Bedeutung von MNU und ausländischen Direktinvestitionen

Während die Internationalisierung der Wirtschaft auf volkswirtschaftlicher Ebene ein seit Beginn des 20. Jahrhunderts gut dokumentiertes Phänomen darstellt, hat die Beobachtung der Internationalisierung der Geschäftstätigkeit auf Unternehmensebene erst seit einem relativ kurzen Zeitraum das Interesse der Statistik und Wissenschaft geweckt. In systematischer und repräsentativer Form sind statistische Daten und Informationen zum Phänomen der Internationalisierung der Geschäftstätigkeit auf Unternehmensebene und insbesondere zu multinationalen Unternehmen erst seit etwa ca. 30 Jahren verfügbar. Bis in die 80er Jahre des letzten Jahrhunderts waren Informationen zu MNU meist nur in Form von Einzelfallstudien verfügbar. Eine **wichtige Datenquelle** für empirische Erkenntnisse zur Entwicklung und zur Bedeutung von Multinationalen Unternehmen sowie zu ausländischen Direktinvestitionen stellt der seit 1991 jährlich veröffentlichte ‚**World Investment Report**‘ der Welthandels- und Entwicklungskonferenz der Vereinten Nationen (‚United Nations Conference on Trade and Development, UNCTAD‘) dar (vgl. UNCTAD 2009 sowie Stephan/ Pfaffmann 2001, S. 211).

Im ‚World Investment Report‘ wird jährlich eine Liste der 100 größten Multinationalen Unternehmen, gemessen am Gesamtwert des Bestandes des im Ausland investierten Direktinvestitionskapitals (‚Foreign Assets‘), veröffentlicht. Die nachfolgende Abb. 142 gibt einen Überblick über die Top-60 Unternehmen aus dieser Liste, geordnet nach der FTO-Ratio Umsatz im Jahr 2008. Ausgenommen sind in dieser Liste Unternehmen aus dem Finanz- und Versicherungsgewerbe. Insgesamt erwirtschafteten diese 60 größten multinationalen Unternehmen im Jahr 2008 einen Umsatz von 6.350 Milliarden U. S.-$, was in etwa dem gemeinsamen Bruttosozialprodukt der Länder Deutschland, Frankreich und Großbritannien entspricht. Mit Ausnahme der drei Unternehmen Cemex (Mexico), Hutchison Whampoa (China) und Samsung Electronics (Südkorea) stammen alle Unternehmen aus hoch entwickelten, traditionellen Industrienationen. Erweitert man jedoch den Betrachtungswinkel und blickt auf die komplette Liste der Top-100 Unternehmen, dann bleibt die Herkunft der größten multinationalen Unternehmen nicht mehr nur auf klassische Industrienationen beschränkt. In der Liste der Top-100 Unternehmen finden sich zahlreiche weitere Unternehmen aus jungen Industrienationen, wie Südkorea (z. B. LG und Hyundai Motor Company), sowie aus Schwellenländern, wie bspw. Malaysia (Petronas) oder China (CITIC).

Im Durchschnitt haben die Top-100 Unternehmen in 2008 61,2 Prozent ihrer gesamten Umsätze auf ausländischen Märkten erwirtschaftet. Dies entspricht einem Anstieg der internationalen Absatztätigkeit innerhalb von zehn Jahren um knapp 15 Prozentpunkte Im Jahr 1998 lag die FTO-Ratio Umsatz bei den Top-100 Unternehmen noch deutlich unter 50 Prozent. Die FTO-Ratio Umsatz schwankt innerhalb der Liste der Top-100 Unternehmen allerdings beträchtlich. Auffällig ist, dass – wie bereits in Kapitel D II 2 angesprochen – insbesondere Unternehmen aus wirtschaftlich kleineren Stammländern überdurchschnittlich hohe FTO-Ratios aufweisen (allein sieben der Top-10 Unternehmen der Liste). Dagegen sind vergleichsweise wenig Unternehmen mit großen Binnenmärkten in der Liste vertreten. Damit bestätigt sich die Vermutung, dass Unternehmen aus Ländern mit großen Binnenmärkten einen geringeren Druck verspüren, zur Expansion ihrer Geschäftstätigkeit auf ausländische Märkte auszuweichen.

Der Blick auf die Branchenzusammensetzung der Unternehmen zeigt, dass offenbar auch Unterschiede im Internationalisierungsgrad der Unternehmen je nach Industrie bestehen. So sind mit dreizehn bzw. zehn Unternehmen überdurchschnittlich viele Akteure aus der Automobilindustrie bzw. der Erdöl verarbeitenden Industrie unter den Top-100 vertreten. Mit je neun Vertretern finden sich auch vergleichsweise viele Telekommunikationsdienstleister und -ausrüster, Elektronikhersteller und Nahrungsmittelhersteller in der Liste, gefolgt von Versorgungsdienstleistern (8) und Handelsunternehmen (7). Im Vergleich zur Top-100 Liste des Jahres 1998 hat vor allem die Präsenz von multinationalen Dienstleistungsunternehmen stark zugenommen. Fanden sich vor zehn Jahren in der 1998er-Liste lediglich drei Dienstleistungs-

Unternehmen	Land	Branche	FTO-Ratio Umsatz	Auslands-umsatz 2008 (Mio. US$)	FTO-Ratio Assets	Auslands-kapital 2008 (Mio. US$)
1 ArcelorMittal	LU	Metallprodukte	100,0%	124.936	95,5%	127.127
2 Liberty Global Inc	US	Telekommunikation	100,0%	10.561	99,8%	33.903
3 Nokia	FI	Telekommunikation	99,3%	70.074	90,8%	50.006
4 Roche Group (a)	CH	Pharma	98,9%	42.886	83,3%	59.572
5 Novartis(a)	CH	Pharma	98,7%	40.928	55,6%	43.505
6 Astrazeneca Plc	UK	Pharma	96,9%	30.607	80,2%	37.514
7 Philips Electronics	NL	Elektronik	96,2%	35.314	72,1%	33.172
8 Volvo AB	SE	Automobil	95,4%	37.105	77,8%	37.105
9 CRH Plc	IE	Baustoffe	94,7%	27.517	94,5%	27.787
10 Pernod Ricard SA (b)	FR	Nahrungsmittel	91,8%	8.917	90,7%	24.609
11 EADS	NL	Luft- & Raumfahrt	91,5%	55.070	63,2%	66.934
12 AkzoNobel	NL	Pharma	90,8%	19.474	88,6%	23.102
13 Xstrata PLC	UK	Bergbau	90,2%	25.215	94,4%	52.227
14 BHP Billiton Group (b)	AU	Bergbau	90,2%	53.632	52,6%	39.895
15 Linde AG	DE	Chemie	89,5%	15.766	90,0%	29.847
16 Samsung Electronics Co., Ltd.	KR	Elektronik	87,3%	84.027	34,3%	28.716
17 WPP Group Plc	UK	Medien & Kommunikation	87,2%	9.508	88,5%	31.567
18 Vodafone Group Plc	UK	Telekommunikation	86,9%	51.975	92,1%	204.920
19 Lafarge SA	FR	Baustoffe	85,7%	22.703	88,5%	50.003
20 Moët Hennessy-Louis Vuitton SA	FR	Konsumgüter	85,7%	20.500	60,0%	26.377
21 Diageo Plc	UK	Nahrungsmittel	85,6%	18.255	85,3%	27.399
22 Hutchison Whampoa Limited	HK	Mischkonzern	85,0%	38.201	80,6%	70.764
23 Siemens AG	DE	Elektronik	83,7%	90.095	83,7%	110.018
24 Cemex S.A.	MX	Baustoffe	83,1%	15.529	89,5%	41.211
25 AES Corporation	US	Energieversorgung	82,9%	13.325	67,6%	23.538
26 Anglo American (a)	UK	Bergbau	82,7%	21.766	89,3%	44.413
27 BAE Systems Plc	UK	Luft- & Raumfahrt	82,6%	20.063	88,9%	33.285
28 Honda Motor Co Ltd	JP	Automobil	81,3%	89.689	74,0%	96.313
29 Inbev SA (a)	NL	Nahrungsmittel	80,0%	17.933	93,9%	106.247
30 BMW AG	DE	Automobil	79,8%	59.093	44,9%	63.201
31 British Petroleum Company Plc	UK	Mineralöl	77,6%	283.876	82,2%	187.544
32 Daimler AG	DE	Automobil	77,2%	103.070	47,8%	87.927
33 Fiat Spa	IT	Automobil	75,9%	62.720	42,4%	36.413
34 Sony Corporation	JP	Elektronik	75,8%	64.537	46,6%	61.742
35 Total	FR	Mineralöl	75,8%	189.784	85,9%	141.442
36 Volkswagen Group	DE	Automobil	75,7%	119.869	52,9%	123.677
37 Rio Tinto Plc	AU/UK	Bergbau	72,4%	42.061	52,5%	47.064
38 Nissan Motor Co Ltd	JP	Automobil	72,4%	67.319	54,7%	61.703
39 Compagnie De Saint-Gobain SA	FR	Werkstoffe	70,1%	42.761	72,2%	43.597
40 ExxonMobil	US	Mineralöl	70,1%	321.964	70,7%	161.245
41 GDF Suez	FR	Energieversorgung	69,4%	65.631	51,3%	119.374
42 Deutsche Post AG	DE	Transport & Logistik	69,2%	55.597	19,7%	72.135
43 Hewlett-Packard	US	Elektronik	68,8%	81.432	42,6%	48.258
44 Unilever (a)	NL/UK	Konsumgüter	68,3%	38.511	66,5%	33.470
45 Dow Chemical Company	US	Chemie	67,9%	39.055	46,6%	21.197
46 Renault SA	FR	Automobil	67,8%	35.654	40,0%	35.560
47 SAB Miller (a)	UK	Nahrungsmittel	67,3%	12.585	79,5%	25.139
48 Coca-Cola Company	US	Nahrungsmittel	66,8%	21.338	40,1%	16.249
49 GlaxoSmithKline Plc (a)	UK	Pharma	66,1%	23.455	46,3%	26.593
50 National Grid Transco	UK	Energieversorgung	65,9%	15.000	58,3%	37.813
51 TeliaSonera AB	SE	Telekommunikation	65,4%	8.667	86,3%	29.195
52 Telenor Asa	NO	Telekommunikation	65,1%	9.036	73,0%	19.524
53 IBM	US	Elektronik	64,6%	66.944	47,5%	52.020
54 ThyssenKrupp AG	DE	Metallprodukte	64,1%	47.690	52,8%	30.578
55 Nestlé SA (a)	CH	Nahrungsmittel	64,1%	66.230	66,4%	66.316
56 Telefónica SA	ES	Telekommunikation	63,8%	51.487	68,6%	95.446
57 Toyota Motor Corporation	JP	Automobil	63,6%	143.886	57,2%	183.303
58 Holcim AG (a)	CH	Baustoffe	61,7%	14.586	64,3%	27.312
59 Pinault-Printemps Redoute SA	FR	Groß- & Einzelhandel	61,1%	17.177	78,1%	29.362
60 Metro AG	DE	Groß- & Einzelhandel	60,7%	57.446	53,1%	24.983
(a) Daten zu den Auslandaktivitäten beziehen sich auf die Aktivitäten außerhalb Europas						
(b) Daten aus dem Geschäftsjahr 2007						

Abb. 142: Die 60 größten MNU, geordnet nach dem Anteil des im Ausland erwirtschafteten Umsatzes ('FTO Umsatz') im Jahr 2008 (vgl. UNCTAD 2009; eigene Bearbeitung)

unternehmen, so ist diese Zahl im Jahre 2008 bereits auf 25 Akteure angestiegen. Es wird erwartet, dass der Anteil von großen, **multinational tätigen Dienstleistungsunternehmen** in Zukunft weiter ansteigen wird (vgl. UNCTAD 2004; Burr/Stephan 2006).

4. Theoretische Grundlagen zur Internationalisierung der Unternehmenstätigkeit

a. Theoretische Grundfragestellungen

Ausgangspunkt aller theoretischen Überlegungen zur Internationalisierung ist die Fragestellung, warum Unternehmen ihre Geschäftsaktivitäten überhaupt auf ausländische Märkte ausdehnen. Unternehmen, welche ihre geschäftlichen Aktivitäten jenseits bekannter und vertrauter geografischer Regionen auf neue Ländermärkte ausdehnen, befinden sich zunächst im Nachteil gegenüber den lokal ansässigen Wettbewerbern. Die lokal angestammten Unternehmen sind mit den vor Ort herrschenden gesetzlichen Rahmenbedingungen, den Kundenpräferenzen und den Wettbewerbsbedingungen bestens vertraut. Der ausländische Markteintritt verursacht dem internationalisierenden Unternehmen zudem eine Reihe an zusätzlichen Kosten, bspw. infolge der Überwindung von Wechselkursbarrieren, durch tarifäre und nichttarifäre Handelshemmnisse oder durch zusätzliche Kommunikations- und Koordinationskosten. Theorien zur Internationalisierung beschäftigen sich deshalb in einem ersten Schritt mit der Frage, **warum** Unternehmen überhaupt internationale Geschäftsaktivitäten aufnehmen: Welche Motive verfolgen und welche Vorteile versprechen sich Unternehmen aus der Internationalisierung ihrer Geschäftstätigkeit?

Der Begriff der Internationalisierung der Geschäftstätigkeit ist in diesem Kontext bewusst weit gefasst, d. h. er schließt unterschiedliche Formen der Internationalisierung ein und bezieht sich nicht ausschließlich auf die Direktinvestitionstätigkeit. Der zweite bedeutsame Erklärungsgegenstand, mit dem sich Theorien zur Internationalisierung auseinandersetzen, setzt genau an diesem Aspekt der „Form" der Internationalisierung an und thematisiert die Frage nach den geeigneten Formen des Markteintritts. Hier geht es vor allem um die Frage, **wie** ausländische Märkte bearbeitet werden sollen. Unternehmen stehen neben den verschiedenen Formen von Direktinvestitionen auch Export- bzw. Importstrategien, Lizenz- oder Franchisestrategien und andere kooperative Strategien zur Verfügung.

Neben den Fragen nach dem Warum und Wie im Zuge der Internationalisierung der Geschäftstätigkeit stellt sich als dritter Erklärungsgegenstand die Frage nach dem **Wo**: Welche Absatzmärkte erscheinen besonders attraktiv bzw. welche Produktionsstandorte bieten günstige Bedingungen? Erklärungsgegenstand in diesem Kontext sind zum einen objektiv bestimmbare Standortbedingungen und zum anderen unternehmensindividuelle Faktoren, beispielsweise wie sich mit zunehmender Auslandserfahrung der geografische Fokus von Unternehmen verändern kann.

Zur Beantwortung dieser Fragenkomplexe zur Internationalisierung der Geschäftstätigkeit wird im Folgenden auf drei verschiedene Theoriefelder bzw. Bausteine aus unterschiedlichen ökonomischen Teildisziplinen zurückgegriffen:

– **Volkswirtschaftliche Theoriebausteine** umfassen im Wesentlichen die Theorien des internationalen Handels. Diese Theorien beschäftigen sich u. a. mit den Standortbedingungen, welche die Aufnahme eines internationalen Austausches von Gütern und Dienstleistungen als ökonomisch vorteilhaft erscheinen lassen;

– **Betriebswirtschaftliche Theoriebausteine** richten sich primär auf die Erklärung der Existenz multinationaler Unternehmen und das Phänomen ausländischer Direktinvestitionen. Theorieströmungen innerhalb der betriebswirtschaftlichen Erklärungsansätze umfassen insbesondere die transaktionskostentheoretischen und die ressourcentheoretischen Ansätze zur Internationalisierung von Unternehmen;

– **Verhaltenswissenschaftliche Theoriebausteine** beleuchten Entscheidungsprozesse und Motive einzelner Entscheidungsträger im Rahmen der Internationalisierungstätigkeit. Diese Ansätze heben die Sichtweise des Unternehmens als monolithische, d. h. einheitliche Entscheidungsinstanz auf. Mit verhaltenswissenschaftlichen Theoriebausteinen können insbesondere auch nichtrational erscheinende Internationalisierungsschritte erklärt werden.

Nach einer kurzen Einführung in die Grundlagen der Theorien des internationalen Handels liegt der Schwerpunkt der Darstellung auf den betriebswirtschaftlichen Theorieansätzen zur Erklärung der Geschäftstätigkeit multinationaler Unternehmen. In diesem Kontext werden an geeigneter Stelle auch Argumente aus den verhaltenswissenschaftlichen Ansätzen in die Erklärungen mit einbezogen. Theorien des internationalen Handels sind primär makroökonomisch fundiert und werden im Rahmen dieses betriebswirtschaftlichen Lehrbuchs deshalb nur in Ansätzen dargestellt.

b. Ursachen des internationalen Handels – Traditionelle Erklärungsansätze

Theorien des Außenhandels beschäftigen sich mit den Ursachen bzw. den Vorteilen der Arbeitsteilung zwischen Volkswirtschaften. Die Erklärungsansätze sind primär makroökonomisch ausgerichtet, beschäftigen sich also mit den wirtschaftlichen Akteuren in aggregierter Form auf der Betrachtungsebene einzelner Volkswirtschaften. Die Kernaussagen können aber auch auf die am jeweiligen Standort ansässigen Unternehmen übertragen werden. Bei den traditionellen Erklärungsansätzen stehen jeweils unterschiedliche Ursachen für das Zustandekommen von Handel zwischen Ländern im Vordergrund.

ba. Der Verfügbarkeitsansatz

Der Verfügbarkeitsansatz, welcher in seiner ursprünglichen Form auf *Kravis* zurückgeht, thematisiert die naheliegendste Begründung für das Zustandekommen von Außenhandel (vgl. Kravis 1956). Ein Land bzw. ein Unternehmen in diesem Land wird dann Produkte importieren, wenn diese aus klimatischen, geologischen oder anderen natürlichen Gründen nicht oder eben nicht in ausreichenden Mengen im Inland erzeugt werden können, aber eine Nachfrage nach derartigen Gütern besteht oder das Unternehmen diese Güter für eine entsprechende Weiterverarbeitung benötigt (vgl. Rose/Sauernheimer 2006, S. 383 ff.).

Dieser Erklärungsansatz ist vor allem auf den **Handel mit Rohstoffen und landwirtschaftlichen Erzeugnissen** gerichtet. Analoge Überlegungen können auch für den Handel mit Industrieprodukten angestellt werden, insbesondere dann, wenn nicht alle Länder den gleichen technologischen Entwicklungsstand haben und zwischen der Erfindung der Technologie in einem Land und deren Imitation durch andere Länder eine gewisse Zeit verstreicht (vgl. Kutschker/ Schmid 2008, S. 382 ff.). Mit diesen Überlegungen lassen sich internationale Handelsbeziehungen zwischen Ländern mit unterschiedlichem Entwicklungsstand erklären, also insbesondere Handelsbeziehungen zwischen Industrie- und Entwicklungsländern. Die Unternehmen aus weniger entwickelten Ländern können die Nachfrage nach technologisch komplexen Industrieerzeugnissen aus eigener Produktion nicht decken, weil sie aufgrund ihres technologischen Entwicklungsstandes nicht dazu befähigt sind. In diesem Zusammenhang wird auch von einer so genannten ‚**technologischen Lücke**' gesprochen (vgl. Rose/Sauernheimer 2006, S. 384).

Streng genommen muss bei der Erklärung von Handelsbeziehungen aufgrund der Nichtverfügbarkeit von Produkten bzw. Ressourcen eine Unterscheidung zwischen zwei Unterformen getroffen werden (vgl. Rose/Sauernheimer 2006, S. 384 f.): Es ist zwischen einer **dauerhaften Nichtverfügbarkeit** und einer **temporären Nichtverfügbarkeit** zu unterscheiden. Während mangelnde Rohstoffvorkommen oder ungünstige klimatische Bedingungen meist eine dauerhafte Nichtverfügbarkeit implizieren, kann es sich im Fall der beschriebenen technologischen Lücke um eine lediglich temporäre Nichtverfügbarkeit handeln.

bb. Die Ansätze zu Preis- bzw. Kostendifferenzen

Die Erklärungskraft des Nichtverfügbarkeitsansatzes ist begrenzt. Mit diesem Ansatz lässt sich nicht erklären, warum auch solche Güter Gegenstand internationaler Handelsbeziehungen sind, die in allen beteiligten Ländern grundsätzlich verfügbar bzw. produzierbar sind. Diese Form des Handels entsteht durch **Preis-** und letztlich **Kostendifferenzen** (vgl. Rose/Sauernheimer 2006, S. 385 f.). Länder bzw. die dort angestammten Unternehmen spezialisieren sich auf die Produktion solcher Güter, bei denen sie über Kostenvorteile verfügen. Es werden also jene Güter exportiert, deren Herstellungskosten im Inland niedriger sind als im Ausland, und es werden dagegen solche Waren importiert, deren Herstellungskosten im Ausland niedriger sind als im Inland. Der Kostenvorteil in der Herstellung und der dadurch bedingte Preisunterschied darf in solchen Fällen natürlich nicht durch Transportkosten und Kosten von tarifären bzw. nichttarifären Handelshemmnissen ausgeglichen werden.

Mit Kostendifferenzen in der Herstellung lässt sich **interindustrieller Handel** erklären (vgl. Rose/Sauernheimer 2006, S. 385 f.). Die Unternehmen in den jeweiligen Ländern spezialisieren sich in der Produktion auf bestimmte Güterkategorien. Die Produktion und Branchenstruktur in den Ländern ist damit auf bestimmte Industriezweige spezialisiert.

bc. Die Ansätze zur Produktdifferenzierung

Internationale Handelsbeziehungen zwischen Ländern finden nicht nur auf interindustrieller sondern auch auf intraindustrieller Ebene statt. Von **intraindustriellem Handel** wird dann gesprochen, wenn sich die beteiligten Handelspartner nicht auf verschiedene Güterkategorien sondern auf verschiedene Varianten einzelner Produkte spezialisieren, die dem gleichen Industriezweig zuzuordnen sind. In solchen Fällen spricht man von **Produktdifferenzierung** als Ursache des Außenhandels (vgl. Rose/Sauernheimer 2006, S. 386). Unternehmen aus Ländern mit ähnlichen Nachfragestrukturen konzentrieren sich auf ähnliche Produktkategorien, bieten jedoch unterschiedliche Produktvarianten an. Die Unternehmen bieten ihre Produkte mit minimalen Variationen von physischen oder psychisch-ästhetischen Attributen an. Ein in diesem Kontext häufig genanntes Beispiel ist der intraindustrielle Handel mit Automobilen: So werden in Deutschland italienische Sportwagen importiert, während umgekehrt Kunden in Italien Limousinen aus Deutschland einführen lassen.

Im Ausland werden die Produkte selbst dann gekauft, wenn die Preise höher sind als für andere Produktvarianten aus heimischer Produktion. Preisdifferenzierung als Ursache des Außenhandels ist in einem gewissen Umfang losgelöst von Kostenüberlegungen zu sehen. Auch müssen die exportierten Produkte nicht zwingend überlegene funktionale Eigenschaften aufweisen. Häufig werden solche physisch messbaren Attribute von so genannten ‚**Country of Origin‘-Effekten** überlagert. Konkret sind unter ‚Country of Origin‘-Effekten bestimmte stereotype Einstellungen zu verstehen, die von Nachfragern den Produkten allein wegen deren Herkunftsland entgegen gebracht werden (vgl. Noorderhaven/Harzing 2003). Die starke Nachfrage nach dänischen Designmöbeln und -lampen, französischen Parfums oder deutschen Werkzeugmaschinen sind Beispiele für solche ‚Country of Origin‘-Effekte.

bd. Der Einfluss von Transportkosten auf den internationalen Handel

Transportkosten (Kosten für Seefracht, Luftfracht, Straßen- und Schienentransport sowie Güterabfertigungs- und Zwischenlagerungskosten oder Mautgebühren) können einerseits das Zustandekommen von internationalen Handelsbeziehungen hemmen, indem Sie die Produkte im Ausland zusätzlich verteuern und damit nicht mehr konkurrenzfähig erscheinen lassen. Andererseits können Transportkosten das Zustandekommen von Außenhandelsbeziehungen grundsätzlich erst ermöglichen. Insbesondere in grenznahen Räumen kann es für Unternehmen durchaus sinnvoll sein, Produkte nicht aus weit entfernten Inlandsregionen zu beziehen, sondern auf ausländische Anbieter an näher gelegenen (grenznahen) Standorten zurückzugreifen (vgl. Rose/Sauernheimer 2006, S. 387).

Transportkosten spielen eine umso größere Rolle, je geringer die Wert-Gewicht-Relation der Produkte ist. So sind beispielsweise Baustoffe wie Zement oder Kies durch eine sehr geringe Wert-Gewicht-Relation gekennzeichnet und dadurch in ihrem geografischen Handelsradius beschränkt. Edelsteine, wie bspw. Diamanten, oder leistungsfähige Speicherchips für Computer weisen dagegen eine sehr hohe Wert-Gewicht-Relation auf und eröffnen damit einen praktisch unbegrenzten Handelsradius. Die Kosten des Transports können sowohl als Ursache für interindustriellen als auch als Ursache für intraindustriellen Handel angesehen werden.

be. Außenhandel und relative Kostenvorteile: Das Prinzip der komparativen Kosten

Die Darstellung der Ansätze, welche Außenhandel mit Hilfe von Preis- und Kostendifferenzen zu erklären versuchen, ging implizit davon aus, dass zwischen den Produkten aus den beteiligten Ländern absolute Kosten- und Preisunterschiede vorliegen müssen. Länder, bzw. die dort angestammten Unternehmen spezialisieren sich auf die Herstellung solcher Produkte, bei denen sie über absolute Kostenvorteile verfügen. Streng genommen ist es unerheblich, ob ein Land über absolute Kostenvorteile verfügt. Auch wenn ein Land über keine absoluten Kostenvorteile in der Herstellung von Produkten verfügt, ist die Aufnahme von Außenhandel vorteilhaft (vgl. dazu ausführlich Rose/Sauernheimer 2006, S. 387 ff.).

Für die Aufnahme von Handelsbeziehungen sind weniger die absoluten als vielmehr die relativen oder **komparativen Kostenvorteile** entscheidend. Der Begriff des ‚komparativen Kostenvorteils‘ geht auf *Ricardo* zurück und bezieht sich auf Unterschiede in den absoluten Kostenunterschieden (vgl. Ricardo 1972): Jedes Land sollte sich auf jene Produkte spezialisieren, bei denen seine absoluten Kostenvorteile am größten bzw. seine absoluten Kostennachteile gegenüber dem Ausland am geringsten sind. Auch Länder ohne absolute Kostenvorteile profitieren von einer grenzüberschreitenden Arbeitsteilung und können eine größere Menge an Produkten verbrauchen, als dies in der autarken Situation möglich wäre.

Die Logik der Beweisführung basiert letztlich auf der Annahme, dass komparative Kostenvorteile durch Produktivitätsunterschiede begründet sind. Dadurch, dass sich jedes Land auf die Herstellung jener Produkte spezialisiert, bei denen relative Kostenvorteile vorliegen, d. h.

deren Herstellung am besten beherrscht wird, entstehen Wohlfahrtseffekte (vgl. Kutschker/ Schmid 2008, S. 392 ff.). In empirischen Untersuchungen konnte die praktische Relevanz des Konzeptes der komparativen Kostenvorteile allerdings noch nicht eindeutig nachgewiesen werden (vgl. Perlitz 2004, S. 67).

bf. Beschränkungen traditioneller Außenhandelstheorien und ‚Neuere Handelstheorie‘

Die bislang angesprochenen, traditionellen Erklärungsansätze zum internationalen Handel basieren überwiegend auf neoklassischen Grundlagen. Es handelt sich um volkswirtschaftlich orientierte Gleichgewichtsmodelle, welche die Ebene der einzelnen Transaktionspartner (i. d. R. Unternehmen) aus der Betrachtung ausklammern. Die neoklassisch fundierten Ansätze basieren zudem auf äußerst restriktiven Annahmen, welche die praktische Erklärungskraft für Phänomene der Internationalisierung der Unternehmenstätigkeit erheblich einschränken:

– Zum einen gründen die traditionellen Außenhandelstheorien auf den **Annahmen der vollständigen Konkurrenz und konstanter Skalenerträge**. Die Erklärung der Handelsströme erfolgt auf Basis komparativer (oder absoluter) Kostenvorteile, hervorgerufen durch unterschiedliche Faktorausstattungen bzw. Nachfragebedingungen in den Volkswirtschaften (vgl. Ethier/Markusen 1996; Benvignati 1990). Gerade aber in Industrien, in denen MNU tätig sind und oligopolistische Strukturen vorherrschen, sind monopolistische Vorteile und Economies of Scale ein zentraler Antrieb für die Aufnahme von internationalem Handel (Markusen 1998; Carr et al. 1998, Markusen/Venables 1998);

– Zum anderen bietet die Annahme der **Immobilität der Produktionsfaktoren** in der traditionellen Außenhandelstheorie keinen Platz für die Existenz von Direktinvestitionen. Unternehmen werden als nationale Produktionseinheiten betrachtet, die an einem Standort genau ein Produkt herstellen. Modifikationen der traditionellen Außenhandelstheorien erlauben es zwar, Kapitalmobilität einzuführen, unter der Annahme vollständiger Konkurrenz auf den Märkten ist die Ausnutzung unterschiedlicher Grenzerträge im Inland und Ausland jedoch einziges Motiv für Kapitalbewegungen zwischen den Ländern. Diese Kapitalströme schließen auch Portfolioinvestitionen ein, die in diesem Rahmen den Direktinvestitionen gleichgesetzt werden. Dabei wird allerdings das Kontrollmotiv über firmenspezifische Wettbewerbsvorteile vernachlässigt, das mit dem Kapitaltransfer bei Direktinvestitionen einhergeht (Pfaffermayr 1996, S. 6).

Zur Überwindung der ersten Restriktion der traditionellen, mit (absoluten oder) komparativen Kostenvorteilen argumentierenden Außenhandelstheorien wurden in den 80er Jahren des 20. Jahrhunderts Elemente aus der Industrieökonomik in die Betrachtung mit einbezogen (vgl. Markusen 1998; Helpman/Krugman 1985). Diese industrieökonomischen, auch ‚**Neuere Handelstheorie**‘ (‚New Trade Theory‘) genannten Modelle geben die Annahmen vollständiger Konkurrenz und konstanter Skalenerträge auf und erlauben so die Erklärung des Außenhandels mit Hilfe von monopolistischen Vorteilen und Skaleneffekten. Zudem werden Unternehmen explizit in die Betrachtung mit einbezogen. Außenhandel kann somit unabhängig von der Existenz komparativer (Standort)-Vorteile erklärt werden (vgl. Markusen 1995). Die meisten Modelle zur Neueren Handelstheorie betrachten Unternehmen jedoch als national tätige Produktionseinheiten. Der Begriff des Unternehmens wird in diesen Modellen dem Begriff der Betriebsstätte gleichgesetzt (vgl. Markusen 1995). Unternehmen mit mehreren Betriebsstätten werden nach wie vor von der Betrachtung ausgeschlossen. Unter diesen Annahmen finden also keine Direktinvestitionen statt.

In den letzten Jahren haben einige Autoren versucht, MNU in die außenhandelstheoretische Betrachtung einzubeziehen. Aufbauend auf den Ansätzen zur Neueren Handelstheorie wird die Annahme der Identität von Unternehmen und Betriebsstätte aufgegeben (vgl. Carr et al. 1998; Markusen 1998). Neben national tätigen Unternehmen, die ausländische Märkte mit Hilfe von Exporten bearbeiten, wird eine zweite Klasse von Unternehmen in die Modelle eingeführt: MNU bearbeiten ausländische Märkte mit Hilfe von Direktinvestitionen. Ziel dieser Ansätze ist es, nationale Unternehmen und ‚Arm's length Trade' (Export/Import) sowie MNU und Direktinvestitionen in einem Modell zu integrieren und Aussagen darüber zu treffen, unter welchen Bedingungen welche Markteintrittsstrategie dominiert (vgl. Markusen/ Venables 1998). Die Wahl zwischen Direktinvestitionen und ‚Arm's length Trade' ergibt sich endogen aus den gewählten Parameterwerten (Transportkosten und Kosten der Errichtung ausländischer Niederlassungen) sowie aus den Annahmen über Faktorausstattung und Größe der Länder, die Höhe und Zusammensetzung der fixen Kosten und auftretende Skaleneffekte.

c. Klassische Theorien zu multinationalen Unternehmen (MNU)

Als ‚klassische' Theorien werden die ersten ökonomisch geprägten Arbeiten zur Theorie des multinationalen Unternehmens bezeichnet. Mit dem Attribut ‚klassisch' wird damit also nicht auf gleichnamige volkswirtschaftliche Theorien Bezug genommen, sondern – im ursprünglichen Wortsinn – auf die ersten richtungsweisenden Arbeiten in diesem Feld verwiesen. Die ersten richtungsweisenden Arbeiten in diesem Feld entstanden Mitte der 60er Jahre des 20. Jahrhunderts. Hauptsächlich Industrieökonomen wie *Hymer, Caves, Kindleberger, Knickerbocker* oder *Vernon* begannen, sich mit dem Phänomen der multinationalen Unternehmenstätigkeit zu beschäftigen. In diesen ersten Arbeiten ging es dabei aber nicht nur um existenzielle Fragestellungen, wie etwa ‚**Warum gibt es überhaupt MNU?**' oder ‚**Welche spezifischen Vorteile besitzen MNU gegenüber rein national tätigen Firmen?**', sondern vor allem auch um die Auswirkungen der multinationalen Unternehmenstätigkeit auf den Wettbewerb und die Wohlfahrt der ‚betroffenen' Länder (Quell- und Zielländer). Wichtiger Baustein in diesen klassischen Arbeiten ist das Konzept des ‚**monopolistischen Vorteils**', über den MNU verfügen. Ein weiterer wichtiger Baustein der sich in vielen dieser klassischen Arbeiten wieder findet, ist das Konzept der ‚**Internalisierung**', d. h. unter bestimmten Bedingungen ersetzen Unternehmen Transaktionen mit unabhängigen Partnern über den Markt durch eine unternehmensinterne Abwicklung der Transaktion. In diesem Kontext wird das MNU nicht nur aus einem kritischen, negativen Blickwinkel beleuchtet, sondern den multinational tätigen Unternehmen werden durchaus auch ‚positive Fähigkeiten und Eigenschaften' unterstellt. So beschäftigen sich die Analysen der Industrieökonomen u. a. mit Ungleichgewichten und internationalen Disparitäten als Erklärung der Tätigkeit von MNU. Das multinationale Unternehmen wird dabei als ‚Internalisierungsmaschinerie' angesehen, welches in der Lage ist, bestehende Marktunvollkommenheiten auszunutzen und dadurch zur Überwindung von Disparitäten und Ineffizienzen beiträgt.

ca. Der klassische Ansatz von Stephen Hymer

Stephen Hymer gilt als Pionier der MNU-Theorie: „The first well known analysis of the TNC [MNU] is by Stephen Hymer" (Pitelis 2002, S. 128). Zentrales Anliegen des Ansatzes ist es, die Größe und Spannbreite der Geschäftsaktivitäten eines Unternehmens im internationalen Kontext zu erklären. Im Rahmen seiner Überlegungen beschäftigt sich *Hymer* zunächst in allgemeiner Form, d. h. noch losgelöst von der internationalen Dimension, mit Faktoren, welche Unternehmen zu einer Expansion veranlassen und welche gegen eine solche Expansion sprechen. In diesem allgemeinen Kontext umfasst *Hymer*'s Ansatz **drei zentrale Bausteine** (Hymer 1960, 1968):

- **Traditionelle Skaleneffekte** (im technischen Sinne in der Produktion): Kostenvorteile infolge der zunehmenden Betriebs- bzw. Unternehmensgröße;
- **Kostenvorteile durch Integration** (*Hymer* bezeichnet diese als organisatorische Skaleneffekte): Bei Marktunvollkommenheiten werden Unternehmen Marktbeziehungen internalisieren, wenn die Kosten der internen Koordination und Abwicklung geringer sind als die der Koordination über den Markt;
- **Management- bzw. Administrationskosten**: Mit zunehmender Unternehmensgröße steigt der Koordinations- und Kontrollaufwand im Unternehmen an.

Die ersten beiden Erklärungsbausteine wirken expansiv, d. h. sie haben einen positiven Einfluss auf die Größe und das Spektrum der Aktivitäten eines Unternehmens. Dagegen wirkt der dritte Erklärungsbaustein kontraktiv, d. h. er beeinflusst die Größe und die Reichweite der Aktivitäten eines Unternehmens negativ. Die Größe eines Unternehmens wird damit von zwei gegenläufigen Tendenzen bestimmt: Während das Wachstum über Skaleneffekte und Integrationsvorteile zu höheren Profiten führt, werden diese durch die gestiegenen Management- und Administrationskosten wiederum geschmälert. Laut *Hymer* erreicht das Unternehmen dann seine optimale Größe, wenn die marginalen Skalen- und Integrationsvorteile durch die marginalen Managementkosten ausgeglichen werden: „The firm weaves its web according to the marginalist principle: it develops until the marginal costs of the rational organization of production overtake the marginal benefits of eliminating the market" (Hymer 1968, S. 11).

Exkurs: Skaleneffekte und andere Kostendegressionseffekte

Bei der Erklärung der Existenz und insbesondere der Wettbewerbsvorteile von MNU spielen Skaleneffekte eine wichtige Rolle. Der Begriff ‚Skaleneffekte' wird regelmäßig als Überbegriff für verschiedenste Formen von Kostendegressionseffekten verwendet. Für eine exakte Ergründung der spezifischen Vorteile der multinationalen Unternehmenstätigkeit ist jedoch eine klare Abgrenzung zwischen verschiedenen Kostendegressionseffekten notwendig. Ziel dieses Exkurses ist es deshalb, Klarheit in die Begriffsverwirrung um Skaleneffekte und andere Kostendegressionseffekte zu bringen. Folgende Kostendegressionseffekte gilt es zu unterscheiden:

- **Skaleneffekte** (als ursprünglich neoklassisches Konzept): Das Konzept der Skaleneffekte ist ein periodenübergreifendes Konzept, d. h. es geht zu Beginn der Betrachtungsperiode bzw. im unternehmerischen Planungsprozess um die Festlegung einer aus Kostenaspekten optimalen Betriebs- und Unternehmensgröße. Wie groß sollte die Produktionskapazität einer Betriebsstätte bzw. eines Unternehmens sein, um möglichst kostengünstig produzieren zu können? Im Gegensatz zu Verbundeffekten richten sich Skaleneffekte auf mögliche Kostenvorteile, die bei der Herstellung von nur einer Produktlinie erzielt werden können (Einproduktunternehmen). Zwei Unterformen lassen sich unterscheiden:

  (a) Traditionelle Skaleneffekte: Positive Skaleneffekte im traditionellen Sinn liegen vor, wenn bei steigender Ausbringungsmenge die durchschnittlichen Produktionskosten sinken. Das traditionelle Konzept geht von der Identität von Unternehmen und Betriebsstätte aus – Unternehmen produzieren ausschließlich an einer Betriebsstätte.

Skaleneffekte im traditionellen Sinne entstehen in erster Linie durch den Einsatz größerer Maschinen sowie durch Arbeitsteilung, welche eine Spezialisierung der Mitarbeiter ermöglicht (das Prinzip der Arbeitsteilung geht auf *Adam Smith* zurück, welcher Wohlstandseffekte durch spezialisierte, arbeitsteilige Produktionsschritte am Beispiel der Nagelherstellung verdeutlichte).

(b) Skaleneffekte in der Mehrbetriebsproduktion ('Multiplant Economies of Scale'): In der Mikroökonomie blieben Skaleneffekte ursprünglich beschränkt auf die Produktion und damit streng genommen auf einzelne Betriebsstätten. Später erfolgte eine Ausdehnung des Konzepts auch auf andere Funktionsbereiche und damit auch auf die Unternehmensebene jenseits einzelner Betriebsstätten. Bei der Mehrbetriebsproduktion sind Größenvorteile auch im Bereich der Forschung und Entwicklung, im Marketing und in der Beschaffung denkbar. So lassen sich bei einer größeren Produktionsmenge mit den Lieferanten entsprechend bessere Konditionen aushandeln als bei kleinen Stückzahlen. In einem solchen Fall sinken bei zunehmender Unternehmensgröße die durchschnittlichen Kosten der Produktion eines Gutes unabhängig davon, ob an einem oder mehreren Standorten produziert wird.

– **Verbundeffekte** ('Economies of Scope'): Auch das Konzept der Verbundeffekte ist ein periodenübergreifendes Konzept. Im Gegensatz zu den Skaleneffekten geht es allerdings nicht um die Festlegung der Produktionskapazität für die Herstellung von nur einer einzigen Produktlinie (Einproduktunternehmen), sondern um die Festlegung der Breite bzw. des Spektrums des Produktsortiments. Verbundeffekte thematisieren Kostenvorteile bei der Herstellung von zwei oder mehr Produktlinien. Voraussetzung für das Entstehen von Verbundeffekten im neoklassischen Sinn ist es, dass nicht beliebig teilbare Produktionsfaktoren in mehreren Produktlinien eingesetzt werden können und keine Rivalität in deren Nutzung besteht. In einem solchen Fall sind die Kosten der gemeinsamen Produktion von zwei oder mehr Produktlinien geringer als bei deren isolierter Produktion (zu einer ausführlichen Darstellung des Konzepts der Verbundeffekte vgl. Kapitel D I 4).

– **Fixkostendegressionseffekte:** Die Fixkostendegression thematisiert Kostenvorteile durch eine möglichst optimale Auslastung vorhandener Kapazitäten. Der Betrachtungshorizont ist kurzfristig. Innerhalb der unternehmerischen Planungsperiode ist die Produktionskapazität bzw. Betriebsausstattung vorgegeben und kann nicht verändert werden. Eine zunehmende Auslastung der Kapazitäten verringert die Fixkostenbelastung, die durchschnittlichen Stückkosten sinken.

– **Lernkurveneffekte:** Lern- oder Erfahrungskurveneffekte thematisieren Kosteneffekte, die unabhängig vom Betrachtungshorizont infolge des Anstiegs der kumulierten Ausbringungsmenge entstehen. Das Konzept unterstellt, dass mit zunehmender Ausbringungsmenge Erfahrungen und Routinen im Unternehmen entstehen. Diese lassen u. a. Fehlerhäufigkeiten sinken und beschleunigen Arbeitsabläufe. Insgesamt nimmt infolge von Lerneffekten die Effizienz der Arbeitsprozesse zu. Lerneffekte sind Wettbewerbsvorteile, die nur schwer transferierbar sind. Lernkurveneffekte sind damit auch eine wichtige Ursache für das Entstehen von traditionellen Skaleneffekten infolge der Spezialisierung der Mitarbeiter. Die Spezialisierung auf ein engeres Aufgabenspektrum begünstigt bzw. beschleunigt das Sammeln von Erfahrungen und den Aufbau von Routinen (vgl. Stephan 2005).

Abb. 143: Exkurs zu Skaleneffekten

Mit der Verwendung des Marginalprinzips und des Gleichgewichtsgedankens steht der Ansatz von *Hymer* in weiten Teilen in der Tradition der neoklassischen Mikrotheorie. Auch die traditionellen Skaleneffekte im ersten Baustein sind streng genommen neoklassische Konzepte: Alle Unternehmen verfügen über dieselbe Produktionstechnologie, haben also alle die gleiche Produktionsfunktion. Skaleneffekte können grundsätzlich von allen Wettbewerbern realisiert werden. Allerdings löst sich *Hymer* mit seinem Ansatz von mehreren restriktiven Annahmen der neoklassischen Theorie. Im Zentrum seiner Erklärungen steht die Überlegung, dass Märkte nicht vollkommen sind. So wird beispielsweise die restriktive neoklassische Annahme der Existenz eines vollkommenen Wettbewerbs (Polypolsituation) aufgegeben und von oligopolistischen Strukturen ausgegangen. Zudem verfügen in *Hymers* Verständnis die Marktteilnehmer nicht über eine vollkommene Informationstransparenz und reagieren verzögert auf Veränderungen. Im Gegensatz zur Neoklassik verursacht die Nutzung des Marktmechanismus deshalb Kosten.

In den drei Bausteinen des allgemeinen Teils zur Erklärung der Größe und des Wachstums von (multinational tätigen) Unternehmen finden sich bereits bekannte Argumente aus anderen ökonomischen Ansätzen wieder. So integriert *Hymer* mit den Internalisierungsvorteilen kein neues Argument in seinen Ansatz, sondern bezieht sich auf das auf *Coase* zurückgehende Konzept (Coase 1937). *Casson* (1968) bemerkt hierzu in seinem einleitenden Kommentar zum Originalaufsatz: „He [Hymer] does not regard his use of internalization as an innovation, but merely as an application of established ideas. The MNU does not require new concepts in order to be understood. It is simply the manifestation of institutional forces which have been operating for centuries in national economies" (Casson 1968, S. 4). Laut *Hymer* können Marktteilnehmer zwischen zwei alternativen Formen der Koordination von Transaktionen wählen. Sie können Transaktionen über den Markt abwickeln, welche mit Hilfe von Preisen steuern (Koordination über kurzfristige Verträge). Alternativ können Transaktionen innerhalb des Unternehmens abgewickelt werden. Bei der internen Variante werden die Transaktionen vom Management gesteuert und koordiniert (Steuerung über langfristige Arbeitsverträge). Die Vorteilhaftigkeit der jeweiligen Koordinationsform hängt von deren Effizienz ab. Die Effizienz wird einerseits beeinflusst von der Häufigkeit bzw. Regelmäßigkeit, mit der die Transaktionen durchgeführt werden: Je häufiger die Transaktion anfällt, desto vorteilhafter erscheint es, die unternehmensinterne Lösung zu wählen, anstatt immer wieder kurzfristige Verträge über den Markt abzuschließen. Andererseits wird die Effizienz der Transaktionsformen in entscheidender Weise durch das Ausmaß der Marktunvollkommenheiten bestimmt. Wenn es sich um einen vollkommenen Markt handelt, in dem Unternehmen zu jedem Zeitpunkt ihren Bedarf zu einem angemessenen Preis decken können, dann wird das Unternehmen die Markttransaktion vorziehen. Liegen aber Marktunvollkommenheiten vor, wenn bspw. die Preise schwanken, die Qualität der Produkte nicht sofort ersichtlich ist oder die Seriosität der Marktpartner unbekannt ist, dann werden Unternehmen zur internen Lösung und Abwicklung der Transaktion (Internalisierung) tendieren. Die Internalisierungslösung birgt laut *Hymer* einen selbstverstärkenden Mechanismus: Mit zunehmender Größe wird das Unternehmen Transaktionen über den Markt vermeiden und bevorzugt intern abwickeln. Als Grund gibt er an, dass integrierte Unternehmen einen zuverlässigen Handlungsrahmen für alle möglichen Arten von Transaktionen bieten: Die Einkaufsmacht steigt, die Fähigkeit und die Reichweite, Informationen zu sammeln, nimmt zu (steigende Informationstransparenz), die Finanzierungsmöglichkeiten verbessern sich etc.

Auch im dritten Baustein des Ansatzes finden sich bekannte Argumente aus der Transaktionskosten- und Organisationstheorie. So ist laut *Hymer* die Koordination verschiedenartiger

Aktivitäten im Unternehmen sehr kostenintensiv. Die Steuerung des Unternehmens erfordert ein aufwendiges Kommunikationsnetzwerk. Ähnlich wie *Wilensky* (1967) argumentiert *Hymer*, dass es im Zuge der Kommunikation in der Hierarchie zur Verzerrung und Filterung von Informationen sowie zu zeitlichen Verzögerungen kommt. Administrationskosten entstehen zudem durch die Einrichtung großer Stäbe zur Unterstützung des Managements. Unternehmen haben jedoch die Möglichkeit, organisatorische Maßnahmen zur Bewältigung des Unternehmenswachstums zu treffen. So sollte die Organisationsform der Größe des Unternehmens entsprechend angepasst werden, um die Informationsverarbeitungskapazitäten im Unternehmen zu steigern. Auch der Einsatz unterstützender Instrumente, wie z. B. elektronischer Datenverarbeitungssysteme, kann laut *Hymer* die Kosten im dritten Baustein verringern.

Auf der Grundlage dieser allgemeinen Überlegungen zu expansiv und kontraktiv wirkenden Einflussfaktoren beschäftigt sich der Ansatz von *Hymer* mit Determinanten, welche die Expansion des Unternehmens ins Ausland über Direktinvestitionen erklären können. Ausgangspunkt der Überlegungen zur Internationalisierung der Unternehmenstätigkeit ist, dass **Tochtergesellschaften ausländischer Unternehmen** gegenüber lokalen Unternehmen einen **Wettbewerbsnachteil** besitzen:

– Tochtergesellschaften haben schlechtere Kenntnisse über den Markt, das Wettbewerbsumfeld und die rechtlichen Rahmenbedingungen;
– Tochtergesellschaften können diskriminierenden Praktiken des Gastlandes ausgesetzt sein;
– Gewinnrückführungen an die Muttergesellschaft sind mit Wechselkursrisiken verbunden;
– Die grenzüberschreitende Kommunikation und Koordination zwischen Mutter- und Tochtergesellschaften ist mit hohen Kosten verbunden;
– Sprachbarrieren und kulturelle Differenzen erschweren auch die Kommunikation mit lokalen Akteuren (Kunden, Lieferanten etc.).

Es stellt sich deshalb aus *Hymers* Sicht die Frage, welche Vorteile sich Unternehmen durch die Gründung von Tochtergesellschaften bzw. Aufnahme der Produktion im Ausland bieten. Er unterscheidet in seinen Überlegung zur Internationalisierung der Geschäftätigkeit zwei Richtungen: (a) die **vertikale Integration** über Grenzen hinweg in vor- oder nachgelagerte Wertschöpfungsstufen und (b) die **horizontale Erweiterung der Aktivitäten** über Grenzen hinweg auf derselben Wertschöpfungsstufe.

Unternehmen investieren im Ausland in vor- oder nachgelagerte Wertschöpfungsstufen (vertikale Integration), um bei Marktunvollkommenheiten den Zugang zu Rohstoffen bzw. kritischen Inputfaktoren zu sichern. *Hymer* unterscheidet zwischen **vier verschiedenen Arten von Marktunvollkommenheiten**:

– **Mängel der Marktstruktur**: Auf dem Rohstoff- bzw. Vorproduktmarkt gibt es nur wenige potenzielle Lieferanten (Oligopol oder gar Monopol). Die daraus resultierende Anbietermacht verteuert entweder die Kosten für die zu beschaffenden Inputfaktoren oder hat, im Fall einer bilateralen Oligopolsituation, aufwendige Preisverhandlungen zur Folge. Durch die vertikale Integration kann dieses Problem entschärft werden. So hat bspw. das Aluminium verarbeitende Unternehmen Alcoa aus den USA in eigene Bauxitminen in Australien, Brasilien, Guinea, Jamaica und in Surinam investiert, um dort die Erschließung bzw. den Abbau des Rohstoffes Bauxit zu sichern. Bauxit ist der wichtigste Rohstoff für die Primäraluminiumherstellung. Weltweit existiert nur eine geringe Zahl an Lagerstätten von wirtschaftlich nutzbarem Bauxit mit einem für die Primäraluminiumherstellung erforderlichen hohen Aluminiumoxidgehalt. Neben den Bauxitquellen in den genannten Ländern Australien, Brasilien, Guinea, Jamaica und in Surinam sind weitere Lagerstätten nur noch in China, Indien, Russland und Saudi Arabien bekannt. Die Bauxitvorkommen in Saudi Arabien plant das Unternehmen durch Gründung eines Joint Ventures vor Ort mit der Saudi Arabian Mining Company zu erschließen (vgl. Alcoa 2009).

– **Marktunsicherheit**: Der Markt für Rohstoffe und andere Vorprodukte ist durch Preis- und Mengenfluktuationen gekennzeichnet. Im Fall solcher Marktinstabilitäten führt die vertikale Integration zur Gewinnstabilisierung und Risikoreduktion. So ergaben sich für Alcoa durch starke Schwankungen des Weltmarktpreises von Bauxit zusätzliche Anreize, in eigene Tochtergesellschaften zum Abbau des Rohstoffes zu investieren.

– **Unvollkommenheiten auf Finanzmärkten**: Verfügen die Lieferanten für Rohstoffe und Vorprodukte über ungenügende Finanzierungsmöglichkeiten, dann kann es bei der Expansion zu Engpässen kommen. Plant nämlich das Unternehmen auf der nachgelagerten Produktionsstufe eine Expansion, dann impliziert dies auch eine steigende Nachfrage nach Rohstoffen und Vorprodukten. Falls die Finanzierungsmöglichkeiten der Lieferanten jedoch beschränkt sind, dann verteuern sich infolge der Verknappung die Preise der Rohstoffe bzw. Vorprodukte. Die vertikale Integration auf vorgelagerte Stufen erleichtert in einem solchen Fall die abgestimmte Expansion. Mangelnde Finanzierungsmöglichkeiten spielen heute insbesondere bei Rohstofflieferanten aus stark unterentwickelten und politisch instabilen Ländern (etwa in Afrika) eine nach wie vor bedeutsame Rolle.

– **Informationsmängel**: Bei Verhandlungen halten Marktpartner häufig Informationen über Angebot und Preisentwicklungen zurück, um ihre Verhandlungsposition zu stärken. Die vertikale Integration erleichtert den Informationsfluss im Unternehmen und sichert die Basis für Zukunftsplanungen.

In all diesen Fällen ist die multinationale Unternehmenstätigkeit das Ergebnis von Marktunvollkommenheiten. Die vertikale Integration in Form ausländischer Direktinvestitionen bildet einen Ersatz für Markttransaktionen, d. h. den Export bzw. Import der Produkte an bzw. von unabhängigen Partnern im Ausland. Marktunvollkommenheiten auf Märkten für Rohstoffe und Vorprodukte können allerdings nicht erklären, warum Unternehmen im Ausland in dieselben Wertschöpfungsstufen wie im Stammland investieren, also ihre Aktivitäten horizontal über Grenzen hinweg erweitern. Ausgangspunkt für die Erklärung horizontaler ausländischer Direktinvestitionen bildet im Ansatz von *Hymer* die Überlegung, dass Unternehmen über einen monopolistischen Wettbewerbsvorteil im Heimatmarkt verfügen, welcher u. a. auf spezifischen Produkt- und Prozesstechnologien oder auf differenzierten Markennamen basieren kann. Unternehmen werden nun versuchen, sich mit diesem Vorteil auch auf ausländischen Märkten erfolgreich im Wettbewerb zu positionieren. Für den Transfer des Wettbewerbsvorteils in den Auslandsmarkt bieten sich dem Unternehmen mehrere Optionen an. Zunächst wird das Unternehmen versuchen, den ausländischen Markt über Exporte zu bedienen. Erschweren jedoch Transportkosten oder tarifäre bzw. nichttarifäre Handelshemmnisse den Export, dann hat das Unternehmen nach *Hymer* zwei Alternativen bei der Wahl der Markteintrittsform: Aufbau einer eigenen Produktion vor Ort über Direktinvestitionen oder Lizenzierung. Die **Entscheidung zwischen FDI und Lizenzierung** wird durch mehrere Faktoren bestimmt:

– Die Lizenzierung ist umso schwieriger, je komplexer der Wettbewerbsvorteil des Unternehmens ist. Wenn der Wettbewerbsvorteil sich nur mangelhaft definieren und erklären lässt, dann gestaltet sich eine vertragliche Fixierung als schwierig.

– Häufig erfordert der Transfer des Wettbewerbsvorteils an den ausländischen Lizenznehmer eine entsprechende personelle Unterstützung durch den Lizenzgeber, bspw. in Form von technischer Unterstützung beim Produktionsanlauf. Die erforderliche personelle Unterstützung kann beim Lizenzgeber nicht nur zu personellen Engpässen führen, sondern ist ebenfalls nur schwer zu einem Vertragsgegenstand zu machen.

– Bei Wettbewerbsvorteilen mit einer langen „Laufzeit" sind die Verkaufsaussichten nur bedingt prognostizierbar und das Geschäftsrisiko des Lizenznehmers nicht absehbar. In solchen Fällen kann ex ante ein korrekter Preis (Lizenzgebühr) nicht berechnet werden.

– Die Lizenzierung birgt zudem immer die Gefahr, dass aus dem Lizenznehmer ein zukünftiger Wettbewerber erwächst.

All diese Faktoren lassen den Aufbau von eigenen Produktionsniederlassungen im Ausland als überlegene Strategie gegenüber der Lizenzierung erscheinen. Im Ansatz von *Hymer* werden damit auch für die Erklärung von horizontalen Direktinvestitionen letztlich Marktunvollkommenheiten herangezogen.

cb. Industrieökonomische Theorie des MNU nach Richard E. Caves

Als weitere ‚klassische' Theorie zur Erklärung der multinationalen Unternehmenstätigkeit gilt der stark industrieökonomisch geprägte Erklärungsansatz von *Richard E. Caves* (Caves 1971). *Caves* hat sich insbesondere mit dem Zusammenhang zwischen der **Marktstruktur** und ausländischen Direktinvestitionen auseinandergesetzt. Das Kernargument des Theorieansatzes ist, dass ausländische Direktinvestitionen hauptsächlich in Industriesektoren getätigt werden, die durch oligopolistische Marktstrukturen gekennzeichnet sind. Nach *Caves* kann ein Unternehmen seine Wertschöpfungsaktivitäten in **drei grundsätzlich verschiedene Richtungen** auf ausländische Märkte ausdehnen:

– **Horizontale Direktinvestitionen** (Herstellung der gleichen Produkte im Ausland): Horizontale FDI treten vornehmlich in oligopolistisch geprägten Branchen auf, die durch ein hohes Maß an Produktdifferenzierung gekennzeichnet sind (bspw. in der Automobil- oder Pharmaindustrie).

– **Vertikale Direktinvestitionen** (Ausdehnung der Produktion auf vor- oder nachgelagerte Stufen der Wertschöpfungskette im Ausland): Auch vertikale FDI treten vornehmlich in oligopolistisch strukturierten Branchen auf, die aber nicht notwendigerweise durch Produktdifferenzierung gekennzeichnet sein müssen (bspw. in der Ölindustrie oder in der Aluminium- und Stahlindustrie).

– **Konglomerate Direktinvestitionen** (Diversifikation in unverbundene Produktmärkte im Ausland): Aufgrund der hohen Komplexität, welche die konglomerate Strategie aufwirft, verfolgen Unternehmen diese Form der Direktinvestitionen vergleichsweise selten (vgl. dazu auch das Beispiel des Unternehmens General Electric in Kapitel D I).

Aufgrund der mangelnden empirischen Relevanz der konglomeraten Diversifikation in ausländische Märkte konzentriert sich *Caves* in seinem Ansatz, ähnlich wie *Stephen Hymer*, auf die Erklärung horizontaler und vertikaler Direktinvestitionstätigkeit. Bei der Erklärung der **horizontalen Direktinvestitionstätigkeit** geht *Caves* analog zu *Hymer* davon aus, dass die im Ausland investierenden Unternehmen über einen **monopolistischen Wettbewerbsvorteil** verfügen. Im Gegensatz zu *Hymer* setzt er sich jedoch genauer mit dem Wesen eines solchen Wettbewerbsvorteils auseinander. Nach *Caves* entstehen Wettbewerbsvorteile durch die Kontrolle von einzigartigen Ressourcen (‚Special Assets'), d. h. immaterielle oder materielle Vermögenswerte, wie Patente oder Markennamen. Solche ‚Special Assets' verleihen dem Unternehmen einen monopolistischen Vorteil, dessen Ausnutzung nicht nur im Inland, sondern auch auf dem ausländischen Markt im Profitmaximierungskalkül des Investors liegt. Im

Kern führt *Caves* damit bereits ein zentrales Argument an, welches heute der ressourcenorientierte Ansatz vertritt (vgl. dazu Kapitel B II). Um diesen Vorteil auf dem ausländischen Markt umsetzen zu können, müssen laut *Caves* folgende **vier Bedingungen** erfüllt sein:

- Der Wettbewerbsvorteil bzw. die einzigartigen Ressourcen müssen den Charakter eines öffentlichen Gutes aufweisen, d. h. diese müssen innerhalb des Unternehmens ohne größeren Kostenaufwand transferierbar sein und sie müssen durch Nichtrivalität im Konsum gekennzeichnet sein;
- Der Aufbau des Wettbewerbsvorteils hat ,Sunk Costs' verursacht. Die entstandenen Kosten sind irreversibel verloren, d. h. der Investitionsaufwand bei der Akkumulation der einzigartigen, spezifischen Ressourcen kann nicht durch einen entsprechenden Verkauf der Vermögenswerte am Markt kompensiert werden;
- Der Transfer des Wettbewerbsvorteils in den ausländischen Markt verursacht keinen größeren zusätzlichen Kostenaufwand. Für das Unternehmen ist es deshalb profitabel, diesen Vorteil im Ausland zu nutzen;
- Der Ertrag aus der Nutzung des Wettbewerbsvorteils bzw. der einzigartigen Ressourcenbasis kann nur durch lokale Produktion vor Ort realisiert werden, d. h. alternative Markteintrittsformen wie Export scheiden aus.

Exkurs: Was bedeutet Produktdifferenzierung?

Ziel der Produktdifferenzierung ist die Schaffung einer Monopolstellung innerhalb eines spezifischen Marktsegmentes. Unternehmen versuchen mit der Produktdifferenzierung die Kreuzpreiselastizität zu verringern und Preiswettbewerb zu unterdrücken (Die Kreuzpreiselastizität beschreibt die Wirkung der Preisveränderung eines Produktes auf die Nachfragemenge eines anderen Produktes. Bei Substituten ist diese positiv, bei Komplementärgütern negativ). In Märkten, die durch ein hohes Maß an Produktdifferenzierung gekennzeichnet sind, verkauft jeder Anbieter sein Produkt mit geringfügigen Variationen der physischen oder psychisch-ästhetischen Produkteigenschaften:

- **Technologische Differenzierung über die funktionalen Eigenschaften des Produktes**: Unternehmen investieren einen bedeutenden Anteil ihrer Umsätze in F&E und verfügen über ein breites Technologieportfolio (vgl. Stephan 2003);
- **Differenzierung über die subjektiv-ästhetischen Eigenschaften des Produkts** oder über zusätzliche Dienstleistungen (z. B. Service, Wartung): Unternehmen investieren viel in Marketingaktivitäten, bspw. um einen starken Markennamen zu etablieren.

Der Aufbau eines monopolistischen Vorteils stellt für das Unternehmen ein Vermögensgut, d. h. eine Ressource dar, in die beständig investiert werden muss, z. B. in Form von Werbemaßnahmen oder F&E-Aufwendungen. Unternehmen festigen ihre Monopolstellung auch mit formellen Schutzmechanismen, u. a. mit Hilfe von Schutzrechtsstrategien über die Anmeldung von Patenten, Marken etc. (vgl. Burr/Stephan et al. 2007). Unternehmen, deren Wettbewerbsvorteil auf innovativen Technologien oder starken Markennamen beruht, können diesen meist an verschiedenen Standorten und Ländermärkten zu geringen Replikationskosten, d. h. Kosten der Vervielfältigung, verwerten. Auch lässt sich das akkumulierte Management-Know-how, wie Auslandsmärkte mit solch differenzierten Produkten erfolgreich bedient werden können, zu vergleichsweise geringen Mehrkosten auch auf andere Ländermärkte übertragen.

Abb. 144: Exkurs zur Produktdifferenzierung

Lokale Firmen besitzen immer einen „Heimvorteil" in ihrem Stammmarkt, welcher u. a. auf dem akkumulierten Wissen über die lokalen Standortbedingungen, wie bspw. kulturelle Besonderheiten oder Traditionen, beruht. Diesen Nachteil müssen die neu in den Markt eintretenden und unerfahrenen MNU durch einen monopolistischen Vorteil in einem anderen Bereich ausgleichen. Der „Nettovorteil" durch die Auslandsproduktion muss größer sein als bei den Alternativen Lizenzierung und Export. Die vier genannten Bedingungen deuten darauf hin, dass Branchen, in denen horizontale Direktinvestitionen getätigt werden, durch besondere Marktstrukturen gekennzeichnet sein müssen. Weniger geeignet für horizontale Direktinvestitionsaktivitäten erscheinen dabei Märkte, in denen vergleichsweise homogene Produkte angeboten werden und in denen polypolistischer Preiswettbewerb vorherrscht. Vielmehr sind horizontale Direktinvestitionen nach *Caves* für Branchen charakteristisch, in denen ein hohes Maß an Produktdifferenzierung existiert. Über Produktdifferenzierung schaffen sich Unternehmen in ihren Segmenten eine Monopolstellung. Die Unternehmen versuchen diese Monopolstellung auch auf dem Auslandsmarkt zu etablieren.

Unternehmen, welche über einen monopolistischen Wettbewerbsvorteil auf Basis differenzierter Produkte verfügen, bevorzugen laut *Caves* dann die Produktion im Auslandsmarkt als Alternative zu Exporten, wenn (a) hohe Transportkosten und Zölle vorliegen, (b) eine Anpassung der Produkte an lokale Besonderheiten erforderlich ist oder (c) komplementäre Dienstleistungen vor Ort erbracht werden. Die Lizenzproduktion über unabhängige Lizenznehmer vor Ort ist als Alternative zu Direktinvestitionen und Eigenproduktion im Auslandsmarkt vorteilhaft, wenn (a) das Wissen bzw. die Information, auf dem sich der Vorteil gründet, problemlos an den ausländischen Lizenznehmer transferiert werden kann und (b) mit dem ausländischen Lizenznehmer Einigkeit und Sicherheit über den Wert der Information bzw. des Wissens besteht, auf dem sich der Vorteil gründet. In allen anderen Fällen werden Unternehmen stets zur Eigenproduktion am ausländischen Standort tendieren.

Bei der Erklärung **vertikaler Direktinvestitionen** argumentiert *Caves* in Anlehnung an den Erklärungsansatz von *Hymer*, dass Unternehmen dann vertikal über Grenzen hinweg in vorgelagerte Wertschöpfungsstufen integrieren werden, wenn die Märkte für Vorprodukte bzw. Ressourcen durch Unsicherheiten gekennzeichnet sind, d. h.

- wenn die Zahl der Anbieter und Nachfrager gering ist (Oligopolsituation);
- wenn keine Substitute vorhanden sind;
- wenn die Rohstoffpreise kritisch sind für die Wettbewerbsfähigkeit der Produkte, insbesondere wenn davon hohe Investitionen abhängen.

In Ergänzung der Argumente von *Hymer* berücksichtigt *Caves* neben dem Argument der Sicherung des Zugangs zu Rohstoffen und Vorprodukten auch das Motiv der Errichtung von Markteintrittsbarrieren. Durch vertikale Direktinvestitionen und die dadurch geschaffene Kontrolle über kritische Quellen für Rohstoffe und Vorprodukte schaffen Unternehmen Markteintrittsbarrieren für neue, nicht integrierte Wettbewerber. Wollen neue Wettbewerber mit konkurrenzfähigen Preisen in den Markt eintreten, sind diese gezwungen, ebenfalls vertikal zu integrieren. Die erfolgreiche Positionierung im Wettbewerb wird kapitalintensiver und hält neue Wettbewerber vom Markteintritt ab. Etablierte, integrierte Wettbewerber können höhere Profite realisieren, ohne den Eintritt neuer Wettbewerber im Markt fürchten zu müssen. Eine Konzentration bzw. Oligopolsituation auf vorgelagerten Prozessstufen fördert in jedem Fall die vertikale Direktinvestitionstätigkeit. Bei einer starken Konzentration im Rohstoff- bzw. Vorproduktmarkt ist zum einen die Unsicherheit größer als bei einer polypolistischen Marktstruktur mit einer Vielzahl an kleinen Anbietern mit wenig Marktmacht. Zum anderen erleichtert eine solche Konzentration auf vorgelagerten Wertschöpfungsstufen auch die skizzierte Errichtung von Markteintrittsbarrieren.

cc. Theorie der internationalen Produktmarktzyklen nach Raymond Vernon

Raymond Vernon überträgt in seiner Theorie der internationalen Produktmarktzyklen Überlegungen aus der Außenhandelstheorie auf die Erklärung ausländischer Direktinvestitionen (Vernon 1966). Der Ansatz lehnt sich eng an das empirische Verhalten von U. S.-amerikanischen MNU in der Zeit nach dem zweiten Weltkrieg zwischen 1950 und 1970 an. *Vernon* stellt mit seiner Theorie den **Einfluss der Produktmarktlebenszyklen auf das Internationalisierungs- und Investitionsverhalten von Unternehmen** dar. Aus einer gängigen Perspektive unterscheidet er **drei idealtypische Phasen im Produktlebenszyklus:** (a) die Innovations- und Markteinführungsphase, (b) die Marktwachstumsphase und (c) die Reife- und Degenerationsphase. Er kombiniert die Überlegungen zum Produktlebenszyklus aus dem Marketing mit Argumenten aus der Außenhandelstheorie, welche die Rolle von Standortfaktoren als Determinanten des internationalen Handels thematisiert, und überträgt diese auch auf ausländische Direktinvestitionen.

Vernon argumentiert, dass in der **Innovations- und Markteinführungsphase** die Unternehmen das Land der Innovationsentstehung auch als Standort für die erste Produktionsstätte der neuen Produkte wählen werden. Bei den typischen Innovationsländern handelt es sich laut *Vernon* neben den USA um hoch industrialisierte Standorte wie Deutschland oder Großbritannien (vgl. Vernon 1979). Für diese Standorthypothese nennt er mehrere Gründe:

- **Mangelnde Standardisierung in der Produktion**: Die Produktionstechnik und das Produktdesign sind in der ersten Phase noch nicht endgültig festgelegt. In der Einführungsphase besteht noch Entwicklungspotenzial am Produkt und am Herstellungsprozess, d. h. es bedarf einer hohen Flexibilität in der Produktion. Das Prozess- und Produktdesign müssen gegebenenfalls noch enger an die Kundenbedürfnisse angepasst werden. Die Produktion läuft zunächst in kleinen Serien an, es gibt noch keine Massenproduktion.
- **Flexibilität seitens der Lieferanten**: Die Notwendigkeit zur Flexibilität in der Produktion überträgt sich auch auf die Lieferanten. Die Lieferanten müssen in der Einführungsphase ihrerseits häufig noch Entwicklungen an den zugelieferten Vorprodukten erbringen und deshalb über entsprechende Innovationsfähigkeiten verfügen und sich eng mit den Endherstellern abstimmen.
- **Geringe Preiselastizität der Nachfrage**: Die Preiselastizität der Nachfrage ist in der Markteinführungsphase gering. Es existiert in dieser Phase ein hohes Maß an Produktdifferenzierung. Die Hersteller besitzen in ihrem spezifischen Marktsegment meist eine Monopolstellung. In dieser frühen Phase sind die Kunden auch bereit, für Innovationen einen Preisaufschlag, d. h. Premiumpreis zu bezahlen.
- **Enge Interaktion mit Kunden und Lieferanten**: In der Markteinführungsphase ist eine enge Kommunikation und Interaktion mit den Kunden und Lieferanten erforderlich. Kunden und Lieferanten können wichtige Hinweise für Verbesserungspotenziale am Produkt liefern. Zudem kann auch die Beobachtung von wichtigen Konkurrenten entscheidende Hinweise für Produkt- oder Prozessentwicklungen liefern.

Sowohl aus angebots- als auch aus nachfrageseitiger Sicht besteht für die Unternehmen in der Markteinführungsphase kein Anreiz, die Produktion ins Ausland zu verlagern. Kundengruppen, welche in der Markteinführungsphase für Innovationen einen Premiumpreis zu bezahlen bereit sind, finden sich in der Regel nur in entwickelten Industrieländern mit überdurchschnittlich hohem Pro-Kopf-Einkommen. Durch die geringe Preiselastizität der Nachfrage besteht auch aus Kostengründen in der frühen Produktlebenszyklusphase kein Anreiz, ins Ausland zu gehen. Um die Flexibilität in der Produktion vor dem Anlauf der Massenproduktion gewährleisten zu können, bedarf es zudem qualifizierter Arbeitnehmer. Entsprechendes gilt auch für die Lieferanten der Vorprodukte. Mit Blick auf die Faktorausstattung besitzen hoch entwickelte Industrieländer deshalb eindeutige Standortvorteile. Die Produktion in der Markteinführungsphase findet deshalb in der Regel am Standort der Innovation statt. Auch die hohe Interaktionsintensität mit Lieferanten und Kunden spricht für den Standort des Innovationslandes. Der zunächst nur sporadisch auftretende Bedarf in Auslandsmärkten wird in dieser ersten Phase noch über Exporte bedient. Der Anteil des internationalen Geschäfts am gesamten Umsatz ist in der frühen Phase aber noch gering.

In der **Marktwachstumsphase** steigt die Nachfrage nach dem Produkt im Innovationsland stark an. Die Zahl der Nachfrager nimmt zudem auch in anderen Industrieländern mit vergleichbarem Entwicklungsstand zu. Die Auslandsnachfrage kann vorerst aber noch über die Produktionskapazitäten im Inland und über Exporte bedient werden. In dieser Phase sinkt nach Ansicht von *Vernon* die Notwendigkeit zur Flexibilität in der Produktion. Die Standardisierung des Produkts schreitet voran. Mit steigender Ausbringungsmenge entsteht zunehmend Potenzial für die Realisierung von Skaleneffekten in der Produktion. Es findet ein Übergang zur Massenproduktion statt. Die Flexibilität durch kurzfristige Verträge mit den Lieferanten wird zunehmend reduziert zugunsten langfristiger Vertrags- und Lieferbeziehungen. Durch den starken Nachfrageanstieg entstehen Anreize für den Markteintritt von Imitatoren. Mit der Verbreiterung des Angebots wird die Nachfrage preiselastischer. Die Hersteller messen der Kostenseite eine stärkere Beachtung bei und sind gezwungen, die entstandenen Potenziale zur Realisierung von Skaleneffekten zu nutzen. In Anbetracht der zunehmenden Auslastung der Produktionskapazitäten werden die Unternehmen zudem erwägen, ob zur Bedienung der stark ansteigenden internationalen Nachfrage eine Produktionsaufnahme im Ausland sinnvoll ist. Die Entscheidung erfolgt laut *Vernon* über einen Vergleich der Grenzkosten der Exportlösung mit den Grenzkosten bei der Aufnahme der Produktion im Ausland. In der Marktwachstumsphase kommt es zur Gründung von ausländischen Produktionsniederlassungen in vergleichbar entwickelten, aber eventuell kostengünstigeren Industrieländern und damit zu horizontalen Direktinvestitionen. Neben reinen Kostenüberlegungen spielen bei der Wahl der Markteintrittsstrategie aber auch noch die Bemühungen, den monopolistischen Vorteil gegen Imitatoren zu schützen und die Auslandsmärkte zu sichern, eine entscheidende Rolle.

In der **Sättigungsphase** sind die Produkte nun weitgehend standardisiert. Im Markt steht eine Vielzahl von Anbietern mit homogenen Produkten einer stagnierenden Nachfrage gegenüber. Zwar steigt die Nachfrage nach den Produkten nun auch in Schwellenländern an, jedoch geht die Nachfrage im Innovationsland und anderen vergleichbar entwickelten Industrieländern zurück. Die Nachfrage ist in hohem Maße preiselastisch, d. h. der Wettbewerb findet im Markt primär über Preise statt. Das hohe Maß an Produktstandardisierung ermöglicht die Standardisierung der Produktionsprozesse. Die Kapitalintensität in der Produktion nimmt zu und die Anforderungen an die Qualifikationen der Arbeitskräfte gehen zurück. In dieser preissensitiven Phase mit standardisierten Produkten findet eine Verlagerung der Produktion in weniger entwickelte Länder mit geringeren Produktionskosten statt. Die Abhängigkeit von der Infrastruktur in den hochentwickelten Industrieländern geht zurück. Die verbliebene Nachfrage im Innovationsland und in anderen Industrieländern kann mit Importen aus Schwellen- und Entwicklungsländern gedeckt werden.

Vernon kombiniert in seinem Ansatz Überlegungen zu monopolistischen Wettbewerbsvorteilen von Unternehmen mit Überlegungen zu spezifischen Standortvorteilen von Ländern mit unterschiedlichem Entwicklungsniveau. Die Generierung monopolistischer Vorteile über innovative Produkte hängt in der Argumentation von *Vernon* in hohem Maße von den lokalen Standortbedingungen ab, d. h. firmenspezifische Wettbewerbsvorteile sind in einem gewissen Umfang auch länderspezifisch. Zentraler Ansatzpunkt der **Kritik** an der Theorie von *Vernon* bildet das Konzept des Produktlebenszyklus. Folgende Einwände lassen sich gegen das Konzept vorbringen:

- Die Unterteilung des Modells in nur drei Phasen erscheint willkürlich (vgl. u. a. Perlitz 2004, S. 75). Warum wird bspw. nicht zwischen der Reife- und der Degenerationsphase unterschieden? Auch ließe sich die Wachstumsphase noch detaillierter untergliedern.
- Die Einteilung des Konzepts in nur drei Phasen ist zudem unvollständig. Es wird bspw. nicht die Phase der Forschung und Entwicklung berücksichtigt, welche der Innovationsphase vorgelagert ist (vgl. dazu Magee 1977).
- Die Phasenabfolge im Zyklus ist nicht eindeutig. Unternehmen können gezielt Strategien zur Verlängerung einzelner Phasen ergreifen. Gängige Strategieansätze sind die Einführung von Produktvarianten oder das Lancieren von Nachfolgemodellen (,Facelifting').
- Es ist grundsätzlich offen, ob das Konzept tatsächlich für alle Produkte gilt. Das Produktlebenszykluskonzept wurde ursprünglich für Konsumgüter entwickelt. Wie verhält es sich aber bei Industriegütern oder Dienstleistungen? Selbst bei vielen Konsumgütern (z. B. Luxuswaren oder Grundnahrungsmittel) ist die Gültigkeit des Konzeptes fraglich.
- Die Abgrenzung der relevanten Aggregationsebene in der Betrachtung des Lebenszykluskonzeptes ist nicht eindeutig. Bezieht sich das Konzept des Lebenszyklus bspw. auf Produktgruppen (Automobil), auf einzelne Produktsegmente (Sportwagen) oder ist es auf der Modellebene einzelner Hersteller anwendbar (Porsche Cayenne)? In letzterem Fall müsste strenggenommen von einem Modelllebenszyklus gesprochen werden. Bei komplexen Produkten, welche aus zahlreichen Komponenten zusammengesetzt sind, könnte man zusätzlich noch einen Komponentenlebenszyklus unterscheiden. In diesem Fall wird Abgrenzung zum Konzept des Technologielebenszyklus schwierig (vgl. Magee 1977).

Neben dem Konzept des Produktlebenszyklus steht auch das Internationalisierungskonzept im Ansatz von *Vernon* in der Kritik. Es wird angeführt, dass im Ansatz nicht alle möglichen Formen des Markteintritts im Ausland berücksichtigt werden. So findet beispielsweise die Lizenzierung keine gesonderte Beachtung. Als Konsequenz lassen sich aus dem Ansatz keine konkreten Aussagen darüber ableiten, an welchen Standorten ein MNU mit Niederlassungen präsent sein sollte. *Perlitz* urteilt in diesem Zusammenhang, dass sich der Ansatz von *Vernon* hauptsächlich für ,ex post'-Analysen eigne (1978, S. 52 ff.). Kritik lässt sich schließlich an der überaus starken Betonung der Bedeutung von Standortvorteilen für die Generierung firmenspezifischer Wettbewerbsvorteile üben. Eine detailliertere Betrachtung der firmenspezifischen und standortunabhängigen Faktoren unterbleibt in seinem Ansatz.

d. Transaktionskostentheorie und multinationale Unternehmen (MNU)

Zahlreiche Autoren übertragen Überlegungen aus der Transaktionskostentheorie auf die Erklärung der multinationalen Unternehmenstätigkeit (vgl. auch Kapitel B I 2). Im Sinne der

Transaktionskostentheorie ist das Entstehen von multinationalen Unternehmen primär das Ergebnis der Internalisierung von unvollkommenen Märkten. Zwei Strömungen von Erklärungsansätzen lassen sich unterscheiden: **(a) Internalisierungstheorie des MNU** und **(b) kostenrechnerische Erklärungsmodelle** über geeignete ausländische Markteintrittsmodalitäten (vgl. analog dazu Pitelis 2002). Die nachfolgend dargestellten kostenrechnerischen Modelle von *Hirsch* (Hirsch 1976) und *Rugman, Lecraw* und *Booth* (Rugman et al. 1985) bedienen sich nicht explizit der Terminologie der Transaktionskostentheorie. Vielmehr nehmen sie zentrale Annahmen der Transaktionskostentheorie, u. a. die Unvollkommenheit der Märkte für Wissen, zum Ausgangspunkt ihrer Überlegungen. Beide Modelle beschäftigen sich mit der Frage, welche Markteintrittsform unter Kostengesichtspunkten und angesichts von Marktunvollkommenheiten am geeignetsten erscheint. Im Gegensatz zu diesen kostenrechnerisch geprägten Ansätzen zur Wahl geeigneter Markteintrittsformen übertragen die Vertreter der Internalisierungstheorie des MNU wie *Teece* (Teece 1981) oder *Buckley* und *Casson* (Buckley/Casson 1976) Kernargumente aus der Transaktionskostentheorie direkt auf die Erklärung der Existenz multinationaler Unternehmen. Ausgangspunkt dieser Erklärungsansätze ist die Überlegung, dass MNU durch die Internalisierung von Markttransaktionen Effizienzvorteile gegenüber der Abwicklung von Transaktion über unvollkommene Märkte realisieren können. Diese Internalisierungstheorien des MNU klammern in ihrer Erklärung zur Existenz von MNU damit die Ressourcenebene und die Ebene der spezifischen Wettbewerbsvorteile aus der expliziten Betrachtung aus: „Some theorists (e. g. Buckley and Casson 1976 […]) exclude the ownership advantages from a theory of FDI. Instead, the internalization theory rests on the assumption that these advantages automatically exist when markets are internalized. Further, some writers (e. g. Teece 1981) argue that FDI can be explained by reference to the decrease in transaction costs (Williamson 1975), that internalization presumably entails" (Björkman 1990, S. 2).

da. Das Modell von Seev Hirsch zur Erklärung ausländischer Direktinvestitionen

Im Ansatz von *Hirsch* (Hirsch 1976) stehen zwei Fragen im Mittelpunkt: (a) Unter welchen Bedingungen bedienen profitmaximierende Unternehmen überhaupt ausländische Märkte und (b) unter welchen Bedingungen entscheidet sich das Unternehmen für Exporte und wann für Direktinvestitionen bzw. lokale Produktion als geeignete Form des Markteintritts? Primäres Motiv für Direktinvestitionen im Ausland ist im Modell von *Hirsch* der **Aufbau von Produktionskapazitäten zur Bedienung des Marktes vor Ort**.

Hirsch grenzt sich mit seinem Ansatz von den neoklassischen Außenhandelstheorien ab. Laut *Hirsch* lässt sich das Phänomen ausländischer Direktinvestitionen sinnvoller Weise nur im Kontext der Theorie der Firma (Theory of the Firm), Industrieökonomischer Ansätze (Industrial Organisation Theory) und der Standorttheorie-Modelle (Location Theory Models) analysieren. Auf diese Ansätze greift *Hirsch* auch im Rahmen seines Modells zurück. Nach *Hirsch* gilt, dass „International direct investment takes place only in a world which admits revenue-producing factors which are firm specific on the one hand and information, communication, and transaction costs, which increase with economic distance, on the other" (Hirsch 1976, S. 259). Diese Kostenfaktoren lassen sich mit Hilfe von spezifischen Variablen quantifizieren, welche zusammen mit den komparativen Kosten für die Inputfaktoren (Produktionskosten) die unternehmerische Entscheidung zwischen Export und FDI erklären.

In der **Ausgangssituation des Modells** von *Hirsch* steht ein Unternehmen aus dem Land A zum Zeitpunkt t = 0 vor der Entscheidung, einen ausländischen Markt B entweder über Export oder über Direktinvestitionen, d. h. den Aufbau einer Produktionsniederlassung vor Ort (FDI), zu bedienen. Das Unternehmen verfügt bereits über eine Produktionsstätte im Stammland A, deren Kapazitäten allerdings mit der Bedienung des inländischen Marktes ausgelastet sind. Um die Nachfrage im Auslandsmarkt B bedienen zu können, muss das Unternehmen im Fall der Exportlösung die vorhandenen Produktionskapazitäten im Stammland A oder alternativ, im Fall der Direktinvestitionsentscheidung, in neue Produktionskapazitäten auf der grünen Wiese in Land B investieren. Annahme im Modell ist, dass die Nachfrage nach einem Produkt nicht vom Standort der Produktion beeinflusst wird, d. h. es liegt keine Bevorzugung heimischer Produkte im Markt vor. Laut *Hirsch* hängt dann die Entscheidung des Unternehmens zum Zeitpunkt t = 0 zunächst von den jeweiligen **Produktionskosten** in Land A und B ab:

- P_a = Produktionskosten bei Bedienung von Land B durch Exporte aus dem Land A;
- P_b = Produktionskosten bei Bedienung von Land B durch eine Niederlassung vor Ort.

Die Produktionskosten beinhalten zum einen die Investitionsaufwendungen für die Erweiterungsinvestition im Inland oder, alternativ, die Kosten für die Investition auf der grünen Wiese im Land B. Zum anderen umfasst dieser Faktor die Kosten für die laufende Produktion, d. h. Aufwendungen für Inputfaktoren inklusive Arbeitskosten, Rohmaterial, Vorprodukte etc. Die Produktionskosten sind also stark durch die komparativen Kostenvorteile der jeweiligen Länderstandorte geprägt. Im Modell von *Hirsch* handelt es sich bei diesen deshalb streng genommen um Standortfaktoren. Als **ergänzende Kostenfaktoren**, welche die Entscheidung zwischen FDI und Export beeinflussen, nennt *Hirsch* folgende Determinanten:

- M = Differenz zwischen den Marketingkosten, die bei der Exportlösung anfallen würden (M_x = Kosten der Exportmarktbearbeitung), und den Marketingkosten, die alternativ bei der Bedienung des Auslandsmarktes im Zuge einer Produktion vor Ort entstehen würden (M_d = Kosten bei lokaler Marktbearbeitung);
- C = Differenz zwischen den Kosten, die bei der Koordination und Kontrolle der ausländischen Niederlassung anfallen würden (C_d = Kontrollkosten der Auslandsproduktion), und den Kosten für die Kontrolle der inländischen Produktionsniederlassung (C_x);
- K = Kosten des Transfers und der Pflege des spezifischen Wettbewerbsvorteils bei Ausdehnung der Geschäftätigkeit auf ausländische Märkte. Diese Kosten fallen sowohl bei der Exportmarktbearbeitung als auch beim Aufbau ausländischer Niederlassungen an.

Die Kostenvariablen beziehen sich dabei auf die auf den Gegenwartswert abdiskontierten Gesamtkosten der jeweiligen Markteintrittsalternativen. *Hirsch* unterstellt damit vollkommene Voraussicht über die anfallenden Kosten für die Dauer der Investitionsprojekte sowie über die entsprechenden Opportunitätskosten (Zinssätze).

Im Modell von *Hirsch* symbolisiert ‚K' das **firmenspezifische Know-how** und andere (intangible) proprietäre Vermögenswerte, welche den spezifischen Wettbewerbsvorteil des Unternehmens definieren. Dieser Wettbewerbsvorteil verschafft dem Unternehmen einen Vorsprung gegenüber Konkurrenten und damit eine temporäre Monopolstellung und überdurchschnittlich hohe Profite. Der Aufbau und Erhalt eines solchen Wettbewerbsvorteils (K) erfordert Investitionen in technologisches Know-how (Produkt- und Prozesstechnologien) sowie in Management- und Marketingfähigkeiten. Temporäre Monopolstellungen basieren also auf Investitionen in Forschung und Entwicklung, in Werbeprogramme, in Führungskräfteentwicklungsprogramme etc. in der Vergangenheit. Im Gegensatz zu tangiblen Ressourcen nutzen sich diese intangiblen Vermögenswerte durch wiederholte Nutzung nicht ab (Nichtrivalität im Konsum) und können ohne größere Kosten innerhalb des Unternehmens transferiert werden. ‚K' hat quasi den Charakter eines öffentlichen Gutes. Allerdings wird das firmenspezifische ‚K' über die Zeit obsolet. Der Wert von ‚K' erodiert, da Wettbewerber beständig versuchen, das firmenspezifische ‚K' zu imitieren. Zum Erhalt ihres Wettbewerbsvorteils müssen Unternehmen deshalb beständig in die Pflege von ‚K' investieren.

Die Differenz der **Marktbearbeitungskosten** ($M = M_x - M_d$) ist laut *Hirsch* positiv, d. h. die Kosten der Exportmarktbearbeitung sind höher als die anfallenden Marketingkosten bei lokaler Produktion in Land B. *Hirsch* begründet dies mit höheren Aufwendungen für Kommunikation mit den ausländischen Kunden aufgrund sprachlicher Barrieren und der kulturellen Distanz. Ist das Unternehmen vor Ort präsent, sind diese Barrieren geringer. Zudem fallen bei der Exportmarktbearbeitung höhere Reisekosten für die Außendienstmitarbeiter, zusätzliche Verpackungs- und Transportkosten sowie zusätzliche Kosten für die grenzüberschreitenden Finanztransaktionen an. Die Höhe der jeweiligen Marktbearbeitungskosten (‚M') wird zudem vom Wert des firmenspezifischen Wettbewerbsvorteils (‚K') beeinflusst. Ist der Wert von ‚K' gering, dann treten die Unternehmen mit nur wenig differenzierten, d. h. mit reifen und standardisierten Produkten am Markt auf, welche kaum erklärungsbedürftig sind. In solchen Fällen ist nur wenig Kommunikation mit den Kunden erforderlich, die Marktbearbeitungskosten sind gering. Laut *Hirsch* steigen die Marktbearbeitungskosten mit einem zunehmenden Wert von ‚K' an. Unternehmen mit einem starken Wettbewerbsvorteil (hoher Wert von ‚K') legen besonderen Wert auf Innovation und differenzierte Produkte. Neue und differenzierte Produkte sind aber erklärungsbedürftig und führen zu erhöhten Marktbearbeitungskosten. Da die Aufwendungen für die grenzüberschreitende Kommunikation mit ausländischen Kunden aufgrund sprachlicher Barrieren und der kulturellen Distanz höher sind als die Kommunikation mit Kunden vor Ort, wirkt sich der Wert von ‚K' stärker auf M_x als auf M_d aus. Es besteht also eine positive Korrelation zwischen der Höhe von ‚K' und der Höhe von ‚M'.

Die Differenz zwischen den **Kontroll- und Koordinationskosten bei Auslandsproduktion** (C_d) und den Kontroll- und Koordinationskosten bei Inlandsproduktion (C_x) ist nach *Hirsch* positiv ($C > 0$). C_x und C_d umfassen dabei nicht nur die anfallenden Kosten für die Koordination der Produktion, sondern beinhalten auch die Kosten für die Koordination der Beschaffung, die Kosten für die Vorbereitung und Durchführung von Kontrollprozeduren (z. B. Qualitätskontrolle), die Kosten der Abstimmung zwischen Produktion und F&E sowie die Aufwendungen für Schutzmaßnahmen gegen potenzielle Know-how-Abflüsse. Nach *Hirsch* sind die Kosten der Koordination und Kontrolle der Auslandsproduktion (C_d) größer als die anfallenden Kosten bei der Inlandsproduktion (C_x), da sich das Unternehmen im Ausland mit den dortigen rechtlichen Rahmenbedingungen, insbesondere mit den Steuer- und Arbeitsgesetzen, sowie mit einer fremden Sprache auseinandersetzen muss. Auch ist der Schutz gegen Know-how-Abflüsse im Ausland aufwändiger als im Inland. Analog zu ‚M' wird auch die Höhe der jeweiligen Koordinations- und Kontrollkosten (‚C') vom Wert des firmenspezifischen Wettbewerbsvorteils (‚K') beeinflusst. Ein hoher Wert von ‚K' führt zu ständig neuen Produkten bzw. Produktvarianten und bedingt damit eine intensive und synchrone Abstimmung zwischen der Produktentwicklung (F&E) und der Produktion. Auch ändern sich Produkt- und Prozessspezifikationen in frühen Phasen des Produktlebenszyklus (in oft unberechenbarer Weise), im Gegensatz zu standardisierten oder reifen Produkten (geringer Wert von ‚K'). Differenzierte, innovative Produkte erfordern nicht nur eine enge Face-to-Face-Kommunikation zwischen der Entwicklungsabteilung und der Produktion, sondern bedingen auch eine enge Kommunikation mit Lieferanten, um die spezifischen Vorprodukte entsprechend anpassen zu können. Da die Aufwendungen für die grenzüberschreitende Koordination und Kontrolle ausländischer Niederlassungen höher sind als die Kosten für die Koordination und Kontrolle inländischer Niederlassungen, wirkt sich der Wert von ‚K' stärker auf C_d als auf C_x

aus. Es besteht also eine positive Korrelation zwischen der Höhe von ‚K' und der Höhe von ‚C': „Costs of co-ordination and communication are likely to be particularly heavy if the development and production functions are separated by national boundaries. K and C are therefore expected to be positively correlated especially in those cases where K is associated with new product development" (Hirsch 1976, S. 262).

Hirsch formuliert in seinem Modell **allgemeine Kostenkonstellationen**, in denen sich Unternehmen entweder **für Export- oder für Direktinvestitionslösungen** entscheiden werden. Ausgangssituation der Markteintrittsüberlegungen ist, dass ein Unternehmen aus dem Land A einen Wettbewerbsvorteil in Höhe von K besitzt und angesichts ausgelasteter Kapazitäten im Inland sowie einer gestiegenen Nachfrage im Auslandsmarkt B sich zwischen den beiden Markteintrittstrategien Export (Kapazitätserweiterung im Inland) und FDI (Aufbau einer Produktionsstätte in Land B) entscheiden muss. Nach *Hirsch* kommen Exportlösungen zustande, wenn gilt:

$$1. \quad P_a + M < P_b + K$$

und $\quad 2. \quad P_a + M < P_b + C.$

Die erste Gleichung drückt die Bedingung aus, dass das Unternehmen aus Land A nur dann eine erfolgreiche Strategie der Exportmarktbearbeitung betreiben kann, wenn es gegen nationale Wettbewerber aus Land B besteht. Die Variable K auf der rechten Seite der Ungleichung umfasst dabei diejenigen Kosten, welche den lokalen Wettbewerbern aus Land B entstehen, wenn sie den Wettbewerbsvorteil des Unternehmens aus dem Land A imitieren. Die zweite Ungleichung beinhaltet die Bedingung, wonach die Strategie der Exportmarktbearbeitung der Direktinvestitionsstrategie überlegen sein muss. Im Gegensatz dazu werden Unternehmen zur Direktinvestitionen neigen, wenn gilt:

$$1. \quad P_b + C < P_b + K$$

und $\quad 2. \quad P_b + C < P_a + M.$

Der Ansatz von *Hirsch* bietet zahlreiche Anknüpfungspunkte für **Modellerweiterungen**. So lässt sich das Modell ohne weiteres auf komplexere Produkte übertragen, die aus mehreren Komponenten zusammengesetzt sind. Die obigen Kostenüberlegungen von Hirsch werden dann differenziert für die Betrachtungsebene der einzelnen Komponenten bzw. der einzelnen Wertschöpfungsstufen vorgenommen und nicht auf das gesamte Produkt bezogen. Mit dem Modell lässt sich bei komplexen Produkten somit auch eine internationale Arbeitsteilung erklären. Zudem können in das Modell zusätzliche exogene Kostenfaktoren eingebunden werden. So wirken z. B. Einkommenssteuern, Subventionszahlungen oder Investitionsbeihilfen unmittelbar auf P und können ohne Umwege im Modell Berücksichtigung finden. Auch die durch Zölle und andere nicht-tarifäre Handelshemmnisse entstehenden Kosten lassen sich unmittelbar im Modell über den Kostenfaktor M (M_x) berücksichtigen.

Bei der Bewertung des Modells ist zu berücksichtigen, dass die oben angeführten Kostenvariablen in der dargelegten Form nur für Entscheidungssituationen gelten, bei denen das Unternehmen noch nicht im Auslandsmarkt über eigene Niederlassungen präsent ist. Verfügt das Unternehmen dagegen bereits über eigene Niederlassungen im Auslandsmarkt, fallen die Kosten der Exportmarktbearbeitung (M_x) für andere Produktlinien entsprechend geringer aus. Das Unternehmen ist in diesem Fall lokal ansässig und kann mit den Kunden vor Ort kommunizieren. Auch im Fall für Folgeinvestitionen fallen die Koordinations- und Kommunikationskosten (C_d) entsprechend geringer aus.

db. Das Modell von Alan M. Rugman, Donald J. Lecraw und Laurence D. Booth
  zur Wahl von Markteintrittsstrategien

Der Ansatz von *Rugman et al.* (1985) stellt eine Weiterentwicklung des Erklärungsmodells von *Hirsch* dar. Zentrales Anliegen des Ansatzes ist ebenfalls die Erklärung der Wahl der Markteintrittsform zur Bedienung ausländischer Märkte. Im Gegensatz zum Modell von *Hirsch* differenzieren *Rugman et al.* jedoch nicht zwischen zwei, sondern drei generischen Markteintrittsstrategien (,archetypal methods of servicing foreign markets'): Neben Exporten und Direktinvestitionen unterscheiden die Autoren als dritte Alternative zusätzlich noch die Lizenzvergabe an einen ausländischen Lizenznehmer.

Die **Ausgangssituation** gestaltet sich ähnlich wie im Modell von *Hirsch*. Das Unternehmen verfügt über einen firmenspezifischen Vorteil, welcher auf technologischem Wissen, Management-Know-how oder auf anderen spezifischen Vermögenswerten beruht. Dieser Vorteil ist in der Organisation des Unternehmens verankert. Der firmenspezifische Vorteil ermöglicht es dem Unternehmen, auch auf ausländischen Märkten überdurchschnittlich hohe Profite zu erwirtschaften. Die Höhe der Profite wird allerdings durch die Kosten der jeweiligen Marktbearbeitungsmodalität verringert. Unternehmen werden – analog zu den Überlegungen bei *Hirsch* – jene Modalität wählen, welche die geringsten Kosten verursacht. Gegenüber *Hirsch* ändern *Rugman et al.* die Benennung der Kostenfaktoren. In ihrem Modell hängt die Entscheidung des Unternehmens über die günstigste Markteintrittsmodalität zum Zeitpunkt t = 0 von den folgenden **Kostenfaktoren** ab:

C = Kosten der Produktion des Gutes im Stammland;

C^* = Kosten der Produktion des Gutes im Ausland;

M^* = Marketingkosten im Exportfall inklusive Zölle, Versicherung und Transport;

A^* = zusätzliche Kosten im Fall der Auslandsproduktion inklusive Kosten der Informationsbeschaffung über politische, rechtliche und kulturelle Rahmenbedingungen;

D^* = Kosten des Know-how-Abflusses (,Knowledge dissipation costs') im Fall der Lizenzierung

Während es sich bei C und C^* um standortspezifische Kostenfaktoren handelt, beziehen sich M^*, A^* und D^* auf die spezifischen Kosten der jeweiligen Markteintrittsmodalität. Neu im Vergleich zum Modell von *Hirsch* ist der letztgenannte Kostenfaktor D^*. Die Kostengröße D^* bezieht sich auf das Risiko des Verlustes des firmenspezifischen Vorteils im Fall der Lizenzvergabe. D^* lässt sich als Umsatzverlust am Auslandsmarkt interpretieren, welcher durch den Verlust des firmenspezifischen Vorteils aufgrund unvollkommener bzw. nicht ausgereifter Lizenzvereinbarungen entsteht. Dieses Risiko bzw. der potenzielle Verlust ist umso höher, je neuartiger und weniger standardisiert das Produkt ist. Die Kosten des Know-how-Abflusses sind gering, wenn der Lizenznehmer das Wissen nicht an Dritte weitergeben kann oder falls das Unternehmen – im Fall standardisierter Technologien und Produkte – kein Interesse mehr an den Anwendungsfeldern und Märkten für das lizenzierte Wissen hat. Eine Möglichkeit, das Risiko des Verlusts des firmenspezifischen Vorteils im Fall der Lizenzvergabe zu minimieren, ist, die Vertragsbedingungen möglichst eng zu spezifizieren. Eine enge Spezifikation der Vertragsbedingungen führt jedoch zu entsprechend hohen Verhandlungskosten, welche bei *Rugman et al.* ebenfalls Bestandteil von D^* sind.

Rugman et al. formulieren **allgemeine Bedingungen,** nach denen sich Unternehmen entweder **für Exporte, Direktinvestitionen oder für Lizenzvergaben ins Ausland** entscheiden. Exportlösungen kommen im Modell zustande, wenn gilt:

1a $C + M^* < C^* + A^*;$

und   1b $C + M^* < C^* + D^*.$

Hier sind die Kosten der Exportlösung geringer als die Kosten bei der Produktion im Ausland (Bedingung 1a) und geringer als die Kosten bei der Lizenzvergabe (Bedingung 1b). Direktinvestitionen in Produktionsstätten im Ausland kommen dagegen zustande, wenn gilt:

2a $C^* + A^* < C + M^*;$

und   2b $C^* + A^* < C^* + D^*.$

D. h., die Kosten der Auslandsproduktion (FDI) sind geringer als die Kosten der Exportlösung (Bedingung 2a) und geringer als die Kosten der Lizenzierung (Bedingung 2b). Eine Lizenzvergabe ins Ausland kommt schließlich dann zustande, wenn gilt:

3b $C^* + D^* < C^* + A^*;$

und   3b $C^* + D^* < C + M^*.$

D. h., die mit der Lizenzierung verbundenen Kosten sind geringer als die Kosten der eigenen Produktion im Ausland (Bedingung 3a) und geringer als die Exportmarketingkosten (Bedingung 3b).

Analog zur Abdiskontierung der zukünftigen Zahlungsströme im Modell von *Hirsch* schlagen *Rugman et al.* die **Kapitalwertbetrachtung** („Net Present Value Method') in der Entscheidungssituation vor: „The advantage of the NPV [‚Net Present Value Method'] is that it captures some quasidynamic elements of the choice of optimal mode. The MNE [‚Multinational Enterprise'] should, in principle, calculate the NPV of each of the three modalities by considering the difference between the discounted revenues and costs (both normal and special). It should then choose the entry mode which has the maximum NPV for the length of time it is anticipated that the foreign market will be served" (Rugman et al. 1985, S. 125). In der Kapitalwertbetrachtung der Markteintrittsmodalitäten kommen ergänzend zu den bereits in ihrer Notationsform bekannten Kostenfaktoren folgende Variablen hinzu:

R   =   Verkaufserlöse aus den gesamten Umsätzen mit dem entsprechenden Produkt;

i   =   Diskontierungszins.

Mit T wird der Zeitpunkt bezeichnet, bis zu dem das Unternehmen den spezifischen Wettbewerbsvorteil am Auslandsmarkt nutzt. Der Zeitpunkt des Markteintritts wird im Modell als t_e bezeichnet. Entsprechend den vorangegangenen Modellüberlegungen bieten sich dem Unternehmen wiederum drei Markteintrittsoptionen. Die Wahl der Markteintrittsmodalität bestimmt sich über den jeweiligen Kapital- bzw. Gegenwartswert der Exportlösung (NPV_E), der Direktinvestitionslösung (NPV_F) und der Lizenzierungsvariante (NPV_L). Die Kapitalwerte berechnen sich wie folgt:

$$NPV_E = \sum_{t=t_e}^{T} \frac{R_t - C_t - M_t^*}{(1+i)^t} \qquad (1)$$

$$\text{NPV}_F = \sum_{t=t_e}^{T} \frac{R_t - C_t^* - A_t^*}{\left(1+i\right)^t} \tag{2}$$

$$\text{NPV}_L = \sum_{t=t_e}^{T} \frac{R_t - C_t^* - D_t^*}{\left(1+i\right)^t} \tag{3}$$

Analog zu den oben genannten Bedingungen gilt, dass ein Unternehmen

- **Exporte** wählt, wenn $\text{NPV}_E > \max(\text{NPV}_F, \text{NPV}_L)$;
- **Direktinvestitionen** wählt, wenn $\text{NPV}_F > \max(\text{NPV}_E, \text{NPV}_L)$;
- **Lizenzierung** wählt, wenn $\text{NPV}_L > \max(\text{NPV}_E, \text{NPV}_F)$.

Bislang wurde sowohl im Modell von *Hirsch* als auch im Modell von *Rugman et al.* implizit davon ausgegangen, dass die heimische Nachfrage auch stets über Produktionskapazitäten im Stammland bedient wird. Der Gang ins Ausland galt ausschließlich dem Zweck, die Nachfrage in ausländischen Märkten zu bedienen. Mit dieser Annahme brechen *Rugman et al.* in ihrem Modell mit der Einführung von sogenannten **Exportplattformen** ('Offshore assembly'). Von Exportplattformen wird gesprochen, wenn der heimische Markt nicht mehr von der Niederlassung im Stammland, sondern über Produktionsniederlassungen im Ausland bedient wird. Diese Ergänzung des Modells um Exportplattformen ist letztlich nichts anderes als die konsequente Fortführung des Grundgedankens, wie der spezifische Wettbewerbsvorteil des Unternehmens am profitabelsten eingesetzt werden kann. Im Fall einer unvorteilhaften lokalen Kostensituation sollte der Markt im Stammland eben durch kostengünstigere Produktion im Ausland bedient werden. Grundsätzlich gibt es **drei Alternativen**, um den Wettbewerbsvorteil im Heimatmarkt zu nutzen:

- **Produktion im Heimatland für den lokalen Markt**: Hierbei entstehen Produktionskosten im Stammland in Höhe von C.
- **Produktion im Ausland für den heimischen Markt** (Import der Güter durch das Stammland): Hierbei fallen die üblichen Produktionskosten im Ausland (C*), die zusätzlichen Kosten der Koordination und Informationsbeschaffung bei der Auslandsproduktion (A*) und die Kosten für den Import der Produkte (z. B. Zölle) in das Heimatland (M) an.
- **Ausländischer Lizenznehmer produziert für den heimischen Markt** (Import der Güter durch das Stammland): Hierbei fallen die Produktionskosten im Ausland (C*), Kosten für den Import der Produkte in das Heimatland (M) und Kosten des Know-how-Abflusses aufgrund der Lizenzvergabe (D*) an.

Rugman et al. formulieren erneut **allgemeine Kostenkonstellationen**, in denen sich Unternehmen entweder für die Inlandsproduktion, die Auslandsproduktion oder für die Lizenzvergabe ins Ausland entscheiden. Die **Produktion im Inland** kommt zustande, wenn gilt:

     1a $C < C^* + M + A^*$;

und   1b $C < C^* + M + D^*$.

D. h., die Kosten der Inlandsproduktion sind geringer als die Kosten bei der Produktion im Ausland (Bedingung 1a) und geringer als die Kosten bei der Lizenzvergabe (Bedingung 1b). **Direktinvestitionen in den Aufbau von Exportplattformen im Ausland** und Importe im Heimatland kommen dagegen zustande, wenn gilt:

     2a $C^* + M + A^* < C$;

und   2b $C^* + M + A^* < C^* + M + D^*$.

D. h., die Kosten der Exportplattform im Ausland sind geringer als die Kosten bei der Produktion im Inland (Bedingung 2a) und geringer als die Kosten bei der Lizenzvergabe und anschließendem Reimport (Bedingung 2b). Eine **Lizenzvergabe** kommt dagegen dann zustande, wenn sich die Inlandsproduktion als teurer erweist (Bedingung 3a) und auch die Exportplattform teurer ist (Bedingung 3b), wenn also gilt:

$$3a \quad C^* + M + D^* < C;$$

und $\quad 3b \quad C^* + M + D^* < C^* + M + A^*.$

In ihrem Modell stellen *Rugman et al.* auch Hypothesen über die Relationen zwischen den entscheidenden Kostenvariablen auf: „It is apparent that the most interesting variables in these equations are the special costs associated with each mode of entry. Otherwise, normal costs of production C or C* and revenues R are more or less the same for each alternative. For the valuation of each modality to change, it is necessary to have a theory about the relative value of special costs M*, A*, and D*" (Rugman et al. 1985, S. 127). Im Modell wird angenommen, dass die Höhe der Kosten von M*, A*, and D* über die Zeit abnehmen. Dabei gehen *Rugman et al.* davon aus, dass D* den höchsten Anfangswert hat, aber mit der größten Rate zurückgeht. M* hat den geringsten Ausgangswert und geht mit der geringsten Geschwindigkeit zurück. Der Wert und die Veränderungsrate von A* ist zwischen den beiden anderen Kostenvariabeln angesiedelt. Es gilt folgender Zusammenhang:

$$M^* < A^* < D^*.$$

Diese Kostenrelation wird damit begründet, dass ein Unternehmen im Fall der Exportmarktbearbeitung (M*) lediglich Informationen über den Absatzmarkt im Ausland sammeln muss, während im Fall einer Direktinvestition im Auslandsmarkt (A*) neben Informationen über Absatzmärkte auch Informationen über Faktormärkte (Zulieferer) und Kapitalmärkte eingeholt werden müssen. Die potenziellen Kosten der Lizenzvergabe ins Ausland (D*) übersteigen insbesondere im Fall von innovativen Produkten die Werte von A* und M*, da das Risiko des Verlustes des spezifischen Wettbewerbsvorteils besonders schwer wiegt bzw. nur ein unzureichender Preis für die Lizenz ausgehandelt wurde. Um die drei Kostengrößen für die Zeitspanne t genauer zu spezifizieren, werden folgende Gleichungen aufgestellt:

$$M_t^* = a + btc$$

$$At^* = e + ftg$$

$$Dt^* = h + g_t^p$$

Die skizzierten Hypothesen über die Kostenrelationen zwischen den Variablen implizieren folgende Zusammenhänge zwischen den jeweiligen Exponenten und Fixkostenblöcken:

$$c < g < p$$

$$a < e < h$$

Entsprechend der Gültigkeit dieser Modellhypothesen wird das MNU eine Kostenminimierungsstrategie bzw. eine Maximierung des Kapitalwertes anstreben und zunächst Exporte als bevorzugte Markteintrittsstrategie wählen. Errichtet das betreffende Ausland jedoch Zölle oder andere Formen von Handelshemmnissen, welche zu einem Anstieg von M* führen, und besteht zudem die Gefahr eines Know-how-Verlustes im Fall der Lizenzierung, erweist sich die Produktion im Ausland über ausländische Direktinvestitionen als optimale Markteintrittsstrategie. Schwindet dagegen das Risiko eines Know-how-Verlustes, bspw. infolge der Standardisierung des Produkts, oder sind Tochtergesellschaften ausländischer MNU im betreffenden Gastland diskriminierenden Praktiken ausgesetzt, dann wird die Lizenzierungsstrategie als Option gewählt. Abb. 145 visualisiert anschließend die skizzierte Entscheidungssequenz bei der Wahl der geeigneten Markteintrittsform.

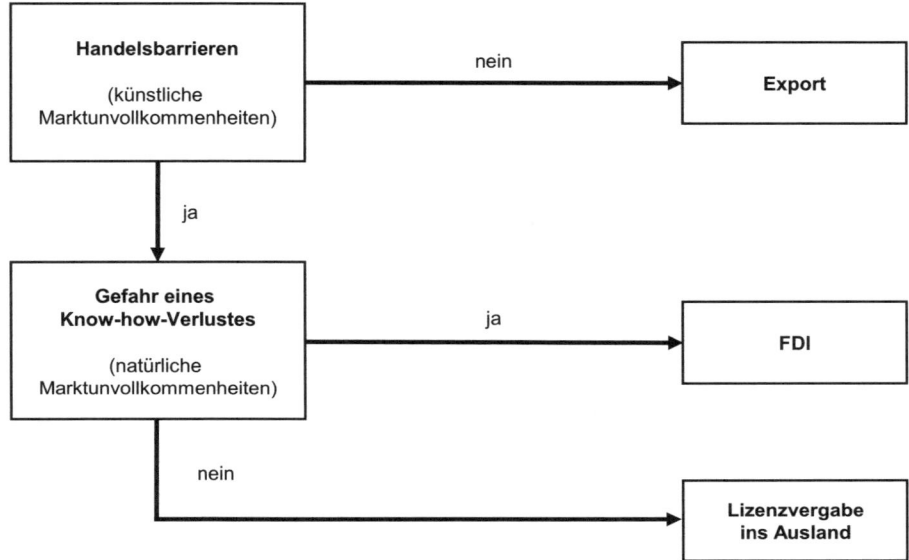

Abb. 145: Entscheidungssequenz bei der Wahl ausländischer Markteintrittsformen (vgl. Rugman et al. 1985, S. 130)

dc. *Marktversagen und Marktmacht: Transaktionskostentheorie des multinationalen Unternehmens nach David Teece*

Teece (Teece 1981) erklärt in seinem Ansatz die multinationale Unternehmenstätigkeit auf Basis des Transaktionskostenansatzes. Die multinationale Unternehmenstätigkeit entsteht vornehmlich über die **Internalisierung von Marktbeziehungen**. *Teece* sieht **drei verschiedene Anreize und Gründe** für die Internalisierung von Marktbeziehungen und die Entstehung multinational tätiger Unternehmen:

– **Umgehung bzw. Minimierung der Zollbelastung**: Durch grenzüberschreitende vertikale Integration in vor- oder nachgelagerte Wertschöpfungsstufen können MNU die Zollbelastung mittels interner Transferpreise minimieren;
– **Monopolmacht**: Durch grenzüberschreitende horizontale bzw. vertikale Integration können MNU Markteintrittsbarrieren errichten und durch wettbewerbswidriges Verhalten von ihren Monopolstellungen profitieren;
– **Effizienzüberlegungen**: Durch vertikale, horizontale und laterale Direktinvestitionen über Ländergrenzen hinweg realisieren Unternehmen Effizienzvorteile durch Einsparung von Transaktionskosten.

Nach Ansicht von *Teece* spielen Monopolmachtüberlegungen bei der Entscheidung von Unternehmen, im Ausland zu investieren, in der Praxis eine untergeordnete Rolle. Auch ist in den letzten Jahrzehnten die Relevanz tarifärer (und nichttarifärer) Handelshemmnisse und damit auch deren Anreizfunktion zur Tätigung ausländischer Direktinvestitionen zurückgegangen. *Teece* konzentriert sich deshalb in seinem Erklärungsansatz auf den Aspekt der Transaktionskostenersparnis durch die Internalisierung von Märkten: Seine zentrale Ausgangsthese ist, dass vertikale, horizontale sowie laterale Direktinvestitionen primär zur Realisierung von Effizienzvorteilen durch Einsparung von Transaktionskosten getätigt werden.

Teece unterscheidet **drei verschiedene Arten von Märkten**, in denen multinationale Unternehmen bevorzugt Markttransaktionen durch interne hierarchische Regelungsformen ersetzen, d. h. internalisieren. Die Internalisierung der Transaktionen erfolgt bei den verschiedenen Markttypen jeweils über unterschiedliche Strategien bzw. Richtungen der Direktinvestitionstätigkeit:

- **Vertikale Direktinvestitionen**: Zur Internalisierung von Märkten für Vor- und Zwischenprodukte investieren MNU in vertikaler Richtung in vor- (oder nach-)gelagerten Wertschöpfungsstufen im Ausland;
- **Horizontale Direktinvestitionen**: Zur Internalisierung von Märkten für immaterielle Vermögenswerte, insbesondere für Know-how, investieren MNU in horizontaler Richtung auf derselben Wertschöpfungsstufe in ausländische Märkte;
- **Konglomerate (laterale) Direktinvestitionen**: Zur Internalisierung von Kapitalmärkten investieren Unternehmen bevorzugt in unverbundene Wertschöpfungsaktivitäten im Ausland (hier greifen die Risikoüberlegungen – ein Unternehmen mit diversifiziertem Portfolio kann sein Risiko senken und sich kostengünstiger finanzieren).

Unternehmen tätigen **vertikale Direktinvestitionen**, um Marktunvollkommenheiten auf ihren Märkten für Vor- und Zwischenprodukte zu internalisieren. MNU sind bei der Herstellung ihrer Produkte regelmäßig auf Rohstoffe wie Rohöl, Metalle u. ä. angewiesen. Insbesondere im Fall von kritischen Rohstoffen, die durch Knappheiten gekennzeichnet, für die keine Substitute vorliegen und denen eine besonders zentrale Rolle im Produktionsprozess zukommt, scheuen MNU das Risiko, sich in die Abhängigkeit eines Zulieferers zu begeben. Häufig befinden sich die Bezugsquellen für solche kritischen Rohstoffe in weniger entwickelten Ländern mit unsicheren politischen und wirtschaftlichen Rahmenbedingungen. In solchen Ländern sind meist auch entsprechende Technologien zum Abbau der erforderlichen Rohstoffe nicht verfügbar. MNU werden in solchen Fällen vertikal integrieren und im betreffenden Land in Wertschöpfungsaktivitäten zur Rohstoffbeschaffung investieren. Die Effizienzvorteile der internen Lösung sind nach *Teece* umso größer, je weniger entwickelt die Länder sind, aus denen die Rohstoffe beschafft werden müssen.

Unternehmen tätigen **horizontale Direktinvestitionen**, d. h. sie investieren in Niederlassungen auf derselben Produktionsstufe im Ausland, da Unvollkommenheiten auf den Märkten für Know-how Transaktionen von Wissen über den Markt erschweren. Ein MNU kann seinen Wettbewerbsvorteil, der bei westlichen Industrieunternehmen meist auf immateriellem Wissen und Fähigkeiten basiert, besser innerhalb des Unternehmens transferieren als über den Markt. Nach *Teece* gibt es folgende Barrieren beim Transfer von Wissen über den Markt:

- **Barrieren der Wahrnehmung**: Es stellt sich die Frage, ob es überhaupt potenzielle Interessenten im Ausland gibt und wie potenzielle Transaktionspartner aufeinander aufmerksam werden. So sind im Fall von technologischem Wissen die wichtigsten Know-how-Träger, welche die Vorteilhaftigkeit von Technologien abschätzen können, in den F&E-Abteilungen der Unternehmen zu finden. F&E-Mitarbeiter unterliegen allerdings häufig rigiden Geheimhaltungspflichten und sind in ihrer Laborumwelt von der Außenwelt abgeschottet. Im Gegensatz dazu haben die Mitarbeiter aus dem Marketing zwar einen Überblick über die marktliche Situation, dagegen aber keine tiefere Kenntnis über die Vorteilhaftigkeit von Technologien.

– **Barrieren der Offenlegung**: *Teece* bezieht sich hier auf das so genannte Informationsparadoxon (‚Fundamental Paradox of Information') nach *Arrow* (Arrow 1971): Demnach kann der Wert einer Information bzw. der Wert von Wissen erst dann bestimmt werden, wenn es bekannt ist. Ein ‚ex ante'-Kalkül über das Kosten-Nutzen-Verhältnis ist nicht möglich. Wird das Wissen aber offen gelegt, dann verliert es einen Großteil seines Wertes. Der Verkäufer von Wissen wird deshalb versuchen, kritische Wissensbestandteile zurückzuhalten. Das Zurückhalten von kritischen Informationen schafft aber Spielraum für opportunistisches Verhalten des Verkäufers. Die Barrieren für die Offenlegung von Wissen sind zudem sehr hoch, wenn der potenzielle Vertragspartner in einem Land ohne entsprechende Schutzrechte bzw. wirksame Schutzrechtssysteme für geistiges Eigentum angesiedelt ist, d. h. wenn in dem betreffenden Land entsprechende Schutzrechtsverletzungen nicht verfolgt werden können.

– **Barrieren beim Transfer von Wissen**: Ist ein potenzieller Vertragspartner gefunden und wurden passende vertragliche Konditionen ausgehandelt, dann kann es schließlich im Zuge des Transfers der Wissensbestandteile zum Transaktionspartner zu Engpässen kommen. Zwar lassen sich bestimmte Wissensbestandteile kodifizieren, wie bspw. chemische Formeln oder Baupläne für Maschinen, jedoch sind insbesondere jene Wissensbestandteile, die auf Erfahrungswissen und Routinen jenseits von formalem Wissen beruhen (implizites Wissen) nur bedingt kodifizierbar: Die Wissensträger in der Organisation wissen oft mehr als sie formal auszudrücken in der Lage sind (Polanyi 1966). Wenn daher das zu transferierende Wissen wichtige implizite Komponenten umfasst, dann erfordert der Transfer zum Käufer eine intensive Unterstützung und personelle Begleitung durch den Verkäufer, Personalengpässe können die Folge sein.

Angesichts solcher Barrieren werden MNU deshalb bevorzugt horizontale Direktinvestitionen tätigen, um die Gefahren beim Transfer von kritischem technologischem Wissen, Management- und Marketing-Know-how, d. h. das Versagen der Märkte für Wissen, zu vermeiden.

Schließlich tätigen MNU auch **ausländische Direktinvestitionen** – unabhängig ob in vertikaler, horizontaler oder lateraler Richtung – um **Marktunvollkommenheiten auf Kapitalmärkten** in ausländischen Märkten **auszugleichen**. Zwar tendieren laut *Teece* die Tochtergesellschaften von MNU grundsätzlich dazu, lokale Kapitalquellen für Ersatz- bzw. Erweiterungsinvestitionen vor Ort zu nutzen. In Frage kommen dabei neben den Innenfinanzierungsquellen der Tochtergesellschaft (Finanzierung von Erweiterungsinvestitionen über reinvestierte Gewinne und Finanzierung von Ersatzinvestitionen über Abschreibungen) vor allem lokale Kreditquellen (Fremdkapitalgeber). Für den Fall, dass jedoch der Kapitalmarkt im Ausland schlecht entwickelt ist, können Tochtergesellschaften von MNU auf den unternehmensinternen Kapitalmarkt zurückgreifen und entsprechende Finanzierungsquellen der Mutter- oder Schwestergesellschaften nutzen: „[…] the multinational firm can perform as an effective substitute for capital markets where these markets are poorly developed" (Teece 1981, S. 174). Die Bedeutung der Gewährung von ‚Intra-Firmenkrediten' wurde bereits in Kapitel D II 2 thematisiert.

In all den drei dargestellten Fällen betont *Teece* die positive Rolle von MNU infolge ihrer überlegenen Effizienz: MNU besitzen die Fähigkeit, auf versagenden bzw. schlecht funktionierenden Märkten Transaktionen auf effizientere Weise unternehmensintern abzuwickeln. *Teece* gesteht zwar zu, dass MNU neben effizienzsteigernden auch wettbewerbsbeschränkende Eigenschaften besitzen können, er misst aber den erstgenannten Eigenschaften eine wesentlich größere Bedeutung bei als den potenziellen Wettbewerbsbeschränkungen: „The multinational firm appears to have both efficiency and market power properties. However, the market power properties are more narrowly circumscribed than is commonly supposed" (Teece 1981, S. 179).

e. Ressourcen- und kompetenzbasierte Theorie des multinationalen Unternehmens

Als Pionierin der ressourcenbasierten Theorie des Unternehmens gilt *Edith Penrose* (1956). *Penrose* entwickelte eine Theorie des Unternehmens außerhalb der etablierten neoklassischen und industrieökonomischen Denkschulen. In ihrer Theorie wird ein Unternehmen nicht mehr als Black Box, sondern als komplexes Bündel an kreativen bzw. produktiven Ressourcen betrachtet. Diese Grundüberlegungen der ressourcenbasierten Theorie lassen sich auch auf die Erklärung der multinationalen Unternehmenstätigkeit übertragen. *Penrose* interpretiert die multinationale Unternehmenstätigkeit dabei vereinfacht als **Ergebnis des Wachstumsbestrebens von Unternehmen.** Aufbauend auf den Grundüberlegungen von *Penrose* hat die ressourcenbasierte Theorie des multinationalen Unternehmens zahlreiche Weiterentwicklungen erfahren. Bedeutende Weiterentwicklungen stellen in diesem Kontext die wissens- und kompetenzbasierten Erklärungsansätze zu MNU dar. Die wissens- und kompetenzbasierte Theorie betrachtet das MNU als lernfähiges System mit dynamischen Fähigkeiten, welches Wissen bzw. Kompetenzen entwickelt und diese dazu nutzt, auf Veränderungen im dynamischen, globalen Wettbewerbsumfeld zu reagieren. Der wirtschaftliche Vorteil des MNU liegt darin begründet, dass es Wissen bzw. Kompetenzen schneller und besser entwickeln, nutzen und über Grenzen hinweg transferieren kann als der Markt. Als Vertreter dieser Theorieströmung wird nachfolgend der wissensbasierte Ansatz von *Kogut* und *Zander* (Kogut/Zander 1993) dargestellt. Zuvor werden jedoch die Grundüberlegungen von *Edith Penrose* zur Existenz von MNU dargelegt.

ea. Edith Penrose und ihr Beitrag zur Theorie des multinationalen Unternehmens

Penrose erkannte sehr früh die empirische Relevanz der multinationalen Unternehmenstätigkeit. Allerdings ließ sie dem Phänomen des MNU in theoretischer Hinsicht über lange Zeit ihres Schaffens hinweg nur wenig Aufmerksamkeit zuteil werden (zu einem Überblick über die Rolle von MNU im Werk von Penrose vgl. Pitelis 2002). Die multinationale Unternehmenstätigkeit ist bei *Penrose* untrennbar verknüpft mit der allgemeinen Erklärung des Unternehmenswachstums. *Penrose* zufolge wirken zu jedem Zeitpunkt wachstumsinduzierende Kräfte auf das Unternehmen ein. Bei den Wachstumstreibern lassen sich externe und interne Faktoren unterscheiden. **Externe Treiber des Wachstums** sind das Marktwachstum selbst oder aber bspw. Anreize zur Erlangung monopolistischer Vorteile. Viel wichtiger als die externen Wachstumsfaktoren sind nach *Penrose* jedoch interne Faktoren. Die **internen Faktoren des Unternehmenswachstums** sind vorhandene aber unausgelastete bzw. ungenutzte Ressourcen. Unausgelastete Ressourcen schaffen Anreize zur Ausdehnung der Geschäftstätigkeit in neue Bereiche, d. h. zur Diversifikation der Aktivitäten. Beschränkungen des internen Wachstums ergeben sich infolge der beschränkten Kapazitäten des vorhandenen Managements. Um die Expansion bewältigen zu können, muss das Unternehmen in neue Humanressourcen investieren. Durch die Herausbildung von Routinen entstehen erneut freie Kapazitäten an Humanressourcen, die in neuen Verwendungen eingesetzt werden können und wiederum Wachstumsprozesse induzieren. Wachstumsprozesse verlaufen demnach ungleichgewichtig und induzieren weitere Investitionen, d. h. sie schaukeln sich hoch. Die ungenutzten Ressourcen schaffen nicht nur Anreize für Wachstum, sondern bestimmen auch die Richtung der Expansion. Das Unternehmen wird seine Geschäftstätigkeit bevorzugt in jene Bereiche bzw. Märkte diversifizieren, in denen sich die Ressourcen am produktivsten einsetzen lassen. Angesichts der Begrenztheit heimischer Märkte, ist die Ausdehnung der Geschäftstätigkeit auf ausländische Märkte also das Ergebnis des natürlichen Drucks von Unternehmen zu wachsenNoch Ende der 1980er Jahre sah Penrose keine Notwendigkeit, in der theoretischen Betrachtung zwischen rein national und multinational tätigen Unternehmen zu unterscheiden: „There are differences between national and international firms, but the differences are not such as to require a theoretical distinction between the two types of organizations, only a recognition that national boundaries make an empirical difference to their opportunities and costs" (Penrose 1987, S. 563). In frühen Arbeiten vertrat Penrose zudem die Meinung, dass ausländische Tochtergesellschaften von MNU nach ihrer Gründung aus theoretischer Perspektive als separate Unternehmen angesehen werden können (vgl. Penrose 1956).

Von dieser **stiefmütterlichen Behandlung von MNU** wendet sich *Penrose* allerdings in den 90er Jahren des letzten Jahrhunderts ab, indem sie nun die Notwendigkeit einer differentzierten Betrachtung von MNU und die explizite Berücksichtigung nationalstaatlicher Grenzen anerkennt: „The differences arise from the additional obstacles (or advantages) relating to culture, language and similar considerations (which may not apply nationally within ethnically diverse countries), to different currencies, border controls or other types of physical or financial regulations, political attitudes of foreign or home country governments, size of protected markets, the configurations of firm cultures or associations, the type of technology involved, an so on" (Penrose 1996, S. 1720).

Penrose liefert in ihren Arbeiten eine schlüssige Erklärung dafür, warum und in welche Richtung Unternehmen ins Ausland expandieren. Wichtigster Anreiz ist der beständige Drang zur Expansion und zur Nutzung unausgelasteter Ressourcen. Zudem wird das Unternehmen bevorzugt in jene Länder expandieren, in denen sich die vorhandenen Ressourcen und Wettbewerbsvorteile am produktivsten einsetzen lassen. Jedoch findet sich bei *Penrose* kein konkreter Hinweis darauf, mit welcher Eintrittsstrategie ausländische Märkte bearbeitet werden sollen. In einer kritischen Würdigung bemerkt *Pitelis* (2002) hierzu: „Arguably, her theory is more amenable in explaining the direction of expansion rather than the mode. When it comes to understanding the mode, transaction costs-related arguments may well be indispensable" (Pitelis 2002, S. 135).

eb. Wissensbasierte Theorie der MNU nach Bruce Kogut und Ivo Zander

Den Ausgangspunkt der Überlegungen von *Kogut* und *Zander* (Kogut/Zander 1993) bildet die Kritik an den Erklärungen zur Existenz von MNU in der Transaktionskosten- bzw. Internalisierungstheorie. *Kogut* und *Zander* betrachten Unternehmen als soziale Gebilde, die sich auf die Generierung und den organisationsinternen Transfer bzw. die Verbreitung von Wissen spezialisieren. Die Kernaussage des wissensbasierten Ansatzes ist, dass, entgegen der herrschenden Meinung, multinationale Unternehmen nicht aufgrund von Marktunvollkommenheiten entstehen, welche den Verkauf (Kauf) von Wissen über den Markt an (von) externe(n) Partner(n) verhindern. Vielmehr investieren Unternehmen deshalb im Ausland, weil der unternehmensinterne Transfer von spezifischem Wissen und die interne Verwertung des Wettbewerbsvorteils aufgrund der besonderen Eigenschaften von Wissen dem Transfer über den Markt überlegen sind. Anstelle von Marktversagen steht demzufolge die überlegene Effizienz des unternehmensinternen Transfers im Mittelpunkt der Argumentation.

Die meisten Erklärungsansätze zu multinationalen Unternehmen basieren laut *Kogut* und *Zander* auf **zwei Erklärungsbausteinen**. Als Grundvoraussetzung und ‚conditio sine qua non' für die Ausdehnung der Geschäftätigkeit in internationale Märkte muss ein Unternehmen über einen **firmenspezifischen Wettbewerbsvorteil** verfügen (‚Comparative Advantage'). Diese notwendige Bedingung hat auch im Ansatz von *Kogut* und *Zander* Gültigkeit. Der zweite Baustein in den Erklärungsansätzen bezieht sich auf die Frage, ob der Wettbewerbsvorteil unternehmensintern über Direktinvestitionen oder extern über den Markt in Form von Handel oder vertraglichen Ressourcenübertragungen (Lizenzierung) eingesetzt werden soll. Die meisten Erklärungsansätze argumentieren in diesem Kontext, dass als zusätzliche Bedingung für das Zustandekommen von ausländischen Direktinvestitionen das **Vorliegen von Marktunvollkommenheiten** erforderlich ist. *Kogut* und *Zander* stellen diese Bedingung allerdings in Frage. Sie sehen das Vorliegen von Marktversagen nicht als notwendig für das Zustandekommen von FDI an. Sie argumentieren in ihrem Ansatz, dass die Vorteilhaftigkeit des unternehmensinternen Transfers von Technologien (technologischem Wissen) über Grenzen hinweg ausschließlich über die **Eigenschaften von Wissen** erklärt werden kann, welches dem spezifischen Wettbewerbsvorteil zugrunde liegt, den das Unternehmen im Ausland nutzen möchte. Argumente aus der Transaktionskosten- bzw. Internalisierungstheorie über Marktversagen oder Marktunvollkommenheiten sind nicht erforderlich.

Kern des **Denkfehlers in den Überlegungen der Internalisierungs- bzw. Transaktionskostentheorie** ist laut *Kogut* und *Zander* die Annahme, dass Wissen alle Eigenschaften eines öffentlichen Gutes aufweist (vgl. u. a. Buckley/Casson 1976; Magee 1977 oder McManus 1972). Ist das Wissen demzufolge einmal vorhanden, dann fallen im Zuge der Übertragung auf andere Verwendungen keine zusätzlichen Kosten an. Ein Unternehmen, welches in die Generierung von Wissen investiert, wird deshalb zugleich mit der Schwierigkeit konfrontiert sein, sich den vollen ökonomischen Nutzen, der dem Wert des Wissens in den verschiedenen Verwendungen entspricht, anzueignen: „In the landmark statement by Buckley and Casson [1976], this public good character of knowledge, which results in the two critical properties of being easily transferred and hard to protect, lies at the core of their theory of internalization" (Kogut/Zander 1993, S. 628). Nach *Kogut* und *Zander* ist die daraus hergeleitete Argumentation zu Marktversagen und die daran gekoppelte Annahme opportunistischen Verhaltens jedoch überflüssig und wird für die Erklärung horizontaler ausländischer Direktinvestitionen im Kontext der Übertragung von Wissen gar nicht benötigt.

Der **Kernthese** des wissensbasierten Ansatzes liegt die Annahme zugrunde, dass der Transfer von Wissen sehr wohl Kosten verursacht. Es handelt sich bei dem Wissen, welches dem firmenspezifischen Wettbewerbsvorteil zugrunde liegt, demnach also um kein reines öffentliches Gut. Aus diesem Grund entscheidet die relative Effizienz, d. h. das Kostendifferential beim Transfer darüber, ob das Wissen innerhalb eines Unternehmens oder über Marktpartner ins Ausland übertragen wird. Eine weitere Annahme des wissensbasierten Ansatzes ist in diesem Kontext, dass zwischen Unternehmen deutliche Unterschiede darin bestehen, wie Informationen und Wissen übertragen werden. Diese Unterschiede liegen in den firmenspezifischen Fähigkeiten begründet, Wissen zu verstehen, weiterzugeben und auch anzuwenden: „The costs of the transfer of technologies should differ among firms, and these differences should have an effect on the desirability to transfer technology within the firm or by license, independent of the issue of opportunism" (Kogut/Zander 1993, S. 629).

Nach *Kogut* und *Zander* hängen die Kosten, die beim Transfer von Wissen entstehen, vornehmlich von der Kodifizierbarkeit, der Komplexität und der Vermittelbarkeit der Wissensbestandteile ab. *Kogut* und *Zander* umschreiben diese Eigenschaften von Wissen mit dem Begriff der ‚**Tacitness**‘. ‚Tacitness‘ von Wissen ist ein von Marktunvollkommenheiten losgelöstes Konzept. Kosten entstehen durch die Bemühungen, komplexes Wissen zu kodifizieren und dieses Wissen dem Empfänger zu vermitteln. Es handelt sich hier nicht um Informationsasymmetrien, sondern um allgemeine Unsicherheiten über Gegenstand und Wert einer Technologie bzw. deren Wissensbestandteile. Für die Erklärung der Vorteilhaftigkeit der Internalisierungslösung ist es also nicht erforderlich, die Unsicherheit, mit der ja alle Akteure konfrontiert sind, mit opportunistischem Verhalten zu koppeln. Für die Erklärung genügt vielmehr, dass der Transfer von Wissen bzw. von Technologien effizienter innerhalb eines Unternehmens durchgeführt werden kann.

Warum lässt sich Wissen effizienter innerhalb eines Unternehmens transferieren? In der Perspektive des wissensbasierten Ansatzes handelt es sich bei Unternehmen um soziale Gemeinschaften, welche effiziente Mechanismen (‚Efficient Mechanisms‘) für die Generierung und Transformation von Wissen in wirtschaftlich erfolgreiche Produkte bilden: „Firms define a community in which there exists a body of knowledge regarding how to cooperate and communicate„ (Kogut/Zander 1993, S. 631). Durch wiederholte Interaktion entwickeln Individuen bzw. Gruppen von Individuen innerhalb des Unternehmens ein gemeinsames Verständnis und eine gemeinsame Sprache, welche die Transformation von Ideen hin zu wettbewerbsfähigen Produkten und den Transfer von Wissen erleichtern. Wichtig bei der Betrachtung von Wissen erscheint in diesem Zusammenhang insbesondere die Unterscheidung zwischen Informationen und Know-how. Während erstere nach *Kogut* und *Zander* **deklarativem Wissen** entsprechen, korrespondiert letzteres mit **prozeduralem Wissen**. Während Informationen leicht kodifiziert und transferiert werden können, basiert Know-how auf Erfahrungswissen. Erfahrungswissen kann nicht ohne weiteres identifiziert, kodifiziert und übermittelt werden. Gemeinsame Erfahrungen, eine gemeinsame Sprache und ausgebildete Routinen für den Transfer von Wissen innerhalb eines Unternehmens erhöhen die Effizienz des internen Wissenstransfers.

Kogut und *Zander* finden die Hypothese in ihrer empirischen Untersuchung bestätigt: „The [...] results provide support for the contention that firms specialize in the transfer of knowledge that is difficult to understand and codify. One interpretation of this result is that firms are able to transfer these technologies at a lower cost to wholly owned subsidiaries than to third parties. In this sense, the advantage of a firm is its relative efficiency in transferring idiosyncratic technologies“ (Kogut/Zander 1993, S. 636).

Der wissensbasierte Erklärungsansatz von *Kogut* und *Zander* beansprucht vor allem in technologieintensiven, dynamischen Branchen Gültigkeit, in denen der Wettbewerbsvorteil von Unternehmen zu großen Teilen auf Wissen mit einem hohen Maß an ‚Tacitness‘ beruht, also schwer zu imitieren ist. Hier werden auch in solchen Fällen horizontale Direktinvestitionen in ausländischen Märkten getätigt, wenn keine Marktunvollkommenheiten vorliegen. Durch ständige neue Kombinationen von Wissen nutzen Unternehmen ihr vorhandenes Wissen auch für den Eintritt in neue Märkte: „The evolutionary process of firm growth often proceeds by the establishment of exporting facilities to wholly owned operations. The initial entry serves in this regard as a platform that recombines the firm’s knowledge acquired in its home market with the gradual accumulation of learning in the foreign market. In a final stage of this process, the learning from the foreign market is transferred internationally and influences the accumulation and recombination of knowledge throughout the network of subsidiaries, including the home market“ (Kogut/Zander 1993, S. 636).

Wenig Gültigkeit beansprucht der wissensbasierte Erklärungsansatz dagegen bei **horizontalen Direktinvestitionen** im Fall standardisierter Produkte, die auf allgemein bekannten und verbreiteten Technologien beruhen. Obwohl *Kogut* und *Zander* den Fall **vertikaler Direktinvestitionen** nicht explizit erwähnen, ist eine Übertragung der Kernaussagen auf Investitionen in vor- oder nach gelagerte Wertschöpfungsstufen im Ausland möglich. So ist es bspw. bei der Beschaffung technologieintensiver Vorprodukte denkbar, dass sich Unternehmen vertikal auf vorgelagerte Stufen der Wertschöpfungskette im Auslandsmarkt integrieren, um langfristig einen effizienten unternehmensinternen Transfer des Wissens sicherstellen zu können. Keine Gültigkeit beansprucht der Erklärungsansatz dagegen bei standardisierten Vorprodukten und Rohstoffen. Hier ist für die Begründung von vertikalen Direktinvestitionen das Vorliegen von Marktunvollkommenheiten erforderlich.

f.   Theoriesynthesen und prozessorientierte Erklärungsansätze

Über die letzten 15 Jahre hinweg hat sich das Phänomen des multinationalen Unternehmens verstärkt zum Gegenstand von theoretischen Erklärungsversuchen entwickelt: „Despite the repeated claims concerning the difficulties and for some the impossibility of constructing a general theory of the TNC [...], and almost in contradiction to this claim, the 1990s have experienced a (welcome in our view) trend for pluralism and synthesis,, (Pitelis 2002, S. 138). Zahlreiche Autoren haben in den letzten Jahren versucht, die verschiedenen Theorieansätze und Erklärungsstränge zu MNU zu vereinen. Im wohl prominentesten Ansatz versucht *John H. Dunning* (Dunning 1988) in seinem **eklektischen Erklärungsansatz zu ‚Multinationalen Unternehmen'** die bislang dominierenden monokausalen Theorien zu erweitern, indem er neben Argumenten aus der Transaktionskostentheorie (Internalisierungstheorie), aus den ressourcenbasierten Ansätzen auch Bausteine aus der Außenhandels- und Standorttheorie in seine Erklärung einbezieht (vgl. Perlitz 2004, S. 110; Pitelis 2002, S. 131). Neben den Versuchen der Theoriesynthese haben sich zahlreiche Autoren mit multinationalen Unternehmen und ausländischen Direktinvestitionen in einer dynamischen, prozessorientierten Perspektive beschäftigt.

fa.   Eklektisches Paradigma nach John H. Dunning

Der eklektische Ansatz von *Dunning* bildet den wohl prominentesten Versuch, die dominierenden monokausalen Theorien zu multinationalen Unternehmen zu erweitern. *Dunning* versucht einen umfassenden Erklärungsansatz zur Internationalisierung der Unternehmenstätigkeit zu konstruieren. Er hat seinen Ansatz wiederholt überarbeitet und ergänzt (vgl. u. a. Dunning 1977, 1980, 1988, 2002). Den Grundgedanken des eklektischen Paradigmas bildet die Beobachtung, dass Art und Umfang des internationalen Engagements von Unternehmen nicht auf eine einzelne Ursache zurückgeführt werden können, sondern von verschiedenen Faktoren abhängig sind (vgl. Welge/Holtbrügge 2010, S. 75 ff.). Das Kernanliegen von *Dunning* ist es, Bedingungen aufzuzeigen, unter denen Unternehmen verschiedene Formen des ausländischen Markteintritts wählen werden. Im Ansatz werden drei grundsätzliche verschiedene Formen des Markteintritts unterschieden: **Export, vertragliche Ressourcentransfers** (z. B. Lizenzvergabe) und **ausländische Direktinvestitionen.**

Dunning verknüpft in seinem eklektischen Ansatz Aussagen aus verschiedenen Theoriesträngen und verbindet Argumente aus der Theorie des monopolistischen Vorteils bzw. der industrieökonomischen Theorie, aus der Transaktionskosten- bzw. Internalisierungstheorie und aus der Standorttheorie bzw. der internationalen Handelstheorie (insbesondere zu Faktorausstattungen). Auf diese Verknüpfung verschiedener Theoriestränge bezieht sich auch der Begriff ,eklektisch', welcher zum Ausdruck bringt, dass es sich um eine Zusammenführung verschiedener Erklärungsbausteine handelt. Während *Dunning* in älteren Versionen seinen Ansatz noch als ,eklektische Theorie' bezeichnet (vgl. Dunning 1977), schwächt er diesen wissenschaftstheoretischen Anspruch in späteren Versionen mit der Verwendung der Bezeichnung eklektisches ,**Paradigma**' ab. Er verwendet den Paradigmenbegriff pragmatisch und will damit zum Ausdruck bringen, dass es sich bei seinem Ansatz streng genommen nicht um ein geschlossenes Theoriegebäude handelt (Die Verwendung des Paradigmenbegriffes bei *Dunning* weicht damit von der gängigen wissenschaftstheoretischen Begriffsbelegung ab, die ,Paradigma' eher im Sinne der Verstärkung einer Theorie als Denkmuster definiert, welches das wissenschaftliche Weltbild einer Zeit prägt). Vielmehr ist *Dunning* bemüht, einen generellen Bezugsrahmen zu konstruieren, mit welchem ausländische Direktinvestitionen und alternative Markteintrittsstrategien von MNU in ausländischen Märkten abgebildet werden sollen (vgl. dazu auch Kutschker/Schmid 2008, S. 458).

Zur Unterscheidung der Konstellationen, in denen Unternehmen verschiedene Formen von ausländischen Markteintrittsstrategien wählen werden, bedient sich *Dunning* dreier Faktorenklassen, die er als Vorteilskategorien bezeichnet. Mit diesen Vorteilskategorien bindet er die drei verschiedenen Theoriestränge in seinen Bezugsrahmen ein. Er unterscheidet zwischen Eigentums- bzw. Wettbewerbsvorteilen (,Ownership Advantages'), Internalisierungsvorteilen (,Internalization Advantages') und Standortvorteilen (,Location Advantages'). Entsprechend den Anfangsbuchstaben dieser Vorteilskategorien hat der Ansatz auch unter dem Akronym ,**OLI**'-**Paradigma** Verbreitung gefunden:

- ,**Ownership Advantages**' liefern eine Erklärung dafür, **warum** ein Unternehmen überhaupt ins Ausland gehen sollte. Das Vorliegen eines Eigentumsvorteils bildet die Grundvoraussetzung, d. h. die ,conditio sine qua non' für die Internationalisierung der Geschäftstätigkeit (vgl. auch Kutschker/Schmid 2008, S. 459). Dieser ,Ownership Advantage' verschafft dem Unternehmen einen einzigartigen Wettbewerbsvorteil, um im ausländischen Markt gegenüber (lokalen) Wettbewerbern bestehen zu können. *Dunning* unterscheidet folgende Arten von Eigentumsvorteilen:
  - **Allgemeine Eigentumsvorteile**, die dem traditionellen Konzept der monopolistischen Wettbewerbsvorteile entsprechen: Über diese Form von Eigentumsvorteilen verfügt das Unternehmen bereits vor dem ausländischen Markteintritt. Mit diesen Vorteilen können insbesondere erstmalige Direktinvestitionsentscheidungen erklärt werden. Solche allgemeinen Wettbewerbsvorteile umfassen Eigentumsrechte des Unternehmens (Patente oder andere immateriellen Vermögensgegenstände wie Markennamen), Marketing- oder Management-Fähigkeiten, organisatorische Fähigkeiten, Zugang zu kritischen Inputfaktoren oder besondere Finanzierungsmöglichkeiten.
  - **Eigentumsvorteile gegenüber neuen Wettbewerbern**: Tochtergesellschaften von etablierten multinationalen Unternehmen können auf umfangreiche Ressourcenbestände des Mutterkonzerns zurückgreifen und verfügen gegenüber neu in den Markt eintretenden (nationalen) Wettbewerbern über entsprechende Vorteile. Zu diesen Vorteilen zählen der Zugang zu bestehenden Produktionskapazitäten, d. h. die Möglichkeit zur Realisierung von Skaleneffekten, die Möglichkeit zur Realisierung von Verbundvorteilen und überlegene Möglichkeiten im Zugang zu Produktionsfaktoren, u. a. mit Blick auf Humankapital, Vorprodukte und Rohstoffe.
  - **Eigentumsvorteile, die aus der Multinationalität** heraus resultieren: Diese Form von Wettbewerbsvorteilen entsteht durch die multinationale Präsenz eines Unterneh-

mens. Mit dieser Vorteilskategorie können insbesondere Folgeinvestitionen auf ausländischen Märkten erklärt werden. Dazu gehören u. a. die Verringerung des unternehmerischen Risikos durch geografische Diversifikation (u. a. auch durch Währungsmanagement), die Möglichkeit zur Arbitrage (im Kontext unterschiedlicher nationaler Steuersysteme und Wechselkurse), die Möglichkeit zur Nutzung unterschiedlicher Faktorausstattungen und der bessere Zugang zu internationalen Kapitalmärkten sowie Märkten für Inputfaktoren. MNU haben zudem Zugang zu weltweit verteiltem technologischem Wissen und haben bereits umfangreiche Erfahrungen darüber gesammelt, wie ausländische Märkte erfolgreich bearbeitet werden können. Diese Vorteilskategorie entspricht dem Argument der operativen Flexibilität von MNU bei *Kogut* (1983).

– **Internalisierungsvorteile** sind Vorteile, die dem Unternehmen aus der internen Abwicklung der Transaktionen bzw. Aktivitäten heraus entstehen. In dieser Kategorie wird die Frage geprüft, **wie**, d. h. über welche Markteintrittsformen das Unternehmen in den ausländischen Markt eintreten und einen potenziellen Eigentumsvorteil verwerten sollte. Als grundsätzliche Alternativen bieten sich hier entweder die unternehmensinternen Lösungen über Direktinvestitionen bzw. über Export oder vertragliche Ressourcentransfers an. Die Kernargumentationslinie des Bausteins zu Internalisierungsvorteilen basiert auf transaktionskostentheoretischen Überlegungen. Die Entscheidung zwischen Marktlösungen und unternehmensinternen Varianten wird von den Marktunvollkommenheiten und der daraus bedingten Höhe der Transaktionskosten abhängig gemacht. Als Beispiele für Internalisierungsanreize nennt *Dunning* Aspekte im Kontext der Anbahnung und Abwicklung der Markttransaktion, wie die Vermeidung von Such- und Verhandlungskosten, den Ausschluss des Risikos infolge opportunistischen Verhaltens der Transaktionspartner, den Schutz der eigenen Reputation (insbesondere im Fall der Lizenzvergabe) und den Ausschluss von Kosten infolge eines Vertragsbruches und den daraus resultierenden Rechtsstreitigkeiten. Auch auf der Beschaffungsseite sieht er Internalisierungsanreize, bspw. um allgemein die Unsicherheiten bei der Beschaffung von Inputfaktoren zu reduzieren (bezüglich des Preises oder der Qualität) und um kritische Vorprodukte kontrollieren zu können. Schließlich lassen sich durch die Internalisierung auch die Wirkungen von staatlichen Interventionen abschwächen (z. B. Steuern, Zölle, Preiskontrollen) und Absatzkanäle kontrollieren.

– **Standortvorteile** des Auslandes gegenüber dem Inland sind Vorteile, die an einen geografischen Standort gebunden sind und sich nicht über Grenzen hinweg transferieren lassen. In dieser Vorteilskategorie thematisiert *Dunning* die Frage, **wo** das Unternehmen in den ausländischen Markt eintreten sollte. Um Standortvorteile nutzen zu können, muss das Unternehmen am ausländischen Markt präsent sein. Standortvorteile ergeben sich unter anderem aus der natürlichen Ressourcenausstattung, den Faktorkosten und der Faktorproduktivität, der vorhandenen Infrastruktur und den politischen Rahmenbedingungen. Aber auch tarifäre und nichttarifäre Handelshemmnisse, Investitionsanreize und die Transportkosten als Funktion der geografischen Distanz sowie die kulturelle Distanz des ausländischen Marktes sind zu den Standortvorteilen zu rechnen.

Nach *Dunning* sind die drei Vorteilskategorien nicht getrennt voneinander zu betrachten, sondern sind wechselseitig miteinander verknüpft. So können z. B. Standortvorteile langfristig auch zu Eigentumsvorteilen werden. Im Zuge der Internationalisierung der Geschäftstätigkeit wird ein Unternehmen in Abhängigkeit der Ausprägung der verschiedenen Vorteilskategorien unterschiedliche Markteintrittsformen wählen. **Grundvoraussetzung** für den Gang ins

Ausland ist, wie bereits oben angesprochen, das Vorliegen eines Eigentumsvorteils. Ohne Eigentumsvorteile kommt es zu keiner Internationalisierung der Geschäftstätigkeit. Verfügt das Unternehmen über einen Eigentumsvorteil, liegen aber keine Internalisierungs- und Standortvorteile vor, dann bietet sich eine **vertragliche Ressourcenübertragung** an Partnerunternehmen im Ausland an, z. B. über Lizenzierungs- oder Franchiseverträge. Das Unternehmen kann seinen firmenspezifischen Vorteil selbst nicht besser als andere Akteure verwerten und muss deswegen nicht auf die Suche nach potenziellen Standorten gehen (vgl. auch Kutschker/Schmid 2008, S. 460). Das Unternehmen wird **Export** als Markteintrittsvariante wählen, wenn es neben firmenspezifischen Wettbewerbsvorteilen auch einen Internalisierungsvorteil besitzt und das Ausland keine Standortvorteile gegenüber dem Inland bietet. D. h., es ist für das Unternehmen am günstigsten, die Wertschöpfungsaktivitäten innerhalb des Unternehmens im Stammland durchzuführen, anstelle den Vorteil an einen externen Partner zu übertragen oder in eigene Wertschöpfungsaktivitäten im Ausland zu investieren. Das Unternehmen wird sich schließlich für **Direktinvestitionen**, d. h. für den Aufbau eigener Wertschöpfung im Ausland entscheiden, wenn es neben einem Eigentumsvorteil und den Vorzügen der internen Abwicklung auch Standortvorteile am ausländischen Markt nutzen kann. Abb. 146 fasst die verschiedenen Konstellationen bei der Wahl der Markteintrittsstrategien zusammen.

		Bausteine und Vorteilskategorien		
		Wettbewerbs-vorteil („O")	Internalisierungs-vorteil („I")	Standortvorteil des Auslandes („L")
generische Markteintritts-strategie	vertraglicher Ressourcentransfer (z.B. Lizenzierung)	hoch	gering	gering
	Handel/Export von Gütern	hoch	hoch	gering
	ausländische Direktinvestitionen	hoch	hoch	hoch

Abb. 146: Markteintrittsstrategien in Abhängigkeit der Bausteine und Vorteilskonstellationen nach Dunning

Als derzeit prominentester Erklärungsansatz zu ausländischen Markteintrittsstrategien und ausländischen Direktinvestitionen ist das ‚eklektische Paradigma' in den letzten Jahren vielfältiger Kritik ausgesetzt gewesen. Als **spezifische Kritik** am Ansatz von *Dunning* wurden folgende Argumente vorgebracht:

- Zentraler Ansatzpunkt der Kritik am Paradigma von *Dunning* ist dessen eklektischer Charakter. So nennt *Perlitz* (2004, S. 111) den Ansatz ein „Sammelsurium unterschiedlicher Variablen, die in keinen Zusammenhang zueinander gebracht werden." Die eklektische Natur des Ansatzes wirft konzeptionelle Probleme auf, insbesondere bei der Verbindung von Mikrovariablen (z. B. firmenspezifische Wettbewerbsvorteile) und Makrovariablen (z. B. Standortvorteile), die sich ohne Annahmen über vermittelnde Mechanismen und Bindeglieder nicht lösen lassen (vgl. dazu Macharzina/Engelhard 1991, S. 27).
- In diesem Zusammenhang lässt sich auch kritisieren, dass die einzelnen Bausteine bzw. Vorteilskategorien nicht frei von Überschneidungen und Interdependenzen sind. So kritisiert *Itaki* beispielsweise die mangelnde Trennbarkeit von Eigentums- und Standortvortei-

len (1991, S. 450). Nach *Itaki* reichen bereits die Standort- und Wettbewerbsvorteile aus, um ausländische Direktinvestitionen und MNU zu erklären. (vgl. dazu Perlitz 2004, S. 111 sowie Itaki 1991, S. 445 ff.).

– Von verschiedenen Autoren wird überdies kritisiert, dass mit dem Ansatz multiple Internationalisierungsstrategien, d. h. der parallele Markteintritt eines Unternehmens über unterschiedliche Formen, bspw. über Export und Direktinvestitionen, nicht erklärt werden können. Den Annahmen des Ansatzes zufolge stellen nämlich die verschiedenen Formen der Auslandsmarktbearbeitung sich gegenseitig ausschließende Alternativen dar (vgl. Welge/Holtbrügge 2010, S. 75 ff.).

– Von zahlreichen Autoren wird angemerkt, dass das eklektische Paradigma in seinen Grundzügen wenig neue Elemente enthält und bereits bei *Hymer* formuliert wurde (vgl. Hymer 1960, 1968). Zwar hat *Hymer* primär auf die Eigentumsvorteile abgezielt, allerdings das Zustandekommen von Direktinvestitionen auch implizit an Internalisierungs- und Standortvorteile im Ausland geknüpft (vgl. Kutschker/Schmid 2008, S. 462).

Neben spezifischer Kritik am Ansatz von *Dunning* wurden gegen das eklektische Paradigma aber auch Argumente vorgebracht, die sich streng genommen gegen die von *Dunning* in seinen Ansatz integrierten Theoriebausteine richten. Als **generelle Kritik** an den Theoriebausteinen lassen sich folgende Argumente einordnen:

– Das Paradigma sowie alle bislang diskutierten Erklärungsansätze beziehen sich primär auf Industrieunternehmen. Die Besonderheiten von Dienstleitungsunternehmen werden dagegen überhaupt nicht berücksichtigt;

– Eine Kernannahme der bislang diskutierten Erklärungsansätze ist das Rationalitätspostulat. Es wird unterstellt, dass Unternehmen im Rahmen ihrer Internationalisierungsentscheidungen rational, d. h. nach streng ökonomischem Kalkül vorgehen. Dies verkennt allerdings, dass Internationalisierungsentscheidungen in der Praxis nicht immer rational ablaufen (vgl. dazu die Kritik von Macharzina/Engelhard 1991, S. 27). Dies ist u. a. der Fall, weil Entscheidungen über den Gang ins Ausland i. d. R. von angestellten Managern getroffen werden, die aufgrund der Principal-Agenten-Problematik möglicherweise Ziele verfolgen, die von denen der Eigentümer abweichen (vgl. Kutschker/Schmid 2008, S. 474);

– Kritik lässt sich auch am Menschenbild der Internalisierungstheorie üben, die opportunistisches Verhalten der Transaktionspartner im Markt unterstellt;

– Schließlich wird auch Kritik am Konzept des monopolistischen Vorteils bzw. des firmenspezifischen Wettbewerbsvorteils geübt (vgl. dazu u. a. Itaki 1991, S. 445 ff.). Dieses Konzept ist letztlich zu allgemein, um konkrete Aussagen treffen und entsprechende empirische Überprüfungen des Konzepts vornehmen zu können. Denn letztlich muss jedes Unternehmen über eine bestimmte Form von Wettbewerbsvorteilen verfügen, um sich überhaupt im Wettbewerb behaupten zu können.

„Trotz dieser Einwände stellt der Ansatz von *Dunning* gegenwärtig die am häufigsten rezipierte Theorie der internationalen Direktinvestition dar, deren zentrale Aussagen durch zahlreiche empirische Untersuchungen bestätigt wurden" (Welge/Holtbrügge 2010, S. 76). Der Ansatz bietet zudem zahlreiche Anknüpfungspunkte für gedankliche Erweiterungen. Kehrt man beispielsweise die Kernaussagen des eklektischen Paradigmas um, so lassen sich mit dem Bezugsrahmen auch Desinvestitionen im Ausland erklären. Hat sich beispielsweise ein Unternehmen angesichts von Internalisierungs- und Standortvorteilen dazu entschlossen, seinen Wettbewerbsvorteil im Ausland über Direktinvestitionen zu nutzen, so muss diese Entscheidung nicht dauerhaft sein, sondern ist zumindest mittelfristig reversibel. Verändern sich die Standortbedingungen im Ausland, weil Zölle entfallen oder die Lohnkosten sprunghaft angestiegen sind, dann kann es für das Unternehmen u. U. vorteilhafter sein, den ausländischen Markt über Exporte zu bearbeiten. In aller Regel wird das Unternehmen zwar nicht kurzfristig desinvestieren, aber zumindest mittelfristig über einen Kapazitätsabbau bzw. Verkauf der Produktionsstätte im Ausland nachdenken. Analoge Überlegungen lassen sich auch beim Wegfall von Internalisierungsvorteilen durchführen, beispielsweise wenn das Produkt in seine Reifephase eingetreten ist und im Falle einer Lizenzvergabe keine den spezifischen Wettbewerbsvorteil des Unternehmens bedrohenden Risiken mehr bestehen.

fb.   Theorie der Standortwahl bei ausländischen Direktinvestitionen nach
William. H. Davidson: Erfahrungseffekte und Brückenkopfstrategie

Davidson (1980) beschäftigt sich in seiner Theorie mit der Frage, an welchen Auslandsstandorten Unternehmen bevorzugt investieren und welche Rolle dabei die bereits gesammelten Erfahrungen im Auslandsgeschäft spielen. Grundlage seiner empirischen Untersuchungen zu ausländischen Direktinvestitionen waren Beobachtungen über Muster und Ablaufsequenzen in früheren Untersuchungen. Früheren Studien zufolge spielen bei der Standortwahl im Zuge von ausländischen Direktinvestitionen vor allem die Größe und das Wachstum des Zielmarktes die entscheidende Rolle. Des Weiteren erwiesen sich in den Untersuchungen die Produktionskosten vor Ort sowie tarifäre und nicht tarifäre Handelshemmnisse als entscheidend. Natürlich spielen die Transport- sowie Kommunikations- und Koordinationskosten mit Blick auf die geografische Distanz eine zusätzliche Rolle. In seinen eigenen empirischen Untersuchungen macht *Davidson* allerdings widersprüchliche Beobachtungen. Er stellt Bündelungen und Sequenzen von ausländischen Direktinvestitionsströmen fest, die mit diesen klassischen, auf Standortfaktoren gerichteten Argumenten, insbesondere mit der Marktgröße und den Faktorkostendifferenzen, zunächst nicht zu erklären sind. So investieren beispielsweise U. S.-amerikanische Unternehmen in einem unverhältnismäßig hohen Umfang an Standorten in Kanada und Großbritannien. Auf Basis seiner eigenen Beobachtungen kommt *Davidson* zu dem Ergebnis, dass bei FDI-Entscheidungen die ökonomische sowie strategische Größe bzw. Bedeutung des Marktes und die geografische Nähe des Standorts eine gewichtige Rolle spielen. Der Begriff der ‚Nähe‘ muss allerdings weiter als nur auf die räumliche Distanz bezogenen werden. *Davidson* spricht in diesem Zusammenhang von der **Ähnlichkeit von Märkten**, welche in erster Linie durch kulturelle Affinität, ähnliche Konsumentenpräferenzen und ähnliche rechtliche Rahmenbedingungen etc. bedingt ist. Mit dem Argument zur Bedeutung der Ähnlichkeit von Märkten bzw. Nachfragebedingungen bei Direktinvestitionsentscheidungen überträgt *Davidson* das Kernargument der Nachfragestrukturhypothese der Handelstheorie von *Linder* auf ausländische Direktinvestitionen (vgl. Abb. 147).

Davidson kommt zudem zu dem Schluss, dass Unternehmen bei ihren Investitionsprojekten spezifische Standortsequenzen verfolgen (‚Country Investment Sequences‘). Neben Standortbedingungen spielt vor allem die Auslandserfahrung des Unternehmens eine wichtige Rolle für die Investitionsentscheidung. Verfügt ein Unternehmen an einem Standort bereits über eine Tochtergesellschaft, so erhöht dies die Wahrscheinlichkeit von Folgeinvestitionen. *Davidson* hat in diesem Zusammenhang den Begriff des **Brückenkopfes** bzw. der **Brückenkopfstrategie** geprägt: „The presence of an existing subsidiary in a foreign market will increase the firm's propensity to make subsequent investments in that market" (Davidson 1980, S. 319). Durch die Präsenz vor Ort sammelt das Unternehmen durch eigene Erfahrung Wissen über den lokalen Markt und reduziert damit die Unsicherheit für nachfolgende Investitionsprojekte.

Exkurs: Die Nachfragestrukturhypothese von Linder

Linder (1961) begegnet mit seiner Nachfragestrukturhypothese den Defiziten der klassischen und neoklassischen Außenhandelstheorie, welche die Ursachen für die Entstehung von Exporten und Importen primär an Angebotsbedingungen festmachen (Faktorausstattung, Faktorproportionen etc.). Nachfragebedingungen bleiben in diesen Theorien weitestgehend unberücksichtigt (vgl. auch Kutschker/Schmid 2008, S. 399 ff.). Mit seiner Nachfragestrukturhypothese greift *Linder* dieses Defizit auf. Ausgangspunkt seiner Überlegungen war die aus neoklassischer Perspektive paradoxe empirische Beobachtung, dass Handel vorwiegend zwischen Industrienationen, d. h. zwischen kapitalreichen Ländern stattfindet. Entscheidend für das Zustandekommen von Handel sind nach *Linder* weniger die Angebotsbedingungen, sondern vielmehr die Nachfragebedingungen in den beteiligten Ländern. Letztlich bestimmt das inländische Absatzpotenzial nach einem Produkt die Frage, ob sich dieses auch als Exportgut eignet.

Je stärker ein Gut den Wünschen des Durchschnittskonsumenten entspricht, desto höher ist das inländische Absatzpotenzial. Die Charakteristika der repräsentativen Nachfrage in einem Land macht *Linder* primär am Einkommen sowie am bevorzugten Qualitätsniveau fest (vgl. Kutschker/Schmid 2008, S. 399). Je höher das inländische Absatzpotenzial ist, desto höher wird der Hypothese zufolge auch das ausländische Absatzpotenzial sein. Bei einem hohen inländischen Absatzpotenzial können die Unternehmen Skaleneffekte realisieren und damit kostengünstiger produzieren. Diese Kostenvorteile steigern die preisliche Wettbewerbsfähigkeit der Produkte im Ausland. Gemäß *Linder* ist der Außenhandel zwischen jenen Ländern am stärksten, die eine ähnliche Nachfragestruktur aufgrund ähnlicher Pro-Kopf-Einkommen und Qualitätsansprüche aufweisen: „Durch Nachfragepoolung und Differenzierung des Angebots spezialisieren sich die einzelnen Länder auf unterschiedliche Produktkategorien, -klassen bzw. -varianten, was zu anschließenden Exporten und Importen zwischen den Ländern führt" (Kutschker/Schmid 2008, S. 401). In den letzten Jahren wurde die *Linder*-Hypothese in Ansätzen der neueren Handelstheorie erneut aufgegriffen und um Argumente zum Kapitaltransfer ergänzt (vgl. z. B. McPherson et al. 2000).

Abb. 147: Exkurs zur Nachfragestrukturhypothese nach Linder

Davidson erstellt ein Phasenmodell für die Sequenz der Direktinvestitionstätigkeit von Unternehmen. Er unterscheidet drei Phasen:

- **1. Phase**: Das Unternehmen verfügt noch über keinerlei Auslandserfahrung und investiert erstmalig im Ausland. Dabei werden Standorte mit geringer geografischer und kultureller Distanz sowie gleichzeitig hoher ökonomischer Bedeutung bevorzugt.
- **2. Phase**: Es erfolgt eine stärkere Expansion in jene Länder, in denen das Unternehmen bereits Brückenköpfe etabliert hat. Dort werden in starkem Umfang Folgeinvestitionen getätigt.
- **3. Phase**: Mit zunehmender Zahl an Ländern, in denen das Unternehmen über Tochtergesellschaften vor Ort präsent ist, steigt die Auslandserfahrung. Die Unsicherheit sinkt und das rein ‚ökonomische' Kalkül hinsichtlich Marktpotenzial, relative Produktions- und Vertriebskosten etc. tritt in den Vordergrund. Entscheidungen über Auslandsinvestitionen werden in einem rationalen Planungsprozess mit verlässlichen Zahlen untermauert.

fc. *Theorie der Folgeinvestitionen und operativen Flexibilität von MNU nach Bruce Kogut*

Bruce Kogut (1983) zufolge unterscheiden die meisten Autoren bei ausländischen Direktinvestitionen nicht hinreichend zwischen der erstmaligen Entscheidung zur Aufnahme von Aktivitäten im Zielland und den sequenziellen Folgeinvestitionen. Die meisten Erklärungsmodelle betonen die erstmaligen Motive zur Auslandsinvestition (Standortvorteile, Marktversagen und Produktdifferenzierung). Laut *Kogut* entfällt jedoch der überwiegende Teil der ausländischen Direktinvestitionen auf **Folgeinvestitionen** in bereits bestehende Niederlassungen über den vor Ort erwirtschafteten Cash-flow. Durch den Ersteintritt sichert sich das MNU Optionen für Folgeinvestitionen und erhöht seine operative Flexibilität. Solche Optionen lassen sich nur durch unmittelbare Präsenz vor Ort erwerben. Optionen sind nicht handelbar, d. h. sie können nur innerhalb des MNU gehalten und mobilisiert werden. Ein zentraler Vorteil von MNU gegenüber rein national tätigen Wettbewerbern folgt aus ihrer Flexibilität, Ressourcen über nationale Grenzen hinweg innerhalb eines transnationalen Netzwerkes von Produktionsstützpunkten zu verschieben: „The primary advantage of the multinational firm, as differentiated from a national corporation, lies in its flexibility to transfer resources across borders through a globally maximising network" (Kogut 1983, S. 38). *Kogut* betrachtet diese ‚operative Flexibilität' als systemimmanenten Vorteil eines MNU. Mit dem Konzept des systemimmanenten Vorteils bezeichnet er insbesondere drei Wesensmerkmale von MNU, welche das Unternehmen in die Lage versetzen, von Verzerrungen in internationalen Faktor- und Gütermärkten zu profitieren (vgl. Kogut 1983, S. 42):

(1) **Möglichkeiten zur Arbitrage** in Anbetracht institutioneller Restriktionen: Multinational präsente Unternehmen haben die Möglichkeit, institutionelle Restriktionen zu umgehen. Institutionelle Restriktionen umfassen u. a. tarifäre Handelshemmnisse, steuerrechtliche Vorschriften, wettbewerbsrechtliche Vorschriften (‚Antitrust provisions') etc. Ein wichtiges Mittel der Arbitrage sind interne Transferpreise (u. a. Gewinnarbitrage). Ein multinational aufgestelltes Produktionssystem eröffnet dem MNU zahlreiche Optionen: „The consideration of institutional arbitrage as an option emphasizes the unique ability of the MNC to exploit the conditions of uncertainty and of institutional environments. The MNC can, in effect, exercise an option upon the occurrence of an event, e.g., its option to choose in which country to declare its profits" (Kogut 1983, S. 42). Ein MNU hat Zugang zu zahlreichen nationalen Finanzmärkten und kann Kapitalmarktunvollkommenheiten umgehen. Dies verleiht ihm einen Finanzierungsvorteil gegenüber rein national tätigen Unternehmen. Die Überwindung nationaler Grenzen verursacht damit nicht nur zusätzliche Kosten mit Blick auf Zölle und Transportaufwendungen, sondern eröffnet neue Profitmöglichkeiten, welche jedoch nur durch MNU realisiert werden können.

(2) **Nutzung von Informationsexternalitäten**: Multinational präsente Unternehmen haben einen Informationsvorsprung gegenüber rein national tätigen Unternehmen. Die multinationalen Aktivitäten der Unternehmen führen zur Aneignung von spezifischem Wissen. MNU haben einen großen Informationsbedarf und verfügen über ein professionelles System zur Sammlung und Aufbereitung von Informationen. So investieren MNU in die Sammlung von standortspezifischen Informationen, z. B. über politische, finanzielle und rechtliche Rahmenbedingungen. MNU verfügen über ausdifferenzierte Markt-, Kunden- und Wettbewerbsinformationssysteme auf globaler Basis. Eine wichtige Quelle für kritische Informationen bildet das Humankapital. MNU verwenden umfangreiche Ressourcen für die Rekrutierung von hoch ausgebildeten Fach- bzw. Führungskräften und investieren in (interkulturelle) Personalentwicklungsprogramme (‚Expatriate'-Management). Der aus

diesen Faktoren resultierende Informationsvorsprung ist laut *Kogut* eine kritisch Voraussetzung für die Bildung eines ,First Mover'-Vorteils.

(3) **Kostenvorteile im globalen Produktionsnetzwerk** (,Joint Production Economies'): MNU können durch eine optimale Ausnutzung ihrer weltweit verteilten Wertschöpfungskapazitäten vielfältige Kostendegressionspotenziale ausschöpfen. Im multinationalen Netzwerk können Kapazitätsengpässe an einzelnen Fertigungsstandorten ausgeglichen bzw. eine optimale Auslastung angestrebt werden. Durch Verlagerung von Wertschöpfungsaktivitäten zwischen Standorten kann das Unternehmen Skalen- und Verbundeffekte sowohl in der Produktion als auch im Marketing und in der Beschaffung nutzen. Skalen- und Verbundeffekte können zudem auch im Bereich der Forschung und Entwicklung genutzt werden. Durch die Realisierung von Kostenvorteilen im globalen Produktionsnetzwerk ist es nach *Kogut* denkbar, dass ursprünglich nicht exportierbare Produkte auf ausländischen Märkten wettbewerbsfähig werden.

Exkurs: Transferpreise und Steuerarbitrage

Mit Steuer- bzw. Gewinnarbitrage über Verrechnungspreise versuchen multinationale Unternehmen Vorteile aus internationalen Unterschieden im Steuersystem und -niveau zu ziehen (Lall 1973; Tang 1997). Im Gegensatz zum Marktpreis sind interne Verrechnungspreise das Ergebnis einer zweckorientierten Bewertung. Im konzerninternen Leistungsaustausch sind die freien Marktkräfte ausgeschaltet, welche in der Regel eine ,bona fide'-Bewertung gewährleisten. In MNU bestehen vielschichtige Leistungsbeziehungen zwischen den einzelnen Niederlassungen. Stehen dabei Niederlassungen in hoch besteuerten Staaten und in Steuerparadiesen im Leistungsaustausch miteinander, dann besteht für das MNU ein Anreiz, konzerninterne Abrechnungen im Interesse einer Gewinnverlagerung zu beeinflussen. Das Ziel der Gewinnverlagerung ist meist die Minimierung der Gesamtsteuerbelastung des Unternehmens (vgl. Drumm 1989, S. 2082). Soll ein Gewinn vom unternehmensinternen Leistungsgeber zu einem unternehmensinternen Abnehmer verlagert werden, so muss der Transferpreis beim Intra-Firmenhandel, d. h. beim grenzüberschreitenden Leistungsaustausch zwischen verschiedenen Unternehmensteilen, so niedrig wie möglich sein (vgl. Stephan 2000, S. 182 ff.).

Das Argument zur Steuerarbitrage wurde von einer Reihe von empirischen Untersuchungen bestätigt, die beträchtliche Abweichungen zwischen internen Transfer- und den korrespondierenden Marktpreisen festgestellt haben. Neben Steuerarbitrage können auch weitere externe Faktoren, wie z. B. Handelshemmnisse, Unternehmen zur Ansetzung von Transferpreisen veranlassen.

Abb. 148: Exkurs zu Transferpreisen und Steuerarbitrage

Der (Mehr-)Wert eines MNU bestimmt sich damit vor allem auch aus dem Wert seiner **operativen Flexibilität**: „What is important to note is that all the above described options are valuable because the future state of the world is uncertain" (Kogut 1983, S. 47). Je unsicherer das allgemeine Umfeld ist, desto wertvoller werden diese Optionen. Der Wert eines MNU lässt sich nach *Kogut* wie folgt berechnen:

$$\text{NPV} = \sum_{t=0}^{T} \frac{(\text{cash flows} + \text{le} + \text{jp} + \text{opt})_t}{(1 + R)^t} \tag{1}$$

Streng genommen müsste der Diskontierungszins für jedes einzelne Investitionsprojekt separat berechnet werden. Aber *Kogut* legt einen durchschnittlichen Zinssatz R zugrunde, der bei einem MNU günstiger ist als bei rein national tätigen Unternehmen. Als Argumente für geringere Kapitalkosten führt er an, dass die internationalen Kapitalmärkte segmentiert sind und dass geografisch breit diversifizierte MNU ein geringeres Risiko aufweisen und damit für nationale Kapitalanleger attraktiver sind. Der Wert der Cash-flows im Zähler der Formel (1) wird zunächst unter der Annahme berechnet, dass es sich um Investitionsprojekte unabhängiger nationaler Unternehmen handelt. Die drei nachfolgenden Variablen (*le* = ‚Learning‘, *jp* = ‚Joint Production‘ und *opt* = ‚Options‘) beziehen sich auf den Wertbeitrag, der dem MNU aus seiner operativen Flexibilität heraus entsteht. Diese erfassen also Wertzuwachs, wenn die Investitionsprojekte innerhalb eines MNU durchgeführt werden.

Kogut spricht in seinem Ansatz auch kritische Aspekte an, insbesondere im Zusammenhang mit Arbitrageprozessen. So können multinational tätige Unternehmen durch Produktionsverlagerungen auch soziale Standards und Umweltvorschriften umgehen. Das Instrument der Quersubventionierung erleichtert es dem Unternehmen mit einem multinationalen Produktionsnetzwerk zudem, Markteintrittsbarrieren zu errichten.

5. Strategien der Unternehmensführung im internationalen Umfeld

Strategien der internationalen Unternehmensführung stellen Maßnahmenbündel dar, die sich auf verschiedene Dimensionen und Teilaspekte der Internationalisierung der Geschäftstätigkeit von Unternehmen beziehen (vgl. dazu u. a. Macharzina/Wolf 2008, S. 954 ff.; Kutschker/Schmid 2008, S. 821 ff.; Welge/Holtbrügge 2010, S. 93 ff.). Zu den wichtigsten Dimensionen der Internationalisierungsstrategien zählen u. a. folgende Teilaspekte:

- Welche Produkte des Unternehmens bieten Chancen und Potenziale für die Internationalisierung? An diese Frage gekoppelt ist auch die Bestimmung des Ausmaßes bzw. des Umfangs der Internationalisierung der Geschäftstätigkeit. Bleibt die Internationalisierung auf einzelne Produkte bzw. Produktvarianten beschränkt oder betrifft sie wesentliche Bereiche der Geschäftstätigkeit?
- Welche grundsätzliche strategische Ausrichtung sollte ein Unternehmen im Spannungsfeld zwischen der Anpassung der Produkte an lokale ausländische Markt- und Umweltbedingungen einerseits und der Ausrichtung des Geschäfts an einem einheitlichen „Weltmarkt" andererseits verfolgen?
- Welche Markteintritts- und -bearbeitungsformen eignen sich für die Internationalisierung der Geschäftstätigkeit? In diesem Kontext gilt es auch zu klären, welche Eigentums- bzw. Kooperationsstrategien im Zuge der Internationalisierung verfolgt werden sollten.
- In welchen zeitlichen Sequenzen und mit welchen geographischen Horizonten soll die Internationalisierung der Geschäftstätigkeit verfolgt werden?
- In welchem Ausmaß und in welcher Intensität soll die Koordination und Integration der international verteilten Wertschöpfungsaktivitäten erfolgen? Wie ist ggf. die grenzüberschreitende Wertschöpfung mit Blick auf einzelne Funktionsbereiche wie Forschung und Entwicklung, Beschaffung, Produktion sowie Marketing und Vertrieb zu konfigurieren?

Die genannten Teilaspekte und Dimensionen der Internationalisierungsstrategie bedingen sich z. T. gegenseitig und lassen sich nicht losgelöst voneinander betrachten. Im Folgenden werden deshalb mit der Darstellung des Konzepts von *Christopher A. Bartlett* und *Sumantra Ghoshal* sowie des Ansatzes von *Alan Rugman* zwei prominente Typologisierungsansätze zur Charakterisierung von internationalen strategischen Orientierungen von Unternehmen vorgestellt, welche wesentliche Teilaspekte und Dimensionen der Internationalisierungsstrategien aufgreifen und in konzertierter Form portraitieren.

a.   Archetypen internationaler strategischer Orientierungen nach Christopher A. Bartlett und
     Sumantra Ghoshal

*aa. Dimensionen zur Unterscheidung internationaler Grundhaltungen: Lokalisierung und
      globale Integration*

Christopher A. Bartlett und *Sumantra Ghoshal* unterscheiden vier verschiedene Archetypen der internationalen Geschäftstätigkeit und grenzen internationale, multinationale, globale und transnationale strategische Grundhaltungen von Unternehmen voneinander ab (vgl. Bartlett/Ghoshal 1986, 1990, 2002). Mit Hilfe der beiden Dimensionen ‚Lokalisierungsvorteile/-erfordernisse‘ sowie ‚Vorteile durch globale Integration und Koordination‘ lassen sich die vier Grundhaltungen inhaltlich charakterisieren (vgl. Abb. 149).

		niedrig	hoch
Vorteile der globalen Integration und Koordination	hoch	**globale Strategie** (standardisierter Weltmarkt)	**transnationale Strategie** (Weltmarkt & Einzelmarkt)
	niedrig	**internationale Strategie** (Heimatmarkt & ausgewählte Einzelmärkte)	**multinationale Strategie** (umfassende Einzel- marktstrategie)
		niedrig	hoch
		Lokalisierungsvorteile/-erfordernisse (Druck zur lokalen Anpassung)	

Abb. 149: Internationale strategische Orientierungen in Anlehnung an Bartlett/Ghoshal

In der ersten Dimension beschreiben die Lokalisierungserfordernisse bzw. -vorteile den Zwang zur lokalen Anpassung der Produkte und des Geschäftskonzepts von Unternehmen an die lokalen Rahmenbedingungen vor Ort in ausländischen Märkten. Die lokalen Rahmenbedingungen der Auslandsmärkte werden u. a. durch ihre kulturellen Besonderheiten, die Andersartigkeit der Kundenbedürfnisse, die spezifischen Wettbewerbs- und rechtlichen Rahmenbedingungen vor Ort beschrieben. Je stärker sich diese Rahmenbedingungen in den Auslandsmärkten von den Bedingungen im Stammland unterscheiden, desto größer wird der Zwang zur lokalen Anpassung der Produkte für die erfolgreiche Internationalisierung der Geschäftstätigkeit ausfallen. Die zweite Dimension umfasst die Vorteile durch eine globale Integration und Koordination von Wertschöpfungsaktivitäten: „Integration can be defined as the production and distribution of products and services of a homogeneous type on a worlwide basis." (Rugmann 2005, S. 46 f.). Anreize zur globalen Koordination und Integration bestehen vor allem dann, wenn Kostenvorteile in Form von Skalen- oder Verbundeffekten durch die Bündelung und Abstimmung von Aktivitäten in Forschung und Entwicklung, Beschaffung, Produktion oder Marketing und Vertrieb realisierbar sind.

ab. Internationale, multinationale, globale und transnationale Grundhaltungen

Eine **internationale strategische Grundhaltung** (i. e. S.) eignet sich für Unternehmen, deren Möglichkeiten und Anreize zur Internationalisierung der Geschäftstätigkeit eher begrenzt sind. Unternehmen mit einer internationalen Grundhaltung bewegen sich in einem Umfeld, in dem die Geschäftskonzepte und Produkte beinahe unverändert vom Stammland auf nur wenige Auslandsmärkte übertragen werden. Aus Sicht des Unternehmens besteht kein homogener Weltmarkt. Die einzelnen Ländermärkte sind individuell zu betrachten und unterscheiden sich deutlich, z. B mit Blick auf die lokalen Kundenbedürfnisse oder rechtlichen Rahmenbedingungen. Aufgrund der großen Unterschiede zwischen den Ländern bearbeiten die Unternehmen bevorzugt jene Ländermärkte, die z. B. aus geographischer oder kultureller Sicht durch eine starke Nähe bzw. Ähnlichkeit zum Heimatmarkt gekennzeichnet sind („Selektionsstrategie"). Es werden insbesondere jene Produkt- und Geschäftskonzepte in die betreffenden Auslandsmärkte übertragen, bei denen ein Erfolg auch ohne größere Anpassung der zugrunde liegenden Konzepte zu erwarten ist. Das Potenzial zur Erschließung neuer ausländischer Kundensegmente durch Anpassung der Produkte an die lokalen Bedingungen ist sehr begrenzt. Auch durch größere Änderungen im Produktdesign oder durch umfangreiche technische Veränderungen ließen sich keine kritischen Absatzsteigerungen auf den ausländischen Märkten erzielen. Die Lokalisierungsvorteile bei einer internationalen Strategie sind demnach gering. Die ausländischen Märkte werden primär über Exporte bedient, die wichtigsten Wertschöpfungsaktivitäten bleiben im Stammland konzentriert. Eine Präsenz an den Auslandsmärkten bietet infolge des geringen Marktvolumens keine Vorteile. Auch mit Blick auf die Wertschöpfung des Unternehmens lassen sich durch die Ausdehnung des Produktionsvolumens und die globale Integration und Koordination der Aktivitäten nur in sehr begrenztem Umfang Kosten- bzw. Effizienzvorteile realisieren. Die erforderlichen Investitionen in F&E oder in Produktionseinrichtungen sind überschaubar. Ein größeres Potenzial zur Realisierung von Skalen- und Verbundeffekten besteht nicht. Die zu erwartenden Globalisierungsvorteile sind für Unternehmen mit einer internationalen Grundhaltung damit gering. Als ein Beispiel für ein Unternehmen mit einer internationalen Grundhaltung ist der schwäbische Lebensmittelhersteller Bürger GmbH zu nennen. Das Unternehmen ist auf die Produktion von schwäbischen Teigwaren (Maultaschen, Spätzle etc.) spezialisiert. Der Geschäftsschwerpunkt des Unternehmens liegt im deutschen Markt, der überwiegende Teil des Umsatzes von über 600 Mio. Euro wird in Deutschland erwirtschaftet. Vom Hauptsitz des Unternehmens in Ditzingen bei Stuttgart und von der Produktionsniederlassung im (ebenfalls schwäbischen) Crailsheim werden ausgewählte ausländische Märkte über Exporte bedient. Sieht man einmal von kleineren Modifikationen an der Verpackung ab, so werden die Produkte unverändert auf den ausländischen Märkten verkauft. Die Produktion von Teigwaren ist nur mäßig kapitalintensiv, die Werksgrößen in Ditzingen und Crailsheim sind überschaubar. Skaleneffekte durch eine Erhöhung des Produktionsvolumens sind nur bedingt zu erwarten.

Bei der **multinationalen strategischen Grundhaltung** hat das ausländische Geschäft einen deutlich höheren Stellenwert als im Fall von Unternehmen mit einer internationalen Grundhaltung. Zwar besteht auch im Fall der multinationalen strategischen Ausrichtung kein homogener Weltmarkt und die einzelnen Ländermärkte unterscheiden sich deutlich, z. B. mit Blick auf die Kundenbedürfnisse oder die rechtlichen Rahmenbedingungen. Allerdings sind die Unternehmen in der Lage, durch die Anpassung ihrer Produkte an die lokalen Bedingungen im Ausland dortige Kundensegmente zu erschließen. Zwar müssen Änderungen am Design, an den technischen Eigenschaften und auch im Marketing der Produkte vorgenommen werden, aber der dem Geschäftskonzept des Unternehmens zugrunde liegende Wettbewerbsvorteil lässt sich prinzipiell auf ausländische Märkte übertragen. Zur Sicherstellung und Erleichterung der lokalen Anpassung investieren multinational tätige Unternehmen in den ausländischen Märkten (die ein kritisches Volumen erreichen) in den Aufbau von eigenständigen Tochtergesellschaften mit Wertschöpfungsaktivitäten vor Ort. Infolge des starken Anpassungsdrucks wird den Tochtergesellschaften im Ausland ein hohes Maß an Autonomie eingeräumt. Die ausländischen Töchter übernehmen jenseits der üblichen Aufgaben des Vertriebs auch umfassende Produktionsleistungen und zeichnen sich z. T. selbst für die Anpassungsentwicklung der Produkte und Produktionsprozesse an die lokalen Bedingungen vor Ort verantwortlich. Infolge der länderbezogenen Individualität der Marktbearbeitung wird in diesem Zusammenhang auch von „Einzelmarktstrategie" gesprochen. Ähnlich wie bei der internationalen Grundhaltung lassen sich bei der multinationalen Strategie Skalen- und Verbundeffekte nur in begrenztem Umfang realisieren. Es existieren kaum Anreize zur globalen Koordination und Integration von Wertschöpfungsleistungen. Durch die stärkere Dezentralisierung der Produktionsleistungen in den (größeren) Märkten vor Ort entstehen den Unternehmen keine Kosten- bzw. Effizienznachteile. Als Beispiel für Unternehmen mit einer multinationalen strategischen Grundhaltung sind die Wirtschaftsprüfungs- und Beratungsgesellschaften PricewaterhouseCoopers International, KPMG, Ernst & Young und Deloitte Touche Tohmatsu zu nennen. So erwirtschaftet das U. S.-amerikanische Unternehmen PricewaterhouseCoopers International (PwC) zwei Drittel seines Umsatzes außerhalb Nordamerikas. Aufgrund der sehr unterschiedlichen nationalen rechtlichen Rahmenbedingungen mit Blick auf Steuergesetzgebung und Rechnungslegungsvorschriften ist das Unternehmen gezwungen, den lokalen Tochtergesellschaften vor Ort eine vergleichsweise große Autonomie einzuräumen. Tatsächlich gleicht PwC auch eher einem Verbund aus nationalen Tochtergesellschaften, die ihre lokalen Märkte im operativen Beratungs- und Wirtschaftprüfungsgeschäft mehr oder weniger unabhängig voneinander bearbeiten. So ist beispielsweise PricewaterhouseCoopers Deutschland als rechtlich unabhängige Aktiengesellschaft und Wirtschaftsprüfungsgesellschaft für den deutschen Markt im internationalen PwC-Verbund zuständig. Trotz ihrer Autonomie profitieren die nationalen Tochtergesellschaften von ihrer Zugehörigkeit zum Konzernverbund. Die Vorteile resultieren zum einen aus dem starken PwC-Markennamen und der weltweiten Reputation als Wirtschaftsprüfungsgesellschaft mit hohen Qualitätsstandards und gründen sich zum anderen auf der Möglichkeit, international agierenden Kunden eine weltweite Betreuung im Konzernverbund ermöglichen zu können.

Unternehmen mit einer **globalen strategischen Grundhaltung** bewegen sich in einem internationalen Umfeld, welches im Gegensatz zur internationalen und multinationalen Grundhaltung durch hohe Globalisierungsvorteile und geringe Lokalisierungserfordernisse gekennzeichnet ist. Die einzelnen Ländermärkte weisen dabei mit Blick auf die Kundenbedürfnisse und rechtlichen Rahmenbedingungen im internationalen Vergleich nur geringe Unterschiede auf, so dass von einem mehr oder weniger homogenen Weltmarkt gesprochen werden kann. Dementsprechend versuchen Unternehmen mit einer globalen strategischen Grundhaltung die ausländischen Absatzmärkte mit standardisierten Produkt- und Geschäftskonzepten zu bearbeiten und einen möglichst hohen Weltmarktanteil zu erreichen. Zur Realisierung von Skalen- und Verbundeffekten integrieren und koordinieren global orientierte Unternehmen ihre grenzüberschreitenden Aktivitäten und konzentrieren ihre Wertschöpfung an möglichst wenigen Standorten („Integrationsstrategie"). Insbesondere die kapitalintensiven Aktivitäten, wie F&E oder Fertigung, werden bevorzugt an einem bzw. wenigen Standorten gebündelt und auch die Marketingaktivitäten sind weltweit koordiniert. Als Beispiele für Unternehmen mit einer globalen strategischen Grundhaltung sind die Halbleiterhersteller Intel und AMD zu nennen. So ist das U. S.-amerikanische Unternehmen Intel weltweit mit einem Marktanteil von 80 Prozent führend in der Produktion von PC- und Notebook-Mikroprozessoren. Intel erwirtschaftet über 80 Prozent seines Umsatzes mit Kunden außerhalb der USA. Insbesondere im Geschäft mit PC-Mikroprozessoren sind die Produkte weltweit standardisiert und müssen nicht an die lokalen Rahmenbedingungen der Kunden angepasst werden. Zugleich bestehen für Intel große Anreize zur weltweiten Bündelung und Integration der Wertschöpfungsaktivitäten, da sowohl in der F&E als auch in der Fertigung in großem Umfang Skaleneffekte realisierbar sind. So muss beispielsweise die Produktion von leistungsfähigen Halbleitern in speziellen Fertigungsverfahren mit Reinstraumtechnologien erfolgen, welche Investitionen in die Produktionsanlagen in drei- bis vierstelliger Millionenhöhe erforderlich machen. Angesichts dieser Investitionssummen wird deutlich, dass die Wertschöpfung unter solchen kapitalintensiven Bedingungen nur mit einer globalen Marktperspektive erfolgen kann.

Unternehmen mit einer **transnationalen strategischen Grundhaltung** agieren im Spannungsfeld zwischen hohen Globalisierungs- und Integrationsvorteilen auf der einen und starken Lokalisierungserfordernissen auf der anderen Seite. Trotz gegebener Anreize zur globalen Bündelung und Integration von Wertschöpfungsaktivitäten infolge hoher Investitionen in F&E, Fertigung oder Marketing scheidet eine weltweite Standardisierung der Geschäftskonzepte und Produkte infolge unterschiedlicher Nachfragestrukturen und/oder rechtlicher Rahmenbedingungen bzw. staatlicher Einflüsse (z. B. unterschiedliche Vorschriften für Abgasemissionen oder Produktsicherheit, abweichende Standards und Normen, Local Content Vorschriften etc.) aus. Unternehmen mit einer transnationalen Grundhaltung versuchen durch eine länderübergreifende Arbeitsteilung und netzwerkartige Organisation ihrer Aktivitäten globale Effizienz durch Koordination mit lokaler Anpassungsfähigkeit zu verbinden. Den Tochtergesellschaften in den einzelnen Ländern kommen dabei differenzierte und spezialisierte Rollen im Wertschöpfungsnetzwerk zu. Bei einer solch international integrierten Form der Wertschöpfung mit standortübergreifender Arbeitsteilung in F&E, Produktion, Marketing etc. ist zwischen zwei Unterformen zu unterscheiden:

(a) Vertikale Integration der ausländischen Niederlassungen: Die Produktion findet in mehreren Stufen statt und jedes Tochterunternehmen leistet (idealtypisch) einen Beitrag auf einer Stufe des über mehrere Länder verteilten Wertschöpfungsprozesses.

(b) Horizontale Integration der ausländischen Niederlassungen: Jedes Tochterunternehmen produziert bestimmte Produktvarianten, welche an andere Niederlassungen des Unternehmens exportiert werden („Weltproduktmandat"). Gleichzeitig sind die einzelnen Niederlassungen verantwortlich für den Absatz und lokalen Vertrieb der in anderen Niederlassungen hergestellten Produkte.

Mit Blick auf die Anpassungserfordernisse der Produkt- und Prozesstechnologien an die jeweiligen nationalen Märkte steht die transnationale Strategie zwischen der multinationalen und globalen Grundhaltung: Während für einige „Plattformtechnologien" eine weltweite Standardisierung angestrebt wird (z. B. für Motoren im Pkw-Geschäft der Daimler AG) müssen für andere Technologien nationale Anpassungen durchgeführt oder gar Individuallösungen gefunden werden (z. B. Abgasreduktion in Kalifornien für Pkws der Daimler AG).

ac. Kritische Bewertung des Konzepts der internationalen strategischen Orientierung von Unternehmen nach Bartlett und Ghoshal

Aus den vier Archetypen der internationalen strategischen Orientierung nach *Bartlett* und *Ghoshal* lassen sich, aus Sicht des Managements der betreffenden Unternehmen, zahlreiche Schlussfolgerungen hinsichtlich der Besetzung von Führungskräftepositionen in den ausländischen Niederlassungen, hinsichtlich der Organisationsstruktur oder auch Unternehmenskultur ziehen (vgl. dazu Kutschker/Schmid 2008, S. 297 ff.; Welge/Holtbrügge 2010, S.132 ff.). Das Konzept nach *Bartlett* und *Ghoshal* ist nicht unangetastet von Kritik geblieben. Zentrale Kritikpunkte zielen auf die relevante Ebene der Betrachtung und Festlegung der strategischen Orientierung ab. Folgende Aspekte sind hierzu anzumerken:

− Die internationale strategische Grundhaltung von Unternehmen wird im Wesentlichen von Branchenmerkmalen bestimmt. Letztlich determinieren, auch nach Ansicht von *Bartlett* und *Ghoshal*, die Branchenmerkmale die Wahl der relevanten und geeigneten strategischen Grundhaltung. Es handelt sich bei dieser strategischen Grundhaltung demzufolge um eine Art Branchenmentalität und weniger um eine unternehmensspezifische Führungsphilosophie. Der Ansatz der Archetypenbildung steht demzufolge in der Tradition des Strategieansatzes der Industrial Organization-Forschung (Market-based View), bei dem die Branche bzw. Branchenstruktur die primäre Untersuchungseinheit bildet (vgl. dazu Kapitel B III des Buches sowie Kutschker/Schmid 2008, S. 299 f.).

− Aus diesem Branchenfokus des Ansatzes folgt zudem, dass gerade bei diversifizierten Unternehmen, die in verschiedenen Branchen aktiv sind, eine einheitliche bzw. homogene internationale strategische Grundhaltung nicht zielführend sein kann. Insbesondere dann, wenn das Branchenumfeld in den verschiedenen Geschäftsbereichen hinsichtlich der Lokalisierungserfordernisse und den Vorteilen durch globale Integration der Aktivitäten unterschiedlich ausgeprägt ist, werden Unternehmen mit unterschiedlichen internationalen Grundhaltungen im Markt auftreten. So verfolgt etwa die Daimler AG im Pkw-Geschäft eine transnationale Strategie (siehe oben), während das Unternehmen dagegen über seine Beteiligung an EADS (Airbus, Eurocopter, Astrium etc.) im Luft- und Raumfahrtbereich mit einer globalen Strategie und im Nutzfahrzeuggeschäft mit einer multinational geprägten Grundhaltung auftritt. So agierten die Lkw-Tochtergesellschaften in Europa (Mercedes-Benz Lkw), Nordamerika (Daimler Trucks North America LLC unter den Marken Freightliner, Western Star Trucks, Sterling Trucks etc.), Asien (Trucks Asia unter der Marke Mitsubishi Fuso) und Lateinamerika (ebenfalls Mercedes-Benz Lkw) lange Zeit autonom. Im Nutzfahrzeuggeschäft bestehen große Lokalisierungsvorteile aufgrund der unterschiedlichen rechtlichen Bedingungen (u. a. hinsichtlich der Fahrzeuglänge, zulässigen Nutzlasten etc.), der Kundenbedürfnisse sowie der allgemeinen Rahmenbedingungen wie Topographie oder Straßeninfrastruktur. Erst in den vergangenen Jahren hat das Unternehmen begonnen, die Zusammenarbeit zumindest auf Komponentenbasis (wie bspw. den Motoren) zu intensivieren.

– Neben den Branchenbedingungen wirken zusätzliche Einflussfaktoren auf die Wahl der internationalen strategischen Grundhaltung. So haben die internationale Erfahrung eines Unternehmens, die Unternehmenskultur und -geschichte sowie die Kultur des Stammlandes einen prägenden Einfluss, die im Kernmodell der Archetypenbildung zu den internationalen strategischen Orientierungen nicht berücksichtigt sind. *Bartlett* und *Ghoshal* weisen jedoch selbst explizit auf diese weiteren Einflussfaktoren hin und sprechen bspw. vom Erbe („Administrative Heritage") europäischer, U. S.-amerikanischer und japanischer Unternehmen. Erstere tendieren nach Auffassung von *Bartlett* und *Ghoshal* stärker zur Multinationalität, zweitere haben den Hang zur internationalen Strategie während letztere eher global orientiert seien (vgl. Bartlett/Ghoshal 2002, S. 310 f.).

– *Bartlett* und *Ghoshal* suggerieren, dass für viele Unternehmen und Branchen die transnationale strategische Orientierung die geeignete und damit anzustrebende Orientierung sei. Sie betonen insbesondere den zukunftsweisenden Charakter. Obwohl das Konzept bereits in den 1980er Jahren formuliert worden ist, bleibt die transnationale Unternehmung bis zum heutigen Tag eher ein Zukunfts- und Wunschbild denn ein Abbild der Realität (vgl. Kutschker/Schmid 2008, S. 303).

An den zuletzt genannten Kritikpunkt knüpft der Ansatz von *Alan Rugman* (2005) an, der die Regionalisierung, welche sich in der Realität durchgesetzt habe, als Gegenmodell zu dem Zukunftsbild der Globalisierung bzw. Transnationalisierung setzt.

b.   ‚The Regional Multinationals' nach Alan Rugman

ba. Zielsetzung des Ansatzes von Rugman und empirische Grundlage

Die eigentliche Zielsetzung des Ansatzes von *Alan Rugman* (2005) zur Charakterisierung regionaler strategischer Grundhaltungen im internationalen Management ist es, auf der Grundlage empirischer Daten nachzuweisen, dass sich in der Realität nicht globale Strategien unter den MNU durchgesetzt haben, sondern eine Regionalisierung der Unternehmenstätigkeit vorherrscht: „[…] both globalization and the use of a global strategy is a myth" (Rugman 2005, S. 2). *Rugman* kritisiert damit u. a. das obige Konzept der transnationalen Strategie von Unternehmen nach *Bartlett* und *Ghoshal*. Grundlage des Ansatzes von *Rugman* ist eine empirische Analyse der Internationalisierungstätigkeit, insbesondere der geographischen Verteilung der Umsätze der 500 weltweit größten Unternehmen (gemessen anhand ihrer Umsätze auf der Basis der Fortune Global 500-Liste – bei dieser Rangliste handelt es sich um eine Zusammenstellung der 500 umsatzstärksten, meist börsennotierten Unternehmen der Welt, welche seit 1990 auf jährlicher Basis vom U. S.-amerikanischen Wirtschaftsmagazin Fortune veröffentlicht wird). Ergänzt wird die quantitative Analyse um Branchenanalysen und qualitativ angelegte Fallstudien zu den Fortune Global 500-Unternehmen (vgl. dazu auch Burr/Fischmann 2008).

Im Ergebnis kommt *Rugman* zu dem Schluss, dass die großen MNU nicht in einem globalen Weltmarkt, sondern vor allem innerhalb regionaler Wirtschaftsräume miteinander konkurrieren. Unterschiedliche regulatorische Rahmenbedingungen und verschiedene kulturelle Prägungen unterteilen den globalen Weltmarkt in die Triaderegionen Nordamerika, Europa (insbesondere die Europäische Union) sowie Asien einschließlich des pazifischen Raums (zum Triadekonzept vgl. ausführlich Kapitel D II 1 d). Von den 500 untersuchten Unternehmen machen 135 keine genauen Angaben über die geographische Segmentierung ihrer Umsätze. *Rugman* schlussfolgert hieraus, dass es sich bei diesen Unternehmen meist um primär national agierende Akteure ohne nennenswerte Auslandsumsätze handelt. Bei den restlichen 365 Unternehmen unterscheidet er vier verschiedene Typen:

– **‚Home Region-based'**: Die überwiegende Mehrheit (n = 320) der MNU sind mit ihren absatzbezogenen Aktivitäten auf ihre Heimatregion fokussiert. Diese ‚Home Region-based'-Unternehmen generieren den Großteil ihrer Umsätze in ihrer angestammten Region, weniger als die Hälfte des Geschäfts wird in den beiden anderen Triaderegionen erwirtschaftet. Im Durchschnitt erzeugen die Unternehmen 80,3 Prozent ihrer Umsätze in ihrer Stammregion und weniger als 20 Prozent außerhalb der Heimatmärkte. Ein typisches Beispiel für ein solches ‚Home Region-based'-Unternehmen ist der U. S.-amerikanische Einzelhandelskonzern Wal Mart, mit einer FTO Ratio Umsatz von lediglich 16,3 Prozent. Ein Großteil des Auslandsumsatzes von Wal Mart entfällt jedoch auf Mexiko und Kanada, nur etwa fünf Prozent des gesamten Umsatzes entsteht in Europa und Asien. ‚Home Region-based'-Strategien dominieren vor allem im Dienstleistungssektor sowie in der Automobilindustrie und Energiewirtschaft (vgl. Rugman 2005, S. 16 ff.).

– **‚Bi-regional'**: 25 der untersuchten Unternehmen erwirtschaften weniger als 50 Prozent ihrer Umsätze in ihrer Heimatregion und generieren darüber hinaus mindestens 20 Prozent ihrer Einkünfte in einer weiteren Triaderegion. Ein Beispiel für ein ‚bi-regional' geprägtes Unternehmen ist der britische Erdölkonzern British Petroleum (BP). Der Umsatzanteil des Unternehmens in Europa und den USA liegt bei 36,3 bzw. 48,1 Prozent. Im Segment der Unternehmen mit ‚bi-regionalen'-Strategien dominieren vor allem europäische MNU. Mit Ausnahme des schwedischen IT-Unternehmens Ericsson, welches den Geschäftsfokus auf Europa und die Region Asien/Pazifik gelegt hat, haben die restlichen europäischen MNU mit ‚bi-regionaler' Prägung ihren Geschäftsschwerpunkt auf Europa und Nordamerika gelegt (vgl. Rugman 2005, S. 13).

– **‚Host Region-based'**: Elf der Unternehmen der Stichprobe haben einen Absatzschwerpunkt mit mindestens 50 Prozent ihrer Umsätze in Triaderegionen außerhalb des Heimatmarktes. Es handelt sich hierbei also um eine Sonderform der ‚bi-regionalen'-Strategie. Erneut dominieren in diesem Strategiesegment europäische MNU. Zu den ‚Host Region-based'-Unternehmen gehören u. a. das schwedische Pharmaunternehmen Astra Zeneca und die spanische Finanzgruppe Santander Central Hispano (vgl. Rugman 2005, S. 15 f.).

– **‚Global'**: Nur neun der 500 Unternehmen sind nach der Definition von *Rugman* wirklich global orientierte Unternehmen. Globale MNU erwirtschaften in allen drei Triaderegionen mindestens 20 Prozent ihres Umsatzes. Auf den Heimatmarkt entfallen dabei weniger als 50 Prozent des Geschäfts. Von den neun globalen Unternehmen stammen acht aus dem verarbeitenden Gewerbe, darunter allein sieben Unternehmen aus dem IT-Sektor, und lediglich ein Dienstleister aus dem Einzelhandelsgewerbe (vgl. Rugman 2005, S. 13).

In der zusammenfassenden Betrachtung der Ergebnisse lässt sich festhalten, dass ein großer Anteil der wirtschaftlichen Aktivitäten von MNU sowohl im verarbeitenden Gewerbe als auch im Dienstleistungssektor standortgebunden ist und meist in gebündelter Form mit der Setzung von ein oder zwei Schwerpunkten innerhalb der drei Triaderegionen stattfindet: „The geography of location has been summed up in the phrase „sticky places" and these rigidities influence the strategic management decisions of firms, including multinational enterprises (MNEs)" (Rugman 2005, S. 33). Demzufolge besteht die strategische Herausforderung für die meisten MNU nicht darin, geeignete globale oder transnationale Strategien zu entwickeln, sondern geeignete regionale Lösungen zu finden.

bb. Bezugsrahmen zur Bestimmung von regionalen Strategien: ‚The Regional Matrix'

Rugman entwickelt einen Bezugsrahmen (,The Regional Matrix') zur Bestimmung von regionalen strategischen Grundhaltungen. Er unterscheidet dabei zwischen zwei Arten von Wettbewerbsvorteilen, über die Unternehmen verfügen. Auf der horizontalen Achse ist der unternehmensspezifische Wettbewerbsvorteil und dessen regionale bzw. globale Reichweite abgetragen: Lässt sich der Wettbewerbsvorteil nur im Heimatmarkt (regional) oder auch in anderen Weltregionen einsetzen? Beispielhaft kann dies an der vom Unternehmen gewählten und strategisch bestimmten geographischen Reichweite des Patentschutzes dargestellt werden. So kann eine neu entwickelte Technologie eines Unternehmens nur in der Heimatregion durch Patente geschützt sein, die Reichweite des unternehmensspezifischen Wettbewerbsvorteils ist dadurch regional begrenzt. Bei einer globalen Perspektive kann dieselbe Technologie mit Hilfe von sogenannten Triadepatenten in allen drei Weltregionen abgesichert sein, wodurch eine globale Reichweite gegeben ist (vgl. dazu Kessler/Stephan 2008, S. 333 ff.). Die vertikale Achse im Bezugsrahmen von *Rugman* bildet die regionale bzw. globale Reichweite der standortgebundenen Wettbewerbsvorteile eines Unternehmens ab: In welchem Umfang sind die MNU auf die Standortfaktoren einer Region angewiesen und in welchem Umfang lassen sich diese auch in anderen Weltregionen realisieren? So bleibt die Reichweite von Standortfaktoren infolge einer nationalen Gesetzgebung oder regionaler Regulierungen (in der EU bzw. NAFTA) häufig auf die jeweilige Region beschränkt. Unter die Kategorie regional beschränkter, standortgebundener Wettbewerbsvorteile fällt auch das Beispiel des Telekommunikationsanbieters aus Kapitel B II 5, der infolge einer entsprechenden lokalen Regulierung in seinem heimatlichen Telekommunikationsmarkt über die Kontrolle der Ortsnetze verfügt, diese Kontrolle aber nicht auf andere Weltregionen übertragen kann. Mit Hilfe der beiden Dimensionen ,Geographische Reichweite des firmenspezifischen Wettbewerbsvorteils' und ,Geographische Reichweite des standortgebundenen Wettbewerbsvorteils' lassen sich drei verschiedene Grundhaltungen hinsichtlich der regionalen und globalen Reichweite des Geschäfts von MNU charakterisieren (vgl. Abb. 150).

,**Region-based' Strategien** entsprechen den Strategien von ,Home Region-based'-Unternehmen. Sowohl der firmenspezifische Wettbewerbsvorteil als auch die standortgebundenen Wettbewerbsvorteile lassen sich zwar auf andere Märkte innerhalb der Heimatregion übertragen, aber eine Ausdehnung des Geschäftskonzepts in andere Regionen ist nicht möglich. Ein Unternehmen mit solch einer regionalen Strategie ist das französische Einzelhandelsunternehmen Carrefour. Das Wachstum von Carrefour wurde maßgeblich durch Deregulierungstendenzen im europäischen Einzelhandel im Zuge der europäischen Integration ermöglicht. Durch die Schaffung des gemeinsamen EU-Marktes konnte das Unternehmen seine Aktivitäten und das Supermarktkonzept des ,Hypermarché' ohne Zugangsbarrieren auch auf andere europäische Ländermärkte übertragen. Heute befinden sich etwa 37 Prozent der Märkte von Carrefour in Frankreich und 53 Prozent in anderen Ländern der EU. Im Zuge der Ausdehnung der Absatztätigkeit konnte das Unternehmen auch sein Lieferanten- und Logistiknetzwerk europaweit ausdehnen, was dem Unternehmen einen größeren Spielraum zur Realisierung von Skalen- und Verbundeffekten schafft. Ein Transfer dieses firmenspezifischen Wettbewerbsvorteils auf andere Regionen ist jedoch nicht ohne weiteres möglich. Zudem wirken im Bereich des Lebensmitteleinzelhandels viele EU-spezifische Verordnungen und Gesetze, was auch die standortgebundenen Vorteile in ihrer regionalen Bedeutung einschränkt (vgl. Rugman 2005, S. 42).

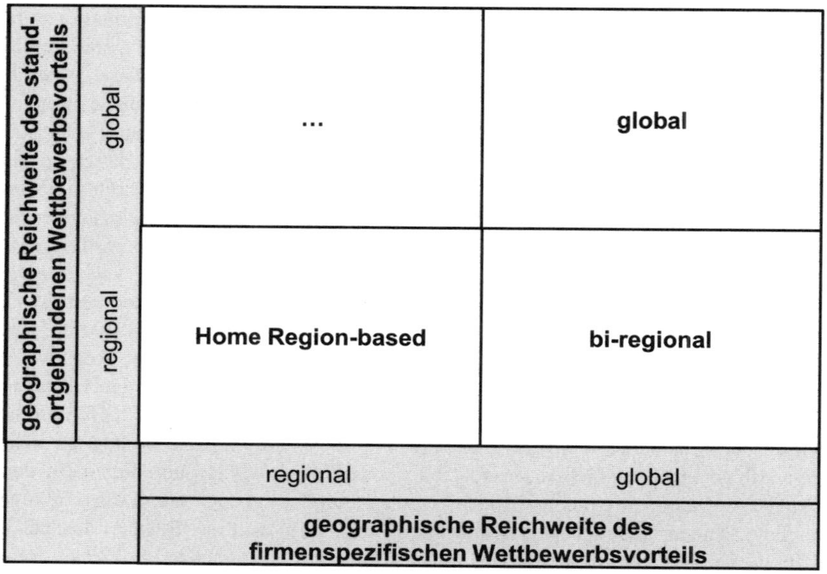

Abb. 150: Regionale strategische Orientierungen nach Rugman ('Regional Matrix')

,**Bi-regionale**' **Strategien** eignen sich vor allem in Konstellationen, in denen einerseits der firmenspezifische Wettbewerbsvorteil des Unternehmens eine globale Reichweite besitzt, z. B. ein globaler Markenname oder globale Distributionsnetzwerke. Andererseits beschränken jedoch Regulierungen und/oder andere regionale Faktoren die Reichweite der standortgebundenen Faktoren. Unternehmen mit einer ‚bi-regionalen' Strategie fokussieren sich deshalb meist auf die Bearbeitung von zwei Regionen – der Heimatregion und einer weiteren Triaderegion, in der die Standortbedingungen ähnlich erscheinen. Als Beispiel für eine Branche mit bi-regionaler Prägung nennt *Rugman* die Pharmaindustrie. Zwar besitzen pharmazeutische Produkte und Technologien, die üblicherweise auch mit Patenten weltweit abgesichert sind, eine globale Reichweite. Allerdings verhindern starke regionale bzw. nationale Regulierungen (insbesondere die Zulassungsvoraussetzungen) die Umsetzung einer globalen Strategie. Viele Pharmaunternehmen fokussieren sich bei der Marktbearbeitung deshalb auf Regionen mit den größten Ähnlichkeiten hinsichtlich der Regulierungen und Zulassungsvoraussetzungen, also i. d. R. auf Nordamerika und Europa.

,**Globale**' **Strategien**: Unternehmen mit globalen Strategien können sowohl ihre firmenspezifischen Wettbewerbsvorteile als auch ihre standortgebundene Vorteile auf globaler Ebene, d. h. in allen Triaderegionen, nutzen. Ein Beispiel für eine globale Strategie stellt das Unternehmen Coca Cola dar, welches mit seinem starken Markennamen über einen weltweit nutzbaren firmenspezifischen Wettbewerbsvorteil verfügt. Das Beispiel Coca Cola zeigt überdies, dass eine globale geographische Reichweite der standortgebundenen Faktoren ggf. erst durch eine lokale Anpassung des Geschäftskonzepts erzielt werden kann. So muss Coca Cola den Geschmack und insbesondere die Süße seiner Erfrischungsgetränke stets an die individuellen lokalen Kundengeschmäcker anpassen. Auch die Ausgestaltung der Abfüllungs- und Distributionsnetzwerke von Coca Cola unterscheidet sich je nach Weltregion.

Eigentlich bietet die oben dargestellte ‚Regional Matrix' insgesamt vier Felder und damit vier Klassifikationsmöglichkeiten für regionale Strategien von MNU. Jedoch ist laut *Rugman* die Kombination aus ‚globaler Reichweite der standortgebundenen Vorteile' und ‚regionaler Reichweite der firmenspezifischen Wettbewerbsvorteile" von Unternehmen im Feld oben links ein eher unübliches und selten zu beobachtendes Phänomen (Rugman 2005, S. 38).

bc. Zusammenfassende Betrachtung und kritische Bewertung des Konzepts nach Rugman

In der zusammenfassenden Betrachtung resümiert *Rugman*, dass eine zunehmende Konvergenz und Homogenisierung der Märkte nicht stattfindet. Im Gegenteil, die Regionalisierung der internationalen Unternehmenstätigkeit und die Konzentration des Wettbewerbs auf die Märkte innerhalb der verschiedenen Triaderegionen habe nicht nur in den vergangenen Jahrzehnten zugenommen, sondern würde sich auch in Zukunft verstärkt fortsetzen. Nur in einzelnen Sektoren, wie der Konsumelektronik- und der IT-Branche, sei eine globale Strategie sinnvoll. In den meisten anderen Sektoren des verarbeitenden Gewerbes, z. B. in der Automobil- und Chemieindustrie, in der Energiewirtschaft und insbesondere im Dienstleistungssektor, erweisen sich laut *Rugman* regionale Strategien als vorteilhaft.

An dem Konzept der regionalen Strategie von *Rugman* sind abschließend einige Punkte kritisch zu bemerken, die sich zum Einen auf die empirische Basis des Konzepts und zum Anderen auf den Bezugsrahmen selbst beziehen:

– Als Basis der empirischen Untersuchung dient die Liste der Fortune Global 500-Unternehmen. Dabei handelt es sich jedoch strenggenommen nicht um die größten 500 MNU, sondern um die weltweit größten Unternehmen, gemessen an ihrem Umsatz und unabhängig von der Bedeutung des internationalen Geschäfts. So ist es nicht weiter verwunderlich, dass ein großer Teil der Unternehmen der Stichprobe kein nennenswertes Gewicht auf Auslandsaktivitäten legt und bei der Mehrzahl nicht von einer Globalisierung der Geschäftstätigkeit gesprochen werden kann.

– Gegenstand der empirischen Untersuchung von *Rugman* ist die Analyse der Absatztätigkeit der Unternehmen anhand der geographischen Streuung ihrer Umsätze. Eine quantitative Analyse der internationalen Wertschöpfungsstrukturen, bspw. mittels der Analyse der FTO-Ratio Kapitalvermögen bzw. FTO-Ratio Mitarbeiter (vgl. dazu Kapitel D II 2 e) sowie deren Verteilung auf die Triaderegionen, unterbleibt. Die Phänomene ‚Globalisierung' und ‚Regionalisierung' bleiben damit im Kern des Modells und der empirischen Untersuchung auf absatzbezogene Aktivitäten beschränkt (vgl. dazu auch Burr/Fischmann 2008, S. 139).

– *Rugman* führt die empirische Analyse der internationalen Absatztätigkeit von MNU auf der Ebene des Gesamtunternehmens durch. Er unterscheidet dabei nicht nach den einzelnen Geschäftsbereichen der MNU. Der Großteil der untersuchten Unternehmen ist jedoch breit diversifiziert und in mehreren, z. T. sehr heterogenen Geschäftsbereichen aktiv (vgl. Kapitel D I). Während einige Geschäftsbereiche oftmals rein national ausgerichtet sind, setzen Unternehmen in anderen Geschäftsfeldern einen stärker global oder bi-regional ausgerichteten Fokus. Solche Unterschiede in der strategischen Grundhaltung werden von *Rugman* nicht erfasst. Infolge der branchenübergreifenden Diversifikation der Geschäftstätigkeit vieler Fortune Global 500-Unternehmen erscheinen überdies auch die industriespezifischen Einblicke verzerrt. Eine Analyse auf Geschäftsbereichsebene hätte genauere Rückschlüsse darüber erlaubt, ob es sich bei der globalen und transnationalen Strategie tatsächlich um einen Mythos handelt, wie *Rugman* schlussfolgert (vgl. auch Burr/Fischmann 2008, S. 139).

– Hinsichtlich des konzeptionellen Bezugsrahmens ist zu kritisieren, dass die Unterscheidung zwischen den beiden Dimensionen ,Geographische Reichweite des firmenspezifischen Wettbewerbsvorteils' und ,Geographische Reichweite des standortgebundenen Vorteils' nicht eindeutig und trennscharf ist. Firmenspezifische Vorteile sind nämlich oftmals durch die Standortbedingungen geprägt. So kann ein firmenspezifischer Vorteil in Form einer neuen Technologie, die weltweit mit Patenten geschützt ist, auf vorteilhafte lokale Bedingungen hinsichtlich des regionalen Innovationssystems zurückzuführen sein (z. B. Technikaufgeschlossenheit bei Kunden und Lieferanten, führende Universitäten und Forschungseinrichtungen vor Ort, F&E-förderliche regulatorische Rahmenbedingungen etc.). In diesem Fall sind zwar die betreffende Technologie sowie der weltweite Patentschutz firmenspezifisch und in der Verwertung standortungebunden, dies gilt aber strenggenommen nur in der statischen Betrachtung. In einer dynamischen Perspektive liegt nämlich der Wettbewerbsvorteil des betreffenden Unternehmens in seiner Fähigkeit begründet, beständig neue Technologien entwickeln und diese erfolgreich in Form von Produkt- und Prozessinnovationen vermarkten zu können. Diese Innovationsfähigkeit ist auch maßgeblich durch die Verankerung des Unternehmens im lokalen bzw. regionalen Innovationssystem geprägt.

– Das Konzept der „Region" bleibt im Ansatz von *Rugman* unscharf. Zwar bezieht er sich in seinen Ausführungen auf das Konzept der Triaderegionen nach *Ohmae*, allerdings ist dieser Begriff der Region denkbar breit angelegt. In den Ausführungen und Erläuterungen schwankt die territoriale Breite des Regionenbegriffs und reicht von einzelnen großen Ländern, z. B. den USA, bis hin zu ganzen Kontinenten, z. B. Asien. Gerade in letzterem Fall umfasst die Region keinen in sich homogenen Markt, sondern besteht aus verschiedenen Teilregionen mit unterschiedlichem Entwicklungsstand, abweichenden regulatorischen Bedingungen, kulturellen Eigenheiten und spezifischen Wettbewerbsbedingungen. Eine Analyse der Marktbearbeitungsstrategien differenziertere nach den verschiedenen Teilregionen wäre in diesem Fall zielführender.

6. Verständnisfragen

a. Welche Faktoren haben in den letzten 30 Jahren zu einer nachhaltigen Dynamisierung und Internationalisierung des Wettbewerbs geführt? Erläutern Sie insbesondere die Rolle von technologischen Entwicklungen als Globalisierungstreiber einerseits und andererseits die Rolle der Globalisierung als Innovationstreiber. Wie sind diese wechselseitigen Kausalitäten abschließend zu beurteilen?

b. Beim ausländischen Markteintritt über Direktinvestitionen lassen sich zwei grundsätzlich verschiedene Formen – Akquisitionen oder Investitionen auf der ,grünen Wiese' – unterscheiden. Welche Argumente sprechen grundsätzlich für die Akquisitionsstrategie und welche für die Investition auf der grünen Wiese?

c. Bei ausländischen Direktinvestitionen lassen sich drei Formen bzw. Quellen von Direktinvestitionskapital unterscheiden: Zufuhr von Eigenkapital, Reinvestierte Gewinne und langfristige Kredite. Erläutern Sie diese drei Formen und diskutieren deren Relevanz in der unternehmerischen Praxis.

d. Skizzieren Sie die drei Bausteine des eklektischen Erklärungsansatzes zur Internationalisierung der Unternehmenstätigkeit nach Dunning. Was versteht man in diesem Zusammenhang unter dem ,OLI'-Paradigma?

e. Ordnen Sie die nachfolgenden Unternehmensbeispiele den vier verschiedenen Archetypen der internationalen Geschäftstätigkeit nach *Bartlett* und *Ghoshal* zu. Um welche strategische Grundhaltung (international, multinational, global oder transnational) handelt es sich Ihrer begründeten Ansicht nach in den folgenden Fällen? Diskutieren Sie!
  - Bionade Deutschland GmbH mit dem alkoholfreien Erfrischungsgetränk Bionade;
  - Baumaschinenhersteller Caterpillar Inc.;
  - Süßwarenhersteller Ferrero International S. A. mit seinen Markenprodukten wie Nutella, Kinder-Schokolade und Mon Chérie;
  - Textileinzelhandelsunternehmen Hennes & Mauritz (H&M);
  - Saatgut- und Pflanzenzuchtkonzern Monsanto Co.;
  - Multitechnologieunternehmen 3M Corp. mit Geschäftsfeldern u. a. in den Bereichen Büro und Kommunikation (z. B. mit den Marken Post-it und Scotch), Elektronik und Kommunikation, Elektronikkomponenten Chemie (u. a. Folien, Klebstoffe, Reinigungsmittel und Schleifmittel) sowie Medizin- und Gesundheitsprodukte.

f. Diskutieren Sie kritisch den Nutzen der Typologie von *Bartlett* und *Goshal* insbesondere für die Praxis des Internationalen Managements und gehen Sie auf Kritikpunkte an dem Konzept ein.

III. Organisationswandel

Die beiden vorangegangenen Kapitel D I und D II thematisierten Strategien des Wachstums von Unternehmen. Sowohl die Diversifikation in neue Produkt-Märkte als auch die Ausdehnung des Geschäfts in neue Ländermärkte bedingen Veränderungen der organisatorischen Strukturen und Prozesse. Das vorliegende Kapitel thematisiert diese Veränderungen unter dem Blickwinkel der Wandlungs- und Lernfähigkeit von Organisationen.

Warum wird im Rahmen dieses Lehrbuchs der Aspekt der organisatorischen Veränderungsfähigkeit losgelöst von den konkreten strategischen Herausforderungen der Produktdiversifikation und Internationalisierung betrachtet? Für eine separate Betrachtung sprechen mindestens zwei Gründe: Zum einen stellt die organisatorische Wandlungsfähigkeit losgelöst von Internationaliserungs- und Diversifikationsschritten eine permanente Herausforderung für Unternehmen dar. Das ‚Change Management' hat sich zu einer wichtigen Perspektive in der Unternehmensführung entwickelt und ist im Kern um die Stärkung der Innovationsfähigkeit und der Flexibilität des gesamten Unternehmens bemüht, sich besser an verändernde Markt- und Wettbewerbsbedingungen anpassen zu können. Zum anderen stellt die Sicherstellung der organisatorischen Wandlungsfähigkeit eine Querschnittsdisziplin in der Führung und Gestaltung von Unternehmen dar (‚Change Management'), welche sowohl Aspekte der Corporate Governance, der Aufbau- und Prozessorganisation sowie des Innovations- und Personalmanagements einschließt. Zudem gibt es im ‚Change Management' verschiedene Axiome und Paradigmen, welche den organisatorischen Wandel in unterschiedlicher Art und Weise sicherzustellen versuchen. Um dieser Perspektivenvielfalt Rechnung tragen zu können, wird die Disziplin des Change Management in einem separaten Kapitel losgelöst vom konkreten strategischen Kontext und auslösenden Moment diskutiert.

Mit der Darstellung des Begriffs und der Bedeutungsinhalte des organisatorischen Wandel werden in Kapitel D III 1 zunächst die Herausforderungen zur permanenten Wandlungsfähigkeit von Organisationen thematisiert: Was bedeutet eigentlich organisationaler Wandel und welche Faktoren veranlassen Unternehmen zu permanenten Veränderungen und Erneuerungen? Kapitel D III 2 geht den konzeptionellen Grundlagen des organisatorischen Wandels auf den Grund. Welche theoretischen Konzepte lassen sich für die Analyse und Erklärung von Prozessen des organisatorischen Wandels heranziehen? Aus konzeptioneller Sicht ist organisatorischer Wandel immer gleichbedeutend mit der Veränderung der (kollektiven) Wissensbasis von Unternehmen. Kapitel D III 2 fokussiert sich deshalb auf die Erklärung des organisationalen Lernens und die Beschreibung verschiedener Lerntypen. Die Diskussion der Aktionsparameter, welche der Unternehmensführung für die Beeinflussung von Lernprozessen in der Organisation zur Verfügung stehen, leitet über auf die Darstellung der Prinzipien (Kapitel D III 3) und Ansätze originärer Change Management-Konzepte (Kapitel D III 4). Mit der ‚Organisationsentwicklung‘ wird ein ‚sanftes‘ Konzept der kontinuierlichen Veränderung dem abrupten und schlagartigen Konzept des ‚Business Process Reengineering‘ gegenübergestellt. Abgerundet wird die Darstellung mit dem Portrait ausgewählter Personalentwicklungsmaßnahmen in Kapitel D III 5, welche die Lernbereitschaft und Wandlungsfähigkeit der Organisationsmitglieder in das Zentrum der Betrachtung rücken.

1. Zum Begriff und den Bedeutungsinhalten des organisatorischen Wandels

a. Relevanz des Organisationswandels und des Managements von Veränderungen

Die Auseinandersetzung mit Prozessen des Organisationswandels und des Managements von Veränderungen (‚Change Management‘) knüpft an die gestiegene Bedeutung von Entwicklungs- und Transformationsprozessen in und von Organisationen an. Zwar sind Organisationen seit jeher mit Wandel konfrontiert, aber organisationale Entwicklungs- und Transformationsprozesse wurden über lange Zeit als überwiegend kontinuierliche und evolutionäre Wandlungsprozesse betrachtet (vgl. Lang/Alt 2003, S. 279). Die Veränderungen in der Unternehmensumwelt werden jedoch immer weniger vorhersehbar (vgl. Ulrich 1994, S. 7 ff.). Steigende Komplexität, Dynamik und diskontinuierlicher Wandel bezeichnen wesentliche Charakteristika der Unternehmensumwelt: „Indeed, we can no longer even count on a predictable business cycle-prosperity, followed by recession, followed by renewed prosperity – as we once did. In today's environment, nothing is constant or predictable – not market growth, customer demand, product life cycles, the rate of technological change, or the nature of competition" (Hammer/Champy 1993, S. 17; zu einer Übersicht über dynamikerzeugende Faktoren vgl. Kapitel D II 1 sowie D IV 1).

Aus Sicht der Betriebswirtschaftslehre und insbesondere der Organisationsforschung lassen sich zwei verschiedene Denkmodelle unterscheiden (vgl. dazu Pawlowsky/Neubauer 2001, S. 253 ff. sowie Scott 1986, S. 92 ff.): Im **geschlossenen, statischen Paradigma** dominieren Vorausschaubarkeit, Stabilität und Gleichgewicht. Organisationen werden als in sich geschlossene und rationale Systeme betrachtet. In dieser Denktradition stehen einerseits die Ansätze der wissenschaftlichen Unternehmensführung bzw. des ‚Scientific Management‘ (vgl. Taylor 1911) sowie der ‚bürokratische Ansatz‘ nach *Max Weber* (vgl. Weber 1990). Andererseits werden dem statischen, geschlossenen Paradigma auch die ‚Human Relations-Ansätze‘ (vgl. Mayo 1960; Roethlisberger/Dickson 1939) sowie der institutionelle Ansatz nach *Phillip Selznick* (vgl. Selznick 1948) zugerechnet. Diese klassischen Ansätze der Unternehmensführung und Organisation lassen den Faktor Zeit vollkommen unberücksichtigt und sind statischer Natur (vgl. Veil 1999, S. 51). Scott portraitiert diese Perspektiven auch unter dem Schlagwort bzw. Problemaspekt der ‚organisationalen Pathologie‘ (vgl. Scott 1986, S. 389 ff.). Dagegen herrschen im **offenen, dynamischen Paradigma** der Organisationstheorie Innovation und Diskontinuität, aber auch Hoffnung (auf Veränderung) vor. Während in der statischen Perspektive von der Harmonie aller Interessen der beteiligten Akteure ausgegangen wird, steht im dynamischen Modell die Pluralität und Konfliktträchtigkeit der Interessen im Vordergrund. Im statischen Modell dominieren Werte wie Sicherheit und Ordnung, im dynamischen Modell dagegen Individualität und Freiheit. Orientierung und Sinn wird in der traditionellen Sichtweise durch feste Strukturen gestiftet, während in der offenen und dynamischen Sichtweise Orientierung primär durch Lernen, Aufgeschlossenheit und durch Bereitschaft zur Veränderung zustande kommt.

Die drei Theorieansätze des vorliegenden Lehrbuchs basieren grundsätzlich auf dem dynamischen Denkansatz, in dem die Pluralität der Interessen und Ungewissheit dominieren. Allerdings entsprechen die Theorieansätze der Neuen Institutionenökonomik und der Strategieansatz der Industrial Organization-Theorie dieser dynamischen Perspektive nur zum Teil, da sie in ihrer Grundkonzeption komparativ-statisch angelegt sind (vgl. Kapitel B I und B III). Dagegen ist der ressourcenorientierte Ansatz der Unternehmensführung in der evolutorischen Ökonomik verwurzelt und steht damit vollumfänglich in der Tradition des dynamischen Paradigmas (vgl. Kapitel B II).

Aus der bewusst dynamischen, zukunftsorientierten Perspektive der Unternehmensführung müssen sich Organisationen in einem permanenten Wandel an die neuen **ökonomischen**, **technologischen**, **rechtlich-politischen**, **sozio-kulturellen** und **ökologischen** Bedingungen der Unternehmensumwelt anpassen. Folgende Unternehmensbeispiele zeugen von dem Einfluss der sich verändernden Rahmenbedingungen:

– **Ökonomische Veränderungen**: Die Unternehmen der Automobilindustrie sehen sich seit den 1990er Jahren einem zunehmenden Internationalisierungs- und Konsolidierungsdruck ausgesetzt. Die Branche befindet sich in einem strukturellen Wandel von traditionell national geprägten Wettbewerbsstrukturen hin zu einem hart umkämpften, oligopolistisch strukturierten Weltmarkt (vgl. Pfaffmann/Stephan 2001, S. 335 ff.). Der deutsche Automobilhersteller Daimler-Benz AG reagierte im Jahre 1998 auf diese Umweltveränderungen und fusionierte zunächst mit der U. S.-amerikanischen Chrysler Corporation. Der Fusions- und Veränderungsprozess hin zu einem ‚globalen‘ bzw. ‚transnationalen‘ Automobilkonzern mit Wurzeln in Deutschland und in den USA sowie international integrierten Wertschöpfungsstrukturen kam jedoch in Folge von Kosten- und Koordinationsproblemen sowie auch kulturellen Dissonanzen zu einem abrupten Ende. Die strategische Vision eines global integrierten Automobilkonzerns mit transnationaler Grundhaltung ließ sich infolge der angesprochenen kulturellen und kostenbezogenen Probleme nicht realisieren. Im Jahr 2008 spaltete die DaimlerChrysler AG den Chrysler-Konzernteil ab und firmiert seither unter dem Namen Daimler AG wieder als deutscher Automobilkonzern. Einher mit diesen Veränderungen in der Konzernstrategie gingen auch Neuausrichtungen der organisatorischen Strukturen und Prozesse sowie der Unternehmenskultur und Unternehmenssprache (vgl. DaimlerChrysler 1999, 2002; Daimler 2008, 2009).

– **Politisch-rechtliche Veränderungen**: Im Zuge der in den 1980er Jahren in den USA und Großbritannien angestoßenen weltweiten Deregulierungs- und Privatisierungsoffensive „müssen" nun auch seit Ende der 1980er Jahre in Deutschland ehemalige staatliche Monopolunternehmen, u. a. in den Branchen Telekommunikation, Post- und Schienenverkehrsdienstleistungen, in zunehmendem Maße mit privaten Wettbewerbern konkurrieren (vgl. Burr 1995; Laaser 1991). So wurde im Zuge der Postreformen I (1989) und II (1993) die ehemalige Deutsche Bundespost in die Sparten Telekom, Postbank und Postdienst aufgegliedert, die über die Deutsche Telekom AG, Deutsche Postbank AG sowie Deut-

sche Post AG (Deutsche Post DHL) in rechtlich selbstständige Aktiengesellschaften überführt wurden. Sowohl im Bereich der Telekommunikationsdienstleistungen als auch im
Bereich der Post- und Finanzdienstleistungen müssen die Unternehmen sich nun dem
freien internationalen Wettbewerb stellen. Anfang 2008 hat das Europäische Parlament
mit dem Beschluss der vollständigen Öffnung der Märkte für Briefe unter 50 Gramm auch
den letzten Monopolbereich („Briefmonopol") in diesen Märkten liberalisiert. Um sich im
internationalen Wettbewerb für Postdienstleistungen zu behaupten, hat sich die Deutsche
Post AG seit den Postreformen zu einem der weltweit führenden Logistikdienstleister gewandelt. Neben der Erhöhung der Flexibilität (z. B. im Bereich Personal durch die Quasi-
Abschaffung des Beamtenstatus – bei der Deutschen Post AG dürfen keine Beamte mehr
neu eingestellt werden) und Senkung der Kosten (u. a. durch die Ausdünnung des Filial-
netzes) war ein Kernbestandteil des Veränderungsprozesses (mit dem internen Projektna-
men ‚STAR') die Integration der im Verlauf der Jahre zugekauften Logistikunternehmen
Airborne, Danzas, DHL und Excel (vgl. Deutsche Post 2003, 2009). Durch die Zukäufe
erfolgte zudem eine konsequente Ausrichtung des Geschäfts auf internationale Märkte. Im
Jahr 2009 erwirtschaftete das Unternehmen 65 Prozent seines Umsatzes außerhalb von
Deutschland, im Vergleich zu fünf Prozent Anfang der 1990er Jahre. Auch den Großteil
ihrer Wertschöpfung generiert die Deutsche Post heute im Ausland – etwa 60 Prozent seiner Vermögenswerte hat das Unternehmen auf ausländischen Märkten investiert. Die
Deutsche Post versteht sich als global agierender Post- und Logistikdienstleister, der über
ein weltweit integriertes Transport- und Lagernetzwerk verfügt (vgl. Deutsche Post 2009).

– **Sozio-kulturelle Veränderungen:** Im deutschen Einzelhandelssektor lässt sich seit Mitte
der 1970er Jahre eine Intensivierung des Strukturwandels beobachten. Dieser Strukturwandel beinhaltet, u. a. infolge eines sich ändernden Kaufverhaltens seitens der Verbraucher und der zunehmenden Bedeutung des Online-Handels, neben der Verdrängung kleiner und mittlerer Unternehmen auch einen Betriebstypenwandel (vgl. Bahn 2002, S. 2;
Zentes/Rittinger 2009, S. 152 ff.). Eine Facette des Betriebstypenwandels betrifft die klassischen, innerstädtischen SB-Warenhäuser (z. B. Karstadt oder Kaufhof). Der Marktanteil
der klassischen, innerstädtischen SB-Warenhäuser am gesamten Einzelhandel ging von
12,2 Prozent in den 1970er Jahren auf 3,7 Prozent zu Beginn dieses Jahrtausends zurück
(vgl. Sussebach 2004, S. 15). Das Prinzip des ‚Alles unter einem Dach' entspricht nicht
mehr den Verbraucherkaufgewohnheiten: „Lieber spart der Konsument in bestimmten Bereichen und leistet sich anderswo Luxus, statt durchgehend solides Mittelmaß."
(Sussebach 2004, S. 16). Universalkaufhäuser konkurrieren mit spezialisierten Einzelhandelsketten aus den unteren Preissegmenten. Einzelhandelsketten wie Aldi, Lidl oder Tchi-
bo dringen in die traditionellen Warensegmente der Universalkaufhäuser ein und bieten
neben ihren Stammprodukten (Lebensmittel, Kaffee etc.) auch Gebrauchsgegenstände des
täglichen Bedarfs (z. B. Kleidung und Haushaltswaren) an. Daneben stehen die Universalkaufhäuser im Bereich der Elektro- und Elektronikprodukte im Preiswettbewerb mit
großen, spezialisierten Elektrofachmärkten (z. B. Media Markt oder Saturn). Ähnliches
gilt für Bekleidungsprodukte, in denen die Universalkaufhäuser mit Textil-Discountern
wie Kik oder Takko, den Filialen der vertikal integrierten Händlermarken, wie Hennes &
Mauritz, Zara und C&A, oder sogenannten „Monolabel-Stores", d. h. Einzelhandelsge-
schäften, in denen nur Marken bzw. Waren eines Herstellers angeboten werden (z. B.
Esprit, S. Oliver oder Benetton), konkurrieren. Von diesem Strukturwandel stark betroffen
ist die Warenhauskette Karstadt. Die Karstadt Warenhaus GmbH mit Sitz in Essen ist eine
vollständige Tochtergesellschaft der Arcandor AG (bis Mitte 2007 KarstadtQuelle AG)
und innerhalb des Arcandor Konzerns für das Geschäftsfeld stationärer Einzelhandel zu-

ständig. In den vergangenen Jahren hat der Strukturwandel das Unternehmen zweimal in existenzielle finanzielle Krisen geführt. Die ersten finanziellen Schwierigkeiten wurden in 2004 bekannt. Angesichts empfindlicher Umsatzrückgänge im Warenhausgeschäft und eines Rückgangs des Börsenkurses um beinahe 40 Prozent zwischen 2003 und 2004 hat Karstadt (damals noch KarstadtQuelle) im Jahr 2005 insgesamt 75 der 181 deutschen Kaufhausfilialen verkauft bzw. geschlossen. Betroffen waren vorwiegend Filialen mit einer Verkaufsfläche von weniger als 8000 Quadratmeter (vgl. Rowetter 2004, S. 17; Lütge 2010, S. 18). Für die verbleibenden großen Filialen strebte Karstadt bzw. Arcandor als Lösung die Positionierung der Kaufhäuser im ,höhermargigen' Lifestyle-Sortiment an. Als weitere Maßnahme zur Bewältigung der finanziellen Krisensituation und Entschuldung des Konzerns veräußerte Arcandor zudem einen Großteil der Karstadt-Immobilien. Nach der Veräußerung erfolgte in der Regel die Zurückmietung der Immobilien der Filialen. Trotz dieser Maßnahmen fiel die Bilanz für das Geschäftsjahr 2008 (Bilanzstichtag: 30.9.2008) tiefrot aus: Der Mutterkonzern Arcandor musste für 2008 einen Nettoverlust von 700,5 Mio. Euro und finanzielle Schulden in Höhe von 801,8 Millionen Euro ausweisen. Der Börsenkurs fiel in dem betreffenden Geschäftsjahr von 23,48 auf 2,33 Euro je Aktie. Im Mai bzw. Anfang Juni 2009 stellte Arcandor bei der Bundesregierung einen Antrag auf Staatsbürgschaften in Höhe von 650 Millionen Euro und beantragte einen Kredit über 200 Mio. Euro aus den Mitteln des „Wirtschaftsfonds Deutschland". Nachdem sich die Aussicht auf staatliche Beihilfen jedoch zerschlug, meldete die Karstadt Muttergesellschaft Arcandor im Juni 2009 Insolvenz an. Im Herbst 2009 wurden weitere Karstadt-Filialen geschlossen. (vgl. Lütge 2010, S. 18 f.). Anfang Juni wurde vom Ausschuss der Gläubiger beschlossen, die Karstadt Warenhaus GmbH an den Investor Nicolas Berggruen (Berggruen Holding) zu verkaufen. Das Zukunftskonzept des Investors zielt auf einen erneuten Wandel ab: Die Kaufhauskette soll reüssieren, indem die einzelnen Filialen mehr unternehmerische Freiheiten bekommen. Statt Warenhausbürokratie und Verwaltungsmentalität ist nun Unternehmergeist gefragt. Das Sortiment könne so besser nach der Kaufkraft und der Konkurrenz vor Ort ausgerichtet werden. Ob dieser Wandel Erfolg haben wird bleibt offen: „Gut möglich, dass im Drama um Karstadt nur ein retardierendes Moment zu beobachten ist – keine Lösung, sondern trügerische Hoffnung." (Fink 2010, S. 33).

– **Technologische und ökologische Veränderungen:** Der technologische Fortschritt in der konventionellen Energie- und Stromerzeugung hat über die Steigerung der Effizienz bzw. Wirkungsgrade der Kraftwerke zu einem stark rückläufigen Primärenergieverbrauch in Deutschland geführt (zum technologischen Fortschritt in der stationären Energieerzeugung vgl. Stephan 2003, S. 26 ff.). Der Rückgang des Verbrauchs an Primärenergieträgern ging dabei vollständig zu Lasten der Braunkohle (vgl. Heyse/Höhn 1997, S. 315). Im Jahr 2008 rangierte die Braunkohle in der Reihenfolge der wichtigsten Primärenergieträger nach Mineralöl, Erdgas und Steinkohle mit Abstand an letzter Stelle. Der Verbrauch an Braunkohle belief sich in 2008 nur noch auf 53,0 Mio. t, was in etwa 10,9 Prozent am Primärenergieverbrauch entspricht. Allein zwischen 1990 und 2008 hat sich der Anteil damit mehr als halbiert (vgl. Statistik der Kohlewirtschaft E. V. 2008, S. 7). Zurückzuführen ist dieser einseitige Rückgang zu Lasten der Braunkohle auf zwei ökologische Faktoren: Zum einen verursacht Braunkohle im Vergleich zu anderen fossilen Energieträgern die höchsten Kohlendioxid-Emissionen (bei einer relativ geringen Energiemenge), zum anderen hat die gesellschaftliche Akzeptanz, im Rahmen der Erschließung neuer Fördergebiete Umsiedlungen und landschaftliche Veränderungen in Kauf zu nehmen (Braunkohle wird überwiegend im Tagebau abgebaut), rapide abgenommen (vgl.

Heyse/Höhn 1997, S. 316). Betroffen von diesem Rückgang des Verbrauchs waren insbesondere die im Braunkohlebergbau tätigen ostdeutschen Unternehmen. So ging allein im Lausitzer Braunkohlerevier die Förderung von 195,1 Mio. t im Jahre 1989 auf ca. 57,9 Mio. t im Jahre 2008 zurück (vgl. Statistik der Kohlewirtschaft E. V. 2008, S. 19). Von den Anfang 1990 in den ostdeutschen Bundesländern betriebenen 37 Tagebauen wurden bis Ende 2001 29 Tagebaue stillgelegt; derzeit wird nur noch in acht Tagebauen Braunkohle gefördert (vgl. Statistik der Kohlewirtschaft E. V. 2003, S. 22; ebd. 2008, S. 21). Die Lausitzer Braunkohle Aktiengesellschaft (LAUBAG), die 1990 aus der Privatisierung des früheren Braunkohlekombinats ‚Senftenberg‘ hervorging und 1993 mit den Energiewerken Schwarze Pumpe AG verschmolzen wurde, hat auf dieses veränderte ökologische und gesellschaftliche Umfeld in den 1990er Jahren mit einem weitreichenden Umstrukturierungsprogramm reagiert. Ziel der Umstrukturierung war der Wandel von einem im Braunkohlebergbau tätigen Unternehmen hin zu einem modernen, ökologisch-verantwortungsvollen Energieversorger (vgl. Heyse/Höhn 1997, S. 328). Die LAUBAG wurde im Jahre 2001 vom schwedischen Energiekonzern Vattenfall übernommen. In 2003 wurde aus der LAUBAG die Vattenfall Mining AG. Gegenwärtig fördert die Vattenfall Mining als Tochtergesellschaft von Vattenfall noch Braunkohle in drei Tagebauen (ursprünglich 18) und betreibt mehrere Braunkohlekraftwerke. Zur glaubwürdigen Umsetzung des Wandels hin zu einem modernen, ökologisch-verantwortungsvollen Energieversorger hat Vattenfall Programme und Initiativen zum Klima- und Umweltschutz initiiert. So investiert die Vattenfall Mining AG im ostdeutschen Braunkohletagebau jährlich mehrere Millionen Euro in Rekultivierungsprojekte zur nachhaltigen Nutzbarmachung der Bergbau-Folgelandschaften (vgl. Vattenfall 2008).

Zur Anpassung an das härtere, dynamischere und schwerer planbare (Wettbewerbs-)Umfeld müssen Unternehmen mit einem ganzen Bündel interner Maßnahmen reagieren. Diese Anpassung bzw. dieser unternehmerische Wandel kann sich als kontinuierlich ausgerichtete Anpassung an sich verändernde Umweltzustände vollziehen (wie in den Beispielen Deutsche Post und LAUBAG über beinahe zwei Dekaden) oder als radikale Umgestaltung erfolgen (wie bei Daimler mit der Fusion und Abspaltung von Chrysler sowie bei Karstadt/Arcandor mit dem ‚Bombenwurf‘ der Filialschließung, des Immobilienverkaufs und letztlich der Insolvenzanmeldung). Entscheidend ist, dass die Unternehmen die sich aus den Veränderungen der Umwelt ergebenden Risiken frühzeitig erkennen und die sich bietenden Chancen erfolgreich nutzen. Die Hauptaufgabe des (erfolgreichen) Managements des organisatorischen Wandels ist auf die Frage gerichtet, wie Unternehmen den Herausforderungen eines sich ständig, diskontinuierlich und fast unvorhersehbar wandelnden Umsystems begegnen und ihr langfristiges Überleben, ihre fortlaufende Zielerreichung und ihre zukünftige Prosperität sichern können. Dass dies gerade bei starken Umweltveränderungen nicht immer gelingt, zeigt das Beispiel der Warenhauskette Karstadt (Arcandor).

b.   Zu den Begriffskonzepten ‚Organisationswandel‘ und ‚Management von Veränderung‘

In der Literatur existiert eine große Vielfalt an Begriffsbezeichnungen für das Management des organisatorischen Wandels. Begriffe wie ‚Veränderungsmanagement‘, ‚Management der organisatorischen Transformation‘ oder ‚Change Management‘ werden in der Literatur uneinheitlich verwendet und mit unterschiedlich weit gefassten Inhalten belegt. So definiert *Scholz* das Ziel des ‚Change Management‘-Konzepts als „kontinuierliche Verbesserung von Strukturen und Prozessen in der gesamten Organisation und unter aktiver Beteiligung der in ihr arbeitenden Führungskräfte und Mitarbeiter" (1995, S. 5). *Al-Ani* und *Gattermeyer* subsumieren unter Veränderungsmanagement alle Maßnahmen, „die zur Initiierung und Umsetzung von neuen Strategien, Strukturen, Systemen und Verhaltensweisen notwendig sind." (2000, S. 14). Trotz der Vielfalt der Begriffsdefinitionen lassen sich Gemeinsamkeiten feststellen. Vier **konstitutive Merkmale** erscheinen hier nennenswert:

- Alle Definitionsansätze fokussieren sich auf **bewusst gesteuerte und kontrollierte Veränderungsprozesse** (vgl. Ulrich 1994, S. 8; Veil 1999, S. 62). Solche bewusst gesteuerten Veränderungsprozesse werden auch mit dem Begriff der strategischen Erneuerung belegt (vgl. Krüger 2002a, S. 25). Der Veränderungsprozess ist zielorientiert. Er wird vom Management bewusst gestaltet und damit geplant. Zufällige, ungewollte (selbstorganisierende) Veränderungen werden aus der Betrachtung ausgeklammert.
- Eine weitere Gemeinsamkeit der Definitionen richtet sich auf die **Dauerhaftigkeit des organisatorischen Wandels**. Die erfolgreiche strategische Erneuerung mündet nicht in einen Zustand der ‚Organisationsruhe' (vgl. Krüger 2002a, S. 17). Das Management des organisatorischen Wandels verliert den Charakter eines sporadisch auftretenden Ausnahmezustands und entwickelt sich zu einer ständigen Herausforderung für die Unternehmensführung (vgl. Reiß 1997a, S. 18). Es beinhaltet ein fortdauerndes Umgehen mit sich kontinuierlich verändernden Zuständen und Prozessen in der Organisation im Gegensatz zu einer punktartigen oder einmaligen Veränderung.
- Die meisten Definitionsansätze präzisieren das **Objekt des Veränderungsprozesses**. In der Regel richtet sich das Change Management auf die Strukturen, Prozesse und, sofern dies möglich ist, auch auf die Kultur(en) in Unternehmen.
- Übereinstimmend betonen die Begriffskonzepte den **integrierten, funktionsübergreifenden Charakter der Veränderung**. Der Kontext des Veränderungsprozesses ist ganzheitlicher Natur und endet nicht an Abteilungsgrenzen (vgl. Reiß 1997a, S. 18). So beschäftigt sich Veränderungsmanagement sowohl mit Fragen der Organisation, des Personalmanagements und der Unternehmungsführung als auch mit Fragen der Kommunikation und Information (vgl. Thom 1995, S. 870).

Die überwiegende Zahl der Definitionen betont zudem, dass sich das Management des organisatorischen Wandels nicht auf konkrete Techniken zur Planung neuer Strategien (wie etwa Portfolioanalysen) oder zum Entwurf neuer Geschäftsprozesse richtet, sondern vielmehr auf Maßnahmen abzielt, die sicherstellen sollen, dass neue Strukturen, Prozesse usw. überhaupt initiiert und im weiteren Fortgang auch umgesetzt werden (vgl. Al-Ani/Gattermeyer 2000, S. 14). Mit Blick auf diese Gemeinsamkeiten werden im vorliegenden Lehrbuch die Begriffe ‚Veränderungsmanagement', ‚Management des organisatorischen Wandels', ‚Management der organisatorischen Transformation' und ‚Change Management' synonym verwendet.

2. Konzeptionelle Grundlagen des organisatorischen Wandels: Theorien des organisationalen Lernens

Welche theoretischen Konzepte lassen sich für die Analyse und Erklärung von Prozessen des organisatorischen Wandels heranziehen? Die im vorliegenden Lehrbuch herausgestellten Theorieansätze eignen sich teilweise für die Analyse und Erklärung von dynamischen Phänomenen. Die Ansätze der Neuen Institutionenökonomik sind grundsätzlich komparativstatisch konzipiert. Innerhalb dieser Ansätze können zwar Veränderungsprozesse nur sehr eingeschränkt analysiert werden, wohl aber können auslösende Faktoren und Ergebnisse von institutionellen Veränderungen identifiziert werden (vgl. dazu die Ausführungen in Kapitel B I). Auch der Strategieansatz der Industrial Organization-Theorie ist grundsätzlich komparativ-statischer Natur (vgl. Kapitel B III). Dagegen ist der ressourcenorientierte Erklärungsansatz der Unternehmensführung, wie bereits oben vermerkt, in der evolutorischen Ökonomik verwurzelt und stärker dynamisch ausgerichtet (vgl. Kapitel B II). Von den verschiedenen Strömungen innerhalb der ressourcenorientierten Theorie ist der ‚Dynamic Capabilities'-Ansatz in besonderem Maße geeignet, den Organisationswandel als dynamisches Phänomen zu erfassen und zu analysieren. Beide Ansätze stehen in der Tradition der wissensorientierten Erklärungsansätze. Aus dieser Sicht ist organisatorischer Wandel immer gleichbedeutend mit der Veränderung der (kollektiven) Wissensbasis des Unternehmens. Im Folgenden wird ein Überblick über ausgewählte Theorien des organisationalen Lernens gegeben, welche sich mit der Abbildung und Erklärung der Veränderungsprozesse der kollektiven Wissensbasis befassen. Organisationales Lernen bezieht sich auf das Lernen der Organisation als Entität – im Gegensatz zum Lernen in Organisationen durch die einzelnen Mitglieder der Organisation (vgl. Klimecki/Thomae 1997, S. 2).

a.   Organisatorischer Wandel als Veränderung der Wissensbasis des Unternehmens: Organisationales Lernen

Bewusst gesteuerte und kontrollierte Veränderungsprozesse schließen, unabhängig vom Ziel und Gegenstand der Veränderung (Strukturen, Prozesse oder Kultur), immer Lernprozesse mit ein. Organisatorischer Wandel als Struktur- bzw. Verhaltensänderung ist somit definitorisch an organisationales Lernen geknüpft (vgl. Veil 1999, S. 161, 163). Indem Organisationen lernen, erweitern sie ihr Wissen in Form von neuen Informationen über Kunden, Märkte, Wettbewerber und andere externe Einflussfaktoren oder in Form neuer Fähigkeiten und Erfahrungen auf der Ebene der einzelnen Mitarbeiter sowie auf kollektiver Ebene in Form neuer Regeln und Kompetenzen. Organisationales Lernen ist demnach gleichbedeutend mit der Verbesserung der kollektiven Wissensbasis (vgl. Reiß 1997a, S. 10). Die Weiterentwicklung der Wissensbasis des Unternehmens durch Lernen im Rahmen gezielter Veränderungsprozesse soll die Fähigkeit der Organisation beeinflussen, Herausforderungen infolge komplexer und dynamischer Umwelteinflüsse (z. B. Deregulierung des Marktes, Internationalisierung des Wettbewerbs, zunehmende Dienstleistungsorientierung der Kunden etc.) zu bewältigen. Lernen ist ein Prozess, bei dem proaktiv oder reaktiv neue oder verbesserte Lösungen zur Bewältigung von Herausforderungen gesucht, gefunden und realisiert werden. Unternehmen passen sich in der Perspektive des Veränderungsmanagements durch Variation und Generierung von neuem Wissen an die sich verändernden Umweltbedingungen an. Die Wissensstrukturen in einer Organisation werden sich jedoch nur dann ändern, wenn die beteiligten Akteure ihre individuelle Wissensbasis erweitern. Der Ort des organisationalen Lernens ist immer das Individuum selbst, nicht die Organisation (vgl. Pfaffmann 2001, S. 139). Gleichwohl ist organisationales Lernen mehr als die bloße Akkumulation der individuellen Lernprozesse. Vielmehr erfolgen im sozialen Lernkontext (z. B. Interaktion der Organisationsmitglieder, Erfahrungsaustausch, interpersonelle Auseinandersetzung mit Informationen etc.) Modifikationen der individuellen Lernergebnisse. Die Fähigkeit der Organisation, „sich diese individuell ablaufenden Lernprozesse zugänglich und verfügbar zu machen und diese zur Erhöhung des organisationalen Problemlösungspotenzials zu integrieren, beeinflusst somit maßgeblich das Lernen auf der Organisationsebene" (Pawlowsky/Neubauer 2001, S. 256).

Ziel der Konzepte und Theorien zum organisationalen Lernen ist es, Einsichten in Prozesse, Ursachen, Barrieren und allgemeine Rahmenbedingungen des Lernens in Organisationen zu gewinnen. Das primäre Erkenntnisinteresse richtet sich also weniger auf das Lernen der einzelnen Individuen, als vielmehr auf **kollektive Lernprozesse**. In der Pionierarbeit zu Pro-

zessen des Lernens in Organisationen aus dem Jahre 1963 (‚Behavioral Theory of the Firm')
brechen *Richard M. Cyert* und *James G. March* mit der bis dahin geltenden Grundannahme,
dass Entscheidungen in Unternehmen uneingeschränkt rational getroffen werden. Nach Cyert
und March sind Entscheidungen vielmehr durch die begrenzte Rationalität der Akteure geprägt und werden durch Quasi-Konfliktlösungen zwischen den verschiedenen Interessengruppen im Unternehmen sowie durch Unsicherheitsvermeidung und Problemlösungssuche
beeinflusst. In diesem frühen Verständnis beschreiben *Cyert* und *March* Lernen als ‚Trial and
Error'-Prozess (vgl. Klimecki/Thomae 1997, S. 3). Die Akteure überprüfen die Ergebnisse
ihrer früheren Entscheidungen hinsichtlich der Erfüllung der vorgegebenen Ziele. Soll-Ist-
Abweichungen führen zu einer Suche nach alternativen Problemlösungsmustern oder gege-
benenfalls zur Anpassung der Ziele. Dieses stark mechanistisch geprägte Verständnis von
Lernprozessen in Organisationen wurde in der Folgezeit durch Konzepte aus der Sozial- und
Kognitionspsychologie ergänzt (vgl. March/Olsen 1975; Hedberg 1981; Duncan/Weiss 1979;
Argyris/Schön 1978).

Nachfolgend werden die wichtigsten theoretischen Entwicklungslinien des organisationalen
Lernens herausgegriffen. In der **entscheidungsorientierten Perspektive** werden traditionelle
Ansätze des organisationalen Lernens dargestellt, die Weiterentwicklungen der Pionierarbeit
von *Cyert* und *March* darstellen. Ebenfalls auf sozialpsychologischer Grundlage stehen die
kognitiven Ansätze des organisationalen Lernens, welche eine enge Verwandtschaft zum
verhaltenswissenschaftlichen Ansatz von *Cyert* und *March* aufweisen. In der sogenannten
wissensorientierten Perspektive werden Theorien des organisationalen Lernens dargestellt,
die in der Denktradition der ressourcenorientierten Ansätze der Unternehmensführung stehen
(vgl. dazu Kapitel B II; zu einer umfassenden Systematisierung der Ansätze des organisationalen Lernens vgl. Pawlowsky/Neubauer 2001, S. 260 ff.). Abschließend wird ein neuer
Zweig der Forschung zu organisationalen Lernprozessen vorgestellt, der sich mit grundsätzlich verschiedenen Ansatzpunkten bzw. Arten des Lernens in und von Organisationen beschäftigt: **Wissensexploration als Produktion gänzlich neuen Wissens und Wissenexploi-
tation** als Verfeinerung und Weiterentwicklung bestehenden Wissens thematisieren in diesem
Kontext zwei grundsätzlich verschiedene Strategien und Arten des organisationalen Lernens.
Schlüsselherausforderung für Organisationen ist letztlich die Balance zwischen beiden Lern-
arten, welche unter dem Begriff der ‚**Ambidextrie**', also unter der Metapher der Beidhändigkeit thematisiert wird (vgl. Kerber/Stephan 2010).

b. Entscheidungsorientierte Ansätze des organisationalen Lernens

Die **entscheidungsorientierte Perspektive** ordnet sich in die Tradition der frühen Arbeiten
von *Cyert* und *March* (1963) bzw. *March* und *Olsen* (1976) ein. In den entscheidungsorientierten Ansätzen wird der Entscheidungsträger **Mensch als komplexes, informationsverar-
beitendes System** betrachtet. Im Zentrum der Ansätze stehen so genannte Stimulus-Respon-
se-Verhaltensmodelle des Lernens, welche organisationales Lernen als Adaptionsprozess
beschreiben (vgl. Pawlowsky/Neubauer 2001, S. 260). Ließen sich in der Vergangenheit Ziele
durch spezifische Verhaltensweisen erreichen, so wird dieses Verhalten in der Zukunft in
einem vergleichbaren Zusammenhang reproduziert. Diese einfachen, mechanistisch geprägten
Modelle des individuellen Lernens werden auf das kollektive Lernen einer Organisation
übertragen, „wobei das Konzept des individuellen Gedächtnisses durch Standard Operating
Procedures auf der Organisationsebene substitutiert wurde." (Pawlowsky/Neubauer 2001,
S. 260). ‚**Standard Operating Procedures**' spiegeln aus dieser Sicht das Spektrum der verschiedenen Verhaltens- und Entscheidungsregeln wider, die einer Organisation zur Verfügung

stehen. Auf externe Schocks reagiert die Organisation mit der Auswahl geeigneter Verhaltensweisen bzw. Entscheidungen. Je nach Ausmaß der Abweichung vom anvisierten Ziel nimmt die Organisation Modifikationen und Anpassungen an ihren Standard Operating Procedures vor und erweitert die Zahl der möglichen Optionen. Bei starken Zielabweichungen unterbleibt die zukünftige Reproduktion der betreffenden Standard Operating Procedures. Die Selektion und Erweiterung der Verhaltens- und Entscheidungsoptionen des Unternehmens bilden in diesen Ansätzen den Kern des organisationalen Lernens.

Nelson und *Winter* (1982) sowie *Levitt* und *March* (1988) haben diese mechanistische Perspektive erweitert und den Begriff der ‚**organisatorischen Routine**‘ in die Diskussion eingeführt. Das Konzept der Routine ersetzt die Standard Operating Procedures der älteren entscheidungsorientierten Ansätze: „The generic term ‚routine‘ includes the forms, rules, procedures, conventions, strategies, and technologies around which organizations are constructed and through which they operate." (Levitt/March 1988, S. 320). Organisatorische Routinen sind demzufolge regelmäßige und vorhersehbare Verhaltensmuster und Handlungsabläufe, die sich für die erfolgreiche Bewältigung von Problemen im Sinne von Lösungsmechanismen im Zeitverlauf herausbilden (vgl. Nelson/Winter 1982, S. 14). Organisatorische Routinen sind ein kollektives Phänomen und unabhängig von den individuellen Organisationsmitgliedern. Sie bleiben auch bei einem Weggang von Individuen über die Zeit erhalten.

Routinen in Organisationen werden ebenfalls gestützt und mitgetragen von der Organisationskultur im Sinne eines kollektiven Deutungs- und Interpretationsrahmens. Diese Organisationskultur bzw. das Organisationsbewusstsein ist relativ stabil und nur begrenzt durch neue Erfahrungen zu verändern. Diese Organisationskultur ist, nach *Levitt* und *March*, ein prägender Faktor für die Lernprozesse in Organisationen. *Levitt* und *March* konzeptualisieren in ihrem Ansatz organisationales Lernen nämlich auf zwei verschiedenen Ebenen: Zum einen lernen Organisationsmitglieder aus ihren eigenen, individuellen Erfahrungen und zum anderen werden Lernprozesse durch den kollektiven Deutungs- und Interpretationsrahmen der Organisationskultur beeinflusst. Lernen schließt über die Organisationskultur auch die Erfahrungen ein, die andere Organisationsmitglieder gemacht haben. Lernen berücksichtigt damit im Konzept der organisatorischen Routinen, im Gegensatz zu den ursprünglichen, mechanistisch geprägten Konzepten des Lernens, verschiedene Facetten einer organisatorischen Wissensbasis, welche letztlich das Ergebnis individueller und kollektiver Entwicklungen (und Lernprozesse) darstellt (vgl. Pawlowsky/Neubauer 2001, S. 261).

Über die Zeit besteht in Organisationen die Gefahr, dass sich organisatorische Routinen zunehmend verfestigen und es durch eine Institutionalisierung, bspw. in Form von Handbüchern und formalisierten Prozessen, zu einer organisatorischen Verkrustung und Bürokratisierung kommt. Eine solche Verfestigung und Verkrustung wird durch eine starke bzw. starre Organisationskultur verstärkt (vgl. Scholz 1988, S. 243 ff.).

c.   Kognitive Ansätze des organisationalen Lernens

Eng verwandt mit den entscheidungsorientierten Ansätzen sind die kognitiven Theorien. **Kognitive Ansätze** des organisationalen Lernens basieren auf der Annahme, dass Lernprozesse nicht auf die bloße Speicherung von rationalen Erfahrungen reduziert werden können, sondern vor dem Hintergrund der kognitiven Strukturen der Organisationsmitglieder bzw. der Organisation betrachtet werden müssen (vgl. dazu Pawlowsky/Neubauer 2001, S. 262). Diese strukturell orientierten Konzepte des organisationalen Lernens basieren auf der Annahme, dass Lernen der Organisationsmitglieder von der Struktur des kollektiven Wissenssystems einer Organisation oder eines sozialen Subsystems abhängt. Die kognitiven Strukturen, d. h. die strukturellen Eigenschaften des kognitiven Systems der Organisationsmitglieder bestimmen die Informationsverarbeitungskapazitäten in und von Organisationen und dienen der Interpretation der Wirklichkeit (vgl. Axelrodt 1976; v. Krogh/Roos 1996). Das kollektive Wissenssystem (‚Organisational Mind') umfasst die Gesamtheit des auf der Organisations- bzw. Gruppenebene gespeicherten und verfügbaren Wissens. Organisationales Lernen beinhaltet aus dieser Sicht Veränderungen des kollektiven Wissenssystems: „Kognitive Strukturen werden erweitert bzw. variiert und ermöglichen damit eine verbesserte Wahrnehmung und Bewertung der internen und externen Umwelt der Organisation" (Pawlowsky/Neubauer 2001, S. 262). Die kognitiven Strukturen der Organisation bilden die Grundlage für die Schaffung einer organisationalen Realität im Sinne eines organisatorischen Referenzrahmens. Der **organisatorische Referenzrahmen** wird (analog zur Organisationskultur im Sinne eines kollektiven Deutungs- und Interpretationsrahmens bei den entscheidungstheoretischen Ansätzen) durch die Interaktion der Organisationsmitglieder, u. a. über Symbole, gemeinsame Werte und Normen, konstruiert. Die identitätsstiftende Wirkung des organisatorischen Referenzrahmens liefert den Mitgliedern ein Vorverständnis darüber, welche Suchaktivitäten nach neuen Lösungen im Rahmen von Lernprozessen innerhalb der Organisation als legitim gelten und welche nicht, und stiftet dadurch Orientierung und Stabilität (vgl. Pfaffmann 2001, S. 141).

Aufbauend auf den Einblicken der kognitiven Ansätze wurden in den vergangenen Jahren gezielt Verfahren und Instrumente zur Steigerung der organisationalen Lernfähigkeit entwickelt. Mit diesen Instrumenten wird versucht, den organisatorischen Referenzrahmen mittels gezielter Förderung der formellen und informellen kollektiven Kommunikation und Interaktion zu stärken. Zu diesen Instrumenten und Verfahren sind, neben den zahlreichen Methoden des Wissensmanagements, vor allem die sogenannten Großgruppenverfahren zu rechnen, mit denen die lernende Organisation gefördert werden soll.

Exkurs: Großgruppenverfahren als Konzept zur Förderung der Lernenden Organisation

‚Großgruppenverfahren' sind Verfahren kollektiven und organisationalen Lernens, die seit Mitte der 1990er Jahre im deutschen Sprachraum populär geworden sind und welche in den kognitiven bzw. sozialpsychologischen Ansätzen des organisationalen Lernens wurzeln (vgl. Weber 2005; Weisbord 1996). Ziel der Großgruppenverfahren ist es, die individuelle und kollektive Verantwortung für Veränderungen und Innovationen gleichermaßen zu stärken und eine gemeinsame Entwicklung kreativer neuer Lösungen in Organisationen voranzutreiben. Als Praxiskonvention hat sich eingebürgert, Großgruppenverfahren über die Gruppengröße, d. h. nach der Anzahl der partizipierenden Organisationsmitglieder zu definieren. Üblicherweise werden systemisch orientierte Verfahren dann als Großgruppenverfahren bezeichnet, wenn sie sich in besonderem Maße für Verfahren kollektiven Lernens in Gruppen ab 30 teilnehmenden Personen eignen (vgl. Weber 2005, S. 16).

Großgruppenverfahren (synonym: Methoden der Großgruppenmoderation) versuchen große Planungs- und Entscheidungsgruppen von 30 bis 200 (und manchmal sogar bis zu 1000) Teilnehmern in großen Versammlungs- und Tagungsräumen so zu steuern, dass diese in kurzer Zeit, üblicherweise in zwei bis drei Tagen, zu umsetzbaren Ergebnissen kommen. Anwendungsfelder der Großgruppenverfahren sind nicht nur Veränderungsprozesse in Unternehmen bzw. Organisationen, sondern z. B. auch in städtischen Kommunen, in denen eine stärkere Bürgerbeteiligung angestrebt wird.

Im Englischen als „Large Group Interventions" bezeichnet, setzen Großgruppenverfahren im Prozessablauf an der Analyse der gegenwärtigen Ausgangssituation von Organisationen an und entwerfen dann eine zu bestimmende Zukunft bzw. Lösungsansätze. Als didaktische Arrangements in komplexen Problemsituationen gehen sie von Ungewissheit und offener Transformation für die Ausgangsituation wie auch für die Zielstellung aus. Sie lassen sich als vernetzte Lern- und Veranstaltungsformen verstehen, in denen die Teilnehmer selbstständig und selbstreflexiv organisatorischen Wandel und Veränderungen anstoßen sollen (vgl. Weber 2005, S. 16).

Zu den Unternehmen bzw. Organisationen im deutschsprachigen Raum, welche Großgruppenverfahren einsetzen, zählen u. a. der ADAC („Fusion der Bereiche ‚Neue Verträge' und ‚Mitglieder Vertragsservice'), die Adam Opel AG („Workshop Businessplan 2000") und die FRAPORT AG („Gespräch zu Betriebsklima und Unternehmenskultur"). Zu den bekanntesten Großgruppenverfahren gehören die ‚Open Space Methode', die ‚Wertschätzende Erkundung' (‚Appreciative Inquiry') und die ‚Zukunftskonferenz' und der ‚Realtime Strategic Change' (vgl. Weber 2002, 2005; Weisbord 1996). Gemein sind allen genannten Verfahren die folgenden Prinzipien:

– Ressourcen- und Lösungsorientierung;
– offene Herangehensweise an die Zukunftsgestaltung;
– Selbstorganisation, partizipativer Ansatz und dialogische Generierung von Lösungen.

Alle Großgruppenverfahren arbeiten mit dem Prinzip der Selbstorganisation der beteiligten Organisationsmitglieder. Die verschiedenen Verfahren akzentuieren Selbstorganisation jedoch in unterschiedlicher Weise und Tiefe. Exemplarisch für ein Großgruppenverfahren sei nachfolgend die Open Space-Methode dargestellt:

Die **Open Space-Methode** will die Dynamik unstrukturierter „Kaffeepausen" in ein „Konferenzdesign" übertragen (vgl. Weber 2005, S. 48). Ausgangsüberlegung bzw. -beobachtung ist, dass gerade Kaffeepausen meist die interessantesten, kreativsten und effektivsten Phasen sind. Bei der Open Space-Methode wird versucht, diese Dynamik auf ein gering vorstrukturiertes Konferenzdesign mit Mitgliedern der Organisation zu übertragen, um – analog zu Kaffeepausen – den Austausch der Teilnehmer in den Mittelpunkt zu stellen und auf radikale Selbstorganisation zu setzen. Open Space schafft einen Raum, in dem viele Menschen selbstorganisiert und selbstverantwortlich ihre Anliegen innerhalb eines gemeinsamen Ober- oder Generalthemas gemeinschaftlich bearbeiten können. Innerhalb der Oberthemen gibt es keine vorgegebenen Tagesordnungspunkte, jeder Teilnehmer kann ein Anliegen, das ihm besonders am Herzen liegt, vorantreiben. Die Open Space Konferenzmethode verzichtet bewusst auf eine vorgeplante Veranstaltungsagenda und im Vorfeld abgesprochene Vorträge bzw. Rednerbeiträge. Die Gruppengröße der Teilnehmer kann zwischen 10 und 1.000 Personen variieren. Der Einsatz der Methode empfiehlt sich vor allem dann, wenn das Generalthema allen Beteiligten wichtig scheint, jedoch zu breit angelegt ist, um von einzelnen Personen oder kleinen Gruppen angemessen bearbeitet werden zu können (vgl. Weber 2005, S. 48). Folgende Anwendungsfelder eignen sich beispielhaft für den Einsatz von Open Space-Methoden (vgl. u. a. Maleh 2002; Weber 2002):

- Einleitung und Bewältigung von organisationalen Veränderungen, z. B. für formale Reorganisationen auf mittleren Hierarchieebenen (insbesondere für Mitarbeiter im mittleren Management);
- partizipative Ideengenerierung bei der Produktentwicklung (im Innovationsmanagement) ;
- partizipative Ideen- und Lösungsentwicklung zur Qualitätsverbesserung (u. a. in der Beschaffung und Produktion);
- Motivations- und Identifikationsentwicklung im Rahmen der Stärkung der Unternehmenskultur (bspw. für die Mitarbeiter im Außendienst).

Wie läuft eine Open Space-Veranstaltung ab? Man kann verschiedene Phasen in der Durchführung unterscheiden (vgl. dazu auch Schiersmann/Thiel 2008, S. 148). Nach der Einführung in das Veranstaltungsthema werden die Teilnehmer aufgefordert, Themen zu benennen, die ihnen wichtig sind und die sie gerne auf der Konferenz im Rahmen von einzelnen Workshops bearbeiten möchten: „Die Themen werden auf einem Anschlagbrett gesammelt, anschließend wird der ‚Marktplatz' eröffnet. Am Anschlagbrett tragen sich alle Teilnehmenden dort ein, wo sie mitarbeiten wollen. [...] Die Ergebnisse der Workshops werden in Stichwortprotokollen zusammengefasst und noch auf der Veranstaltung auf einer Nachrichtenwand und einer Dokumentation allen Teilnehmenden zur Verfügung gestellt." (Weber 2005, S. 49).

Ein wichtiges Grundprinzip der Open Space-Methode ist die Selbstorganisation der Themen- bzw. Workshop-Gruppen. Ein wichtiger und nützlicher Nebeneffekt der Open Space-Konferenzmethode und der Selbstorganisation in Themen- bzw. Workshop-Gruppen ist die Stärkung des informellen Netzwerkes der Organisation. Durch die Zusammenarbeit in diesen Gruppen entstehen bereichsübergreifende Bindungen, welche einen zentralen Pfeiler für die Unternehmung als informelle Gemeinschaft bilden.

Abb. 151: Exkurs zu Großgruppenverfahren

d. Wissensorientierte Ansätze des organisationalen Lernens

Während sich die kognitiven Ansätze primär auf die Strukturen der Wissenssysteme und auf Prozesse der Entwicklung von organisationalem Wissen richten, rücken **wissensorientierte Ansätze** die Eigenschaften von Wissen in das Zentrum von Betrachtung und Analyse (vgl. Pawlowsky/Neubauer 2001, S. 263). Lernen beinhaltet die Konstruktion von Wissen. Die Konstruktion von Wissen ist ein aktiver Vorgang. Zum Transfer des Wissens bedarf es der Mitwirkung von Wissensinhaber und Empfänger. Die Möglichkeiten des Transfers von Wissen werden durch dessen Eigenschaften beeinflusst. Ein grundlegendes Verständnis über Eigenschaften und Dimensionen von Wissen wurde von *Polanyi* (1966) erarbeitet. *Polanyi* unterscheidet zwischen **implizitem** und **explizitem Wissen**. Explizites Wissen lässt sich mit Hilfe von Sprache artikulieren und damit einfach transferieren (z. B. Baupläne, Lastenhefte etc.). Von kritischer Bedeutung ist der implizite Charakter von Wissen, der dessen Übertragung im Rahmen von Lernprozessen im Wege steht. Wissen ist implizit, weil dem Wissensinhaber die einzelnen Merkmale seines Wissens unbekannt sind. *Pfaffmann* (2001) gibt dazu folgendes Beispiel: „So ist es [...] einem 100-Meter-Läufer nicht bewusst, welche einzelnen Prozesse während seines Laufes zusammenspielen. Versucht er diese explizit zu machen, wird er mit großer Gewissheit über seine Beine stolpern." (2001, S. 123). Die Mitglieder einer Organisation wissen mehr, als ihnen bewusst ist und sie auszudrücken in der Lage sind. Eine kritische Fragestellung ist also die Mobilisierung impliziter Wissensbestandteile und ihr Transfer innerhalb der Organisation (vgl. Pawlowsky/Neubauer 2001, S. 263). Die Mobilisierung und der Transfer impliziter Wissensbestandteile werden durch das Vorhandensein von kollektiven Wissensbestandteilen in der Organisation erleichtert. Der Sinngehalt von **kollektivem Wissen** wird von den Mitgliedern der Organisation gleich, oder zumindest in ähnlicher Form, verstanden bzw. interpretiert. Das kollektive Wissen schließt gemeinsame Normen und Werthaltungen ein. Kollektive Wissensbestandteile erleichtern die Kommunikation und den Transfer impliziter Wissensbestandteile im Unternehmen, da Wissensinhaber und Empfänger über ein gleiches ‚Grundverständnis' verfügen.

In der Tradition der wissensorientierten Ansätze stehen der **Kompetenz- bzw. Kernkompetenzansatz** (vgl. Prahalad/Hamel 1990; Sanchez/Heene/Thomas 1996) und der ‚**Dynamic Capabilities'-Ansatz** (vgl. Eisenhardt/Martin 2000; Teece/Pisano/Shuen 1997; Teece 2009). Die Grundannahme der beiden Ansätze besteht darin, dass die Wettbewerbsfähigkeit eines Unternehmens von dessen Wissen und Fähigkeiten abhängt, die sich von dem der Wettbewerber unterscheiden (vgl. Pawlowsky/Neubauer 2001, S. 264). (Kern-)Kompetenzen basieren auf repetitiv ausgeführten und dadurch im Unternehmen implementierten Aktivitätsmustern sowie auf organisationalem Lernen des Unternehmens, wie das Zusammenspiel der unternehmerischen Ressourcen im Zeitablauf verbessert werden kann (vgl. dazu Kapitel B II 3 c). Aus einer ähnlichen, aber stärker dynamisch orientierten Perspektive betrachtet der ‚Dynamic Capabilities'-Ansatz die Fähigkeit des Unternehmens, permanent zu lernen, d. h. die Fähigkeit zur permanenten Verbesserung seiner Wissensbasis (vgl. Kapitel B II 3 d). Die organisatorische Wissensbasis nimmt in den Ansätzen eine doppelte Rolle ein: Einerseits basieren sowohl (Kern-)Kompetenzen als auch Dynamic Capabilities zu einem wesentlichen Teil auf dem im Unternehmen vorhandenen Wissen und Fähigkeiten (auf individueller und kollektiver Ebene). Andererseits werden (Kern-)Kompetenzen und Dynamic Capabilities als Quelle organisationaler Lernprozesse herausgestellt. (Kern-)Kompetenzen und Dynamic Capabilities sind damit entscheidende Einflussfaktoren der Verbesserung der organisatorischen Wissensbasis (vgl. Pawlowsky/Neubauer 2001, S. 264).

e.   Ambidextrie: Balance zwischen explorativen und exploitativen Lernprozessen

Aufbauend auf den Überlegungen des ‚Dynamic Capabilities'-Ansatzes haben sich in der jüngeren Vergangenheit zahlreiche Autoren mit unterschiedlichen Typen von Lernprozessen in Organisationen beschäftigt. Unter dem Schlagwort bzw. der Metapher der ‚Ambidextrie' wird die Ausgewogenheit bzw. Balance verschiedenartiger Lerntypen in Unternehmen thematisiert. ‚Ambidextrie' oder ‚Beidhändigkeit' von Organisationen bezeichnet dabei die Fähigkeit und gleichzeitig die Herausforderung in der ressourcen- und kompetenzorientierten Sicht der Unternehmensführung, die „richtige" Balance zwischen sogenannten ‚Resource Exploration'- und ‚Resource Exploitation'-Prozessen sicherzustellen. (vgl. Gibson/Birkinshaw 2004; Kerber/Stephan 2010; Tushman/O'Reilly 1996, 2004). ‚Exploitation' und ‚Exploration' sind verschiedene Lerntypen, die sich nach der Neuheit des durch sie hervorgebrachten Wissens unterscheiden. Exploration zielt auf die Produktion gänzlich neuen Wissens ab, Exploitation dagegen auf die Verfeinerung und Weiterentwicklung von bereits vorhandenen Wissensbeständen. Während Explorationsprozesse die Suche nach neuem Wissen, nach unbekannten Technologien oder die Diversifikation in unsichere neue Produktmärkte zum Ziel haben, geht es bei der Exploitation um die Verwertung und Veredelung von im Unternehmen bereits vorhandenen Ressourcenbeständen, bspw. durch die Vertiefung von Wissen, inkrementelle Innovationen oder die Differenzierung des Produktangebots.

Kernüberlegung in diesem Zusammenhang ist, dass exploratives Lernen, d. h. die Exploration (radikal) neuer Möglichkeiten, und exploitatives Lernen, d. h. inkrementelle Veränderungen in Verbindung mit der Nutzung vorhandener Potenziale, zwei grundsätzlich verschiedene Aktivitätsmuster und Orientierungen in Organisationen darstellen, die nicht bzw. nur schwer in Einklang zu bringen sind und die es auszubalancieren gilt. Die Exploitation von Ressourcen bietet sich als vergleichsweise sichere Strategie mit kalkulierbaren Risiken an und verschafft dem Unternehmen unmittelbar greifbare, d. h. sofort realisierbare Vorteile. Die Ressourcenexploration ist dagegen mit höheren Kosten und Risiken bzw. Ungewissheiten verbunden, sie eröffnet dem Unternehmen aber langfristige Entwicklungspotentiale. Zwischen Explorations- und Exploitationsaktivitäten besteht offensichtlich eine Trade-off-Beziehung. Erfolgreiche Unternehmen, so die Ambidextrie-Hypothese, schaffen die Balance auf dem Drahtseil zwischen beiden Aktivitätsmustern.

Zum ersten Mal explizit thematisiert wurde die beschriebene Trade-off-Beziehung zwischen diesen Lerntypen von *James G. March* in seiner Abhandlung ‚Exploration and Exploitation in Organizational Learning' in der Zeitschrift ‚Organization Science' aus dem Jahre 1991. Seither hat sich eine wachsende Zahl von Management- und Organisationsforschern mit diesem Phänomen der ‚Ambidextrie' auseinandergesetzt. Die skizzierte Trade-off-Beziehung wird dabei aus unterschiedlichen Blickwinkeln beleuchtet und in eine Vielzahl verschiedener Begrifflichkeiten gekleidet. So wird das Thema ‚Ambidextrie' im Kontext organisationaler Lerntheorien und der organisationalen Transformation auch unter der Bezeichnung ‚evolutionärer versus revolutionärer Wandel' (Tushman/O'Reilly 1996) bzw. unter dem Schlagwort der ‚organisatorischen Improvisationsfähigkeit' (Weick 1998; Sheremata 2000; Zack 2000; Kamoche et al. 2003) diskutiert. Im strategischen Technologie- und Innovationsmanagement beschäftigen sich zahlreiche Arbeiten mit der Frage nach der optimalen Mischung aus inkrementellen und radikalen (explorativen) Innovationen (vgl. u. a. Jansen et al. 2006; Rothaermel/Deeds 2004; Greve 2007). Und nicht zuletzt wurde in jüngeren konzeptionellen Abhandlungen zur ressourcen- und kompetenzbasierten Unternehmenstheorie die Fähigkeit der ‚Ambidextrie' als sogenannte ‚high order dynamic capability' von Organisationen charakterisiert und definiert (Güttel/Konlechner 2009; Schulze et al. 2007; Sfirtsis/Moenart 2008).

Die Sichtweise von *March* (1991), wonach sowohl Exploration als auch Exploitation Lernprozesse darstellen, ist Gegenstand häufiger Kritk. In diesem Kontext wird argumentiert, dass nur Exploration Lernen impliziere (Rosenkopf/Nerkar 2001; Vermeulen/Barkema 2001; Lavie/Rosenkopf 2006). Exploitation beinhalte demgegenüber nur die Nutzung vorhandener Wissensbestände. Im Kern kreist diese Diskussion um die Definition und Deutung des Konstrukts der ‚Exploitation'. In der vorgebrachten Kritik wird Exploration mit Lernen und Exploitation mit starrer Replik gleichgesetzt (Gupta et al. 2006). Diese Sicht unterscheidet sich jedoch von der ursprünglich eingeführten Definition von Exploitation nach *March* (1991). Nach *March* schließt Exploitation auch die Weiterentwicklung, Veredelung und Verfeinerung von Wissen und damit auch gewisse Dynamiken ein, die im Bestand des bereits vorhandenen Wissens entstehen. Eine bloße Nutzung ohne Veränderungen von Wissen schließt solche Dynamiken jedoch aus. Strittig ist in diesem Zusammenhang, ob eine bloße Nutzung von Wissen ohne Veränderungen im Sinne einer starren Replikation überhaupt denkbar ist. So entstehen, in einem gewissen Umfang, auch bei repetitiven Aktivitäten zwangsläufig Erfahrungs- und Lerneffekte bei der Nutzung von Wissen. Auch kontextuelle Spezifika lassen jedem Handeln einen gewissen, situationsspezifischen Freiraum, der die Akteure zu Anpassungshandlungen und damit zur Weiterentwicklung von Wissen zwingt, auch wenn das handlungsleitende Wissen, auf das die Akteure zurückgreifen, nicht in Frage gestellt wird (Eberl 2009).

f. Aktionsparameter der Unternehmensführung zur Beeinflussung von Lernprozessen

In der zusammenfassenden Betrachtung der konzeptionellen Grundlagen des organisatorischen Lernens stellt sich abschließend die Frage, welche Aktionsmöglichkeiten das Management zur Beeinflussung von Lernprozessen in Organisationen hat. Mindestens drei Aktionsparameter zur Beeinflussung von kollektiven Lernprozessen lassen sich identifizieren. Zunächst ist es Aufgabe der Unternehmensführung, durch Schaffung günstiger Rahmenbedingungen das Entstehen organisationaler Pathologien zu verhindern (vgl. dazu auch Kapitel B IV). In dieser „proaktiven" Perspektive zielt Change Management primär auf das Setzen von Anreizen für permanentes Lernen und die Schaffung von flexibilitätsfreundlichen und wandlungsfähigen Strukturen, Systemen und Prozessen in der Organisation ab (vgl. z. B. Helfen 2003, S. 147 ff. oder Ganz/Tombeil 2001, S. 26-34). Dies kann beispielsweise durch die Etablierung und Kultivierung einer offenen, innovationsorientierten Unternehmenskultur oder die Implementierung von flexiblen und informellen Organisationsstrukturen bzw. Organisationsformen erfolgen (vgl. dazu ausführlich Kapitel B IV 4). Desweiteren lassen sich Lernprozesse auch durch originäre Konzepte und Ansätze des Change Management in Gang setzen. Kernbestandteil aller Konzepte und Ansätze des Change Managements sind bestimmte konstituierende Merkmale und Prinzipien, deren Befolgung eben gerade organisatorische Lernprozesse fördern und kanalisieren sollen (vgl. Veil 1999, S. 167). In den nachfolgenden Kapiteln D III 3 und 4 werden diese Ansätze und Prinzipien des Change Managements im Sinne eines kollektiven Lernprozesses dargestellt und Erfolgsfaktoren bzw. Ansatzpunkte des organisatorischen Wandels analysiert. Als dritter Aktionsparameter und ergänzender Stellhebel bietet sich dem Management schließlich der Einsatz von ausgewählten Instrumenten zur direkten Förderung organisationaler Lernprozesse an. Neben den oben skizzierten Großgruppenverfahren gehören zu diesem dritten Aktionsparameter auch alle Maßnahmen der Personalentwicklung, welche die Veränderungsbereitschaft der einzelnen Organisationsmitglieder ins Zentrum rücken. Ausgewählte Maßnahmen und Instrumente der Personalentwicklung zur Stärkung der Lern- und Veränderungsbereitschaft der Organisationsmitglieder werden im abschließenden Kapitel D III 5 portraitiert.

3. Ansatzpunkte und Prinzipien des Veränderungsmanagements in Organisationen

Das Management des organisatorischen Wandels beinhaltet nicht nur eine einmalige Veränderung der Organisation, sondern bezieht sich auf einen kontinuierlichen Verbesserungsprozess. Alle Managementansätze, Modelle und Konzepte des organisatorischen Wandels setzen sich stets aus zwei Komponenten zusammen (vgl. auch Reiß 1997a, S. 22 f.):

(a) Die **Wie-Komponente** präzisiert Wege und Prinzipien zur Schaffung der erforderlichen positiven Rahmenbedingungen für die Veränderung **(Kontextfokus)**. Die meisten Ansätze des organisatorischen Wandels folgen grundlegenden Prinzipien im Sinne von Erfolgsfaktoren. Diese Prinzipien werden in den verschiedenen Ansätzen in unterschiedlichen Varianten und z. T. in leicht abgewandelter Form befolgt (vgl. dazu Kapitel D III 3 a).

(b) Die **Was-Komponente** präzisiert den Gegenstand bzw. den Ansatzpunkt des Veränderungsprozesses **(Konzeptfokus)**. Der gesteuerte organisatorische Veränderungsprozess kann sich auf verschiedene Ansatzpunkte in der Organisation richten, z. B. auf Strukturen, Prozesse oder die Kultur (vgl. dazu Kapitel D III 3 b).

a. Grundlegende Prinzipien des organisatorischen Wandels

Die einzelnen Ansätze des organisatorischen Wandels, wie Business Process Reengineering, Organisationsentwicklung, Total Quality Management oder Personalentwicklung unterscheiden sich zwar hinsichtlich ihrer Zielsetzungen und Ansatzpunkte in der Organisation (Prozesse, Strukturen, Kultur, Mitarbeiter etc.), allerdings folgen sie ähnlichen **grundlegenden Prinzipien** bei der Initiierung und Umsetzung der Veränderungsprozesse. Diese Prinzipien stellen Erfolgsfaktoren dar, mit deren Hilfe sich Veränderungsbarrieren (z. B. Widerstände seitens der Mitarbeiter) des organisationalen Lernens überwinden und Veränderungsprozesse beschleunigen bzw. reibungsloser gestalten lassen. Folgende Prinzipien sind zu unterscheiden:

(1) **Veränderungsprozesse sind in Phasen zu unterteilen**: Der organisatorische Wandel durchläuft verschiedene, mehr oder weniger abgegrenzte Phasen – Analyse des Ist-Zustandes, systematische Planung und Vorbereitung, Initiierung, Umsetzung bzw. Implementierung, gegebenenfalls Evaluierung und Rückkopplungsschleifen sind typische Phasen in Veränderungsprozessen. Nach *Kotter* (1995) erweckt die Beschleunigung bzw. das Überspringen von einzelnen Phasen nur die Illusion von Schnelligkeit und führt nicht zu befriedigenden Resultaten (vgl. Kotter 1995, S. 59 ff.).

(2) **Wandlungsbereitschaft erzeugen** (Widerstände abbauen): Um organisatorischen Wandel einleiten zu können, ist in der Unternehmenspraxis meist ein erheblicher Problembzw. Leidensdruck erforderlich. „Zugespitzt formuliert, ergibt sich daraus eine Sentenz, der erfahrene Praktiker nicht ohne resignierten Unterton zustimmen: ‚Ohne Krise kein Wandel‘.“ (Krüger 2002a, S. 21). Erfolgreiche Wandlungsprozesse zeichnen sich demzufolge dadurch aus, dass der Wandel auch ohne Krisen eingeleitet wird. Grundvoraussetzung für erfolgreiche Veränderungen ist es, Widerstände der Betroffenen zu überwinden und Wandlungsbereitschaft zu erzeugen. Die Widerstände der Betroffenen werden herkömmlicherweise als die zentrale Herausforderung des Change Managements betrachtet (vgl. Reiß 1997a, S. 17). Bei den Gründen für Widerstände seitens der betroffenen Mitarbeiter wird in ‚Fähigkeitsbarrieren‘ und in ‚Bereitschaftsbarrieren‘ unterschieden. *Reiß* (1997a, S. 17) unterscheidet vier Grundformen von Widerständen gegen Veränderungen:

    (a) Unkenntnis (Nicht-Kennen i. S. v. Informationsdefiziten);

    (b) Überforderung (Nicht-Können i. S. v. Qualifikationsdefiziten);

    (c) Schlechterstellung (Nicht-Wollen i. S. v. Motivationsdefiziten) und

    (d) Ohnmacht (Nicht-Dürfen i. S. v. Organisationsdefiziten).

Die Unterscheidung verschiedener Ursachen von Widerständen liefert wichtige Hinweise für die Überwindung dieser Barrieren. Zur Erhöhung der Wandlungsbereitschaft aufgrund von Bereitschaftsbarrieren sollte eine flankierende Systemunterstützung, z. B. über entsprechende Anreizsysteme, erfolgen (vgl. Krüger 2002a, S. 23). Fähigkeitsbarrieren können u. a. über entsprechende Personalentwicklungsmaßnahmen ausgeräumt werden.

(3) **Bildung einer klaren Vision der Veränderung**: Widerstände seitens der Betroffenen lassen sich auch durch die Bildung und Verbreitung einer klaren, eindeutig nachvollziehbaren Vision der Veränderung abschwächen. Häufig ist jedoch keine klare Vision der Veränderung im Unternehmen vorhanden oder die Vision wird nur ungenügend kommuniziert (wenn z. B. das Veränderungsvorhaben der Belegschaft lediglich im Rahmen einer einmaligen Versammlung mitgeteilt wird). Das Kernanliegen der Veränderung muss von den Führungskräften in die täglichen Aktivitäten eingebaut werden. Dabei müssen alle

vorhandenen Kommunikationskanäle im Unternehmen (Versammlungen, Werkszeitung, Email etc.) genutzt werden (vgl. Kotter 1995, S. 59 ff.). Am wichtigsten ist jedoch das visionskonforme Verhalten der Führungskräfte ('Walk the Talk').

(4) **Wandlungskoalitionen bilden:** Um Veränderungen auszulösen und den Prozess (auch gegen Widerstände) erfolgreich durchzusetzen, sollte eine Wandlungskoalition gebildet werden (vgl. u. a. Krüger/Janz 2002, S. 130). In der Koalition sollten unterschiedliche Rollen vertreten sein. In den zahlreichen Ansätzen des Veränderungsmanagements findet sich eine Vielzahl an Rollenvorschlägen und -bezeichnungen für die Bildung einer Wandlungskoalition (z. B. 'Change Agent', 'Change Catalyst', 'Leader' oder 'Process Owner' etc.; vgl. auch C V 6). Entscheidend sind die Erwartungen, die mit der Rolle verknüpft sind und damit implizit die Aufgaben und den Verantwortungsbereich des Rollenträgers vorgeben. Grundsätzlich sollten die verschiedenen Rollen in der Wandlungskoalition folgende Kategorien an Eigenschaften und Merkmalen abdecken:

(a) Rollen, die mit Personen besetzt sind, die über inhaltliches Fachwissen und methodisches Prozesswissen verfügen und gegebenenfalls auf Erfahrungen aus früheren Veränderungsprozessen zurückgreifen können;

(b) Rollen, die mit Trägern von Handlungs- und Entscheidungsbefugnissen besetzt sind, um der Koalition die nötige Macht zur Durchsetzung der Veränderung zu verleihen;

(c) Rollen, die mit Personen besetzt sind, die über eine hohe Reputation und gute Beziehungen im Unternehmen verfügen; und

(d) koordinierende Rollen, welche mit einer oder mehreren Personen besetzt werden, die den Veränderungsprozess steuern und als Integrationsfigur fungieren.

Ein populärer Ansatz bei der Bildung von Wandlungskoalitionen, der diese Kategorien größtenteils abdeckt, ist das **Promotorenmodell** (vgl. Witte 1973, S. 17 f.; Hauschildt 1997, S. 167 ff.). Dem Modell zufolge sollte die Wandlungskoalition aus mehreren so genannten Promotoren bestehen: Dem **Machtpromotor** und dem **Fachpromotor** (vgl. Witte 1973, S. 17 f.) sowie dem **Prozesspromotor** (zu dieser Ergänzung des ursprünglichen Modells vgl. Hauschildt 1997, S. 167 ff.). Die Rolle des Machtpromotors beruht vorwiegend auf hierarchischer Macht. Er erteilt Aufträge und verfügt über die erforderlichen Ressourcen, um Veränderungsprozesse durchzusetzen. Der Fachpromotor bringt als Experte fachliche Fähigkeiten in die Koalition ein. Fachpromotoren sind häufig Externe oder kommen aus Stabsbereichen der Organisation. Der Prozesspromotor (oder Koordinationspromotor) ist die zentrale Integrationsfigur und über den ganzen Veränderungsprozess hinweg aktiv und übernimmt die Programm- oder Projektleiterrolle.

Schließlich gilt es zu beachten, dass angestrebte Veränderungen mit der Unternehmensstrategie abgestimmt und in der Unternehmenskultur verankert werden (dies kann z. B. über die klare Formulierung und Kommunikation der Vision erfolgen). Nur so lässt sich sicherstellen, dass nach einem Wechsel von Schlüsselpersonen (z. B. im Top Management) die Veränderungsprozesse nicht oder nur ungenügend fortgeführt werden.

b. Ansatzpunkte des organisatorischen Wandels

Ansatzpunkte des organisatorischen Wandels sind meist mehrere Komponenten bzw. Ebenen im Unternehmen. Das Wandlungsvorhaben kann auch über die traditionellen Unternehmensgrenzen hinweg reichen und die Zusammenarbeit mit externen Partnern, wie Lieferanten oder Kunden, einschließen (vgl. z. B. Rothaermel/Deeds 2004; Lavie/Rosenkopf 2006). *Levy* und *Merry* (1986) definieren organisatorischen Wandel ('Organizational Transformation'), der mehrere Ebenen und Komponenten einschließt, als einen Wandel zweiter Ordnung (im Gegensatz zum Wandel erster Ordnung, der sich lediglich auf eine Ebene und wenige Komponenten der Organisation bezieht). Nach *Krüger* (1994) kann sich der Organisationswandel auf ‚harte' Faktoren (z. B. Organisationsstrukturen und -prozesse) fokussieren oder sich auf ‚weiche' Faktoren (z. B. die Unternehmenskultur) richten. Folgt man dieser Unterscheidung, dann lassen sich verschiedene Ebenen des organisatorischen Wandels unterscheiden (vgl. Krüger 1994, S. 358 ff., 1997, S. 823 f.):

– **Restrukturierung von Strukturen, Prozessen und Systemen**: Die Restrukturierung richtet sich auf die Neugestaltung der Aufbau- und Ablauforganisation (vgl. Kapitel C IV und V) sowie auf die Veränderung der materiellen Ressourcenbasis des Unternehmens;

– **Reorientierung oder Neuausrichtung der strategischen Grundhaltung**: Die Veränderung richtet sich auf einen Wechsel in der strategischen Ausrichtung des Unternehmens, z. B. von der Strategie der Kostenführerschaft hin zu einer Differenzierungsstrategie (vgl. C II 2 a). Auch die Fokussierung auf Kernkompetenzen oder der Aufbau neuer Geschäftsfelder fällt in diese Ebene;

– **Revitalisierung der Fähigkeiten der Organisationsmitglieder**: Diese Form des organisatorischen Wandels setzt am Humankapital des Unternehmens an und ist auf die Änderung des Verhaltens und der personellen Fähigkeiten der Organisationsmitglieder gerichtet. Ziel kann unter anderem die Steigerung der Kreativität oder der Eigenverantwortung der Organisationsmitglieder durch die Einführung partizipativer Führungsstile oder durch Implementierung von Personalentwicklungsprogrammen sein (vgl. Kapitel D III 5).

– **Remodellierung oder Neuausrichtung der Unternehmenskultur**: Im Sinne einer Veränderung der Normen, Werte und Einstellungen der Organisationsmitglieder ist die Neuorientierung der Unternehmenskultur die am tiefsten gehende Veränderung einer Organisation. Eine Neuausrichtung der Unternehmenskultur bedingt auch tiefgreifende Veränderungen bei den anderen drei Ansatzpunkte des organisatorischen Wandels.

Diese Ebenen des Wandels sind allerdings in der Praxis nicht frei von Überschneidungen und lassen sich deshalb nicht eindeutig voneinander unterscheiden (zu einer ähnlichen Systematisierung der verschiedenen Ebenen vgl. Reiß 1997a, S. 7 ff.).

Neben diesen inhaltlichen Abgrenzungskriterien kann Wandel auch nach seiner Radikalität unterschieden werden. Radikaler Wandel beinhaltet einen hohen Veränderungsumfang und meist auch eine hohe Veränderungsgeschwindigkeit. Dagegen bezieht sich einfacher oder der so genannte ‚inkrementelle' Wandel auf kleine Veränderungsumfänge. Darüber hinaus ist zwischen proaktivem und reaktivem Wandel zu unterscheiden. **Proaktiver Wandel** bezieht sich dabei auf antizipative Veränderungsschritte, die ohne einen unmittelbaren und objektiven Zwang vollzogen werden (vgl. Veil 1999, S. 60). **Reaktiver Wandel** bezieht sich auf Veränderungen, die unter einem konkreten Handlungsdruck oder angesichts einer akuten Krise durchgeführt werden. In Abb. 152 werden verschiedene Managementansätze und Instrumente des organisatorischen Wandels entlang der zeitlichen Dimensionen (reaktiv versus proaktiv) und der inhaltlichen Dimension des Veränderungsumfangs positioniert (zur Kombination der Dimensionen des Wandels vgl. Nadler/Tushman 1986).

Die Ansätze der **Produktdiversifikation** (vgl. Kapitel D I), der **Internationalisierung** (vgl. Kapitel D II), des **Business Process Reengineering** (vgl. Kapitel C V 6 b und D III 4 b) und des **Innovationsmanagements** (vgl. Kapitel D IV) beinhalten in der Regel einen hohen Veränderungsumfang. Dagegen sind die **Organisationsentwicklung** (vgl. D III 4 a) der **KAIZEN-Ansatz** (vgl. Kapitel C V 6 a), der **Total Quality Management-Ansatz (TQM)** und der **Lean Management-Ansatz** eher inkrementeller Art und bergen einen geringeren Veränderungsumfang (vgl. u. a. Reiß 1997b, S. 47 ff.). Der TQM-Ansatz hat ein ganzheitliches Verständnis der Qualitätssicherung im Wertschöpfungsprozess zum Ziel. Im Rahmen der Umsetzung dieses Qualitäts-Managementansatzes werden sowohl formal-organisatorische (z. B. Quality Management Handbücher) als auch partizipative Instrumente eingesetzt (z. B. Qualitätszirkel). Beim Lean Management-Ansatz handelt es sich um ein japanisches Management-Konzept, das eine starke Kundenorientierung, u. a. durch den Abbau von Hierarchien und die damit einhergehende Flexibilisierung, und eine gleichzeitige Kostensenkung, u. a. über die Optimierung der Fertigungstiefe und die Einführung von Just-in-Time-Belieferung, vorsieht.

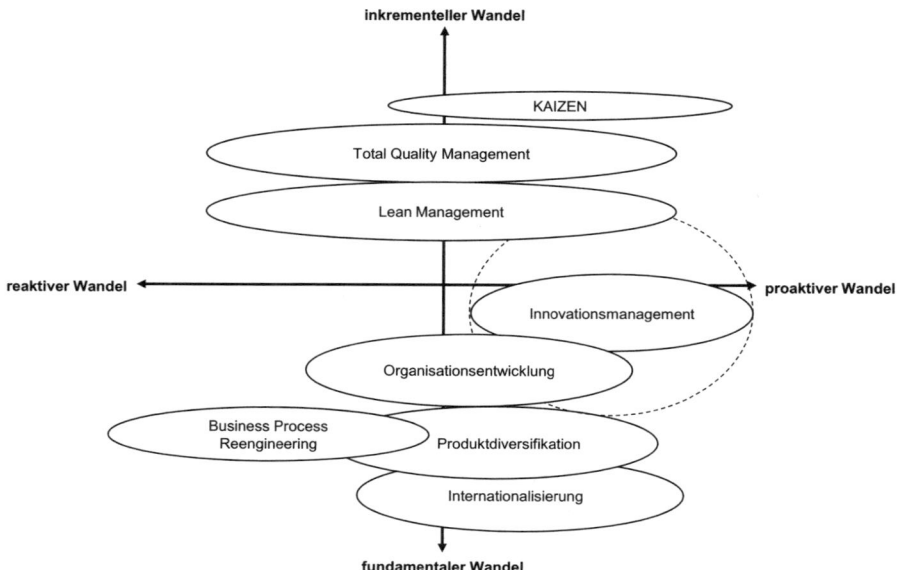

Abb. 152: Ansätze des Veränderungsmanagements

Zu beachten ist, dass sich die einzelnen Ansätze entlang der beiden Dimensionen Intensität und Zeit nicht eindeutig positionieren lassen. So kann das Innovationsmanagement einerseits auf inkrementelle Produktinnovationen gerichtet sein, die nur minimale organisatorische Veränderungen mit sich bringen. Andererseits kann eine radikale Produktinnovation eine marktliche Neuausrichtung des gesamten Unternehmens erforderlich machen.

4. Ausgewählte Managementansätze des organisatorischen Wandels

Die nachfolgend dargestellten Konzepte geben einen Einblick in zwei unterschiedliche Ansätze des Managements des organisatorischen Wandels. Im Rahmen dieser Ansätze kommen verschiedene Techniken und Instrumente zum Einsatz, die zur Veränderung von Strukturen, Prozessen und der Kultur im Unternehmen beitragen. Zunächst wird mit dem Ansatz der Organisationsentwicklung ein ‚sanftes' Konzept der kontinuierlichen Veränderung betrachtet. Anschließend illustriert der Ansatz des Business Process Reengineering ein abruptes und schlagartiges Konzept der Veränderung.

a. Organisationsentwicklung

Die **Organisationsentwicklung** war über Jahrzehnte der dominierende Ansatz des organisatorischen Wandels (vgl. Reiß 1997a, S. 9). Nach *Thom* (1992a) handelt es sich bei dem Ansatz der Organisationsentwicklung um ein Konzept für die Planung, Initiierung und Durchführung von Änderungsprozessen in sozialen Systemen (vgl. Thom 1992a, Sp. 1478). Folgende **Merkmale** sind charakteristisch für das Konzept der Organisationsentwicklung:

- Organisationsentwicklung ist eine **methodische Interventionsstrategie**, die i. d. R. durch externe Beratung initiiert wird (vgl. Wohlgemuth 1984, S. 84);
- Organisationsentwicklung zielt auf die **Erleichterung und Intensivierung der Veränderung** (im Sinne einer Verbesserung) von personellen/interpersonellen und strukturellen/ technologischen Aspekten in Organisationen;
- im Ansatz der Organisationsentwicklung steht **der Mensch im Mittelpunkt**, er wird als wichtigstes Element der Organisation betrachtet;
- Organisationsentwicklung ist ein im Kern **partizipativ angelegter Ansatz**, der auf die Förderung der Mitwirkungsmöglichkeiten der beteiligten Akteure, auf Lernen durch Erfahrung und auf Erhöhung der Leistungsfähigkeit und Flexibilität der gesamten Organisation abzielt (vgl. Reiß 1997a, S. 10);
- Organisationsentwicklung berücksichtigt sowohl **betriebswirtschaftliche** als auch **psychologische Erkenntnisse**.

Der Ansatz der Organisationsentwicklung basiert auf mehreren **Grundannahmen**:

- Zunächst müssen sich die Einstellungen, Werte und Verhaltensweisen der Individuen bzw. Mitarbeiter ändern, damit sich eine Organisation (als Institution) ändern kann.
- Der Mensch ist während seiner gesamten Zugehörigkeit zur Organisation entwicklungsfähig.
- Das faktische Verhalten der Individuen in der Organisation wird entscheidend von den gegebenen Organisationsstrukturen (z. B. Macht- und Kommunikationsstrukturen) sowie von den verfügbaren Ressourcen geprägt.

Mit dem Ansatz der Organisationsentwicklung soll einerseits die **Leistungsfähigkeit** und das **Problemlösungspotenzial der Organisation** verbessert werden. Wichtiger Stellhebel hierfür ist die Steigerung (oder Erhaltung) der Flexibilität. Andererseits zielt die Organisationsentwicklung auf die Verbesserung der (erlebten) Arbeitssituation der Menschen in der Organisation ab. Stellhebel für die **Humanisierung der Arbeitsbedingungen** sind die Erweiterung der Entfaltungs- und Entwicklungsmöglichkeiten und die Gewährung eines größeren Handlungs- und Entscheidungsspielraums. Die Mitarbeiter sollen aktiv an den Beratungs- und Entscheidungsprozessen mitwirken. Der Ansatz der Organisationsentwicklung geht davon aus, dass zwischen den beiden Zielsetzungen Steigerung der Effizienz bzw. Leistungsoptimierung und Humanisierung der Arbeit **keine Zielkonflikte** bestehen. Vielmehr wird unterstellt, dass sich beide Zielsetzungen wechselseitig bedingen (vgl. Becker/Langosch 2002, S. 13 ff.). *Reiß* spricht in diesem Zusammenhang von einem ‚Harmoniepostulat' zwischen den Zielsetzungen des Unternehmens einerseits und den Zielen der betroffenen Mitarbeiter andererseits (1997a, S. 10). Bei der Organisationsentwicklung geht es darum, unter Mitwirkung der betroffenen Mitarbeiter die Ursachen der vorhandenen Probleme zu analysieren, gemeinsam Ansatzpunkte für Lösungen zu erarbeiten und neue wirksame Formen der kooperativen Umsetzung zu entwickeln. Zur Verwirklichung dieser Ziele werden im Rahmen der Organisationsentwicklung folgende **Leitsätze** verfolgt:

- ‚Hilfe zur Selbsthilfe': Nicht von Experten abhängig werden;
- ‚Aktive Partizipation der Betroffenen': Selbstorganisation;
- ‚Demokratisierung der Organisation': Abbau von Hierarchie und Machtkonzentration.

Der Ansatz der Organisationsentwicklung setzt auf zwei Ebenen des organisatorischen Wandels an: Auf einer personellen Ebene durch die **Revitalisierung der Fähigkeiten der Organisationsmitglieder** und auf der strukturellen Ebene durch die **Neuausrichtung von Strukturen und Prozessen**. Auf der personellen Ebene soll die Fähigkeit der Mitarbeiter zur Bewältigung und Unterstützung von Veränderungen gefördert werden. Darunter fallen Qualifizierungsmaßnahmen sowie die Förderung der Leistungsfähigkeit und der Leistungsbereitschaft. Auf der strukturellen Ebene wird versucht, günstige Rahmenbedingungen u. a. durch die Modifikation des Organisationsplanes oder der Stellenbeschreibungen zu schaffen.

Im Rahmen des Organisationsentwicklungsprozesses sind verschiedene Rollen zu besetzen (vgl. dazu auch die allgemeinen Ausführungen zum Thema Wandlungskoalitionen in Kapitel D III 3a). Der **‚Change Agent'** ist der helfende fachliche Experte im Rahmen des Veränderungsprozesses (Veränderungshelfer). Er ist zugleich Fach- und Prozesspromotor und hat primär beratende und unterstützende Funktion. Er bringt Methodenwissen und Erfahrungen aus anderen personellen und strukturellen Veränderungsprojekten in den Prozess ein. Der Change Agent ist Berater für den Prozessverlauf und nicht Experte für das Gestaltungsergebnis. Er gibt Hilfestellung zur Selbsthilfe. In die Organisationsentwicklung können externe (oder interne) Berater einbezogen werden. Das **‚Client System'** ist die zu verändernde soziale Organisation. Die Organisation bzw. die Organisationsmitglieder sollen den eigenen Wandel aktiv mitgestalten. Dies bedingt die vertrauensvolle Zusammenarbeit mit dem Change Agent. Die betroffenen Organisationsmitglieder bringen detaillierte Kenntnisse über den Ist-Zustand bzw. mögliche Probleme und Schwachstellen in den Entwicklungsprozess ein und artikulieren ihre Zielvorstellungen. Zudem identifiziert das Client System mögliche Hindernisse auf dem Weg zum Ziel und wirkt aktiv an der Beseitigung dieser Barrieren mit. Der **‚Change Catalyst'** fungiert als Vermittler zwischen den betroffenen Organisationsmitgliedern und dem (den) Veränderungshelfer(n). Der Change Catalyst übernimmt die Rolle des Machtpromotors. Er hilft dem Change Agent bei der Identifikation der Problemursachen und unterstützt die Organisationsmitglieder bei der effizienten Umsetzung der gemeinsam erarbeiteten Lösungen. Der Machtpromotor kann den Organisationsentwicklungsprozeß beschleunigen (oder verlangsamen).

Organisationsentwicklungsprozesse lassen sich, wie grundsätzlich alle sozialen Veränderungsprozesse, idealtypisch in ein drei Phasen umfassendes Grundmuster unterteilen:

(1) **‚Unfreezing'** (‚Auftauen' des sozialen Systems im Sinn der Initialisierung des Prozesses): Überprüfung und Infragestellung von Einstellungen, Werten und Verhaltenswiesen der betroffenen Organisationsmitglieder, Motivation für eine Änderung wecken;
(2) **‚Moving'** (Mobilisierung und Veränderung des sozialen Systems): Neue Verhaltensweisen und Arbeitsabläufe entwickeln, erproben, übernehmen und gegebenenfalls strukturell verankern;
(3) **‚Refreezing' (Verstetigung** des sozialen Systems): Stabilisierung und Konsolidierung der neuen, offiziell legitimierten Verhaltensweisen und organisatorischen Regeln.

Häufig wird auch eine Differenzierung dieses Grundmusters in fünf verschiedene Phasen vorgenommen, die nach der Phase der Initialisierung (1) eine Konzeptionsphase (2) eine Mobilisierungsphase (3) und eine Umsetzungsphase (4) vorsieht, bevor es zur Verstetigung (5) kommt (vgl. z. B. Krüger 2002b, S. 48). Organisationsentwicklungsprozesse können an verschiedenen Stellen in der Hierarchie ansetzen. Bezüglich der Verlaufsrichtung sind verschiedene Arten der Implementierung denkbar. Typisch für die Organisationsentwicklung ist die **‚Bottom Up'-Initiierung.** Bei der ‚Bottom Up'-Initiierung startet der Prozess auf den unteren Ebenen in der Hierarchie. Denkbar ist jedoch auch eine parallele oder sequenzielle Kombination von ‚Bottom Up'- und ‚Top Down'-Ansätzen. Beim **‚Top Down'-Ansatz** beginnt der Prozess auf der Ebene des Top Managements. In der Organisationsentwicklung kommen zahlreiche Methoden und Instrumente zum Einsatz, die speziell für diesen partizipativen Ansatz des organisatorischen Wandels entwickelt wurden. Zu nennen sind hier u. a.

– die **Survey Feedback-Methode**, welche der systematischen Sammlung, Analyse und Interpretation von Informationen über die betroffene Organisation dient. Die gesammelten und ausgewerteten Informationen bilden dann die Grundlage für die Planung von Verbesserungen;

– das **Laboratoriumstraining**, welches ein Instrument für Lern- und Änderungsinterventionen im Rahmen der individuellen Selbsterfahrung darstellt. Mitglieder aus verschiedenen organisatorischen Teileinheiten, die bis dato in keinerlei Beziehung, in losem betrieblichem Austausch oder in einer engen Arbeitsbeziehung standen, nehmen gemeinsam an unstrukturierten Seminaren (zehn bis zwölf Teilnehmer) teil. Das Hauptinstrument des Lernens ist die Gruppenerfahrung mit dem Ziel der Steigerung der sozialen Kompetenz;

– die **GRID-Organisationsentwicklung**, welche, ähnlich wie das Laboratoriumstraining, als systematischer Ansatz den einzelnen Mitarbeiter, das Team und die Beziehungen unter den verschiedenen Teams der betroffenen Organisation betrachtet und verändert. Als Basis für die Verbesserung der Beziehungen dient die Schaffung von Vertrauen, Offenheit, konstruktiver Kritik und gegenseitigem Feedback zwischen den Betroffenen.

Die Organisationsentwicklung ist im Kern ein partizipatives Verfahren des organisatorischen Wandels. Wie alle partizipativen Verfahren wird der Ansatz immer dann an **Grenzen** stoßen, wo übergreifende Strukturprobleme zu lösen sind, die Verschiebungen von Ressourcen mit sich bringen. Insbesondere wenn Veränderungsprozesse zu Personalfreisetzungen führen, ist der Ansatz der Organisationsentwicklung wenig geeignet. Vorteile birgt der Ansatz eher bei klar abgegrenzten Vorhaben, die auf organisatorische (Teil-)Einheiten begrenzt sind. Neben dem begrenzten Einsatzgebiet sind u. a. die unzureichende wissenschaftliche Fundierung, das Harmonisierungsideal (bezüglich der Gestaltungsziele Humanisierung und Leistungssteigerung) sowie die starke Abhängigkeit von externen Beratern (bzw. die überzeichnete Rolle von externen Beratern) Gegenstand der Kritik (vgl. Berthoin Antal/Krebsbach-Gnath 2001, S. 479 f.).

b. Business Process Reengineering

Von den aktuellen Konzepten des organisatorischen Wandels wurde dem **Business Process Reengineering-Ansatz**, insbesondere in der zweiten Hälfte der 1990er Jahre, die größte Aufmerksamkeit zuteil (vgl. Reiß 1997b, S. 34). Im Gegensatz zur Organisationsentwicklung handelt es sich beim Business Process Reengineering um ein Konzept der abrupten und radikalen Veränderung, welches häufig auch mit der Metapher des ‚Bombenwurfs' belegt ist (vgl. dazu Kapitel C IV sowie Osterloh/Frost 1996, S. 201 und Reiß 1997b, S. 34 ff.). Als Mitbegründer des Business Process Reengineering definieren *Hammer* und *Champy* das Konzept als „the fundamental rethinking and radical redesign of business processes to achieve dramatic improvements in critical, contemporary measures of performance, such as cost, quality, service, and speed." (Hammer/Champy 1993, S. 32). Ziel der Änderungsstrategie ist die

Erhöhung der Wirtschaftlichkeit (Effizienz) durch Verbesserung der Qualität, Erhöhung der Kundenfreundlichkeit, Senkung von Kosten und Einsparungen an Zeit.

Als **Prinzipien** des Business Process Reengineering gelten (vgl. Osterloh/Frost 1996 und Reiß 1997b, S. 34 ff.):

- **Fundamentales Infragestellen vorhandener Geschäftsdefinitionen und -prozesse**: Das fundamentale Überdenken soll überkommene Regeln und traditionelle Denkhaltungen („Das haben wir schon immer so gemacht'-Syndrom) durchbrechen.

- **Radikale Neukonzeption der Geschäftsprozesse**: Im Mittelpunkt steht der ‚White Sheet of Paper'- bzw. ‚Greenfield'-Ansatz (Wie würden die Geschäftsprozesse gestaltet werden, wenn das Unternehmen neu gegründet würde?).

- **Verbesserungen um Größenordnungen**: Ziel des Business Process Reengineering sind nicht graduelle, sondern drastische und weitreichende Verbesserungen. Nur durch umfangreiche Verbesserungen lassen sich die hohen Kosten des Business Process Reengineering, z. B. die sozialen Kosten (u. a. aufgrund des Widerstands der Beteiligten), rechtfertigen. Die Veränderungen durch Business Process Reengineering-Konzepte sollen sich ergebnisseitig in Quantensprüngen bei fast allen Erfolgskennzahlen niederschlagen, „von der Kundenzufriedenheit über die Durchlaufzeiten, die Kapitalbindung in Beständen, die Prozesskosten bis hin zu Renditesteigerungen." (Reiß 1997b, S. 34).

- **Top Down-Implementierung (‚Bombenwurf-Strategie')**: „Eine strikte Top Down-Implementierung zielt auf schnelle Ergebnisse ab und versucht daher, mangelnde Wandlungsbereitschaft bei den Mitarbeitern durch Geheimhaltung des Wandlungskonzepts und Überraschungseffekte abzufangen. [...] Das Topmanagement bestimmt den Verlauf des gesamten Transformationsprozesses." (Krüger 2002b, S. 75).

Im Kern des Konzepts des Business Process Reengineering steht jedoch die **Prozessidee** (vgl. ausführlich Kapitel C IV). Die traditionelle Perspektive der Organisationstheorie und -praxis wird umgekehrt: Nicht mehr die vertikale hierarchische Gliederung steht im Vordergrund, sondern die horizontale Prozessorientierung (vgl. Osterloh/Frost 1996, S. 29 und Reiß 1997b, S. 37). Die Unternehmensstrukturen werden zu abhängigen Variablen der betrieblichen Prozesse. Business Process Reengineering verfolgt eine Umstellung von der isolierten Optimierung der einzelnen Wertschöpfungsfunktionen hin zur Optimierung der funktionsübergreifenden Wertschöpfungsprozesse: Die Abkehr vom traditionellen Denken in Funktionen und Objekten steht im Mittelpunkt des Konzepts. Business Process Reengineering bedingt das Denken in Prozessketten, die den Kernbereich des Geschäfts konstituieren. Durch die Schaffung übergreifender Prozessketten zwischen Beschaffungs- und Absatzmarkt kommt es zu einer Reduktion von Schnittstellen. Die Prozessidee wird im Konzept des Business Process Reengineering ergänzt durch die **Triage-Idee**, bei der die Kernprozesse nach geeigneten Kriterien, z. B. nach Standard- und Sonderaufträgen oder nach Großserien-, Kleinserien- und Einzelaufträgen, in Prozessvarianten bzw. Prozessabschnitte segmentiert werden (vgl. Reiß 1997b, S. 38 sowie Kapitel C IV 8 b).

Neben der Prozess- und Triageidee umfasst das Business Process Reengineering als dritten Kerngedanken den **Einsatz moderner Informationstechnologien** (vgl. Reiß 1997b, S. 36). Das Unterstützungspotenzial und die strategische Bedeutung von Informations- und Kommunikationstechnologien für den Unternehmenserfolg und damit für die Unternehmensführung haben seit den 1990er Jahren zugenommen. Die informationstechnische Vernetzung von Unternehmen kann Wettbewerbsvorteile stiften und bedarf deshalb eines gezielten Informationsmanagements. Die Konzeptualisierung und Implementierung der Informations- und

Kommunikationstechnologie erwächst dadurch zu einer Aufgabe mit strategischer Bedeutung. Ziel des Einsatzes moderner Informationstechnologien ist die vorgangs- bzw. kundenorientierte Rundumbearbeitung eines Sachverhaltes in Verbindung mit Kostensenkungen, Zeitgewinnen und Flexibilitätssteigerungen. Mit Hilfe der informationstechnologischen Vernetzung sollen nicht nur bestehende Prozesse (interorganisationale Prozesse in Zusammenarbeit mit externen Partnern, interfunktionale Prozesse und interpersonale Prozesse) automatisiert, sondern grundlegend neu gestaltet werden (vgl. Osterloh/Frost 1996, S. 72-75).

Nach *Davenport* läuft Business Process Reengineering in fünf Schritten ab (1993, S. 25):

1. ‚**Identifying Processes for Innovation**': Identifizierung von (Kern-)Prozessen für die Veränderung;
2. ‚**Identifying Change Levers**': Ermittlung der Stellhebel und Katalysatoren für die Veränderung;
3. ‚**Developing Process Visions**': Erarbeitung einer Prozessvision im Sinne des Entwurfs eines Soll-Zustands;
4. ‚**Understanding Existing Processes**': Bestandsaufnahme und Analyse der bestehenden Prozessabläufe zur Erarbeitung eines Verständnisses über den Ist-Zustand;
5. ‚**Designing and Prototyping the New Process**': Entwurf und Konzeptualisierung der neuen Prozessabläufe.

Die Sequenz der Phasen kann sich nach *Davenport* im Einzelfall unterscheiden. Die Rollen der Mitwirkenden im Business Process Reengineering lassen sich wie folgt unterteilen:

1. **Der Leader (Leiter)** des Business Process Reengineering ist wichtigster Machtpromotor und typischerweise ein Manager aus dem oberen Führungskreis. Die Rolle des Machtpromotors beruht vorwiegend auf hierarchischer Macht (vgl. Krüger/Janz 2002, S. 127). Seine Aufgabe besteht primär in der Motivation und Vorgabe von Visionen. Er ist Vermittler von Sinn und Zweck des Änderungsvorhabens und bestimmt den zu verändernden Kernprozess. Er ist weisungsbefugt gegenüber den Mitwirkenden im Reengineering-Prozess und kann Ressourcen freigeben.
2. **Der Process Owner (Prozessverantwortlicher)** ist Prozesspromotor und wird durch den Machtpromotor ernannt. Er ist zuständig für das Business Process Reengineering eines spezifischen Unternehmensprozesses. Der Prozesspromotor stellt das Reengineering-Team zusammen. Seine Rolle als Prozessverantwortlicher bleibt auch nach der Vollendung des Projekts bestehen.
3. **Das Reengineering-Team** ist das organisierende und durchführende Organ des Business Process Reengineering. Es besteht aus Insidern (bislang am Prozess Beteiligte) und Outsidern (aus anderen Unternehmensteilen). Der Process Owner ist ‚primus inter pares' im Team. Die Teammitglieder brechen vollkommen mit ihren bisherigen Funktionen und sollten ‚fulltime' im Reengineering-Team mitarbeiten.
4. **Das Steering Committee (Lenkungsausschuss)** ist ein Gremium mit weiteren Machtpromotoren. Es setzt sich zusammen aus dem Leader, als dem Vorsitzenden, und weiteren Managern des oberen Führungskreises. Der Ausschuss ist verantwortlich für die Planung der Gesamtstrategie sowie die Ressourcenallokation und übernimmt die Rolle des Moderators und Schlichters bei Konflikten.
5. **Der Reengineering Zar** ist Fachpromotor und operiert in einer Stabstelle des Leaders. Er verfügt über die fachliche Expertise und entsprechende Informationen. Seine Aufgaben umfassen das gesamte Management des Business Process Reengineering, d. h. die Unterstützung und Förderung der einzelnen Prozessverantwortlichen und des Reengineering-

Teams sowie die Koordination aller laufenden Aktivitäten. Vom Fachpromotor werden Ideen und Initiativen erwartet (vgl. Krüger/Janz 2002, S. 128).

Die bislang in der Praxis gesammelten Erfahrungen mit Business Process Reengineering-Projekten deuten auf ein hohes Fehlschlags- und Abbruchsrisiko hin. So verortet *Reiß* die Misserfolgsquote in der Größenordung zwischen 50 und 75 Prozent (vgl. Reiß 1997b, S. 36). Ein Grund hierfür ist darin zu sehen, dass in der Unternehmens- und Beratungspraxis der Begriff des Business Process Reengineering häufig unscharf verwendet wird. Oftmals werden schon geringfügige Veränderungen bestehender Organisationsprozesse als ,Business Process Reengineering' deklariert. Business Process Reengineering wird in der Organisation oftmals zu tief, d. h. auf Abteilungs- und Projektebene eingesetzt. Ansatzpunkte sollten jedoch übergreifende Prozessketten und Kerngeschäftsprozesse sein. Der Ansatz eignet sich für all jene Veränderungsprojekte, in denen bereichsübergreifende Strukturprobleme zu lösen sind, die Verschiebungen von Ressourcen und/oder Personalfreisetzungen mit sich bringen. Viele Autoren vertreten die Ansicht, dass Business Process Reengineering mit seinen intendierten radikalen Performanceverbesserungen nur mit Hilfe einer Bombenwurfstrategie durchgesetzt werden könne. Die Top Down-Vorgehensweise scheitert in diesem Zusammenhang aber regelmäßig an einer zu allgemeinen und wenig präzisen Definition der Kernprozesse. Insbesondere das mittlere Management verfügt über eine sehr detaillierte Prozesskenntnis und sollte, entgegen den Ratschlägen von *Hammer* und *Champy*, spätestens ab Phase drei in Business Process Reengineering-Projekte eingebunden werden (vgl. dazu Gerybadze 1995, S. 290 f. sowie Osterloh/Frost 1996, S. 228 f.). Durch Einbeziehung der vom Reengineering betroffenen Mitarbeiter, insbesondere auf mittleren Führungsebenen, wird ihre Detailkenntnis und ihr Wissen um die Probleme vor Ort genutzt. Es wird eine Kombination von Bombenwurfstrategie und dem Ansatz der Organisationsentwicklung (Evolutionsstrategie) angestrebt. In der Praxis laufen viele Business Process Reengineering-Vorhaben nach folgendem Muster ab: Die Rahmenbedingungen und Ziele der Reorganisation werden von der Unternehmensleitung vorgegeben. Konkrete inhaltliche Ausgestaltungen werden dann von unten gemeinsam mit den Betroffenen erarbeitet und umgesetzt.

Abb. 153 führt einen systematischen Vergleich zwischen der Organisationsentwicklung und dem Business Process Reengineering durch und gibt einen abschließenden Überblick über die beiden (originären) Ansätze des Veränderungsmanagements.

Vergleichskriterien	Organisationsentwicklung	Business Process Reengineering
Herkunft	Sozialpsychologie	Ingenieurwissenschaften
Zeithorizont	langfristig bestimmt, rasche Anfangserfolge	langfristig unbestimmt
Änderungsbreite	Gesamtunternehmung	Gesamtunternehmung
Ziel(e)	Erhöhung der Wirtschaftlichkeit	Erhöhung der Wirtschaftlichkeit und der Humanität
Strategie	Top Down	mehrere
Ansatz	struktureller Ansatz	struktureller und personaler Ansatz
Change-Objekt	Kernprozesse	offen
Rolle der Mitarbeitenden	Vorbereitung auf die neuen Funktionen, Überzeugte zu Beteiligten machen	Hilfe zur Selbsthilfe, Betroffene zu Beteiligten machen

Abb. 153: Organisationsentwicklung und Business Process Reengineering

5. Personalentwicklung zur Stärkung der Wandlungsfähigkeit in Organisationen

Ein zentraler Ansatzpunkt zur Stärkung der Lern- und Veränderungsbereitschaft von Unternehmen sind die Mitglieder der Organisation selbst. Unter dem Sammelbegriff ‚Personalentwicklung' werden Maßnahmen subsumiert, welche die Stärkung der organisatorischen Lern- und Veränderungsfähigkeit auf der individuellen Ebene, d. h. durch die Stärkung bzw. Revitalisierung der Fähigkeiten und Motivationslagen der Organisationsmitglieder selbst zum Gegenstand haben. Kernüberlegung ist, dass Veränderungen in und von Organisationen nur unter aktiver Beteiligung der in ihr arbeitenden Führungskräfte und Mitarbeiter erfolgen können. Auf dieser personellen Ebene ist organisationaler Wandel demzufolge mit Personalentwicklung gleichzusetzen.

a. Begriff und Einordnung

Personalentwicklung umfasst Maßnahmen, die eine Veränderung der Qualifikationen und/ oder Leistungsfähigkeit von Unternehmensmitarbeitern auf Basis von Bildung, Arbeitsstrukturierung, Karriereplanung und Motivationslage zum Gegenstand haben (vgl. Berthel/ Becker 2003, S. 261). Unter Personalentwicklung ist also nicht allein die explizite Qualifizierung (z. B. durch Fort- und Weiterbildung) zu verstehen, sondern ebenso implizite Qualifikationsveränderungen (z. B. durch Karriereplanung) und Leistungsänderungen (z. B. Aktivierung und Nutzung bisher brachliegender Leistungspotenziale) (vgl. Berthel/Becker 2003, S. 263).

Personalentwicklung ist kein exklusives Instrument des Change Management, sondern steht auch in engem (wechselseitigem) Zusammenhang zu anderen Bereichen des Personalmanagements. So kann Personalentwicklung eine (teilweise) Alternative zur Personalbeschaffung über den externen Arbeitsmarkt sein (vgl. Thom 1992b, Sp.1677), insbesondere wenn die gesuchten Qualifikationen vom externen Arbeitsmarkt nicht zur Verfügung gestellt werden können. Personalentwicklungsmaßnahmen können auch der Personalerhaltung dienen, weil von ihnen eine beträchtliche Anreizwirkung für die Organisationsmitglieder ausgehen kann (vgl. Thom 1992b, Sp. 1677) (z. B. Aufwärtsbeförderung mit merklichen Einkommenszuwächsen).

Die Ziele der Personalentwicklung lassen sich in unternehmens- und mitarbeiterbezogene Ziele aufspalten, wobei die Erreichung beider Zielkategorien gleichermaßen gefördert werden soll (vgl. Thom 1992b, Sp. 1677). Aus der Perspektive des Unternehmens geht es, neben der Förderung von Lern- und Veränderungsbereitschaft, vornehmlich um Leistungsverbesserung, die Sicherung des notwendigen Bestandes an Fach- und Führungskräften, die Befriedigung des Bildungsbedarfs, eine größere Unabhängigkeit vom externen Arbeitsmarkt sowie die Erfüllung individueller Mitarbeiterwünsche etc. (vgl. Kettgen 1989, S. 132 und Berthel 1992, Sp. 886). Ziele der Mitarbeiter sind beispielsweise Erhöhung der Arbeitsplatzsicherheit, Sicherung eines ausreichenden Einkommens bzw. Einkommenssteigerungen, Erhöhung des persönlichen Prestiges, Anpassung persönlicher Qualifikationen an die Arbeitsplatzanforderungen, Verbesserung der Selbstverwirklichungschancen (vgl. Flohr/Niederfeichtner 1982, S. 38).

b. Maßnahmen und Instrumente der Personalentwicklung

Grundlage der Personalentwicklungsmaßnahmen sind mitarbeiterbezogene Informationen, die z. B. über die Personalbeurteilung oder Mitarbeitergespräche zu gewinnen sind, sowie Informationen über den Arbeits- und Bildungsmarkt (vgl. Thom 1992b, Sp. 1681 f.). Folgt man der oben eingeführten Unterscheidung in explizite Qualifizierungsmaßnahmen und implizite Qualifikationsveränderungen, dann lassen sich mit der beruflichen Bildung und Arbeitsstrukturierung zwei wichtige explizite Maßnahmenbündel und mit Karriereplanung und Führungskräfteentwicklung (Coaching) zwei bedeutsame implizite Maßnahmenbündel unterscheiden:

– Berufliche Bildung

  · Berufsausbildung, welche erstmalig und systematisch berufliche Kenntnisse und Fähigkeiten vermittelt, die zur Ausübung einer qualifizierten beruflichen Tätigkeit notwendig sind (vgl. Thom 1992b, Sp. 1682).

  · Traineeausbildung als unternehmensspezifische Einarbeitungsprogramme für Hochschulabsolventen.

  · Fort- und Weiterbildung, welche Kenntnisse, Fähigkeiten und Verhaltensweisen vermitteln, die dazu dienen, die Qualifikation des Mitarbeiters zu erhalten und/oder zu verbessern (vgl. Berthel 1992, Sp. 884).

  · Umschulungs- und Weiterbildungsmaßnahmen, die das Ziel haben, dem Mitarbeiter theoretische und praktische Kenntnisse und Fähigkeiten in einem neuen Tätigkeitsgebiet/Beruf zu vermitteln (vgl. zur Umschulung Becker 1992).

– **Arbeitstrukturierung** meint die „Gestaltung von Inhalt, Umfeld und Bedingungen der Arbeit" (Staehle 1999, S. 885) auf der Ebene eines Arbeitsfeldes (System klar abgegrenzter Teilaufgaben, die durch eine Person oder eine Arbeitsgruppe erledigt werden). In den Bereich der Arbeitsstrukturierung fallen Maßnahmen, die auf eine Veränderung des Arbeitsfeldes abzielen. Im Vordergrund steht die Vergrößerung des Arbeitsfeldes:

- Job Rotation (Arbeitswechsel): Qualifizierung des Mitarbeiters durch planmäßigen Arbeitsplatzwechsel (vgl. z. B. Hungenberg 1990, S. 212 ff.),
- Job Enlargement (Arbeitserweiterung): ein Arbeitsfeld wird durch Hinzufügen qualitativ gleichartiger Aufgaben vergrößert (vgl. Kupsch 1975, Sp. 1079),
- Job Enrichment (Arbeitsanreicherung): das Arbeitsfeld wird durch zusätzliche Entscheidungs- und Kontrollrechte bereichert und hat in der Regel einen positiven Effekt auf die Arbeitsmotivation (vgl. Herzberg 1972, S. 35).

Verkleinerungen des Arbeitsfeldes gehören nicht zu den Personalentwicklungsmaßnahmen (vgl. Berthel/Becker 2003, S. 312 f.).

– **Karriereplanung**: Eine Karriere ist jede denkbare Stellenfolge eines Mitarbeiters innerhalb eines Unternehmens. Gegenstand der Karriereplanung ist der berufliche Werdegang des einzelnen Mitarbeiters (vgl. Berthel/Becker 2003, S. 328). Es geht also um die horizontale und vertikale Versetzung von Mitarbeitern im Unternehmen. Ziel ist es vor allem, den zukünftigen Fach- und Führungskräftenachwuchs durch frühzeitige personalpolitische Entscheidungen sicherzustellen. Sichtbares Zeichen der Karriereplanung sind mitarbeiterbezogene Laufbahnpläne, die über Art, Dauer und Ort der Tätigkeit Auskunft geben (zur Laufbahn vgl. Berthel/Becker 2003, S. 334).

– **Führungskräfteentwicklung**: Zielsetzung der Führungskräfteentwicklung ist ganz allgemein die Förderung der Führungskompetenz von Mitarbeitern, was ein breites Themenspektrum wie z. B. Persönlichkeitsentwicklung, Selbstmanagement, Kommunikationsverhalten, Personalführung (Führungsstile und -rollen) oder unternehmerische Kompetenzen einschließt. Zielgruppe von Führungskräfteentwicklungsmaßnahmen sind dementsprechend aktive Führungskräfte im mittleren, gehobenen und oberen Management sowie Nachwuchsführungskräfte. In vielen Unternehmen, bspw. bei der Deutschen Bahn oder bei Daimler, ist das erfolgreiche Absolvieren von Führungskräfteentwicklungsprogrammen eine Grundvoraussetzung für den Aufstieg von Nachwuchsführungskräften in höhere Leitungsebenen. Führungskräfteentwicklung bleibt meist nicht auf einzelne Maßnahmen beschränkt, sondern umfasst zahlreiche Maßnahmen im Sinne von Bausteinen, die auch längerfristig angelegt sind. Alle Methoden der Personalentwicklung kommen auch in der Führungskräfteentwicklung zum Einsatz. So ist auch die Karriereplanung ein zentraler Bestandteil von Führungskräfteentwicklungsprogrammen. Darüber hinaus gibt es jedoch auch originäre Instrumente der Führungskräfteentwicklung, z. B. das Management Audit (Leistungs- und Potentialeinschätzung von Führungskräften) oder das Coaching (vgl. dazu die folgenden Ausführungen).

Nachfolgend wird mit dem Personalentwicklungsinstrument ,Coaching' in den Kapiteln D III 5 c und d ein originäres Instrument der Führungskräftentwicklung portraitiert, das insbesondere die Zielsetzung der Wandlungsfähigkeit der Mitarbeiter, d. h. der Führungskräfte in das Zentrum rückt und in den vergangenen Jahren stark an Popularität gewonnen hat.

c. Coaching als originäres Instrument der Führungskräftentwicklung

Der Druck zur permanenten organisatorischen Wandelungsfähigkeit fordert die Mitarbeiter und insbesondere die Führungskräfte in einer Organisation. Im Zuge der gestiegenen Bedeutung des Change Management hat in diesem Zusammenhang insbesondere Coaching als innovatives Personalentwicklungsinstrument erheblich an Popularität gewonnen (vgl. u. a. Backhausen/Thommen 2006, S. 22 f.; Stephan et al. 2009, S. 15 ff.). Was genau ist unter Coaching zu verstehen? Eine viel zitierte **Definition** findet sich auf der Internetseite des *Deutschen Bundesverbandes Coaching e.V. (DBVC)*. Hier wird Coaching definiert als: „die professionelle Beratung, Begleitung und Unterstützung von Personen mit Führungs-/Steuerungsfunktionen und von Experten in Unternehmen/Organisationen. Zielsetzung von Coaching ist die Weiterentwicklung von individuellen oder kollektiven Lern- und Leistungsprozessen bzgl. primär beruflicher Anliegen." (Rauen 2009).

Aus der Definition wird der ursprüngliche und bis heute gültige Grundgedanke von Coaching ersichtlich. Es handelt sich im Gegensatz zu anderen Formen der Personen- und Personalentwicklung um eine absichtlich herbeigeführte, tragfähige **Beratungsbeziehung**, die sich im Unternehmen diskret und individuell an Personen mit Managementaufgaben richtet. Coaching ist also eine personenzentrierte Form der Beratung. Im Kern des Konzepts steht die individuelle Beratung und Begleitung von Einzelpersonen (vgl. dazu auch Greif 2002; Schneider 2004; Stephan et al 2009). Dabei agiert ein Coach in der Rolle eines Beraters, der das primäre Ziel verfolgt „**Hilfe zur Selbsthilfe**" zu leisten. Dieser Berater kann ein Festangestellter des eigenen Unternehmens sein, ein **interner Coach**, oder ein unabhängiger Dienstleister, der dem Unternehmen seine Beraterdienste auf dem freien Markt anbietet, ein sog. **externer Coach** (Billmeier et al. 2005, S. 19). Der Beratene (Klient) wird gemeinhin als ‚**Coachee**' bezeichnet, dieser erhält die Beratungsleistung im Rahmen eines begleitenden Prozesses durch den Coach. Im Coaching sind somit streng genommen drei Akteure beteiligt: Neben dem ‚Coach' und ‚Coachee' ist zudem der ‚**Kunde**', sprich das Unternehmen, zu nennen, das als Vertragspartner und Auftraggeber das Coaching initiiert und letztlich finanziert. In manchen Fällen können Kunde und Coachee ein und dieselbe Person sein (zum Beispiel beim Top-Executive-Coaching). Aber gerade bei Nachwuchsführungskräften oder im mittleren Management ist letztlich von drei Akteuren auszugehen.

Inhaltlich bezieht sich Coaching auf Fragen und Probleme, welche auf die Arbeitswelt, d. h. den betrieblichen bzw. unternehmerischen Kontext gerichtet sind und fachlich-sachliche Themen und/oder psychologische oder soziodynamische Aspekte betreffen (vgl. Greif 2002, S. 13). Coaching ist damit auf berufliche Themen fokussiert, die aber an private Anliegen angrenzen können. Somit können durchaus auch private oder persönliche Themen zum Gegenstand des Coaching werden, wenn sie in einem unmittelbaren Zusammenhang mit den beruflichen Herausforderungen stehen (vgl. Turck et al. 2007, S. 16). *Stephan et al.* (2009) haben in einer empirischen Studie die häufigsten **Beratungsanlässe** im Coaching erfragt:

– Persönliche Entwicklung, Individualprobleme, Selbstmanagement, Work-Life-Balance (Angaben der befragten Coachs: 54 Prozent/Angaben der befragten Kunden: 52 Prozent);
– Change-Situationen: Paradigmenwechsel, Transition, Übergangsphasen, Neuorientierung, Reorganisation (35 Prozent/35 Prozent);
– Konfliktmanagement, Konfliktbearbeitung, Mobbing (31 Prozent/24 Prozent);
– Karriere-Coaching (25 Prozent/23 Prozent).

‚**Beratung**' kann in diesem Zusammenhang als ein vom Berater bzw. Coach nach methodischen Gesichtspunkten gestalteter Problemlöseprozess verstanden werden. Im Gegensatz zu einer Fachberatung (z. B. Steuerberatung) nimmt ein Coach dem Klienten oder Coachee jedoch keine Aufgaben ab, sondern berät ihn auf Prozessebene. Der Coach präsentiert keine vorgefertigten Lösungsvorschläge, sondern der Coachee entwickelt eigene Lösungen. Der Coach unterstützt die Bemühungen des Coachee und hilft, zwischen Symptomen und Ursachen zu unterscheiden. Gegebenenfalls muss der Coach auch vorschnelle, dysfunktionale Zielsetzungen seines Coachee offen reflektieren und in Frage stellen. Durch die Eigenbemühungen des Coachee werden seine Kompetenzen zur Bewältigung anstehender Aufgaben und Probleme verbessert (vgl. Greif 2002, S. 14). Der Coach hat in diesem Prozess damit primär die Rolle des Feedbackgebers, Reflexionshelfers, Impulsgebers und Vermittlers (Turck et al. 2007, S. 16 ff.).

In keinem Fall darf Coaching jedoch der Entsorgung von originären Führungsaufgaben dienen. Coaching-Anfragen in Unternehmen enthalten oftmals Anteile, die als Personalführungsaufgaben zu beschreiben wären. Beim Einsatz von Coaching besteht das Risiko, dass der Coach ungeliebte Führungsaufgaben übernehmen soll, ohne dafür legitimiert zu sein; der Coach soll also implizit die Entscheidung für oder gegen eine Entlassung treffen oder Disziplinarmaßnahmen legitimieren: „Dieses Risiko ist natürlich dann besonders groß, wenn das Unternehmen die Dienstleistung Coaching für einen leitenden Mitarbeiter bezahlt und meint, sich damit auch entsprechende Aktivitäten des Coachs mehr oder weniger offen einzukaufen." (Billmeier et al. 2005, S. 68 f.)

Coaching ist ein **zeitlich begrenzter Beratungsprozess**. Die Dauer der einzelnen Beratungstermine liegt üblicherweise zwischen einer und vier Stunden. Der gesamte Coaching-Prozess kann im Extremfall auf nur eine Sitzung beschränkt sein, er wird im Regelfall aber mehrere Sitzungen (ca. 6-10 Termine) umfassen, die auf einen Zeitraum von 3-12 Monaten verteilt sind (vgl. Stephan et al. 2009, S. 20).

d. Zielgruppen des Coaching

Die Zielgruppe von Coaching sind i.d.R. Personen mit Führungsaufgaben. Ein Grund für die exklusive Begrenzung des Angebots auf ‚Führungskräfte' ist, dass Coaching als exklusive Maßnahme verstanden werden soll, die entsprechend einer besonderen Personengruppe im Unternehmen zur Verfügung gestellt wird. Als eher pragmatischer Aspekt sind in diesem Zusammenhang auch die Kosten dieser Personalentwicklungsmaßnahme zu sehen: Die 1:1-Betreuung durch den Coach und die individuelle Konzipierung des Angebots verhindern Kosteneinsparungen durch Standardisierung und Massenangebote, wie sie bei anderen Personalentwicklungsmaßnahmen wie Trainings oder Schulungen realisierbar sind.

Trotz der Beschränkung von Coaching auf ‚Führungskräfte' ist das Spektrum in dieser Zielgruppe jedoch sehr breit. Personen auf unteren und mittleren Führungsebenen oder Nachwuchsführungskräfte unterscheiden sich deutlich im Verhalten, Führungs- und Kommunikationsstil sowie einer Reihe weiterer Merkmale (z. B. politisches Verhalten) von Personen in oberen Hierarchiepositionen. Es ist deshalb üblich, das allgemeine Coaching von Führungskräften vom sogenannten ‚**Top Executive Coaching**' zu unterscheiden, welches sich an die obersten Führungskräfte im Unternehmen bzw. in Organisationen richtet. Eine Differenzierung von Coaching nach verschiedenen Führungskräftegruppen ist ferner auch deshalb zwingend geboten, da sich die dargestellten Anlässe und Ziele der Maßnahmen ganz erheblich voneinander unterscheiden (vgl. dazu Stephan et al. 2009, S. 44 ff.):

1. **Coaching im mittleren Management und Nachwuchsführungskräfte**: Nachwuchsführungskräfte und Mitarbeiter in mittleren Führungspositionen befinden sich in einer ‚Sandwich-Position' in der Hierarchie und haben aufgrund ihrer Aufstiegschancen die größte Lern- und Veränderungsbereitschaft. Coaching dient meist der Vorbereitung auf neue Führungsherausforderungen, bspw. die Übernahme einer Projekt- oder Abteilungsleitung. Auf dieser Ebene wird der nötige Entwicklungsbedarf am deutlichsten diagnostiziert und es werden die flächendeckendsten Maßnahmen getroffen. Typische Ziele von Coaching sind die Bewältigung aktueller Aufgabenstellungen und der Abbau von Qualifikationsdefiziten. Oft geht dem Coaching im mittleren Management auch ein Zeitraum der Begleitung und Beobachtung

des Klienten während der Durchführung seiner beruflichen Aktivität durch den Coach voraus. Während dieser Beobachtungsphase ermittelt der Coach den Coaching-Bedarf, welcher sich häufig an objektiv erkennbaren Verhaltensdefiziten festmachen lässt. Die allgemeine Wertorientierung von Personen im mittleren Management (bzgl. Authentizität, Konfliktverhalten, Lernen, Kooperation, Vertrauen etc.) zeigt die größte Offenheit und Bereitschaft, sich mit der eigenen Persönlichkeit, dem Verhalten, den Emotionen und der eigenen sozialen Wirkung auseinanderzusetzen (vgl. Böning/Fritschle 2005, S. 63). Neben allgemeinen Verhaltensdefiziten setzt Coaching für Nachwuchsführungskräfte vor allem auch an vorhandenen Defiziten im Führungsverhalten an. Durch Coaching können junge Mitarbeiter, die zukünftig für Leitungsaufgaben vorgesehen sind, eine gezielte Vorbereitung auf die konkrete Führungssituation erfahren.

2. Coaching von Führungskräften im gehobenen Management: Der Coaching-Bedarf von Führungskräften im gehobenen Management ist meist durch eine höhere psychologische Tiefe gekennzeichnet. Coaching soll dem Coachee seine persönlichen Stärken und Ressourcen bewusst machen, damit diese systematisch gefördert werden können. Ein weiterer typischer Anlass ist die Identifikation eines Problems ohne die Kenntnis der Ursache. Ziele von Coaching sind meist, Problemstrukturen und -dynamiken transparent zu machen sowie Verhaltensmuster und deren Folgen zu analysieren und zu bearbeiten. Coaching verschafft dem Coachee einen umfassenden Überblick zu seinem Standpunkt im organisatorischen Umfeld zu erhalten. Zum Teil werden die Maßnahmen standardmäßig angeboten, häufig werden sie aber auch auf Wunsch des Klienten hin begonnen. Typische Coaching-Inhalte sind u. a. Aufstellungen verschiedener Persönlichkeitsanteile, Klärung vergangener und aktueller Rollen oder Visualisierungen systemischer Einflussgrößen. Diese Maßnahmen erzeugen ein Bewusstsein über eigene Fähigkeiten und Motivationslagen und fördern ein umfangreicheres Problemverständnis und sind letztlich für den Führungserfolg von großer Bedeutsamkeit.

3. Top-Executive Coaching: Ein arrivierter Vorstand oder Bereichsleiter benötigt meist keine Unterstützung bei der Weiterentwicklung seines Führungsverhaltens. Zum einen ist das vordringliche Motiv für Coaching auf dieser Hierarchieebene die Erstattung objektiven Feedbacks: „Je höher sich die Führungskräfte durch die Hierarchien kämpfen, desto einsamer werden sie bekanntermaßen. Hier leistet der Coach einen wichtigen Dienst als „sozialer Spiegel". (Böning/Fritschle 2005, S. 94). Zum Anderen bietet Top-Executive Coaching Hilfestellung bei der Beantwortung von Fragen, welche die eigene Persönlichkeit und Identität betreffen. Biographische Arbeit, Selbstreflexion und Selbsterkenntnis bilden dabei die Hauptbestandteile. Dazu werden häufig der berufliche Werdegang sowie getroffene und zukünftige Entscheidungen hinterfragt, Widerstände, Ängste und Hemmungen thematisiert und analysiert. Leitmotiv eines Top-Executive Coachings ist es Transparenz und Einsicht in die eigene Persönlichkeit zu erhalten. Meist sind bereits konkrete Fragestellungen des Klienten vorhanden. Auf dieser Hierarchieebene ist der Coach ,Spiegel' und ,Sparringspartner' zugleich.

Coaching ist damit eine der wenigen Personalentwicklungsmaßnahmen, die durch ihre Spezifität und Individualität sowohl jungen Führungskräften als auch erfahrenen Top-Managern angeboten wird (vgl. Turck et al. 2007, S. 19). Viele Unternehmen, z. B. in der Automobilindustrie, im Versicherungsgewerbe und in der Pharmaindustrie, sind mittlerweile auch dazu übergegangen, eine systematische Form des internen Coachings einer weiteren Zielgruppe, nämlich den Vertriebsmitarbeitern anzubieten. In diesem Fall sind die internen Coachs üblicherweise erfahrene Vertriebs- bzw. Außendienstmitarbeiter, die sich selbst auf die Übernahme einer Führungsaufgabe in der Vertriebs- bzw. Marketing-Abteilung vorbereiten.

Exkurs: Coaching als populäres und schillerndes Instrument der Personalentwicklung –
Eine kritische Beurteilung aus Sicht der Neuen Institutionenökonomik

Coaching boomt! Die Entwicklung des Coaching-Marktes in Deutschland ist beeindruckend. Coaching ist momentan das Schlagwort moderner Personalentwicklung und, wenn man neueren Studien glauben darf, ist zukünftig mit noch größerem Bedeutungsgewinn von Coaching zu rechnen. So prognostizieren 88 Prozent der befragten Personalmanager einer Studie von Böning-Consult, dass Coaching in Zukunft noch an Bedeutung gewinnen wird (vgl. Böning/Fritschle 2004, S. 37). Nach der aktuellsten Studie des Deutschen Instituts für Marketing (DIM) gaben 78,3 Prozent der befragten Personalmanager an, Coaching bereits zu nutzen (vgl. Bernecker et al. 2008, S. 26). Und 76 Prozent von 201 befragten Managern und Personalentwicklern vermuten in einer Gemeinschaftsstudie der Unternehmensberatung Kienbaum und dem Harvard Business Manager, dass die Entscheidung zum Coaching sowie die Auswahl der Coachs in Zukunft zu den wichtigsten Aufgaben von Personalmanagern gehören werden (vgl. Leitl 2008, S. 43).

Wurde die Diagnose für Coaching-Bedarf über lange Jahre noch als Makel seitens der ‚betroffenen' Mitarbeiter wahrgenommen (vgl. Stephan et al. 2009, S. 16; Turck et al. 2007, S. 23), so ist der ‚Genuss' von Coaching-Maßnahmen heute zu einem Status-Symbol geworden (vgl. Werle 2007, S. 153 ff.). Die Diagnose von Coaching-Bedarf signalisiert – im positiven Sinn – vorhandenes Entwicklungspotenzial des ‚betroffenen' Mitarbeiters. Coaching hat sich mittlerweile zu einer akzeptierten und nachgefragten Personalentwicklungsmaßnahme für Mitarbeiter mit Führungsaufgaben entwickelt. Viele deutsche Unternehmen wie Volkswagen, BMW, Siemens oder SAP betrachten es als integralen Bestandteil nicht nur der Personalentwicklung, sondern ihrer gesamten Personalpolitik (vgl. Billmeier et al. 2005, S. 15; Stephan et al. 2009, S. 16).

Angesichts dieser Entwicklung verwundert es nicht, dass Coaching auch in den Medien und besonders der Fachliteratur einen Boom erlebt (vgl. Taffertshofer 2008, S. 203). Unter dem Stichwort ‚Coaching' liefert das Online-Handelshaus Amazon 8.383 Buch-Angebote zum Thema (Stand: 31.5.2010). Trotz aller Vielfalt an Publikationen herrscht auf dem Coaching-Markt große Intransparenz. Das liegt u. a. an der ungeschützten Berufsbezeichnung ‚Coach' und der daraus resultierenden inflationären Verwendung des Begriffs ‚Coaching', mit dessen Nennung viele Personalentwicklungsdienstleistungen aufgewertet werden sollen. Im Zuge der zunehmenden Popularität hat Coaching sich zu einem ‚Container-Begriff' entwickelt. Das Etikett ‚Coaching' wird heute in einer exotischen Vielfalt verwendet (vgl. Böning/Fritschle 2005, S. 17; Stephan et al. 2009, S. 17). Im allgemeinen populärwissenschaftlichen Sprachgebrauch wird mittlerweile jede Art von Betreuung, Training, Schulung usw. als Coaching bezeichnet. *Rauen* (2008) nennt als Grund für die Begriffsverwirrung, dass Anbieter unterschiedlicher Beratungs- und Trainingsdienstleistungen vom Image des Coachings profitieren möchten und die Begriffe ‚Coach' und ‚Coaching' zweckentfremden. Das ist möglich, da diese Begriffe nicht geschützt sind. Es steht jedem Menschen frei, sich als Coach zu bezeichnen und seine Dienstleistung mit diesem Zauberwort zu adeln. Auf diese Weise entstehen fortlaufend neue Bindestrich-Coaching-Kreationen, deren kuriose Ausprägungen keine Grenzen zu kennen scheinen. So gibt es z. B. Kinesiologiecoachs, die Karrierewege anhand der Schädelform prognostizieren, Shamaniccoachs, die ihren Coachee im Verkaufen mit Hilfe des Unterbewusstseins schulen, oder Namenscoachs, Glückscoachs, SMS-Coaching, Chat-Coaching, Koch-Coaching, usw.

Der Erfolg der Branche wird gleichzeitig zum größten Problem. Betrüger und Scharlatane aller Couleur bringen das an sich sinnvolle Werkzeug Coaching zunehmend in Misskredit. So kommt es, dass zu Gratis-Vorgesprächen geladen wird, die anschließend in Rechnung gestellt werden, Konkurrenten verleumdet oder schwere psychische Störungen des Coachee bewusst ignoriert werden, um den solventen Klienten zu halten (vgl. Werle 2007, S. 152 ff.). Auf Grund dieser Entwicklung ist ein Großteil der Nachfrager des boomenden Marktes verunsichert. Aus Sicht der ökonomischen Theorie handelt es sich bei der Coach-Coachee-Beziehung damit um einen klassischen Fall einer Principal-Agenten-Beziehung mit asymmetrisch verteilten Informationen (vgl. dazu ausführlich Stephan et al. 2009, S. 88 ff. sowie Kapitel B I). Im Fall der Coaching-Dienstleistung ist der Kunde der Principal, der Coach handelt als Agent. Folgende Ausprägungsformen von Informationsasymmetrien lasen sich unterscheiden:

–   **Hidden Characteristics:** Der Kunde bzw. Coachee kann wesentliche Eigenschaften des Coachs bzw. der von ihm angebotenen Leistung vor Vertragsschluss nicht in Erfahrung bringen. Daraus resultiert die Gefahr, einen ungeeigneten Vertragspartner (Coach) auszuwählen (Adverse Selection). Coaching-Dienstleistungen und auch die Qualifikationen der Coachs sind aufgrund der hohen Immaterialität der Leistungen nur schwer im Rahmen der Vertragsanbahnung zu beschreiben. Verstärkt wird diese Unsicherheit bzw. Intransparenz auf der Nachfrageseite durch die Tatsache, dass Coaching-Leistungen in Anbetracht der Vielzahl der Problemstellungen und damit potenziell geeigneter Ansätze und Tools sehr heterogen sind. Gerade in der Phase der Vertragsanbahnung und Akquise müssen beide Parteien deshalb mit opportunistischem Verhalten des Gegenübers rechnen. So besteht die Gefahr, dass der Coach Qualifikationen vortäuscht, die er gar nicht besitzt, und eine Leistungsbereitschaft vortäuscht, die er später nicht einhalten kann. Der Kunde könnte sich so für den schlecht(er) qualifizierten Coach oder für den falschen Coaching-Ansatz entscheiden.

–   **Hidden Action:** Nach Abschluss des Vertrages kann der Kunde bzw. Coachee nicht alle relevanten Handlungen und Leistungen des Coachs beurteilen, da ihm schlichtweg die Sachkenntnis fehlt. Eine Qualitätsbeurteilung im Prozess ist darüber hinaus auch für Experten schwierig, da sich der Coaching-Erfolg meist erst mit großer zeitlicher Verzögerung einstellt. Dies birgt die Gefahr, dass der Coach sein Engagement vermindert, ohne dass dies vom Coachee bemerkt würde (Shirking), und damit seinen Vorteil auf Kosten des Kunden sucht (Moral Hazard des Coachs).

–   **Hidden Intention:** In bestimmen Coaching-Konstellationen kann man zwar ein Großteil der Handlungen und Leistungen des Coachs sehr wohl beobachten und beurteilen, aber seine wahren Absichten sind nicht erkennbar. Hier besteht die Gefahr, dass der Coachee (und Kunde) aufgrund einseitig erbrachter Vorleistungen vom Coach abhängig wird, was dieser dazu nutzen kann, eine Nachverhandlung des Vertrages zu seinen Gunsten zu erzwingen (Hold-up-Gefahr). Gerade im Bereich des Top-Executive-Coachings lassen sich Konstellationen beobachten, in denen die betreffende Führungskraft in eine Abhängigkeitsposition zum Coach gerät. Wenn der Coach zur Vertrauensperson und zum dauerhaften Feedback-Geber wird, besteht eine große Hold-up-Gefahr.

In der zusammenfassenden Betrachtung der dargestellten Informationsasymmetrien besteht insbesondere für die Nachfrageseite die Gefahr, einen Coaching-Anbieter mit mangelnden Qualifikationen (‚Hidden Characteristics'), falschen Absichten (‚Hidden Intentions') oder verdeckten Motivationsdefiziten („Hidden Action') zu akquirieren. Akerlof (1970) bezeichnet die irrtümliche Auswahl von solchen Dienstleistungsanbietern auch als „Biss in eine Zitrone (,Lemon')."

Abb. 154: Exkurs zur Popularität von Coaching und
kritische Bewertung aus Sicht der Agency-Theorie

6. Verständnisfragen

a. Zur Anpassung an das dynamischere und schwerer planbare (Wettbewerbs-)Umfeld müssen Unternehmen mit einem ganzen Bündel interner Maßnahmen reagieren. Welche Faktorenklassen haben in den vergangenen Jahren diesen Wandlungs- bzw. Veränderungsdruck ausgelöst? Systematisieren und illustrieren Sie Ihre Ausführungen anhand von Beispielen.

b. Die schweren Unfälle und Störfälle im japanischen Kernkraftwerk Fukushima-Daiichi, welche infolge des Tōhoku-Erdbebens im März 2011 ausgelöst wurden, haben in Deutschland die politische und gesellschaftliche Debatte um den endgültigen Ausstieg aus der Atomkraft in der Energieversorgung intensiviert. Wie sollten deutsche Energiekonzerne, wie bspw. die EnBW Energie Baden-Württemberg AG, die in Deutschland mehrere Kernkraftwerke betreiben, im Sinne eines verantwortlichen Change Managements auf die veränderte Situation reagieren? Welche Ansätze des Veränderungsmanagements halten Sie für adäquat, welche dagegen für ungeeignet?

c. Was versteht man unter ,organisatorischen Routinen'? Illustrieren Sie das abstrakte Konzept aus den Theorien zum organisationalen Lernen anhand von konkreten Beispielen aus der Unternehmenspraxis.

d. Die Metapher ,Ambidextrie' (Beidhändigkeit) bezeichnet die Fähigkeit von Organisationen, die richtige Balance zwischen ,Resource Exploration'- und ,Resource Exploitation'-Prozessen sicherzustellen. Diskutieren Sie das Spannungsfeld zwischen beiden Aktivitätsmustern und erläutern Sie, welche Herausforderungen in der organisationalen Praxis mit der ,Beidhändigkeit' von Organisationen verbunden sind.

e. Welchen Beitrag können Personalentwicklungsmaßnahmen zur Stärkung der Wandlungsfähigkeit von Organisationen leisten? Diskutieren Sie diese Frage am Beispiel von Coaching als originäres Instrument der Führungskräfteentwicklung.

IV. Innovationsorientierung

1. Innovationsorientierung als betriebswirtschaftlicher Erfolgsfaktor

a. Neue Wettbewerbsbedingungen für Unternehmen

Galt das Hervorbringen ,neuer Kombinationen' am Anfang des 20. Jahrhunderts noch als Möglichkeit, sich den Wettbewerbskräften zu entziehen (vgl. Schumpeter 1993, S. 100), so sind Innovationen heute für die meisten Unternehmen eine Überlebensbedingung mit der Folge, dass eine erreichte Marktposition nur mittels ständiger Produkt- und Leistungsverbesserung zu halten ist (Vahs/Burmester 2005, S. 9 f.). Der **Innovationswettbewerb** als „wirtschaftlicher Leistungswettbewerb zwischen Wirtschaftssubjekten auf Basis des Hervorbringens und der Diffusion von Innovationen" (o. V. 2000, S. 1550; EFI 2010) gilt heute als die dominante Wettbewerbsart für Unternehmen in entwickelten Volkswirtschaften. Die geänderten Wettbewerbsbedingungen, unter denen Unternehmen agieren, sind auf ein komplexes Geflecht aus sich teilweise gegenseitig verstärkenden Einflussgrößen zurückzuführen.

– Das Wettbewerbsumfeld von Unternehmen ist als erstes durch ein verändertes Nachfrageverhalten der Abnehmer gekennzeichnet. Damit ist zum einen ein Wandel der Abnehmerbedürfnisse gemeint, der sich nicht zuletzt aufgrund des verfügbaren Angebots vollzieht (vgl. Brockhoff 1999, S. 18). Der Wandel vom Verkäufer- (Situation des Angebotsdefizits) zum Käufermarkt (Situation des Angebotsüberschusses auf dem relevanten Markt) und zunehmende Sättigungserscheinungen in hoch entwickelten Ländern erzeugen einen Differenzierungsdruck auf die Unternehmen (vgl. Specht/Beckmann/Amelingmeyer 2002, S. 3; Freiling/Reckenfelderbäumer 2007, S. 233).

– Zweitens hat sich die Anbieterstruktur – die Zusammensetzung der Wettbewerber – erheblich gewandelt. Unternehmen stehen in einem internationalen, globalen Wettbewerbsumfeld (vgl. dazu ausführlich Kapitel D II 1 d). Der daraus resultierende Wettbewerbsdruck fordert von den Unternehmen in entwickelten Ländern eine stärkere Innovationsorientierung, um sich gegen die Kostenvorteile der Entwicklungsländer zu behaupten. Darüber hinaus dringen Anbieter aus den wirtschaftlich erstarkten Schwellenländern in die angestammten Märkte der Industrieländer vor, wodurch sich die Anzahl der Wettbewerber erhöht und zusätzlicher Wettbewerbsdruck erzeugt wird. Der stark intensivierte Wettbewerb hat zu einer Beschleunigung der Innovationsprozesse geführt (vgl. EFI 2010, S. 34 sowie Kapitel D II 1 a).

– Die Beschleunigung von Innovationsprozessen und die rasant fortschreitende technologische Entwicklung gelten als dritter prägender Einflussfaktor der Wettbewerbsbedingungen. Eine Triebfeder und zugleich ein Hauptentwicklungsfeld ist die Informations- und Kommunikationstechnologie. Kennzeichen der technologischen Entwicklung sind u. a. eine abnehmende Halbwertszeit des Wissens, eine zunehmende Wissensintensität sowie eine zunehmende Komplexität der Forschungswelt, was vermehrt disziplinenübergreifende Lösungen und damit Kooperationen zwischen einzelnen Akteuren fordert (vgl. auch Kapitel D II sowie EFI 2010, S. 34).

Wesentliche Konsequenz dieser Entwicklung und Ausdruck des Innovationswettbewerbs sind immer kürzer werdende Produktlebenszyklen am Markt. Allein in den 1990er Jahren hat sich die durchschnittliche Produktlebenszeit um ein Jahr auf acht Jahre verkürzt (vgl. BMWi und BMBF 2002, S. 29). Die Tendenz der Verkürzung von Produktlebenszeiten hat sich im ersten Jahrzehnt 2000 nahtlos fortgesetzt (vgl. BMBF 2007, S. 37 ff.). Unternehmen sind gezwungen, eine wachsende Zahl innovativer Produkte in immer kürzeren Zeitabständen auf den Markt zu bringen. Der Zeitdruck bei der Entwicklung neuer Produkte und/oder Prozesse nimmt demzufolge zu.

Parallel zur Erhöhung des Zeitdrucks steigen in vielen Branchen die Kosten für Forschung und Entwicklung (F&E). Die steigenden F&E-Kosten sind u. a. auf die zunehmende technologische Komplexität von Produkten zurückzuführen. Ein anschauliches Beispiel für die zunehmende technologische Komplexität von Produkten bildet die Automobilindustrie. Konzentrierten sich Automobilhersteller bis in die 1970er Jahre im wesentlichen auf traditionellen Motoren- und Antriebstechnologien, die Metall- und konventionelle Materialverarbeitung sowie sonstige Mechanik, so müssen die Hersteller heute technologische Kompetenzen in der Elektronik und Telekommunikation, bei neuen Werkstoffen (Keramik, Faserverbundwerkstoffen etc.), in der Mess-, Regelungstechnik und Sensorik sowie bei neuen Fertigungsverfahren (CAD, CAM etc.) vorhalten (vgl. Stephan 2003, S. 157 ff.). Neben der Zunahme der technologischen Komplexität der Produkte nimmt ferner die Vernetzung vormals unabhängiger

Technologiebereiche zu. Ein Beispiel für die Vernetzung von Technologien im Automobilbau ist die Mechatronik als Kombination aus Mechanik des Maschinenbaus, Feinwerk- und Gerätetechnik, Elektronik, Regelungstechnik und Informatik. An einer Technologie sind also mehrere Disziplinen beteiligt (vgl. Burr/Stephan 2007, S. 646 ff.; Stephan 2003, S. 158 f.). Die Kostenexplosion in der Forschung und Entwicklung lässt sich anhand der Pharmaindustrie illustrieren. So kostete die Entwicklung eines Medikaments in den 1950er Jahren 7,5 Mio. US-Dollar, heute sind es zwischen 500 Mio. und 2 Mrd. U. S.-Dollar, in Abhängigkeit des Wirkstoffes und der angestrebten Therapie (vgl. Adams/Brantner 2006, S. 420 ff.; Breyer et al. 2003, S. 249 f.).

Aus den oben geschilderten Entwicklungen ergeben sich spezifische Anforderungen an das Innovationsverhalten von Unternehmen. Erstens reichen die bloße Imitation erfolgreicher Marktangebote oder nur inkrementelle (kleine) Verbesserungen eines bestehenden Angebots oftmals nicht aus, um erfolgreich im Wettbewerb zu bestehen. Für den Kunden müssen Leistungs- und/oder Preisvorteile deutlich erkennbar sein. Imitationen führen nur dann zum Erfolg, wenn sie z. B. durch eine überlegene Prozesstechnologie zu spürbar niedrigeren Preisen angeboten werden, oder wenn das Unternehmen einen zusätzlichen Mehrwert, beispielsweise durch zusätzliche Dienstleistungsangebote generieren kann. So sind in der Pharmabranche die Hersteller von Generika sehr erfolgreich, weil sie ein dem Original gleichwertiges Präparat zu sehr viel niedrigeren Preisen anbieten können. Die Preisvorteile beruhen dabei auf niedrigeren Herstellkosten, denn Generikahersteller betreiben keine kostenträchtige Forschung und Entwicklung, sondern können nach Ablauf des Patentschutzes auf das Know-how des Originalherstellers zurückgreifen. Für die Hersteller der Originalpräparate bedeutet dies im Umkehrschluss, dass es ihnen nur mit Innovationen, d. h. mit neuen Wirkstoffen und Präparaten durch beständige Innovationsorientierung (und Investitionen in Forschung und Entwicklung) gelingen kann, erfolgreich im Wettbewerb auch gegen die Generikahersteller zu bestehen. Abb. 155 zeigt die Bedrohung der Originalpräparate durch Generika in der Pharmaindustrie exemplarisch für das Bluthochdruckmedikament Vasotec.

Monate nach Ablauf des Patentschutzes	Anzahl der Generika-produkte im Markt	Marktanteil der Generika	Preisverfall (in %)
1	10	44,6	69,6
3	12	67,3	70,7
6	13	78,8	76,9
12	15	86,0	73,4

Abb. 155: Die Bedrohung der Originalpräparate durch Generika in der Pharmaindustrie am Beispiel des Medikaments Vasotec/Enalapril in den USA (vgl. Rehwald 2002, S. 11)

b. Innovationen und unternehmerischer Erfolg – empirische Ergebnisse

Innovationstätigkeit hat langfristig betrachtet einen positiven Effekt auf den Unternehmenserfolg. Eine der bekanntesten empirischen Studien, die sich mit den Einflussgrößen des Unternehmenserfolgs beschäftigen, ist die **PIMS-Studie** (Profit-Impact-of-Market-Strategies), die von der Harvard Business School bzw. seit 1975 vom Strategic Planning Institute durchgeführt wird. Dabei handelt es sich um eine branchenübergreifende Analyse, in der ca. 3000

Strategische Geschäftseinheiten in über 400 Unternehmen betrachtet wurden. In der Studie wurden unter 37 Einflussfaktoren jene 18 identifiziert, die den größten Einfluss auf den Erfolg des Unternehmens – operationalisiert im ROI (Return-on-Investment) – aufweisen (vgl. http://pimsonline.com/index.htm). Die hohe Bedeutung der Innovationstätigkeit für den Unternehmenserfolg lässt sich implizit aus dem positiven Einfluss von Produktinnovationen und F&E-Ausgaben auf den ROI ablesen.

Eine sehr umfassende Untersuchung zu den betriebswirtschaftlichen Auswirkungen der Innovationstätigkeit stammt vom Zentrum für Europäische Wirtschaftsforschung (ZEW) in Mannheim (vgl. Gottschalk et al. 2002, S. 43 ff. sowie Abb. 161). Als Innovationsziele wurden mit dem Produktionskostenziel, dem Markterhaltungs- und -erweiterungsziel sowie dem Umweltziel (z. B. Verbesserungen von Umweltbedingungen) Unterziele des globalen Erfolgsziels definiert. Die Innovationsauswirkungen wurden drei Gruppen zugeordnet:

– Produkt- und dienstleistungsorientierte Auswirkungen: In allen betrachteten Wirtschaftssektoren überwiegen die produktorientierten Wirkungen von Innovationen. Dabei stehen die Verbesserung der Qualität des bestehenden Leistungsangebots und die damit verbundene Sicherung des Marktanteils eindeutig im Vordergrund. Im verarbeitenden Gewerbe führte die Innovationstätigkeit bei 90 Prozent der Innovatoren zu einer Verbesserung der Produktqualität; ca. 45 Prozent schätzten die Verbesserung als besonders stark ein. Die zweithäufigste Innovationswirkung innerhalb dieser Gruppe sind die Ausdehnung des Marktanteils und die Erschließung neuer Absatzmärkte, gefolgt von der Verbreiterung des Leistungsangebots (vgl. hierzu Kapitel D I).
– Prozessorientierte Auswirkungen: Branchenübergreifend ist die Verbesserung der Produktionsflexibilität die wichtigste prozessorientierte Innovationswirkung. In der Industrie ist die Erhöhung der Produktionskapazität die zweithäufigste prozessorientierte Innovationswirkung, während Rationalisierungseffekte (Senkung der Personal- und Materialkosten) von nachrangiger Bedeutung sind. Für die personalintensiven Dienstleister ist die Senkung der Personalkosten wichtiger als die Erweiterung der Kapazität oder die Senkung der Materialkosten.
– Sonstige Auswirkungen: Zu dieser Restkategorie gehören Verbesserungen der Umwelt- und Gesundheitsbedingungen sowie die Erfüllung von Regulierungsstandards. Derartige Innovationswirkungen, die zwar von hoher gesellschaftlicher und politischer Bedeutung sind, fallen den Umfrageergebnissen zufolge vergleichsweise gering aus. Allerdings gibt es starke branchenspezifische Unterschiede. In der chemischen Industrie, die umfangreiche Gesundheits- und Umweltauflagen zu erfüllen hat, wird der Beitrag von Innovationen zur Erfüllung dieser Auflagen als relativ hoch empfunden. Ein Drittel der innovativen Chemieunternehmen verzeichnet hier sogar starke Auswirkungen von Innovationen auf die Erfüllung von Regulierungszielen.

Die Autoren der Studie interessierten sich des Weiteren dafür, welche Faktoren im Wesentlichen für eine hohe Ausprägung der Innovationswirkungen verantwortlich sind und gingen dabei speziell der Frage nach, ob sich Innovationswirkungen identifizieren lassen, die besonders von einer kontinuierlichen F&E abhängen. Es zeigt sich, dass in der Industrie und bei den unternehmensnahen Dienstleistern insbesondere die kontinuierliche F&E ein Haupteinflussfaktor für hohe Innovationsauswirkungen ist. Vor allem die Wahrscheinlichkeit produktbezogener Innovationswirkungen steigt, wenn ein Unternehmen kontinuierlich F&E betreibt. Dagegen spielt eine beständige F&E für Prozess- und Verfahrensverbesserungen eine untergeordnete Rolle, denn die Optimierung bereits eingeführter Verfahren erfolgt meist durch Lernkurveneffekte (vgl. zur Definition von Lernkurveneffekten den entsprechenden Exkurs in Kapitel D II 4 c).

c. Statistische Daten zum Innovationsverhalten der deutschen Wirtschaft

Das Ausmaß und die Verteilung von F&E-Aktivitäten, die sich mit Hilfe statistischer Quellen zusammenstellen lassen, sind ein weiterer Beweis für die Bedeutung von Innovationen für Unternehmen. Jüngste Studien (vgl. u. a. EFI 2010, 2009) zum Innovationsverhalten der deutschen Wirtschaft zeigen dabei im internationalen Vergleich zunächst folgendes allgemeines Bild: In fast allen OECD-Ländern wird F&E seit Mitte der 1990er Jahre entschieden mehr Aufmerksamkeit gewidmet als noch in der ersten Hälfte. Investierte Deutschland Mitte der 1990er Jahre nur etwas mehr als 2 Prozent seines Bruttoinlandsproduktes in Forschung und Entwicklung, so hat sich dieser Wert in 2008 auf 2,6 Prozent erhöht. Im internationalen Vergleich der OECD-Staaten belegte Deutschland damit einen Rang im vorderen Mittelfeld (Platz 8). Am meisten investierte Schweden mit 3,6 Prozent des Bruttoinlandsprodukts in 2008 in F&E, gefolgt von Finnland (3,5 Prozent), Japan (3,4 Prozent) und Korea (3,2 Prozent). Schlusslicht unter den westlichen Industrienationen war Italien mit einer F&E-Intensität von lediglich 1,1 Prozent. Auch Frankreich, die Niederlande und Großbritannien lagen noch deutlich hinter Deutschland. Der OECD-Durchschnitt belief sich auf 2,3 Prozent (EFI 2010, S. 102). Betrachtet man die absoluten Ausgaben für Forschung und Entwicklung so dominieren die USA. 42 Prozent der F&E-Aufwendungen in den OECD-Ländern entfallen auf die USA, auf Deutschland immerhin 8,1 Prozent (EFI 2010, S. 102). Ein solcher Vergleich und Ranglisten der F&E-Orientierung von Ländern sind natürlich mit Vorsicht zu interpretieren. So sind die F&E-Ausgaben in Relation zum Bruttoinlandsprodukt immer auch von den sektoralen Spezialisierungsmustern der Länder beeinflusst. Gerade kleine Volkswirtschaften, mit sektoralen Schwerpunkten in Branchen mit traditionell hoher F&E-Intensität (hohem Anteil der F&E-Ausgaben an der Wertschöpfung), haben in Statistiken zur Innovationsorientierung eine stärkere F&E-Orientierung als große Volkswirtschaften mit einer breiten gestreuten Verteilung der Wertschöpfung auf verschiedene Wirtschaftszweige.

Abb. 156 zeigt die Entwicklung der Ausgaben für Forschung und Entwicklung in Deutschland seit 1995 differenziert nach den drei relevanten Akteurskategorien, die maßgeblich F&E betreiben bzw. finanzieren: (1) Der Staat einschließlich der Forschungseinrichtungen und -organisationen, die aus öffentlichen Mitteln grundfinanziert werden (u. a. die Max-Planck-Gesellschaft, die Hermann von Helmholtz-Gemeinschaft Deutscher Forschungszentren sowie die Fraunhofer-Gesellschaft); (2) die Hochschulen sowie (3) die privatwirtschaftlich tätigen Unternehmen. Fast 69,2 Prozent der F&E-Aufwendungen entfielen in 2008 auf die private Wirtschaft, 16,7 bzw. 14 Prozent auf die Hochschulen bzw. die staatlich geförderten Forschungseinrichtungen. Blickt man auf die Entwicklung der Höhe der Aufwendungen so zeigt sich, dass zwischen 1995 und 2008 die gesamten F&E-Ausgaben in Deutschland um fast 65 Prozent zugenommen haben. Die größte Zunahme entfällt dabei auf die Ausgaben der Wirtschaft, die ihre F&E-Investitionen um knapp 72 Prozent gesteigert hat.

Berichtsjahr	Staat und private Institutionen ohne Erwerbszweck	Hochschulen	Wirtschaft	insgesamt
1995	6.266	7.378	26.817	40.460
1996	6.305	7.652	27.211	41.169
1997	6.272	7.677	28.910	42.859
1998	6.547	7.768	30.334	44.649
1999	6.632	7.937	33.623	48.191
2000	6.873	8.146	35.600	50.619
2001	7.146	8.524	36.332	52.002
2002	7.333	9.080	36.950	53.364
2003	7.307	9.202	38.029	54.539
2004	7.514	9.089	38.363	54.967
2005	7.867	9.221	38.651	55.739
2006	8.156	9.475	41.148	58.779
2007	8.540	9.908	43.034	61.482
2008	9.346	11.112	46.073	66.532

Abb. 156: Ausgaben für Forschung und Entwicklung nach Akteurskategorien in Mio. Euro
(vgl. Statistisches Bundesamt 2010)

Die Ausgaben für Forschung und Entwicklung haben in Deutschland und insbesondere in der deutschen Wirtschaft in den letzten 15 bis 20 Jahren kontinuierlich zugenommen. Welche Sektoren der Wirtschaft sind die maßgeblichen Treiber dieser F&E-Orientierung? Abb. 157 zeigt die F&E- und Innovationsaufwendungen differenziert nach den einzelnen Wirtschaftszweigen.

Der mit Abstand größte Teil der F&E- und Innovationsaufwendungen entfällt auf den Fahrzeugbau. Beinahe ein Viertel der F&E-Aufwendungen und über ein Drittel der Innovationsaufwendungen entfallen auf die Endhersteller und Zulieferunternehmen in diesem Wirtschaftszweig. Auf Platz zwei folgt die Elektroindustrie, gefolgt von der chemischen/pharmazeutischen Industrie und vom Maschinenbau. Im Dienstleistungssektor dominiert die EDV/Telekommunikationsbranche. Im zeitlichen Verlauf ist zu beobachten, dass die F&E- und insbesondere die Innovationsaufwendungen in den wissensintensiven Dienstleistungssektoren in den letzten Jahren stark an Bedeutung gewonnen haben. Dienstleistungen entfalten sich zu einem wichtigen Impulsgeber für Innovationen (vgl. dazu Burr/Stephan 2006, S. 117 ff.).

Wirtschaftszweig	F&E-Aufwendungen (in Mrd. €)	Anteil an den gesamten F&E-Aufwendungen (in %)	Innovationsaufwendungen (in Mrd. €)	Anteil an den gesamten Innovationsaufwendungen (in %)
Chemie/Pharma	9,2	13,8	12,6	9,8
Elektroindustrie	10,8	16,3	16,2	12,7
Maschinenbau	7,2	10,7	12,0	9,3
Fahrzeugbau	23,2	34,9	36,5	28,5
sonstige Industrie	6,3	9,5	21,1	16,4
Mediendienstleistungen	0,3	0,5	1,9	1,5
EDV/ Telekommunikation	5,1	7,6	11,1	8,7
Finanzdienstleistungen	1,3	2,0	4,0	3,2
Unternehmensberatung/Werbung	0,9	1,4	1,9	1,4
technische/F&E-Dienstleistungen	1,7	2,5	2,7	2,1
sonstige Dienstleistungen	0,7	1,0	8,2	6,4
gesamt	**66,5**	**100**	**128,1**	**100**

Abb. 157: F&E- und Innovationsaufwendungen der deutschen Wirtschaft in 2008 (vgl. EFI 2010; modifiziert und angeglichen an die Daten des Statistischen Bundesamtes)

2. Begriffliche Grundlagen

a. Innovation

Was ist eigentlich unter einer ‚Innovation' zu verstehen? Es scheint zunächst sinnvoll, den Begriff der Innovation zu präzisieren und gegenüber anderen, verwandten Begriffen abzugrenzen, denn **„Innovation ist ein schillernder, ein modischer Begriff"** (Hauschildt/Salomo 2011, S. 3; hervorgehoben im Original). In dieser semantischen Unschärfe liegt die Gefahr von Missverständnissen.

Der Begriff Innovation leitet sich aus den lateinischen Worten ‚novus' (für „neu") und ‚innovatio' (für „Erneuerung" oder „Veränderung") ab. Eine Innovation stellt demzufolge etwas Neues bzw. Neuartiges dar. *Hauschildt* und *Salomo* (2011, S. 3) betonen, dass neuartig mehr sei als neu, es bedeutet eine Änderung der Art, nicht nur dem Grade nach: z. B. ein neues Sachgut, eine neue Dienstleistung, ein neues Herstellungsverfahren oder ein neuartiger Vertriebsweg.

Am Ausgangspunkt eines jeden (technologischen) Innovationsprozesses stehen Erfindungen und/oder Entdeckungen. Wo liegt eigentlich der Unterschied zwischen Erfindungen und Entdeckungen? Bereits *Webster* (1828) führt als Antwort auf diese Frage aus:

„We discover what before existed, though to us unknown; we invent what did not before exist" (Noah Webster 1828 im American Dictionary of the English Language; zitiert nach Burgelman/ChristensenWheelwright 2008, S. 2). Die Entdeckung bezieht sich also auf die erstmalige Beobachtung und Beschreibung von bereits Vorhandenem, das aber bislang unbekannt war und dessen Nutzen unbestimmt ist. Zu denken ist hierbei an die Entdeckung von Naturgesetzten oder chemischen Elementen. Dagegen zielt die Erfindung auf die Schaffung von Neuem ab. Der Übergang von Entdeckung zu Erfindung ist allerdings fließend und viele Innovationen entstammen aus einer Kombination beider Vorgänge (vgl. dazu Abb. 158).

Entdeckungen und Erfindungen als Grundlage für Innovationen: Das Beispiel Flüssigkristallanzeigen (LCDs)

Flüssigkristalle sind durch ihren Einsatz in digitalen Anzeigen heute allgegenwärtig. Sie finden Verwendung in einfachen Anzeigen, wie in Armbanduhren, Taschenrechnern oder Benzinzapfsäulen, in Standardanwendungen, wie bei Notebooks, Fernsehern oder Mobiltelefonen, aber auch in innovativen Anzeigesystemen, beispielsweise in Tablet-PCs oder Smartphones. Die Entwicklung von Flüssigkristalldisplays (LCDs) geht zurück auf eine Serie von Entdeckungen und Erfindungen, die im Jahr 1888 ihren Anfang nahm.

Die der LCD-Technologie zu Grunde liegende Basisentdeckung erfolgte bereits in 1888 mit der erstmaligen Beobachtung des Phänomens der flüssigen Kristalle durch den österreichischen Botaniker und Chemiker *Friedrich Reinitzer*. *Reinitzer* experimentierte in seinem Labor an der Deutschen Universität in Prag zunächst mit Derivaten des Cholesterins, welches er durch Extraktion aus Karotten gewann. Durch das stufenweise Erhitzen der Derivate stellte er fest, dass bei einigen organischen Molekülen zwischen dem festen und dem flüssigen Aggregatszustand noch ein dritter Aggregatszustand auftritt. Die Moleküle befinden sich in dieser Phase in einem sogenannten flüssigkristallinen Zustand, der einen zwischen fest und flüssig liegenden Aggregatszustand beschreibt. Ihr Erscheinungsbild beschrieb *Reinitzer* als wachsartig (smektische Phase) und als milchig trübe Flüssigkeit (nematische Phase).

Der erste „kommerzielle" Anbieter von Flüssigkristallen war das deutsche Chemieunternehmen Merck, das bereits im Jahre 1904 die ersten Flüssigkristalle zum Verkauf anbot, zunächst allerdings nur, um Wissenschaftlern diese nicht alltäglichen Chemikalien für ihre Forschung in besonders hoher Reinheit zur Verfügung zu stellen. Bis Anfang der 1960er Jahre wurden flüssigkristalline Substanzen lediglich zu Labor- und Forschungszwecken verwendet. 1962 wurde bei der Radio Corporation of America (RCA) der Effekt entdeckt, daß der Weg von Licht, welches eine Schicht von Flüssigkristallen durchdringt, durch elektrische Spannung verändert werden kann. In Abhängigkeit von der angelegten Spannung ist es so möglich, Licht durchzulassen oder zu blockieren. Ende 1966 wurde von RCA die erste Anwendung von Flüssigkristallen zur Zahlendarstellung in flachen Displays vorgestellt. Der kommerzielle Nutzen war allerdings noch zu gering, da dieses Display nur bei Temperaturen über 80°C funktionierte.

Durch das gezielte Synthetisieren und in diesem Sinne das Erfinden neuer Flüssigkristallsubstanzen konnten die erforderlichen Mindesttemperaturen für die flüssigkristalline Phase beständig abgesenkt werden. Im August 1968 präsentierte der Physiker *George H. Heilmeier* von RCA auf einer Konferenz in den USA dann den ersten Prototyp einer

Flüssigkristallanzeige, die schon bei Raumtemperatur funktionsfähig war – die Dynamic Scattering-Anzeige (DS-LCD). Spätestens ab diesem Zeitpunkt war klar, dass Flüssigkristalle nicht mehr länger nur als Laborkuriosität Verwendung finden würden.

Abb. 158: Exkurs Entdeckungen und Erfindungen als Grundlage für Innovationen: Das Beispiel Flüssigkristallanzeigen (LCDs),(vgl. Stephan/Pauluth 2009)

Erfindungen und Entdeckungen stehen am Ausgangspunkt des Innovationsprozesses und führen zur erstmaligen technischen Realisierung einer neuen Lösung – wie im Exkurs in Abb. 158 die Präsentation des ersten Prototyps einer Flüssigkristallanzeige. Für diese erstmalige technische Realisierung hat sich in der Ökonomie der Begriff der **Invention** eingebürgert, der sich aus dem lateinischen Verb ‚invenire' (erfinden, entdecken) ableitet. Invention steht damit für eine Erfindung und/oder Entdeckung, die sowohl erstmalige technische Realisierung umfassen kann als auch die neuartige Kombination vorhandener wissenschaftlicher Erkenntnisse durch Forschungs- und Entwicklungsaktivitäten (vgl. Specht/Beckmann/Amelingmeyer 2002, S. 13). Wo liegt nun aber der Unterschied zwischen der Invention und der Innovation?

Die Unterscheidung zwischen Invention und Innovation geht auf *Joseph Schumpeter* zurück (Schumpeter 1939). Nach *Schumpeter* handelt es sich bei der Invention um eine notwendige Vorstufe zur Innovation. Der wesentliche Aspekt einer Innovation ist seiner Auffassung nach die wirtschaftliche Verwertung der Invention (‚Durchsetzung der Neuerung'). Innovationen sind Inventionen, die tatsächlich zum Einsatz gekommen sind, der „gute Gedanke" allein reicht noch nicht aus (EFI 2010, S. 19). Diese differenzierte Sichtweise hat sich im ökonomischen Duktus durchgesetzt. Auch wenn es für den Begriff ‚Innovation' zahlreiche Definitionen gibt (Hauschildt/Salomo 2011, S. 6 f. haben eine Sammlung von 14 Definitionen zusammengestellt.), so unterscheidet sich die Innovation von der Invention grundsätzlich dadurch, dass es sich bei der **Innovation** um eine erstmalige **wirtschaftliche** Anwendung einer Invention handelt. Dabei versteht man unter einer Innovation i. e. S. nur die Markteinführung eines neuen Produkts oder Verfahrens, unter einer Innovation i. w. S. auch deren Bewährung/Diffusion am Markt (vgl. Vahs/Burmester 2005, S. 44). Verdeutlicht werden kann diese Unterscheidung in Invention, Innovation i. e. S. und Innovation i. w. S. am Beispiel des MP3-Players. Bereits während der Entwicklung des MP3-Formats (MPEG Audiolayer 3) zur Datenkompression fertigte das deutsche Fraunhofer Institut für Integrierte Schaltungen Anfang der 1990er Jahre erste funktionsfähige MP3-Player in Kleinserie (20-25 Stück) für den professionellen Einsatz in Rundfunkanstalten. Diese Prototypenfertigung lässt sich als Zeitpunkt der Invention beziffern. Die ersten tragbaren MP3-Player für den Massenmarkt kamen dann Ende der 1990er Jahre auf den Markt. Pionier war das koreanische Unternehmen SaeHan, welches im Frühjahr 1998 mit dem MPMan F10 in Asien die Marktdurchsetzung anstrebte. Ebenfalls in 1998 versuchten sich Diamond Multimedia mit dem Rio PMP300 in den USA und in Deutschland das Unternehmen Pontis mit seinem Mplayer 3 an der Kommerzialisierung. Keinem der drei Unternehmen gelang mit seinem Produkt die breite Marktdurchdringung, es blieb bei einer Innovation im engeren Sinne, u. a. auch aufgrund von rechtlichen Unsicherheiten. Alle drei Hersteller mussten zwischen 2001 und 2003 Insolvenz anmelden (Abel 2009). Erst Apple gelang 2001 mit der Markteinführung des iPod die weltweite Marktdurchdringung (Innovation i. w. S). Allein in den ersten vier Jahren der Markteinführung hat Apple über 100 Mio. MP3-Player verkauft. Der Markenname iPod hat sich mittlerweile zum Gattungsbegriff für tragbare MP3-Player entwickelt.

Die Unschärfe des Innovationsbegriffes ist auch darauf zurückzuführen, dass es zahlreiche Ausprägungsformen gibt. Innovationen lassen sich in verschiedenen Dimensionen unterscheiden (vgl. dazu im Überblick Hauschildt/Salomo 2011, S. 5 ff.). Die oben getroffene Unterscheidung in Innovationen i. e. S. und Innovationen i. w. S. betrifft die normative Dimension – wie erfolgreich sollten Neuerungen bzw. Innovationen sein? Eine weitere Dimension rückt den Gegenstand bzw. den Inhalt der Innovation in den Mittelpunkt: Was ist neu? Nach dem Gegenstand der Innovation lassen sich Produktinnovationen von Prozessinnovationen unterscheiden. Die offizielle Definition zur Unterscheidung der beiden Innovationsformen gibt das sogenannte Oslo Manual vor, in der die OECD zusammen mit der Europäischen Union (die europäische Statistikbehörde Eurostat) Richtlinien und Empfehlungen zur empirischen Analyse von Technologien und Innovationen entwickelt hat (OECD 2005, S. 48 f.):

„A product innovation is the introduction of a good or service that is new or significantly improved with respect to its characteristics or intended uses. [...] A process innovation is the implementation of a new or significantly improved production or delivery method."

Bei **Produktinnovationen** handelt es sich demzufolge um die Neueinführung von Sachgütern oder Dienstleistungen, die hinsichtlich ihrer Leistungsmerkmale oder Anwendungsmöglichkeiten neuartig oder zumindest merklich verbessert sind. Darunter fallen technische Neuerungen bzw. Verbesserungen bei den technischen Spezifikationen der Produkte, bei Komponenten und Materialien, bei Software und Bedienungsfreundlichkeit oder bei sonstigen funktionalen Merkmalen. **Prozessinnovationen** zielen dagegen auf neue oder merklich verbesserte Herstellungsverfahren und Vertriebsmethoden ab. Darunter fallen Änderungen in der Fertigungstechnik, neue oder verbesserte Produktionsanlagen oder Fertigungssoftware (z. B. die Einführung verbesserter CAD-Software).

Neben Produkt- und Prozessinnovationen unterscheidet die OECD noch zwei weitere Innovationstypen: Marketinginnovationen und organisationale Innovationen (OECD 2005, S. 49 ff.). Eine **Marketinginnovation** stellt die Einführung einer neuen Marketing-Methode dar, die merkliche Änderungen im Produktdesign oder in der Verpackung, im Product Placement, in der Werbung oder in der Preisgestaltung umfasst. Ein Beispiel für Marketinginnovationen, die auf Product Placement und Werbung abzielen, ist virales Marketing . Das Konzept des ‚viralen Marketing' bezieht sich auf ungewöhnliche Werbekampagnen über soziale Netzwerke im Internet, insbesondere im Web 2.0. Der Begriff ‚virales Marketing' bezieht sich auf die schnelle und virusartige Ausbreitung solcher Kampagnen und der damit verbundenen Informationen auf elektronischem Wege (vgl. Schulz/Mau/Löffler 2008, S. 218). **Organisationale Innovationen** zielen auf die Implementierung neuartiger organisatorischer Strukturen (Aufbauorganisation) und Geschäftsprozesse (Ablauforganisation) sowie auf externe Beziehungen (Kooperationen, Netzwerke, Allianzen) ab (vgl. dazu auch ausführlich die Kapitel C IV und C V zur Organisation sowie D III zum Change Management).

Eine weitere wichtige Dimension des Innovationsbegriffs ist der Grad der Neuartigkeit der Innovation: Hier wird nach dem Innovationsumfang gefragt (Wie sehr neu?). Lange Zeit wurde der Grad der Neuartigkeit auf zwei Stufen abgebildet. Es wurden zum einen radikale bzw. revolutionäre Neuerungen und zum anderen inkrementelle bzw. evolutionäre Neuerungen unterschieden (alternativ Basis- versus Verbesserungsinnovationen oder diskontinuierliche versus kontinuierliche Innovationen). **Inkrementelle Innovationen** zielen auf Anwendungen und Bedarfsfelder ab, die vergleichsweise gut bekannt sind und für die die Marktumgebung vertraut ist. Unternehmen versorgen ihre Kunden mit leicht verbesserten Produkten und zusätzlichen Dienstleistungen (vgl. Gerybadze 2004, S. 76). **Radikale Innova-**

tionen sind dagegen völlig neue Produkte, die in neue Bedarfsfelder und unerschlossene Marktumgebungen vordringen. Unternehmen erschließen bislang neue Marktumgebungen und ungenutzte Umsatzpotenziale. Radikale Innovationen durchbrechen bestehende Branchen- und Marktstrukturen und bauen sukzessiv neue Wertschöpfungsstrukturen auf (vgl. Gerybadze 2004, S. 76). Während bei inkrementellen Innovationen exploitative Aktivitätsmuster im Vordergrund stehen, dominiert bei radikalen Innovationen die Exploration (vgl. dazu auch Kapitel D III 2 a). Radikale Innovationen sind mit großen Risiken der Marktdurchsetzung behaftet und betreffen alle Funktionsbereiche im Unternehmen. Inkrementelle Innovationen betreffen ausgewählte Bereiche des Unternehmens, die Risiken sind kalkulierbar.

Diese Dichotomisierung ist verstärkt in die Kritik geraten (vgl. Hauschild/Salomo 2011, S. 12 ff.). Kritik scheint aus mindestens zwei Gründen angebracht. Erstens handelt es sich nur um eine sehr grobe Einteilung, die darüber hinaus mit Zuordnungsproblemen behaftet ist (z. B. wo hört eine inkrementelle Innovation auf, wo beginnt eine radikale Innovation?). Zweitens ist aus betriebswirtschaftlicher Perspektive die Frage nach dem Abstand der Innovation gegenüber der Vergangenheit und die Etikettierung als radikal oder inkrementell von geringerer Bedeutung als die Frage nach den Implikationen für die innerbetrieblichen Managementprozesse. Statt einer bloßen Etikettierung geht es eher darum, ob aufgrund des Neuigkeitsgrades noch mit bestehenden Managementprinzipien bzw. -instrumenten gearbeitet werden kann, oder ob fortschrittlichere Instrumente eingesetzt werden müssen.

Eine erweiterte Klassifizierung des Innovationsumfangs, welche die Managementimplikationen in den Mittelpunkt der Betrachtung rückt und den Systemcharakter von Innovationen betont, schlagen *Henderson* und *Clark* (1990) vor. Sie zeigen anhand empirischer Studien, dass sich Innovationen nicht immer entlang der oben beschriebenen Achse zwischen inkrementell und radikal beschreiben lassen. Es gibt Innovationen, die außerhalb dieser Achse liegen. Anlass für die Erweiterung des Klassifikationsschemas war die Beobachtung, dass auch inkrementelle bis mittlere technologische Veränderungen am Produkt aufwendige Anpassungen und Restrukturierungen in der Branche auslösen und große etablierte, ressourcenstarke Unternehmen zum Scheitern bringen können (vgl. auch Gerybadze 2004, S. 82 ff.). *Henderson* und *Clark* (1990) schlagen deshalb vor, zwischen folgenden vier Typen von Innovationen zu unterscheiden: (1) inkrementelle Innovationen, (2) modulare Innovationen, (3) architekturelle Innovationen sowie (4) radikale Innovationen. Diese Unterscheidung scheint insbesondere für komplexe Produkte und Systemlösungen sinnvoll, die sich aus mehreren Bauteilen, Subsystemen bzw. Komponenten zusammensetzen, wie dies bspw. in der Automobilindustrie oder im Maschinen- und Anlagenbau der Fall ist. Die Bildung der vier Innovationstypen erfolgt anhand von zwei Kriterien:

(a) Welche Wirkung geht von einer Innovation auf die technischen Kernkonzepte einzelner Komponenten bzw. Baugruppen eines Produkts aus? Eine Innovation kann entweder eine schwache Wirkung erzeugen, d. h. die Kernkonzepte der Komponenten und Baugruppen bleiben von ihr weitgehend unangetastet, wie dies bspw. in der LKW-Herstellung bei der Einführung einer verbesserten metallischen Legierung zum Korrosionsschutz im Karosseriebau der Fall ist. Neue Legierungen zum Korrosionsschutz betreffen lediglich einzelne Fertigungsschritte in der Lackierung, die Karosseriekonstruktion selbst ist nicht betroffen. Die Innovation kann andererseits aber auch eine ausgesprochen starke Wirkung erzeugen, durch die die Kernkonzepte für einzelne Baugruppen und Komponenten grundlegend verändert werden. Dies war im LKW-Beispiel durch die Einführung von elektropneumatischen Schaltungen im Gegensatz zu herkömmlichen mechanischen Schaltungen der Fall. Bei elektropneumatischen Schaltungen erfolgt die Übermittlung des Schaltwunsches an die Getriebe-steuerung nicht mehr mechanisch, sondern elektronisch über einen Wählhebel und ein damit verbundenes Bussystem. Anstelle eines konventionellen Schalthebels steht dem Fahrer ein Joystick-artiger Tippschalter zur Verfügung, der durch Antippen lediglich vor- und zurück-bewegt werden muss. Dies erfordert grundlegend neue Konzepte der Getriebe- und Steue-rungsauslegung und zieht eine viel stärkere Veränderung der Kernkonzepte nach sich. Die Wirkung der Innovation auf einzelne Komponenten und Baugruppen eines Produkts ist in Abb. 159 auf der horizontalen Achse abgebildet.

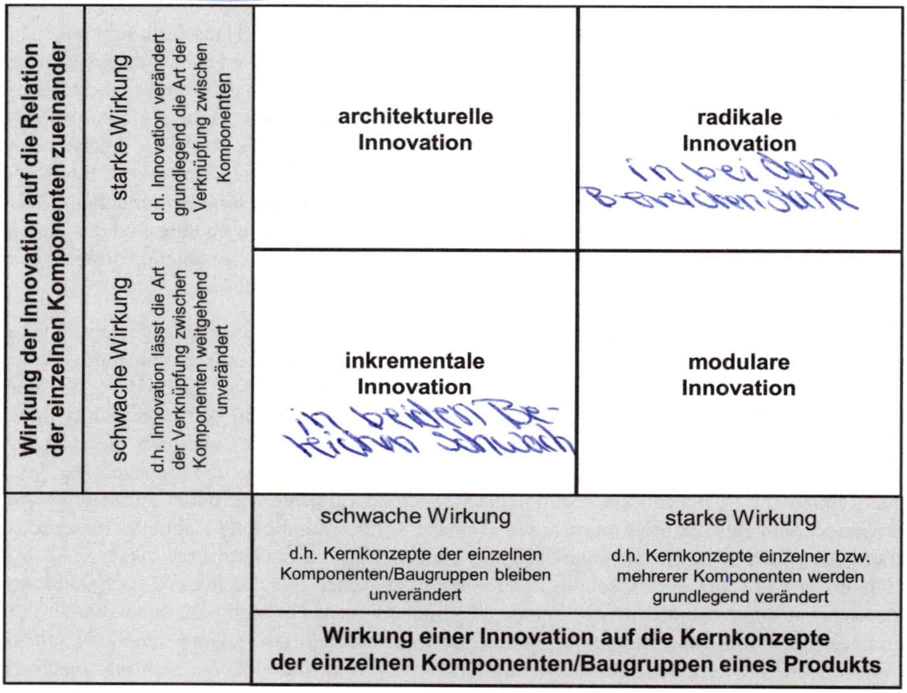

		schwache Wirkung d.h. Kernkonzepte der einzelnen Komponenten/Baugruppen bleiben unverändert	starke Wirkung d.h. Kernkonzepte einzelner bzw. mehrerer Komponenten werden grundlegend verändert
Wirkung der Innovation auf die Relation der einzelnen Komponenten zueinander	**starke Wirkung** d.h. Innovation verändert grundlegend die Art der Verknüpfung zwischen Komponenten	**architekturelle Innovation**	**radikale Innovation**
	schwache Wirkung d.h. Innovation lässt die Art der Verknüpfung zwischen Komponenten weitgehend unverändert	**inkrementale Innovation**	**modulare Innovation**

Wirkung einer Innovation auf die Kernkonzepte der einzelnen Komponenten/Baugruppen eines Produkts

Abb. 159: Vier Innovationstypen nach Henderson und Clark (vgl. Gerybadze 2004, S. 84)

(b) Von bestimmten Innovationen geht darüber hinaus auch eine Wirkung auf die Produktar-chitektur, d. h. auf die Verknüpfung und Relation der einzelnen Komponenten bzw. Baugrup-pen untereinander aus. Die Stärke dieser Wirkung auf die Relation der Baugruppen innerhalb eines Systems stellt Abb. 159 entlang der vertikalen Achse dar. *Henderson* und *Clark* (1990) bezeichnen starke Veränderungen der Produktarchitektur, ohne dass technische Kernkonzepte für einzelne Baugruppen wesentlich tangiert werden, als **architekturelle Innovationen**. Am Beispiel des LKWs lässt sich eine starke Veränderung der Architektur anhand des Wechsels von Langhauber- zu Kurzhauber- hin zu Frontlenkerkarosserien illustrieren. Dieser Wechsel beschreibt die Änderung in der Produktarchitektur von LKWs, bei der zur besseren Ausnut-zung der Fahrzeuglänge der Motor sukzessive in bzw. unter die Fahrerkabine gelegt wurde. War bei Langhaubern der Motor noch gänzlich in der Front, also vor der Fahrerkabine ange-siedelt, so ist heute bei der in Europa gängigen Frontlenkerarchitektur der Motor unter dem Fahrerhaus verbaut oder befindet sich dort als Erhöhung in Form eines Motortunnels. Im

Gegensatz zu architekturellen Innovationen lassen die sogenannten **modularen Innovationen** die Architektur des Systems weitestgehend unangetastet. Jedoch werden bei modularen Innovationen einzelne Baugruppen im Sinne von Modulen stark verändert. Im LKW-Beispiel ist der Einbau von satellitengesteuerten Navigationssystemen im Führerhaus zu nennen. Diese werden modular verbaut, ohne dass andere Komponenten des LKWs betroffen sind.

Warum scheitern etablierte Unternehmen bei architekturellen Innovationen? In jeder Industrie setzen sich für ein Produkt und für die wichtigsten Bauteile verbreitete Kernkonzepte durch, die über einen bestimmten Zeitraum die Produktarchitektur im Sinne des Produkt- und Wertschöpfungsdesigns bei allen Unternehmen einer Branche bestimmen. In der Innovationsliteratur wird in diesem Zusammenhang vielfach auch von einem dominanten Design gesprochen (vgl. Gerybadze 2004, S. 82 ff.). Architekturelle Innovationen brechen mit diesem dominanten Design und der vorherrschenden Architektur (vgl. Gerybadze 2004, S. 82 ff.):

„Gerade die als architekturell bezeichneten Innovationen lösen bei vielen Firmen erhebliches Kopfzerbrechen aus und werden häufig in ihrer Wirkung unterschätzt. Firmen glauben, alle wesentlichen Baugruppen und Technologien ‚im Griff zu haben‘ und bereiten sich auf Anpassungen in der Systemkonfiguration nur unzureichend vor.“

In Bereichen, in denen solche Typen von Innovationen vorherrschen, kommt es häufig zu einer Ablösung von etablierten Unternehmen, die bei der Umstellung auf eine völlig neue Produktgeneration und Architektur nicht mithalten können. Die jeweiligen Marktführer steigen bei Folgegeneration von Produkten aus, weil sie die subtilen Herausforderungen im Zuge architektureller Innovation nicht erkennen und bewältigen (vgl. Gerybadze 2004, S. 82 ff.). Dieses Scheitern von etablierten Anbietern lässt sich auch im LKW-Fall nachvollziehen. In der deutschen Nutzfahrzeugindustrie schieden zahlreiche Hersteller wie Büssing, Faun, Henschel, Kaelbe, Krupp oder Magirus-Deutz im Zuge des Wechsels hin zu Frontlenkerarchitekturen in den 1960er und 70er Jahren aus dem Markt aus.

Eine weitere Dimension zur Klassifikation und Ordnung von Innovationen fragt nach dem Auslöser der Neuerung: Wo liegt der Ursprung der Innovation? In Branchen und Geschäftsfeldern, die durch dynamische Innovationsregimes gekennzeichnet sind, kann einerseits in forschungs- und wissenschaftsgetriebene Innovationstypen (‚**Technology Push**‘-**Innovationen)** und andererseits in anwender- und marktinduzierte Innovationstypen (‚**Market Pull**‘-**Innovationen**) unterschieden werden (vgl. Gerybadze 2004, S. 254 f.; Vahs/Burmester 2005, S. 80). Bei ‚Market Pull‘-Innovationen sind Innovationsimpulse zweckinduziert und bedürfnisgetrieben – durch die Nachfrageseite entsteht ein ‚Sog‘ (‚Pull‘), der die Unternehmen veranlasst, bspw. in Folge von Marktforschungsaktivitäten Innovationsprojekte zu initiieren. Typische Felder für ‚Market Pull‘-Innovation sind Sportartikel oder konsumtive Dienstleistungen. Dagegen sind Innovationen im Bereich der Pharma- oder Biotechnologie stark forschungsgetrieben und weisen eine hohe Affinität zur Wissenschaft auf. Innovationsimpulse kommen aus den F&E-Abteilungen der Unternehmen oder von Hochschulen bzw. staatlich finanzierten privaten Forschungseinrichtungen (vgl. Vahs/Burmester 2005, S. 80). Gerybadze (2004, S. 254 f.) weist darauf hin, dass die Zuordnung zu Innovationstypen nach dem Auslöser auch etwas zu tun hat mit dem vorherrschenden Industrie- und Technologielebenszyklus. Neu entstehende Industrien sind demzufolge in frühen Lebenszyklusphasen noch wissenschaftsbasiert. In Industrien in der späten Wachstums- und Reifephase spielen stärker Kostenüberlegungen, Qualitätsverbesserungen und Prozessinnovationen sowie kundennahe Leistungsdifferenzierungen eine Rolle. Market Pull-Innovationen werden dann überwiegen.

b. Innovationsprozess

In den vorangegangenen Abschnitten wurden Innovationen als Ergebnis bzw. Objekt der erfinderischen Tätigkeit betrachtet. Charakteristisch für Innovationen ist ferner, dass die systematische Generierung von Innovationen einen längeren Zeitraum in Anspruch nimmt und der Innovationsprozess alle Schritte von der Ideenfindung bis hin zur erfolgreichen Etablierung am Markt umfasst. Zur Strukturierung des Innovationsprozesses existieren zahlreiche Prozessmodelle. *Brockhoff* (1999, S. 38) teilt den Innovationsprozess idealtypisch in vier Schritte (Aktivitäten) ein (vgl. Abb. 160):

(1) **Forschung und Entwicklung**: „Aktivitäten und Prozesse [...], die zu neuen materiellen und/oder immateriellen Gegenständen führen sollen." (Specht/Beckmann/Amelingmeyer 2002, S. 14). Dabei geht es nicht ausschließlich um die Generierung neuen Wissens, sondern auch um neue Anwendungsmöglichkeiten für vorhandenes Wissen. Abhängig von der Anwendungsnähe lassen sich verschiedene F&E-Aktivitäten unterscheiden, z. B. Grundlagenforschung, angewandte Forschung und Entwicklung (vgl. Brockhoff 1999, S. 21);

(2) **Markteinführung** eines neuen Produkts bzw. Einführung eines neuen Verfahrens in die Fertigung: Umsetzung der Erfindung in eine wirtschaftliche Nutzung; Investitionen in Produktionsvorbereitung, Fertigung und Markterschließung; Produktion und Vertrieb des Produkts;

(3) **Marktdurchsetzung/Diffusion**: räumliche und zeitliche Ausdehnung der Innnovation am Markt;

(4) **Imitation** der Innovation durch die Konkurrenz.

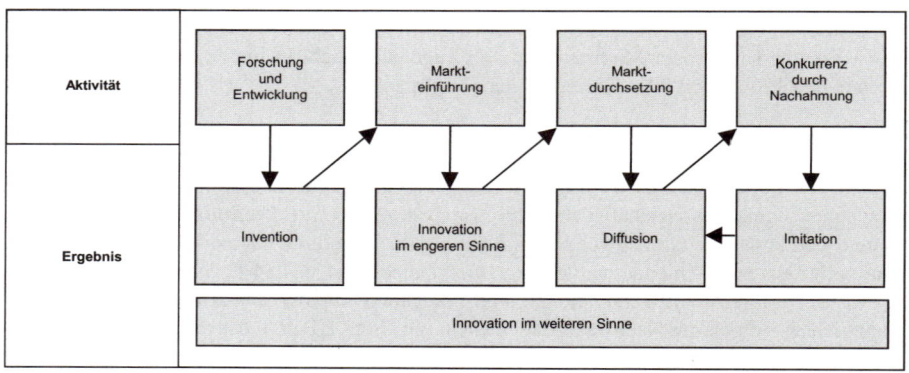

Abb. 160: Phasen des Innovationsprozesses (vgl. Brockhoff 1999, S. 389)

Anzumerken bleibt, dass die einzelnen Phasen des Innovationsprozesses in der wissenschaftlichen Literatur keineswegs immer identisch bezeichnet oder abgegrenzt werden. Auch muss der Prozess nicht zwangsläufig innerhalb eines einzigen Unternehmens stattfinden (vgl. Brockhoff 1999, S. 38). Dem hier dargestellten Innovationsprozessmodell ist in anderen Phasenmodellen oftmals noch die übergeordnete Phase der Strategieformulierung vorgeschaltet (vgl. Stephan/Gundlach 2010, S. 431 f.).

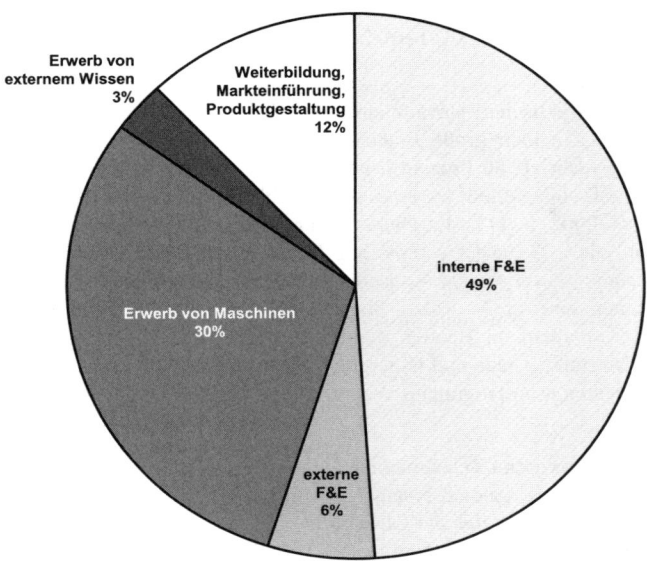

*Abb. 161: Struktur der Innovationsausgaben in der Industrie im Jahr 2000
(vgl. Gottschalk et al. 2002, S. 24.)*

Exkurs: Empirische Untersuchung zur Struktur der Aktivitäten im Innovationsprozess

Das Zentrum für Europäische Wirtschaftsforschung in Mannheim (ZEW) hat in einer empirischen Studie die Struktur der Aktivitäten im betrieblichen Innovationsprozess und die dafür entstandenen Aufwendungen für unterschiedliche Wirtschaftssektoren und Branchen untersucht. Folgende Innovationsaktivitäten wurden basierend auf dem Oslo-Manual unterschieden (vgl. Gottschalk et al. 2002, S. 14):

- unternehmensinterne Forschung und experimentelle Entwicklung (interne F&E);
- Vergabe von F&E-Aufträgen an Dritte (externe F&E);
- Erwerb von Maschinen und Sachmitteln für Innovationen;
- Erwerb von anderem externem Wissen, z. B. in Form von Patenten, nicht patentierten Erfindungen, Lizenzen, Handelsmarken oder Software;
- Weiterbildungsmaßnahmen für Mitarbeiter im Rahmen von Innovationen;
- Produktgestaltung, Dienstleistungskonzeption und andere Vorbereitung für Produktion und Vertrieb;
- Markteinführung von Innovationen.

Welche Innovationsaktivitäten sind, mit Blick auf ihre praktische Relevanz, in den Unternehmen besonders häufig zu beobachten? Die größte praktische Relevanz kommt dem Erwerb von Maschinen und Sachmitteln zu. In der Industrie haben 70 Prozent der innovierenden Unternehmen neue Maschinen, Computer u. ä. eigens für die Einführung neuer Produkte bzw. neuer Produktionsverfahren angeschafft. Mit 59 und 56 Prozent waren es bei den distributiven und unternehmensnahen Dienstleistern etwas weniger (vgl. Gottschalk et al. 2002, S. 19). Immerhin 56 Prozent der innovierenden Industrieunternehmen haben im Jahr 2000 interne F&E betrieben, 22 Prozent haben F&E Aufträge an Dritte vergeben.

Mit Blick auf die praktische Relevanz und Häufigkeit der F&E-Aktivitäten im Innovationsprozess gibt es jedoch große branchenspezifische Unterschiede. Während in der Chemieindustrie mehr als 80 Prozent der innovierenden Unternehmen sich in unternehmensinterner F&E engagierten, waren es in der Ernährungsindustrie nur 30 Prozent (vgl. Gottschalk et al. 2002, S. 115). Im Dienstleistungsbereich und in den forschungsintensiven Branchen, wie z. B. in der chemischen Industrie und Medizin-, Meß-, Regelungs- und Steuertechnik sowie in der optischen Industrie spielen insbesondere Weiterbildungsmaßnahmen eine große Rolle. Speziell die fortwährend komplexer werdenden Technologien, vor allem im Bereich der Informations- und Kommunikations-Technologien, erfordern ständig neue und höhere Qualifikationen der Beschäftigten und fordern von den Unternehmen umfangreiche Weiterbildungsmaßnahmen (vgl. Gottschalk et al. 2002, S. 20).

Beurteilt man die praktische Relevanz nicht an der Häufigkeit der Durchführung der entsprechenden Aktivitäten, sondern anhand der mit den Maßnahmen verbundenen Kosten und Aufwendungen, dann zeigt die ZEW-Studie ein anderes Bild. Über die Hälfte der Innovationsaufwendungen (55 Prozent) in der Industrie entfallen auf interne und externe F&E. Da F&E-Aktivitäten mittel- bis langfristig orientiert und mit teils extremen Risiken verbunden sind, handelt es sich bei den dafür notwendigen Aufwendungen um risikoreiche Zukunftsinvestitionen. Dagegen sind Investitionen in die Umsetzung von Forschungsergebnissen in marktfähige Produkte eher kurzfristiger Natur und weniger risikoreich. Abb. 161 zeigt die Struktur der Innovationsaufwendungen in der Industrie im Jahr 2000 (vgl. Gottschalk et al. 2002, S. 23 f.).

Abb. 162: Exkurs zur Struktur der Innovationsaktivitäten

c. Innovationsmanagement

Voraussetzung für erfolgreiches Innovieren ist eine logisch durchdachte und konsequente Planung, Durchführung und Kontrolle aller Aktivitäten, die im Zusammenhang mit der Innovation von Produkten und/oder Prozessen stehen. Es bedarf eines Innovationsmanagements, dessen Hauptaufgabe „die dispositive Gestaltung von einzelnen Innovationsprozessen" (Hauschildt/Salomo 2011, S. 29) ist. Die **Aufgaben** im Innovationsmanagement lassen sich nach *Schumpeter* (1931, S. 100 f.) knapp mit der Entscheidung über und der Durchsetzung von neuen Kombinationen beschreiben. Etwas präziser kann man folgende Aktivitäten zum Innovationsmanagement zusammenfassen:

– Ausarbeiten einer Innovationsstrategie;
– Initiativen zu Innovationen wecken;
– Gewinnen, bewerten und auswählen von Ideen für Innovationen;
– Ideenumsetzung;
– Maßnahmen zur Markteinführung der Innovation (vgl. Vahs/Burmester 2005).

Vom Begriff des Innovationsmanagement abzugrenzen sind die Termini F&E-Management sowie Technologiemanagement. F&E-Prozesse sind in jedem Fall Innovationsprozesse, jedoch gilt das nicht für die Umkehrung. Das F&E-Management steuert die für die Innovationen erforderlichen technologischen Prozesse (vgl. Trommsdorff/Steinhoff 2007, S. 41). F&E-Management beginnt mit der Grundlagenforschung, setzt sich fort in der anwendungsorientierten Forschung bzw. Technologieentwicklung und endet mit der Produkt- bzw. Prozessentwicklung. Technologiemanagement im traditionellen Sinne ist noch enger definiert. Technologiemanagement in der traditionellen Perspektive ist Teil des F&E-Managements (vgl. Trommsdorff/Steinhoff 2007, S. 41) und befasst sich mit der „Aufrechterhaltung der technologischen Wettbewerbsfähigkeit" von Unternehmen bzw. Organisationen (Grefermann/Röthlingshöfer 1974, S. 10). Zu den wesentlichen Aufgaben des Technologiemanagements zählt *Hauschildt* (2004, S. 31 f.) die Sicherung und den Ausbau der Technologiepotenziale (z. B. durch Patentierung oder Personalpolitik), die systematische Beobachtung der technologischen Konkurrenz, die Durchführung von Technologieprognosen, -bewertungen und die Technologiefolgenabschätzung. Abb. 163 zeigt den Zusammenhang von Innovations-, F&E- und (traditionellem) Technologiemanagement grafisch.

In einer erweiterten, strategischen Perspektive umfasst das strategische Technologiemanagement einen breiteren Aufgabenhorizont als das F&E-Management. In dieser strategischen Perspektive umfassen die Aufgaben des Technologiemanagements neben der Bereitstellung der Technologiepotenziale auch die Verwertung derselben. Sowohl bei der Bereitstellung des technologischen Wissens als auch bei der Verwertung können die Unternehmen auf externe Partner zurückgreifen. In diesem Sinne zählt zum Technologiemanagement auch das Management der externen Technologiebeschaffung und insbesondere die externe Verwertung von Technologien, bspw. durch Lizenzierung an Dritte als Teil der Vermarktungsaufgabe (vgl. dazu u. a. Burr/Stephan et al. 2007, S. 105 ff.; Trommsdorff/Steinhoff 2007, S. 41; Brockhoff 1999, S. 71).

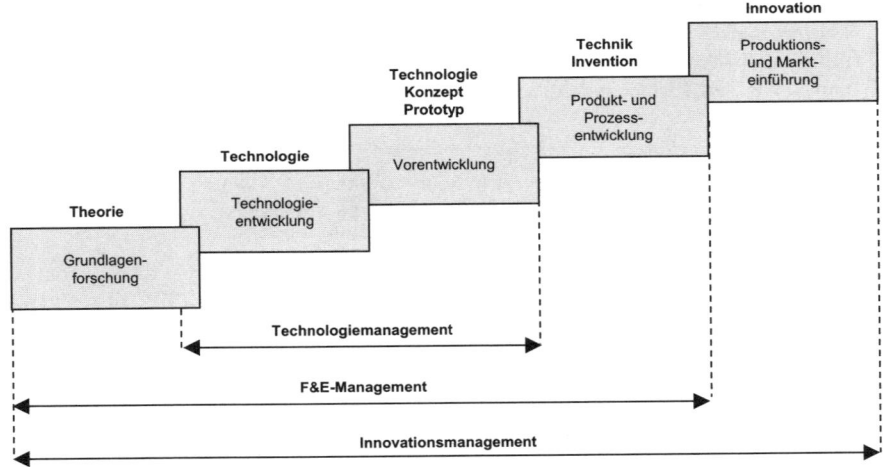

Abb. 163: Technologiemanagement, F&E-Management und Innovationsmanagement (vgl. Specht/Beckmann/Amelingmeyer 2002, S. 16)

3. Institutionelle Rahmenbedingungen von Innovationen

a. Institutionelle Rahmenbedingungen als ein Element im nationalen Innovationssystem

Unternehmerische Innovationsprozesse sind eingebettet in einen Rahmen aus spezifischen unternehmensinternen und -externen Bedingungen (vgl. Burr 2004). Die Effizienz und Intensität der Innovationstätigkeit von Unternehmen hängt damit nicht nur von den Management-Entscheidungen ab, sondern auch von externen Rahmenbedingungen, die sich nur bedingt vom Unternehmen selbst beeinflussen lassen. Die Gesamtheit dieser Rahmenbedingungen wird in der Literatur unter dem Begriff **Innovationssystem** zusammengefasst. *Edquist* (1997, S. 14) beschreibt ein Innovationssystem als „all important economic, social, political, organizational, and other factors that influence the development, diffusion, and use of innovations".

Auch die OECD (1997, 2002) betont, dass Innovationen und der technologische Fortschritt in der Gesellschaft maßgeblich durch das nationale Innovationssystem beeinflusst sind. Ein nationales Innovationssystem umfasst aus Sicht der OECD alle jene Akteure, die an der Erforschung, Produktion, Verbreitung und Anwendung von neuem Wissen und neuen Technologien beteiligt sind, und insbesondere das Beziehungsnetzwerk der Akteure untereinander. Welche Akteure prägen das nationale Innovationsystem? Zum engeren Kreis der relevanten Akteure in Deutschland zählen (vgl. Burr 2004, S. 15; OECD 1997, S. 9):

– private und öffentliche Unternehmen;
– Universitäten und Fachhochschulen;
– staatlich geförderte Forschungseinrichtungen (u. a. die Institute der Max-Planck-Gesellschaft, der Fraunhofer-Gesellschaft und der Leibniz-Gesellschaft, die Hermann von Helmholtz-Gemeinschaft Deutscher Forschungszentren etc.);
– Wissens- und Forschungstransfereinrichtungen;
– Ministerien der Forschungsförderung (siehe dazu den nachfolgenden Abschnitt);
– (private und öffentliche) Nachfrager von innovativen Produkten und Dienstleistungen;
– Innovations- und Risikokapitalgeber.

Exkurs: Staatlich geförderte Forschungseinrichtungen –
Max-Planck- und Fraunhofer-Gesellschaft

Max-Planck-Gesellschaft zur Förderung der Wissenschaften

Die Max-Planck-Gesellschaft zur Förderung der Wissenschaften e. V. (MPG) ist ein gemeinnütziger eingetragener Verein. Die Max-Planck-Gesellschaft besteht aus rund 80 rechtlich unselbständigen Max-Planck-Instituten an zahlreichen Standorten überwiegend in Deutschland. Die Forschungsschwerpunkte der Max-Planck-Institute gliedern sich in drei inhaltliche Sektionen: Biologisch-Medizinische Sektion, Chemisch-Physikalisch-Technische Sektion sowie die Geistes-, Sozial- und Humanwissenschaftliche Sektion.

Welche Aufgabe übernimmt die Max-Planck-Gesellschaft (MPG) im deutschen Innovationssystem? Die Institute der Max-Planck-Gesellschaft betreiben vornehmlich Grundlagenforschung, in begrenztem Umfang auch anwendungsorientierte Forschung und streben eine besondere wissenschaftliche Exzellenz an. Hintergrundüberlegung ist, dass insbesondere gewinnorientiert agierende Unternehmen nur wenig Anreize haben, in anwendungsferne Grundlagenforschung zu investieren (vgl. dazu Burr 2004). Dieses Defizit (Marktversagen) im Bereich der Grundlagenforschung soll die MPG ausgleichen. Die

Forschung der MPG weist oft eine interdisziplinäre sowie internationale Ausrichtung auf. Im Gegensatz zu den Forschungsaktivitäten an Universitäten wird die Forschung in den Instituten der Max-Planck-Gesellschaft in größeren organisatorischen Einheiten organisiert.

Die Grundfinanzierung erfolgt primär durch öffentliche Mittel, davon 50 Prozent vom Bund und 50 Prozent durch die Länder. In geringem Umfang stehen der MPG auch Mittel aus Projektförderung, Zuwendungen von privater Seite, Mitgliedsbeiträge, Spenden und Entgelte für eigene Leistungen zur Verfügung. In der Max-Planck-Gesellschaft sind ca. 13.500 Mitarbeiter beschäftigt, davon 4.889 Wissenschaftler. Seit ihrer Gründung 1948 finden sich alleine 17 Nobelpreisträger in den Reihen ihrer Wissenschaftler (vgl. MPG 2010).

Die Fraunhofer-Gesellschaft zur Förderung der angewandten Forschung e. V. (FhG)

Ebenso wie die Max-Planck-Gesellschaft ist auch die Fraunhofer-Gesellschaft zur Förderung der angewandten Forschung als Verein organisiert. Die Fraunhofer-Gesellschaft (FhG) betreibt an 40 Standorten in Deutschland fast 60 Institute. Die Fraunhofer-Institute betreiben anwendungsorientierte Forschung in Feldern wie Energie, Informations- und Kommunikationstechnik, Medizin, Umwelt und Gesundheit, Mikroelektronik, Nanotechnologie, Verkehrstechnik und Logistik, Werkstoffe etc.

Die Forschungs- und Entwicklungsaktivitäten der FhG sind problembezogen (überwiegend Vertragsforschung), in nur geringem Maß an Disziplingrenzen orientiert und in zunehmendem Maße international ausgerichtet. Aufgabe der FhG im deutschen Innovationssystem ist insbesondere der aktive Transfer von innovationsrelevantem Wissen in die Wirtschaft. Aus diesem Grund agiert die Fraunhofer-Gesellschaft überwiegend im Verbund mit anderen Akteuren des nationalen Innovationssystems, bevorzugt im Verbund mit Unternehmen und insbesondere mit kleinen und mittelständischen Unternehmen (KMU). Die FhG tritt als „Lieferant" von Technologien und innovationsrelevantem Know-how z. B. für KMU ohne eigene F&E-Kapazitäten auf und sieht sich in ihrem Selbstverständnis als angewandter Forschungs- und Entwicklungsdienstleister.

Die Finanzierung der FhG ruht auf zwei Säulen. Ca. 36 Prozent ihrer Aufwendungen erhält die Fraunhofer-Gesellschaft als Grundfinanzierung von Bund/Bundesministerium für Bildung und Forschung (90 Prozent) und Ländern (10 %), um Vorlaufforschung zu betreiben. Die restlichen 64 Prozent erwirtschaftet die FhG durch eigene Erträge im Zuge von Auftragsforschung und -entwicklung. Die Auftragsforschung und -entwicklung umfasst sowohl Projekte der Privatwirtschaft als auch Projekte im Auftrag der öffentlichen Hand. Die absolute Höhe der Grundfinanzierung bemisst sich erfolgsabhängig nach der Höhe der Erträge durch Auftragsforschung und -entwicklung. Die Fraunhofer-Gesellschaft beschäftigt ca. 17.000 Mitarbeiter, überwiegend mit natur- oder ingenieurswissenschaftlicher Ausbildung (vgl. FhG 2010).

Abb. 164: Exkurs: Staatlich geförderte Forschungseinrichtungen –
Max-Planck- und Fraunhofer-Gesellschaft

Zu den zentralen Elementen eines nationalen Innovationssystems zählen neben den Akteuren auch die institutionellen Strukturen und Anreizsysteme eines Landes, bspw. die rechtlichen Rahmenbedingungen, insbesondere die Schutzrechtsysteme (vgl. dazu die nachfolgenden

Ausführungen in Kapitel D IV 3 c) sowie innovationsrelevante Regulierungen, die Innovationspolitik, das Bildungssystem sowie die Innovationskultur und die Normen der Gesellschaft.

Innovationssysteme bleiben nicht unbedingt auf die nationale Aggregationsebene beschränkt. Je nach gewählter Betrachtungsebene lassen sich regionale, nationale, supranationale oder auch sektorale Innovationssysteme in einzelnen Wirtschaftszweigen unterscheiden (vgl. z. B. Nelson 1993, Lundvall 1992 sowie Edquist 2001). Nachfolgend werden mit der staatlichen Innovationspolitik und dem System der Schutzrechte für geistiges Eigentum (Intellectual Property Rights) zwei Kernelemente des nationalen Innovationssystems vorgestellt.

b. Staatliche Innovationspolitik

Staatliche **Innovationspolitik** ist kein in sich geschlossenes Aufgabengebiet, das sich einem bestimmten Ministerressort zuordnen lässt. Weder das Steuerungssubjekt (der politische Akteur) noch das Steuerungsobjekt (das Politikfeld) sind monolithisch. Vielmehr handelt es sich bei der Innovationspolitik um eine „Querschnittsaufgabe, die alle relevanten Politikbereiche umfassen muss" (Legler/Licht/Egeln 2000, S. b). Zu den relevanten innovationspolitischen Feldern zählen u. a.

– die Forschungs- und Technologiepolitik,
– die Bildungspolitik,
– die Wettbewerbspolitik,
– die Wirtschafts- und Industriepolitik sowie
– die Steuer- und Subventionspolitik (vgl. hierzu den Exkurs in Abb. 165 sowie Legler/Licht/Egeln 2000, S. b und 9; Burr 2004, S. 95 f.; OECD 2002).

Von diesen verschiedenen Politikfeldern wird die **Forschungs- und Technologiepolitik** als die zentrale Aufgabe der Innovationspolitik angesehen. Obwohl die Vor- und Nachteile einer staatlichen Forschungs- und Technologieförderung kontrovers diskutiert werden, bekennt sich die Politik offen zu ihrer aktiven Rolle. „Ziel der Hightech-Strategie ist es, Leitmärkte zu schaffen, die Zusammenarbeit zwischen Wissenschaft und Wirtschaft zu vertiefen und die Rahmenbedingungen für Innovationen weiter zu verbessern. Deutschland soll zum Vorreiter bei auf Wissenschaft und Technik beruhenden Lösungen auf den Feldern Klima/Energie, Gesundheit/Ernährung, Mobilität, Sicherheit und Kommunikation werden." (BMBF 2010, S. 5). Mit der sogenannten Hightech-Strategie versucht die Bundesregierung eine über alle Ressorts und Politikfelder hinweg koordinierte Strategie der Förderung von Forschung, Technologien und Innovation zu implementieren (vgl. EFI 2010, S. 21).

Zur unmittelbaren staatlichen Forschungsförderung zählt zum einen die Finanzierung der kurz- bis mittelfristigen Forschung (**Projektförderung**) und zum anderen die Finanzierung der mittel- bis langfristigen institutionellen Forschung (**institutionelle Förderung**). Während sich **direkte Projektförderung** auf ein konkretes Forschungs-, Wissenschafts- oder Technologiefeld bezieht, zielt **indirekte Projektförderung** darauf, „Forschungseinrichtungen und Unternehmungen – insbesondere kleine und mittlere Unternehmen bei der Aufnahme von Forschungs- und Entwicklungstätigkeit zu unterstützen" (BMBF 2004, S. 5). Dabei wird kein besonderes Forschungsthema oder Technologiefeld gefördert. Im Rahmen der institutionellen Förderung werden nicht einzelne Forschungsvorhaben, sondern Institutionen und Wissenschaftseinrichtungen wie Hochschulen, staatliche (geförderte) Forschungseinrichtungen (siehe dazu den vorangegangenen Abschnitt), große Forschungsfonds (z. B. Deutsche Forschungsgemeinschaft, DFG) und gemeinschaftliche Einrichtungen von Bund und Ländern finanziert.

Insgesamt beträgt das Forschungsbudget im öffentlichen Bereich für unmittelbare Forschungsförderung in 2008 knapp 20,5 Milliarden Euro. Davon flossen 9.346 Millionen Euro in die außeruniversitäre Forschung und 11.112 an die Hochschulen (vgl. Statistisches Bundesamt 2010). Das deutsche System der unmittelbaren Forschungsförderung ist im Gegensatz zu den Systemen anderer Industrienationen durch ein vergleichsweise hohes Maß an Konstanz der grundlegenden Strukturen geprägt. Dies kann im Sinne von Forschungskontinuität durchaus als vorteilhaft angesehen werden, im Hinblick auf Flexibilität und Innovationsdynamik ergeben sich aber auch Nachteile. Auffällig ist, dass der Anteil der F&E-Ausgaben des öffentlichen Wissenschaftssektors (Hochschulen und außeruniversitäre Forschungseinrichtungen) am Bruttoinlandsprodukt seit 1981 stabil bei etwa 0,75 Prozent liegt (EFI 2010, S. 42).

Die Wirkung unmittelbarer staatlicher Forschungs- und Technologiepolitik auf Innovationen hat beispielsweise *Meyer-Krahmer* (1989) eingehend untersucht. Seine Untersuchung zeigt, dass die direkte Projektförderung speziell bei kleinen und mittleren Unternehmen positive Wirkungen auf F&E sowie auf Innovations- und Wettbewerbsfähigkeit hat. *Gottschalk* et al. (2002, S. 37) kommen zu dem Schluss, dass Unternehmen, die eine öffentliche Förderung für Innovationsaktivitäten erhalten, signifikant mehr interne F&E betreiben als jene Unternehmen, denen keine derartige Förderung zuteil wird.

Exkurs: Steuerpolitik zur Förderung von Innovationen –
Das Beispiel Frankreich (aus: EFI 2010)

In Frankreich wurde 2008 die steuerliche Förderung der F&E-Aktivitäten durch das Programm „Crédit Impôt Recherche" für französische Unternehmen reformiert. Diese ist so ausgestaltet, dass Unternehmen für ihre F&E-Aufwendungen eine anteilige Steuergutschrift gewährt wird oder jungen innovativen Unternehmen sogar eine direkte Zuwendung ausgezahlt werden kann. Wenn Unternehmen die Forschungsförderung zum ersten Mal oder nach einer fünfjährigen Pause beantragen, wird eine Steuergutschrift in Höhe von 50 Prozent statt der regulären 30 Prozent der Aufwendungen gewährt. Dies stellt einen wichtigen Anreiz für privatwirtschaftliche Forschung dar.

Zu den geförderten Aufwendungen zählen unter anderem die für Personal, Rohstoffe sowie den Patentschutz. Vergeben Unternehmen Forschungsaufträge an Universitäten oder außeruniversitäre öffentliche Forschungseinrichtungen, wird sogar das doppelte Auftragsvolumen bei der Berechnung der Steuergutschrift berücksichtigt. Dieser Baustein ist besonders dazu geeignet, die Zusammenarbeit zwischen wissenschaftlichen Institutionen und Unternehmen anzuregen.

Seitdem die Reform zum 1. Januar 2008 in Kraft getreten ist, sind die F&E-Investitionen in allen Branchen, außer im Automobilbau und in der Luft- und Raumfahrt, angestiegen. Bereits im Jahr 2008 ist die Anzahl der Unternehmen, welche die Steuergutschrift in Anspruch genommen haben, um 24 Prozent gewachsen. Ein weiterer Effekt der Förderung ist die Stärkung des Forschungsstandorts Frankreich. Infolge des Programms bauen Unternehmen ihre F&E-Aktivitäten bevorzugt in Frankreich auf oder holen sogar ins Ausland verlagerte Aktivitäten zurück.

Abb. 165: Exkurs: Steuerpolitik zur Förderung von Innovationen – Das Beispiel Frankreich
(vgl. EFI 2010, S. 27)

c. Schutz(systeme) geistigen Eigentums

Primäres Ziel privatwirtschaftlicher Unternehmen ist die Erwirtschaftung unternehmerischer Renten. Nach den Annahmen des ressourcenbasierten Ansatzes ist dafür der Aufbau verteidigungsfähiger Wettbewerbsvorteile essenziell. Unternehmen, die den Wettbewerb über Innovationen austragen, sind gezwungen, verteidigungsfähige Wettbewerbsvorteile über die Entwicklung neuer Ideen und ihren Schutz gegen Imitation zu erreichen. Die Frage des Schutzes von Innovationen, bspw. durch ein **System geistiger Eigentumsrechte** oder durch alternative **Schutzstrategien**, spielt dabei beim Aufbau des verteidigungsfähigen Wettbewerbsvorteils und bei der Überführung des Wettbewerbsvorteils in eine unternehmerische Rente (in diesem Fall in eine Schumpeter-Rente) (Appropriierbarkeit) eine entscheidende Rolle (vgl. zum ressourcenbasierten Ansatz der Unternehmensführung Kapitel B II).

Der Erfinder eines neuen Produkts bzw. eines neuen Prozesses (Innovator) steht grundsätzlich vor folgendem Problem: Die von ihm erzeugte Information/Idee, die dem Produkt/der Dienstleistung zugrunde liegt, hat die Eigenschaft eines öffentlichen Gutes (vgl. Burr/Stephan et al. 2007, S. 3). Die Verfügungsrechte (Property Rights) an der ungeschützten Erfindung sind verdünnt. Insbesondere die Rechte, die Idee zu nutzen (usus) und sich daraus entstehende Gewinne anzueignen (usus fructus), stehen nicht exklusiv dem Erfinder zur Verfügung. Es ist schwierig, andere von der Nutzung der Idee mit Hilfe des Preismechanismus auszuschließen (Nichtausschließbarkeit als ein Merkmal öffentlicher Güter), weil Informationen und Ideen eine starke Neigung zur Diffusion haben. Zugleich hindert die Nutzung der Idee durch einen Akteur nicht einen anderen Akteur an der Nutzung derselben Idee bzw. die Versorgung eines weiteren Nutzers mit der Idee ist zu Grenzkosten nahe oder gleich Null möglich (Nichtrivalität im Konsum als zweites Merkmal öffentlicher Güter).

Innovative Unternehmen stoßen mit der Einführung neuer Produkte oder Prozesse in neue Segmente vor. Andere Firmen (Imitatoren) ziehen mit denselben oder mit leicht modifizierten Konzepten nach. Der Innovator muss in der Regel höhere Aufwendungen für frühere Fehler und Rückschläge tragen. Die entscheidende Frage im Innovationswettbewerb ist deshalb, ob es dem Innovator gelingt, genügend hohe Gewinne am Markt zu erwirtschaften, die ihn für diese Zusatzkosten entschädigen. Ist das nicht der Fall, dann ist der Imitator der Gewinner in diesem Spiel und die Imitations- bzw. „Follower"-Strategie der Innovationsstrategie überlegen. Die Frage, ob der Innovator oder aber der Imitator am längeren Hebel sitzt, hängt von den Bedingungen der Aneignung von Erträgen aus der Innovation ab (Appropriierungsregeln). In der englischsprachigen Literatur wird mit dem Begriff der „Appropriability" die Ausschließlichkeit der Wissensnutzung bezeichnet, was als die Fähigkeit zur Aneignung der Erträge aus Innovationen übersetzt werden kann (vgl. Burr 2004, S. 74 ff.; Ernst 1996, S. 17).

In einem System mit schwachen Appropriierungsregeln können sich Imitatoren die Gewinne des Innovators aneignen. Unter den Bedingungen solcher Verfügungsrechtsstrukturen hätten Unternehmen kaum Anreize, eigene Forschung und Entwicklung zu betreiben, wenn sie die Kosten dafür in voller Höhe selbst tragen müssen, während vom Ergebnis andere profitieren (vgl. Burr/Stephan et al. 2007, S. 3; Picot/Dietl/Franck 2002, S. 57 und zur Property Rights-Theorie Kapitel B I 1). Die Folge sind Unterinvestitionen in Forschung und Entwicklung, es droht Marktversagen (vgl. Schmidtchen 2006).

Welche Möglichkeiten zur Aneignung von Erträgen aus der Innovation stehen dem Innovator prinzipiell zur Verfügung? Welche Strategien und Ansätze haben innovierende Unternehmen, um ihr geistiges Eigentum und daraus resultierende Innovationen gegen Imitation durch Wettbewerber zu schützen?

ca. Grundüberlegungen zum Schutz geistigen Eigentums: Schutzstrategien und Schutzrechte

Firmen können zwei grundsätzlich verschiedene Strategien der Aneignung von Erträgen aus ihren Innovationen verfolgen: Sie können einerseits formelle und andererseits informelle Schutzstrategien verfolgen (Abb. 166). Formelle Schutzstrategien sind auf den Erwerb geistiger Eigentumsrechte (**formelle Schutzinstrumente**) an der Innovation gerichtet. Formelle Schutzinstrumente sind staatlich garantierte Rechte, die dem Inhaber (Innovator) ein exklusives, zeitlich begrenztes Anrecht (Monopol) auf die Nutzung des Wissens bzw. der Idee verleihen. Im ökonomischen Sinne schaffen Schutzrechte geistige Eigentumsrechte an dem öffentlichen Gut „Wissen" (vgl. Burr 2004, S. 63 f.; Burr/Stephan 2006, S. 161; Ernst 1996, S. 23 f.). **Informelle Schutzmechanismen** umfassen begleitende Maßnahmen zum formalen Schutz. Sie basieren auf keiner gesetzlichen Grundlage. Die informellen Strategien sollen einen Wissensabfluss an Konkurrenten verhindern und dazu beitragen, die eigenen Innovationserträge zu maximieren.

Zu den informellen Schutzmechanismen zählen u. a. faktische Schutzinstrumente (Ernst 1996, S. 23 f.). Faktische Schutzmechanismen haben zum Ziel, den unerwünschten Wissensabfluss unmittelbar zu unterbinden. Im Gegensatz zu formellen Schutzrechten sollen faktische Schutzmaßnahmen die Offenbarung und Imitation der Erfindung generell verhindern (vgl. Burr/Stephan 2006, S. 161 f.). Wichtigste Formen der faktischen Schutzinstrumente stellen dabei die Geheimhaltung von Prozessen bzw. Formeln und verschiedene konstruktive Vorkehrungen an Produkten dar. Konstruktive Sicherungsvorkehrungen umfassen z. B. intelligente Verpackungen durch Einbettung und Kapselung der Neuerung (‚Potting'), sowie (chemische) Selbstzerstörungsmechanismen der Neuerung als Schutz gegen Nachkonstruktion durch Wettbewerber (‚Reverse Engineering').

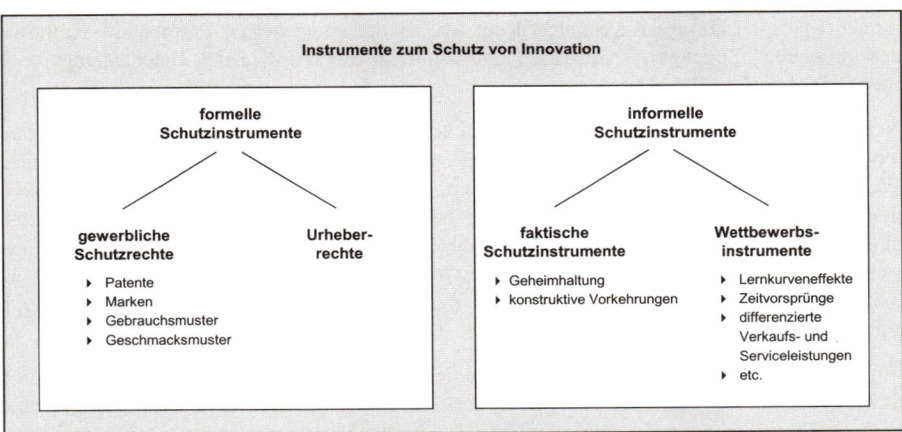

Abb. 166: Formelle und informelle Instrumente zum Schutz von Innovation
(vgl. Burr/Stephan et. al. 2007)

Die Geheimhaltung (Schutz von Betriebs- und Geschäftsgeheimnissen) beinhaltet sämtliche Vorkehrungen gegen den ungewollten Wissenstransfer. Trotz des Fehlens einer Legaldefinition hat sich für Betriebs- und Geschäftsgeheimnisse eine gängige und allgemein akzeptierte Begriffsfassung herausgebildet, die sich an der Rechtsprechung zu § 17 des Gesetzes gegen unlauteren Wettbewerb (UWG) orientiert (vgl. Stephan/Schneider 2011; Hartung 2006, S. 24). Als Betriebs- und Geschäftsgeheimnisse werden demzufolge alle auf ein Unternehmen bezogene Wissensbestände und Informationen über Tatsachen, Gegenstände, Begebenheiten, Vorgänge etc. verstanden, die nicht offenkundig, sondern nur einem begrenzten Personenkreis zugänglich sind und an deren Geheimhaltung ein berechtigtes Interesse besteht. Betriebsgeheimnisse richten sich dabei primär auf technologisches Wissen, während Geschäftsgeheimnisse vornehmlich betriebswirtschaftliche Informationen betreffen (bspw. Umsätze, Umsatzprognosen, Gewinne, Kundenlisten, Strategiepapiere, Bezugs- und Lieferquellen, Bezugskonditionen, Kalkulationsunterlagen etc.). Voraussetzung für das Vorliegen eines im Sinne des § 17 UWG geschützten Geschäfts- bzw. Betriebsgeheimnisses sind drei Merkmale:

(1) Die betreffenden Informationen dürfen nur einem begrenzten Personenkreis bekannt, d. h. nicht offenkundig und nicht ohne weiteres zugänglich sein.

(2) Die Information muss in einem gewerblichen Bezug, d. h. in einer Beziehung zu einem Geschäftsbetrieb stehen.

(3) Das Management muss den Willen zur Geheimhaltung jedem Mitwissenden gegenüber erkennen lassen.

Der Schutz von Geschäfts- und Betriebsgeheimnissen ist nicht nur auf nationaler Ebene durch das UWG, sondern auch auf internationaler Ebene durch das von der WTO verabschiedete TRIPS-Abkommen (Agreement on Trade-Related Aspects of Intellectual Property Rights) geregelt. Die Intention dieser Regelung ist, z. B. Rezepturen, Produktionsverfahren oder auch Kundenlisten vor dem unberechtigten internationalen Zugriff durch konkurrierende ausländische Unternehmen zu schützen.

Entscheiden sich Unternehmen für die Geheimhaltung als faktisches Schutzinstrument, so sind bei deren Implementierung zahlreiche flankierende Maßnahmen zu ergreifen. Dazu zählen u. a. die Unterbindung von Betriebsbesichtigungen, schriftliche Geheimhaltungserklärungen (‚Non-Disclosure Agreements‘) der Mitarbeiter und externer Partner, die Kontrolle des physischen Zugangs zu Gebäuden und Räumlichkeiten sowie des Datenzugangs (vgl. Stephan/Schneider 2011).

Neben den faktischen Schutzstrategien versuchen Unternehmen auch mit Hilfe von geeigneten Wettbewerbsstrategien ihre Innovationen vor Wettbewerbern zu schützen. Zu solchen Wettbewerbsstrategien sind neben differenzierten Verkaufs- und Serviceleistungen insbesondere so genannte ‚Fast Forward‘, ‚Fast Pace‘- oder ‚First Mover‘-Strategien zu zählen. Durch eine Sequenz von Folgeinnovationen versuchen Unternehmen immer vorneweg zu sein und sich Zeitvorsprünge zu erarbeiten. Dies führt durch Lern- und Erfahrungskurveneffekte zu Kostenvorteilen gegenüber Wettbewerbern (zu Lern- und Erfahrungskurveneffekten vgl. Kapitel D II 4 c).

Eine weitere informelle Schutzstrategie stellt die Absicherung von Innovationsvorteilen durch Leistungsbündelung dar. Jede Innovation setzt sich aus mehreren kritischen Sachgut- und Dienstleistungskomponenten zusammen. Es ist meist nicht immer eindeutig, wie eng diese einzelnen Komponenten mit der eigentlichen Innovation verbunden sind. Auf den ersten Blick unbedeutende Randaktivitäten können sich unerwartet als kritische Schlüsselfaktoren erweisen (vgl. Gerybadze 2004, S. 95). Die Imitation der Innovation durch Konkurrenten wird erschwert, da für das Angebot des Produktes nunmehr ein komplexes Bündel aus Sachgütern, Dienstleistungen sowie an komplementären Ressourcen erforderlich ist.

Die genannten Wettbewerbsstrategien bieten, im Gegensatz zur Geheimhaltung, allerdings keinen eigentlichen (faktischen) Schutz des der Innovation zugrunde liegenden Wissens und haben daher keinen direkten Ausschließlichkeitseffekt (vgl. Ernst 1996, S. 26).

Die meisten informellen Schutzrechte, mit Ausnahme der Geheimhaltungsstrategie, stehen in einem komplementären Zusammenhang zu den formellen Schutzrechten. Unternehmen nutzen die beiden Schutzrechtsformen in Kombination miteinander. Die Geheimhaltung stellt dagegen eine prinzipielle Alternative zu den formellen Schutzrechten dar und steht somit in einer Substitutionsbeziehung. Die Wahl zwischen Geheimhaltung oder formellem Schutz, bspw. durch Patente, hängt von verschiedenen Einflussfaktoren ab. Grundsätzlich werden Produktinnovationen eher zum Patent angemeldet als Prozess- und Potenzialinnovationen, die sich hinter „betrieblichen Mauern" besser durch Geheimhaltung schützen lassen (vgl. u. a. Levin et al. 1987; König/Licht 1995; Haupt et al. 2004; Stephan/Schneider 2011). Innerbetriebliche Abläufe sind leichter geheim zu halten als Neuerungen, die sich direkt am Produkt manifestieren. In einer Studie des Europäischen Patentamts (EPA) wird allerdings deutlich, dass aktive Patentanmelder den Patentschutz mehrheitlich sowohl für Produkte als auch für Prozesse präferieren (vgl. EPA 1994, S. 88).

Formelle Schutzstrategien rücken den Erwerb geistiger Eigentumsrechte in den Mittelpunkt. Zu den formellen Schutzinstrumenten zählen einerseits gewerbliche Schutzrechte im engeren Sinne (Patente, Gebrauchs- und Geschmacksmuster, Marken) und Urheberrechte. Neben diesen allgemeinen Rechten zum Schutz geistigen Eigentums haben sich in einzelnen Technologiebereichen und Wissensgebieten spezielle Schutzrechtsarten herausgebildet. Zu nennen ist in Deutschland bspw. der Sortenschutz (geistige Eigentumsrechte an Pflanzenzüchtungen) sowie der Topographieschutz (geistige Eigentumsrechte an dreidimensionalen Strukturen von mikroelektronischen Halbleitererzeugnissen, d. h. Mikrochips). Mit dem System geistiger Eigentumsrechte soll das drohende Marktversagen (Unterinvestition in F&E/Innovationen aufgrund des öffentlichen Gutscharakters von Wissen und Ideen) auf gesetzlichem Wege abgewendet werden. Hauptzweck geistiger Eigentumsrechte ist demnach der Schutz des Erfinders/Innovators vor Imitation, indem ihm ein zumeist zeitlich befristetes gesetzlich garantiertes Monopol auf die Verwertung der Erfindung eingeräumt wird. Über die Monopolstellung schaffen geistige Eigentumsrechte somit Anreize für Investitionen in Forschung und Entwicklung. Nachfolgend werden die wichtigsten Schutzrechte dargestellt.

cb. *Patente*

Patente gelten als gebräuchlichste Form der gewerblichen Schutzrechte. Patente stellen Verbietungs- bzw. Ausschließlichkeitsrechte dar, mit deren Hilfe der Innovator seine Konkurrenten an der Imitation patentgeschützter Technologien und dem Angebot darauf basierender Produkte hindern kann (vgl. Burr/Stephan et al. 2007, S. 3 ff.). Der Schutzbereich von Patenten erstreckt sich auf Erzeugnisse und/oder Verfahren technischer Art (vgl. § 1 Abs. 1 Patentgesetz (PatG)). Nicht patentierbar sind beispielsweise wissenschaftliche Theorien und mathematische Methoden, Programme für Datenverarbeitungsanlagen oder Entdeckungen (vgl. § 1 Abs. 2 PatG; zur Patentierung von Software vgl. den nachfolgenden Exkurs). Wer ein deutsches Patent erlangen möchte, muss dazu ein entsprechendes Patentanmelde- und erteilungsverfahren beim Deutschen Patent- und Markenamt in München durchlaufen (zum Patentverfahren vgl. Burr/Stephan et al. 2007, S. 46 ff. sowie die Ausführungen unten). Patente können von Einzelpersonen (Erfindern) oder Unternehmen angemeldet werden.

Die Erteilung des Patentschutzes für eine Erfindung ist an mehrere Bedingungen geknüpft. Nach § 1 des Deutschen Patentgesetzes werden Patente „für Erfindungen erteilt, die neu sind, auf einer erfinderischen Tätigkeit beruhen und gewerblich anwendbar sind." Damit können Patente angemeldet werden für Inventionen, die einen signifikanten Grad an Neuheit aufweisen, erfinderischen Tätigkeiten entspringen und ein gewisses marktliches Anwendungspotenzial aufweisen. Diese drei Kriterien gelten als unbedingte Voraussetzung für eine Patentanmeldung und werden durch das Patentgesetz weiter konkretisiert.

Neu bedeutet, dass die Erfindung nicht zum so genannten **Stand der Technik** gehören darf (§ 3 Abs. 1 PatG). Nach § 3 Abs. 1 PatG umfasst der Stand der Technik „alle Kenntnisse, die vor dem für den Zeitrang der Anmeldung maßgeblichen Tag durch schriftliche oder mündliche Beschreibung, durch Benutzung oder in sonstiger Weise der Öffentlichkeit zugänglich gemacht worden sind". Hierzu zählen neben (weltweiten) Veröffentlichungen jeder Art (z. B. mündliche Präsentationen, Artikel in (Fach-)Zeitschriften, Bücher, Messeausstellungen, Patentschriften) auch beim Patentamt früher eingegangene Patentanmeldungen. Die Neuheitsüberprüfung kennt weder zeitliche noch räumliche Barrieren – neu bedeutet in diesem Sinne weltweit neu. Beim Neuheitskriterium handelt es sich um ein recht eindeutig bestimmbares Patentierungserfordernis, da sich dieses Kriterium an klar definierten, objektiven Gesichtspunkten orientiert: Eine Erfindung ist dann neu, wenn sich bis zum Zeitpunkt der Patentanmeldung keine vergleichbare Erfindung im Stand der Technik finden lässt.

Neben dem Neuheitskriterium muss eine Erfindung ebenfalls das Kriterium der erfinderischen Tätigkeit (früher **Erfindungshöhe**) erfüllen, um patentiert werden zu können. Erfinderische Tätigkeit liegt laut § 4 PatG dann vor, wenn sich für einen Fachmann, der auf dem betreffenden technischen Gebiet über ein durchschnittliches Fachwissen verfügt, eine Erfindung nicht in naheliegender Weise erschließt. D. h., die Invention darf sich bspw. nicht aus der naheliegenden Auswahl und Kombination bekannter Merkmale bzw. Möglichkeiten oder durch routinemäßige Weiterentwicklung der Technik ergeben. Demnach genügt eine bloße Bereicherung des vorhandenen Stands der Technik nicht dem Erfordernis der erfinderischen Tätigkeit. Das Kriterium zielt vielmehr darauf ab, dass sich eine Erfindung deutlich vom bisherigen Stand der Technik abgrenzen muss, um patentfähig zu sein.

Für die Patentfähigkeit einer Erfindung ist auch deren **gewerbliche Anwendbarkeit** ausschlaggebend. Vor dem deutschen Patentgesetz gilt eine Erfindung als gewerblich anwendbar, „wenn ihr Gegenstand auf irgendeinem gewerblichen Gebiet einschließlich der Landwirtschaft hergestellt oder benutzt werden kann." (§ 5 Abs. 1 PatG). Hiernach muss eine patentwürdige Erfindung zum einen ausführbar und wiederholbar und zum anderen gewerblich anwendbar sein. Dabei kommt es nicht auf den (zukünftig) erfolgreichen marktlichen Absatz einer Erfindung an, sondern lediglich darauf, dass die Erfindung außerhalb der Privatsphäre, also in einem technischen Gewerbegebiet, hergestellt bzw. genutzt werden kann. Zudem genügt es, dass allein die Möglichkeit zur gewerblichen Anwendbarkeit besteht, ungeachtet ihrer tatsächlichen Realisierung.

Nach der Patentanmeldung durchläuft die Erfindung ein mehrstufiges Patenterteilungs- und Prüfverfahren, bevor es zur erfolgreichen Bewilligung des Patents kommt. Im Rahmen des Patenterteilungsverfahrens wird u. a. überprüft, ob die Erfindung die oben genannten Kriterien erfüllt und damit patentfähig ist oder nicht. Dabei können zwischen einer Patentanmeldung und deren Erteilung bis zu drei Jahre (teilweise auch länger) vergehen. Der Patentschutz erstreckt sich nach Erteilung über einen Zeitraum von maximal 20 Jahren ab dem Anmeldetag. Aufgrund der mit zunehmender Patentlaufzeit jährlich progressiv steigenden Patentgebühren entscheiden sich jedoch viele Patentinhaber, den Patentschutz vor Erreichen der maximalen Schutzdauer auslaufen zu lassen.

Die Schutzwirkung des Patents ist nicht nur zeitlich, sondern auch territorial begrenzt. Die territoriale Schutzwirkung des Patents bleibt zunächst auf das Gebiet des jeweiligen Staates, in dem die Erstanmeldung durchgeführt wurde, beschränkt. Für gewöhnlich werden Patente zunächst am nationalen Patentamt des Erfinders bzw. Anmelders (Unternehmenssitz) angemeldet. Diese Prioritätsanmeldung erfolgt i. d. R. ohne größere zeitliche Verzögerung nach der Durchführung der Invention (vgl. Schmoch 1999). Nach der Anmeldung des Patents an einem nationalen Patentamt – bspw. am Deutschen Patent- und Markenamt (DPMA) – kann sich der Anmelder binnen eines Jahres entscheiden, ob er auch ausländische Schutzrechte erwerben will (vgl. Schmoch 1990, S. 17 f.). Mehrere separate Anmeldungen an ausländischen Patentämtern sind jedoch mit hohen Kosten (u. a. aufgrund der separat zu entrichtenden Anmeldegebühren) und Zeitaufwand (u. a. für die Übersetzung der Patentschrift in die jeweiligen Amtssprachen und Anpassung an die nationalen rechtlichen Vorschriften) verbunden. Daher besteht die Alternative der Patentanmeldung an einer supranationalen Patentbehörde. So ist es am Europäischen Patentamt (EPA) möglich, für mehrere Länder in Europa gleichzeitig einen Anspruch auf jeweils nationalen Patentschutz anzumelden. Das Anmeldeverfahren läuft hierbei für alle benannten Bestimmungsländer zentral beim EPA ab. Zentrale Patentanmeldungen am Europäischen Patentamt können im Falle der Erteilung eines Patents an die derzeit 30 angeschlossenen nationalen Patentämter weitergeleitet und dort ohne größeren Aufwand in nationale Patente umgewandelt werden (vgl. Stephan 2003, S. 184). Eine territorial noch weiter reichende Möglichkeit der Patentanmeldung als EPA-Anmeldungen bieten „PCT"-Anmeldungen. Gemäß dem Vertrag über die internationale Zusammenarbeit auf dem Gebiet des Patentwesens (Patent Cooperation Treaty, PCT) haben in den letzten Jahren die so genannten „Weltpatente" stark an Bedeutung gewonnen (vgl. EPA 2010; Schmoch 1999, S. 121). PCT-Anmeldungen durchlaufen ein ähnlich zentralisiertes Verfahren wie beim Europäischen Patentamt. Mit diesem Verfahren lässt sich sowohl ein Schutzrecht in europäischen Staaten als auch in den USA und Japan erzielen. PCT-Anmeldungen erfolgen ebenfalls binnen eines Jahres nach der Prioritätsanmeldung am jeweiligen nationalen Patentamt, am EPA oder direkt bei der Weltorganisation für Geistiges Eigentum (World Intellectual Property Organization, WIPO) in Genf. Eine Weltpatentanmeldung kann an bis zu 115 angeschlossene nationale Patentämter sowie an das EPA weitergeleitet werden (vgl. WIPO 2002, S. 13). PCT-Anmeldungen bieten insbesondere dann Vorteile gegenüber herkömmlichen nationalen und regionalen Patentanmeldungen, wenn gleichzeitig eine Schutzwirkung in mehreren europäischen und nicht-europäischen Ländern angestrebt wird. In der Praxis deutscher Großunternehmen (z. B. bei Siemens) ist zu beobachten, dass der territoriale Schutzumfang von der erwarteten strategischen Bedeutung der (technologischen) Neuerung abhängt. Handelt es sich um eine (technische) Neuheit, die außerhalb der Kernbetätigungsfelder der Unternehmen angesiedelt ist, so ist es üblich, diese Erfindung nur deutschlandweit patentieren zu lassen. Handelt es sich dagegen um wichtige Neuerungen innerhalb von Kernbetätigungsfeldern der Unternehmen, so erfolgt i. d. R. die Erstanmeldung beim Deutschen Patentamt und im zweiten Schritt die Nachanmeldung beim EPA. Somit kann die Schutzwirkung auf andere wichtige europäische Länder erweitert werden (meist mit der Benennung von Frankreich, Großbritannien und Italien). Eventuell wird auch eine Nachanmeldung beim U. S.-amerikanischen oder Japanischen Patentamt (JPO) vorgenommen. Bei sehr bedeutenden Schlüsseltechnologien erfolgt häufig eine direkte PCT-Erstanmeldung mit der Benennung der wichtigsten Triade-Staaten, also Europa (mit Deutschland, Frankreich, Großbritannien und Italien), USA und Japan (vgl. Burr/Stephan et al. 2007, S. 65 ff.).

Mit der Erteilung eines Patents erhält der Patentinhaber das Recht, für die Dauer des Patentschutzes und im geschützten Territorium andere von der Nutzung seiner Erfindung auszuschließen. Es bleibt dabei dem Patentinhaber überlassen, ob er seine Erfindung selbst kommerziell nutzt, oder ob er Dritten eine Nutzungsbefugnis einräumt. Ein Unternehmen kann die mit dem Patent geschützte Technologie in Form neuer bzw. verbesserter Produkte einsetzen oder in neue bzw. verbesserte Herstellungsprozesse einfließen lassen (eigene, interne Verwertung). Das verbriefte Schutzrecht lässt sich auch extern am Markt, bspw. über die Vergabe einer **Lizenz**, verwerten. Dabei überlässt der Patentinhaber dem Lizenznehmer die Nutzungsbefugnis für ein Produkt oder Verfahren gegen Entrichtung einer bestimmten Lizenzgebühr. Im Rahmen von wechselseitigen Lizenzvereinbarungen werden Patente häufig als Tauschmittel eingesetzt (**Cross Licensing**). Neben der gewerblichen Verwertung lassen sich Patente auch gezielt als Wettbewerbsinstrument nutzen, so um etwa mit Hilfe von Sperrpatenten Markteintrittsbarrieren zu schaffen oder etablierte Wettbewerber vom Markt zu verdrängen (vgl. Burr/Stephan 2006, S. 163).

Den exklusiven Rechten des Patentinhabers steht seine Pflicht zur Offenlegung des Patents 18 Monate nach der Patentanmeldung gegenüber. Insofern erscheint das Patent als eine Art Vertrag zwischen dem Anmelder bzw. Patentinhaber und dem Staat, der im Austausch für die Offenlegung der Erfindung Schutzrechte gewährt. Ziel der Offenlegung ist aus volkswirtschaftlicher Sicht die Diffusion des technologischen Wissens in der Gesellschaft und die Beschleunigung des technologischen Fortschritts. Der Gesellschaft soll die Gelegenheit gegeben werden, von der Erfindung zu profitieren.

cc.　Gebrauchsmuster

Das **Gebrauchsmuster** gilt in Deutschland als der „kleine Bruder" des Patents (vgl. DPMA 2010, S. 4). Ähnlich wie das Patent schützt das Gebrauchsmuster alle technischen Erfindungen, die neu sind, auf einem erfinderischen Schutz beruhen und gewerblich anwendbar sind. Die Anforderungen an die Erfindungshöhe sind jedoch nicht so hoch wie beim Patent. Im Gegensatz zu Patenten können mit Gebrauchsmustern zwar Erzeugniserfindungen, aber keine Verfahrenserfindungen (Herstellungs- und Arbeitsverfahren, Messvorgänge etc.) geschützt werden. Gebrauchsmuster werden ebenso wie Patente beim Deutschen Patent- und Markenamt angemeldet. Der Schutz des Gebrauchsmusters beträgt zunächst drei Jahre, kann danach einmal um drei und zweimal um zwei Jahre verlängert werden. Die Höchstschutzdauer beträgt demzufolge zehn Jahre. Im Gegensatz zum Patent wird das Gebrauchsmuster ohne inhaltliches Prüfungsverfahren der Merkmale Neuheit, erfinderischer Schritt und gewerbliche Anwendbarkeit durch das DPMA registriert.

Gebrauchsmuster haben in der Praxis eine geringere Bedeutung als der Patentschutz, spielen aber oft im Vorfeld des Patentschutzes eine Rolle, weil sie schneller, einfacher und kostengünstiger zu erlangen sind als Patente (vgl. DPMA 2010, S. 4; Gottschalk et al. 2002, S. 105-106). Die Prüfung und Erteilung eines Patents dauert in der Regel einige Jahre. Dagegen kann das Gebrauchsmuster bereits wenige Monate nach der Anmeldung im Register eingetragen werden, wenn die Unterlagen den Vorschriften des Gebrauchsmustergesetzes entsprechen. Im Zuge der Erteilung eines Gebrauchsmusters wird kein aufwändiges Prüfverfahren (auf Neuheit, erfinderische Tätigkeit sowie kommerzielle Anwendbarkeit) wie bei der Erteilung eines Patents durchgeführt, was signifikante Kosten- und Zeitvorteile für den Erfinder mit sich bringt. Erst wenn das Gebrauchsmuster vor Gericht gegen einen Imitator oder eine Anfechtung verteidigt werden muss, findet eine Prüfung der o. g. Kriterien statt. Es obliegt also dem

Anmelder des Gebrauchsmusters durch sorgfältige eigene Recherchen zu prüfen, ob die Voraussetzungen für ein wirksames Schutzrecht tatsächlich vorliegen. Ansonsten können nach der Eintragung keine Rechte aus dem Gebrauchsmuster geltend gemacht werden.

cd. Geschmacksmuster

Das **Geschmacksmuster** dient dem Schutz der ästhetischen Gestaltung, d. h. dem Design eines Produktes. Die ästhetische Gestaltung im Sinne eines Produktdesigns schützt dreidimensionale Gegenstände – z. B. Autos, Möbel, Spielzeug oder Produktverpackungen. Auch für zweidimensionale Muster, wie Stoffe, Tapeten, Logos, Grafiken oder Icons, können Geschmacksmuster angemeldet werden (vgl. DPMA 2010a, S. 4). Ein modernes und unverwechselbares Design spielt heute eine erhebliche Rolle für den wirtschaftlichen Erfolg eines Produkts. Nachdem die funktionalen Unterschiede zwischen Produkten, insbesondere im Konsumgüterbereich, z. B. in der Unterhaltungselektronik, vermehrt verschwimmen, und die Lebenszyklen der Produkte kürzer geworden sind, wird das äußere Design, d. h. die optische Aufmachung, häufig zum einzigen Unterscheidungsmerkmal (vgl. DPMA 2010a, S. 4).

Voraussetzung für die Eintragung und Rechtswirksamkeit eines Geschmacksmusters sind die beiden Kriterien der Neuheit (es darf kein identisches Muster vor der Anmeldung veröffentlicht worden sein) und der Eigenart. Die Eigenart bezieht sich auf die unverwechselbare Erscheinung des Produktes – der Gesamteindruck hat sich von bereits bestehenden Produktdesigns zu unterscheiden. Hierbei kommt es weder auf die Sicht eines Laien noch auf die eines Produktdesigners an. Vielmehr ist der bei einem sogenannten informierten Benutzer hervorgerufene Gesamteindruck entscheidend (vgl. DPMA 2010a, S. 6). Die Schutzdauer eines Geschmacksmusters beträgt maximal 25 Jahre ab dem Anmeldetag. Nach jeweils fünf Jahren ist das Geschmacksmuster, unter Bezahlung der Aufrechterhaltungsgebühr, zu verlängern.

ce. Marken (Trademarks/Warenzeichen)

Unter einer Marke versteht man ein Kennzeichnungsmittel für Waren und Dienstleistungen. Laut § 3 Abs. 1 des deutschen Markengesetzes (MarkenG) können als Marke

„alle Zeichen, insbesondere Wörter einschließlich Personennamen, Abbildungen, Buchstaben, Zahlen, Hörzeichen, dreidimensionale Gestaltungen einschließlich der Form einer Ware oder ihrer Verpackung sowie sonstige Aufmachungen einschließlich Farben und Farbzusammenstellungen geschützt werden, die geeignet sind, Waren oder Dienstleistungen eines Unternehmens von denjenigen anderer Unternehmen zu unterscheiden."

Der Begriff der „Marke" wurde offiziell 1995 durch das deutsche Markengesetz (MarkenG) eingeführt und hat den bis dahin geltenden Begriff „Warenzeichen" abgelöst. Dadurch sollte deutlicher zum Ausdruck gebracht werden, dass neben Waren (Sachgütern) auch Dienstleistungen durch Marken geschützt werden können. Marken werden häufig mit dem Registerhinweis ® versehen.

Marken sind in Deutschland, ebenso wie Patente, beim Deutschen Patent- und Markenamt in München anzumelden. Eine Marke wird nicht pauschal eingetragen, sondern mit Bezug zum Schutz eines konkreten Produkts (Ware oder Dienstleistung). In der Praxis nutzen Unternehmen Marken nicht nur zum Schutz einzelner Produkte (z. B. Nesquik oder Smarties), sondern auch für ein übergeordnetes Produktsortiment (zum Beispiel Thomi oder Maggi) oder für den Schutz der Marke des gesamten Unternehmens (Nestlé).

Bei den Markenformen in Deutschland dominieren Wort- und Bildmarken sowie Kombinationen aus Wort- und Bildmarke. Wortmarken bestehen aus einzelnen Buchstaben (C&A), Zahlen (4711), Worten (Opel), Wortkombinationen (Rügenwalder Mühle) oder Slogans („und das ist auch Knut so" oder „auf diese Steine können Sie bauen"). Zu den Bildmarken zählen neben Bildern auch Symbole (Mercedes-Stern), Logos und Piktogramme (Lufthansa Kranich). Mit der Einführung des Markengesetztes in Deutschland sind weitere Markenformen hinzugekommen. Zu nennen sind dreidimensionale Markenformen (z. B. die Pyramidenform der Toblerone-Schokolade) Hörmarken (z. B. der Erdinger Weißbier-Walzer) oder Farbmarken (z. B. das Magenta der Deutschen Telekom).

Im Vordergrund des Markenschutzes stehen die Zuordnung eines bestimmten Produkts zu einem Hersteller/Anbieter und damit die Unterscheidung gegenüber Angeboten der Wettbewerber. Dritten ist es untersagt, im geschäftlichen Verkehr ein mit der geschützten Marke identisches oder verwechselbares Zeichen zu benutzen. Mit dem Kauf eines mit einer Marke versehenen Produktes erwirbt der Käufer im Grunde drei Produkte im Paket: Ein Sachgut oder eine Dienstleistung, eine Information über die Eigenschaften des Produktes und bei bekannten Marken ein immaterielles, aber wertvolles Produkt wie das Prestige, ein Statussymbol und gutes Gefühl (vgl. Schmidtchen 2006, S. 25). Aus volkswirtschaftlicher Perspektive fördert der Markenschutz sowohl die Interessen der Konsumenten als auch der Produzenten und Eigentümer der Marken. Starke Marken signalisieren den Aufbau von Reputation bezüglich der Qualität und Leistungsmerkmale von Produkten und senken Informationskosten für die Nachfrager (vgl. Schmidtchen 2006, S. 25).

Welche Kriterien sind für den Eintrag einer Marke zu erfüllen? Eine Marke wird nur eingetragen, wenn keine sog. allgemeinen Schutzhindernisse bestehen. So muss eine Marke Unterscheidungskraft aufweisen und darf nicht beschreibend sein (DPMA 2007, S. 33):

„Allgemeine übliche Begriffe, die Aussagen über die angebotenen Waren und Dienstleistungen treffen, dürfen nicht als Marke eingetragen werden. Sie müssen für Mitbewerber zur ungehinderten Verwendung freigehalten werden. Deshalb darf beispielsweise die Bezeichnung ‚Sonnenblume' für Blumen nicht als Marke eingetragen werden, wohl aber bspw. für Fertighäuser oder Heizungsgeräte."

Ähnliches gilt für Farb- und Bildmarken. So kann eine braune Farbe nicht für Schokolade verwendet werden, blau ist tabu für Mineralwasser.

Der Inhaber einer Marke genießt für die Dauer von zunächst zehn Jahren Markenschutz, der unbegrenzt um jeweils zehn Jahre verlängerbar ist (vgl. § 47 Abs. 1,2 MarkenG). Marken haben gegenüber Patenten während der letzten 20 Jahre zahlenmäßig erheblich an Bedeutung gewonnen. Die Zahl der jährlichen Markenanmeldungen ist zwischen 1990 und 2008 von 32.000 auf 74.000 gestiegen (vgl. DPMA 2009, S. 21; Schmoch 2003, S. 3). Beim DPMA sind derzeit etwa 900.000 Marken eingetragen.

cf. Urheberrechte (Copyrights)

Schutzgegenstand des deutschen Urheberrechts sind gemäß § 1 UrhG Werke der Literatur, Wissenschaft, Kunst. Im Gegensatz zur gewerblich-technischen Sphäre des Patent- und Gebrauchsmusterschutzes bezieht sich der Urheberrechtsschutz auf die kulturelle, künstlerische und wissenschaftliche Sphäre. Laut § 2 UrhG erstreckt sich der Schutz des **Urheberrechts** auf:

- Sprachwerke, wie Bücher, Zeitschriftenartikel, Internet-Blogs, Reden und Software (Computerprogramme);
- Werke der Musik;
- pantomimische Werke einschließlich der Werke der Tanzkunst;
- Werke der bildenden Künste einschließlich der Werke der Baukunst (Architektur) und der angewandten Kunst und Entwürfe solcher Werke;
- Lichtbildwerke (Fotografien) und ähnliche Werke;
- Darstellungen wissenschaftlicher oder technischer Art, wie Zeichnungen, Pläne, Karten, Skizzen, Tabellen, Datenbanken und plastische Darstellungen.

Der Schutz des Urheberrechts ist zeitlich begrenzt und beginnt zu dem Zeitpunkt, in dem das Werk geschaffen wird und endet 70 Jahre nach dem Tod des Urhebers. Ist der Urheber anonym oder veröffentlicht er/sie unter einem Pseudonym, erlischt das Urheberrecht 70 Jahre nach Veröffentlichung des Werks. Es obliegt dem Urheber, darüber zu entscheiden, ob und zu welchen Bedingungen er sein Werk verwertet. Ebenso wie bei Patenten ist es möglich, über Lizenzvereinbarungen Nutzungsrechte an dem Werk, beispielsweise an Buch- oder Musikverlage, zu übertragen.

Im Gegensatz zum gewerblichen Rechtsschutz kann das an einem Werk zustehende Urheberrecht bei keinem Amt angemeldet werden. Das Urheberrecht entsteht selbsttätig mit der Schaffung des Werkes. Der Urheber muss jedoch darauf achten, dass er später nachweisen kann, Urheber des Werkes zu sein, um bei einer Nachahmung seine Ansprüche auf Unterlassung und Schadenersatz durchsetzen zu können.

cg. Bedeutung von geistigen Eigentumsrechten in der Unternehmenspraxis
– empirische Befunde

Empirische Untersuchungen zu F&E-Ausgaben und Patentanmeldungen großer technologieintensiver Unternehmen finden sich bei *Stephan* (2003, S. 196 ff.). Zudem haben *Gottschalk et al.* (2002, S. 95 ff.) sich in dem bereits erwähnten Bericht zum Innovationsverhalten der deutschen Wirtschaft ausführlich mit der Bedeutung alternativer Schutzinstrumente für Innovationen beschäftigt. Abb. 167 fasst ihre Ergebnisse zusammen. Die betrachteten Schutzinstrumente werden zunächst in zwei Gruppen eingeteilt: **formelle Schutzinstrumente,** zu denen das Patent, das Gebrauchsmuster, die Handelsmarke und das Urheberrecht gehören und **informelle** bzw. **strategische Schutzinstrumente,** zu denen der zeitliche Vorsprung, die Geheimhaltung und die Komplexität der Gestaltung gehören.

Grundsätzlich lässt sich sagen, dass die strategischen Schutzinstrumente zur Aneignung von Innovationserträgen verbreiteter sind als formale Schutzinstrumente und dass ihnen eine höhere Bedeutung zugemessen wird. In der überwiegenden Mehrzahl der betrachteten Industrie- und Dienstleistungsbranchen ist der zeitliche Vorsprung in der Entwicklung und Vermarktung der Innovationen das bedeutendste Instrument zur Aneignung von Innovationserträgen. Vor allem in Branchen mit sehr kurzen Produktlebenszyklen, wie beispielsweise der Telekommunikation und bei Sportgeräteherstellern, kommt es auf eine schnelle Vermarktung der Innovation an.

Betrachtet man die Wirtschaftssektoren insgesamt, so steht an zweiter Stelle die Geheimhaltung. Auf Branchenebene fällt das Bild jedoch differenzierter aus. In der Chemieindustrie, in der Mess-, Steuer-, Regelungstechnik und Optik sowie bei EDV- und Telekommunikationsdienstleistern und bei technischen Dienstleistern ist die Bedeutung der Geheimhaltung am höchsten. Sie spielt im Großhandel und bei Verkehrs- und Postdiensten nur eine sehr geringe Rolle.

Patente haben in den letzten Jahren gegenüber anderen Schutzinstrumenten an Bedeutung verloren, sind aber nach wie vor das bedeutendste formale Schutzinstrument. Die Chemie-industrie, der Fahrzeugbau und der Maschinenbau schätzen die Bedeutung von Patenten im Branchenvergleich am größten ein.

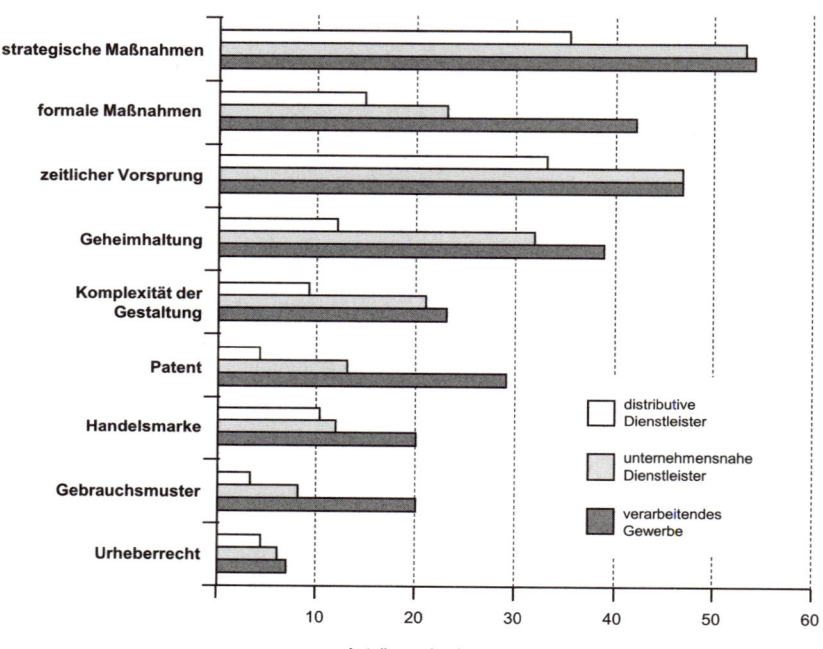

Abb. 167: Bedeutung von formellen und informellen Schutzinstrumenten in der Unterneh-menspraxis (in Anlehnung an Gottschalk et al. 2002, S. 94 ff.)

Dienstleistungsunternehmen (vgl. zum Dienstleistungsmanagement Kapitel D V) haben es besonders schwer, innovative Leistungen vor Imitationen zu schützen. Um sich trotzdem die Erträge aus ihren Innovationen aneignen zu können, setzen die unternehmensnahen Dienst-leister vorwiegend auf einen zeitlichen Vorsprung. Geheimhaltung und die Komplexität der Gestaltung stehen an zweiter bzw. dritter Stelle. Zeitlicher Vorsprung und Geheimhaltung werden auch bei den distributiven Dienstleistern als wichtigste Schutzinstrumente angesehen. Die distributiven Dienstleister messen mit der Handelsmarke einem formalen Schutzinstru-ment die drittgrößte Bedeutung zu.

4. Kernaufgaben des Innovationsmanagements

Im ersten Teil dieses Kapitels wurde die besondere Dynamik des Innovationswettbewerbs portraitiert. Der Innovationswettbewerb erfasst immer mehr Wirtschafts- und Dienstleistungs-bereiche. Geschwindigkeit und Intensität von Innovationsprozessen haben in den meisten

Branchen stark zugenommen, während die Komplexität und die verbundenen Kosten der Produkt- und Prozessentwicklung sich stark erhöht haben (vgl. Gerybadze 2004, S. 21). Angesichts eines zunehmenden Wettbewerbsdrucks, sich verkürzender Produkt- und Technologielebenszyklen und eskalierender Innovationsausgaben ist das Innovationsmanagement mit dichotomen Herausforderungen konfrontiert, die sich mit traditionellen Modellen nicht mehr bewältigen lassen. Einerseits müssen Unternehmen in zunehmend verkürzten Fristen neue leistungsfähige Produkte in den Markt einführen, um ihre Wettbewerbsposition verteidigen zu können. Andererseits steht das Innovationsmanagement, insbesondere die Neuproduktentwicklung unter einem hohen Kosten- und Zeitdruck (u. a. Ulrich/Eppinger 2008; Birkinshaw et al. 2007). In Anbetracht dieses Spannungsfeldes besteht die zentrale Herausforderung für die betriebswirtschaftliche Praxis des Innovationsmanagements im Kern darin, wie Neues in Form von Produkt- und/oder Prozessinnovationen in einem zielgerichteten, koordinierten und kontrollierten Prozess auf möglichst effiziente Weise hervorgebracht werden kann. Diese Herausforderung gleicht der Bändigung eines Oxymorons: Effizienzorientierte Steuerung und Planung von kreativen Prozessen zur Schaffung von Neuem (vgl. Stephan 2010, S. 245).

Angesichts dieser Herausforderungen betont *Gerybadze* (2004, S. 21 f.), dass Innovationsmanagement immer weniger F&E-Management allein ist, und auch nicht primär Wissensmanagement oder Produktentwicklung beinhaltet, sondern als eine umfassende und integrative Fähigkeit zur systematischen Entwicklung und Aneignung von Wissen verstanden werden muss, die auf wertschöpfende Leistungen und nachhaltige Erfolge in wachstumsintensiven Märkten gerichtet ist:

„Wir sprechen in diesem Zusammenhang von der Kompetenz zur Innovation, einer dynamischen Fähigkeit zur Umsetzung und Bündelung von Wissen und Technologien zu neuen Geschäften und zur systematischen Unternehmenswertsteigerung."

Sabisch (1991, S. 10 f.) und *Stephan* (2010, S. 243) weisen auf die besonderen **Eigenschaften innovativer Aufgaben** hin und leiten daraus die Forderung ab, derartige Aufgaben einer gesonderten Behandlung zuzuführen.

– **Unsicherheit über die Aktivitäten**: Innovationen sind etwas Neues, woraus implizit folgt, dass der Innovationsprozess bezogen auf das einzelne Innovationsprojekt erstmalig und auch einmalig durchlaufen wird. Obschon man auf Erfahrungen aus ähnlichen Projekten zurückgreifen kann, sind die einzelnen Aktivitäten des aktuellen Projekts hinsichtlich Art, Umfang, Dauer, Folge und Verknüpfung ex ante je nach Innovationsgrad mehr oder weniger unbekannt. Die Unsicherheit nimmt mit zunehmendem Neuigkeitsgrad von inkrementellen hin zu radikalen Innovationen zu.

– **Zeitdruck**: Innovationsprozesse vollziehen sich unter einem besonderen Zeitdruck, der maßgeblich auf zwei Ursachen zurückzuführen ist. Erstens ist der Zeitbedarf für das Projekt schlecht prognostizierbar, sodass die Outputorientierung von einer Inputorientierung verdrängt wird, d. h. die verfügbaren Budgets determinieren die maximale Prozessdauer. Wenn in der zur Verfügung stehenden Zeit das angestrebte Ergebnis nicht realisiert werden kann und eine Budgeterhöhung ausgeschlossen ist, entsteht Zeitdruck. Zweitens sind die Wettbewerber des Unternehmens bemüht, eigene Innovationen schneller als das Unternehmen auf den Markt zu bringen. Produkt- und Technologielebenszyklen verkürzen sich.

– **Arbeitsteiligkeit des Innovationsprozesses**: Innovationsprozesse sind hochgradig arbeitsteilig und interaktiv. Eine Vielzahl von Personen bringt Beiträge aus unterschiedlichen Disziplinen in ein gemeinsames Projekt ein. Individualität und Spezialisierung der

Beteiligten bergen die Gefahr von Lücken im Prozessvollzug. Innovationsmanagement bedarf daher in besonderem Maße einer gezielten Koordination und eines funktionierenden Schnittstellenmanagements.

Bereits in Abschnitt D IV 2 c wurden die wesentlichen Aktivitäten und Aufgaben, die das Innovationsmanagement zu erfüllen hat, dargestellt. In den folgenden Abschnitten D IV 4 a-e erfolgt nun eine detaillierte Betrachtung der Kernaufgaben und Prozessschritte unter besonderer Berücksichtigung der einleitend zu diesen Abschnitten beschriebenen Herausforderungen. Bei den Kernaufgaben handelt es sich um folgende Aktivitäten (in der Prozessreihenfolge):

- Ausarbeiten einer Innovationsstrategie (D IV 4 a),
- Initiativen zu Innovationen wecken (D IV 4 b),
- Gewinnen, bewerten und auswählen von Ideen für Innovationen (D IV 4 c),
- Ideenumsetzung (D IV 4 d) sowie
- Maßnahmen zur Markteinführung der Innovation (D IV 4 e).

a. Innovationsstrategien

aa. Gegenstand und Perspektiven von Innovationsstrategien

Pleschak und *Sabisch* (1996, S. 57) führen aus, dass eine klare strategische Orientierung für das Innovationsmanagement eine essenzielle Voraussetzung ist, denn

„um Produkte, Verfahren, betriebliche Organisationsstrukturen und andere Objekte zielgerichtet zu verändern und dauerhafte Wettbewerbsvorteile für das Unternehmen zu erzielen, bedarf es stets einer langfristigen Orientierung aller damit verbundenen Prozesse."

Strategische Optionen im Innovationsmanagement sind beispielsweise:

- Auswahl der erfolgversprechendsten strategischen Innovations- bzw. Technologiefelder.
- Durchführung von Innovationen oder Verzicht auf sie,
- Make or buy von Innovationen,
- Entwicklung des Innovationspotenzials im Unternehmen (vgl. Pleschak/Sabisch 1996, S. 57).

Die Innovationsstrategie kann als Funktionsbereichsstrategie aufgefasst werden. Sie ist dann bezüglich ihrer Ziele und Aufgaben von den anderen Funktionsbereichsstrategien abgegrenzt und entspricht eher einer F&E-Strategie. Eine derartige Sichtweise greift nicht nur vor dem Hintergrund eines breit angelegten Innovationsbegriffs zu kurz, sondern birgt auch die Gefahr eines nicht ausgeschöpften Integrationspotenzials bzw. einer funktionalen Abschottung (vgl. Vahs/Burmester 2005, S. 111). *Vahs* und *Burmester* (2005, S. 111) begreifen die Innovationsstrategie als eine **Metastrategie**, „die alle Funktionen des Unternehmens umfasst und diese zielgerichtet in den Strategieprozess mit einbezieht". Dem Integrationspotenzial sowie den Synergieeffekten zwischen den einzelnen Funktionen steht jedoch ein im Vergleich zur Funktionsbereichsstrategie erhöhter Kommunikations- und Koordinationsaufwand gegenüber. Nachfolgende Abb. 168 zeigt die alternativen Sichtweisen der Innovationsstrategie.

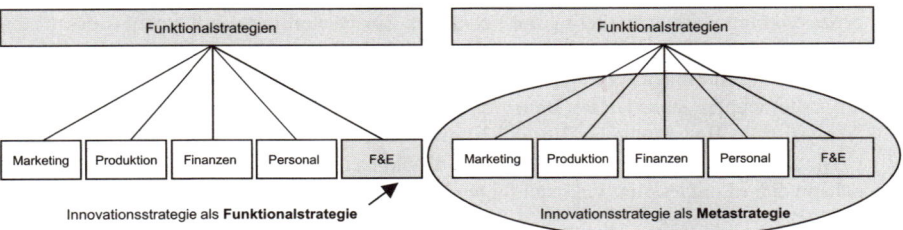

Abb. 168: Alternative Sichtweisen der Innovationsstrategie
(vgl. Vahs/Burmester 2005, S. 110)

ab. Entwicklung von Innovationsstrategien

Strategieentwicklung vollzieht sich bei idealtypischer Vorgehensweise wie im strategischen Management (vgl. Kapitel C II) so auch im Innovationsmanagement in drei Schritten:

– Analyse der strategischen Ausgangssituation;
– Planung;
– Festlegung der Mittel und Wege zur Zielerreichung.

Instrumente zur **Analyse der strategischen Ausgangssituation** sind (vgl. Kapitel C II):

– **Umweltanalyse**: Im Innovationsmanagement dienen die generelle und die spezielle Umweltanalyse beispielsweise dazu herauszufinden, welche Bedeutung Innovationen für den Wettbewerb in einer Branche haben (z. B. hohe Relevanz in der IT-Branche und geringere Bedeutung in der Lederindustrie). Die Analyse von Technologien, Wettbewerbern, Kunden oder Lieferanten kann außerdem Anstöße zu Innovationen und Hinweise auf Quellen für Innovationsideen geben. Ein Instrument der Umweltanalyse im Zuge der Formulierung von Innovationsstrategien ist bspw. die Szenario-Technik. Dabei handelt es sich um eine Methode zur Prognose möglicher und in sich konsistenter Zukunftsbilder (Szenarien) mit Hilfe empirischer oder mathematischer Modelle. Es wird versucht, unter adäquater Berücksichtigung qualitativer und quantitativer Aspekte, eine Bandbreite möglicher Endzustände des Prognosegegenstands (z. B. der Technologie- oder Marktentwicklung) unter verschiedenen Rahmenbedingungen systematisch und nachvollziehbar zu antizipieren und davon ausgehend mögliche Auswirkungen auf das Untersuchungsfeld (die eigene Innovationstätigkeit) abzuleiten. Die Zukunftsszenarien (z. B. Best-Case- und Worst-Case-Szenarien) dienen als Grundlage für die Festlegung der Innovationsstrategie (vgl. Smerlinski/Stephan/Gundlach 2009, S. I).

– **Potenzialanalyse** und **Stärken-Schwächen-Analyse**: Während bei der Umweltanalyse die allgemeinen und speziellen externen Rahmenbedingungen des Innovationsmanagements im Mittelpunkt der Analyse stehen, richtet sich die Potenzialanalyse auf die Beurteilung der im Unternehmen vorhandenen Ressourcen für das Innovationsmanagement. Zu den relevanten Ressourcen zählen die F&E-Einrichtungen, die Zahl und Struktur der F&E-Mitarbeiter, die Intensität der F&E-Aktivitäten im Unternehmen, die Wirksamkeit der Schutzrechts- und Lizenzarbeit, der F&E-Aufwand in Relation zum Umsatz, das vorhandene Know-how in F&E, Produktion, Vertrieb und Management u. ä. Die Potenzialanalyse sollte dabei systematisch und differenziert nach den Kompetenzen in den verschiedenen Technologiefeldern des Unternehmens, und nach den verschiedenen innovationsrelevanten Funktionen und Tätigkeitsfeldern (F&E, Organisation des Innovationsprozesses, Innovationsmarketing etc.) erfolgen. Zur Bewertung des Potenzials des Unternehmens in Stärken und Schwächen findet üblicherweise ein systematischer Vergleich in Form von **Benchmarking**der einschlägigen Kennzahlen mit einem oder mehreren anderen Unternehmen statt. Dieses Benchmarking führt im Ergebnis zur Stärken-Schwächen-Analyse. Die Bewertung im Vergleich zum Hauptwettbewerber oder zum wichtigsten Konkurrenzprodukt bzw. zur wichtigsten Konkurrenztechnologie erfolgt üblicherweise anhand einer Punkteskala (vgl. nachfolgende Abb. 169).

Die Ergebnisse der Analyse bilden den Ausgangspunkt für die **strategische Innovationsplanung,** deren Hauptaufgabe die Festlegung langfristiger Unternehmens- und Innovationsziele ist. Im Innovationsmanagement muss hier darüber entschieden werden, ob und wie Innovationen in bestimmten Märkten und/oder Technologiegebieten umgesetzt werden sollen und wie man sich gegenüber den **Wettbewerbern** verhalten möchte.

Ein Instrument der strategischen Innovationsplanung und insbesondere zur Entwicklung von Innovationsstrategien ist die **SWOT-Analyse**. Die SWOT-Analyse (Strengths-Weaknesses-Opportunities-Threats) ergänzt die intern ausgerichtete Stärken-Schwächen-Analyse um die externen Gefahren und Gelegenheiten der Umwelt. Aus den Ergebnissen der Gegenüberstellung können strategische Handlungsoptionen abgeleitet werden.

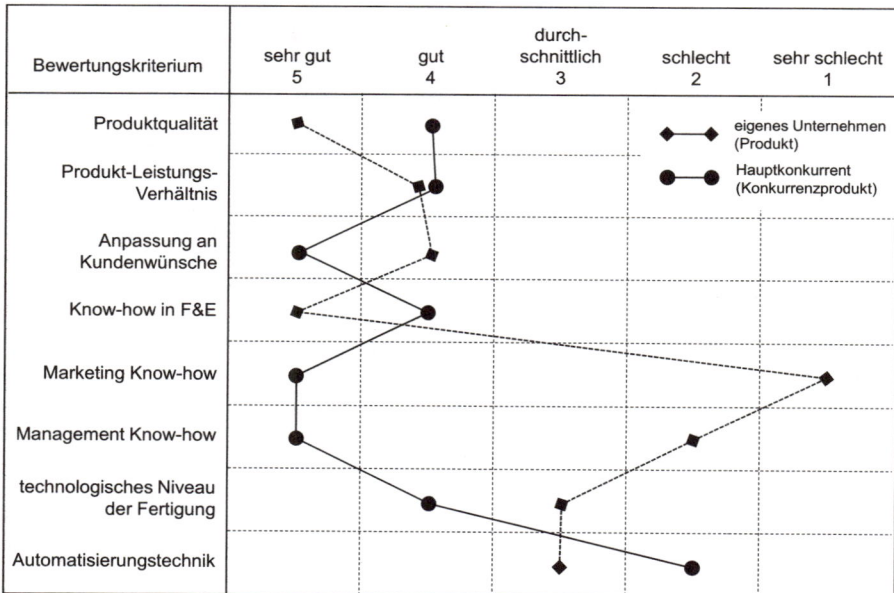

Abb. 169: Profildarstellung von Stärken und Schwächen im Benchmarking
(vgl. Pleschak/Sabisch 1996, S. 62)

Ein verbreitetes Instrument im strategischen (Technologie- und) Innovationsmanagement sind **Technologieportfolios** (vgl. dazu ausführlich Stephan 2011). Ihr Einsatz dient der systematischen Bewertung und Planung von Technologien als Grundlage für Investitionen in Forschung und Entwicklung und ggf. für Desinvestitionen oder Kooperationen. Die Technologieportfoliomethodik ist somit als Instrument einer strategischen, technologieorientierten Langfristplanung zu verstehen. Technologieportfolios haben ihren Ursprung in den traditionellen Finanzmarkt- und Produkt-Markt-Portfoliokonzepten (vgl. dazu Kapitel C II 1 b). In Abwandlung der klassischen Produkt-Markt-Portfoliokonzepte werden als Schlüsselvariable nicht Produkte oder Produktgruppen, sondern Technologien erfasst (vgl. Macharzina/Wolf 2010, S. 371; Pfeiffer 1986, S. 224). Technologieportfolios fokussieren die den gegenwärtigen Produkten zugrunde liegenden Technologien und die zukünftig relevanten und zu entwickelnden Technologien. Dem Einsatz von Technologieportfolios liegt die Erkenntnis zugrunde, dass Produkt und Technologien entkoppelt von einander zu betrachten sind. Technologien können in eine Vielzahl von Produkten einfließen und gleichzeitig fließt in die Entwicklung und Herstellung von Produkten meist auch eine Vielzahl an Technologien ein (vgl. Stephan 2003, S. 150 f.). Produkte altern zudem oft schneller als die sie konstituierenden Technologien (vgl. Pfeiffer 1986, S. 224). Als Grundlage der strategischen Planungsbasis ist deshalb anstelle des Produktlebenszyklus der Technologielebenszyklus heranzuziehen. In der Quintessenz wird mit Technologieportfolios die Technologie als zentraler Parameter in die strategische Unternehmensplanung integriert, ohne den an sich nützlichen Grundgedanken der Portfoliokonzeption aufzugeben, nämlich die Verdichtung der Vielfalt der relevanten Einflussfaktoren und Informationen auf wenige Führungs- und Entscheidungsgrößen nutzbar zu machen (vgl. Pfeiffer 1986, S. 224). Portfoliokonzepte wollen dabei helfen, eine Abstimmung zwischen den Technologie- und Marktpotenzialen des Unternehmens herbeizuführen, insbesondere unter der Maßgabe, dass die Langfristigkeit und Kapitalintensität das Risiko von Fehlentscheidungen in der Technologieentwicklung (und den damit einhergehenden F&E-Investitionen) erhöhen. Unter der Vielzahl von Technologieportfolios gilt das Konzept von *Pfeiffer* (vgl. Pfeiffer et al. 1991, S. 88 ff.; Pfeiffer/Weiß 1995, S. 663; Stephan 2011, S. 5) als das bekannteste und soll im Folgenden im Detail vorgestellt werden.

Im zweidimensionalen Technologieportfolio nach *Pfeiffer* werden die relevanten Technologien in den beiden Dimensionen ‚**Technologieattraktivität**' und ‚**Ressourcenstärke**' positioniert. Die vom Unternehmen nicht direkt beeinflussbare Technologieattraktivität stellt dabei die Summe aller technisch-wirtschaftlichen Vorteile dar, die sich durch die Nutzung der in einem Technologiefeld steckenden strategischen Potenziale realisieren lassen (vgl. Pfeiffer/Weiß 1995, S. 673). Die Technologieattraktivität nach *Pfeiffer* umfasst zwei Facetten. Sie repräsentiert zum einen die Entwicklungspotenziale der Leistungsfähigkeit der Technologie im Sinne einer technisch-physikalischen Potenzialdimension (Technologie-Potenzial-Relevanz). Zum anderen bildet die Technologieattraktivität das zukünftige Anwendungspotenzial einer Technologie, d. h. die ökonomische Bedarfsdimension ab (Technologie-Bedarfs-Relevanz). Die Technologieattraktivität lässt sich nach *Pfeiffer et al.* (1991) durch folgende Größen operationalisieren:

— Weiterentwicklungspotenzial: In welchem Umfang lässt sich die Leistungsfähigkeit/ Performance der Technologie weiter steigern und/oder in welchem Umfang sind Kostensenkungen in der Herstellung realisierbar. Letztgenannter Punkt war bspw. lange Zeit bei neuen Werkstofftechnologien der Engpassfaktor. Waren Kohlefaserverbundwerkstoffe oder technische Keramiken in ihrer Leistungsfähigkeit bereits weit vorangeschritten, so ergab sich das Dilemma der hohen Herstellungskosten, welche die Verwendung für Massenmärkte verhindert hat (vgl. Gerybadze/Stephan 2006).
— Kompatibilität: Ist durch die möglichen technischen Weiterentwicklungen mit positiven und/oder negativen Auswirkungen auf andere Technologien des Unternehmens oder von Partnern (Lieferanten, Kunden, Kooperationspartner) zu rechnen?

– Anwendungsbreite: Existieren neue, bislang nicht erschlossene Anwendungsfelder der Technologie? Angesichts steigender Aufwendungen bei der Akkumulation technologischer Ressourcen bestehen für Unternehmen Anreize zur technologiebasierten Diversifikation, um die getätigten F&E-Investitionen auf ein breiteres Spektrum an Produkten verteilen zu können (vgl. dazu Stephan 2003, S. 150 ff.). Ob Technologien in verschiedenen Geschäftsfeldern und Produktlinien angewendet werden können, hängt von ihrem generischen Charakter ab. Je generischer die Technologien desto breiter sind die möglichen Anwendungsfelder und desto eher neigen Unternehmen zur technologiebasierten Diversifikation. Generische technologische Ressourcen begründen Verbundeffekte, die durch die gemeinsame Nutzung in verschiedenen Geschäftsfeldern entstehen (vgl. Stephan 2003, S. 152).

Die Portfoliodimension Ressourcenstärke enthält all diejenigen technisch-ökonomischen Faktoren, die weitestgehend der eigenen Steuerung des Unternehmens unterliegen. Nach *Pfeiffer* ist sie ein Maß für die technisch-wirtschaftliche Kompetenz- und Finanzstärke oder -schwäche des Unternehmens. Ressourcenstärke meint eigentlich die relative Ressourcenstärke und versteht sich als Maß der gegenwärtigen und zukünftigen Beherrschung einer Technologie im Vergleich zu den Wettbewerbern (vgl. Vahs/Burmester 2005, S. 127). Zur Operationalisierung der relativen Ressourcenstärke schlagen *Pfeiffer et al.* (1991) die folgenden Indikatoren vor:

– Know-how-Stärke: Bei der Know-how-Stärke differenzieren *Pfeiffer et. al* zwischen dem aktuellen Know-how-Stand, bspw. gemessen an der Patentstärke, und der Stabilität der Know-how-Basis, gemessen an der technologischen Veränderungsdynamik und Reaktionsgeschwindigkeit des Unternehmens im Vergleich zur Konkurrenz.
– Finanzstärke: Neben der Budgethöhe in der Forschung und Technologieentwicklung sowie der Kontinuität des Budgets zählen *Pfeiffer et al.* auch personelle, sachliche und rechtliche Mittel zur Ausschöpfung der Neu- bzw. Weiterentwicklungspotenziale der Technologie zum Faktor Finanzstärke. Die Qualität dieser zur Verfügung stehenden Ressourcen ist natürlich auch ein wesentlicher Bestandteil der zuvor genannten Know-how-Stärke.

Die Messung und Bewertung der betreffenden Technologien erfolgt im Technologieportfolio nach *Pfeiffer et. al.* (1991) in jeder der beiden Dimensionen auf einer Skala von fünf Klassen mit qualitativen Ausprägungen (sehr niedrig, niedrig, mittel, hoch, sehr hoch), denen die quantitativen Ausprägungen 0, 1, 2, 3 und 4 zugeordnet werden. Zur weiteren Vereinfachung und Ableitung von Normstrategieempfehlungen werden die 16 Felder in vier Normstrategiefelder unterteilt. Abb. 170 zeigt das Technologieportfoliokonzept nach *Pfeiffer et. al.* (1991) mit den beiden Dimensionen Technologieattraktivität und Ressourcenstärke.

Ganz analog zu den herkömmlichen Produkt-Markt-Portfoliokonzepten unterscheiden *Pfeiffer et al.* (1991) die folgenden Normstrategieempfehlungen (vgl. dazu Stephan 2011; Pfeiffer/Weiss 1995):

– Investitionsempfehlungen: Technologien, die in den Feldern mit mittlerer bis sehr hoher Ressourcenstärke und Technologieattraktivität liegen, sind mit Priorität und höchster Präferenz zu fördern. Das Investitionsbudget in diesen Bereichen sollte gestärkt werden.
– Desinvestitionsempfehlungen: Technologien, die in den Feldern mit mittlerer bis sehr niedriger Ressourcenstärke und Technologieattraktivität positioniert sind, sind im Zweifelsfall nicht mehr zu fördern, Investitionen sollten zurückgefahren werden.

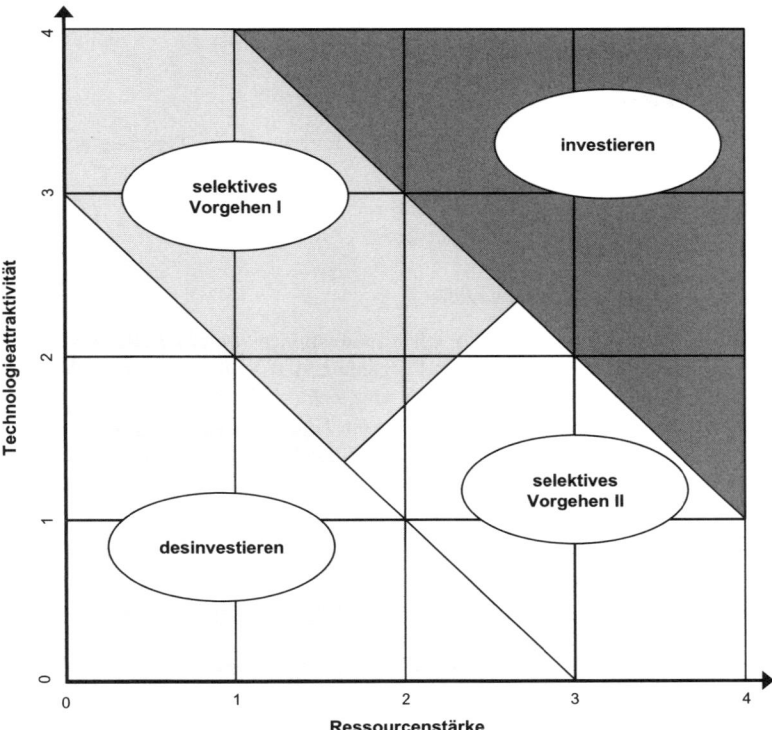

Abb. 170: Technologieportfolio (vgl. Pfeiffer et al. 1991, S. 88 ff.)

– Selektives Vorgehen: Technologien, die hinsichtlich der Ressourcenstärke und Technolo-gieattraktivität unterschiedlich bewertet werden, sind differenziert und selektiv zu behan-deln. Zwei Vorgehensweisen lassen sich dabei unterscheiden. Bei Technologien mit einer hohen Ressourcenstärke aber zugleich geringen Technologieattraktivität sollte man die Vorsprungsposition im Wettbewerb ausnutzen. In aller Regel hat es wenig Sinn, die Vorsprungsposition durch Investitionen in Forschung- und Entwicklung weiter auszubau-en. Ganz im Sinne einer Cash-Cow-Strategie (vgl. Stephan 2011, S. 7) sollte die Kom-merzialisierung der Technologie vorangetrieben werden. Ggf. kommt auch eine externe Verwertung der Technologie in Form der Lizenzvergabe in Betracht. Im Fall einer hohen Technologieattraktivität in Kombination mit einer geringen Ressourcenstärke sollte ver-sucht werden, durch gezielte Investitionen den Abstand zu den Konkurrenten und Techno-logieführern zu verringern. Ggf. kommen auch kooperative Lösungen zur Verringerung des Rückstandes und Verbesserung der Ressourcenstärke in Betracht (vgl. dazu Gerybadze 2004, S. 178).

Im dritten Schritt, der **Festlegung der Mittel und Wege zur Zielerreichung,** geht es beim Innovationsmanagement um die Überführung der Normstrategieempfehlungen der Techno-logieportfolioanalysen oder der strategischen Handlungsoptionen aus der SWOT-Analyse in die F&E-Programm- und Projektplanung. Konkret beinhaltet dieser Schritt die Bereitstellung finanzieller Mittel für F&E-Arbeiten, Labor- und Testeinrichtungen, den Erwerb neuer Produktionsanlagen und Maschinen oder die Weiterbildung und Qualifikation von Mitarbeitern (vgl. Pleschak/Sabisch 1996, S. 68 und Vahs/Burmester 2005, S 119).

ac. Typen von Innovationsstrategien

Bei Innovationsstrategien können zwei grundsätzlich verschiedene Typen unterschieden werden, sogenannte

– marktorientierte Innovationsstrategien und
– technologieorientierte Innovationsstrategien.

(a) Marktorientierte Innovationsstrategien

Inventionen werden nur dann zu erfolgreichen Innovationen, wenn sie sich am Markt durchsetzen, d. h. vom Nachfrager akzeptiert und gegenüber den Angeboten der Konkurrenz präferiert werden. Nachfrager entwickeln nur dann eine Zahlungsbereitschaft für ein Produkt oder eine Dienstleistung, wenn das betrachtete Gut einen Nutzen stiftet. Innovationen werden sich also nur dann am Markt bewähren, wenn sie auf die Befriedigung der Kundenbedürfnisse ausgerichtet sind, sich im Wettbewerb behaupten können und zur Stärkung der Wettbewerbsvorteile des Unternehmens beitragen.

Marktorientierte Innovationsstrategien zielen auf den Aufbau und den Erhalt verteidigungsfähiger Wettbewerbsvorteile (Sustainable Competitive Advantage) ab, was nach Auffassung der Vertreter der Industrial Organization-Forschung dadurch geschieht, dass sich ein Unternehmen besser als die anderen Marktteilnehmer mit seinen Produkt- und Prozessinnovationen gegen die fünf Wettbewerbskräfte abschirmen bzw. zur Wehr setzen kann. Vertreter der ressourcenorientierten Unternehmensführung (Resouce-based View of the Firm) glauben, der Innovationerfolg eines Unternehmens wird primär durch seine interne Ressourcenausstattung (z. B. das im F&E-Bereich vorhandene Humankapital) bestimmt. An eine Ressource, die einen verteidigungsfähigen Wettbewerbsvorteil generiert, werden diverse Anforderungen gestellt, die simultan erfüllt sein müssen (vgl. dazu Kapitel B II).

Pleschak und *Sabisch* (1996, S. 69) fassen sämtliche Aufgaben und Tätigkeiten zur Marktorientierung von Innovationen unter dem Begriff **Innovationsmarketing** zusammen. Darunter sind vor allem Aufgaben zur Vorbereitung der Vermarktung von Innovationen zu verstehen: Marktforschung zur Ermittlung der Kundenbedürfnisse, Marktsegmentierung und Auswahl von Zielmärkten, Formulierung und Umsetzung von Marketingstrategien sowie Maßnahmen zur Marktvorbereitung und Markteinführung.

Die große Menge an bekannten Strategieansätzen lässt sich nach unterschiedlichen Aspekten differenzieren. Hier wird im Wesentlichen der Klassifikation von *Pleschak* und *Sabisch* (1996, S. 80 ff.) gefolgt, und die besonders innovationsrelevanten Strategieansätze werden herausgestellt.

– **Produkt-Markt-Matrix von *Ansoff***: Mit der Produkt-Markt-Matrix beschreibt *Ansoff* (1996, 1957) verschiedene Strategien des Unternehmenswachstums. Er unterscheidet die vier Strategien a.) Marktdurchdringung (über inkrementelle Innovationen zur Erschließung neuer Kundensegmente in bestehenden Märkten), b.) Marktentwicklung (über inkrementelle Innovationen zur Erschließung neuer Länder- oder Produktmärkte), c.) Produktentwicklung (z. B. über modulare oder architekturelle Produktinnovationen, d. h. deutliche Differenzierung der Produkte für bestehende Märkte) und d.) Diversifikation in neue Märkte über radikale Innovationen (vgl. dazu auch Kapitel D I 1 a).

– **Timing-Strategien**: Timing-Strategien beantworten die Frage nach dem richtigen Zeitpunkt des Markteintritts. *Backhaus* (1992, S. 194 ff.) unterscheidet drei Strategietypen.

· Pionierstrategie (First-to-Market): das Unternehmen bietet als erstes Unternehmen ein innovatives Produkt/eine innovative Dienstleistung am Markt an. Das Unternehmen verschafft sich dadurch eine temporäre Monopolstellung und kann dadurch Konsumentenrente abschöpfen, Markteintrittsbarrieren und einen Erfahrungsvorsprung gegenüber später eintretenden Wettbewerbern aufbauen. Voraussetzung der Pionierstrategie ist, dass eine technisch ausgereifte Problemlösung vorliegt und dass das Unternehmen über ausreichend finanzielle Ressourcen verfügt, um die teilweise gewaltigen Kosten von F&E sowie Markteinführung zu tragen. Die Strategie eignet sich für Unternehmen mit bedeutenden Technologievorsprüngen und die eine Technologieführerschaft im betrachteten Segment anstreben. Oftmals sind es Großunternehmen mit umfangreichen Ressourcenpools.

· ‚Frühe-Folger'-Strategie (Second-to-Market): Der frühe Folger tritt kurze Zeit nach dem Pionier mit vergleichbaren Leistungen in den Markt ein und versucht, in dem wachsenden Markt Marktanteile für sich zu gewinnen. Er kann von einem bereits erprobten, aber dennoch beeinflussbaren Markt profitieren. Diese Strategie kann jedoch dadurch erschwert sein, dass die Präferenzen der frühen Kunden bereits durch den Pionier geprägt sind und das Pionierunternehmen sich gegen den Eindringling wehrt. Die Strategie eignet sich für aufnahmefähige, wachsende Märkte und wenn der frühe Folger den Produktnutzen für den Kunden im Vergleich zum Pionier erhöhen kann.

· ‚Späte-Folger'-Strategie (Late-to-Market): Späte Folger treten in den Markt ein, wenn sich ein bestimmter Technologiestandard herausgebildet hat und sich sowohl die Marktentwicklung als auch das Käuferverhalten stabilisiert haben. Sie vermeiden damit die Erfolgsrisiken des Pioniers, sehen sich aber einem starken Wettbewerb ausgesetzt. Späte Folger setzen oft auf eine Imitationsstrategie und versuchen, Wettbewerbsvorteile durch niedrigere Kosten und Preise sowie durch Differenzierung in bestimmten Produkteigenschaften zu erzielen. In der Pharmaindustrie verwenden die zahlreichen Generikahersteller diese Strategie. Nach Ablauf der Patentschutzzeit für das Arzneimittel des Pioniers (Original) treten sie mit Nachahmerpräparaten (Generika) in den Markt ein. Generikahersteller haben nicht die immensen F&E-Kosten der Originalhersteller zu tragen und können so das jeweilige Medikament sehr viel preiswerter anbieten als der Originalhersteller (vgl. dazu Abb. 155). Diese Strategie eignet sich für Unternehmen, die aufgrund zu geringer finanzieller Ressourcen und/oder fehlenden Know-hows keine eigenen F&E-Arbeiten durchführen können, aber durchaus in der Lage sind, vorhandene Produkte weiterzuentwickeln und an spezifische Kundenwünsche anzupassen oder durch eine kostengünstige Produktion Preisvorteile zu erzielen.

(b) Technologieorientierte Innovationsstrategien

Technologiestrategien dienen der Entwicklung und planmäßigen Nutzung „technologischer Potenziale, Fähigkeiten und Kompetenzen im Unternehmen zur Erringung langfristiger Wettbewerbsvorteile" (Pleschak/Sabisch 1996, S. 105). Die wettbewerbsstrategische Bedeutung von Technologien resultiert daraus, dass mit ihrer Hilfe neue Produkte und Dienstleistungen geschaffen werden können, die zur Befriedigung von Kundenbedürfnissen dienen. Unterneh-

men müssen sich daher im Rahmen ihrer Technologiestrategie auf die Entwicklung und Anwendung jener Technologien konzentrieren, die der Stärkung der Wettbewerbsposition dienlich sind. *Pfeiffer et al.* (1991, S. 78 f.) nennen als wichtigste Aufgaben bei der Entwicklung
von Technologiestrategien das Identifizieren und Ordnen der angewandten Technologien, die
Erfassung und Beurteilung der im Unternehmen vorhandenen Technologien, die Entwicklung
von Sollszenarien für die zukünftige Technologiestruktur des Unternehmens und die Ableitung von Normstrategien (Investieren, Desinvestieren, selektiv Entscheiden) und Empfehlungen zur Ressourcenallokation. Als Instrument zur Analyse und Bewertung der strategischen
Ausgangssituation und für die Ableitung von Strategieempfehlungen im Technologiebereich
eignen sich auch **Technologieportfolios** (vgl. die Ausführungen zur strategischen Planung in
C I).

Abschließend stellt sich die Frage, welche der dargestellten Maßnahmen und Instrumente bei
der Entwicklung und Formulierung von Innovationsstrategien in der betrieblichen Praxis von
Unternehmen tatsächlich zum Einsatz kommen. Abb. 171 zeigt die Ergebnisse einer gemeinsamen empirischen Erhebung der IHK-Innovationsberatung mit der Philipps-Universität Marburg zur Praxis des Innovationsmanagements in deutschen Unternehmen aus dem Jahr 2009
(vgl. Smerlinski/Stephan/Gundlach 2009 sowie Stephan/Gundlach 2010). Ganz offensichtlich
ist im Rahmen der Strategieformulierung das Benchmarking die populärste Methode, gefolgt
von der SWOT-Analyse. Insgesamt 50 Prozent der befragten Unternehmen gaben an, Benchmarking immer oder zumindest oft zu nutzen. Der entsprechende Prozentsatz bei der SWOT-
Analyse liegt bei 43 Prozent (immer bis oft). Portfolio-Konzepte nehmen den dritten Rang
ein, 37 Prozent der Befragten nutzen dieses Instrument immer bis oft.

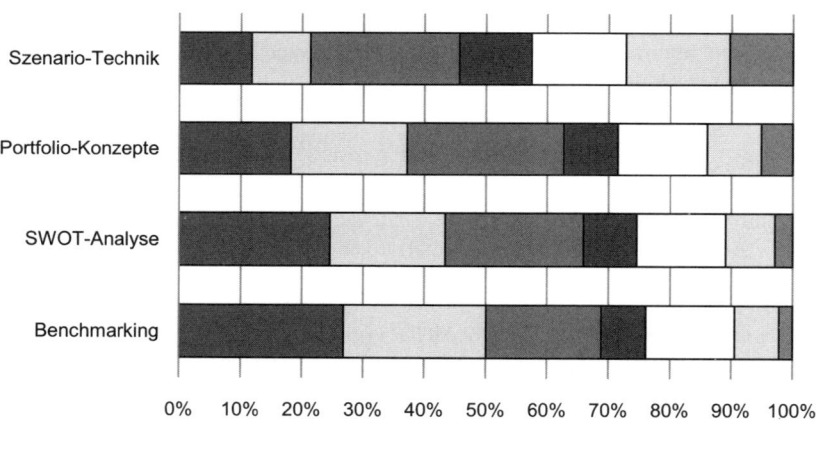

Abb. 171: Einsatz von Instrumenten bei der Formulierung von Innovationsstrategien
(vgl. Stephan/Gundlach 2010, S. 432)

b. Initiativen zu Innovationen wecken: Ideenmanagementsysteme

Wodurch werden Innovationen ausgelöst? In der Darstellung der begrifflichen Grundlagen
wurde bereits ausgeführt, dass sich Innovationen nach dem Auslöser der Neuerung ordnen

lassen. Innovationen lassen sich unterteilen in marktgetriebene („Market Pull') und technologiegetriebene (Technology Push) Innovationen. In einem ‚Market-Pull'-Umfeld sind Innovationsimpulse zweckinduziert und bedürfnisgetrieben. Initiativen zu Innovationen entstehen primär auf der Nachfrageseite. Im ‚Technology-Push'-Umfeld kommen Innovationsimpulse und -initiativen primär aus den Reihen der Mitarbeiter der Unternehmen und insbesondere aus den F&E-Abteilungen (vgl. dazu Abschnitt D IV 2 a).

Eine kritische Frage, die sich an dieser Stelle ergibt, ist, ob sich Initiativen zu Innovationen seitens der Mitarbeiter überhaupt organisieren lassen bzw. ob diese überhaupt organisationsbedürftig sind. Möglicherweise wirken organisatorische Regelungen, welcher Art auch immer, kontraproduktiv auf diesen ersten Schritt zu Innovationen – die Initiative? Entgegen der hier aufgeworfenen Skepsis schreiben *Hauschildt* und *Salomo* (2011) der Organisation von Innovationsinitiativen drei Aufgaben zu:

– **Wecken der Initiative**: Es müssen zunächst organisatorische Regelungen gefunden werden, durch die die Unternehmensmitglieder veranlasst werden können, Initiativen zu ergreifen. Neben einer institutionalisierten Form der Initiierung von Innovationen können Unternehmen auch durch spezielle, temporär begrenzte Aktionen Initiativen wecken, beispielsweise durch Preisausschreiben, Ideenwettbewerbe und ähnliches.
– **Schutz der Initiative**: Organisatorische Maßnahmen sollten gewährleisten, dass geäußerte Initiativen, bspw. seitens der Mitarbeiter, eine faire Beurteilung durch ein geordnetes Verfahren erhalten.
– **Sachgemäße Filterung von Initiativen**: Nicht alle Initiativen können und sollen weiter verfolgt werden. Auf ihrem Weg von Initiator zur Entschlussinstanz durchlaufen Initiativen einen innerbetrieblichen Diffusionsprozess, bei dem sich zwangsläufig die Möglichkeit der Filterung ergibt. Filterung birgt zwar einerseits das Risiko, dass eine Initiative ignoriert oder unterschlagen wird; andererseits können redundante, wirkungslose und unsachgemäße Initiativen ausgesondert werden.

Ein systematischer Ansatz zur Stimulierung und Organisation von Initiativen zu Innovationen, der in den vergangenen Jahren zunehmend Verbreitung gefunden hat, ist die Implementierung eines unternehmerischen Ideenmanagements. Das moderne **Ideenmanagement** als Teil des Innovationsmanagements hat sich aus dem traditionellen betrieblichen Vorschlagswesen heraus entwickelt. Das **betriebliche Vorschlagswesen (BVW)** hielt bereits im 19. Jahrhundert Einzug in die Arbeitswelt und hat sich in Deutschland, England und in den USA etwa zeitgleich entwickelt. In Deutschland gilt der Stahlunternehmer *Alfred Krupp* als Begründer des BVW (vgl. Spahl 1990, S. 178 sowie Kapitel C IV 2 d). Das betriebliche Vorschlagswesen wurde geschaffen als System zur Gewinnung, Erfassung, Bearbeitung und Verwertung von Verbesserungsvorschlägen aus dem Mitarbeiterkreis. Primäres Ziel des betrieblichen Vorschlagswesens waren ursprünglich Prozessinnovationen im Sinne von Rationalisierungen und Kostensenkungsmaßnahmen mit dem flankierenden Effekt der Steigerung der Mitarbeitermotivation (vgl. Thom/Piening 2009).

Aufgrund der Zielsetzung der Mitarbeitermotivation ist das traditionelle betriebliche Vorschlagswesen bis heute meist im Funktionsbereich Personal verankert und durch gesetzliche Regelungen zementiert. Hauptregelungsbereiche sind die Rolle des Betriebsrates und die Vergütung der Mitarbeiter für ihre eingereichten Vorschläge. In Unternehmen, in denen ein Betriebsrat oder ein Personalrat existiert, hat dieser gemäß § 87 Abs. 1 Satz 12 BetrVG ein qualifiziertes, erzwingbares Mitbestimmungsrecht bei der Erstellung von „Grundsätzen über das betriebliche Vorschlagswesen", sofern hierfür nicht bereits tarifliche oder gesetzliche

Regelungen bestehen. Gemäß § 77 BetrVG sind die mitbestimmungspflichtigen Grundsätze des Vorschlagswesens in einer Betriebsvereinbarung zwischen Arbeitgeber und Betriebsrat festzuhalten. In einer solchen Betriebsvereinbarung sollte der Begriff des Vorschlags definiert und geklärt werden, wer zur Einreichung von Verbesserungsvorschlägen berechtigt ist. Darüber hinaus sollten die Zuständigkeit der Organe, die Bewertungsmaßstäbe und die Prämierungsgrundsätze in der Betriebsvereinbarung geregelt werden. Die Vergütung von Arbeitnehmern für eingereichte Vorschläge erläutert der nachstehende Exkurs in Abb. 172.

Exkurs: Vergütung der Vorschläge von Arbeitnehmern im Rahmen des Betrieblichen Vorschlagswesens (BVW) und Ideenmanagements

Hinsichtlich der Vergütung der Arbeitnehmer ist zwischen Vorschlägen zu unterscheiden, die qualifizierte technische Verbesserungen bzw. Erfindungen beinhalten und solchen, die nicht technischer Natur sind. Das Arbeitnehmererfindungsgesetz regelt, wie qualifizierte technische Vorschläge und Erfindungen von Arbeitnehmern zu vergüten sind. Nach § 2 ArbEG sind Erfindungen im Sinne dieses Gesetztes solche Erfindungen, die patent- oder gebrauchsmusterfähig sind (vgl. dazu den Abschnitt D IV 3 c). Neben den patent- oder gebrauchsmusterfähigen Erfindungen umfasst das Arbeitnehmererfindungsgesetz auch technische Verbesserungsvorschläge. Dabei handelt es sich nach § 3 ArbEG um Vorschläge für sonstige technische Neuerungen, die nicht patent- oder gebrauchsmusterfähig sind. Nicht anwendbar ist das Arbeitnehmererfindungsgesetz bei nicht technischen Verbesserungsvorschlägen, die Prozesse, Erleichterungen der Arbeit oder soziale Verbesserungen betreffen. Für solche Vorschläge existieren keine vergütungsrechtlichen Vorschriften. Daher müssen in diesen Fällen allgemeine arbeitsrechtliche Grundsätze und insbesondere das Grundsatzurteil des Bundesarbeitsgerichts vom 30.04.1965 (Aktenzeichen: 3 AZR 291/63) berücksichtigt werden:

„Einem Arbeitnehmer steht unabhängig davon, ob der Arbeitgeber ein betriebliches Vorschlagswesen eingeführt hat, für tatsächlich von ihm verwertete Verbesserungsvorschläge ein Anspruch auf angemessene Vergütung zu. Ansprüche kommen nach Treu und Glauben zur Vergütung für eine besondere Leistung des Arbeitnehmers in Betracht, die über die übliche Arbeitsleistung hinausgeht und dem Arbeitgeber einen nicht unerheblichen Vorteil bringt."

Daraus ergibt sich, dass Sonderleistungen, die in erheblichem Maße über die eigentliche Arbeitsaufgabe hinaus gehen und dem Arbeitgeber einen hohen Nutzen stiften, nach § 242 BGB zu vergüten sind. Es stellt sich die Frage, ab wann ein erheblicher Nutzen vorliegt. Für die Prüfung, ob eine Sonderleistung vorliegt, sind die folgenden drei Ausschlusskriterien zu prüfen:

1. Hätte der Ideengeber selbst über diese Angelegenheit entscheiden können?

2. Ist es die generelle Aufgabe des Ideengebers, derartige Verbesserungsvorschläge zu erarbeiten (ist dies eventuell in der Stellenbeschreibung enthalten)?

3. Lag ein eindeutiger Auftrag vor, zu dieser Angelegenheit einen Verbesserungsvorschlag zu erarbeiten?

Kann mindestens eine dieser Fragen positiv beantwortet werden, so bedeutet dies, dass keine Sonderleistung vorliegt und daher der Arbeitgeber nicht zu einer Zahlung einer Prämie verpflichtet ist.

Abb. 172: Exkurs: Vergütung der Vorschläge von Arbeitnehmern im Rahmen des Betrieblichen Vorschlagswesens (BVW) und Ideenmanagements

In der unternehmerischen Praxis hat es sich in den vergangenen Jahren gezeigt, dass das traditionelle BVW den Anforderungen eines integrierten Innovationsmanagements nicht mehr genügen kann. Dies ist zum einen auf die isolierte Verankerung des BVW im Personalwesen zurückzuführen und zum anderen durch die mangelnde Initiativwirkung und Aktivierung der Mitarbeiter begründet. Das folgende Zitat von *Manfred Krix*, dem Leiter des Ideenmanagements der Hübner GmbH, einem ,Hidden Champion' in der Verkehrstechnik, bringt die Defizite des traditionellen betrieblichen Vorschlagswesens auf den Punkt:

„Ideen für Verbesserungen waren bei uns – stereotyperweise – mittels Vorschlagskärtchen in die Briefkästen des betrieblichen Vorschlagswesens einzuwerfen, welche in den verstaubten Ecken der Werkshallen vor sich hin gammelten. Und wenn sich tatsächlich einmal ein Vorschlagskärtchen eines Mitarbeiters darin verirrte, dann ging es meist um die Verbesserung der Qualität des Kantinenessens oder im besten Fall um die Beseitigung von Stolperkanten bei Fußbodenbelägen" (Krix 2010, S. 10).

Mit der Implementierung von Ideenmanagementsystemen wird versucht, den Defiziten des BVW entgegenzuwirken. Zentrale Herausforderung bei der Implementierung des Ideenmanagements ist die Frage, wie geeignete Rahmenbedingungen geschaffen werden können, welche die Kreativität der Mitarbeiter ansprechen und Initiativen für Innovationen fördern. Ideenmanagementsysteme verknüpfen die Grundidee des betrieblichen Vorschlagswesens mit dem Innovationsmanagement und den Wissensmanagementsystemen in Unternehmen. Ziel des Ideenmanagements ist nicht nur die Stimulation von Verbesserungsvorschlägen, sondern auch das Wecken von Ideen für ,wirkliche' Innovationen. Im Gegensatz zum BVW wird das Ideenmanagement aktiv betrieben und idealtypischerweise betreut von Mitarbeitern aus dem Innovationsmanagement. Die Motivation der Mitarbeiter erfolgt durch intrinsische Faktoren, bspw. durch Anerkennung und Zuweisung von Verantwortung, und weniger über materielle Anreize im Sinne von starren Prämiensystemen (vgl. dazu Thom/Piening 2009, S. 11; Kerka 2010, S. 11). Somit handelt es sich beim Ideenmanagement nicht, wie im BVW, um ein passives Sammeln von Ideen; vielmehr steht die aktive Motivierung der Mitarbeiter im Vordergrund.

c. Gewinnen, bewerten und auswählen von Ideen

ca. Ideengewinnung

Die Vorstufe zur Innovation ist die Invention, die reine Erfindung, die grundsätzlich auf einer Idee beruht. Die Innovationsfähigkeit eines Unternehmens hängt deshalb entscheidend davon ab, wie effektiv und effizient es Ideen generieren kann, die später zu neuen Produkten, Dienstleistungen bzw. Prozessen heranreifen. **Ideen** sind Einfälle, Gedanken oder Vorstellungen, mit denen gedankliches Neuland betreten wird (vgl. Vahs/Burmester 2005, S. 141). Ideen sind das Ergebnis menschlicher Kreativität (schöpferischer Kraft), welche zugleich der entscheidende Erfolgsfaktor für die Ideengewinnung ist. Kreativitätstechniken sind daher ein wichtiges Instrument, um Ideengewinnung zu unterstützen.

Unternehmen können Ideen aus bereits vorhandenen Informationsquellen gewinnen (**Ideen-sammlung**) oder in dem neues Wissen durch Erfindungen oder durch die Weiterentwicklung vorhandener Problemlösungen generiert wird (**Ideengenerierung**). Abb. 173 systematisiert die verschiedenen Ansatzpunkte zur Ideengewinnung im Innovationsmanagement.

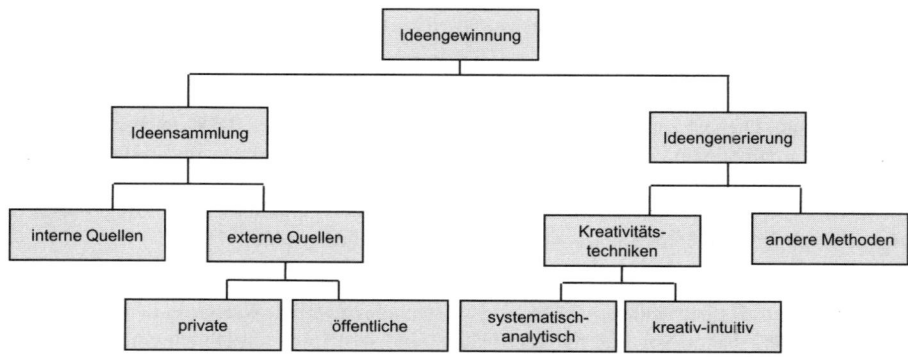

Abb. 173: Ansatzpunkte der Ideengewinnung

Ideengewinnung beginnt mit der Bestimmung von Suchfeldern, welche den Hintergrund bzw. eine Richtschnur für die Ideengewinnung bilden. **Suchfelder** sind grobe Bereiche, in denen es überhaupt lohnend ist, nach Problemlösungen zu forschen.

Abb. 174 gibt einen Überblick über **Informationsquellen**, die Unternehmen im Rahmen der **Ideensammlung** zur Verfügung stehen. Grundsätzlich lassen sich unternehmensexterne von unternehmensinternen Informations- und Ideenquellen unterscheiden. Die Mitarbeiter des Unternehmens und unternehmenseigene Unterlagen (Entwicklungs- und Forschungsberichte, Lasten- und Pflichtenhefte, Produktdokumentationen usw.) sind interne Informationsquellen, die von über 90 Prozent aller innovativen Unternehmen genutzt werden (vgl. Gottschalk et al. 2002, S. 68). Externe Informationen können aus privatwirtschaftlichen oder öffentlich zugänglichen Quellen stammen. Die Möglichkeit, externe Informationsquellen im Innovationsprozess zu nutzen, ist an die **Absorptionsfähigkeit** des Unternehmens gebunden.

externe Informations- und Ideenquellen		interne Informations- und Ideenquellen
privatwirtschaftliche externe Quellen	**öffentliche externe Quellen**	
- Kunden - Lieferanten - Wettbewerber	- Patente und Schutzrechte - Veröffentlichungen - Fachkonferenzen - Messen und Ausstellungen	- Mitarbeiter - unternehmenseigene Unterlagen

Abb. 174: Informationsquellen für Innovationen

Das Konzept der ‚Absorptive Capacity' geht auf *Cohen* und *Levinthal* (1990) zurück und lässt sich nicht einfach mit Aufnahmefähigkeit übersetzen. Innerhalb der ressourcen- und kompetenzbasierte Ansätze setzt sich die absorptive Kapazität aus drei Komponenten zusammen:

– die Fähigkeit von Unternehmen, den Wert externer Ressourcen (hier also Wissen) abzuschätzen (‚Recognition'),
– die Fähigkeit, als relevant erkannte Ressourcen aufzunehmen (‚Assimilation': externes
Wissen muss in den bestehenden Ressourcenverbund integriert werden),
– die Fähigkeit, die integrierten Ressourcen nutzbar zu machen (‚Application'/‚Exploitation') (vgl. Cohen/Levinthal 1990, S. 128 ff.).

Die Fähigkeit, externes Wissen aufzunehmen, hängt entscheidend vom Humankapital der
Beschäftigten, einer kontinuierlichen F&E-Tätigkeit auf dem entsprechenden Technologiefeld
und dem Innovationsmanagement des Unternehmens ab. Es hat sich herausgestellt, dass
Unternehmen, die kontinuierlich forschen und entwickeln und über geschultes Personal verfügen, erfolgreicher in der Akquisition externen Wissens sind und es ihnen besser als anderen
Unternehmen gelingt, dieses Wissen in eigene Innovationsprojekte umzusetzen (vgl. Gottschalk et al. 2002, S. 68).

Ausgangsbasis der Ideengenerierung ist die menschliche Kreativität. **Kreativitätstechniken**
sind Methoden **(Methoden der Ideengenerierung)**, um das individuelle Schöpferpotenzial
jedes einzelnen nutzbar zu machen. Es handelt sich um Verfahren, die die Beteiligten „aus
ihren Vorstellungen und Voreingenommenheiten konsequent herauslösen und sie veranlassen,
neuartige Kombinationen durch freie Assoziation oder systematisches Durchspielen zu finden" (Bullinger 1996, S. 4-17). Kreativitätstechniken werden überwiegend in kleinen Arbeitsgruppen angewendet. Abb. 175 fasst die wichtigsten Kreativitätstechniken zusammen.

Bullinger (1996, S. 4-17 ff.) nennt fünf organisatorische Anforderungen, damit Kreativitätstechniken erfolgreich angewendet werden können:

(1) Es gibt einen Moderator, der die Spielregeln beherrscht und in der Lage ist, deren Anwendung durchzusetzen;
(2) Rang- und Statusunterschiede zwischen den Teilnehmern werden bewusst durchbrochen;
(3) einzelne Gedankenschritte werden visualisiert und dokumentiert;
(4) die Dauer der Veranstaltung zur Ideengenerierung ist begrenzt;
(5) Phasen der Kreativität und Phasen der Verarbeitung der geäußerten Ideen wechseln einander ab.

Kreativitäts-technik	Prinzip	Ablaufschritte	Ziele
Brain-storming	Assoziation	1. gruppenexterne Problemdefinition 2. ggf. Information der Teilnehmer einige Tage vor der Sitzung 3. Sitzung in zwanglosem Ablauf 4. Auswertung durch Experten, ggf. Vordurchsicht durch Teilnehmer	1. möglichst große Zahl von Ideen äußern 2. möglichst extravagante Ideen äußern
Brainwriting (Methode 635)	Assoziation	1. Gruppenexterne Problemdefinition 2. Gruppeninterne Einigung über Kontur des Problems 3. Jeder Teilnehmer notiert drei Ideen 4. Weitergabe der Formulare; jeder Teilnehmer nimmt zu den Ideen seines linken Nachbarn Stellung und entwickelt weitere 5. erneute Weitergabe 6. – 8. dritte bis fünfte Weitergabe 9. systematische Auswertung	1. präzise artikulierte (schriftliche) Ideen äußern 2. Ausufern in Diskussionen vermeiden 3. Gleichmäßige Mitarbeit aller Teilnehmer sichern
Synektik	Assoziation	1. Synektik trainieren 2. externe Problemdefinition 3. Herstellung von Konsens über Problemverständnis 4. Aussonderung spontaner Lösungen 5. „Entfernung" von Problem, „Verfremdung", persönliche Analogien 6. Herstellung neuer Denkverbindungen 7. ‚Force Fit': Verknüpfung der Assoziationen und Analogien mit den Problemen 8. Konkrete Lösungsentwicklung	1. möglichst unkonventionelle Ideen entwickeln 2. möglichst wenig rational kontrollierte Ideen entwickeln 3. alte Einstellungen bewusst aufgeben, vorhandene Denkmuster auflösen
Bionik	Analogie	1. Problemdefinition 2. Systematische Suche nach analogen Problemlösungen in der Natur 3. Theoretische Fundierung des Evolutionsprozesses in der Natur 4. Überprüfung der Übertragbarkeit (Material, Funktion, Struktur, Organisation) 5. ggf. systematischer Nachvollzug des Evolutionsprozesses	natürlichen Evolutionsprozess nachvollziehen und dabei die Selektionsleistung der Natur nutzbar machen
Morphologische Analyse	Analytik	1. Problemdefinition 2. Bestimmung der Parameter des Problems 3. Aufstellung des morphologischen Schemas („Kasten"), in dem jedem Parameter die bekannten Eigenschaften (auch: Ausprägungen, Attribute) zugeordnet werden 4. Systematische Kombination aller Ausprägungen aller Parameter miteinander 5. Bestimmung des Zielerfüllungsbeitrags jeder einzelnen Kombination 6. Auswahl der besten Lösung	Findung von bisher unbekannten Kombinationen bereits bekannter Parameter und ihrer Ausprägungen

Abb. 175: Kreativitätstechniken zur Ideengenerierung
(vgl. Smerlinski/Stephan/Gundlach 2009, S. 23 ff.; Hauschildt/Salomo 2011, S. 279 ff.)

Die nachfolgende Abb. 176 gibt einen Überblick über die Nutzung von Methoden zur Ideengenerierung in der unternehmerischen Praxis. Bei den Methoden zur Ideengenerierung erweist sich erwartungsgemäß das Brainstorming bzw. Brainwriting als die mit Abstand populärste Methode. Insgesamt 59 Prozent der Unternehmen nutzen diese Verfahren zur Ideengenerierung immer bis oft im Rahmen des Innovationsprozesses. Beliebt sind auch das Mind Mapping und Ideenwettbewerbe mit entsprechenden Werten von 38,1 bzw. 23,4 Prozent.

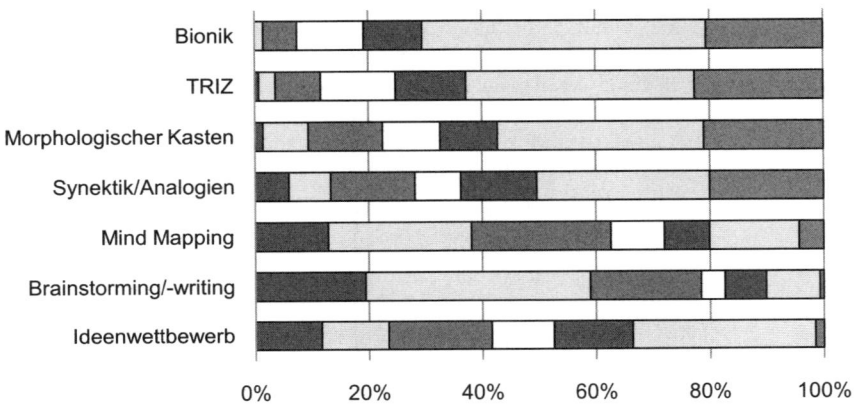

■ immer ☐ oft ■ gelegentlich ☐ eher selten ■ selten ☐ gar nicht ■ Methode unbekannt

Abb. 176: Nutzung von Instrumenten zur Ideengenerierung
(vgl. Stephan/Gundlach 2010, S. 433)

Nach erfolgreicher Ideengewinnung gilt es, die vielen Lösungsvorschläge in geeigneter Weise zu erfassen (systematische und vollständige Dokumentation) und zu speichern. Ein probates Hilfsmittel zur **Ideenerfassung** sind Formulare, die entweder als ‚Hard Copy' oder als Bildschirmmaske vorliegen können. **Ideenspeicherung** erfolgt in der Regel EDV-gestützt in einer Datenbank (vgl. Vahs/Burmester 2005, S. 181 ff.).

cb. Ideenbewertung

„**Bewertung** ist die Ermittlung und Beurteilung des Grades der Erfüllung vorgegebener Zielstellungen für ein bestimmtes Bewertungsobjekt, um Entscheidungen im Ablauf des Innovationsprozesses treffen zu können" (Pleschak/Sabisch 1997, S. 169; Hervorhebung durch die Verf. des Lehrbuchs). Gegenstand von Bewertungen im Innovationsprozess sind nicht nur die Ideen, welche die Basis für die Innovation bilden. Bewertet werden außerdem Zwischenergebnisse bei der Projektbearbeitung, die Investitionen, die notwendig sind, um Produktionsstätten und Vertriebswege aufzubauen und die neuen Produkte und Verfahren während der Produktions- und Markteinführung (vgl. Pleschak/Sabisch 1996, S. 169). Produktideen werden bewertet, indem die Idee bezüglich ihrer technischen Umsetzbarkeit, ihres vermutlichen Markterfolgs, ihres Beitrags zur Zielerreichung und ihrer Kompatibilität zur Innovationsstrategie beurteilt wird. Am Anfang des **Bewertungsprozesses** sind **Bewertungskriterien** festzulegen und entsprechend ihrer Bedeutung für den Innovationserfolg zu gewichten. Bewertungskriterien können beispielsweise wirtschaftliche Merkmale (Gewinn, Kosten, Cash-Flow, Return-on-Investment), technologische Merkmale (Integrationsfähigkeit in das bestehende

Produktprogramm, technologische Synergieeffekte), produkt- und verfahrenstechnische Merkmale (Qualität, Leistungsfähigkeit, Flexibilität) und absatzwirtschaftliche Merkmale (Marktanteil, Wettbewerbssituation) sein. In einem zweiten Schritt sind die Daten des Bewertungsobjekts zu ermitteln. Anschließend sind **Zielgrößen** (Sollwerte) festzulegen, indem für jedes Merkmal die gewünschte Ausprägung konkretisiert wird (z. B. Umsatzsteigerung um zehn Prozent oder Senkung der Verbrauchswerte für einen neuen Benzinmotor um 20 Prozent). Im vierten Schritt wird die Bewertung mittels spezieller **Bewertungsverfahren** als Soll-Ist-Vergleich durchgeführt. In der abschließenden Auswertung werden die Bewertungsergebnisse der einzelnen Kriterien zu einer Gesamteinschätzung des Bewertungsgegenstands zusammengefasst. Am Ende erhält man eine konkrete Empfehlung darüber, welche Ideen weiterverfolgt werden und zu innovativen Produkten bzw. Dienstleistungen umgesetzt werden sollten. Abb. 177 gibt einen Überblick über Bewertungsverfahren, die nicht nur der Ideenbewertung dienen, sondern im gesamten Innovationsprozess eingesetzt werden.

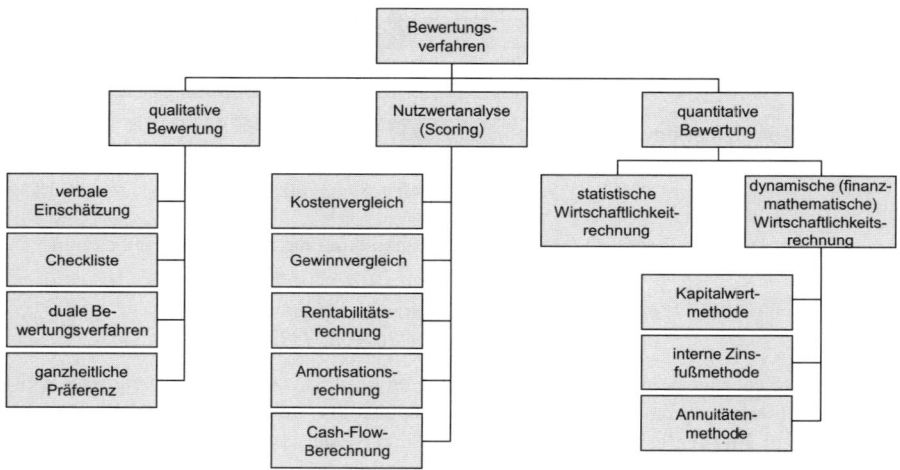

Abb. 177: Bewertungsverfahren
(in Anlehnung an Pleschak/Sabisch 1996, S 178; Vahs/Burmester 2005, S. 195)

cc. Ideenauswahl

Im Anschluss an die Ideenbewertung sind jene Ideen auszuwählen, die zu Innovationen umgesetzt und in die Produktion und den Absatzmarkt eingeführt werden sollen. *Vahs* und *Burmester* (2005, S. 223 f.) weisen darauf hin, dass entgegen der Meinung in der Literatur der Prozess der Ideenauswahl von dem der Ideenbewertung zu trennen sei. Nicht nur die Komplexität und die vielfältigen Wechselwirkungen der vielen Aktivitäten erfordere eine gesonderte Behandlung beider Prozesse, Bewertung und Auswahl von Ideen sind normalerweise an unterschiedlichen Ebenen im Unternehmen angesiedelt. Ideenbewertung erfolgt zumeist im unteren und mittleren Management, während im Topmanagement darüber entschieden wird, welche Ideen tatsächlich weiterentwickelt und in innovative Produkte umgesetzt werden sollen. Nicht weiterverfolgte Ideen sollten jedoch nicht ausgesondert, sondern gespeichert werden, damit später bei Bedarf auf sie zurückgegriffen werden kann.

d. Ideenumsetzung am Beispiel des Projektmanagements

da. Alternative Organisationskonzepte zur Realisierung von Projektmanagement und Ideenumsetzung

Zur Umsetzung der hoch arbeitsteiligen, komplexen Innovationsaufgabe stehen den Unternehmen diverse Organisationskonzepte zur Verfügung. Zunächst stellt sich die Frage, in welchem Umfang die Innovationsaufgabe institutionalisiert werden sollte (vgl. dazu und im folgenden ausführlich Kapitel C IV). Die Innovationsaufgabe kann einerseits in einem geringen Umfang institutionalisiert sein und über informelle Koordinationsinstrumente, bspw. über Selbstabstimmung „gesteuert" werden. Ein hoher Grad an Selbstabstimmung belässt den Beteiligten kreative Freiräume, stößt jedoch an Grenzen wenn die Innovationsaufgabe sehr komplex ist und einen hohen Ressourceneinsatz erfordert. Die meisten Unternehmen, bei denen sich die Innovationsaufgabe nicht nur sporadisch stellt, sondern zu einer strategischen Herausforderung entwickelt, gehen zur Institutionalisierung des Innovationsprojektmanagements über. Zu diesem Zweck werden spezialisierte Stellen, Projektteams, Gremien, Ausschüsse etc. für das Innovieren geschaffen und alle anderen Stellen im Unternehmen von den Innovationsaktivitäten ganz oder teilweise entlastet.

Welche Formen der Institutionalisierung stehen zur Verfügung? *Hauschildt* und *Salomo* (2011, S. 68 ff.) unterscheiden zwischen der dauerhaften organisatorischen Verankerung und Formen der Projektorganisation. Die Form der Institutionalisierung kann von der zeitlichen Befristung der Innovationsaufgabe abhängig gemacht werden. Befristete Innovationsaufgaben lassen sich in verschiedenen Varianten des Einzel-Projektmanagements durchführen. Die verschiedenen Formen der Projektorganisation sind im vorliegenden Lehrbuch mit direktem Bezug zur Innovationsaufgabe ausführlich in Kapitel C IV 4 b dargestellt. Die nachfolgenden Darstellungen fokussieren sich deshalb auf die Einrichtung und Ausgestaltung von festen und dauerhaften organisatorischen Einheiten.

Gewinnt die Innovationsaufgabe zunehmend an Dauer, Kontur und Bedeutung, dann besteht gleichsam die natürliche Reaktion einer Organisation darin, alle Innovationen in der Zuständigkeit einer festen organisatorischen Einheit zu bündeln und ihr die Daueraufgabe zu übertragen, alle innovativen Projekte in der Unternehmung zu steuern. *Hauschildt* und *Salomo* (2011, S. 68 ff.) sprechen in diesem Zusammenhang von „Zentralen Innovationsleitstellen" und unterscheiden dabei zwischen Innovationsleitstellen als Stabsstellen einerseits und Zentren bzw. Einheiten für Multi-Projektmanagement andererseits. Die als Stabsstellen konzipierten Innovationsleitstellen („Stabsstelle für Innovation", „Innovationsplanstelle") sind Leitungshilfsstellen ohne eigene Weisungs- und Entscheidungsbefugnisse, die einer Instanz auf Unternehmen- oder Geschäftsbereichsebene zugeordnet sind. In diesem Fall delegieren die Instanzen die Planung und Koordination der Innovationsprojekte auf Stabsstellen, während die Entscheidungsbefugnisse, bspw. über die Initiierung oder den Abbruch von Projekten, bei den Leitungsstellen, d. h. in der „Linie" verbleiben.

Einheiten bzw. Zentren für Multi-Projektmanagement stellen eine besondere Form der Spezialisierung des innerbetrieblichen Innovationsmanagements dar (Hauschildt/Salomo 2011, S. 69):

„Sie sind vergleichbar mit Forschungs- und Entwicklungsabteilungen […]. Während F&E-Abteilungen aber auch nicht projektbezogene Aufgaben übernehmen, konzentriert sich die Multi-Projektmanagementeinheit exklusiv auf Innovationsprojekte."

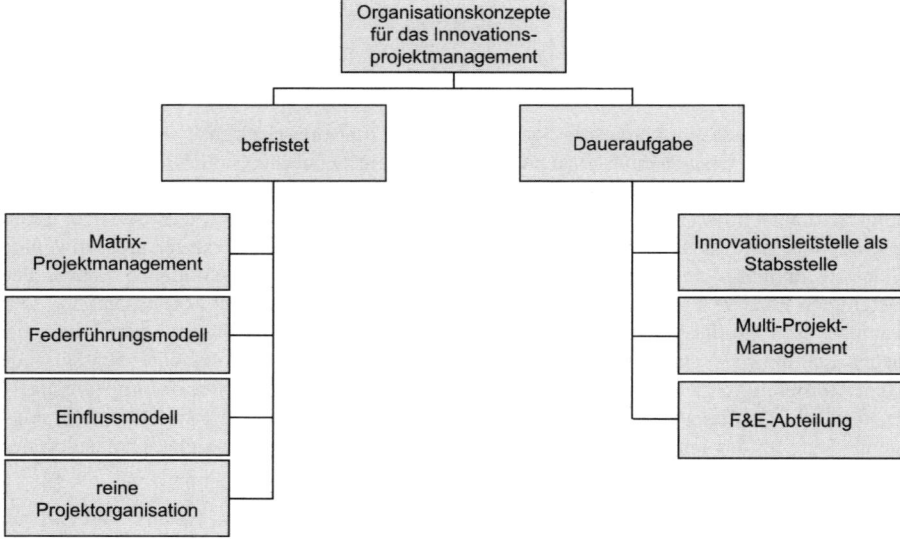

Abb. 178: Organisationskonzepte für das institutionalisierte Innovationsprojektmanagement
(in Anlehnung an Hauschildt/Salomo 2011, S. 68 ff.)

Diese Form der Organisation der Innovationsprojektaufgabe bietet sich also für Unternehmen an, die Innovation als Daueraufgabe verfolgen, diese jedoch ausschließlich in Form von mehreren parallel oder sequentiell bearbeiteten Einzelprojekten betreiben. In solchen Einheiten bzw. Zentren für Multi-Projektmanagement finden sich typischerweise gesonderte Funktionsbereiche für die Steuerung einer solchen „Multi-Projektlandschaft", bspw. ein Projekt-Portfoliomanagement oder ein Multiprojektcontrolling. Ein Beispiel für eine Multi-Projektmanagementeinheit stellt die MBC Innovation Management-Einheit der Mercedes-Benz Car Group dar, die für die Innovations- und Entwicklungsprojekte der PKW-Sparte der Daimler AG verantwortlich zeichnet.

Ergänzend zur oben genannten Systematisierung schlagen *Vahs* und *Burmester* (2005, S. 234) vor, die Organisationsform der Ideenumsetzung vom Innovationsgrad der Idee abhängig zu machen. Ideen, die zwar neu sind, die aber in ihrer Art, ihrem Bezugsbereich und Umfeld im Unternehmen schon bekannt sind, lassen sich als Routineprozess mit aufgabenspezifischen Anpassungen realisieren. Für derartige Aufgaben verfügt das Unternehmen über eine Art ‚Innovationsroutine'. Als geeignete Organisationsformen bieten sich die vorhandenen Linienstrukturen (Linienorganisation) und die institutionalisierte Gremienarbeit an. Bei völlig neuartigen Ideen verfügt das Unternehmen über keinerlei Erfahrungswissen in der Ideenumsetzung. Hier ist es sinnvoll, der Innovationsaufgabe eine besondere Behandlung im Rahmen einer Projektorganisation zukommen zu lassen.

db. Gegenstand und Phasen von Innovationsprojekten

Im Fall von Produktinnovationen können Innovationsprojekte Grundlagenforschung, angewandte Forschung, Entwicklung, Fertigungsaufbau und Markteinführung zum Inhalt haben. Gegenstand von Projekten zur Prozessinnovation sind die Entwicklung neuer Verfahren und deren technische Realisierung. Die konstitutiven Eigenschaften von Projekten (zeitliche Befristung, Neuartigkeit der Aufgabenstellung, Interdisziplinarität etc.) verlangen nach projektbezogenen Organisationsformen (vgl. dazu Kapitel C IV 4 sowie Picot/Dietl/Franck 2002). Unabhängig von ihrem Gegenstand durchlaufen Innovationsprojekte vier Phasen, die von einer Projektkontrolle überwacht und gesteuert werden (vgl. Stephan/Gundlach 2010, S. 427 ff.). Die Phasen werden nicht streng sequenziell durchlaufen, sondern überlappen sich teilweise und laufen parallel ab, z. B. nach dem Konzept des Simultaneous Engineering. **Simultaneous Engineering** ist eine Methode zur Verkürzung der Entwicklungszeit von Neuprodukten, bei der möglichst viele Arbeitsschritte parallel ablaufen und einzelne Teilaktivitäten integriert werden. Abb. 179 zeigt die Phasen von Innovationsprojekten.

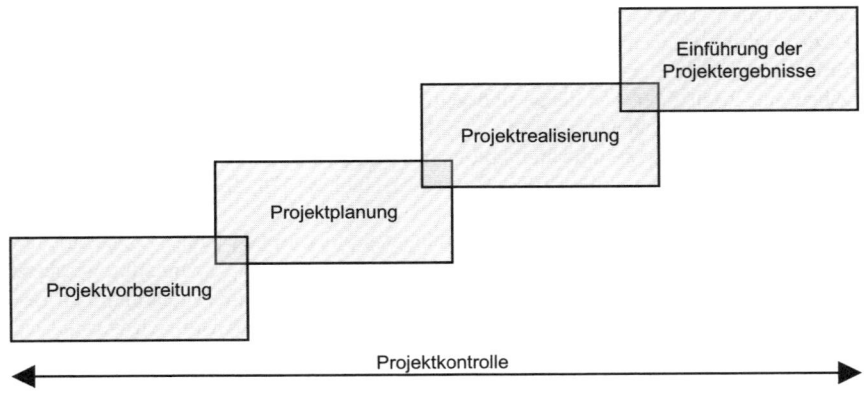

Abb. 179: Phasen von Innovationsprojekten
(in Anlehnung an Brockhoff 1994, S. 181)

dc. Projektvorbereitung

Für jedes einzelne Innovationsprojekt ist es notwendig, die von den Entscheidungsträgern ausgewählte Innovationsidee möglichst präzise zu beschreiben. Wichtigstes Hilfsmittel in dieser Projektphase ist das Lastenheft. Im **Lastenheft** werden die Anforderungen der Kunden an das Produkt, die wesentlichen Leistungsdaten, die voraussichtlichen Produkt- und Projektkosten, die voraussichtliche Produktpositionierung am Markt sowie zeitliche Zielsetzungen z. B. zur Produkteinführung und zur Produktlebensdauer unter Berücksichtigung eventueller weiterer externer Normen und Vorgaben (z. B. Umweltschutzauflagen, Gesundheitsauflagen) festgehalten.

dd. Projektplanung

Gegenstand der Projektplanung ist die inhaltliche, zeitliche, finanzielle, personelle und organisatorische Festlegung von Zielen, Aufgaben und Abläufen im Innovationsprojekt. Umsetzungsinstrument der Projektplanung ist das Pflichtenheft. Das **Pflichtenheft** enthält die für das Projekt relevanten Ziele und Aufgaben (vgl. Pleschak/Sabisch 1996, S. 133-135):

– Technische Ziele: z. B. Funktionalität, Design, Leistungsparameter, Produktqualität, Einhaltung technischer Vorschriften und Normen;

- Marktziele: z. B. Kundengruppen, Absatzmenge, Preis, Vertriebswege;
- Wirtschaftliche Ziele: Entwicklungs- und Herstellungskosten, Fertigungskapazität, Rentabilität des Projekts, Investitionen für Fertigungsaufbau und Markteinführung;
- Zeitziele: z. B. Entwicklungsdauer, Meilensteine (Termine für wichtige Zwischenergebnisse), Abschlusstermin des Projekts, Amortisationsdauer;
- Soziale und ökologische Ziele: z. B. Einhaltung von Umweltschutzvorschriften;
- Organisatorische Aufgaben: z. B. Zusammensetzung des Projektteams, Verantwortlichkeiten, Entwicklung von Zulieferer- und Kundenkontakten.

Gemeinsam mit dem Pflichtenheft entstehen der Struktur-, Termin-, Ablauf- und der Ressourcenplan.

- **Strukturplan**: Hier entsteht die hierarchische Aufbaustruktur des Innovationsobjekts. Dazu wird die Innovationsaufgabe zumeist funktionsorientiert zerlegt und anschließend zu konkreten Teilaufgaben und Arbeitspaketen zusammengefasst. Die einzelnen Teilaufgaben sind nach ihrer sachlichen und zeitlichen Abhängigkeit zu ordnen. Hier werden auch jene Vorgänge identifiziert, die parallel ablaufen können. Sie bieten Ansatzpunkte für die Reduzierung von Innovationszeiten und -osten, z. B. im Rahmen des Simultaneous Engineering (vgl. Hauschildt 1997, S. 365 f.; Hubka 1976, S. 84 ff.; Schröder 1994, S. 296).
- **Terminplan**: Im Anschluss an die Aufstellung des Strukturplans ist der Zeitbedarf für die einzelnen Teilaufgaben zu schätzen. Daraus wird der Terminplan mit den geschätzten Start- und Endzeitpunkten der Arbeitsschritte erstellt (Durchlaufterminierung; vgl. Heyde et al. 1991). Als Umsetzungsinstrumente der Terminplanung haben sich beispielsweise die Netzplantechnik (z. B. Critical Path Method, CPM) oder Balkendiagramme bewährt.
- **Ablaufplan**: Der Ablaufplan integriert die hierarchische Projektstruktur (Strukturplan) und die chronologische Projektstruktur (Terminplan). Er gibt die sachlich-chronologische Abfolge der Arbeitsgänge und ihren Inhalt wieder.
- **Ressourcenplan**: Der Ressourcenplan ordnet den einzelnen Arbeitsgängen die notwendigen finanziellen, personellen und sachlichen Ressourcen zu. Werden die einzusetzenden Ressourcen monetär bewertet, ergibt sich der Finanzbedarf für das Innovationsprojekt. Möglicherweise übersteigt der Finanzbedarf die verfügbaren Mittel, so dass nach wirtschaftlicheren Lösungen für einzelne Teilaufgaben zu suchen ist (vgl. Pleschak/Sabisch 1996, S. 156).

de. Projektrealisation

In der Phase der Projektrealisation werden auf Basis des Pflichtenhefts zunächst Teillösungen erarbeitet, welche anschließend zur Gesamtlösung integriert werden. Die Projektrealisierung ist als ein Prozess zu verstehen, in dem sich fortlaufend Phasen der Erarbeitung, Bewertung und Auswahl von Lösungen abwechseln. Je weiter die Projektrealisation fortschreitet, desto präziser lassen sich die Innovationsziele beschreiben.

In der Projektrealisierung lassen sich Prozesse der Forschung von denen der Produkt- bzw. Prozessentwicklung unterscheiden. **Forschungsprozesse** können hinsichtlich ihres Anwendungsbezugs in Grundlagenforschung (zweckfreie Forschung) und angewandte Forschung unterteilt werden. Die OECD (2005, S. 23 ff.) hat im so genannten ‚Oslo Manual' die Teilbereiche von F&E definiert. Unter **Grundlagenforschung** versteht man dort theoretische oder experimentelle Arbeit, die überwiegend der Gewinnung neuen Wissens über die Grundlagen von Phänomenen und beobachtbaren Tatsachen dient. Grundlagenforschung ist nicht an einer bestimmten praktischen Anwendung orientiert (Zweckfreiheit). **Angewandte Forschung** (oft auch als **Technologieentwicklung** bezeichnet) ist auf spezifische praktische Ziele ausgerichtet. Angewandte Forschung baut auf den Erkenntnissen der Grundlagenforschung auf und verknüpft diese mit anwendungsorientiertem Wissen und praktischen Erfahrungen, um technologische Leistungspotenziale und Kompetenzen aufzubauen und zu pflegen (vgl. Specht/Beckmann/Amelingmeyer 2002, S. 15).

In der **Produkt- und Prozessentwicklung** wird ein konkretes Produkt bzw. ein Herstellungsprozess mit einer neuen oder veränderten Technologie entwickelt. Entwicklungsprozesse stützen sich auf Erkenntnisse der Grundlagenforschung, angewandten Forschung sowie auf vorhandenes Wissen aus Anwendungsfeldern und Märkten. Produkt- und Prozessentwicklung soll letztlich zur Markteinführung innovativer Produkte bzw. zur Anwendung neuer Herstellungsprozesse im Unternehmen führen (vgl. Specht/Beckmann/Amelingmeyer 2002, S. 16).

Prozesse der Produktentwicklung (Konstruktion und arbeitsvorbereitende Aufgaben) sind in der Regel durch folgende Arbeitsschritte beschrieben (vgl. Pleschak/Sabisch 1996, S. 160):

- **Präzisierung der Aufgabenstellung**: Bestimmung der technischen, technologischen, wirtschaftlichen und ergonomischen Anforderungen an das Produkt und Ableitung der Ziele und Aufgaben für die einzelnen Teilkonstruktionen bzw. Baugruppen.
- **Erarbeitung und Erprobung eines Funktionsmusters/Prototyps**: Anhand des Prototyps wird die Funktionserfüllung einer Baugruppe oder eines Produkts überprüft.
- **Erarbeitung und Erprobung eines Fertigungsmusters**: Anhand des Fertigungsmusters wird die konstruktive und technologische Reife des Produkts endgültig erprobt. Das Fertigungsmuster stimmt in Form, Größe, Funktion und Leistung mit dem künftigen Produkt überein.
- **Bau und Erprobung der Nullserie**: Soll das künftige Produkt in Serien- und Massenfertigung produziert werden, wird häufig zunächst eine Nullserie produziert. Die Nullserie ist eine begrenzte Anzahl an Produkten, um die Fertigung zu erproben und die Funktion des Produkts unter normalen praktischen Bedingungen zu testen.

Mit der Entwicklung innovativer Produkte ist oft auch die Entwicklung neuer Herstellungsprozesse (Prozessinnovation) verbunden. Wesentliche Verfahrensschritte in der Prozessentwicklung sind die Erarbeitung einer verfahrenstechnischen Lösung, deren Erprobung im Kleinversuch und später im großtechnischen Versuch sowie der Bau und die Erprobung der Produktionsanlage (vgl. Pleschak/Sabisch 1996, S. 163).

df. Produktionseinführung

Produktionseinführung ist die letzte Phase vor der Markteinführung einer Produktinnovation und soll die erforderlichen Produktionsanlagen sach- und termingerecht bereitstellen. Der Produktionsaufbau ist ein langfristiger und komplexer Prozess: neue Produktionstechnik muss eingeführt und in das bestehende Produktionssystem integriert werden, bestehende Produktionsanlagen müssen eventuell modifiziert und an die neuen Anforderungen angepasst werden. Grundsätzlich ist bei der Produktionseinführung zu beachten, dass vorgegebene Produktqualität im Herstellungsprozess gesichert wird, die Produktion insgesamt effizient gestaltet ist, und dass die Produktionskapazitäten an den geplanten Absatzzahlen ausgerichtet werden (vgl. Vahs/Burmester 2005, S. 249). Heute werden die Unternehmen bei der Produktionseinführung durch moderne CIM-Konzepte (Computer-Integrated-Manufacturing) unterstützt (vgl. zu CIM z. B. Wildemann 1990).

dg. Projektkontrolle

Die Projektkontrolle bezieht sich nicht nur auf das Projektergebnis, sondern ist eine projektübergreifende Phase. Grundlage und Orientierungspunkt der Projektkontrolle ist das Pflichtenheft des Innovationsgegenstands und die darin festgeschriebenen terminlichen, sachlichen, personellen, finanziellen und qualitativen Ziele. Kontrolle obliegt in der Regel dem Projektleiter und setzt an definierten Ereignissen im Innovationsprozess (z. B. vorgeschlagener Lösungsweg für das Problem, Fertigstellung des Prototyps oder der Nullserie, abgeschlossenes Innovationsprojekt) und an weiteren wesentlichen Bestimmungsgrößen für den Innovationserfolg an (z. B. Termineinhaltung, Kosteneinhaltung, Personaleinsatz). Zu den Aufgaben der Projektkontrolle gehört jedoch nicht nur der bloße Soll-Ist-Vergleich, sondern die festgestellten Abweichungen sind zu analysieren. Aus den Ergebnissen der Abweichungsanalyse sind Maßnahmen abzuleiten, die den weiteren planmäßigen Verlauf des Projekts sicherstellen bzw. den Projektplan entsprechend präzisieren. Zudem kann aus den Fehlern aktueller Projekte für künftige Projekte gelernt werden (vgl. Pleschak/Sabisch 1996, S. 166).

e. Markteinführung neuer Produkte

Mit der Markteinführung beginnt der eigentliche Lebenszyklus des neuen Produkts. Die Phase der Markteinführung beginnt mit marktvorbereitenden Maßnahmen und endet mit der erfolgreichen Behauptung des Produkts am Markt. Aus der **Innovationsforschung** sind jene Faktoren bekannt, die den Erfolg bzw. Misserfolg von Innovationen am Markt wesentlich beeinflussen:

– **Kundenorientierung**: Innovationen sollten immer auf Basis der Kundenbedürfnisse geplant werden, d. h. sie müssen zum Zeitpunkt der Markteinführung einen Zusatznutzen für die Kunden generieren. Kunden sollten so früh wie möglich in den Innovationsprozess eingebunden werden, denn nachträgliche Konstruktionsänderungen können die Markteinführung erheblich verzögern und zu drastischen Ergebniseinbußen führen (vgl. Lüthje 2003, S. 37).
– **Überlegenheit des Neuprodukts**: Produktüberlegenheit ist nach der Studie von *Kleinschmidt*, *Geschka* und *Cooper* (1996, S. 177 f.) der wichtigste Erfolgsfaktor für Neuprodukte.
– **Attraktive Märkte**: Der wirtschaftliche Erfolg von Innovationen hängt auch davon ab, ob das Unternehmen Märkte/Marksegmente bedient, die durch ein hohes Marktwachstum und gute Chancen auf hohe Marktanteile gekennzeichnet sind.
– **Planung**: Systematisch geplante Markteinführungsstrategie.
– **Timing**: richtiger Zeitpunkt des Markteintritts.

Die Markteinführung innovativer Produkte ist primär eine Aufgabe des Innovationsmarketings (zum Begriff des Innovationsmarketings vgl. Kapitel IV 4 ac). Innovationsmarketing zielt darauf ab, neue Produkte erfolgreich am Markt einzuführen und durchzusetzen. Dazu muss bei den Kunden um Akzeptanz für das Produkt geworben werden, um die mit dem neuen Produkt verbundenen Unsicherheiten hinsichtlich des Produktnutzens, der Produktqualität und des Preis-Leistungsverhältnisses abzubauen. Zugleich gilt es, unternehmensintern Akzeptanz zu schaffen, um die Mitarbeiter zu einer effizienten und effektiven Arbeitsweise zu motivieren.

Umsetzungsinstrumente des Innovationsmarketings sind die so genannten **Marketingmix-Instrumente**:

– **Produkt- und Leistungspolitik**: umfasst Entscheidungen, die sich auf die Gestaltung der Absatzleistung beziehen. Hier geht es vorrangig um die Gestaltung der Produktbeschaffenheit, die Produktverpackung, die Markierung des Produkts sowie um eventuell anzubietende Zusatzleistungen.

– **Kontrahierungspolitik**: umfasst Maßnahmen zu Gestaltung von Preisen und Konditionen zu denen die Leistung an den Kunden abgegeben wird. Elemente der Kontrahierungspolitik sind die Preispolitik und die Konditionenpolitik, welche Entscheidungen zu Rabatten, Absatzkrediten sowie zu Lieferungs- und Zahlungsbedingungen enthält.

– **Kommunikationspolitik**: der Kommunikationspolitik kommt die Aufgabe zu, über die Existenz und die Vorteile des Produkts zu informieren und zum Kauf zu motivieren. Kommunikationsinstrumente sind u. a. die klassische Werbung (Mediawerbung), Verkaufsförderung (Sales Promotion), Öffentlichkeitsarbeit (Public Relations) oder die Direktkommunikation.

– **Distributionspolitik**: umfasst alle Maßnahmen, die im Zusammenhang mit dem Weg des Produkts vom Anbieter zum Abnehmer stehen. Zu den wesentlichen Entscheidungsbereichen der Distributionspolitik gehören die Standortwahl, die Bestimmung der Absatzwege und -kanäle und die physische Distribution der Güter vom Anbieter zum Kunden.

5. Make or Buy von Innovationen

a. Alternative Einbindungsformen für Innovationen

Unternehmen müssen die Innovationsfunktion nicht zwangsläufig innerhalb des Unternehmens wahrnehmen. Ebenso wie bei einzelnen Produktbestandteilen stellt sich die Frage nach Eigenerstellung (Make) oder Fremdbezug (Buy) von Innovationen bzw. Teilen davon (z. B. Entwicklung bestimmter Produktkomponenten) (vgl. dazu auch Gerybadze 2004, S. 171 ff.). Zwischen der Eigenerstellung innerhalb der Hierarchie einerseits und dem Fremdbezug über den Markt andererseits existieren noch eine Reihe weiterer hybrider Einbindungsformen, die man allgemein unter dem Oberbegriff Kooperation zusammenfassen kann. Abb. 180 zeigt übliche Einbindungsformen für Innovationen und ordnet diese zugleich den Alternativen Markt, Kooperation und Hierarchie zu.

aa. *Eigenerstellung innerhalb der Hierarchie (Make)*

Unternehmen können die Innovationsaufgabe selbst wahrnehmen, beispielsweise als Daueraufgabe in F&E-Abteilungen oder als zeitlich befristete Projektaufgabe. Innovierende Unternehmen führen unternehmensinterne Innovationen zumeist innerhalb von F&E-Abteilungen durch, die entweder der Geschäftsleitung oder bestimmten Geschäftsbereichen zugeordnet sind. Wird die Innovationsaufgabe innerhalb der Hierarchie durchgeführt, so sind von entsprechenden Organisationseinheiten weitere Aufgaben wie Finanzierung der Innovationsprojekte, Innovationskontrolle, Bereitstellung und Qualifizierung von Mitarbeiter oder Beschaffung technischer Geräte und Labormaterialien zu erfüllen. Auch Unternehmen, die die Innovationsfunktion selbst wahrnehmen, greifen auf externe Innovationsquellen zurück. Sie nutzen Patente, Veranstaltungen, Veröffentlichungen u. ä. um Informationen für Innovationen zu erhalten (z. B. Ideensammlung).

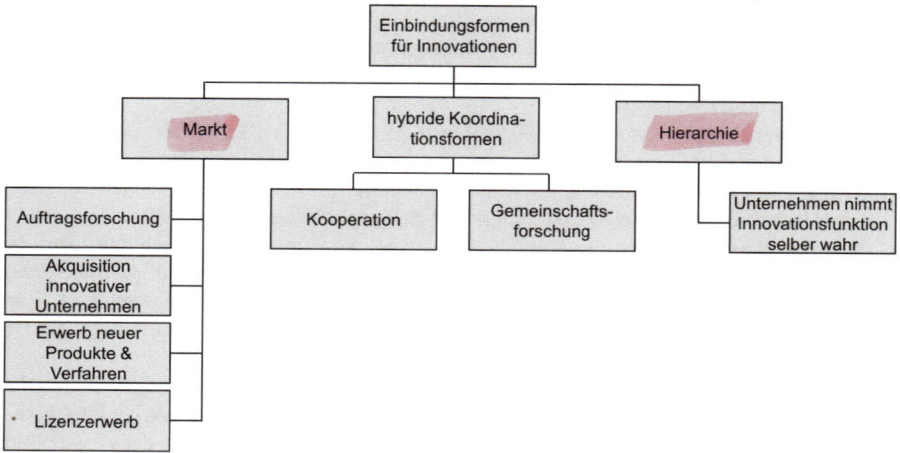

Abb. 180: Alternative Einbindungsformen für Innovationen
(in Anlehnung an Burr 2004, S.158)

ab. Fremdbezug über den Markt (Buy)

Alternativ zur Eigenerstellung können Unternehmen Innovationen bzw. Innovationsergebnisse über den Markt erwerben. Es kann sich hierbei um die Innovation als Ganzes oder auch nur um Teile davon handeln. Z. B. wurden die Turbinen des Airbus 380 nicht von Airbus, sondern von den Zulieferern Rolls Royce und Engine Alliance (ein Joint Venture von General Electric und Pratt & Whittney) entwickelt (EADS 2009). Der Erwerb von Innovationen am Markt ist in verschiedenen Formen möglich:

- **Lizenznahme**: Das Unternehmen erwirbt das Recht, eine Technologie, ein Produkt, Verfahren, eine Marke oder ein Vertriebssystem gegen Entrichtung einer Lizenzgebühr zu nutzen. *Burr* (2004, S. 161) weist darauf hin, dass der Lizenznehmer vor allem das Nutzungsrecht an dem jeweiligen Gut erwirbt, während die anderen Rechte (z. B. das Recht zur Weiterentwicklung einer Technologie) oftmals beim Lizenzgeber verbleiben. Deshalb sei Lizenzierung als hybride Koordinationsform, nicht als Fremdbezug zu klassifizieren.
- **Erwerb neuer Produkte und Verfahren**: Unternehmen können bereits fertig entwickelte und am Markt existierende Produkte, Verfahren, Produktionsanlagen u. ä erwerben. Das Unternehmen hat den Vorteil, Innovationen nicht selbst hervorbringen zu müssen; sondern man muss die Innovation nur „beschaffen". Innovationsmanagement übernimmt in diesem Fall eine Beschaffungs- bzw. Einkaufsfunktion.
- **Auftragsforschung und -entwicklung**: Das Unternehmen beauftragt ein anderes Unternehmen oder ein Forschungsinstitut mit Forschungs- und Entwicklungsarbeiten nach den Vorgaben des Unternehmens. Auftragnehmer sind spezialisierte F&E-Dienstleister, so genannte Contract Research Organizations (CROs). Sie übernehmen die Forschungs- und Entwicklungsarbeit komplett oder teilweise und treten die Entwicklungsergebnisse anschließend an den Auftraggeber ab. So entwickelt bspw. der deutsche Engineering- und Design-Dienstleister EDAG für beinahe alle namhaften deutschen Automobilhersteller (Audi, BMW, Daimler, GM/Opel, Porsche, Volkswagen etc.) Karosserieteile und die Innenausstattung für PKWs.

– **Akquisition innovativer Unternehmen**: Speziell kapitalkräftige Großkonzerne nutzen die umfassende Form des Innovationseinkaufs. Obwohl die Stärkung von F&E bei den Motiven für Unternehmensakquisitionen erst nach Rationalisierungs-, Gewinn- und Absatzzielen steht (vgl. Süverkrüp 1992, S. 41 ff.; Möller 1983), versprechen sich Unternehmen diverse Vorteile für das Innovationsmanagement: die zeitgleiche Übernahme von F&E-Mitarbeitern mit ihrem Know-how oder von Betriebsanlagen, das Erzielen bedeutender Innovationsvorsprünge, Teilhabe am Image des innovierenden Unternehmens, Auffüllen der Forschungspipeline (vgl. Pleschak/Sabisch 1996, S. 273; Pfaffmann/Stephan 2001).

ac. *Hybride Koordinationsformen*

Hybride Koordinationsformen kombinieren marktliche und hierarchische Elemente. Kennzeichen der Hybridformen ist eine gemeinsame, arbeitsteilige Innovationstätigkeit. Auch bei den hybriden Koordinationsformen gibt es eine Vielzahl möglicher Ausprägungen, von denen hier stellvertretend die Innovationskooperation und die Gemeinschaftsforschung vorgestellt werden. Einen Überblick über weitere Hybridformen liefert *Burr* (2004, S. 158 ff.).

– **Innovationskooperation**: Unter einer Kooperation versteht *Rotering* (1990, S. 41) „die auf stillschweigender oder vertraglicher Vereinbarung beruhende Zusammenarbeit zwischen rechtlich und wirtschaftlich selbständigen Unternehmungen". Die Kooperation kann nicht nur zwischen privaten Unternehmen, sondern auch zwischen Unternehmen und öffentlichen Forschungseinrichtungen bestehen. Hauptmotive für Innovationskooperationen sind die Arbeitsteilung zwischen den Kooperationspartnern, um Ressourcen auf die jeweiligen Kernbereiche zu konzentrieren und Spezialisierungseffekte zu erzielen, das Schließen von Lücken im Innovationsprogramm und bei der Bearbeitung einzelner Innovationsprojekte, die Risikoteilung in aufwändigen Innovationsvorhaben und die Erleichterung des Marktzugangs. *Rotering* (1990, S. 86) nennt als mögliche Nachteile von Innovationskooperationen z. B. das Entstehen von Abhängigkeiten von Kooperationspartner, hohe Transaktionskosten, Schwierigkeiten bei der Auf- und Zuteilung von Beiträgen und Ergebnissen und Geheimhaltungsprobleme.

– **Gemeinschaftsforschung**: Die Gemeinschaftsforschung ist eine spezielle Form der Zusammenarbeit unterschiedlicher Partner im Innovationsprozess. Gemeinschaftsforschung bezieht sich auf Projekte, an denen die Partner ein gemeinsames Interesse haben, die jedoch eine gewisse Marktferne haben und eine Brücke zwischen theoretischer Forschung und angewandter Entwicklung schlagen (vgl. BDI 1983, S. 19). Gemeinschaftsforschung wird üblicherweise in speziellen Institutionen durchgeführt, die von den beteiligten Partnern gegründet und finanziert werden. Die Ergebnisse der Gemeinschaftsforschung sind allen Partnern zugänglich.

b. Vorteilhaftigkeit alternativer Einbindungsformen aus der Sicht ökonomischer Theorien

ba. *Perspektive der Transaktionskostentheorie*

Die grundsätzliche Handlungsempfehlung der Transaktionskostentheorie lautet: Wähle jene Einbindungs-(Koodinations-)form, die die niedrigsten Transaktionskosten aufweist. Das Innovationsprojekt wird auf jene Merkmale untersucht, die einen wesentlichen Einfluss auf die Höhe der Transaktionskosten haben: Spezifität, Unsicherheit, strategische Relevanz und Häufigkeit. Abhängig von der Merkmalsausprägung empfiehlt die Transaktionskostentheorie

- **Abwicklung in der Hierarchie**: bei hoch spezifischen Investitionen in Innovationsvorhaben (Aufbau spezifischen Humankapitals, Errichtung spezifischer F&E-Labors etc.), hoher Unsicherheit der Innovationsaufgabe (Änderung der Forschungsmethode, Finanzbudgets etc.), hoher strategischer Bedeutung der Innovationsaufgabe (innovatives Produkt trägt stark zur Differenzierung vom Wettbewerb bei) und hoher Wiederholungshäufigkeit ähnlicher Innovationsaufgaben.
- **Fremdbezug über den Markt**: bei geringer Spezifität (standardisierte, mehrfach verwendbare Ressourcen), geringer Unsicherheit (z. B. hohe Vertrautheit mit dem zugrunde liegenden Technologiegebiet), geringer strategischer Bedeutung (nachrangige Bedeutung für die Unternehmensstrategie) und geringer Häufigkeit der Innovationsaufgabe.
- Abwicklung in einer hybriden Kooperationsform bei mittleren Ausprägungen der genannten Merkmale.

bb. *Perspektive der Principal-Agent-Theorie*

Die Principal-Agent-Theorie richtet ihr Augenmerk auf die zwischen zwei oder mehreren Vertragspartnern bestehenden Vertragsprobleme. Die Theorie empfiehlt jene Arrangements zu wählen, die die zwischen den Beteiligten entstehenden Agency-Probleme minimieren. Jede der alternativen Einbindungsformen ist durch spezielle Agency-Probleme gekennzeichnet, die allerdings mit Hilfe der Theorie gemildert werden können. Dies sei am Beispiel der Auftragsforschung durch eine Contract Research Organization (CRO) erläutert.

Die CRO habe im Auftrag eines Unternehmens eine Technologie zu entwickeln. Zunächst besteht für den Auftraggeber das Problem, einen geeigneten Technologiepartner auszuwählen, der tatsächlich in der Lage und Willens ist, den Entwicklungsauftrag in gewünschter Qualität, zu vertretbaren Kosten und zum gewünschten Termin zu realisieren. Beim Principal herrscht ein Informationsdefizit bezüglich der technologischen und wirtschaftlichen Leistungsfähigkeit sowie der Kooperationsbereitschaft der CRO (Hidden Characteristics). Der Auftraggeber kann versuchen, durch Signaling, Screening und Self Selection die Informationsasymmetrie abzubauen.

Nach Vertragsschluss treten Moral Hazard-Probleme auf, wenn der Partner aufgrund fehlender Beobachtungsmöglichkeiten ein mangelndes Anstrengungs- und Leistungsniveau an den Tag legt bzw. wenn der Auftraggeber aufgrund von Know-how-Lücken die Leistung des Auftragnehmers nicht exakt beurteilen kann. Dem kann der Auftraggeber durch umfangreiche Kontrollsysteme (Monitoring) oder Anreizsysteme (z. B. Entlohnung in Abhängigkeit vom Projektfortschritt) entgegenwirken. Letztlich sind in der Vertragsbeziehung zwischen Unternehmen und CRO auch Hold Up-Probleme möglich, nämlich dann, wenn das Unternehmen spezifisch in das Vertragsverhältnis mit der CRO investiert hat und dadurch in ein Abhängigkeitsverhältnis gelangt ist. Um dem Hold Up-Problem entgegenzuwirken, kann der Principal beispielsweise versuchen, das einseitige Abhängigkeitsverhältnis in ein wechselseitiges umzuwandeln (z. B. Reputation der CRO als Pfand, Aufbau von Kompetenzen in komplementären Technologiefeldern, auf die der Agent angewiesen ist), die Innovationsaufgabe selbst wahrzunehmen (vertikale Integration) oder eine langfristige Austauschbeziehung zu entwickeln und so die Interessen beider Partner anzugleichen.

bc. *Perspektive der Property Rights-Theorie*

Die Property Rights-Theorie gibt Empfehlungen für die organisatorische Gestaltung innerhalb der gewählten Einbindungsform. Die Verteilung der Property Rights an den Ergebnissen einer gemeinsamen Innovation oder an den Ressourcen, die für das Projekt benötigt werden, entscheidet beispielsweise über die Motivation und das Anstrengungsniveau, das die Beteiligten an den Tag legen. So fördert eine gleichmäßige Aufteilung der gemeinsamen Forschungsergebnisse die Drückebergerei eines oder mehrerer Partner zu Lasten des/der anderen. Hier kann es zweckmäßig sein, beispielsweise das Patent am gemeinsamen Forschungsergebnis jenem Partner zu überlassen, der aufgrund seines Wissensvorsprungs den größten Einfluss auf den Projekterfolg ausübt. Bei diesem entstehen dadurch besondere Anreize, sich im Projekt stark zu engagieren. Den weiteren Partnern ist im Gegenzug das Lizenzrecht am Ergebnis einzuräumen.

Darüber hinaus bestimmt die Property Rights-Verteilung über die Zuordnung von Kontroll- und Steuerungsmöglichkeiten auf die Partner. Eine starke Rechtekonzentration bei einem Partner gibt diesem beispielsweise das Recht, über die Ressourcennutzung oder die Ergebnisverwertung zu entscheiden. Letztlich kann man mit Hilfe der Property Rights-Theorie auch Aussagen über die vermutete Effizienz der gewählten Einbindungsform machen. Hybride Koordinationsformen sind aufgrund ihrer verdünnten Verfügungsrechtsstruktur anreiz- und effizienzschwächer als die Hierarchie, bei der alle Verfügungsrechte einem einzigen Unternehmen zustehen. Allerdings besteht die Möglichkeit, die Anreiz- und Effizienzmängel der Hybridformen zu heilen oder zumindest zu mildern. So genannte **Eigentumssurrogate** haben ähnliche Anreizwirkungen wie Eigentum (vollständige Zuordnung der Verfügungsrechte) selbst und führen zu Lösungen, die mit denen unter konzentrierten Eigentumsrechten vergleichbar sind. Beispiele für derartige Eigentumssurrogate sind der intensive Wettbewerb auf dem Absatzmarkt (Er diszipliniert die Partner und zwingt sie zu einem effizienten Ressourceneinsatz, weil ihnen sonst die Verdrängung vom Markt durch die Wettbewerber droht.) oder der intensive Wettbewerb auf dem Markt für Manager- und Forscherstellen (Nur erfolgreiche Manager und Forscher verbessern ihre Chancen am Arbeitsmarkt. Erfolglose F&E-Kooperationen schädigen die Reputation von Managern und Forschern und beeinträchtigen ihre Chancen am Arbeitsmarkt.).

bd. *Perspektive des Resource-based View of the Firm*

Der Resource-based View of the Firm wählt für die Analyse von Make or Buy-Fragen einen anderen Betrachtungswinkel als die Theorien der Neuen Institutionenökonomik. Der ressourcenbasierte Ansatz geht davon aus, dass Make or Buy-Entscheidungen den Aufbau und Erhalt unternehmensinterner Kompetenzen, Routinen und Wissenspools sowie die Absorptionsfähigkeiten von Unternehmen beeinflussen. Der Resource-based View geht davon aus, dass Unternehmen zwar Ressourcen i. e. S. grundsätzlich jedoch keine Kompetenzen am Markt erwerben können. Kompetenzaufbau sei nur durch unternehmensinterne Transformations- und Veredelungsleistungen möglich. Eine Ausnahme von diesem Grundsatz stellen der Kompetenzerwerb über Unternehmensakquisition und der Erwerb von Kompetenzen, die in Vorprodukten oder Dienstleistungen eingebettet sind, dar, wobei letzteres den Kompetenzaufbau im erwerbenden Unternehmen eher verhindert denn ermöglicht.

Maßgebliche Entscheidungskriterien für Make or Buy von Vorprodukten und Dienstleistungen sind aus der Perspektive des ressourcenbasierten Ansatzes das Ausmaß eigener Kompetenzen im jeweiligen Technologiefeld und die strategische Bedeutung des Technologiefelds für das Unternehmen. Ausgehend von diesen Entscheidungskriterien empfiehlt der Resource-based View, Innovationsaufgaben mit hoher strategischer Bedeutung und hoher Eigenkompetenz innerhalb des Unternehmens abzuwickeln, bei mittleren Merkmalsausprägungen hybride

Einbindungsformen und bei schwachen Ausprägungen marktliche Arrangements zu wählen. Make or Buy-Entscheidungen tangieren auch die Fähigkeiten des Unternehmens, die Bedeutung externen Wissens zu erkennen und dieses Wissen aufzunehmen (absorptive Kapazität). Ein Unternehmen ohne eigene F&E verliert nicht nur Kompetenzen in den betroffenen Gebieten, sondern die Fähigkeit, externes Wissen aus diesen Technologiegebieten aufzunehmen und für sich nutzbar zu machen. Abb. 181 verdeutlicht den Zusammenhang von Kompetenzaufbau, absorptiver Kapazität und Make or Buy-Entscheidungen.

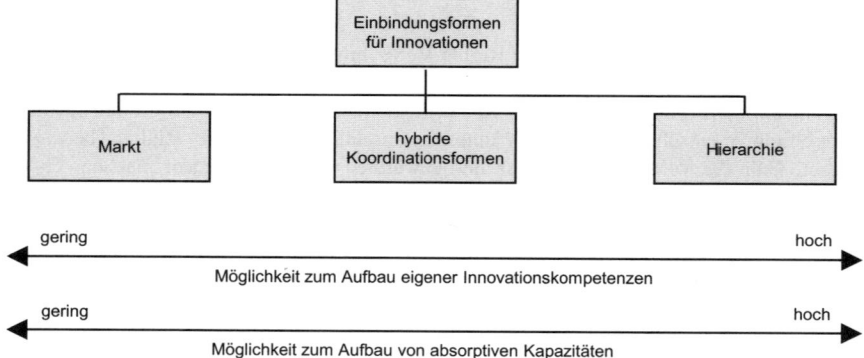

Abb. 181: Zusammenhang von Kompetenzaufbau, absorptiver Kapazität und Make or Buy-Entscheidungen (in Anlehnung an Burr 2004, S. 180)

6. Open Innovation – Ein neues Paradigma im Innovationsmanagement?

Eine zentrale Frage, welche das Innovationsmanagement in Unternehmen beantworten muss, ist die nach den treibenden Kräften, nach dem Ursprung und den wichtigsten Anstößen und Verstärkungsmechanismen von Innovationen (von Hippel 1988, S. 3 ff.). Während lange Zeit der Fokus einseitig auf den Mitarbeitern, insbesondere aus der F&E-Abteilung, sowie auf firmeninternen Wertschöpfungsketten als Auslöser und treibende Kräfte für Innovationen lag, hat sich in den vergangenen Jahren in diesem Zusammenhang unter dem Schlagwort „Open Innovation" ein Paradigmenwechsel im Innovationsmanagement vollzogen (vgl. Stephan 2009, S. 31 ff.). Nach *Chesbrough* (2003) kann das Open Innovation-Paradigma als Antithese zum bislang vorherrschenden, traditionellen Modell der vertikalen Integration im Innovationsmanagement verstanden werden. Im traditionellen Verständnis entstehen neue Produkte im Elfenbeinturm bzw. in den Laboratorien der F&E-Abteilung des Unternehmens und werden von diesem dann eigenverantwortlich im Markt verwertet (Chesbrough 2003, S. 1):

„If pressed to express its definition in a single sentence, Open Innovation is the use of purposive inflows and outflows of knowledge to accelerate internal innovation, and expand the markets for external use of innovation, respectively."

Raymond (1999) hat für dieses geschlossene Modell der Innovationsentstehung und verwertung die Metapher der ‚Kathedrale' geprägt, welche durch eine vertikal integrierte, streng hierarchisch strukturierte „Dombauhütte" geplant und errichtet wird. Dieser stellt er das Bazar-Modell gegenüber, welches das „Open Innovation"-Modell symbolisiert. Das Bazar-Modell beschreibt dabei eine Extrem- bzw. Sonderform des Open-Innovation-Ansatzes, bei dem es zu einer vollkommenen Demokratisierung des Innovationsprozesses kommt, an welchem eine Vielzahl von Akteuren, insbesondere Nutzer, gleichberechtigt mitwirken. Open-Source-Softwareprojekte, bei denen der Quelltext der Software frei verfügbar ist und an deren Programmierung jeder mitwirken kann, entsprechen diesem Bazar-Modell. Prominente Beispiele hierfür sind die Software-Entwicklungsprojekte Linux (Betriebssystem) und Mozilla Firefox (Internet-Browser) oder die Internet-Universalenzyklopädie Wikipedia.

Dem Open Innovation-Paradigma liegt die Annahme zugrunde, dass Unternehmen im Innovationsmanagement sowohl interne als auch externe Ideen nutzen können und neben der internen Verwertung auch Wege der externen Vermarktung berücksichtigen sollten, um ihre Technologien und Produkte erfolgreich im Markt durchzusetzen. *Gassmann* und *Enkel* (2006, S. 134 ff.) unterscheiden in diesem Zusammenhang drei Kernprozesse im Open Innovation-Ansatz:

(a) Der **Outside-in-Prozess** beschreibt die Integration externer Wissens- oder Ideenquellen im Innovationsmanagement durch Kooperationen mit Kunden, Lieferanten oder anderen Partnern. Ein besonders weitreichender Ansatz zur Integration von Kunden in den Innovationsprozess stellt die Lead User-Methode dar (vgl. dazu den Exkurs in Abb. 182).

(b) Der **Inside-out-Prozess** beinhaltet die externe Verwertung von Ideen und Technologien, bspw. über die Vergabe von Lizenzen von Technologien an externe Partner, bspw. um Innovationen schneller vermarkten oder Technologien besser multiplizieren zu können.

(c) Der **Coupled-Prozess** beinhaltet die Kopplung der Integration und Externalisierung von Wissen, um durch die Bildung von Innovationsnetzwerken Koalitionen für das Setzen von Standards oder die Entwicklung neuer Märkte zu schmieden.

Exkurs: Das Lead User-Konzept

Das Lead User-Konzept ist ein sehr weitreichender Ansatz zur Integration von Kunden in den Innovationsprozess. Bei diesem Ansatz ist der Kunde bzw. der Anwender selbständiger Innovator. Pionierarbeiten in diesem Bereich bilden die empirischen Untersuchungen durch *von Hippel* (1976) und *Foxal* (1976). Im Zentrum dieser und der Vielzahl an Folgearbeiten stand dabei zunächst die Frage, welchen Einfluss die systematische Berücksichtigung von Kundenbedürfnissen auf die Effizienz und den Erfolg des Produktentwicklungsprozesses hat bzw. welchen Einfluss die aktive Einbindung von Kunden in den Entwicklungsprozess (,Customer Active Paradigm') auf den Erfolg der Innovation ausübt (siehe u. a. Cooper/Kleinschmidt 1986, Ebadi/Utterback 1984). Kernidee des ,Customer Active Paradigms' ist es, führende Anwender und Nutzer auf der Abnehmerseite des Marktes zu identifizieren und zur aktiven Mitarbeit an Innovationsprojekten zu motivieren. Den Arbeiten zufolge hat sich insbesondere in jenen Branchen, in denen die Nutzer über ein hohes Maß an Produktwissen verfügen, das ,Customer Active Paradigm' durchgesetzt. Die aktive Einbindung von sogenannten Lead Usern erwies sich als kritischer Erfolgsfaktor.

Nach *von Hippel* (1986, S. 796) sind Lead User innovative, problemorientierte Pioniernutzer und gelten als anspruchsvolle Anwender. Sie zeichnen sich dadurch aus, dass sie Entwicklungen in bestimmten, marktrelevanten Bereichen frühzeitig erkennen und/oder beeinflussen können. Aufgrund fehlender Angebote auf der Anbieterseite haben Lead User oftmals selbst die benötigten Produkte und Dienstleistungen entwickelt und können

Lösungskonzepte liefern. Ein Beispiel für Lead User im Bereich der Medizintechnik sind Chirurgen, welche die Produktentwicklungen bei künstlichen Hüftgelenken maßgeblich vorangetrieben haben.

Abb. 182: Exkurs: Das Lead User-Konzept (Burr/Stephan 2006, S. 154 f.)

Unternehmen können durch ihre Offenheit über Outside-in und Inside-out-Prozesse ihr Kreativitätspotenzial, ihre Problemlösefähigkeiten und ihre Möglichkeiten zum Setzen von Standards bzw. zur Entwicklung neuer Märkte steigern. Ferner lässt sich durch die Einbindung von Nutzern in Innovationsprojekte der Entwicklungsprozess, insbesondere bei inkrementellen Innovationen und Qualitätsverbesserungen erheblich beschleunigen. *Raymond* (1999, S. 41) nennt hier als Beispiel die Softwareentwicklung und insbesondere die Testphase bzw. die Aufgabe der Programmfehlerbeseitigung ('Debugging'; „Given enough eyballs, all bugs are shallow"). *Carr* (2007, S. 37) illustriert dies wie folgt:

"It's not all that different from, say, an Easter egg hunt. If you hide 100 eggs and have two children search for them, you'll wait a long time for them to finish, and a lot of the eggs will likely remain undiscovered. If you put two dozen kids to work, however, they'll locate all the eggs in no time."

Diese Form der unentgeltlichen Auslagerung von Wertschöpfungsaktivitäten, wie Programmfehlerbeseitigung, Problembehebung oder Ideengenerierung, an eine Vielzahl externer Akteure („Freizeitarbeiter") wird auch als „Crowdsourcing" (Schwarmauslagerung) bezeichnet (vgl. Howe 2008).

Dem Open Innovation-Paradigma haften jedoch auch Risiken an. Insbesondere die „promiskuitive" Interpretation des Konzepts der Offenheit, bspw. in Form der Auslegung des oben genannten Bazar-Modells, birgt die Gefahr des ungewollten Wissensabflusses. Das Bazar-Modell geht, in seiner radikalen Auslegung, von der uneingeschränkten Demokratisierung des Innovationsgeschehens aus. Im Bazar-Modell sind Innovationsprojekte vollkommen offen für Beiträge von externen Akteuren. Jeder Akteur ist gleichberechtigt, d. h. es gibt in diesem Sinne keinen übergeordneten Innovationsprojektmanager, der die Prozesse steuert und überwacht. Durch die Offenlegung der dem Innovationsprojekt zugrunde liegenden Informationen, bspw. des Quelltextes einer Software, haben externe Akteure auch Zugriff auf die Informations- und Wissensbasis des Projektes. Der Wissensabfluss und Missbrauch durch Dritte lässt sich unter solchen Bedingungen nur schwer kontrollieren.

Die Öffnung von Innovationsprojekten für externe Akteure erfordert die (hierarchische) Koordination der Beiträge von außen. Bei genauerer Betrachtung sind auch jene Innovationsprojekte, die dem Bazar-Modell folgen, nicht gänzlich hierarchiefrei. Der Demokratie und Partizipation sind Grenzen gesetzt. *Benkler* (2002) bezeichnet das Modell der Organisation deshalb als „quasi-hierarchiefrei". Der Begriff „quasi-hierarchiefrei" deutet in diesem Zusammenhang darauf hin, dass auch in vermeintlich „reinen" Open-Source-Projekten – wie bspw. bei Linux oder Wikipedia – stets eine übergeordnete Instanz an Akteuren mit überlegenen Verfügungsrechten ausgestattet und mit Koordinations- bzw. Qualitätssicherungsaufgaben betraut ist (vgl. Benkler 2002). Dies ist erforderlich, um einerseits den Wissensabfluss steuern und um andererseits eine Qualitätskontrolle der externen Beiträge sicherstellen zu können. Eine Kontrolle ist auch erforderlich, um arglistige Beschädigungen des Projektes durch Beiträge abwenden zu können. Denn Outside-in-Prozesse bergen immer die Gefahr, dass durch den Zugriff auf „schlechtes" Wissen Innovationsprojekte infiziert werden. Je größer der Aufwand für die Koordination und Qualitätskontrolle der externen Beiträge ist, desto weniger vorteilhaft erscheint das Bazar-Modell.

Ein weiterer Unsicherheitsfaktor bei der Öffnung von Innovationsprojekten für externe Beiträge entsteht durch die Frage nach den Verfügungsrechten über die Projektergebnisse: Wem gehört letztlich die Innovation? Gerade bei sehr demokratisch und offen angelegten Innovationsprojekten, bei denen Unternehmen auf externe und erfolgskritische Ressourcen zurückgreifen, müssen klare ex ante-Regelungen bzgl. der Verfügungsrechte über die Projektergebnisse getroffen werden. Wie effektiv sich eine solche Regelung gestalten lässt, hängt jedoch zum einen von der Fassbarkeit, d. h. Explizier- und Definierbarkeit des Projektergebnisses und zum anderen von den gesetzlichen Möglichkeiten zum Schutz der geistigen Eigentumsrechte an den spezifizierten Projektergebnissen ab.

Im Kontext des Open Innovation-Paradigmas sind neben den Risiken durch unkontrollierte Wissensabflüsse sowie unklar geregelte Verfügungsrechte überdies auch die Gefahren auf strategischer Ebene zu berücksichtigen. Durch die Einbindung externer Akteure, insbesondere wenn es sich dabei um den Zugriff auf „Schlüsselressourcen" wie Lead User handelt, können unerwünschte Abhängigkeiten entstehen.

Abschließend stellt sich die Frage, ob sich mit dem Open Innovation-Ansatz ein wirklicher Paradigmenwechsel im Innovationsmanagement vollzieht. Formen der interaktiven Wertschöpfung, auch im Innovationsprozess, hat es auch früher schon immer gegeben (vgl. Höckel 1964, S. 62 f.). Die im vorangegangenen Abschnitt diskutierten Alternativen des Fremdbezugs von Technologien bzw. Innovationen über den Markt stellen Varianten der Öffnung der unternehmerischen Innovationsaktivitäten dar. Auch die Einbindung von Kunden in den Innovationsprozess wird seit langem praktiziert (Enos 1962). Insofern hat sich mit den Open-Source-Entwicklungsprojekten und Crowdsourcing lediglich der Umfang, aber nicht der Grundgedanke der Öffnung verändert. Ob sich damit ein grundlegender Paradigmenwechsel im Innovationsmanagement vollzieht darf deshalb bezweifelt werden.

7. Verständnisfragen

a. Die Ausgaben für Forschung und Entwicklung haben in Deutschland in den letzten 15 bis 20 Jahren kontinuierlich zugenommen. Welche Akteure betreiben bzw. finanzieren in Deutschland maßgeblich die Forschungs- und Entwicklungsaktivtäten? Welche Rolle kommt in diesem Zusammenhang dem Staat zu?

b. Was versteht man eigentlich unter einer Innovation?

- Grenzen Sie Innovationen von Inventionen, d. h. von reinen Erfindungen und Entdeckungen ab.

- Nach dem Gegenstand der Innovation lassen sich Produktinnovationen von Prozessinnovationen unterscheiden. Nennen Sie jeweils Beispiele für Produkt- und Prozessinnovationen.

- Grenzen Sie inkrementelle Innovationen von radikalen Innovationen ab. Durch welche Merkmale lassen sich radikale Innovationen im Gegensatz zu inkrementellen Innovationen charakterisieren?

- Halten Sie die Dichotomisierung und grobe Unterscheidung in inkrementelle und radikale Innovationen für sinnvoll?

– Was versteht man unter architekturellen Innovationen und warum lösen diese bei vielen Firmen „erhebliches Kopfzerbrechen" aus bzw. werden häufig in ihrer Wirkung unterschätzt?

c. Skizzieren Sie den idealtypischen Ablauf eines Innovationsprozesses anhand der verschiedenen Schritte und Aktivitätenfolgen.

d. Patente gelten als gebräuchlichste Form der gewerblichen Schutzrechte. Welche Kriterien und Bedingungen muss eine Erfindung für die Erteilung des Patentschutzes erfüllen?

e. Unternehmen stehen verschiedene Instrumente für den Schutz von technischen Innovationen zur Verfügung. Als eine Alternative zur Patentierung ist auch die Geheimhaltung denkbar. Unter welchen Bedingungen eignet sich die Patentierung und in welchen Konstellationen bietet sich dagegen eher die Geheimhaltung als Schutzmaßnahme an? Kennen Sie Beispiele für die Geheimhaltung aus der Unternehmenspraxis?

f. Ein verbreitetes Instrument im strategischen Innovationsmanagement sind Technologieportfolios. Skizzieren Sie zunächst das Basiskonzept, welches allen Technologieportfolio-Ansätzen zugrunde liegt und erläutern Sie dann die beiden Dimensionen im Portfoliokonzept nach *Pfeiffer*.

g. Das Thema Open Innovation hat sich in den vergangenen Jahren zu einem populären Schlagwort im Innovationsmanagement entwickelt. Erläutern und präzisieren Sie zunächst, was unter diesem „schillernden" Begriff zu verstehen ist. Nehmen Sie kritisch dazu Stellung, ob sich mit dem Open Innovation-Ansatz ein wirklicher Paradigmenwechsel im Innovationsmanagement vollzieht. Welche Risiken sind mit Open-Innovation-Ansätzen im Innovationsmanagement verbunden?

V. Dienstleistungsorientierung und Dienstleistungsmanagement

1. Begriffliche Grundlagen zum Dienstleistungsmanagement

a. Begriff und konstitutionelle Merkmale von Dienstleistungen

Einer detaillierten Begriffsbestimmung von Dienstleistungen soll an dieser Stelle zunächst ein Hinweis auf die Einordnung von Dienstleistungen in die betriebswirtschaftliche Gütersystematik folgen. In der Betriebswirtschaftslehre werden Güter in freie Güter und Wirtschaftsgüter (= knappe Güter) gegliedert. **Güter** sind nach betriebswirtschaftlichem Verständnis alle Mittel, die direkt oder indirekt der Bedürfnisbefriedigung dienen. Während **freie Güter**, wie z. B. Luft praktisch unbegrenzt zur Verfügung stehen, sind **Wirtschaftsgüter** dadurch gekennzeichnet, dass das Angebot an diesen Gütern stets kleiner ist als die Sättigungsmenge der Nachfrage. Im Gegensatz zu freien Gütern, die keinen Preis haben, ergibt sich der ökonomische Wert von Wirtschaftsgütern aus den Komponenten Nutzen und Knappheit. Abb. 183 gibt einen Überblick über die betriebswirtschaftliche Gütersystematik.

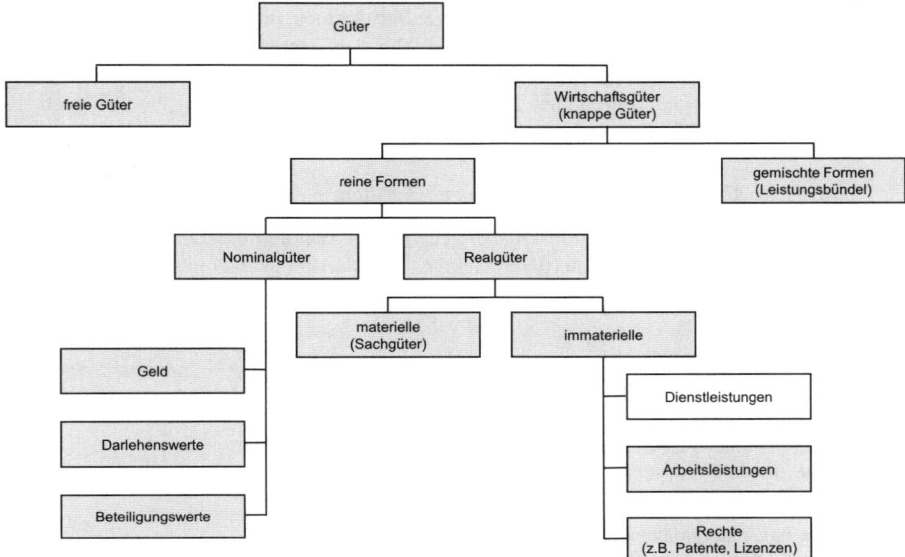

Abb. 183: Gütersystematik (in Anlehnung an Corsten 1997, S. 20)

Mit dem Dienstleistungsbegriff geht es den Wissenschaftlern wie mit unzähligen anderen Begriffen: es gibt keine einheitliche Definition, und in der Literatur existieren beliebig viele Varianten. Die Schwierigkeit einer einheitlichen Begriffsdefinition liegt zum einen in der großen Heterogenität des Dienstleistungssektors und zum anderen in der Frage der Abgrenzung vom Sachgut. Versuche, Dienstleistungen zu definieren, lassen sich in mehrere Kategorien einordnen (vgl. dazu ausführlich Burr/Stephan 2006, S. 18 ff.).

aa. Enumerative Aufzählung von Dienstleistungsbereichen

Bei dem enumerativen Ansatz der Begriffsbestimmung werden Produktbeispiele bzw. Branchen aufgezählt, die zum Dienstleistungsbereich gehören: Beherbergung, Bewirtung, Energieversorgung, Erholung, Ernährung, Forschung freiberufliche Tätigkeiten, Fürsorge, Geld- und Kreditwesen, Gesundheit, Haushalt, Information, Körperpflege, Kunst, Nachrichtenübermittlung, persönliche Dienste, Rechts- und Wirtschaftsberatung, Reinigung, Reparatur, öffentliche Verwaltung, Sicherheit, Sport, Transport, Unterhaltung, Unterricht, Vermittlung und Versicherung (vgl. United Nations 1990). Diese Vorgehensweise ist mit zwei Hauptproblemen behaftet: Erstens gibt es immer auch Zweifelsfälle, bei denen nicht klar ist, ob die ganze Branche oder nur Teile davon zum Dienstleistungsbereich zu zählen ist. Zweitens wird die erzeugte Liste der Dienstleistungen aufgrund ständig neuer Dienstleistungsinnovationen immer länger.

ab. Negativdefinition von Dienstleistungen

Die zweite Gruppe von Definitionen versucht, den Dienstleistungsbegriff über eine Negativdefinition abzugrenzen, d. h. alle Realgüter, die keine Sachgüter sind, gehören zu den Dienstleistungen. Auch diese Methode birgt Unschärfen, denn viele Produkte sind keine reinen

Formen, die entweder Sach- oder Dienstleistungen zuzuordnen sind, sondern gemischte Formen, wodurch jede Zuordnung willkürlich wird. Bei den gemischten Formen spricht man auch von Leistungsbündeln, die aus Kombinationen von Sachgütern und Dienstleistungen bestehen. In der Literatur bezeichnet man solche kombinierten Leistungsbündel auch als ‚**hybride Produkte**‘ (vgl. Wassermann 2010, S. 29 ff.).

ac. Statistische Abgrenzung: Dienstleistungen als Leistungen des tertiären Sektors

Die amtliche Statistik teilt die Wirtschaftsbereiche in drei Sektoren ein: den primären Sektor, den sekundären Sektor und den tertiären Sektor. Dienstleistungsunternehmen werden zum tertiären Sektor gerechnet (vgl. Abb. 184).

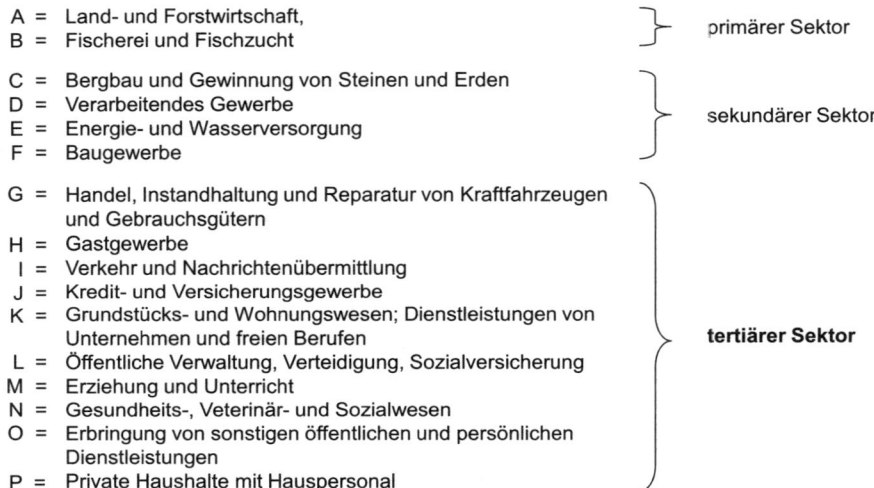

A =	Land- und Forstwirtschaft,	primärer Sektor
B =	Fischerei und Fischzucht	
C =	Bergbau und Gewinnung von Steinen und Erden	
D =	Verarbeitendes Gewerbe	sekundärer Sektor
E =	Energie- und Wasserversorgung	
F =	Baugewerbe	
G =	Handel, Instandhaltung und Reparatur von Kraftfahrzeugen und Gebrauchsgütern	
H =	Gastgewerbe	
I =	Verkehr und Nachrichtenübermittlung	
J =	Kredit- und Versicherungsgewerbe	
K =	Grundstücks- und Wohnungswesen; Dienstleistungen von Unternehmen und freien Berufen	**tertiärer Sektor**
L =	Öffentliche Verwaltung, Verteidigung, Sozialversicherung	
M =	Erziehung und Unterricht	
N =	Gesundheits-, Veterinär- und Sozialwesen	
O =	Erbringung von sonstigen öffentlichen und persönlichen Dienstleistungen	
P =	Private Haushalte mit Hauspersonal	

Abb. 184: Einteilung der Wirtschaftssektoren (vgl. Statistisches Bundesamt 2003)

Auch diese institutionelle Gliederung ist mit gravierenden Nachteilen behaftet. Die Zuordnung der Unternehmen zu einem Sektor erfolgt nach deren überwiegendem ökonomischem Zweck bzw. nach dem hauptsächlich erzeugten Output. Dadurch wird vernachlässigt, dass auch in den beiden anderen Sektoren Dienstleistungen erbracht werden. Beispielsweise erbringen auch Industrieunternehmen (innerbetriebliche) Dienstleistungen wie betriebliches Ausbildungswesen, F&E, oder Rechtsberatung. So bietet der Elektronikkonzern Siemens in seiner Sparte ‚Siemens IT Solutions and Services (SIS)‘ IT-Dienstleistungen für andere Unternehmen an. Weitere Konsequenz der institutionellen Gliederung ist, dass dieselben Tätigkeiten unterschiedlichen Sektoren zugerechnet werden können. Während Dienstleistungen, die innerhalb eines Industrieunternehmens wahrgenommen werden (z. B. F&E in einem Pharmaunternehmen) nach der amtlichen Statistik dem sekundären Sektor zuzurechnen sind, wird die selbe Leistung, so sie von einem F&E-Dienstleister erbracht wird, dem tertiären Sektor zugeordnet. Vor diesem Hintergrund erscheint auch die statistische Zunahme des tertiären Sektors (1991 entfiel 62 Prozent der Bruttowertschöpfung der deutschen Volkswirtschaft auf den tertiären Sektor, 2009 betrug der Anteil des Dienstleistungssektors an der Bruttowertschöpfung bereits 72,6 Prozent; vgl. IW 2010, S. 22) in einem anderen Licht. Der Trend zum

Outsourcing diverser Dienstleistungen von Industrieunternehmen zu spezialisierten Dienstleistern bläht den tertiären Sektor in der Statistik auf, ohne dass tatsächlich mehr Dienstleistungen erbracht werden. So hat sich beispielsweise in Deutschland unter dem Schlagwort „IT-Outsourcing" der Trend zur Auslagerung von IT-Leistungen an externe IT-Dienstleistungsunternehmen durchgesetzt. So übernehmen IT-Dienstleister wie Atos Origin, Hewlett Packard, IBM, Siemens IT Solutions and Services (SIS) oder T-Systems (Deutsche Telekom) IT-Leistungen, wie Betrieb oder Wartung der Computer- und Server-Infrastruktur oder Software Support-Leistungen, für Unternehmen aus dem verarbeitenden Gewerbe wie Alfred Ritter, Daimler, MAN, SinnLeffers oder Tognum. Das Umsatzvolumen im beständig wachsenden deutschen IT-Outsourcing-Markt wurde bereits in 2005 auf knapp 14 Mrd. Eurogeschätzt (vgl. dazu u. a. Hirschheim/Dibbern 2006, S. 3 ff.). Zu konsistenten Einschätzungen kommen auch die Branchenverbände Bitkom und EITO. So ist der der Markt für IT-Beratung und Systemintegration beständig gewachsen, er schrumpfte allerdings erstmals im Jahr 2009 um 7,1 Prozent als Folge der weltweiten Finanz- und Wirtschaftskrise. Das Volumen des deutschen Marktes für IT-Beratung und Systemintegration beträgt im Jahr 2009 gemäß Erhebung der beiden Branchenverbände insgesamt 14,9 Milliarden Euro (2008: 16,1 Mrd. Euro; vgl. Lünendonk 2010).

ad. Abgrenzung von Dienstleistungen anhand gemeinsamer konstitutiver Eigenschaften

Der vierte und vielversprechendste Ansatz versucht, die Definition von Dienstleistungen an gemeinsamen konstitutiven Eigenschaften von Dienstleistungen festzumachen. In der Literatur herrscht weitegehend Einigkeit, dass Dienstleistungen durch ein hohes Maß an Immaterialität/Intangibilität, das ‚uno actu'-Prinzip sowie die Integration von externen Faktoren („Integrativität") gekennzeichnet sind.

– **Immaterialität/Intangibilität**: Bereits *Jean Babtiste Say* (1876, S. 130 ff.) sprach von Dienstleistungen als ‚Produits Immatériels' und führte die Betrachtung von Dienstleistungen als immaterielle Güter in die Wirtschaftswissenschaften ein. Immaterialität stellt darauf ab, Dienstleistungen als Gegensatz zu materiellen Sachleistungen zu sehen und beschreibt den Sachverhalt, dass Dienstleistungen nicht greifbar sind. Intangibilität geht über Dinge, die nicht gesehen, gefühlt oder geschmeckt werden können, hinaus und beschreibt Phänomene, die nicht einfach definiert oder beschrieben werden können, bzw. die geistig nur schwer fassbar sind. Im weiteren Verlauf wird zwischen beiden Begriffen kein Unterschied gemacht. Allerdings ist auch diese Sichtweise von Dienstleistungen als immaterielle Güter problematisch, denn die meisten Dienstleistungen weisen auch materielle Bestandteile auf (ein repariertes Auto mit neuen Zündkerzen oder die Speisen und Getränke beim Essen im Restaurant). Zieht man die Immaterialität als Abgrenzungskriterium von Sach- und Dienstleistungen heran, dann nur insofern, als dass die einzelne Leistung auf einem Kontinuum zwischen hohem und niedrigem materiellen Anteil eingeordnet werden kann (vgl. Rushton/Carson 1989, S. 28 und Abb. 185).

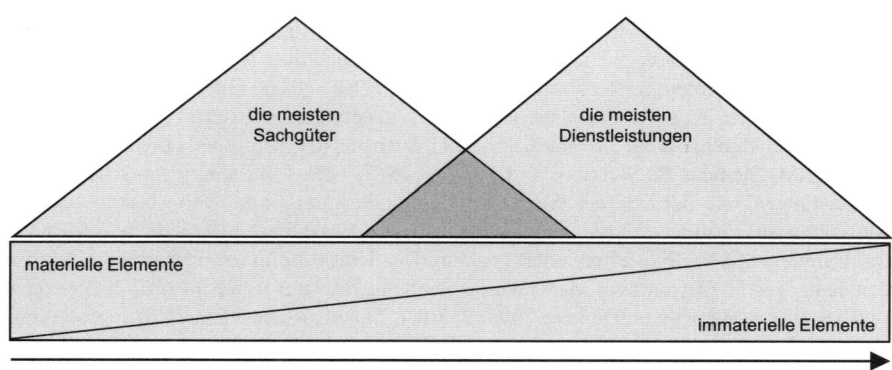

Abb. 185: Grad der Immaterialität von Dienstleistungen
(in Anlehnung an Rushton/Carson 1989, S. 28)

–   **‚uno actu'-Prinzip**: Das ‚uno actu'-Prinzip beschreibt die Gleichzeitigkeit (Simultanität) von Produktion, Absatz und Konsum von Dienstleistungen. Bei einem Sachgut fallen diese genannten Aktivitäten typischer Weise auseinander: Zum Zeitpunkt t wird der PKW beim Hersteller produziert, anschließend zum Händler transportiert, wo er zum Zeitpunkt t+1 von einem Kunden gekauft wird. Erst im Zeitpunkt t+2 beginnt die Nutzungsphase des PKW (Konsum). Bei einer typischen Dienstleistung, z. B. Orchesterkonzert, fallen Produktion (das Orchester spielt) und Konsum (die Konzertbesucher hören das Konzert) zusammen. Aus dem ‚uno actu'-Prinzip resultiert, dass Dienstleistungen in der Regel weder lagerbar noch transportierbar sind. Ausnahmen bilden Leistungen, die sich auf einem Trägermedium speichern lassen (z. B. Software lässt sich auf einer CD speichern). Aus dem ‚uno actu'-Prinzip entsteht eine weitere Besonderheit von Dienstleistungen: es existiert meist kein Transferobjekt, dass von Anbieter zum Nachfrager übertragen wird, und folglich ist mit dem Erwerb der Dienstleistung kein Eigentumstransfer verbunden. Es mangelt deshalb am Konstrukt des Eigentumsvorbehalts, und der Dienstleistungsanbieter hat es schwerer als ein Sachleistungsanbieter, sich der Zahlungsbereitschaft der Kunden zu versichern. Andererseits hat auch der Kunde kein Objekt, das er bei Schlechtleistung zurückgeben bzw. umtauschen kann.

–   **Integration externer Faktoren**: An der Erstellung einer Dienstleistung ist immer ein externer Faktor beteiligt. Produktion und Verkauf der Dienstleistung können nur stattfinden, wenn der Nachfrager selbst oder ein ihm gehörendes Objekt am Leistungserstellungsprozess beteiligt sind, d. h. die Dienstleistung wird entweder am Nachfrager (ärztliche Behandlung) oder an einem Objekt erbracht, das dem Kunden gehört (Schuhreparatur). Das Ausmaß, in dem der externe Faktor in den Prozess integriert ist, kann variieren:

·   Der Nachfrager stellt es Objekt zur Verfügung, an dem die Leistung durch den Anbieter relativ autonom erbracht wird, z. B. Brief- und Paketbeförderung

·   Damit die Leistung erbracht werden kann, muss sich der Kunde mehr oder minder aktiv am Dienstleistungsprozess beteiligen, z. B. öffentlicher Personennahverkehr.

·   Für die Leistungserstellung ist eine starke Einbindung des Kunden erforderlich, z. B. Sprachkurse an der Volkshochschule, Aerobickurse in einem Fitnessstudio.

– Die **Beteiligung externer Faktoren am Dienstleistungsprozess** hat bedeutsame Implikationen: Der Anbieter ist nicht allein für die Leistungsqualität verantwortlich. Er kann zwar seine internen Produktionsfaktoren optimieren, aber die Qualität des externen Faktors liegt weitgehend außerhalb seines Einflussbereichs. So hängt der Erfolg einer Bluthochdrucktherapie einerseits von der Güte der Behandlungsmaßnahmen des Arztes ab (z. B. Wahl des geeigneten Medikaments und der optimalen Dosierung), andererseits beeinflusst die Mitwirkung (Compliance) des Patienten (regelmäßige, pünktliche und genaue Einnahme der Medikamente, Einhaltung des Diätplans und ausreichend körperliche Bewegung) den Therapieerfolg ebenso (vgl. dazu Musil 2003). Des Weiteren erschwert die Integration des externen Faktors die Standardisierung von Dienstleistungen und die Qualitätskontrolle.

ae. Phasenbezogener Definitionsansatz

Auf der Basis der konstitutiven Eigenschaften von Dienstleistungen hat sich ein phasenbezogener Definitionsansatz herausgebildet, der sich an den Phasen der Dienstleistungserstellung orientiert (vgl. Abb. 186).

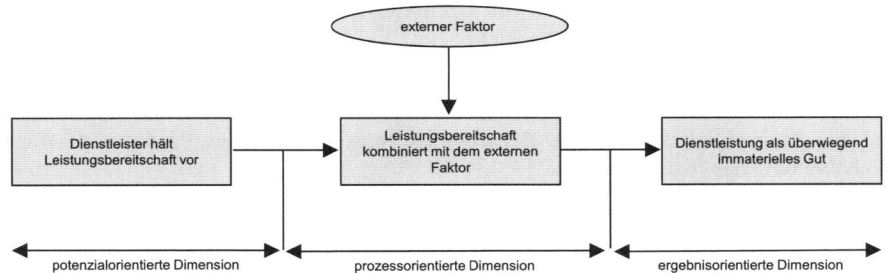

Abb. 186: Phasenbezogene Definition von Dienstleistungen

– **Phase der Potenzialorientierung**: Die potenzialorientierte Definition versteht Dienstleistung im Sinne der Fähigkeit und Bereitschaft eines Anbieters, eine Dienstleistung zu erbringen (vgl. Corsten 1996, S. 16 ff.). Das Dienstleistungsunternehmen bietet dem Kunden zunächst nur seine Leistungsfähigkeit an. Für diese Bereitstellungsleistung muss der Anbieter die notwendigen geistigen, physischen und psychischen Fähigkeiten und die Bereitschaft zur Erstellung der Leistung mitbringen. Aus den Fähigkeiten, der Bereitschaft und weiteren internen Faktoren (Ausstattungsgegenstände, Maschinen, Werkzeuge u.ä.) entsteht das **Dienstleistungspotenzial**. Das Dienstleistungspotenzial (z. B. geöffneter Friseursalon mit erforderlicher Ausstattung sowie fähigen und motivierten Mitarbeitern) signalisiert dem Kunden, dass man Leistungen erbringen kann und möchte.
– **Phase der Prozessorientierung**: Die prozessorientierte Definition versteht Dienstleistung im Sinne von Tätigkeit. Wenn der Kunde sich oder ein ihm gehörendes Objekt einbringt, beginnt der Prozess der Leistungserstellung (Kunde betritt den Friseursalon).
– **Phase der Ergebnisorientierung**: Die ergebnisorientierte Definition versteht Dienstleistung als Ergebnis einer Tätigkeit. Das Dienstleistungsergebnis kann gemäß obigen Überlegungen zur Immaterialität von Dienstleistungen immaterielle und materielle Bestandteile erhalten (z. B. die Friseurleistung an sich (waschen, schneiden, föhnen) als immaterieller Bestandteil, die im Haar befindlichen Styling-Produkte als materielle Bestandteile).

Dienstleistungen können sowohl unmittelbare Ergebnisse als auch Folgeergebnisse aufweisen, die sich erst nach einem längeren Zeitraum beurteilen lassen (z. B. Umsetzung der Vorschläge einer Unternehmensberatung in die Praxis).

b. Dienstleistungsmanagement

Dienstleistungsmanagement umfasst die Planung, Durchführung und Kontrolle von Maßnahmen zur Erstellung von Dienstleistungen sowie zur Sicherstellung dienstleistungsorientierten Verhaltens.

So verstandenes Dienstleistungsmanagement konzentriert sich nicht nur auf das Management der eigentlichen Dienstleistungserstellung im engen Sinne (Kombination von Produktionsfaktoren und Integration des externen Faktors), sondern bezieht vor- und nachgelagerte Stufen des dienstleistungsbezogenen Wertschöpfungsprozesses ein. So verstandenes Dienstleistungsmanagement umfasst auch das Management der Vorhaltung von Dienstleistungspotenzialen (z. B. Entscheidungen zur Dienstleistungskapazität) und das Management der Dienstleistungsergebnisse (z. B. Kontrolle der Dienstleistungsqualität, Vermarktung der Dienstleistungen).

2. Besonderheiten des Angebots von Dienstleistungen: Eine produktionstheoretische Sicht

Die Problemstellung der **Produktionswirtschaft** lässt sich umgrenzen mit Planung, Durchführung, Steuerung und Kontrolle der Produktion. Einsatzfaktoren für den Produktionsprozess sind die Produktionsfaktoren. Die Betriebswirtschaftslehre definiert Produktionsfaktoren durch drei Kriterien (vgl. Maleri 1997, S. 131 f.):

- Eigenschaft als Wirtschaftsgut,
- der Einsatz des Produktionsfaktors bewirkt das Entstehen eines neuen Gutes,
- Güterverzehr beim Einsatz im Produktionsprozess (entweder durch direkten Verzehr oder durch das Entstehen von Opportunitätskosten).

Während beispielsweise die klassische Volkswirtschaftslehre Arbeit, Boden und Kapital als Produktionsfaktoren unterscheidet, haben sich in der Betriebswirtschaftslehre die Einteilung der Produktionsfaktoren nach *Gutenberg* und *Heinen* etabliert. *Gutenberg* (1983, S. 3) unterscheidet **elementare** und **dispositive Produktionsfaktoren**. Betriebsmittel (Gebäude, Maschinen, Werkzeuge), Werkstoffe (Roh-. Hilfs- und Betriebsstoffe) und die ausführende bzw. objektbezogene Arbeit bilden die elementaren Faktoren, Leitung, Planung, Organisation und Überwachung den dispositiven Faktor. Die alternative Einteilung nach *Heinen* (1991) differenziert zwischen Repetierfaktoren und Potenzialfaktoren. **Repetierfaktoren** gehen wiederholt in das Endprodukt ein und müssen daher immer wieder beschafft werden, z. B. Rohstoffe. **Potenzialfaktoren** stehen über längere Zeit zur Verfügung und verkörpern ein Nutzungspotenzial, das nach und nach aufgezehrt wird, z. B. Maschinen und Gebäude. Der Verzehr des Nutzungspotenzials drückt sich in den Abschreibungen aus.

a. Dienstleistungsspezifische Produktionsfaktoren

Diese traditionellen Faktorsysteme in der Betriebswirtschaftslehre nach *Gutenberg* und *Heinen* sind primär auf die Erklärung der Sachgüterproduktion ausgerichtet und nur bedingt zur Erklärung der Dienstleistungsproduktion geeignet (vgl. Maleri 1997, S. 132). Gravierendes Problem der traditionellen betriebswirtschaftlichen Produktionsfaktorsysteme ist, dass sie, mit

Ausnahme der menschlichen Arbeitsleistung, immaterielle Faktoren weitgehend ausblenden. Das gilt speziell für den Einsatz von Nominalgütern, Dienstleistungen und Informationen. Nun ist aber gerade die Dienstleistungsproduktion durch den Einsatz bzw. die Kombination von immateriellen Faktoren gekennzeichnet. Die Besonderheit des Produktionsfaktorsystems im Dienstleistungsbereich ist jedoch die Notwendigkeit, bei der Dienstleistungsproduktion externe Faktoren einzusetzen. *Maleri* (1997, S. 147 ff.) schlägt deshalb für den Dienstleistungsbereich eine Trennung in interne und externe Produktionsfaktoren vor und beschreibt diese wie folgt (vgl. Abb. 187).

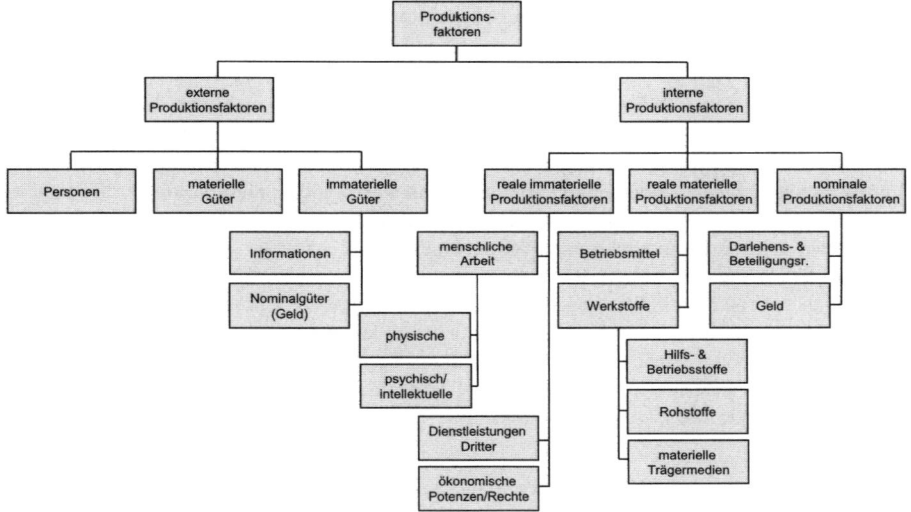

*Abb. 187: Faktorsystem der Dienstleistungsproduktion
(in Anlehnung an Maleri 1997, S. 182)*

aa. Interne Produktionsfaktoren

Interne Produktionsfaktoren sind jene Einsatzfaktoren, die für die Leistungserstellung benötigt werden und vom Anbieter autonom von den Beschaffungsmärkten bezogen oder selbst hergestellt werden können (vgl. Maleri 1973, S. 97 ff.). In der Sachleistungsproduktion werden überwiegend interne Produktionsfaktoren eingesetzt. Interne Produktionsfaktoren zur Dienstleistungsproduktion können alle Produktionsfaktoren aus der traditionellen Systematisierung sein. Einzig Rohstoffe stellen grundsätzlich keinen Inputfaktor der Dienstleistungsproduktion dar. Die Tatsache, dass in der Dienstleistungsproduktion keine Rohstoffe (materielle Güter, die unmittelbar in das Endprodukt eingehen und einen wesentlichen Teil des Endprodukts ausmachen) eingesetzt werden, begründet die Immaterialität von Dienstleistungen.

ab. Externe Produktionsfaktoren

An der Erstellung einer Dienstleistung ist neben dem Anbieter ein externer Faktor beteiligt, auf dessen Verfügbarkeit und Qualität der Anbieter kaum Einfluss nehmen kann. Bezüglich der Erscheinungsform und der Wesensmerkmale des externen Faktors lassen sich drei Grundtypen unterscheiden:

- Lebewesen und/oder materielle/immaterielle Güter, die dem Nachfrager gehören und von außen durch den Nachfrager in den Produktionsprozess eingebracht werden, z. B. Haustiere bei einer tierärztlichen Untersuchung, Kleidung für eine chemische Reinigung, Informationen des Klienten an die Unternehmensberatung/den Wirtschaftsprüfer,
- der Abnehmer selbst, der sich passiv an der Leistungserstellung beteiligt, z. B. Konzertbesuch, Bahnfahrt, Operationen,
- der Abnehmer, der aktiv an der Leistungserstellung mitwirkt, z. B. berufliche Weiterbildung, Besuch in Fitness-Studio, Mitarbeiter des Klienten in einem Beratungsprojekt.

b.   Herausforderungen der Dienstleistungsproduktion

ba.   Absatz und Verwertung der Dienstleistung

Das ‚uno actu'-Prinzip beschreibt die Simultanität von Produktion, Absatz und Konsum bei Dienstleistungen. Es gibt jedoch begründete Zweifel an der Korrektheit dieses Prinzips. Erstens der Absatz der Dienstleistung meist schon vor der Produktion erfolgen, denn die zur Leistungserstellung notwendigen externen Faktoren wären anders nicht verfügbar. So müssen beispielsweise die Eintrittskarten für eine Opernaufführung zuerst verkauft werden (Absatz) ehe die Besucher im Zuschauerraum Platz nehmen und die Aufführung beginnen kann (Produktion). Allerdings werden bei Dienstleistungen im Gegensatz zu Sachleistungen fast ausschließlich unproduzierte Leistungen in Form von Leistungsversprechen abgesetzt, was für den Nachfrager mit negativen Folgen verbunden sein kann. Er kann letztlich nur darauf hoffen, dass der Anbieter tatsächlich willens und in der Lage ist, das Leistungsversprechen einzulösen. Dies lässt sich aber infolge zu vieler externer Einflüsse (z. B. unvorhergesehene Störungen im Produktionsablauf, Umwelteinflüsse u. ä.) kaum garantieren (vgl. Maleri 1997, S. 137).

Zweitens kann man auch nicht uneingeschränkt von Simultanität bei Produktion und Konsum (Verwertung) von Dienstleistungen sprechen, denn viele Dienstleistungen werden als langlebige Verbrauchsgüter oder Leistungspotenziale genutzt. Klassische Beispiele sind die Leistungen von Beratungsunternehmen oder Bildungseinrichtungen sowie medizinische Dienstleistungen (vgl. dazu Burr/Stephan 2006, S. 22 f.; Maleri 1997, S. 138).

bb.   Faktorkombination im Dienstleistungsprozess

Bedingt durch die Notwendigkeit zur Integration eines externen Produktionsfaktors kommt es bei der Herstellung von Dienstleistungen zu einer Unterteilung des Produktionsprozesses, die in der Form bei Sachleistungen nicht gegeben ist. Während der Sachleistungshersteller über den gesamten Herstellungsprozess autonom entscheiden kann, beschränkt sich diese Autonomie in Dienstleistungsunternehmen auf die internen Produktionsfaktoren, mit denen der Anbieter seine Leistungsbereitschaft herstellt (Vorkombination). Die Dienstleistung kann aber erst dann erstellt werden, wenn die innerbetriebliche Leistungsbereitschaft des Anbieters mit einem externen Faktor (Kunde selbst oder ein ihm gehörendes Objekt) kombiniert wird (Endkombination). Eine wesentliche Folge dieses zweistufigen Produktionsprozesses ist, dass das Dienstleistungsunternehmen in der Regel nicht über die zu produzierende Dienstleistungsmenge entscheiden kann, sondern lediglich Art und Umfang des Dienstleistungsangebots (z. B. Anwaltskanzlei mit Spezialisierung auf Arbeits- und Familienrecht; Öffnungszeiten der Kanzlei, Zahl der tätigen Rechtsanwälte u. ä.) bestimmen kann (vgl. Maleri 1997, S. 139 f.). Abb. 188 vergleicht die Faktorkombination in der Sach- und Dienstleistungsproduktion.

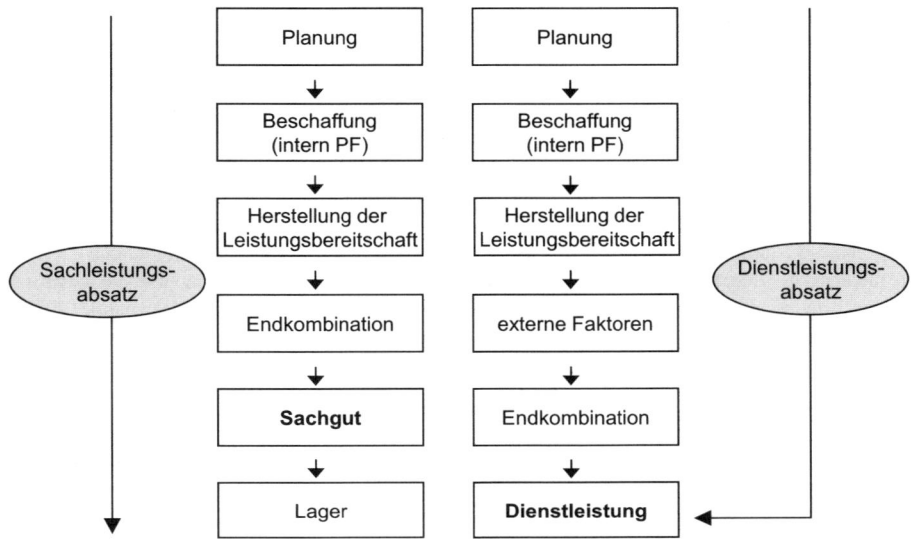

*Abb. 188: Faktorkombination in der Sach- und Dienstleistungsproduktion
(vgl. Maleri 1997, S. 188)*

bc. Schwierigkeiten der Outputerfassung

Aus der Immaterialität von Dienstleistungen ergeben sich besondere Probleme bei der Erfassung der Outputquantität und -qualität. Bei vielen Dienstleistungen ist es unmöglich, die Outputquantität wie im Sachgüterbereich zu wiegen, messen oder zu zählen, weil diese Verfahren an der Existenz materieller Bestandteile anknüpfen. Es gibt jedoch Dienstleistungsbereiche, bei denen eine Outputquantifizierung möglich ist, nämlich indem die Nachfrager selbst gezählt oder die von den Nachfragern eingebrachten Objekte gezählt, gewogen oder gemessen werden (vgl. Maleri 1997, S. 141 f.). Zum Beispiel erfassen Krankenhäuser ihren ‚Output' anhand der Operations- und Bettenbelegungszahlen. Hotels ermitteln die Anzahl der Übernachtungen, PKW-Reparaturwerkstätten, wie bspw. Pit-Stop, stützen ihre Outputquantifizierung auf die Anzahl der abgewickelten Reparaturen, differenziert nach Produktkategorien wie Bremsen, Reifen, Stoßdämpfer oder Ölwechsel (vgl. die Pit-Stop Auto-Service GmbH Jahresabschlussberichte 2006 und 2007).

In bestimmten Dienstleistungsbranchen ist die Quantifizierung des Outputs demzufolge anhand der Zahl der integrierten externen Faktoren einfach möglich und sinnvoll. Dagegen stellt sich die Ermittlung der Dienstleistungsqualität meist viel schwieriger dar, selbst wenn eine Outputquantifizierung gelingt. So ist es zwar möglich, den Output eines Krankenhauses quantitativ darzustellen, jedoch sagen die Patientenzahlen noch nichts über die Güte der medizinischen Behandlung aus. Eine Möglichkeit, Dienstleistungsqualität zu operationalisieren und damit objektiv messbar zu machen, die sich zunehmender Beliebtheit erfreut, sind so genannte Service Level Agreements (vgl. dazu ausführlich Burr/Stephan 2006, S. 178 ff. sowie den Exkurs in Abb. 189.

Exkurs: Service Level Agreements

Service Level Agreements sind Vereinbarungen zwischen Kunde und Dienstleistungsanbieter, um auf der Grundlage objektiv messbarer Kennzahlen Dienstleistungsqualität
zu messen, nachzuweisen und zu garantieren (vgl. Burr/Stephan 2006, S. 178; Burr
2002b, S. 510.) Anbieter und Nachfrager vereinbaren diverse Kennzahlen für einzelne,
objektiv messbare Qualitätsparameter, die zusammen die Dienstleistungsqualität beschreiben. Zu den wesentlichen Inhalten von Service Level Agreements gehören u. a. die
genaue Beschreibung der zu erbringenden Leistung und die mit ihr zu erreichenden Ziele,
die Rollen, Leistungsbeiträge und Verantwortlichkeiten der Beteiligten und die Festlegung der Kennzahlen zur Beurteilung der Dienstleistungsqualität (vgl. Hermann 1998;
Metzler 1997 und Berger 1997). Es werden drei Arten von Service Level Agreements
unterschieden:

- Inputorientierte Service Level Agreements: schreiben bestimmte Anforderungen an
  die eingesetzten internen Produktionsfaktoren fest, z. B. die Qualifikation der Mitarbeiter, die Art und Qualität der eingesetzten materiellen Hilfs- und Betriebsstoffe.
- Prozessorientierte Service Level Agreements: legen Kennzahlen zur Beurteilung der
  Prozessqualität fest. Für einen Vertrag zwischen einem Unternehmen und einem Anbieter von Kopiergeräten über die Betreuung und Wartung von Kopiergeräten wäre
  beispielsweise denkbar, Reaktionszeiten bei Störfällen (z. B. Behebung des Schadens
  innerhalb von drei Stunden) oder die Wartungsintervalle (z. B. monatliche Inspekti-
  on) zu vereinbaren.
- Outputorientierte Service Level Agreements: definieren Kennzahlen und Kriterien
  zur Beurteilung der Outputqualität. Im obigen Beispiel entspricht etwa eine 90-pro-
  zentige Verfügbarkeit der Kopiergeräte während der Bürozeiten des Unternehmens
  einem solchen outputorientierten Service Level Agreement.

Die Schwierigkeit, die Outputqualität von Dienstleistungen zu beurteilen, resultiert aus
den Erfahrungs- und Vertrauenseigenschaften von Dienstleistungen. Die diesen zugrunde
liegenden Informationsasymmetrien verursachen die bekannten Agency-Probleme und
-Kosten. Service Level Agreements sind ein Instrument zur Beherrschung dieser Probleme und zur Senkung von Agency-Kosten (vgl. zu den nachfolgenden Ausführungen Burr
2002b, S. 514-519).

- Beherrschung von Adverse Selection-Problemen: Vor Vertragsschluss ist es dem
  Nachfrager aufgrund von Hidden Characteristics/mangelnden Sucheigenschaften nur
  beschränkt möglich, die Leistungsfähigkeit der Dienstleistungsanbieter zu beurteilen
  und er läuft Gefahr, einen Anbieter auszuwählen, der nicht die gewünschte Leistungsqualität erbringen kann. Service Level Agreements können helfen, diese Informationsasymmetrie abzubauen, denn zum einen kann sich der Principal (Kunde) an
  den zugesagten Service Levels orientieren (Screening), und zum anderen kann auch
  der Dienstleistungsanbieter (Agent) durch garantierte und hohe Service Levels seine
  Leistungsfähigkeit und -bereitschaft signalisieren. Der Nachfrager kann außerdem
  sehr hohe Service Levels in Verbindung mit hohen Konventionalstrafen fordern und
  somit eine Self Selection-Situation für potenzielle Anbieter gestalten.
- Beherrschung von Moral Hazard-Problemen: Während der Leistungsbeziehung hat
  der Nachfrager Schwierigkeiten, den Anbieter zu überwachen bzw. die Leistung des
  Anbieters zu beurteilen, und es besteht die Gefahr, dass der Dienstleister nachlässig

arbeitet. Weil nun die Leistungsqualität in Form von objektiv messbaren Kennzahlen vereinbart ist, kann der Anbieter leichter kontrolliert werden, und der Nachfrager kann Anreizsysteme gestalten, indem er beispielsweise die Entlohnung des Anbieters (teilweise) an die definierten Service Levels koppelt.

– Beherrschung von Hold Up-Problemen: Oft muss ein Nachfrager in die Beziehung mit einem Dienstleister spezifisch investieren, ihn beispielsweise anlernen oder mit umfangreichen, möglicherweise strategisch bedeutsamen Informationen versorgen, damit der Anbieter überhaupt seine Leistung erbringen kann. Er begibt sich damit in eine einseitige Abhängigkeit vom Anbieter, die dieser opportunistisch ausnutzen könnte (z. B. bei Vertragsverlängerung höhere Preise fordern oder Qualität senken). Service Level Agreements können den Nachfrager vor derartigen „Erpressungen" schützen. Objektiv messbare und vertraglich vereinbarte Qualitätsniveaus sind gerichtlich einklagbar. Außerdem verpfändet der Anbieter durch garantierte Service Levels seine Reputation, die der Nachfrager bei Schlechtleistung vernichten kann (zum Reputationsmechanismus vgl. Kapitel D V 5)

Abb. 189: Exkurs zu Service Level Agreements

bd. Leerkostenproblematik und Kapazitätsmanagement

Ein Grundproblem in der Dienstleistungsproduktion ist die Auslastung der vorhandenen Kapazitäten und die damit verbundene Leerkostenproblematik. Bekanntlich muss der Anbieter zunächst durch Vorkombination der internen Produktionsfaktoren seine Leistungsbereitschaft herstellen, ehe der externe Faktor hinzu kommt und die Endkombination beginnt. D. h. der Anbieter legt seine Kapazitäten fest (vgl. z. B. Kleinaltenkamp/Marra 1997, S. 60 f.). Beispielsweise muss eine Fluggesellschaft zuerst Flugzeuge kaufen sowie Piloten und Flugbegleiter einstellen und einarbeiten, um die Flugbereitschaft herzustellen. Der Anbieter hat nur dann eine Chance, Dienstleistungen abzusetzen, wenn er entsprechende Produktionskapazitäten vorhält. Die aus der Immaterialität der Dienstleistung resultierende Nichtlagerfähigkeit stellt besondere Anforderungen an das Kapazitätsmanagement in Dienstleistungsunternehmen, insbesondere wenn Nachfrageschwankungen auszugleichen sind. Im Fall von Nachfrageschwankungen richtet sich die Produktionskapazität vielfach an den Nachfragespitzen aus. Abb. 190 hilft, die Konsequenzen von Nachfrageschwankungen zu verdeutlichen.

Die meisten Sachgüterhersteller sind, wie im oberen Teil der Abbildung ersichtlich, in der Lage, Nachfrageschwankungen (z. B. bei Produkten mit saisonalen Märkten wie Osterhasen und Weihnachtsmänner aus Schokolade, Winter- und Sommerbekleidung) auszugleichen, indem während schwacher Nachfrage Güter auf Lager produziert werden und eine starke Nachfrage aus der aktuellen Produktion sowie den aufgebauten Lagern bestritten wird. Dies setzt natürlich voraus, dass die Sachgüter eine gewisse Mindesthaltbarkeit haben, also nicht leicht verderblich sind, wie z. B. einige Lebensmittel. Die Sachgüterhersteller können auf diese Weise eine gleichmäßige Beschäftigung sichern und sind kaum mit Leerkosten belastet. Als **Leerkosten** wird der Anteil der Fixkosten bezeichnet, der aufgrund zu geringer Kapazitätsauslastung nicht gedeckt wird. Fixkosten, die im Rahmen der Auslastung und des Verkaufs von Absatzleistungen gedeckt werden, sind **Nutzkosten** (zur Fixkostendegression siehe Kapitel D II 4 c).

Demgegenüber können Dienstleistungsunternehmen keine Lager aufbauen, das heißt, die Beschäftigung fällt stets mit der aktuellen Nachfrage zusammen, wird aber zugleich durch die

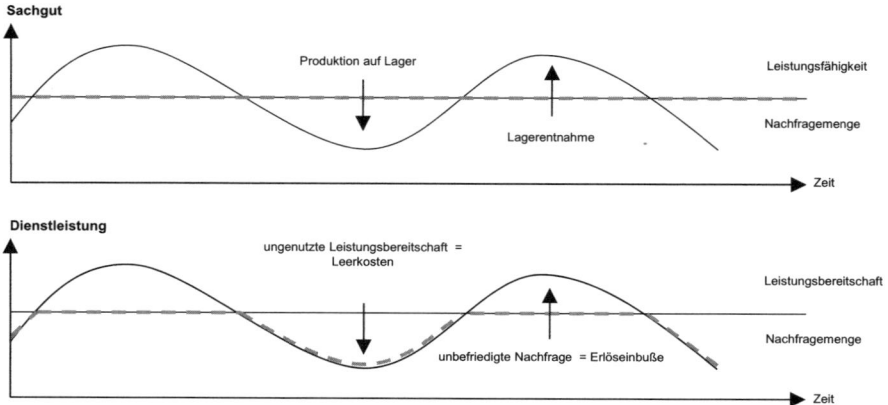

Abb. 190: Leerkostenproblematik im Dienstleistungsbereich

maximale Produktionskapazität begrenzt (vgl. unterer Teil der Abb. 190). Beispielsweise passen in einen Kinosaal mit 400 Sitzplätzen auch nur maximal 400 Besucher, eine darüber hinaus gehende Nachfrage bleibt unbefriedigt. Die Folgen sind brachliegende Kapazitäten in Zeiten eines Angebotsüberhangs, eine unbefriedigte Nachfrage und damit Umsatzeinbußen in Zeiten eines Nachfrageüberhangs.

Um eine möglichst hohe und gleichmäßige Kapazitätsauslastung zu erreichen und Leerkosten aufgrund von Unterbeschäftigung und Kundenunzufriedenheit wegen nicht befriedigter Nachfrage zu vermeiden, zu vermeiden, versuchen Dienstleistungsunternehmen zum einen das vorhandene Kapazitätsangebot an die Nachfrageschwankungen anzupassen. Eine Maßnahme zur Anpassung des Kapazitätsangebots ist beispielsweise der Einsatz von kurzfristig flexiblen Produktionskapazitäten (z. B. in Form von Teilzeitkräften in der Hochsaison von Restaurants und Hotels). Zum anderen versuchen Dienstleistungsunternehmen durch Nachfragesteuerung die Nachfrage an das Kapazitätsangebot anzupassen. So greifen viele Unternehmen auf Instrumente des Marketingmix zurück und betreiben eine zeitliche Preisdifferenzierung (z. B. die Einrichtung eines Kinotages mit vergünstigten Preisen am Wochenanfang oder Wochenend- und Saisontarife in Hotels; vgl. zur Preisdifferenzierung Fassnacht/Homburg 1997 und zum Marketingmix im Dienstleistungsbereich Kapitel D V 4).

3. Besonderheiten der Nachfrage nach Dienstleistungen: Eine informationsökonomische Sicht

Gegenstand dieses Kapitels ist das Nachfrageverhalten bei Dienstleistungen vor, während und nach der Konsumphase, welches mit Hilfe informationsökonomischer Überlegungen beschrieben und analysiert wird. Die **Informationsökonomik** analysiert ökonomische Systeme (Individuen, Organisationen oder Volkswirtschaften) unter der Berücksichtigung der Tatsache, dass Individuen ihre Entscheidungen unter unvollständigen Informationen zu treffen haben. Die Grenzen menschlicher Informationsbeschaffung und -verarbeitung finden in der Verhaltensannahme der begrenzten Rationalität Eingang in das Theoriegebäude der Neuen Institutionenökonomik (vgl. Kapitel B I). Wer Dienstleistungen über einen dafür spezialisierten Anbieter bezieht, also nicht selbst erstellt, verliert grundsätzlich Gestaltungsmöglichkeiten und Informationen. Die Qualität der Produktionsfaktoren und des Dienstleistungsprozesses ist dem Nachfrager vor und nach dem Kauf wenig bekannt (**Kontrollverlust**). Obwohl dies auch auf Sachleistungen zutrifft, weisen Dienstleistungen besondere Probleme auf. Weil Dienstleistungen überwiegend von Menschen erbracht werden, können sowohl die Spezifikation der Qualitätsanforderungen als auch die Sicherung der Einhaltung der Leistungsqualität nicht mit hinreichender Genauigkeit und Zuverlässigkeit erfolgen (**Koordinationsverlust**). Diese speziellen Kontroll- und Koordinationsprobleme kennzeichnen das Nachfrageverhalten bei Dienstleistungen (vgl. Kuhlmann 2001, S. 218).

a. Nachfrageverhalten vor dem Konsum

aa. *Informationsbeschaffung und -verarbeitung*

In der Vor-Konsumphase geht es für den Nachfrager darum, Informationen über die betroffene Dienstleistung zu beschaffen und zu verarbeiten und eine Kaufentscheidung zu treffen. Informationsbeschaffung und Verarbeitung finden in einer Atmosphäre der Qualitätsunkenntnis über die zu erwartende Dienstleistung statt. **Qualitätsunkenntnis** bedeutet. Die Nachfrager können die Qualität eines Gutes oder transaktionsrelevanter Eigenschaften nicht oder nur schwer einschätzen. Der Anbieter verfügt über derartige Informationen bzw. kann die relevanten Guteigenschaften sogar ex post zu seinen Gunsten verändern (z. B. verwendet die Vertragswerkstatt bei der Autoreparatur nicht wie vereinbart Originalersatzateile). Man spricht in solchen Fällen von einer asymmetrischen Informationsverteilung bzw. Informationsasymmetrie (vgl. dazu Kapitel B I 3). Ob bei einem bestimmten Gut mit Qualitätsunsicherheit zu rechnen ist, hängt von speziellen Eigenschaften des Gutes ab. In der Informationsökonomie werden traditionell drei Gütertypen unterschieden: die Unterteilung in Suchgüter (search goods) und Erfahrungsgüter (experience goods) geht auf *Nelson* (1970) zurück. *Darby* und *Karni* (1973) haben zusätzlich die Kategorie der Vertrauensgüter (credence goods) eingeführt.

– **Suchgüter/Suchmerkmale**: Der Nachfrager kann die Qualität von Suchgütern bereits vor dem Kauf in Augenschein nehmen und ohne nennenswerte Informationskosten anhand zugänglicher Merkmale (Form, Material, Farbe, Leistungsdaten etc.) beurteilen (z. B. bei Kleidung, Möbeln oder Schmuck).
– **Erfahrungsgüter/Erfahrungsmerkmale**: Der Nachfrager kann erst nach dem Kauf und gegebenenfalls erst nach wiederholter Inanspruchnahme ein Urteil über die Qualität fällen (z. B. bei einem Essen im Restaurant oder Haarschnitt beim Friseur).
– **Vertrauensgüter/Vertrauensmerkmale**: Eine Beurteilung der Qualität von Vertrauensgütern ist nicht nur nicht zum Zeitpunkt des Kaufs, sondern auch nach der Inanspruchnahme der Leistung nicht möglich (z. B. bei einer medizinischen Diagnose oder Rechtsanwaltsleistungen).

Anzumerken ist, dass ein Gut üblicherweise nicht nur durch einzelne Eigenschaftsparameter (qualities), also nicht ausschließlich durch Such- oder Erfahrungs- oder Vertrauensmerkmale gekennzeichnet ist, sondern immer mehrere Merkmale auf sich vereinigt (vgl. Weiber/Adler 1995), jedoch in unterschiedlichem Ausmaß. Überwiegen bei den Eigenschaftsparametern die Suchmerkmale, dann spricht man von Suchgütern. Bei der Dominanz von Erfahrungs- bzw. Vertrauensmerkmalen spricht man analog von Erfahrungs- bzw. Vertrauensgütern.

Auf diesen informationsökonomischen Prämissen aufbauend, hat *Zeithaml* (1981) Hypothesen zur Unterscheidung von Sach- und Dienstleistungen formuliert. Seine Grundaussage ist, dass Sachleistungen vorwiegend mit Such- und Erfahrungsmerkmalen, Dienstleistungen überwiegend mit Vertrauens- und Erfahrungsmerkmalen ausgestattet sind (vgl. Abb. 191).

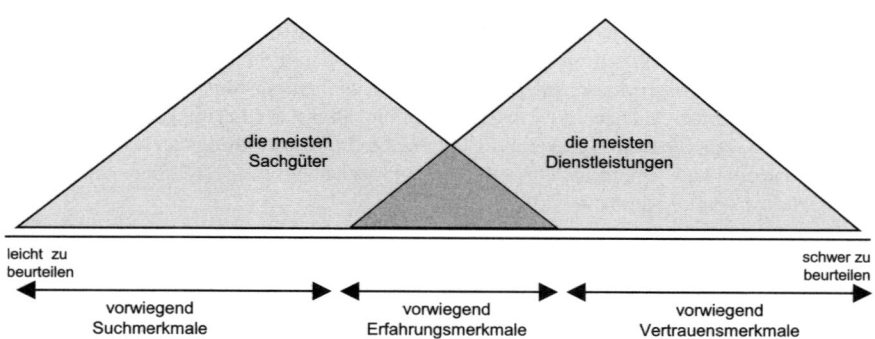

Abb. 191: Informationsökonomisches Güterspektrum (vgl. Zeithaml 1981)

Dass Dienstleistungen überwiegend mit Vertrauens- und Erfahrungsmerkmalen ausgestattet sind, ist auf ihre konstitutiven Eigenschaften zurückzuführen, insbesondere auf die Immaterialität.. Hinzu kommt die Tatsache, dass ihre Produktion erst nach dem Verkauf beginnt, d. h. es kann ex ante gar keine Sucheigenschaften geben.

Exkurs: *Personalentwicklungsleistungen als Quasi-Erfahrungs- und Vertrauensgüter*

Schade und *Schott* (1993) haben die Einteilung in Such-, Erfahrungs- und Vertrauensgüter um die Unterscheidung in Quasi-Vertrauens- und Quasi-Erfahrungsgüter ergänzt. ‚**Quasi-Vertrauensgüter**‘ sind Leistungen, bei denen die Kauffrequenz sehr niedrig ist, also im Extremfall keine Wiederholungskäufe erfolgen und der erste Kauf ein Treffer sein muss (vgl. Stephan/Gross 2011, S. 15). Prinzipiell wäre bei ‚Quasi-Vertrauensgütern‘ eine Beurteilung durch Erfahrung im Fall einer wiederholten Inanspruchnahme möglich. Praktisch ist dies jedoch ausgeschlossen, da keine wiederholte Nutzung vorgesehen ist (geringe Transaktionshäufigkeit), da zu hohe Kosten anfallen würden oder der Erstellungs- bzw. Wirkungszeitraum zu langwierig ist. Somit treten bei ‚Quasi-Vertrauensgütern‘ ähnliche Probleme auf wie bei den Vertrauensgütern. ‚**Quasi-Erfahrungsgüter**‘ sind solche Güter, bei denen die Erfahrungsbildung zwar möglich und sinnvoll ist, die Ergebnisse aber wegen mangelnder Standardisierbarkeit der Leistung bei wiederholter Inanspruchnahme unterschiedlich ausfallen. Diese Heterogenität der Leistung erschwert die Nutzenbeurteilung bei der wiederholten Erbringung bzw. Inanspruchnahme.

Beispiele für Dienstleistungen mit Quasi-Vertrauens- und Erfahrungsgutmerkmalen sind Personalentwicklungsleistungen, u. a. Coaching (vgl. dazu Kapitel D III 5 c sowie Stephan et al. 2009, S. 125 f.). Die Coaching-Dienstleistung ist aus Sicht des Klienten (Coachee) ein Quasi-Vertrauensgut. Nach der Inanspruchnahme der Dienstleistung lässt sich die Qualität für ihn nicht eindeutig abschätzen. Zwar wäre eine Beurteilung im Fall einer wiederholten Inanspruchnahme prinzipiell möglich, eine Wiederholung des Coachings und damit die Sammlung von Erfahrungen ist in der Regel nicht vorgesehen. Dies wird neben den hohen Kosten vor allem damit begründet, dass die Wirkung einer Coaching-Maßnahme sehr langfristig ausgerichtet ist, d. h. sich ein eventueller Nutzen erst mit großer zeitlicher Verzögerung einstellt. Für das Unternehmen bzw. die betreuenden Mitarbeiter in der Personalentwicklung weist Coaching dagegen Eigenschaften von Quasi-Erfahrungsgütern auf. Im Zuge der wiederholten Buchung und Begleitung von externen Coachs bei Coaching-Maßnahmen mit verschiedenen Mitarbeitern aus dem eigenen Unternehmen ist eine Erfahrungs- und Meinungsbildung bzgl. der Qualifikation und Leistungsbereitschaft des Coachs zwar prinzipiell möglich. Allerdings wird die ‚Performance' des Coachs im Rahmen der wiederholten Inanspruchnahme seiner Coaching-Dienstleistung schwanken. Coaching als personenbezogene Dienstleistungen ist durch eine enorme Vielfalt und Heterogenität gekennzeichnet. Die konkrete inhaltliche Ausgestaltung des Coachings wird sich je nach den verschiedenen Anlässen, Zielvereinbarungen, Persönlichkeitsmerkmalen, individuellen Bedürfnissen und der Motivation des Coachees stark unterscheiden. Ein Coach wird ein und dieselbe Coaching-Leistung (mit derselben Qualität) niemals mehrfach anbieten können (vgl. Stephan et al. 2009, S. 126 f.).

Abb. 192: Personalentwicklungsleistungen als Quasi-Erfahrungs- und Quasi-Vertrauensgüter

Qualitätsunkenntnis kann vor (ex ante) und nach (ex post) Vertragschluss auftreten. Mögliche Folgen von Qualitätsunkenntnis sind Adverse Selection (als Folge einer ex ante-Informationsasymmetrie) und Moral Hazard (als Folge einer ‚ex post'-Informationsasymmetrie) (zu detaillierten Ausführungen von ‚Adverse Selection' und ‚Moral Hazard' vgl. Kapitel B). ‚Adverse Selection'- und ‚Moral Hazard'-Probleme können auf allen Märkten auftreten. Zumeist sind die Probleme jedoch nicht so gravierend, dass es zu Marktversagen kommt und wirtschaftspolitische Maßnahmen nötig werden. Es gibt eine Reihe marktlicher Lösungsmöglichkeiten. Abb. 193 zeigt Instrumente zum Abbau von Informationsasymmetrien (vgl. auch Abb. 114 zu Instrumenten im Finanzierungsbereich).

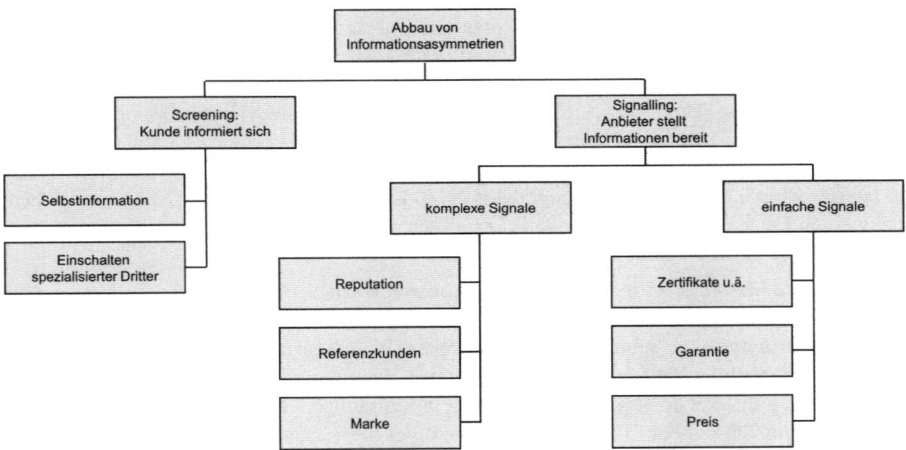

Abb. 193: Lösungen zum Abbau von Informationsasymmetrien bei Qualitätsunkenntnis (in Anlehnung an Burr/Richter 2005 sowie Fritsch/Wein/Evers 2003, S. 290)

Während Screening den Versuch des Nachfragers bezeichnet, sich selbst Informationen über die Dienstleistungsqualität zu beschaffen, geht beim Signalling die Initiative vom Anbieter aus. Er stellt Informationen zur Verfügung, die es den potenziellen Kunden erlauben sollen, die Qualität der angebotenen Dienstleistungen zu beurteilen und die Qualitätsunsicherheit zu reduzieren. Es gibt eine Vielzahl von Signallinginstrumenten, von denen einige jedoch nur bedingt im Dienstleistungsbereich anwendbar sind.

Beispielsweise scheinen Garantien, Rückgaberechte und ‚Kauf auf Probe' bei medizinischen Dienstleistungen als Qualitätssignale gänzlich ungeeignet. Alternativ greift man bei Dienstleistungen häufig darauf zurück, Dienstleistungsqualität über die Qualität der verwendeten Inputs zu signalisieren, weil man glaubt, von der Inputqualität auf die Outputqualität schließen zu können. Beispielsweise können Anbieter über Zeugnisse und Zertifikate bestätigen, über die fachlichen Voraussetzungen für die Dienstleistungstätigkeit zu verfügen.

Die in der obigen Abbildung getroffene Unterscheidung in einfache und komplexe Signale hoher Dienstleistungsqualität geht auf *Burr* und *Richter* (2005, S. 6) zurück. Während einfache Signale wie der Preis oder die Garantie allein durch den Anbieter ausgesendet werden, entstehen komplexe Signale nur durch die Mitwirkung Dritter (z. B. Referenzkunden). Nachfolgend sollen kurz die Funktionsweise und die Bedeutung von Reputation und Referenzkunden als Instrumente zum Abbau von Qualitätsunkenntnis erläutert werden.

– **Reputation:** Aufbau und Pflege einer Reputation sind für Dienstleistungsunternehmen von großer Bedeutung. Reputation spiegelt eine hohe Qualität in früheren Transaktionen wieder, und die Individuen gehen davon aus, dass sich die in der Vergangenheit gezeigte Qualität in der Zukunft fortsetzt. Der Reputationsmechanismus sieht eine Bestrafung des Anbieters vor, wenn das erzielte vom erwarteten Ergebnis negativ abweicht. Die Strafe besteht darin, dass der Nachfrager eine Wohlstands-/Nutzenposition des Anbieters vernichten kann. Dabei wird die Nutzenposition des Anbieters so stark beschädigt, dass die bloße Strafandrohung genügt, um ihn zu Umsicht und Sorgfalt bei der Leistungserstellung zu bewegen. Die Wohlstandsposition des Anbieters resultiert aus dem guten Ruf des Anbieters als Qualitätsanbieter, der es ihm erlaubt, seine Dienstleistungen gewinnbringend zu vermarkten und einen höheren als den kostendeckenden Preis zu erzielen. Liefert ein Anbieter schlechtere Qualität als erwartet, gefährdet er damit seine Wohlstandsposition, d. h. er vermindert seine Chancen, auch in Zukunft hohe Preise zu erzielen. Reputation wird aufgebaut, wenn sich eine bei früheren Transaktionen bewiesene Leistungsfähigkeit herumspricht. Zum Aufbau eines guten Rufes können Anbieter hohe Qualitäten zunächst zu einem relativ niedrigen Preis anbieten (z. B. Einführungspreise von Friseursalons, Fitnessstudios u. ä.). Wenn die Nachfrager nach dem Konsum die hohe Qualität erkennen, werden sie spätere Preiserhöhungen akzeptieren. Die Wirksamkeit des Reputationsmechanismus ist an drei Voraussetzungen geknüpft:

  · **Nachträgliches Auftreten von Erkenntnisgewinnen:** Der Nachfrager muss ex post die Qualität des Dienstleistungsangebots erkennen und beurteilen können. Nur dann ist er in der Lage, einen Anbieter schlechter Qualität zu bestrafen, indem er selbst von Wiederholungskäufen absieht, bzw. anderen Nachfragern eine entsprechende Empfehlung gibt (Zerstörung der Reputation). Nachträgliche Erkenntnisgewinne entstehen regelmäßig nur bei Erfahrungsgütern nicht bei Vertrauensgütern.

  · **Wiederholungskäufe:** Es muss die Möglichkeit von Wiederholungskäufen gegeben sein, denn je höher die Anzahl an potenziellen Wiederholungskäufen, desto schwerer fällt der Reputationsverlust ins Gewicht.

Abb. 194 fasst die Überlegungen zum Reputationsmechanismus grafisch zusammen.

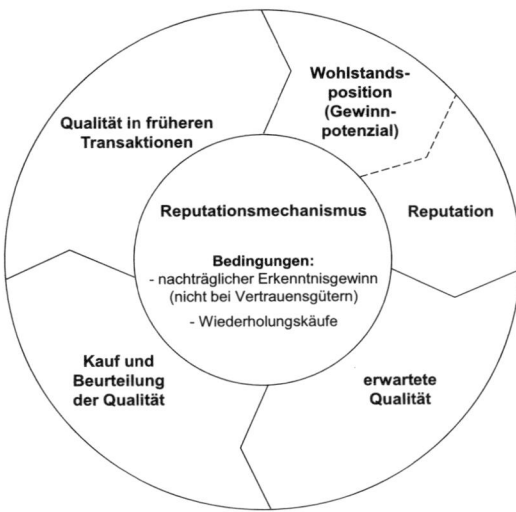

Abb. 194: Prinzip des Reputationsmechanismus

– **Referenzkunden:** Eine **Referenz** ist ein „Verweis des Dienstleistungsanbieters auf die Erbringung einer Leistung in der Vergangenheit bei einem bestimmten Kunden (Referenzkunde, im Folgenden auch Referenzquelle oder Referenzgeber genannt), an den sich ein potenzieller Neukunde wenden kann, wenn er Auskünfte über die erbrachte Leistung und ihre Qualität erhalten möchte" (Burr/Richter 2005, S. 4). Als Referenzkunde gibt der Dienstleistungsanbieter individuelle Organisationen bzw. die dort tätigen Mitarbeiter an (vgl. hierzu und zum Folgenden Burr/Richter 2005). Der potenzielle Endkunde kann vom Referenzgeber Informationen über die Qualität der betreffenden Dienstleistung erhalten. Abb. 195 verdeutlicht die Wirkungsweise des Qualitätssignals Referenzkunde.

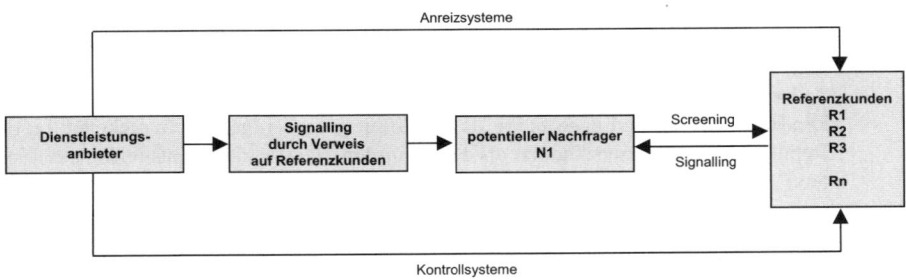

Abb. 195: Wirkungsweise des Qualitätssignals Referenzkunde (vgl. Burr/Richter 2005, S. 7)

Voraussetzung für die Etablierung von Referenzkunden ist, dass der Anbieter einen aktuellen Kunden findet, für den er bereits einen Auftrag in herausragender Qualität erfüllt hat. Mit diesem ist eine Referenzvereinbarung zu treffen. Hier entsteht eine explizite Agency-Beziehung, die zusätzlich zur Agency-Beziehung zwischen Dienstleistungsanbieter (Agent) und Endkunde (Principal) besteht und deren Zweck die Gewinnung neuer

Kunden für den Dienstleistungsanbieter ist. Der Dienstleistungsanbieter informiert den potenziellen Endkunden über die Existenz der Referenzkunden. Der Endkunde kann sich bei den Referenzgebern Informationen über die Dienstleistungsqualität einholen (Screening), oder die Referenzkunden senden selbst Signale zur zu erwartenden Qualität der Dienstleistung aus. Es entsteht hier also eine dritte Agency-Beziehung zwischen Referenzkunde (Agent) und potenziellem Endkunden (Principal). Der Referenzkunde agiert somit als Doppelagent für den Dienstleistungsanbieter einerseits und den potenziellen Endkunden andererseits.

– Das Signallinginstrument Referenzkunde ist mit diversen Problemen verbunden:

- Anwendungsgrenze Vertrauensgut: Das Instrument Referenzkunde erreicht seine grundsätzliche Grenze, wenn es um die Auskunft über Vertrauenseigenschaften der Dienstleistung geht, die der Referenzkunde selbst nicht beurteilen kann.

- Problemverschiebung auf eine neue Agency-Beziehung: Durch die Einführung des Referenzkunden hat sich das Beurteilungsproblem des Endkunden von Dienstleistungsanbieter auf den Referenzkunden verlagert. Der Endkunde muss nun die Qualität des Referenzkunden überprüfen. Wie gravierend das Beurteilungsproblem ausfällt, hängt davon ab, wie die Agency-Beziehung zwischen Dienstleistungsanbieter und Referenzkunde ausgestaltet ist.

- Agency-Probleme zwischen Dienstleistungsanbieter und Referenzkunde: Vor Vertragsschluss kennt der Dienstleistungsanbieter die relevanten Eigenschaften des Referenzkunden (Fachwissen, Arbeitseinsatz, Ehrlichkeit, Zuverlässigkeit u. ä.) und der von ihm zu erbringenden Referenzleistung nicht und läuft Gefahr, einen ungeeigneten Referenzkunden auszuwählen (Adverse Selection), der den Dienstleistungsanbieter mit seinen Empfehlungen schädigt. Ex post muss der Dienstleistungsanbieter damit rechnen, dass der Referenzkunde die vereinbarten Referenzleistungen nicht im vereinbaren Umfang oder der vereinbarten Qualität erbringt oder den Anbieter sogar durch die Weitergabe falscher Informationen bewusst schädigt (Moral Hazard). Als Gegenmaßnahmen kann der Anbieter Anreiz- und Kontrollsysteme etablieren. Aber sowohl monetäre Anreize und besonderer Service für den Referenzkunden als Gegenleistung für dessen Dienste als auch Kontrollsysteme können die Glaubwürdigkeit des Referenzkunden und des Dienstleistungsanbieters nachhaltig beschädigen, falls der Endkunde davon erfährt. Ex post wird der Dienstleistungsanbieters von Referenzkunden abhängig, wenn er mit spezifischen Investitionen in Vorleistungen geht (z. B. Ausbildung, Anlernen des Referenzkunden). Die Abhängigkeit wird durch die Zahl der Referenzkunden relativiert und kann durch das Schaffen gegenseitiger Abhängigkeiten (z. B. Reputation des Referenzkunden als Pfand in den Händen des Dienstleistungsanbieters) gemildert werden.

ab. Entscheidungsverhalten

Die Nachfragereaktion auf das **wahrgenommene Kaufrisiko** ist das wichtigste Merkmal des Entscheidungsverhaltens. Weil Dienstleistungen komplex, immateriell, kaum standardisierbar und schlechter mit Gewährleistungsrechten ausgestattet sind, nehmen Nachfrager bei Dienstleistungen ein höheres Kaufrisiko wahr als bei Sachleistungen. Zudem sind die Verbraucher aufgrund fehlender Sucheigenschaften auf Erfahrungs- und Vertrauensinformationen angewiesen (siehe oben). Das wahrgenommene Kaufrisiko R setzt sich aus zwei Komponenten zusammen (vgl. Kuhlmann 2001, S. 221):

– der subjektiven Annahme über die Wahrscheinlichkeit, dass die Entscheidung negative Folgen aufweist (Schadenswahrscheinlichkeit) (W) und

– dem subjektiv empfundenen Ausmaß der negativen Konsequenzen (Schadenshöhe) (K):

$$R = f(W,K).$$

Je nachdem, ob sich die Wahrscheinlichkeitskomponente oder die Konsequenzkomponente stärker auswirken, wird das Risiko überwiegend auf einen Informationsmangel zurückgeführt oder die Dienstleistung wird als folgenschwerer erlebt. Vor dem Kauf stellen die Annahmen über die Wahrscheinlichkeit negativer Folgen und über die Schadenshöhe Erwartungsgrößen dar, die wiederum von anderen Faktoren beeinflusst werden. Unter anderem stellen die Eigenschaften der Dienstleistung (z. B. Standardisierungsgrad), die Erfahrungen des Kunden in der Dienstleistungskategorie, die ex ante verfügbaren Informationen oder die vom Kunden wahrgenommenen Einflussmöglichkeiten auf das Dienstleistungsergebnis wesentliche Einflussgrößen dar (vgl. Kuhlmann 2001, S. 222 f.).

b. Nachfrageverhalten während des Konsums

ba. Kaufverhalten

Das Verhalten der Nachfrager beim Kauf von Dienstleistungen ist durch eine höhere Anbietertreue gekennzeichnet als beim Erwerb von Sachleistungen, d. h. bei Dienstleistungskäufen finden Anbieterwechsel seltener statt als bei Sachleistungskäufen (vgl. Friedman/Smith 1993). Kaufverhalten bei Dienstleistungen lässt sich also als Gewohnheitsverhalten schildern, was zum einen auf die hohe Bedeutung von Erfahrungsinformationen und zum anderen auf das hohe wahrgenommene Kaufrisiko zurückzuführen ist. Lagen Ergebnis- und Folgequalität in der Vergangenheit auf einem akzeptablen Niveau, stellt sich Gewohnheitsverhalten ein.

Trotz der Erfahrungs- und Vertrauenseigenschaften von Dienstleistungen versuchen die Nachfrager vor dem Kauf, die Ergebnisqualität vorauszusagen, indem sie die Qualität der eingesetzten Potenzialfaktoren (ausführende Arbeit und Betriebsmittel) als Ersatzindikator für die Prozess-, Ergebnis- und Folgequalität nutzen. Logische Konsequenz dieses Verhaltens ist, dass die Dienstleistungsanbieter diesen Ersatzindikator mit ausreichenden Sucheigenschaften ausstatten, die sachliche und personellen Potenzialfaktoren also wahrnehmbar und berührbar machen müssen. Insbesondere über die Sachausstattung kann der Anbieter Signale setzen, um das Käuferverhalten in seinem Sinne zu beeinflussen. Umgebungsbedingungen (Temperatur, Gerüche, Geräusche), Räume und Funktionen (Raum- und Flächengestaltung, Möbel, Geräte) sowie Zeichen und Symbole (Dekorationsstil, persönliche Ausstattung der Mitarbeiter, Firmenpapier und -zeichen) können Merkmale der Sachausstattung sein. Sie beeinflussen zunächst die interne Reaktion (Einstellungen, Meinungen und Stimmungen) der Nachfrager, welche anschließend in offenes Verhalten mündet. Offenes Verhalten kann sich in Zuwendungsreaktionen (hohe Ausgaben, lange Aufenthaltsdauer der Kunden, Wiederholungskäufe) oder im Abwendungsverhalten (umgekehrte Reaktionen) äußern (vgl. Bitner 1992). Der Zusammenhang von Qualität der Sachausstattung und Kundenverhalten ist aus zwei Gründen im Dienstleistungsbereich von besonderer Bedeutung.

– Die Sachausstattung bildet den Rahmen für die intensive Interaktion zwischen Anbieter und Kunde, und

– die Nutzung der Dienstleistung, welche meist länger dauert als der Kauf, findet sehr oft unter denselben Ausstattungsbedingungen statt wie der Kauf (z. B. Besuch im Fitnessstudio, Schwimmbad, Restaurant u. ä.; vgl. Kuhlmann 2001, S. 226).

bb. Nutzungsverhalten

Grundsätzlich lässt sich die Nutzung von Dienstleistungen schwerer erklären als die Nutzung von Sachleistungen. Die inhaltliche und zeitliche Nutzung eines Miet-PKW lässt sich noch vergleichsweise leicht bestimmen, die einer Weiter- oder Ausbildungsmaßnahme kaum. Wesentliche Merkmale des Nutzungsverhaltens sind:

– Sammlung von Erfahrung: Bei Dienstleistungen mit überwiegend Erfahrungseigenschaften gewinnt der Kunde während der Nutzung Erkenntnisse über die Potenzial-, Prozess-, Ergebnis- und Folgequalität der Dienstleistung;
– Kundenintegration und Kontrolle des Interaktionsprozesses: Die Nutzung verschiedener Dienstleistungen erfordert auch eine in Art und Ausmaß stark variierende Integration des externen Faktors in der Nutzungsphase. In Verbindung mit dem Ausmaß der Integration können Kontrollkonflikte zwischen Anbieter und Kunde entstehen (vgl. hierzu Kuhlmann 2001, S. 229).

Obwohl der Kunde/ein Objekt des Kunden am Dienstleistungsprozess beteiligt ist, hat der Kunde oftmals keine oder nur begrenzte Möglichkeiten, den Prozess mit zu gestalten, bzw. er ist über den Prozessverlauf nur unzureichend informiert, weil er entweder keine Möglichkeit hat, den Prozess zu beobachten (Hidden Action, z. B. bei einer PKW-Reparatur) oder er aufgrund fehlender Fachkenntnisse die Handlungen des Anbieters nicht beurteilen kann (Hidden Information, z. B. in einer ärztlichen Behandlung). Wie stark der Kunde den Kontrollverlust wahrnimmt, hängt damit zusammen, inwieweit er den Interaktionsprozess mit dem Anbieter steuern kann.

Die Art und das Ausmaß der wahrgenommenen Kontrollmöglichkeiten haben maßgeblichen Einfluss auf die Bewertung der Dienstleistungsqualität, die Zufriedenheit und auf das Verhalten der Kunden während der Leistungserstellung. Denn Kunden mit starken Kontrollmöglichkeiten können Potenzial- und Prozessqualität so beeinflussen, dass für sie eine hohe Ergebnisqualität resultiert (vgl. Kuhlmann 2001, S. 229). Kontrolle kann sich dabei auf den eigenen Beitrag zur Ergebnisqualität, die Einflussmöglichkeiten auf den Beitrag des Anbieters und auf die Kenntnisse der wesentlichen Kausalzusammenhänge beziehen (vgl. Balderjahn 1986, S. 55). *Bateson* (1992) macht auf Kontrollkonflikte zwischen Anbieter und Nachfrager aufmerksam. Während eine starke Kontrolle durch den Kunden für diesen eine Chance darstellt, seine Ziel zu verwirklichen und so zur Kundenzufriedenheit beiträgt, kann dadurch zugleich die Unternehmenseffizienz des Anbieters leiden, denn Kunden nehmen mehr Potenziale in Anspruch oder durchkreuzen Ablaufroutinen. Unternehmen können den Zielkonflikt auflösen, indem Kunden entsprechend ihrer Bedürfnisse nach Verhaltenskontrolle segmentiert werden und jenen Kunden mit ausgeprägtem Kontrollbedürfnis umfangreichere Kontrollmöglichkeiten eingeräumt werden.

c. Nachfrageverhalten nach dem Konsum

ca. Ergebnisbewertung

Nach dem Konsum kann der Kunde die Erfahrungsmerkmale der Dienstleistung beurteilen. Die vom Kunden wahrgenommene Qualität ergibt sich aus dem Vergleich zwischen Anforderungen/Erwartungen an die Leistungsqualität und den wahrgenommenen Leistungsmerkmalen (vgl. Kuhlmann 2001, S. 232). Die Qualitätswahrnehmung durch den Kunden wirkt sich auf dessen Zufriedenheit und letztlich auf sein zukünftiges Kaufverhalten aus. Qualitätswahrnehmung kann sich auf bestimmte Leistungsbereiche (z. B. Speisen in einem Restaurant) und innerhalb der Leistungsbereiche wieder auf einzelne Merkmale (z. B. Sauberkeit der Gläser, Temperatur der Speisen) beziehen (vgl. beispielsweise Zeithaml/Berry/Parasuraman 1996). Die Wahrnehmung und Beurteilung der Dienstleistungsqualität durch den Kunden ist abhängig vom Anforderungsniveau des Kunden (variiert zwischen ‚minimal' und ‚maximal') und vom Qualitätsgrad, in dem diese Anforderungen erfüllt werden (variiert zwischen Null und 100 Prozent). Anforderungsniveaus werden in drei Kategorien eingeteilt:

–   **Basisanforderungen** (Essentials) müssen im Qualitätsgrad zu 100 Prozent erfüllt sein, um Unzufriedenheit zu vermeiden und werden von den Kunden als selbstverständlich vorausgesetzt.

–   **Leistungsanforderungen** (Variancers) symbolisieren ein wachsendes Anforderungsniveau. Werden gestiegene Anforderungsniveaus als weitgehend befriedigt angesehen, entstehen Zufriedenheitssteigerungen.

–   **Begeisterungsanforderungen** (Satisfiers) sind Qualitätsanforderungen, die den meisten Kunden noch unbekannt sind. Werden sie jedoch von einem Dienstleister angeboten, so entstehen sehr starke Zufriedenheitssteigerungen (vgl. Bischoff 2008, S. 3).

cb. Ergebnisreaktion

Hirschman (1975) hat als mögliche Reaktionen zufriedener und unzufriedener Kunden die Optionen Exit, Voice und Loyality benannt (vgl. Abb. 196).

Ursachen von Unzufriedenheit können neben einem konkreten Mangel auch unzureichende Leistungsbeschreibungen, unrealistische Kundenanforderungen oder eine verzerrte Leistungswahrnehmung sein. Dienstleistungsmängel lassen sich jedoch grundsätzlich nur anhand einer verkehrsüblichen oder vertraglich vereinbarten Leistungsdefinition feststellen. Leider fehlen sogar bei standardisierten Dienstleistungen ausreichende ex ante Spezifikationen. Trotzdem findet auch bei Unzufriedenheit seltener ein Anbieterwechsel statt als bei Sachleistungen, was maßgeblich an den im Dienstleistungssektor sehr hohen Wechselkosten der Kunden liegt. Typischerweise werden die Wechselkosten als mindestens ebenso hoch eingeschätzt, wie die Wahrscheinlichkeit, eine noch schlechtere Leistung zu erlangen. Auf diese Weise entwickeln sich im Dienstleistungsbereich häufig sehr langfristige Geschäftsbeziehungen, die auch dann bestehen bleiben, wenn die Leistung des Anbieters (erträgliche) Mängel aufweist.

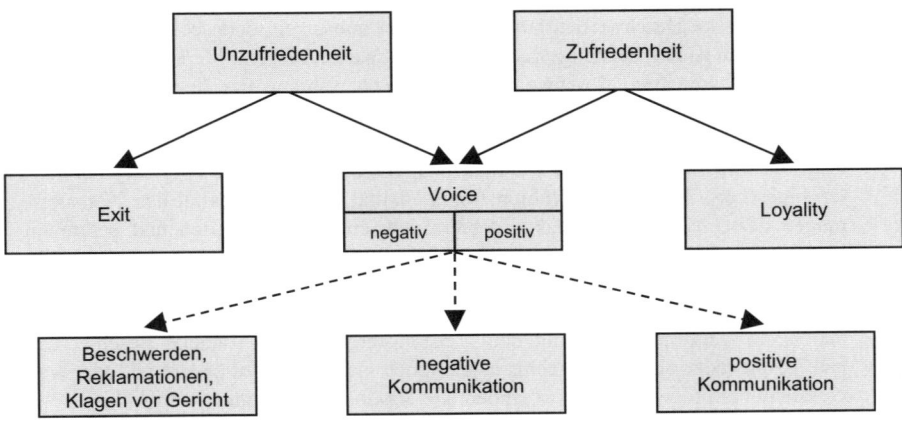

Abb. 196: Alternative Ergebnisreaktionen (vgl. Kuhlmann 2001, S. 236)

Wechselverhalten (exit) der Kunden ist nicht nur auf Unzufriedenheit mit der Kerndienstleistung (core services), sondern auch mit dem Verhalten der Angestellten, dem Standort des Anbieters, den Transfer-, Warte- und Abwicklungszeiten usw. zurückzuführen. Kunden verleihen ihrer Zufriedenheit/Unzufriedenheit Ausdruck (voice), indem sie mit Personen aus ihrem näheren Umfeld sprechen. Für den Anbieter selbst ist es oft sehr viel schwieriger, etwas über die Meinung der Kunden zu erfahren. Während sich Unzufriedenheit vor allem in Form von Beschwerden, Reklamationen oder auch Gerichtsprozessen äußert, muss der Anbieter, um etwas die Ursachen von Zufriedenheit und Unzufriedenheit herauszufinden, intensive Marktforschung betreiben (vgl. auch den Exkurs in Abb. 197).

Exkurs: Beschwerdepolitik

Beschwerdepolitik „umfasst die Planung, Steuerung und Kontrolle aller Maßnahmen, die ein Unternehmen im Zusammenhang mit Kundenbeschwerden ergreift." (Wimmer 1985, S. 233.) Im gezielten Umgang mit Kundenbeschwerden liegt für Dienstleistungsanbieter eine große Chance, über die Bewertung ihrer Leistung durch die Kunden etwas zu erfahren und gleichzeitig durch ein effektives und effizientes Beschwerdemanagement einen wesentlichen Parameter der Dienstleistungsqualität zur Zufriedenheit der Kunden zu gestalten.

In Beschwerden sehen die Kunden eine Möglichkeit, ihre Unzufriedenheit auszudrücken. Beschwerden treten nicht nur im Zusammenhang mit Ergebnis- und Folgequalität in der Nachleistungsphase auf, sondern auch vor und während der Leistungserstellung (vgl. hierzu und zum Folgenden Wimmer/Roleff 2001, S. 322-327.)

-   Vorleistungsphase: Die Vorleistungsphase ist für den Nachfrager aufgrund mangelnder Sucheigenschaften von Dienstleistungen vor allem mit Informationsunsicherheiten belastet. Kann der Anbieter dem Bedürfnis der Kunden nach Aufklärung über Verlauf und Ergebnis der Dienstleistung nicht nachkommen, entstehen Unzufriedenheit und Beschwerden.
-   Leistungsphase: Während der Leistungserstellung hat der Anbieter die große Chance, Beschwerden vorzubeugen bzw. sofort auf Kundenbeschwerden zu reagieren und den dafür ursächlichen Leistungsmangel zu beheben. Voraussetzung ist, dass unzufriedene Kunden ihre Beschwerden tatsächlich sofort anbringen, denn bei nachträglichen Beschwerden ist das Leistungsergebnis oft nicht nachzubessern. Merkwürdig ist, dass Kunden oft von ihren Beschwerdemöglichkeiten während der Leistungserstellung keinen Gebrauch machen. Eine Ursache ist, dass die Kunden aufgrund ihres eigenen Mitwirkens am Dienstleistungsergebnis dem Anbieter nicht die alleinige Verantwortung am Ergebnis zuschreiben. Qualitätsmängel werden häufig als Folge eigener Fehler angesehen. Zum zweiten führen Immaterialität und Komplexität der Dienstleistungen dazu, dass Kunden das Ergebnis nicht eindeutig begreifen und beurteilen können und sich deshalb nicht in der Lage sehen, ihre Unzufriedenheit zu äußern.
-   Nachleistungsphase: In der Nachleistungsphase gibt es zwei Hauptursachen für Kundenunzufriedenheit: das Leistungsergebnis selbst und die Beschwerdepolitik des Anbieters. Im Zusammenhang mit dem Leistungsergebnis unterbleiben Beschwerden häufig, entweder weil am Ergebnis nachträglich nichts mehr zu ändern ist, oder weil vor allem bei Folgeschäden kein eindeutiger Kausalzusammenhang von Anbieterleistung und Folgewirkung nachgewiesen werden kann. Letztlich kann der Umgang mit

den Beschwerden des Kunden selbst Anlass für Unzufriedenheit der Kunden sein. Gelingt es dem Anbieter, Beschwerdezufriedenheit zu erreichen, kann Unzufriedenheit abgebaut oder sogar Zufriedenheit aufgebaut werden.

Vorrangige Ziele der Beschwerdepolitik sind beispielsweise die Herstellung von Kundenzufriedenheit durch Beschwerdezufriedenheit, Vermeidung von Kundenabwanderung und negativer Kommunikation oder die Verbesserung des Unternehmensimages (vgl. Meffert/Bruhn 2000, S. 324) *Stauss* und *Seidel* (1996) nennen als Aufgabenbereiche der Beschwerdepolitik:

– **Beschwerdestimulierung**: Weil die meisten Kunden sich nicht beschweren, müssen Unternehmen ihre Kunden zur Beschwerdeführung ermuntern.
– **Beschwerdeannahme**: Gestaltung des Kundenkontaktes und Erfassung des Beschwerdeinhalts/-grundes.
– **Beschwerdebearbeitung und -reaktion**: Im Mittelpunkt dieser zentralen Aufgabe des Beschwerdemanagements steht die eigentliche Lösung des Kundenproblems. Es geht um die Mängelbeseitigung durch den Anbieter und um die Reaktion des Unternehmens gegenüber dem Kunden. Entscheidend ist, wie gerecht und anständig bzw. wie großzügig sich der Kunde behandelt fühlt, denn davon geht der größte Einfluss auf die Beschwerdezufriedenheit aus.
– **Beschwerdeanalyse**: Bei dieser unternehmensintern ausgerichteten Aufgabe geht es darum, die in den einzelnen Beschwerden enthaltenen Informationen zu extrahieren und für einen Verbesserungsprozess nutzbar zu machen.
– **Beschwerdemanagement-Controlling** Oft vernachlässigte Aufgaben stellen die Planung, Steuerung und Kontrolle von Zielen und Maßnahmen in der Beschwerdepolitik dar. Zum Beschwerdemanagement-Controlling gehören das Aufgabencontrolling (festlegen und überwachen von Standards für die einzelnen Maßnahmen, z. B. maximale Dauer der Beschwerdebearbeitung) und das Kosten-Nutzen-Controlling (prüfen, ob sich der Aufwand für das Beschwerdemanagement lohnt).

Abb. 197: Exkurs zur Beschwerdepolitik

4. Instrumente im Dienstleistungsmarketing

Dienstleistungsmarketing umfasst alle Maßnahmen, die dazu dienen, eine Dienstleistung vermarktungsfähig zu machen und direkt oder indirekt zum Markterfolg beitragen.

a. Generelle Besonderheiten des Dienstleistungsmarketings

aa. Marketingrelevanz der Leistungsfähigkeit

Das Absatzobjekt eines Dienstleistungsanbieters ist „die Bereitschaft, Dienstleistungen zu produzieren, d. h. es werden Leistungsfähigkeiten von Menschen, Maschinen oder Mensch-Maschine-Systemen angeboten" (Corsten 2001, S. 334). Die Besonderheit der Absatzleistung ‚Leistungsfähigkeit' hat bestimmte Implikationen für das Dienstleistungsmarketing:

– **Dokumentation von Kompetenzen**: Weil vor dem Kauf einer Dienstleistung noch kein Transferobjekt existiert, das hinreichend mit Sucheigenschaften ausgestattet ist, muss es dem Dienstleistungsanbieter gelingen, seine Leistungsfähigkeiten besonders herauszustellen, sei es die persönlichen fachlichen und/oder sozialen Kompetenzen der Mitarbeiter

(z. B. in einer Unternehmensberatung) oder die einzigartige Sachausstattung (z. B. der besondere Komfort in einem Flugzeug im Angebot einer Fluggesellschaft).

- **Materialisierung der Fähigkeitspotenziale**: Die Dokumentation der Leistungsfähigkeiten des Anbieters erfolgt im Dienstleistungsbereich über die Materialisierung der Fähigkeitspotenziale. Besonders in humankapitalintensiven Bereichen kommt es darauf an, im Rahmen der Kommunikationspolitik, z. B. über das äußere Erscheinungsbild der Mitarbeiter Kompetenzen zu signalisieren (vgl. Meffert/Bruhn 2003, S. 62.)

ab. Marketingrelevanz der Integration des externen Faktors

Meffert und *Bruhn* (2003, S. 62-64) leiten aus der Integration des externen Faktors folgende Implikationen für das Marketing von Dienstleistungen ab:

- **Transport und Unterbringung des externen Faktors**: Weil die Dienstleistung nicht ohne die Beteiligung des externen Faktors erfolgen kann, muss der Dienstleistungsanbieter vor allem im Rahmen der Produkt- und Distributionspolitik Entscheidungen zum Transport (z. B. Abholservice für reparaturbedürftige PKW) und zur Unterbringung (z. B. Unterbringung von Patienten im Krankenhaus vor und nach einer Operation) des externen Faktors treffen.
- **Marketingorientierung während der Leistungserstellung**: Bei Dienstleistungen, die direkt am bzw. mit dem Nachfrager erbracht werden, ist der Nachfrager mehr oder weniger aktiv an der Leistungserstellung beteiligt, zumindest aber anwesend. Für den Dienstleister ergibt sich die Notwendigkeit einer marketingorientierten Leistungserstellung. D. h. während der Leistungserstellung sind die Bedürfnisse der Abnehmer besonders zu berücksichtigen (z. B. hinsichtlich der Raumgestaltung oder der Gesprächsatmosphäre), und die Leistung muss in Anwesenheit des Nachfragers besonders sorgfältig erbracht werden.
- **Schwierigkeiten der Standardisierung von Dienstleistungen**: Dienstleistungen mit einer starken Integration des externen Faktors und einer ausgeprägten Interaktion zwischen Anbieter und Nachfrager, z. B. Leistungen einer Unternehmensberatung, sind oft sehr individuell, personalintensiv und lassen sich nur schwer standardisieren.
- **Reduzierung der asymmetrischen Informationsverteilung**: Die zwischen den Beteiligten vorliegende Informationsasymmetrie ist eine Ursache für das wahrgenommene Kaufrisiko. Der Dienstleistungsanbieter kann beispielsweise im Rahmen der Kommunikationspolitik seine Fähigkeiten und Leistungsbereitschaft signalisieren (Referenzen, Zertifikate u. ä.) oder in der Vertragsgestaltung z. B. durch die garantierten Service Levels dazu beitragen, das wahrgenommene Kaufrisiko zu reduzieren (vgl. zu Service Levels den Exkurs Service Level Agreements und zu Referenzen den Exkurs Referenzkunden in diesem Kapitel).

ac. Immaterialität des Dienstleistungsergebnisses

Die Ergebnisse von Dienstleistungsprozessen sind immateriell. Zwar kann eine physische Veränderung des Dienstleistungsobjekts stattfinden (z. B. Kfz-Reparatur, Operation eines Patienten) (vgl. Meffert/Bruhn 2003, S. 64).

- **Materialisierung der Dienstleistung**: Die Immaterialität des Dienstleistungsergebnisses erschwert die Qualitätsbeurteilung durch den Kunden. Ersatzweise kann der Anbieter bestimmte Teile der Dienstleistung materialisieren, um dadurch die Aufmerksamkeit der Kunden zu gewinnen bzw. Qualität zu signalisieren (z. B. der geputzte PKW nach der Reparatur in einer Kfz-Werkstatt).

– **Kapazitätsmanagement**: Die aus der Immaterialität der Dienstleistung resultierende Nichtlagerfähigkeit stellt besondere Anforderungen an das Kapazitätsmanagement in Dienstleistungsunternehmen (siehe Kapitel D V 2 bd). Um Leerkosten aufgrund von Unterbeschäftigung und Kundenunzufriedenheit wegen nicht befriedigter Nachfrage zu vermeiden, sind vorhandene Kapazität und Nachfrage zum Ausgleich zu bringen, beispielsweise durch Nachfragesteuerung mittels preispolitische Maßnahmen.

– **Festlegung der Distributionsdichte**: Immaterielle Dienstleistungen lassen sich grundsätzlich nicht transportieren, weshalb für Dienstleistungsanbieter die Entscheidung über die Distributionsdichte (räumliche Nähe zum Kunden) zu den wichtigsten Entscheidungstatbeständen im Marketing gehört. Während bei Dienstleistungen des täglichen Bedarfs (z. B. Friseur, Schnellrestaurants) eine hohe Distributionsdichte erforderlich ist, sich der Anbieter also in räumlicher Nähe zum Kunden ansiedeln muss, können Dienstleistungen des aperiodischen Bedarfs (z. B. Unternehmensberatungen) in größerer räumlicher Distanz zum Kunden angeboten werden.

b. Marketingmix-Instrumente für Dienstleistungen

Genau wie im Sachleistungsbereich lassen sich für das Dienstleistungsmarketing die vier klassischen marketingpolitischen Marketinginstrumente, die so genannten ‚4Ps', unterscheiden (vgl. Scheuch 2002, S. 29):

– Produkt- und Leistungspolitik (Product)
– Kontrahierungspolitik (Price)
– Distributionspolitik (Place)
– Kommunikationspolitik (Promotion)

Es handelt sich um ein Bündel an Maßnahmen und Aktivitäten, das ein Unternehmen zur Marktbearbeitung einsetzen kann. Die Instrumente können in Abhängigkeit der verfolgten Marktaufgabe und Marketingziele miteinander zum **Marketingmix** kombiniert werden. In der (vornehmlich amerikanischen) Literatur wird jedoch bezweifelt, ob diese Zusammenstellung marketingpolitischer Instrumente den Besonderheiten von Dienstleistungen gerecht wird (vgl. z. B. Burr/Stephan 2006; Zeithaml/Bitner 2003; Magrath 1986). *Zeithaml* und *Bitner* (2003, S. 24.) weisen darauf hin, dass Intangibilität, Integrativität und die Zeitgleichheit von Produktion und Konsum dazu führen, dass ein Dienstleistungsunternehmen zusätzliche Instrumente im Dienstleistungsmarketing einsetzen muss. Sie definieren einen erweiterten, dienstleistungsspezifischen Marketingmix, der zu den bekannten Instrumenten drei weitere enthält:

– **Personalpolitik** (People): „All human actors who play a part in service delivery and thus influence the buyer's perceptions: namely the firm's personnel, the customer, and other customers in the service environment." (Zeithaml/Bitner 2003, S. 24.)

– **Ausstattungspolitik** (Physical Evidence): „The environment in which the service is delivered and where the firm and customer interact, and many tangible components that facilitate performance or communication of the service." (Zeithaml/Bitner 2003, S. 25.)

– **Prozesspolitik** (Process): „The actual procedures, mechanisms, and flow of activities by which the service is delivered – the service delivery and operating systems" (Zeithaml/Bitner 2003, S. 25.)

Abb. 198 zeigt die Instrumente des erweiterten Marketingmix und die zu dem jeweiligen Instrument gehörenden Teilinstrumente.

4 P´s **des klassischen Marketing**	**3 P´s zusätzlich** **im Dienstleistungsbereich**
1. Produkt- bzw. Leistungspolitik (Product) 2. Kontrahierungspolitik (Price) 3. Distributionspolitik (Place) 4. Kommunikationspolitik (Promotion)	5. Personalpolitik (Personnel) 6. Ausstattungspolitik (Physical Facilities) 7. Prozesspolitik (Process)

Abb. 198: Instrumente des erweiterten Marketingmix

In den folgenden Kapiteln D V 4 c-g werden dienstleistungsrelevante Aspekte der Produkt- und Leistungspolitik, Kontrahierungspolitik, Distributionspolitik, Kommunikationspolitik und Personalpolitik beschrieben.

c. Produkt- und Leistungspolitik

Die Produkt- und Leistungspolitik umfasst Entscheidungen, die sich auf die Gestaltung der Absatzleistung beziehen. Es geht hier um die Festlegung der anzubietenden Leistungsarten und der Zahl der Varianten innerhalb einer Leistungsart. Das produktpolitische Instrumentarium umfasst die Teilbereiche Leistungsumfang und Leistungsqualität, Markierung, Programm/Sortiment sowie Service/Randdienstleistungen.

ca. Leistungsumfang und Leistungsqualität

Meffert und *Bruhn* (2003, S. 361 f.) sowie *Palmer* und *Cole* (1995, S. 67 ff.) unterscheiden zwei Ebenen der Dienstleistung:

− Die Ebene der **Kernleistung** (Core Service Level): Ausgangspunkt für die Leistungsdefinition bildet der Kundennutzen. Er resultiert aus der Kernleistung und seine Befriedigung ist eine Voraussetzung für das Erreichen einer Unique Selling Proposition (USP), falls die Leistung einen höheren Nutzen stiftet als die Leistung der Wettbewerber. Aber die Herausstellung des Nutzens der Kernleistung (Grundnutzen) reicht vielfach nicht aus, um sich auf dem Absatzmarkt zu profilieren, denn viele Dienstleistungsangebote gleichen sich in der Kernleistung. Beispielsweise kann der Kunde auf der Flugstrecke von Frankfurt a. M. nach New York täglich zwischen zwölf Nonstop-Flügen wählen (weitgehend identische Kernleistung; vgl. Meffert/Bruhn 2003, S. 361).

− Die Ebene der **Zusatzleistungen** (Secondary Service Level): Homogenität der Kernleistung bedingt, dass sich Dienstleistungsanbieter zunehmend über die Zusatzleistungen (Randdienstleistungen) differenzieren. Kern- und Zusatzleistung bilden gemeinsam die Gesamtleistung, wobei anzumerken ist, dass der Kunde grundsätzlich die Gesamtleistung wahrnimmt und nicht zwischen beiden Teilbereichen trennt. Ansatzpunkte für die Gestaltung von Zusatzleistungen sind z. B. das Design/die Verpackung der tangiblen Elemente (z. B. Innenausstattung eines Flugzeugs), der Einsatz von Humankapital (z. B. die umfangreiche Sprachkenntnisse der Flugzeugcrew), die Qualität der Leistung (z. B. Pünktlichkeit, Sicherheit beim Flug) oder der Umgang mit Beschwerden (vgl. Palmer/Cole 1995, S. 68).

Von besonderer Bedeutung sind neben den Entscheidungen zum Leistungsumfang jene zur Leistungsqualität. Hierbei muss der Anbieter festlegen, von welcher Qualität die angebotenen Leistungen sein sollen, und er muss dafür Sorge tragen, dass die definierte Qualität tatsächlich umgesetzt und dauerhaft aufrechterhalten wird. *Haller* (2010, S. 132) nennt zwei Arten der Qualitätsbestimmung:

–   Qualitätsfestlegung mittels Standards bei relativ einfachen Dienstleistungen mit geringem Individualisierungsgrad, z. B. bei einem Hotline-Service eines Kreditinstituts. Es handelt sich hier um allgemeine Qualitätsvorgaben, die von den Mitarbeitern des Dienstleistungsunternehmens grundsätzlich gegenüber allen Kunden einzuhalten sind, z. B. die maximale Wartezeit des Kunden an der Hotline.

–   Qualitätsfestlegung mittels Service Level Agreements bei Dienstleistungen mit hohem Individualisierungsgrad. Service Level Agreements werden individuell zwischen Anbieter und Nachfrager vertraglich vereinbart, z. B. ein Wartungsvertrag für Kopiergeräte zwischen einem Unternehmen und einem Kopiergerätehersteller, der Regelungen über die störungsfreie Nutzungszeit enthält (zu Service Level Agreements vgl. den Exkurs in Abb. 189).

Vor dem Hintergrund mangelnder Sucheigenschaften ist es von enormer Bedeutung, dass es einem Dienstleistungsanbieter, dessen Leistungen von hoher Qualität sind, gelingt, diese zu kommunizieren, z. B. indem der Anbieter seine Qualität kennzeichnet (vgl. Kapitel D V 3).

cb. Markierung

„Markierungsentscheidungen betreffen die Kennzeichnung des Dienstleistungsbetriebes und seiner Angebote." (Haller 2010, S. 121) Über die Dienstleistungsmarke wird dem Leistungsversprechen ein konkreter Name bzw. ein Kennzeichen zugeordnet, und dem immateriellen Produkt wird eine Markenpersönlichkeit verschafft. Die Marke symbolisiert eine nicht sichtbare Leistung und trägt so zur Materialisierung der Dienstleistung bei. *Meffert* und *Bruhn* (2003, S. 395) definieren eine **Dienstleistungsmarke** „als ein in der Psyche des Konsumenten verankertes, unverwechselbares Vorstellungsbild von einer Dienstleistung." Marken sind erst seit 1979 zum Schutz von Dienstleistungen rechtlich anerkannt (vgl. Stauss 1995, S. 3) und erfüllen vor allem folgende Aufgaben:

–   Angebote unterschiedlicher Dienstleistungsanbieter unterscheidbar machen,
–   Auskunft über den Anbieter der Leistung geben: das erleichtert es dem Dienstleistungsanbieter, unter seiner Firmenmarke neue Services zu etablieren,
–   Ersatzinformationen für fehlende Sucheigenschaften liefern,
–   das wahrgenommene Kaufrisiko des Kunden senken,
–   vor dem Hintergrund fehlender Patentierungsmöglichkeiten für Dienstleistungen innovative Dienstleistungen eindeutig einem Anbieter zuordnen (vgl. Burr/Stephan 2006, S. 167; Haller 2010, S. 121 f.).

Drei traditionelle Arten von Dienstleistungsmarken sind zu unterscheiden (vgl. Burr/Stephan 2006, S. 167):

–   Wort-, Buchstaben- oder Zahlzeichen (z. B. IKEA, Sixt, M – McDonald's, 1 – Das Erste),
–   Bildzeichen (z. B. Lufthansa-Kranich, OBI-Biber) oder
–   Slogans (z. B. „Wir lieben Lebensmittel" von EDEKA, „Wohnst du noch oder lebst du schon?" von IKEA).

Unternehmen setzen meist eine Kombination der drei Elemente ein. Grundsätzlich ist der Markenname frei wählbar. Neben der Marke, welche sich auf das anbietende Dienstleistungsunternehmen als Ganzes bezieht, können Marken auch auf spezifische Dienstleistungen des Unternehmens gerichtet sein (Dienstleistungsmarke i. e. S.). Generell finden sich im Dienstleistungssektor, und insbesondere bei investiven Dienstleistungen, mehr Anbietermarken als Dienstleistungsmarken i. e. S.

In der Dienstleistungswirtschaft erfreuen sich neuerdings auch Farbmarken großer Beliebtheit. Seit 1995 können Farben als „konturlose Farbmarke" beim Deutschen Patent- und Markenamt eingetragen werden. Prominente Beispiele für konturlose Farbmarken sind das Postgelb der Deutschen Post DHL, das helle Purpur (Magenta) der Deutschen Telekom, Gelb der Yello Strom sowie die Kombinationen Gelb-Blau von IKEA, Gelb-Schwarz der ARAG Allgemeine Rechtsschutz-Versicherung oder Rot-Grau der Deutschen Bahn (vgl. Burr/Stephan 2006, S. 167 f.).

cc. Leistungsprogrammpolitik

Im Rahmen der Leistungsprogrammpolitik wird festgelegt, welche Leistungen dem Kunden insgesamt zur Verfügung gestellt werden sollen. Die Programmpolitik betrifft damit nicht die einzelne Dienstleistung, sondern bezieht sich auf die Kombination verschiedener Leistungen und muss deshalb auch die Interdependenzen zwischen einzelnen Leistungen berücksichtigen. Entscheidungen zum Leistungsprogramm basieren auf der Analyse der gegenwärtigen Angebotsstruktur, welche in der Regel mit Hilfe von Kennzahlen (z. B. zum Umsatz oder zum Deckungsbeitrag) durchgeführt wird. Darauf aufbauend werden Entscheidungen zur Veränderung des Leistungsprogramms getroffen:

- **Eliminierung einer Dienstleistung**: Die Leistung wird aus dem Programm genommen. Hier ist jedoch Vorsicht geboten, denn auch wenn eine Leistung z. B. negative Deckungsbeiträge aufweist, kann sich deren Eliminierung als Fehler erweisen, wenn beispielsweise Synergieeffekte mit andern Leistungen bestehen. So kann die Abschaffung des defizitären Barbetriebs eines Hotels bedeuten, dass regelmäßige Geschäftskunden, die diesen Service schätzen, dem Hotel zukünftig fernbleiben.
- **Diversifikation**: Es werden neue Leistungen in das Leistungsprogramm aufgenommen, die aus den gleichen Wertschöpfungsstufen (z. B. Banken, die neben Kontoführung auch Vermögensverwaltung anbieten) oder gänzlich anderen Wertschöpfungsstufen stammen (z. B. Banken mit einer angeschlossenen Reisebürokette).
- **Vertikale Integration:** Es werden neue Leistungen in das Leistungsprogramm aufgenommen, die auf vor- oder nachgelagerten Wertschöpfungsstufen angesiedelt sind (z. B. Reisedienstleister, die, wie im Fall des Touristikkonzerns TUI, neben Reisebüros auch eigene Fluggesellschaften – die TUIfly – und Hotelanlagen oder Urlaubsresorts – z. B. den Robinson Club – betreiben).
- **Differenzierung**: Neben den bestehenden Leistungen werden zusätzlich Leistungen aus dem gleichen Bereich in das Programm aufgenommen. D. h. der Kunde kann innerhalb eines Leistungsbereichs aus mehreren Angeboten auswählen. Ein Beispiel ist der Touristikkonzern TUI, der mit seinen Reisegesellschaften TUI Deutschland, 1-2-FLY, Wolters Reisen oder L'TUR Reisen zu den gleichen Destinationen, jedoch in unterschiedlichen Preiskategorien und Qualitätsstufen anbietet.
- **Variation/Modifikation**: Bereits vorhandene Dienstleistungen werden verändert und weiterentwickelt. Die Entwicklung und Veränderung kann an den Dienstleistungspotenzialen, -prozessen und/oder -ergebnissen ansetzen. Die Dienstleistungsvariation kann sich

äussern im Angebot von Zusatzleistungen in Kombination mit der Grundleistung (z. B. Reiseveranstalter bietet zur Urlaubsreise die passende Reiserücktritts- und Gepäckversicherung an), in Art und Umfang der Einbeziehung des externen Faktors (z. B. erhöhte Mitarbeit des Kunden, wenn eine maßgeschneiderte Unternehmenssoftware entwickelt werden soll), in der Automatisierung (z. B. Überweisungsterminals in Kreditinstituten ersetzen den Bankangestellten am Schalter), in der zeitlichen Veränderung des Dienstleistungsprozesses (z. B. Verkürzung der Warte- und Transferzeiten) oder in der Veränderung symbolischer Eigenschaften der Dienstleistung (Veränderung in der Markierung; vgl. Meffert/Bruhn 2003, S. 366-382).

– **Kombination** einzelner Dienstleistungen zu Dienstleistungsbündeln.

d. Kontrahierungspolitik

Kontrahierungspolitik umfasst Maßnahmen zur Gestaltung von Preisen und Konditionen, zu denen die Leistung an den Kunden abgegeben wird. Elemente der Kontrahierungspolitik sind die Preispolitik und die Konditionenpolitik, welche Entscheidungen zu Rabatten, Absatzkrediten sowie zu Lieferungs- und Zahlungsbedingungen enthält.

da. Preispolitik

Preispolitik beinhaltet die Gestaltung des Preises und des Preis-Leistungs-Verhältnisses. Die wesentlichen preispolitischen Maßnahmen sind die genaue Festlegung der Preishöhe, der Differenzierungskriterien im Fall einer Preisdifferenzierung und die Bestimmung besonderer Preiszu- und -abschläge. Die Preisfestsetzung ist aufgrund der Besonderheiten von Dienstleistungen mit speziellen Problemen behaftet. Erstens führt die Aufrechterhaltung der Leistungsbereitschaft des Anbieters zu einem hohen Fixkostenanteil, der Gemeinkostencharakter hat. Eine verursachungsgerechte Aufteilung der Kosten und damit eine kostenbasierte Preisfestlegung sind dann nur schwer möglich (vgl. Corsten 2001, S. 363). Zweitens erschwert ein hoher Individualisierungsgrad bei manchen Dienstleistungen eine einheitliche Preisfestsetzung. Stattdessen bieten manche Dienstleistungsunternehmen, z. B. Unternehmensberatungen, Rahmenregelungen für die Preise an, und der endgültige Preis wird erst nach Abschluss der Dienstleistung festgelegt (vgl. Meffert/Bruhn 2003, S. 517). Drittens erschwert die Immaterialität von Dienstleistungen die Beurteilung der Preiswürdigkeit eines Dienstleistungsangebots und die Vergleichbarkeit unterschiedlicher Dienstleistungsangebote auf Basis des Leistungspreises. Wenn dann der Preis der Leistung eine Ersatzinformation für die Qualitätsbeurteilung ist, z. B. in Restaurants oder Hotels, dann muss bei der Preisfestsetzung diese Signalwirkung des Preises beachtet werden.

Zu den bedeutendsten preispolitischen Strategien gehört die Preisdifferenzierung. Preisdifferenzierung ist ein wichtiges Instrument zur Beeinflussung des Nachfragerverhaltens und dient vor allem der gleichmäßigen Kapazitätsauslastung und damit der Vermeidung der im Dienstleistungsbereich oftmals hohen Leerkosten (vgl. Corsten 2001, S. 364.). **Preisdifferenzierung** liegt vor, „wenn der Anbieter für das gleiche materielle oder immaterielle Produkt unterschiedliche Preisforderungen erhebt" (Corsten 2001, S. 364). *Meffert* und *Bruhn* (2003, S. 529-536) unterscheiden vier Arten der Preisdifferenzierung:

– **Räumliche Preisdifferenzierung**: Dienstleistungen werden auf unterschiedlichen Märkten zu unterschiedlichen Preisen angeboten. Beispielsweise variieren Reiseveranstalter die Preise von Flugreisen in Abhängigkeit vom gewählten Flughafen.

- **Zeitliche Preisdifferenzierung**: Dienstleistungspreise variieren in Abhängigkeit des Zeitpunktes zu dem die Dienstleistungen in Anspruch genommen werden (z. B. Preise für Theateraufführungen am Wochenende liegen regelmäßig über denen an den Arbeitstagen) und in Abhängigkeit des Zeitraums zwischen der Buchung/dem Kauf der Leistung und deren Inanspruchnahme (z. B. Hotelreservierung, Buchung einer Flugreise).

- **Abnehmerorientierte Preisdifferenzierung**: Der Preis der Dienstleistung knüpft an abnehmerbezogenen Merkmalen wie Alter, Geschlecht, Familienstand an (z. B. altersabhängige Tarife im öffentlichen Personennahverkehr).

- **Mengenorientierte Preisdifferenzierung**: Dienstleistungspreise variieren in Abhängigkeit von der nachgefragten Leistungsmenge (z. B. Dauerkarten für Fitnessstudios oder Abonnements für Theater).

db. Konditionenpolitik

Konditionenpolitik umfasst die Gestaltung der Zahlungs- und Lieferungsbedingungen. Beides wird üblicherweise in Allgemeinen Geschäftsbedingungen (AGB) festgehalten. **Zahlungsbedingungen** regeln Zahlungsort, Zahlungszeitpunkt, Zahlungsfristen, und Zahlungsarten (z. B. Ratenzahlung). Häufige Ausprägungen der Zahlungsbedingungen sind Rabatte, Skonti und Boni. Ein **Rabatt** ist ein Preisnachlass für Waren und Leistungen, der angewendet wird, wenn ein formell einheitlicher Angebotspreis trotzdem unter bestimmten Bedingungen variiert werden soll. Es gibt eine Vielzahl von Rabattarten, wie z. B. den Treuerabatt für lang dauernde Geschäftsbeziehungen, den Naturalrabatt (z. B. kann man häufig in Autowaschanlagen beobachten, dass man nach einer bestimmten Anzahl bezahlter Autowäschen eine weitere Wäsche kostenlos erhält) oder den Barzahlungsrabatt.

Lieferungsbedingungen regeln nähere Einzelheiten der Vertragsabwicklung, z. B. den Liefertermin oder den Erfüllungsort. Im Dienstleistungsbereich wird in den Lieferungsbedingungen die zu erbringende Leistung möglichst präzise beschrieben. Indem der Kunde einen detaillierten Überblick über die zu verrichtenden Leistungen erhält, können Informationsasymmetrien zwischen den Beteiligten abgebaut und Vertrauen geschaffen werden. Beispielsweise beinhalten bei der PKW-Wartung Checklisten die einzelnen Teilleistungen. Sie werden vom Kfz-Mechaniker abgearbeitet und gekennzeichnet.

e. Distributionspolitik

Distributionspolitik umfasst alle Maßnahmen, die im Zusammenhang mit dem Weg der Dienstleistung vom Anbieter zum Abnehmer stehen. Zu den wesentlichen Entscheidungsbereichen der Distributionspolitik gehören die Standortwahl, die Bestimmung der Absatzwege und -kanäle und die physische Distribution der Leistung vom Anbieter zum Kunden. Vor allem aufgrund der Immaterialität und der Integrativität von Dienstleistungen weist die Distributionspolitik bei Dienstleistungen Besonderheiten im Vergleich zum Sachgutbereich auf (vgl. Haller 2010, S. 156 ff.). Im Sinne eines echten Vertriebs können im Dienstleistungsbereich meist nur Leistungsversprechen (z. B. Eintrittskarten, Versicherungspolicen u. ä.) gehandelt werden, wobei aufgrund der Integrativität von Dienstleistungen oft nur ein Direktvertrieb infrage kommt (vgl. Meffert/Bruhn 2003, S. 551). Weil Dienstleistungen weder lagerbar noch transportierbar sind, haben Standortentscheidungen aus Sicht des Kunden eine höhere Bedeutung als bei Sachleistungen.

ea. Gestaltung des Absatzkanalsystems

Der Dienstleistungsanbieter muss die **Absatzwege** festlegen sowie potenzielle Absatzmittler akquirieren und koordinieren (vgl. Meffert/Bruhn 2003, S. 555). Dem Anbieter stehen grundsätzlich drei Formen der Absatzwege zu Verfügung:

– **Direkte Distribution**: Der Anbieter nutzt betriebsinterne Distributionsorgane, um die Dienstleistung zu vertreiben. Mögliche Distributionsorgane sind der Eigenvertrieb, z. B. eigene Rechtsanwaltspraxis, der Vertrieb über Filialen, z. B. bei Bankdienstleistungen, der Vertrieb über ein Franchisesystem, z. B. Fast-Food-Ketten, oder der Online-Vertrieb, z. B. Homebanking.

– **Indirekte Distribution**: Der Anbieter setzt zum Vertrieb seiner Dienstleistung Absatzmittler (rechtlich und wirtschaftlich selbständige Absatzorgane, z. B. Unternehmen des Groß- und Einzelhandels, Versicherungsmakler) ein. Zum Beispiel werden Eintrittskarten für Konzerte durch Vorverkaufsstellen oder Telefonkarten über Tankstellen vertrieben. Wichtig beim indirekten Vertrieb ist, dass auch der Absatzmittler seine Leistungsfähigkeit und -bereitschaft signalisieren muss. Der Kunde nimmt über ihn Kontakt auf, so dass auch der Absatzmittler den Gesamteindruck der Dienstleistung prägt.

– **Multi-Channel-Distribution**: Der Dienstleistungsanbieter nutzt sowohl direkte als auch indirekte Absatzwege für den Vertrieb der Leistung. Z. B. vertreibt die Deutsche Bahn Zugtickets über die eigenen Verkaufsstellen in den Bahnhöfen, über Fahrkartenautomaten, über das Internet, über Call-Center und über Reisebüros.

eb. Gestaltung des logistischen Systems

Das logistische System befasst sich mit der physischen Bewegung der Leistung zwischen Hersteller und Kunde. Entscheidungsfelder der Dienstleistungslogistik sind die Wahl des Standorts und Entscheidungen zur Lagerhaltung und zum Transport materieller Leistungselemente. Geschäftsstätten von Dienstleistungsanbietern sind meist in der Nähe des Kunden angesiedelt. Kriterien der Standortwahl, die primär bei Neugründungen, Verlagerungen oder Unternehmensausweitungen relevant sind (vgl. Haller 2010, S. 160 ff.), umfassen

– strukturbezogene Faktoren, wie die Größe des Einzugsgebietes und die Lage des Standorts (bei Leistungen des täglichen Bedarfs),

– umweltbezogene Faktoren, wie die Qualität des Umfelds (wichtig u. a. für Leistungen mit exklusivem Charakter, die z. B. in einem angesehenen Stadtteil angeboten werden) und die Erreichbarkeit des Standorts (bei Leistungen des täglichen Bedarfs), z. B. über den öffentlichen Personennahverkehr und

– räumlichkeitsbezogene Faktoren wie die Raumkosten, die Raumqualität und die Raumkapazität (wichtig bei Leistungen, die in den Räumen des Anbieters erbracht werden) (vgl. Meffert/Bruhn 2003, S. 573-575).

Grundsätzlich sind Entscheidungen zur Lagerhaltung und zum Transport wegen der Immaterialität von Dienstleistungen weniger bedeutend als bei Sachleistungen (vgl. Meffert/Bruhn 2003, S. 575). Trotzdem gibt es Situationen, in denen Teile des Dienstleistungspotenzials oder die einzusetzenden externen Produktionsfaktoren zum Ort der Leistungserstellung transportiert und/oder gelagert werden müssen (vgl. Scheuch 2002, S. 227). So muss beispielsweise ein Pannendienst mit dem Einsatzfahrzeug an den Ort gelangen, an dem sich der PKW-Fahrer mit seinem defekten Fahrzeug befindet, Musik-Bands oder Theatergruppen müssen ihre gesamten Kulissen, technischen Anlagen, Kostüme, Requisiten etc. an den Ort des Gastspiels transportieren, eine Autowerkstatt muss ein Ersatzteillager führen, um dringende Reparaturen sofort durchführen zu können. In Abhängigkeit des zu lösenden Transportproblems sind folgende Transportentscheidungen zu berücksichtigen:

– Transportmittel: hohe Bedeutung des Transportmittels z. B. für Krankenhäuser und Rettungsdienste (Rettungswagen und -hubschrauber), Reiseveranstalter, Kurierdienste;
– Transportzeit: hohe Bedeutung z. B. im Rettungsdienst und bei Kurierdiensten;
– Transportsicherheit: hohe Bedeutung für Sicherheitsdienste, die Geld- und Wertgegenstände transportieren;
– Transportkosten (vgl. Meffert/Bruhn 2003, S. 576).

f. Kommunikationspolitik

Der Kommunikationspolitik kommt die Aufgabe zu, über die Existenz und die Vorteile der Dienstleistung zu informieren und zum Kauf zu motivieren. Zentrales Element der Kommunikationspolitik im Servicebereich ist die Visualisierung der immateriellen Dienstleistung, um diese für den Nachfrager verständlich zu machen.

Die Leistungsfähigkeit des Dienstleisters ist selbst nicht darstellbar, weshalb ersatzweise versucht wird, spezifische Dienstleistungskompetenzen z. B. durch Meisterbriefe, Zertifikate, Urkunden u. ä. zu dokumentieren. Das Tagungshotel ‚Schindlerhof‘ bei Nürnberg beispielsweise stellt seine Kompetenzen dar, indem es darauf verweist, 1995 als erstes Deutsches Hotel eine DIN ISO 9001-Zertifizierung und 1998 den ‚Business Excellence‘-Preis der European Foundation für Quality Management (EFQM) erhalten zu haben (vgl. Bruhn/Brunow/Specht 2002, S.128 f.). Kommunikationspolitik kann zur Visualisierung der immateriellen Dienstleistung beitragen, z. B. indem tangible Elemente besonders herausgestellt werden (z. B. Fotos von Hotelzimmern in Prospekten oder im Internetauftritt eines Hotels). Da der Kunde meist unmittelbar an der Leistungserstellung beteiligt ist, kommt der Kommunikationspolitik gerade hier eine bedeutende Rolle zu. Kommunikationspolitische Instrumente können nämlich während der Leistungserstellung eingesetzt werden, z. B. kann ein Physiotherapeut während einer Massage den Patienten auf weitere Dienstleistungsangebote aufmerksam machen. Außerdem können Probleme, die bei der Leistungserstellung auftreten könnten, unmittelbar erläutert werden, um damit Unzufriedenheit vorzubeugen (z. B. der Pilot weist die Fluggäste darauf hin, dass es aufgrund schlechter Witterungsverhältnisse zu einer verspäteten Landung kommen kann) (vgl. Meffert/Bruhn 2003, S. 425). Der persönliche Kontakt von Anbieter und Kunde während der Leistungserstellung bietet die einzigartige Möglichkeit, eine enge Mitarbeiter-Kunde-Beziehung aufzubauen, Vertrauen zu schaffen oder aber Kundendaten zu erheben und Kundenbedürfnisse zu registrieren.

Nachfolgende Abb. 199 zeigt acht kommunikationspolitische Instrumente, die gleichermaßen im Dienstleistungssektor wie im Sachgutbereich einzusetzen sind.

Letztlich dient die Kommunikationspolitik auch zur Unterstützung der kurzfristigen Nachfragesteuerung (z. B. indem über Zeitungsanzeigen auf Sonderaktionen hingewiesen wird). Wenn Dienstleistungen nicht transportierbar sind, ist es Aufgabe der Kommunikationspolitik, die (potenziellen) Nachfrager über die Bedingungen der Leistungserstellung (Ort, Zeit u. ä.) zu informieren (z. B. Wegbeschreibung zum Anbieter, Beginn und Ende der Theateraufführung).

Kommunikations-instrument	Beschreibung	Beispiele
klassische Werbung (Mediawerbung)	„Transport und die Verbreitung werblicher Informationen über die Belegung von Werbeträgern mit Werbemitteln im Umfeld öffentlicher Kommunikation […]" (Bruhn 2009, S. 356)	Werbeanzeige in einer Tageszeitung TV-Werbespot Plakatwerbung
Verkaufsförderung (Promotions)	Maßnahmen für Kunden, kurzfristige zusätzliche Kaufanreize (vgl. Bruhn 2009 S. 365 ff.;Haller 2010, S. 181)	Geschenke Preisreduktion Preisausschreiben
persönliche Kommunikation	Kommunikation zwischen Unternehmen und Kunde in einer Face-to-Face-Situation	Beratungsgespräch in einer Bank ‚Small Talk' während der Leistungserstellung
Direktkommunikation (Direct Marketing)	Instrumente und Maßnahmen, die darauf ausgerichtet sind, durch eine gezielte Einzelansprache direkten Kontakt zum Kunden herzustellen (Bruhn 2009, S. 385 ff.)	Telefonmarketing Werbebrief
Öffentlichkeitsarbeit (Public Relations)	Maßnahmen, die dazu dienen, bei bestimmten Zielgruppen (z. B. Aktionäre, Kunden, Arbeitnehmer) um Vertrauen und Verständnis zu werben (vgl. Bruhn 2009 S. 398 ff.)	Veröffentlichungen wie Geschäftsberichte und innerbetriebliche Zeitschriften Pressekonferenzen
Messen/Ausstellungen	Leistungspräsentation sowie Information für Fachpublikum und/ oder die allgemeine Öffentlichkeit auf einer zeitlich und räumlich begrenzten Veranstaltung (vgl. Bruhn 2009, S. 435 ff.)	ITB: Internationale Tourismusbörse in Berlin TRAVEL TREND: Internationale Reise-Fachmesse in Frankfurt am Main
Sponsoring	Bereitstellung von Geld, Sachmitteln oder Dienstleistungen, um Personen oder Organisationen in den Bereichen Kultur, Sport oder Soziales zu fördern (vgl. Bruhn 2009, S. 411)	Sponsoring von Fußballmannschaften Sponsoring von Kunstfestivals.
Multimedia-kommunikation	Nutzung digitaler Medien, um mit den Kunden in Kontakt zu treten	Email und Newsletter Banner auf stark frequentierten Websites unternehmenseigene Homepage

Abb. 199: Kommunikationspolitische Instrumente
(in Anlehnung an Bruhn 2009)

g.   Personalpolitik

Personalpolitik in Dienstleistungsunternehmen soll versuchen, so die Auffassung von *Meffert* und *Bruhn* (2003, S. 577), die Personal- und Marketingperspektive zum Konzept des internen Marketings zu verbinden. „**Internes Marketing** ist die systematische Optimierung unternehmensinterner Prozesse mit Instrumenten des Marketing- und Personalmanagements, um durch eine konsequente Kunden- und Mitarbeiterorientierung das Marketing als interne Denkhaltung durchzusetzen, damit marktgerichtete Unternehmensziele effizienter erreicht werden." (Bruhn 1999, S. 20). Bestandteile des internen Marketings sind

(1) die parallele Kunden- und Mitarbeiterorientierung,
(2) die Optimierung der internen Austauschbeziehungen (z. B. der Leistungsbeziehungen zwischen einzelnen organisatorischen Einheiten) zur Sicherung der internen Dienstleistungsqualität sowie
(3) die interne Kommunikation gegenüber den Mitarbeitern (vgl. Bruhn 1999, S. 25).

Die Hauptziele des internen Marketings sind Mitarbeiterzufriedenheit, -bindung und die Motivation der Mitarbeiter im Hinblick auf die zu erreichenden Unternehmensziele, um dadurch Dienstleistungsqualität und Kundenorientierung zu sichern.

Die große Bedeutung der Personalpolitik in Dienstleistungsunternehmen ist zurückzuführen auf die zentrale Rolle der Mitarbeiter für die Dienstleistungsqualität und die Herstellung von Kundenzufriedenheit. *Biermann* (1999, S. 179) weist darauf hin, dass der Grundsatz, Mitarbeiter seien die wichtigsten Ressourcen eines Unternehmens, in Sach- und Dienstleistungsunternehmen gleichermaßen verbreitet sei. Dennoch sei der Dienstleistungsbereich stärker als der Sachleistungssektor von Menschen geprägt. Während sich der Kundenkontakt in einem Industriebetrieb meist auf wenige Repräsentanten (Verkäufer, Außendienstmitarbeiter, Geschäftsführung) beschränkt, hat in einem Dienstleistungsunternehmen die Mehrheit der Angestellten, vor allem auch jene aus den unteren Lohngruppen und (unqualifizierte) Aushilfskräfte, ständig Kundenkontakt.

In Ermangelung materieller Bestandteile wird Dienstleistungsqualität ex ante und auch ex post häufig mit der Mitarbeiterqualität gleichgesetzt. Da die Servicemitarbeiter das Element der Dienstleistung sind, welches von den Kunden oft am stärksten wahrgenommen wird (vgl. Haller 2010, S. 259), stellen die Mitarbeiter ein Informationssurrogat zur Beurteilung der Dienstleistungsqualität dar. Obwohl diese Zusammenhänge bekannt sind, sind in der Realität oft schlecht (oder gar nicht) qualifizierte Mitarbeiter anzutreffen, die weder motiviert sind noch kundenorientiert arbeiten (vgl. Haller 2010, S. 259). Angesichts solch weit verbreiteter Mängel in der Mitarbeiterqualität, kann ein leistungsfähiger Mitarbeiterstamm ein verteidigungsfähiger Wettbewerbsvorteil für ein Dienstleistungsunternehmen sein. Diese Sichtweise korrespondiert mit dem von *Zeithaml, Parasuraman* und *Berry* (1992) entwickelten **SERV-QUAL-Konzept**, das in einer empirischen Untersuchung Kriterien zur Beurteilung von Servicequalität ermittelte. Gerade jene Kriterien, die von den Kunden als wichtigste Qualitätskriterien benannt worden sind, nämlich Zuverlässigkeit (Fähigkeit, den versprochenen Service verlässlich und präzise auszuführen) und Entgegenkommen (Bereitschaft der Mitarbeiter, den Kunden zu helfen und sie prompt zu bedienen), wurden in den beurteilten Branchen am schlechtesten erfüllt. Für den Dienstleistungsanbieter lässt sich also die Forderung herleiten, seine Servicemitarbeiter so zu fördern, zu schulen und zu motivieren, dass sie die Kunden des Unternehmens schnell, verlässlich und hilfsbereit bedienen.

Ein weiterer wesentlicher Punkt, dem ein Dienstleistungsanbieter im Rahmen der Personalpolitik große Aufmerksamkeit widmen muss, ist der Zusammenhang von Mitarbeiterzufriedenheit und Kundenzufriedenheit. *Heskett, Sasser* und *Schlesinger* (1994) sprechen von einer **Service-Gewinn-Kette**. Demnach besteht ein kausaler Zusammenhang zwischen Mitarbeiterorientierung und unternehmerischem Erfolg. Mitarbeiterorientierung führt zu zufriedenen Mitarbeitern und einer höheren Mitarbeiterproduktivität, welche in höherer Kundenzufriedenheit resultiert. Zufriedene Kunden können an das Unternehmen gebunden werden, wodurch wiederum höhere Erlöse zu erzielen sind. *Clark et al.* (1999) nennen als wesentliche Komponenten der Mitarbeiterzufriedenheit:

- Zufriedenheit mit den Vorgesetzten,
- Zufriedenheit mit den Kollegen,
- Zufriedenheit mit der Tätigkeit (Verantwortung, Arbeitsinhalt, Entscheidungsrechte u. ä.),
- Zufriedenheit mit der Entlohnung,
- Zufriedenheit mit den Karrieremöglichkeiten.

Unternehmen mit zufriedenen Mitarbeitern haben nicht nur eine geringere Fluktuationsrate (und sparen damit die Kosten von Neueinstellungen, Einarbeitungen etc.), sondern, und das ist ein wesentliches Ziel der Bemühungen um Mitarbeiterzufriedenheit, weisen eine Intrapreneur-Kultur auf. Der Mitarbeiter als **Intrapreneur** soll sich verhalten wie ein selbstständiger Unternehmer, so dass er trotz seiner Position als Angestellter kreatives, innovationsorientiertes, flexibles und eigenverantwortliches Handeln entwickelt, das damit dem Handeln eines Entrepreneurs ähnelt (vgl. Bitzer 1991, S. 17 und Haller 2010, S. 261). *Meffert* und *Bruhn* (2003, S. 580 ff.) leiten aus den Besonderheiten von Dienstleistungen folgende weitere Anforderungen an die Personalpolitik von Dienstleistungsunternehmen ab:

- Wenn Mitarbeiter von Dienstleistungsunternehmen als Ersatzindikator für die Dienstleistungsqualität gelten, ist der umfassenden Qualifikation der Mitarbeiter im Rahmen der Personalpolitik besondere Aufmerksamkeit zu schenken. Hier sind allerdings nicht nur die technischen und fachlichen Fähigkeiten von Bedeutung, sondern auch der Charakter des Mitarbeiters (Kommunikationsfähigkeiten und Einfühlungsvermögen) (vgl. auch Biermann 1999, S. 180). Zur Umsetzung dieser Forderung sind entsprechende Maßnahmen der Personalauswahl und -entwicklung durchzuführen.
- Wegen der hohen Bedeutung der Mitarbeiter im Servicebereich sollten außerdem Maßnahmen zur ‚Mitarbeiterstandardisierung' ergriffen werden. Das betrifft sowohl die äußere Erscheinung der Mitarbeiter als auch das Verhalten der Mitarbeiter gegenüber den Kunden sowie die Vereinheitlichung von Ausbildungs- und Weiterbildungsprogrammen. Verhaltenssteuerung kann z. B. durch Maßnahmen der Personalentwicklung und der Personalführung erreicht werden. Ein Beispiel für Verhaltensstandardisierung ist eine definierte Begrüßungsformel, die Mitarbeiter einer Servicehotline verwenden müssen. Standardisierung einzelner Dienstleistungselemente schafft beim Kunden das Gefühl von Vertrautheit mit den Dienstleistungsprozessen.

Aufgaben, Instrumente und Umsetzung der Personalpolitik von Dienstleistungsunternehmen unterscheiden sich ansonsten nicht erheblich von Sachleistungsunternehmen, so dass hier auf das Kapitel zu Personalführung und Anreizsystemen (C VI) verwiesen werden kann.

5. Möglichkeiten der strategischen Grundorientierung von Dienstleistungsunternehmen

Strategische Unternehmensführung verlangt eine Zusammenführung und Abstimmung zwischen Umweltanforderungen und dem Unternehmen als Ganzes (System-Umwelt-Fit) sowie innerhalb der einzelnen Subsysteme im Unternehmen (Intrasystem-Fit). *Meyer* und *Blümelhuber* (2001, S. 374 ff.) stellen drei Möglichkeiten der strategischen Grundorientierung vor, die Dienstleistungsunternehmen zur Verfügung stehen, um diesen strategischen Fit zu erreichen (vgl. zu den nachfolgenden Ausführungen Meyer/Blümelhuber 2001, S. 374-394). Neben der Wettbewerbsorientierung sind das die Orientierung am Kunden und die Potenzialorientierung. Diese strategischen Orientierungen stellen keine entweder-oder-Optionen dar, sondern sind Bestandteil einer multidimensionalen Grundorientierung, die sich an den Bedürfnissen und Forderungen der (potenziellen) Kunden orientiert, die zur Leistungserstellung notwendigen Potenziale bereithält und sichert sowie Wettbewerbsvorteile schafft und erhält.

a. Potenzialorientierte Strategien

Potenzialorientierung entspricht im Grunde der Umsetzung eines ressourcenbasierten Denkens, d. h. die strategische Unternehmensführung richtet sich nach der Ausstattung des Dienstleistungsunternehmens mit Leistungsfähigkeiten und -bereitschaften (Potenziale, Ressourcen) (zur Ressourcen- bzw. Potenzialorientierung in Dienstleistungsunternehmen vgl. Burr/Stephan 2006, S. 63 ff.). Beispielsweise könnte das Leistungsprogramm einer Unternehmensberatung auf Grundlage der besonderen Fähigkeiten und Qualifikationen der Mitarbeiter und den historisch gewachsenen Unternehmenskompetenzen auf bestimmte Branchen oder geographische Regionen spezialisiert sein.

Dienstleistungsunternehmen, die Leistungen mit einem hohen Individualisierungs- und Interaktionsgrad anbieten, z. B. Gesundheitsdienstleistungen, Leistungen von Rechtsanwälten oder Steuerberatern, sind neben den spezifischen tangiblen Ressourcen (z. B. hochspezialisierte medizinische Großgeräte in Krankenhäusern) vor allem auch auf die intangiblen Fähigkeiten der Mitarbeiter angewiesen. Dazu gehören beispielsweise unternehmens- und kundenspezifisches Know-how oder besondere persönliche und soziale Kompetenzen der Mitarbeiter (vgl. Bharadway/Varadarajan/Fahy 1993, S. 84), aber auch andere intangible Ressourcen wie Reputation oder eine dienstleistungsorientierte Unternehmenskultur.

Die potenzialorientierte Strategie setzt damit an den Kernkompetenzen des Anbieters an und orientiert sich nicht maßgeblich an Umweltfaktoren, wie die wettbewerbsorientierten Strategien nach Porter. Für das Unternehmen stellt sich zum einen die Aufgabe, herauszufinden, welche einzigartigen, nicht-imitierbaren und nicht-substituierbaren Ressourcen aus Kundenperspektive eine Zusatznutzen stiften und damit dauerhaft zum Markterfolg beitragen können. Zum anderen muss es dem Unternehmen gelingen, derartige Ressourcen aufzubauen, weiterzuentwickeln, zu sichern und auszuschöpfen (vgl. Burr/Stephan 2006, S. 70 ff.).

b. Kundenorientierte Strategien

Die unbedingte Notwendigkeit zu einer kundenorientierten Unternehmensführung wird in der betriebswirtschaftlichen Literatur mit der Wirkungskette von der Kundenorientierung über die Kundenzufriedenheit zur Kundenbindung hin zum wirtschaftlichen Erfolg begründet. Insbesondere zwischen Kundenbindung und unternehmerischem Erfolg werden deutliche Zusammenhänge gesehen, die zu der momentanen Euphorie um Kundenorientierung führen. Wesentliche Erfolgsursache im Dienstleistungsbereich und Kern kundenorientierter Strategien ist, den gesamten Unternehmensprozess aus der Perspektive des Kunden zu sehen. Für den Anbieter bedeutet das, die Unternehmensaktivitäten auf die Ausgestaltung der Kundenkontakte und das Design kundenbezogener Prozesse und Leistungen auszurichten. Kundenorientierung wird beispielsweise sichtbar in der Qualität der einzelnen Kundenkontakte, der angebotenen Leistungen sowie der kundenbezogenen Prozesse. Indem die Qualität einzelner Kundenkontakte, Leistungen und Prozesse verbessert wird, sollen die Kundenzufriedenheit erhöht und Kundenbindung aufgebaut werden.

c. Wettbewerbsorientierte Strategien

Wettbewerbsorientierung meint die Ausrichtung der Unternehmensstrategie am Wettbewerb bzw. am Wettbewerber. Wettbewerber sind dabei nicht zwangsläufig nur im klassischen Sinn als Konkurrenten zu verstehen, die mit dem Unternehmen um Kunden, Marktanteile und Umsätze konkurrieren. Wettbewerber können auch Informationsquelle (der Konkurrent als Vorbild, dessen Ideen und Erfahrungen man nutzen kann), Partner (Wettbewerber als Kooperationspartner in diversen Unternehmensbereichen) und Ansatzpunkt für eigene Leistungen sein, z. B. wenn es einem Unternehmen gelingt, Schwachstellen der Konkurrenz für das eigene Unternehmen auszunutzen. Wettbewerbsgerichtetes Verhalten lässt sich grundsätzlich in innovatives und konventionelles Verhalten einteilen.

– **Innovative Verhaltensstrategien** (Abhebungsstrategien): Das Unternehmen geht in der Marktbearbeitung bewusst neue Wege. Abhebungsstrategien weichen stark vom marktüblichen Verhalten ab. Ein Beispiel für innovative Verhaltensstrategien liefern Billigfluggesellschaften, die in den 1990er Jahren in den Markt eintraten und mit ihrem Konzept aus abgespecktem Bordservice, kostengünstigen Provinzflughäfen und neuartigen Buchungsmethoden das Fliegen auf Kurz- und Mittelstrecken revolutionierten.
– **Konventionelle Verhaltensstrategien** (Anpassungsstrategien): Der Anbieter orientiert sich an bewährten Strategien oder Standards. Oft reagieren jene Anbieter mit einer Anpassungsstrategie, die entweder über keinen deutlichen Wettbewerbsvorteil verfügen oder die aufgrund unzureichender Ressourcen nicht in der Lage sind, Auseinandersetzungen mit der Konkurrenz zu führen. Konventionelle Verhaltensstrategien äußern sich in einem auf das Verhalten der Konkurrenz abgestimmten Verhalten, immer ähnlicher werdenden Leistungen und Marketingkonzepten.

Grundlage wettbewerbsorientierter Strategien ist der Aufbau, die Pflege, die Nutzung und die zielgerichtete Kommunikation strategischer Wettbewerbsvorteile. Wettbewerbsvorteile bzw. komparative Konkurrenzvorteile gelten als wesentliche Voraussetzung, um in einer wettbewerblichen Wirtschaft zu überleben (vgl. Backhaus 1995, S. 28). Leistungen, die strategische Wettbewerbsvorteile generieren, müssen nachstehende Kriterien simultan erfüllen:

– Die Leistungen sind insgesamt oder mindestens bezüglich einzelner Merkmale dem Angebot der Wettbewerber aus Kundensicht überlegen,
– sie sind dem Kunden wichtig,
– sie werden von ihm wahrgenommen, und
– sie können dauerhaft aufrecht erhalten werden.

Beim Aufbau und Management von Wettbewerbsvorteilen sieht sich die Unternehmensführung mit vier Aufgaben konfrontiert:

– Identifikation von Merkmalen, die überhaupt Wettbewerbsvorteile generieren können, z. B. Größenvorteile, Standortvorteile, objektive Leistungsvorteile;
– Marktforschung und Konkurrenzanalyse um herauszufinden, welche Leistungsmerkmale für den Kunden subjektiv von Bedeutung sind und wie diese Anforderungen von der Konkurrenz erfüllt werden;
– Schutz der Wettbewerbsvorteile, um dem Kriterium der Dauerhaftigkeit genüge zu tun (vgl. Burr/Stephan 2006, S. 159 ff.);
– Kommunikation der Wettbewerbsvorteile an die Kunden.

Wettbewerbsstrategien sind mit dem Namen *Porter* (1992) verbunden und dienen dem Erreichen von Wettbewerbsvorteilen. Da diese Strategien bereits in Kapitel B III besprochen werden, soll hier nur auf dienstleistungsrelevante Aspekte von Kosten- bzw. Preisführerschaft, Differenzierung über Leistungsvorteile, Nischenstrategien sowie auf die von *Porter* ausgeschlossene Alternative der kombinierten Strategie eingegangen werden.

ca.   Kosten- bzw. Preisführerschaft

Speziell in wirtschaftlich schwierigen Zeiten ist ein niedriger Preis für viele Kunden das vorrangige Kaufkriterium, so dass die Strategie der Preisführerschaft eine lohnende strategische Handlungsalternative ist. Die Strategie der Preisführerschaft ist an zwei wesentliche Voraussetzungen geknüpft. Zum einen muss der Anbieter autonom über die Preise seiner angebotenen Leistungen entscheiden dürfen. Da es gerade im Dienstleistungsbereich noch immer viele staatlich oder durch privatrechtliche Vereinbarungen regulierte Branchen gibt (z. B. unterliegen die meisten medizinischen Dienstleistungen oder die Leistungen von Anwälten oder Notaren einer gesetzlichen oder durch Berufsverbände erlassenen Gebührenordnung), muss dort der Wettbewerb jenseits des Preises (nämlich über Differenzierung durch Leistungsvorteile) ausgetragen werden. Zum zweiten macht eine Preisführerschaft nur dann Sinn, wenn die Kunden tatsächlich in der Lage sind, Preise bzw. Preis-Leistungsverhältnisse zu vergleichen und zu beurteilen. Die hohe Individualität, die viele Dienstleistungen besitzen, macht einen Preisvergleich sehr schwierig und ermöglicht es den Anbietern, sich dem Preiswettbewerb zu entziehen und Wettbewerbsvorteile über Leistungsvorteile zu erzielen. Folglich spielt die Strategie der Preisführerschaft meist nur bei einfachen, schlanken und hoch standardisierten Dienstleistungen eine Rolle. Dienstleistungsanbieter, die Wettbewerbsvorteile über eine Preisführerschaft erreichen wollen, müssen konsequent jegliche Kostensenkungspotenziale ausschöpfen:

- Senkung der Fixkosten durch einfachere Ausstattungsvarianten und niedrigere Leistungsniveaus (niedrigere Vorhaltekapazitäten)
- Senkung der Leerkosten (Kosten für nicht genutzte Kapazitäten) durch Senken der Gesamtkapazität oder durch Verbesserung der Kapazitätsauslastung (z. B. durch Preisdifferenzierung (vgl. Kapitel D V 5)
- Rationalisierungsmaßnahmen:
  - Automatisierung, indem menschliche Arbeitskraft teilweise durch Maschinen ersetzt wird (z. B. schließt die Deutsche Bahn AG vielerorts Bahnhöfe und Fahrkartenschalter und ersetzt die dort tätigen Mitarbeiter durch Fahrkartenautomaten);
  - Nutzbarmachen von Skalen- und Lerneffekten durch Standardisierung der Dienstleistung oder von Prozessabläufen (z. B. Antragsbearbeitung in einer Versicherung);
  - Externalisierung, d. h. Übertragung von bestimmen Teilaufgaben im Dienstleistungsprozess an den Kunden (z. B. der Kunde föhnt sich beim Friseur das Haar selbst).

cb.   Differenzierung durch Leistungsvorteile

Im Rahmen der Differenzierungsstrategie wird nicht versucht, Wettbewerbsvorteile über den günstigen Preis, sondern über die Einzigartigkeit der Leistung bzw. Leistungsqualität aufzubauen. Ein Anbieter, der eine überlegene Leistung(-squalität) bietet, kann höhere Preise rechtfertigen. Leistungsvorteile können z. B. in einem höheren Leistungsniveau, einem höheren Qualitätsgrad, stärkeren Marken oder einer besonderen Kundenfreundlichkeit bestehen. In Anlehnung an die drei Kategorien von Anforderungsniveaus der Dienstleistungsqualität – Basis-, Leistungs- und Begeisterungsanforderungen – lassen sich zwei Arten von Leistungsvorteilsstrategien unterscheiden:

- die wettbewerbsbestimmenden Basisleistungen werden besser bzw. origineller erbracht als durch den Wettbewerber (z. B. unbedingte Pünktlichkeit eines öffentlichen Verkehrsmittels) oder
- das Leistungsangebot verfügt über zusätzliche, innovative Merkmale (z. B. besonders komfortable Ausstattung von Zugabteilen), die beim Kunden zu überproportionalen Zufriedenheitssteigerungen führen und von diesem honoriert werden (Leistungs- und Begeisterungsanforderungen).

cc. Nischenstrategien

Gerade Dienstleistungen eignen sich aufgrund ihres oftmals geringen Kapitalbedarfes und der einfachen Erzeugung von Dienstleistungsvarianten (z. B. durch unterschiedlich ausgeprägte Service Level Agreements und damit verbundene Preisstrategien) für die Besetzung von Marktnischen. So können Unternehmen Dienstleistungen für ganz bestimmte Kundengruppen (z. B. Computerkurse für Senioren) oder für ganz bestimmte Absatzgebiete (z. B. Konzentration des Dienstleistungsangebots auf Innenstadtlagen mit hoher Kaufkraft) maßschneidern. Ebenfalls steht es dem Dienstleistungsanbieter frei, sich auf ein eng definiertes Dienstleistungsspektrum und Marktsegment zu konzentrieren (z. B. Outsourcing-Lösungen für Datensicherheit bei Krankenkassen oder Einführung einer elektronischen Patientenakte in Krankenhäusern als Outsourcing-Lösung). Grundlegend für eine Nischenstrategie ist die Vorstellung, dass das Dienstleistungssegment die eng definierte Nische erfolgreicher bearbeiten kann als seine Konkurrenten, die sich für die Marktbearbeitung mit einem breiten Dienstleistungsportfolio, das überregional für viele Kundengruppen angeboten wird, entschieden haben.

cd. Kombinierte Strategien

Preisführerschaft und Differenzierung über Leistungsvorteile müssen sich nicht ausschließen, sondern können unter bestimmten Bedingungen kombiniert werden. Ein solches kombiniertes Angebot bezeichnen *Meyer* und *Blümelhuber* (1995) als ,**No Frills-Konzept'**. Dieses ist durch vier charakteristische Merkmale gekennzeichnet:

- günstige und faire Preise als maßgebliches Kauf- und Zufriedenheitskriterium;
- Leistungs- und Preistransparenz, damit die Kunden die Preiswürdigkeit des Angebots einschätzen können;
- hohe Qualität der Kernleistung, d. h. Erfüllung der Basisanforderungen zu 100 Prozent;
- schlanke Leistungsbündel, die nicht durch Zusatzangebote überfrachtet sind, die vom Kunden nicht zusätzlich honoriert werden.

6. Verständnisfragen

a. Für die Definition und Abgrenzung von Dienstleistungen zu Sachgütern gibt es eine Vielzahl von Ansätzen in der Literatur. Ein weithin akzeptierter Definitionsversuch ist die Abgrenzung von Dienstleistungen anhand gemeinsamer „konstitutiver Eigenschaften". Was genau ist unter konstitutiven Merkmalen zu verstehen? Nennen und erläutern Sie die Merkmale Immaterialität, ,uno actu'-Prinzip sowie die Integration von externen Faktoren.

b. Dienstleistungsqualität zu operationalisieren und objektiv messbar zu machen gestaltet sich u. a. infolge der Immaterialität als schwierig. Ein beliebter Ansatz zur Bestimmung der Dienstleistungsqualität sind deshalb so genannte Service Level Agreements. Was versteht man unter einem Service Level Agreement und welche Arten werden unterschieden?

c. Entwickeln Sie Kennzahlen eines Service-Level-Agreements für eine (a) telefonische Kundenhotline eines Mobilfunkanbieters, für (b) die städtischen Verkehrsbetriebe und (c) für einen Lehrstuhl für Betriebswirtschaftslehre an einer deutschen Universität.

d. Was versteht man unter Such-, Erfahrungs und Vertrauensgüter? Nennen Sie Beispiele.

e. Eine bedeutende Rolle zur Signalisierung der Dienstleistungsqualität bei Vertrauens- und Erfahrungsgütern spielen Referenzkunden. Erläutern Sie, mit welchen Problemen dieses Signallinginstrument verbunden ist.

f. Im Dienstleistungsgewerbe haben sich Dienstleistungsmarken zu einem beliebten Schutzinstrument und Kennzeichnungsmittel entwickelt. Welche verschiedenen Arten von Dienstleistungsmarken lassen sich beim Deutschen Patent- und Markenamt im Register eintragen?

Literaturverzeichnis

A

ABEL, I. (2009): From Technology Imitation to Market Dominance: The Case of the iPod, in: Competitiveness Review, 18. Jg., Heft 3, S. 257-274.

ABELL, D. F. (1980): Defining the Business: The Starting Point of Strategic Planning, Englewood Cliffs, NJ.

ABERNATHY, W. J. (1978): The Productivity Dilemma, Baltimore.

ABRAMSON, H. N./ENCARNAÇÃO, J./REID, P. P./SCHMOCH, U. (1997): Technology Transfer Systems in the United States and Germany, Washington DC.

ADAM, D. (2001): Dynamische Programm- und Investitionsplanung bei Lerneffekten, in: Zeitschrift für Betriebswirtschaft, 71. Jg., 2001, S. 1241-1262.

ADAMS, C. P./BRANTNER, V. V. (2006): Estimating the cost of new drug development: is it really 802 million dollars?, in: Health Affairs, 25. Jg., Heft 2, S. 420-428.

AGARWAL, R./GORT, M. (1996): The Evolution of Markets and Entry, Exit and Survival of Firms, in: Review of Economics and Statistics, 78. Jg, Heft 3, 1996, S. 489-498.

AGGARWAL, R. K./SAMWICK, A. A. (1999a): The Other Side of the Trade-off: The Impact of Risk on Executive Compensation, in: Journal of Political Economy 107. Jg., S. 65-105.

AGGARWAL, R. K./SAMWICK, A. A. (1999b): Executive Compensation, Strategic Competition, and Relative Performance Evaluation: Theory and Evidence, in: Journal of Finance, 54. Jg., S. 1999-2043.

AKERLOF, G. A. (1970): The Market for „Lemons": Quality Uncertainty and the Market Mechanism, in: Quarterly Journal of Economics, 84. Jg., S. 488-500.

AL-ANI, A./GATTERMEYER, W. (2000): Entwicklung und Umsetzung von Change Management, in: AL-ANI, A./GATTERMEYER, W. (Hrsg.): Change Management und Unternehmenserfolg, Wiesbaden 2000, S. 13-40.

ALBACH, H. (1981): Verfassung folgt Verfassung: Ein organisationstheoretischer Beitrag zur Diskussion um die Unternehmensverfassung, in: BOHR, K., DRUKARCZYK, J. (Hrsg.): Unternehmensverfassung als Problem der Betriebswirtschaftslehre, Berlin 1981, S. 53-79.

ALCHIAN, A. A./DEMSETZ, H. (1973): The Property Rights Paradigm, in: Journal of Economic History, 33. Jg., 1973, S. 16-27.

ALICH, H./FASSE, M. (2010): Neue Konkurrenten wollen das Duopol aus Airbus und Boeing knacken, in: Handelsblatt, Nr. 52, 16.3.2010, S. 22 f.

AMELINGMEYER, J. (2004): Wissensmanagement, 4. Aufl., Wiesbaden.

AMIHUD, Y./LEV, B. (1981): Risk Reduction as Managerial Motive for Conglomerate Mergers, in: Bell Journal of Economics, 12. Jg., 1981, S. 605-617.

AMIT, R./LIVNAT, J. (1988): Diversification and the Risk Return Trade-off, in: Academy of Management Journal, 31. Jg., 1988, S. 154-166.

AMIT, R./LIVNAT, J. (1989): Efficient Corporate Diversification: Methods and Implications, in: Management Science, 35. Jg., Heft 7, 1989, S. 879-897.

AMIT, R./SCHOEMAKER, P. J. (1993): Strategic Assets and Organizational Rent, in: Strategic Management Journal, 14. Jg., Heft 1, S. 33-46.

ANSOFF, H. I. (1957): Strategies for Diversification, in: Harvard Business Review, 35. Jg., Heft 5, 1957, S. 113-124.

ANSOFF, H. I. (1965): Corporate Strategy, New York.

ARBEITSKREIS INTERNES RECHNUNGSWESEN (2010): Vergleich von Praxiskonzepten zur wertorientierten Unternehmenssteuerung, in: Zeitschrift für betriebswirtschaftliche Forschung, 70. Jg., S. 797-820.

ARGYRES, N. (1996): Capabilities, Technological Diversification and Divisionalization, in: Strategic Management Journal, 17. Jg., Heft 5, 1996, S. 395-410.

ARGYRIS, C. (1953): Human Problems with Budgets, in: Harvard Business Review, 31. Jg., S. 97-110.

ARGYRIS, C. (1957): Personality and Organization, New York.

ARGYRIS, C./SCHÖN, D. (1978): Organizational Learning: A Theory of Action Perspective, Reading, UK.

ARNOLD, U./KASULKE, G. (Hrsg., 2007): Praxishandbuch innovative Beschaffung, 1. Aufl., Weinheim.

ARON, D. J. (1988): Ability, Moral Hazard, Firm Size, and Diversification, in: Rand Journal of Economics, 19. Jg., Heft 1, 1988, S. 72-87.

ARROW, K. J. (1964): The Role of Securities in the Optimal Allocation of Risk-Bearing, in: Review of Economic Studies, 31. Jg., S. 91-96.

ARROW, K. J. (1971): Essays in the Theory of Risk Bearing, Chicago, IL 1971.

AUMAYR, K. (2006): Erfolgreiches Produktmanagement, Wiesbaden.

AXELRODT, R. (1976): Structure of Decision: The Cognitive Map of Political Elites, Princeton.

B

BACKHAUS, K. (1992): Investitionsgütermarketing, 3. Aufl., München.

BACKHAUSEN, W./THOMMEN, J.-P. (Hrsg., 2006): Coaching. Durch systemisches Denken zu innovativer Personalentwicklung, 3. Aufl., Wiesbaden.

BAHN, C. (2002): Die Bedeutung der lokalen Regulationssysteme in Berlin für den Strukturwandel im Einzelhandel, WZB Discussion Paper, FS I 02-103, Wissenschaftszentrum Berlin für Sozialforschung, Berlin.

BAIMAN, S./DEMSKI, J. S. (1980): Variance Analysis Procedures as Motivational Devices, in: Management Science, 26. Jg., S. 840-848.

BAIN, J. S. (1956): Barriers to New Competition, Cambridge, MA.

BAIN, J. S. (1968): Industrial Organization, 2. Aufl., New York.

BALDERJAHN, I. (1986): Das umweltbewusste Konsumentenverhalten, Berlin.

BALLWIESER, W. (1978): Kassendisposition und Wertpapieranlage, Wiesbaden.

BANKER, R. D./DATAR, S. M. (1989): Sensitivity, Precision and Linear Aggregation of Signals for Performance Evaluation, in: Journal of Accounting Research, 27. Jg., S. 21-39.

BARNEY, J. B. (1986): Strategic Factor Markets: Expectations, Luck, and Business Strategy, in: Management Science, 32. Jg., Heft 10, S. 1231-1241.

BARNEY, J. B. (1991): Firm Resources and Sustained Competitive Advantage, in: Journal of Management, 17. Jg., Heft 1, S. 99-120.

BARNEY, J. B. (1994): Commentary: BRUMAGIM, A. L.: A Hierarchy of Corporate Resources, in: SHRIVASTAVA, P./HUFF, A. S./DUTTON, J. E. (Hrsg.): Advances in Strategic Management, Band 10 A, Greenwich, CT, S. 113-125.

BARTLETT, C. A./GHOSHAL, S. (1986): Tap Your Subsidiaries for Global Reach, in: Harvard Business Review, 64. Jg., Heft 6, S. 87-94.

BARTLETT, C. A./GHOSHAL, S. (1990): Internationale Unternehmensführung: Innovation, globale Effizienz, differenziertes Marketing, Frankfurt a. M.

BARTLETT, C. A./GHOSHAL, S. (2002): Managing Across Borders – The Transnational Solution, 3. Aufl., Boston.

BATESON, J. E. (1992): Percieved Control and the Service Encounter, in: BATESON, J. E. (Hrsg.): Managing Services Marketing, 2. Aufl., Orlando, FL, S. 123-132.

BAUMEISTER, A./ILG, M. (2004): Projektbudgetierung mit einer Prozesskostenrechnung für Unified Process-basierte Softwareentwicklungen, in: GEBERL, S./WEINMANN, S./WIESNER, D. F. (Hrsg.): Impulse aus der Wirtschaftsinformatik, Berlin, S. 167-182.

BAUMEISTER, A./WERKMEISTER, C. (2001): Die Wirkung spezieller Börsenstandards am Beispiel des SMAX, in: Die Betriebswirtschaft, 61. Jg., S. 121-141.

BEA, F. X./GÖBEL, E. (2006): Organisation: Theorie und Gestaltung, Stuttgart.

BECKER, H./LANGOSCH, I. (2002): Produktivität und Menschlichkeit: Organisationsentwicklung und ihre Anwendung in der Praxis, 5. Aufl., Stuttgart.

BECKER, M. (1992): Umschulung, in: GAUGLER, E./WEBER, W. (Hrsg.): Handwörterbuch des Personalwesens, 2. Aufl., Stuttgart, Sp. 2221-2231.

BELLAK, C./CANTWELL, J. (1995): Measuring the Importance of International Production: The Reestimation of Foreign Direct Investment at Current Values, Working Paper Nr. 30, University of Reading, Reading, UK.

BENKLER, Y. (2002): Coase's Penguin, or, Linux and The Nature of the Firm, in: Yale Law Journal, 112. Jg., Winter 2002-2003, S. 1-73.

BENVIGNATI, A. M. (1990): Industry Determinants and ‚Differences‘ in U. S. Intrafirm and Arm's-Length Exports, in: The Review of Economics and Statistics, 72. Jg., Heft 3, S. 481-488.

BERGER, D. (1997): Written Service Level Agreements Can Reduce Disputes, in: Plant Engineering & Maintenance, 22. Jg., Heft 5, S. 12.

BERGH, D. D. (1997): Predicting Divestiture of Unrelated Acquisitions: An Integrative Model of Ex Ante Conditions, in: Strategic Management Journal, 18. Jg., Heft 9, S. 715-731.

BERLE, A. A./MEANS, G. C. (1932): The Modern Corporation and Private Property, New York.

BERTHEL, J. (1992): Fort- und Weiterbildung, in: GAUGLER, E./WEBER, W. (Hrsg.): Handwörterbuch des Personalwesens, 2. Aufl., Stuttgart, Sp. 883-898.

BERTHEL, J./BECKER, F. G. (2003): Personalmanagement, 7. Aufl., Stuttgart.

BESANKO, D./DRANOVE, D./SHANLEY, M./SCHAEFER, S. (2007): Economics of Strategy, 4. Aufl., New York.

BHARADWAY, S./VARADARAJAN, P./FAHY, J. (1993): Sustainable Competitive Advantage in Service Industries, in: Journal of Marketing, 57. Jg., Heft 4, S. 83-99.

BIEBIG, P./ALTHOF, N./WAGENER, N. (2008): Seeverkehrswirtschaft, München.

BINDER, U./JÜNEMANN, M./MERZ, F./SINEWE, P. (2004): Die Europäische Aktiengesellschaft (SE), Wiesbaden.

BIRD, A./STEVENS, M. J. (2003): Toward an Emergent Global Culture and the Effects of Globalization on Obsolescing National Cultures, in: Journal of International Management, 9. Jg., Heft 4, S. 395-408.

BIRKINSHAW, J./BESSANT, J./DELBRIDGE, R. (2007): Finding, Forming and Performing: Creating Networks for Discontinuous Innovation, in: California Management Review, 49. Jg., Heft 3, S. 67-84.

BISANI, F. (1992): Personalbeschaffung und Personalbeschaffungsplanung, in: GAUGLER, E./ WEBER, W. (Hrsg.): Handwörterbuch des Personalwesens, 2. Aufl., Stuttgart, Sp. 1619-1631.

BISHOP, P. (1995): Diversification: Some Lessons from the UK Defense Industry, in: Management Decision, 33. Jg., Heft 1, S. 58-62.

BITNER, M. J. (1992): Servicescapes: The Impact of Physical Surroundings on Costumers and Employees, in: Journal of Marketing, 56. Jg., Heft 2, S. 57-71.

BJÖRKMAN, I. (1990): On Economic and Decision Process Oriented Perspectives to Analyzing Foreign Direct Investment Decisions, Working Paper Nr. 202, Swedish School of Economics and Business Administration, Helsingfors.

BLEICHER, K. (1992): Konzernorganisation, in: FRESE, E. (Hrsg.): Handwörterbuch der Organisation, 3. Aufl., Stuttgart 1992, Sp. 1151-1164.

BOLTE, A./PORSCHEN, S. (2006): Organisation des Informellen. Modelle zur Organisation von Kooperation im Arbeitsalltag, Wiesbaden.

BOWMAN, E. H. (1980): A Risk/Return Paradox for Strategic Management, in: Sloan Management Review, 21. Jg., S. 17-31.

BOWMAN, E. H. (1982): Risk Seeking by Troubled Firms, in: Sloan Management Review, 23. Jg., S. 33-42.

BOYD, B. K./FINKELSTEIN, S./BARKEMA, H. G./GOMEZ-MEJIA, L. R. (1998): Matching Diversification and Compensation Strategies, in: HITT, M. A./RICART, J. E./COSTA, I./NIXON, R. D. (Hrsg.): New Managerial Mindsets, New York, S. 167-189.

BRESCHI, S./LISSONI, F./MALERBA, F. (1998): Knowledge Proximity and Technological Diversification, CESPRI Discussion Paper, Universita L. Bocconi, Milan.

BRETZKE, W.-R. (1980): Zum Problembezug von Entscheidungsmodellen, Tübingen.

BROCKHOFF, K. (1999): Forschung und Entwicklung, 5. Aufl., München.

BROCKHOFF, K. (1999a): Produktpolitik, 4. Aufl., Stuttgart.

BROß, W./BURR, W./FREIDINGER, R. (1995): Geschäftsprozesse, Veranstaltungsskript BA Stuttgart, Stuttgart.

BROST, M. (2004): Und nun das Urteil – Im Mannesmann-Prozess gibt es keine Gewinner, nur Verlierer, in: Die Zeit, 59. Jg., Heft 31, S. 15.

BROST, M./FRENKEL, R./HEUSINGER, R./RUDZIO, K. (2003): Tagebuch einer Affäre – Erst kassieren dann klagen, in: Die Zeit, 58. Jg., Heft 40, S. 26.

BRUHN, M. (1999): Internes Marketing als Forschungsgebiet der Marketingwissenschaft: Eine Einführung in die theoretischen und praktischen Probleme, in: BRUHN, M. (Hrsg.): Internes Marketing: Integration der Kunden- und Mitarbeiterorientierung: Grundlagen, Implementierung, Praxisbeispiele, 2. Aufl., Wiesbaden, S. 15-44.

BRUHN, M. (2009): Kommunikationspolitik, 5. Aufl., München.

BRUHN, M./BRUNOW, B./SPECHT, D. (2002): Kundenorientierung im Hotel Schindlerhof, in BRUHN, M./MEFFERT, H. (Hrsg.): Exzellenz im Dienstleitungsmarketing, Wiesbaden, S. 125-176.

BRUMAGIM, A. L. (1994): A Hierarchy of Corporate Resources, in: SHRIVASTAVA, P./HUFF, A. S./DUTTON, J. E. (Hrsg.): Advances in Strategic Management, Band 10 A, Greenwich, CT, S. 81-112.

BRUSH, T. H. (1996): Predicted Change in Operational Synergy and Post-acquisition Performance of Acquired Businesses, in: Strategic Management Journal, 17. Jg., Heft 1, S. 1-24.

BUCKLEY, P. J./CASSON, M. C. (1976): The Future of the Multinational Enterprise, London.

BÜHNER, R. (1987): Assessing International Diversification of West German Corporations, in: Strategic Management Journal, 8. Jg., Heft 1, S. 25-37.

BÜHNER, R. (1992): Spartenorganisation, in: FRESE, E. (Hrsg.): Handwörterbuch der Organisation, 3. Aufl., Stuttgart, Sp. 2274-2287.

BÜHNER, R. (2004): Betriebswirtschaftliche Organisationslehre, München.

BULLINGER, H.-J. (1996): Innovations- und Technologiemanagement, in: EVERSHEIM, W./ SCHUH, G. (Hrsg.): Produktion und Management, „Betriebshütte", Teil 1, Berlin, S. 4.1-4.54.

BUNDESMINISTERIUM FÜR BILDUNG UND FORSCHUNG (BMBF) (2001): Aktionsprogramm „Lebensbegleitendes Lernen für alle", Bonn.

BUNDESMINISTERIUM FÜR BILDUNG UND FORSCHUNG (BMBF) (2004): Bundesbericht Forschung 2004, Berlin.

BUNDESMINISTERIUM FÜR BILDUNG UND FORSCHUNG (BMBF) (2007): Bericht zur technologischen Leistungsfähigkeit Deutschlands, Bonn.

BUNDESMINISTERIUM FÜR BILDUNG UND FORSCHUNG (BMBF) (2010): Ideen. Innovation. Wachstum. Hightech-Strategie 2020 für Deutschland, Bonn.

BUNDESMINISTERIUM FÜR WIRTSCHAFT UND TECHNOLOGIE/BUNDESMINISTERIUM FÜR BILDUNG UND FORSCHUNG (BMWI/BMBF) (2002): Innovationspolitik: Mehr Dynamik für zukunftsfähige Arbeitsplätze, Berlin.

BUNDESVERBAND DER DEUTSCHEN INDUSTRIE E.V. (BDI) (1983): Technologietransfer – durch Information zur Innovation, Köln.

BURGELMAN, R. A./CHRISTENSEN, C. M./WHEELWRIGHT, S. C. (2008): Strategic Management of Technology and Innovation, Boston.

BURR, W. (1995): Netzwettbewerb in der Telekommunikation, Wiesbaden.

BURR, W. (1999): Organisation durch Regeln.

BURR, W. (2002a): Service Engineering bei technischen Dienstleistungen, Wiesbaden.

BURR, W. (2002b): Kategorien, Funktionen und strategische Bedeutung von Service Level Agreements, in: Betriebswirtschaftliche Forschung und Praxis, Heft 5, S. 510-523.

BURR, W. (2003): Markt- und Unternehmensstrukturen bei technischen Dienstleistungen, Wiesbaden.

BURR, W. (2004): Innovationen in Organisationen, Stuttgart 2004.

BURR, W. (2004a): Organisatorische Flexibilität, in: SCHREYÖGG, G./V. WERDER, A.: Handwörterbuch Unternehmensführung und Organisation, Stuttgart, Sp. 276-285.

BURR, W. (2007): Human Resource Manaement aus ressourcen- und institutionenökonomischer sicht – ein Vergleich, in: FREILING, J./GEMÜNDEN, H. G. (Hrsg.): Jahrbuch Strategisches Kompetenzmanagment, München/Mering, S. 81-110.

BURR, W./FISCHMAN, B. (2008): Rugman, A. M.: The Regional Multinationals, MNEs and „Global" Strategic Management, in: Management International Review, 48. Jg., Heft 1, S. 137-141.

BURR, W./RICHTER, A. (2005): Referenzkunden als komplexe Signale hoher Dienstleistungsqualität, in: Betriebswirtschaftliche Forschung und Praxis.

BURR, W./SEIDLMEIER, H. (1998): Benchmarking in der öffentlichen Verwaltung, in: BUDÄUS, D./CONRAD, P./SCHREYÖGG, G.: New Public Management, Managementforschung 8, 1. Aufl., Berlin/New York, S. 56-92.

BURR, W./ STEPHAN, M. (2006): Dienstleistungsmanagement: Innovative Wertschöpfungskonzepte im Dienstleistungssektor, Stuttgart.

BURR, W./STEPHAN, M. (2007): Wertschöpfungsstrategien in einer schrumpfenden Industrie – Das Beispiel der Glasfasernetzausrüsterbranche, in: Schmalenbachs Zeitschrift für Betriebswirtschaftliche Forschung (zfbf), 59. Jg., S. 646-672.

BURR, W./GRUPP, H./FUNKEN-VROHLINGS, M. (2009): Regulierung und Produkthaftung in einem jungen Technologiefeld, am Beispiel der Nanotechnologie, in: SCHERZBERG, A./WENDORFF, J. H. (Hrsg.): Nanotechnologie, 1. Aufl., Berlin, S. 249-275.

BURR, W./STEPHAN, M./SOPPE, B./WEISHEIT, S. (2007): Patentmanagement, Stuttgart.

BURTON, R. M./KUHN, A. J. (1979): Strategy follows Structure: The Missing Link of Their Interwined Relation, Diskussionspapier Nr. 260, Fuqua School of Business, Duke University.

BUSIJA, E. C./O'NEILL, H. M./ZEITHAML, C. P. (1997): Research Notes and Communications: Diversification Strategy, Entry Mode, and Performance: Evidence of Choice and Constraints, in: Strategic Management Journal, 18. Jg., Heft 4, S. 321-327.

C

CARR, D. L./MARKUSEN, J. R./MASKUS, K. (1998): Estimating the Knowledge-Capital Model of the Multinational Enterprise, Washington DC.

CARR, N. G. (2007): The Ignorance of Crowds, in: Strategy+Business, Heft 47, S. 36-41.

CASSON, M. (1968): An Introduction to Stephen Hymer's ‚The Large Multinational Corporation': An Analysis of some Motives for the International Integration of Business', in: CASSON, M. (Hrsg.): Multinational Corporation, Hants, UK, S. 3-7.

CAVES, R. E. (1971): International Corporations: The Industrial Economics of Foreign Direct Investment, in: Economica, 38. Jg., S. 1-27.

CHANDLER, A. D. (1962): Strategy and Structure: Chapters in the History of the Industrial Enterprise, Cambridge, MA.

CHANDLER, A. D. (1990): Scale and Scope: The Dynamics of Industrial Capitalism, Cambridge, MA.

CHANEY, P. K./LEWIS, C. M. (1995): Earnings Management and Firm Valuation under Asymmetric Information, in: Journal of Corporate Finance, 1. Jg., S. 319-345.

CHATTERJEE, S./WERNERFELT, B. (1991): The Link between Resources and Type of Diversification: Theory and Evidence, in: Strategic Management Journal, 12. Jg., Heft 1, S. 33-48.

CHATTERJEE, S./LUBATKIN, M. H./SCHULZE, W. S. (1999): Toward a Strategic Theory of Risk Premium: Moving Beyond CAPM, in: Academy of Management Review, 24. Jg., Heft 3, S. 556-567.

CHESBROUGH, H. (2006): Open Innovation: A New Paradigm for Understanding Industrial Innovation, in: CHESBROUGH, H./VANHAVERBEKE, W./WEST, J. (Hrsg.): Open Innovation – Researching a New Paradigm, Oxford, S. 1-12.

CHMIELEWICZ, K. (1981): Unternehmensverfassung, in: Die Betriebswirtschaft, 41. Jg., S. 484-486.

CHRISTENSEN, J. F. (1998): Pursuing Corporate Coherence in Decentralized Governance Structures – The Role of Technology Management in Multi-Product Companies, DRUID

Summer Conference „Competencies, Governance and Entrepreneurship", Bornholm, Denmark.

CHRISTENSEN, P. O./FELTHAM, G. A. (2005): Economics of Accounting. Volume II: Performance Evaluation. Boston et al.

CLARK, J. M. (1923): Studies in the Economics of Overhead Costs, Chicago, IL.

CLARK, J. M. (1940): Toward a Concept of Workable Competition, in: The American Economic Review, Vol. 30, No. 2, Part 1, pp. 241-256

CLARK, K. B./FUJIMOTO, T. (1991): Product Development Performance – Strategy, Organization, and Management in the World Auto Industry, Boston, MA.

CLARK, M./CHRISTOPHER, M./PAYNE, A./PECK, H. (1999): Relationship Marketing. Strategy and Implementation, Oxford.

CLARKE, C. J./BRENNAN, K. (1990): Building Synergy in the Diversified Business, in: Long Range Planning, 23. Jg., Heft 2, S. 9-16.

CLARKSON, M. B. (1995): A Stakeholder Framework for Analyzing and Evaluating Corporate Social Performance, in: The Academy of Management Review, 20. Jg., Heft 1, S. 92-117.

CLEMENS, E. (1958): Price Discrimination and the Multiple-Product Firm, in: Review of Economic Studies, 19. Jg., S. 1-11.

COASE, R. (1937): The Nature of the Firm, in: Economica, Heft 4, S. 386-405.

COENENBERG, A. G. (2009): Jahresabschluss und Jahresabschlussanalyse, 21. Aufl., Stuttgart.

COHEN, W. M./LEVINTHAL, D. A. (1990): Absorptive Capacity: A New Perspective in Learning and Innovation., in: Administrative Science Quarterly, 35. Jg., S. 128-152.

COLLIS, D. J. (1991): A Resource-based Analysis of Global Competition, in: Strategic Management Journal, 12. Jg., S. 49-68.

CONNER, K. R. (1991): A Historical Comparison of Resource-Based Theory and Five Schools of Thought Within Industrial Organization Economics: Do We Have a New Theory of the Firm?, in: Journal of Management, 17. Jg., Heft 1, S. 121-154.

COOL, K./DIERICKX, I. (1994): Commentary: SCHOEMAKER, P. J. H. /AMIT, R.: Investments in Strategic Assets, in: SHRIVASTAVA, P./HUFF, A. S./DUTTON, J. E. (Hrsg.): Advances in Strategic Management, Band 10 A, Greenwich, CT, S. 35-44.

COOPER, R. G. (2001): Winning at New Products, 3. Aufl., Cambridge, MA.

COOPER, R. G./KLEINSCHMIDT, E. J. (1986): An Investigation into New Product Process: Steps, Deficiencies, and Impact, in: Journal of Product Innovation Management, 3. Jg., S. 71-85.

CORSTEN, H. (1997): Dienstleistungsmanagement, München.

CYERT, R. M./MARCH, J. G. (1963): A Behavioral Theory of the Firm, Englewood Cliffs, NJ.

CZIKSZENTMIHALYI, M. (1996): Das Flow-Erlebnis, Stuttgart.

D

DAHLMANN, C. J. (1979): The Problem of Externality, in: The Journal of Law and Economics, 22. Jg., S. 141-162.

DAIMLER BENZ AG (1995): Pressemitteilung der Daimler Benz AG, Abteilung Forschung und Technik, 19.10.1995, Stuttgart.

DAMBROWSKI, J. (1986): Budgetierungssysteme in der deutschen Unternehmenspraxis, Darmstadt.

DAVENPORT, T. (1993): Process Innovation – Reengineering Work Through Information Technology, Boston, MA.

DAVIDSON, W. H. (1980): The Location of Foreign Direct Investment Activity: Country Characteristics and Experience Effects, in: Journal of International Business Studies, 12. Jg., S. 9-22.

DAVIS, R./DUHAIME, I. M. (1992): Diversification, Vertical Integration, and Industry Analysis: New Perspectives and Measurement, in: Strategic Management Journal, 13. Jg., Heft 7, S. 511-524.

DEBREU, G. (1959): The Theory of Value, New York.

DE CAROLIS, D. M. (2003): Competencies and Imitability in the Pharmaceutical Industry: An Analysis of Their Relationship with Firm Performance, in: Journal of Management, Vol. 29, S. 27-50.

DE GEUS, A. (1988): Planning as Learning, in: Harvard Business Review, 66. Jg., S. 70-74.

DEMSKI, J. S (1976): Uncertainty and Evaluation Based on Controllable Performance, in: Journal of Accounting Research, 14. Jg., S. 230-254.

DEMSKI, J. S./SAPPINGTON, D. (1984): Optimal Incentive Contracts with Multiple Agents, in: Journal of Economic Theory, 33. Jg., S. 152-171.

DEUTSCHE POST (2003): Geschäftsbericht 2003, Deutsche Post AG, Bonn.

DEUTSCHE POST (2008): Geschäftsbericht 2008, Deutsche Post AG, Bonn.

DEUTSCHE POST (2009): Geschäftsbericht 2009, Deutsche Post AG, Bonn.

DEUTSCHES PATENT- UND MARKENAMT (DPMA) (2007): Jahresbericht 2006, München.

DEUTSCHES PATENT- UND MARKENAMT (DPMA) (2009): Jahresbericht 2008, München.

DEUTSCHES PATENT- UND MARKENAMT (DPMA) (2010): Gebrauchsmuster – Eine Informationsbroschüre zum Gebrauchsmusterschutz, München.

DEUTSCHES PATENT- UND MARKENAMT (DPMA) (2010a): Geschmacksmuster – Ein Informationsbroschüre zum Designschutz, München.

DIAMOND, D. W. (1984): Financial Intermediation and Delegated Monitoring, in: Review of Economic Studies, 51. Jg., S. 393-414.

DICKEN, P. (2003): Global Shift – Reshaping the Global Economic Map in the 21st Century, 4. Aufl., New York.

DIEDERICHS, M. (2004): Risikomanagement und Risikocontrolling, München.

DIERICKX, I./COOL, K. (1989): Asset Stock Accumulation and Sustainability of Competitive Advantage, in: Management Science, 35. Jg., Heft 12, S. 1504-1513.

DIETL, H. (1993): Institutionen und Zeit, Tübingen.

DIGMAYER, J. W. (2002): Die Gestaltung von Unternehmenszentralen. Eine empirische Analyse anhand internationaler Vergleichszahlen, Wiesbaden.

DIXIT, A. K./PINDYCK, R. S. (1994): Investment under Uncertainty, Princeton.

DONALDSON, L./DAVIS, J. H. (1994): Boards and Company Performance – Research Challenges the Conventional Wisdom, in: Corporate Governance – An International Review, 2. Jg., S. 151-160.

DREHMANN, M./OECHSSLER, J./ROIDER, A. (2004): Herding with and without Payoff Externalities – An Internet Experiment, Discussion Paper 15/2004, Bonn Graduate School of Economics, Bonn.

DRUKARCZYK, J. (1993): Theorie und Politik der Finanzierung, 2. Aufl., München.

DRUMM, H.-J. (1989): Transferpreise, in: MACHARZINA, K./WELGE, M. K. (Hrsg.): Handwörterbuch Export und Internationale Unternehmung, Stuttgart, Sp. 2077-2085.

DUNCAN, R./WEISS, A. (1979): Organizational Learning: Implications for Organizational Design, in: Research in Organizational Behavior, 1. Jg., S. 75-123.

DUNNING, J. H. (1977): Trade, Location of Economic Activity and the MNE: A Search for an Eclectic Approach, in: OHLIN, B. (Hrsg.): The International Allocation of Economic Activity, The Nobel Symposium, London, S. 395-418.

DUNNING, J. H. (1980): Towards an Eclectic Theory of International Production: Some Empirical Tests, in: Journal of International Business Studies, 11. Jg., Heft 1, S. 9-31.

DUNNING, J. H. (1988): The Eclectic Paradigm of International Production: A Restatement and Some Possible Extensions, in: Journal of International Business Studies, 19. Jg., Heft 1, S. 1-31.

DUNNING, J. H. (1992): Multinational Enterprises and the Global Economy, Wokingham, UK.

DUNNING, J. H. (1997): Alliance Capitalism and Global Business, London.

DUNNING, J. H. (2002): Perspectives on international business research: A professional autobiography. Fifty years researching and teaching international business, in: Journal of International Business Studies, 33. Jg., Heft 4, S. 817-835.

DURAND, T. (2001): Organizational Knowledge as Foliage, Paper Presented at the Strategic Management Society 21st Annual International Conference, San Francisco.

E

EBADI, Y./UTTERBACK, J. (1984): The Effects of Communication on Technological Innovation, in: Management Science, 30. Jg., Heft 5, S. 572-585.

EBERS, M./GOTSCH, W. (1999): Institutionenökonomische Theorien der Organisation, in: KIESER, A. (Hrsg.): Organisationstheorien, 3. Aufl., Stuttgart, S. 199-251.

EDQUIST, C. (1997): Systems of Innovation Approach – Their Emergence and Characteristics, in: EDQUIST, C. (Hrsg.): Systems of Innovation: Technologies, Institutions and Organizations, London, S. 1-35.

EDQUIST, C. (2001): The Systems of Innovation Approach and Innovation Policy: An Account of the State of the Art, Konferenzbeitrag, Aalborg, DRUID Conference, 12.-15. Juni 2001, Aalborg.

EISENHARDT, K. M. (1989): Agency Theory: An Assessment and Review, in: Academy of Management Review, 14. Jg., Heft 1, S. 57-74.

EISENHARDT, K. M./MARTIN, J. A. (2000): Dynamic Capabilities: What Are They?, in: Strategic Management Journal, 21. Jg., S. 1105-1121.

ENOS, J. L. (1962): Petroleum Progress and Profits: A History of Process Innovation, Cambridge, MA.

ERIKSEN, B./MIKKELSEN, J. (1996): Competitive Advantage and the Concept of Core Competence, in: FOSS, N./KNUDSEN, C. (Hrsg.): Towards a Competence Theory of the Firm, London, S. 54-74.

ERNST, H. (1996): Patentinformationen für die strategische Planung von Forschung und Entwicklung, Wiesbaden.

ETHIER, W. J./MARKUSEN, J. R. (1996): Multinational Firms, Technology Diffusion and Trade, in: Journal of International Economics, 41. Jg., S. 1-28.

EUROPÄISCHE KOMMISSION (2010): Bericht der Kommission an das europäische Parlament und den Rat über die Anwendung der Verordnung (EG) Nr. 2157/2001 des Rates vom 8. Oktober 2001 über das Statut der Europäischen Gesellschaft (SE), 17.11.2010, Brüssel.

EUROPÄISCHES PATENTAMT (EPA, 1994): Nutzung des Patentschutzes in Europa, Schriftenreihe des Europäischen Patentamtes, 3. Band, München.

EUROPÄISCHES PATENTAMT (EPA, 2010): Annual Report, München.

EUROPEAN TRADE UNION INSTITUTE (ETUI, 2011): Overview of current state of SE founding in Europe, Update, 1. Januar 2011, Brüssel.

EVERSHEIM, W. (1995, Hrsg.): Prozeßorientierte Unternehmensorganisation: Konzepte und Methoden zur Gestaltung „schlanker" Organisationen, Berlin.

EWERT, R./WAGENHOFER, A. (2003): Interne Unternehmensrechnung, 5. Aufl., Berlin.

EWERT, R./WAGENHOFER, A. (2008): Interne Unternehmensrechnung, 7. Aufl., Berlin.

EXPERTENKOMMISSION FORSCHUNG UND INNOVATION (EFI, 2010): Gutachten zu Forschung, Innovation und Technologischer Leistungsfähigkeit Deutschlands, Berlin.

F

FABRIZIO, K. R. (2006): The Use of University Research in Firm Innovation, in: CHESBROUGH, H., VANHAVERBEKE, W./WEST, J. (Hrsg.), Open Innovation – Researching a new Paradigm, Oxford, UK, S. 1-12.

FAMA, E./FISHER, L./JENSEN, M./ROLL, R. (1969): The Adjustment of Stock Prices to New Information, in: International Economic Review, 10. Jg., S. 1-21.

FAßBENDER-WYNANDS, E. (2001): Umweltorientierte Lebenszyklusrechnung, Wiesbaden.

FASSNACHT, M./HOMBURG, C. (1997): Preisdifferenzierung als Instrument im Kapazitätsmanagement, in: CORSTEN, H./STUHLMANN, S. (Hrsg.): Kapazitätsmanagement in Dienstleistungsunternehmen, Grundlagen und Gestaltungsmöglichkeiten, Wiesbaden, S. 55-80.

FELTHAM, G. A./OHLSON, J. A. (1995): Valuation and Clean Surplus Accounting for Operating and Financial Activities, in: Contemporary Accounting Research, 11. Jg., S. 689-731.

FELTHAM, G. A./WU, M. (2000): Public Reports, Information Acquisition by Investors, and Management Incentives, in: Review of Accounting Studies, Vol. 5, S. 155-190.

FELTHAM, G. A./XIE, J. (1994): Performance Measure Congruity and Diversity in Multi-Task Principal/Agent Relations, in: The Accounting Review, 69. Jg., S. 429-453.

FINGER, J. M./OLECHOWSKI, A. (1987): The Uruguay Round: A Handbook on the Multilateral Trade Negotiations, Washington DC.

FINZER, P./MUNGENAST, M. (1992): Personalauswahl, in: GAUGLER, E./WEBER, W. (Hrsg.): Handwörterbuch des Personalwesens, 2. Aufl., Stuttgart, Sp. 1583-1596.

FISCHER-WINKELMANN, W. F. (1980): Gesellschaftsorientierte Unternehmensrechnung, München.

FLIGSTEIN, N. (2001): The Architecture of Markets: An Economic Sociology of Twenty First-Century Societies, Princeton.

FLIGSTEIN, N./FREELAND, R. (1995): Theoretical and Comparative Perspectives on Corporate Organization, in: Annual Review Of Sociology, 21. Jg., Heft 1, S. 21-43.

FLOHR, B./NIEDERFEICHTNER, F. (1982): Zum gegenwärtigen Stand der Personalentwicklungsliteratur: Inhalte, Probleme und Erweiterungen, in: Zeitschrift für betriebswirtschaftliche Forschung, 34. Jg., Sonderheft Nr. 14, S. 11-49.

FOSS, N. J. (1996): Whither the Competence Perspective?, in: FOSS, N. J./KNUDSEN, C. (Hrsg.): Towards a Competence Theory of the Firm, London, S. 175-200.

FOSS, N. J. (1997a): Resources and Strategy: A Brief Overview of Themes and Contributions, in: FOSS, N. J. (Hrsg.): Resources, Firms, and Strategies, Oxford, UK, S. 3-18.

FOSS, N. J. (1997b): Resources and Strategy: Problems, Open Issues, and Ways Ahead, in: FOSS, N. J. (Hrsg.): Resources, Firms, and Strategies, Oxford, UK, S. 345-365.

FOSS, N. J./KNUDSEN, C./MONTGOMERY, C. A. (1995): An Exploration of Common Ground: Integrating Evolutionary and Strategic Theories of the Firm, in: Resource-based and Evolutionary Theories of the Firm: towards a Synthesis, hrsg. v. MONTGOMERY, C. A., 1. Aufl., Boston, Dordrecht, London, p. 1-17.

FRANKE, G./HAX, H. (2004): Finanzwirtschaft des Unternehmens und Kapitalmarkt, 5. Aufl., Berlin.

FRAUNHOFER-GESELLSCHAFT (FhG, 2010): Jahresbericht 2009, München 2010.

FREDERIKSSON, C. G./LINDMARK, L. G. (1979): From Firms to Systems of Firms: A Study of Interregional Dependence in a Dynamic Society, in: HAMILTON, F. E. I./LINGE, G. J. (Hrsg.): Spatial Analysis, Industry and the Industrial Environment – Progress in Research and Application: Band 1 – Industrial Systems, Chichester, S. 155-186.

FREGE, C. M. (2002): A Critical Assessment of the Theoretical and Empirical Research on German Works Councils, in: British Journal of Industrial Relations, 40. Jg., Heft 2, S. 221-248.

FREIDINGER, R. (1995): Geschäftsprozesse, Veranstaltungsskript BA Stuttgart, Stuttgart.

FREIDINGER, R. (1996): Geschäftsprozesse, Veranstaltungsskript BA Stuttgart, Stuttgart.

FREILING, J. (2004): Unternehmerfunktionen im kompetenzbasierten Ansatz, in: FRIEDRICH VON DEN EICHEN, S. A./HINTERHUBER, H./MATZLER, K./STAHL, H. K. (Hrsg.): Entwicklungslinien des Kompetenzmanagements, Wiesbaden, S. 413-443.

FREILING, J./RECKENFELDERBÄUMER, M. (2007): Markt und Unternehmung, 2. Aufl., Stuttgart.

FRESE, E. (1993): Führung, Organisation und Unternehmensverfassung, in: WITTMANN, W./KERN, W. (Hrsg.): Handwörterbuch der Betriebswirtschaftslehre, 5. Aufl., Stuttgart, Sp. 1284-1299.

FRESE, E. (2005): Grundlagen der Organisation, 9. Aufl., Wiesbaden.

FREY, B. S. (1997): Markt und Motivation, München.

FREY, B./OSTERLOH, M. (1997): Sanktionen oder Seelenmassage? Motivationale Grundlagen der Unternehmensführung, in: DBW, 57. Jg., S. 307-321.

FRIEDL, B. (2003): Controlling, Stuttgart.

FRIEDMAN, M. L./SMITH, L. J. (1993): Consumer Evaluation Processes in a Service Setting, in: Journal of Services Marketing, 7. Jg., Heft 2, S. 47-61.

FRITSCH, M./WEIN, T./EWERS, H. J. (2003): Marktversagen und Wirtschaftspolitik, 5. Aufl., München.

FURUBOTN, E. G./PEJOVICH, S. (1972): Property Rights and Economic Theory: A Survey of Recent Literature, in: Journal of Economic Literature, 10. Jg., S. 1137-1162.

FURUBOTN, E. G./PEJOVICH, S. (1974): The Economics of Property Rights, Cambridge, MA.

G

GAITANIDES, M. (1983): Prozessorganisation, 1. Aufl., München.

GAITANIDES, M. (2007): Prozessorganisation, 2. Aufl., München.

GAITANIDES, M./SCHOLZ, R./VROHLINGS, A./RASTER, M. (1994): Prozessmanagement: Konzepte, Umsetzungen und Erfahrungen des Reengineering, München.

GALBRAITH, J. R. (1973): Designing Complex Organizations, Reading, Mass.

GALBRAITH, J. R. (2000): Designing the Global Corporation, San Francisco.

GARTNER GROUP (2010): Gartner's PC Quarterly Statistics Worldwide, First Quarter 2010, Stamford, Connecticut.

GEE, R. E. (1994): Finding and Commercializing New Business, in: Research Technology Management, 37. Jg., Heft 1, S. 49-56.

GERINGER, M. J./BEAMISH, P. W./DACOSTA, R. C. (1989): Diversification Strategy and Internationalization: Implications for MNE Performance, in: Strategic Management Journal, 10. Jg., S. 109-119.

GERYBADZE, A. (1995): Strategic Alliances and Process Redesign, Berlin.

GERYBADZE, A. (1997): Unternehmungspolitik, unveröffentlichtes Vortragsmanuskript, Universität Hohenheim, Stuttgart.

GERYBADZE, A. (2004): Technologie- und Innovationsmanagement, München.

GERYBADZE, A. (2005): Management von Technologieallianzen und Kooperationen, in: ALBERS, S./GASSMANN, O. (Hrsg.): Handbuch Technologie- und Innovationsmanagement, Wiesbaden, S. 155-173.

GERYBADZE, A./STEPHAN, M. (2004): Expansion durch Diversifikation: Wachstumsstrategien in multinationalen Unternehmen, in: WILDEMANN, H. (Hrsg.): Organisation und Personal, München, S. 399-428.

GERYBADZE, A./STEPHAN, M. (2006): Reverse Knowledge Transfer between Commercial Markets and Defense Technology: The Case of Advanced Materials and Gas Turbines, Discussion Paper on International Management and Innovation, 06-01, Stuttgart.

GERYBADZE, A./STEPHAN, M. (2007): Wachstumsstrategien und Marktkapitalisierung: Der unterschiedliche Einfluss von Internationalisierung und Produktdiversifikation auf den Unternehmenserfolg, in: GLAUM, M./HOMMEL, U. (Hrsg.), Internationalisierung und Unternehmenserfolg, Köln.

GHEMAWAT, P./RICART I COSTA, J. E. (1993): The Organizational Tension between Static and Dynamic Efficiency, in: Strategic Management Journal, Winter 1993 Special Issue: Organizations, Decision Making and Strategy, Vol. 14, pp. 59-73.

GHOSHAL, S./MORAN, P. (1996): Bad for Practice: A Critique of the Transaction Cost Theory, in: Academy of Management Review, 21. Jg., S. 13-47.

GIBBONS, R./MURPHY, K. J. (1990): Relative Performance Evaluation for Chief Executive Officers, in: Industrial and Labor Relations Review, 43. Jg., Special Issue, S. 30-51.

GIBBONS, R./MURPHY, K. J. (1992): Optimal Incentive Contracts in the Presence of Career Concerns: Theory and Evidence, in: Journal of Political Economy, 100. Jg., S. 440-472.

GOMEZ, P./GANZ, M. (1992): Diversifikation mit Konzept – den Unternehmenswert steigern, in: Harvard Manager, 14. Jg., Heft 1, S. 44-55.

GOMEZ-MEJIA, L. R. (1992): Structure and Process of Diversification, Compensation Strategy, and Firm Performance, in: Strategic Management Journal, 13. Jg., Heft 5, S. 381-397.

GORT, M. (1962): Diversification and Integration in American Industry, Princeton, NJ.

GOTTSCHALK, S./JANZ, N./PETERS, B./RAMMER, C./SCHMIDT, T. (2002): Innovationsverhalten der deutschen Wirtschaft: Hintergrundbericht zur Innovationserhebung 2001, Zentrum für Europäische Wirtschaftsforschung, Dokumentation Nr. 02-03, Mannheim.

GRANSTRAND, O./SJÖLANDER, S. (1990): Managing Innovation in Multi-Technology Corporations, in: Research Policy, 19. Jg., Heft 1, S. 35-60.

GRANT, R. M. (1991): The Resource-Based Theory of Competitive Advantage: Implications for Strategy Formulation, in: California Management Review, 33. Jg., Heft 3, S. 114-135.

GREFERMANN, K./RÖTHLINGSDÖRFER, K. C. (1974): Patentwesen und technischer Fortschritt: Kritische Würdigung der Zusammenhänge in ausgewählten Branchen der Bundesrepublik Deutschland anhand empirischer Untersuchungen, Göttingen.

GROSSMAN, S. J./HART, O. D. (1983): An Analysis of the Principal-Agent Problem, in: Econometrica, 51. Jg., S. 7-45.

GROVES, T. (1973): Incentives in Teams, in: Econometrica, 41. Jg., S. 617-631.

GROVES, T./LOEB, M. (1979): Incentives in a Divisionalized Firm, in: Management Science, 25. Jg., S. 221-230.

GRÜN, O. (1992): Projektorganisation, in: FRESE, E. (Hrsg.): Handwörterbuch der Organisation, 3. Aufl., Stuttgart, Sp. 2102-2115.

GÜNTHER, E./GÜNTHER, T. (2004): Immaterielle und ökologische Ressourcen im Rechnungswesen, in: HORVÁTH, P./MÖLLER, K. (Hrsg.): Intangibles in der Unternehmenssteuerung, München, S. 365-385.

GUTENBERG, E. (1983): Grundlagen der Betriebswirtschaftslehre, Band 1: Die Produktion, 24. Aufl., Berlin.

H

HAID, A./MÜNTER, M. T. (1999): Neuere Entwicklungen in der industrieökonomischen Forschung und die aktuelle Berichterstattung über die technologische Leistungsfähigkeit Deutschlands, Diskussionspapier DIW Nr. 188, Berlin.

HALL, D. J./SAIAS, M. A. (1980): Strategy follows structure!, in: Strategic Management Journal, 1. Jg., Heft 2, S. 149-163.

HALL JR., E. H./ST. JOHN, C. H. S. (1994): A methodological Note on Diversity Measurement, in: Strategic Management Journal, 15. Jg., Heft 2, S. 153-168.

HALLER, A. (1997): Wertschöpfungsrechnung, Stuttgart.

HALLER, S. (2010): Dienstleistungsmanagement – Grundlagen, Konzepte, Instrumente, 5. Aufl., Wiesbaden.

HAMEL, W. (1994): Konsekutive Personalfreisetzung, in: BERTHEL, J./GROENEWALD, H. (Hrsg.): Handbuch Personal-Management, 14. Nachlieferung, Landsberg am Lech.

HAMMER, M. (1990): Reengineering Work: Don't Automate, Obliterate, in: Harvard Business Review, 68. Jg., Heft Juli-August 1990, S. 104-112.

HAMMER, M./CHAMPY, J. (1993): Reengineering the Corporation. A manifesto for business revolution, New York.

HAMMER, M./CHAMPY, J. (1994): Business Reengineering. Die Radikalkur für das Unternehmen, Frankfurt.

HAMMOND, TH. H. (1994): Structure, Strategy, and the Agenda of the Firm, in: RUMELT, R. P./SCHENDEL, D. E./TEECE, D. J. (Hrsg.): Fundamental Issues in Strategy, Cambridge, MA, S. 97-154.

HAMPDEN-TURNER, CH./TROMPENAARS, F. (2002): Buildung Cross-Cultural Competence, New York.

HANSEN, H. R./NEUMANN, G. (2001): Wirtschaftsinformatik I, 8. Aufl., Stuttgart.

HARRIS, M./RAVIV, A. (1979): Optimal Incentive Contracts with Imperfect Information, in: Journal of Economic Theory, 20. Jg., S. 231-259.

HART, O/MOORE, J. (1998): Default and Renegotiations: A Dynamic Model of Debt, in: Quarterly Journal of Economics, 113. Jg., S. 1-41.

HARTMANN-WENDELS, T. (2001): Bankbetriebslehre, Berlin et al.

HASTEDT, U.-P./MELLWIG,W. (1998): Leasing, Heidelberg.

HAUSCHILDT, J. (1997): Innovationsmanagement, 2. Aufl., München.

HAUSCHILDT, J. (2004): Innovationsmanagement, 3. Aufl., München.

HAUSCHILDT, J./SALOMO, S. (2011): Innovationsmanagement, 5. Aufl., München.

HAYEK, F. A. (1976): Individualismus und wirtschaftliche Ordnung, 2. Aufl., Salzburg.

HEDBERG, B. (1981): How Organizations Learn and Unlearn, in: NYSTROM, P./STARBUCK, W. H. (Hrsg.): Handbook of Organizational Design, New York, S. 3-26.

HEINEN, E. (1988): Betriebswirtschaftliche Kostenlehre, 6. Aufl., Wiesbaden.

HEINEN, E. (1991): Industriebetriebslehre, Entscheidungen im Industriebetrieb, 9. Aufl., Wiesbaden.

HEINHOLD, M. (1989): Simultane Unternehmensplanungsmodelle – ein Irrweg?, in: Die Betriebswirtschaft, 49. Jg., S. 689-708.

HELPMAN, E./KRUGMAN, P. (1985): Market Structure and Foreign Trade, Cambridge, MA.

HENDERSON, R./CLARK, K. B (1990): Architectural Innovation: The Reconfiguration of Existing Product Technologies and the Failure of Established Firms, in: Administrative Science Quarterly, 35. Jg., Heft 1, S. 9-30.

HENDERSON, R./COCKBURN, I. (1994): Measuring Competence? Exploring Firm Effects in Drug Discovery, in: Strategic Management Journal, 15. Jg., S. 63-84.

HENKEL, J. (2000): The Risk-Return Fallacy, in: Schmalenbach Business Review, 52. Jg., Heft 4, S. 363-373.

HENTZE, J. (1991): Das Entscheidungsfeld Personalfreistellung im personalwirtschaftlichen Zielsystem, in: LATTMANN, C./STAFFELBACH, B. (Hrsg.): Die Personalfunktion der Unternehmung im Spannungsfeld von Humanität und wirtschaftlicher Rationalität, Heidelberg, S. 257-274.

HENTZE, J. (1992): Personalwirtschaftliche Instrumente, in: GAUGLER, E./WEBER, W. (Hrsg.): Handwörterbuch des Personalwesens, 2. Aufl., Stuttgart, Sp. 1893-1910.

HENZLER, H. (1999): Globalisierung und Standort Deutschland, in: GIESEL, F./GLAUM, M. (Hrsg.), Globalisierung – Herausforderung an die Unternehmensführung zu Beginn des 21.Jahrhunderts, München, S. 1-15.

HERMANN, J. (1998): Service Managing Your Providers, in: Business Communication Review, 28. Jg., Heft 2, 1998, S. 40-41.

HERSTATT, C. (1994): Praxisbericht: Kompetenzbasierte Diversifikation, in: Thexis, Fachzeitschrift für Marketing, 11. Jg., Heft Juni, S. 20-26.

HERZBERG, F. H. (1972): Work and the Nature of Man, 3. Aufl., London.

HESKETT, J. L. (1987): Establishing Strategic Direction: Aligning Elements of Strategy, in: Harvard Business School Note # 9-388 – 033, Cambridge, MA.

HEYDE, W./LAUDEL, G./PLESCHAK, F./SABISCH, H. (1991): Innovationen und Industrieunternehmen, Wiesbaden.

HEYSE, V./HÖHN, G. (1997): Lernprozesse bei der Umstrukturierung im Lausitzer Braunkohlenbergbau, in: REIß, M./ROSENSTIEL, L. V./LANZ, A. (Hrsg.): Change Management, Stuttgart, S. 313-332.

HILL, C. W. L./HITT, M. A./HOSKISSON, R. E. (1992): Cooperative versus Competitive Structures in Related and Unrelated Diversified Firms, in: Organization Science, 3. Jg., S. 501-521.

HILL, C. W. L./HOSKISSON, R. E. (1987): Strategy and Structure in the Multiproduct Firm, in: Academy of Management Review, 12. Jg., S. 331-341.

HIRSCH, S. (1976): An International Trade and Investment Theory of the Firm, in: Oxford Economic Papers, 28. Jg., S. 258-270.

HIRSCHHEIM, R./DIBBERN, J. (2006): Information technology outsourcing in the New Economy – An introduction to the outsourcing and offshoring landscape, in: HIRSCHHEIM, R./HEINZL, A./DIBBERN, J. (Hrsg.): Information Systems Outsourcing. Enduring themes, emergent patterns and future directions, 2. Aufl., Berlin, S. 3-23.

HITT, M. A./HOSKISSON, R. E./IRELAND D. R. (1990): Mergers and Acquisitions and Managerial Commitment to Innovation in M-form Firms, in: Strategic Management Journal, 11. Jg., Heft 2, S. 29-47.

HITT, M. A./HOSKISSION, R. E./KIM, H. (1997): International Diversification: Effects on Innovation and Firm Performance in Product-diversified Firms, in: Academy of Management Journal, 40. Jg., Heft 4, S. 767-798.

HÖCKEL, G. (1964): Keiner ist so klug wie alle: Chancen und Praxis des betrieblichen Vorschlagswesens, Düsseldorf.

HOFFMANN, F. (1992): Aufbauorganisation, in: FRESE, E. (Hrsg.): Handwörterbuch der Organisation, 3. Aufl., Stuttgart, Sp. 207-221.

HOFFMANN, S. (2009): Die Messung von Vielfalt – Ein konzeptioneller Leitfaden, Marburg.

HOFSTEDE, G. (1999): The Universal and the Specific in 21st-Century Global Management, in: Organizational Dynamics, 28. Jg., Heft 1, S. 34-43.

HOFSTEDE, G./HOFSTEDE, G. J. (2005): Cultures and Organizations – Software of the Mind, 2. Aufl., New York.

HÖFT, U. (1992): Lebenszykluskonzepte, Berlin.

HOLMSTRÖM, B. (1979): Moral Hazard and Observability, in: The Bell Journal of Economics, 10. Jg., S. 74-91.

HOLMSTRÖM, B. (1982): Moral Hazard in Teams, in: The Bell Journal of Economics, 13. Jg., S. 324-340.

HOLMSTRÖM, B./MILGROM, P. A. (1991): Multitask Principal-Agent Analyses: Incentive Contracts, Asset Ownership and Job Design, in: Journal of Law, Economics and Organization, 7. Jg., S. 24-52.

HÖLZL, W./HOFER, R. (2001): Industriedynamik, Wachstum und Beschäftigung in regionaler und nationaler Sicht, Wien.

HOMMELHOFF, P./SCHWAB, M. (2003): Regelungsquellen und Regelungsebenen der Corporate Governance, in: HOMMELHOFF, P./HOPT, K. J./WERDER, A. (Hrsg.): Handbuch Corporate Governance, Köln, S. 51-86.

HOPT, K. J. (2003): Die rechtlichen Rahmenbedingungen der Corporate Governance, in: HOMMELHOFF, P./HOPT, K. J./WERDER, A. (Hrsg.): Handbuch Corporate Governance, Köln, S. 737-748.

HORVATH & PARTNER (2001): Balanced Scorecard umsetzen, 2. Aufl., Stuttgart 2001.

HOSKISSON, R. E./HITT, M. A. (1990): Antecedents and Performance Outcomes of Diversification: A Review and Critique of Theoretical Perspectives, in: Journal of Management, 16. Jg., S. 461-506.

HOSKISSON, R. E./HITT, M. A./JOHNSON, R. A./MOESEL, D. D. (1993): Construct Validity of an Objective (Entropy) Categorical Measure of Diversification Strategy, in: Strategic Management Journal, 14. Jg., Heft 3, S. 215-235.

HOWE, J. (2008): Crowdsourcing. Why the Power of the Crowd is Driving the Future of Business, New York.

HUBER, K.-H. (1992): Einführungsprogramme für neue Mitarbeiter, in: GAUGLER, E./WEBER, W. (Hrsg.): Handwörterbuch des Personalwesens, 2. Aufl., Stuttgart, Sp. 763-773.

HUBKA, V. (1976): Theorie der Konstruktionsprozesse – Analyse der Konstruktionstätigkeit, Berlin.

HUMMEL, D. (2007): Transportation Costs and International Trade in the Second Era of Globalization, in: Journal of Economic Perspectives, 21. Jg., Nr. 3, S. 131-154.

HUNGENBERG, H. (1995): Zentralisation und Dezentralisation, Wiesbaden.

HUNGENBERG, H./WULF, TH. (2007): Grundlagen der Unternehmensführung, Berlin.

HUSMANN, C. (1996): Investitions-Controlling, Köln.

HYMER, S. H. (1960): The International Operations of National Firms: A Study of Direct Investment, Cambridge, MA.

HYMER, S. H. (1968): The Large Multinational „Corporation": An Analysis of some Motives for the International Integration of Business, in: CASSON, M. (Hrsg.): Multinational Corporation, Hants , UK, S. 8-31.

I

INSTITUT DER DEUTSCHEN WIRTSCHAFT (IW, 2010): Deutschland in Zahlen, Köln.

INSTITUT DER WIRTSCHAFTSPRÜFER (IDW, O. J.): IDW Prüfungsstandards. Loseblattsammlung. Berlin.

IMAI, M. (1994): Kaizen: Der Schlüssel zum Erfolg der Japaner im Wettbewerb, 12. Aufl., München.

INNES, R. D. (1990): Limited Liability and Incentive Contracting with Ex-ante Action Choices, in: Journal of Economic Theory, 52. Jg., S. 45-67.

INTERNATIONAL MONETARY FUND (IMF, 2002): IMF Economic Outlook, Washington, DC.

ITAKI, M. (1991): A Critical Assessment of the Eclectic Theory of the Multinational Enterprise, in: Journal of International Business Studies, 22. Jg., Heft 3, S. 445-460.

ITAMI, H./ROEHL, T. (1987): Mobilizing Invisible Assets, Cambridge, MA.

J

JACQUEMIN, A./BERRY, C. H. (1979): Entropy Measure of Diversification and Corporate Growth, in: Journal of Industrial Economics, 27. Jg., Heft 4, S. 359-369.

JAKOBS-FUCHS, I. (1978): Planung der Personalfreisetzung: Determinanten, Instrumente, Strategien, München.

JENSEN, M. C./MECKLING, W. H. (1976): Theory of the Firm, in: Journal of Financial Economics, 3. Jg., S. 305-360.

JENSEN, M. C./MURPHY, K. J. (1990): CEO Incentives – It´s Not How Much You Pay, But How, in: Harvard Business Review, 68. Jg., S. 138-153.

JOST, T. (1997): Zur Aussagekraft der Direktinvestitionsstatistiken der Deutschen Bundesbank, Diskussionspapier, Deutsche Bundesbank, Frankfurt a. M.

K

KÄFER, T. M. (2007): Dezentralisierung im Konzern – Eine Mehr-Ebenen-Analyse strategischer Rekonstruktion, Wiesbaden.

KAPLAN, R. S./Norton, D. P. (1992): The Balanced Scorecard – Measures that Drive Performance, in: Harvard Business Review, January-February, S. 71-79.

KAPLAN, R. S./NORTON, D. P. (1997): Balanced Scorecard: Strategien erfolgreich umsetzen, Stuttgart.

KAY, N. M. (1998): Clusters of Collaboration, in: FOSS, N. J./LOASBY, B. J. (Hrsg.): Economic Organization, Capabilities and Co-ordination, London, S. 222-242.

KAZANJIAN, R. K./DRAZIN, R. (1987): Implementing Internal Diversification: Contingency Factors for Organization Design Choices, in: Academy of Management Review, 12. Jg., Heft 2, S. 342-354.

KEMPER, H.-G./BAARS, H./MEHANNA, W. (2010): Business Intelligence, 3. Aufl., Wiesbaden.

KERKA, F. (2010): Viele Ideen zu produzieren, ist weniger das Problem – Zum aktuellen Stand des Ideenmanagements, in: angewandte Arbeitswissenschaft, 47. Jg., Heft 203, S. 5-22

KESSLER, H./WINKELHOFER, G. (2004): Projektmanagement – Leitfaden zur Steuerung und Führung von Projekten, Berlin.

KESSLER, T./STEPHAN, M. (2008): Internationale Patentstrategien, in: WiSt, 37. Jg., Heft 6, S. 333-336.

KETTGEN, G. (1989): Moderne Personalentwicklung in der Wirtschaft – Anspruch, Modell, Realisierung, Sindelfingen 1989.

KIESER, A./KUBICEK, H. (1992): Organisation, 3. Aufl., Berlin.

KIESER, A./NAGEL, R. (1986): Die Gestaltung von Eingliederungsprogrammen für neue Mitarbeiter, in: Zeitschrift für betriebswirtschaftliche Forschung, 38. Jg., Heft 11, S. 956-962.

KIESER, A./WALGENBACH, P. (2007): Organisation, 5. Aufl., Berlin.

KILGER, W./PAMPEL, J./VIKAS, K. (2002): Flexible Plankostenrechnung und Deckungsbeitragsrechnung, 11. Aufl., Wiesbaden.

KIM, W. C./HWANG, P./BURGERS, W. P. (1989): Global Diversification Strategy and Corporate Profit Performance, in: Strategic Management Journal, 10. Jg, Heft 1, S. 45-57.

KIM, W. C./HWANG, P./BURGERS, W. P. (1993): Multinationals' Diversification and the Risk-Return Trade-off, in: Strategic Management Journal, 14. Jg., Heft 4, S. 275-286.

KIRSCH, W./HEECKT, N. N. (2001): Evolutionäre Organisationstheorie VI: Unternehmenspolitik, Arbeitstext am Seminar für Strategische Unternehmensführung, Ludwig-Maximilians-Universität München, München.

KLEIN, B./CRAWFORD, R. G./ALCHIAN, A. A. (1978): Vertical Integration, Appropriable Rents, and the Competitive Contracting Process, in: Journal of Law and Economics, 21. Jg., S. 297-326.

KLEIN, R./SCHOLL, A. (2004): Planung und Entscheidung, München.

KLEINALTENKAMP, M./MARRA, A. (1997): Kapazitätsplanung bei Integration externer Faktoren, in: CORSTEN, H./STUHLMANN, S. (Hrsg.): Kapazitätsmanagement in Dienstleistungsunternehmen, Grundlagen und Gestaltungsmöglichkeiten, Wiesbaden, S. 55-80.

KLEPPER, S./GRADDY, E. (1990): The Evolution of New Industries and the Determinants of Market Structure, in: Rand Journal of Economics, 21. Jg., Heft 1, S. 27-44.

KLIMECKI, R. G./GMÜR, M. (2001): Personalmanagement, Strategien – Erfolgsbeiträge – Entwicklungsperspektiven, 2. Aufl., Stuttgart.

KLIMECKI, R. G./THOMAE, M. (1997): Organisationales Lernen – Eine Bestandsaufnahme der Forschung, Management Forschung und Praxis, Universität Konstanz, Diskussionspapier Nr. 18, 1997, Konstanz.

KLUßMANN, N./MALIK, A. (2007): Lexikon der Luftfahrt, 2. Aufl., Berlin.

KNUDSEN, C. (1995): Theories of the Firm, Strategic Management and Leadership, in: MONTGOMERY, C. A (Hrsg.): Resource-based and Evolutionary Theories of the Firm: Towards a Synthesis, Boston, S. 179-217.

KOGUT, B. (1983): Foreign Direct Investment as a Sequential Process, in: KINDLEBERGER, C. P./AUDRETSCH, D. (Hrsg.): The Multinational Corporation in the 1980s, Cambridge, MA, S. 38-56.

KOGUT, B. (1994): Commentary: FLADMOE-LINDQUIST, K./TALLMAN, S. B.: Resource-Based Strategy and Competitive Advantage Among Multinationals, in: SHRIVASTAVA, P./HUFF, A. S./DUTTON, J. E. (Hrsg.): Advances in Strategic Management, Band 10 A, Greenwich, CT, S. 73-80.

KOGUT, B./ZANDER, I. (1993): Knowledge of the Firm and the Evolutionary Theory of the Multinational Corporation, in: Journal of International Business Studies, 24. Jg., S. 625-645.

KOHLER, J. (2008): Wissenstransfer bei hoher Produkt- und Prozesskomplexität Pilotierung, Rollout und Migration neuer Methoden am Beispiel der Automobilindustrie, Wiesbaden.

KOMMISSION MITBESTIMMUNG (1998): Mitbestimmung und neue Unternehmenskulturen – Bilanz und Perspektiven, Bericht der Kommission Mitbestimmung, Bertelsmann Stiftung/ Hans-Böckler-Stiftung, Gütersloh.

KOSSBIEL, H. (1992a): Personalbedarfsermittlung, in: GAUGLER, E./WEBER, W. (Hrsg.): Handwörterbuch des Personalwesens, 2. Aufl., Stuttgart, Sp. 1596-1608.

KOSSBIEL, H. (1992b): Personaleinsatz und Personaleinsatzplanung, in: GAUGLER, E./ WEBER, W. (Hrsg.): Handwörterbuch des Personalwesens, 2. Aufl., Stuttgart, Sp. 1654-1666.

KOTTER, J. P. (1995): Leading Change: Why Transformation Efforts Fail, in: Harvard Business Review, 73. Jg., Heft 2, S. 59-67.

KRAPP, M. (2000): Kooperation und Konkurrenz in Prinzipal-Agenten-Beziehungen, Wiesbaden.

KRATZER, J./KREUZMAIR, B. (1997): Leasing in Theorie und Praxis, Wiesbaden.

KRAUT, R. E./FISH, R. S./ROOT, R. W./CHALFONTE, B. L. (1990), Informal Communication in Organizations: Form, Function, and Technology, Newbury Park, CA.

KRAVIS, I. B. (1956): Availability and Other Influences on the Commodity Composition of Trade, in: Journal of Political Economy, 64. Jg., Heft 2, S. 143-155.

KREUTER, A. (1996): Verrechnungspreise, in: Die Betriebswirtschaft, 56. Jg., Heft 4, S 563-565.

KRIX, M. (2010): Ideenmanagement bei der Hübner GmbH, Vortrag im Rahmen des IHK-Arbeitskreises Ideenmanagement, Kassel.

KRÜGER, K. H. (1983): Integrationsschwierigkeiten im Prozess der Einarbeitung, Dissertation, Universität Mannheim, Mannheim.

KRÜGER, W. (1994): Organisation der Unternehmung, 3. Aufl., Stuttgart.

KRÜGER, W. (1997): Implementierung als Kernaufgabe des Wandlungsmanagement, in: HAHN, D./TAYLOR, B. (Hrsg.): Strategische Unternehmensplanung, Strategische Unternehmensführung, 7. Aufl., Stuttgart, S. 821-849.

KRÜGER, W. (2002a): Das 3W-Modell: Bezugsrahmen für das Wandlungsmanagement, in: KRÜGER, W. (Hrsg.): Excellence in Change: Wege zur strategischen Erneuerung, 2. Aufl., Wiesbaden, S. 16-33.

KRÜGER, W. (2002b): Strategische Erneuerung: Programme, Prozesse und Probleme, in: KRÜGER, W. (Hrsg.): Excellence in Change: Wege zur strategischen Erneuerung, 2. Aufl., Wiesbaden, S. 35-95.

KRÜGER, W./JANZ, A. (2002): Topmanager als Promotoren des Wandels, in: KRÜGER, W. (Hrsg.): Excellence in Change: Wege zur strategischen Erneuerung, 2. Aufl., Wiesbaden, S. 125-164.

KRYSTEK, U./MÜLLER-STEWENS, G. (1993): Frühaufklärung für Unternehmen, Stuttgart.

KUBICEK, H. (1992): Informationstechnologie und Organisationsstruktur, in: FRESE, E. (Hrsg.): Handwörterbuch der Organisation, 3. Aufl., Stuttgart, Sp. 937-958.

KUHN, M. (2005): Rechtsgrundlage, Wesen und Struktur, in: JANNOTT, D./FRODERMANN, J. (Hrsg.): Handbuch der Europäischen Aktiengesellschaft – Societas Europaea, Heidelberg, S. 23-35.

KÜPPER, H.-U. (1980): Interdependenzen zwischen Produktionstheorie und der Organisation des Produktionsprozesses, Berlin.

KÜPPER, H.-U. (2008): Controlling, 5. Aufl., Stuttgart.

KUPSCH, P. U (1975): Job Enlargement, in: GAUGLER, E./WEBER, W. (Hrsg.): Handwörterbuch des Personalwesens, Stuttgart, Sp. 1077-1083.

KÜRPICK, H. (1981): Das Unternehmenswachstum als betriebswirtschaftliches Problem, Berlin.

KUTSCHKER, M./SCHMID, S. (2008): Internationales Management, 6. Aufl., München.

L

LAASER, C.-F. (1991): Wettbewerb im Verkehrswesen, Tübingen.

LALL, S. (1973): Transfer Pricing by Multinational Manufacturing Firms, in: Oxford Bulletin of Economics and Statistics, Jg. 35, S. 173-195.

LANG, R./ALT, R. (2003): Organisationale Transformation, in: WEIK, E./LANG, R. (Hrsg.): Moderne Organisationstheorie, Wiesbaden, S. 279-306.

LANGLOIS, R. N./FOSS, N. J. (1997): Capabilities and Governance: The Rebirth of Production in the Theory of Economic Organization, DRUID Working Paper 97-2, Kopenhagen.

LAUX, H. (1971): Flexible Investitionsplanung, Opladen.

LAUX, H. (1999): Unternehmensrechnung, Anreiz und Kontrolle, 2. Aufl., Berlin et al.

LEGLER, H./LICHT, G./EGELN, J. (2000): Zur technologischen Leistungsfähigkeit Deutschlands, Zusammenfassender Endbericht 1999, Mannheim.

LEMELIN, A. (1982): Relatedness in the Patterns of Inter-Industry Diversification, in: Review of Economics and Statistics, 64. Jg., S. 646-657.

LEONARD-BARTON, D. (1995): Wellsprings of Knowledge, Boston.

LEVIN, R. C./KLEVORICK, A. K./NELSON, R. R./WINTER, S. G. (1987): Appropriating the Returns from Industrial Research and Development, in: Brookings Papers on Economic Activity, 3. Jg., S. 783-831.

LEVITT, B./MARCH, J. G. (1988): Organizational Learning, in: Annual Review of Sociology, 14. Jg., S. 319-340.

LEVITT, T. (1983): The Globalization of Markets, in: Harvard Business Review, Mai/Juni, S. 92-102.

LEVY, A./MERRY, U. (1986): Organizational Transformation, New York.

LIENEMANN, C./REIS, T (1996): Der ressourcenorientierte Ansatz: Struktur und Implikationen für das Dienstleistungsmarketing, in: WiSt, 25. Jg., Heft 5, S. 257-260.

LINDER, S. B. (1961): An Essay on Trade and Transformation, New York.

LOEB, M./MAGAT, W. A. (1978): Soviet Success Indicators and the Evaluation of Divisional Management, in: Journal of Accounting Research, 16. Jg., S. 103-121.

LOFTHOUSE, S. (1997): International Diversification, in: The Journal of Portfolio Management, 24. Jg., Heft 1, S. 53-56.

Løwendahl, B./Haanes, K. (1997): The Unit of Activitiy: A New Way to Understand Competence Building and Leveraging, in: Sanchez, R./Heene, A. (Hrsg.): Strategic Learning and Knowledge Management, Chichester, UK, S. 19-38.

Lubatkin, M./Merchant, H./Srinivasan, N. (1993): Construct Validity of Some Unweighted Product-Count Diversification Measures, in: Strategic Management Journal, 14. Jg., Heft 6, S. 433-449.

Lücke, W. (1955): Investitionsrechnungen auf der Grundlage von Ausgaben oder Kosten?, in: Zeitschrift für handelswissenschaftliche Forschung, 7. Jg., S. 310-324.

Lücke, W. (1988): Arbeitsleistung und Arbeitsentlohnung. 2. Aufl., Wiesbaden.

Lundvall, B.-Ä. (1992): National Systems of Innovation: Toward a Theory of Innovation and Interactive Learning, London.

Lusti, M. (2002): Data Warehousing und Data Mining, 2. Aufl., Berlin.

Lüthje, C. (2003): Methoden zur Sicherstellung von Kundenorientierung in den frühen Phasen des Innovationsprozesses, in: Herstatt, C./Verworn, B. (Hrsg.): Management der frühen Innovationsphasen, Wiesbaden, S. 35-56.

Lutter, M. (2003): Deutscher Corporate Governance Kodex, in: Hommelhoff, P./Hopt, K. J./Werder, A. (Hrsg.): Handbuch Corporate Governance, Köln, S. 737-748.

M

Macharzina, K./Engelhard, J. (1991): Paradigm Shift in International Business Research: From Partist and Eclectic Approaches to the GAINS Paradigm, in: Management International Review, Vol. 31. Heft 4, S. 23-43.

Macharzina, K./Oesterle, M.-J./Brodel, D. (2001): Learning in Multinationals, in: Antal, A. B./Dierkes, M./Child, J. (Hrsg.): Handbook of Organizational Learning and Knowledge, Oxford, UK, S. 631-656.

Macharzina, K. /Wolf, H. J. (2008): Unternehmensführung, 6. Aufl., Wiesbaden.

Macharzina, K. /Wolf, H. J. (2010): Unternehmensführung, 7. Aufl., Wiesbaden.

Madura, J./Whyte, A. M. (1990): Diversification Benefits of Direct Foreign Investment, in: Management International Review, 30. Jg., Heft 1, S. 73-85.

Magee, S. (1977): Multinational Corporations, the Industry Technology Cycle and Development, in: Journal of World Trade Law, Vol. 11, S. 297-321.

Magrath, A. J. (1986): When Marketing Services, 4P's Are Not Enough, in: Business Horizons, 29. Jg., Heft 3, S. 44-50.

Mahoney, J. T./Pandian, J. R. (1992): The Resource-based View within the Conversation of Strategic Management, in: Strategic Management Journal, 13. Jg., S. 363-380.

Mai, H. (1991): NACE Rev. 1 – Die neue europäische Wirtschaftszweigsystematik, in: Wirtschaft und Statistik, Heft 1, S. 7-16.

Malerba, F./Orsenigo, L. (1996): The Dynamics and Evolution of Industries, in: Oxford University Press, 5. Jg., Heft 1.

Maleri, R. (1973): Grundzüge der Dienstleistungsproduktion, 1. Aufl., Berlin u. a.

Maleri, R. (1997): Grundlagen der Dienstleistungsproduktion, in: Bruhn, M. (Hrsg.): Handbuch Dienstleistungsmanagement, Wiesbaden, S. 125-148.

Malik, F. (2002): Die Neue Corporate Governance, Richtiges Top-Management – wirksame Unternehmensaufsicht, Frankfurt a. M.

March, J. G. (1991): Exploration and Exploitation in Organizational Learning, in: Organization Science, 2. Jg., Heft 1, S. 71-87.

MARCH, J. G./OLSEN, J. P. (1975): The Uncertainty of the Past: Organizational Learning under Ambiguity, in: European Journal of Political Research, 3. Jg., S. 147-171.

MARENGO, L. (1994): Knowledge Distribution and Coordination on Organizations: On some Social Aspect of the Exploration-Exploitation Trade-Off, in: Revue Internationale de Systemique, 7, S. 533-571.

MARINO, K. E. (1996): Developing Consensus On Firm Competencies and Capabilities, in: The Academy of Management Executive, 10. Jg., Heft 3, S. 40-51.

MARKIDES, C. C. (1995): Diversification, Refocusing and Economic Performance, Cambridge, MA.

MARKIDES, C. C./WILLIAMSON, P. J. (1994): Related Diversification, Core Competences and Corporate Performance, in: Strategic Management Journal, 15. Jg., Sonderheft Summer, S. 149-165.

MARKIDES, C. C./WILLIAMSON, P. J. (1996): Corporate Diversification and Organizational Structure: A Resource-based View, in: Academy of Management Journal, 39. Jg., Heft 2, S. 340-367.

MARKOWITZ, H. (1952): Portfolio Selection, in: The Journal of Finance, 7. Jg., Heft 1, S. 77-91.

MARKUSEN, J. R. (1995): The Boundaries of Multinational Enterprises and the Theory of International Trade, in: Journal of Economic Perspectives, Vol. 9 (2), Spring, S. 169-189.

MARKUSEN, J. R. (1998): Multinational Enterprise and the Theories of Trade and Location, in: BRAUNERHJELM, P./EKHOL, K. (Hrsg.): Geography of Multinational Firms, Boston, MA.

MARKUSEN, J. R./Venables, A. J. (1998): Multinational Firms and the New Trade Theory, NBER Working Paper Nr. 5036, Washington, D. C.

MARRIS, R. (1998): Managerial Capitalism in Retrospect, New York.

MAX-PLANCK-GESELLSCHAFT (MPG, 2010): Jahresbericht 2009, München.

MAYO, E. (1960): The Human Problems of an Industrial Civilization, Nachdruck der Originalausgabe von 1933, New York.

McDONOUGH, E. F./KAHN, K. B./BARCZAK, G. (2001): Effectively Managing Global, Co-located and Distributed New Product Development Teams, in: Journal of Product Innovation Management, 18. Jg., Heft 2, S. 110-120.

McMANUS, J. (1972): The Theory of International Firms, in: PAQUET, G. (Hrsg.): The Multinational Firm and the Nation State, Ontario, S. 66-93.

McPHERSON, M. A./REDFEARN, M. R./TIESLAU, M. A. (2000): A Re-Examination of the Linder Hypothesis: A Random-Effects Tobit Approach, in: International Economic Journal, 14. Jg., Heft 3, S. 123-136.

McWILLIAMS, A./SIEGEL, D. (1997): Event Studies in Management Research: Theoretical and Empirical Issues, in: Academy of Management Journal, 40. Jg., S. 625-657.

MEFFERT, H. (1992): Organisation des Kundenmanagements, in: FRESE, E. (Hrsg.): Handwörterbuch der Organisation, 3. Aufl., Stuttgart, Sp. 1219-1227.

MEFFERT, H./BRUHN, M. (2000): Dienstleistungsmarketing: Grundlagen, Konzepte, Methoden, 3. Aufl., Wiesbaden.

MEFFERT, H./BRUHN, M. (2003): Dienstleistungsmarketing: Grundlagen, Konzepte, Methoden, 4. Aufl., Wiesbaden.

MENDRZYK, C. (2004): Das deutsche Aktienrecht verglichen mit den Principles of Corporate Governance der OECD, Frankfurt a. M.

MERCHANT, K. (1987): How and Why Firms Disregard the Controllability Principle, in: BRUNS, W. J. J./KAPLAN R. S. (Hrsg.): Accounting and Management, Cambridge, Mass., S. 316-338.

MERTENS, P. (2004): Prognoserechnung, 6. Aufl., Berlin.

MERTENS, P./GRIESE, J. (2002): Integrierte Informationsverarbeitung, Band 2: Planungs- und Kontrollsysteme in der Industrie, 9. Aufl., Wiesbaden.

METTEN, M. (2010): Corporate Governance. Eine aktienrechtliche und institutionenökono- mische Analyse der Leitungsmaxime von Aktiengesellschaften, Wiesbaden.

METZLER, J. (1997): It's Your Turn to Offer SLAs, in: Communications Week, 21.7.1997, S. 57.

MEYER, A./BLÜMELHUBER, C. (1995): No Frills! Service-Konzepte ohne Wildwuchs und Schnickschnack, in: Absatzwirtschaft, 38. Jg., S. 30-40.

MEYER, A./BLÜMELHUBER, C. (2001): Wettbewerbsorientierte Strategien im Dienstleistungs- bereich, in: BRUHN, M./MEFFERT, H. (Hrsg.): Handbuch Dienstleistungsmanagement, Wiesbaden, S. 368-398.

MEYER-KRAHMER, F. (1989): Der Einfluss staatlicher Technologiepolitik auf industrielle Innovation, Baden-Baden.

MEYER-TIMPE, U. (2005), Spielchen mit dem Zoll, in: Die Zeit, 60. Jg., Heft 23, S. 27.

MINTZBERG, H./QUINN, J. B./GHOSHAL, S. (1999): The Strategy Process, London.

MODIGLIANI, F./MILLER, M. H. (1958): The Cost of Capital, Corporation Finance and the Theory of Investment, in: American Economic Review, 48. Jg., S. 261-297.

MÖHRLE, M./WALTER, A. (2009): Patentierung von Geschäftsprozessen, 1. Aufl., Berlin und Heidelberg.

MÖLLER, W.-P. (1983): Der Erfolg von Unternehmenszusammenschlüssen – Eine empirische Untersuchung, München.

MONTGOMERY, C. A. (1995): Of Diamonds and Rust: A New Look at Resources, in: MONT- GOMERY, C. A. (Hrsg.): Resource-based and Evolutionary Theories of the Firm: Towards a Synthesis, Boston, S. 251-268.

MONTGOMERY, C. A./HARIHARAN, S. (1991): Diversified Expansion by Large Established Firms, in: Journal of Economic Behaviour and Organization, 15. Jg., S. 71-89.

MONTGOMERY, C. A./WERNERFELDT, B. (1988): Diversification, Ricardian Rents, and Tobin's Q, in: Rand Journal of Economics, 29. Jg., Heft 4, S. 623-632.

MORELLI, F. (1995): Geschäftsprozesse, Veranstaltungsskript BA Stuttgart, Stuttgart.

MUELLER, D. C. (1969): A Theory of Conglomerate Mergers, in: Quarterly Journal of Econo- mics, 83. Jg., S. 643-659.

MURPHY, K. J. (2000): Performance Standards in Incentive Contracts, in: Journal of Account- ing & Economics, 26. Jg., S. 245-278.

MUSIL, A. (2003): Stärkere Eigenverantwortung in der Gesetzlichen Krankenversicherung: Eine agency-theoretische Betrachtung, Wiesbaden.

MYERSON, R. B. (1979): Incentive Compatibility and the Bargaining Problem, in: Econo- metrica, 47. Jg., S. 61-73.

N

NADLER, D. A./TUSHMAN, M. L. (1986): Managing Strategic Organizational Change, Frame- Bending and Frame-Breaking, New York.

NELSON, Ph. (1970): Information and Consumer Bahavior, in: The Journal of Political Economy, Vol. 78, No. 2, pp. 311-329

NELSON, R. R. (1993): National innovation systems a comparative analysis, New York.

NELSON, R. R./WINTER, S. G. (1982): An Evolutionary Theory of Economic Change, Cambridge, MA.

NEUBERGER, O. (1994): Personalentwicklung, 2. Aufl., Stuttgart.

NEUMANN, K./MORLOCK, M. (1993): Operations Research, München.

NEUMANN, P. (2007): Unternehmenswertorientierte Steuerung des Humankapitals als immaterielle Ressource, Dresden.

NGUYEN, T. N./SEROR, A./DEVINNEY, T. M. (1990): Diversification Strategy and Performance in Canadian Manufacturing Firms, in: Strategic Management Journal, 11. Jg., Heft 5, S. 411-418.

NIEDER, P./NAASE, C. (1977): Führungsverhalten und Leistung: Stand der Forschung und Konsequenzen für die betriebswirtschaftliche Praxis, Bern.

NOELTING, A. (1996): Konglomerate: Die einst so verpönten Mischkonzerne erleben ein Comeback, in: Manager Magazin, Heft 12, S. 146-158.

NOORDERHAVEN, N./HARZING, A.-W. (2003): The 'Country-of-origin Effect' in Multinational Corporations: Sources, Mechanisms and Moderating Conditions, in: Management International Review, Jg. 43, Heft 2, S. 47-66.

NORTH, D. (1992): Institutionen, institutioneller Wandel und Wirtschaftsleistung, Tübingen.

O

O. V. (2000): Innovationswettbewerb, in: Gabler Wirtschaftslexikon, 15. Aufl., Wiesbaden, S. 1550.

O'SULLIVAN, M. (2000): Contest for Corporate Control, Corporate Governance and Economic Performance in the United States and Germany, New York

OELSNITZ, D. v. d. (2009): Die innovative Organisation: Eine gestaltungsorientierte Einführung, Stuttgart.

OESTERLE, M.–J./KRAUSE, D. (2004): Leitungsorganisation des Vorstandes in deutschen Aktiengesellschaften, in: WiSt, 33. Jg., Heft 5, S. 272-277.

OHMAE, K. (1985): Triad Power: The Coming Shape of Global Competition. New York.

OHMAE, K. (1992): Die neue Logik der Weltwirtschaft: Zukunftsstrategien der internationalen Konzerne, Hamburg.

ORGANISATION FOR ECONOMIC CO-OPERATION AND DEVELOPMENT (OECD, 1997): National Innovation Systems, Paris.

ORGANISATION FOR ECONOMIC CO-OPERATION AND DEVELOPMENT (OECD, 2002): Dynamising National Innovation Systems, Paris.

ORGANISATION FOR ECONOMIC CO-OPERATION AND DEVELOPMENT (OECD, 2005): Oslo Manual, Guidelines for collecting and interpreting innovation data, 3. Aufl., Paris.

ORGANISATION FOR ECONOMIC CO-OPERATION AND DEVELOPMENT (OECD, 2008): Benchmark Definition of Foreign Direct Investment, 4. Aufl., Paris.

ORGANISATION FOR ECONOMIC CO-OPERATION AND DEVELOPMENT (OECD, 2008a): The Global Information Society: A Statistical View, Paris.

ORGANISATION FOR ECONOMIC CO-OPERATION AND DEVELOPMENT (OECD, 2009): Benchmark Definition of Foreign Direct Investment, 4. Ausgabe, Paris.

OSBAND, K./REICHELSTEIN, S. (1985): Information-Eliciting Compensation Schemes, in: Journal of Public Economics, 27. Jg., S. 107-115.

OSKAMP, S. (1965): Overconfidence in Case-study Judgements, in: The Journal of Consulting Psychology (American Psychological Association) 2: 261-265; abgedruckt in KAHNEMAN, D./SLOVIC, P./TVERSKY, A. (1982): Judgement under Uncertainty: Heuristics and Biases. Cambridge., S. 287-293.

OSSADNIK, W./LANGE, O./MORLOCK, J. (1999): Zur Rationalisierung der Auswahl von Anreizsystemen für die Investitionsbudgetierung in divisionalisierten Unternehmen, in: Zeitschrift für Planung, 10. Jg., S. 47-65.

OSTERLOH, M./FROST, J. (1996): Prozessmanagement als Kernkompetenz, Wiesbaden.

OUCHI, W. G. (1980): Markets, Bureaucracies and Clans, in: Administrative Science Quarterly, 25. Jg., S. 129-141.

P

PALEPU, K. G. (1985): Diversification Strategy, Profit Performance and the Entropy Measure, in: Strategic Management Journal, 6. Jg., Heft 3, S. 239-255.

PALICH, L. E./CARDINAL, L. B./MILLER, C. C. (2000): Curvilinearity in the Diversification-Performance-Linkage – An Examination of Over Three Decades of Research, in: Strategic Management Journal, 21. Jg., Heft 2, S. 155-174.

PALMER, A./COLE, C. (1995): Services Marketing, Principles and Practice, Englewood Cliffs, NJ.

PANZAR, J. C./WILLIG, R. D. (1977): Economies of Scale in Multi-Output Production, in: Quarterly Journal of Economics, 91. Jg., Heft 3, S. 481-493.

PANZAR, J. C./WILLIG, R. D. (1981): Economies of Scope, in: American Economic Review, 71. Jg., Heft 2, S. 268-272.

PAUSENBERGER, E. (1992): Organisation der Internationalen Unternehmung, in: FRESE, E. (Hrsg.): Handwörterbuch der Organisation, 3. Aufl., Stuttgart, Sp. 1051-1066.

PAWLOWSKY, P./NEUBAUER, K. (2001): Organisationales Lernen, in: WEIK, E./LANG, R. (Hrsg.): Moderne Organisationstheorie, Wiesbaden, S. 253-284.

PENROSE E. T. (1956): Foreign Investment and the Growth of the Firm, in: Economic Journal, 66. Jg,, S. 220-235.

PENROSE E. T. (1959): The Theory of the Growth of the Firm, Oxford, UK.

PENROSE E. T. (1987): Multinational Corporations, in: The New Palgrave: A Dictionary of Economics, London, S. 562-564.

PENROSE E. T. (1996): Growth of the Firm and Networking, in: International Encyclopaedia of Business and Management, London, S. 1716-1724.

Penrose, E. (1995): The Theory of The Growth Of The Firm, 3. Aufl., Oxford 1995.

PENROSE, P./PITELIS, C. (2002): Edith Elura Tilton Penrose: Life, Contribution and Influence, in: PITELIS, C. (Hrsg.): The Growth of the Firm: The Legacy of Edith Penrose, Oxford University Press, Oxford, UK , S. 17-36.

PERLITZ, M. (1978): Absatzorientierte Internationalisierungsstrategien, Bochum.

PERLITZ, M. (2004): Internationales Management, 5. Aufl., Stuttgart.

PERRIDON, L./STEINER, M. (2003): FINANZWIRTSCHAFT der Unternehmung, 12. Aufl., München.

PFAFF, D. (1993): Kostenrechnung, Unsicherheit und Organisation, Heidelberg.

PFAFF, D./LEUZ, C. (1995): Groves-Schemata – Ein geeignetes Instrument zur Steuerung der Ressourcenallokation in Unternehmen?, in: Zeitschrift für betriebswirtschaftliche Forschung, 47. Jg., S. 659-690.

PFAFFERMAYR, M. (1996): Direktinvestitionen im Ausland: Die Determinanten der Direktinvestition im Ausland und ihre Wirkung auf den Außenhandel, Heidelberg.

PFAFFMANN, E. (2001): Kompetenzbasiertes Management in der Produktentwicklung, Wiesbaden.

PFAFFMANN, E./STEPHAN, M. (2000): Competence-based Diversification in the World Automotive Supplier Industry: Some Evidence from Inward Investment Activities, in: HAMMANN, P./FREILING, J. (Hrsg.), Die Ressourcen- und Kompetenzperspektive des Strategischen Managements, Wiesbaden, S. 249-276.

PFAFFMANN, E./STEPHAN, M. (2001): How Germany Wins out in the Battle for Foreign Direct Investment: Strategies of Multinational Suppliers in the Car Industry, in: Long Range Planning, Jg. 34, S. 335-355.

PFEIFFER, W. (1986): Technologie-Portfolio-Methodik zur Strategischen Investitionsplanung, in: WILDEMANN, H. (Hrsg.): Strategische Investitionsplanung für neue Technologien in der Produktion, Band 1, München, S. 219-235.

PFEIFFER, W./METZE, G./SCHNEIDER, W./AMLER, R. (1991): Technologie-Portfolio zum Management strategischer Zukunftsgeschäftsfelder, 6. Aufl., Göttingen.

PFEIFFER, W./WEIß, E. (1995): Methoden zur Analyse und Bewertung technologischer Alternativen, in: ZAHN, E. (Hrsg.): Handbuch Technologiemanagement, Stuttgart, S. 663-679.

PICOT, A. (1991): Ein neuer Ansatz zur Gestaltung der Leistungstiefe, in: Zeitschrift für betriebswirtschaftliche Forschung, 43. Jg., Heft 4, S. 336-357.

PICOT, A. (1993): Organisation, in: BITZ, M./DELLMANN, K./DOMSCH, M./EGNER, H., (Hrsg.): Vahlens Kompendium der Betriebswirtschaftslehre, Band 2, 3. Aufl., S. 101-174.

PICOT, A./DIETL, H. (1990): Transaktionskostentheorie, in: WiSt, 19. Jg., Heft 4, S. 178-184.

PICOT, A./FIEDLER, M. (2001): Evolution von Institutionen und Management des Wandels, Vortrag auf der 63. Jahrestagung des Verbandes der Hochschullehrer für Betriebswirtschaft e. V., Universität Freiburg, 08.06.2001, Freiburg.

PICOT, A./MICHAELIS, E. (1984): Verteilung von Verfügungsrechten in Großunternehmen und Unternehmungsverfassung, in: Zeitschrift für Betriebswirtschaft, 54. Jg., 1984, S. 252-272.

PICOT, A./DIETL, H./FRANCK, E. (1999): Organisation: Eine ökonomische Perspektive, 2. Aufl., Stuttgart.

PICOT, A./DIETL, H./FRANCK, E. (2002): Organisation: Eine ökonomische Perspektive. 3. Aufl., Stuttgart.

PICOT, A./DIETL, H./FRANCK, E. (2008): Organisation: Eine ökonomische Perspektive. 5. Aufl., Stuttgart.

PICOT, A./REICHWALD, R./WIGAND, R. (1996): Die grenzenlose Unternehmung, Wiesbaden 1996.

PICOT, A./REICHWALD, R./WIGAND, R. (1998): Die grenzenlose Unternehmung, 3. Aufl., Wiesbaden 1998.

PICOT, A./REICHWALD, R./WIGAND, R. (2003): Die grenzenlose Unternehmung, 5. Aufl., Wiesbaden.

PITELIS, C. (2002): A Theory of the (Growth of the) Transnational Firm: A Penrosean Perspective, in: PITELIS, C. (Hrsg.): The Growth of the Firm: The Legacy of Edith Penrose, Oxford, UK, S. 82-100.

PITTS, R. A. (1976): Diversification Strategies and Organizational Policies of Large Diversified Firms, in: Journal of Economics and Business, 28. Jg., Heft Spring/Summer, S. 181-188.

PLESCHAK, F./SABISCH, H. (1996): Innovationsmanagement, Stuttgart.

POHLAND, S. (Hrsg., 2009): Flexibilisierung von Geschäftsprozessen, München und Wien.

POLANYI, M. (1958): Personal Knowledge: Towards a Postcritical Philosophy, Chicago, IL.

POLANYI, M. (1966): The Tacit Dimension, London.

PORTER, M. E. (1980): Competitive strategy: techniques for analyzing industries and competitors, New York.

PORTER, M. E. (1981): The Contributions of Industrial Organization to Strategic Management, in: Academy of Management Review, 6. Jg., Heft 4, S. 609-620.

PORTER, M. E. (1983): Wettbewerbsstrategie, Frankfurt a. M..

PORTER, M. E. (1986): Wettbewerbsvorteile, Frankfurt a. M.

PORTER, M. E. (1988): Wettbewerbsstrategie, 5. Aufl., Frankfurt a. M.

PORTER, M. E. (1992): Wettbewerbsstrategie: Methoden zur Analyse von Branchen und Konkurrenten, 7. Aufl., Frankfurt a. M..

PORTER, M. E. (1994): Competitive Strategy Revisited: A View from the 1990s, in: DUFFY, P. B. (Hrsg): The Relevance of a Decade: Essays to Mark the First Ten Years of Harvard Business School Press, Boston, S. 243-285.

PORTER, M. E. (1997): Nur Strategie sichert auf Dauer hohe Erträge, in: Harvard Business Review, 75. Jg., Heft 3, S. 42-58.

PORTER, M. E. (1999): Wettbewerbsvorteile, 5. Aufl., Frankfurt a. M.

PORTER, M. E. (2000): Wettbewerbsvorteile: Spitzenleistungen erreichen und behaupten, 6. Aufl., Frankfurt a. M.

POST, H. A. (1997): Building a Strategy on Competences, in: Long Range Planning, 30. Jg., Heft 5, S. 733-740.

PRAHALAD, C. K./HAMEL, G. (1990): The Core Competence of the Corporation, in: Harvard Business Review, 68. Jg., Heft 3, S. 79-91.

R

RAMANUJAM, V./VARADARAJAN, P. (1989): Research on Corporate Diversification: A Synthesis, in: Strategic Management Journal, 10. Jg., S. 523-551.

RASCHE, C./WOLFRUM, B. (1993): Ressourcenorientierung im strategischen Management – ein Paradigmenwechsel?, Arbeitspapier: Lehrstuhl für Betriebliche Absatzwirtschaft und Handelsbetriebslehre, Universität Bayreuth, Bayreuth.

RAYMOND, E. S. (1999): The Cathedral & the Bazaar, Sebastopol, CA.

REHWALD, U. (2002): Branchenstudie Generika, Düsseldorf.

REICHELSTEIN, S./OSBAND, K. (1984): Incentives in Government Contracts, in: Journal of Public Economics, 24. Jg., S. 257-270.

REIß, M. (1997a): Change Management als Herausforderung, in: REIß, M./ROSENSTIEL, L. V./ LANZ, A. (Hrsg.): Change Management, Stuttgart, S. 5-29.

REIß, M. (1997b): Aktuelle Konzepte des Wandels, in: REIß, M./ROSENSTIEL, L. V./LANZ, A. (Hrsg.): Change Management, Stuttgart, S. 31-90.

REIß, M. (2007): Führung, in: CORSTEN, H./REIß, M. (Hrsg.): Betriebswirtschaftslehre, Bd. 2, 2. Aufl., München und Wien, S. 139-227.

RICARDO, D. (1972): Grundsätze der politischen Ökonomie und der Besteuerung, Frankfurt a. M.

RICHTER, R. (1994): Institutionen ökonomisch analysiert, Bern.

RIEBEL, P. (1994): Einzelkosten- und Deckungsbeitragsrechnung, 7. Aufl., Wiesbaden.

ROBERTS, E. B./BERRY, C. A. (1985): Entering New Businesses: Selecting Strategies for Success, in: Sloan Management Review, 26. Jg., Heft 1, S. 3-17.

ROCKART, J. F. (1979): Chief Executives Define Their Own Data Needs, in: Harvard Business Review, 57. Jg., S. 81-93.

ROETHLISBERGER, F. J./DICKSON, W. J. (1939): Management and the Worker, An Account of a Research Program Conducted by the Western Electric Company, Hawthorne Works, Chicago, IL.

ROSE, K./SAUERNHEIMER, K. (2006): Theorie der Außenwirtschaft, 14. Aufl., München.

ROSENKOPF, L./NERKAR, A. (2001): Beyond Local Search: Boundary-Spanning, Exploration, and Impact in the Optical Disk Industry, in: Strategic Management Journal, 22. Jg., S. 287-306.

ROSS, S. A. (1973): The Economic Theory of Agency: The Principal's Problem, in: American Economic Review, Vol. 63, Heft 2, 1973, S. 134-139.

ROTERING, C. (1990): Forschungs- und Entwicklungskooperationen zwischen Unternehmen, Stuttgart.

RUGMAN, A. (2005): The Regional Multinationals, MNEs and „Global" Strategic Management, Cambridge, UK.

RUGMAN, A./LECRAW, D. J./BOOTH, L. D. (1985): International Business: Firm and Environment, New York, S. 121-145.

RUMELT, R. P. (1974): Strategy, Structure, and Economic Performance, Division of Research, Harvard Business School, Boston, MA.

RUMELT, R. P. (1982): Diversification Strategy and Profitability, in: Strategic Management Journal, 3. Jg., Heft 4, S. 359-369.

RUMELT, R. P. (1984): Towards a Strategic Theory of the Firm, in: LAMB, R. (Hrsg.): Competitive Strategic Management, Englewood Cliffs , NJ, S. 556-570.

RUSHTON, A. M./CARSON, D. J. (1989): The Marketing of Services, Managing the Intangibles, in: European Journal of Marketing, 23. Jg., Heft 8, S. 23-44.

S

SALZBERGER, W. (2003): Sarbanes-Oxley Act of 2002, in: WiSt, 32. Jg., Heft 3, S. 165-166.

SAMBETH, F. (2002): Das Corporate Center in der Medien- und Kommunikationsindustrie. Eine wertorientierte Analyse, Wiesbaden.

SAMBHARYA, R. B. (1995): The Combined Effect of International Diversification and Product Diversification Strategies on the Performance of U. S.-based Multinational Corporations, in: Management International Review, 35 Jg., Heft 3, S. 197-218.

SANCHEZ, R. (1995): Strategic Flexibility in Product Competition, in: Strategic Management Journal, 16 Jg., S. 135-159.

SANCHEZ, R./HEENE, A. (1997): Reinventing Strategic Management, New Theory and Practice for Competence Based Competition, in: European Management Journal, 15. Jg., Heft 3, S. 303-317.

SANCHEZ, R./HEENE, A./THOMAS, H. (1996): Introduction: Towards the Theory and Practice of Competence-Based Competition, in: SANCHEZ, R./HEENE, A./THOMAS, H. (Hrsg.): Dynamics of competence-based competition, Oxford, UK, S. 1-35.

SCHADE, CH./SCHOTT, E. (1993): Instrumente des Kontraktgütermarketing, in: Die Betriebswirtschaft, 53. Jg., Heft 5, S. 491-511.

SCHERER, F. M./ROSS, D. (1990): Industrial Market Structure and Economic Performance, 3. Aufl., Boston, MA.

SCHERM, E./PIETSCH, G. (2007): Organisation – Theorie, Gestaltung, Wandel, München.

SCHMIDT, R. H./TERBERGER, E. (1997): Grundzüge der Investitions- und Finanzierungstheorie, 4. Aufl., Wiesbaden.

SCHMIDTCHEN, D. (2006): Wettbewerbsrecht und Recht geistigen Eigentums, in: OBERENDER, P. (Hrsg.): Wettbewerb und Geistiges Eigentum, Berlin, S. 9-46.

SCHMOCH, U. (1990): Wettbewerbsvorsprung durch Patentinformation, Köln.

SCHMOCH, U. (1999): Impact of International Patent Applications on Patent Indicators, in: Research Evaluation, 8. Jg., August, S. 119-131.

SCHMOCH, U. (2003): Marken als Innovationsindikator für Dienstleistungen, Studien zum deutschen Innovationssystem Nr. 7-2003, Fraunhofer Institut für Systemtechnik und Innovationsforschung, Karlsruhe.

SCHOEMAKER, P. J. H. (1992): How to Link Strategic Vision to Core Capabilities, in: Sloan Management Review, 34. Jg., Heft 1, S. 67-81.

SCHOEMAKER, P. J. H./AMIT, R. (1994): Investments in Strategic Assets, in: SHRIVASTAVA, P./HUFF, A. S./DUTTON J. E. (Hrsg.): Advances in Strategic Management, Band 10 A, Greenwich, CT, S. 3-33.

SCHOLZ, C. (1988): Organisationskultur. Zwischen Schein und Wirklichkeit, in: Zeitschrift für betriebswirtschaftliche Forschung, ZfbF, 40. Jg., S. 242-272..

SCHOLZ, C. (1992): Matrix-Organisation, in: Frese, E. (Hrsg.): Handwörterbuch der Organisation, 3. Aufl., Stuttgart, Sp. 1302-1315.

SCHOLZ, C. (2000): Personalmanagement, 5. Aufl., München.

SCHOLZ, J. (1995): Internationales Change Management, Stuttgart.

SCHREYÖGG, G. (1992): Organisationskultur, in: FRESE, E. (Hrsg.): Handwörterbuch der Organisation, 3. Aufl., Stuttgart, Sp. 1526-1537.

SCHREYÖGG, G. (2008): Organisation, Grundlagen moderner Organisationsgestaltung, 5. Aufl., Wiesbaden.

SCHRÖDER, H.-H. (1994): Die Parallelisierung von Forschungs- und Entwicklungs (FuE)-Aktivitäten als Instrument zur Verkürzung der Projektdauer im Lichte des „Magischen Dreiecks" aus Projektdauer, Projektkosten und Projektergebnissen, in: ZAHN, E. (Hrsg.): Technologiemanagement und Technologien für das Management, Stuttgart, S. 289-323.

SCHÜLE, F. M. (1992): Diversifikation und Unternehmenserfolg: Eine Analyse empirischer Forschungsergebnisse, Wiesbaden.

SCHULTE-ZURHAUSEN, M. (2005): Organisation, 4. Aufl., München.

SCHULZ, S./MAU, G./LÖFFLER, S. (2008): Motive und Wirkungen im viralen Marketing, in: WALSH, G./HASS, B./KILIAN, Th. (Hrsg.): Web 2.0. Neue Perspektiven für das Marketing und Medien, 2. Aufl., Heidelberg, S. 217-233.

SCHUMPETER, J. (1939): Business Cycles. A Theoretical, Historical and Statistical Analysis of the Capitalist Process, New York.

SCHUMPETER, J. (1980): Kapitalismus, Sozialismus und Demokratie, 5. Aufl., München.

SCHWEITZER, M. (2005): Planung und Steuerung, in: BEA, F. X./FRIEDL, B./SCHWEITZER, M. (Hrsg.): Allgemeine Betriebswirtschaftslehre, Band 2: Führung, 9. Aufl., Stuttgart, S. 16-126.

SCHWEITZER, M./KÜPPER, H. U. (1997): Produktions- und Kostentheorie, 2. Aufl., Wiesbaden.

SCHWEITZER, M./KÜPPER, H. U. (2008): Systeme der Kosten- und Erlösrechnung, 9. Aufl., München.

SCHWEITZER, M./TROßMANN, E. (1998): Break-even-Analysen, 2. Aufl., Berlin.

SCHWEIZER, U. (1999): Vertragstheorie, Tübingen.

SCOTT, J. T. (1993): Purposive Diversification and Economic Performance, Cambridge, MA.

SCOTT, W. R. (1986): Grundlagen der Organisationstheorie, Frankfurt a. M.

SEMLER, J. (1996): Leitung und Überwachung der Aktiengesellschaft: Die Leitungsaufgabe des Vorstands und die Überwachungsaufgabe des Aufsichtsrats, 2. Aufl., Köln.

SHEPHERD, W. G. (1990): The Economics of Industrial Organization, 3. Aufl., Englewood Cliffs, NJ.

SILVER, M. (1984): Enterprise and the Scope of the Firm, Aldershot.

SIMMONDS, P. G. (1990): The Combined Diversification Breadth and Mode Dimensions and the Performance of Large Diversified Firms, in: Strategic Management Journal, 11. Jg., Heft 5, S. 399-410.

SIMON, H. A. (1976): Administrative Behavior, 3. Aufl., New York.

SMERLINSKI, M./STEPHAN, M./GUNDLACH, C. (2009): Innovationsmanagement in hessischen Unternehmen. Eine empirische Untersuchung zur Praxis in klein- und mittelständischen Unternehmen, Discussion Paper on Strategy and Innovation 09-01, Philipps-Universität Marburg.

SPAHL, S. (1990): Geschichtliche Entwicklung des BVW, in: Personal, 42. Jg., Heft 5, S. 178-180.

SPECHT, G./BECKMANN, C./AMELINGMEYER, J. (2002): F&E-Management, 2. Aufl., Stuttgart.

SPIEß, J. (2005): Interorganisationales Wissensmanagement in Systemlieferantenbeziehungen, Dissertation, Universität der Bundeswehr, München.

SPREMANN, K. (1987): Agent und Principal, in: BAMBERG, G./SPREMANN, K. (Hrsg.): Agency Theory, Information and Incentives, Berlin, S. 3-37.

SPREMANN, K. (2000): Portfoliomanagement, Oldenbourg.

STAATSANWALTSCHAFT DÜSSELDORF (2003): Pressemitteilung im Fall Mannesmann, 25.02.2003, Düsseldorf.

STAEHLE, W. H. (1991): Management, 6. Aufl., München 1991.

STAEHLE, W. H. (1991a): Redundanz, Slack und lose Kopplung in Organisationen: Eine Verschwendung von Ressourcen?, in: STAEHLE, W. H.(Hrsg.): Managementforschung, Berlin, S. 313-345.

STAEHLE, W. H. (1999): Management, eine verhaltenswissenschaftliche Einführung, 8. Aufl., überarbeitet von CONRAD, P./SYDOW, J., München.

STAERKLE, R. (1992): Leitungssystem, in: FRESE, E. (Hrsg.): Handwörterbuch der Organisation, 3. Aufl., Stuttgart, Sp. 1229-1239.

STAHLKNECHT, P./HASENKAMP, U. (2004): Einführung in die Wirtschaftsinformatik, 11. Aufl., Berlin.

STATISTIK DER KOHLEWIRTSCHAFT E. V. (2008): Der Kohlebergbau in der Energiewirtschaft der Bundesrepublik Deutschland im Jahre 2008, Essen.

STATISTISCHES BUNDESAMT (2003): Klassifikation der Wirtschaftszweige mit Erläuterungen, Wiesbaden.

STATISTISCHES BUNDESAMT (2008): Klassifikation der Wirtschaftszweige, Wiesbaden.

STATISTISCHES BUNDESAMT (2010): Bildungsausgaben. Budget für Bildung, Forschung und Wissenschaft 2007/2008, Wiesbaden.

STAUSS, B. (1995): Dienstleistungsmarken, in: Markenartikel, 57. Jg., Heft 1, S. 2-6.

STAUSS, B./SEIDEL, W. (1996): Beschwerdemanagement, Fehler vermeiden – Leistungen verbessern – Kunden binden, München.

STEINMANN, H./GERUM, E. (1982): Zur Reform der Unternehmensverfassung, Nürnberg.

STEINMANN, H./SCHREYÖGG, G. (2000): Management – Grundlagen der Unternehmensführung – Konzepte – Funktionen – Fallstudien, Wiesbaden.

STEPHAN, M. (1999): Intra-Firmenhandel und Internationale Produktion: Erklärungsansätze zum Internationalen Handel innerhalb von multinationalen Unternehmen und wirtschaftspolitische Implikationen, in: Wirtschaftspolitische Blätter, 46. Jg., Heft 5, S. 487-498.

STEPHAN, M. (2000): Intra-Firmenhandel, in: WISU – Das Wirtschaftsstudium, 29. Jg., Heft 2, S. 182-185.

STEPHAN, M. (2003): Technologische Diversifikation von Unternehmen, Wiesbaden.

STEPHAN, M. (2004): Die Verantwortung multinationaler Unternehmen in der Zulieferkette: Das Konzept des ‚Investment Nexus' aus Sicht der Betriebswirtschaftslehre, Tagungsband zum OECD-/Germanwatch-Workshop „Wie weit reicht die Verantwortung von Unternehmen – Handels- und Zulieferbeziehungen von MNU", Berlin, S. 35-49.

STEPHAN, M. (2005): Verbundeffekte und Industrielle Wechselproduktion: Systematisierung und Quantifizierung des „Economies of Scope"-Effekts, in: WiSt, 34. Jg., Nr. 9, S. 512-515.

STEPHAN, M. (2009): Improvisationsfähigkeit, Kreativität & Offenheit als Herausforderungen innovativer Unternehmen, Discussion Paper on Strategy and Innovation 09-03, Philipps-Universität Marburg.

STEPHAN, M. (2010): Jazz als Referenzkonzept für Ambidextrie im Innovationsmanagement? Zur Bedeutung der Improvisationsfähigkeit, in: STEPHAN, M./KERBER, W. (Hrsg.): Jahrbuch Strategisches Kompetenzmanagement: „Ambidextrie", 4. Jg., S. 243-265.

STEPHAN, M. (2011): Technologieportfolios, in: BARSKE, H. et al. (Hrsg.): Das Innovative Unternehmen – Produkte, Prozesse, Dienstleistungen, Loseblattsammlung, 4. Aufl., Wiesbaden.

STEPHAN, M./GROSS, P.-P. (2011): Coaching aus wirtschaftswissenschaftlicher Sicht – Ergebnisse der Marburger Coaching Studie 2009, in: STEPHAN, M./GROSS, P.-P. (2011): Organisation und Marketing von Coaching, Wiesbaden, S. 3-34.

STEPHAN, M./GUNDLACH, C. (2010): Welche Innovationsmethoden wirklich genutzt werden, in: GUNDLACH, C./GLANZ, A./GUTSCHE, J. (Hrsg.): Die frühe Innovationsphase: Methoden und Strategien für die Vorentwicklung, Düsseldorf, S. 427-448.

STEPHAN, M./PAULUTH, D. (2009): Merck: Der Weg zum LCD-Weltmarktführer, in: BARSKE, H. et al. (Hrsg.): Das Innovative Unternehmen – Produkte, Prozesse, Dienstleistungen, Loseblattsammlung, 3. Aufl., Wiesbaden.

STEPHAN, M./PFAFFMANN, E. (2001): Detecting the Pitfalls of Data on Foreign Direct Investment: Scope and Limits of FDI-Data, in: Management International Review, 2nd Quarter, S. 189-218.

STEPHAN, M./PFAFFMANN, E. (2001a): Direct Investment Strategies of Multinational Automotive Suppliers in the German Market, in: Long Range Planning, 34. Jg., Heft 3, S. 335-356.

STEPHAN, M./SCHNEIDER, M. (2011): Produkt- und Markenpiraterie – Praxisfallstudien und Managementlösungen, Düsseldorf.

STIMPERT, J. L./DUHAIME, I. M. (1997): In the Eyes of the Beholder: Conceptualizations of Relatedness Held by the Managers of Large Diversified Firms, in: Strategic Management Journal, 18. Jg., Heft 2, S. 111-125.

STOPFORD, J./WELLS, L. (1972): Managing the Multinational Enterprise, London.

STOPP, U. (1997): Betriebliche Personalwirtschaft, 21. Aufl., Stuttgart.

STORN, A. (2004): Transparenz ist eine Bringschuld, in: Die Zeit, 59. Jg., Heft 25, S. 34.

STRAUTMANN, K. P. (1993): Ein Ansatz zur Strategischen Kooperationsplanung, München.

STREIM, H. (1982): Fluktuationskosten und ihre Ermittlung, in: Zeitschrift für betriebswirtschaftliche Forschung, 34. Jg., Heft 2, S. 128-146.

SUNDMACHER, T. (2002): Das Umweltinformationsinstrument Ökobilanz (LCA), Frankfurt a. M.

SUSSEBACH, H. (2004): Goodbye, altes Haus, in: Die Zeit, 59. Jg., Heft 42, S. 15-16.

SÜVERKRÜP, C. (1992): Internationaler technologischer Wissenstransfer durch Unternehmensakquisitionen – Eine empirische Untersuchung am Beispiel deutsch-amerikanischer und amerikanisch-deutscher Akquisitionen, Frankfurt a. M.

SZULANSKI, G. (1996): Exploring Internal Stickiness: Impediments to the Transfer of Best Practice within the Firm, in: Strategic Management Journal, 17. Jg., Heft Winter, S. 27-43.

T

TAKAYAMA, A. (1985): Mathematical Economics, 2. Aufl., Cambridge, MA.

TANG, R. Y. W. (1997): Intra-Firm Trade and Global Transfer Pricing Regulation, Westport.

TANNENBAUM, R./SCHMIDT, W. H. (1958): How to Choose a Leadership Pattern, in: Harvard Business Review, 36. Jg., S. 95-101.

TAYLOR, F. W. (1903): Shop Management, in: American Society of Mechanical Engineers (Ed.): Transactions of the American Society of Mechanical Engineers. New York City: The Society, Vol. XXVIII, S. 1337-1480.

TAYLOR, F. W. (1911): The Principles of Scientific Management, London.

TEECE, D. J. (1980): Economies of Scope and the Scope of the Enterprise, in: Journal of Economic Behaviour and Organization, 1. Jg., S. 223-247.

TEECE, D. J. (1981): The Multinational Enterprise: Market Failure and Market Power Considerations, in: Sloan Management Review, 22. Jg., S. 3-17.

TEECE, D. J. (1982): Towards an Economic Theory of the Multiproduct Firm, Journal of Economic Behaviour and Organization, 3. Jg., S. 39-63.

TEECE, D. J. (1984): Economic Analysis and Business Strategy, in: California Management Review, 36. Jg., Heft 3, S. 87-110.

TEECE, D. J. (1986): Profiting from Technological Innovation, in: Research Policy, 15. Jg., Heft 6, S. 285-305.

TEECE, D. J. (1997): Design Issues for Innovative Firms: Bureaucracy, Incentives and Industrial Structure, in: CHANDLER, A. D./HAGSTRÖM, P./SÖLVELL, Ö. (Hrsg.): The Dynamic Firm – The Role of Technology, Strategy, Organization, and Regions, New York, S. 134-165.

TEECE, D. J./PISANO, G./SHUEN, A. (1997): Dynamic Capabilities and Strategic Management, in: Strategic Management Journal, 18. Jg., Heft 7, S. 509-533.

THOM, N. (1992a): Organisationsentwicklung, in: FRESE, E. (Hrsg.): Handwörterbuch der Organisation, 3. Aufl., Stuttgart, Sp. 1477-1491

THOM, N. (1992b): Personalentwicklung und Personalentwicklungsplanung, in: GAUGLER, E./WEBER, W. (Hrsg.): Handwörterbuch des Personalwesens, 2. Aufl., Stuttgart, Sp. 1676-1690.

THOM, N. (1995): Change Management, in: CORSTEN, H./REIß, M. (Hrsg.): Handbuch Unternehmungsführung, Wiesbaden, S. 869- 879.

THOM, N./PIENING, A. (2009): Vom Vorschlagswesen zum Ideen- und Verbesserungsmanagement, Bern.

THOMPSON, J. D. (1967): Organizations in Action – Social Science Bases of Administrative, Theory, New York.

TIETZ, B. (1992): Organisation des Produktmanagement(s), in: FRESE, E. (Hrsg.): Handwörterbuch der Organisation, 3. Aufl., Stuttgart, Sp. 2067-2077.

TIETZEL, M. (1981): Die Ökonomie der Property Rights: Ein Überblick, in: Zeitschrift für Wirtschaftspolitik, 30. Jg., Heft 30, S. 207-243.

TIROLE, J. (1992): Collusion and the Theory of Organizations, in: LAFFONT, J. J. (Hrsg.): Advances in Economic Theory, Cambridge, Mass., S. 151-206.

TOWNSEND, R. M. (1979): Optimal Contracts and Competitive Markets with Costly State Verification, in: Journal of Economic Theory, 21. Jg., S. 265-293.

TROßMANN, E. (1990): Finanzplanung mit Netzwerken, Berlin.

TROßMANN, E. (1992): Gemeinkosten-Budgetierung als Controlling-Instrument in Bank und Versicherung, in: SPREMANN, K./ZUR, E. (Hrsg.): Controlling, Wiesbaden, S. 511-530.

TROßMANN, E. (1994): Kennzahlen als Instrument des Produktionscontrolling, in: CORSTEN, H. (Hrsg.): Handbuch Produktionsmanagement, Wiesbaden, S. 517-536.

TROßMANN, E. (1998): Investition, Stuttgart.

TROßMANN, E. (2006): Beschaffung und Logistik, in: BEA, F. X./FRIEDL, B./SCHWEITZER, M. (Hrsg.): Allgemeine Betriebswirtschaftslehre, Band 3: Leistungsprozess, 9. Aufl., Stuttgart, S. 77-144.

TROßMANN, E./BAUMEISTER, A. (2006): Risikocontrolling bei Auftragsfertigung, Berlin.

TROßMANN, E./BAUMEISTER, A./WERKMEISTER, C. (2008): Management-Fallstudien im Controlling, 2. Aufl., München.

TSENG, C.-Y. (2009): Technological Innovation in the BRIC Economies, in: Research Technology Management, 52. Jg., Nr. 2, S. 29-35.

TUSHMAN, M./NADLER, D. (1996): Organizing for Innovation, in: STARKEY, K. (Hrsg.): How Organizations Learn, London, S. 135-155.

TUSHMAN, M. L./O'REILLY, C. A. (1996): Ambidexterous Organisations: Managing Evolutionary an Revolutionary Change, in: California Management Review, 38. Jg., Heft 4, S. 8-30.

TUSHMAN, M. L./O'REILLY, C. A. (2004): The ambidextrous organisation, in: Harvard Business Review, Heft 4, S. 74-81.

U

ULRICH, H. (1994): Reflexionen über Wandel und Management, in: GOMEZ, P./HAHN, D./ MÜLLER-STEWENS, G./WUNDERER, R. (Hrsg.): Unternehmerischer Wandel, Wiesbaden, S. 5-29.

ULRICH, K./EPPINGER, S. (2008): Product Design and Development, McGraw-Hill, Boston, MA.

UNITED NATIONS CONFERENCE ON TRADE AND DEVELOPMENT (UNCTAD, 2003): World Investment Report 2003: FDI Policies for Development, Genf.

UNITED NATIONS CONFERENCE ON TRADE AND DEVELOPMENT (UNCTAD, 2004): World Investment Report 2004: The Shift Toward Services, Genf.

UNITED NATIONS CONFERENCE ON TRADE AND DEVELOPMENT (UNCTAD, 2005): Trade in Services and Development Implications, Genf.

UNITED NATIONS CONFERENCE ON TRADE AND DEVELOPMENT (UNCTAD, 2008): Review of Maritime Transport, Genf.

UNITED NATIONS CONFERENCE ON TRADE AND DEVELOPMENT (UNCTAD, 2009): World Investment Report 2009: Transnational Corporations, Agricultural Production and Development, Genf.

UNITED NATIONS CONFERENCE ON TRADE AND DEVELOPMENT (UNCTAD, 2009a): Assessing the impact of the current financial and economic crisis on global FDI flows, Genf.

V

VAHS, D./BURMESTER, R. (2002): Innovationsmanagement: Von der Produktidee zur erfolgreichen Vermarktung, 2. Aufl., Stuttgart.

VAHS, D./BURMESTER, R. (2005): Innovationsmanagement: Von der Produktidee zur erfolgreichen Vermarktung, 3. Aufl., Stuttgart.

VALCÁREL, S. (2002): Theorie der Unternehmung und Corporate Governance: Eine vertrags- und ressourcentheoretische Betrachtung, Wiesbaden.

VAN GELDERN, M. (2008): Organisation, Berlin.

VEIL, P. (1999): Der Zeitfaktor im Change Management, Stuttgart.

VEIL, R. (2005): Konzernrecht, in: JANNOTT, D./FRODERMANN, J. (Hrsg.): Handbuch der Europäischen Aktiengesellschaft – Societas Europaea, Heidelberg, S. 348-361.

VERNON, R. (1966): International Investment and International Trade in the Product Cycle, in: Quarterly Journal of Economics, 80. Jg., S. 190-207.

VERNON, R. (1979): The Product Cycle Hypothesis in a New International Environment, in: Oxford Bulletin of Economics and Statistics, 41. Jg., Heft 4, S. 255-267.

VON HIPPEL, E. (1976): The Dominant Role of the User in the Scientific Instruments Innovation Process, in: Research Policy, Nr. 5, S. 212-239.

VON HIPPEL, E. (1986): Lead Users: A Source of New Product Concepts, in: Management Science, 32. Jg., Heft 7, S. 791-805.

VON HIPPEL, E. (1988): The Sources of Innovation, New York.

VON KROGH, G./ROOS, J. (1996): Managing Knowledge, London.

VON WERDER, A. (1987): Organisation der Unternehmensleitung und Haftung des Top-Managements, in: Der Betrieb, 40. Jg., S. 2265-2273.

VON WERDER, A. (2003): Ökonomische Grundfragen der Corporate Governance, in: HOMMELHOFF, P./HOPT, K. J./WERDER, A. (Hrsg.): Handbuch Corporate Governance, Köln, S. 3-27.

VON WERDER, A. (2011): Neuere Entwicklungen der Corporate Governance in Deutschland, in: Schmalenbachs ZfbF, 63. Jg., Heft 1, S. 48-62.

VROOM, V./YETTON, P. W. (1973): Leadership and Decision-Making, Pittsburgh.

W

WAGENHOFER, A. (1992): Abweichungsanalysen bei der Erfolgskontrolle aus agency-theoretischer Sicht, in: Betriebswirtschaftliche Forschung und Praxis, 44. Jg., S. 319-338.

WAGENHOFER, A. (1996): Anreizsysteme in Agency-Modellen mit mehreren Aktionen, in: Die Betriebswirtschaft 56. Jg., S. 155-165.

WAGENHOFER, A./EWERT, R. (1993): Linearität und Optimalität in ökonomischen Agency Modellen, in: Zeitschrift für Betriebswirtschaft, 63. Jg., S. 373-391.

WAGNER, D. (1992): Personalabbau/-freisetzung, in: GAUGLER, E./WEBER, W. (Hrsg.): Handwörterbuch des Personalwesens, 2. Aufl., Stuttgart, Sp. 1545-1556.

WALCH, S. (1997): Erarbeitung einer internationalen Strategie der Lizenzierung und des Lizenz-Controlling am Beispiel eines global operierenden Investitionsgüterherstellers, Diplomarbeit, Universität Hohenheim, Stuttgart.

WASSERMANN, R. (2010): Internationalisierung mit produktbegleitenden Dienstleistungen und hybriden Produkten, Wiesbaden.

WEBER, M. (1972): Wirtschaft und Gesellschaft, Tübingen, (Erstveröffentlichung 1924).

WEBER, M. (1980): Wirtschaft und Gesellschaft: Grundriss der verstehenden Soziologie, 5. rev. Aufl., Tübingen.

WEBER, M. (1990): Wirtschaft und Gesellschaft, 5. Aufl., Tübingen.

WEBER, W. (1992): Personalwesen, in: GAUGLER, E./WEBER, W. (Hrsg.): Handwörterbuch des Personalwesens, 2. Aufl., Stuttgart, Sp. 1826-1853.

WEIBER, R/ADLER, J. (1995): Informationsökonomisch begründete Typologisierung von Kaufprozessen, in: Zeitschrift für betriebswirtschaftliche Forschung, 47. Jg., Heft 1, S. 43–65.

WEIßENBERGER, B. (2003): Anreizkompatible Erfolgsrechnung im Konzern, Wiesbaden.

WEITZMAN, M. L. (1976): The New Soviet Incentive Model, in: Bell Journal of Economics 7. Jg., S. 251-257.

WELGE, M./AL-LAHAM, A. (2001): Strategisches Management. Grundlagen – Prozess – Optimierung, 3. Aufl., Wiesbaden.

WELGE, M.-K./HOLTBRÜGGE, D. (2010): Internationales Management, 5. Aufl., Stuttgart.

WERKMEISTER, C. (1997): Steuerung im internationalen Produktionsverbund mit Güternetzwerken, Wiesbaden.

WERKMEISTER, C. (2000): Periodenbezogene Produktionsprogrammplanung bei betrieblichem Lernen, in: Zeitschrift für Betriebswirtschaft, 70. Jg., S. 163-186.

WERKMEISTER, C. (2003): Lerneffekte in einer prozessorientierten Variantenkalkulation, in: Zeitschrift für betriebswirtschaftliche Forschung, 55. Jg., S. 382-400.

WERNERFELT, B. (1984): A Resource-based View of the Firm, in: Strategic Management Journal, 5. Jg., S. 171-180.

WERNERFELT, B. (1989): From Critical Resources To Corporate Strategy, in: Journal of General Management, 14. Jg., S. 4-12.

WETS, R. J. B. (1983): Stochastic Programming: Solution Techniques and Approximation Schemes, in: BACHEM, A./GRÖTSCHEL, M./KORTE, B. (Hrsg.): Mathematical Programming – The State of the Art, Berlin, S. 566-603.

WHEELWRIGHT, S. C/CLARK, K. B. (1992): Revolutionizing Product Development – Quantum Leaps in Speed, Efficiency and Quality, New York.

WILD, J. (1982): Grundlagen der Unternehmensplanung, 4. Aufl., Opladen.

WILDEMANN, H. (1990): Einführungsstrategien für die computerintegrierte Produktion (CIM), München.

WILENSKY, H. L. (1967): Organizational Intelligence – Knowledge and Policy in Government and Industry, New York.

WILHELM, R. (2007): Prozessorganisation, 2. Aufl., München und Wien.

WILLIAMS, A. M. (1992): Western European Economy: A Geography of Post War Development, London.

WILLIAMSON, O. E. (1975): Markets and Hierarchies: Analysis and Antitrust Implications: A Study in the Economics of Internal Organization, New York.

WILLIAMSON, O. E. (1990): Die ökonomischen Institutionen des Kapitalismus, Tübingen.

WILLIAMSON, O. E. (1991): Strategizing, Economizing, and Economic Organization, in: Strategic Management Journal, 12. Jg., S. 75-94.

WILLIG, R. D. (1979): Multiproduct Technology and Market Structure, in: The American Economic Review, 69. Jg., Heft 2, S. 346-351.

WIMMER, F. (1985): Beschwerdepolitik als Marketinginstrument, in: HANSEN, U./SCHOENHEIT, J. (Hrsg.): Verbraucherabteilungen in privaten und öffentlichen Unternehmen, Frankfurt a. M., S. 225-254.

WIMMER, F./ROLEFF, R. (2001): Beschwerdepolitik als Instrument des Dienstleistungsmanagements, in: BRUHN, M./MEFFERT, H. (Hrsg.): Handbuch Dienstleistungsmanagement, Wiesbaden, S. 315-335.

WINTER, S. (1995): Four R's of Profitability, in: Resource-based and Evolutionary Theories of the Firm: MONTGOMERY, C. A. (Hrsg.): Towards a Synthesis, Boston, S. 147-178.

WINTER, S. (1996a): Prinzipien der Gestaltung von Managementanreizsystemen. Wiesbaden.

WINTER, S. (1996b): Relative Leistungsbewertung – Ein Überblick zum Stand von Theorie und Empirie, in: Zeitschrift für betriebswirtschaftliche Forschung, 48. Jg., S. 898-926.

WITT, P. (2000): Corporate Governance im Wandel, Auswirkungen des Systemwettbewerbs auf deutsche Aktiengesellschaften, in: Zeitschrift für Organisation, 69. Jg., S. 159-163.

WITT, P. (2003): Corporate Governance-Systeme im Wettbewerb, Wiesbaden.

WITTE, E. (1973): Organisation für Innovationsentscheidungen, Göttingen.

WITTMANN, W. (1959): Unternehmung und unvollkommene Information, Opladen.

WOHLGEMUTH, A. C. (1984): Das Beratungskonzept der Organisationsentwicklung: Neue Formen der Unternehmungsberatung auf Grundlage des sozio-technischen Systemansatzes, Bern.

WOLF, J. (1994): Unternehmensdiversifikation und ihre Messung, in: Zeitschrift für Planung, Heft 4, S. 347-368.

WOLF, J. (1995): Die Messung des Diversifikationsgrades von Unternehmen (I), in: WISU - Das Wirtschaftsstudium, 24. Jg., Heft 5, S. 439-445.

WRIGLEY, L. (1970): Divisional Autonomy and Diversification, Cambridge, MA.

WUNDERER, R./GRUNWALD, W. (1980): Führungslehre, Band 1: Grundlagen der Führung, Berlin.

Y

YIP, G. (1992): Total Global Strategy, Englewood Cliffs, NJ.

Z

ZAHN, E. (2005): Informationstechnologie und Informationsmanagement, in: BEA, F. X./ FRIEDL, B./SCHWEITZER, M. (Hrsg.): Allgemeine Betriebswirtschaftslehre, Band 2: Führung, 9. Aufl., Stuttgart, S. 394-449.

ZÄPFEL, G. (1992): Produktionswirtschaft, Berlin.

ZEITHAML, V. (1981): How Consumer Evaluation Processes Differ Between Goods and Services, in: DONELLY, J. H./GEORGE, W. R. (Hrsg.): Marketing of Services, AMA, Chicago, S. 186-190.

ZEITHAML, V./BERRY, L. L./PARASURAMAN, A. (1992): Qualitätsservice, Frankfurt a. M.

ZEITHAML, V./BERRY, L. L./PARASURAMAN, A. (1996): The Behavioral Consequences of Service Quality, in: Journal of Marketing, 60. Jg., Heft 2, S. 31-46.

ZEITHAML, V./BITNER, M. J. (2003): Services Marketing, Integrating Customer Focus Across the Firm, New York.

ZIMMERMAN, J. L. (1979): The Costs and Benefits of Cost Allocations, in: The Accounting Review, 54. Jg., S. 504-521.

Literatur aus dem Internet

ALCOA (2009): Annual Report 2009, in: http://www.alcoa.com/global/en/investment/pdfs/2009_Annual_Report.pdf, 11.5.2010, 18:28.

ASSOCIATION POUR UNE TAXATION DES TRANSACTIONS FINANCIERES POUR L'AIDE AUX CITOYENS ET CITOYENNES (ATTAC, 2004): Sand im Getriebe, Rundbrief Nr. 30, in: http://www.attac.de/rundbriefe/SiG30.rtf, 07.09.2004.

ATTAC (2004): Sand im Getriebe Nr. 34, Internationaler deutschsprachiger Rundbrief der ATTAC-Bewegung (22.6.2004), in: http://www.attac.de/rundbriefe/SiG30.rtf, Zugriffsdatum: 07.09.2004, 13:53

ATTAC (2009): Sand im Getriebe Nr. 73, Internationaler deutschsprachiger Rundbrief der ATTAC-Bewegung (3.5.2009), in: http://www.attac.de/uploads/media/sig73_01.pdf, Zugriffsdatum: 05.05.2010, 21:49

BBRT (Beyond Budgeting Round Table 2011): Beyond Budgeting, in: www.bbrt.org; 31.01.2011.

BISCHOFF, S. (2008): Qualität und gesellschaftliche Anforderungen von Unternehmen – ein eindeutiger Zusammenhang?, in: http://www.q-preis.de/uploads/media/Vortrag_Prof.Dr. Bischoff_FachtagungTUBerlin_29.05.2008.pdf, 16.9.2010.

BUNDESWEHR (2008): Bundeswehrplan 2009. In: Geopowers. Analysen. URL: http://www.geopowers.com/Machte/Deutschland/Rustung/Rustung_2008/Bundeswehrplan _2009.pdf, Zugriff am 16.03.2010.

DAIMLERCHRYSLER (1999): Annual Report (20-F), in: http://www.sec.gov/Archives/edgar/ data/1067318/0000912057-00-008581-index.html, 13.09.2004.

DAIMLERCHRYSLER (2002): Annual Report, in: http://www.daimlerchrysler.com/Projects/ c2c/channel/documents/104756_dcag_annualreport2002.pdf, 13.09.2004.

DEUTSCHE BAHN (2009): Gebündeltes Einkaufs-Know-how. Effiziente, qualitäts- und termingerechte Beschaffung für den DB-Konzern. 12. November 2009, URL: http://www. deutschebahn.com/site/bahn/de/unternehmen/konzernprofil/systemverbundbahn/beschaff ung/beschaffung.html, Zugriff am 16.03.2010.

EADS Group (2009): Annual Report 2009, in: http://www.reports.eads.com/2009/en/s/ downloads/files/annual_review_eads_ar09.pdf, 13.07.2010.

F.A.Z.-Net (2007): Standort-Puzzle – Die Archillesferse von Airbus, Frankfurter Allgemeine Zeitung, in: http://www.faz.net/s/RubD16E1F55D21144C4AE3F9DDF52B6E1D9/Doc~EA36975628FE743E78B396918981C8BD4~ATpl~Ecommon~Scontent.html, 12.06.2010.

GILDEMEISTER (2009): Geschäftsbericht 2009, in: http://gildemeister.com/query/internet/v3/igpdf.nsf/1d70f8f70df7e9edc12574fd004aeb62/$file/gilj09d.pdf, 26.08.2010

IDW Institut der deutschen Wirtschaft Köln (Hrsg.) (2010), Deutschland in Zahlen 2010, Köln 2010.

KREDITANSTALT FÜR WIEDERAUFBAU (KfW, 2004): Markt für Mezzanine-Kapital in Deutschland vor großem Sprung, in: http://www.kfw-bankengruppe.de/DE/Service/OnlineBibl48/Volkswirts64/DV_Observer_14.pdf, 23.09.2004.

LÜNENDONK (2010): Top 25 der IT-Beratungs- und Systemintegrations-Unternehmen in Deutschland 2009, in: http://www.luenendonk.de/it_beratung.php, 16.9.2010.

MICROSOFT CORPORATION (2003): Annual Report, in: http://www.microsoft.com/msft/ar03/alt/downloads/MSAR_10K_092303.doc, 23.09.2004.

NESTLÉ (2008): Annual Report 2008, in: http://www.nestle.com/Resource.axd?Id=8F7FD5C9 -D6A0-48BC-86A3-28D49BF20ECD, 3.5.2010, 08:54.

NESTLÉ (2009): Annual Report 2009, in: http://www.nestle.com/Resource.axd?Id=585806D1-BC1B-404B-A03F-F7A68A68F436 08:59.

STATISTISCHES BUNDESAMT (2003): Klassifikation der Wirtschaftszweige, Ausgabe 2003 (WZ 2003), in: http://www.destatis.de/download/d/klassif/wz03.pdf, 12.10.2004.

VODAFONE (1999): Annual Report 1999, in: http://www.vodafone.com/download/investor/reports/annual99/Index.htm, 20.09.2004.

VODAFONE (2000): Annual Report 2000, in: http://www.vodafone.com/assets/files/en/ vfatra_2000.pdf, 20.09.2004.

Stichwortverzeichnis